制作現場のプロが基礎から教える

Autodesk Maya トレーニングブック 第4版

BAUHAUS ENTERTAINMENT 著

ご利用上の注意

＊本書内の写真、イラストおよび画像、サンプルデータその他に関する著作権は、著作権者あるいはその制作者に帰属します。著作者・制作者・出版社の許可なく、内容の一部または全部を改変したり、これらを転載・譲渡・販売または営利目的で使用することは、法律上の例外を除いて禁じます。

＊ハードウェア／ソフトウェア環境によっては、サンプルデータを利用できなかったり、本書記載通りの動作や画面にならない場合があります。あらかじめご了承ください。

＊サンプルデータはすべてお客さまの責任と判断においてご利用ください。データを使用した結果、発生したいかなる事態についても、著者・出版社・著作権者は一切その責任を負いません。

＊本書の制作にあたっては正確な記述に努めましたが、著者・出版社いずれも内容に関して何らかの保証をするものではありません。

＊本書が対象とするMayaのバージョンは2018です。それ以外のバージョン（2018以前や、2018 Update 1など）では、チュートリアルと異なる場合があります。あらかじめご了承ください。

＊著作権と商標

本書でMayaを学ばれる方へ

2011年に「Mayaトレーニングブック3」を発刊してから6年。「もうMayaのトレーニングブックを執筆することはないだろう」と思っていましたが、再びこの本を発刊できる機会に恵まれ、大変嬉しく思います。Mayaも「2018」になり、見た目も中身も大きな進化をしました。さまざまな新しい機能が追加され、それまで大変だった作業が、より効率的に、より簡単に行えるようになっています。しかし、3DCGの基本的な制作フローは大きくは変わっていません。本書では3DCGの基本的な制作フロー、「モデリング」＞「マテリアル設定」＞「UV」＞「テクスチャアサイン」＞「セットアップ」＞「アニメーション」＞「ライティング＆カメラ設定」＞「レンダリング」に特化した構成になっています。［基礎編］では各パートの基本機能の学習と［やってみよう！］での「簡単な実践」で「基礎」を学び、［作例編］では基本機能を理解された方が「単に手順を追って作成する」のではなく、よりステップアップできる内容をまとめています。

本書は、これまでどおり執筆用に作成したシーンデータをダウンロードしてご覧いただけます。普段、我々が制作現場で使用しているノウハウが満載です。是非、ご活用ください。

本書を通じて、皆様の「Maya習得」の手助けになれば幸いです。

株式会社イマジカデジタルスケープ
バウハウス・エンタテインメント部
ゼネラルマネージャー
石塚 雅也

CONTENTS 目次

基礎編

第 3 章　シェーディングとマテリアル

第 4 章　レンダリング

第 5 章　アニメーション

第 6 章　リギング

第 7 章　スクリプト

作例編

サンプルデータについて

基礎編・作例編の解説で用いられている一部のMayaシーンデータおよび作例素材を、Webサイトからのダウンロードによって無償でご利用いただけます。ご利用にあたっては、本ページとP2に記載されている注意事項・免責事項に同意の上、使用許諾条件の範囲内でご利用ください。

■ 利用方法

ボーンデジタルのwebサイト（https://www.borndigital.co.jp）にいって頂き、書籍 > 書籍サポートから「Autodesk Mayaトレーニングブック第4版」のリンクをクリックしてください。
「Autodesk Mayaトレーニングブック第4版」サポートページより、サンプルデータをダウンロードすることができます。

書籍サポート：https://www.borndigital.co.jp/book

■ ディレクトリ説明

Mayaデータは、「基礎編」の第1章～第7章、および「作例編」第1章～第3章それぞれの章ごとにフォルダ分けされており、「基礎編」の実習用サンプルデータや「作例編」の完成データなどで構成されています。

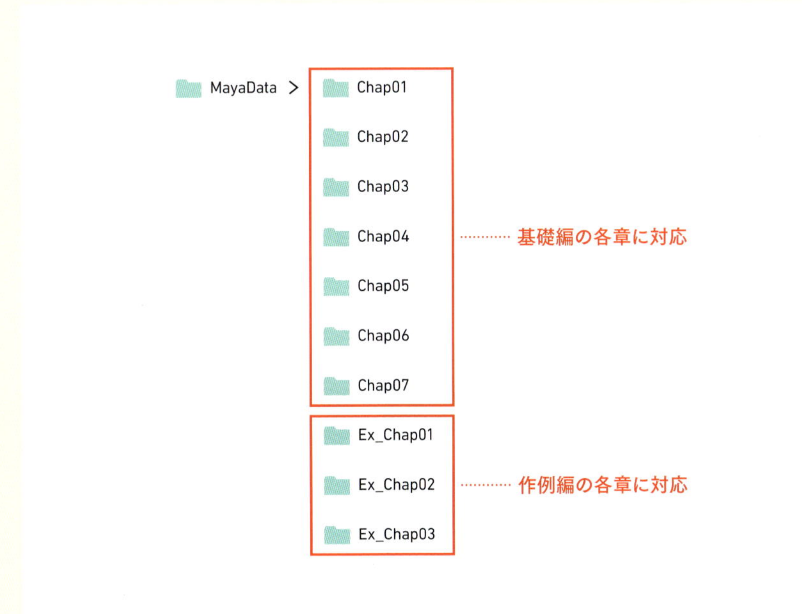

※Mayaデータは、バージョン2018で作成されています。また本書が対象とするMayaのバージョンは2018です。それ以外のバージョン（2018以前や、2018 Update 1など）では、チュートリアルと異なる場合があります。あらかじめご了承ください。

■ 著作権と禁止事項

Mayaシーンデータをはじめとするすべてのサンプルデータは著作物であり、著作権はそれぞれの著作権者にあります。本書購入者が、学習用として個人で使用する以外の使用は、一切認められておりません。図書館等の公的機関その他からの貸出によるデータ利用も禁止します。各種ネットワークやメディアを用いてデータを他人に譲渡・販売・転送・コピーすること、また印刷物や電子メディアなどの媒体へ転載することなどは、営利目的・個人使用に関わらずすべて法律により禁じられています。

本書の使い方

本書は、「基礎編」と「作例編」の2パートで構成されています。「基礎編」では概念・機能・操作を学び、「やってみよう！」で実際にオペレーションすることで、基礎的な力を身につけることが可能です。「作例編」では「基礎編」全7章で学習した内容をフルに活用された、作例が手順を追って解説されています。

■ 基礎編

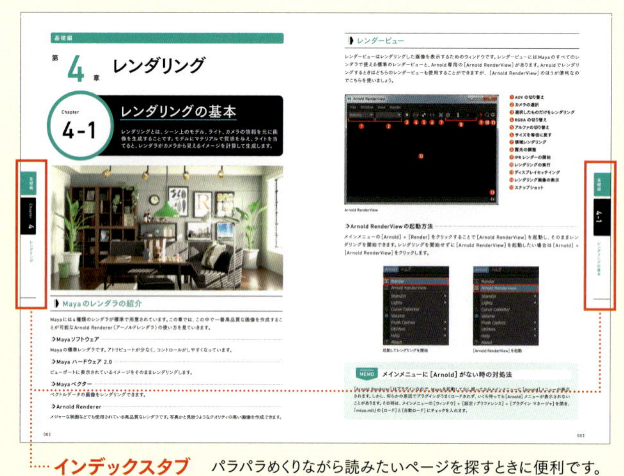

インデックスタブ　パラパラめくりながら読みたいページを探すときに便利です。
ページ左：章番号と章タイトル
ページ右：節番号と節タイトル

やってみよう！
自分でオペレーションすることで力をつけるページです。

■ 作例編

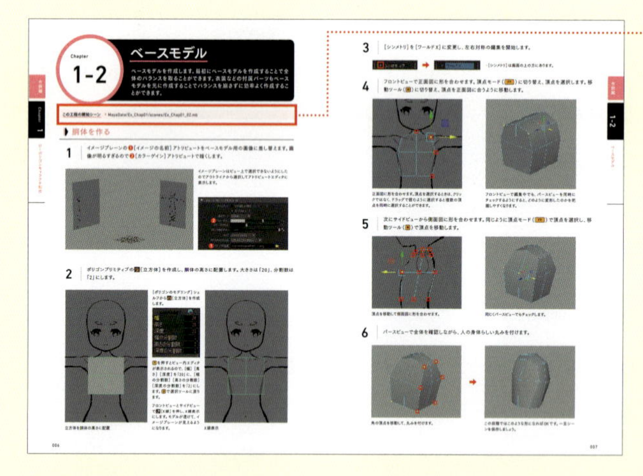

Ex_Chap01 > scenes > Ex_Chap01_02.mb

データパス
使用するデータ名とその場所を示しています。

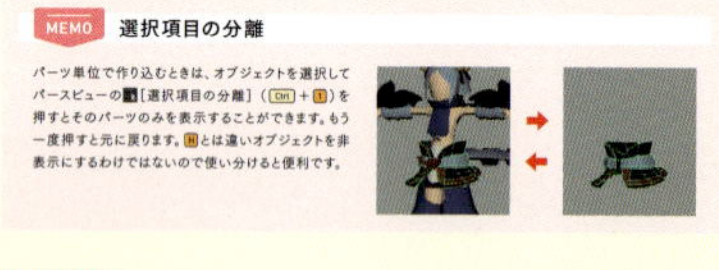

MEMO
作業のコツや注意点など、付帯的なお役立ち情報をまとめています。

■ 本書における表記

メニュー
各種メニューに表示されるツール名や機能名は、[ ]でくくって表記しています。

[メッシュの編集] > [エッジループの挿入ツール]

キー操作
ホットキーは、2色に色分けしたアイコンで表記しています。CtrlやEnterなど、組み合わせて使用したり特殊なコマンドを請け負うキーがベージュ、単独で使用するようなアルファベットや数字キーがオレンジ色です。

マウス操作
Mayaでは3ボタンマウスを使用します。左・中・右ボタンの各操作をアイコンで表記しています。また、ドラッグやダブルクリックなどのマウスアクションは、赤色の吹き出しで表しています。

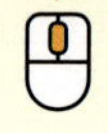

基礎編

第0章 イントロダクション

Chapter 0-1 基礎用語

Mayaのオペレーションを学ぶ前に3DCGの基礎用語を覚えておきましょう。

シーン・オブジェクト・ポリゴン・テクスチャ

3DCGの世界（Mayaの中）には、理論的には無限に広がる立体空間（3D空間）が存在しています。その空間全体を「シーン」といいます。「シーン」に「オブジェクト」を作成して、「ライト」を配置して、「カメラ」で見ることで実際には存在しない架空の世界を構築し表現できるのが3DCGの魅力です。

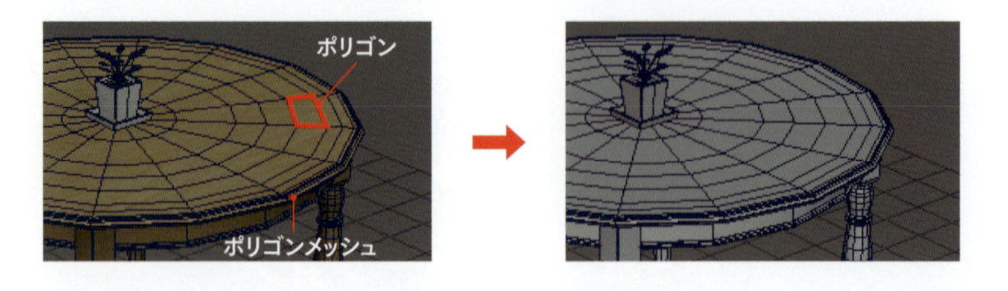

テーブルのオブジェクトは「ポリゴン」で作成されています。上図ではテーブルがどのような「ポリゴン」で「メッシュ」を形成して いるかを確認できます。このメッシュのことを「ポリゴンメッシュ」といいます。テーブルのオブジェクトには「ポリゴンメッシュ」に木目の画像を貼って表現しています。この画像のことを「テクスチャ」といいます。テーブルのオブジェクトから木目の「テクスチャ」を非表示にすると、生の「ポリゴン」が表示されます。

コンポーネント

「ポリゴンメッシュ」を構成している要素を「コンポーネント」といいます。任意のコンポーネントを移動・回転・スケールなどのツールを使用して形を作ることを「モデリング」といいます。

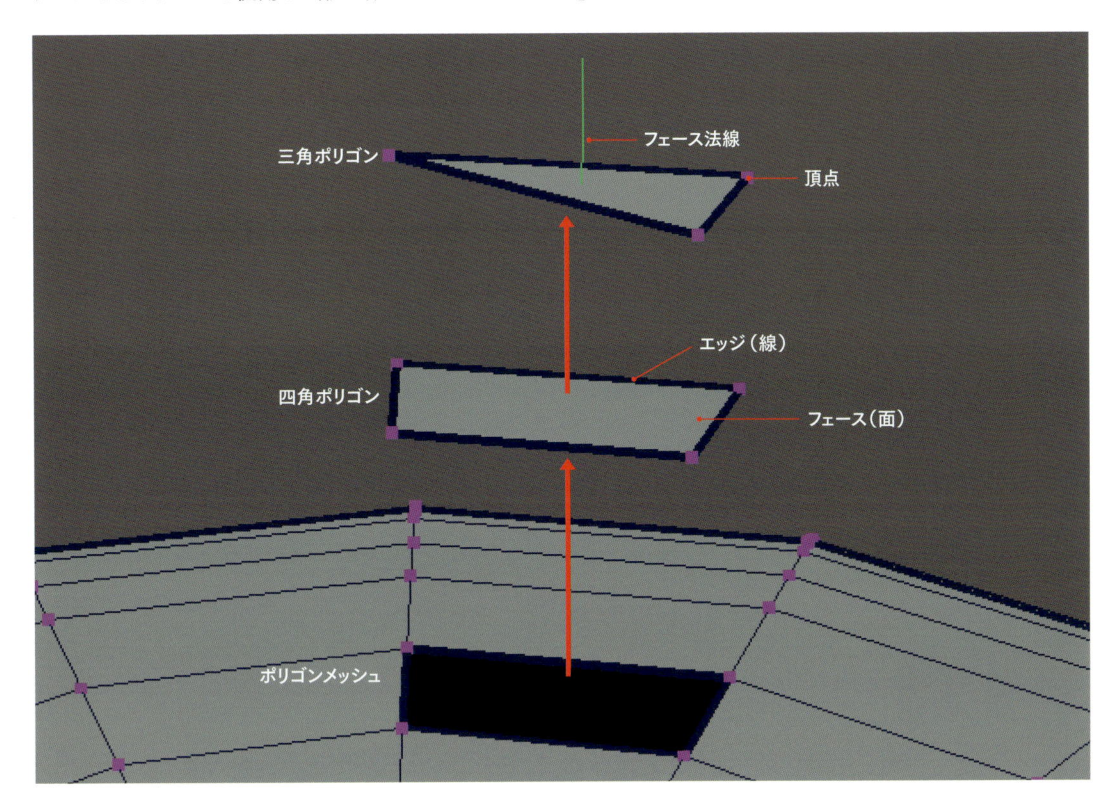

テーブルの「ポリゴンメッシュ」を分解してみるとほとんどが「四角ポリゴン」で構成されています。「四角ポリゴン」は2つの「三角ポリゴン」から「フェース（面）」が構成され、形を形成しています。「フェース（面）」は3辺、または、4辺の「エッジ（線）」から構成され（5辺以上の「多角形フェース」も作成できますが、基本的には使用しません）、更に「エッジ（線）」は「頂点」から構成されています。「フェース（面）」は方向を定義することができ、「フェース（面）」に対する垂直の方向を表す線を「フェース法線」といいます。「ポリゴンメッシュ」は「フェース（面）」から構成され、「フェース（面）」は3辺または4辺の「エッジ（線）」から構成され、更に「エッジ（線）」は「頂点」から構成されています。つまり、「ポリゴンメッシュ」は「頂点」から構成されている「フェース（面）」の集合体だと言えます。「頂点」「エッジ（線）」「フェース（面）」のことを「ポリゴンコンポーネント」といいます。

1つのポリゴンが小さく、多数になればなるほど、高精細な表現が可能です。ただし、ポリゴン数が多くなればなるほど、シーンは「重く」なっていきます。作成したいシーンの内容や作業環境の性能によって適切なポリゴン数で作成することが重要です。特にはじめのうちは「ポリゴン数が多い＝クオリティが高い」と不必要にポリゴン数を増やしてしまい、アニメーションの準備作業やレンダリングの作業に入ったときに苦労する場合があります。注意しましょう。

マテリアル

P.012下段で、「テクスチャ」を非表示にすると「生のポリゴンが表示されます」と記述しましたが、実は「ポリゴン」そのものに色などの情報はありません。「ポリゴン」に「マテリアル」と呼ばれる色の情報などを設定したものをアサインすることで、初めて色が付き、「ライト」が当たることで陰影が付き、それを「カメラ」で写すことで、初めて3D空間の中に立体的に表示され、認識できるようになります。基本図形である、「ポリゴンプリミティブ」を作成すると、「マテリアル」を設定しなくても表示されますが、これは既定（デフォルト）の「マテリアル」、「ライト」が自動的に設定されるためです。「マテリアル」は色の他に、「透明度」、「反射率」、「スペキュラ（ハイライト）」などの様々な設定をすることで、金属、プラスチック、木、肌などの「質感」を表現することができます。

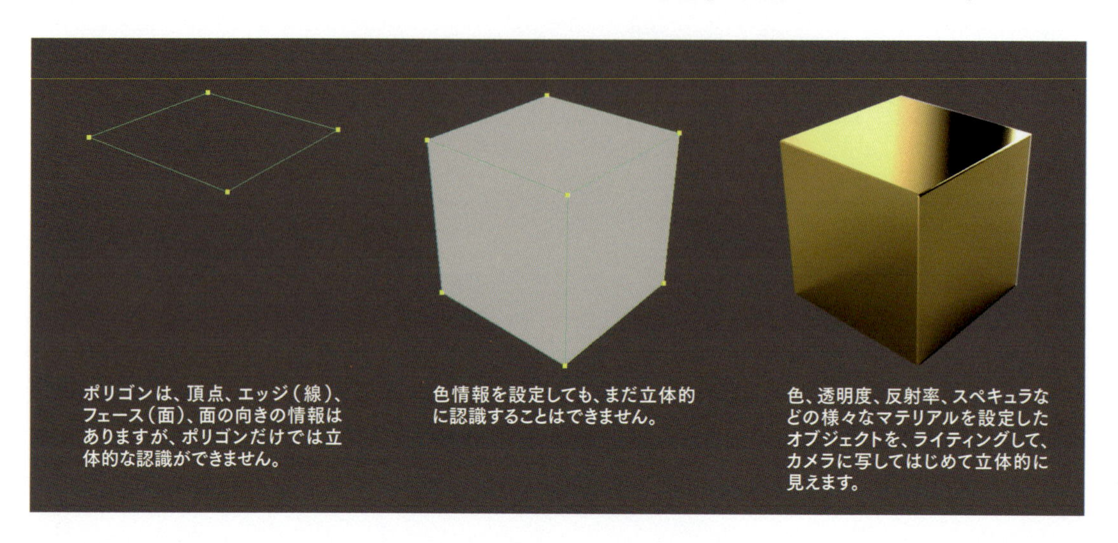

ポリゴンは、頂点、エッジ（線）、フェース（面）、面の向きの情報はありますが、ポリゴンだけでは立体的な認識ができません。

色情報を設定しても、まだ立体的に認識することはできません。

色、透明度、反射率、スペキュラなどの様々なマテリアルを設定したオブジェクトを、ライティングして、カメラに写してはじめて立体的に見えます。

座標と原点

3D空間では横軸を「X軸」、縦軸を「Y軸」、奥行き軸を「Z軸」といい、この3つの軸の交点を「原点」といいます。Mayaでは原点を中心としたシーン全体の座標系を「ワールド空間」、個別のオブジェクト内の座標系を「オブジェクト空間」、オブジェクトの「階層構造」を組んだ際に「親ノード」の「原点」を軸に使用した座標系を「ローカル空間」といいます。

● ワールド空間

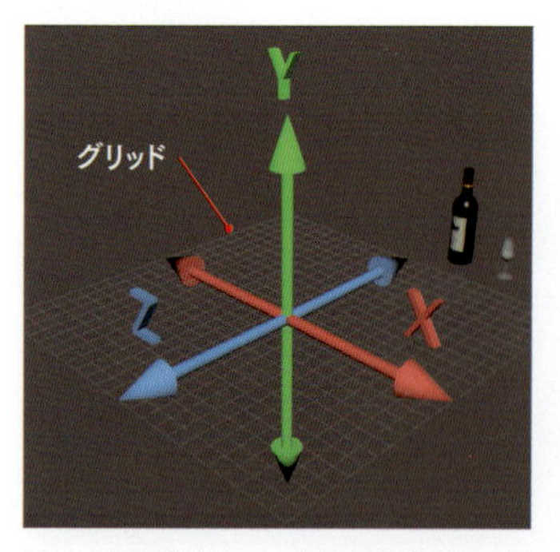

ワールド空間はシーン全体の座標系で、原点がシーンの中心になります。ビューウィンドウに表示される［グリッド］はワールド空間軸を示しています。

● オブジェクト空間

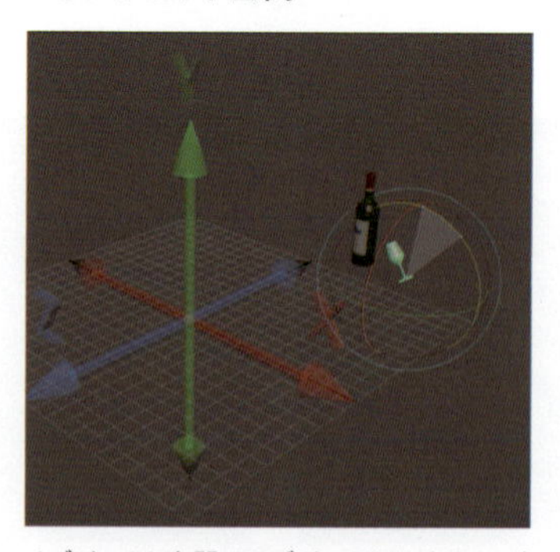

オブジェクト空間はオブジェクトのピボットポイントを原点とした座標系です。

● ローカル空間

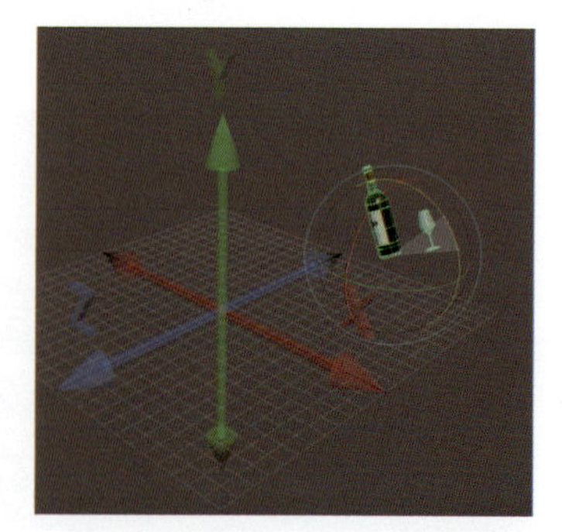

ローカル空間はオブジェクトの「階層構造」を組んだ際、親ノードの原点を使用した座標系です。（階層構造については、P.057「階層構造を作る」参照）

第1章 Mayaの基礎

Chapter 1-1 基本オペレーション

Mayaには様々なボタンが数多くありますが、まずは簡単な操作から覚えていきましょう。

ビュー

Mayaを起動すると、下図のようなメインウィンドウが開きます。中央にある大きな領域をビューといいます。多くの作業はこのビューを確認しながら行います。

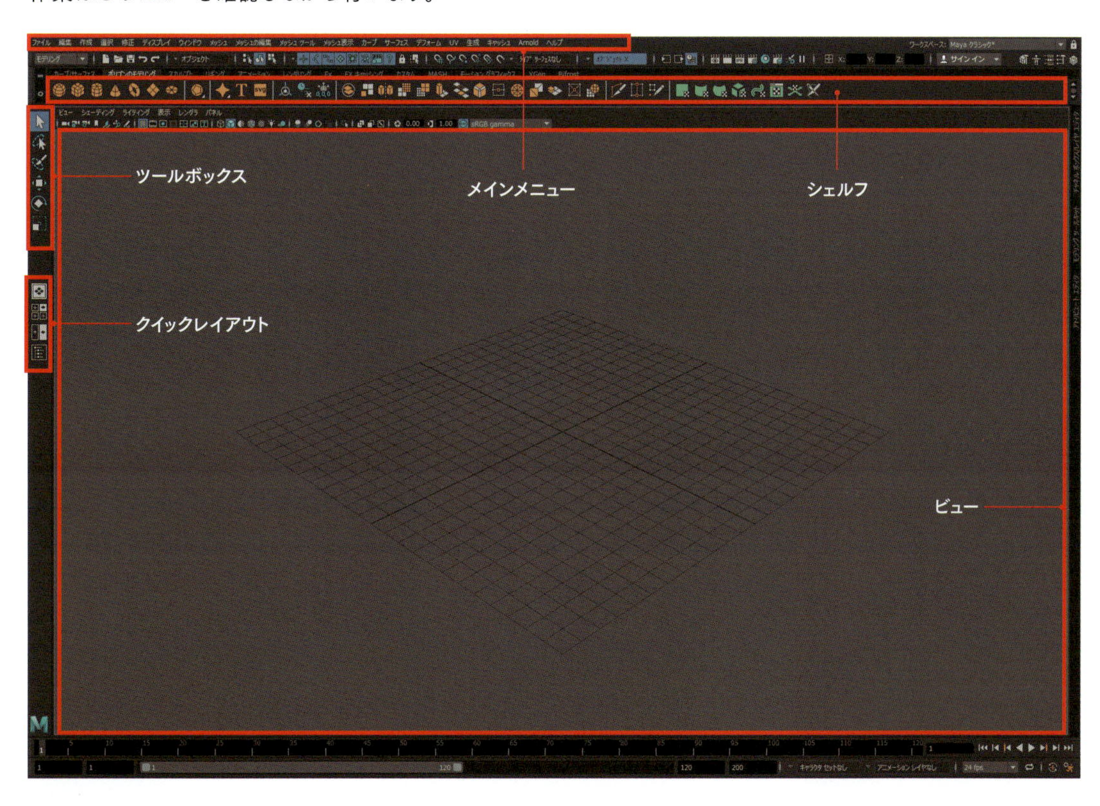

ホットキー

一般的に「ショートカットキー」と呼ばれますが、Mayaでは「ホットキー」といいます。ショートカットと同じように複数のキーボードのキーを押すことでコマンドを実行できます。Mayaでは既定で様々な「ホットキー」が設定されています。詳しくは添付の「Mayaホットキー一覧表」を参照してください。

ビューの背景色の変更

ホットキーの Alt + B を押すとビューの背景色を変えることができます。自分の作業しやすい背景色で作業しましょう。

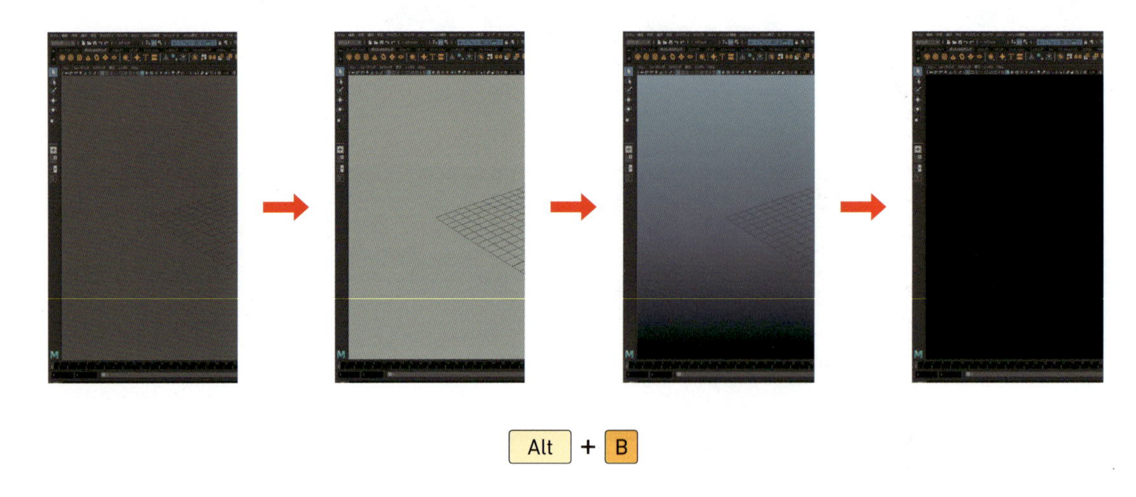

Alt + B

ウィンドウとパネルドッキング

すべてのパネル、ウィンドウを自由にドッキング / ドッキング解除ができます。Mayaを再起動しても、最後の位置で再び開きます。フローティングウィンドウをドラッグして、ウィンドウの境界やタブグループにドラッグするとドッキングできます。リセットするには画面右上の［ワークスペースセレクタ］>［現在のワークスペースをリセット］を選択すると既定の状態にリセットされます。

パネルのドッキング

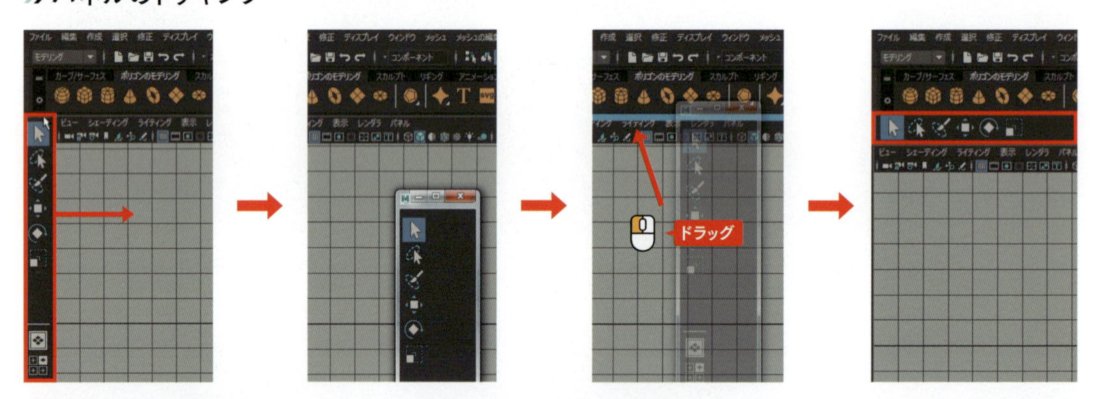

タブグループへのドッキング

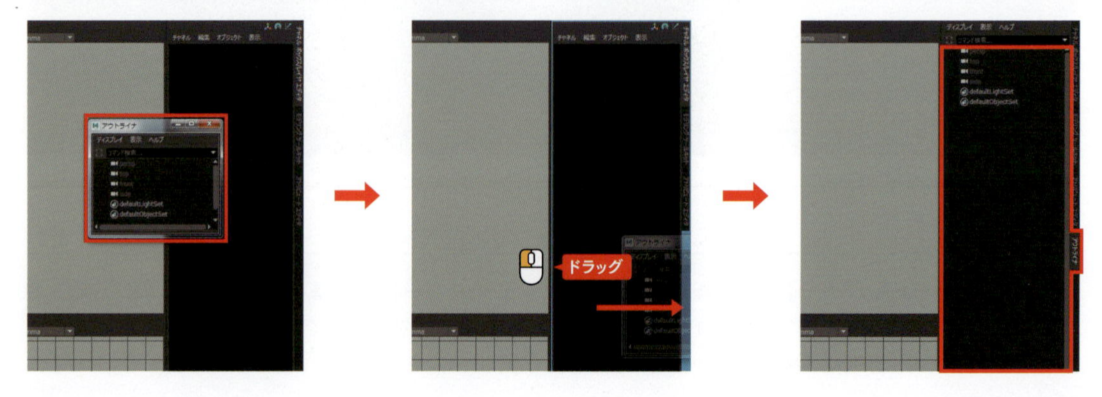

クイックレイアウト

クイックレイアウトは、作業内容に合わせてワークスペースのレイアウトを変更できます。

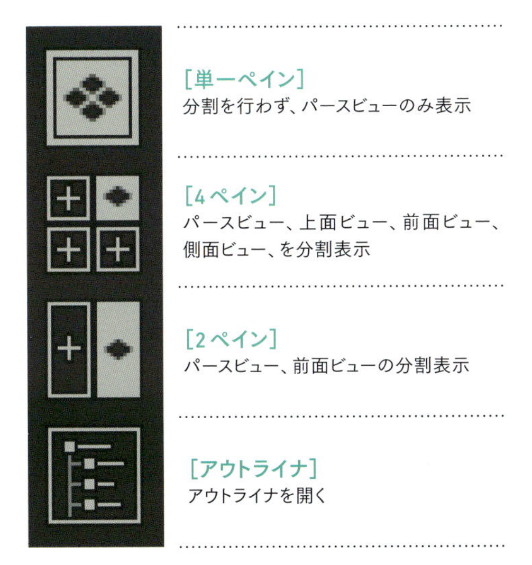

クイックレイアウトのアイコンをすると、アイコン化されているレイアウト以外にも様々なレイアウト選択メニューが表示されます。

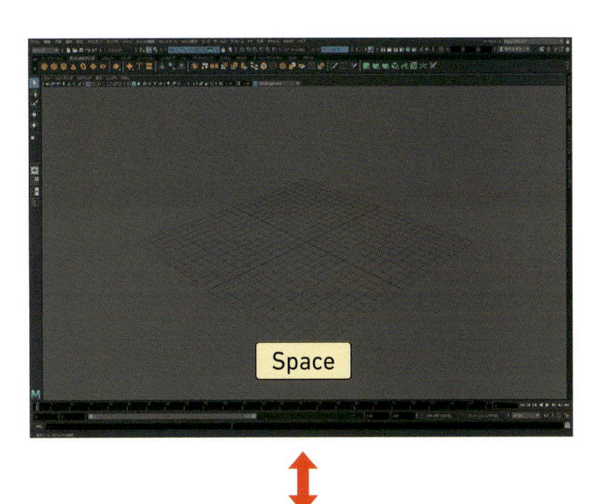

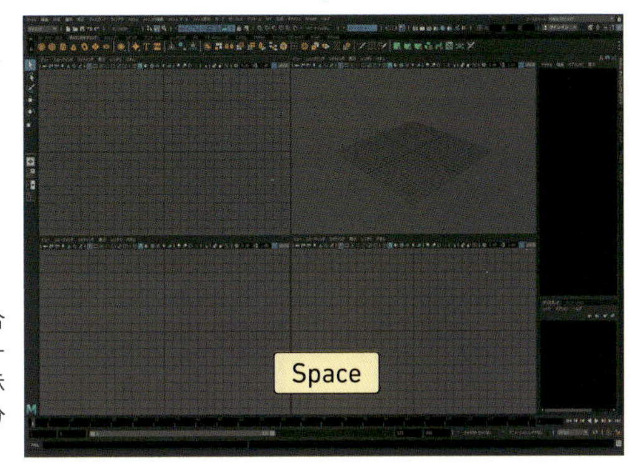

任意のビューにマウスカーソルを合わせ、Space を押すと、そのビューが単一表示になります。単一表示の状態で Space を押すと元の分割表示に戻ります。

ツールボックス

選択ツールと移動、回転、スケールのトランスフォームツールがあります。Mayaの作業で最もよく使用されるツールです。各アイコンをダブルクリックすると各ツール設定が開きます。

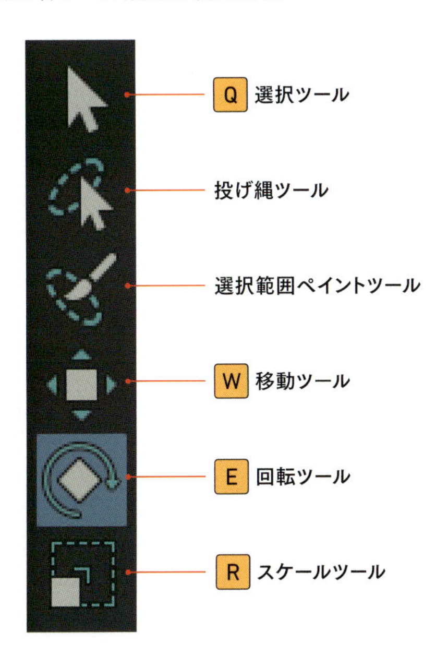

ポリゴンプリミティブの種類

「ポリゴンプリミティブ」を作成してみましょう。最も簡単な方法は「シェルフ」の［ポリゴンのモデリング］タブを選択して、「ポリゴンプリミティブアイコン」をクリックします。メインメニューの［作成］＞［ポリゴンプリミティブ］＞［球］からも同様に作成できます。既定の状態ですと、メインメニューからアクセスしたほうが、作成できる「ポリゴンプリミティブ」の種類が豊富です。これらの「ポリゴンプリミティブ」は作成したいオブジェクトのモデリング作業の開始点として使用します。

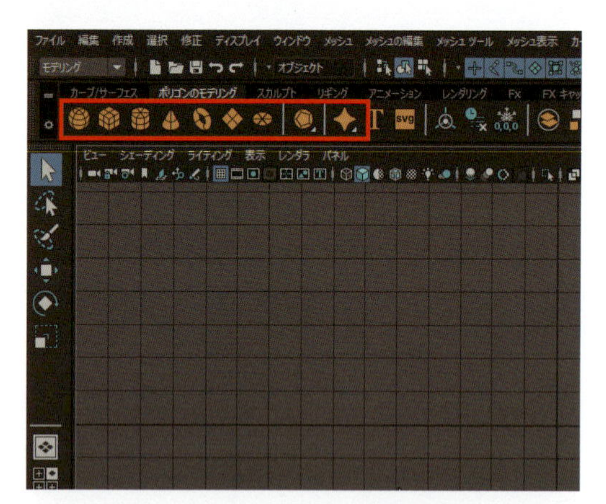

画面左上の「シェルフ」から「ポリゴンプリミティブアイコン」をクリックすると、選択した「ポリゴンプリミティブ」が作成されます。

他にも、メインメニューの＞［作成］＞［ポリゴンプリミティブ］からも同様に作成できます。

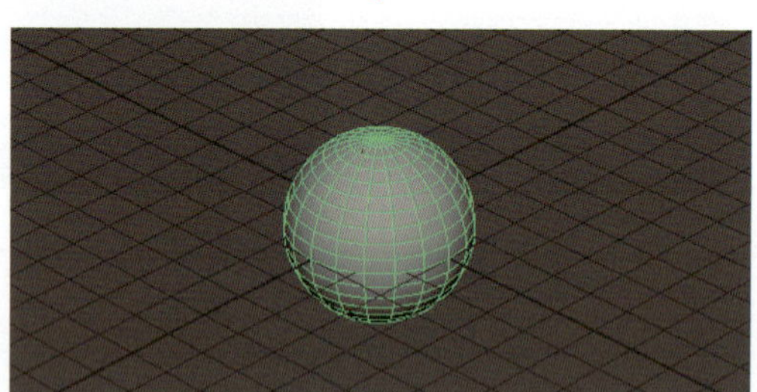

画面左上の［シェルフ］の［ポリゴンのモデリング］タブから「ポリゴンプリミティブアイコン」をクリックすると、選択した「ポリゴンプリミティブ」が作成されます。

ポリゴンプリミティブの作成と選択

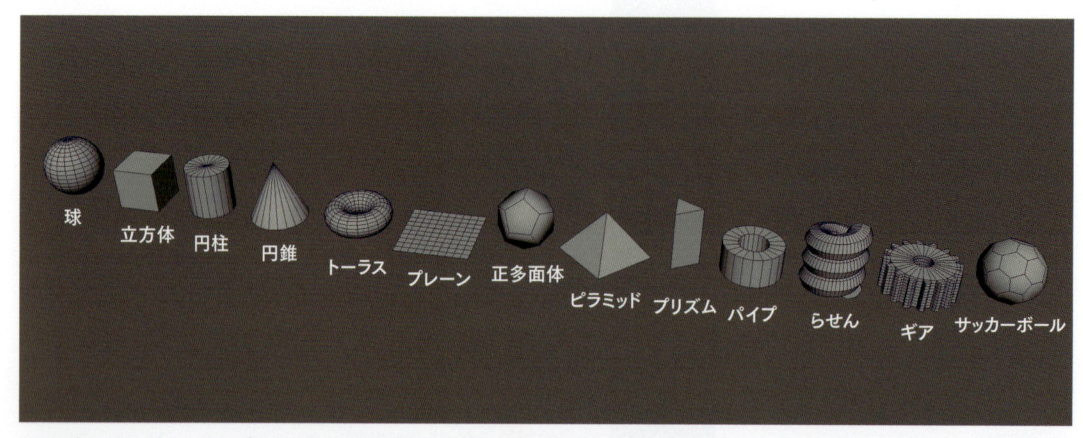

どのポリゴンプリミティブを作業の開始点とするか、作成するオブジェクトのシーン上での使われ方（遠景で使用？近景で使用？など）や作業プランによって、効率良く作業できるプリミティブを選択しましょう。

移動・回転・スケール（マニピュレータの操作）

オブジェクト、コンポーネント、カメラ、ライトなど、シーン上の何かが選択されている状態で、ホットキーのW・E・Rを押すと、赤・緑・青の矢印や球状の線等が表示されます。これを「マニピュレータ」と呼びます。「マニピュレータ」を使用して操作することで、選択したものを「移動」「回転」「スケール」を行うことができます。「マニピュレータ」の基本操作を理解しておきましょう。

サンプルシーン ▶ MayaData/Chap01/scenes/Chap01_Kettle.mb

移動ツール、軸をドラッグして操作

移動ツールを例にすると、オブジェクトを選択して、移動ツールアイコンをクリック、またはWを押すと、マニピュレータが表示されます。

赤・緑・青の矢印はそれぞれX軸、Y軸、Z軸を表しており、任意の矢印をドラッグすることで、選んだ軸の方向のみ移動ができます。

中心をドラッグして操作

マニピュレータの中心にある黄色い正方形をドラッグすると、カメラから見た上下左右に移動させることができます。ただし、この移動方法は意図した場所に正確に移動させることが難しいので、注意が必要です。

回転ツール、スケールツール

回転ツール（E）やスケールツール（R）も基本は移動ツールと同様に、「選択した軸」のみにツールの影響を与えることができます。回転ツール、スケールツールを起動すると下図の状態で起動します。黄色ドラッグ時の各動作は以下のとおりです。

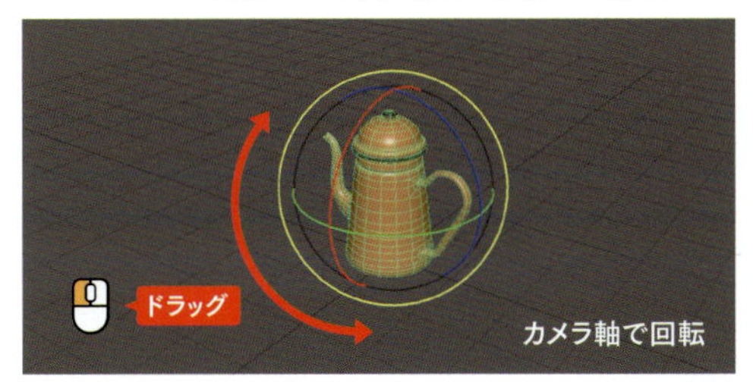

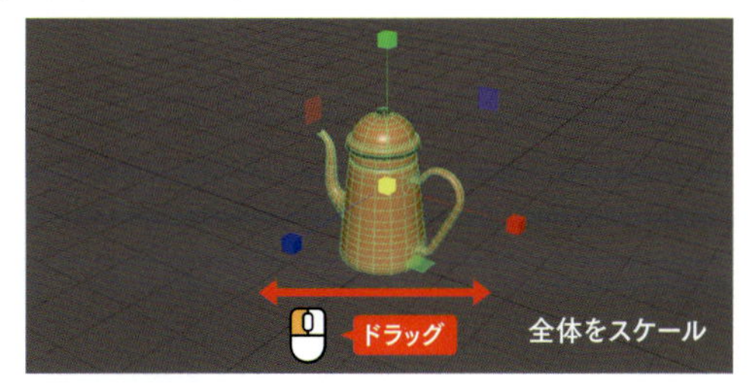

軸ロック、移動、スケール

マニピュレータの軸とは別にXY平面、XZ平面、YZ平面にもそれぞれ赤・緑・青（左図赤い丸）のハンドルがあり、これらをドラッグ移動させることで、赤（X軸）・緑（Y軸）・青（Z軸）をそれぞれ軸ロックした状態で操作できます。

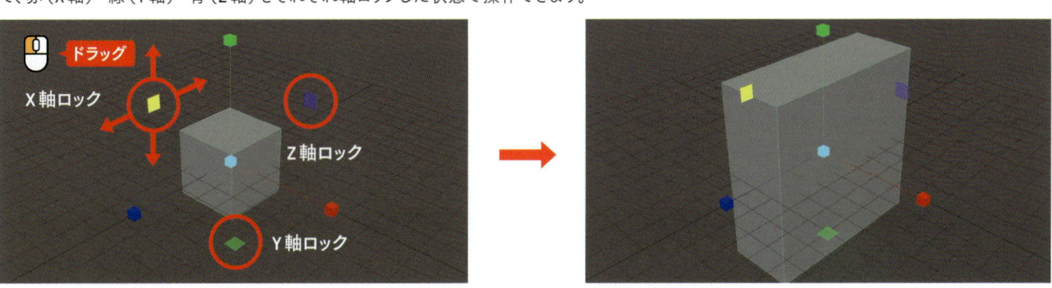

カメラの操作

ビュー上に表示されているものは、カメラに撮られたものが表示されています。カメラを操作することで、様々な位置、角度からオブジェクトを見ることができます。

パースビュー上に表示されているものは・・・。

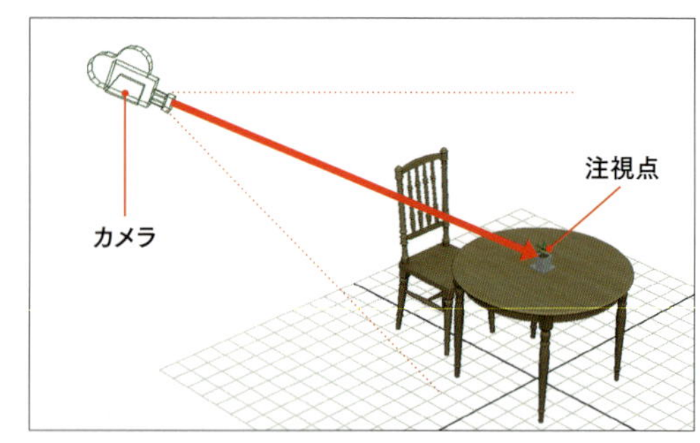

上図のようにカメラから撮られたものが表示されています。カメラ視野の中心を「注視点」といいます。基本的にカメラは常に注視点を見ています。

Altキーとマウスでカメラを操作

Alt とマウスの(左ボタン)、(中ボタン)、(右ボタン)のそれぞれのドラッグでカメラの位置や向きを操作することができます。

●カメラの動き(用語)

ここでは、ビュー上の表示画面とカメラの動きを右図を基準として動きを確認してみよう。

ビュー上の表示画面

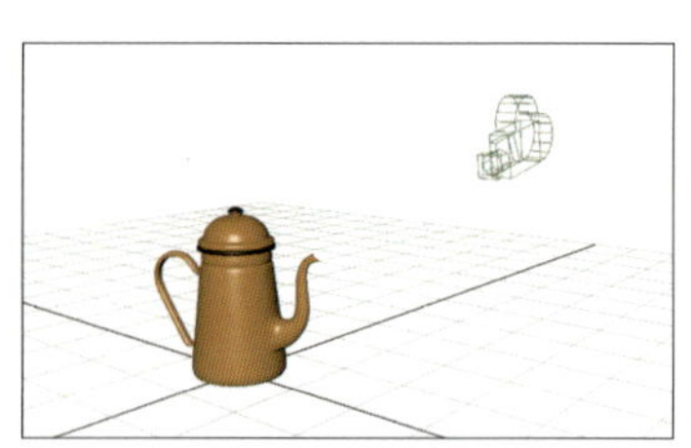

カメラの動き

●タンブル

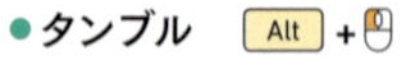

注視点を中心に一定距離を保ったまま回転します。

ビュー上の表示画面

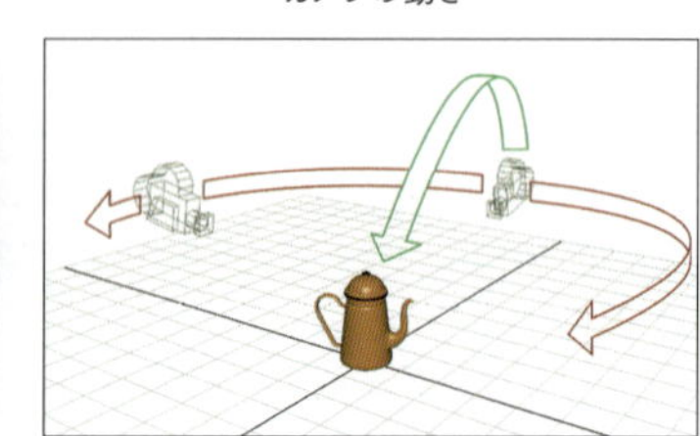

カメラの動き

●トラック Alt +

カメラが上下左右に平行移動します。

ビュー上の表示画面

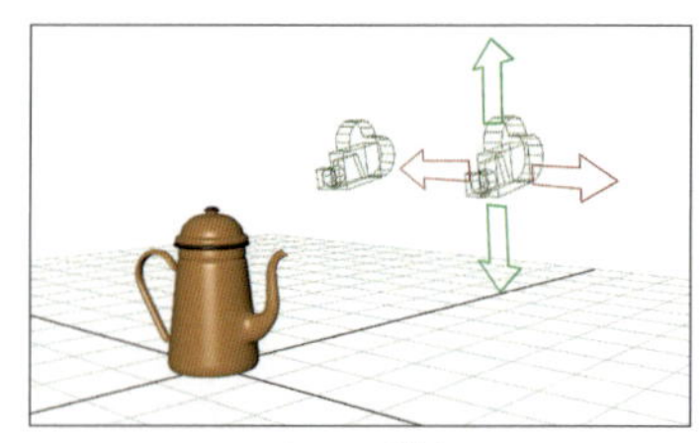

カメラの動き

●ドリー

注視点に対しての距離を近づけたり、遠ざけたりします。

ビュー上の表示画面

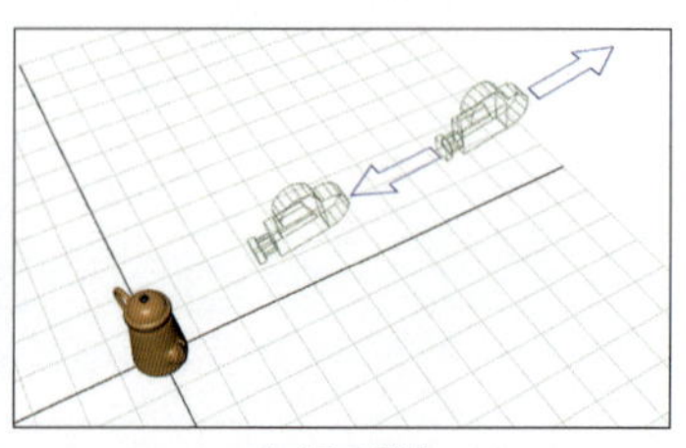

カメラの動き

ホットキーでカメラを瞬間移動

ホットキーのAはシーン上にあるすべてのオブジェクトが見える位置にカメラが瞬時に移動します。またオブジェクト、またはコンポーネントを選択した状態でFを押すと、選択したものをビューの中心に捉えます。これを「ビューフォーカス」といいます。このホットキーのAとFは、カメラ以外Maya上のさまざまなエディタでも同様の動作をします。

● A すべてをフレームに収める

● F 選択項目をフレームに収める

さまざまな選択方法

Mayaのオペレーションは、基本的に「選択」したものを編集する、という作業の繰り返しです。そのためいかに自分の意図した「選択」を行うかが、効率的な作業を行うのに必要な要素の一つとなります。ここでは様々な方法を紹介します。「選択ツール」をアクティブにするには、ツールボックスのをクリックするか、ホットキーのQを押します。

サンプルシーン ▶ MayaData/Chap01/scenes/Chap01_Table_Chair_01.mb

選択（単一）

オブジェクトをで「選択」できます。「選択」すると、図のように「ワイヤフレーム」が緑色にハイライト表示されます。

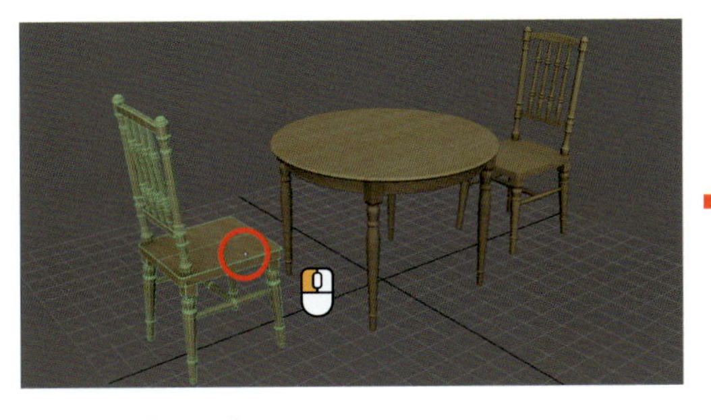

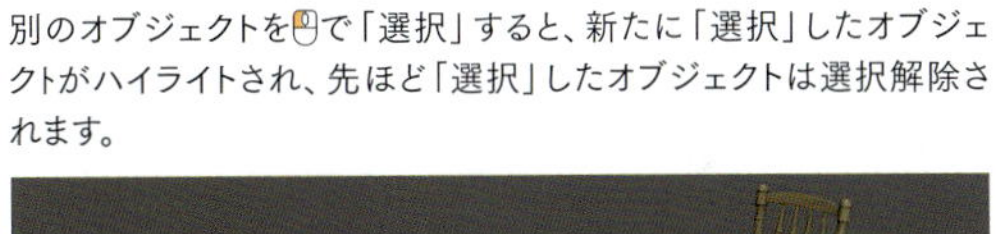

別のオブジェクトをで「選択」すると、新たに「選択」したオブジェクトがハイライトされ、先ほど「選択」したオブジェクトは選択解除されます。

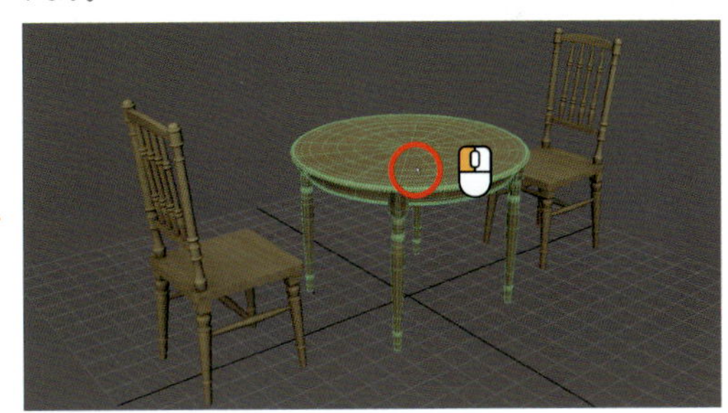

選択（複数）

ドラッグで、点線状の長方形が現れます。その長方形の中にオブジェクトの一部、またはすべてが入るようにします。

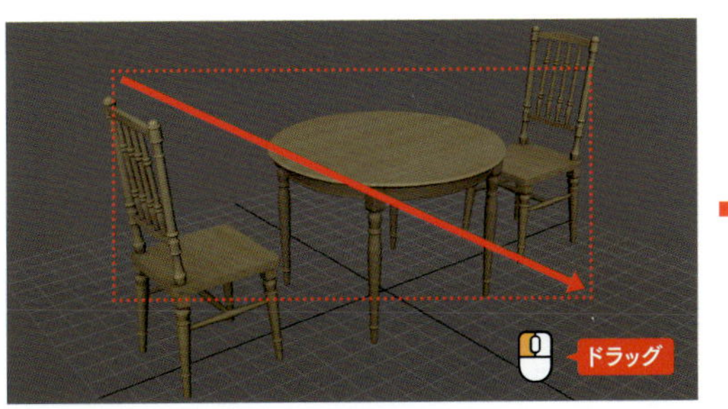

長方形の中にあったオブジェクトがすべて選択されます。

選択解除（単一）

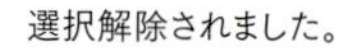

複数選択されている状態から、任意の一つを選択解除するには Ctrl + で選択解除できます。

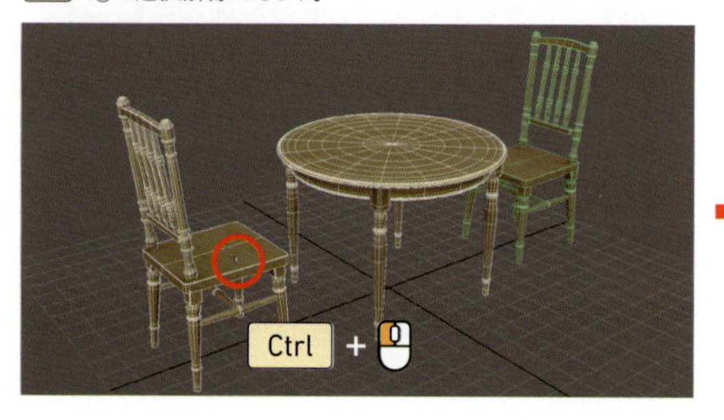

選択解除されました。

選択解除（複数同時）

複数選択されている状態から、Ctrl + ドラッグで、点線状の長方形の中にオブジェクトが入るようにします。

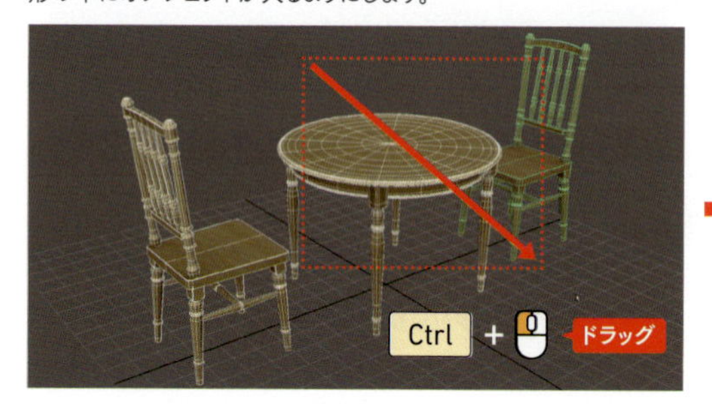

長方形の中にあったオブジェクトがすべて選択解除されます。

選択解除（すべて）

ビュー内の何もないところをします。

すべて選択解除されました。

追加選択（単一）

Ctrl + Shift + で、追加選択できます。

すでに選択されていたオブジェクトの選択が解除されずに、追加で選択できました。

追加選択（複数）

Ctrl + Shift + ドラッグで、複数追加選択できます。

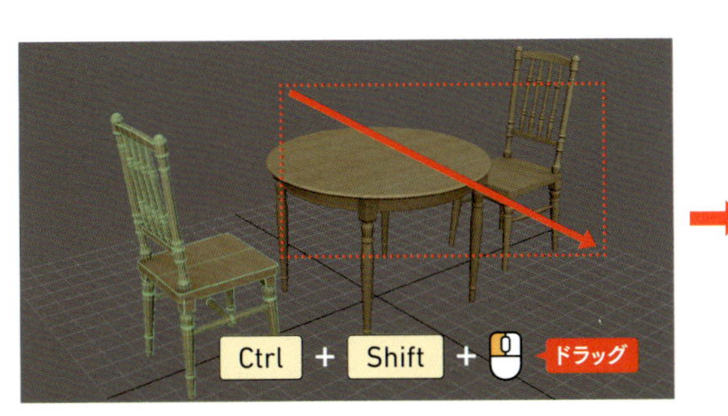

複数追加選択されました。

選択反転（単一）

Shift + で、選択の反転ができます。

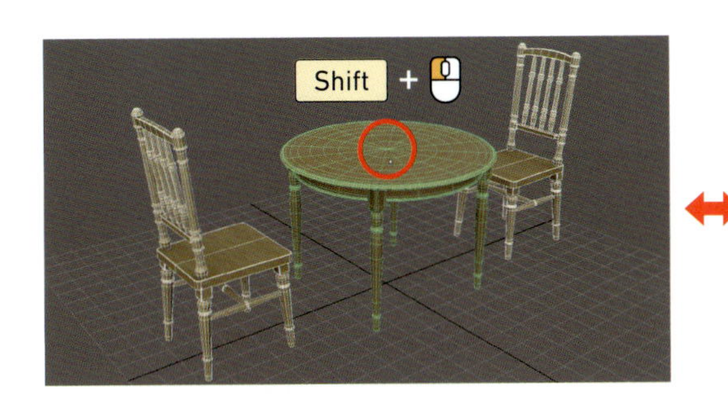

選択されているものは選択解除、選択されていないものは選択されます。

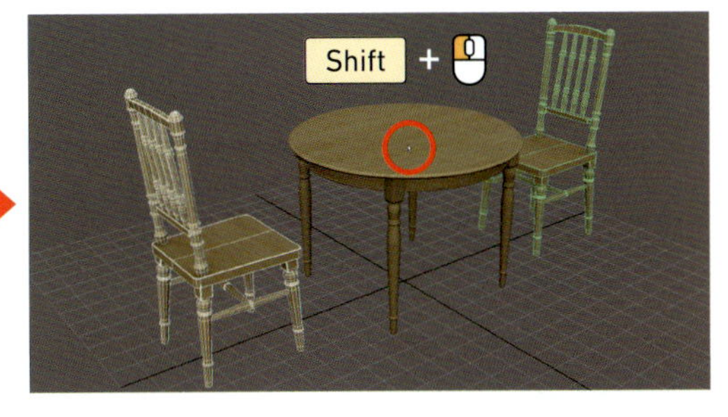

選択反転（複数）

Shift + ドラッグで、囲んだ部分の選択を反転することができます。

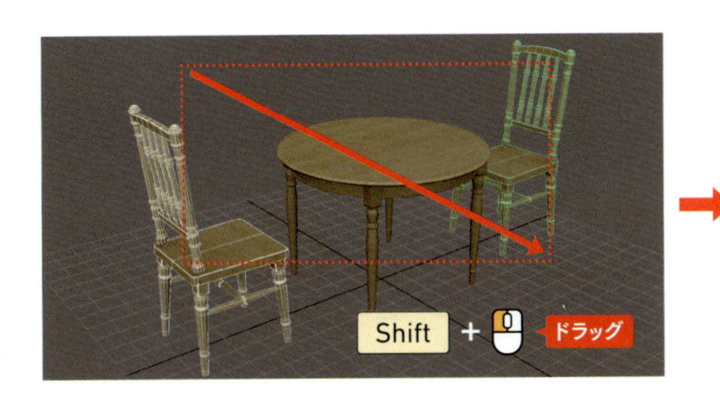

選択されているものは選択解除されます。追加選択と挙動の違いを覚えておきましょう。

ポリゴンコンポーネントの選択：基礎

ポリゴンコンポーネントを選択するには、ホットキーの F8（オブジェクト）F9（頂点）F10（エッジ）F11（フェース）F12（UV）F7（マルチ選択）Alt ＋ F9（頂点フェース）を押す、またはオブジェクト、コンポーネントを選択した状態で🖱を押し続けると、下図のマーキングメニューが表示され、選択したいコンポーネントモードを選択することで任意のコンポーネントを選択することができます。各コンポーネントを選択すると、さまざまな色でハイライトされます。※下画像は説明用に画像合成しています。

ホットキーでのポリゴンコンポーネントの選択

F8　オブジェクトモード

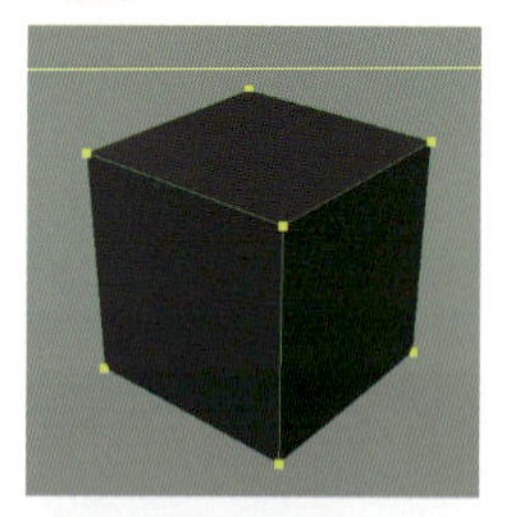

非選択オブジェ：なし
選択オブジェ：緑色

F9　頂点モード

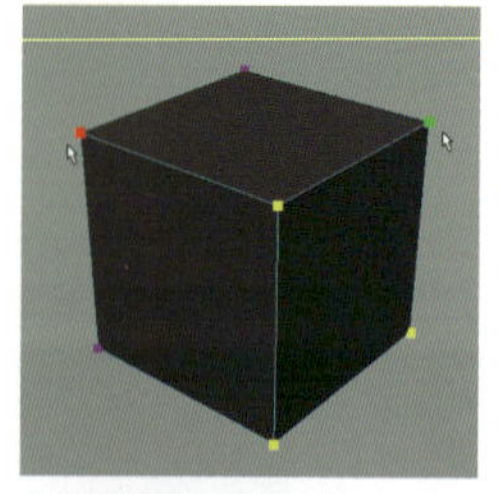

非選択頂点：ピンク色
選択頂点：黄色
非選択頂点付近：赤色
選択頂点付近：緑色

F10　エッジ（線）モード

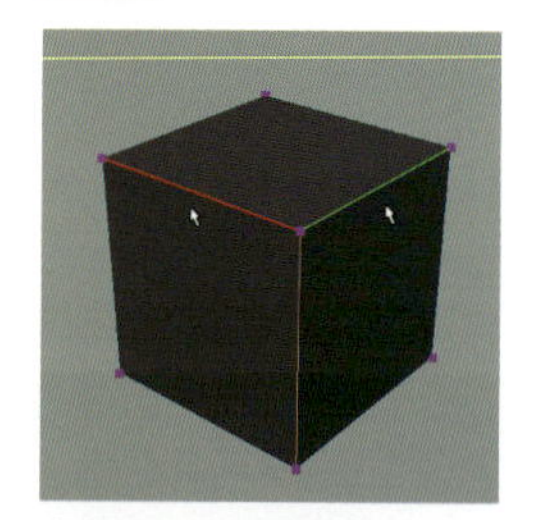

非選択エッジ：水色
選択エッジ：オレンジ色
非選択エッジ付近：赤色
選択エッジ付近：緑色

F11　フェース（面）モード

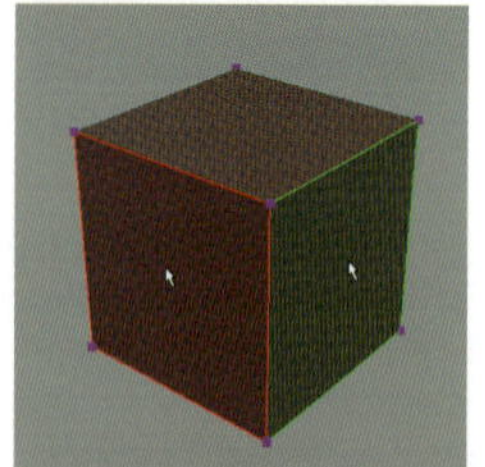

非選択面：マテリアルカラー
選択面：オレンジ色
非選択面付近：赤色
選択面付近：緑色

F12　UVモード

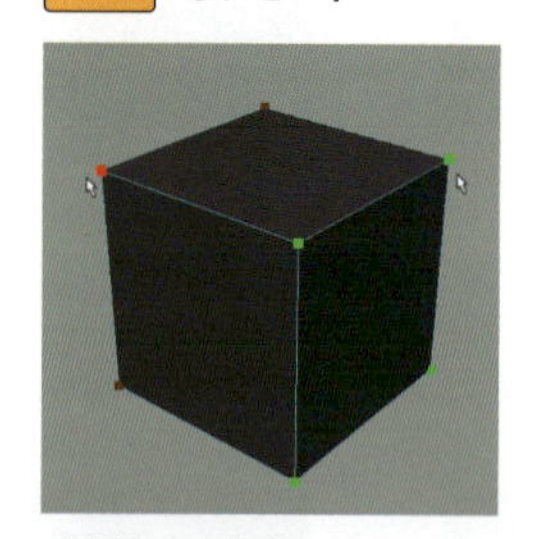

非選択UV：茶色
選択UV：緑色
非選択UV付近：赤色
選択UV付近：緑色（拡大）

F7　マルチコンポーネントモード

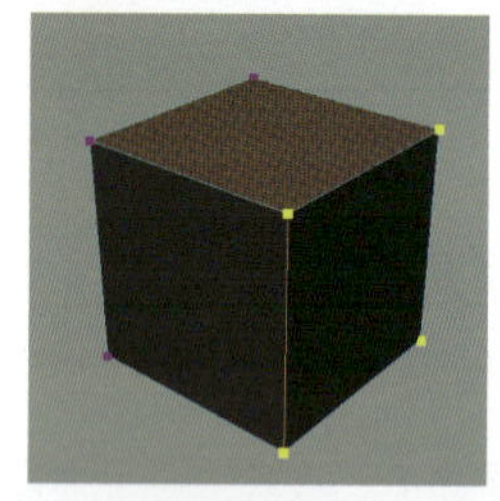

各モード同様です。
マルチコンポーネントモードでは選択モード間を変更せずに、3つのコンポーネントタイプをすべて選択、操作することができます。

Alt ＋ F9　頂点フェースモード

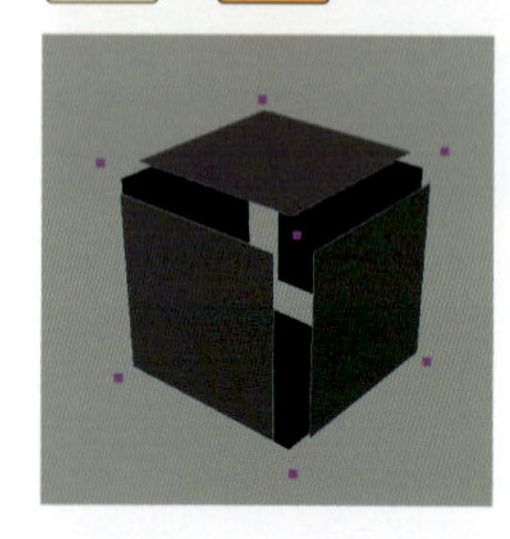

頂点モード同様。
頂点フェースモードは、フェースの各頂点にカラー情報を割り当てるときに使用します。頂点がフェース間で共有されている場合でも、共有する頂点ごとにカラーを持つことができます。本書では頂点カラーは取り扱いません。

MEMO　微調整モード

各コンポーネント選択モードで、コンポーネントを選択しなくても、トランスフォームツールがアクティブ時には🖱ドラッグで「微調整」できます。カメラ座標と平行に動作します。

マーキングメニューでのポリゴンコンポーネントの選択

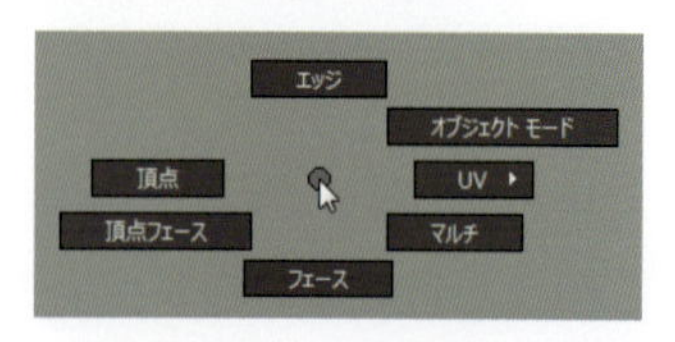

オブジェクト、またはコンポーネントが選択された状態でビュー上で🖱すると、上図のマーキングメニューが現れます。

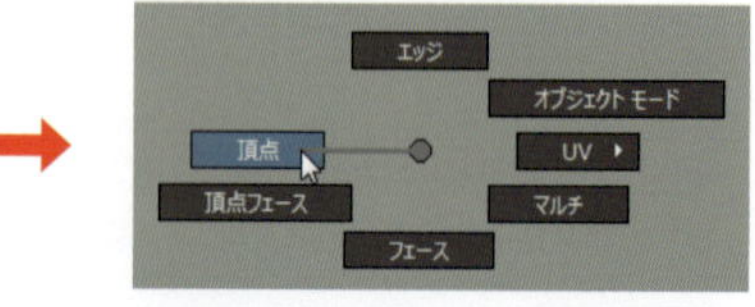

🖱のまま、マウスカーソルを移動させて、メニューを選択します。

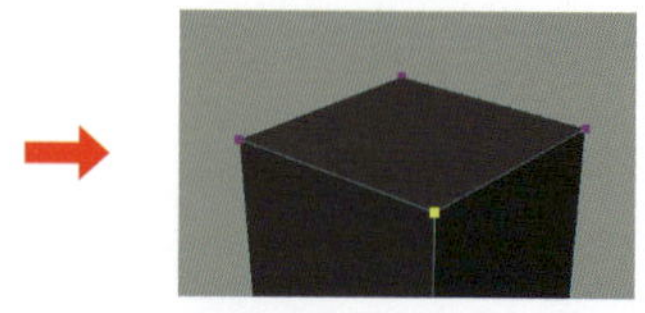

選択したコンポーネントが選択できます。

ポリゴンコンポーネントの選択：応用

■ 頂点シェル選択

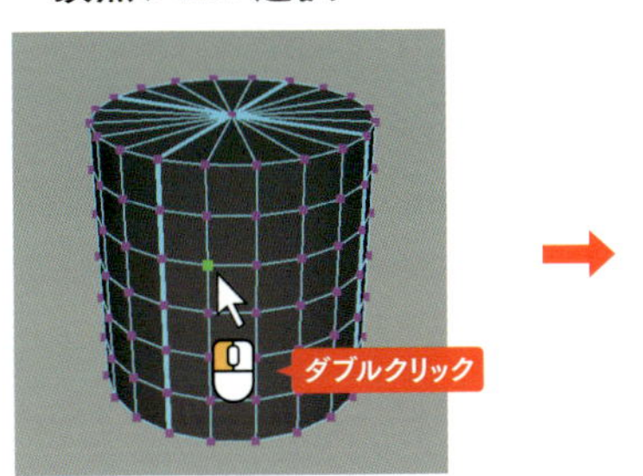

頂点をダブルクリック。

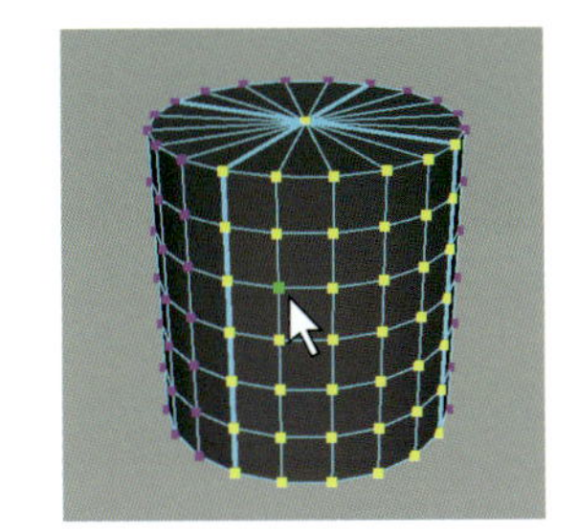

頂点がポリゴンシェル単位で全て選択されました。
（ポリゴンシェルについては、P.075「ポリゴンシェルとは」参照）

■ 頂点ループ選択

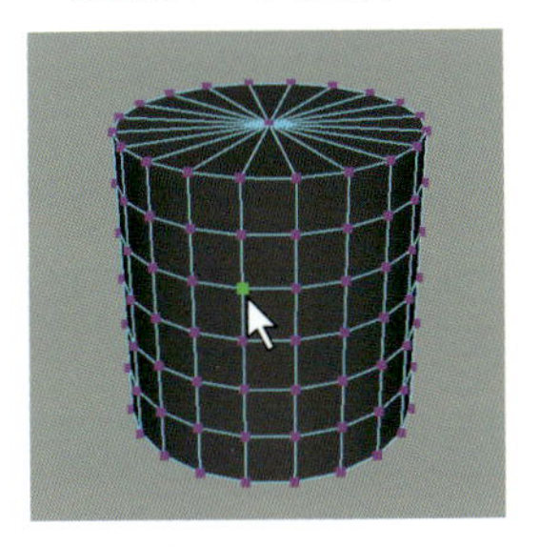

頂点を選択。

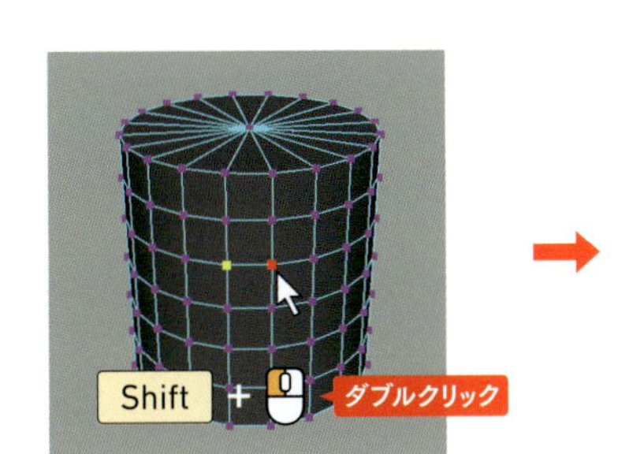

選択した頂点の同一緯度線または経度線上の隣接している頂点をダブルクリック。

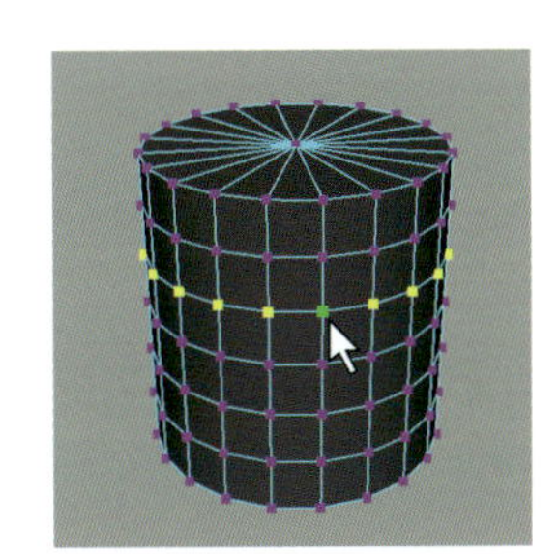

頂点がループ選択されました。

■ 部分頂点ループ選択

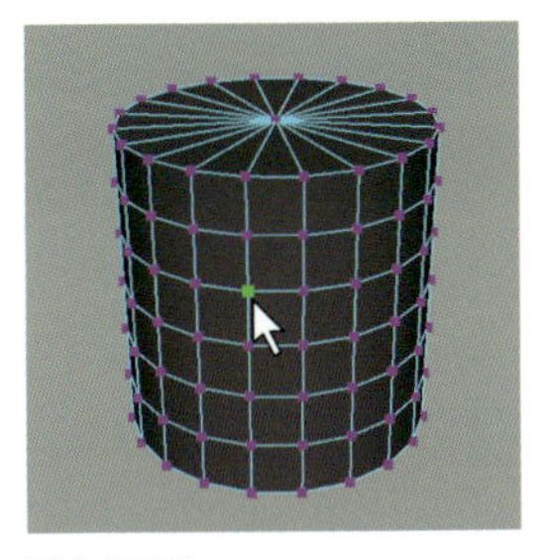

頂点を選択。

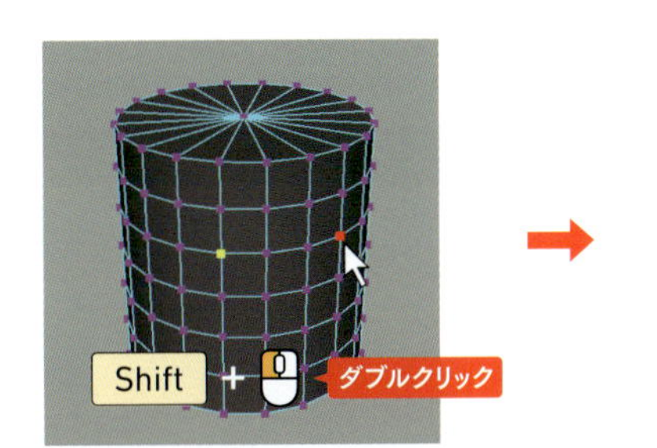

選択した頂点の同一緯度線または経度線上の隣接していない頂点をダブルクリック。

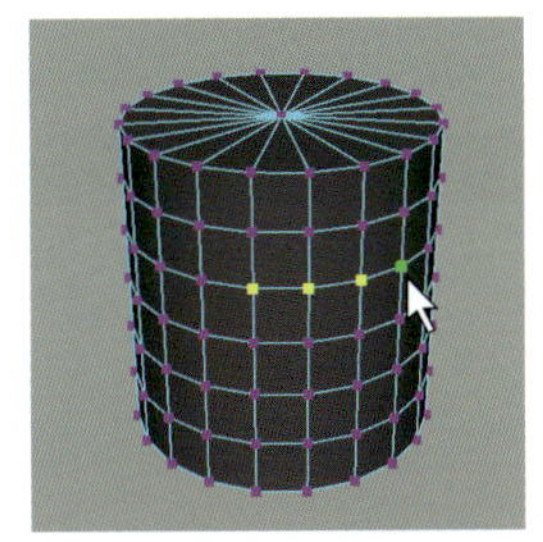

2つの頂点の間にある頂点が選択されました。

■ エッジループ選択

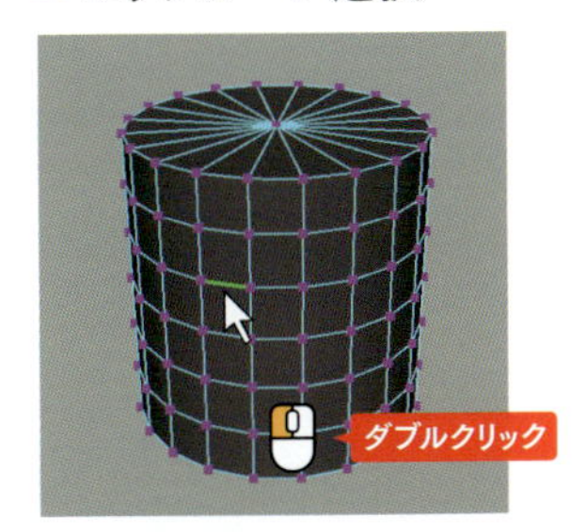

エッジをダブルクリック。

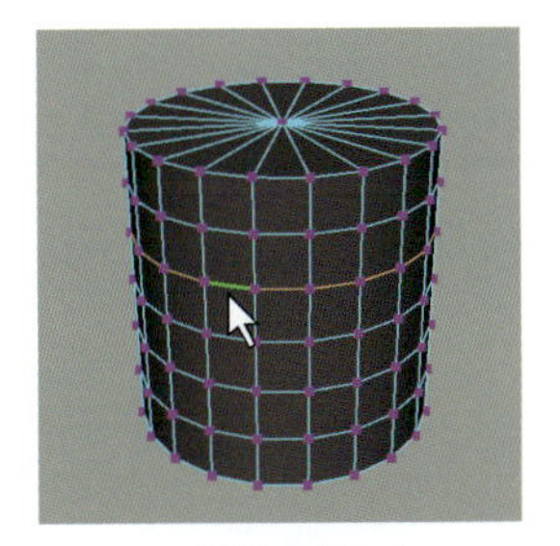

エッジループ選択できました。

■ 部分エッジループ選択

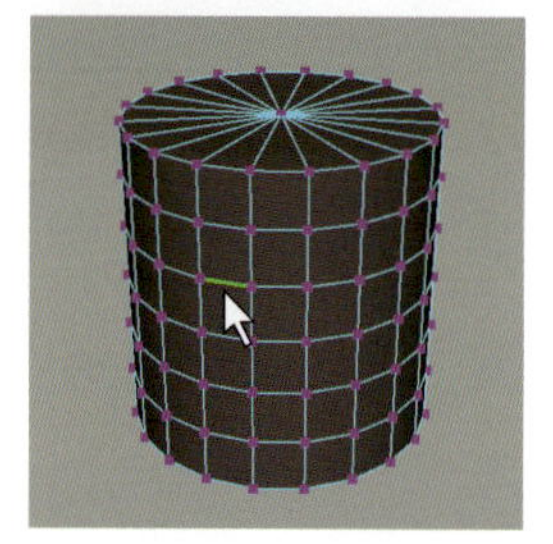

エッジを選択。

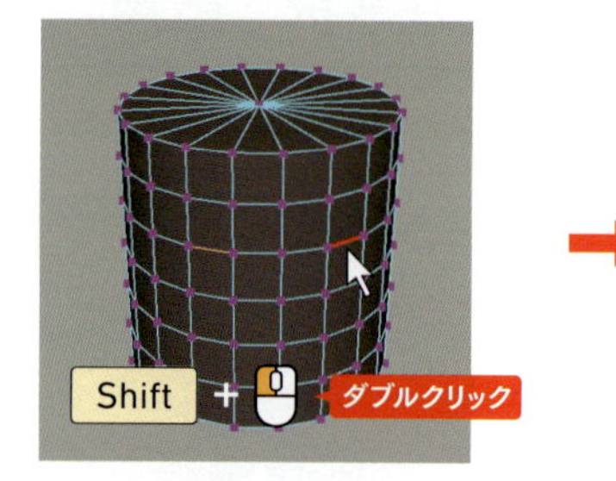

同一線上の隣接していないエッジを Shift ＋🖱ダブルクリック。

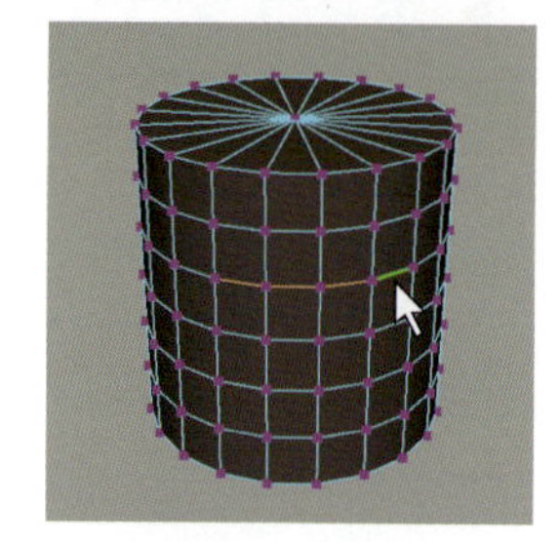

2つのエッジの間にあるエッジが選択されました。

■ エッジリング選択

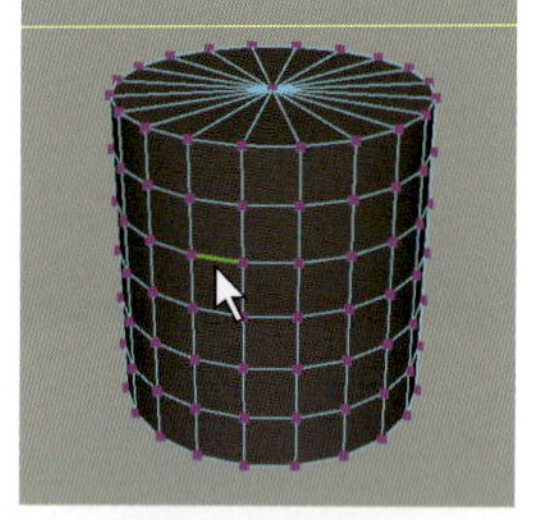

エッジを選択。

隣接する平行エッジを Shift ＋🖱ダブルクリック。

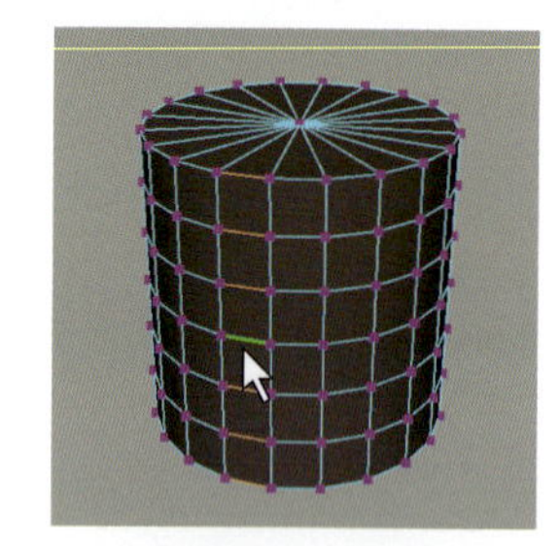

エッジリング選択できました。

■ 部分エッジリング選択

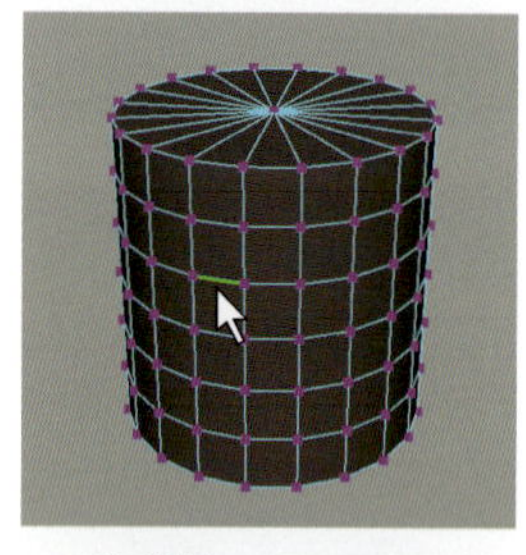

エッジを選択。

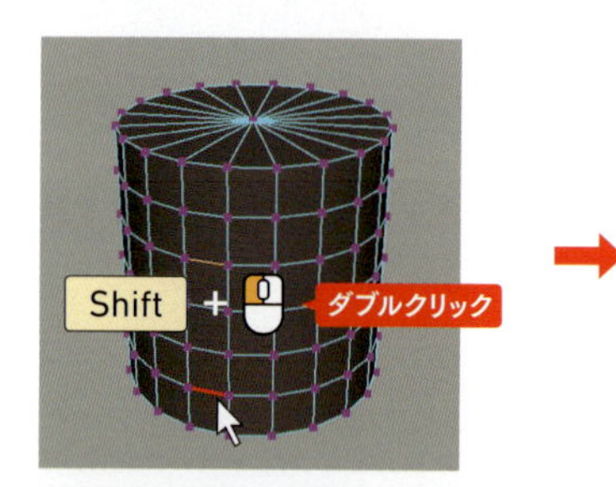

隣接していない平行エッジを Shift ＋🖱ダブルクリック。

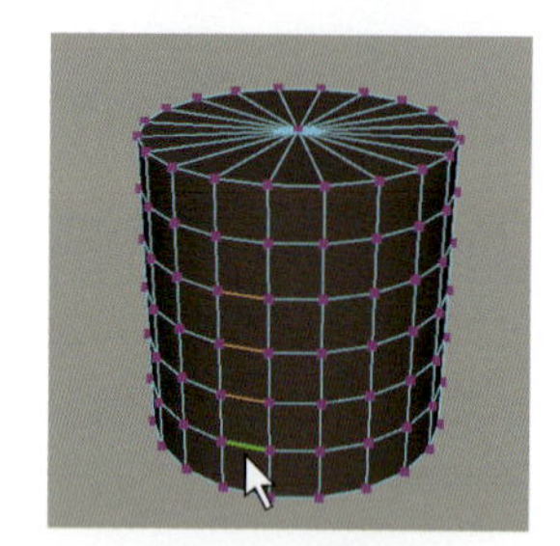

部分エッジリング選択できました。

■ フェースシェル選択

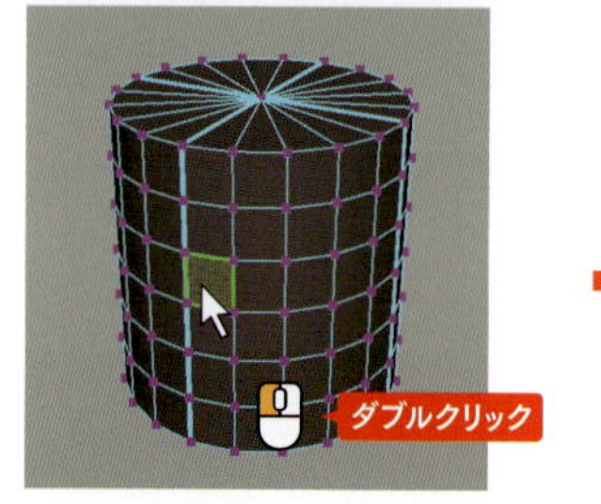

🖱ダブルクリック

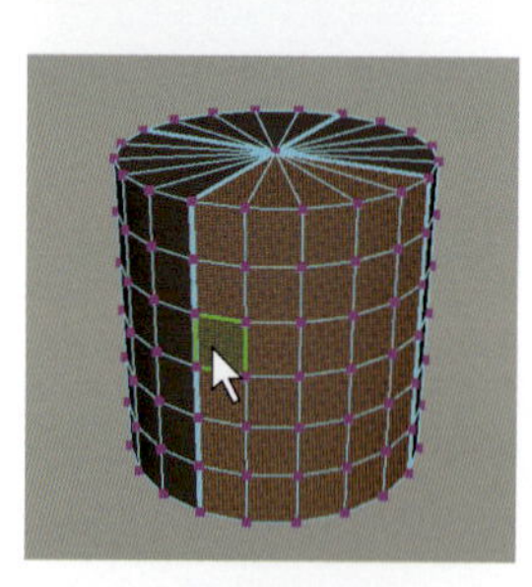

フェースシェル選択できました。

■ フェースループ選択

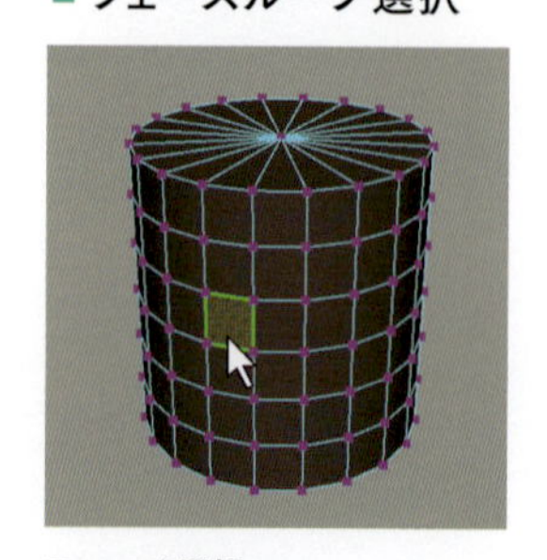

フェースを選択。

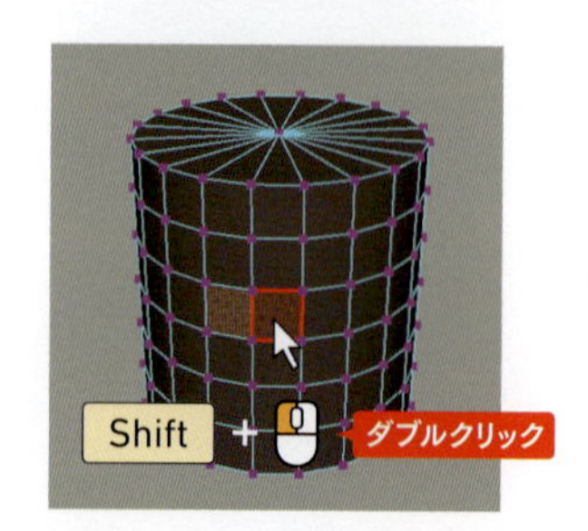

隣接するフェースを🖱ダブルクリック。

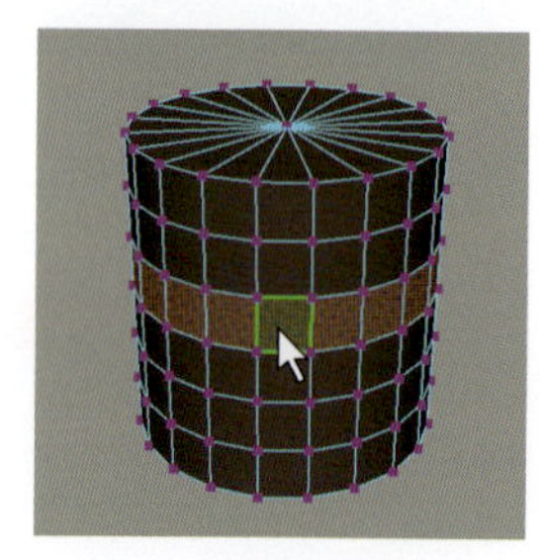

フェースループ選択できました。

■ 部分フェースループ選択

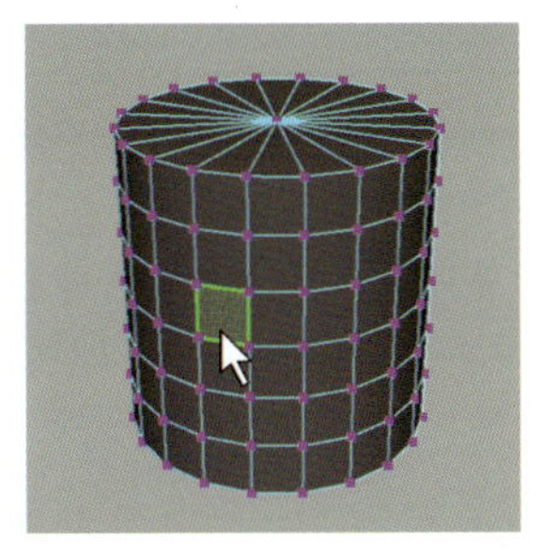

フェースを選択。

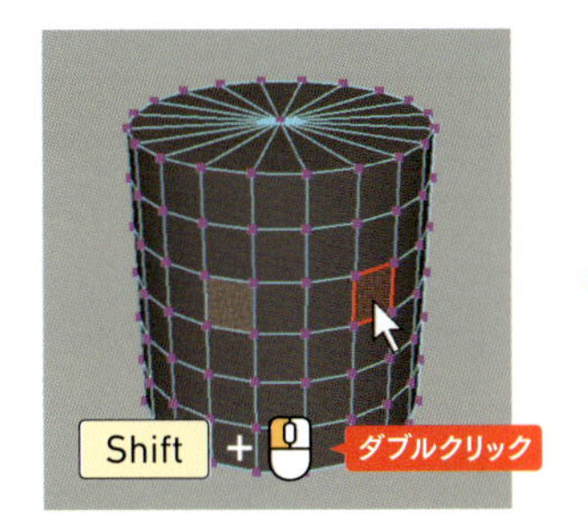

同一線上の隣接していないフェースを Shift ＋ ダブルクリック。

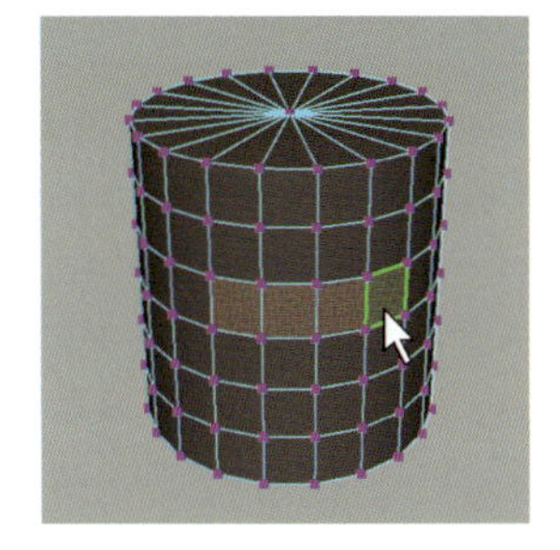

部分フェースループ選択できました。

各ポリゴンコンポーネントを移動させてみよう

ポリゴンコンポーネントを選択した状態でホットキーの W・E・R を押すと、オブジェクト同様にマニピュレータを使用してポリゴンコンポーネントに対して「移動」「回転」「スケール」を行うことができます。コンポーネントを移動させると、メッシュの形を変形させることができ、様々な形のオブジェクトを作成することができます。この形を作る作業を「モデリング」といいます。「モデリング」については第２章で詳しく解説します。

ポリゴンコンポーネントの移動

■ 頂点の移動

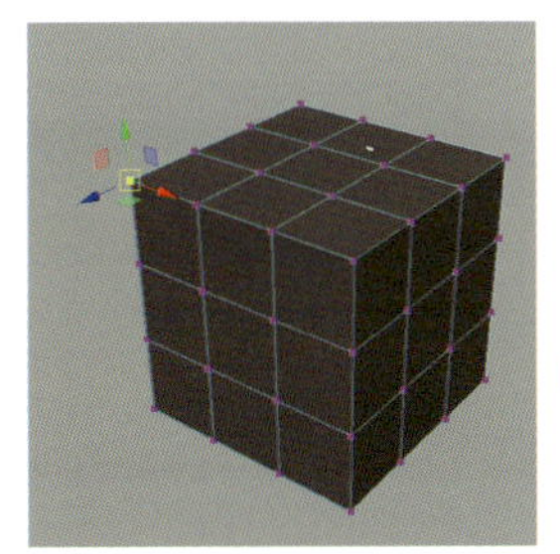

F9 を押して頂点モードにして任意の頂点を選択します。移動ツールをアクティブにします。

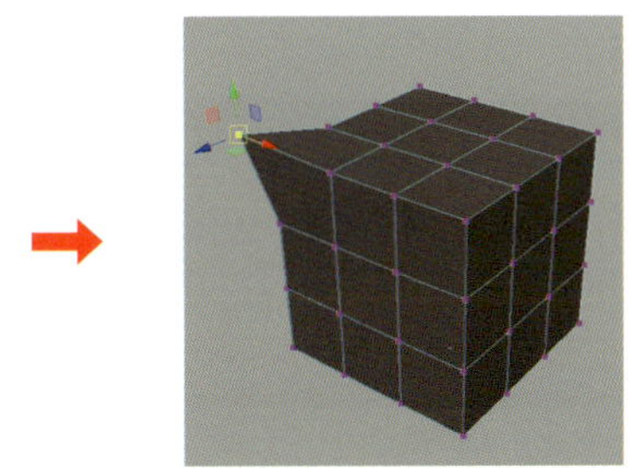

マニピュレータをドラッグして、移動させると選択した頂点が移動します。

■ エッジ（線）の移動

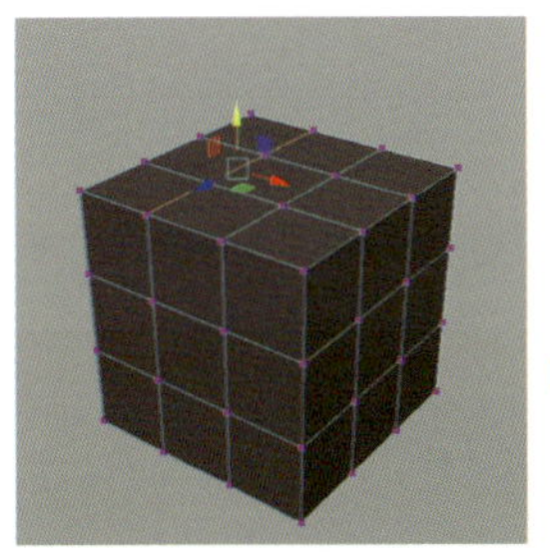

F10 を押してエッジモードにして任意のエッジを選択します。移動ツールをアクティブにします。

マニピュレータをドラッグして、移動させると選択したエッジが移動します。

■ フェース（面）の移動

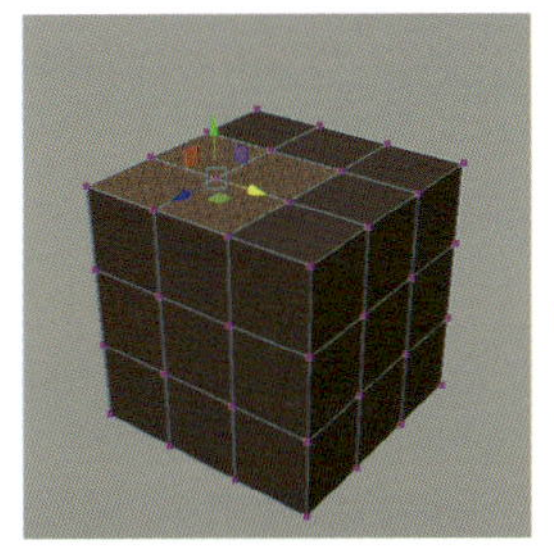

F11 を押してフェース（面）モードにして任意のフェースを選択します。移動ツールをアクティブにします。

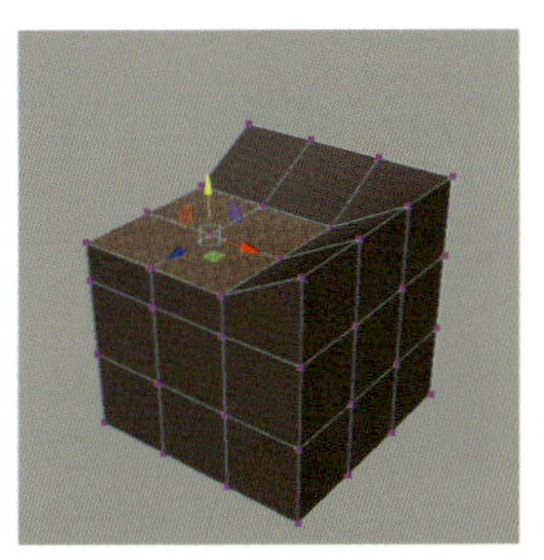

マニピュレータをドラッグして、移動させると選択したフェース（面）が移動します。

ピボットの操作

ピボットは、オブジェクトの回転やスケールを行う際の中心位置を定義するものです。デフォルトでは、オブジェクトのピボットはオブジェクトの中心に配置されています。ピボットを移動させることで、オブジェクトの中心からだけでなく、任意の位置を中心に回転、スケールを行うことができます。オブジェクトの「移動」「回転」「スケール」を行うにはマニピュレータを使用します。マニピュレータはピボットの位置に表示されます。ピボットの位置の編集は、カスタムピボットの編集モード、Dまたは Insert で編集できます。ここではオブジェクトのピボットを移動させて、そのピボットを中心に回転させてみましょう。

ピボットの編集

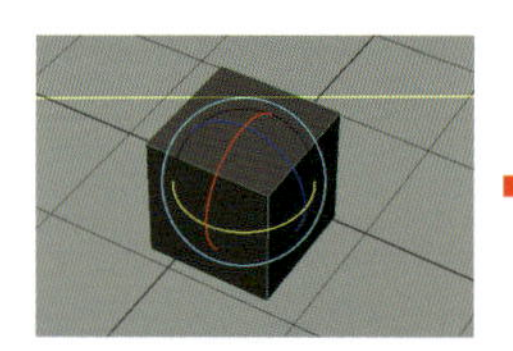

オブジェクトを選択して回転ツールアイコンをクリック、または E を押して、回転ツールを表示します。

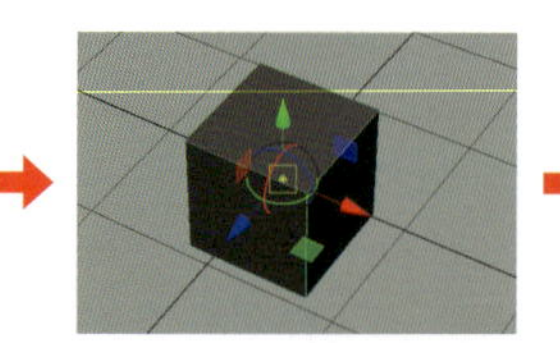

ホットキーの D または Insert を押すと、「カスタムピボットの編集モード」に切り替わります。(上図のようなマニピュレータに変化)

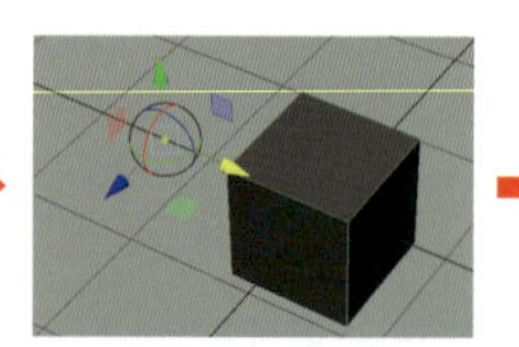

任意の場所にピボットを移動させます。

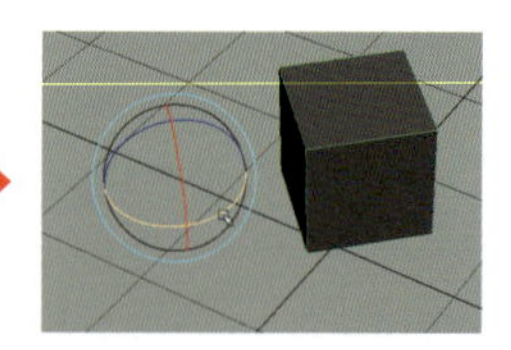

再びホットキーの D、または Insert を押すと、「カスタムピボットの編集モード」が終了して、回転ツールに切り替わり、そのピボットの位置を中心にオブジェクトを回転させることができます。

ピボットポイントを任意のコンポーネントにスナップ移動

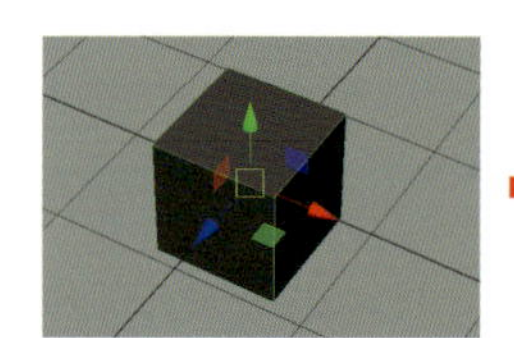

デフォルトではオブジェクトの中心にピボットは配置されています。

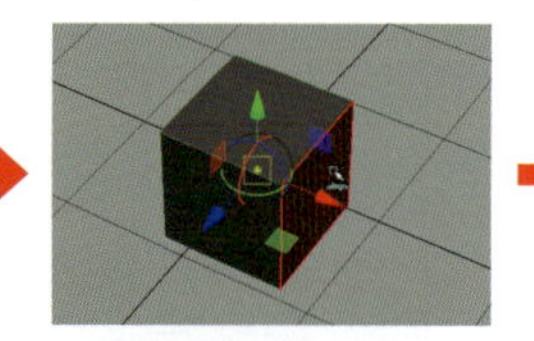

カスタムピボットの編集モードに入るとマニピュレータが上図のように変化して、マウスカーソルのあるコンポーネントが赤く表示され、クリックすると・・・。

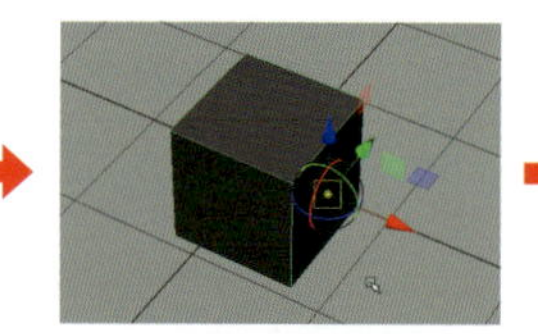

クリックしたコンポーネントの中心にピボットが移動します。編集モードを終了すれば、設定したピボットを中心に回転、スケールを行えます。

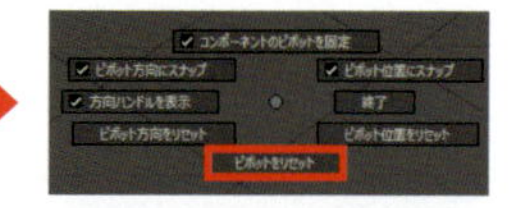

でカスタムピボットの編集モードの［マーキングメニュー］が出ます。ここから「ピボットのリセット」を選択すれば、初期値にリセットされピボットポイントはオブジェクトの中心に戻ります。

ピボットの注意点

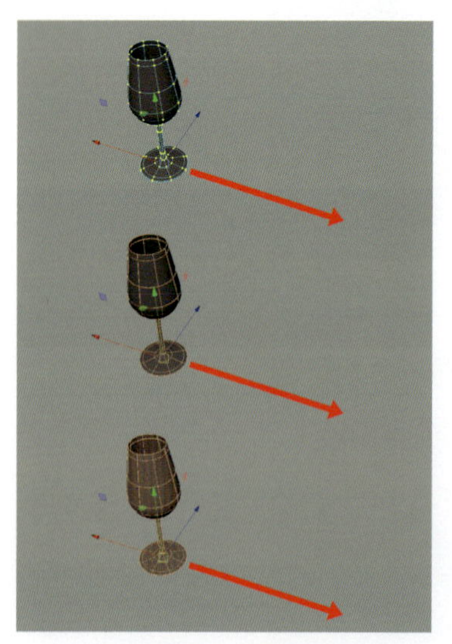

コンポーネント選択状態で移動させると・・・。

オブジェクト選択して移動させると、ピボットはオブジェクトの中心のまま移動しますが、コンポーネント(頂点、エッジ、フェース)を選択して移動させると、ピボットは付いてきません。

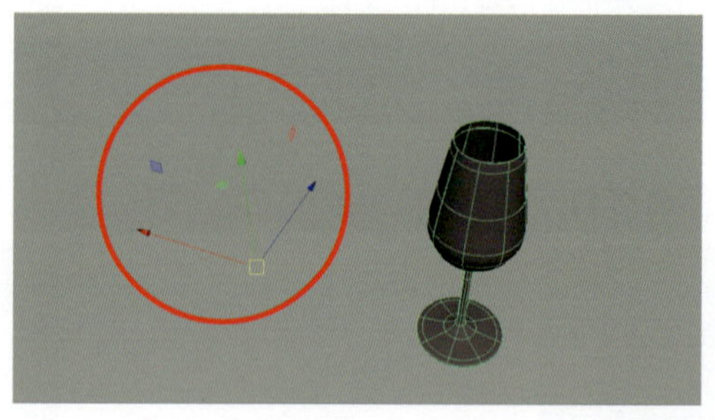

コンポーネントは移動するが、ピボットポイントは移動しません。

オブジェクトの中心から外れてしまったピボットポイントを戻すにはメインメニューの［修正］ > ［中央にピボットポイントを移動］を選択すると、オブジェクトの中心にピボットが移動します。

Chapter

1-2

インタフェース

P.018 の「ポリゴンプリミティブの種類」のパートで、作成するには2つの方法があると紹介しましたが、コマンドを実行する方法は主に3つあります。(ホットキーを入れれば4つ)ここではその方法を紹介します。

コマンドを実行する主な3つの方法

■ 方法1:シェルフのアイコンをクリックして実行

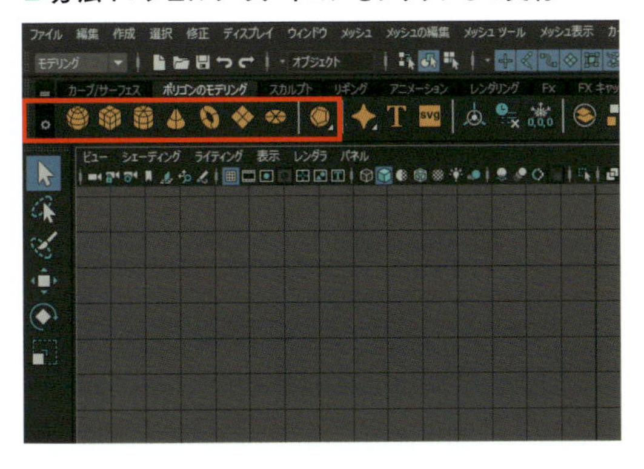

■ 方法2:メインメニューから実行

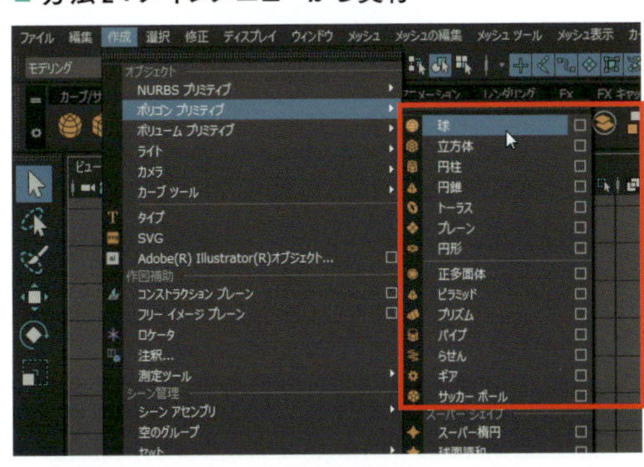

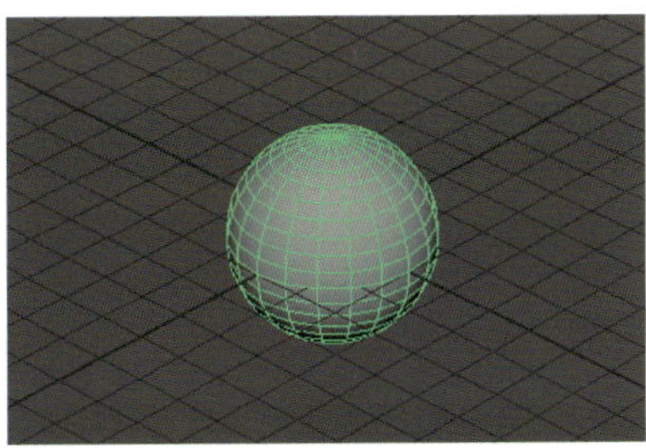

同じコマンドを実行しているので、当然結果も同じです。ポリゴンプリミティブの球が作成されました。

■ 方法3:ホットボックスから実行

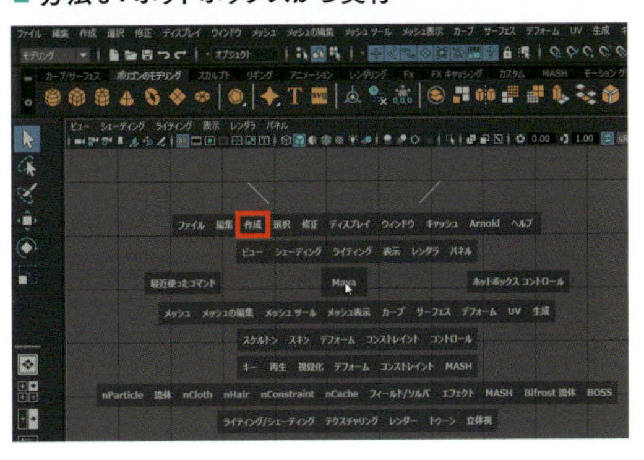

このようにコマンドを実行するのに複数の方法があります。Mayaのインタフェースには非常に多くのアイコンが並んでいますが、ほとんどはメインメニューの中にある、よく使うコマンドをアイコン化してダイレクトに実行できるようになっているだけです。自分の好みのコマンドの実行方法でアクセスしましょう。

Mayaのメインウィンドウ

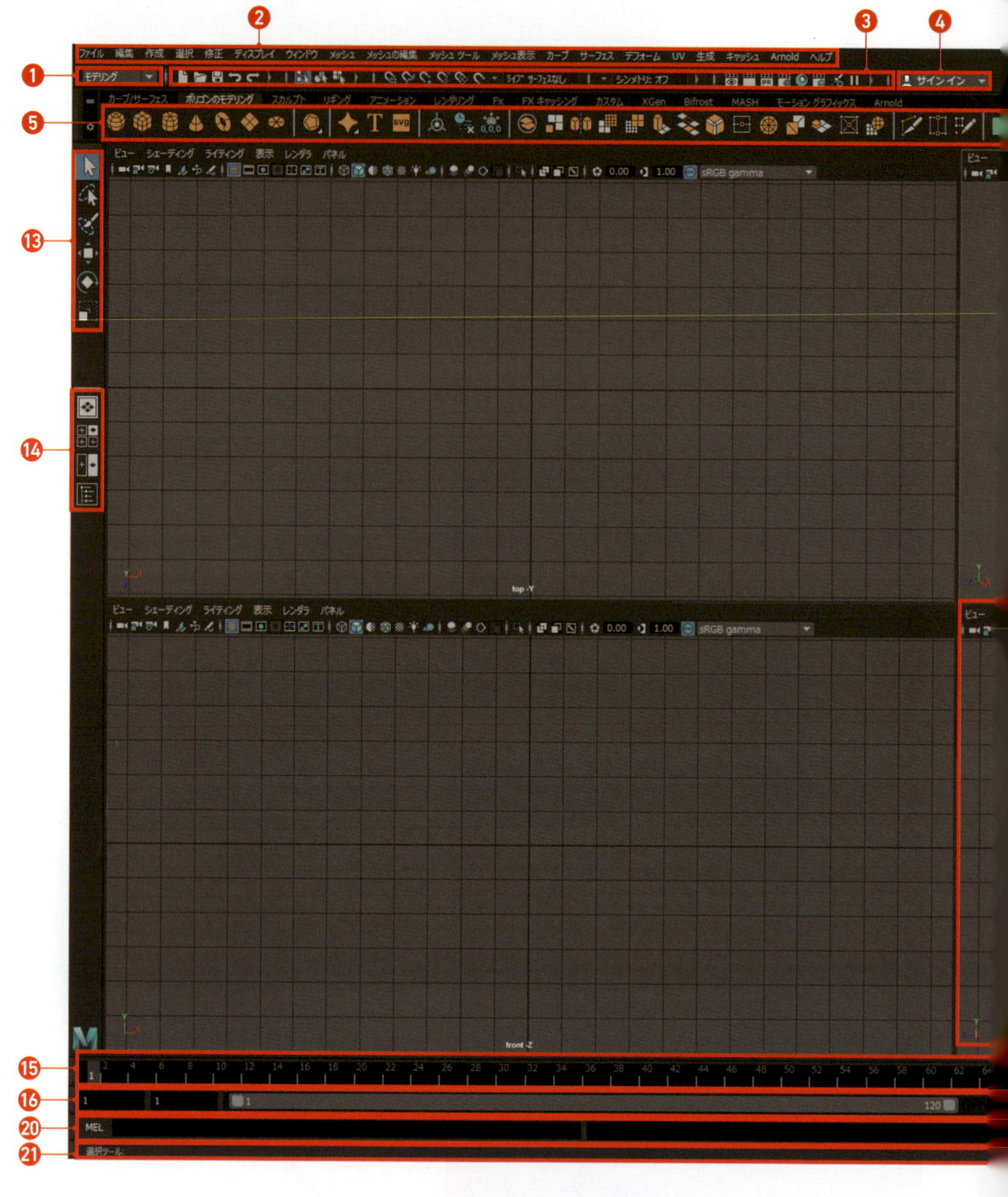

❶ メニューセット
モデリング、リギング、アニメーション、FX、レンダリングのカテゴリを選択することでメインメニュー内容が変化します。

❷ メインメニュー
各カテゴリのシーンで作業するためのツールとアクションがメニュー内に含まれています。

❸ ステータスライン
一般的に使用されるコマンドアイコンです。（ファイルの保存、オブジェクトの選択、スナップ、レンダリング設定など）

❹ ユーザーアカウントメニュー
Autodeskアカウントにログインします。ライセンス管理やオートデスク製品の購入を利用する場合にクリックします。

❺ シェルフ
一般的なタスク用アイコンがカテゴリ別タブで整理されています。カスタムシェルフを作成して、ショートカットを登録できます。

❻ ワークスペースセレクタ
様々なワークフロー用に作成されたウィンドウやパネルを配置したワークスペースを選択できます。

❼ サイドバーアイコン
使用頻度の高いツールを開閉できます。これらのツールは❽❾❿の［ペインタブ］に開閉します。

❽ チャネルボックス
選択したオブジェクトのアトリビュートやキーの値を編集できます。

❾ モデリングツールキット
モデリングで使用頻度の高いメニュー「メッシュ」「メッシュの編集」「メッシュツール」がまとまっているツールキット。

❿ アトリビュートエディタ
選択したオブジェクトの様々なアトリビュートが表示されます。

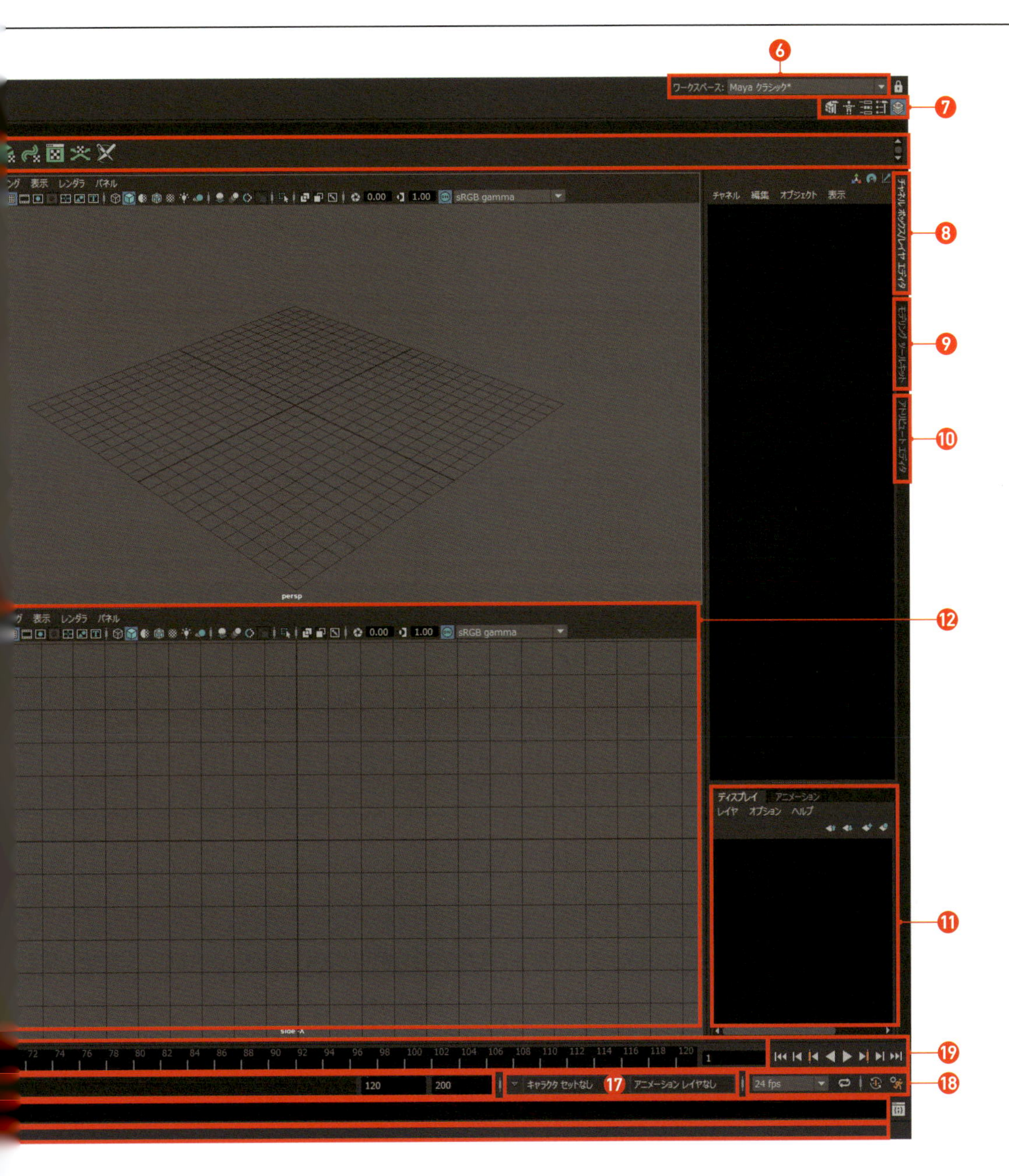

⑪ レイヤエディタ
ディスプレイレイヤはオブジェクトの整理と管理、アニメーションレイヤはブレンド、ロック、ミュートを管理します。

⑫ ビューパネル
［パネルメニュー］と［パネルツールバー］から構成され、シーン内のオブジェクトの表示方法を様々に切り替えられます。

⑬ ツールボックス
シーン内のオブジェクトを選択と変換するために常時使用するツールです。

⑭ クイックレイアウト / アウトライナボタン
ワンクリックでビューパネルのレイアウトを変更できます。一番下のボタンはアウトライナが開きます。

⑮ タイムスライダ
⑯のレンジスライダによって定義されている「利用できる時間」を示しています。現在の時間や選択したノードのキーも表示。

⑯ レンジスライダ
シーンでのアニメーションの開始時間と終了時間を設定できます。

⑰ アニメーション / キャラクタメニュー
アニメーションレイヤやキャラクタセットの管理ができます。

⑱ 再生オプション
フレームレート、ループコントロール、などのアニメーションをシーン内で再生する方法をコントロールできます。

⑲ 再生コントロール
アニメーションの再生、逆再生などをコントロールできます。

⑳ コマンドライン
コマンドを直接入力して、実行できます。左側には「MEL」コマンドの入力領域、右側にはそのフィードバックが表示されます。

㉑ ヘルプライン
ツール、またはメニュー項目上にマウスカーソルを移動すると、それらの簡易的な説明が表示されます。

メニューセットとメニュー

メニューセットは5つあり、ステータスラインのドロップダウンメニューから選択できます。それぞれにホットキーが割り当てられており、「モデリング F2」「リギング F3」「アニメーション F4」「FX（ダイナミクス） F5」「レンダリング F6」で切り替えることができます。各メニューセットの左から7つ目までは共通メニュー、8つ目から各メニューセット固有メニューとなっています。

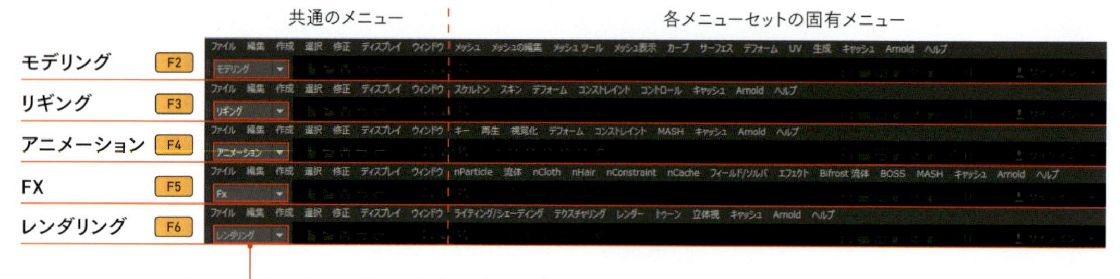

メニューセットのメニュー（ドロップダウンメニュー）

メニューを切り離す

メニューを表示して一番上の「ティアオフ行」をクリックすると切り離すことができます。メニューを繰り返し使用する際にはメニューをティアオフすると便利です。閉じる際にはウィンドウの「×」ボタンをクリックしてティアオフメニューを閉じます。

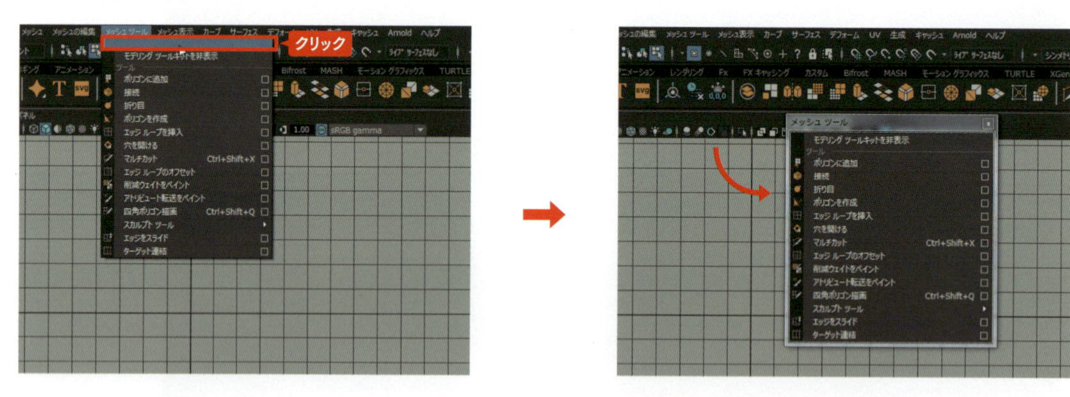

メニューオプション

各メニュー項目の右端にある、■はその項目のオプション設定（詳細な設定）があり、▶はその項目に選択メニューがあることを表しています。

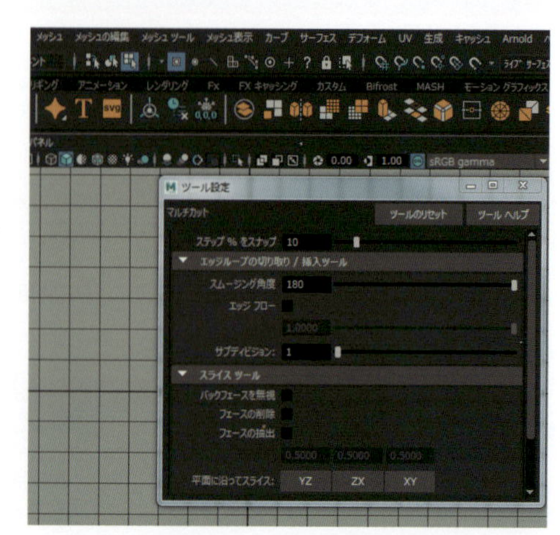

ステータスライン

ステータスラインでは「メニューセットの変更」「共通機能へのアクセス」「セレクションマスクの制御」「各種オプションの設定」「サイドバーの内容の変更」が行えます。また、現在選択されているステータスが表示されます。ステータスラインはデフォルトでいくつかの項目が非表示になっています。これらは▶や▮をクリックすることで表示 / 非表示を切り替えられます。よく使用する主なものを紹介します。

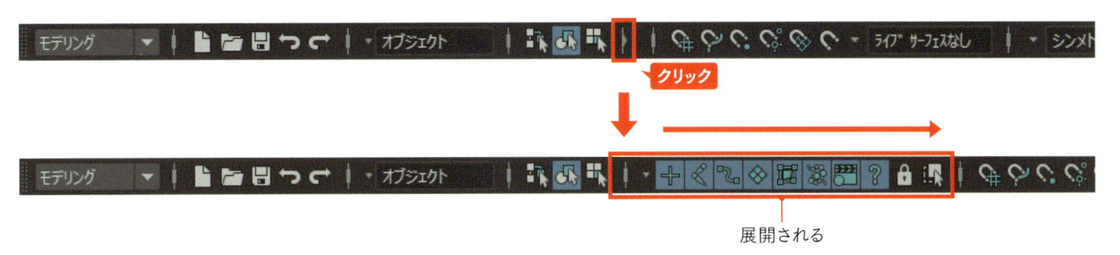

スタータスラインの各項目

[ファイルボタン／元に戻す・やり直す]
新規シーンを開く、既存シーンを開く、シーンを保存などが行えます。

[セレクションモードメニュー]
選択可能なオブジェクトタイプまたはコンポーネントタイプを定義。

[セレクションモードボタン]
階層、オブジェクト、コンポーネントの選択モードを切り替えます。

[セレクションマスクボタン]
特定のオブジェクト、またはコンポーネントのタイプを選択可／選択不可にすることができます。ロックをクリックすると選択項目がロックされ、左マウス ボタンは選択ではなくマニピュレータの操作に切り替わります。選択をロック解除するには、ロックをもう一度クリックします。

[スナップボタン]
グリッド、カーブ、ポイントなどにスナップさせるタイプを選択できます。

[ライブサーフェスの設定、オブジェクト表示]
選択したオブジェクトをライブサーフェスに設定します。設定したライブサーフェスが表示されます。（ライブサーフェスについては、P.078「ライブサーフェス」参照）

[シンメトリ]
すべてのツールのグローバルシンメトリ設定を指定します。

[コンストラクションボタン]
選択したオブジェクトの入力や出力オブジェクトを一覧表示したり選択したりします。右のボタンは「オフ」にすると「ヒストリ」を残さないようにすることができます

[レンダーボタン]
レンダリングの実行、レンダー設定、ハイパーシェード、ライトエディタなどのレンダリングに関連するウィンドウを開きます。

入力モード切り替えボタン

[入力フィールド]
チャネルボックスを表示せずにMayaシーン内のオブジェクトとコンポーネントをすばやく選択、名前変更、または変換できます。

[ユーザーアカウントメニュー]
ライセンス管理やオートデスク製品の購入、体験版の有効日数などの確認ができます。

[サイドバーボタン]
頻繁に使用するツールを開いたり、表示 / 非表示を切り替えられます。左から
- モデリングツールキット
- HumanIK ウィンドウ
- アトリビュートエディタ
- ツール設定
- チャネルボックス

シェルフ

「シェルフ」は、よく使用するコマンドがアイコン化されており、瞬時に実行できます。しかしその真価はカスタムシェルフを作成して、クリック１つで簡単にアクセスできるツールやコマンドのショートカットを作成できることにあります。例えば「ポリゴンのモデリング」タブの中身を見てみると下図のようになっています。

カスタムシェルフの作成

「カスタムシェルフ」を作成するには、［カスタム］のタブ、または［シェルフエディタ］から任意の名前を付けて新規のシェルフを作成して、追加したいコマンドを Ctrl ＋ Shift ＋🖱で追加します。追加したアイコンのカスタマイズは［シェルフエディタ］でできます。［シェルフエディタ］はメインメニューの［ウィンドウ］>［設定 / プリファレンス］>［シェルフエディタ］で開きます。

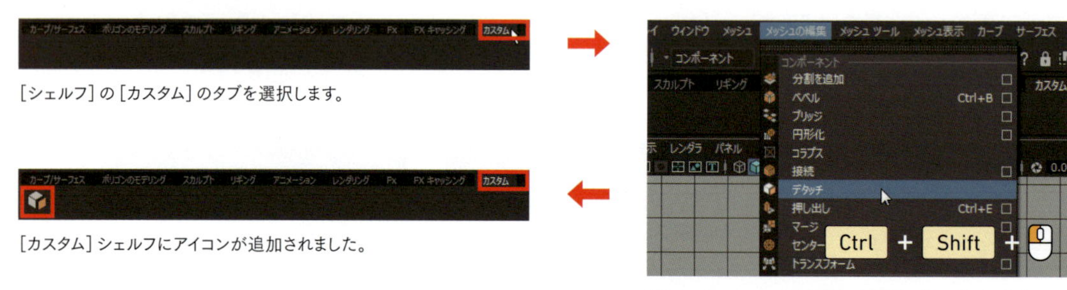

［シェルフ］の［カスタム］のタブを選択します。

［カスタム］シェルフにアイコンが追加されました。

追加したいコマンドを Ctrl ＋ Shift ＋🖱で選択します。

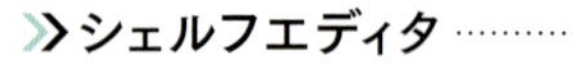

シェルフエディタ

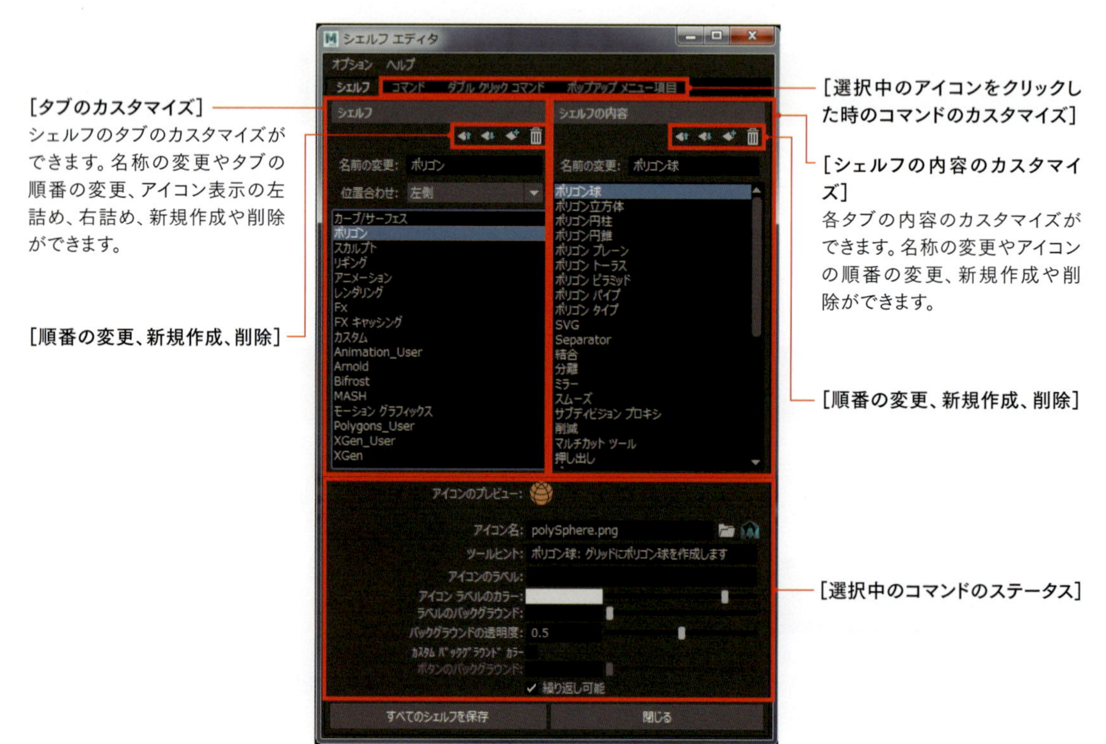

チャネルボックス

「チャネルボックス」の上段ではオブジェクトのアトリビュートの編集をダイレクトに行うことができます。移動値、回転値、スケール値、可視性のアトリビュート値の変更、キー設定可能なアトリビュートのキー設定、アトリビュートのロック / ロック解除などを素早く行うことができます。下段には実行したアクションの「コンストラクションヒストリ(以下ヒストリ)」が表示されています。

数値の一括変更

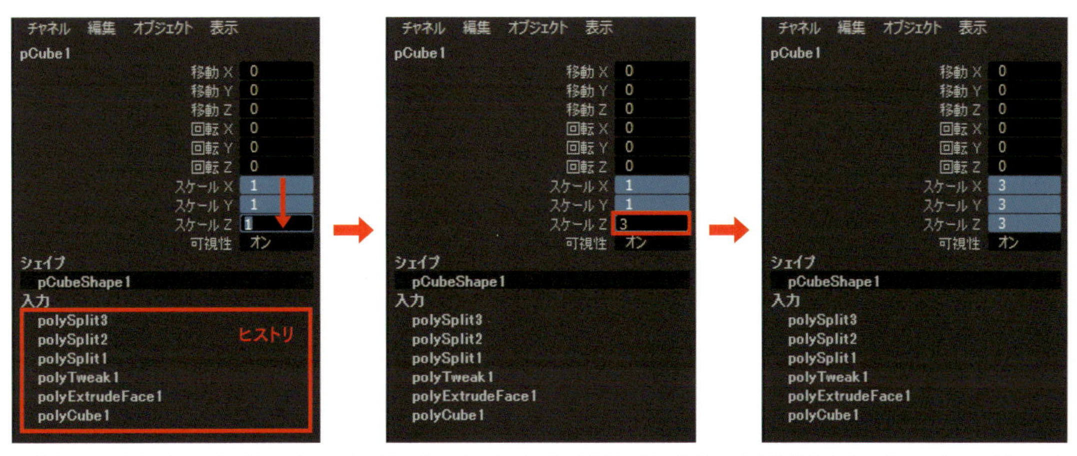

オブジェクトの全体スケールを正確に3倍にしたいとき、「チャネルボックス」の項目を一度に選択してから数値入力することで、一括して変更ができます。

ヒストリを削除する、値を変更する

Maya 上でなにかのアクションを実行すると、1つの工程ごとに「ヒストリ」が作成されます。「ヒストリ」はシーンを作成したアクションの「履歴」を意味し、作業を続けていると「ヒストリ」が蓄積されていき、シーンのパフォーマンスを低下させ、そのファイルサイズを増大させます。作業上、不要になったヒストリは[ヒストリの削除]によって削除しましょう。[ヒストリの削除]はメインメニューの[編集] > [種類ごとに削除] > [ヒストリ](Alt + Shift + D、またはシェルフのを押す)で削除できます。また、「ヒストリ」から値を変更するには、「ヒストリ」をクリックして、変更したい値を入力します。プリミティブ作成直後などに、右図のようにインタラクティブに値を変更させることもできます。

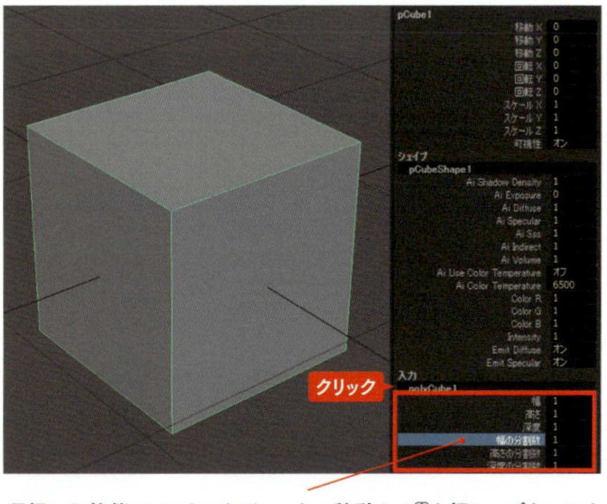

選択した状態で、マウスをビュー上に移動させを押しっぱなしにすると・・・。

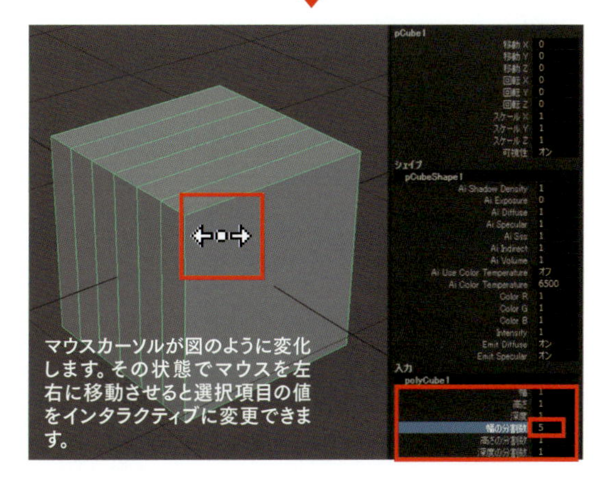

マウスカーソルが図のように変化します。その状態でマウスを左右に移動させると選択項目の値をインタラクティブに変更できます。

ビュー内エディタ

シーン内でアトリビュートを直接調整できます。からアトリビュートの項目の、表示 / 非表示が切り替えられます。

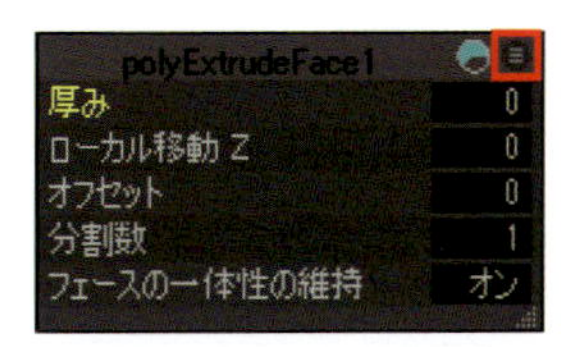

[メッシュの編集] > [押し出し]を適用した状態。厚みやオフセット、分割数などを直接調整できる。[ビュー内エディタ]の右上のアイコンからアトリビュートの項目の表示 / 非表示が切り替えられます。

モデリングツールキット

「モデリングツールキット」はモデリングでよく使われるコマンドがまとめられています。「モデリングツールキット」にも「カスタムシェルフ」があるので、既定で入ってないコマンドは「シェルフ」から Ctrl + Shift を押しながらアイコンを🖱でドラッグすると「モデリングツールキット」の「カスタムシェルフ」に表示されます。アイコンを削除するときはアイコンを🖱して[削除]を選択します。

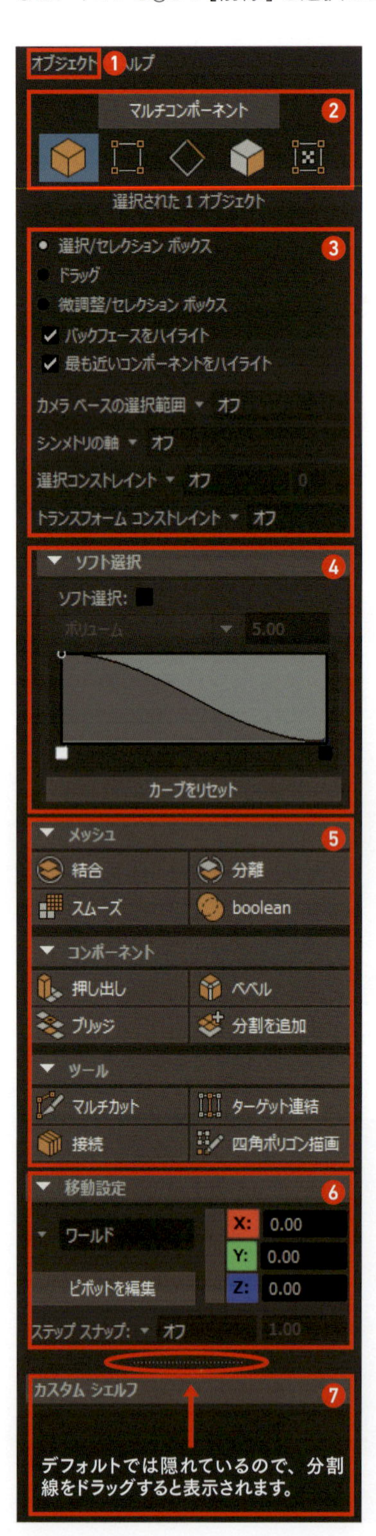

❶[オブジェクトメニュー]

オブジェクトの表示オプション

[表示 / 非表示]	選択したオブジェクトの可視性の切り替え
[フリーズ / フリーズ解除]	フリーズ / フリーズ解除の切り替え
[X線オン / オフ]	選択したオブジェクトが半透明になる
[バックフェースを表示 / 非表示]	選択したオブジェクトのバックフェースカリングの切り替え
[フェース三角形を表示 / 非表示]	選択したオブジェクトのフェース三角形の可視化の切り替え

❷ コンポーネント選択モード

[ポリゴンコンポーネントの選択]の内容と同様です。

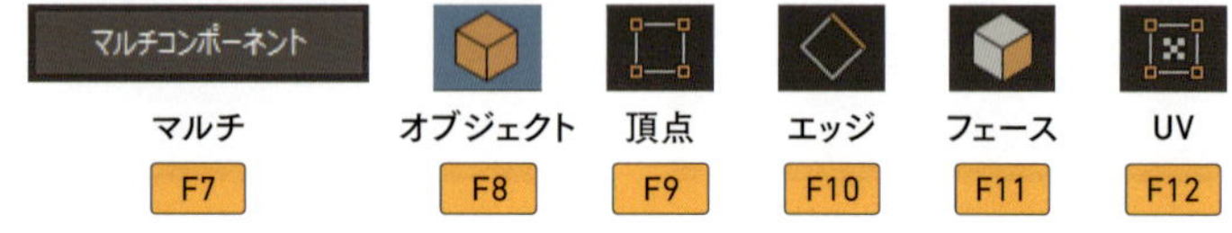

❸ 選択オプション

上段には「シーン内のコンポーネント選択の選び方の切り替え」。オンの場合、コンポーネントを選択せずに、コンポーネントを「移動」「回転」「スケール」」できる「微調整」、指定された条件時にコンポーネントをハイライトにする表示オプションなどがあります。下段の「カメラベースの選択範囲」はオンにすると使用しているカメラから見えている範囲だけしか選択できなくなります。「シンメトリの軸」は選択した項目を対称変換する場合の軸を選択、「選択コンストレイント」はフィルタする条件を指定して、コンポーネントを選択できます。「トランスフォームコンストレイント」は選択しているメッシュのエッジまたはサーフェスに沿って、コンポーネントをスライドさせることができます。

❹ ソフト選択 B

[ソフト選択]を使用すると、選択したコンポーネントから選択範囲のまわりのコンポーネントへの減衰を維持したまま編集できます。

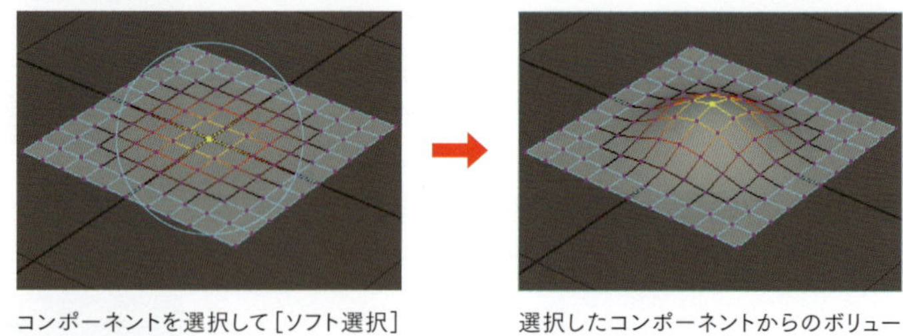

コンポーネントを選択して[ソフト選択]にチェックを入れる、もしくはホットキー B を押すと[ソフト選択]がアクティブになる。また B を押しながら🖱を左右に移動させることで、ボリューム値をインタラクティブに変更できます。

選択したコンポーネントからのボリューム値によって周りのコンポーネントがスムーズに変形します。[選択ツール]の[オプション]にある[ソフト選択]も同様ですが、[選択ツール]のほうがより詳細な[ソフト選択]の設定ができます。

❺ コマンドとツール

「コマンドとツール」については、第2章「モデリング」を参照してください。

❻ トランスフォームのツール設定

「移動ツール」「回転ツール」「スケールツール」がアクティブな場合にのみ表示される。(トランスフォームのツール設定については、P.045「移動ツール設定」参照)

❼ カスタムシェルフ

シェルフから Ctrl + Shift を押しながらアイコンを🖱ドラッグで追加、削除するときはアイコンを🖱して[削除]を選択します。

アトリビュートエディタ

アトリビュートエディタでは、選択したオブジェクトのアトリビュートの表示・確認ができます。アトリビュートエディタ上部の各タブでは、表示されているノードに接続されているノードを選択することができます。Ctrl + A で表示することができますが、表示されない場合はワークスペースにドッキングされているパネルがアクティブになっているか確認してみましょう。

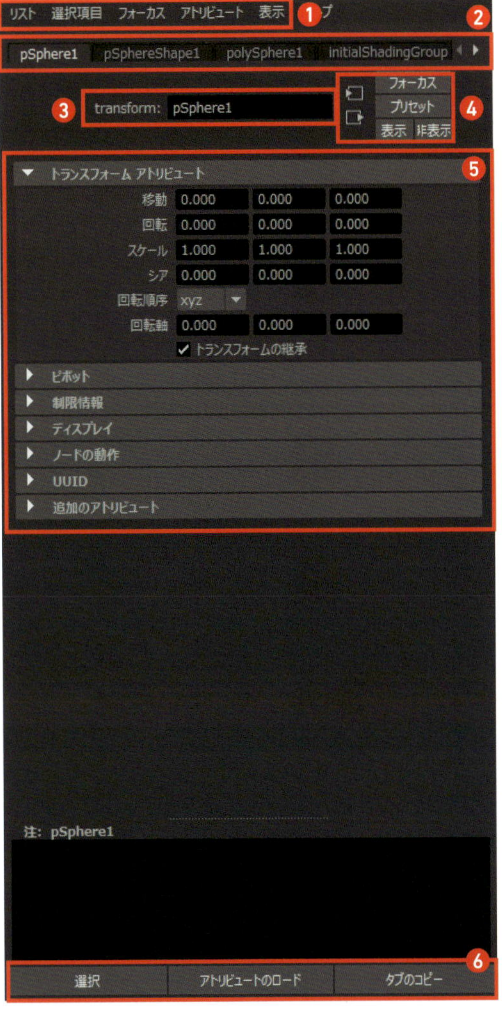

❶ **[アトリビュートエディタメニュー]**

アトリビュートエディタの表示や編集メニュー

[リスト]	アトリビュートのロード、項目の選択、表示設定
[選択項目]	オブジェクトのリスト
[フォーカス]	選択されたすべてのノードを表示
[アトリビュート]	アトリビュートの追加、編集、削除
[表示]	タブのフィルタ

❷ **[関連ノード]**

現在表示されているノードに接続されているノードが表示されています。多数のタブがある場合は◀▶で非表示部分を表示することができます。

❸ **[選択ノード]**

現在選択されているノードタイプとノード名が表示されます。

❹ **[タブ上部コントロール]**

アトリビュートエディタの各タブにある一般的なコントロール。

[/]	現在表示中のノードの最初の入出力接続ノードが表示されます。右クリックですべての入出力接続ノードリストが表示されます。
[フォーカス]	フォーカスを選択中のノードに設定します。
[プリセット]	数値受け渡しのためのプリセットの編集・保存・選択します。
[表示]	アトリビュートエディタに関連するノードを全て表示します。
[非表示]	アトリビュートエディタで現在選択しているタイプのノードを非表示にします。

❺ **[アトリビュート]**

選択しているノードのアトリビュートが表示されます。

❻ **[タブ下部コントロール]**

[選択]	現在表示されているノードを選択します。
[アトリビュートロード]	選択したオブジェクトまたはノードのアトリビュートを手作業で読み込むことができます。
[タブのコピー]	選択したタブを含むウィンドウを新しく作成します。

MEMO タブのコピー

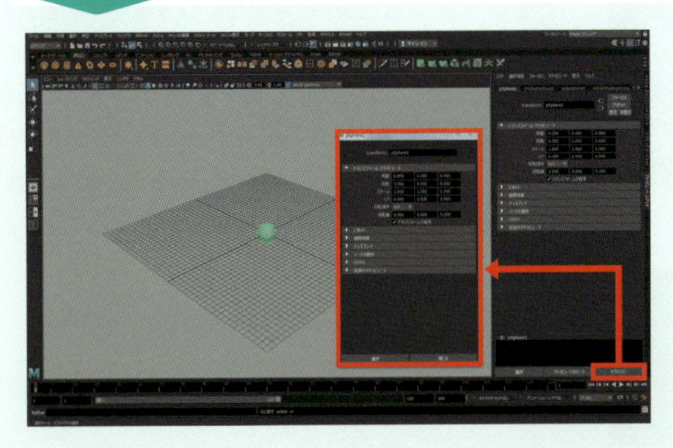

タブ下部コントロールにある、[タブのコピー]を使用すると、現在表示されているアトリビュートをフローティングウィンドウとしてコピーできます。コピーしたウィンドウは、他のノードや、オブジェクトを選択しても表示が変わらないので、数値の取得や比較などがやりやすくなります。

アトリビュートエディタの操作

ノードについては、P.065「ノード」参照。

ノードの選択

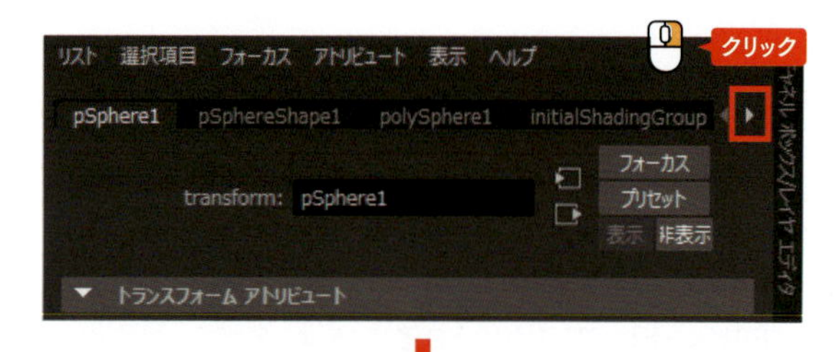

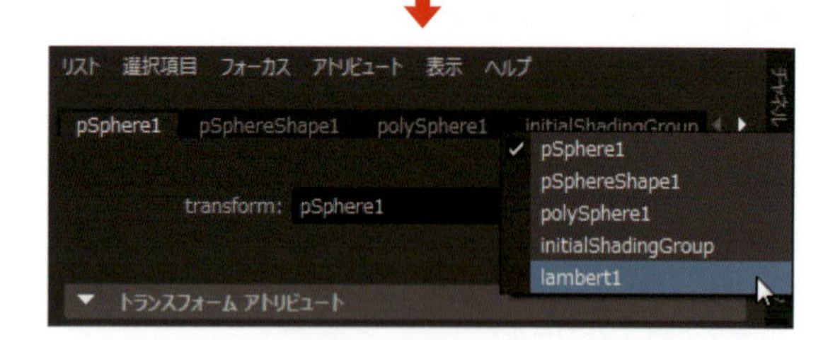

エディタ上部のタブを選択する事によって、各ノードのアトリビュートを表示することができます。◀▶を押すことにより、表示されていないタブを表示することができます。また、◀▶を🖱でクリックすることで、ノードリストが表示され任意のノードを簡単に選択できます。

アトリビュート値の入力

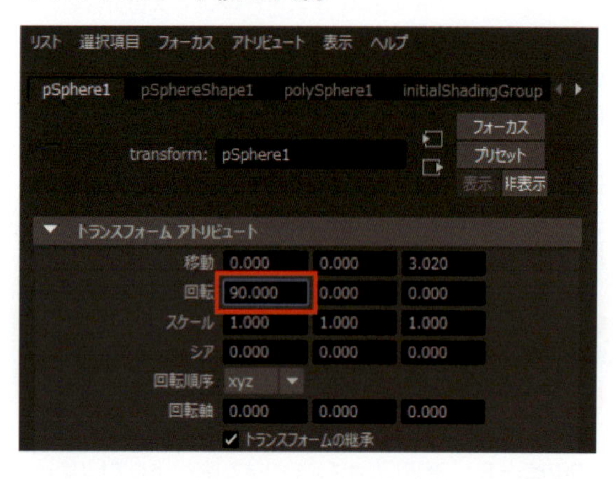

テキストフィールドをクリックして新しい値を入力して、Enterを押します。値の変更後、テキストフィールドにフォーカスを保ったままにしたい場合は、テンキーのEnterを押します。
また、マウスカーソルがテキストフィールド上にある状態で、Ctrl＋🖱、Ctrl＋🖱、Ctrl＋🖱のいずれかを押したままでマウスを左右に動かすことで数値を変更することができます。マウスのボタンによって数値の増減幅が違います。

アトリビュート値のロック

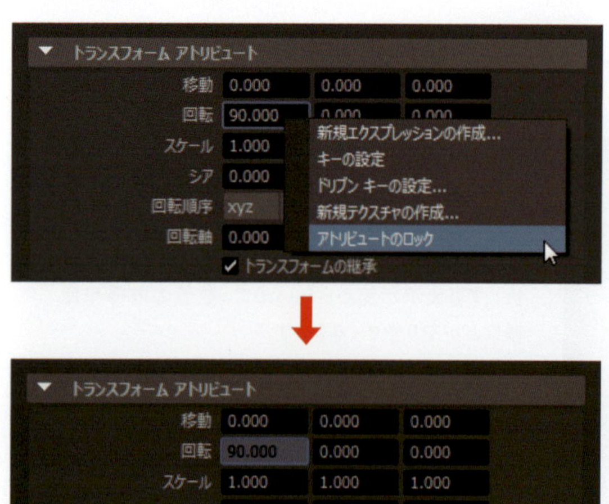

テキストフィールドを🖱でクリックして、［アトリビュートのロック］を選択することで、選択したアトリビュートをロックすることができます。ロックされたアトリビュートのテキストフィールドはグレーのバックグラウンドが表示され数値入力・変更ができなくなります。また、テキストフィールドが紫のバックグラウンドになっている場合は、エクスプレッションにより数値が決定されているため数値の入力ができない状態になっています。

レイヤエディタ

レイヤエディタにはオブジェクトの整理や管理に使用する「ディスプレイレイヤ」と、複数のアニメーションをブレンド、ロック、ミュートするために使用する「アニメーションレイヤ」の 2 種類があります。

ディスプレイレイヤ

シーンのオブジェクトをまとめ、一度に表示したり、非表示にしたり、編集したりすることができます。

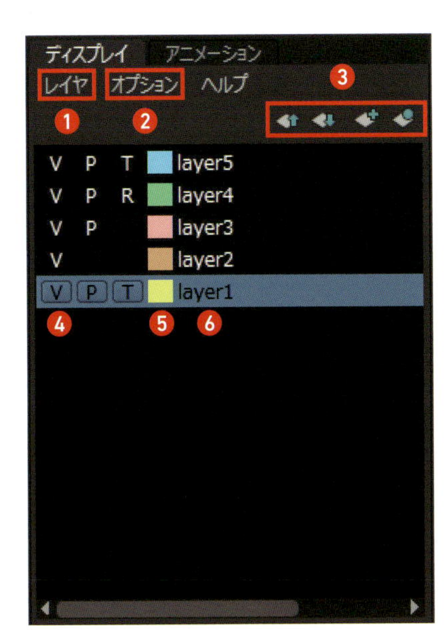

❶ [レイヤメニュー]
「空レイヤの作成」や選択したものをレイヤにまとめて追加してくれる「選択項目からレイヤを作成」の他、「メンバーシップ」はリレーションシップエディタの起動、不要なレイヤをまとめて削除できる「未使用のレイヤの削除」ができます。「すべてのレイヤを設定」ではレイヤ全体に一括して編集を行えます。

❷ [オプションメニュー]
新しいレイヤやオブジェクトを作成したときに、レイヤに対してのオプションを設定できます。

❸ [レイヤの作成・レイヤのリスト順の変更]
レイヤを作成したり、レイヤのリスト順を変更できます。

- 選択しているレイヤをリストの上方向に上げます。
- 選択しているレイヤをリストの下方向に下げます。
- 新しいレイヤを作成します。
- 新しいレイヤを作成して、選択しているオブジェクトを割り当てます。

❹ [3つのボックス 可視性の切り替え・再生時の可視性の切り替え・表示タイプの切り替え]
レイヤの表示 / 非表示の切り替え、再生中にレイヤを表示 / 非表示の切り替え、レイヤ内オブジェクトのテンプレート化等の表示モード切り替え。

V ・ 【V】をクリックしてレイヤの表示 / 非表示の切り替え。
P ・ 【P】をクリックして再生時、レイヤの表示 / 非表示の切り替え。
・ T ・ R 【なし】通常、【T】テンプレート、【R】リファレンスを表示。

❺ [カラー]
レイヤに属する全てのオブジェクトがシーンビュー上で指定のカラーで表示されます（ワイヤフレーム）。また選択したレイヤのすべてのノードが、指定のカラーでハイパーグラフに表示されます。（ハイパーグラフの［オプション］>［ノード表示のオーバーライドカラー］がアクティブ時）

❻ [レイヤ名]
レイヤ名を設定できます。

アニメーションレイヤ

アニメーションレイヤについては、第 5 章 P.297「アニメーションレイヤエディタ」参照。

パネルメニュー・パネルツールバー

各ビューパネルの上部にある「パネルメニュー」と「パネルツールバー」を使用することで、シーン内のオブジェクトをさまざまな表示方法で表示させることができます。作業の状況によって切り替えると便利です。「パネルツールバー」は Ctrl ＋ Shift ＋ M で表示／非表示を切り替えられます。

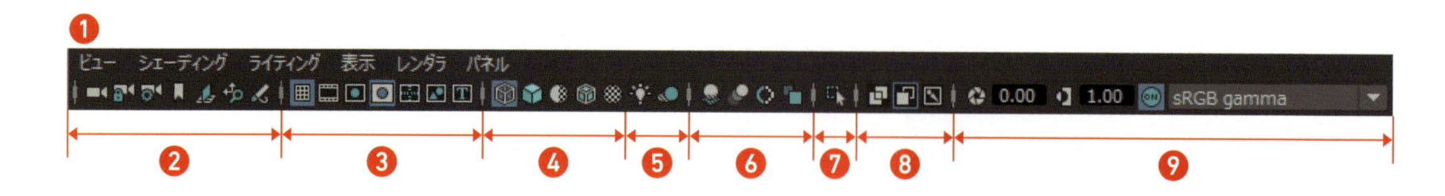

❶ パネルメニュー

[ビュー]	ビュー上の様々なメニューがまとめられています。
[シェーディング]	シーンを様々なシェーディング方法で表示することができます。
[ライティング]	シーンに使うライトやライトグループを選択することができます。
[表示]	特定のオブジェクトタイプの表示を切り替えることができます。
[レンダラ]	ビューでのレンダラを選択することができます。
[パネル]	全体的なレイアウトやパネルコンテンツと同様に、特定のパネルのコンテンツを設定できます。

❷ ビューボタン

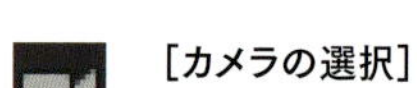

[カメラの選択]
パネル内の現在のカメラを選択。パネルメニューの［ビュー］＞［カメラ］の選択と同様。このボタンを🖱して、カメラビューの切替、新規作成ができます。

[カメラをロック]
現在のカメラがロックされます。

[カメラアトリビュート]
パネルメニューの［ビュー］＞［カメラアトリビュートエディタ］と同様。

[ブックマーク]
現在のビューをブックマークとして設定します。このボタンを🖱して、ブックマークの切り替えや編集を行えます。

[イメージプレーン]
既存のイメージプレーンの表示を切り替えます。イメージプレーンが存在しない場合は、イメージの読み込みを要求され作成できます。

[2D パン／ズーム]
2D パン／ズームの表示を切り替えます。

[グリースペンシル]
シーンビュー上にスケッチを描画できます。

❸ カメラ設定ボタン

[グリッド]
ビューパネル内のグリッド表示を切り替えます。

[フィルムゲート]
実世界のカメラによってフィルムに記録されるカメラビュー領域を示す境界が表示されます。ゲートの寸法はカメラの絞りに相当します。

[解像度ゲート]
レンダリング解像度（レンダリングされる領域）を表します。

[ゲートマスク]
フィルムゲート、または解像度ゲートがオンの場合、枠の外側の領域を不透明カラーに変更します。

[フィールドチャート]
12 の標準的なセルアニメーションのフィールドサイズを示すグリッドが表示されます。

[セーフアクション]
レンダーしたイメージをテレビ画面に表示する場合に、収めるべき領域を定義する枠を表示します。

[セーフタイトル]
テキスト（タイトルや字幕など）をテレビ画面に表示する場合に、収めるべき領域を定義する枠を表示します。

❹ シェーディングボタン

[ワイヤフレーム]
ワイヤフレーム表示に切り替えます。4を押して切り替えることができます。

[すべてをスムーズシェード]
すべてをスムーズシェード表示に切り替えます。5を押して切り替えることができます。

[既定のマテリアルの使用]
他のマテリアルが割り当てられているオブジェクトもすべて規定のマテリアルで表示します。

[ワイヤフレーム付きシェード]
スムーズシェード表示、テクスチャ表示中でもワイヤフレームを表示します。

[テクスチャ]
テクスチャを表示します。6を押して切り替えることができます。

❺ ライティングボタン

[すべてのライトの使用]
シーン内のライトを使用します。7を押して切り替えることができます。

[シャドウ]
[すべてのライトの使用]がオンの場合に、シャドウを表示します。

❻ ビューポート 2.0 オンスクリーンエフェクトボタン

[スクリーンスペースアンビエントオクルージョン]
スクリーンスペースアンビエントオクルージョンのオン／オフを切り替えます。

[モーションブラー]
モーションブラーのオン／オフを切り替えます。

[マルチサンプルアンチエイリアシング]
マルチサンプルアンチエイリアシングのオン／オフを切り替えます。

[被写界深度]
被写界深度のオン／オフを切り替えます。ビューポートで被写界深度を表示するには、カメラアトリビュートの被写界深度の設定を有効にする必要があります。

❼ 選択項目の分離ボタン

[選択項目の分離]
選択したオブジェクトまたはフェースのみが表示されます。パネルメニューから[表示] > [選択項目の分離]を選択しても同様です。Ctrl＋1で[選択項目の分離]が適用され、再度Ctrl＋1で元に戻ります。

❽ X線ボタン

[X線表示]
シェーディングされたオブジェクトをすべて半透明表示に切り替えます。

[アクティブコンポーネントのX線表示]
シェーディングされたオブジェクトのアクティブコンポーネントの表示を切り替えます。オブジェクトの背面のアクティブコンポーネントを可視化できます。

[ジョイントのX線表示]
シェーディングされたオブジェクト上のスケルトンジョイントの表示を切り替えます。

❾ カラー管理ボタン

[露光]
表示の輝度を調整します。

[ガンマ]
表示するイメージのミッドトーンのコントラストまたは輝度を調整します。

[ビュー変換]
表示のためのレンダリングカラースペースからカラーの値を変換します。

シェーディングの種類とX線表示の種類

「シェーディング」とは物体に光が当たった際の濃淡の具合を計算して、表示させることをいい「陰影処理」ともいいます。ビューの表示の中でも使用頻度の高い「シェーディング」の種類とX線表示の種類をしっかり覚えることでスムーズな作業に役立ちます。

● [ワイヤフレーム]

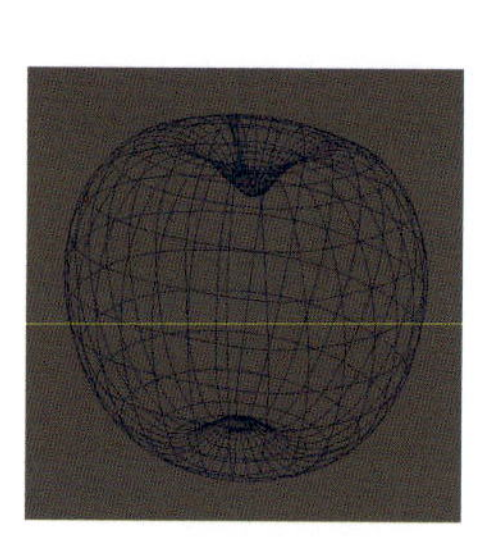

● [スムーズシェード]

● [ワイヤフレーム付きシェード]

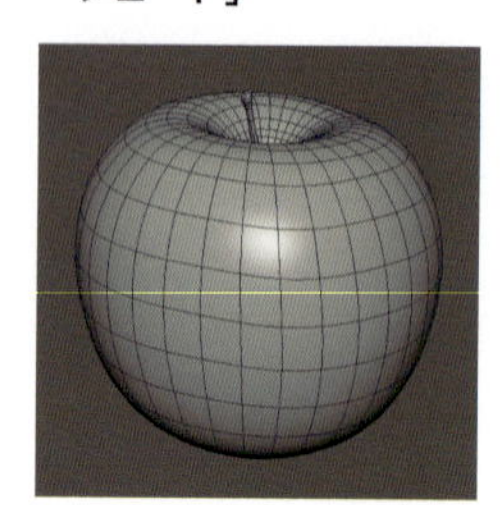

● [テクスチャ]

● [すべてのライト使用]

● [シャドウ]

● [選択項目の分離]

● [X線]

● [X線アクティブコンポーネント]

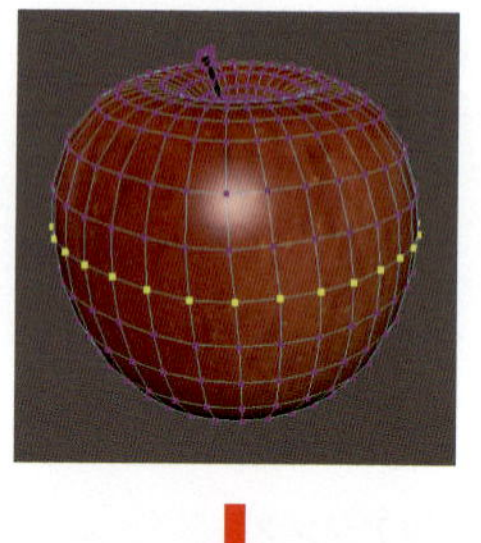

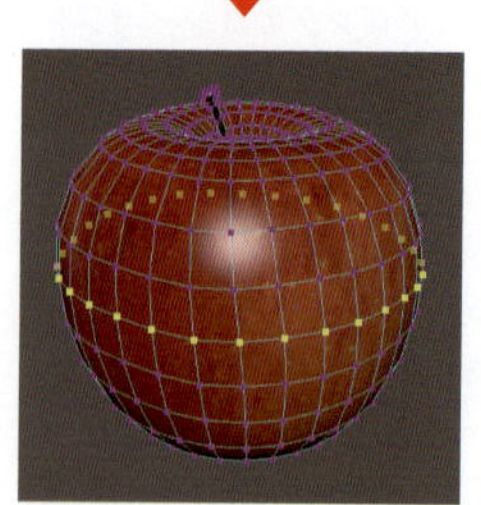

● [ジョイントのX線表示]

ツールボックス 設定

選択、移動、回転、スケールとMayaの作業で最もよく使用されるツールです。各アイコン、、、、、をダブルクリックすると各ツール設定が開きます。

選択ツール 設定 Q

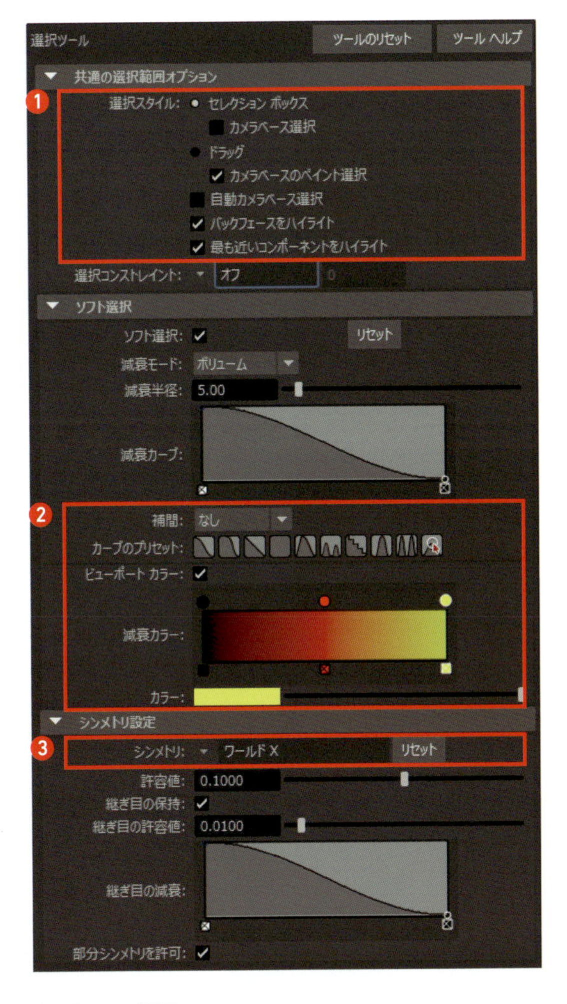

❶ 共通の選択範囲のオプション

選択スタイル セレクションボックス / ドラッグ

コンポーネントを選択するスタイルを指定できます。［セレクションボックス選択］では、選択するコンポーネント上にボックスが描画され、その範囲のコンポーネントが選択されます。［ドラッグ選択］では選択するコンポーネントの上でドラッグすることで選択できます。［セレクションボックス選択］を選択後、Tab を押したままにすることで、一時的に［ドラッグ選択］に切り替えることができます。

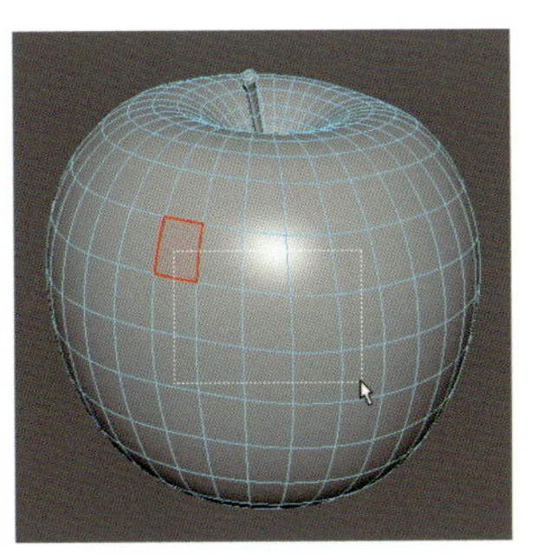

セレクションボックス選択

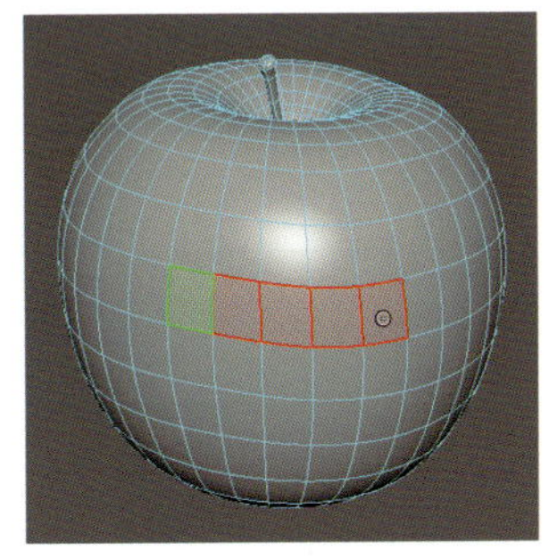

ドラッグ選択

カメラベース選択

［カメラベース選択］を「オン」にすることで、カメラから見えるコンポーネントのみ選択することができます。これにより見えないコンポーネントを誤って選択してしまうことを回避できます。

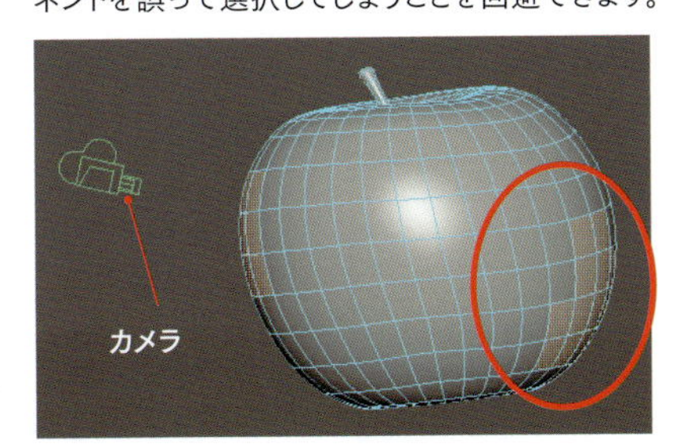

［カメラベース選択］ 「オフ」
カメラから見えていない部分も選択されます。

［カメラベース選択］ 「オン」
カメラから見えていない部分は選択されません。

カメラベースのペイント選択

［ドラッグ選択］設定時［カメラベースのペイント選択］をオンにすると、カメラから見て他のコンポーネントによって遮断されていないコンポーネントのみを選択できます。X線表示時等でも遮断されているコンポーネントは選択できません。

❷ソフト選択 B
モデリングツールキットの［ソフト選択］と同様です。［選択ツール］の［オプション］内のほうは、［減衰カーブ］（カーブの形状は選択されたコンポーネントの周囲を取り巻く減衰のシェイプ（形状）を示します）の［補間タイプ］を選択できたり、プリセットから［減衰カーブ］を選択したり、［カラー］の設定を変更したりできます。

❸シンメトリ設定
指定した軸に対して選択したコンポーネントの対称位置にあるコンポーネントが選択され、ポリゴンモデリング操作をシンメトリに行うことができます。

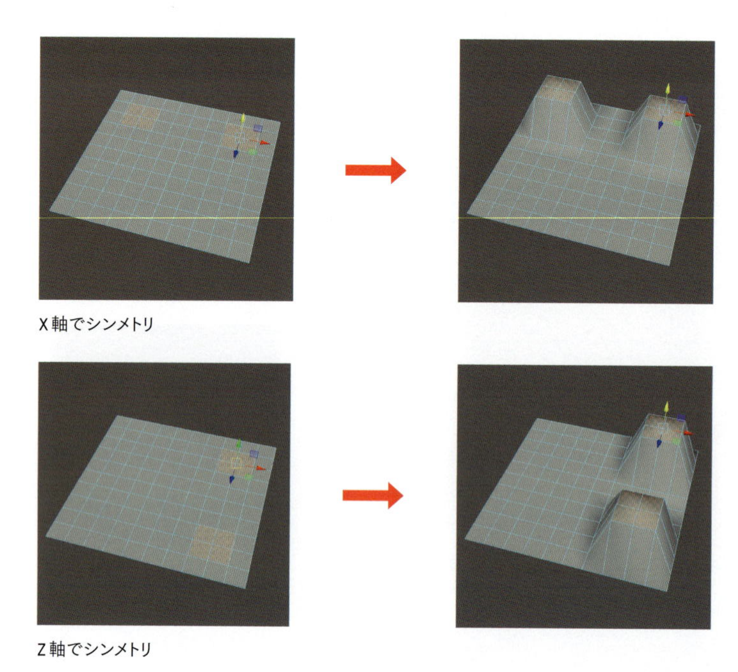

X軸でシンメトリ

Z軸でシンメトリ

❸シンメトリ設定（トポロジ）
ワールド座標やオブジェクト座標に対してシンメトリでないオブジェクトでも、モデルのトポロジ（ポリゴンの流れ）がシンメトリであれば（一定条件あり）シンメトリ設定（トポロジ）を使用して、ポリゴンモデリング操作をシンメトリに行うことができます。

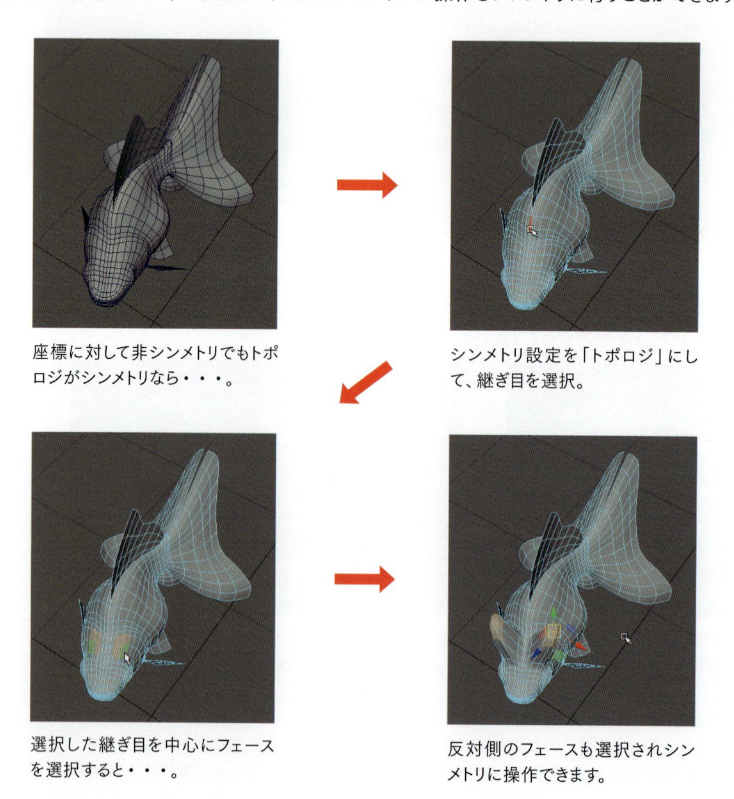

座標に対して非シンメトリでもトポロジがシンメトリなら・・・。

シンメトリ設定を「トポロジ」にして、継ぎ目を選択。

選択した継ぎ目を中心にフェースを選択すると・・・。

反対側のフェースも選択されシンメトリに操作できます。

移動ツール設定 W

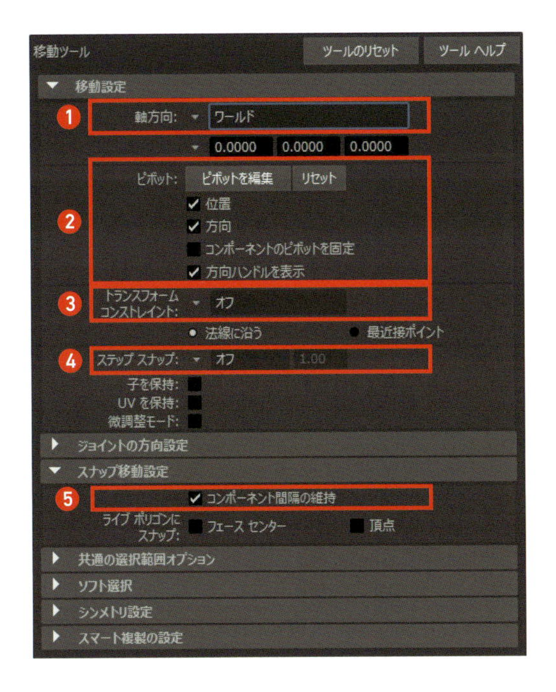

❶軸方向

オブジェクト	オブジェクト座標系で、オブジェクトを移動します。軸の方向にはオブジェクトのトランスフォームアトリビュートの「回転軸」が影響します。
ワールド	ワールド座標系で、オブジェクトを移動します。
コンポーネント	選択したコンポーネントの法線の平均に沿って移動します。
ペアレント	親ノードのオブジェクトの回転に合わせて移動します。
法線	選択した頂点またはCVを、そのサーフェスの法線を軸にして移動します。
回転軸に沿って	オブジェクトのトランスフォームアトリビュートで「回転軸」の値に合わせて作用して、その角度で移動します。
ライブオブジェクト軸に沿って	ライブオブジェクトの軸に沿ってオブジェクトが移動します。
カスタム	カスタム方向を設定して、その軸で移動します。

❷ピボットの編集 D

ピボットの編集については、P.028「ピボットの操作」参照。

❸トランスフォームのコンストレイント

メッシュ（選択しているコンポーネントのメッシュ自体）のエッジ、サーフェスに沿ってスライド移動できます。（トランスフォームのコンストレイントについては、第2章 P.107「エッジをスライド」参照）

❹ステップスナップ

ステップ移動できるようになります。ステップする値を指定できます。

子を保持	親オブジェクトを移動しても子オブジェクトは移動しません。
UVの保持	コンポーネントを移動すると、対応するUVもそれに応じてUV空間内で移動します。これによってテクスチャが歪むことを回避できます。
微調整モード	コンポーネントを選択せずに、コンポーネントを「移動」「回転」「スケール」できます。カメラ座標と平行に動作します。

❺スナップ移動設定

[コンポーネント間隔の維持]をオンにするとコンポーネントを移動する間、相対的な間隔を維持します。

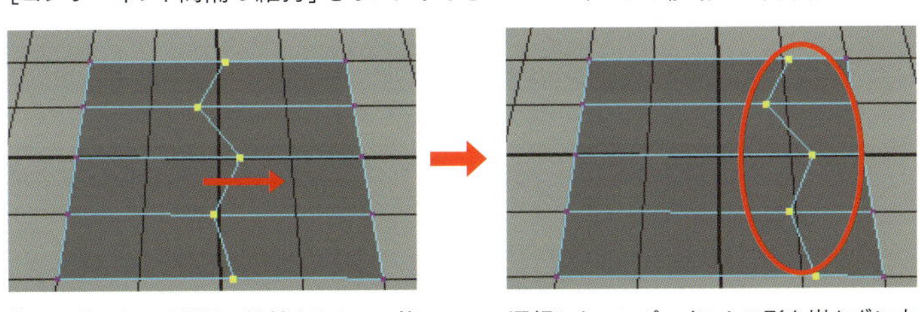

「コンポーネント間隔の維持」をオンの状態でグリッドにスナップ移動させると・・・。

選択したコンポーネントの形を崩さずに中心がグリッドにスナップ移動。

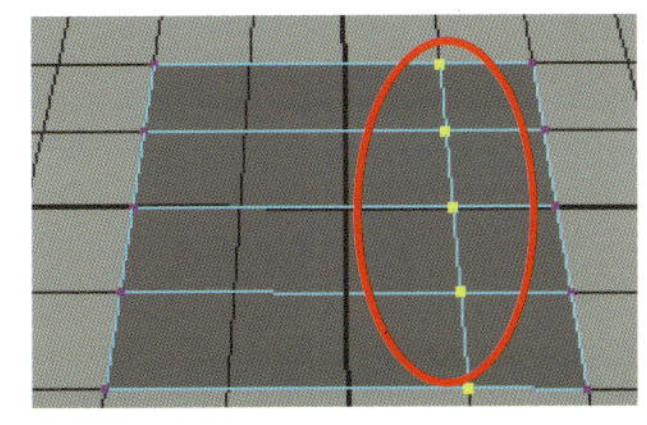

オフの状態では、選択したコンポーネントがグリッドにスナップして整列。（軸方向の設定が「ワールド」の場合）

回転ツール設定 E

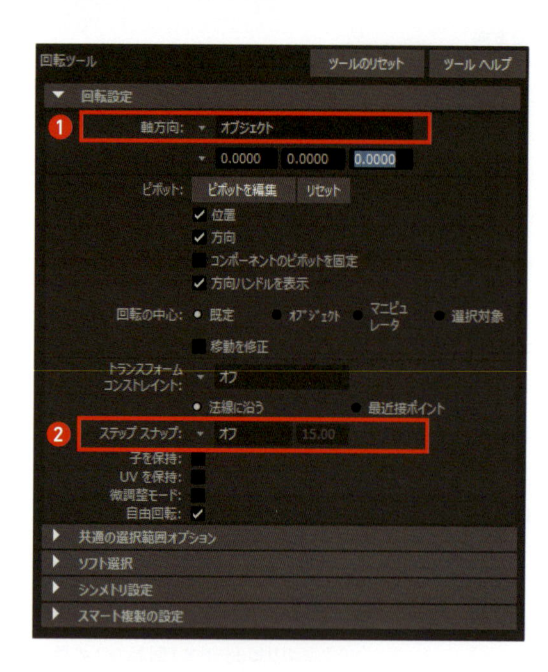

❶ 軸方向

オブジェクト	オブジェクト座標系でオブジェクトを回転します。
ワールド	ワールド座標系で、オブジェクトを回転します。
コンポーネント	選択したコンポーネントの法線の平均に沿って選択したコンポーネントが回転します。
ジンバル	X,Y,Zのいずれかの軸だけを回転させます。
カスタム	カスタム軸方向を設定して、その軸で回転します。

❷ステップスナップ
設定した値の間隔で回転します。

スケールツール設定 R

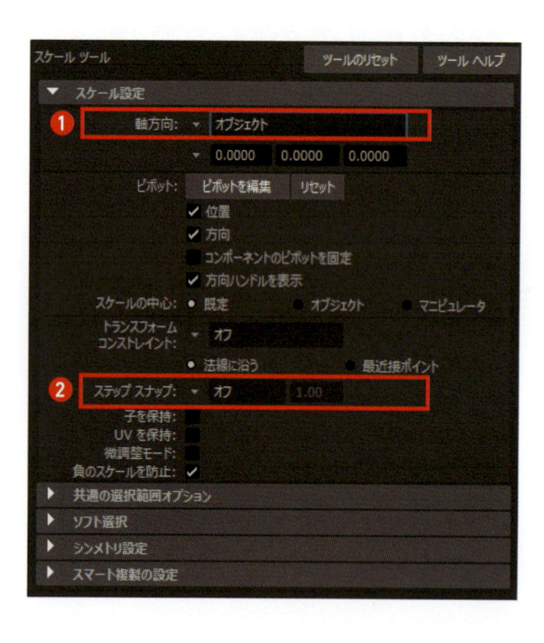

❶ 軸方向

オブジェクト	オブジェクト座標系で、オブジェクトをスケールします。複数のオブジェクトを選択している場合、各オブジェクトの座標系に従ってスケールします。
ワールド	ワールド座標系で、オブジェクトをスケールします。
コンポーネント	選択したコンポーネントの法線の平均に沿ってスケールします。
ペアレント	親ノードのオブジェクトのスケールに合わせてスケールします。
法線	選択した頂点またはCVを、そのサーフェスの法線を軸にしてスケールします。
回転軸に沿って	オブジェクトのトランスフォームアトリビュートで「回転軸」の値に合わせて作用して、その角度でスケールします。
ライブオブジェクト軸に沿って	ライブオブジェクトの軸に沿ってオブジェクトがスケールします。
カスタム	カスタム方向を設定して、その軸でスケールします。

❷ステップスナップ
設定した値の間隔でスケールします。

タイムスライダ

作業するフレームの変更や、アニメーションに必要なキーフレームを制御します。

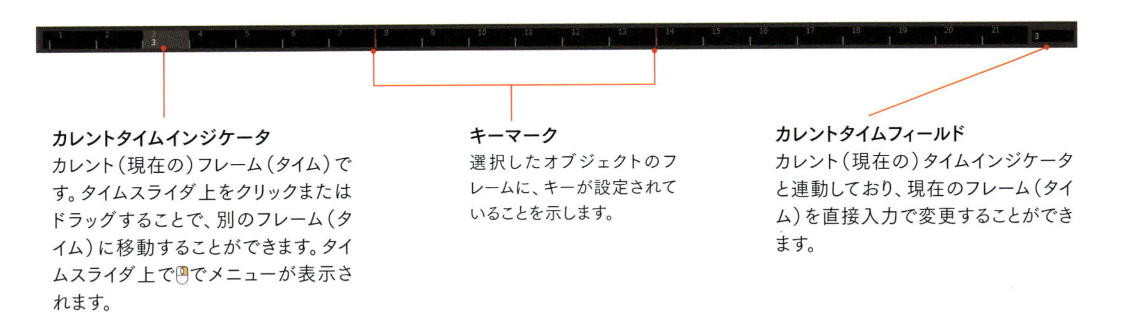

再生コントロール

アニメーションの再生、逆再生などを行うことができます。

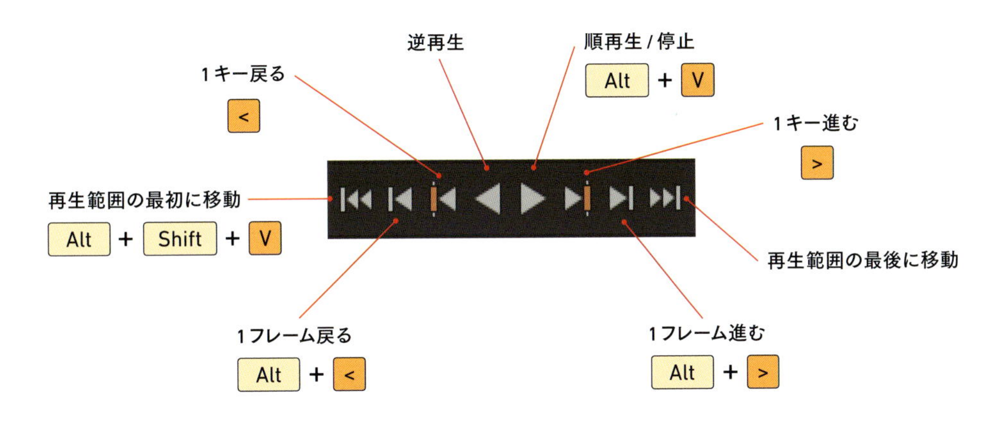

再生オプション

フレームレート、ループコントロール、自動キー設定などのアニメーションをシーン内で再生する方法をコントロールできます。

レンジスライダ

アニメーション全体の長さや、タイムスライダに表示される再生の範囲などを制御します。

再生開始時間
タイムスライダの表示開始フレーム（タイム）を設定します。レンジスライダバーの左の数値に連動しています。

レンジスライダバー
ドラッグすることで、タイムスライダに表示される再生の範囲を変更できます。

再生終了時間
タイムスライダの表示終了フレーム（タイム）を設定します。レンジスライダバーの右の数値に連動しています。

アニメーション開始時間
シーンのアニメーション開始フレーム（タイム）を設定します。

アニメーション終了時間
シーンのアニメーション終了フレーム（タイム）を設定します。

アニメーションレイヤ / キャラクタセット

アニメーションレイヤや、キャラクタセットの管理ができます

カレントキャラクタセットの設定
選択したキャラクタセットがカレントになります。

アクティブアニメーションレイヤの設定
選択したアニメーションレイヤがアクティブになります。（アニメーションレイヤについては、第5章 P.297「アニメーションレイヤエディタ」参照）

コマンドラインとヘルプライン

コマンドを直接入力して実行できます。スクリプトエディタを使用することで、複雑なコマンドを実行できます。

ボタンをクリックしてMEL/Pythonを切り替えられます。

コマンドを入力します。コマンドを入力して、Enterで実行します。

結果が表示されます。

ツールやメニュー項目上をスクロールしたときにそれらの簡単な説明が表示されます。このバーには、特定のツールワークフローを完了するのに必要なステップも表示されます。

スクリプトエディタが起動します。

Chapter
1-3

ホットボックス

Maya独自のインタフェースであるホットボックスには、使用可能なすべてのアクションが含まれています。使い慣れるととても便利です。

ホットボックス概要

Mayaの直感的なユーザーインタフェースを代表するのがホットボックスです。Spaceを押したままにすると、マウスカーソルの位置に表示されます。さらに、ホットボックスの中心から上下左右の何もないところでを押したままにすると、さまざまなメニューが表示されます。ホットボックス表示中に限らず、マウスを押したままにすることで表示されるメニューを「マーキングメニュー」といいます。

Space 押したまま

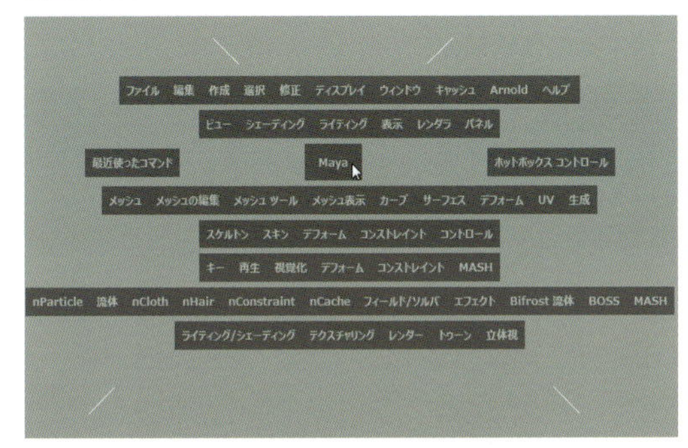

Spaceを押したままにすると全メニューセットのメインメニューが表示され、わざわざマウスをウィンドウ上部に移動させたり、モジュールを切り替えたりしなくてもコマンドにアクセスできます。

マウスカーソルを上下左右に移動させて 押したまま

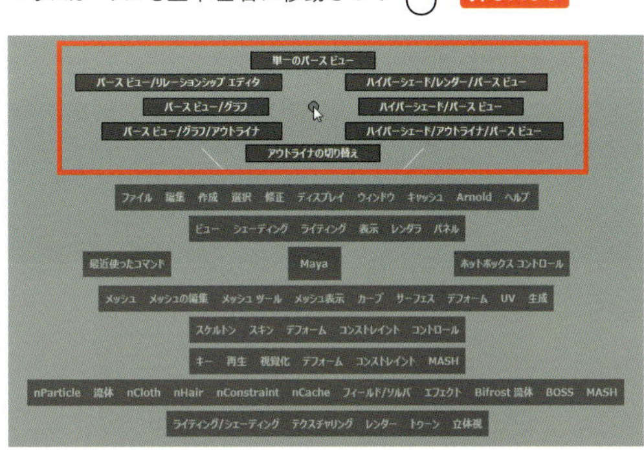

さらに何もないところでを押したままにすると、新たなメニューが表示されます。白線で区切られた上下左右4つの領域で異なったメニューが表示されます。

各領域でのマーキングメニュー

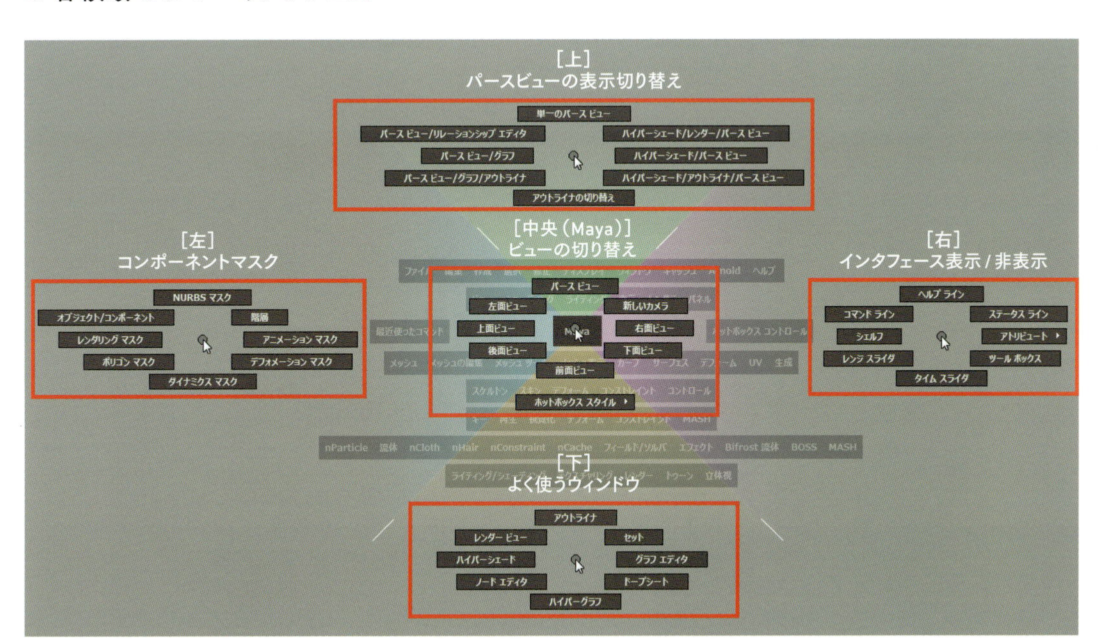

≫コンポーネントごとのマーキングメニュー

ポリゴンオブジェクトやコンポーネントを選択中に[右クリック]、Ctrl＋[右クリック]、Shift＋[右クリック]を押したままにすると、選択しているものを編集するためのコマンドが、「マーキングメニュー」として表示されます。

● [ポリゴンオブジェクト選択時]

 押したまま

各コンポーネント選択モードへの切り替えや、階層の選択などが表示されます。

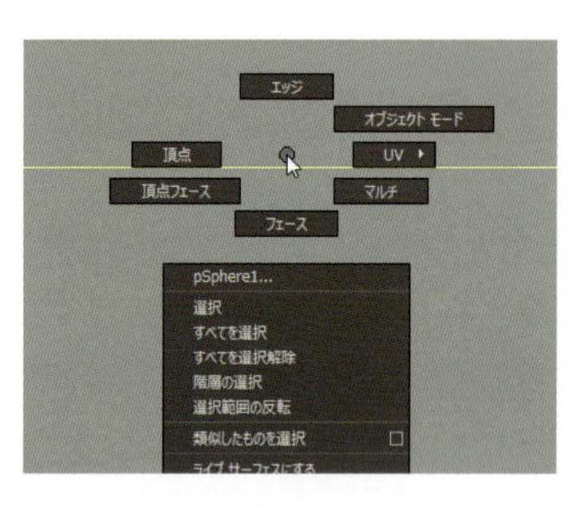

● [ポリゴンオブジェクト選択時]

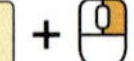

Ctrl ＋ [右クリック] 押したまま

選択項目を各コンポーネントに変換や、シェルの選択などが表示されます。

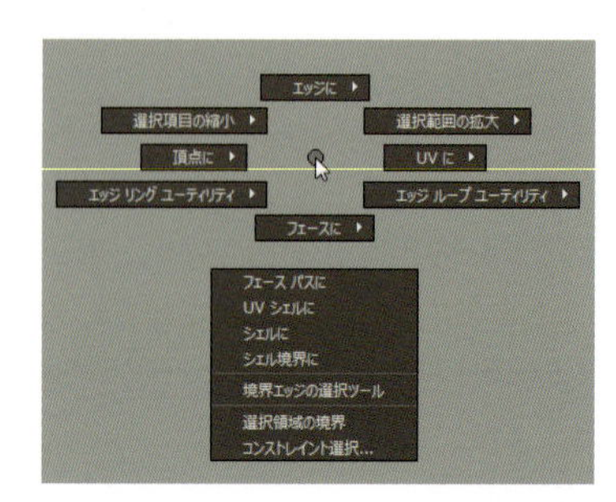

● [ポリゴンオブジェクト選択時]

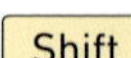
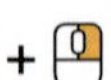
Shift ＋ [右クリック] 押したまま

マージ、マルチカット、エッジループ挿入ツール、スムーズ、三角化などのアクション・ツール類が表示されます。

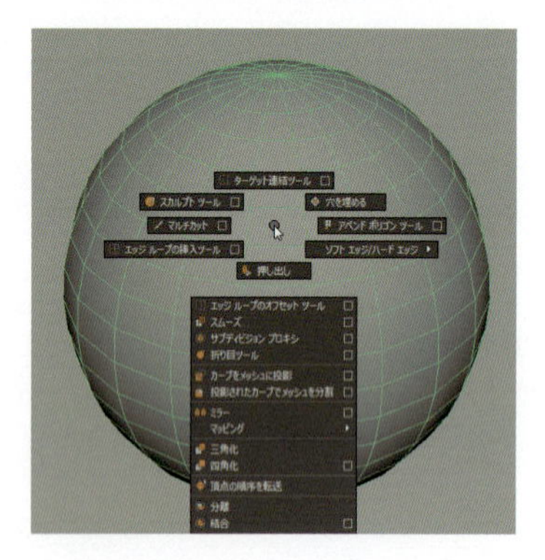

● [頂点選択時]

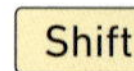
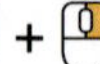
Shift ＋ [右クリック] 押したまま

頂点のマージ、頂点の削除、頂点の平均化などのアクション・ツール類が表示されます。

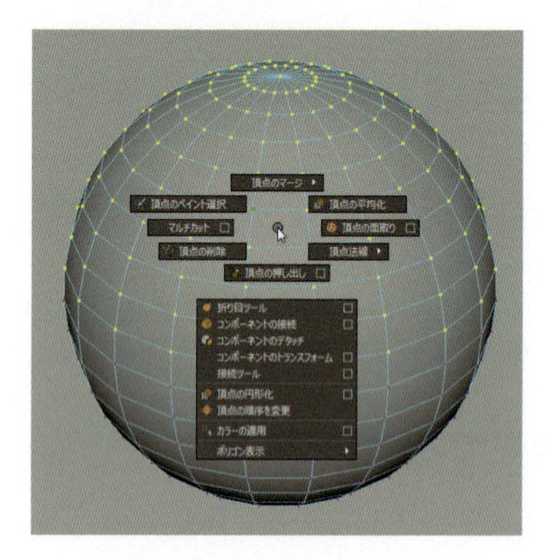

● [エッジ選択時]

Shift ＋ [右クリック] 押したまま

エッジのマージ/コラプス、エッジの削除、ベベルエッジ、エッジのスライドツールなどのアクション・ツール類が表示されます。

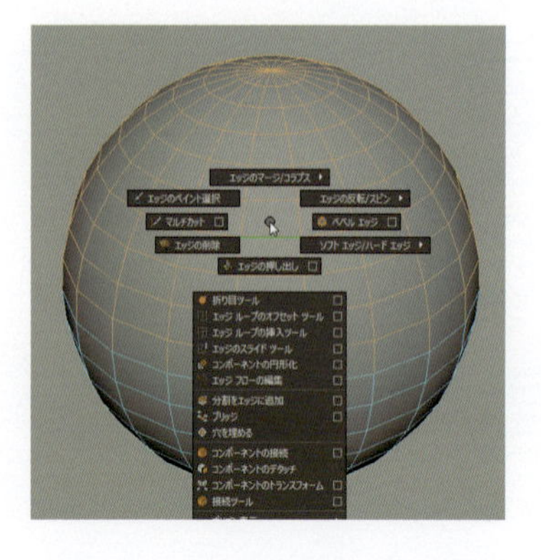

● [フェース選択時]

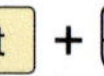
Shift ＋ [右クリック] 押したまま

フェースをセンターにマージ、フェースの押し出し、フェースの三角化、フェースの抽出などのアクション・ツール類が表示されます。

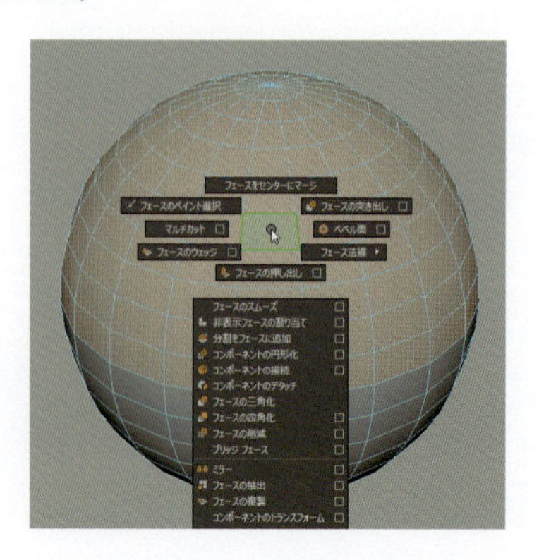

Chapter 1-4

ディスプレイメニュー

ディスプレイメニューでは、ビュー上に表示される様々なものの表示 / 非表示を設定できます。

ディスプレイメニュー概要

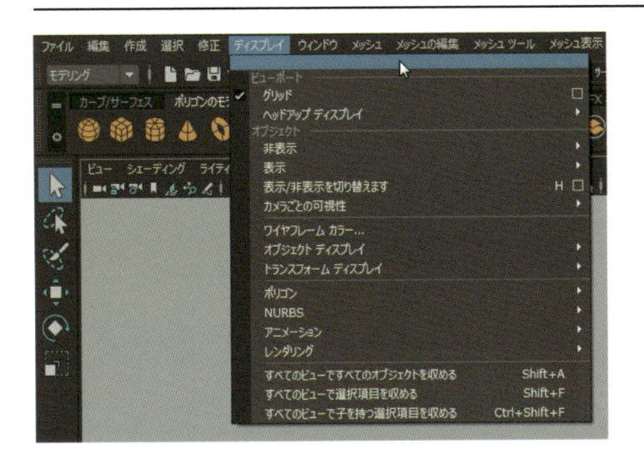

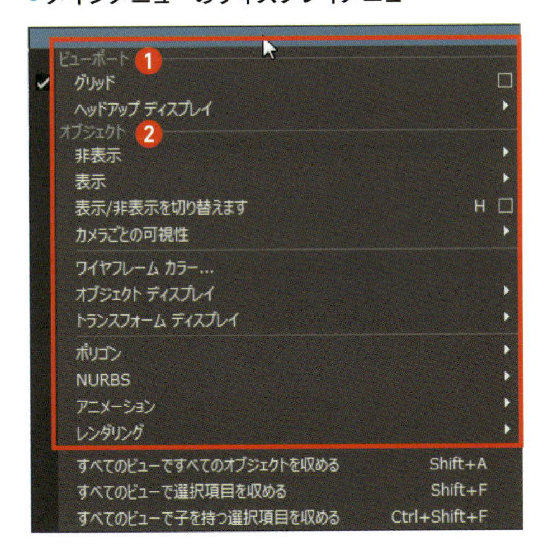

● メインメニューのディスプレイメニュー

❶ ビューポート

グリッド	ビュー上のグリッドの表示 / 非表示を設定できます。□を選択してオプション設定に入ると、グリッドのサイズや色、ディスプレイ設定ができます。
ヘッドアップディスプレイ	ビュー上に表示させる情報の表示 / 非表示を設定します。

❷ オブジェクト

非表示	非表示設定にしたい項目を設定できます。
表示	表示設定にしたい項目を設定できます。
表示 / 非表示切り替え	選択したオブジェクトを H で表示 / 非表示を切り替えられます。
カメラごとの可視性	現在のカメラでオブジェクトを非表示にしたり、それ以外のカメラで非表示にしたり、非表示設定のリストから除去できたりします。
ワイヤフレームカラー	選択したオブジェクトのワイヤフレームカラーを設定できます。
オブジェクトディスプレイ	選択したオブジェクトの表示と選択性を制御します。
トランスフォームディスプレイ	オブジェクト固有のUIを表示 / 非表示にすることができます。
ポリゴン	選択したポリゴンの表示設定ができます。
NURBS	選択したNURBSの表示設定ができます。（NURBSについては、第2章P.112「カーブ」参照）
アニメーション	ラティスやジョイントの表示設定ができます。（ラティスについては、第5章P.310「ラティス」参照）
レンダリング	カメラ、ライトなどの表示設定ができます。

ヘッドアップディスプレイ

メインメニューの［ディスプレイ］＞［ヘッドアップディスプレイ］のリストにチェックを入れることで、シーン内の様々な情報を表示 / 非表示させることができます。ポリゴン数を制限内で作成しなければならない場合など、必要な情報を表示させておくと、確認しながら作業ができるので便利です。

ヘッドアップディスプレイメニュー

● ヘッドアップディスプレイメニュー

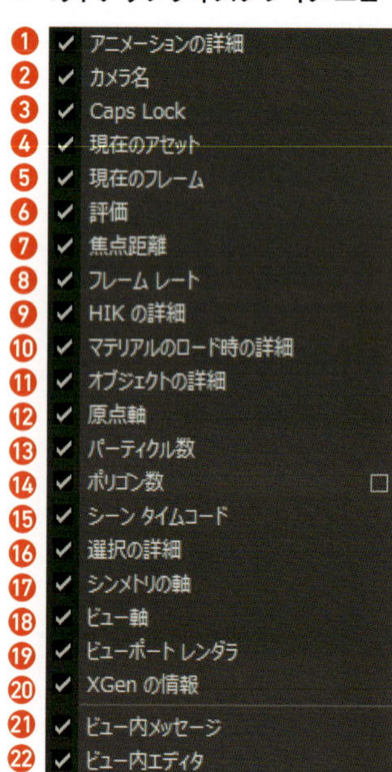

よく使用するポリゴン数の表示

	❶	❷	❸
頂点:	21060	21060	0
エッジ:	41724	41724	0
フェース:	20672	20672	18
三角形:	41344	41344	576
UV:	21419	21419	0

シーン内に表示されているポリゴンオブジェクトの頂点数、エッジ本数、フェース枚数、三角形フェース枚数、UV 数を表示します。

❶ **シーン内全体のカウント**
❷ **選択したオブジェクトのカウント**
❸ **選択した頂点、エッジ、フェース、UV のカウント**

※非表示オブジェクトはカウントされません。

● ビュー上の情報表示位置

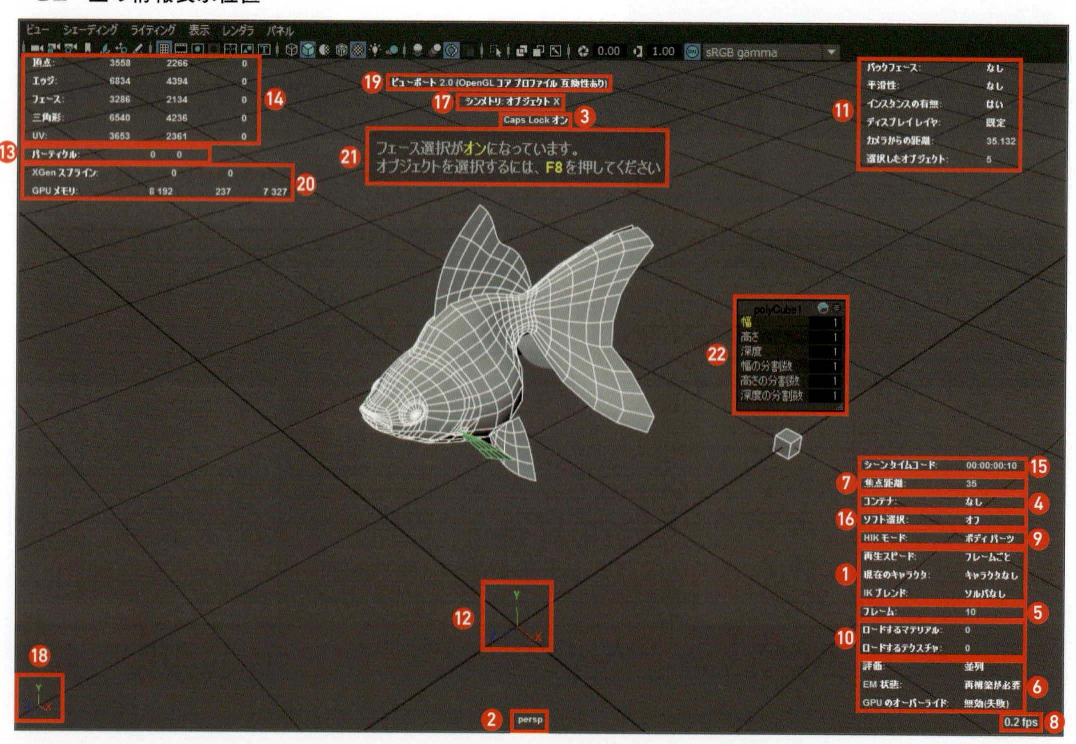

ポリゴン

メインメニューの［ディスプレイ］＞［ポリゴン］のリストを選択することで、ポリゴンオブジェクトの表示設定ができます。ポリゴンのディスプレイメニューの最下段にある［カスタムポリゴン表示オプション］を使うと、一括で設定を反映させることができます。

ポリゴンディスプレイメニュー

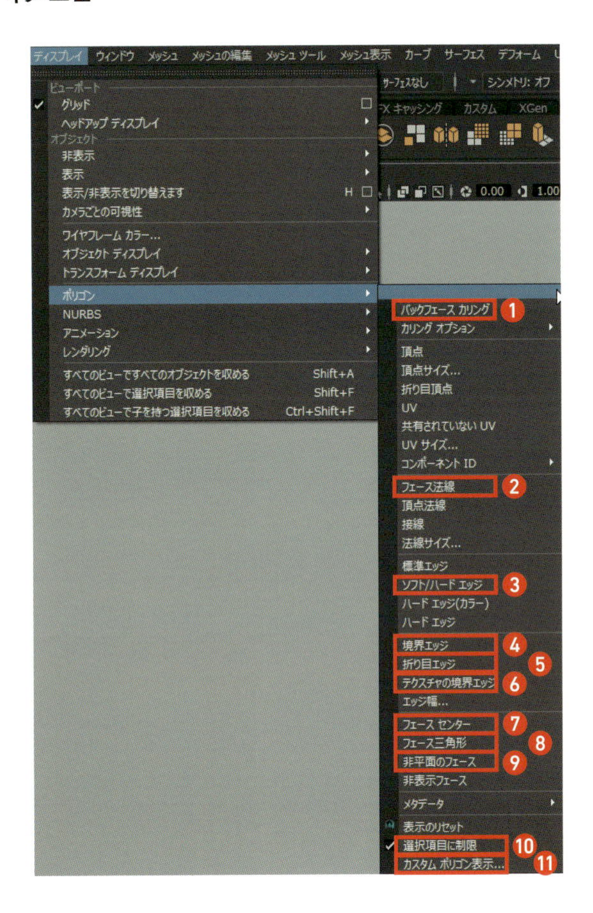

❶［バックフェースカリング］

オフ　　　　　　　　　　オン

❷［フェース法線］

オン

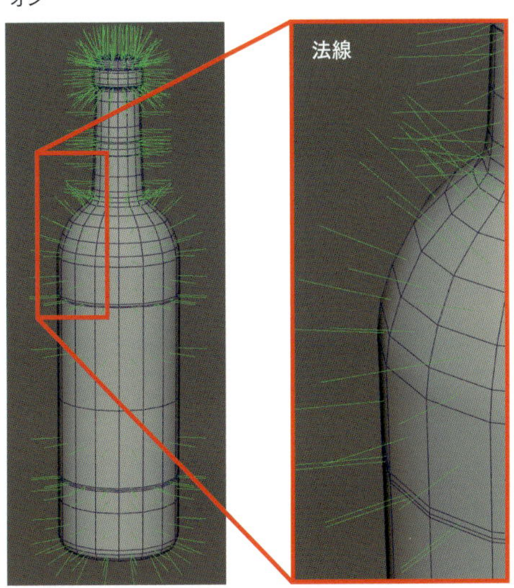

❸［ソフト / ハードエッジ］

オブジェクトのソフト / ハードエッジ部分を表示します。点線はソフトエッジ、実線はハードエッジです。

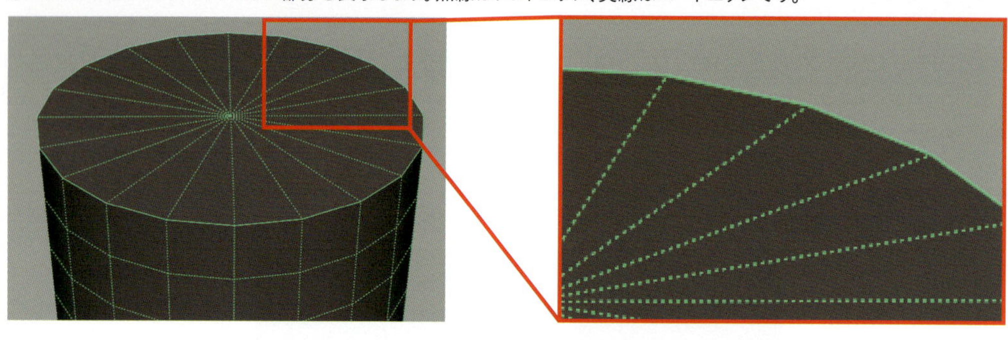

❹［境界エッジ］

オブジェクトの境界を強調表示します。

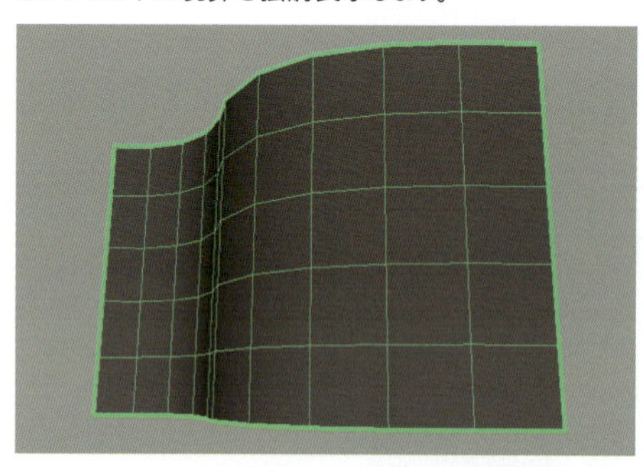

❺［折り目エッジ］

ポリゴン上にある折り目エッジを強調表示します。

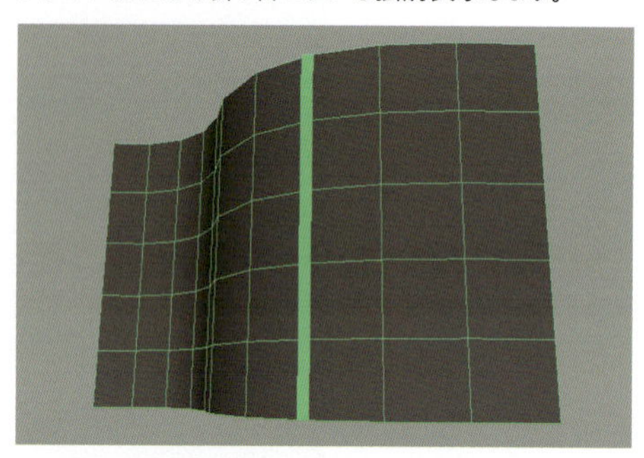

❻［テクスチャの境界エッジ］

テクスチャ境界エッジを強調表示します。

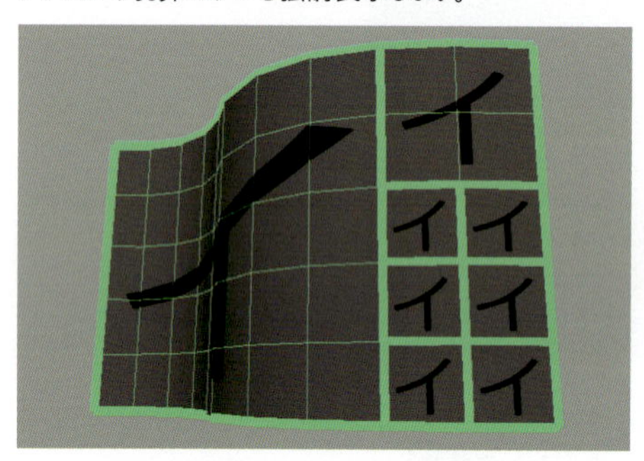

❼［フェースセンター］

フェースの中心を示す小さな正方形を表示します。

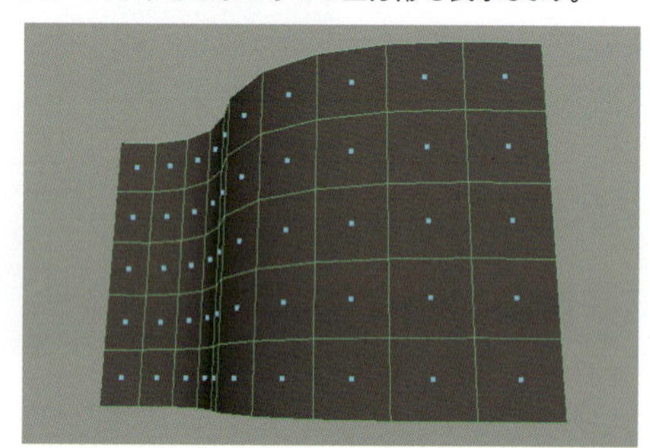

❽［フェース三角形］

全てのポリゴンフェースを三角形で表示します。

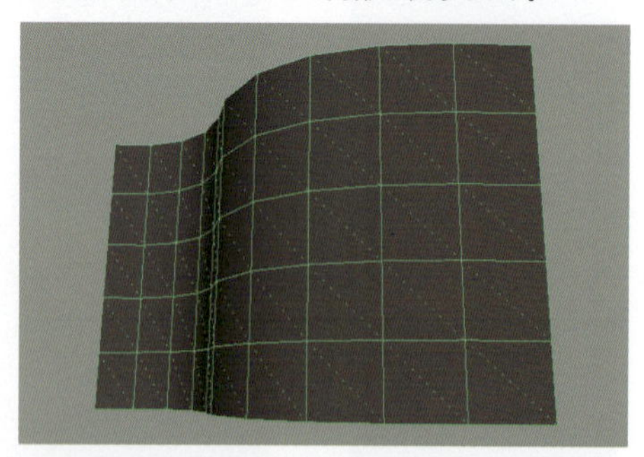

❾［非平面のフェース］

非平面のフェースをハイライト表示します。

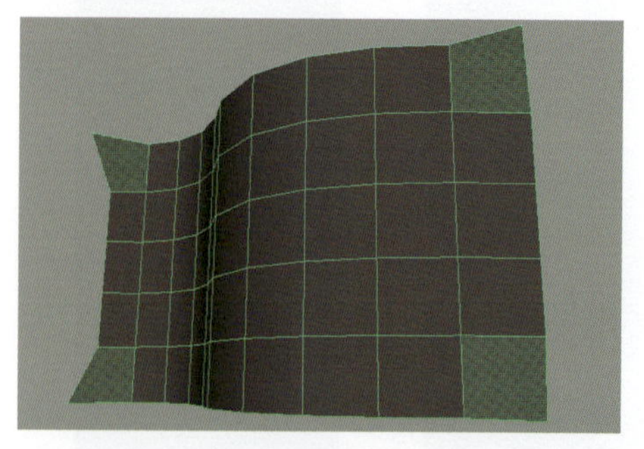

❿［選択項目に制限］

選択したオブジェクトのみに変更が適用されます。ディスプレイ上の変更をすべてのオブジェクトに適用する場合は、このオプションをオフにします。

⓫［カスタムポリゴン表示オプション］

カスタムポリゴンの表示オプションウィンドウを開きます。ポリゴンのディスプレイ設定を一括で設定できます。

Chapter 1-5

シーンの管理

Mayaには主に2つのシーン管理エディタが存在します。1つはアウトライナ、もう1つはハイパーグラフです。ここではアウトライナによるシーン管理の基本を説明します。

アウトライナの基本

アウトライナは、シーン上に存在するオブジェクト、カメラ、ライトなどをリスト表示して、そこから選択や名前の変更、階層構造の構築などを行うことができ、シーン管理に便利です。

サンプルシーン ▶ MayaData/Chap01/scenes/Chap01_Table_Chair_02.mb

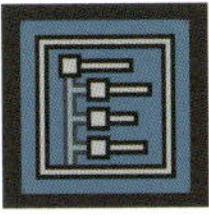

クイックレイアウトの一番下にある、アウトライナのアイコンをクリックするか、メインメニューの［ウィンドウ］>［アウトライナ］でウィンドウが開きます。

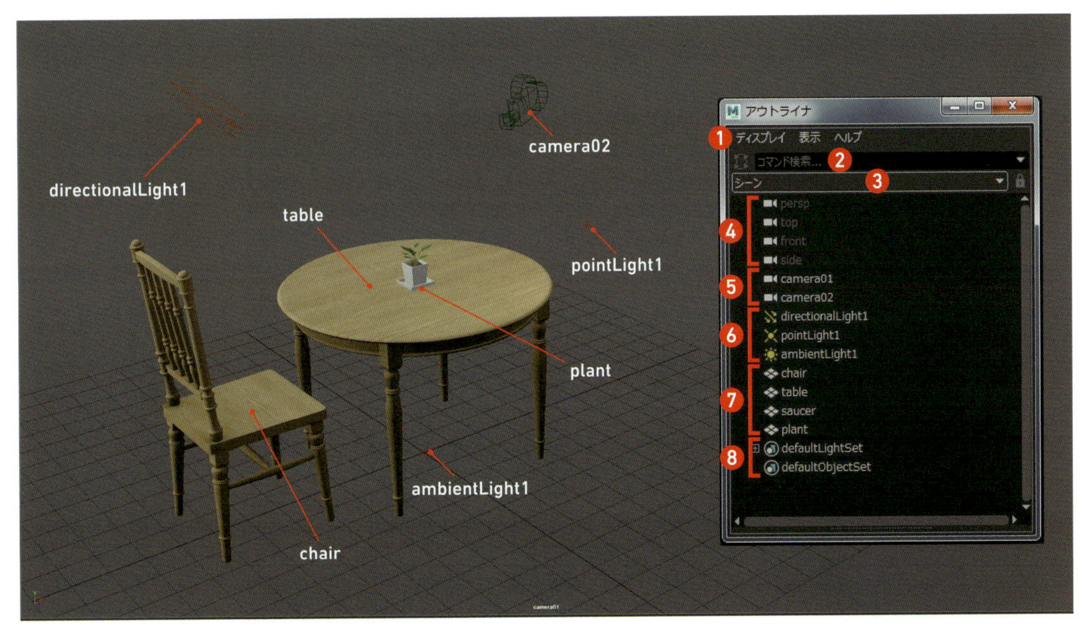

❶ ディスプレイ・表示メニュー
アウトライナの表示する内容を選択することができます。

❷ 検索フィールド
シーン内のノードを検索します。

❸ レンダリング設定フィルタ（既定では非表示）
アウトライナの［ディスプレイ］>［レンダリング設定フィルタ］を有効にすると表示されます。シーン内のオブジェクトがどのレンダーレイヤに属しているかをフィルタ表示します。

❹ 既定のカメラ
パースカメラと3つの正投影（側面、上面、前面）という4つのカメラを持っており、既定では非表示になっています。通常は、既定のカメラを使用して、シーンをレンダーすることはありません。レンダーするために、1つ以上のパースカメラを作成することになります。

❺ カメラ
作成されたシーン内のカメラ

❻ ライト
作成されたシーン内のライト

❼ オブジェクト
シーン内のオブジェクト

❽ 既定のセット
既定に設定されている、ライトセットとセット

選択

アウトライナ上のオブジェクト名をクリックすると、シーン上のオブジェクトを選択することができます。背景色が青くなったものが選択されているものです。

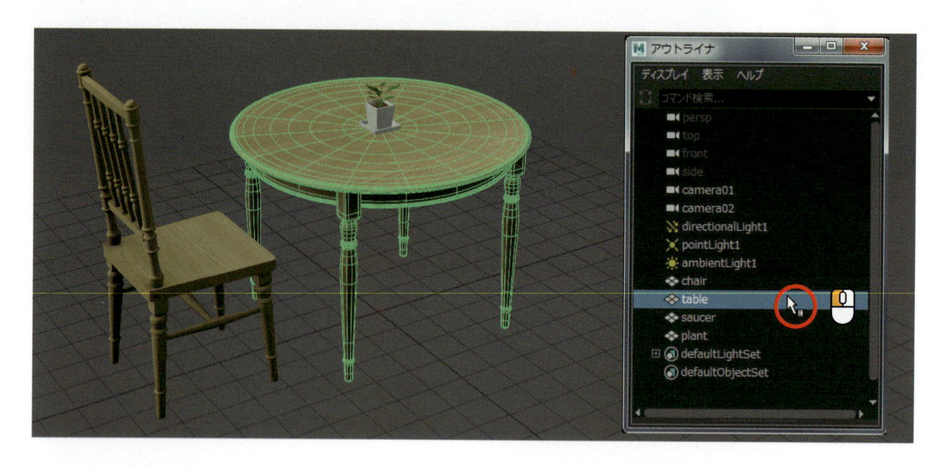

Ctrl + 🖱で複数選択と、選択の解除ができます。

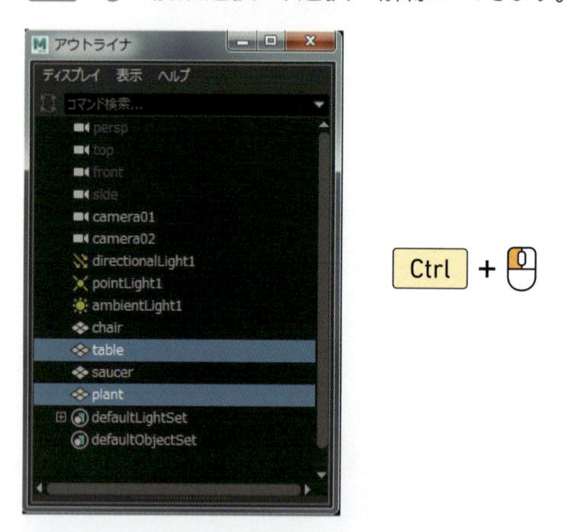

🖱ドラッグまたはShift + 🖱で範囲選択ができます。

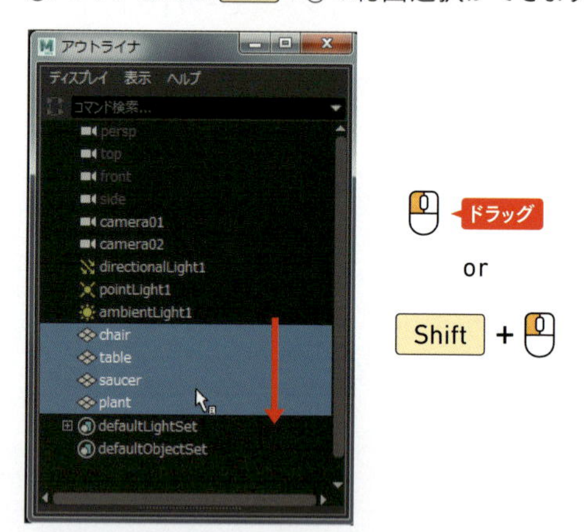

名前の変更

🖱ダブルクリックで名前の変更ができます。

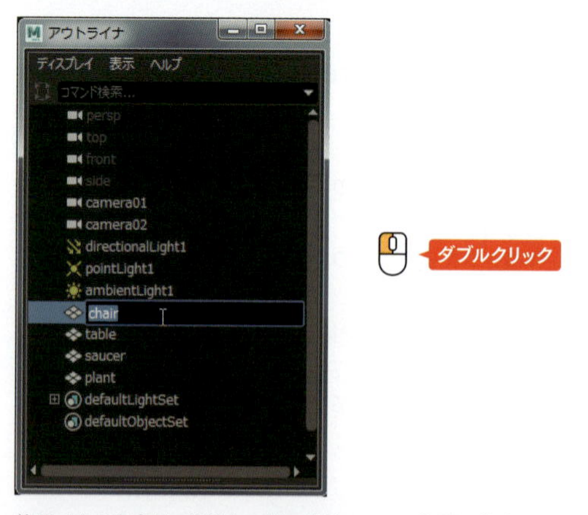

使用できる文字は、英数と一部の記号のみで、先頭に数字をつけることはできません。また、オブジェクトやマテリアル、レイヤなど種類を問わず、シーン上のものと同じ名前をつけることはできません。同じ名前が存在する場合、連番が名前の後ろに付加されます。

並び替え

🖱ドラッグで並び替えができます。シーンに影響はありませんが、データを整理することが可能です。

並び替えができない場合、アウトライナの[ディスプレイ] > [ソート順] > [シーンの階層構造]にチェックがついていることを確認してください。

階層構造を作る

階層構造とは親ノードの下に子ノードがグループ化されている状態をいいます。Mayaでは「ペアレント（親子関係）化する」と呼ばれることがあります。

アウトライナで階層構造を作る

階層構造がない状態ではお皿（saucer）を移動しても、プラント（plant）は移動しません。

アウトライナでplantを🖱ドラッグしてsaucerにドロップすることで、階層構造が構築されます。

plantはsaucerの下の階層に移動しました。saucerの左の＋をクリックすると、saucerの階層構造が表示されます。

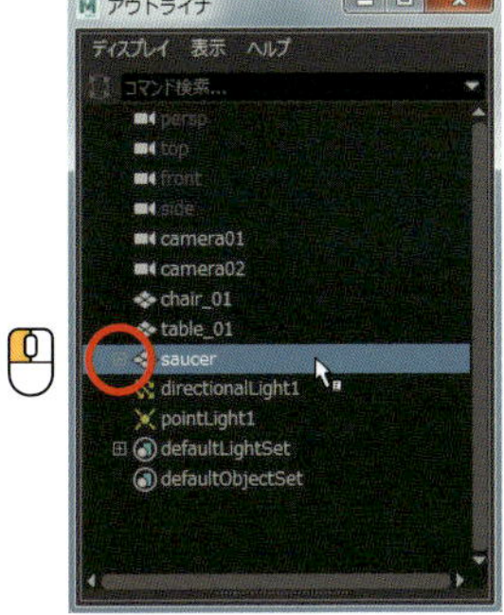

plantがsaucerの子になっていることがわかります。このように「親子関係」をつけることを、階層構造を作る、またはペアレント（親子関係）化するといいます。

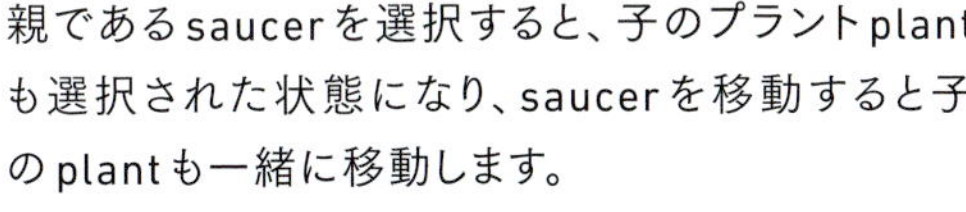

親であるsaucerを選択すると、子のプラントplantも選択された状態になり、saucerを移動すると子のplantも一緒に移動します。

子であるplant を選択して移動させた場合は単体で移動します。

ホットキーで階層構造を作成

複数オブジェクトを選択して P を押すと、選択したオブジェクトを、最後に選択したオブジェクトの子にすることができます。

saucerを選択します。

tableを追加選択します。P を押すと・・・。

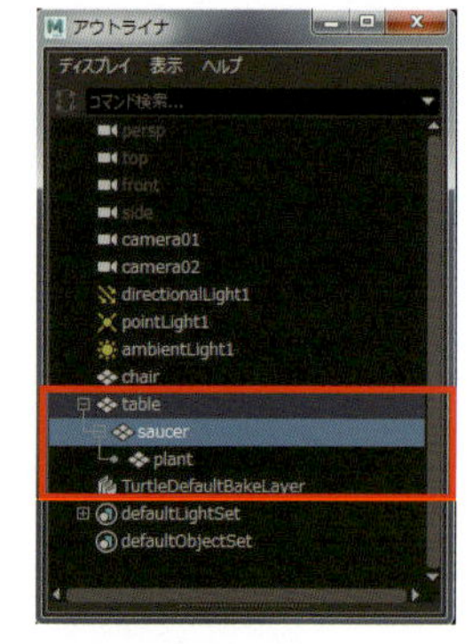

saucerがtableの子になっているのがわかります（最後に選択したオブジェクトが親になります）。

ホットキーで階層構造を解除

「子」を選択して Shift + P を押すと、選択したオブジェクトの階層構造を解除できます。

[子]を選択します。

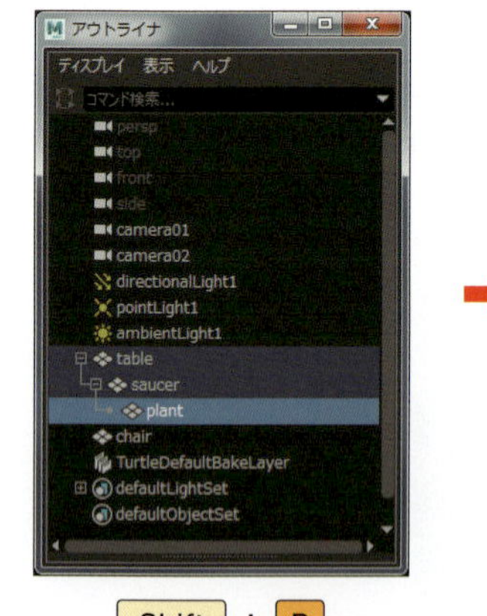

Shift + P

階層構造を解除できました。

グループ化

テーブルと椅子のように、互いに親子関係は付けずにまとめたい場合、グループ化を行います。

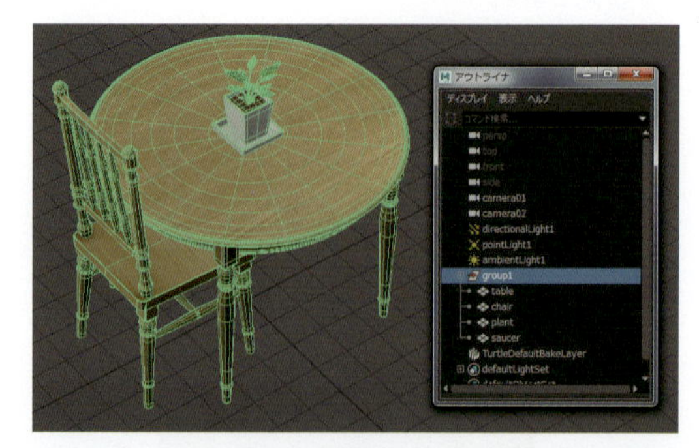

グループ化したいオブジェクトを選択して、Ctrl + G を押します。選択したオブジェクトの親に「group1」という名前のノードが作成されます。「group1」を選択することでまとめて選択することができるようになりました。

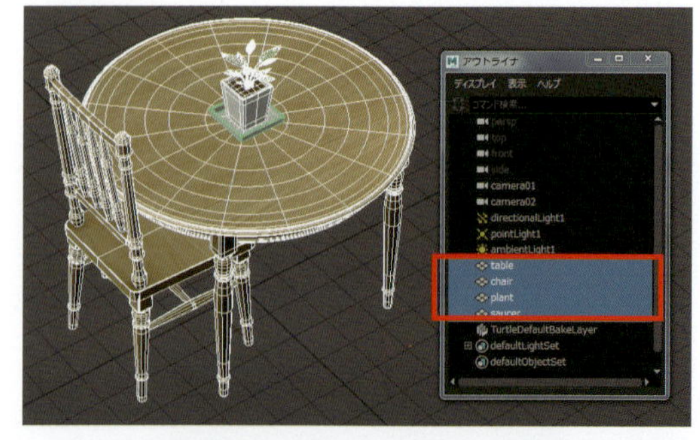

グループ化を解除するには、グループを選択してメインメニューの[編集] > [グループ化の解除]を実行するとグループ化を解除できます。

オブジェクトの表示と非表示

任意のオブジェクトなどを、シーン上で非表示にすることができます。実際にオブジェクトを削除するのではなく、制作時に必要のない物を非表示にすることで、より快適に作業することができます。

1つ、または複数のオブジェクトを選択します。

Hで選択した項目を非表示にできます。

再度表示したい場合は、再びHを押します。

アウトライナから選択して表示

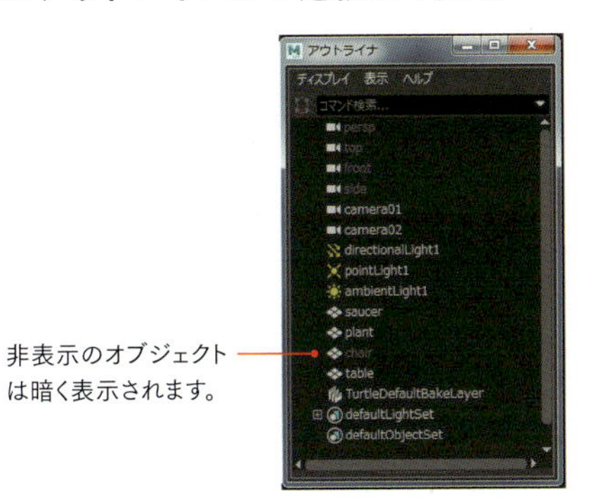

非表示のオブジェクトは暗く表示されます。

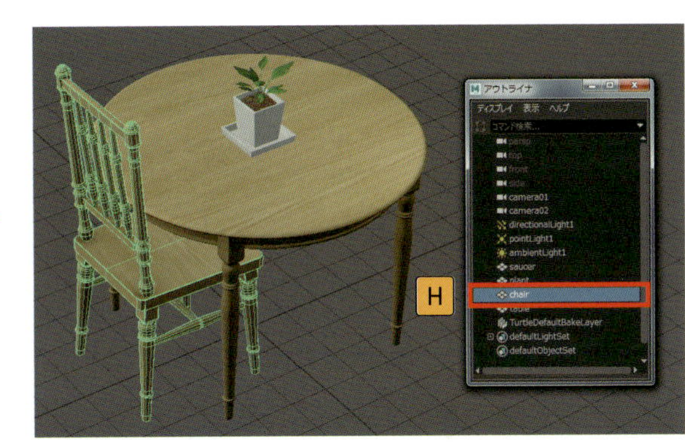

アウトライナから表示させたいオブジェクトを選択して、Hで表示できます。

コンポーネントの表示と非表示

非表示にしたいコンポーネントを選択して、Hを押します。再度表示したい場合は、コンポーネントモードの時にHを押します。

非表示にしたいコンポーネント（フェース）を選択します。

Hを押すと非表示になりました。

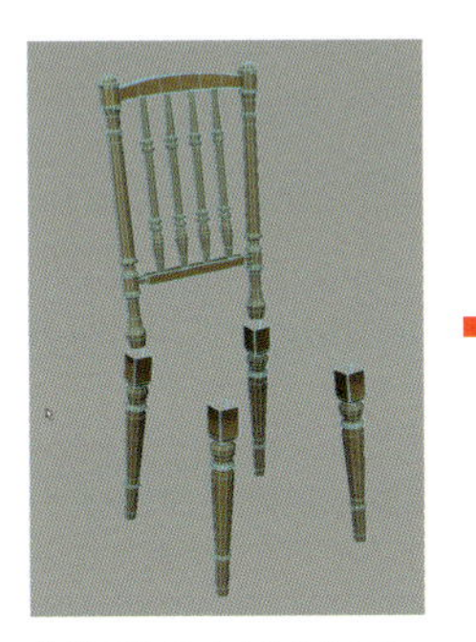

作業がしやすくなりました。（ここでは足の一部を消去）

再表示するにはHを押します。

その他の表示と非表示のメニュー

他にも［選択項目の表示］Shift＋H、［選択項目の非表示］Ctrl＋H、［最後に非表示にした項目の表示］Ctrl＋Shift＋H、［選択していないオブジェクトの非表示］Alt＋H、などたくさんの表示/非表示メニューがあります。しかし、使い分けるのは大変なので、最初のうちはHのみで目的の表示/非表示にできないかを試してみましょう。だいたいのことはHのみでできるようになっています。

Chapter 1-6

ノードエディタ

Maya上でなにかのアクションを実行すると、1つの工程ごとに［ヒストリ］が作成されます。この［ヒストリ］をアイコン化したものを［ノード］といいます。Mayaは［ノード］を中心に構築されています。［ノードエディタ］では［ノード］や［ノードネットワークの編集］を行うことができます。

ノードエディタの基本

ノードエディタは、ノードとアトリビュート間の接続が表示されます。それにより、ノード同士の接続（コネクションと呼びます）を行い、ノードネットワークの変更・編集ができるようになっています。メインメニューの［ウィンドウ］>［ノードエディタ］でウィンドウが開きます。

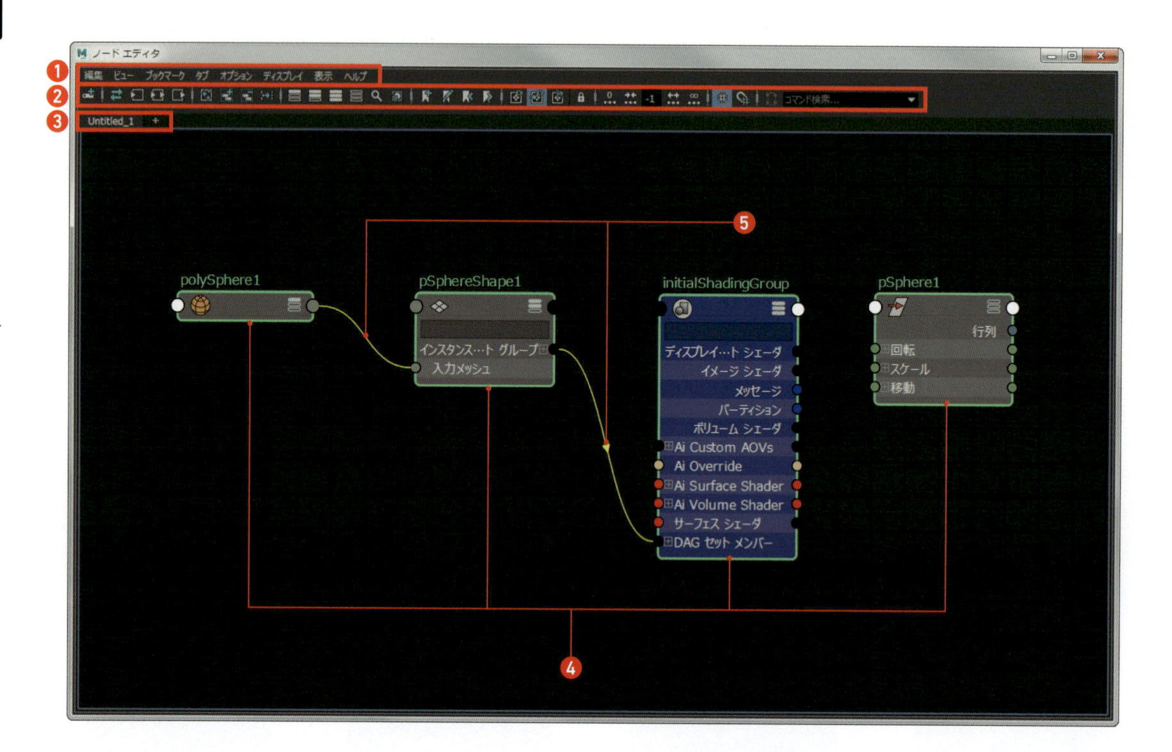

❶ノードエディタメニューバー
ノードエディタで作業するためのツールがメニュー内に含まれています。

❷ノードエディタツールバー
作業領域のツールバーでは、選択したノードのグラフへの追加、選択したノードのグラフからの除去、ノードのスウォッチサイズの変更、ノードのフィルタフィールドの表示などの機能によってグラフを編集することができます。

❸作業領域タブ
作業領域のタブを使用して、複数のグラフを視覚化できます。再グラフ化の必要性を最小限にしながらそれらを同時に編集することができます。右端のタブの横にある［+］をクリックすることで新しいタブを作成することができます。

❹ノード
作成タブなどで作成したノード

❺接続ライン（コネクション）
ノード同士を接続しているライン

ノードエディタツールバー

[ノード作成ペインの表示 / 非表示を切り替え]
ノードエディタでのノードの作成ペインの表示 / 非表示を切り替えます。

[同期 / 非同期ノードエディタとビューポートの選択]
同期選択を有効にして、ノードエディタでノードを選択した瞬間にシーン内でも同じノードが選択されます。

[入力接続]
選択したノードの入力接続だけを表示します。

[入力と出力接続]
選択したノードの入出力の接続を表示します。

[出力接続]
選択したノードの出力接続だけを表示します。

[グラフをクリア]
現在の作業領域タブ内のグラフをクリアします。

[選択したノードをグラフに追加します]
選択したノードを現在の作業領域内に追加します。

[グラフから選択したノードを除去します]
選択したノードを選択したノードを現在の作業領域内から除去します。

[グラフのレイアウト]
現在の作業領域内にあるノードを、すべてのノードとネットワークが表示されるように再配置します。

[選択したオブジェクトにマテリアルをグラフ化]
選択されたオブジェクトのノードやネットワークを選現在の作業領域内に表示します。

[簡易モード]
ノードの入力マスターポートと出力マスターポートだけが表示されます。

[接続モード]
入出力マスターポートのほか、入出力に接続したアトリビュートも表示されます。

[フルモード]
入出力マスターポートのほか、一次ノードアトリビュートも表示されます。

[カスタムアトリビュートビュー]
ノードのカスタマイズしたアトリビュートのリストを表示します。

[フィルタフィールドの切り替え]
アトリビュートフィルタフィールドの表示と非表示を切り替えます。

[スウォッチのサイズを切り替え]
ノードスウォッチのアイコンのサイズを切り替えます。

[ブックマークの新規作成]
現在のノードのグラフをクイックリファレンスとして保持するブックマークを作成します。

[ブックマークエディタウィンドウを開きます。]
ブックマークエディタが開いてブックマークを編集できます。

[前 / 次のブックマークのロード]
前 / 次のブックマークをロードして表示します。

[すべてのシェイプの表示]
シェーディングノードまたはシェーディンググループにアタッチされているシェイプを表示します。

[シェーディンググループメンバー以外のすべてのシェイプの表示]
シェーディングノードに接続されているシェイプのみを表示します。

[シェイプの表示なし]
シェーディングノードまたはシェーディンググループにアタッチされているシェイプを表示しません。

[グラフに新しいノードを自動的に追加することを許可 / 禁止します]
ビューをロックして、作成した新しいノードがグラフに表示しないか、ビューをロックせず新しいノードをグラフに表示するかを選べます。

0 -1 ∞

[走査深度の拡大 / 走査深度の縮小]
接続を表示する距離をカスタマイズできます。既定では、走査深度は無制限「-1」が入力されています。

[グリッドの表示]
グリッド表示のオンとオフを切り替えます。

[グリッドスナップ]
グリッドへのスナップのオン / オフを切り替えます。

[作業領域フィルタ]
作業領域へのフィルタのクリアすることができます。フィルタが無効の場合、グレーアウトしています。

コマンド検索...

[フィルタフィールドテキストボックス]
ノードの名前を入力することにより、ノードをフィルタすることができます。

ノードエディタマーキングメニュー

作業領域のマーキングメニュー

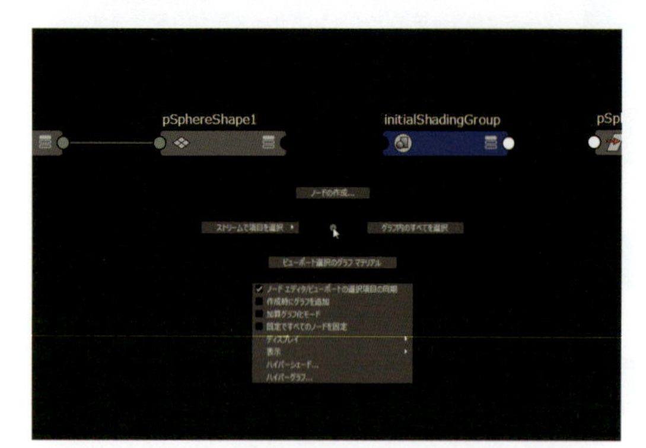

■ 作業領域内の空の領域で 押したまま

作業領域内の空の領域を右クリックしそのまま押し続けることで、ノードネットワークの作成・表示に便利なコマンドにアクセスできるマーキングメニューが表示されます。

ノードのマーキングメニュー

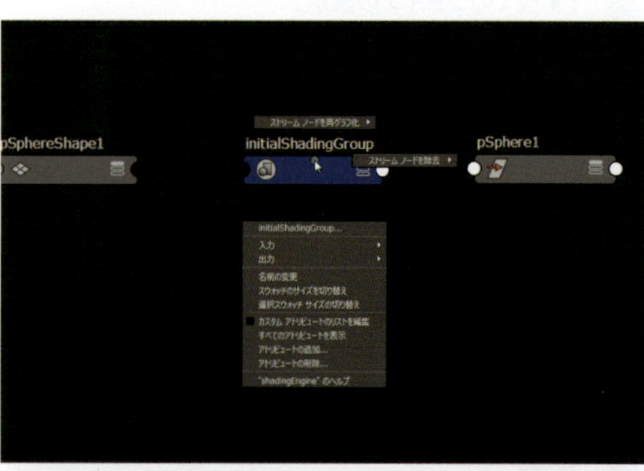

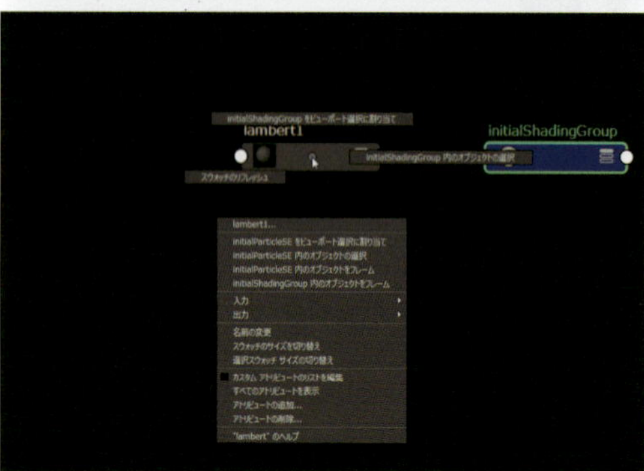

■ ノード上で 押したまま

ノードを右クリックしそのまま押し続けることで、そのノードに関する便利なコマンドにアクセスできるマーキングメニューが表示されます。個々のノードでメニュー内容が異なります。

接続ラインのマーキングメニュー

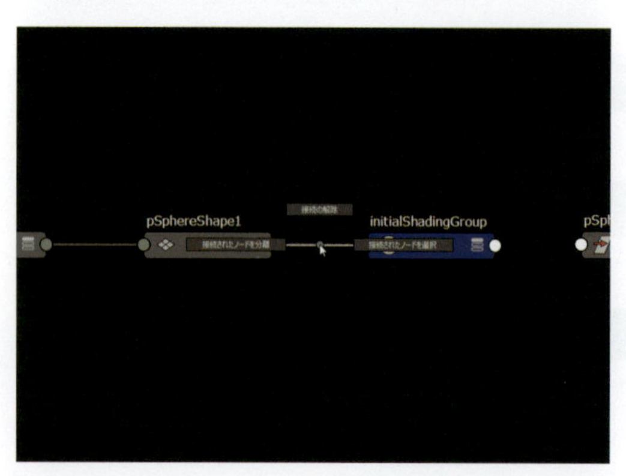

■ 接続ライン上で 押したまま

接続ラインを右クリックしそのまま押し続けることで、その接続に関する便利なコマンドにアクセスできるマーキングメニューが表示されます。

ノード・ノードネットワークの編集

作業領域でのツールバーの機能などを使ったノード・ノードネットワークの編集方法を解説します。

ノードの接続・除去

接続

ノードのソースポートにマウスポインタを重ねます。

クリックすると接続ラインを作ることができます。ノードにラインが近づくと接続できないアトリビュートがグレーアウトします。

目的のノードの宛先ポートを選択してクリックします。ラインが黄色でなくなれば接続完了を表しています。接続せずにラインを解除するには、グラフ内の空の領域をクリックするか、Esc を押します。

除去

接続を除去したいラインにマウスポインタを重ねます。

クリックすると接続ラインが黄色になり接続が切れます。このまま他のポートに接続して、接続箇所を変更することもできます。

接続ラインが黄色の状態でグラフ内の空の領域をクリックすると接続が除去されます。

また別の方法として、接続を除去したいラインにマウスポインタを重ね、クリックで選択します。接続ラインが白くなった状態で Delete か Backspace を押すことによっても接続ラインを除去することができます。

アトリビュートリストを表示

簡易モード

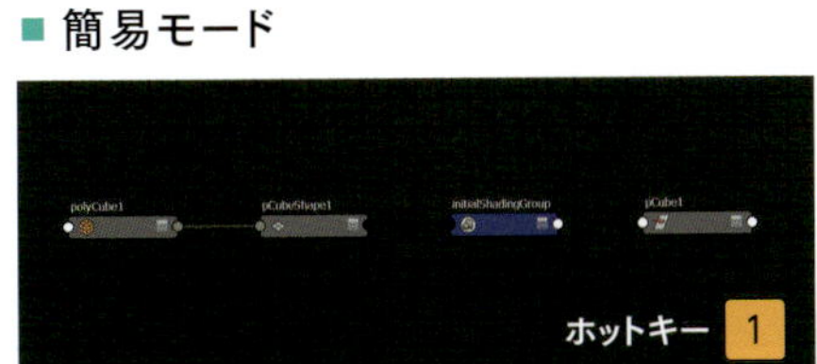

ツールバーの▤をクリックすることで、ノードの表示が簡易モードになります。

接続モード

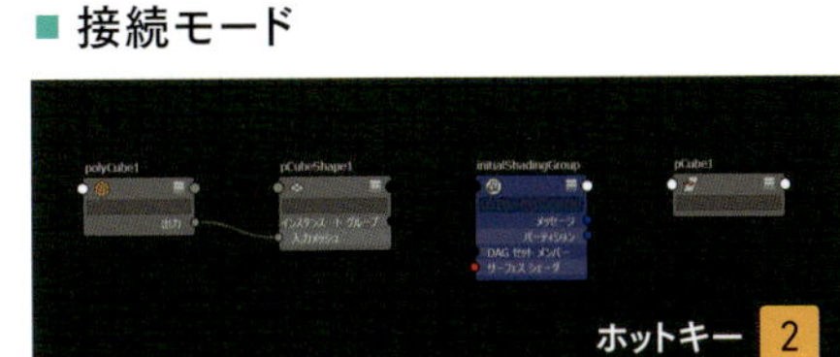

ツールバーの▤をクリックすることで、マスターポートと接続のある入出力アトリビュートが表示されます。

フルモード

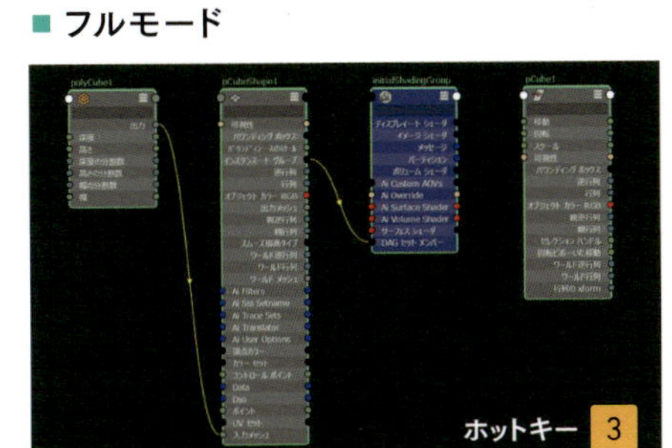

ツールバーの▤をクリックすることで、マスターポートと一次ノードアトリビュートが表示されます。

カスタムアトリビュートビュー

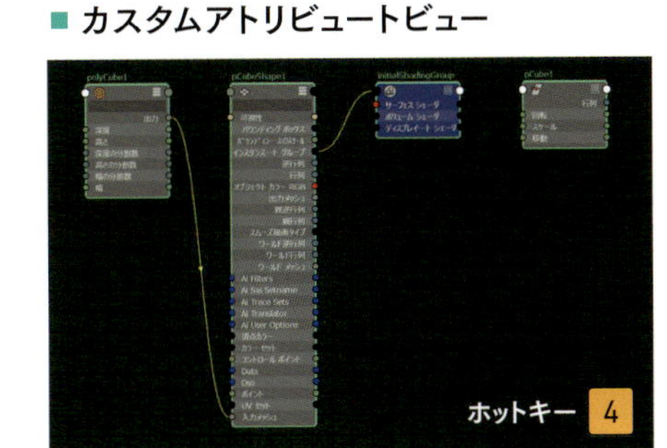

ツールバーの▤をクリックすることで、最も一般的に使われるアトリビュートが選択され表示されます。カスタムアトリビュートビューがない場合、フルモードで表示されます。

■ ノード個別表示

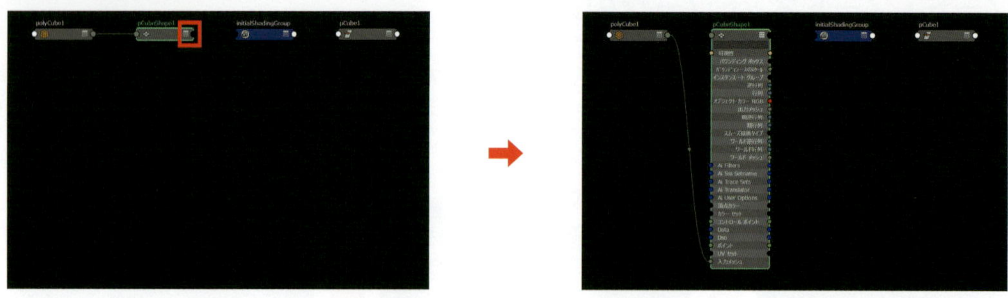

アトリビュートの表示を変更したいノードの右上にあるモード選択アイコンで、ノード個別にアトリビュートの表示モードを切り替える事ができます。また、作業領域内でノードを選択した状態でツールバーの各モード選択ボタンをクリックすることによっても同様に個別にアトリビュートの表示モードを変更することができます。

接続の表示

■ 入力接続

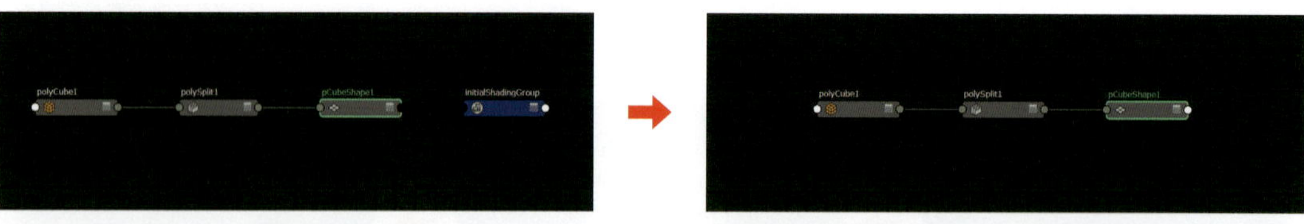

ノードを選択してツールバーのをクリックします。

選択されたノードの入力接続（上流接続）が表示されます。選択されたノードの入力までのネットワークを表示します。

■ 入力と出力接続

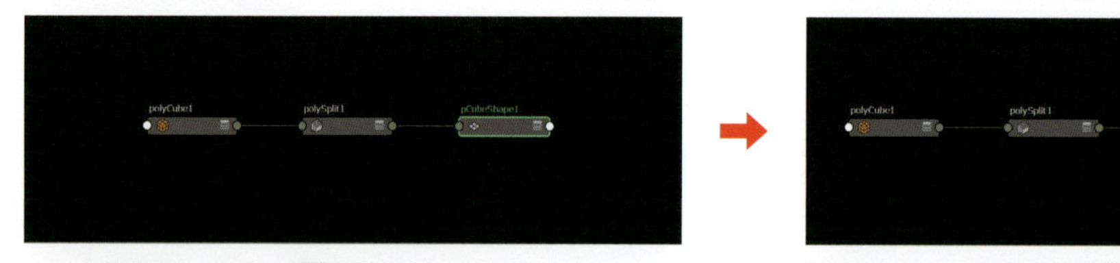

ノードを選択しツールバーのをクリックします。

選択されたノードの入出力両方の接続ノードを表示します。

■ 出力接続

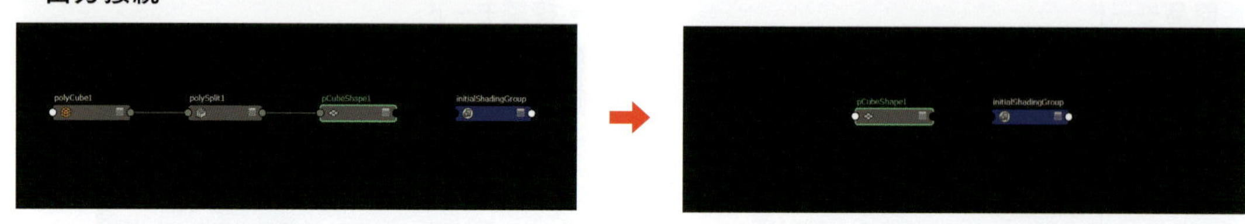

ノードを選択してツールバーのをクリックします。

選択されたノードの出力接続（下流接続）が表示されます。選択されたノードの出力からのネットワークを表示します。

ノードの作成

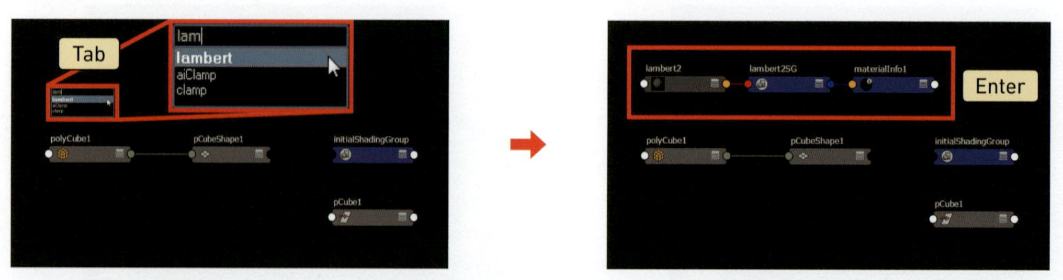

ノードエディタ上でTabを押して、作成したいノード名（lambertやpolyCubeなど）を入力します。頭文字を入力するとリストが表示されるのでリストから選択することもできます。リストから選択してEnterでノードが作成されます。ツールバーのをクリックしてノードの作成ペインを表示して、ノードの作成ペインからノードエディタの作業領域にノードをでドラッグします。また目的のノードをでクリックすると、そのノードが作業領域に表示されます。

ノード

ノードエディタで編集する「ノード」とは一体何なのかというところを簡単に解説します。

ノードとは

Maya内部の設計はとても単純にできており、ノード同士が繋がったノードネットワークというもので構成されています。簡単にいうと、すべてノードで作られているといえます。pSphereオブジェクトがどのようにノードで構成されているか、ノードエディタを使用して見ていきます。

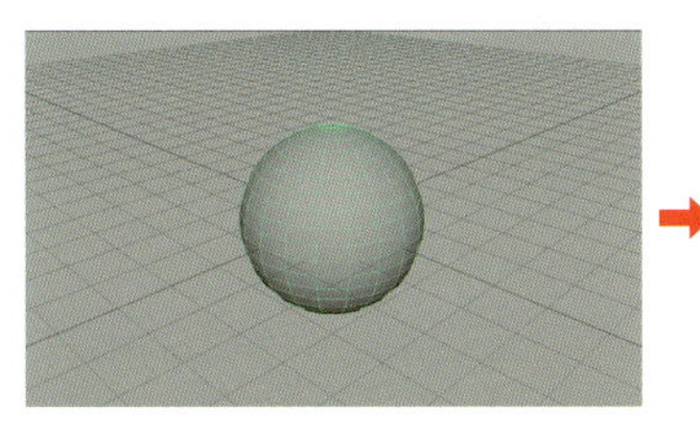

シーンにpSphereオブジェクトを作成し選択した状態で、メインメニューの［ウィンドウ］>［ノードエディタ］からノードエディタを開きます。

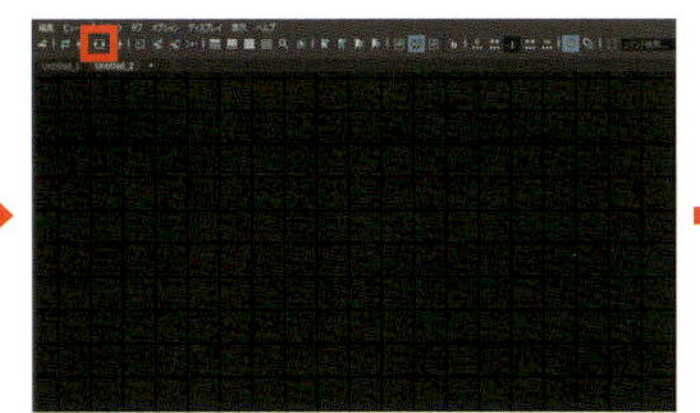

ノードエディタの をクリックして、ノードを表示します。

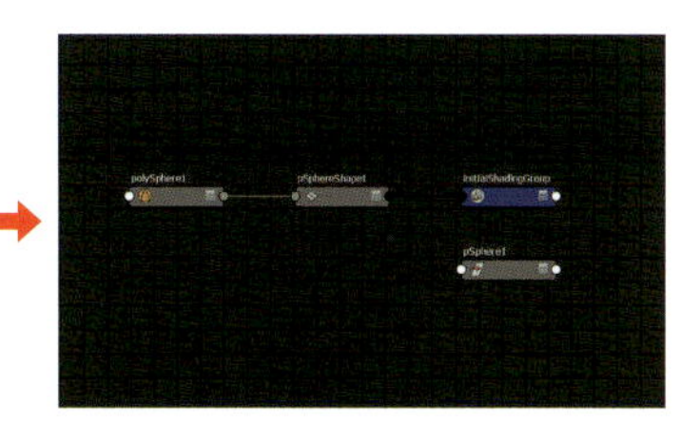

pSphereのノードネットワークが表示されました。

では各ノードの役割を見てみましょう。

各ノード役割

ノード	polySphere1	pSphereShape1	initialShadingGroup	pSphere1
ノードタイプ	PolySphere	Mesh	ShadingEngine	Transform
ノードの役目	設計図	形状作成	質感設定	設置・位置決め
解説	pSphere作成時にできる、分割数などを決めるノード（ヒストリ）の1つです。このノードで球形ポリゴンデータを生成しています。	ポリゴンで構成されているオブジェクトはすべてこのmeshノードでできています。メッシュの情報を持っているノードです。	シェーダに関わるノードです。このノードで質感が設定されています。	このノードは、三次元空間上の位置情報を持っています。

各ノードが異なった情報や役割を持ち、それぞれがつながりpSphereを構成していることがわかります。次にpSphereにエッジを追加してみます。

エッジ追加

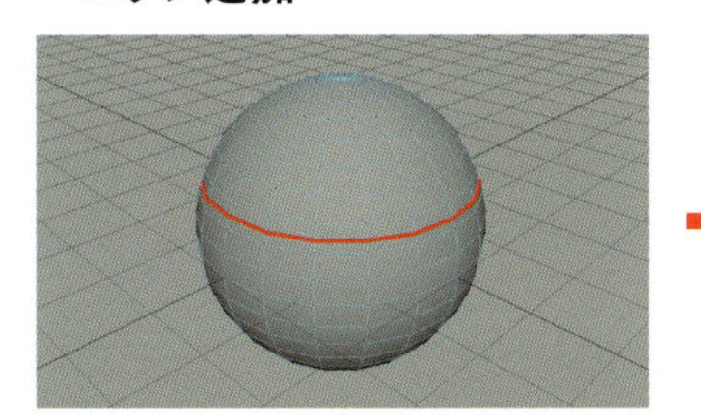

pSphereにエッジを追加してみます。

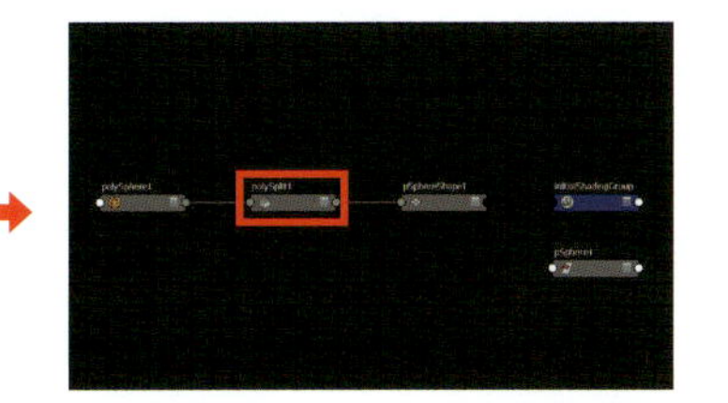

polySplitというヒストリ、つまりノードが追加されました。

このノードは、追加したエッジの状態や番号などの情報を持っています。ノードタイプはPolySplitです。

上記でも分かる通り、エッジ追加も「ノード」です。頂点削除、スムーズ、マテリアルもすべてこういったノードのつながりでできています。つまり、ノードとは様々な物を構成するための役割や情報を持った部品といえます。ノードエディタやアウトライナ、ハイパーシェードで表示されている物、アトリビュートエディタやチャネルボックスの内容など、すべてはノードを様々な方法で表示したものになります。

第2章 モデリング

Chapter 2-1 モデリングの準備

モデリングとは、Mayaなどの3DCGソフトウェアにおいては立体形状を作成することです。グリッド設定、カメラ設定、テンプレート設定、プロジェクトの作成について紹介します。

グリッド設定

メインメニューの［ディスプレイ］>［グリッド］のオプションに入ると、グリッドは既定で左下図のように設定されています。グリッドのカラーは、既定ではそれぞれ同色のグレーですが、［軸］を黒、［グリッドラインと番号］を赤、［サブディビジョン］を明るいグレーに変更すると右下図のようになり、どのパラメーターが何に対応しているのかがわかります。作成するものによって必要なグリッドを設定しましょう。

グリッドオプション

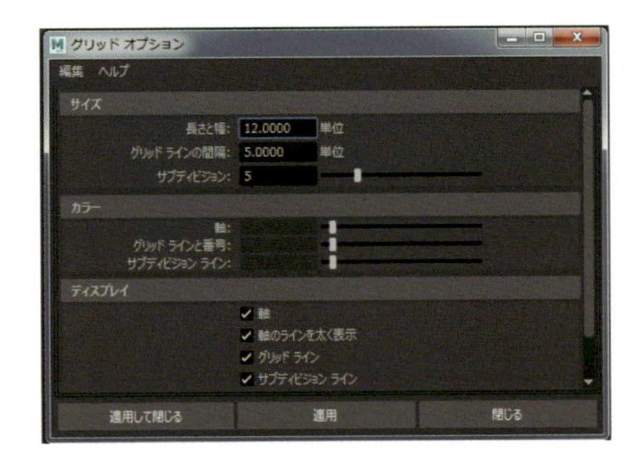

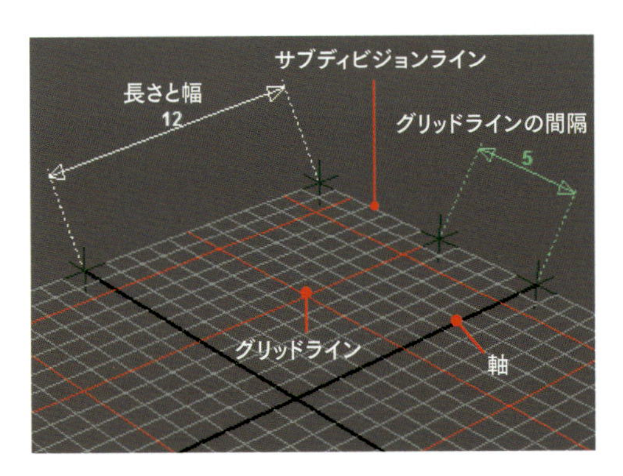

作業単位

メインメニューの［ウィンドウ］>［設定/プリファレンス］>［プリファレンス］の設定で作業単位を設定できます。既定では［センチメートル］が設定されており、グリッド「1マス＝1cm」を意味します。作業状況に合わせて設定しますが、作業単位は［センチメートル］でもグリッド1マスを「1メートル」と見立てて作業することもあります。

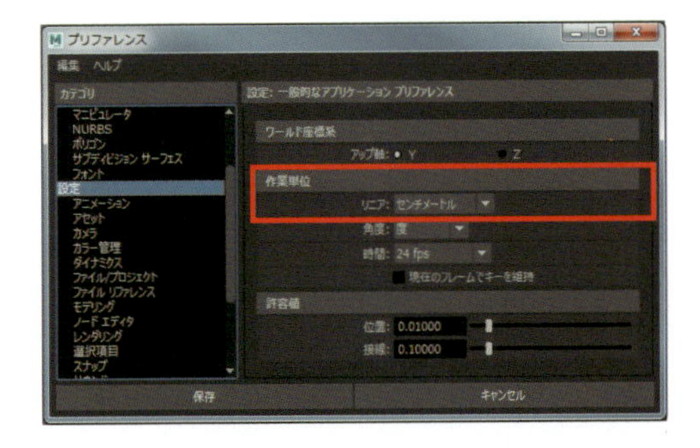

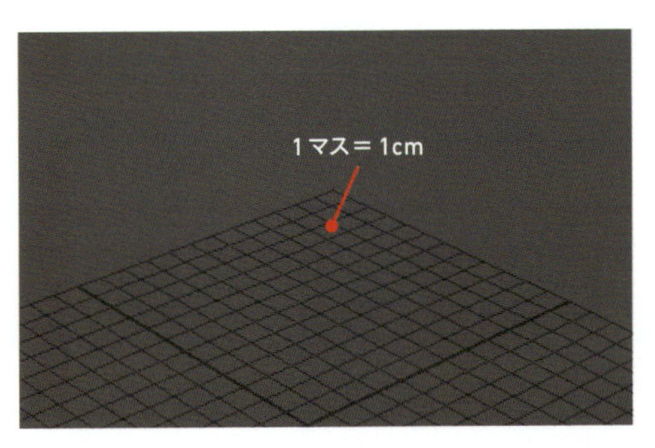

カメラの設定

カメラアトリビュート ビューアングル

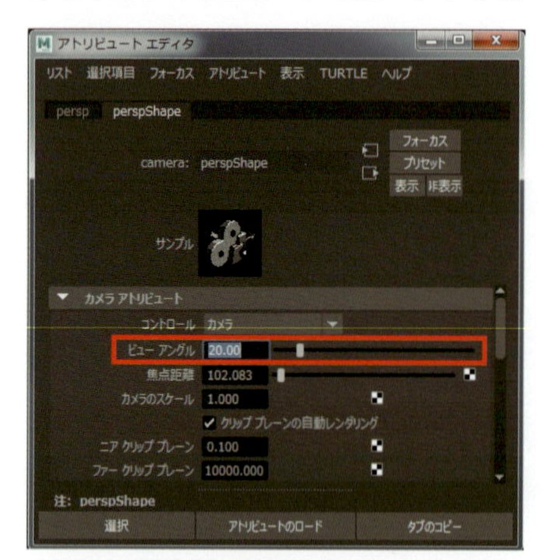

モデリングを始める前に「パースカメラ」の設定をしましょう。「アウトライナ」から「パースカメラアイコン」をダブルクリックし、カメラのアトリビュートの「ビューアングル」で設定します。既定では「54.43」となっています。特に問題はありませんが、人間サイズのキャラクターなどをモデリングする際に、カメラとの距離によって歪んで見えてしまい、正確な形を把握しづらいことがあるため、「ビューアングル」の設定を「20～25」程度で行うと良いでしょう。下図の違いを覚えておきましょう。

●ビューアングル：既定値

●ビューアングル：20

イメージプレーンの設定

モデリングの際に「3 面図」を用意し、「テンプレート」にして作業することがあります。Mayaではカメラにアタッチされておらず、シーンで選択してトランスフォームすることができる[フリーイメージプレーン]とカメラにアタッチされている[イメージプレーン]と2 つのタイプのイメージプレーンがあります。どちらもイメージプレーンを作成し、イメージプレーンのアトリビュートから画像ファイルを読み込むと配置されます。

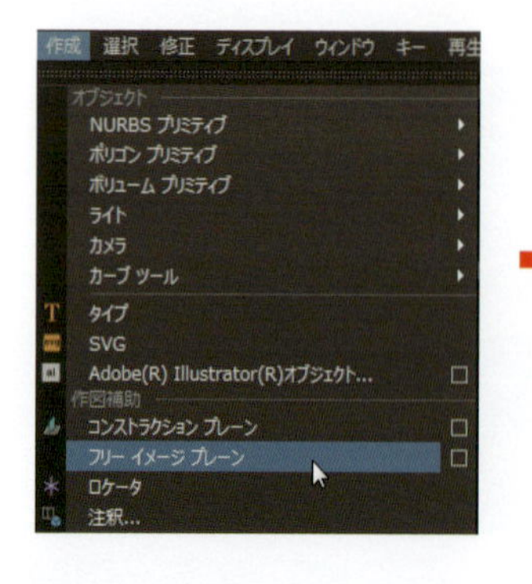

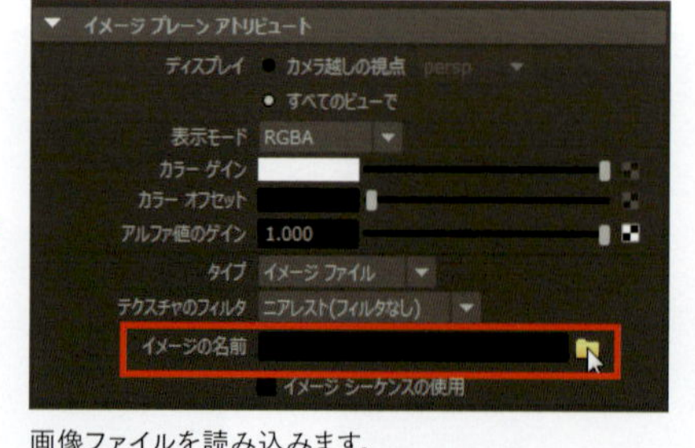

画像ファイルを読み込みます。

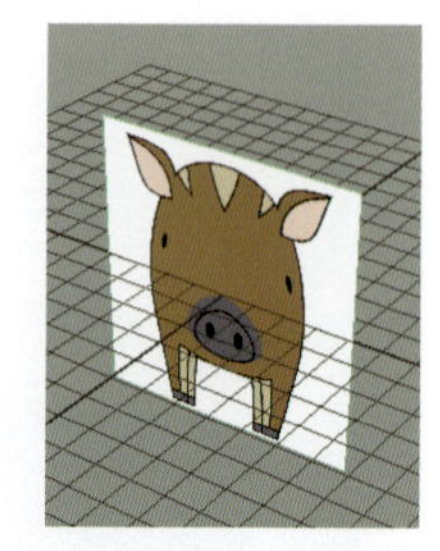

イメージプレーンが配置されました。

プロジェクトの作成と設定

Mayaでは、作業したシーンデータに関連付けされた全てのファイルを管理するために「プロジェクト」を設定します。「プロジェクト」を設定すると、シーンに関連付けされた各データを保存するためのフォルダ構造が自動的に作成されます。Mayaは常に現在設定されている「プロジェクトフォルダ」を参照します。新しいシーンで作業を開始するときは、はじめに「プロジェクト」を設定しましょう。

プロジェクトの新規作成方法

❶メインメニューの[ファイル] > [プロジェクトウィンドウ]を選択します。プロジェクトウィンドウが開きます。

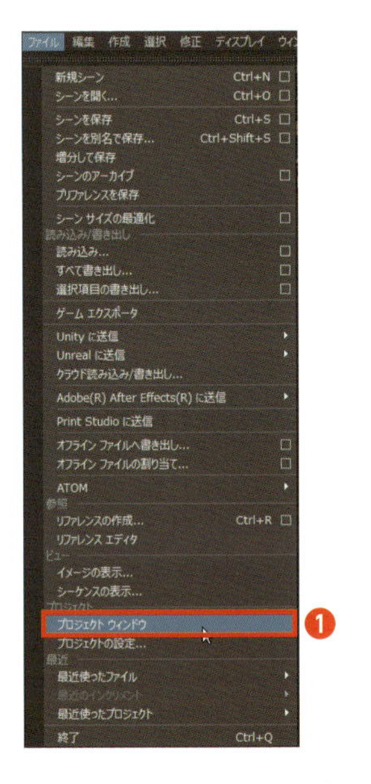

❷の[新規]ボタンをクリックして「プロジェクト名」を設定します。

❸のフォルダアイコンをクリックしてプロジェクトフォルダを作成する場所を選択します。

❹[適用]をクリックして完了します。

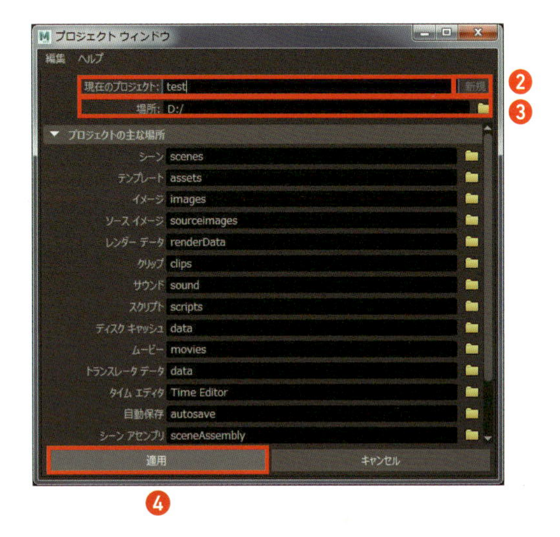

「プロジェクトウィンドウ」内の「プロジェクトの主な場所」で各データの保存場所を任意に指定することができますが、特別な理由がない限り、既定から変更しない方がよいでしょう。本書では既定の指定であることを前提に進めて行きます。

既定で設定されている保存先

Mayaのシーンデータの保存する場所、テクスチャなどを作成しMayaのプロジェクトフォルダに保存する場所、レンダリングした画像が出力される場所など、主な既定で設定されている保存先は以下です。

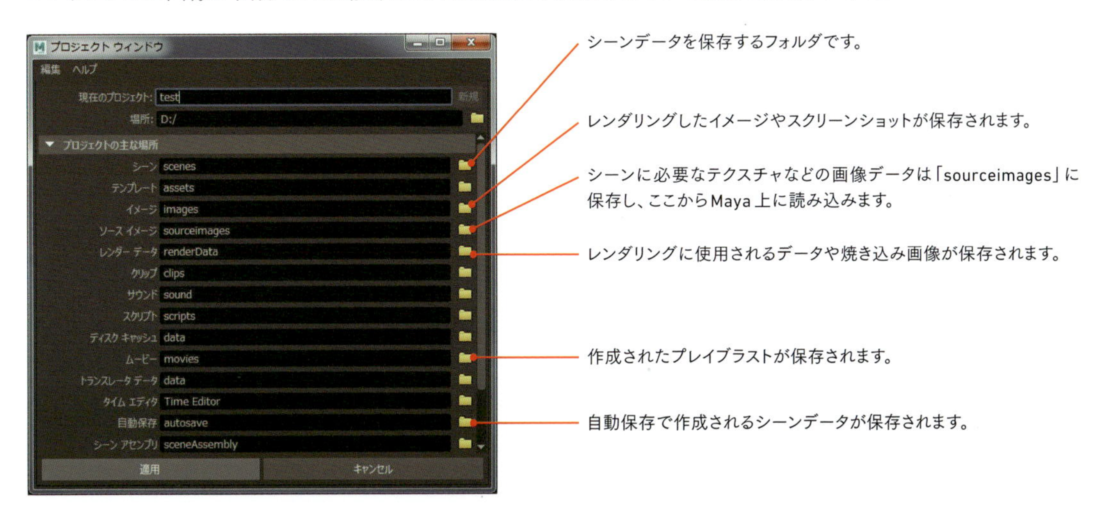

「プロジェクトウィンドウ」の［場所］で指定したディレクトリに、［現在のプロジェクト］で入力した「プロジェクトフォルダ」が作成されます。

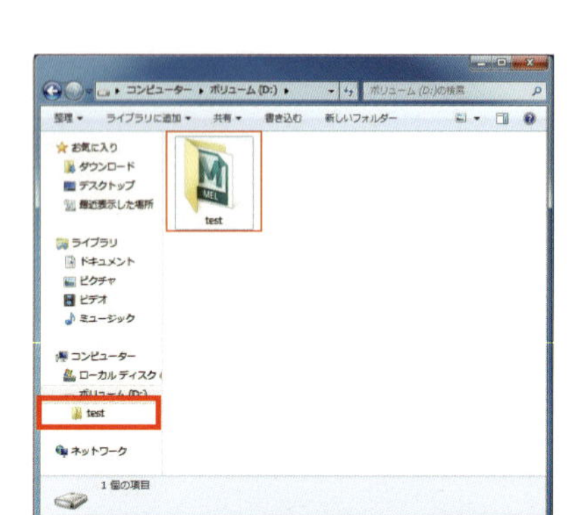

「プロジェクトフォルダ」には、データをタイプ別に保存するフォルダが作成されています。このプロジェクトで使用するデータは、すべてこの中で管理します。また、「workspace.mel」ファイルはプロジェクトの設定データなので、移動や消去をしないよう注意しましょう。

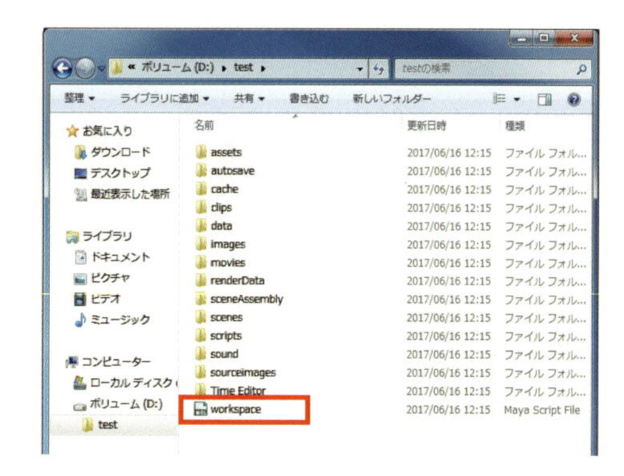

プロジェクトの設定方法

新規に作成する方法は理解できたと思いますが、別プロジェクトのシーンを開く場合など、プロジェクトを設定し直す必要があります。

❶メインメニューの［ファイル］>［プロジェクトの設定］をクリック、または・・・

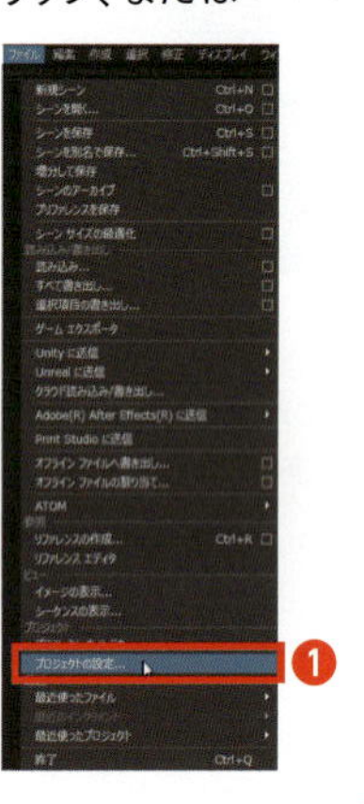

または

［ファイル］>［シーンを開く］

❷［プロジェクトの設定...］をクリックします。

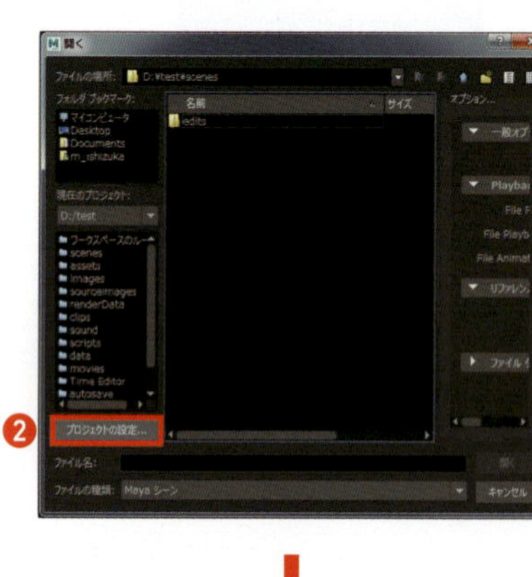

❸プロジェクトがあるディレクトリを指定後、❹プロジェクトフォルダを選択して❺［設定］をクリックします。これでプロジェクトが設定されます。

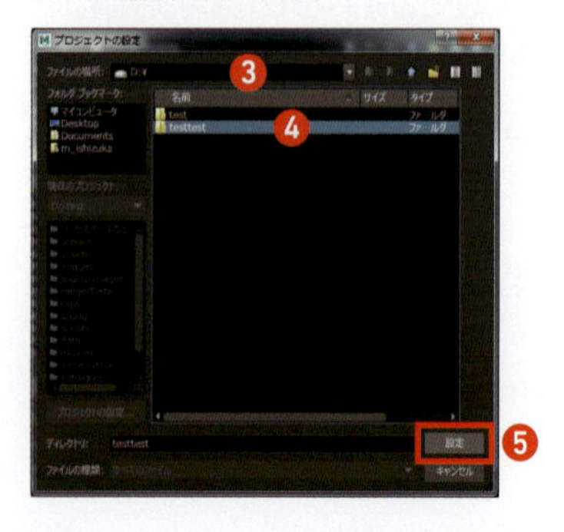

MEMO プロジェクトの設定での注意

［プロジェクトの設定］で選択するフォルダは、直下に「workspace.mel」があるフォルダです（［プロジェクト設定のウィンドウ］では見えません）。デフォルトの設定であれば、シーン「scenes」やソースイメージ［sourceimages］フォルダの親フォルダです。別のフォルダを選択しないよう注意しましょう。

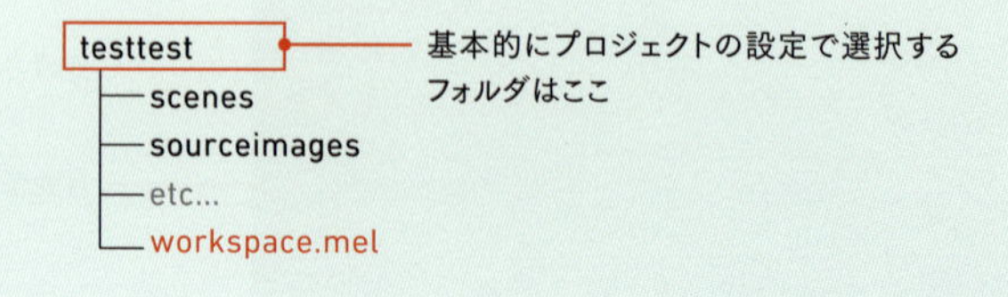

シーンデータ［開く］

シーンデータを［開く］には、ステータスラインの📂をクリックし、シーンファイルを選択して「開く」、またはメインメニューの［ファイル］＞［シーンを開く］（Ctrl＋O）でシーンデータを開きます。保存しているシーンファイルをエクスプローラー上でダブルクリックしてもシーンが開きます。

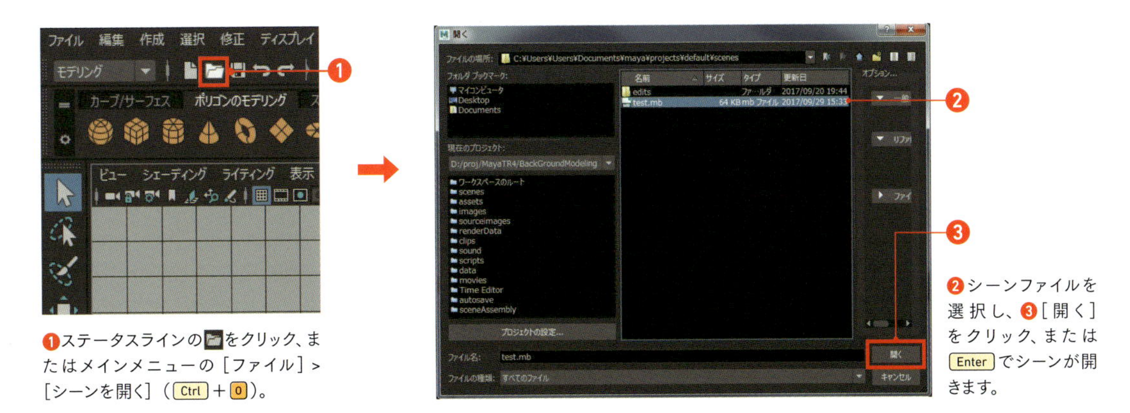

❶ステータスラインの📂をクリック、またはメインメニューの［ファイル］＞［シーンを開く］（Ctrl＋O）。

❷シーンファイルを選択し、❸［開く］をクリック、または Enter でシーンが開きます。

読み込み

開いているシーンに別のシーンを合体させたり、オブジェクトデータやアニメーションデータのみをシーンに読み込む場合には、メインメニューの［ファイル］＞［読み込み］からデータを読み込みます。保存されているシーンファイルをビュー上にドラッグ＆ドロップでも［読み込み］を実行することができます。

シーンデータ［保存］

シーンデータを新規に［保存］するには、ステータスラインの💾をクリックし、保存先を指定、保存名を入力後、［名前を付けて保存］をクリックする、またはメインメニューの［ファイル］＞［シーンを保存］（Ctrl＋S）でシーンデータを［保存］します。一度シーンデータを保存した後、［シーンを保存］を実行すると、「上書き保存」されます。［上書き保存］したくない場合は、［シーンを別名で保存］もしくは［増分して保存］で保存します。［増分して保存］は既存のファイル名に自動でナンバリングされ、保存します。

❶ステータスラインの💾をクリック、またはメインメニューの［ファイル］＞［シーンを保存］（Ctrl＋S）

❷保存先を指定❸保存するシーン名を入力❹［名前を付けて保存］をクリック

自動保存

一定時間でシーンを自動保存させることができます。メインメニューの［ウィンドウ］＞［設定／プリファレンス］＞［プリファレンス］＞［ファイル／プロジェクト］＞［自動保存］の［有効化］にチェックを入れ、自動保存数や保存間隔（分）を設定します。

Chapter 2-2

編集・選択・修正

ここではメインメニューの［編集］、［選択］、［修正］の各項目から、よく使う機能を紹介していきます。

メインメニュー > 編集

複製

オブジェクトを選び、メインメニューの［編集］>［複製］を選択します。または Ctrl + D 、または［スマート複製］の設定が「オン」の場合、［Shift］を押しながら、いずれかのトランスフォームマニピュレータをドラッグでオブジェクトがコピーされます。［複製］を実行した場合、コピーされたオブジェクトはコピー元と同じ座標にコピーされます。パッと見ではコピーされたかどうかわかりません。そんな時はアウトライナで確認しましょう。

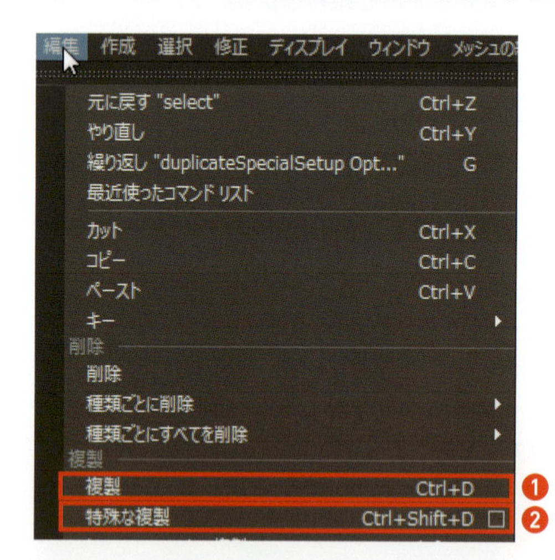

■ スマート複製の設定

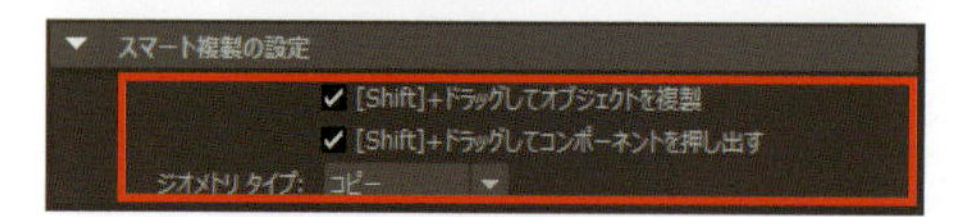

「スマート複製」はいずれかのトランスフォームツールのツール設定［スマート複製の設定］を「オン」の状態で使用できます。

❶ 複製

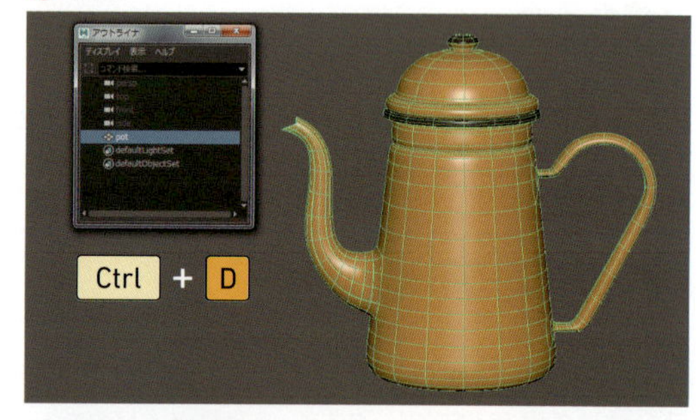

■ スマート複製

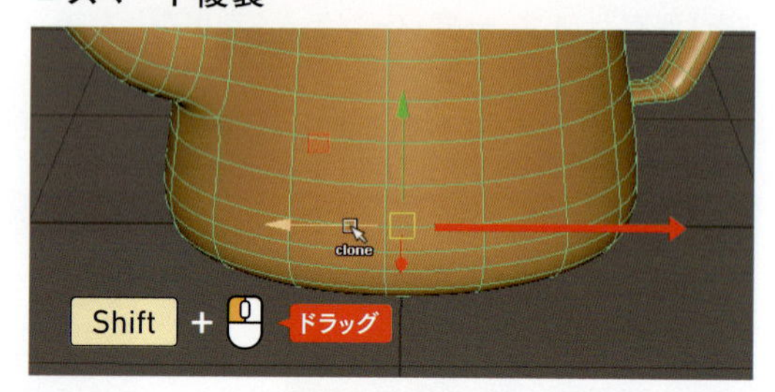

オブジェクトモードで Shift を押しながら、トランスフォームツールのいずれかのマニピュレータをドラッグします。

コピーされたオブジェクトを移動ツールで移動させました。同じものが複製されている事が確認できます。

特殊な複製

[特殊な複製]を使用すると、[複製]または軽量な[インスタンス]にX、Y、Z軸のオフセット値を指定してコピーを作成することができます。「インスタンス」は選択したジオメトリの実際のコピーが作成されるわけではなく、「インスタンス」化されたジオメトリが再表示されます。たとえば、たくさんの複製オブジェクトからなる草木などはそれだけの実際のジオメトリを扱うためのメモリやCPUパワーを必要としますが、「インスタンス」で作成することでそれを回避できます。

❷ 特殊な複製オプション

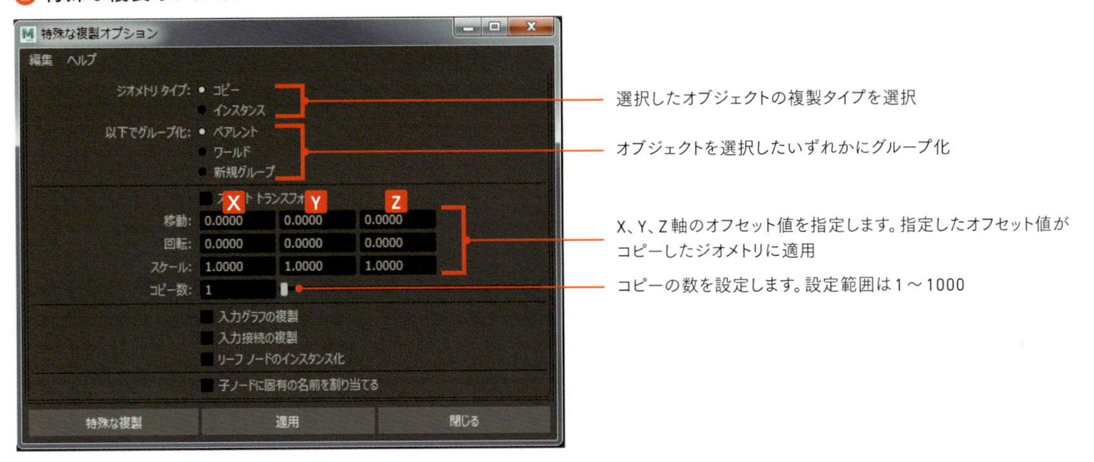

■ 特殊な複製オプション～オフセットを利用したオブジェクトの作成～

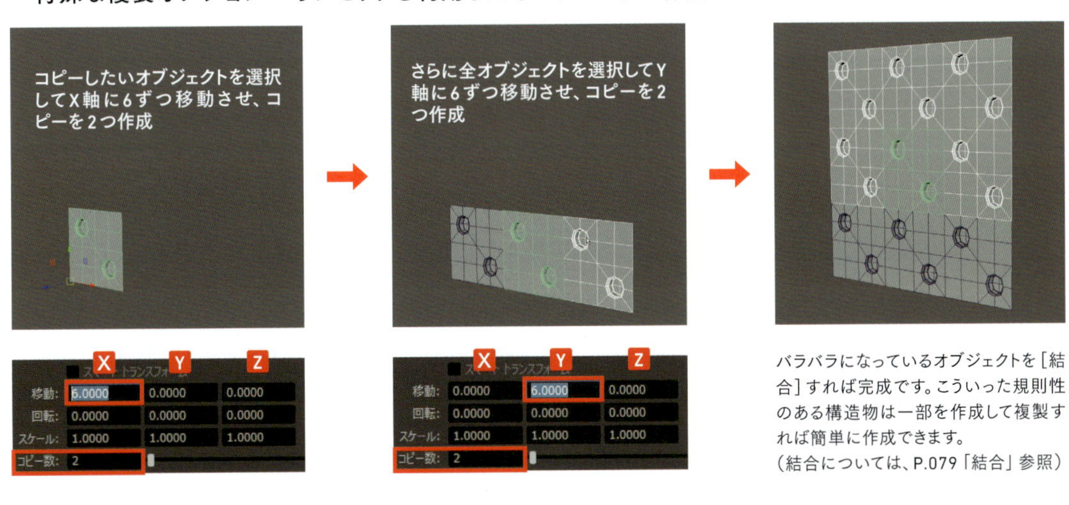

バラバラになっているオブジェクトを[結合]すれば完成です。こういった規則性のある構造物は一部を作成して複製すれば簡単に作成できます。
(結合については、P.079「結合」参照)

■ 特殊な複製オプション～「インスタンス」と「コピー」の違い～

❶元のオブジェクト
❷コピーで複製したオブジェクト
❸インスタンスで複製したオブジェクト

元のオブジェクトの頂点を動かすと、インスタンスで複製したオブジェクトだけが影響を受けます。

●特殊な複製オプション～インスタンスには独自のトランスフォームノードがある～

❶元のオブジェクト
❷コピーで複製したオブジェクト
❸インスタンスで複製したオブジェクト

インスタンスには独自のトランスフォームノードがあるため、元オブジェクトの位置、回転、スケールを変更しても、影響を受けません。（上図は元オブジェクトにスケールをかけた状態）

メインメニュー > 選択

第１章で［コンポーネントの選択］について紹介しましたが、モデリングでよく使用する便利な選択方法やポリゴンメッシュの基本的な編集ツールを紹介します。

成長 / 縮小

選択したコンポーネントの選択範囲を［成長］［縮小］させることができます。［成長］［縮小］は「ポリゴンシェル」単位で適用されます。（「ポリゴンシェル」については次ページ参照）

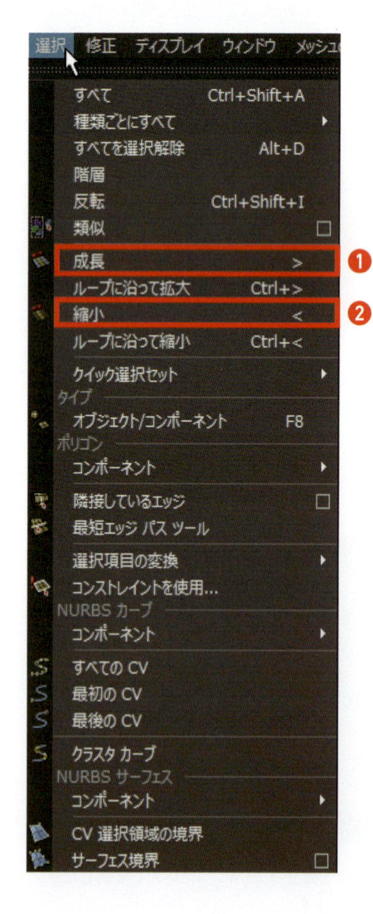

❶［成長］

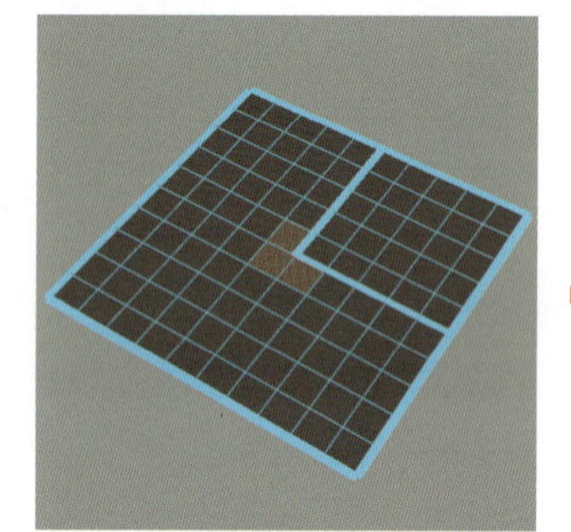

コンポーネントを選択して、［成長］または Shift ＋ > を行います。

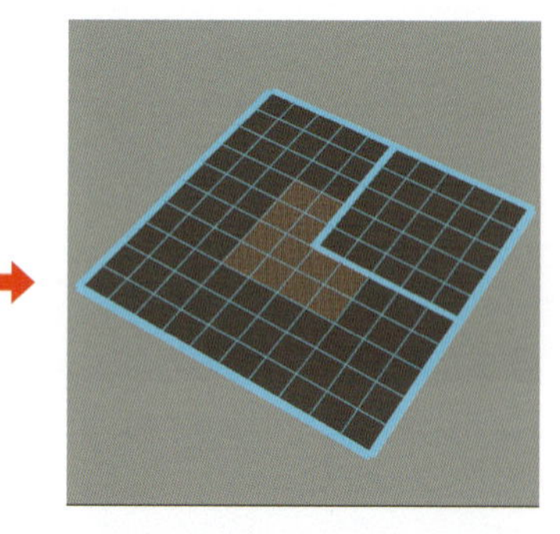

選択していたコンポーネントの領域が［成長］し、一回り大きく選択されました。シェル単位で適用されています。

❷［縮小］

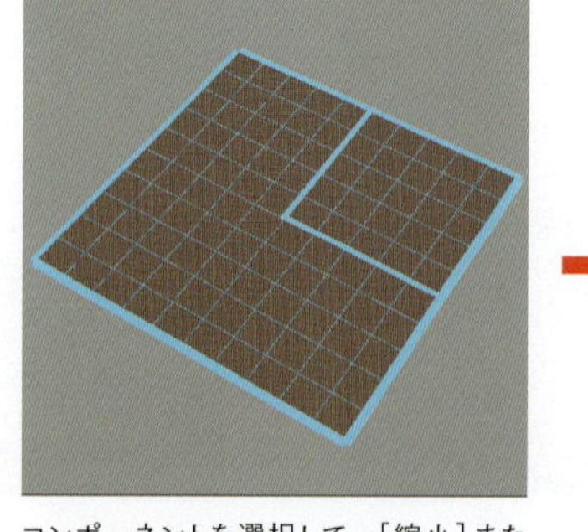

コンポーネントを選択して、［縮小］または Shift ＋ < を行います。

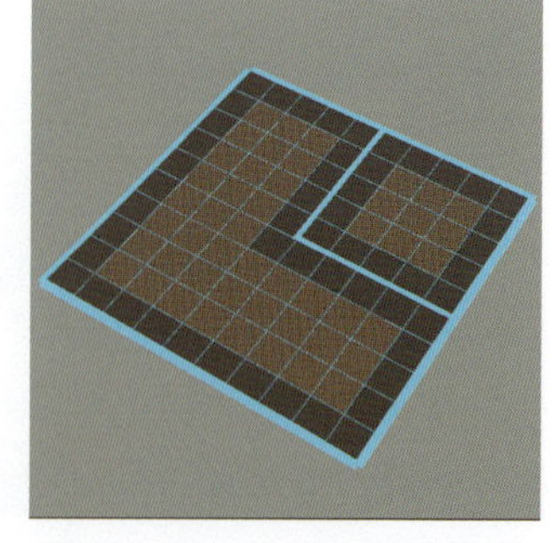

選択していたコンポーネントの領域が［縮小］して、一回り小さく選択されました。

選択項目の変換

あるコンポーネントタイプを選択しているときに、別のタイプのコンポーネント選択に変換することができます。

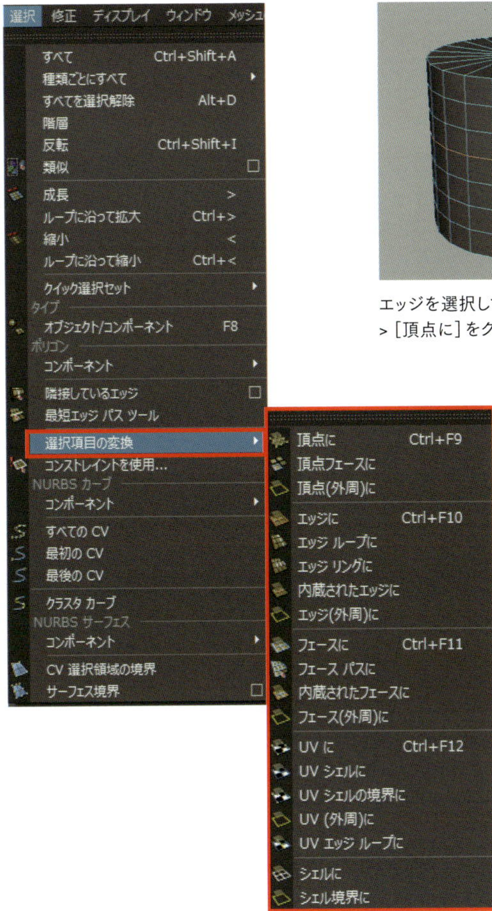

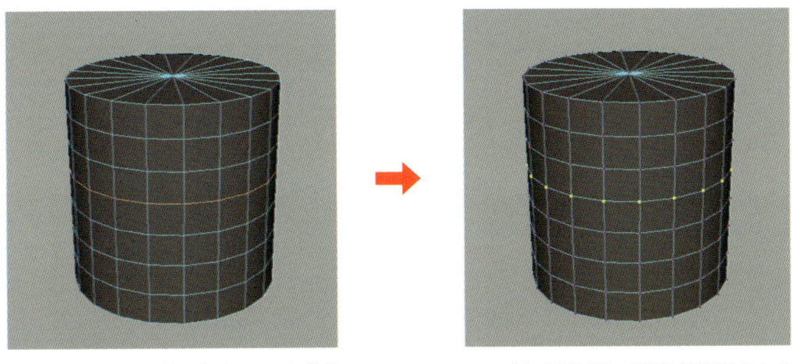

エッジを選択して[選択項目の変換] > [頂点に]をクリックします。

エッジから頂点に、選択が変換されました。

選択しているコンポーネントを別のコンポーネントタイプに変換します。ホットキーからの変換も可能です。

- 選択項目を頂点に変換　Ctrl ＋ F9
- 選択項目をエッジに変換　Ctrl ＋ F10
- 選択項目をフェースに変換　Ctrl ＋ F11
- 選択項目を UV に変換　Ctrl ＋ F12

MEMO ポリゴンシェルとは

「ポリゴンシェル」とは単一のオブジェクト内で、頂点がつながっている「フェースの範囲」のことをいいます。P.025 第1章「ポリゴンコンポーネントの選択：応用」での「ポリゴンシェル選択」や前頁の「成長 / 縮小」は、この「フェースの範囲」単位での動作を意味します。

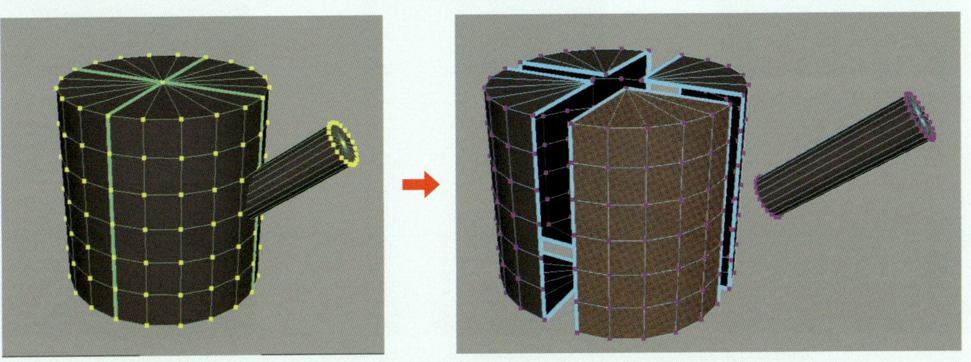

単一のオブジェクトですが・・・。

頂点が繋がっている「フェースの範囲」＝ポリゴンシェル単位で分けると上図のようになります。

メインメニュー > 修正

トランスフォームのリセット

オブジェクトの移動、回転、スケールを行うと、最初の状態（全ての軸の移動値が「0」、全ての軸の回転値が「0」、全ての軸のスケールが「1」）からどれだけ変更したか、チャネルボックスで確認することができます。それらを最初の状態に戻すには、[トランスフォームのリセット] を選択します。

オブジェクトを最初の状態に戻したい・・・。

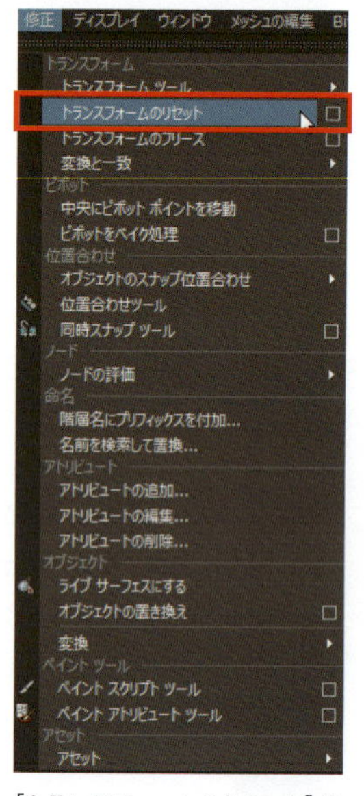

[トランスフォームのリセット] を「実行」します。

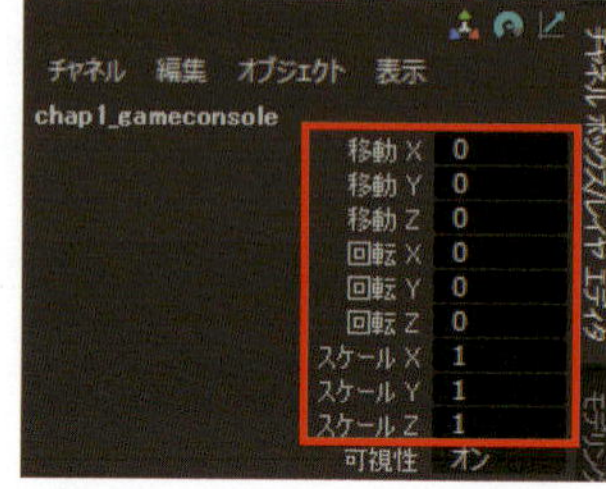

値がリセットされ、オブジェクトが最初の状態に戻りました。

トランスフォームのフリーズ

トランスフォームのリセットとは別に、「戻す」のでなくて、変更後状態を「0（ゼロ）」位置としたい時に [トランスフォームのフリーズ] を選択します。

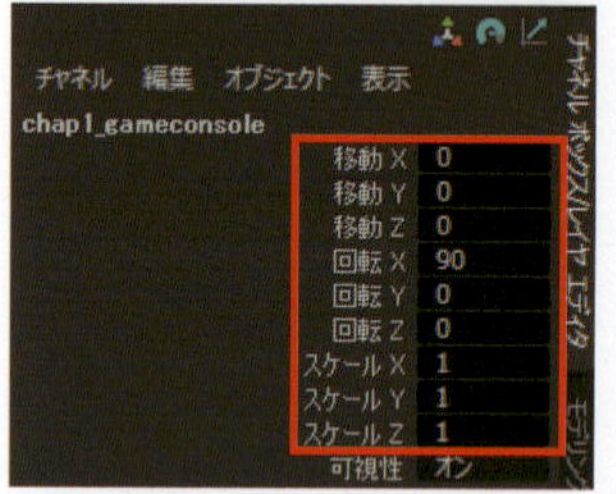

オブジェクトのこの状態を「0（ゼロ）」にしたい・・・。

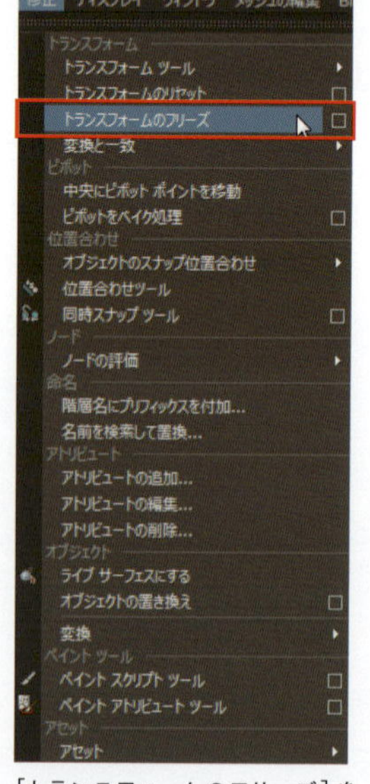

[トランスフォームのフリーズ] を「実行」します。

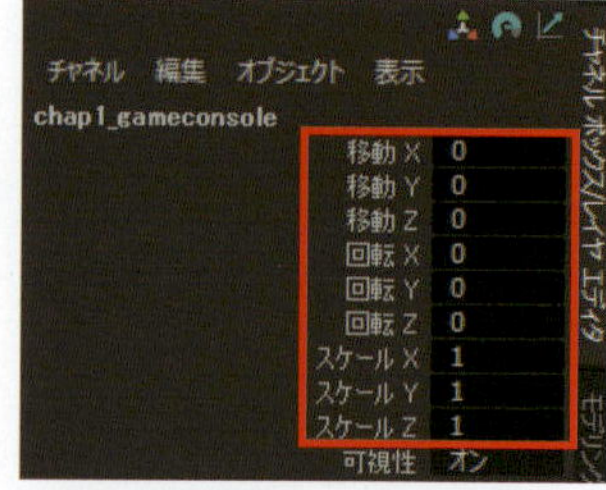

オブジェクトの位置はそのままで値が「0（ゼロ）」になりました。マニピュレータの軸の向きがグローバル座標と同じになっていることでも確認できます。

中央にピボットポイントを移動

ピボットポイントを移動させて作業することがあります。気がつかないうちに意図しない場所にピボットポイントが移動してしまった場合、オブジェクトの中央に移動させることができます。

ピボットポイントがオブジェクトの中央とは別の位置にあります。オブジェクトの中央に移動させたい場合は、オブジェクトを選択します。

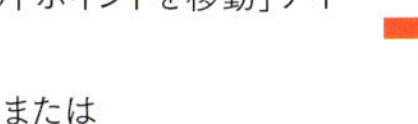

シェルフの［ポリゴンのモデリング］タブ＞［中央にピボットポイントを移動］アイコンを押します。

または

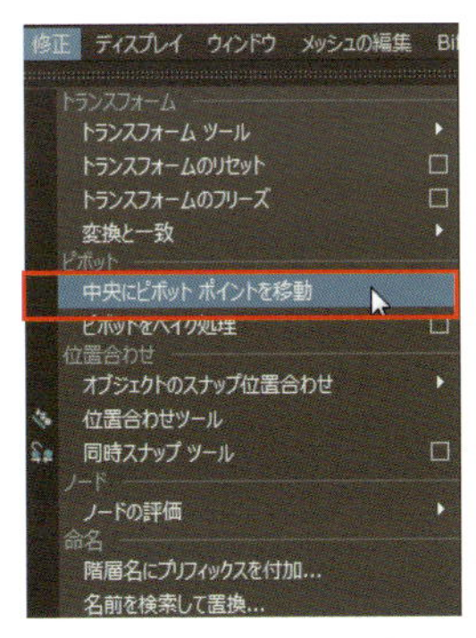

メインメニューの［修正］＞［中央にピボットポイントを移動］

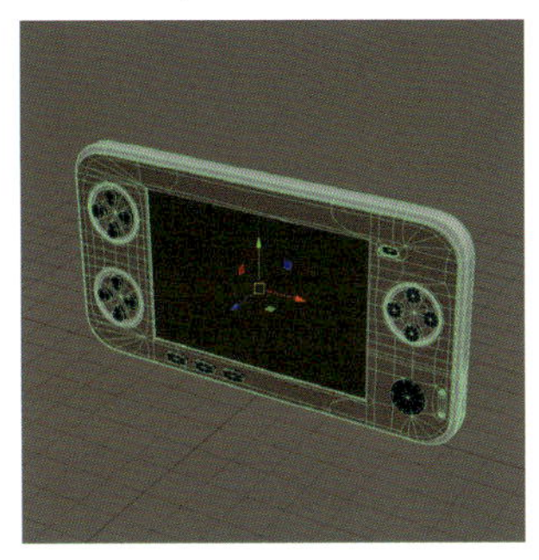

ピボットポイントがオブジェクトの中央に移動しました。

変換

オブジェクトを他のオブジェクトタイプに変換したり、「スムーズメッシュプレビュー」を「スムーズ」が適用されたポリゴンに変換することができます。また、「インスタンス」の解除もこちらから行います。

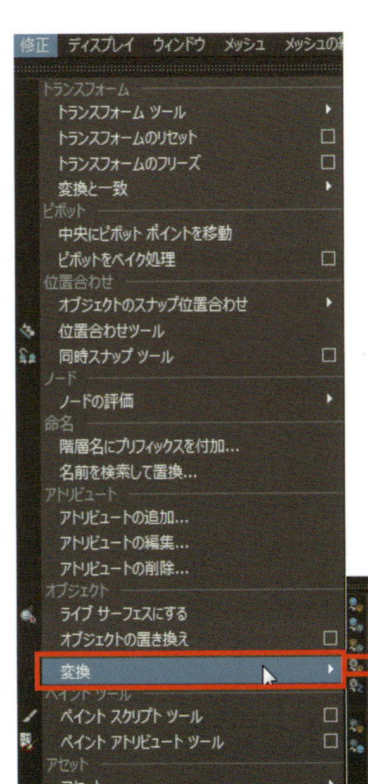

■ スムーズメッシュプレビューをポリゴンに

「スムーズメッシュプレビュー」しているオブジェクト。

（スムーズメッシュプレビューについては、P.082「スムーズメッシュプレビュー」参照）

Chapter

2-3

メッシュ

ここではメインメニューの［メッシュ］の各項目から、よく使う機能を紹介してきます。

メインメニュー ＞ メッシュ：概要

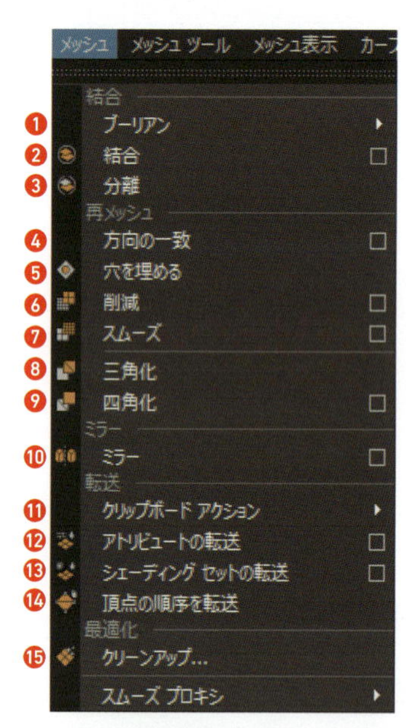

❶ オブジェクトの論理和・論理差・論理積によって新しい複雑なシェイプを作成します。
❷ 2つ以上のメッシュを1つのオブジェクトに統合します。
❸ メッシュ内のポリゴンシェルを、個別のメッシュに分離します。
❹ オブジェクトの頂点を他のオブジェクトのライブサーフェスにラップします。
❺ 3辺以上のフェースを自動的に作成し、メッシュ上の開いた領域を埋めます。
❻ メッシュの選択領域内のポリゴンの数を削減します。
❼ ポリゴンを分割し、選択されたメッシュをスムーズにします。
❽ 選択したフェースを三角化します。
❾ 選択したフェースを四角化します。
❿ 対称軸に沿って選択したオブジェクトをミラーします。
⓫「UV」「シェーダ」「カラー」のアトリビュートの「コピー」「ペースト」「クリア」が行えます。
⓬ トポロジが異なるメッシュ間でUV、頂点カラー、頂点位置情報を転送します。
⓭ シェーディング割り当てデータをトポロジ的に異なる可能性がある2つのオブジェクト間で転送します。
⓮ オブジェクト間で頂点IDの順序を転送します。
⓯ 選択項目に対し様々な操作を実行して無関係で無効なポリゴンジオメトリを特定して除去します。

MEMO ライブサーフェス

オブジェクトが［ライブ］状態の場合、その他のオブジェクトとツールは自動的にそのサーフェスにスナップします。［四角ポリゴン描画ツール］と併用して、ライブサーフェスにスナップされる新しいトポロジを作成するときに使用します。

ライブ サーフェスなし

ステータスラインのライブサーフェスアイコン

● 通常のオブジェクト

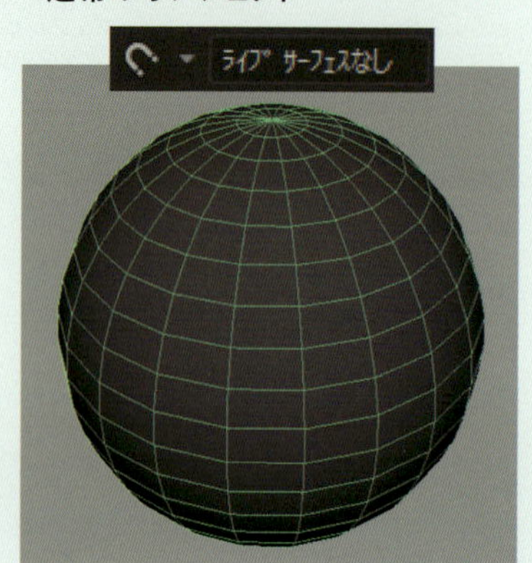

● ライブ状態

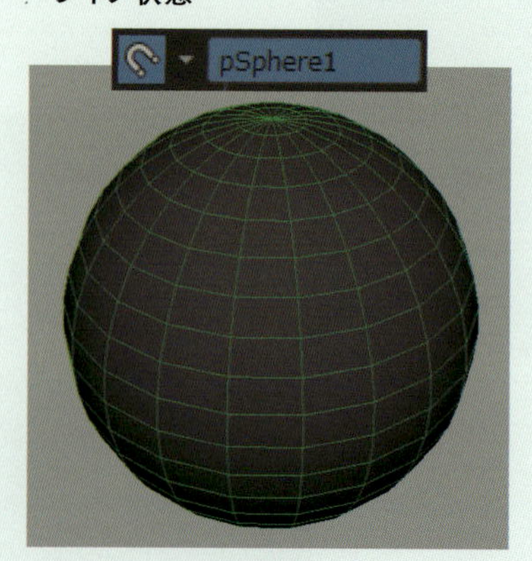

メインメニュー > メッシュ：結合

ブーリアン

オブジェクトの［論理和］・［論理差］・［論理積］によって、新しい複雑なシェイプを作成できます。2 つのオブジェクトを選択します。下図では立方体、球体の順に選択しています。［論理和］は選択する順番によって結果が異なります。

※穴（閉じていないジオメトリ）や非多様体メッシュ、重複したジオメトリ（0に限りなく近い値）のオブジェクトが含まれていると、正しい結果を得ることができません。

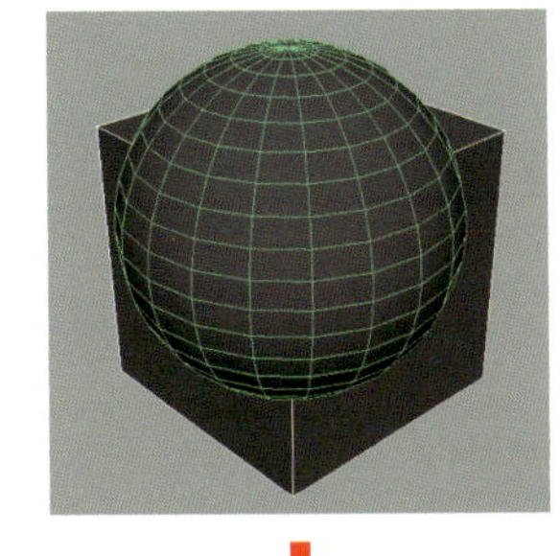

2つのオブジェクトを選択します。図では立方体、球体の順に選択しています。

論理和

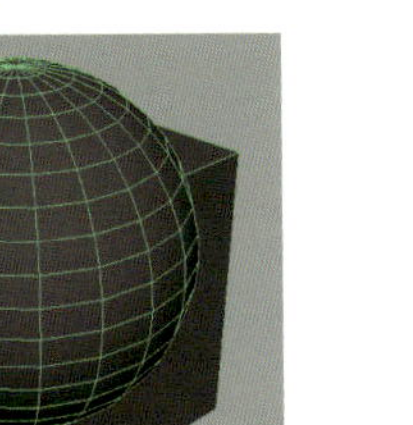

1つ目のオブジェクトと、2つ目のオブジェクトが足されたオブジェクトになります。（重なっていた部分は削除されます）

論理差

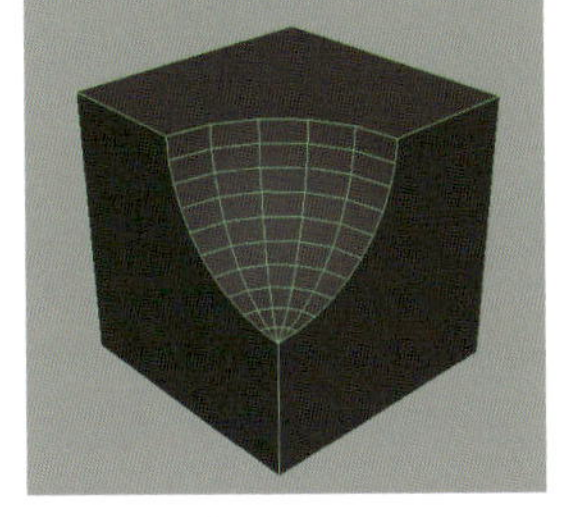

1つ目のオブジェクトから、2つ目のオブジェクトを引いたオブジェクトになります。

論理積

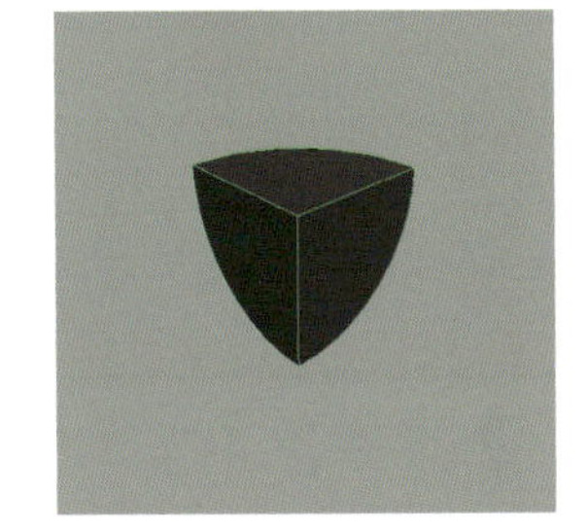

1つ目のオブジェクトと、2つ目のオブジェクトが重なっていた部分のオブジェクトになります。

結合

2 つ以上のポリゴンオブジェクトを、1 つのポリゴンオブジェクトに［結合］することができます。［結合］の際には各オブジェクトの法線の向きが同一方向であることを確認して適用することをお勧めします。

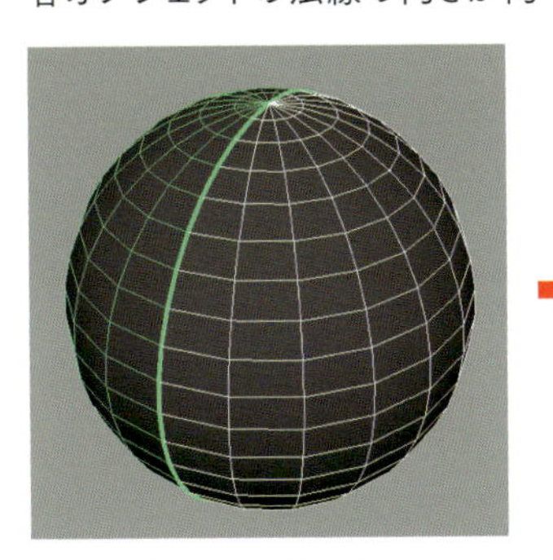

2つのオブジェクトを選択します。

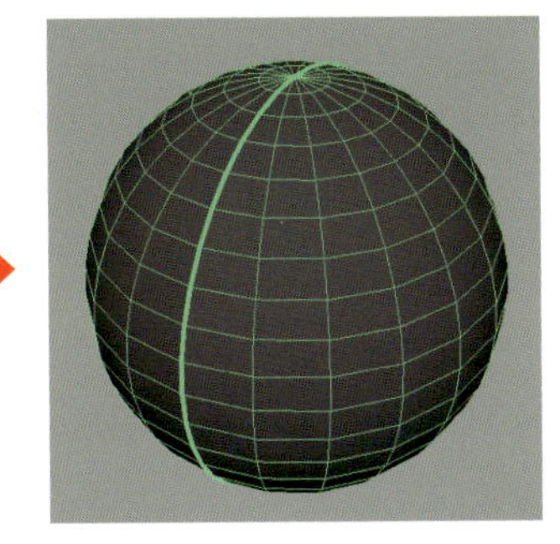

［結合］を適用し、1つのオブジェクトになりました。アウトライナを確認すると［結合］されたのが確認できます。

［ヒストリ］が不要であれば、［編集］>［種類ごとに削除］>［ヒストリ］、または Alt ＋ Shift ＋ D で［ヒストリ］を削除します。

 分離

メッシュ内のポリゴンシェルを、個別のメッシュに「分離」します。

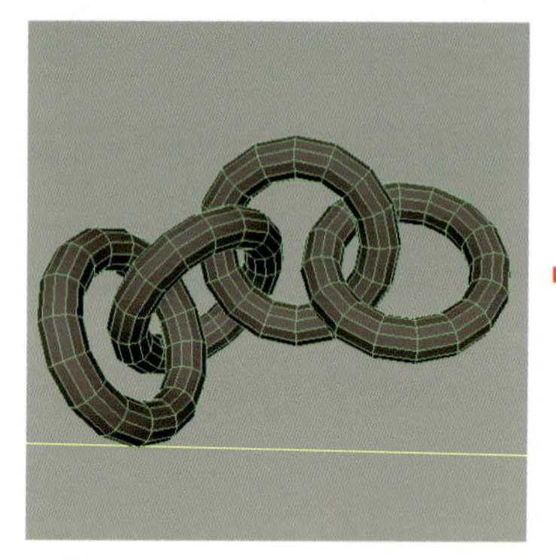
オブジェクトを選択します。

[分離]を適用し、「ポリゴンシェル」ごとに別のオブジェクトになりました。「アウトライナ」を確認すると[分離]されたのが確認できます。

メインメニュー > メッシュ：再メッシュ、ミラー

 方向の一致

オブジェクトの頂点を他のオブジェクトの表面に「ラップ」します。

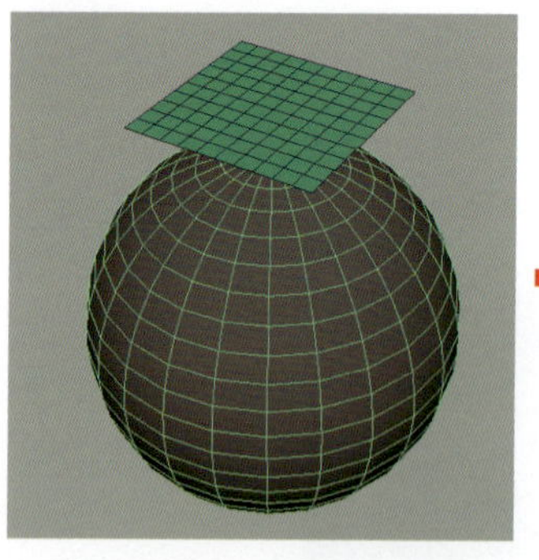
ラップ元のオブジェクト（球）を選択して、[修正] > [ライブサーフェスにする]を適用するか、またはステータスラインのをクリックしてライブサーフェスを適用します。（ライブサーフェスについては、P.078「ライブサーフェス」参照）

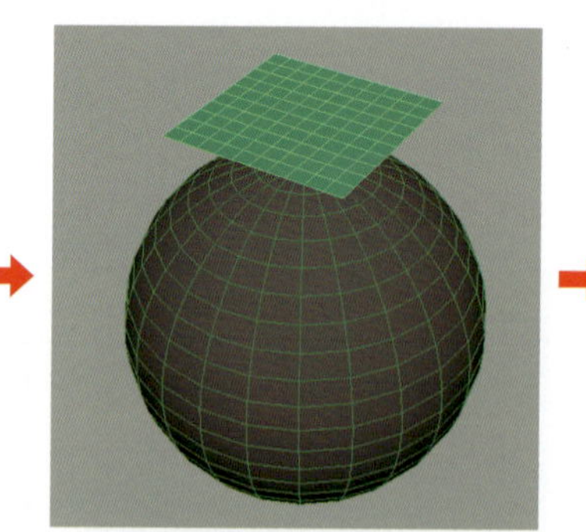
オブジェクト（球）がライブサーフェスを適用したら、ラップしたいオブジェクト（プレーン）を選択して、[メッシュ] > [方向の一致]を適用します。

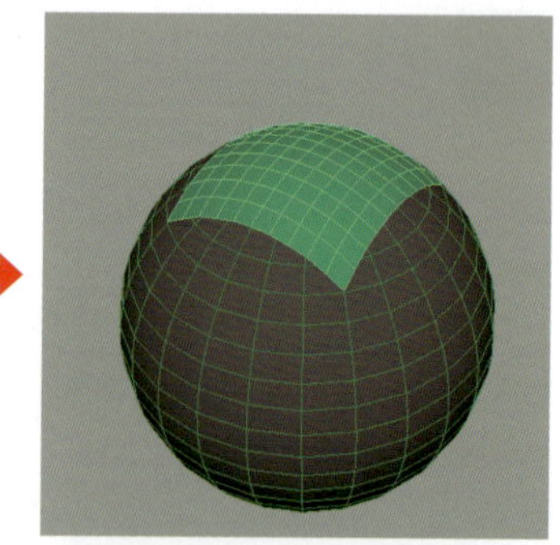
オブジェクト（プレーン）が「ラップ」しました。

穴を埋める

ポリゴンメッシュ上の開いた領域を埋めることができます。開いた領域は、3辺以上のフェースで閉じた境界エッジで囲まれている必要があります。

■ オブジェクト選択モードの場合

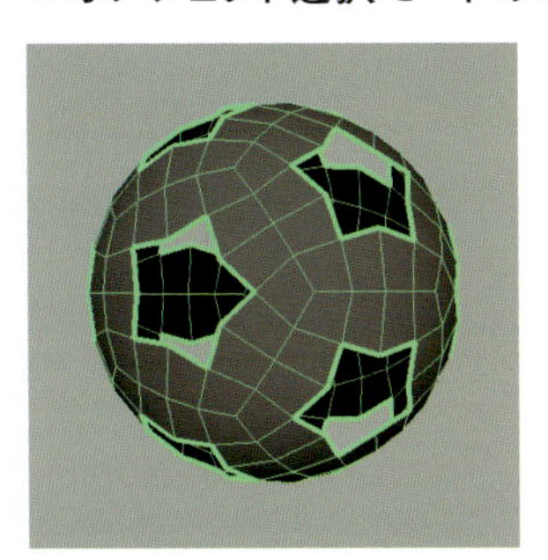

穴の開いているオブジェクトの場合、オブジェクトモードで、[メッシュ] > [穴を埋める] を適用します。

オブジェクトに開いている穴が全てにフェースが作成され、穴が埋まりました。

■ コンポーネント選択モードの場合

穴の開いている部分のコンポーネントを一部選択し、[メッシュ] > [穴を埋める] を適用します。（上図はエッジを選択）

選択したコンポーネントに接する穴のみが埋められた。頂点選択でも同様に適用します。

削減

[削減] 機能は、全体のポリゴン数の割合、頂点のターゲット数、指定した三角形のターゲット数により、自動的にメッシュ内のポリゴン数を [削減] することができます。[削減] 機能ではプロセスの一部としてオリジナルのシェイプも維持されます。

[削減] したいフェースまたはオブジェクトを選択します。

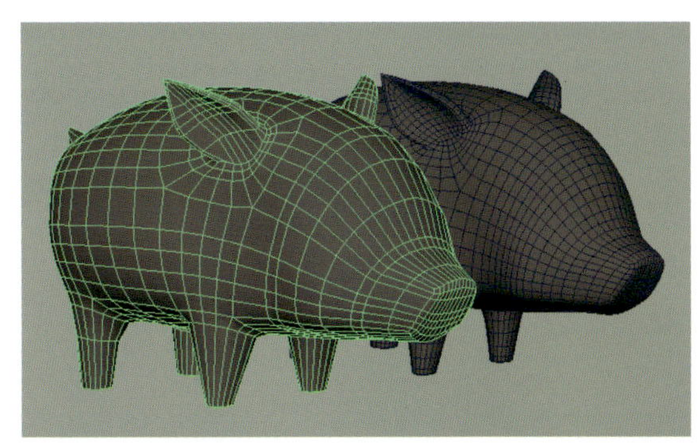

[削減] オプションの [オリジナルの維持] にチェックを入れ、[削減方法] パーセンテージ「50%」に設定して、適用しました。左に50% [削減] された新たなオブジェクトが作成されました。

スムーズ

ポリゴンメッシュの分割数を増やして、選択したポリゴンメッシュを「スムーズ」します。メッシュ全体または一部のメッシュを選択して適用できます。既存のメッシュに実際にポリゴンを追加するため、モデリングが完全に完成した最後に適用するのが一般的です。通常は、「スムーズメッシュプレビュー」で作業することをお勧めします。

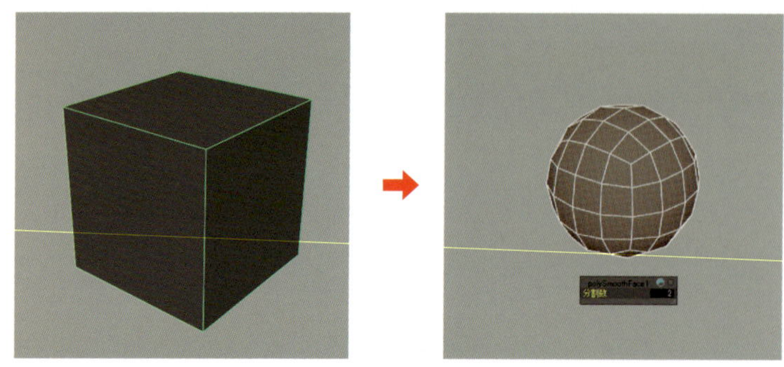

メッシュを選択します。

スムーズを適用します。メッシュの分割数はオプションで設定できます。

■ スムーズメッシュプレビュー

メッシュが「スムーズ」されたときの表示をプレビューできます。プレビューするには、2または3を押します。1で元の状態に戻ります。PageUpで[スムーズメッシュプレビュー]の分割レベルを上げ、PageDownで分割レベルを下げます。Arnoldレンダラーでは[スムーズメッシュプレビュー]状態がそのままレンダリングできます。

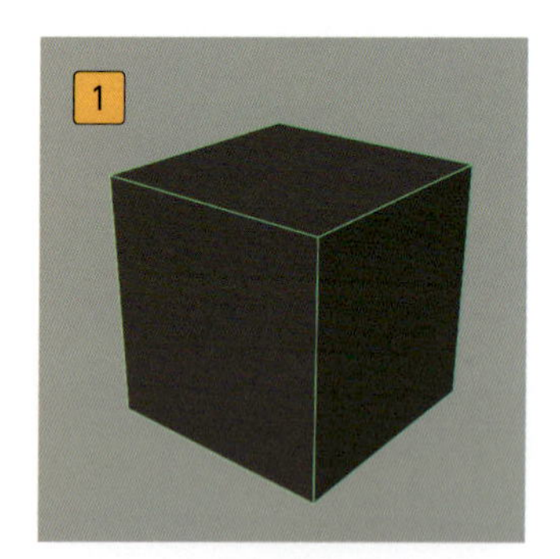

オリジナルのメッシュ

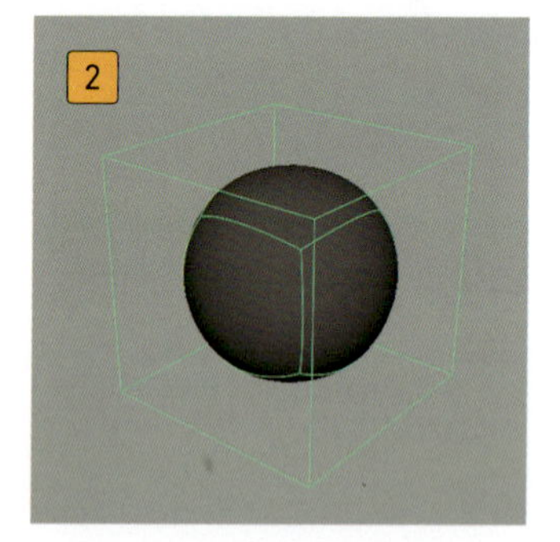

ケージ(オリジナルのメッシュ)+スムーズプレビュー

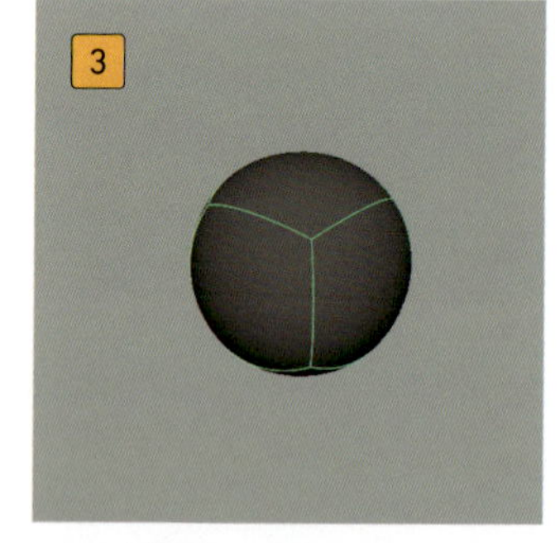

スムーズプレビューのみ

 三角化 /  四角化

[三角化]することで、非平面フェースを回避できます。[四角化]は、ポリゴンのクリーンアップやフェース数の削減ができます。

四角形ポリゴンだけで作成されたメッシュです。

[三角化]を適用。全てのフェースが三角形ポリゴンに変換されました。

全て三角形化されたメッシュに[四角化]を適用しました。

ミラー

選択したポリゴンメッシュの「複製」が、オプションで設定した軸で「複製」されます。「複製」したポリゴンメッシュをオリジナルのメッシュとして［マージ］したり、［ジオメトリをカット］したりできます。

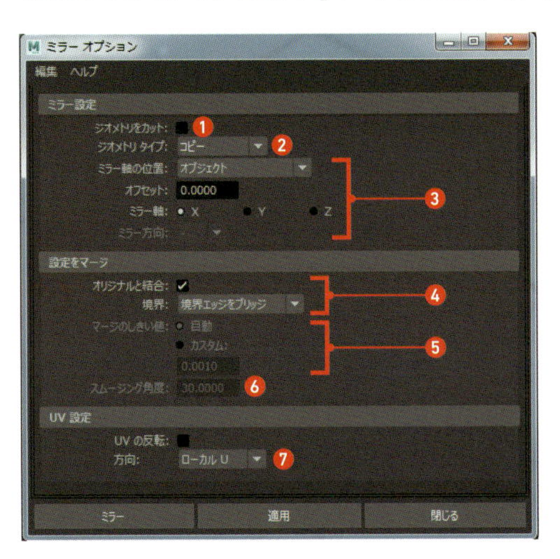

❶ **ジオメトリをカット**
［ミラー］の際に、軸とコピーしたメッシュを削除し、元のオブジェクトを軸に沿ってカットします。

❷ **ジオメトリタイプ**
［ミラー］の際に生成されるメッシュタイプを指定します。

❸ **軸の設定**
［ミラー］される対称平面を指定します。

❹ **マージ設定**
［ミラー］したオブジェクトを1つに結合。境界頂点を［マージ］する/しないなどの設定をします。

❺ **マージのしきい値**
［ミラー］を適用した際に、頂点を［マージ］する方法を指定します。

❻ **スムージング角度**
境界フェースの角度が［スムージング角度］以下である場合、元とコピーの間にある対称軸上のエッジがぼかされます。

❼ **UV設定**
指定した方向でUVのコピーまたは選択したオブジェクトのUVシェルを反転、UVの方向を指定します。

■ シンプルなミラー

上図のミラーオプションの設定で、シンプルな［ミラー］を適用してみます。

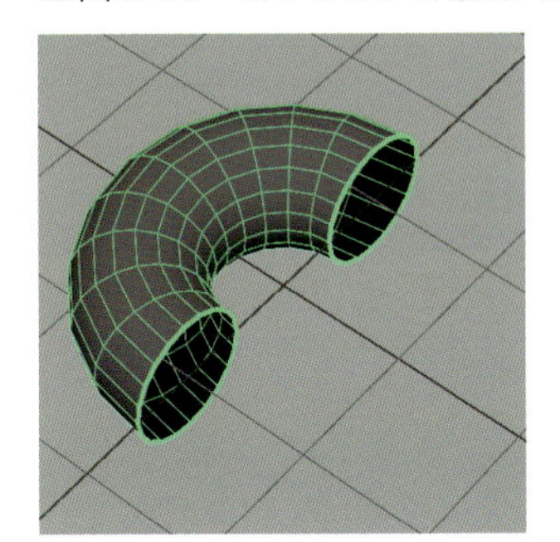

［ミラー］を適用したいオブジェクトを選択します。

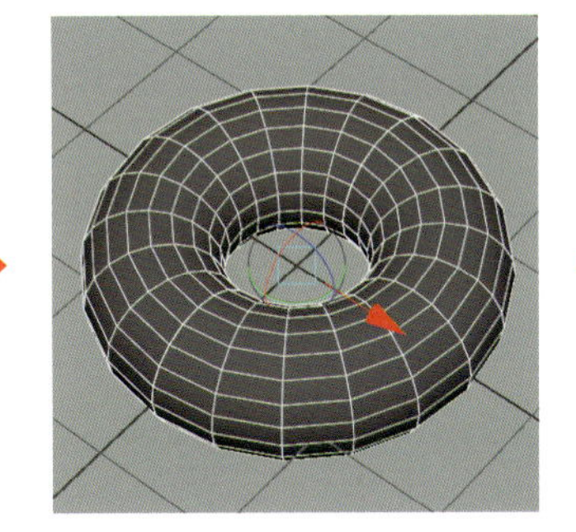

設定どおりの軸で［ミラー］が適用され、オリジナルと結合されています。

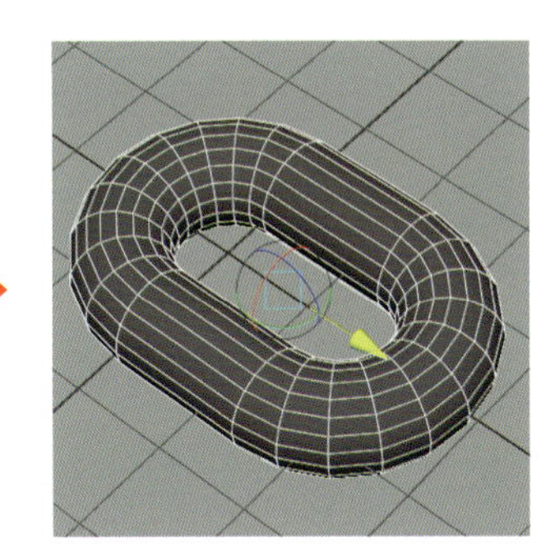

［境界エッジをブリッジ］にチェックを入れたので、マニピュレータを移動させると［ブリッジ］されているのが確認できます。

■ ［ジオメトリをカット］にチェックを入れてミラー

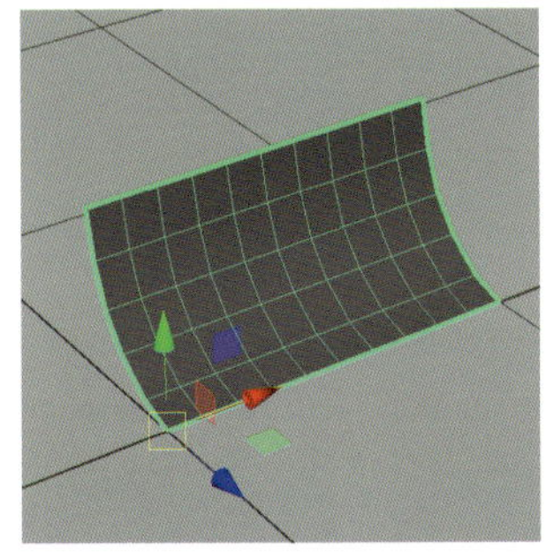

上図のようなオブジェクトに［ミラー］のオプション設定で［ジオメトリをカット］オン、［ミラー軸の位置］ワールド、［ミラー軸］Z、［オフセット］0、［ミラー方向］－、［オリジナルと結合］オン、［境界エッジをブリッジ］オンで［ミラー］を適用します。

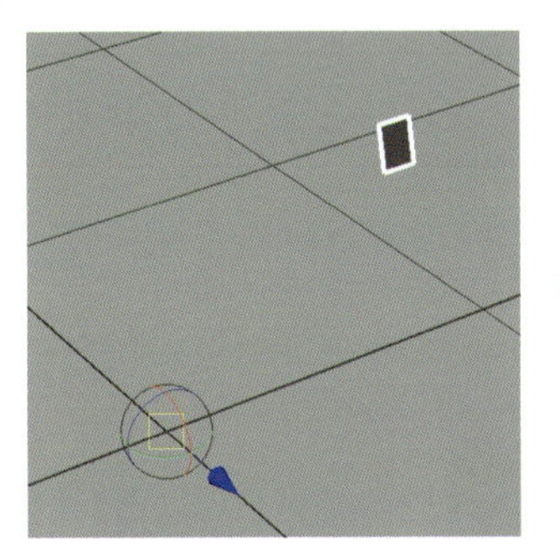

［ジオメトリをカット］オン、［オフセット］0なので、元のオブジェクトの軸に沿ってジオメトリが「カット」されています。表示されたマニピュレータは「ミラー軸」を表しています。

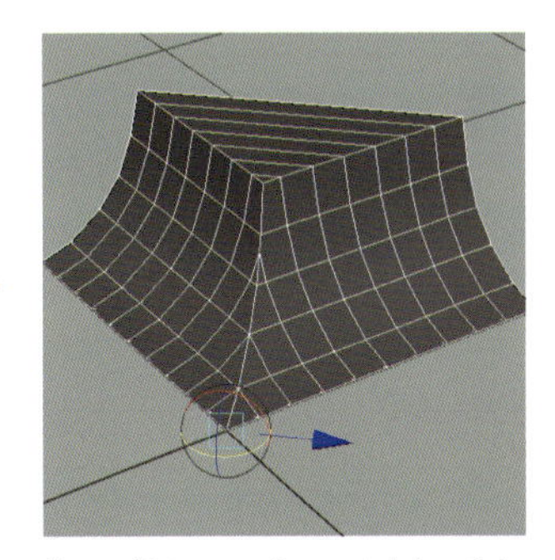

「ミラー軸」のマニピュレータを「45度」Y軸回転させると上図のようなオブジェクトが作成できました。境界エッジだった部分には全て「ブリッジ」が適用されています。

Chapter
2-4 メッシュの編集

ここではメインメニューの［メッシュの編集］の各項目から、よく使う機能を紹介していきます。

メインメニュー ＞ メッシュの編集：概要

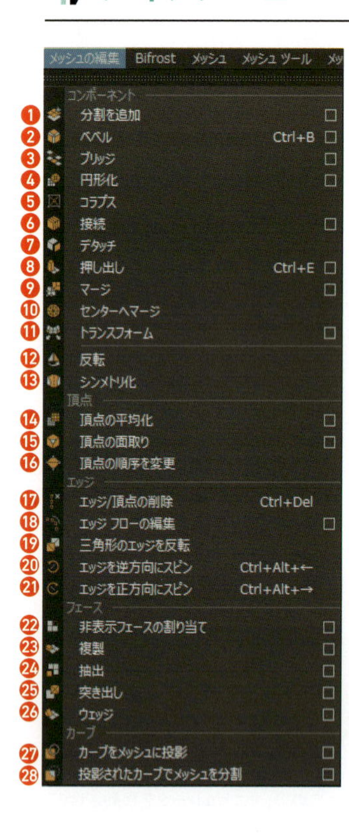

❶ 選択したエッジ、フェースを分割します。
❷ 選択したフェースまたはエッジに沿ってベベルされたポリゴンを作成します。
❸ 単一メッシュ上の対になる境界エッジまたはフェースの間にフェースを構築します。
❹ 選択したコンポーネントのグループを円形化します。
❺ 選択したエッジまたはフェースが折り畳まれ、マージされます。
❻ コンポーネントの間にエッジを挿入してコンポーネントを接続します。
❼ 選択したコンポーネントを分離 / 分割します。
❽ 選択したコンポーネントを押し出して、既存のメッシュにポリゴンを追加します。
❾ 非常に接近している、または重なっているコンポーネントを結合します。
❿ 選択した頂点を、選択範囲の中心にマージします。
⓫ 選択したコンポーネントを法線方向に［移動］［回転］［スケール］することができます。
⓬ シンメトリ軸をはさんで選択されたメッシュのトポロジをスワップします。
⓭ シンメトリ軸をはさんで選択されたメッシュのトポロジをコピーします。
⓮ 頂点の位置を移動してポリゴンメッシュをスムーズにします。ポリゴン数は増えません。
⓯ 頂点を平坦なポリゴンフェースと置き換えます。
⓰ 自動的に割り当てられた頂点IDの順序を変更します。
⓱ 選択しているコンポーネントに応じてメッシュから余計なエッジまたは頂点を削除します。
⓲ 選択しているエッジがポリゴンメッシュの曲率連続性を重視して移動します。
⓳ 2つの三角ポリゴンを分割するエッジを、逆のコーナー間を接続するように切り替えます。
⓴ 選択したエッジをその巻上げ方向と逆方向にスピンします。
㉑ 選択したエッジをその巻上げ方向にスピンします。
㉒ 選択したフェースを非表示に切り替えます。
㉓ 選択したフェースの新しい個別のコピーを作成します。
㉔ 選択されたフェースを接続されているメッシュから抽出して、別オブジェクトにします。
㉕ 選択したフェースの中心を押し込みまたは引き出しを行うためにフェースを分割します。
㉖ 選択したフェースから新しいポリゴンの円弧を引き出します。
㉗ カーブをメッシュに投影します。
㉘ メッシュのエッジを分割するか、または分割して抽出します。

メインメニュー ＞ メッシュの編集：コンポーネント

分割を追加

選択した「コンポーネント」または「メッシュ」がより小さな「コンポーネント」に分割されます。

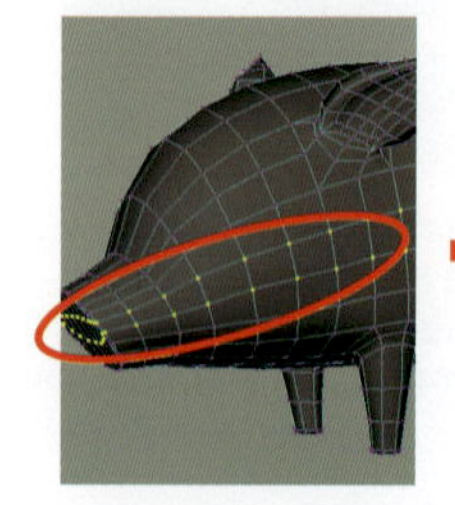
一部に［分割を追加］を適用

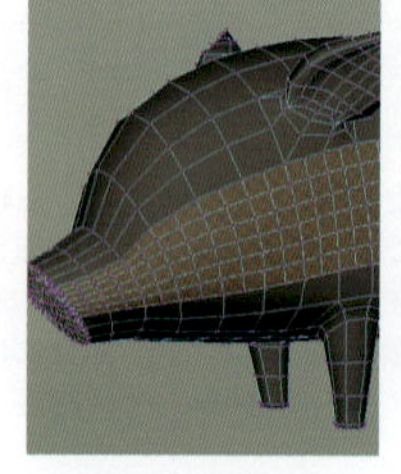
頂点選択で適用

エッジ選択で適用

フェース選択で適用

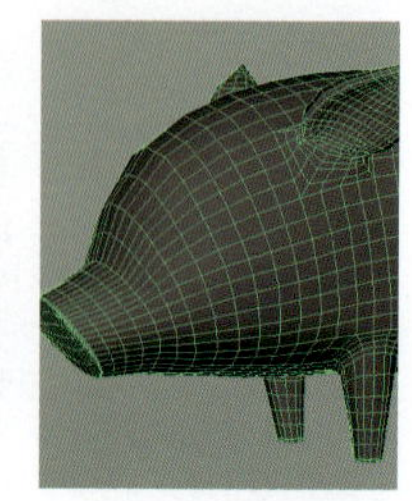
オブジェクト選択で適用

ベベル

[ベベル] は、オブジェクトを選択するか、ベベルを適用するエッジまたはフェースを選択して実行すると、ポリゴンメッシュのエッジを丸めます。

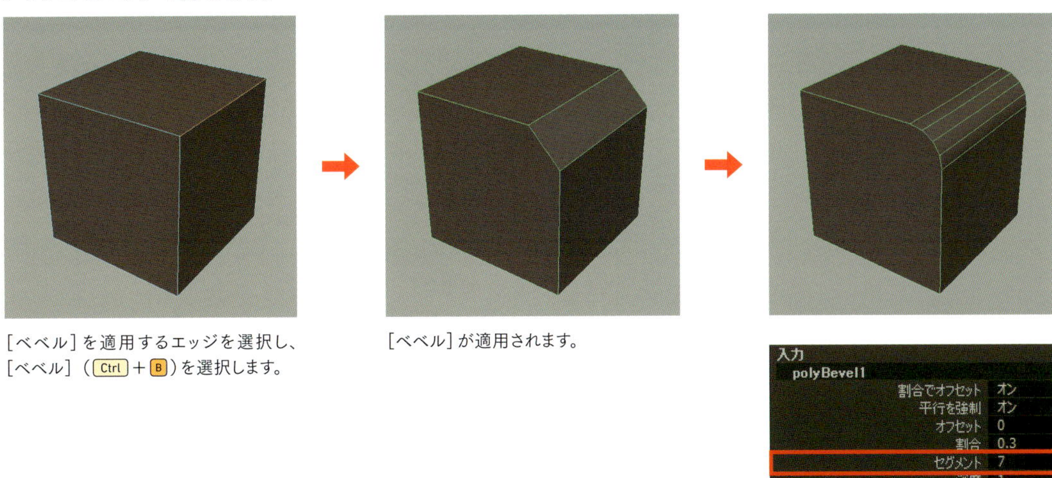

[ベベル] を適用するエッジを選択し、[ベベル] (Ctrl + B) を選択します。

[ベベル] が適用されます。

[ベベル] を実行後はヒストリで調整できます。セグメントの数を増やしてみました。

■ ベベルオプション

「ベベルオプション」から「ベベル」の「幅」、「セグメント」、「深度」などを設定し適用できます。それぞれの値の大小による違いは下図を参考にしてください。

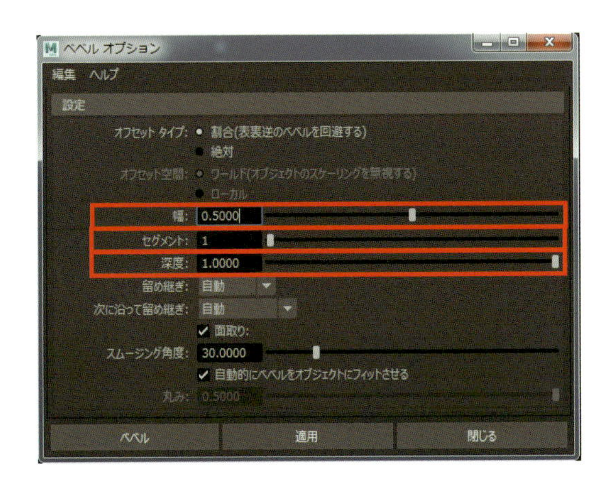

● 幅（割合）

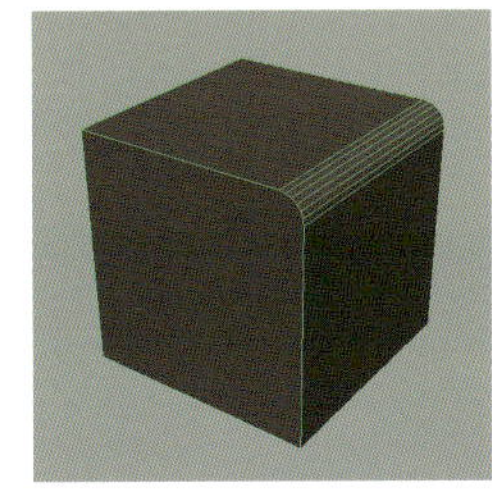

幅（割合）：0.1

幅（割合）：0.9

● セグメント

セグメント：1

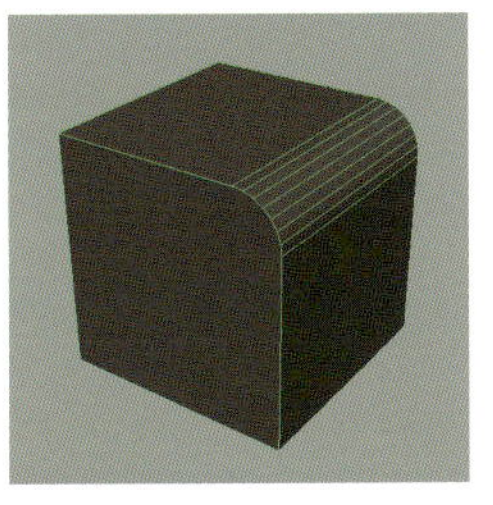

セグメント：7

● 深度

深度：1

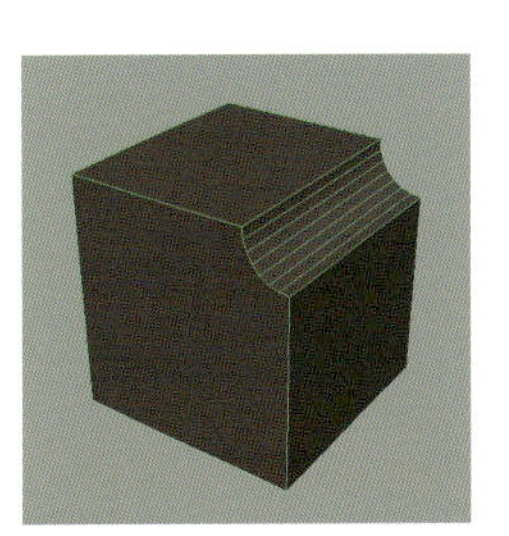

深度：-1

■ ベベルのかけ方で結果が異なる

［ベベル］の適用の順序によって結果が異なります。

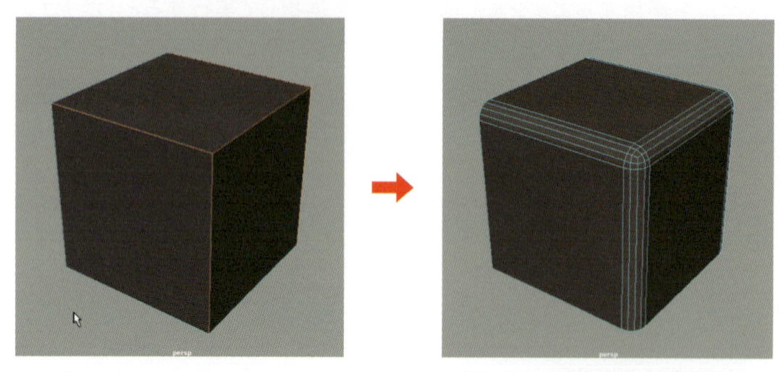

一気に［ベベル］を適用した結果です。

2回に分けて［ベベル］を適用した結果です。

ブリッジ

ブリッジは単一メッシュ上の一対の境界エッジまたはフェースの間にフェースを構成します。

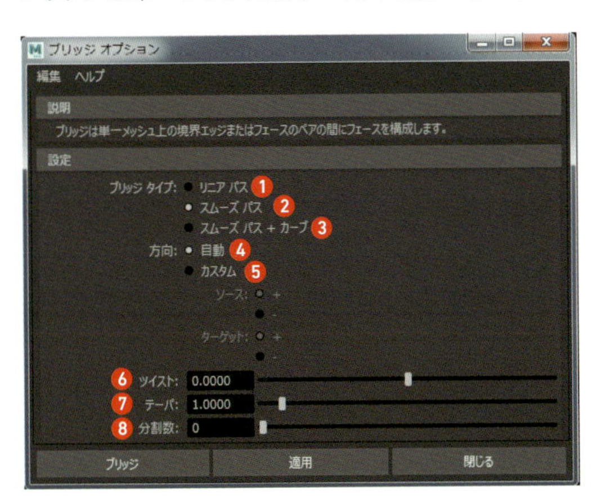

❶ リニアパス
直線的にフェースを作成します。

❷ スムーズパス
選択したエッジまたはフェース間にスムーズにフェースを作成します。

❸ スムーズパス＋カーブ
選択したエッジまたはフェース間にスムーズにフェースを作成します。更にカーブが作成され編集するとブリッジメッシュの形をコントロールできます。

❹ 自動
既存のトポロジに基づいて最適なブリッジする側面を決定します。

❺ カスタム
ソースとターゲットを決定し、ブリッジする側面を指定します。

❻ ツイスト
最初に選択された境界間でブリッジメッシュを回転します。

❼ テーパ
ブリッジされた領域のシェイプをその幅に沿って制御（しだいに狭く）します。

❽ 分割数
作成されたブリッジメッシュ間に作成する等間隔の分割数を指定します。

■ エッジのブリッジ

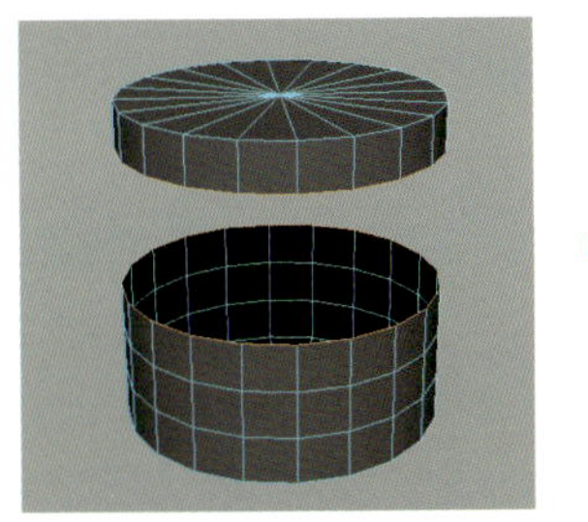

[ブリッジ] したいエッジを一対選択します。

[ブリッジ] されフェースが作成されました。

オプション設定

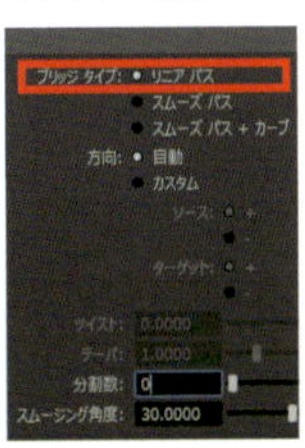

■ フェースのブリッジ～スムーズパス～

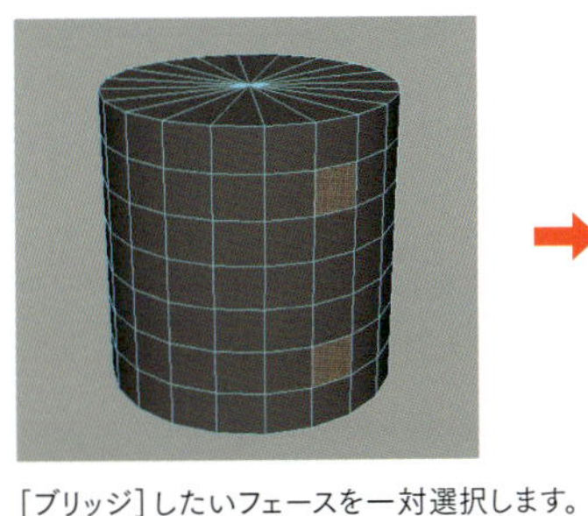

[ブリッジ] したいフェースを一対選択します。

[ブリッジ] されフェースが作成されました。

オプション設定

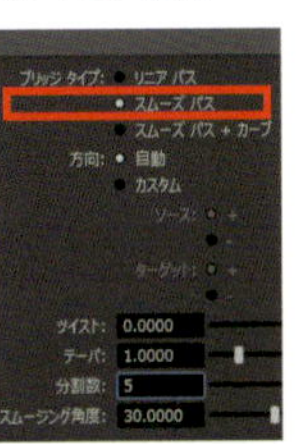

オプション設定

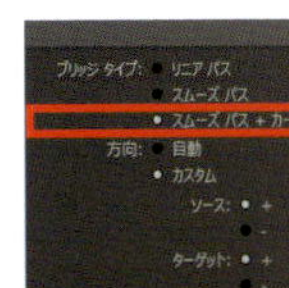

■ フェースのブリッジ ～スムーズパス＋カーブ～

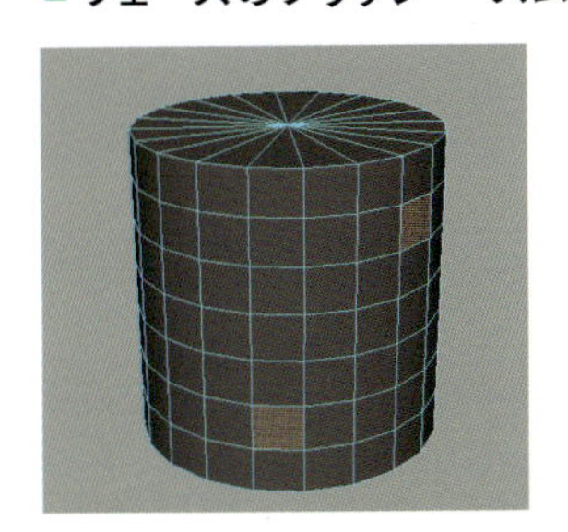

[ブリッジ] したいフェースを一対選択します。

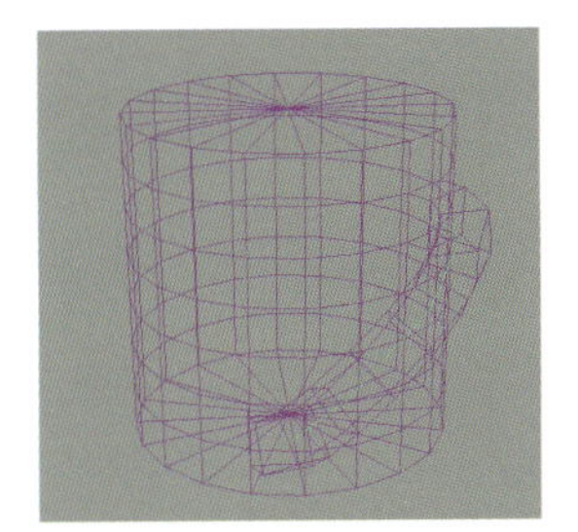

[ブリッジ] されフェースが作成された更に [ブリッジ] されたメッシュの中心を通るカーブが作成されました。

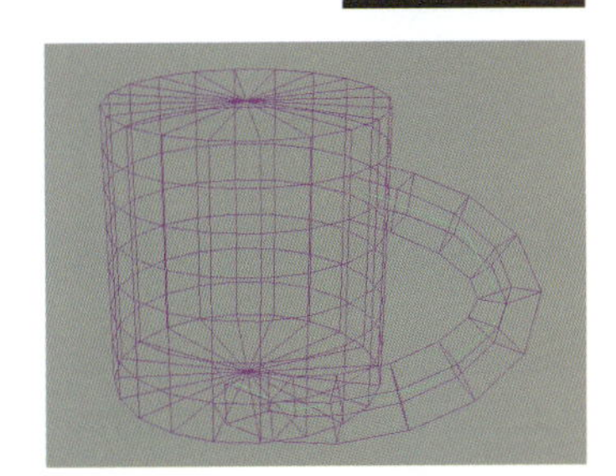

カーブのコントロール頂点を選択して移動させると「ブリッジメッシュ」も追随して、形を編集できます。

円形化

選択したコンポーネントのグループを完全な「円形」にできます。基本形状にブレンドされた「円形」の「押し出し」を作成したいときに便利です。

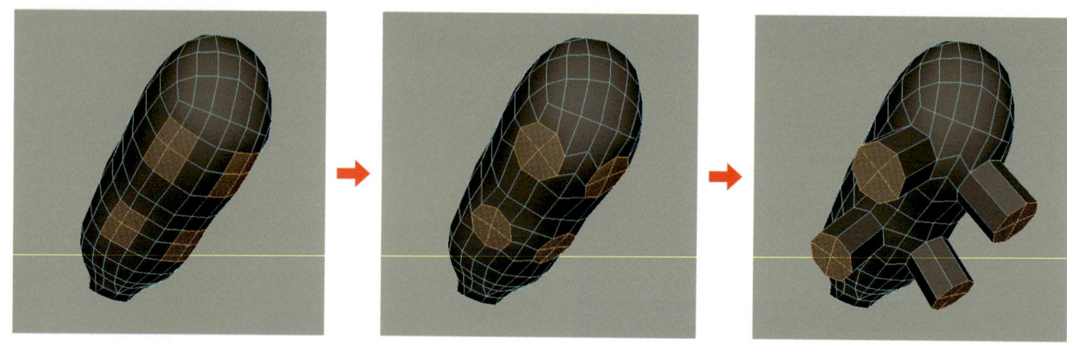

コンポーネントを選択して［円形化］を適用。

［円形化］されました。

［押し出し］→［移動ツール］の軸方向を「コンポーネント」にしてフェースを移動させ、足を作ってみました。

コラプス

選択したエッジ、またはフェースが折り畳まれ、マージされます。

■ エッジを選択してコラプス

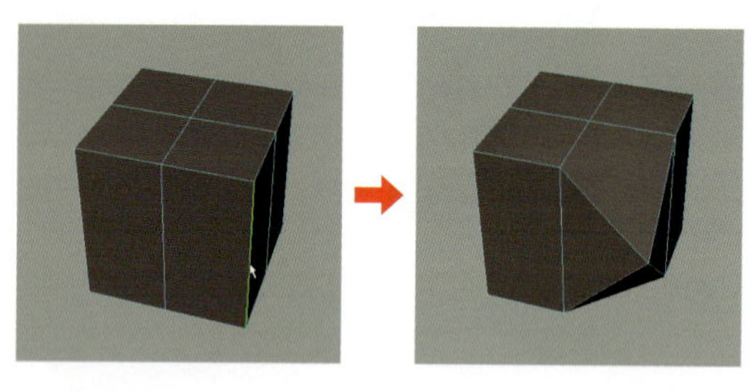

■ フェースを選択してコラプス

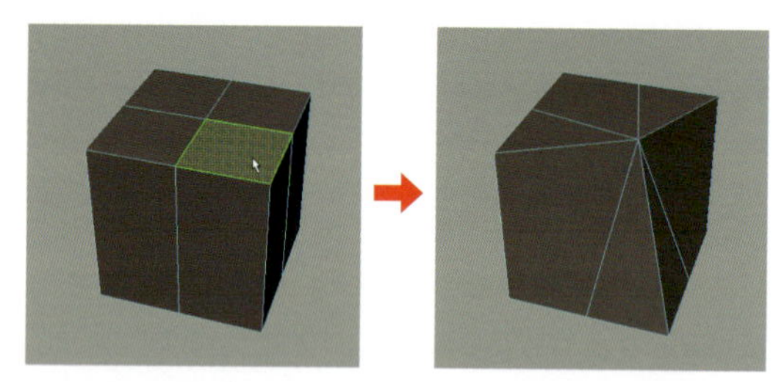

接続

コンポーネントの間にエッジを挿入してコンポーネントを接続します。オプションの［エッジフローで挿入］にチェックを入れると、挿入するエッジの位置を周囲のメッシュの曲率に合わせて調整して挿入されます。

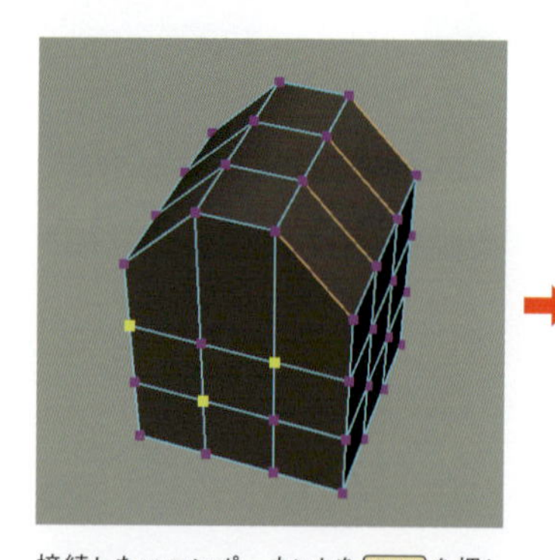

接続したいコンポーネントを Shift を押しながら選択します。

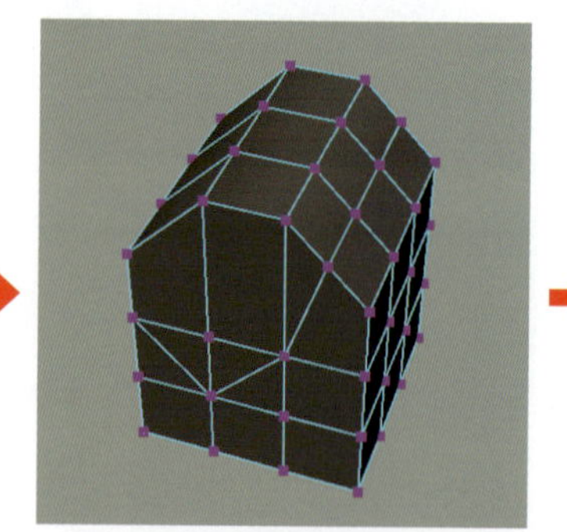

［接続］オプションの［エッジフローで挿入］にチェックを入れずに適用した結果。

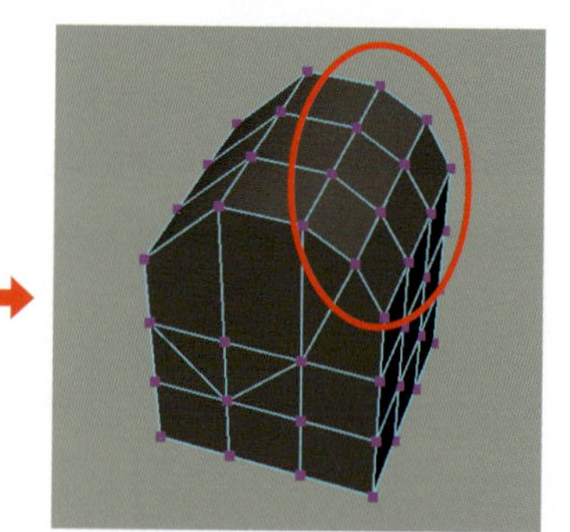

［接続］オプションの［エッジフローで挿入］にチェックを入れて適用した結果。選択したコンポーネント通るエッジが挿入されエッジフローが効いているのが確認できます。

デタッチ

選択したコンポーネントの分離 / 分割をします。それぞれのコンポーネントによって分割具合が異なります。

■ 頂点を選択してデタッチ

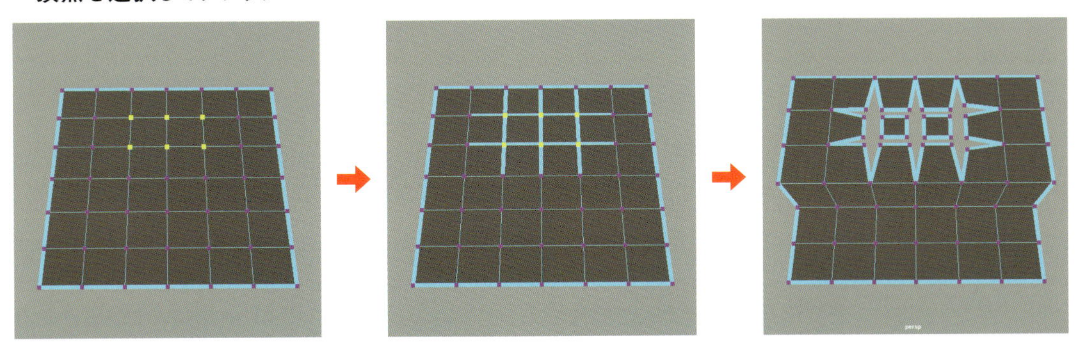

■ エッジを選択してデタッチ

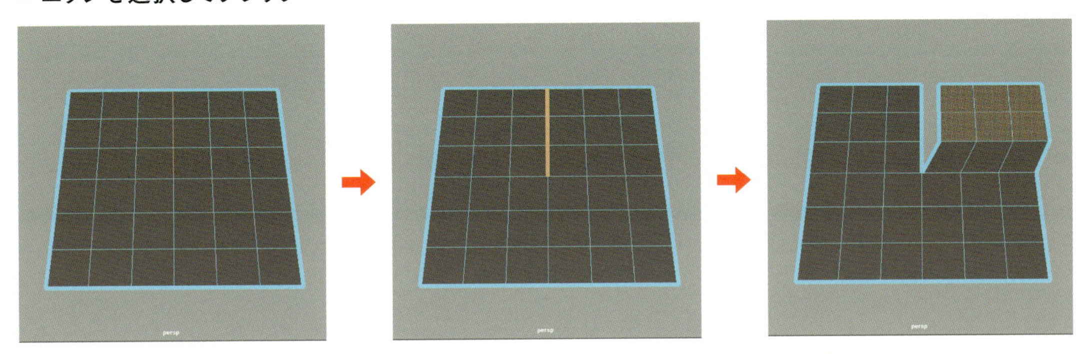

■ フェースを選択してデタッチ

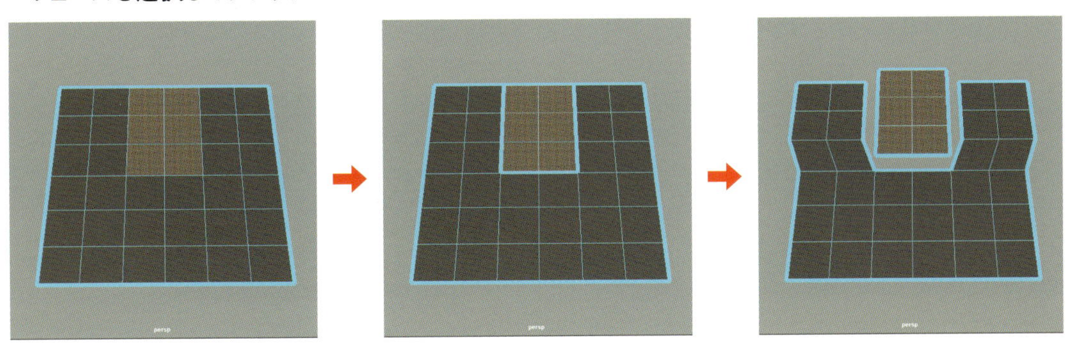

押し出し

選択したコンポーネントを押し出して、既存のメッシュにポリゴンを追加することができます。

■ フェースの押し出し

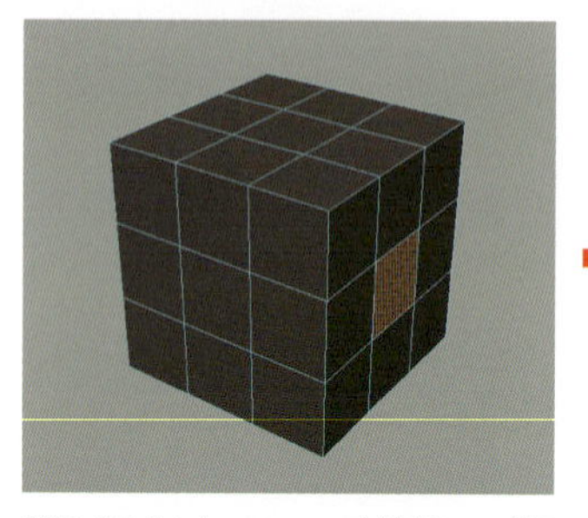

[押し出し]したいフェースを選択して、[押し出し]を適用するか Ctrl + E を押します。

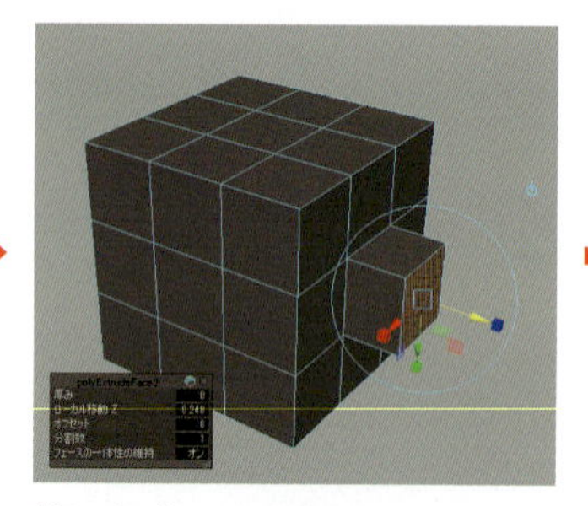

[押し出し]したい方向のマニピュレータを選択して、移動させるか・・・

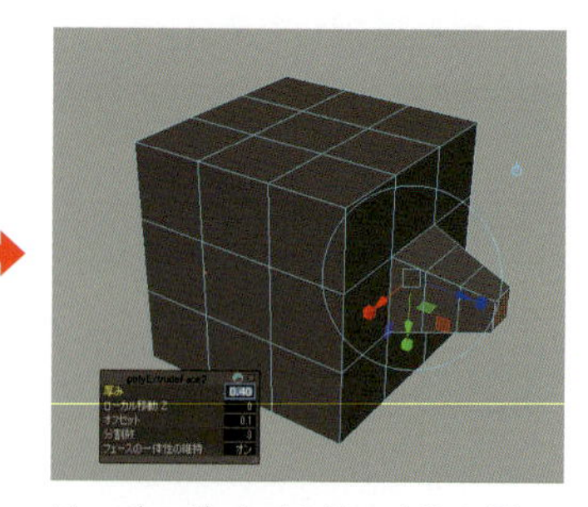

ビュー内エディタ、またはヒストリで、厚み・オフセット・分割数などに数値を入力します。

■ 押し出し方向の切り替え

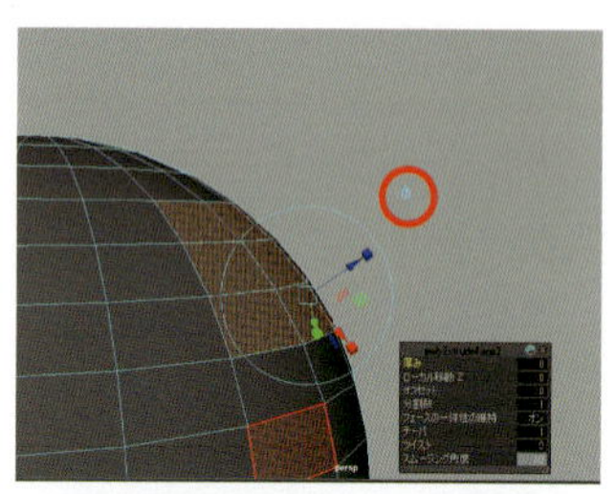

マニピュレータにアタッチされている円形のハンドルをクリックすると、[押し出し]のワールド方向とローカル方向の切り替えができます。

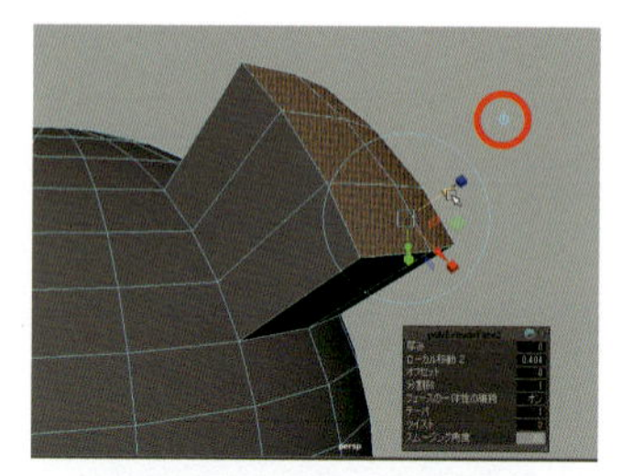

ローカル方向でZ方向に押し出した場合

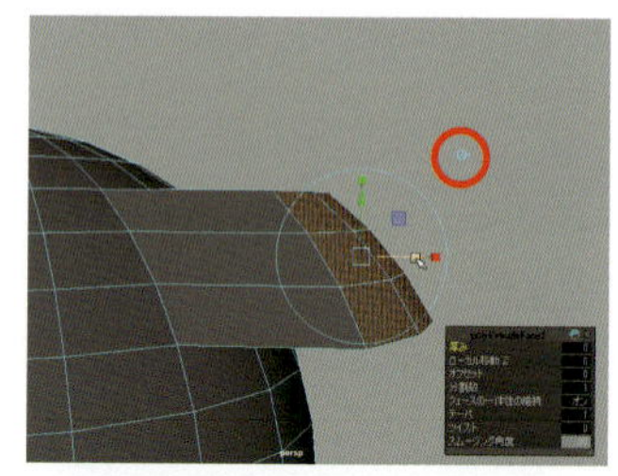

ワールド方向でZ方向に押し出した場合

■ エッジの押し出し

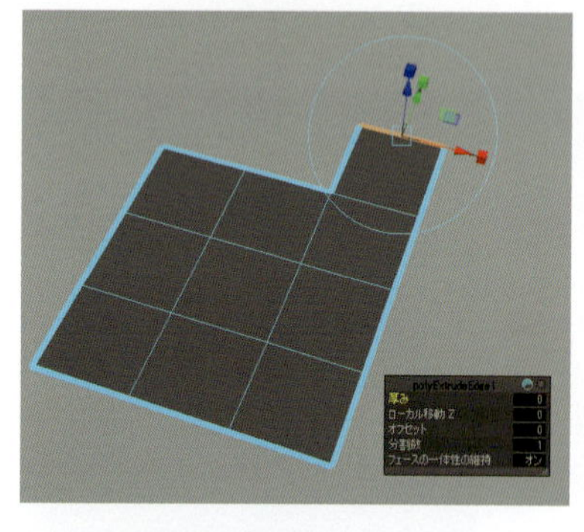

エッジを選択し、[押し出し]したい方向のマニピュレータを選択し、移動させます。厚み・オフセット・分割数を、調整できます。

■ 頂点の押し出し

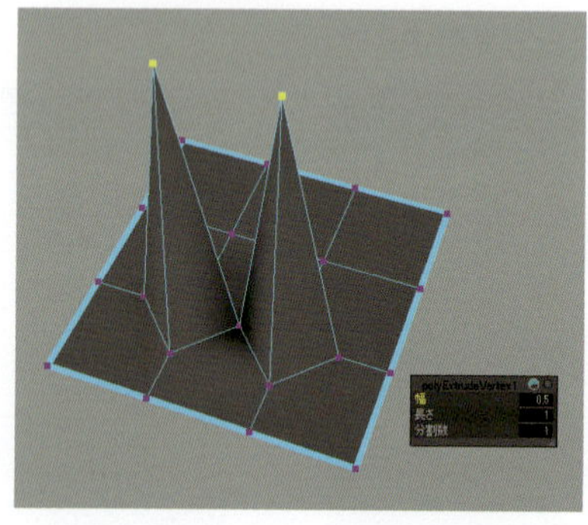

頂点を選択し、[押し出し]をします。頂点の法線に沿って頂点が押し出され、これらの頂点を共有するフェースごとに追加フェースが作成されます。

■ カーブを使った押し出し

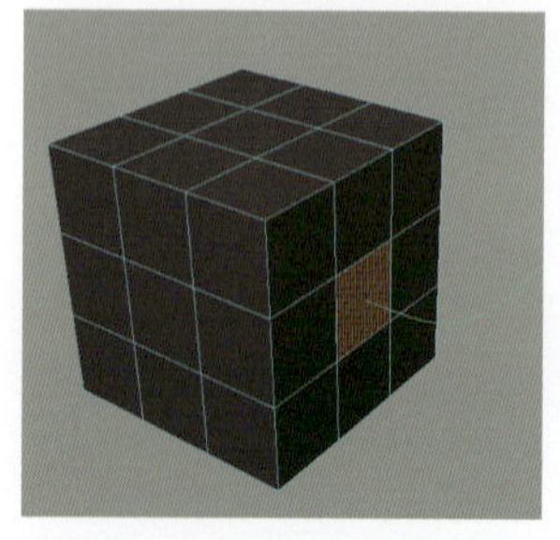

適当なカーブを描き、左図のように[押し出し]したいフェースの中心にカーブを配置します。フェース選択モードで[押し出し]したいフェースを選択し、「アウトライナ」から Ctrl を押しながらカーブを選択して、[押し出し]を適用します。

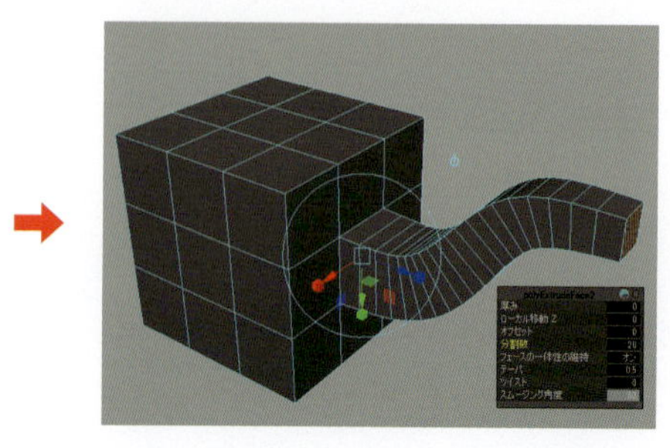

[押し出し]後、ビュー内エディタで分割数を「20」、テーパを「0.5」に調整しました。

■ フェースの一体性の維持

[ウィンドウ] > [設定 / プリファレンス] > [プリファレンス] > [モデリング]、または [押し出し] ツールの [ビュー内エディタ]、または [押し出し] ツールのマーキングメニュー Ctrl + Shift + でオン / オフが切り替えられます

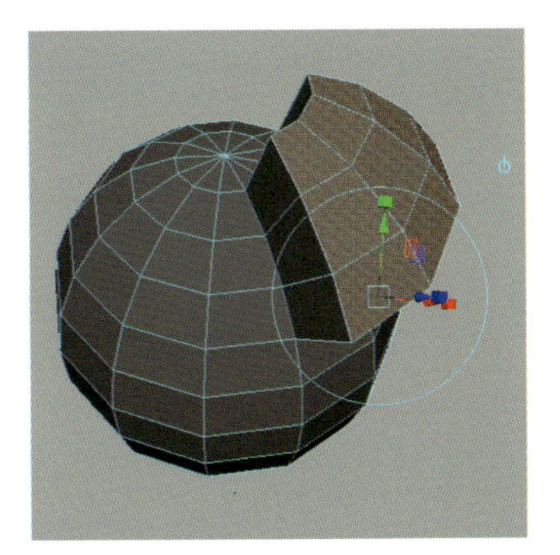

フェースの一体性の維持:「オン」

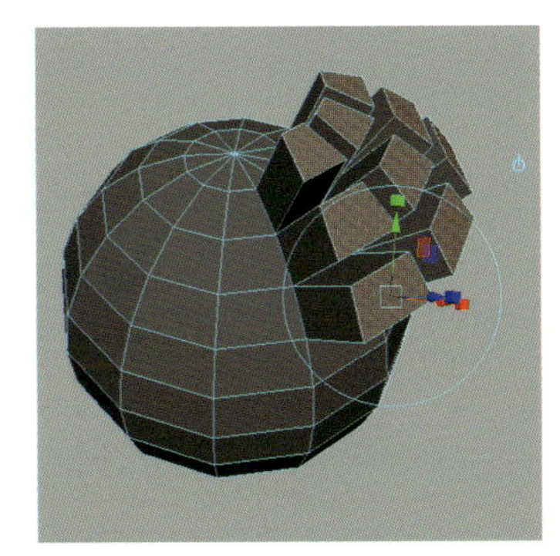

フェースの一体性の維持:「オフ」

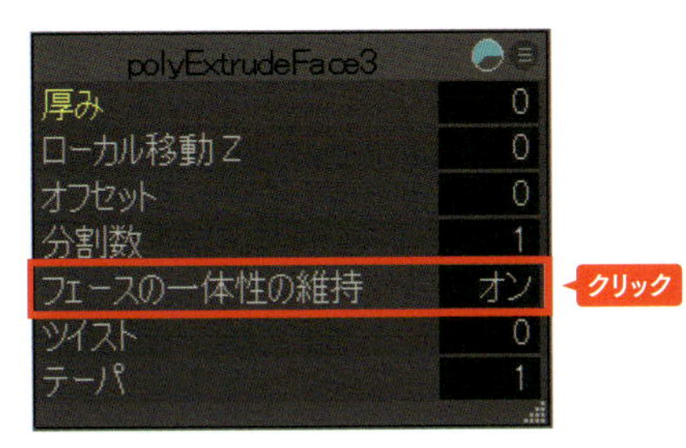

ビュー内エディタ

マーキングメニュー Ctrl + Shift + 押したまま

MEMO スマート複製 / スマート押し出し

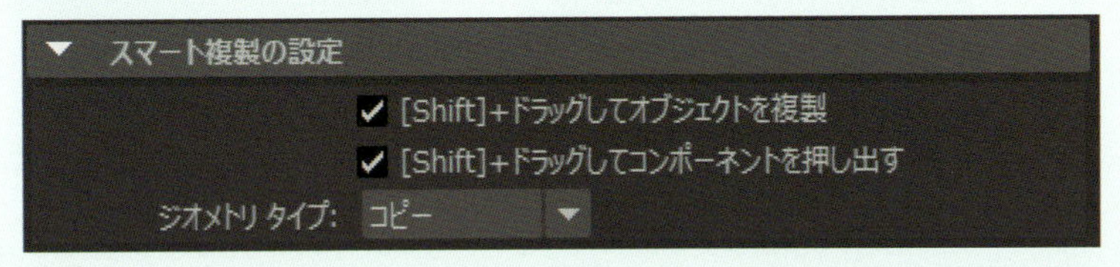

トランスフォームツールのツール設定内の上図の [スマート複製の設定] を「オン」にすると、オブジェクト選択モードで Shift を押しながら、トランスフォームツールのいずれかのマニピュレータをドラッグして、[複製] できます。またコンポーネント選択で Shift を押しながら、トランスフォームツールのいずれかのマニピュレータをドラッグすると、[押し出し] ができます。

■ オブジェクト選択で Shift +ドラッグ

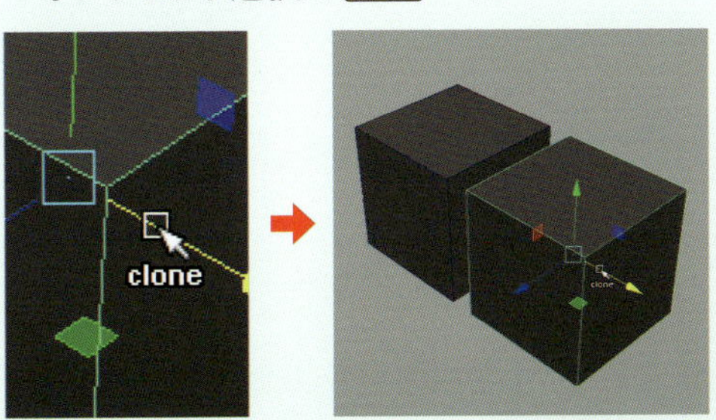

■ コンポーネント選択 Shift +ドラッグ

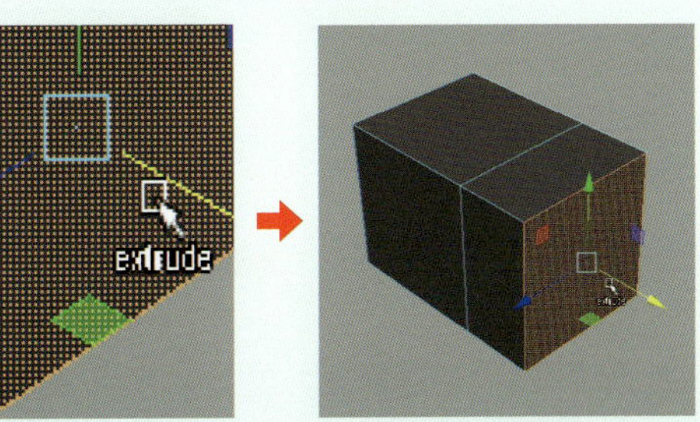

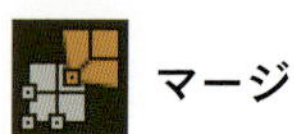

マージ

2つ以上選択したエッジか頂点のうち、設定した距離内にあるエッジと頂点が［マージ］します。［マージ］するには選択したコンポーネントが単一のオブジェクトである必要があります。

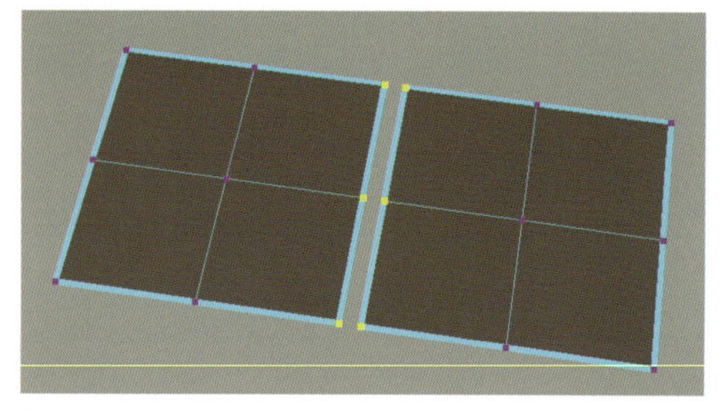

［マージ］（集約）したい頂点を選択して［マージ］を適用します。

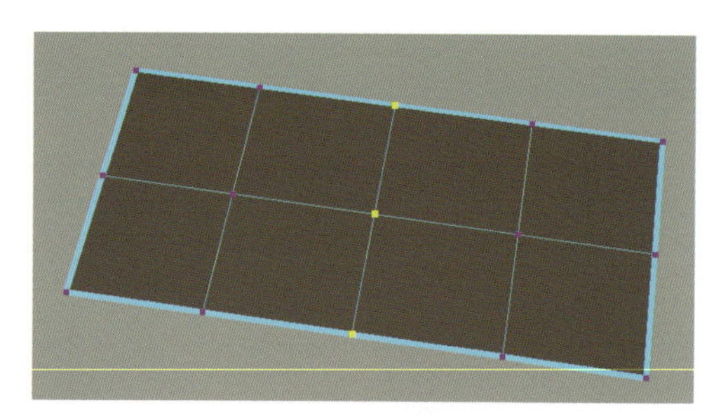

それぞれの頂点が設定した距離内の頂点を［マージ］しました。（上図では、距離のしきい値を0.1に設定）

モデリング作業を進めていく際に、［ディスプレイ］＞［ヘッドアップディスプレイ］＞［ポリゴン数］を表示していなかったり、［ディスプレイ］＞［ポリゴン］＞［境界エッジ］を表示していないと、オブジェクトの状態を確認することができません。従って、ポリゴン数の表示と境界エッジの表示は常に表示しておくことをお勧めします。［マージ］し忘れで後々意図しないメッシュデータにならないよう注意しましょう。

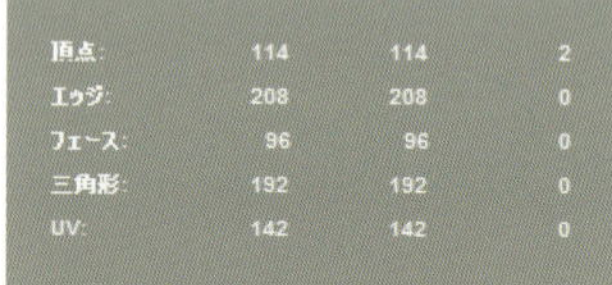

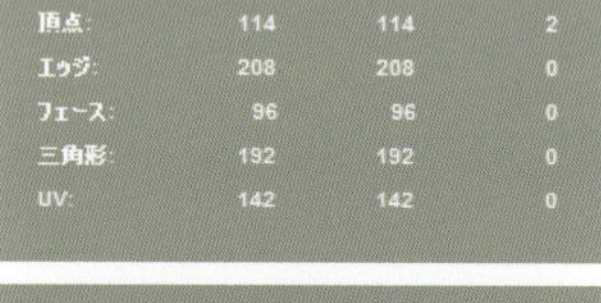

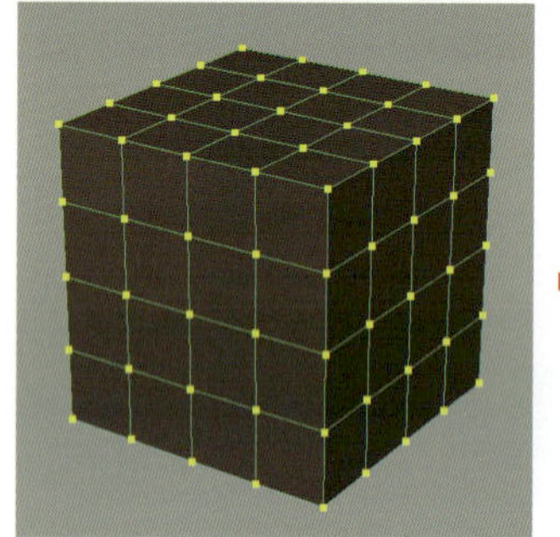

一見問題のないオブジェクトですが・・・。

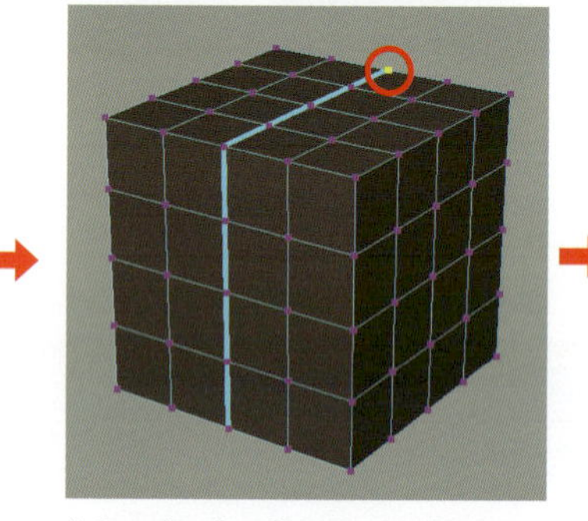

［ディスプレイ］＞［ポリゴン］＞［境界エッジ］を表示すると、実は頂点が［マージ］されていないことがわかります。

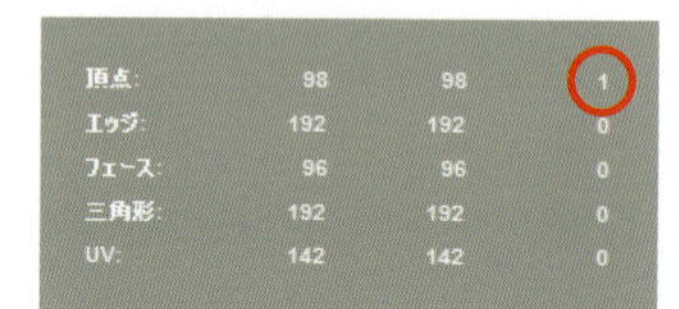

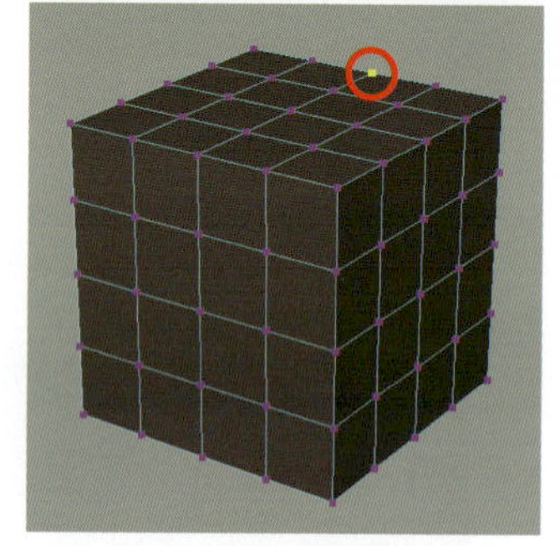

作業中に、オブジェクト同士を結合した際など、［マージ］が必要な場合はしっかり［マージ］しましょう。

センターへマージ

選択した頂点が共有されるように［マージ］され、選択した頂点に関連したすべてのフェースとエッジも［マージ］されます。この結果として共有された頂点は、オリジナルの選択範囲の中心に配置されます。

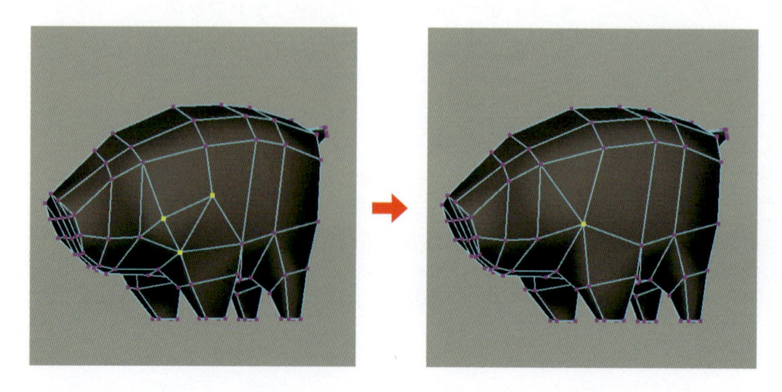

トランスフォーム

「ヒストリノード」を作成しながら、選択したコンポーネントを法線方向に対して[移動]、[回転]、[スケール]することができます。

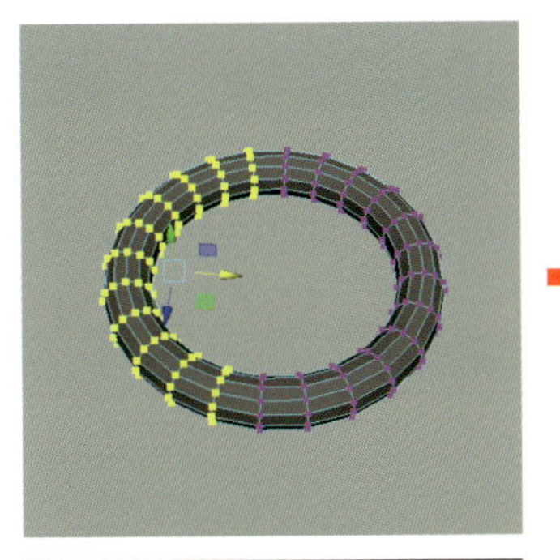

コンポーネントを選択して[メッシュの編集]>[トランスフォーム]を実行します。

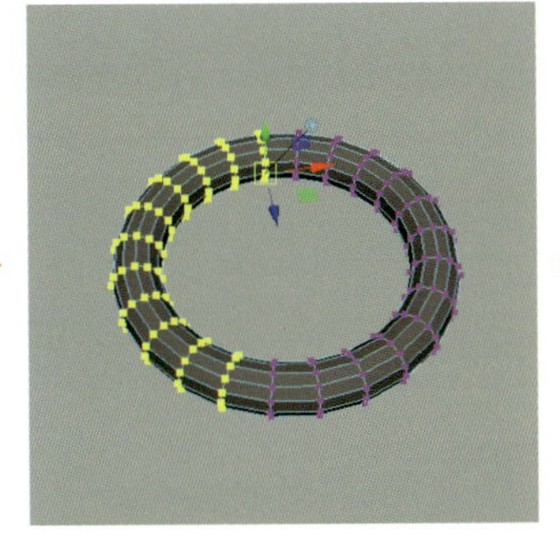

「ヒストリノード」が作成され、マニピュレータが法線方向に変化します。

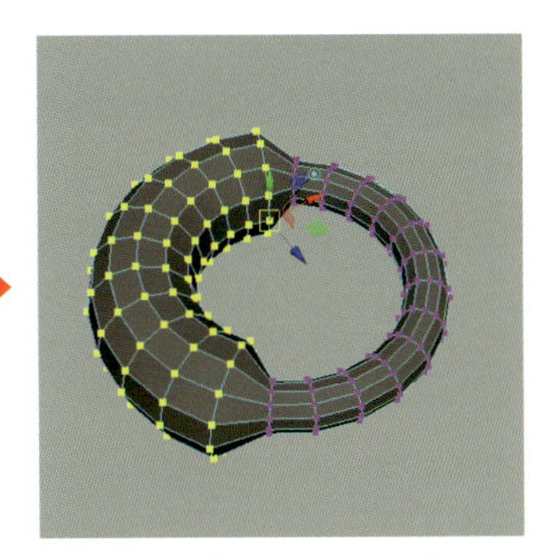

移動した後、「ヒストリノード」を使用して調整ができます。

反転

[反転]はシンメトリ軸をはさんで選択されたメッシュのトポロジを[反転]します。

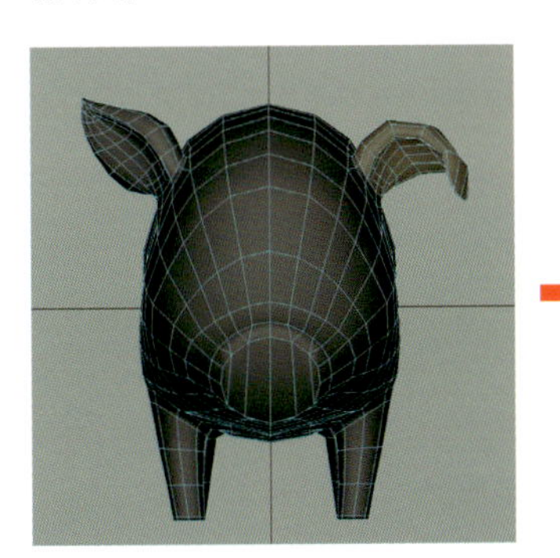

[反転]したい部分をコンポーネント選択します。

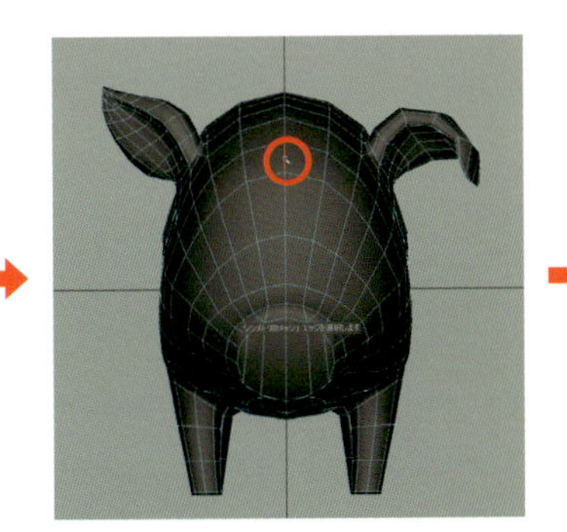

[反転]を実行した後、シンメトリ軸となるエッジを選択します。

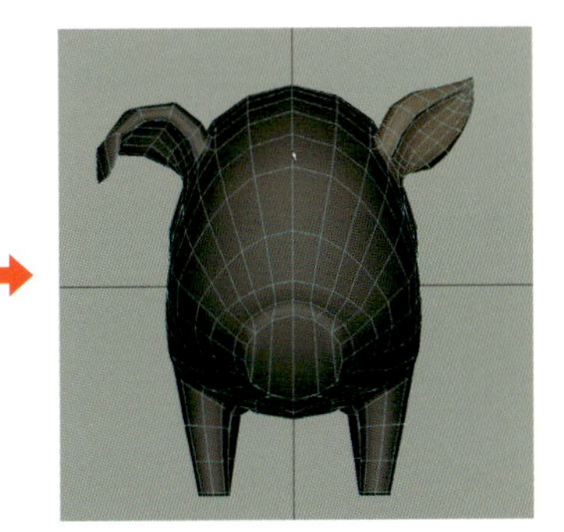

選択したメッシュのトポロジが[反転]されます。

シンメトリ化

[シンメトリ化]はシンメトリ軸をはさんで選択されたメッシュのトポロジをコピーします。

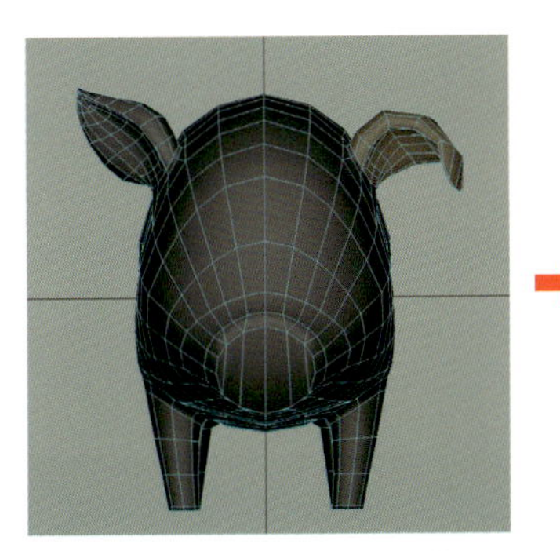

[シンメトリ化]したい部分をコンポーネント選択します。

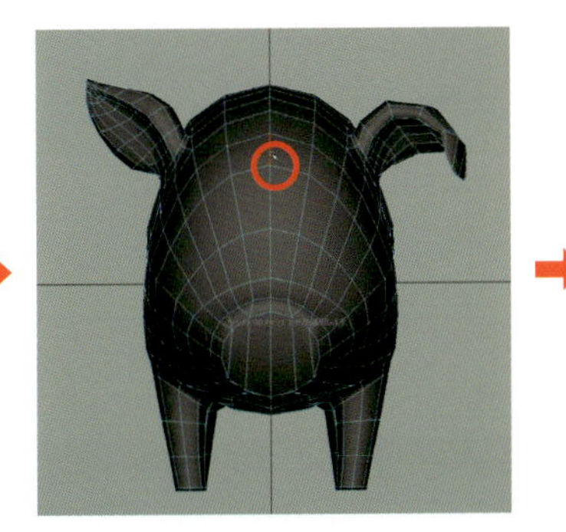

[シンメトリ化]を実行した後、シンメトリ軸となるエッジを選択します。

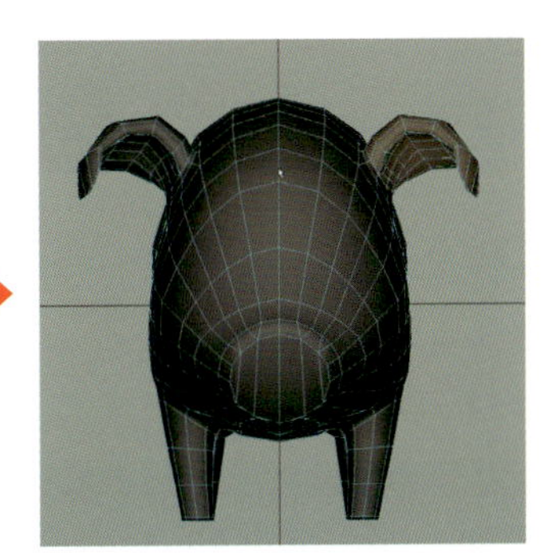

選択したメッシュのトポロジが[シンメトリ化]されます。

メインメニュー > メッシュの編集：頂点

頂点の平均化

頂点の位置を移動してポリゴンメッシュをスムーズします。[メッシュ] > [スムーズ] と異なり、ポリゴン数は増えません。メッシュはスムーズになりますが、オブジェクトのシルエットが変わっている点に注意しましょう。

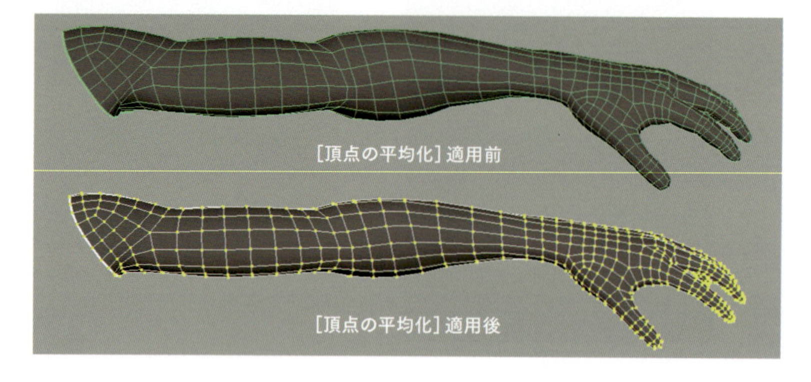

メインメニュー > メッシュの編集：エッジ

エッジ / 頂点の削除

選択しているエッジまたは頂点が削除されます。頂点を選択している場合、メッシュ上で選択されている共有頂点が削除されます。選択している頂点と接続された共有エッジも削除されます。エッジを選択している場合、メッシュ上で選択されている共有エッジと、削除されるエッジと接続された共有頂点が削除されます。コンポーネントの削除では、「境界エッジ」は削除されません。

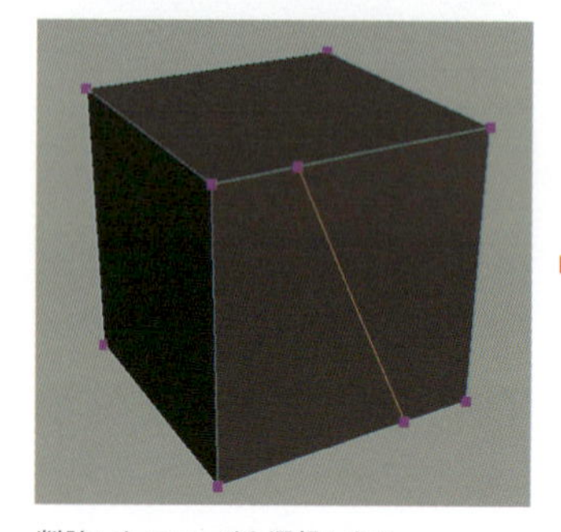

削除したいエッジを選択します。

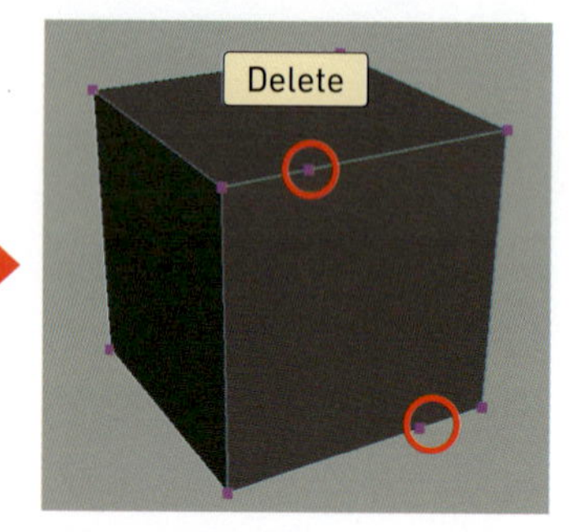

Deleteで削除するとエッジだけが削除され、エッジと接続された共有頂点は削除されません。

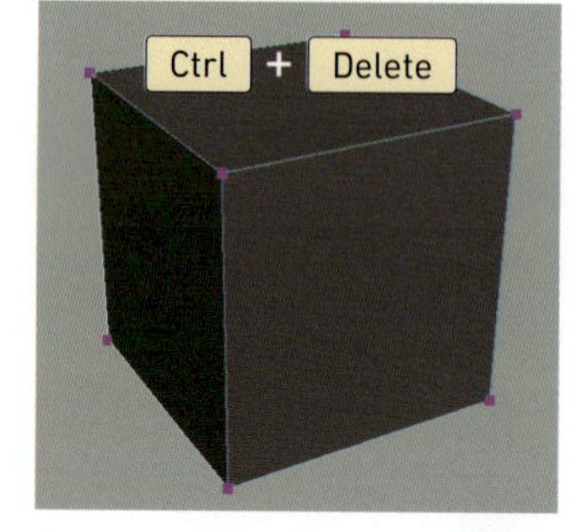

[メッシュの編集] > [エッジ / 頂点の削除] を実行するか、Ctrl + Deleteで削除するとエッジと接続された共有頂点も削除されます。

■ 頂点の削除

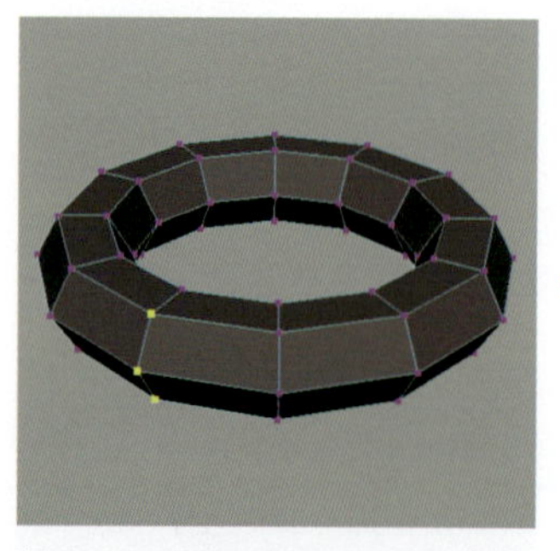

削除したい頂点を選択します。エッジと同様に削除すると・・・。

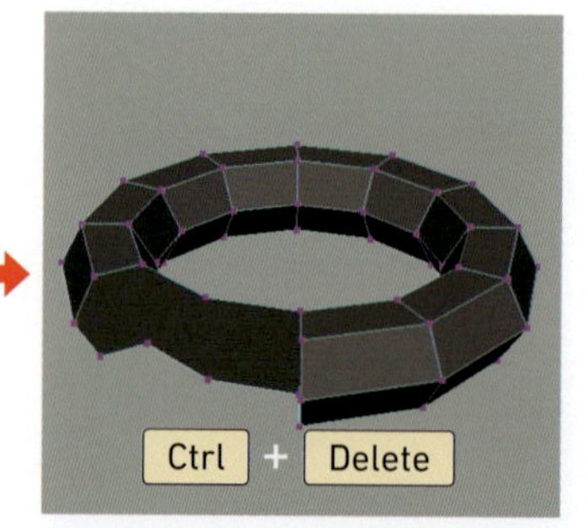

選択している頂点と接続された共有エッジも削除されます。

エッジフローの編集

「エッジフローの編集」はエッジの位置を周囲のメッシュの曲率に合わせて調整します。良い結果を得るには、2つを超える隣接していないエッジループを選択しないことをお勧めします。オプション内の［エッジフローの調整］を「1」に設定すると選択したメッシュの曲率連続性を重視して移動します。「0」では、選択したエッジが他の近くのエッジの中央に移動してフラットなサーフェス（面）を作成します。

■ エッジフローの編集：オプション

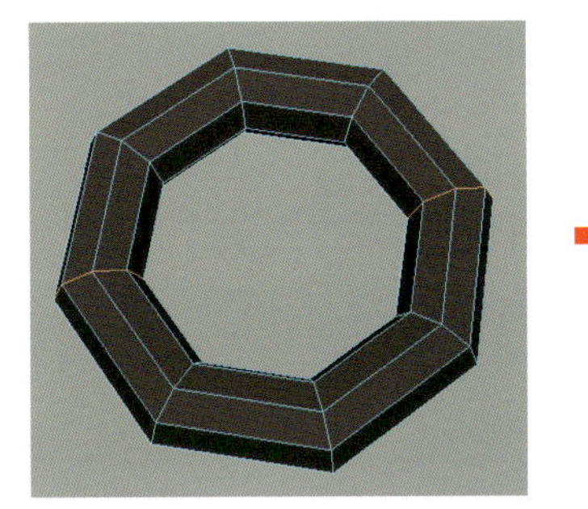

エッジを選択します。

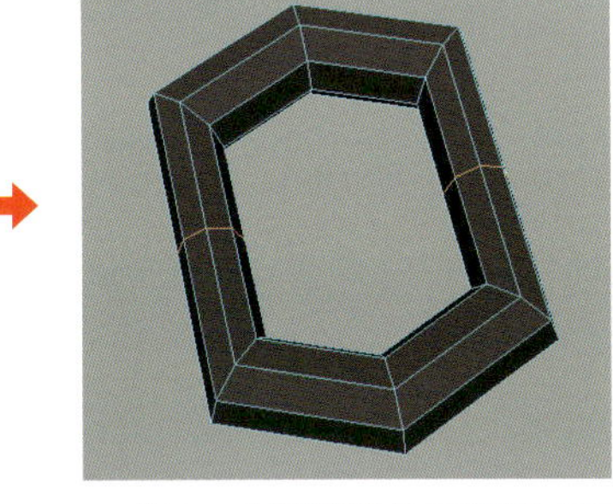

エッジフローの調整値を「0」で適用します。

■ モデリングツールキット：エッジフロー

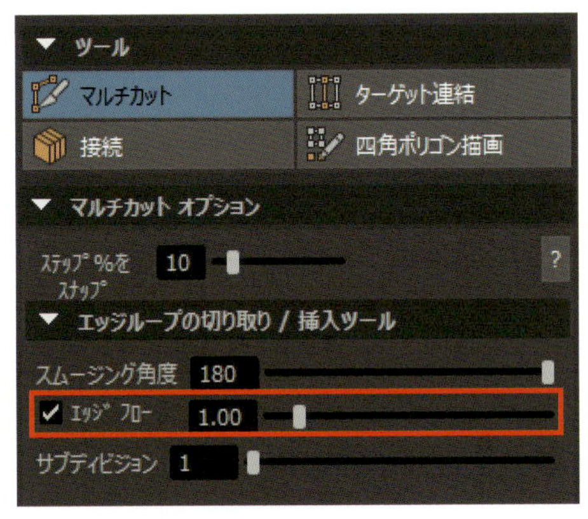

モデリングツールキットの［マルチカット］アイコンをクリックすると、［マルチカット］のオプションが開きます。オプション内にある［エッジループの切り取り / 挿入ツール］のエッジフローにチェックを入れると、［マルチカット］でエッジを挿入した際に周囲のメッシュの曲率に合わせて移動します。有機的なモデリングの際に［マルチカット］でエッジをループ挿入した際に、周囲のメッシュの曲率に合わせて挿入できるので便利です。

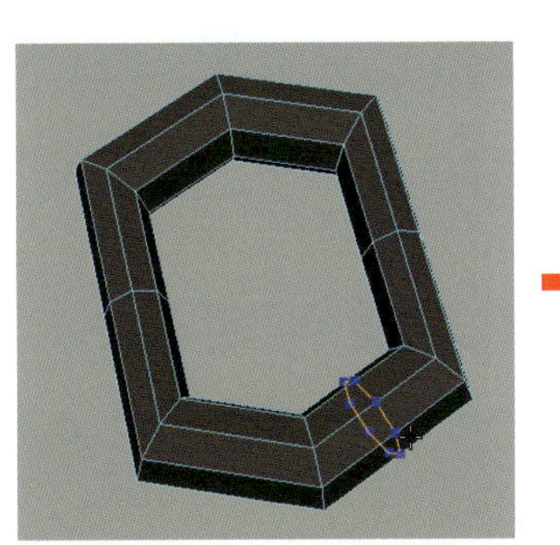

モデリングツールキットの［マルチカット］のツールオプションのエッジフローにチェックを入れて、エッジループを挿入します。

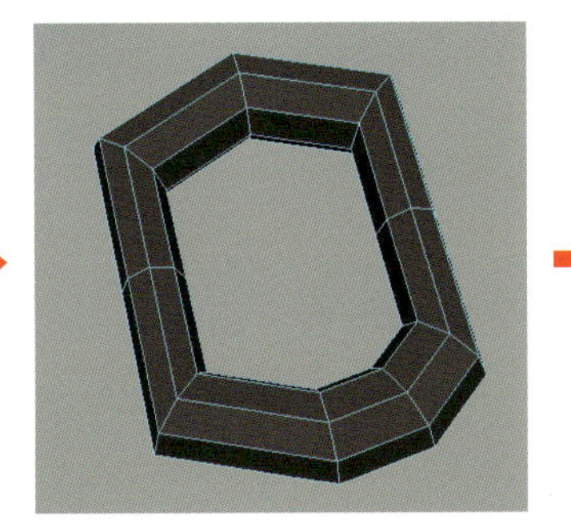

挿入されたエッジループは周囲のメッシュの曲率に合わせて移動しました。

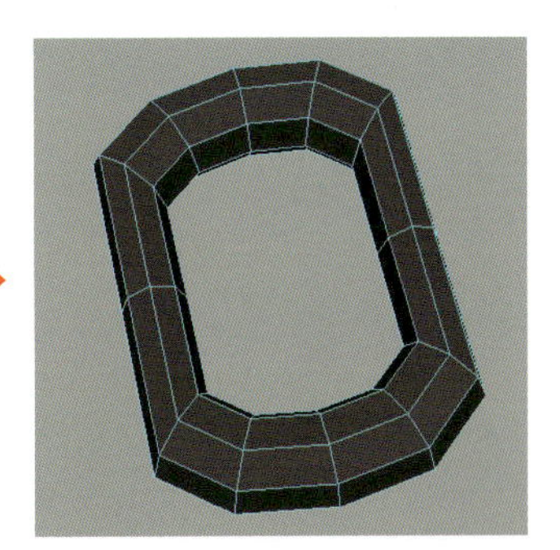

複数の箇所にエッジループを追加した結果です。

 三角形のエッジを反転 /  エッジを逆方向にスピン /  エッジを正方向にスピン

［三角形のエッジを反転］も［エッジを逆方向 / 正方向にスピン］も同じようなアクションです。［三角形のエッジを反転］は2つの三角ポリゴンを分割するエッジをそのエッジが逆のコーナー間を接続するようエッジが反転します。［エッジを逆方向 / 正方向にスピン］は、選択したエッジをスピンさせ、1頂点の接続性を一度に変更します。

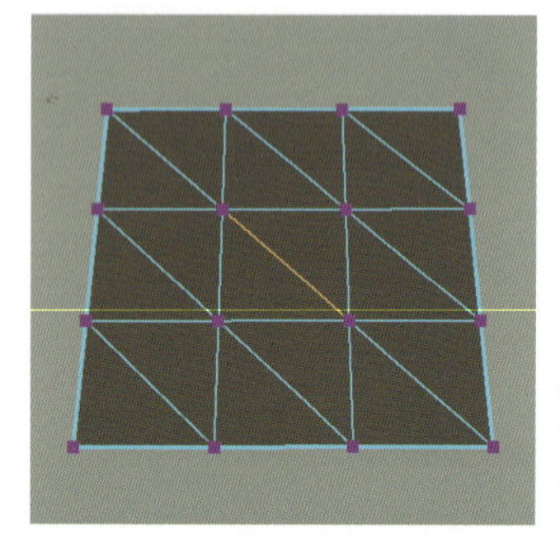

エッジを「反転」または「スピン」させたいエッジを選択します。

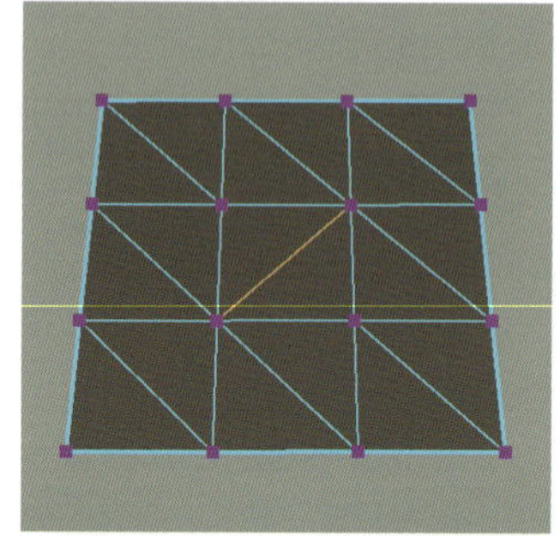

［三角形のエッジを反転］も［エッジを逆方向 / 正方向にスピン］も同じ結果になりました。2つの三角形を分割するエッジの場合違いはありません。

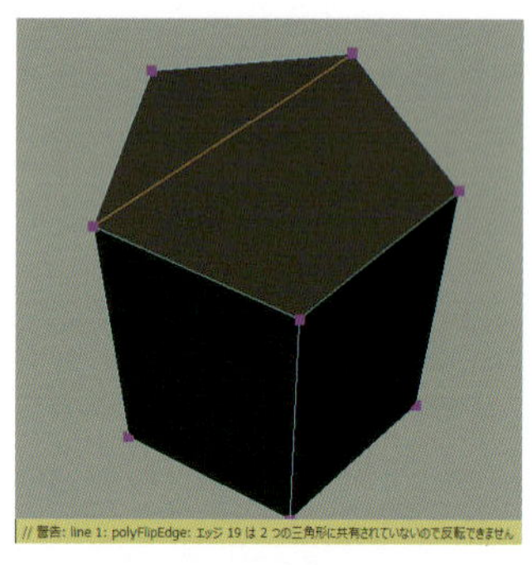

2つの三角形を分割するエッジでない場合、［三角形のエッジを反転］はエラーで適用できません。

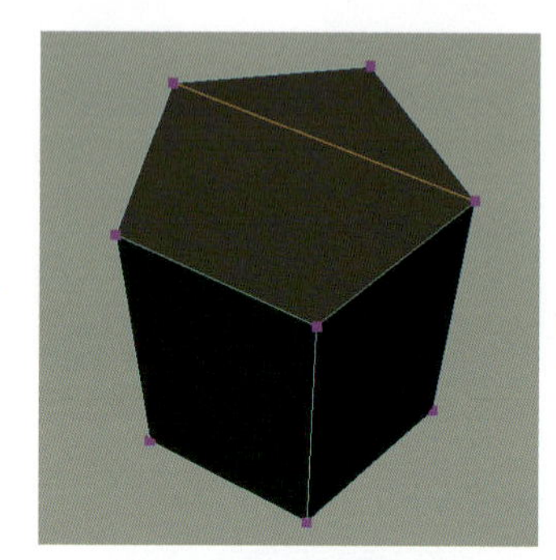

［三角形のエッジを反転］が適用できなくても［エッジを逆方向 / 正方向にスピン］は適用できます。エッジがスピンしました。

メインメニュー > メッシュの編集：フェース

複製

メッシュ内のフェースをコピーすることができます。フェースを［複製］し、［複製］したフェースが既存のメッシュ内のポリゴンシェルになるか、または独自のオブジェクトにするかを指定することができます。また、［フェースの一体性の維持］が「オフ」で、［複製］した［フェースの分離］が「オン」の場合、［複製］したフェースは切断され、それぞれのフェースが別々のメッシュになります。

［複製］したいポリゴンを選択。

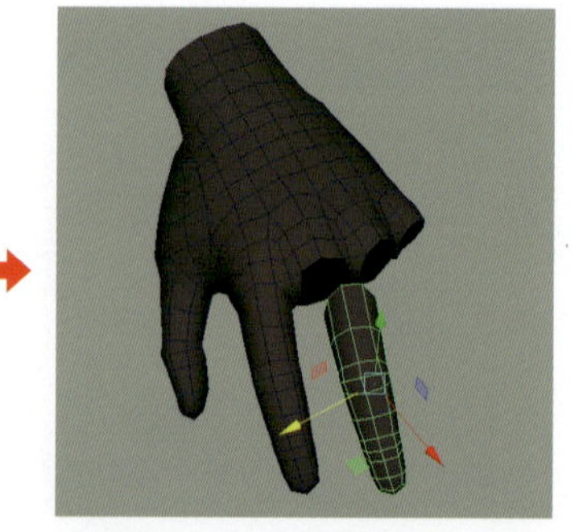

［複製］オプションの［複製したフェースの分離］をオンにすると、［複製］したフェースが独自のオブジェクトとして［複製］されました。

独自オブジェクトに［複製］されたことがアウトライナで確認できます。

抽出

選択したフェースをメッシュから［抽出］し、切り離すことができます。［複製］と同じく［抽出］したフェースが既存のメッシュ内のポリゴンシェルになるか、または独自のオブジェクトにするかを指定することができます。

［抽出］したいポリゴンを選択します。

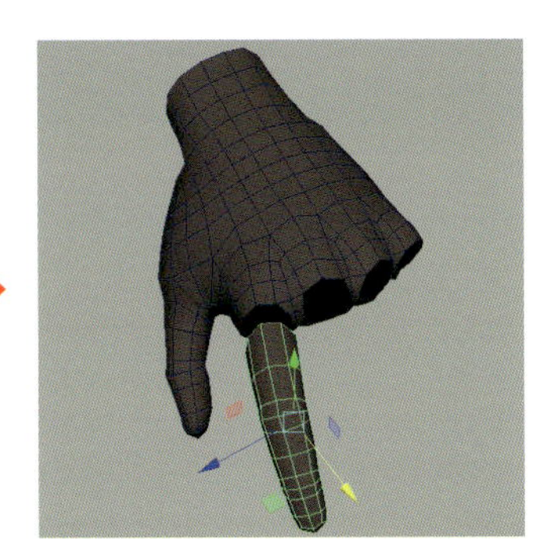

［抽出］オプションの［抽出したフェースの分離］を「オン」にすると、［抽出］したフェースが独自のオブジェクトに「分離」されます

独自オブジェクトに分離されたことがアウトライナで確認できます。

突き出し

選択したフェースの中心を「押し込み」または「引き出し」を行うために、選択したフェースを分割します。引き出す方向軸や頂点オフセットの距離はオプションから設定できます。

［突き出し］したいフェースを選択します。

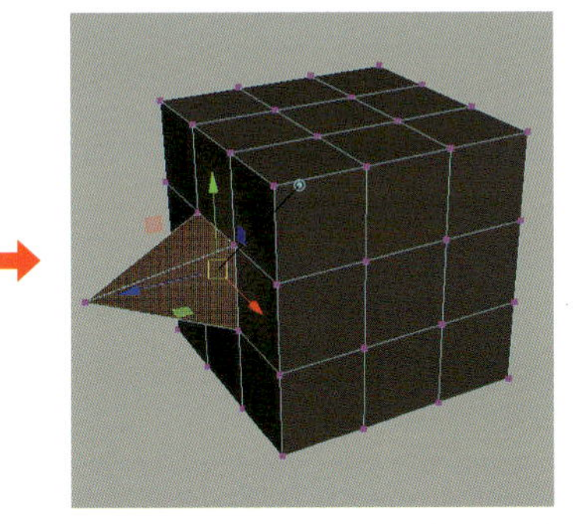

ワールド座標Z軸方向に「0.5」［突き出し］を適用しました。

ウェッジ

フェースから新しいポリゴンの円弧を引き出します。マルチコンポーネントモード F7 で［ウェッジ］をしたいフェースを選択し、次に円弧を作成したい軸となるエッジを選択し、適用します。

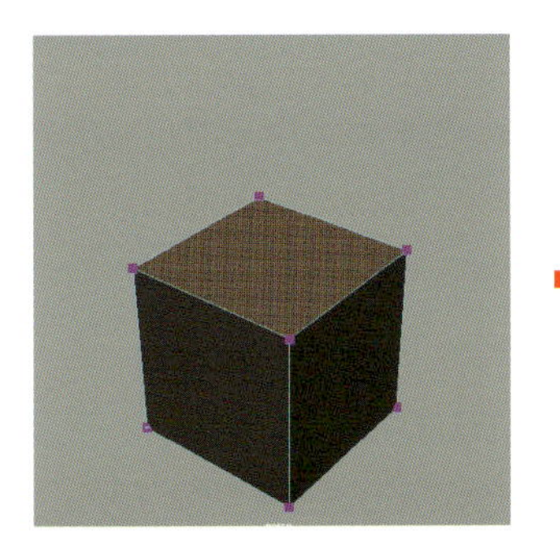

マルチコンポーネントモード F7 で［ウェッジ］したいフェースを選択します。

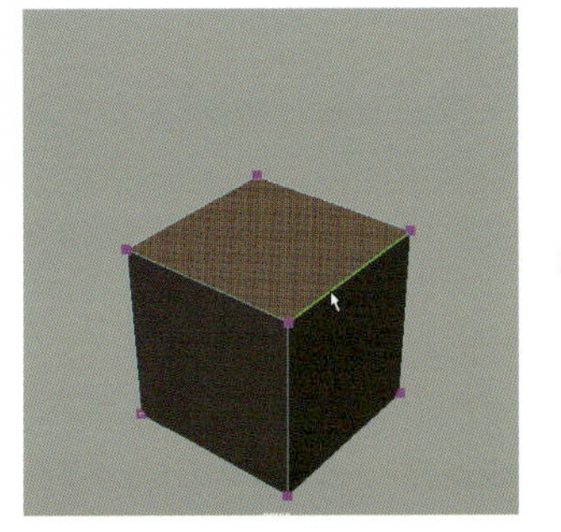

次に円弧を作成したい軸となるエッジを Shift を押しながら追加選択します。

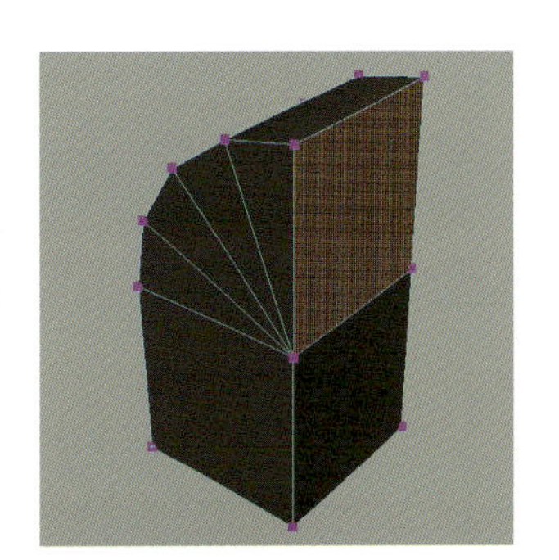

［ウェッジ］を適用しました。

Chapter

2-5

メッシュツール

ここではメインメニューの［メッシュツール］の各項目から、よく使う機能を紹介してきます。

メインメニュー > メッシュツール：概要

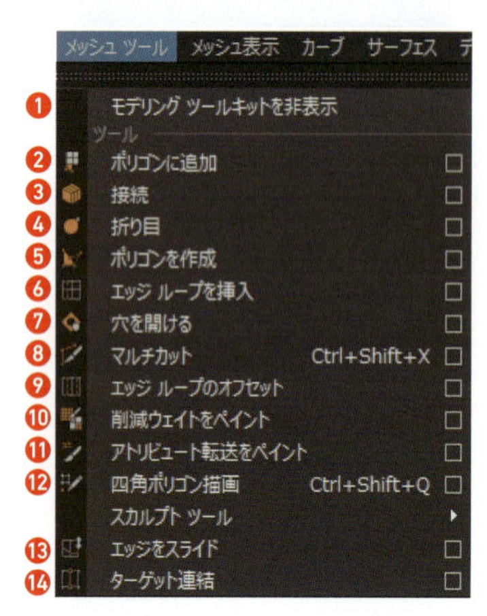

❶ モデリングツールキットウィンドウを表示 / 非表示します。
❷ ポリゴンエッジを出発点として、既存のメッシュにポリゴンを追加します。
❸ 他のエッジを介してコンポーネントを接続します。
❹ エッジと頂点に折り目を付けます。
❺ 頂点をシーンビューに配置することによってポリゴンを作成します。
❻ エッジリングの全体または一部にエッジループを挿入します。
❼ ポリゴンフェースに穴を作成します。
❽ エッジループをカット、スライス、挿入します。
❾ 選択したエッジの両側に2つのエッジループを挿入します。
❿ メッシュ上の領域をペイントして、ポリゴンを削減します。
⓫ ソースアトリビュート値とターゲットアトリビュート値の間を頂点単位でブレンドして、作成されるデフォメーションのどちらかのメッシュの影響をコントロールします。
⓬ 手動で点を指定してポリゴンを作成できます。
⓭ 選択したエッジまたはエッジループ全体をスライドさせることができます。
⓮ 頂点またはエッジをマージして、それらの間に共有頂点またはエッジを作成できます。コンポーネントをマージできるのは、その頂点が同じメッシュに属する場合だけです。

ツールとアクション

Mayaでは、［ツール］と［アクション］を区別しています。

● ツール

［ツール］は「継続的」に動作し、［ツール］がアクティブな状態でそれをクリックまたはドラッグすると、その［ツール］が適用されます。

● アクション

［アクション］は、選択したオブジェクトに即時に適用される「1 回のみ」の操作で、メニュー内のほとんどの項目は［アクション］です。

どのメニュー項目が［ツール］であるかは、以下のことから判別できます。

- ［ツール］には、メニュー > 「エントリの名前」に「ツール」が含まれますが［アクション］には含まれません。
- ［ツール］を選択すると、［ツールボックス］の［最後に使用］したツールのアイコン表示枠に、その［ツール］がハイライト表示されます。
- ［ツール］が［アクティブ］になると、ヘルプラインに説明が表示されます。

● Maya 全体で［アクション］を［ツール］に変更するには

1. メインメニューの［ウィンドウ］>［設定 / プリファレンス］>［プリファレンス］を選択します。
2. ［プリファレンスウィンドウ］のカテゴリリストで、［モデリング］をクリックし、［インタラクションモード］を［すべてツールとして］を選択します。

メインメニュー > メッシュツール：ツール

ポリゴンに追加

矢印の方向に境界エッジをクリックするか境界エッジをクリックし、頂点を配置することでポリゴンを作成できます。矢印のサイズは+、-、または［ウィンドウ］＞［設定/プリファレンス］＞［プリファレンス］＞［マニピュレータ］＞［グローバルスケール］で変更できます。ポリゴン作成時にエラー「平面コンストレントを無効にしてください」が出る場合は、［ポリゴンに追加］オプションの［新規フェースの平面性の維持］のチェックを外します。

■ 矢印方向に境界エッジはクリックしてポリゴンに追加

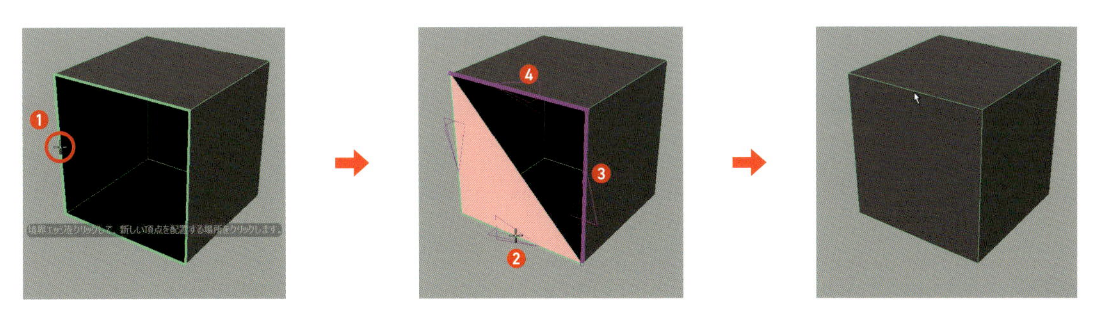

■ エッジはクリックし、頂点は配置してポリゴンに追加

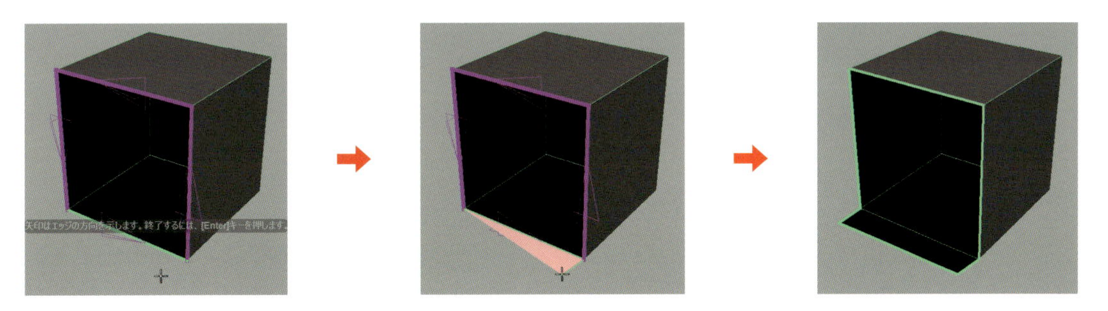

接続

コンポーネントの間にエッジを挿入してコンポーネントをインタラクティブに［接続］します。モデリングツールキットの 接続 をクリックして、マルチコンポーネント選択でコンポーネントを選択するとインタラクティブにエッジの挿入を確認できます。［メッシュの編集］＞［接続］と異なり、エッジフローのオプション設定がありません。

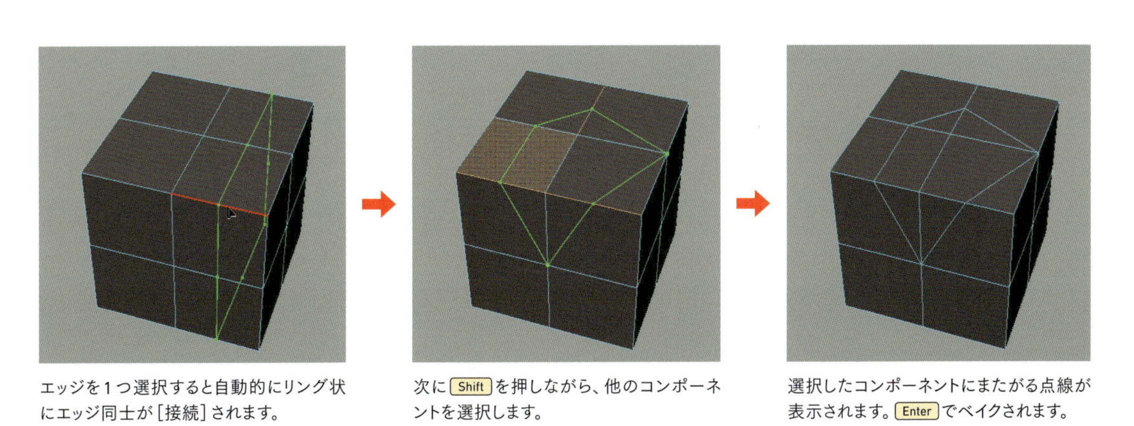

エッジを1つ選択すると自動的にリング状にエッジ同士が［接続］されます。

次にShiftを押しながら、他のコンポーネントを選択します。

選択したコンポーネントにまたがる点線が表示されます。Enterでベイクされます。

折り目

頂点、エッジに［折り目］を設定し、ハードとスムーズの間を移行するシェイプを、メッシュの解像度を上げずに作成することができます。［折り目］が適用されたエッジは、オリジナルのメッシュ上ではより太い線で表示され、［折り目］が適用された頂点は、頂点を囲む小さい円で表示されます。

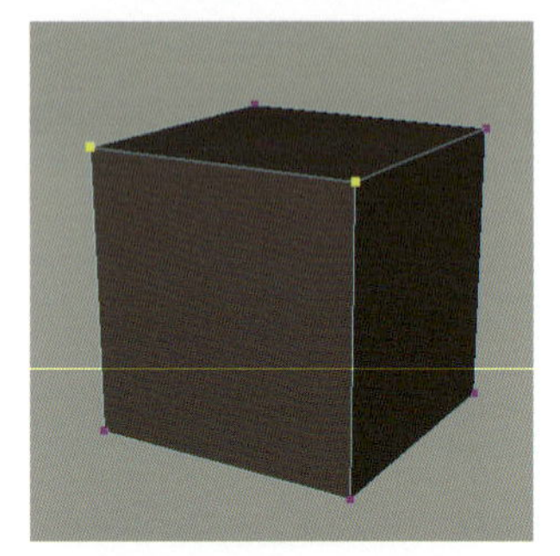

立方体を作成し、コンポーネントを選択して、スムーズメッシュプレビュー（2 ケージ ＋ スムーズプレビュー）に切り替えます。

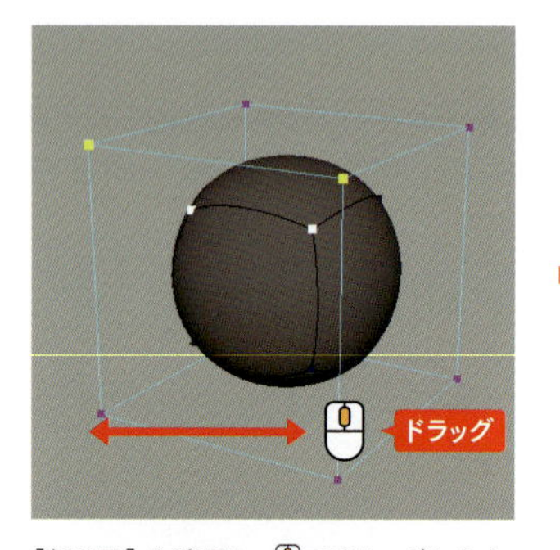

［折り目］を適用し、でドラッグします。（ここでは PageUp でスムーズメッシュプレビューのサブディビジョンの分割レベルを上げています）

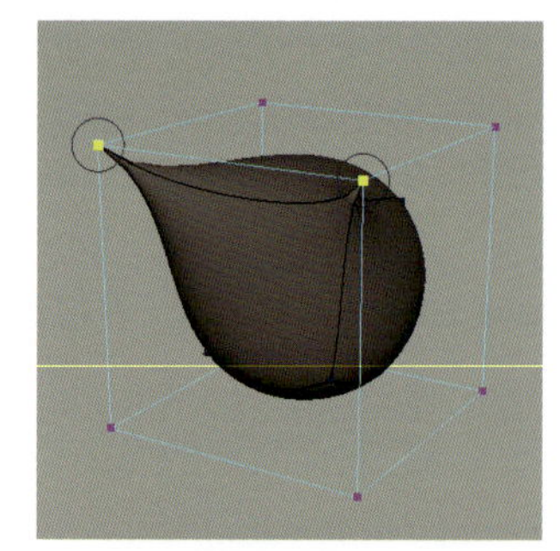

［折り目］が適用されました。

ポリゴンを作成

頂点をシーンビュー上に3点以上配置して Enter でポリゴンが作成できます。

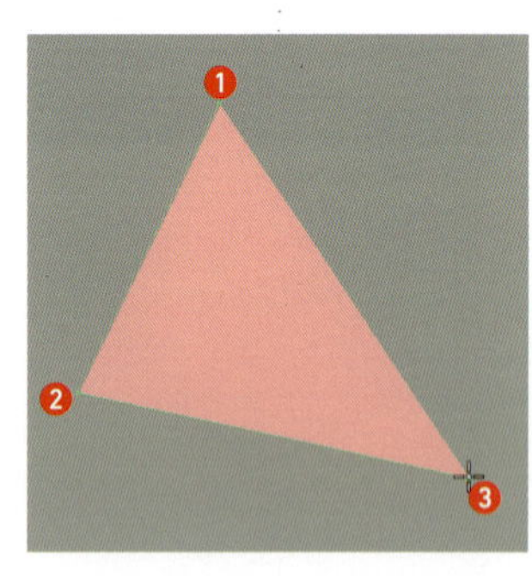

［ポリゴンを作成］ツールを選択して、シーンビュー上に「反時計回り」に3点以上頂点を配置します。

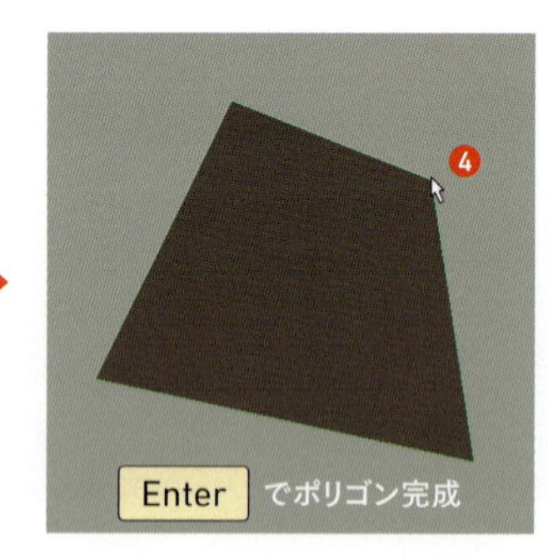

三角形または四角形を作成して、Enter で確定します。四角形以上のポリゴンも作成できますが、多角形になってしまうので注意が必要です。

MEMO 頂点の配置方法でフェースの方向が決まる

頂点の配置方法によってフェース法線の「方向」が決まります。頂点を「時計回り」に配置するとフェース法線は「下向き」になり、頂点を「反時計回り」に配置するとフェース法線は「上向き」になります。

■ 反時計回りで配置

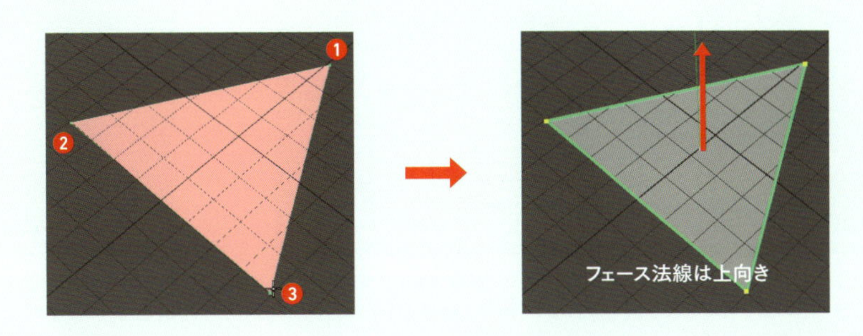

■ 時計回りで配置

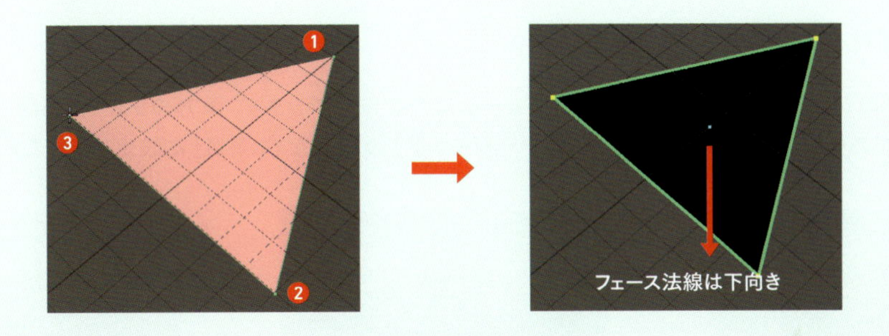

■ [ポリゴンに追加] で時計回りでポリゴンを追加をすると・・・

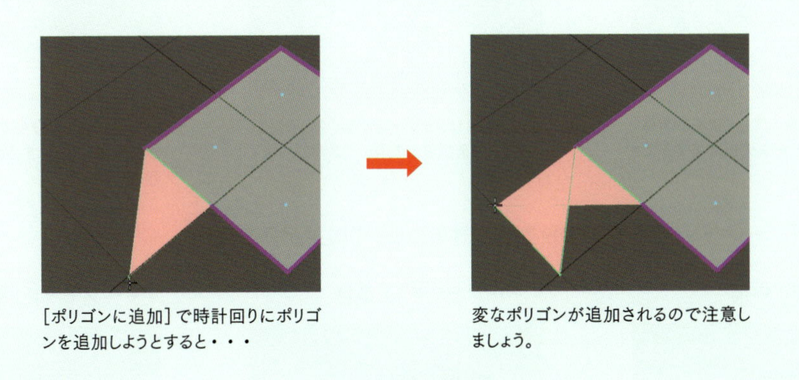

[ポリゴンに追加] で時計回りにポリゴンを追加しようとすると・・・

変なポリゴンが追加されるので注意しましょう。

エッジループを挿入

選択したエッジリングのポリゴンフェースを分割します。[エッジループを挿入]ツールにより、エッジリング全体、エッジリングの一部、または多方向エッジリングに[エッジループを挿入]することができます。

■ エッジループの挿入

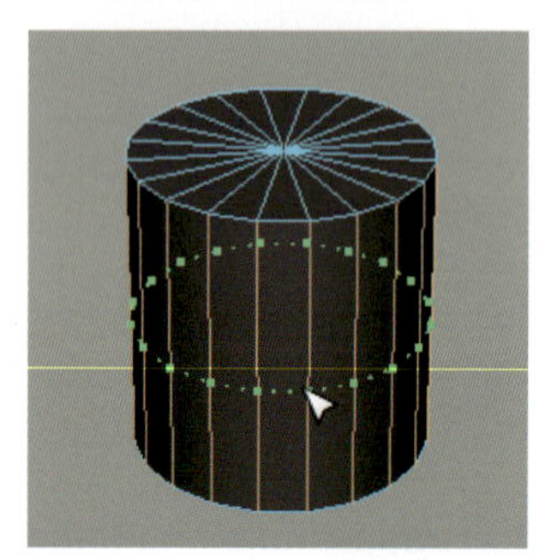

[エッジループを挿入]ツールに入ると、自動的にエッジ選択モードに切り替わり、オプションの[自動完了]がオンの状態では、自動的にループが定義します。

■ 複数のエッジループ挿入

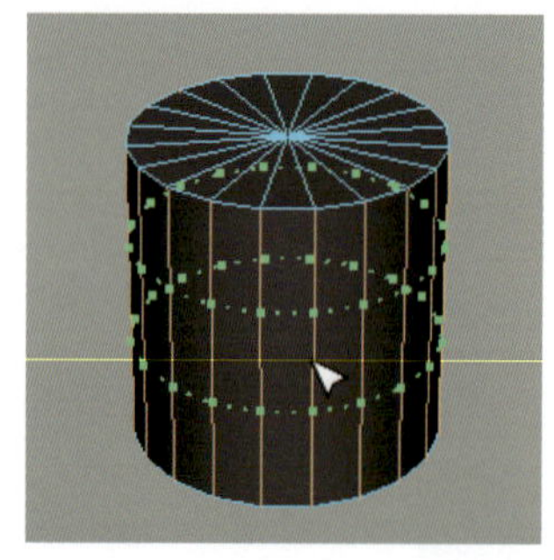

オプションの[複数のエッジループ]を選択すると、同時に複数の[エッジループを挿入]できます。

■ 自動完了オフ

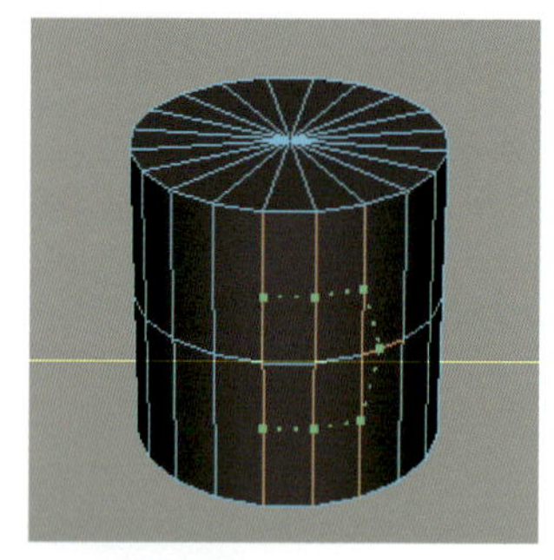

オプションの[自動完了]をオフにすると、任意でエッジループを定義できます。

穴を開ける

異なるフェースのシェイプで、選択したポリゴンフェースに穴を作成できます。両方のフェースが同一のオブジェクトである必要があります。下図はオプションの[マージモード]の設定を[1番目]に設定しています。

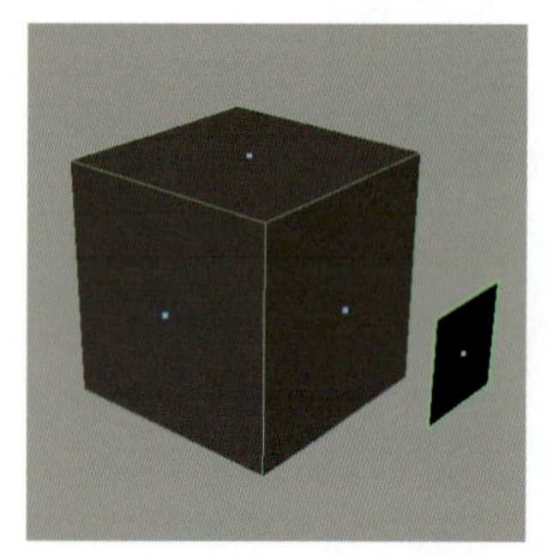

オブジェクトを選択して、[穴を開ける]を実行すると、フェース選択ができるようになります。

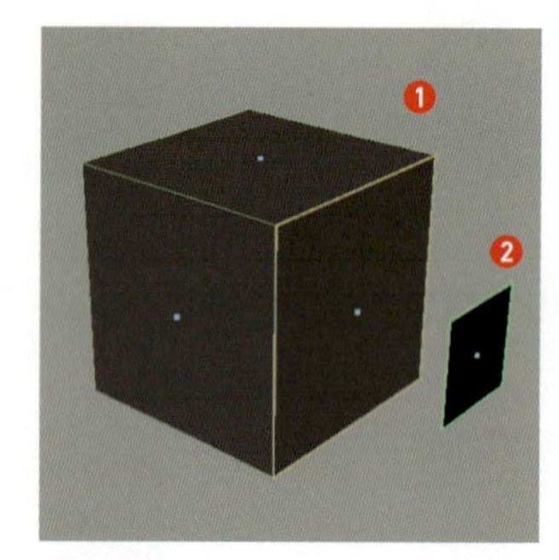

❶❷の順にフェースをクリックして選択します。(選択されたフェースがハイライトされる)

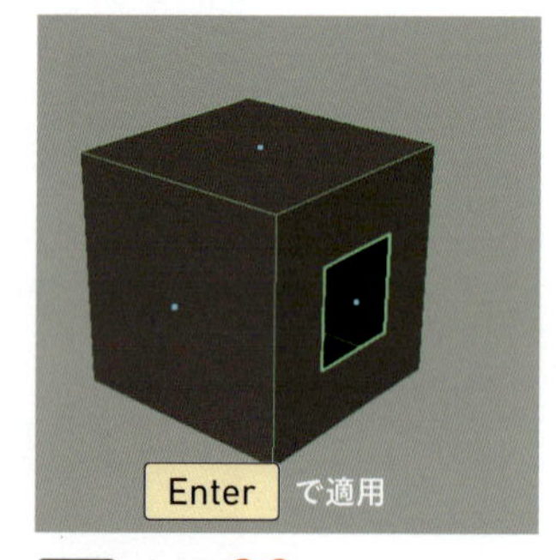

Enter、または❶❷のフェースのどちらかを再度クリックすると適用されます。穴が開きました。

オプションの[マージモード]の設定で投影する対象によって結果が異なります。

● マージモード：中間

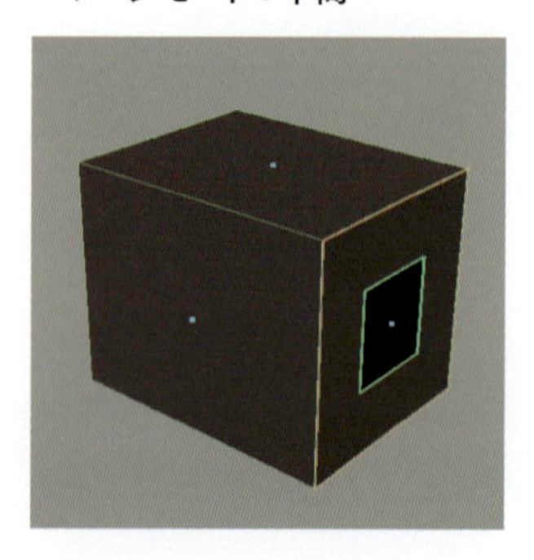

● マージモード：2番目

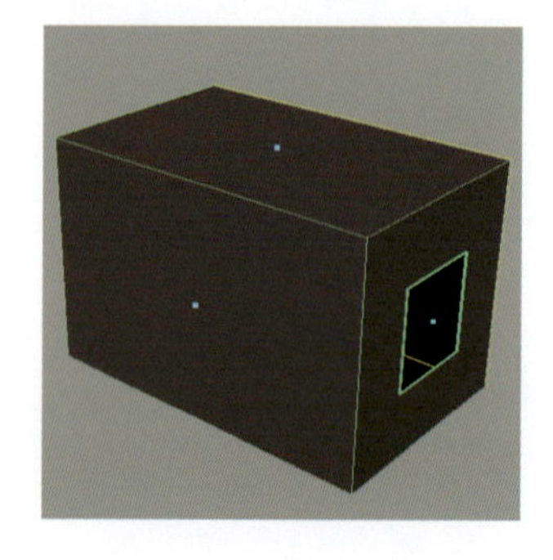

● マージモード：なし

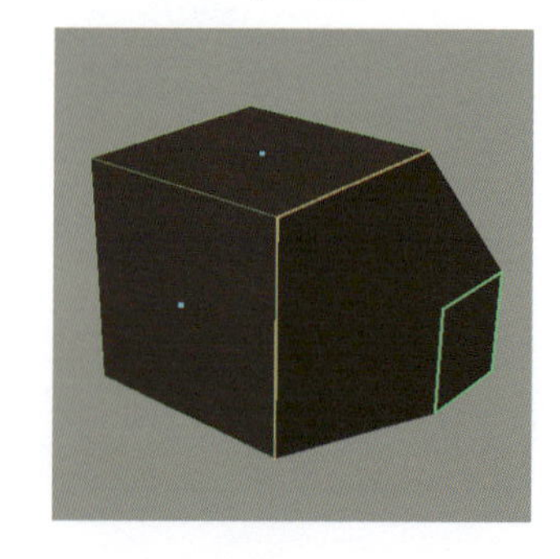

基礎編 Chapter 2 モデリング

マルチカット

[マルチカット] ツールは、エッジの挿入、エッジループを挿入、カット、スライスができます。

■ エッジ挿入

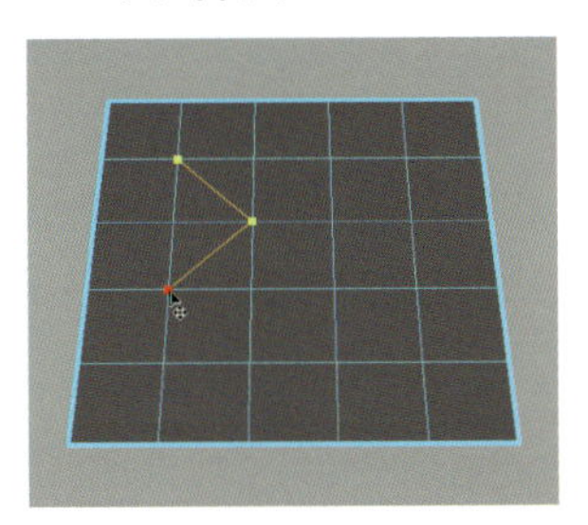

コンポーネントをクリックしてエッジを挿入します。Shift を押しながらマウスをエッジ付近に移動させるとエッジの中心にポイントがスナップします。

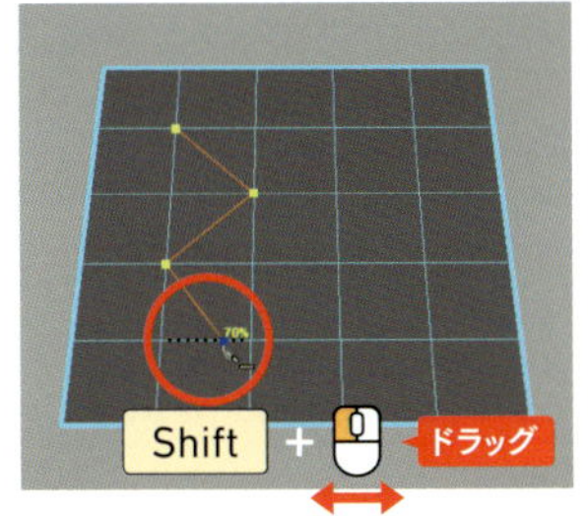

更にその状態でマウスをドラッグし左右スライドさせると「10%」ずつの等間隔にポイントをスナップできます。Enter で適用します。

■ エッジループを挿入

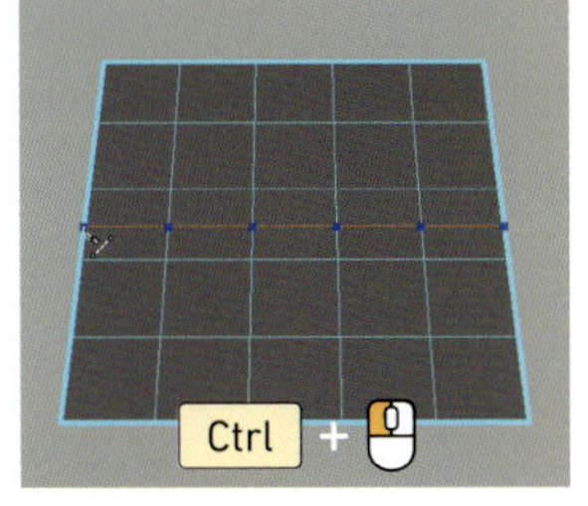

Ctrl を押しながら、エッジ付近にマウスを移動させ、ループのプレビューラインが表示され、🖱で適用します。

■ 90度の角度でカット

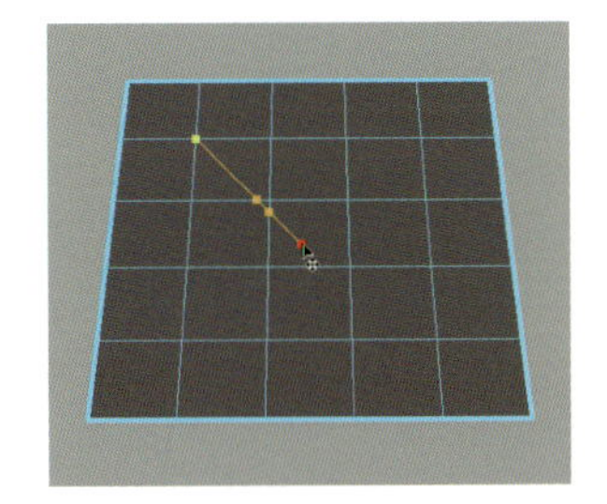

最後のカットポイントを定義します。

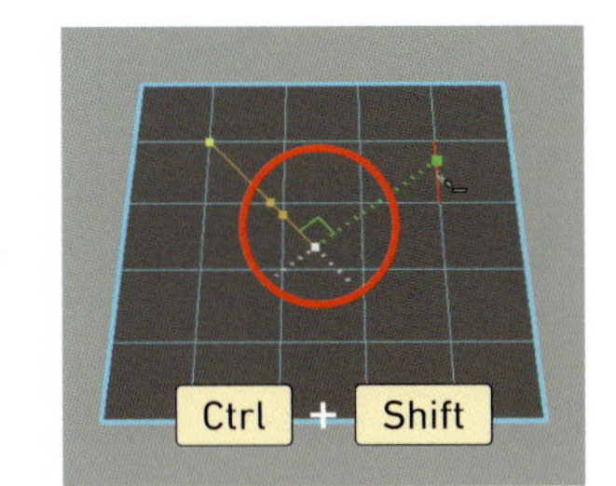

Ctrl + Shift を押したまま付近のコンポーネントにマウスカーソルを移動し、任意のラインを選択して Enter で適用します。

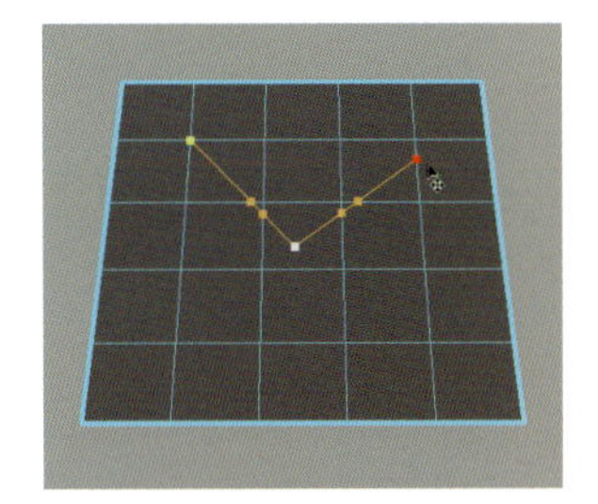

適用されたグレーの分度器ラインは、前のセグメントと付近のエッジから90、180度の角度のカットプレビューラインを表示します。

■ フェースをスライス

メッシュの外側をクリックして、スライスポイントの始点を定義します。

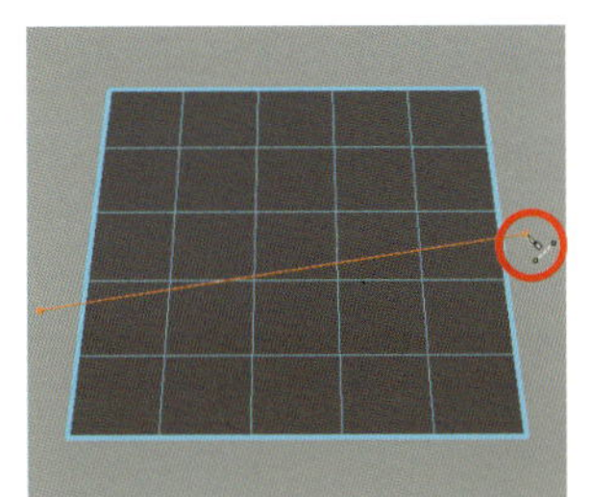

スライスポイントの終点を定義して、Enter で適用します。

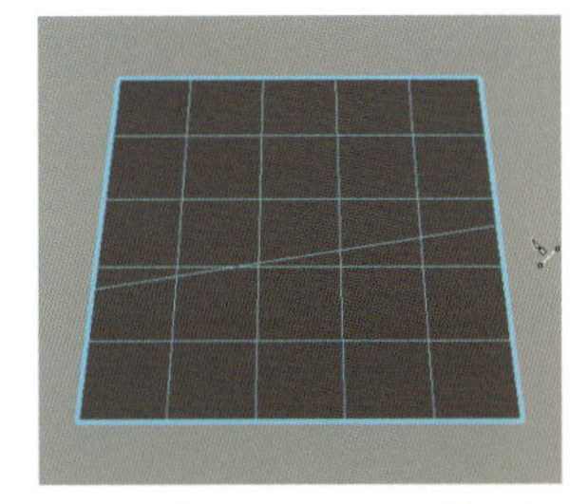

スライスプレビューラインは、Shift を押しながらドラッグすると「10度」ずつスナップします。

■ フェースをカット

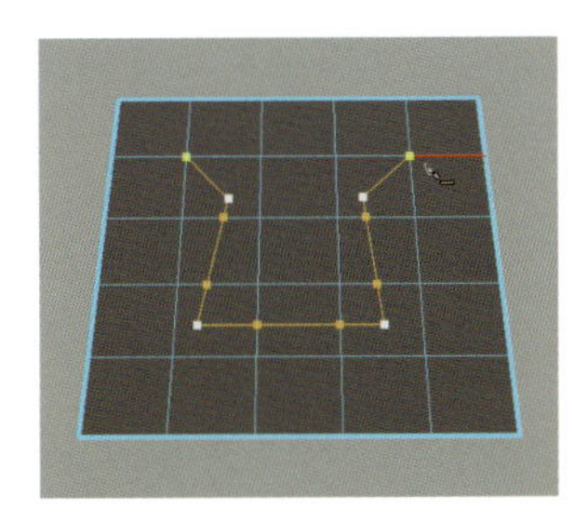

始点と終点が頂点またはエッジ上であれば、自在にカットできます。

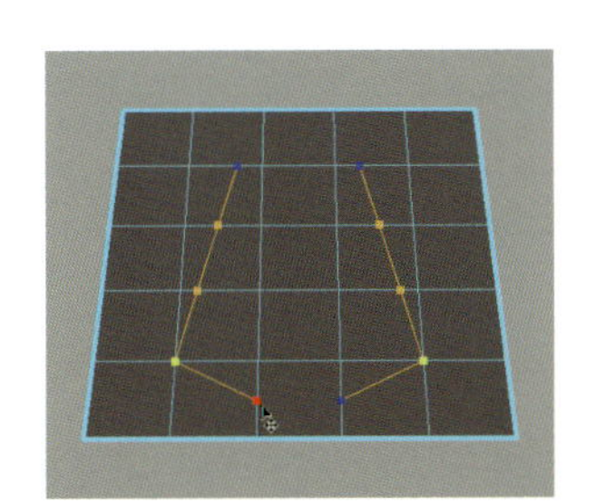

[シンメトリ] をオンにすれば設定軸に対してシンメトリにカットプレビューラインを定義できます。

エッジループのオフセット

［エッジループのオフセット］ツールを使用すると、選択したエッジの両側に、2 つの平行エッジ ラインを挿入することができます。［エッジループのオフセット］はオプション内のメニュー［編集］から［ツール］と［アクション］の切り替えができます。

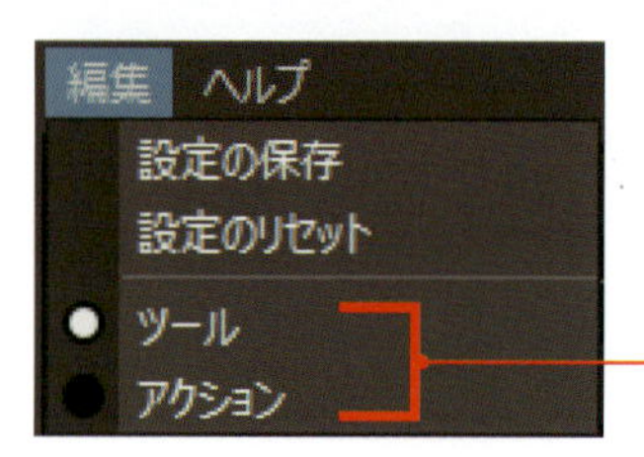

切り替えができます。切り替えた後はオプションウィンドウ最下段の「ツールの開始」をクリックします。

■ エッジループのオフセットツール（ツールの終了：自動）

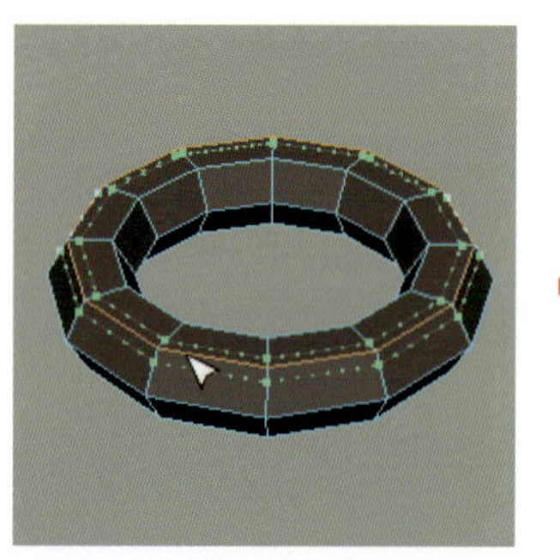

［エッジループのオフセット］させるエッジをクリックすると、メッシュ上にループロケータが表示されます。マウスをドラッグして、ループロケーターを移動して位置を定義します。

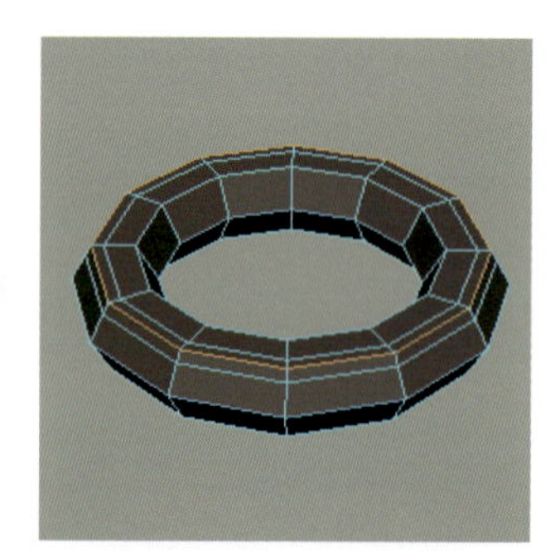

マウスのボタンを放すと、瞬時に新しい2つの平行エッジラインが挿入されます。

■ エッジループのオフセットツール（ツールの終了：［Enter］キーを押す）

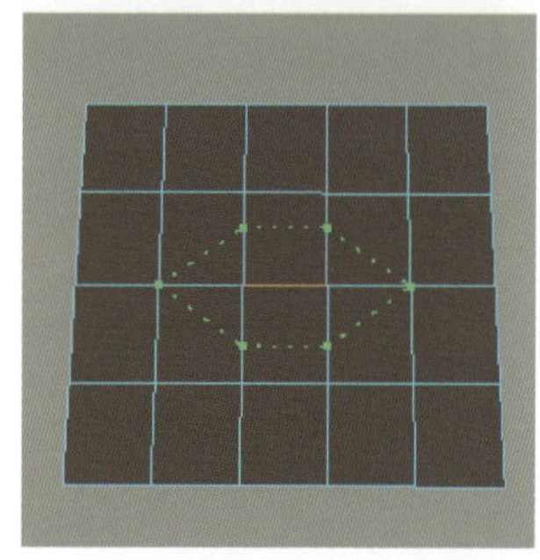

オプションで［ツールの終了］の［Enter］キーを押すを選択して、［ツールの開始］をクリックします。この設定で［エッジループのオフセット］されるエッジをクリックすると・・・。

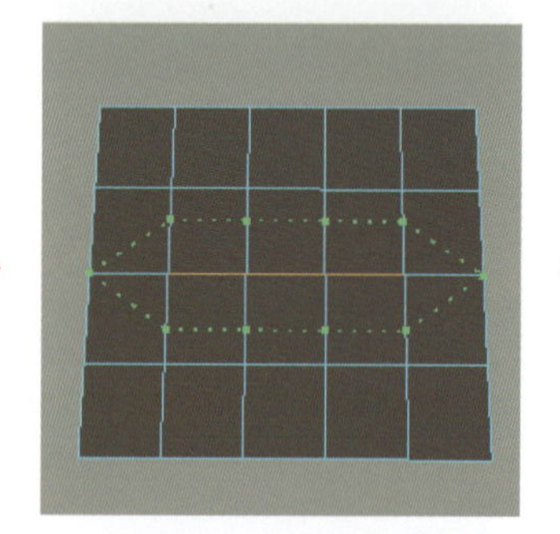

［ツールの終了］が［自動］のときと異なり、エッジがループ選択されずに、選択したエッジの両側に2つの新しいエッジを作成し、4辺ポリゴン トポロジを確保するために、関連フェースを細分割します。

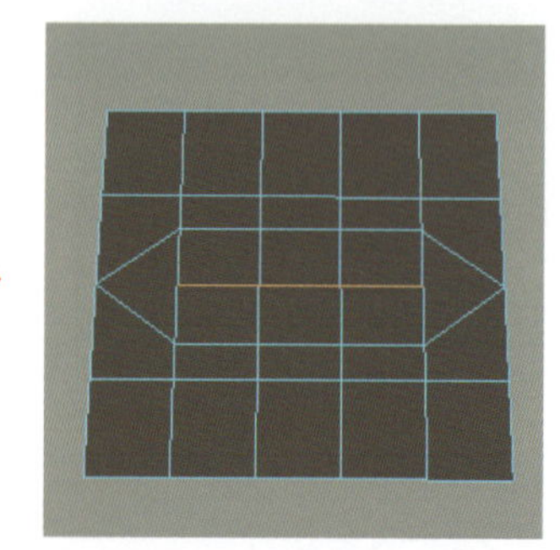

Enter を押すか、右クリックで表示される［マーキングメニュー］で［ツール完了］を選択するまで、「エッジオフセットプレビューライン」は有効のままです。

■ エッジループのオフセットアクション

［エッジループのオフセット］を［アクション］として適用する場合、先に［エッジループのオフセット］を適用したいエッジを定義して適用する必要があります。

MEMO 相対と均等（絶対）

オプションの［位置の保持］では、新しいエッジをポリゴンメッシュ上に挿入する方法を指定できます。

● エッジループのオフセットオプション

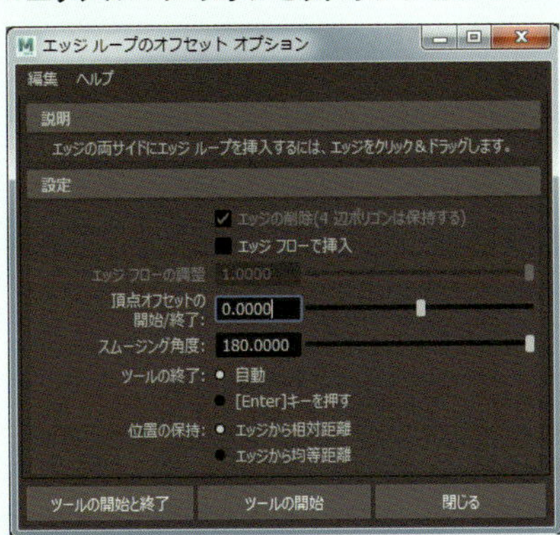

［位置の保持］の設定によって、挿入されるエッジの結果に違いが出ます。

● 相対の場合

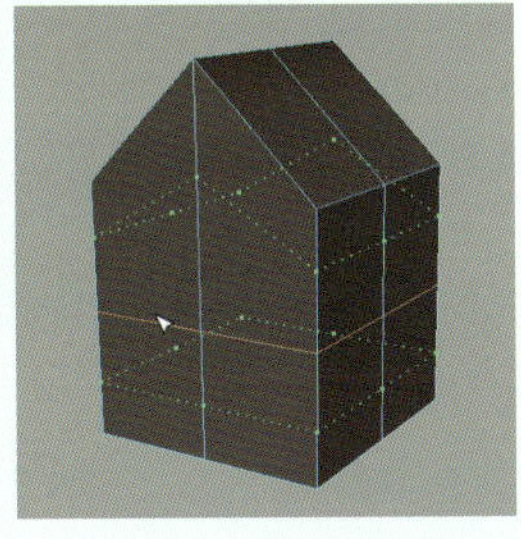

選択したエッジからのパーセンテージ距離に基づいて配置します。

● 均等の場合

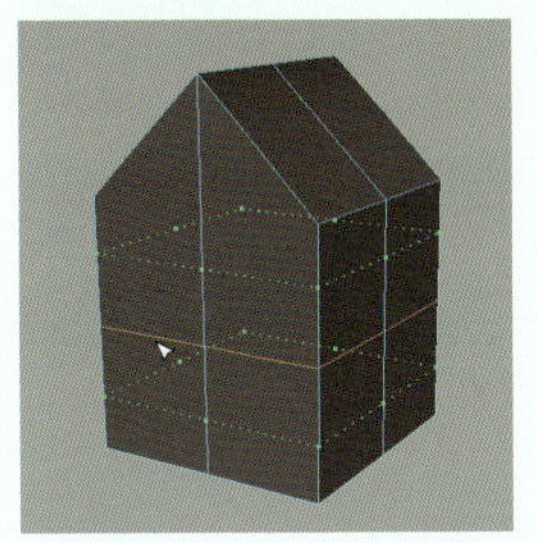

選択したエッジの絶対距離に配置します。

四角ポリゴン描画

［四角ポリゴン描画］ツールでは、リファレンスサーフェスのシェイプを維持しながら、クリーンなメッシュを作成することができます。（メッシュのリトポロジ）［四角ポリゴン描画］を適用するには、［ライブサーフェス］が必要です。選択したオブジェクトを［ライブサーフェス］にするには、ステータスラインのをクリックするか、オブジェクトを右クリックし、［ライブサーフェスにする］を選択します。

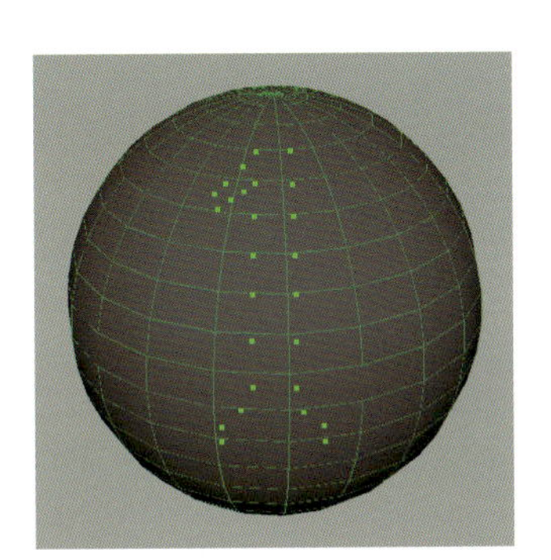

「ライブサーフェス」を作成後、［四角ポリゴン描画］ツールを実行し、「ライブサーフェス」上に「ドット」を「ドロップ」していきます。

Shift を押して、フェースプレビューを見ながら、ポリゴンを描画していきます。

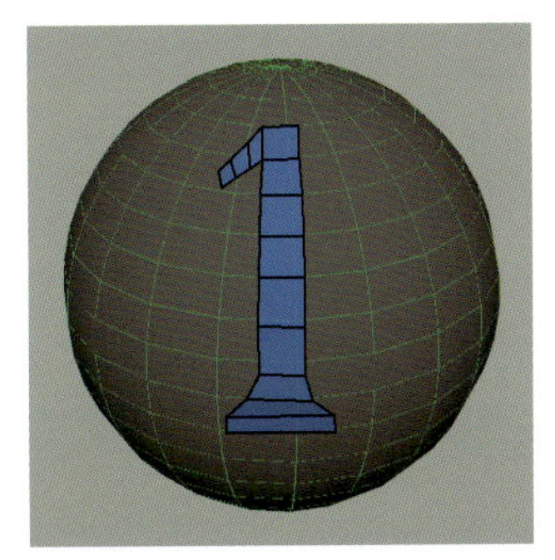

［四角ポリゴン描画］ができました。

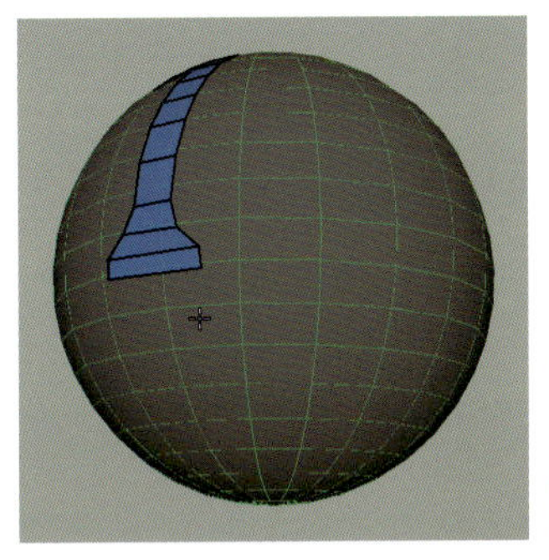

カメラを回転させてみると、描画されたオブジェクトが「ライブサーフェス」に沿って、新しいトポロジが作成されています。

クワッド ストリップ

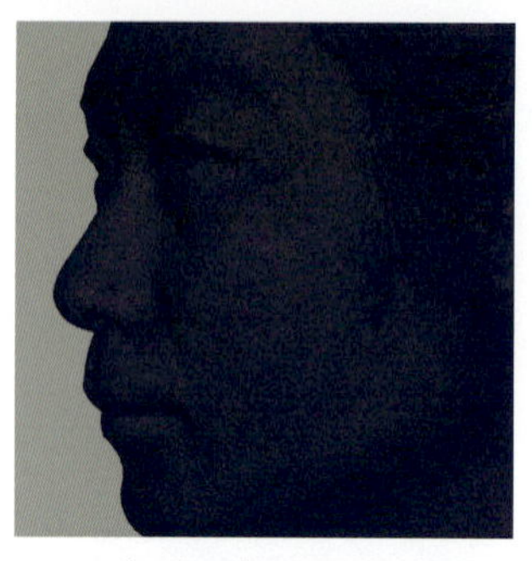

200 万ポリゴンを超えるような、超ハイメッシュデータの「リトポロジ」に便利です。

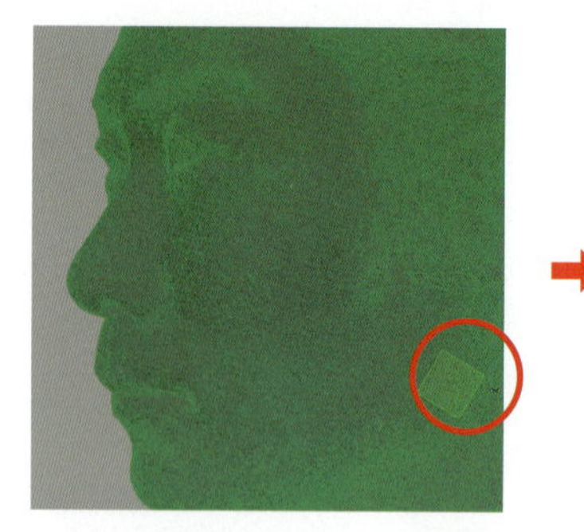

オブジェクトをライブサーフェスにして、Tab を押しながら、左右ドラッグで描画するポリゴンサイズを定義します。

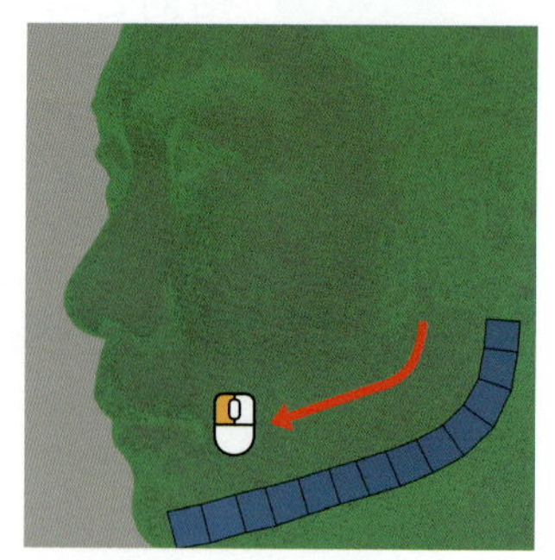

Tab を押しながら、ドラッグでポリゴンを連続的に描画できます。

■ ポリゴンを追加

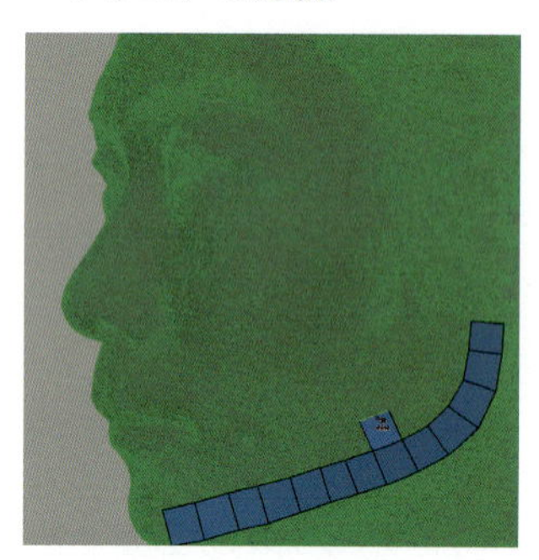

任意のエッジからポリゴンを描画したいときは、Tab を押しながら、ドラッグでポリゴンを描画できます。

■ 自動連結

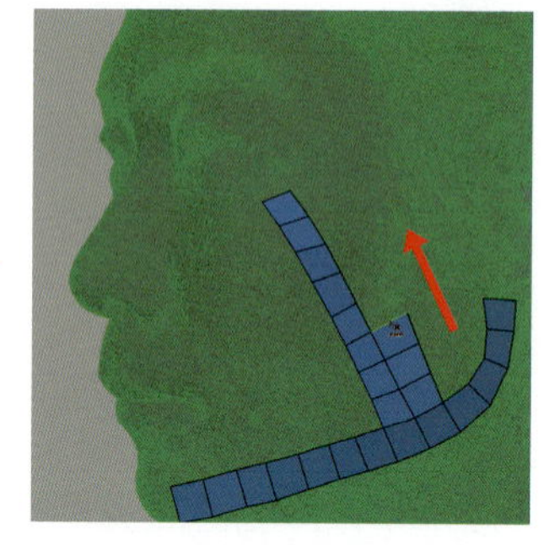

オプションの［自動連結］をオンにすると、隣接する頂点、エッジを自動縫合します。

■ エッジループの挿入

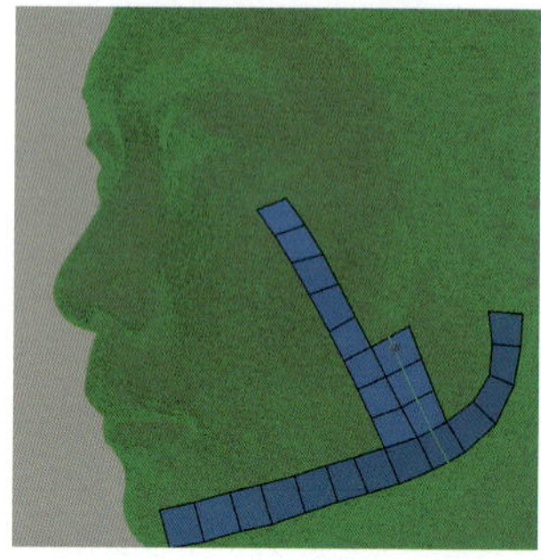

Ctrl を押しながらマウスカーソルをメッシュに近づけると、エッジループの挿入が行えます。

■ リラックス

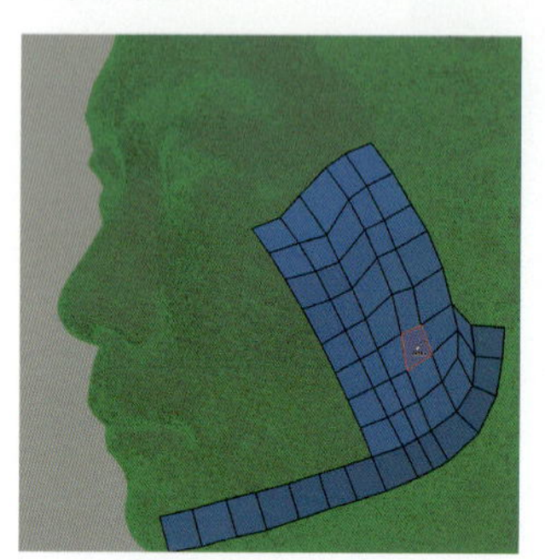

メッシュ状で Shift を押すと、頂点間の間隔を均等にすることができます。［四角ポリゴン描画］オプションの［リラックス］の設定で動かしたくない頂点を定義できます。

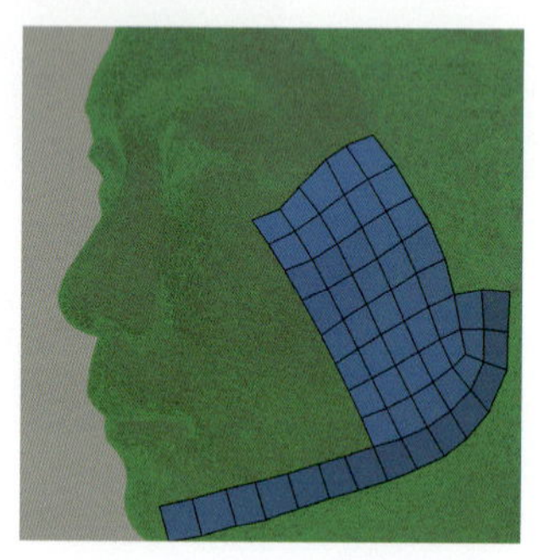

［リラックス］のオプション定義を［自動ロック］で［リラックス］を適用したメッシュ。

エッジをスライド

エッジまたはエッジループを選択し、ドラッグして隣合わせのエッジに沿ってスライドさせることができます。オプションの設定から［相対］か［絶対］モードを選択できます。

エッジループを選択します。

［移動］ツールで軸方向を［コンポーネント］にして移動させると、上図のようになってしまいますが・・・。

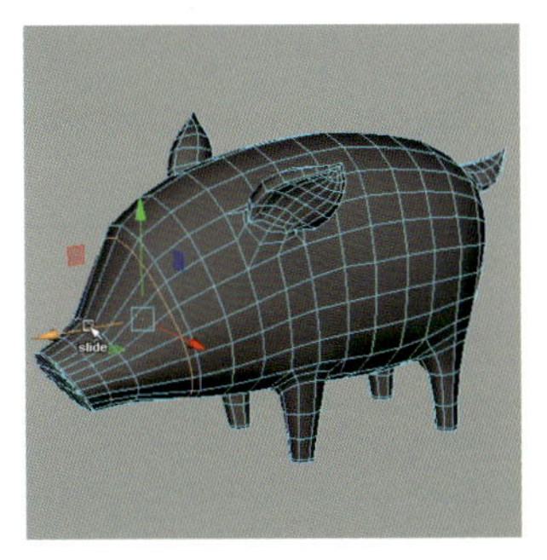

［エッジをスライド」ツールを使用すると隣り合わせのエッジに沿って［エッジをスライド］できます。

MEMO Ctrl ＋ Shift でトランスフォームコンストレイントがアクティブになる

［移動］、［回転］、［スケール］ツール使用中に Ctrl ＋ Shift を押すと［トランスフォームコンストレイント］のドロップダウンメニューの［エッジ］がアクティブ状態になり、素早くスライドさせることができます。

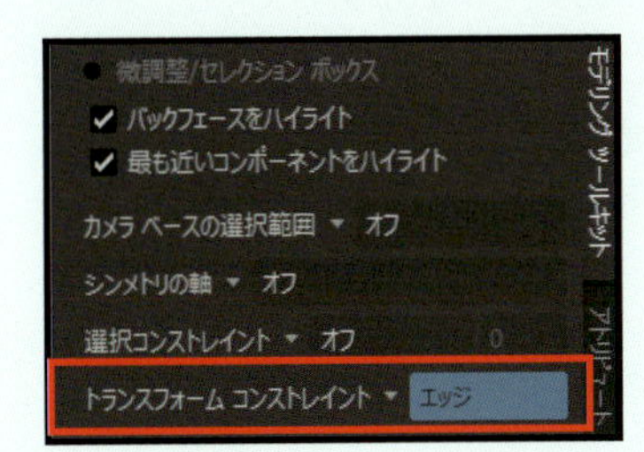

Ctrl ＋ Shift を押すと［モデリングツールキット］の［トランスフォームコンストレイント］の［エッジモード］がアクティブになります。

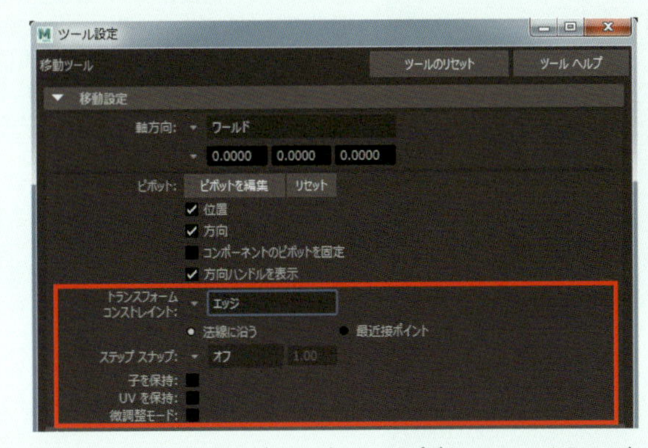

トランスフォームツールのオプション内のドロップダウンメニューからエッジ、またはサーフェスを選択しても同様です。

ターゲット連結

頂点またはエッジを選択して、連結したいターゲットの頂点またはエッジにクリック＆ドラッグすると、連結できます。連結した頂点またはエッジは自動的にマージされます。

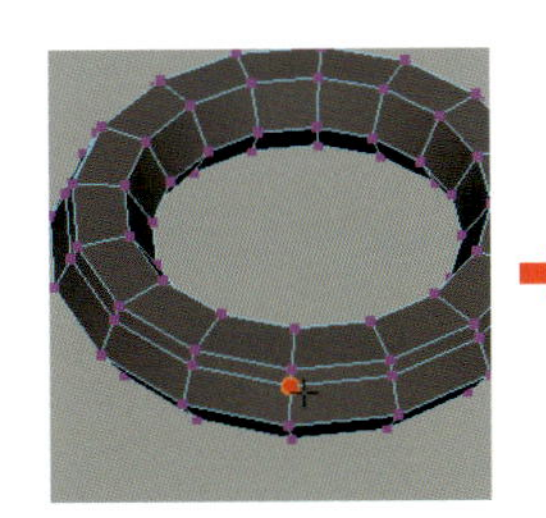

頂点またはエッジをクリックします。

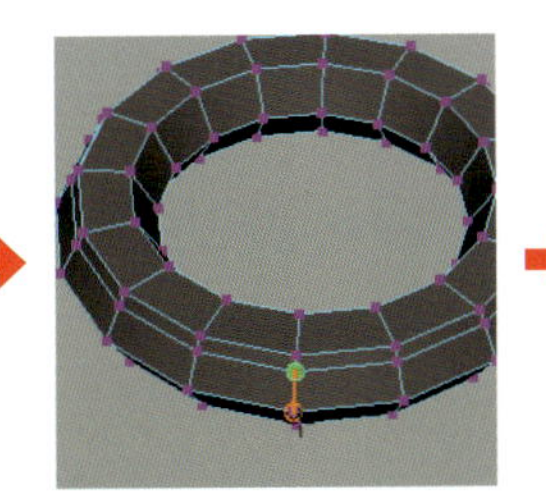

連結したいターゲットへドラックします。マージ先は、ターゲットか中間点を設定できます。

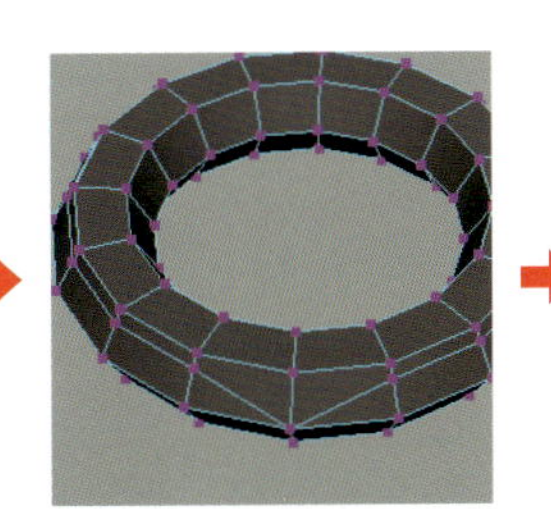

［ターゲット連結］され、マージされました。

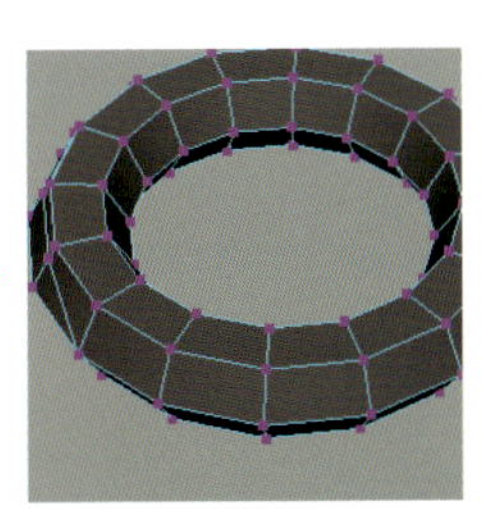

［ターゲット連結］を何度か繰り返してみました。

Chapter 2-6

メッシュ表示

ここではメインメニューの［メッシュ表示］の各項目から、よく使う機能を紹介してきます。

メインメニュー > メッシュ表示：概要

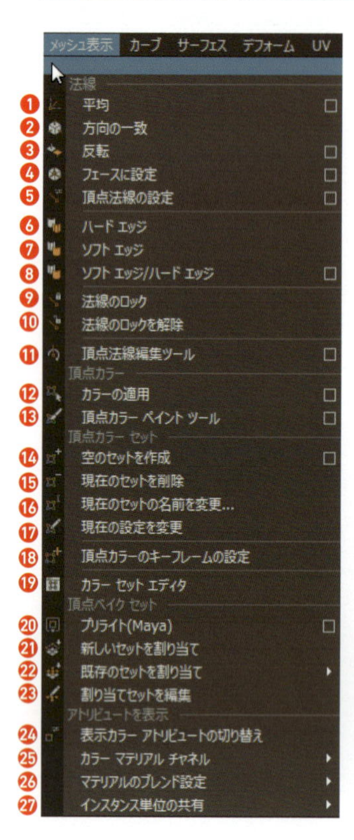

❶ 頂点法線の方向を平均化します。
❷ 選択したポリゴンメッシュのサーフェス法線の方向を統一します。
❸ 選択したポリゴンの法線を反転します。
❹ 頂点法線をフェース法線と同じ方向に設定します。
❺ 法線の値を指定します。
❻ ハードエッジにします。
❼ ソフトエッジにします。
❽ フェースの角度に基づいてエッジを自動的にソフト / ハードにします。
❾ 頂点法線をロックします。頂点の位置を変更しても、法線の向きは変わりません。
❿ 頂点法線をロック解除します。
⓫ ユーザ定義法線をマニピュレータを使用して調整します。
⓬ 選択した頂点にカラーを適用します。
⓭ メッシュに直接ペイントすることにより、ポリゴンメッシュに頂点カラー情報を適用します。
⓮ 頂点カラーを操作するための空のカラーセットを作成します。
⓯ 指定された既存のカラーセットを削除します。
⓰ 既存のカラーセットの名前を変更します。
⓱ 現在のカラーセットの色相、彩度、明度を調整します。
⓲ 頂点カラーのアトリビュートにアニメーションキーフレームを設定します。
⓳ カラーセットエディタを開きます。
⓴ ライティングをベイク処理します。
㉑ 新しい頂点ベイクセットを作成します。
㉒ 選択されたオブジェクトを既存のベイクセットに割り当てます。
㉓ ベイク セットのアトリビュートを編集します。
㉔ 現在選択されているポリゴンメッシュに対するカラーの表示アトリビュートを切り替えます。
㉕ 既存のマテリアルチャネルと割り当てられた頂点カラーのインタラクションを定義します。
㉖ 頂点カラー値とシェーディングマテリアルをブレンドする方法を指定します。
㉗ 共有インスタンスの選択とインスタンスを共有します。

法線：フェース法線と頂点法線

「フェース法線」とはポリゴンサーフェスの「向き」を表すポリゴンに対して垂直な線をいいます。ポリゴンは基本的には「法線」方向からしか見えませんが、「両面を表示」するように設定できるため、「フェース法線」を確認してポリゴンの向きを設定します。頂点法線はポリゴンフェース間の視覚的なスムージングを定義します。

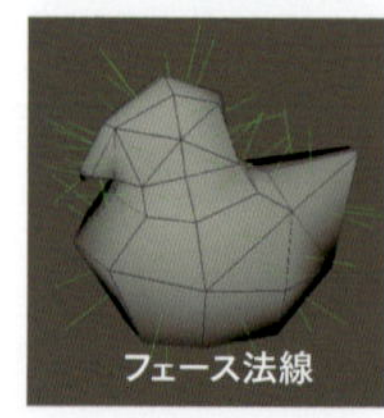

フェース法線。各フェースの向きを表示しています。

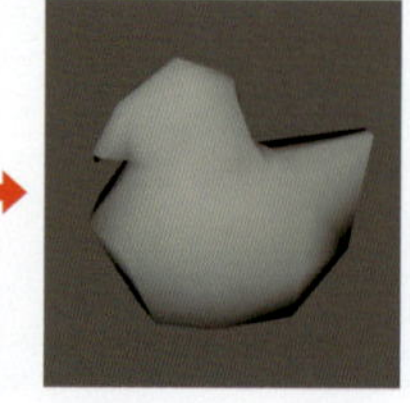

メッシュ上の特定のポイントの頂点法線がすべて同じ方向を向いているときはスムーズ シェーディングモードでフェース間がソフトエッジの状態です。

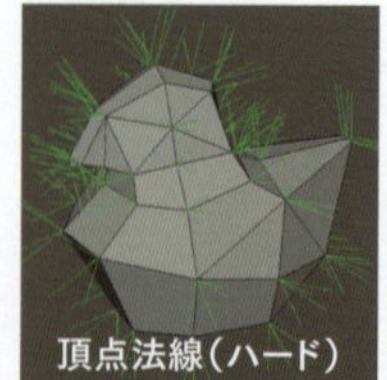

頂点法線が各々のフェース法線と同じ方向を向いているときはフェース間がハードエッジであり、宝石のカットした表面化した外観が作成されます。

メインメニュー > メッシュ表示：法線

平均

頂点法線の方向を平均化します。下図のポリゴン面ように、本当はフラットに見えて欲しい部分にフェース間にシェーディングによる望まない陰影を「フラット」に見せることができます。

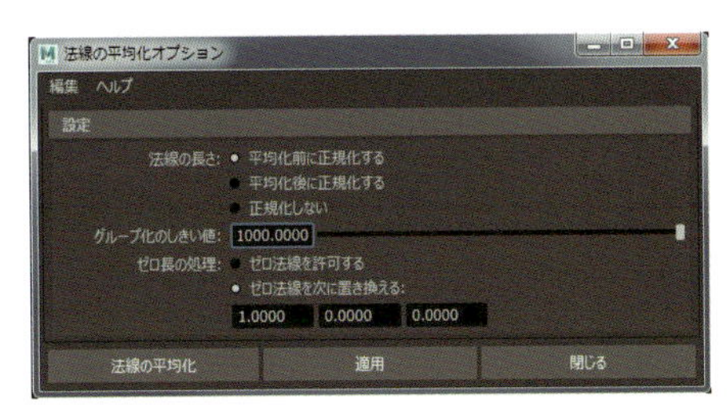

平均化オプションのグループ化のしきい値を大きく設定して適用します。

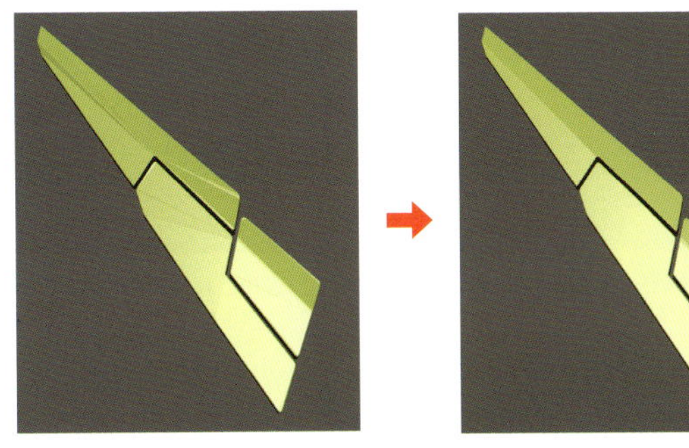

メカニカルなモデルの一部です。フェースに筋のような陰影が出てしまいました。

平均化したいフェースをグループごとに選択して平均化することで、「フラット」に見えます。

方向の一致

ポリゴンの法線方向を揃えます。オブジェクトを選択して［方向の一致］を実行した場合、大部分を占める方向の法線方向に一致します。

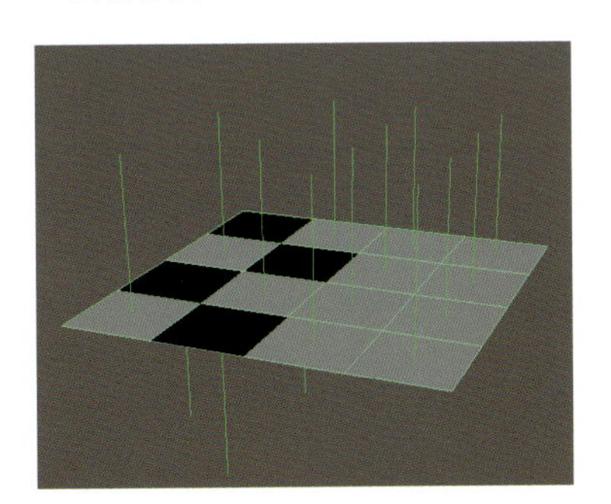

オブジェクトを選択して、［方向の一致］を適用します。

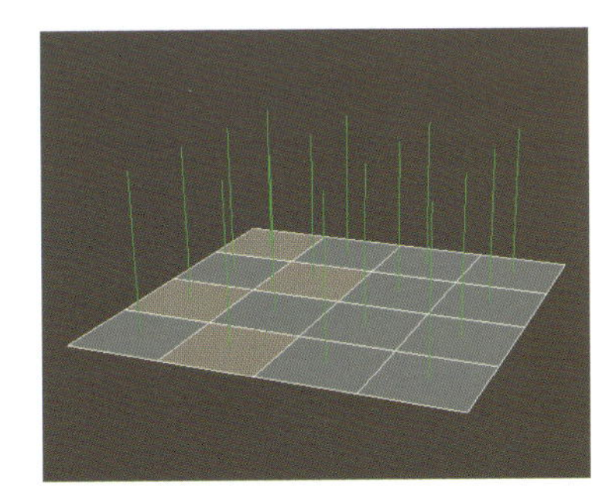

法線方向が大部分を占める方向に一致しました。

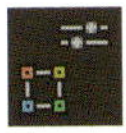

反転

フェース法線を［反転］します。

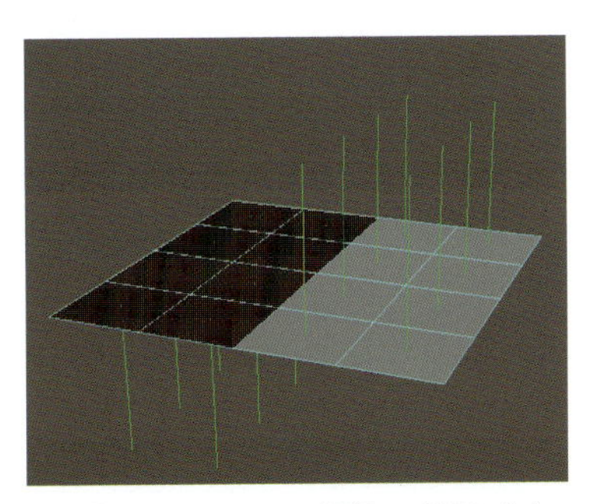

［反転］させたいフェースを選択して適用します。

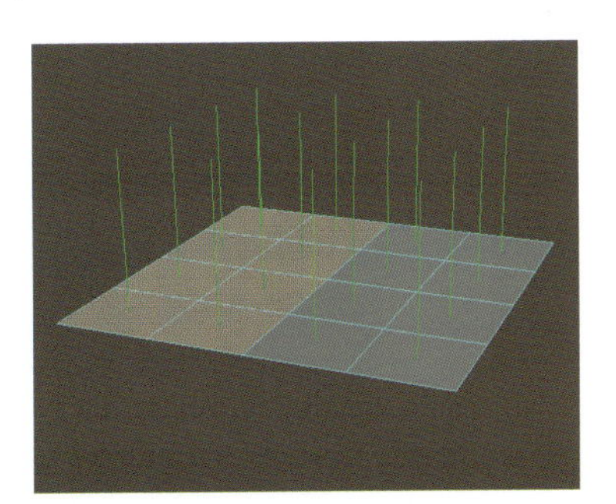

フェースが［反転］しました。

フェースに設定

頂点法線をフェース法線と同じ方向に設定することができます。

フェースを選択して［フェースに設定］を適用します。

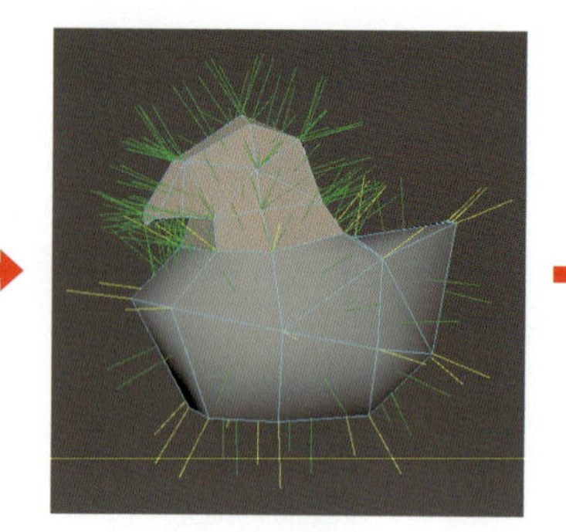

適用されたフェースの頂点法線がフェース法線と同じ方向になりました。

［フェースに設定］を適用した結果です。

頂点法線の設定

頂点法線の向きを制御します。

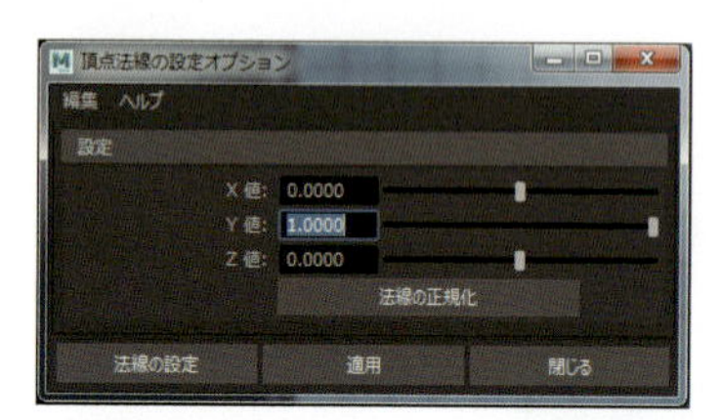

頂点法線の設定オプション。Y値を「1」に設定して適用します。

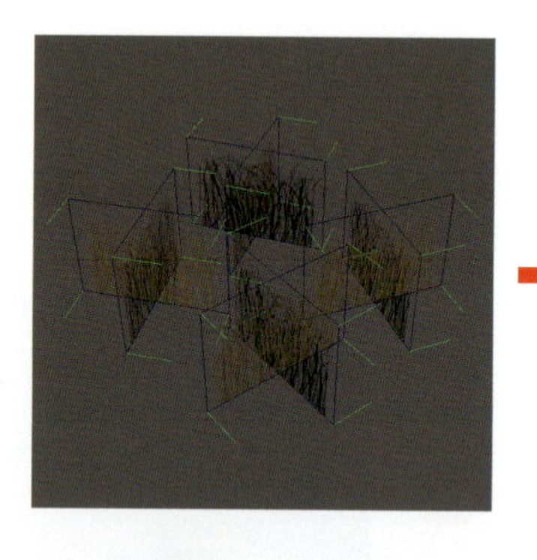

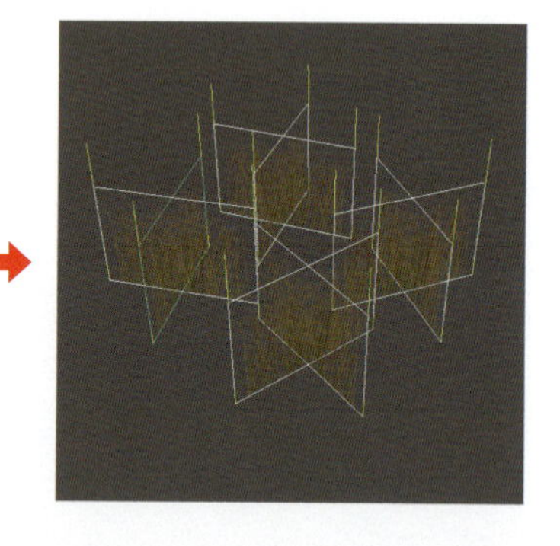

ハードエッジ / 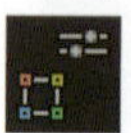 ソフトエッジ /  ソフトエッジ / ハードエッジ

［ハードエッジ］は選択したエッジをハードエッジに、［ソフトエッジ］は選択したエッジをソフトエッジにします。［ソフトエッジ / ハードエッジ］は自動的にソフトエッジかハードエッジになります。エッジに隣接する2つのフェースのフェース法線を比較し、その法線同士の角度がオプションで指定した角度より大きいか小さいかにより、ソフトエッジかハードエッジかが決まります。

ハードエッジを適用した結果です。

ソフトエッジを適用した結果です。

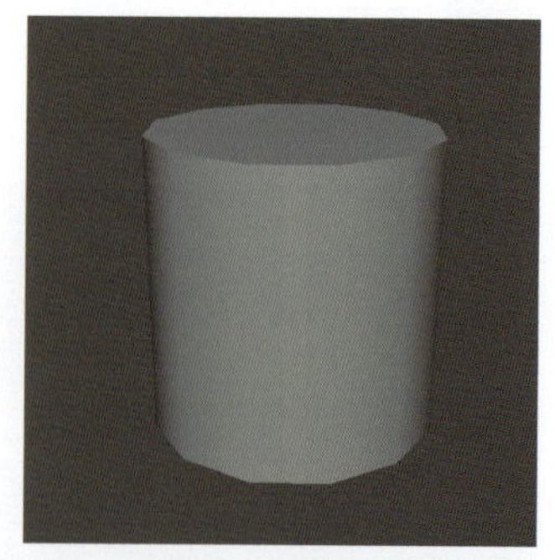

［ソフトエッジ / ハードエッジ］を角度40で適用した結果です。ソフトエッジとハードエッジにしたいエッジが両方あるオブジェクトの法線を素早く設定するときに便利です。

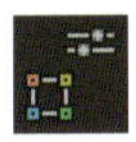

法線のロック

法線ロックの解除

頂点法線をロックします。頂点法線をロックすると頂点の位置を変更しても法線の向きが変わりません。[法線ロックの解除]を適用すると、ロックが解除されます。

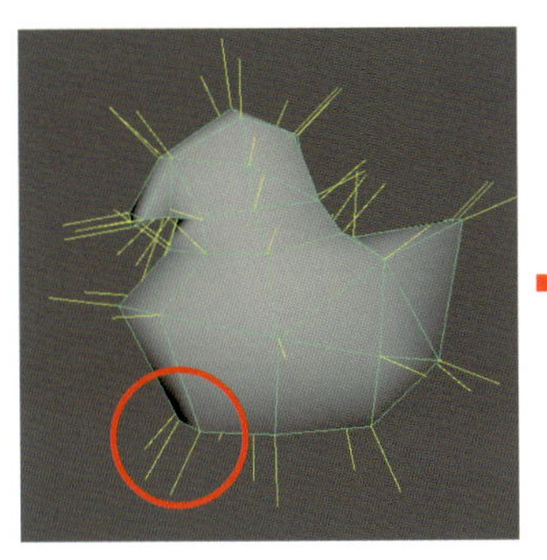

[法線のロック]を適用します。ロックされると頂点法線が「黄色」で表示されます。

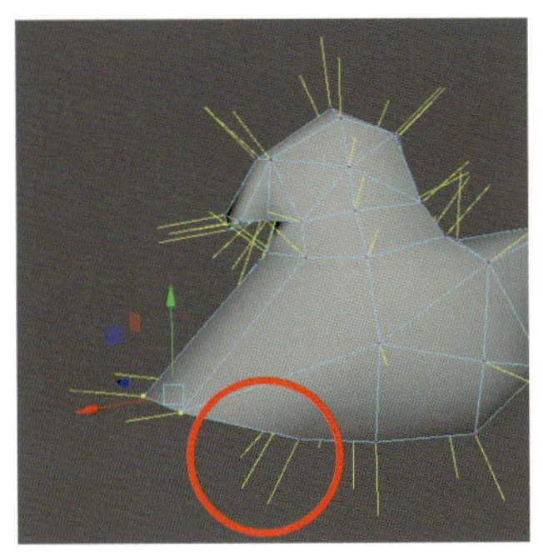

[法線のロック]がオンの状態では、頂点を移動させても、法線の向きが変わりません。

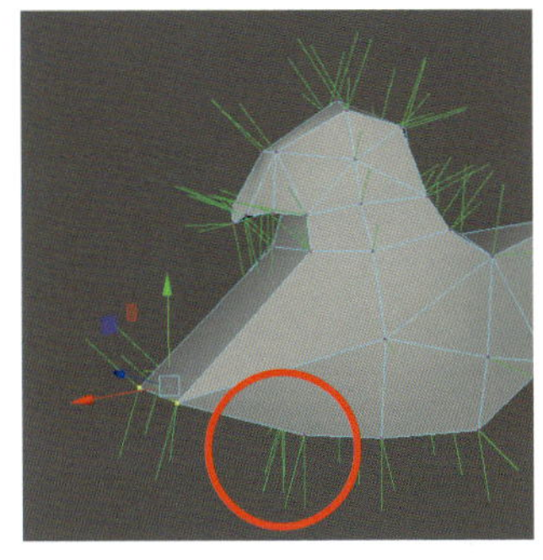

[法線のロックを解除]を適用します。法線の色が既定の「緑色」に戻った。同様に頂点を移動させると、法線の向きが変化するのが確認できます。

頂点法線編集ツール

選択した頂点の法線をマニピュレータを使用して調整できます。頂点法線を修正することで、鋭角なエッジをスムーズに見せたりすることができます。

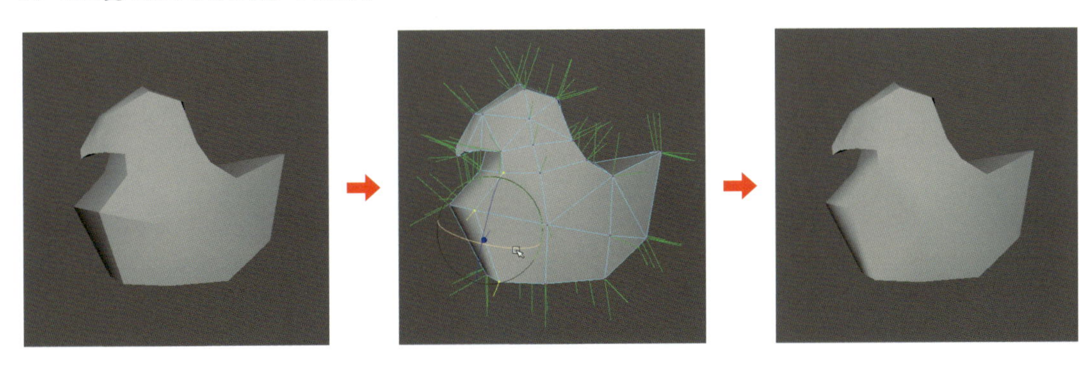

Chapter 2-7

カーブ

カーブを使用すると、カーブからモデルを作成したり、カーブに沿ってモデルを変形させることができます。カーブはNURBSカーブとも呼ばれます。ここでは、カーブの作成法方、編集方法を見ていきます。

メインメニュー > 作成 > NURBSプリミティブ

カーブのプリミティブは2つだけあります。

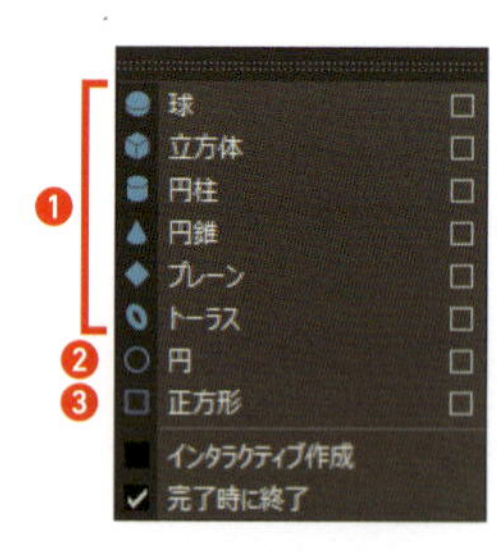

❶ NURBSサーフェスのプリミティブを作成します。
❷ カーブの円を作成します。
❸ カーブの正方形を作成します。

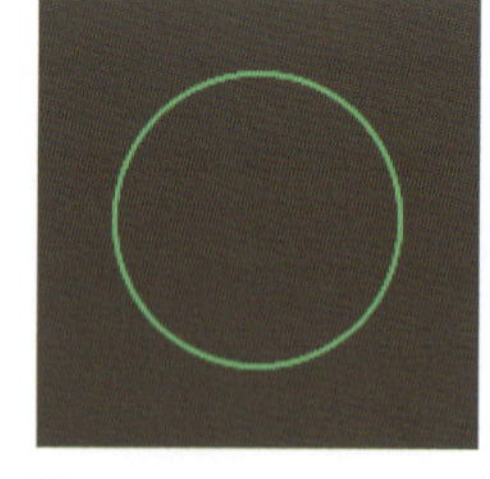
円

正方形

カーブのコンポーネント（構成要素）

ポリゴンメッシュが「頂点」、「エッジ」、「フェース」というコンポーネントで構成されているのに対し、カーブは、「CV」、「エディットポイント（EP）」、「ハル」というコンポーネントで構成されています。

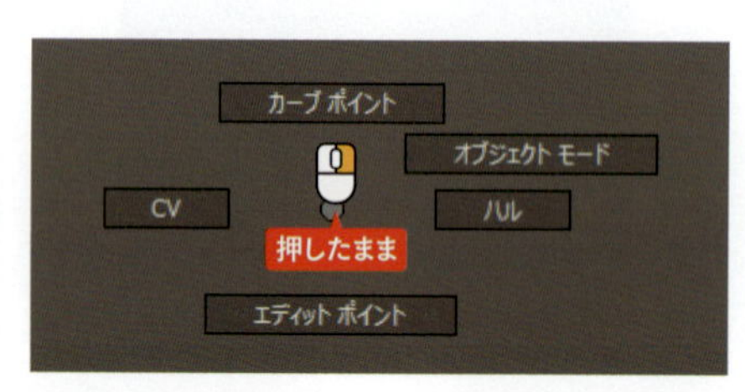

カーブ選択時に、[マウス右ボタン]を押したままにすると表示されるマーキングメニュー。

「CV」はカーブを制御する頂点のことを指します。基本的にはこのモードでカーブを編集します。（Control Vertices（コントロール頂点）の略）

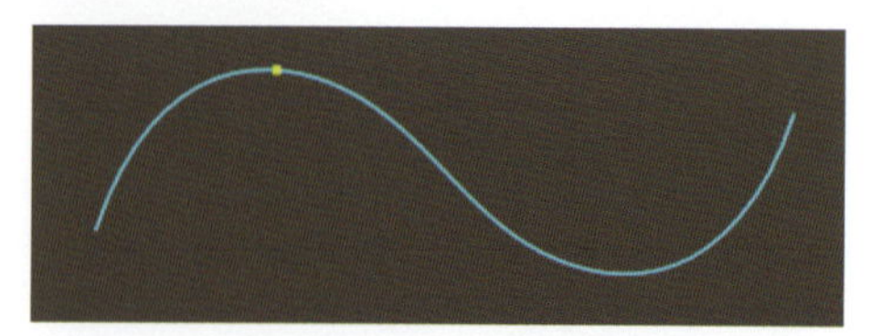

「カーブポイント」はコンポーネントではありませんが、［カーブの分割］や［ノットの追加］などで位置を指定するために使用するモードです。クリックすると位置を指定できます。

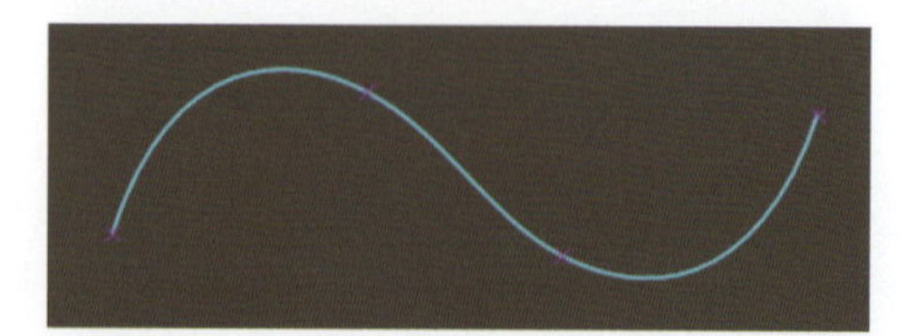

「エディットポイント」はスパン間の点です（スパンに関しては次ページ参照）。カーブ上にあるため編集時に使いやすそうに見えますが、実際は微調整程度にしか使用しません。

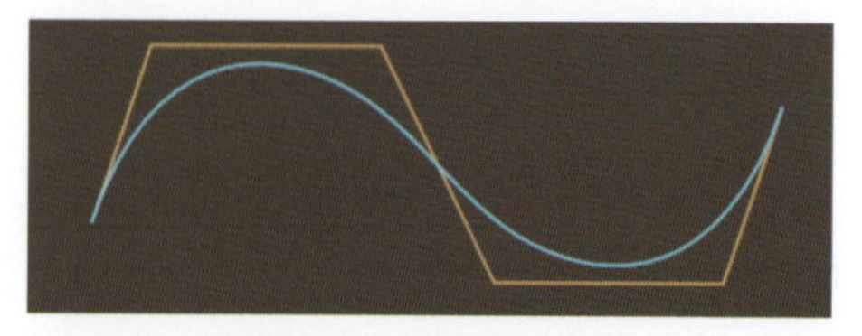

「ハル」はCVを順番に結んだ線のことを指します。ハルを表示させることで、複雑になってしまったCVの順序を把握することができます。

コンポーネントの表示

「CV」、「エディットポイント(EP)」、「ハル」は同時に表示したままにすることも可能です。カーブのシェイプノードをアトリビュートエディタで表示して、[コンポーネントの表示]で切り替えます。

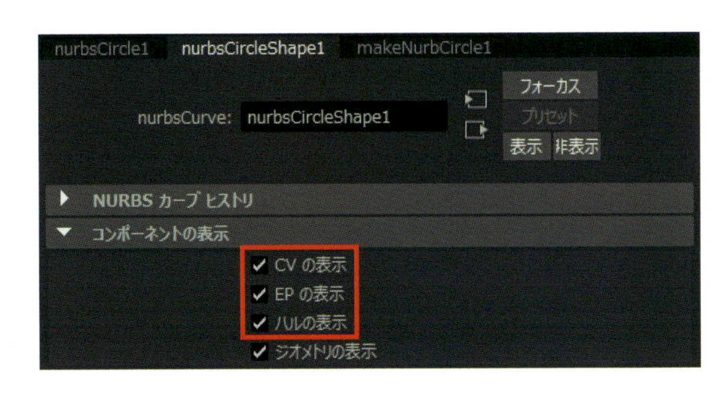

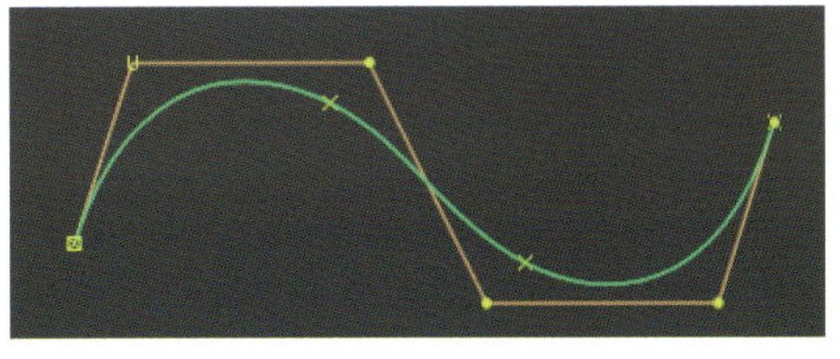

すべて表示させた状態。

MEMO スパンについて

Maya上で1オブジェクトとして扱っているカーブは、内部的には複数のシンプルなカーブを合わせて作られています。1つのシンプルなカーブをスパンと呼び、スパンの繋ぎ目がエディットポイントです。右のカーブはエディットポイントが4つあるので、3つのシンプルなカーブで構成されていることがわかります。

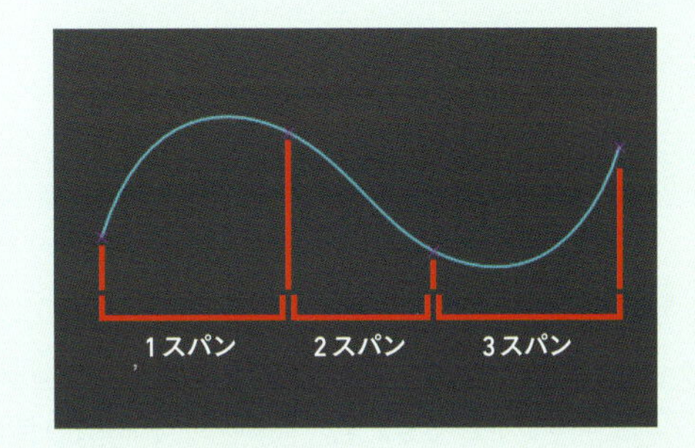

MEMO NURBSサーフェスについて

NURBSサーフェスは複数のカーブから構成されるメッシュを指します。Mayaではポリゴンメッシュの代わりにNURBSサーフェスを使用してモデリングすることも可能で、以前のMayaでは滑らかなモデルを作成したい時にポリゴンメッシュよりもアドバンテージがありました。しかし現在のMayaはポリゴンメッシュのスムーズメッシュプレビューが使いやすくなったため、あえてNURBSサーフェスを使用する場面は減りました。よって本書ではNURBSサーフェスは扱いませんが、カーブからNURBSサーフェスを作成する機能はオプションを変更すると、カーブから直接ポリゴンメッシュを作成することができ、ポリゴンモデリングに有用なものが多いため、一部の[サーフェス]メニューは扱います。

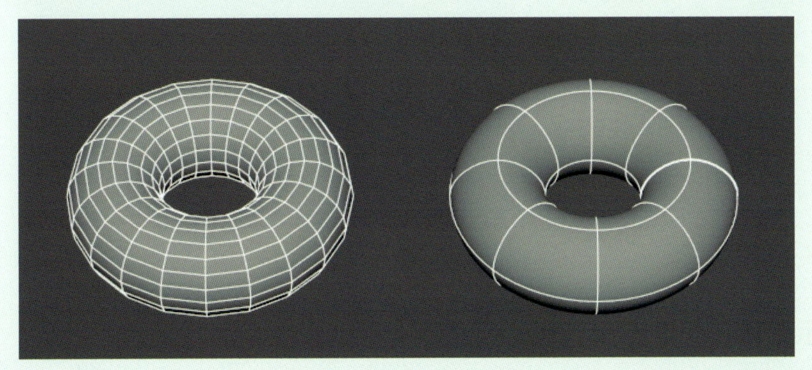

左がポリゴンメッシュ
右がNURBSサーフェス

メインメニュー > 作成 > カーブツール

プリミティブ以外のカーブを作成する方法はいくつかあります。

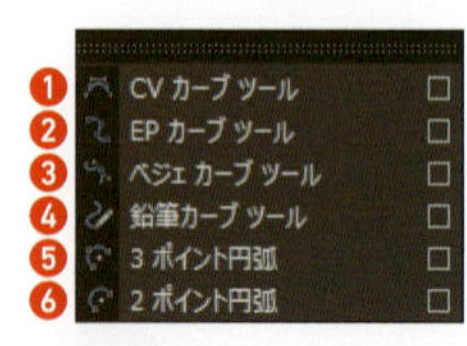

❶ 最も基本的なカーブ作成ツールです。
❷ エディットポイントの位置を指定してカーブを作成します。
❸ アンカーと接線で制御するベジェカーブを作成します。
❹ マウスでドラッグしたとおりにカーブを作成します。
❺ クリックした3点を通過する円弧を作成します。
❻ クリックした2点を通過する円弧を作成します。

CVカーブツール

最も基本的なカーブ作成ツールです。クリックでCVを追加していきます。クリックした位置を結んだ直線にスムーズをかけたようなカーブが作成されます。Enter で完了、Esc でキャンセルできます。作成中に Backspace で1つ戻ることができ、Insert を押すと既に追加したポイントの位置を編集することができます。もう一度 Insert を押すとポイントの追加操作に戻ります。

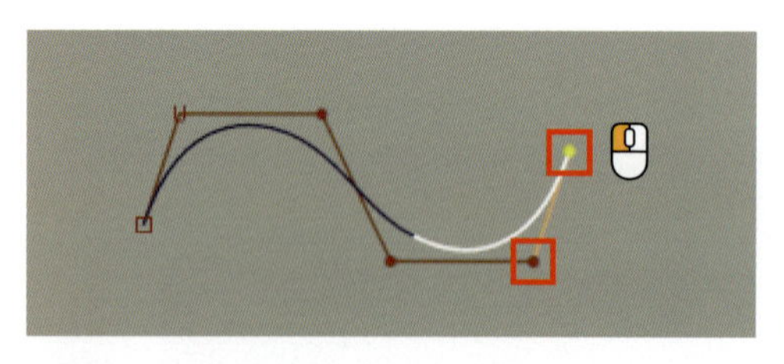

クリックした位置を通過しないためやや直感性に欠けますが、慣れると正確なカーブを作成することができます。

EPカーブツール

クリックでエディットポイントを追加していきます。クリックした位置を通過するカーブが作成されます。Enter で完了し、Esc でキャンセルできます。Backspace 、Insert の使い方も[CVカーブツール]と同じです。

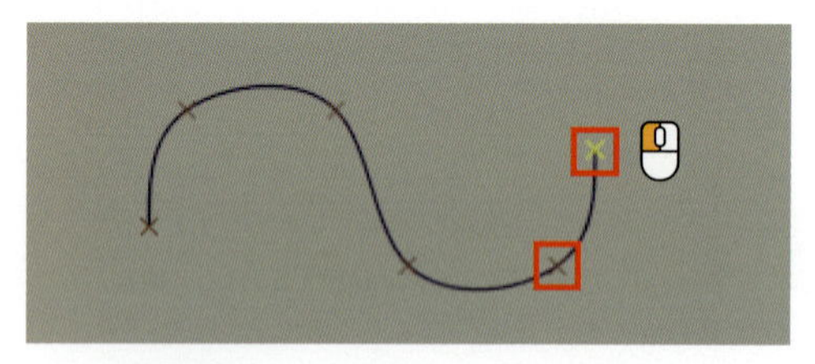

クリックした位置を通過するため直感的に見えますが、点と点の間のカーブがどのような形になるかの予想が難しいため、正確なカーブの作成には不向きです。

MEMO 次数

[CV カーブツール]や[EP カーブツール]のオプションで[次数]というものを変えることができます。滑らかなカーブを作成するときは初期値の[3 三次]を、直線で構成されたカーブを作成するときは[1 一次]を使用します。1つのカーブは複数のスパンで出来ていますが、次数を変えると1スパンで使用するCVの数が変わります。

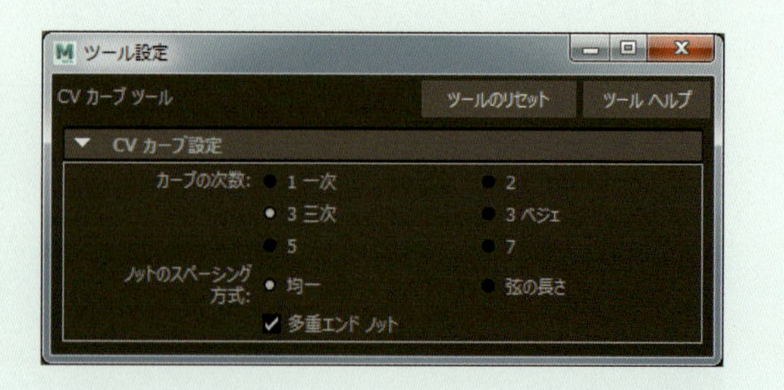

MEMO 表示の滑らかさ

カーブもポリゴンメッシュと同じように、選択して 1 2 3 で表示の滑らかさを変更できます。1 で粗く、3 で滑らかに表示されます。

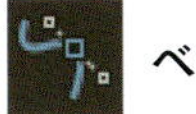

ベジェカーブツール

このツールだけ、[NURBSカーブ]ではなく[ベジェカーブ]というカーブを作成するツールです。ベジェカーブは[アンカー]と[接線]で構成されています。ベジェカーブはNURBSカーブのサブセットであるため、主なNURBSカーブの編集機能はベジェカーブに対しても実行できます。

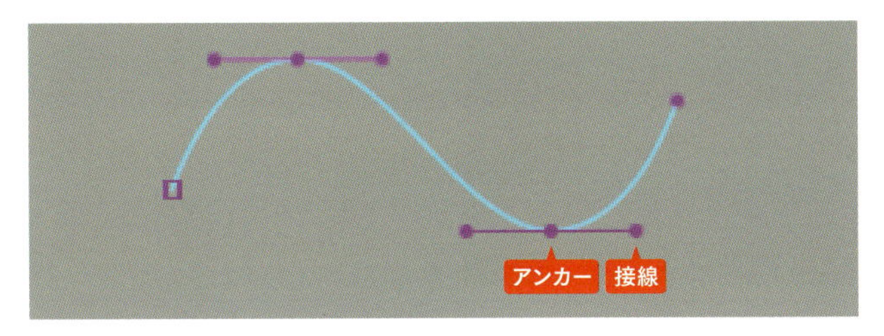

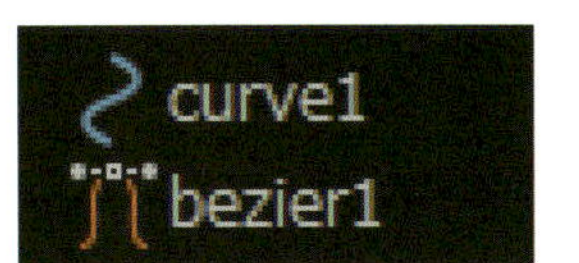

アウトライナでもアイコンが違います。
上はNURBSカーブ。
下はベジェカーブ。

クリック、またはドラッグでポイントを追加していきます。Enter で完了し、Backspace で1つ戻る、Esc でキャンセルできます。クリックでは直線、ドラッグでは曲線を作成できます。

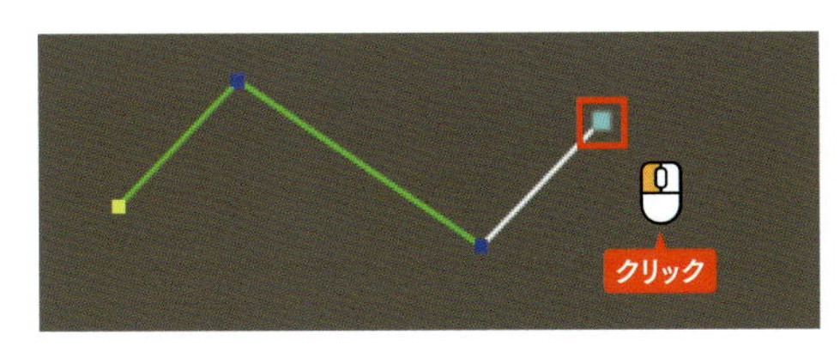

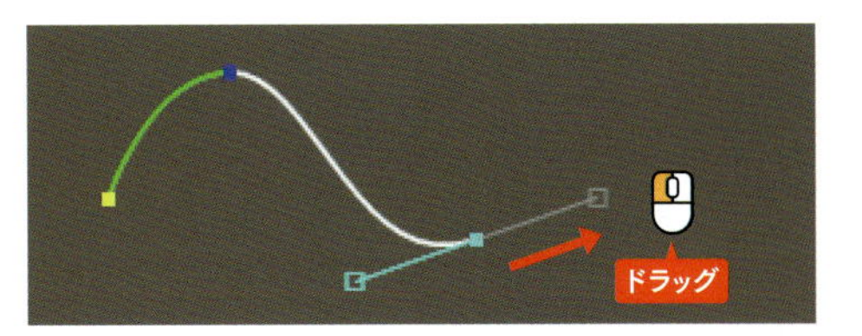

ベジェカーブツールはカーブを作成中にできる操作が多くあります。

- 追加したアンカーをドラッグすると移動
- 追加したアンカーをクリックで選択し、クリックでマニピュレータを表示
- アンカーを選択して Delete で削除
- アンカーを Ctrl クリックで接線をリセット
- アンカーを Ctrl ドラッグで接線を引き直し
- 接線をドラッグで傾きと長さを調整
- 接線を Ctrl ドラッグで接線の分割
- 接線を Shift ドラッグで傾きを固定したまま長さの調整
- カーブ上をクリックするとカーブの形状を変えずにアンカーを追加
- カーブ上をドラッグすると接線を操作しながらアンカーを追加

最後のアンカーをクリックするとアンカーの追加操作に戻ることができます。

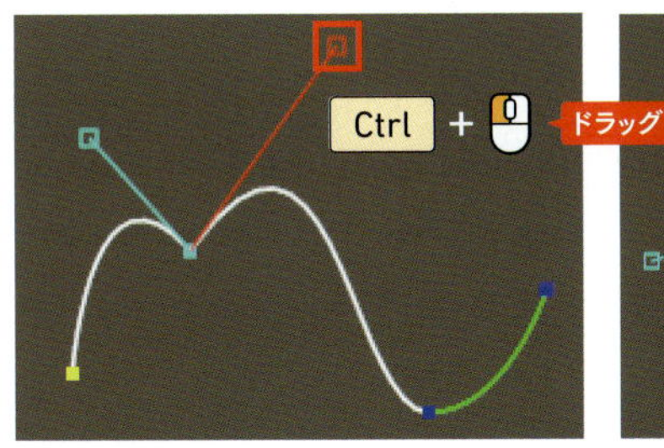

接線の分割。

Shift + ドラッグ

傾きを固定したまま長さを調整。

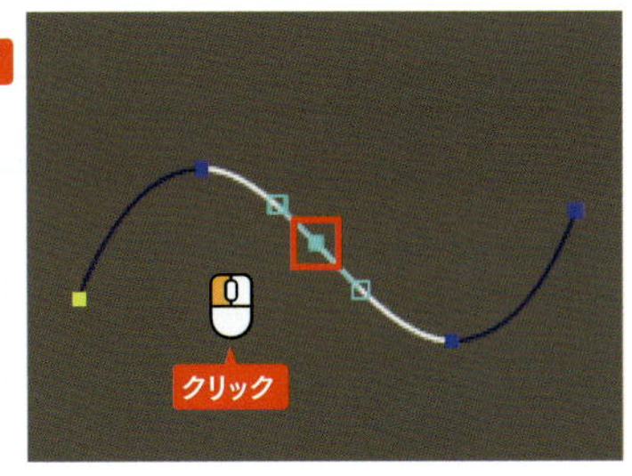

カーブの形を変えずにアンカー追加。

さらに、ベジェカーブツールは既に作成したベジェカーブを選択して実行すると、カーブの続きの作成や、上記の編集操作を行うこともできます。

MEMO

NURBSカーブとベジェカーブの変換

NURBSカーブをベジェカーブに、ベジェカーブをNURBSカーブに変換することもできます。メニューの[修正] > [変換] > [NURBS カーブをベジェに]を実行します。

 鉛筆カーブツール

マウスをドラッグすることで直感的にカーブを作成できます。しかし、マウスの動きがそのまま曲線になるため、正確な形が作成しにくかったり、カーブを形成するポイントが比較的多くなってしまったりするので、注意しましょう。

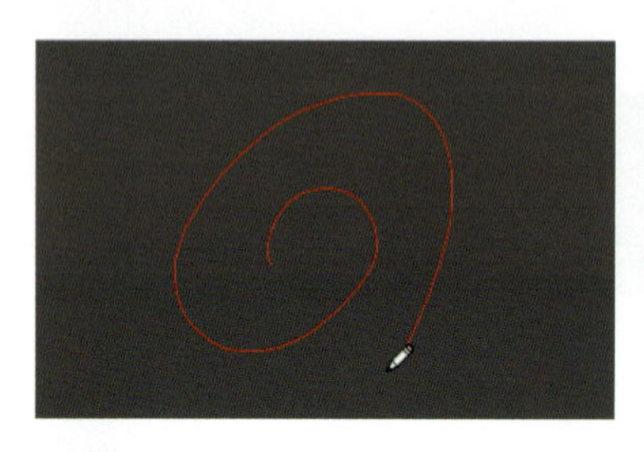

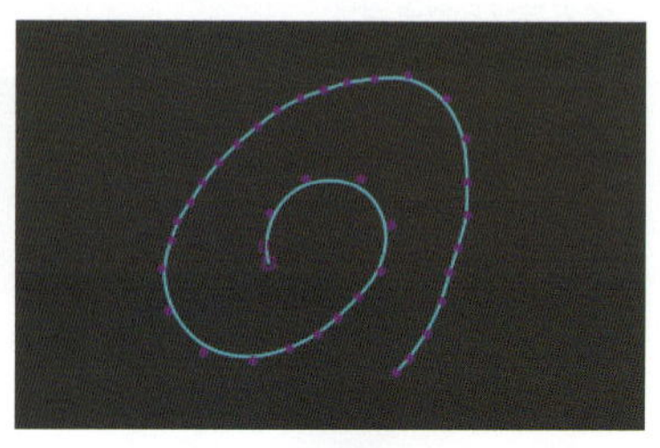

コンポーネントモードで確認すると、CVが多くなってしまっていることがわかります。

 3ポイント円弧

クリックした3点を通過する円弧を作成するツールです。

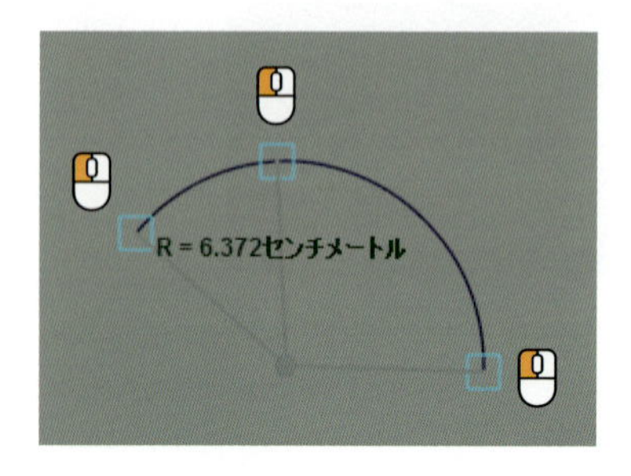

 2ポイント円弧

クリックした2点を通過する円弧を作成するツールです。

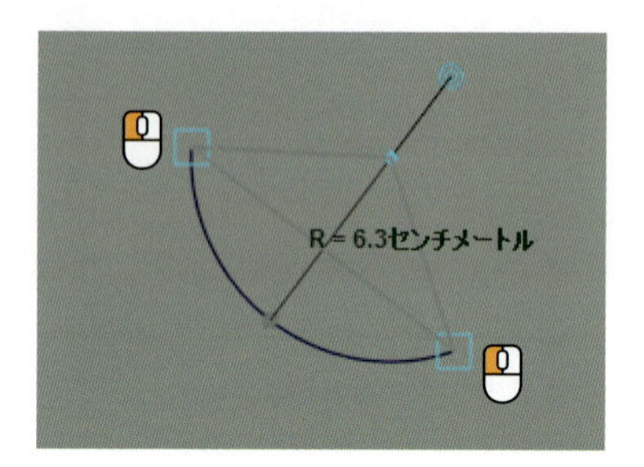

MEMO カーブの方向

カーブのCVを見ると、1つ目と2つ目のCVの形が違うことがわかります。カーブには方向があり、CVの形で始点が判別できます。

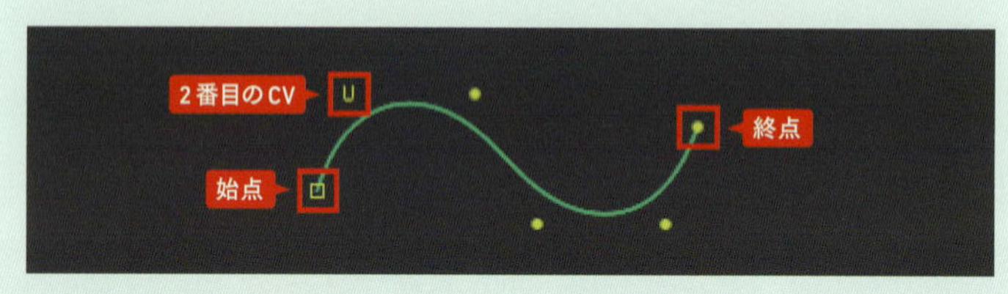

たとえば、カーブからポリゴンメッシュを作成する際にポリゴンが裏返ってしまったときなどは、カーブの方向を反転することで望む結果になることが多いです。

MEMO カーブのレンダリング

カーブは太さを持たない線で、主にモデリングやアニメーションなどの補助に使用されますが、Arnold Rendererを使用すると、太さを持った線としてレンダリングすることもできます。カーブのシェイプノードの[Arnold]の項目で、[Render Curve]をオンにします。[Mode]を[thick]にすると[Standard Surface]などのシェーダも使用できます。

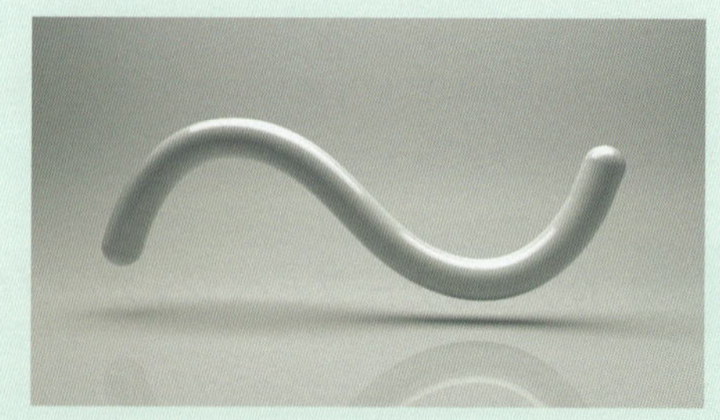

Standard Surface でレンダリング

メインメニュー > サーフェス

このメニューは主にNURBSサーフェスのためのメニューですが、カーブからサーフェスを作成する機能はオプションの［出力ジオメトリ］を［ポリゴン］にすると直接ポリゴンメッシュを作成できます。この機能で作成したポリゴンメッシュは、作成後に作成元のカーブを編集するとメッシュの形も連動して変わるので便利です。

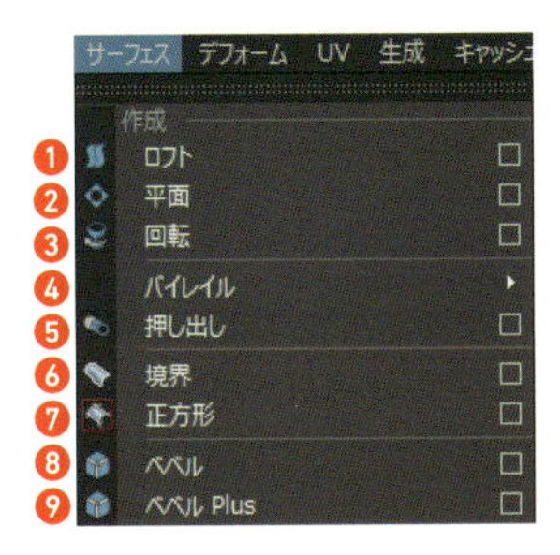

❶ 複数のカーブ間に形状を作成します。
❷ 同一平面上にあるカーブから形状を作成します。
❸ カーブを回転させて形状を作成します。
❹ カーブを2本のレイルカーブに沿って形状を作成します。
❺ カーブをカーブに沿って押し出し形状を作成します。
❻ サーフェスの境界になるカーブから形状を作成します。
❼ 4本の交差しているカーブから形状を作成します。
❽ カーブを押し出してベベルした形状を作成します。
❾ ［ベベル］よりオプションが豊富なベベルを行います。

カーブからサーフェスを作成する機能には［出力ジオメトリ］以下に多くの共通項目を持っています。いろいろなパターンでポリゴン化できますが、下図は主に［タイプ］を［四角］、［テッセレーション方法］を［一般］、［U の数］と［V の数］を適当な値にして作成したものです。

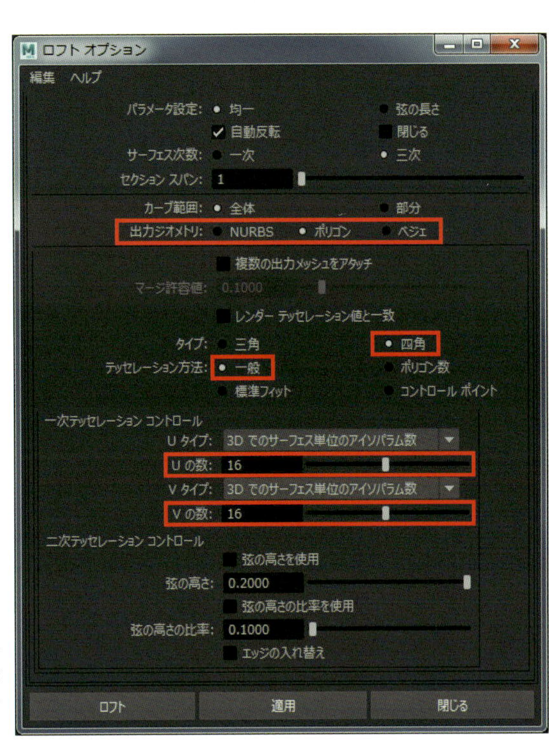

ロフト

同じスパン数のカーブを順番に選択して実行します。

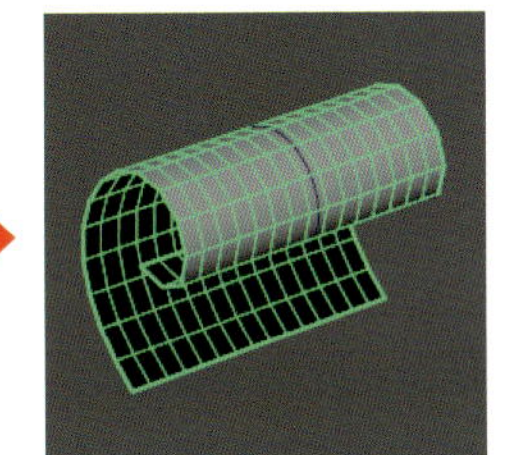

カーブを順番につなげた形が作成されます。

平面

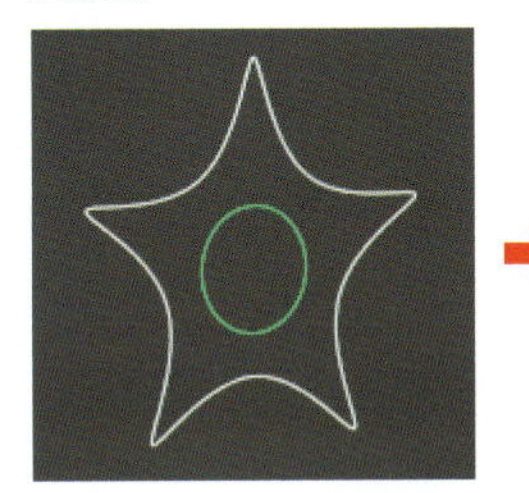

同一平面上のカーブを複数選択して実行します。

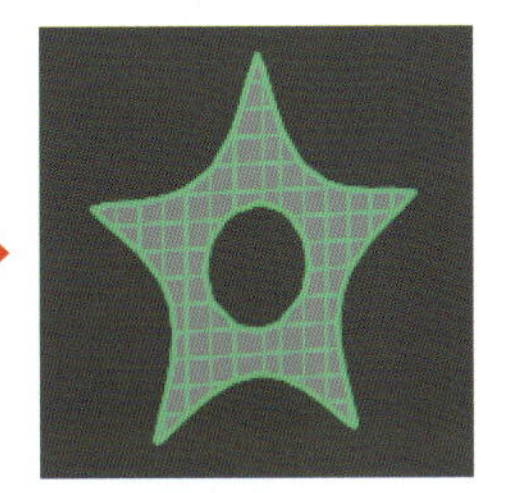

カーブを輪郭とする平面が作成されます。

回転

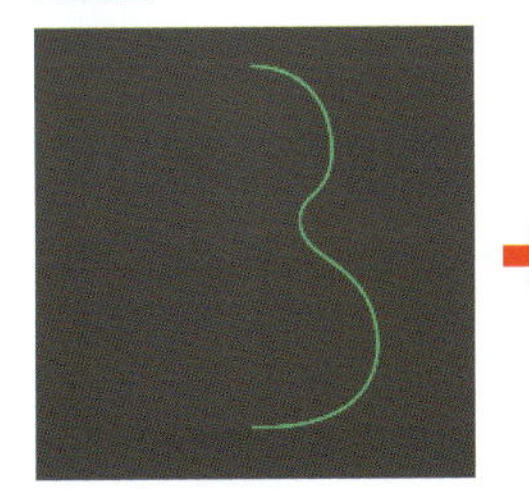

カーブを選択して実行します。

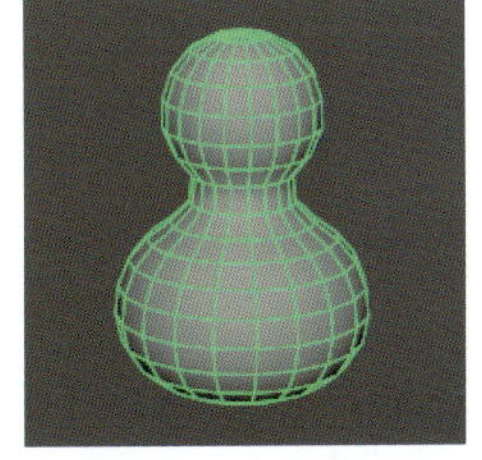

カーブを回転した形が作成されます。

押し出し

押し出すカーブ、パスカーブの順に選択して実行します。

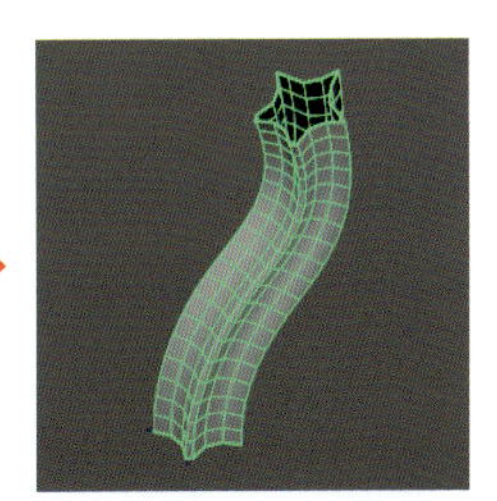

パスカーブに沿って押し出した形が作成されます。

Chapter

2-8

› やってみよう！

ローポリゴン モデリング

基本的な機能を理解したところで、早速モデリングしてみましょう。ここでは「イノシシの子」をモデリングしてみます。

完成シーン ▶ MayaData/Chap02/scenes/Chap02_Baby_Boar_End.mb

準備

P.067でも説明しましたが、まずはモデリングを始める前にしっかり事前準備をしましょう。グリッドの設定、カメラのビューアングルの設定、イメージプレーンの設定、プロジェクトフォルダの作成などは、スムーズなモデリング作業にはとても重要です。架空のものであれば、何を作るのか？　どういうデザインなのか？　しっかりデザインを決めます。実在するものであれば、写真や3面図、模型や実物を資料として集めてからモデリングを始めることを強く推奨します。プロほど、この作業をしっかり準備しています。

デザインの用意

1

下図のような「3面図」を用意します。もっとラフなものでも構いませんがなるべく細部までイメージを固めて、しっかり「決めておく」と後々作業が楽です。デザインやイメージが曖昧だとMayaでのオペレーション中に「悩む」ことになります。オペレーション中に「悩む」と作業が進まず、結果的にモデリング完成までに余計な時間を要することが多いです。Mayaをオペレーションする際にはなるべく「作業」になるように落とし込んでおきます。

体長：40cm

「3面図」はあくまで「アタリ」ですので、正面、上面、側面のおおよそのシルエットや位置が把握できれば問題ありませんし、正面図と側面図の位置が多少違っていても問題ありません。最終的には3Dデータ上で判断すれば良いです。

新規プロジェクトの設定

2 新しい作業を開始するときは、まずMayaプロジェクトを作成します。

❶メインメニューの［ファイル］＞［プロジェクトウィンドウ］を選択します。プロジェクトウィンドウが開きます。

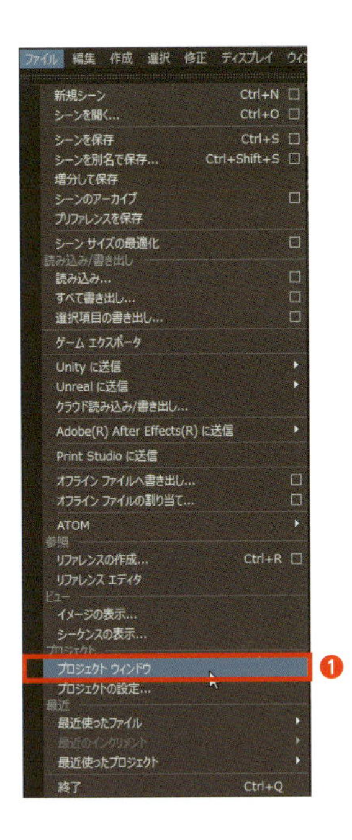

❷の［新規］ボタンをクリックしてプロジェクト名「Baby_Boar」と入力して設定します。
❸のフォルダアイコンをクリックしてプロジェクトフォルダを設定する場所を選択します。
❹設定したら［適用］をクリックして完了します。

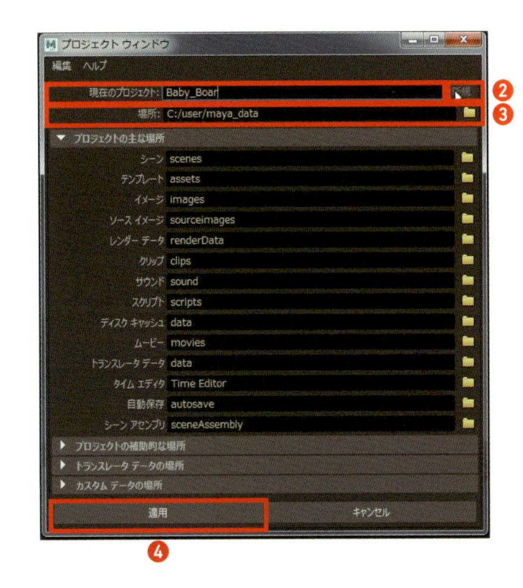

カメラの設定

3 カメラのビューアングルの設定をモデリングしやすい設定にします。今回は既定のパースカメラの設定を変更しますが、新規にカメラを作成して作業する場合も同様です。

❶アウトライナから既定のパースカメラアイコンをダブルクリック、または選択して Ctrl + A で［アトリビュートエディタ］を開きます。

❷パースカメラのアトリビュートの［ビューアングル］の値を「25」に設定します。

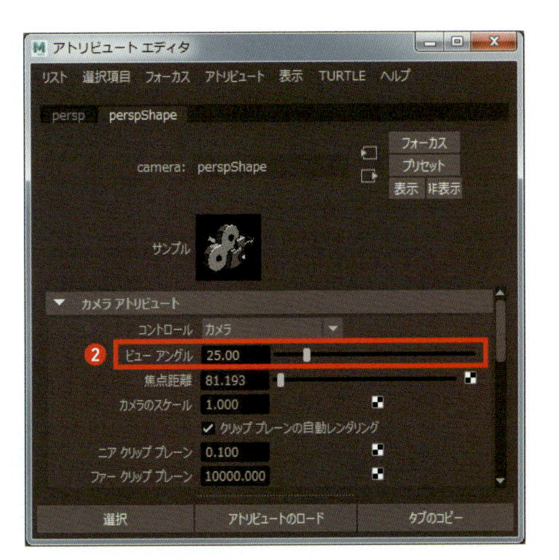

グリッドの設定

4 既定のグリッド設定は［センチメートル］で設定されていますが、今回は「グリッド1マス＝10cm」と仮定して進ます。そのため、グリッド設定は既定のまま作業します。（「イノシシの子」体長40cm = 4グリッド）

イメージプレーンの作成

5 イメージプレーンには2タイプありますが、ここでは［フリーイメージプレーン］を使用します。「フロントビュー」「サイドビュー」「トップビュー」に［イメージプレーン］を作成して、イメージプレーンのアトリビュートから画像を読み込みます。（3面図は画像処理ソフト上で、サイズを合わせています。）

イメージを読み込む ▶ MayaData/Chap02/sourceimages/front.png（フロント）、side.png（サイド）、top.png（トップ）

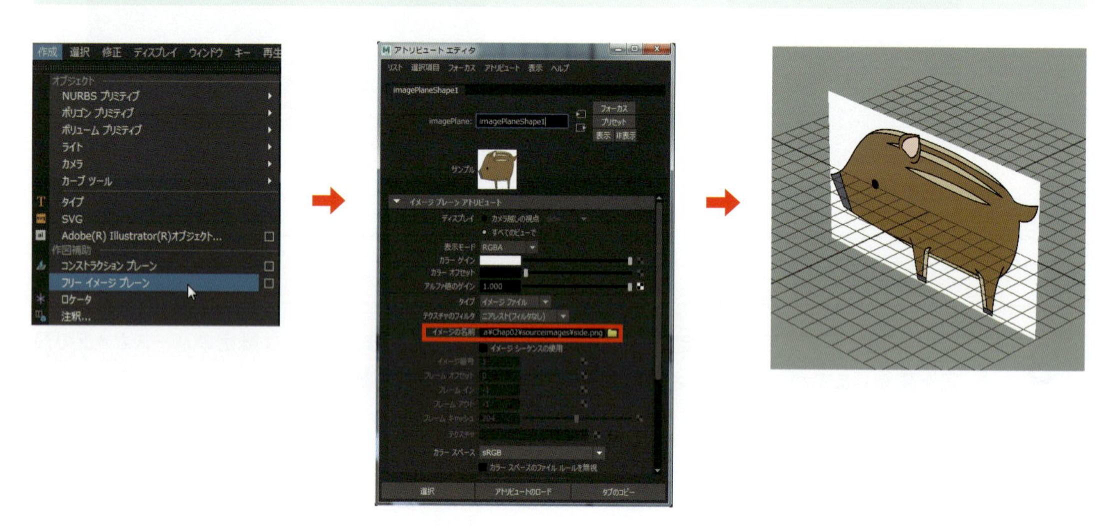

6 更に［フリーイメージプレーン］を2つ追加し、フロントの画像、トップの画像を読み込みます。画像の明度が高いので、［フリーイメージプレーン］のアトリビュートの［カラーゲイン］のスライダーを半分ぐらいに下げます。次にトランスフォームツールを使って、位置、大きさ、作成するオブジェクトのサイズに合わせて、下図のように配置します。

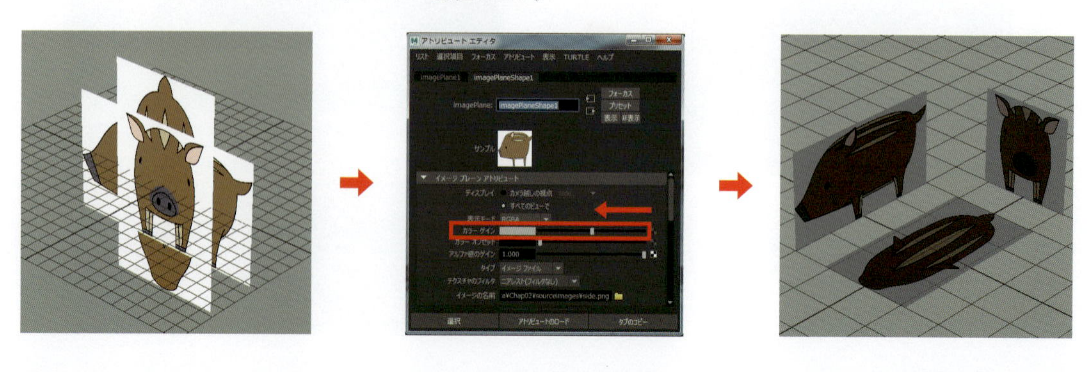

基礎編 Chapter 2 モデリング

胴体の作成

7 まずは、「主体」となる胴体を作成します。ポリゴンプリミティブの立方体から作成します。ここでの注意点は、いきなりポリゴン数を増やして形を作るのではなく、少ないポリゴン数でしっかり「シルエット」を捉えて、徐々にポリゴン数を増やしていくように注意します。

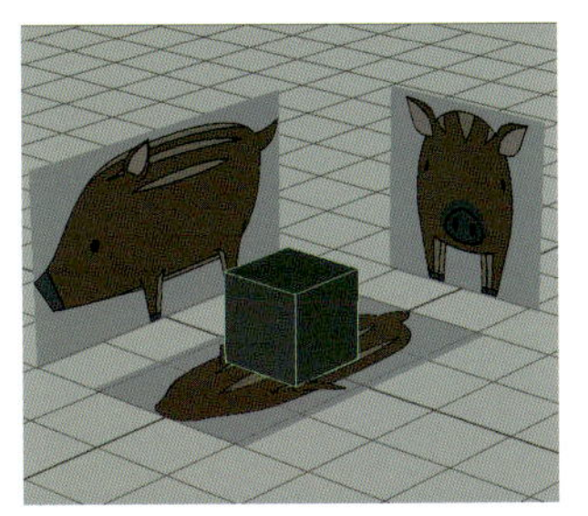

メインメニューの［作成］>［ポリゴンプリミティブ］>［立方体］を作成します。

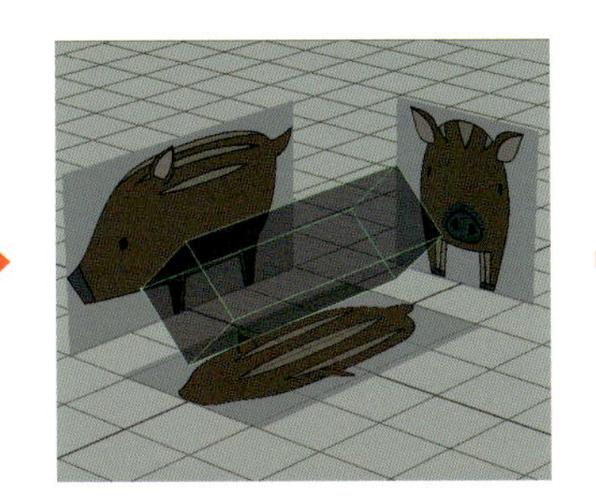

オブジェクトのZ軸にスケールをかけて、全長に合わせ、更にオブジェクトのZ軸を45度回転させました。

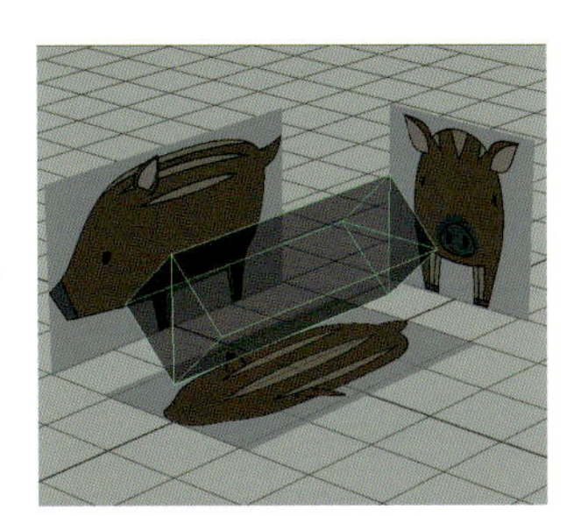

［マルチカット］ツールで上図のようにエッジを追加します。

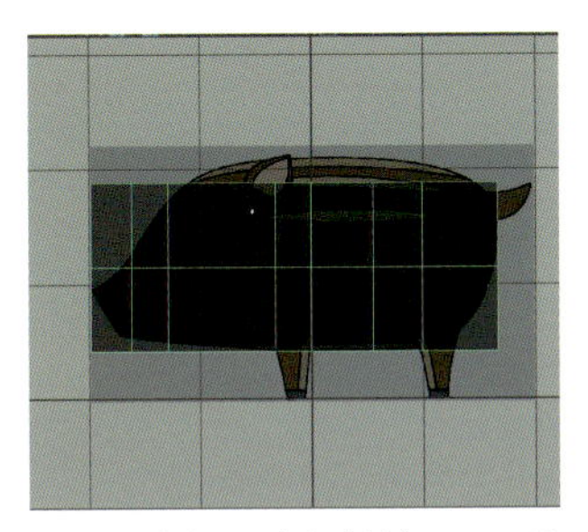

エッジを適当に6本程度追加し、サイドビューからシルエットに合わせて、頂点を編集します。

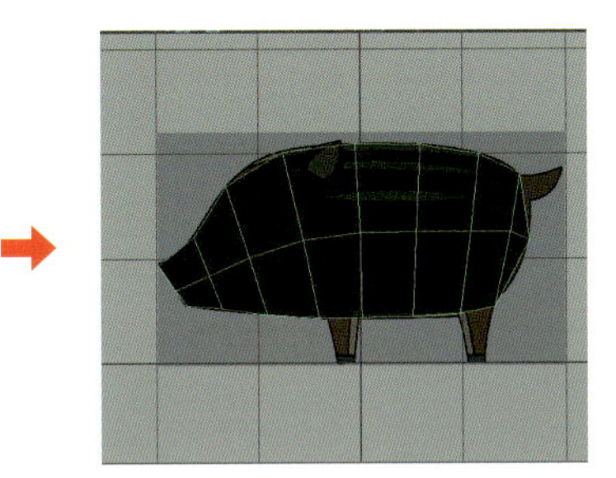

サイドビューから見た状態です。ここからは［シンメトリの軸］を［オブジェクトX］にして作業します。

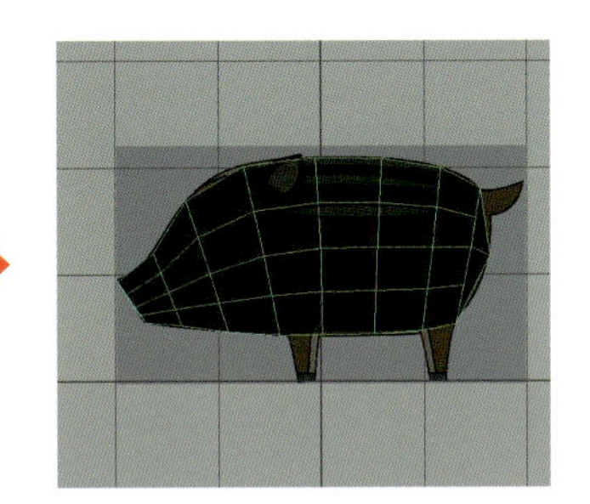

上図のように［マルチカット］ツールで、エッジを追加します。

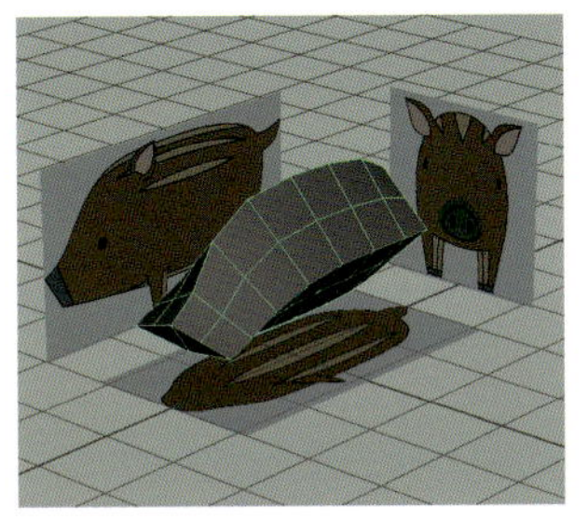

当然ですが、フロントビュー、トップビューのシルエットをテンプレートに合わせていないので、上図のような状態です。

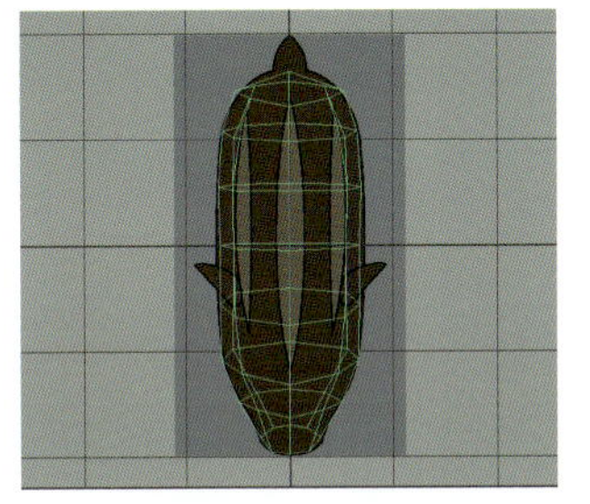

トップビューからのシルエットに合わせます。隣接するポリゴンの大きさが均等になるように調整します。

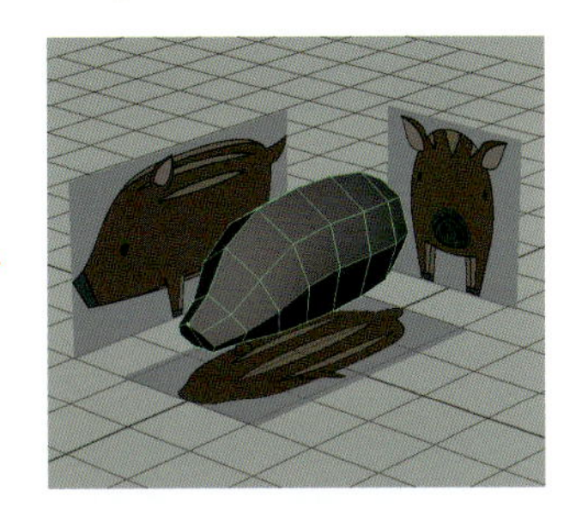

この程度のポリゴン数で全体のシルエットが取れています。まずはこの状態を目指して作成します。

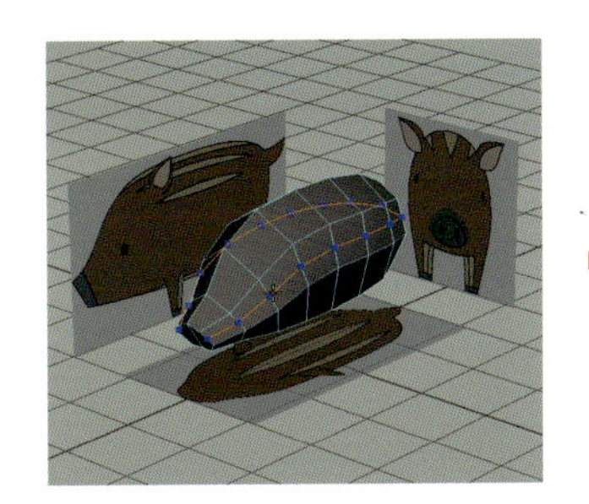

もう少し滑らかにするために、さらに上図のようにエッジを追加します。

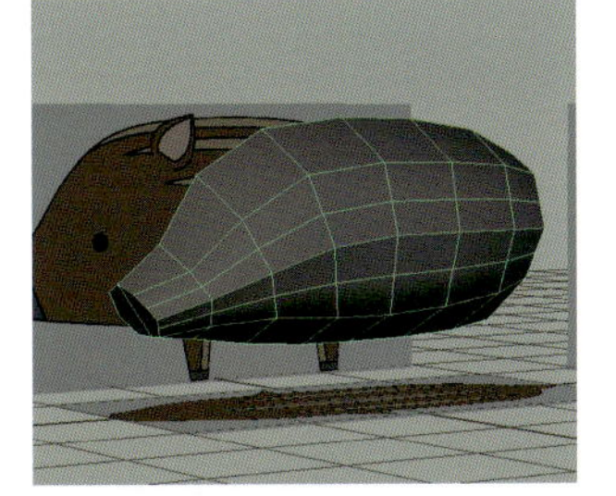

エッジを追加した状態です。

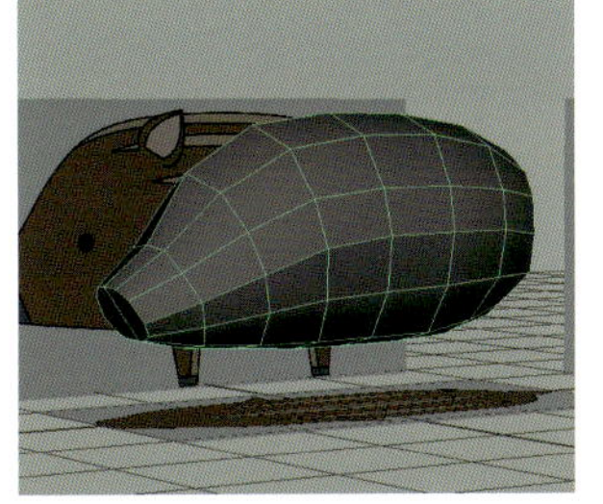

形を整えます。この段階では全体の大まかなシルエットが取れていれば、細かい部分はあまり気にしなくて構いません。

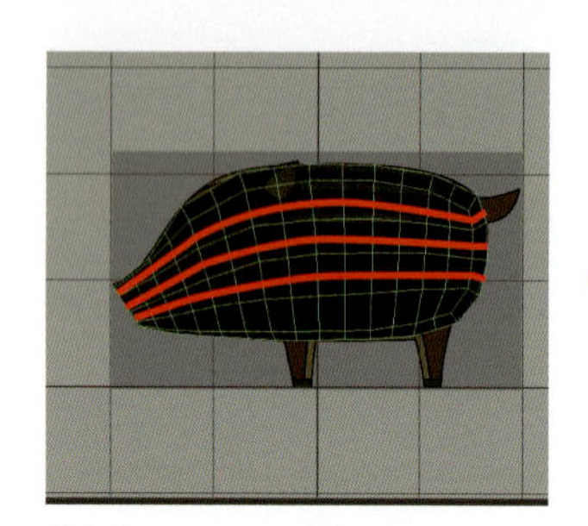

横方向にもエッジを追加します。

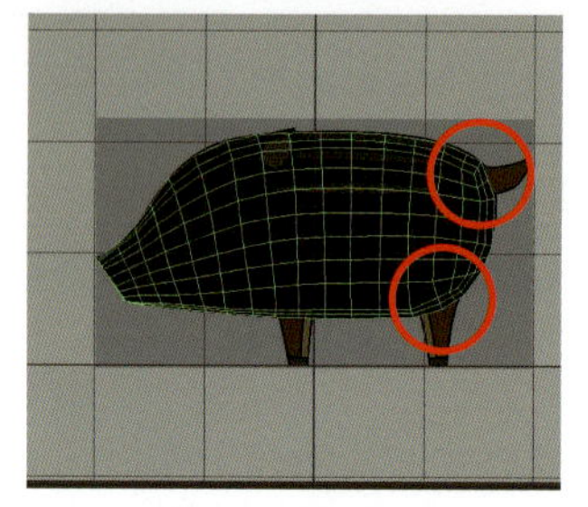

エッジを追加した状態です。シルエットが角張っている部分を調整して、より滑らかにします。

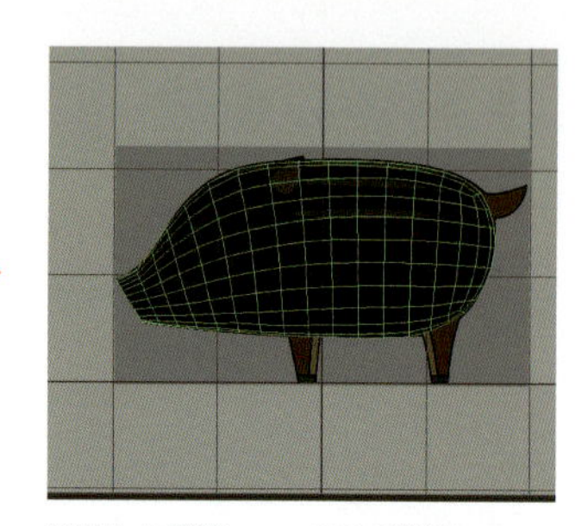

調整した状態。ここで下で説明している[スカルプトツール] > [リラックス] を使用しています。

基礎編 Chapter 2 モデリング

MEMO メッシュを綺麗にする(リラックス)

有機的なモデリングの際、頂点数が多くなってくると、均一な綺麗なメッシュを作るのが大変になってきます。そんなときに便利なツールがメインメニューの[サーフェス] > [ジオメトリのスカルプトツール]の[リラックス]です。ブラシでメッシュをペイントするとメッシュの頂点を平均化します。メインメニューの[メッシュツール] > [スカルプトツール] > [リラックスツール]でも同様のことができます。

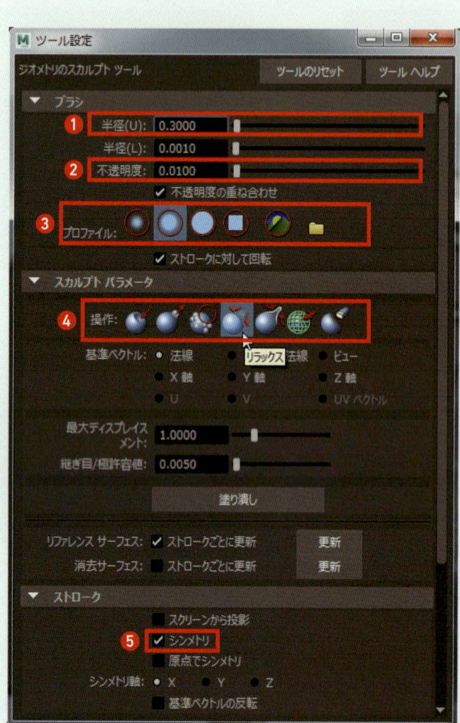

1. ブラシサイズ(半径U)
2. 強さ。不透明度の値が高いと強く影響します。
3. ブラシタイプ
4. スカルプトの種類
5. シンメトリのオン / オフ

ブラシ半径の変更

スカルプトをする際に B + 左右でブラシサイズをインタラクティブに変更できます。

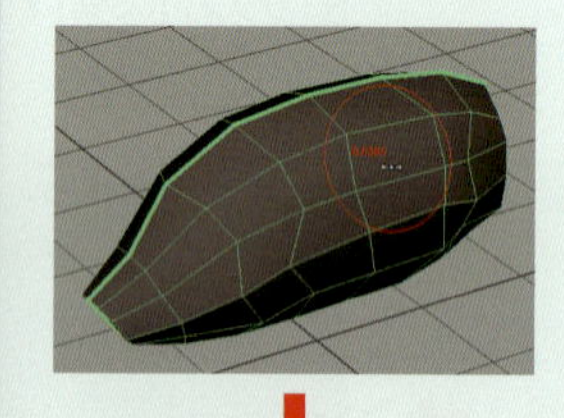

オブジェクト選択モードで、オブジェクトを選択します。左図の状態で、B を押しながら左右に移動させます。

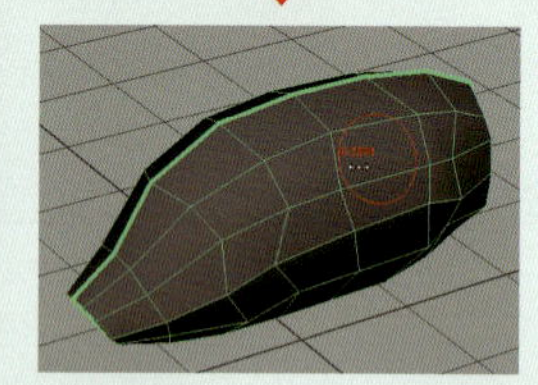

ブラシサイズが変更します。

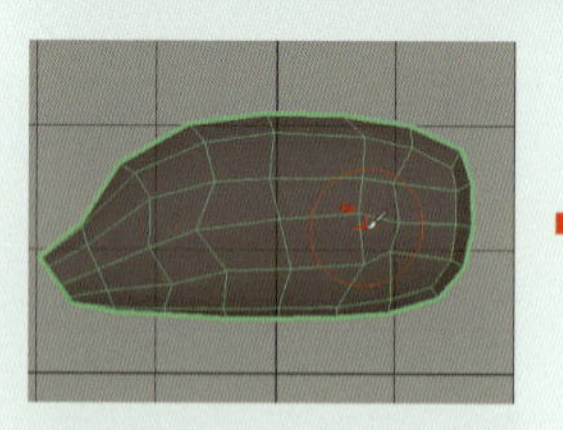

このように歪んでいるメッシュに[リラックス]を適用します。

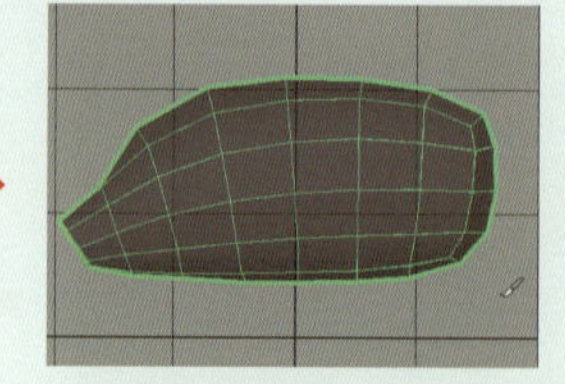

頂点の位置が[平均化]され、エッジの「流れ」が綺麗になりました。

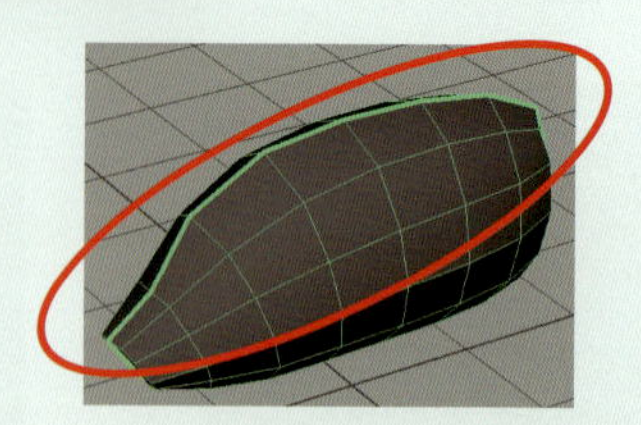

「境界エッジ」はリラックスの影響を受けません。[デタッチ]などで「境界エッジ」化しておくと移動しません。

※シンメトリを[オン]にして、[リラックス]で平均化した際に、左右対称にならない場合があります。その場合はメッシュの左右どちらかを半分削除して、メインメニューの[メッシュ] > [ミラー]等で左右対称にしましょう。

足の作成

8 このあたりで一度データを保存しておきます。作業に没頭しすぎてデータ保存を忘れないようにしましょう。胴体がある程度完成したら、次に足を作成していきます。

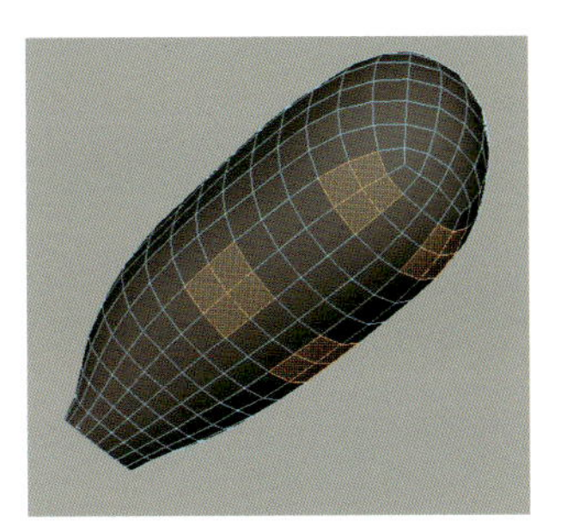
足にするフェースを選択します。

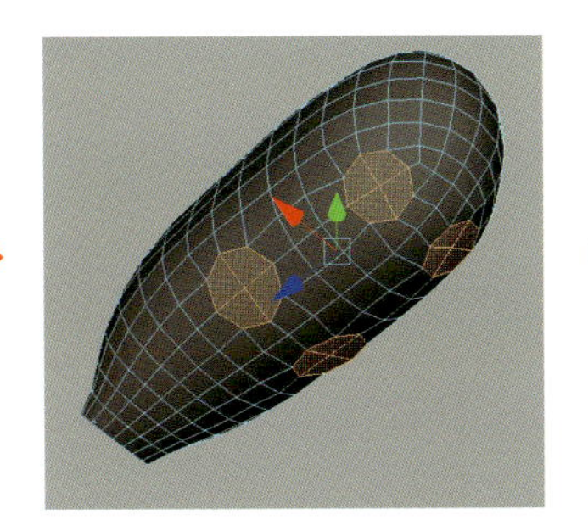
メインメニューの［メッシュの編集］>［円形化］を適用します。

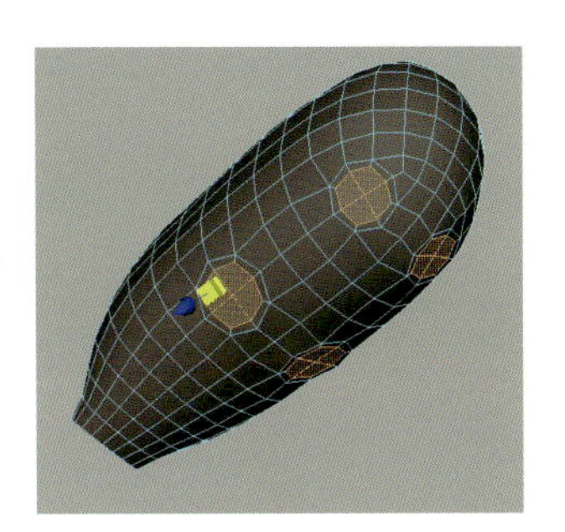
胴と足の接続部分を滑らかにするために、メインメニューの［メッシュの編集］>［押し出し］を適用します。

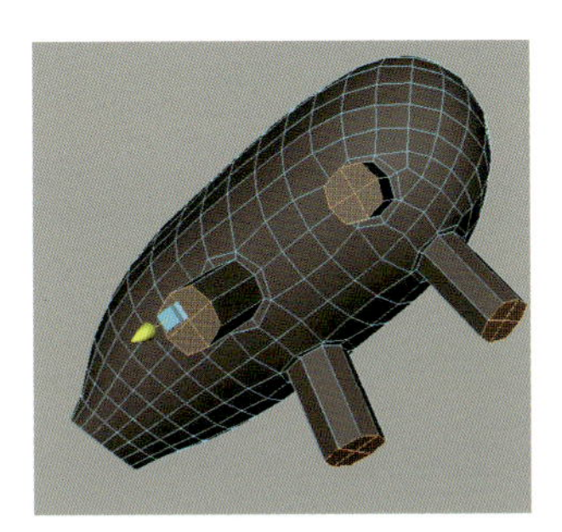
更にメインメニューの［メッシュの編集］>［押し出し］を適用して、コンポーネント軸で［押し出し］をします。

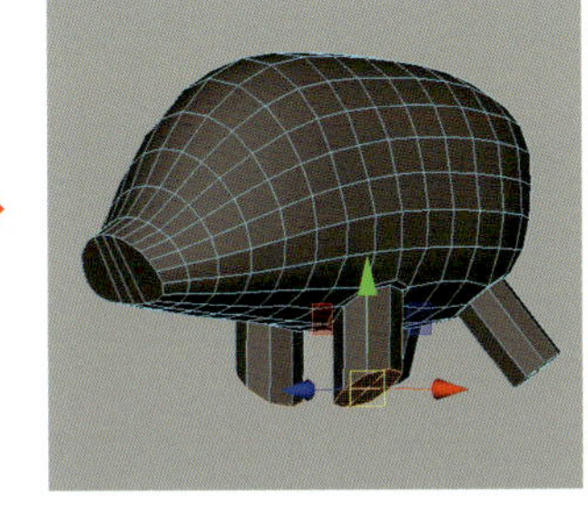
足をテンプレートに沿ってまっすぐにします。

接地面をスケールツールを使用して、平らにします。

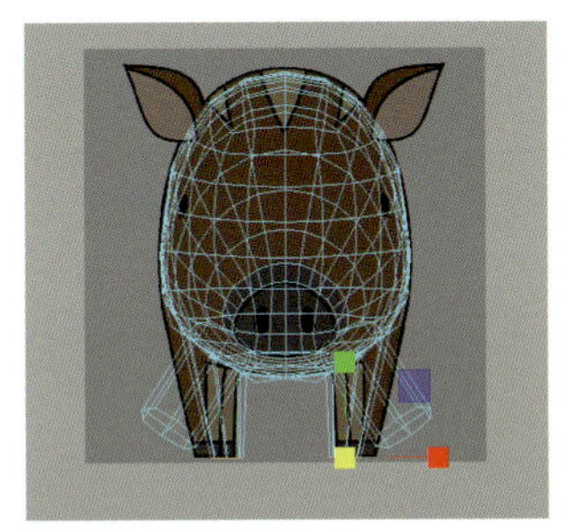
正面から見ると、上図のようになります。

後ろ足も同様に形を整えます。

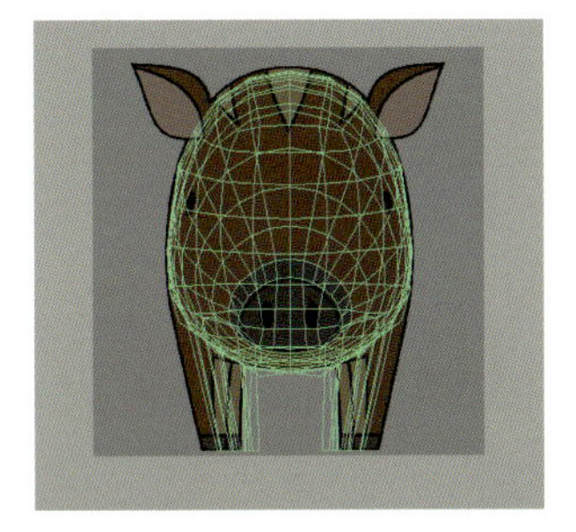
テンプレートとズレる部分が出てきますが、あくまでテンプレートは「アタリ」なので、3Dメッシュ自体のシルエットを重視して良いです。

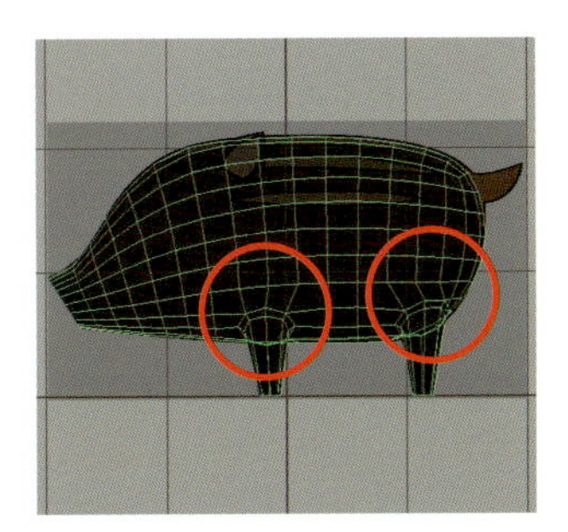
ポリゴンの「流れ」がスムーズにいっていない部分を「リラックスツール」などを使用して、調整します。

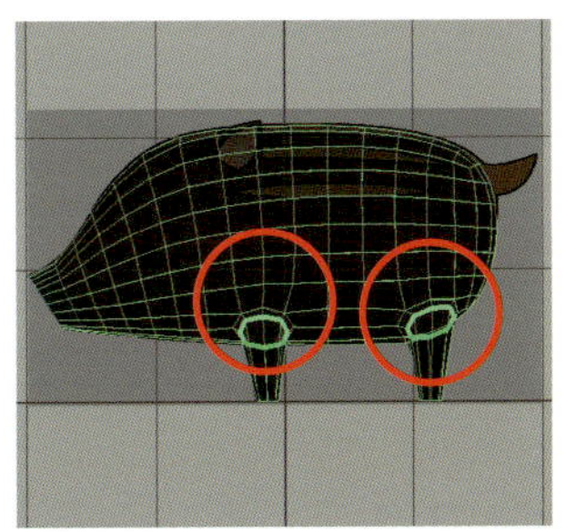
調整の際に、「足の付根」は移動させたくないので、エッジを選択して［デタッチ］します。

尻尾の作成

9 次に尻尾を作成していきます。足同様に、尻尾の部分のフェースを［押し出し］、エッジを追加して、形を整えます。

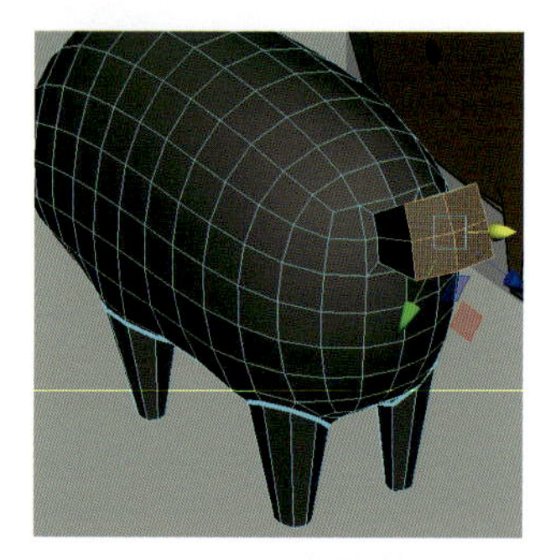
尻尾にあたるフェースを［押し出し］します。

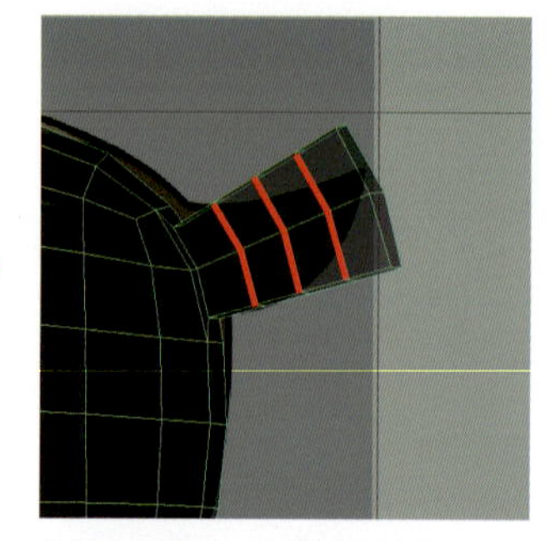
上図のようにエッジを追加します。

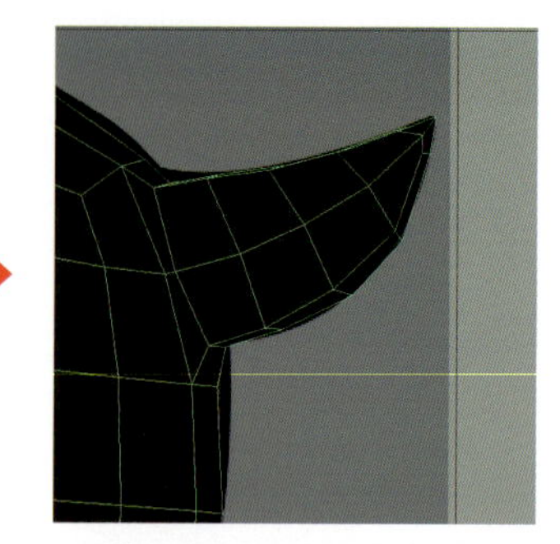
テンプレートに合わせて、頂点を移動させ、大まかな形を作成します。

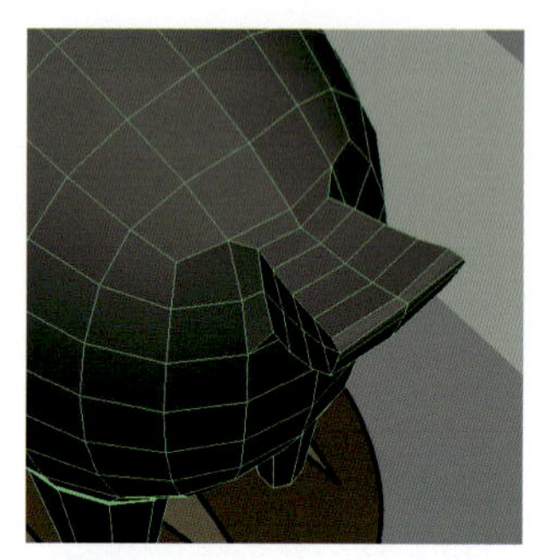
上図のようにしましょう。サイドビューからの形がとれたら、次にトップビューから形を、大まかに作成していきます。

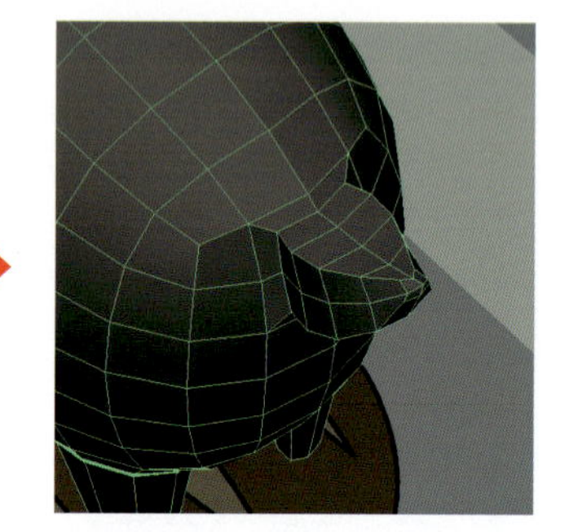
大まかに形がとれました。ここから、細かい調整をして、イメージに近い形に作成します。

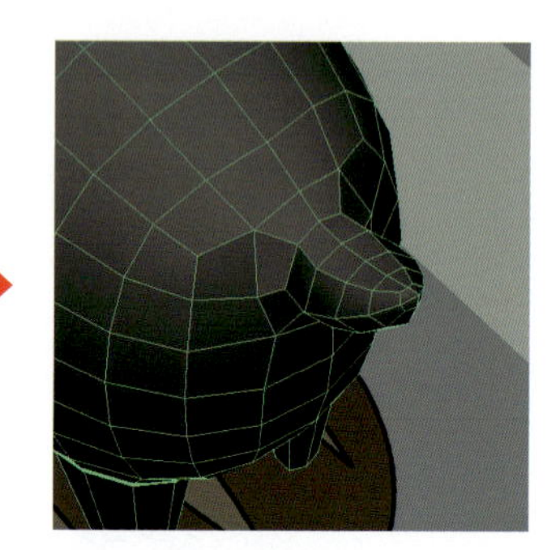
尻尾のモデリング完成です。（データを保存しておきましょう）

耳の作成

10 耳も尻尾と同様に、耳にあたるフェースを選択して［押し出し］して、エッジを追加して、大まかなシルエットを作ってから、形を調整します。

耳にあたるフェースを［押し出し］します。足と同様に接続部分を滑らかにするために、少し小さくします。

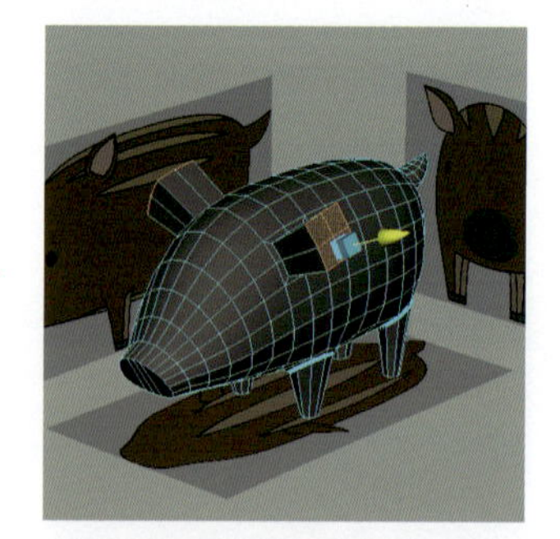
更に［押し出し］を適用して、コンポーネント軸で［押し出し］をします。

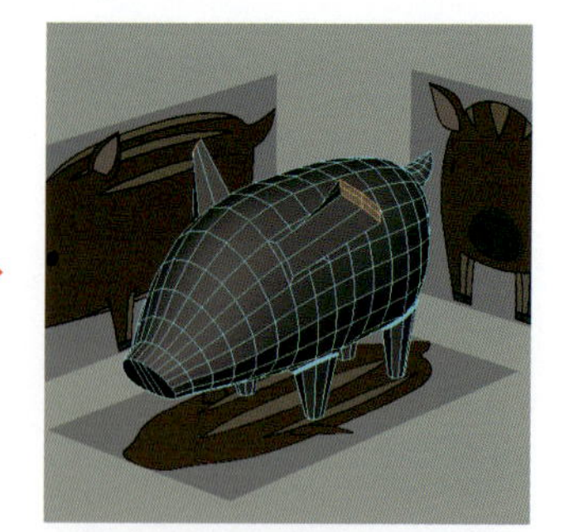
厚みをスケールツールを使用して、調整します。

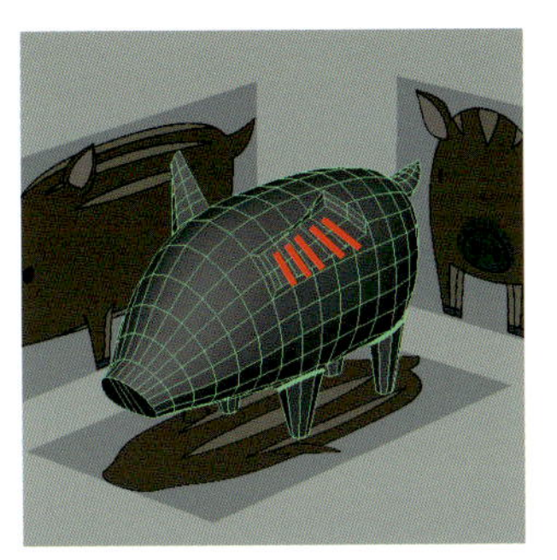

耳に上図のようにエッジを追加します。

大まかな形に作成します。

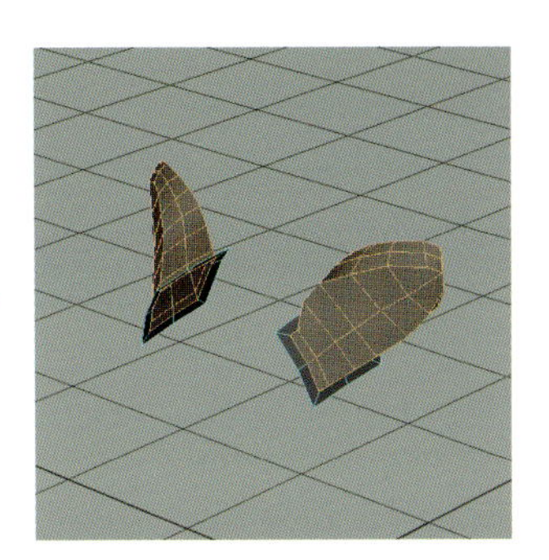

詳細を調整するために、作業部分フェース選択して Ctrl + 1 で選択部分以外を非表示にします。

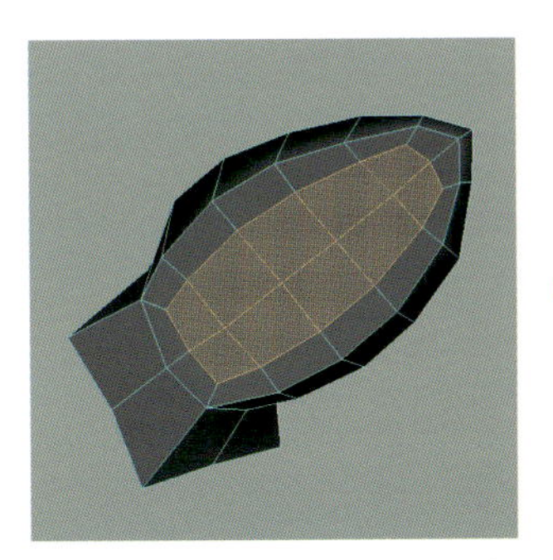

耳の内側を作成します。フェースを選択して［押し出し］を適用した後、スケールツールで調整します。

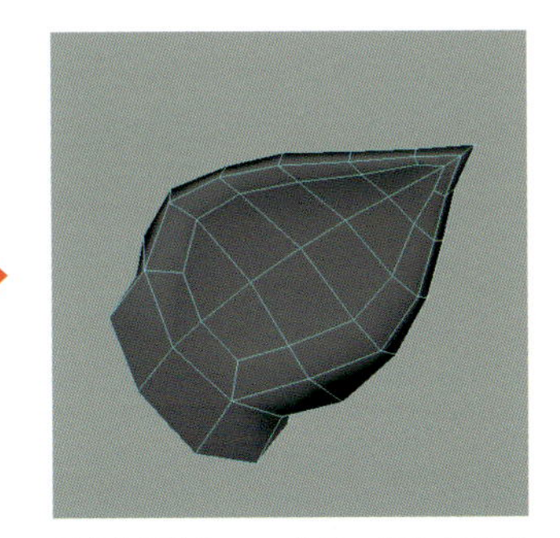

頂点を移動させて、上図のように形を調整します。（データを保存しておきましょう）

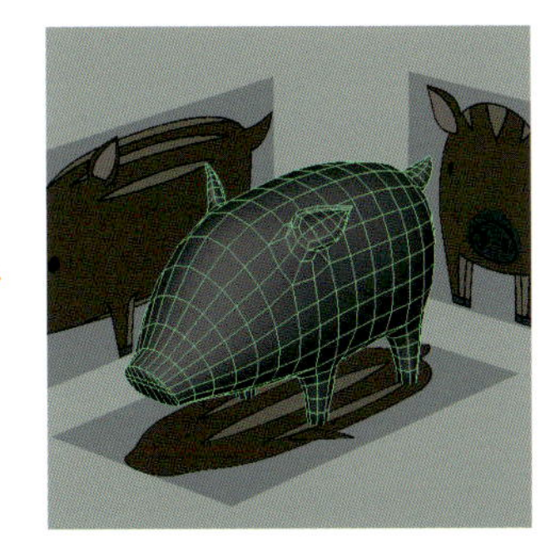

再度、Ctrl + 1 を押して、全体表示し、足のセグメントを追加、全体を［リラックスツール］等で調整して、最後に「足」と「胴体」の「境界エッジ」を［マージ］で「結合」して完成です。

モデリング完成

あまり細かい頂点の歪みは気にせずに、全体のシルエットがイメージどおりか注意します。

第3章 シェーディングとマテリアル

Chapter 3-1 シェーディングの基礎

色・材質・光沢などによりオブジェクトに質感が与えられ、オブジェクトの形状や光源による陰影により立体感が生じます。ここでは、Mayaでオブジェクトに質感や陰影を与える方法を説明します。

シェーディングとは

「シェーディング」とは、オブジェクトの表面に陰影や色の変化をつけて、立体感や質感などを与える手法のことです。Mayaはマテリアルを用いて、色・質感の細かな設定を行うことができます。ハイパーシェードを使って、オブジェクトに合ったマテリアルを作成しましょう。

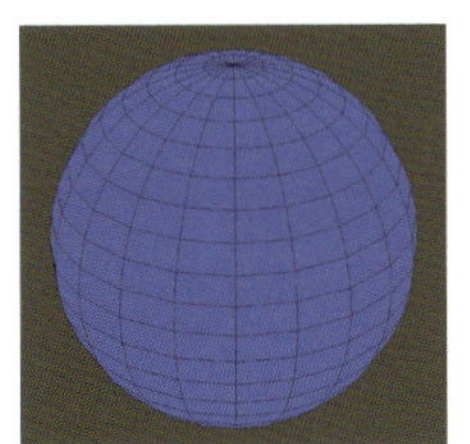

- シェーディングなし
- 輪郭線あり

輪郭線で立体とわかります。

- シェーディングなし
- 輪郭線なし

立体感がなく平面に見えます。

- シェーディングあり
- 輪郭線なし

面ごとの陰影が違うので立体に見えます。

マテリアルとは

「マテリアル」は、オブジェクトに与える材質感のことです。色、反射、光沢、透明度などを設定することで、幅広い様々な材質感を作成できます。これらの設定はマテリアルに関するノードによって構成されており、マテリアル自体もノードの一つです。ここではMayaソフトウェアレンダラなどで使用できるマテリアルを紹介していきます。オブジェクトに与えたい材質感に適したマテリアルを選択しましょう。

※Mayaソフトウェアレンダラは Mayaの標準レンダラで、アトリビュートが少なくコントロールがしやすくなっています。

サーフェスマテリアル

● Lambertシェーダ

 Lambert シェーダ

光沢のないサーフェス（しっくいの壁、紙、黒板など）を再現するマテリアルシェーダです。シンプルな構造のため、処理も軽いです。新規で作成したオブジェクトのマテリアルには、このLambertが設定されています。

● Blinnシェーダ

光沢のあるサーフェス(ソフトな光沢のプラスチック・金属、サテン仕上げなど)をシミュレートするのに特に効果的で、ソフトなスペキュラハイライトを持つマテリアルシェーダです。

● Phongシェーダ

光沢のあるサーフェス(プラスチック、ガラス、金属など)を再現する鮮明なスペキュラハイライトを持つマテリアルシェーダです。

● レイヤシェーダ

複数のマテリアルを、レイヤのように重ねて合成することができます。ただし、他のマテリアルに比べて処理が重く、レンダリングに時間がかかります。

● ランプシェーダ

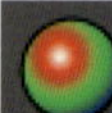

ランプシェーダは、ライトとビューの角度による色の変化の方法を更に細かく制御することのできるマテリアルシェーダです。さまざまな変わったマテリアルをシミュレートしたり、既存のシェーディングを細かく微調整したりすることができます。

● サーフェスシェーダ

陰影のつかないシェーダなので、ライトの影響を受けずにカラーの表現ができます。また透明度や発光を均一に変化させることが可能です。複雑で高度な表現を、ノードの組み合わせで表現することができます。

ディスプレイスメントマテリアル

● ディスプレイスメント

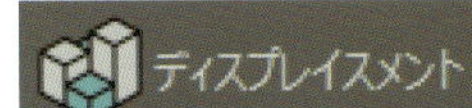

オブジェクトにグレースケールのテクスチャを適用して、オブジェクトにサーフェスレリーフ（隆起とくぼみ）を作成します。ディスプレイスメントは実際にオブジェクトのジオメトリを変更して立体にしています。

その他のサーフェスマテリアル

● PhongEシェーダ

Phongをシンプルにしたマテリアルです。反射される光沢は、Phongに比べてソフトになります。処理速度は比較的軽くなります。

● 異方性

通常はライトに対して均一に拡散されるスペキュラライトが、溝の向きに応じて反射の仕方を変化させます。このため、ディスクなどの特殊な光の反射が表現できます。

● バックグラウンドの使用

マスクとして使用します。

● シェーディングマップ

色相・明度・彩度に対して、カラーエフェクトを変えることができます。セルシェーダのような表現ができます。

● 海洋シェーダ

液体の波を表現できます。これらは立体的な情報（ディスプレイスメント）となり、波をアニメーションさせて動きをシミュレートすることも可能です

● ヘアチューブシェーダ

ペイントエフェクトで作成したヘアをポリゴンに変換すると作成されます。変換前にヘアシステムで制御していたアトリビュートは、このシェーダで制御します。

ボリュームマテリアル

● 環境フォグ

大気中の霧などの効果を表現します。単純フォグと物理フォグの2種類があります。

● ライトフォグ

大気の霧などがライトで照らされる効果を生成できます。スポット・ポイントライトのみに適用でき、デプスマップシャドウを使用可能です。

● パーティクルクラウド

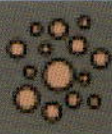

ガスや雲などの効果を生成できます。グループパーティクルエミッタにコネクトして使用します。

● ボリュームフォグ

球形・コーン形・立方形の霧を各プリミティブに適用して、ボリュームプリミティブを作る事ができます。

● ボリュームシェーダ

特定のボリュームマテリアルのカラー、透明度を制御することができます。

● 流体シェイプ

ダイナミクスの流体エフェクトを設定します。

Chapter 3-2

ハイパーシェード

ハイパーシェードは、Maya レンダリングの主要な作業領域です。テクスチャ、マテリアル、ライト、レンダリングユーティリティ、および特殊エフェクトなどのレンダリングノードを作成、編集、接続するためのウィンドウをまとめたものです。

ハイパーシェード概要

ステータスラインの をクリックするか、またはメインメニューの［ウィンドウ］>［レンダリングエディタ］>［ハイパーシェード］からハイパーシェードを開くことができます。

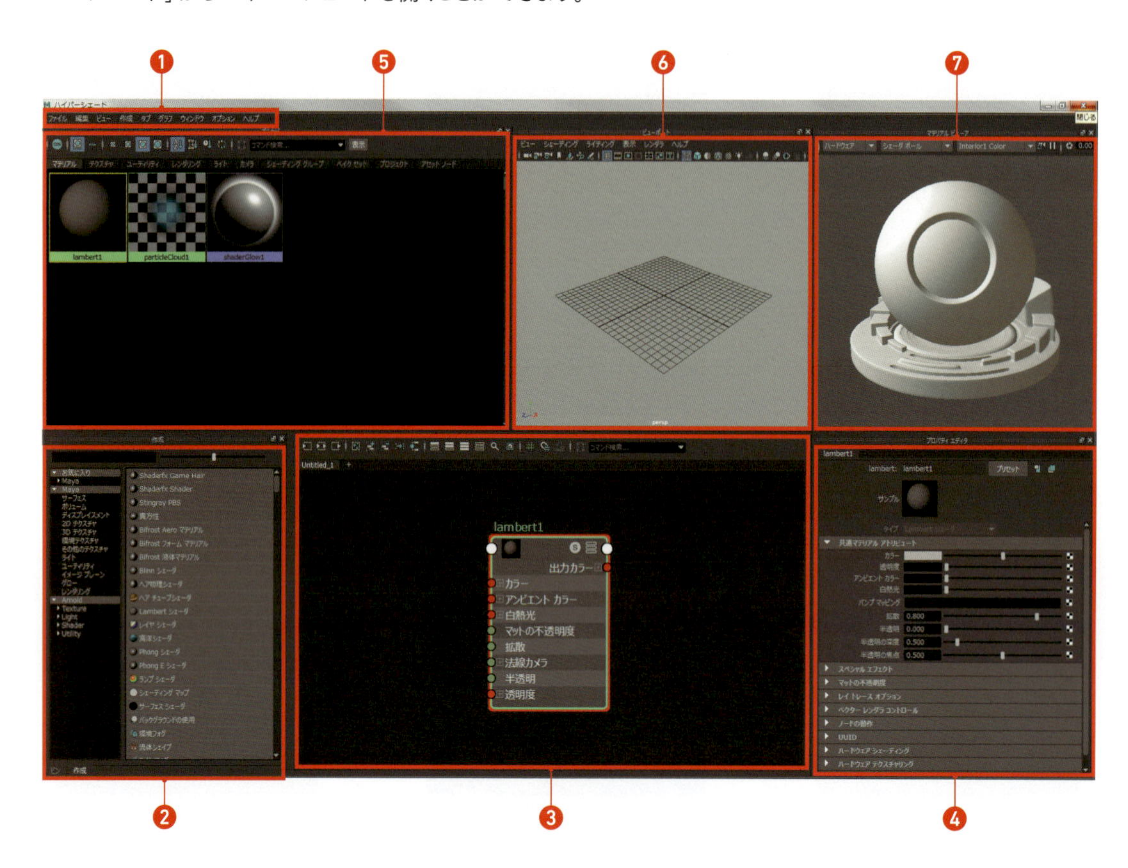

❶ メニュー
レンダーノードの作成、タブの作成、名前変更、またノードのグラフ化などさまざまなツールがメニューに含まれています。

❷ 作成タブ / ビンタブ
作成タブの中から様々な種類のノードを選択し作成できます。下部にタブがありビンタブと切り替えができます。

❸ 作業領域
ノードの作成とシェーディングネットワークの構築を行うことができます。ハイパーシェードのノードはカスタムモードで表示されており、一般的に使用されるアトリビュートのみが表示されます。

❹ プロパティエディタ
シェーディングノードなどのアトリビュートを表示することができます。

❺ ブラウザ
現在シーンに影響されるコンポーネントと、タブによりソートされたマテリアル、テクスチャ、ライトなどが一覧表示されます。

❻ ビューポート
ウィンドウメニューから選択しハイパーシェードにドッキングすることができます。レンダービューやアウトライナなどさまざまなウィンドウをドッキングすることができます。

❼ マテリアルビューア
ブラウザで選択されたマテリアルやテクスチャがレンダーされます。ハードウェアレンダラまたはArnold for Mayaを選択して使用できます。

作成タブ

作成タブ内のノードをクリックすることにより、さまざまなノードをシーンに作成することができます。

作成タブ概要

❶ 左側パネル
セクションを選択できます、選択したセクションに登録されているノードが右側パネルに表示されます。複数選択も可能です。

❷ 右側パネル
検索および左側パネルで選択されたセクションのノードが表示されます。ノードをクリックすることでシーンにノードを作成することができます。ノードを右クリックすることでお気に入りに登録することができます。

❸ 検索
ノード名のキーワードを入力することによりノードを検索し右側パネルに表示することができます。

❹ アイコンサイズ変更スライダ
右側パネルのレンダリングノードの表示サイズを変更することができます。

作成タブからのノード作成

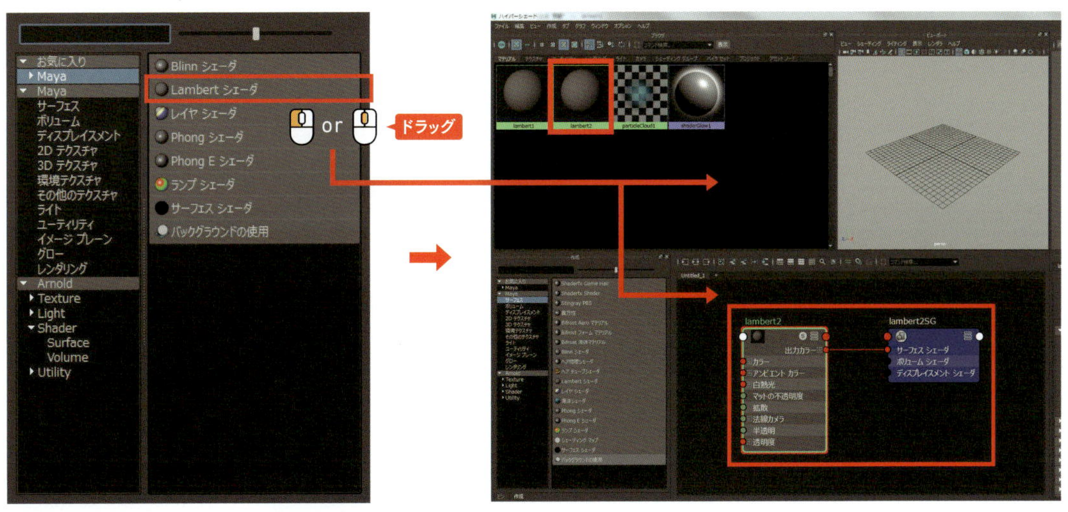

右側パネルに作成したいノードを表示します。表示された中から作成するノードをクリック、または🖱で作業領域にノードをドラッグします。

ノードをクリックまたは作業領域かブラウザへドラッグすると作業領域にシェーディングネットワーク・ノードが表示されます。ブラウザにも作成したノードが表示されます。ここではLambertマテリアルを作成したのでブラウザのマテリアルタブにLambertマテリアルが追加されました。

ノードを作成するときに、作業領域のマーキングメニューなどで確認できる［作成時にグラフを追加］が無効になっている場合、作成タブでノードをクリックして作成するとノードは作成されますが、作業領域には表示されません。🖱で作業領域にドラッグしてノードを作成した場合は［作成時にグラフを追加］の有効・無効に関係なく作業領域にシェーディングネットワークが表示されます。

基礎編
3-2
ハイパーシェード

Mayaシェーディングノード

■ マテリアルノード

マテリアルノードはレンダーノードの1つです。オブジェクトに適用すると、レンダー時のオブジェクトのサーフェスをどう表示するかを決めることができます。左側パネルのサーフェス、ディスプレイスメント、ボリュームセクションで表示されるノードがこれに当たります。

● サーフェス

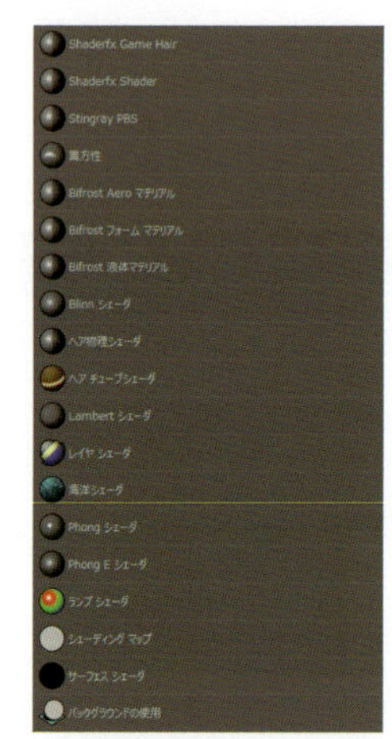

● ボリューム

● ディスプレイスメント

■ テクスチャノード

テクスチャノードは、主にサーフェスマテリアルの外観を決定するノードです。左側パネルの2Dテクスチャ、3Dテクスチャ、環境テクスチャ、その他のテクスチャ セクションで表示されるノードがこれに当たります。

● 2Dテクスチャ

● 3Dテクスチャ

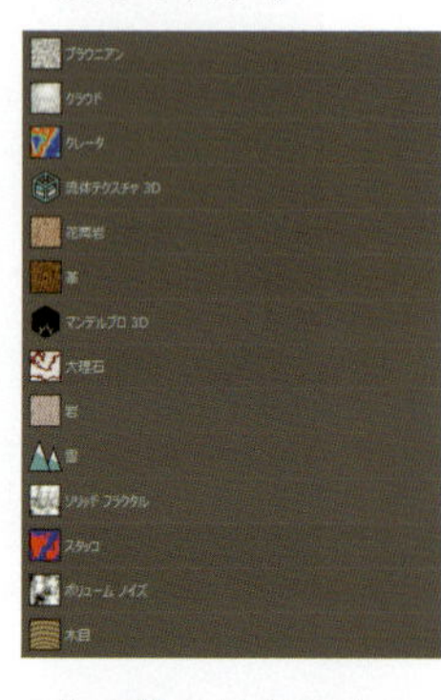

● その他のテクスチャ

● 環境テクスチャ

■ ユーティリティノード

ユーティリティを使用して、マテリアル、テクスチャ、ライトなどのさまざまなノードに、効果の追加や変換、抽出、再配置などができます。操作やノードの構造は複雑になりますが、より高度で柔軟な結果を得る事ができます。

● ユーティリティ（一部）

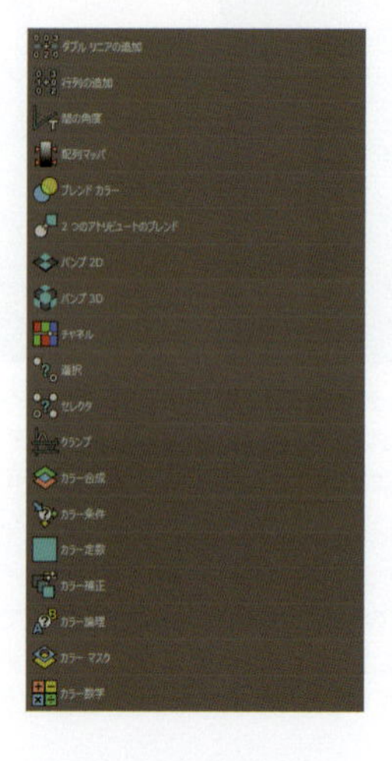

ビンタブ

ソートビンを表示して、シーン内のシェーディングノードを整理し作業を効率化できるようにします。ビンに命名(たとえば、木目、金属、岩、ドアなど)し関連するアセットを登録することにより、ビンに関連するシェーディングアセットを素早く簡単に見つけることができます。

ビンタブ概要

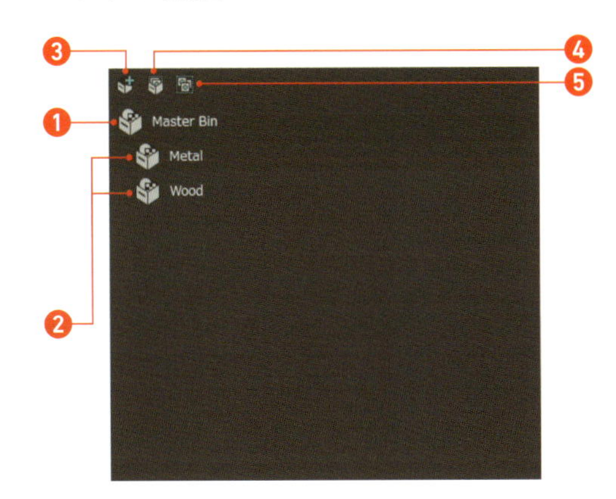

❶ **マスタービン**
シーンのすべてのシェーダノードが含まれます。選択すると、すべてのアセットが表示されます。

❷ **追加ビン**
任意の数だけビンを追加できます。名前をつけアセットをビンに登録できます。選択すると登録されたアセットが表示されます。

❸ **[空のビンを作成します]ボタン**

❹ **[選択項目からビンを作成します]ボタン**
選択した内容を持つ新しいビンを作成します。

❺ **[ソートされていない内容を選択してください]ボタン**
ビンに割り当てられていないアセットを選択します。

ビンの追加

■ 空ビンの追加

をクリックします。

新規ビン名ウィンドウが開くので名前を入力してOKをクリックします。

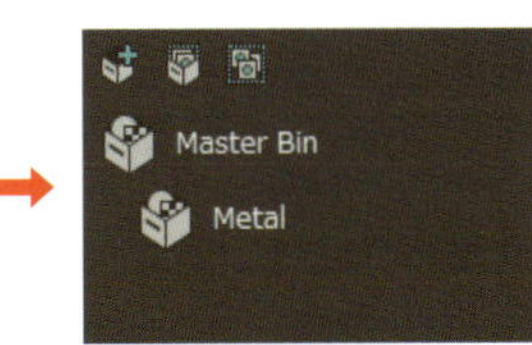

空のビンが追加されます

■ 選択項目からビンを作成

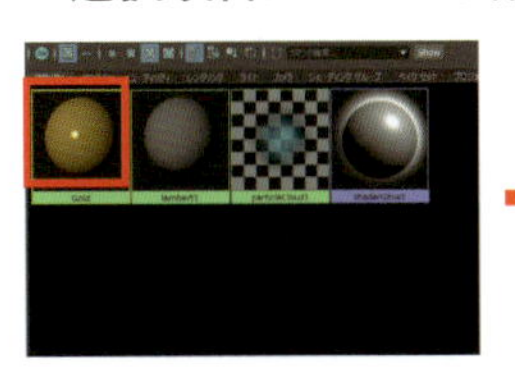

ブラウザ・作業領域でビンに登録したいアセットを選択します。

をクリックします。

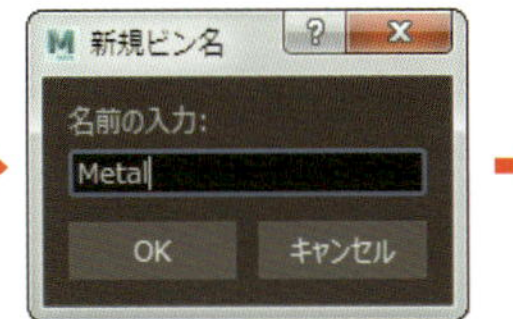

新規ビン名ウィンドウが開くので名前を入力してOKをクリックします。

選択されたアセットが登録された状態のビンが追加されます。

■ アセットの追加・除去

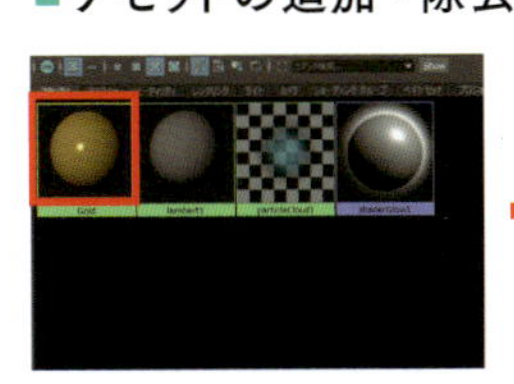

ブラウザ・作業領域で追加・除去したいアセットを選択します。

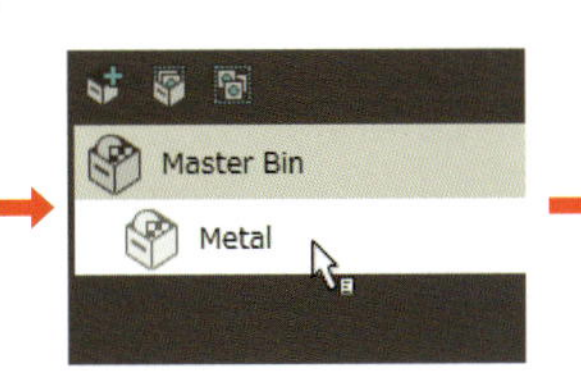

ビンタブで追加・除去したいビンを選択して、右クリックをします。

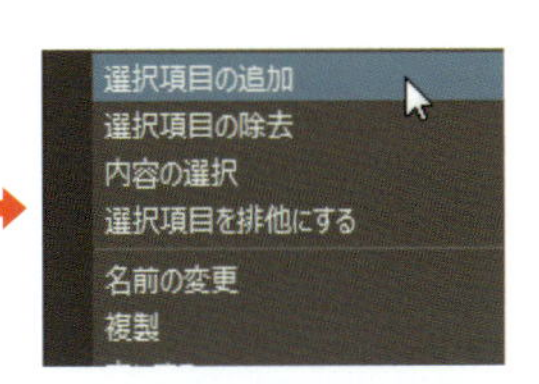

コンテキストメニューが表示されるので、追加の場合は[選択項目の追加]を、除去の場合は[選択項目の除去]を選択しクリックします。

作業領域

作業領域では、ノード編集インタフェースを使用してノードやシェーディングネットワークを作成・編集することができます。ハイパーシェード作業領域はノードエディタと似たパネルになっており、操作・ツールバー共にほとんど同じになっています。操作方法などは第1章 P.060「ノードエディタ」を参照してください。

作業領域概要

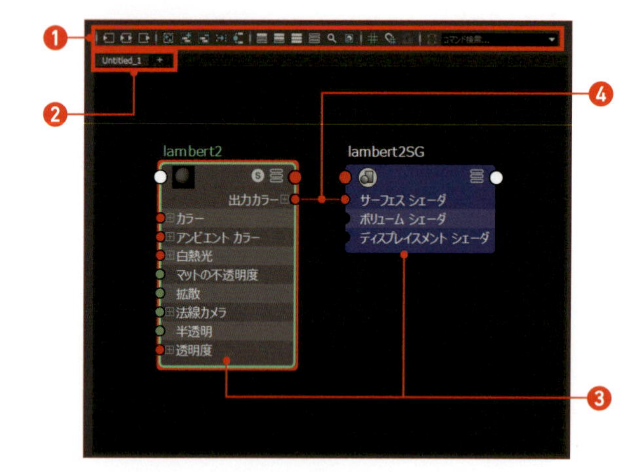

❶ 作業領域ツールバー
作業領域のツールバーでは、選択したノードのグラフへの追加、選択したノードのグラフからの除去、ノードのスウォッチサイズの変更、ノードのフィルタフィールドの表示などの機能によってグラフを編集することができます。

❷ 作業領域タブ
作業領域のタブを使用して、複数のグラフを視覚化できます。再グラフ化の必要性を最小限にしながらそれらを同時に編集することができます。右端のタブの横にある[+]をクリックすることで新しいタブを作成することができます。

❸ ノード
作成タブなどで作成したノードです。

❹ 接続ライン
ノード同士を接続しているラインです。

作業領域マーキングメニュー

ノードエディタとほぼ同じですが、ハイパーシェード用にメニューが追加されています。

■ 作業領域のマーキングメニュー

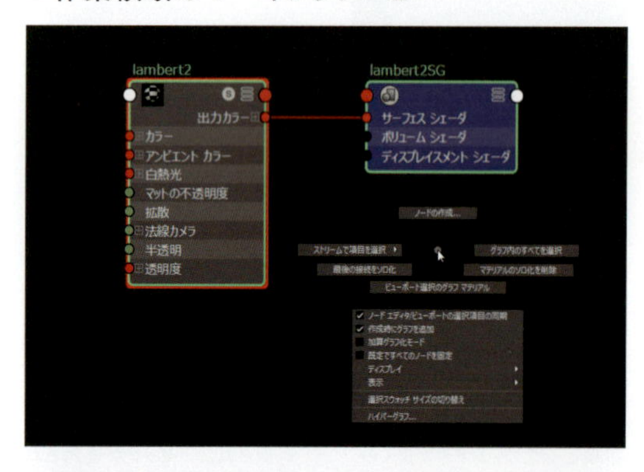

作業領域内の空の領域で 押したまま

作業領域内の空の領域を右クリックしそのまま押し続けることで、シェーディングネットワークの作成・表示に便利なコマンドにアクセスできるマーキングメニューが表示されます。

■ 接続ラインのマーキングメニュー

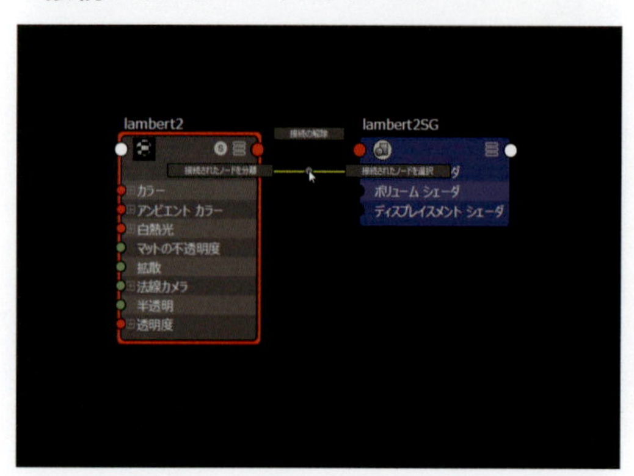

接続ライン上で 押したまま

接続ラインを右クリックしそのまま押し続けることで、その接続に関する便利なコマンドにアクセスできるマーキングメニューが表示されます。

■ ノードのマーキングメニュー

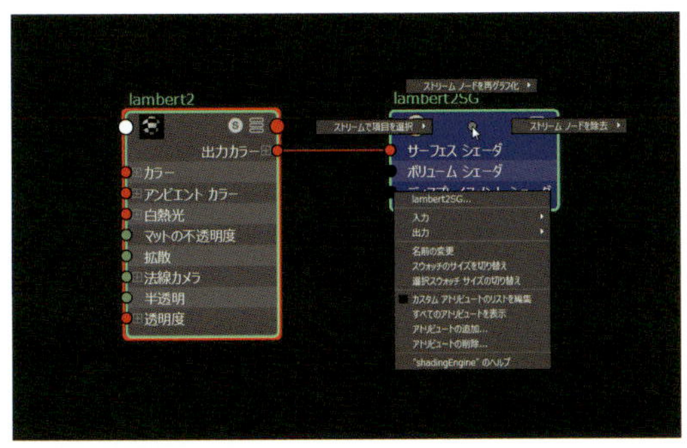

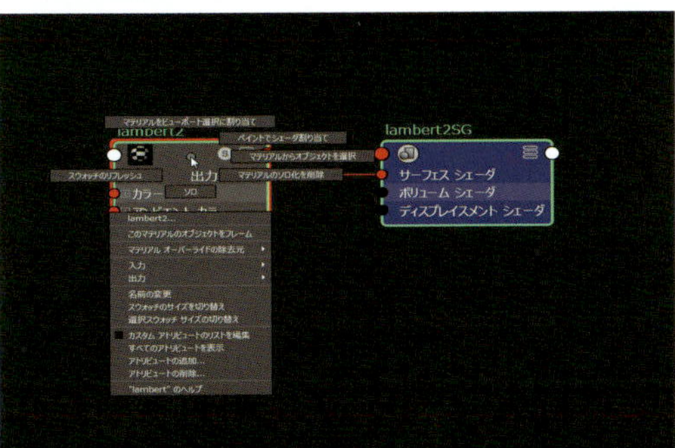

ノード上で 押したまま

ノードを右クリックしそのまま押し続けることで、そのノードに関する便利なコマンドにアクセスできるマーキングメニューが表示されます。個々のノードでメニュー内容が異なります。

≫ノードのソロ化

シェーディングネットワークが複雑になると、問題が発生した可能性がある場所を特定するのが難しくなります。ノードをソロ化することにより、シェーディンググラフを変更しなくてもその成分を確認できるので、複雑なシェーディングネットワークを扱うときに簡単に問題を特定することができます。

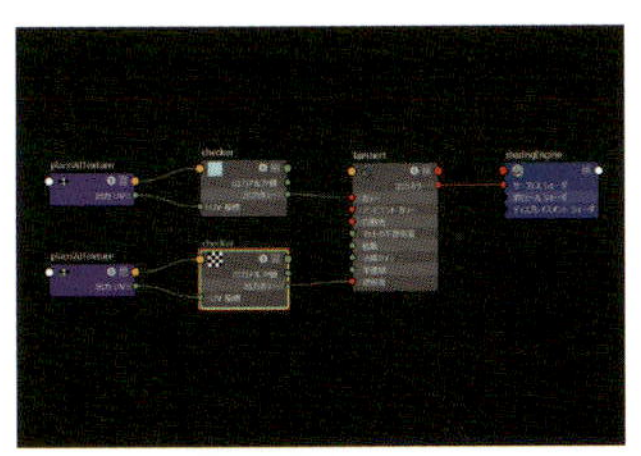
シェーディングネットワーク

Lambertマテリアル表示

カラーと透明度にチェッカパターンをアサインしたLambertマテリアルを平面ポリゴンにアサインしています。ノードのソロ化を行うことで、ノードの出力アトリビュートにつながるグラフの上流部分の結果をプレビューすることができます。

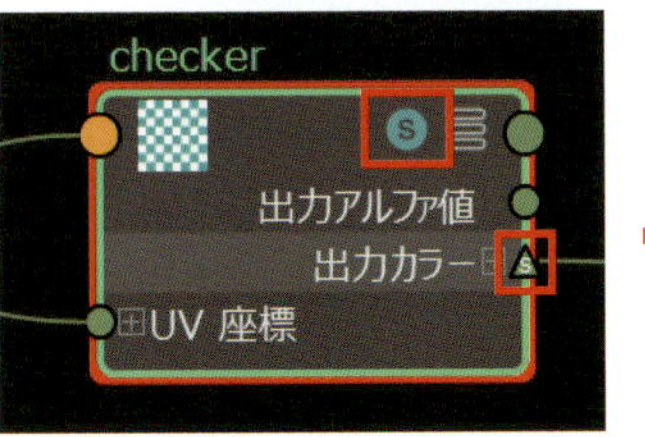
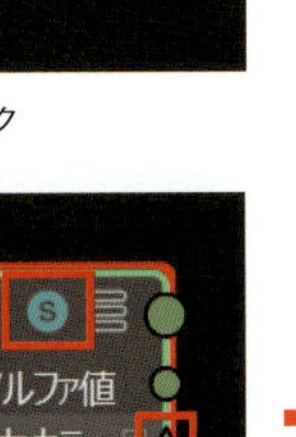

カラーにアサインしたチェッカノードのソロ化

カラーにアサインしているチェッカパターンの上流部分のみが表示されます。

ノードの右上にあるSをクリックすることで、ノードのソロ化を行うことができます。ここでは、Lambertのカラーと透明度に接続されているチェッカノードのソロ化を行っています。ソロ化を行うことで、各チェッカノードの出力だけが平面ポリゴンに反映されます。ソロ化されているノードのソロ化アイコンはSに変化します。また、ソロ化されたアトリビュートが三角形のポートとして表示されます。

透明度にアサインしたチェッカノードのソロ化

透明度にアサインしているチェッカパターンの上流部分のみが表示されます。

プロパティエディタ

シェーディングノードのアトリビュートが表示されるパネルです。シェーディングノードアトリビュートは、従来のアトリビュートエディタレイアウトかLookdevテンプレートビューの2つの表示方法があります。Lookdevテンプレートビューは、Lookdevワークフローのために最適化されたテンプレートであり、最も一般的に使用されるアトリビュートのみを一覧表示する簡単なレイアウトで、シェーディングノードアトリビュートの調整が容易にできるようになっています。

プロパティエディタ概要

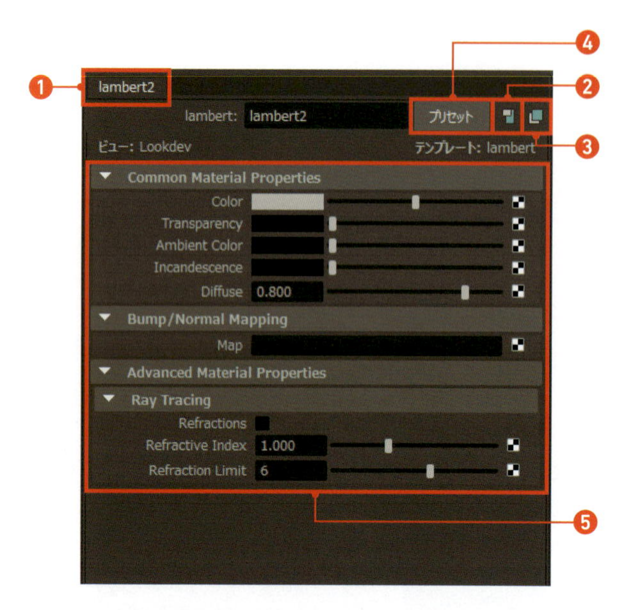

❶ 選択ノードタブ
ブラウザや作業領域で選択したノードのタブが表示されています。

❷ [Lookdevビューとアトリビュートエディタ間の切り替え]ボタン
Lookdevテンプレートビューかアトリビュートエディタビューの切り替えを行うボタンです。

❸ [プロパティパネルのティアオフ]ボタン
選択しているタブをフローティングウィンドウに複製します。

❹ プリセット
アトリビュートエディタと同じように、プロパティエディタでサポートされます。プリセットの保存と再使用が行えます。

❺ アトリビュート表示部分
選択したノードのアトリビュートが表示されます。

プロパティエディタの切り替え

● Lookdevテンプレートビュー

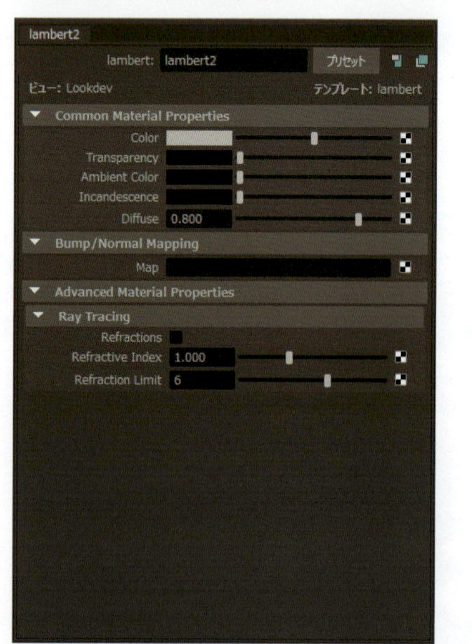

● アトリビュートエディタビュー

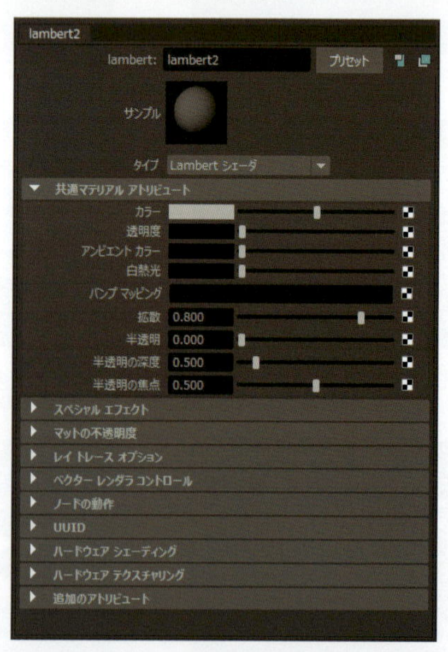

プロパティエディタ右上のをクリックすることで、Lookdevテンプレートビューで表示するか、従来のアトリビュートエディタビューで表示するか切り替える事ができます。選択したノードでLookdevビューを使用できない場合は、アトリビュートエディタビューが表示されます。

サーフェスマテリアルアトリビュート

サーフェスマテリアルノードを選択することで、アトリビュートをプロパティエディタに表示することができます。アトリビュートのパラメータを調整することで、さまざまな質感を表現することができます。Mayaには細かなアトリビュートが用意されていて、高度な表現を可能にしています。ここではアトリビュートのパラメータの一部を紹介します。

※サンプル画像はMayaソフトウェアレンダラでのレンダリングイメージになります。

共通マテリアルアトリビュート

ほとんどのマテリアルに共通する項目です。

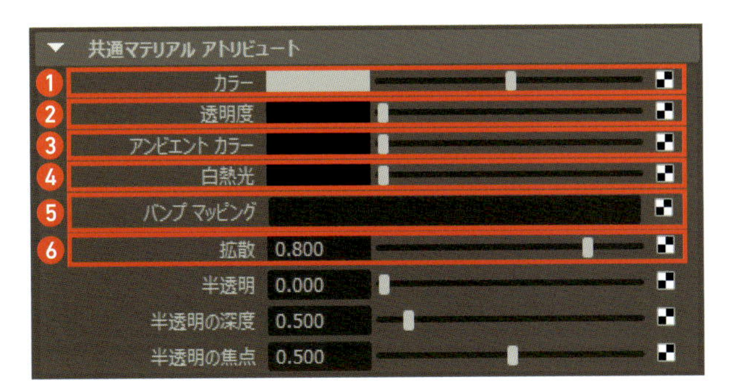

① カラー

サーフェイスのカラー、テクスチャを適用します。

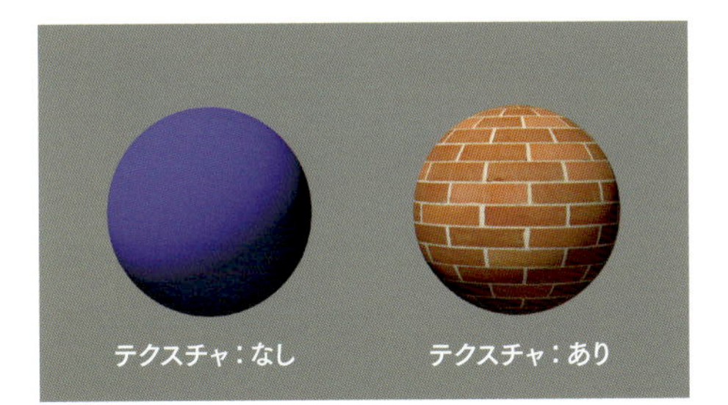

② 透明度

マテリアルの透明度を設定します。

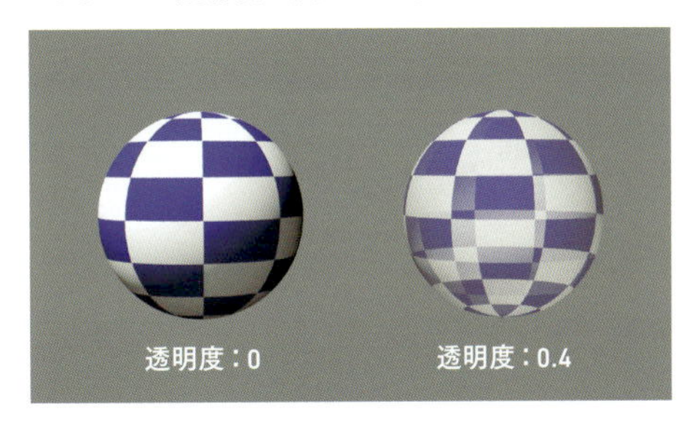

③ アンビエントカラー

マテリアルカラー全体の明るさを設定します。

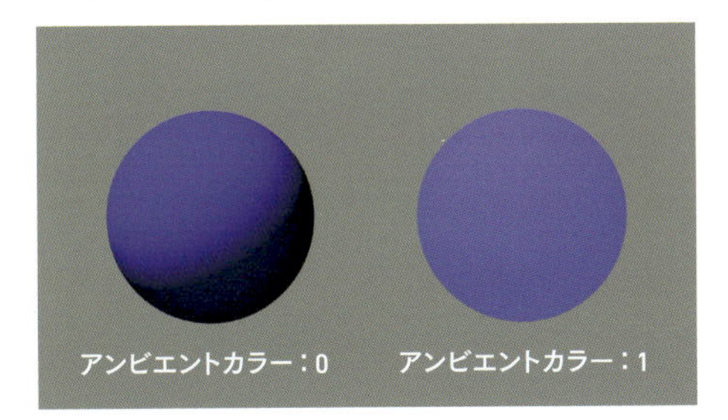

④ 白熱光

マテリアルから発光しているような結果が得られます。

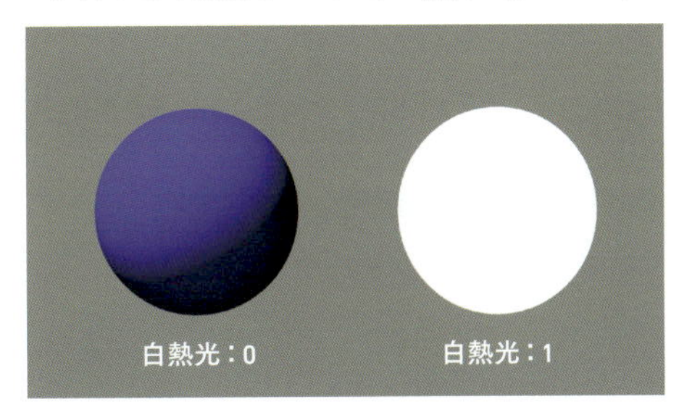

⑤ バンプマッピング

サーフェスに凹凸を表現します。

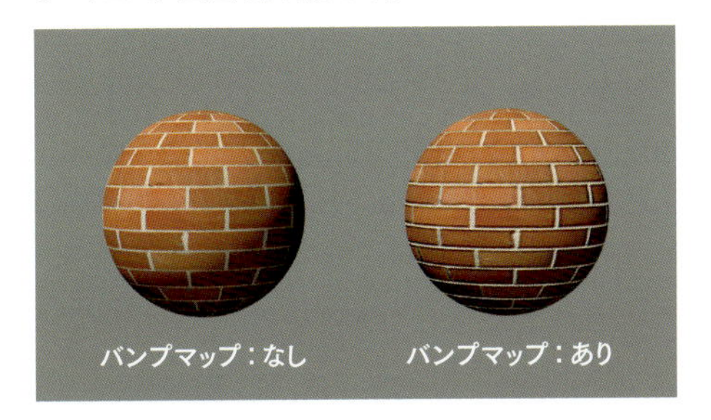

⑥ 拡散

光を反射した際の拡散量で、多いほど拡散します。

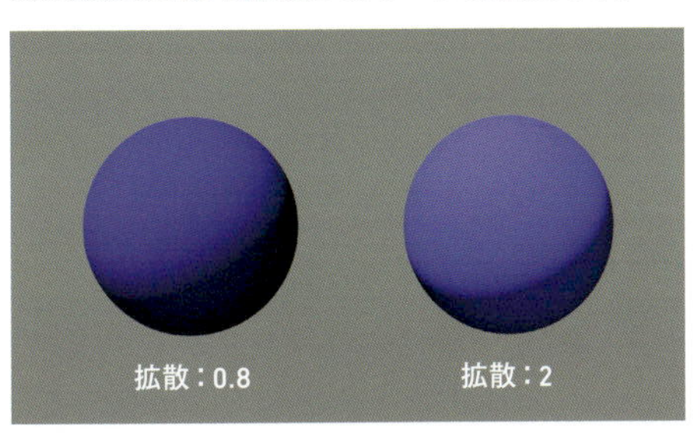

シェーダ固有アトリビュートの例（Blinn）：スペキュラシェーディング

ハイライトの影響設定です。レイトレースをオンにすると、より正確な結果が得られます。

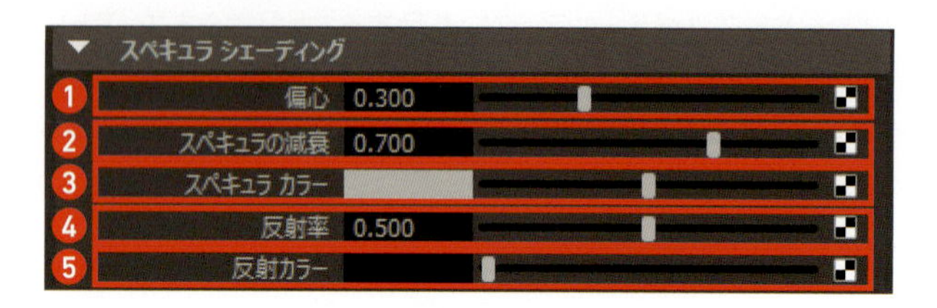

❶ 偏心（Blinnの固有アトリビュート）
ハイライトの大きさです。

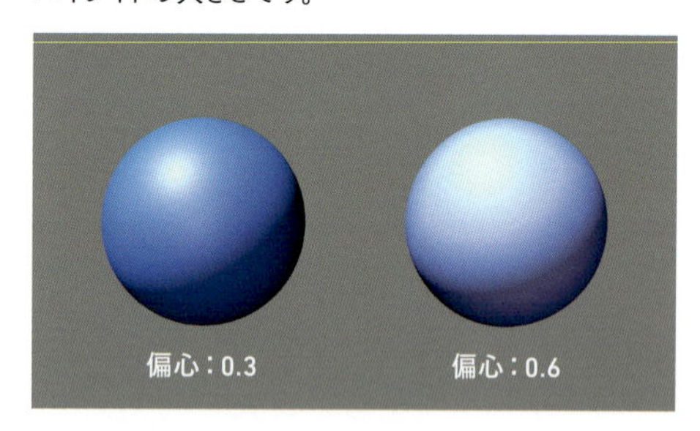

❷ スペキュラの減衰（Blinnの固有アトリビュート）
周囲の色の反射強度です。

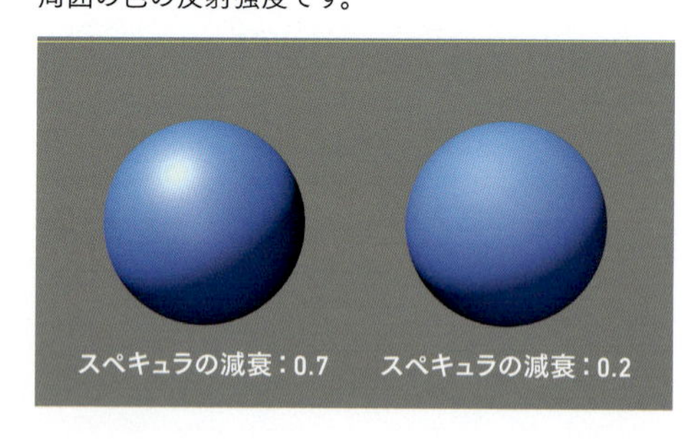

❸ スペキュラカラー
光を反射したときのスペキュラハイライトの色を設定できます。

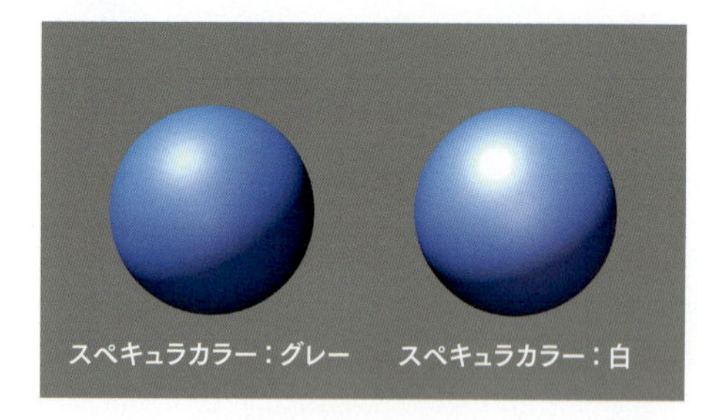

❹ 反射率
サーフェス周囲のオブジェクトや、反射カラーを反射できるようにします。

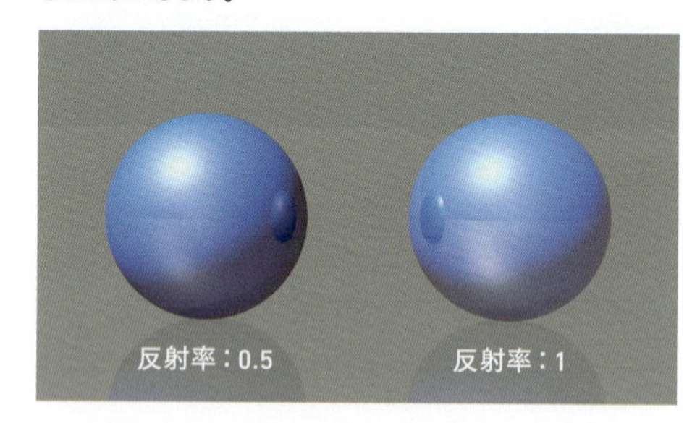

❺ 反射カラー
マテリアルから反射するライトのカラーを表します。レイトレーシングを実行していない場合は、イメージ、テクスチャ、環境マップをマッピングすることで、反射を模倣することができます。

※BlinnやPhongなどのマテリアルは、サーフェスの周囲にあるオブジェクトの映り込みなどの反射を設定できますが、レイトレースをオンにしなければ、レンダリングしたときに結果が反映されません。

共有されるアトリビュート：スペシャルエフェクト

グロー（発光効果）の制御ができます。これらのアトリビュートは、サーフェスで反射されたライト、またはサーフェス白熱光からのグローの外観を制御します。

● **グローの強度**

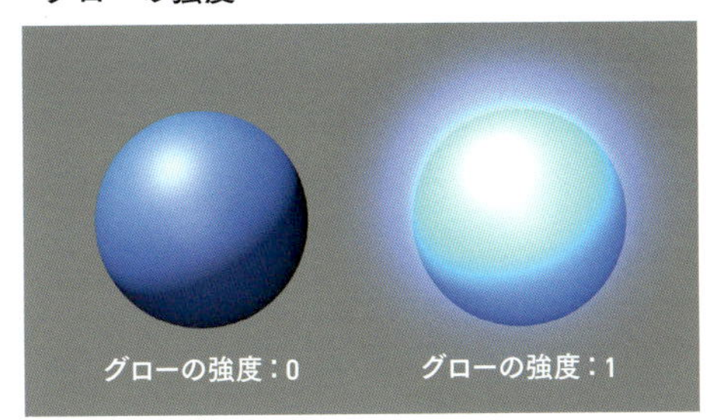

スペシャルエフェクト、アトリビュートは、Lambert、Blinn、Phong、PhongE、異方性のマテリアルで使用することができます。

共有されるアトリビュート：マットの不透明

オブジェクトのマスク値を調整します。変更することで、さまざまなマスク結果が得られます。

● **マットの不透明度**

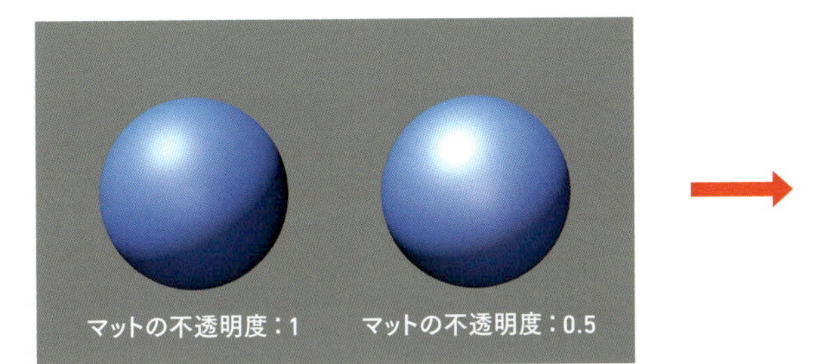

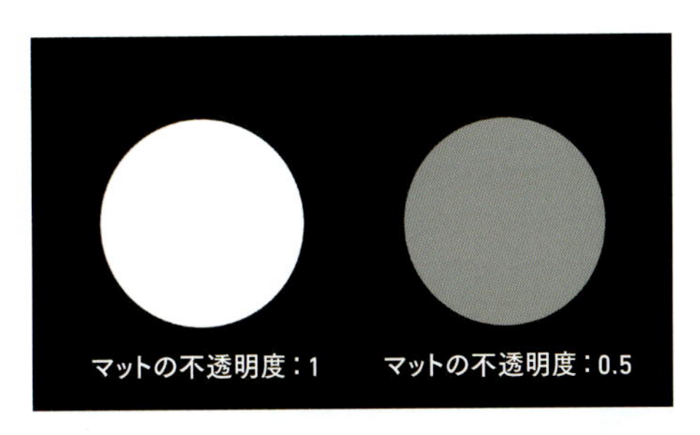

レンダリング後、アルファチャンネルで確認します。

ブラウザ

ブラウザには、シーンに影響するレンダリングコンポーネント（マテリアル、テクスチャ、ライト、カメラなど）を個別に表示するタブが用意されています。各レンダリングノードはブラウザ上で、ノードアイコン（スウォッチ）として表示されます。このノードアイコンはノードの特徴を視覚的に表したもので、ノードのアトリビュートを編集したり、テクスチャや特殊エフェクトなどを割り当てたりすると、スウォッチが更新されます。

ブラウザ概要

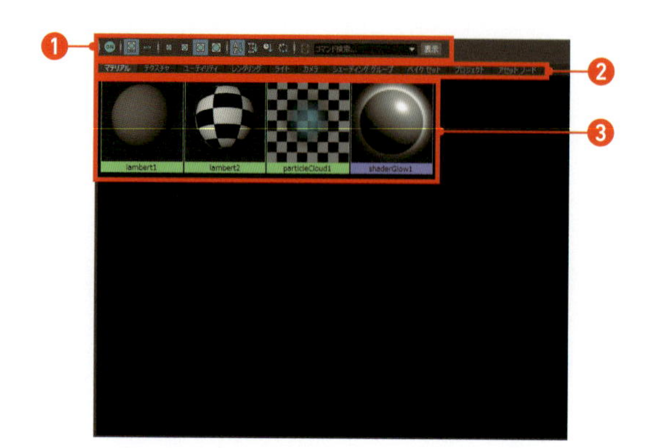

❶ ブラウザツールバー
ブラウザのツールバーでは、ノードのスウォッチのサイズ・表示方法の変更、ソート、フィルタなどの機能によってブラウザをカスタマイズすることができます。

❷ タブ
マテリアル、テクスチャ、ライトなどノード別に表示できるタブです。

❸ スウォッチ（ノードアイコン）
ノードの特徴を視覚的に表したアイコンです。アトリビュートの変更やテクスチャなどを割り当てるとスウォッチが更新されます。

ブラウザツールバー

[マテリアルおよびテクスチャのスウォッチ生成を停止する]
すべてのノードのスウォッチ生成のオンとオフを切り替えができます。

[アイコンとして表示]
スウォッチをテキスト付きアイコンとして表示します。

[リストとして表示]
スウォッチをテキストだけで表示します。

[小スウォッチとして表示]
スウォッチが小サイズになります。

[中スウォッチとして表示]
スウォッチが中サイズになります。

[大スウォッチとして表示]
スウォッチが大サイズになります。

表示

[表示]
表示させたいノードのタイプを選択できるメニューを表示します。

[特大スウォッチとして表示]
スウォッチが特大サイズになります。

[名前順でソート]
スウォッチをアルファベット順（A～Z）に並び替えます。

[タイプ順でソート]
スウォッチをタイプ別に並び替えます。タイプ別の各グループをアルファベット順にします。

[時間順でソート]
スウォッチを作成日時順に並び替えます。

[逆の順序でソート]
各ソートの順序を逆にしたい場合に使用します。

[フルモード]
作業領域へのフィルタのクリアすることができます。フィルタが無効の場合グレーアウトしています。

[フィルタフィールドテキストボックス]
ノードの名前を入力することにより、ノードをフィルタすることができます。

ブラウザマーキングメニュー

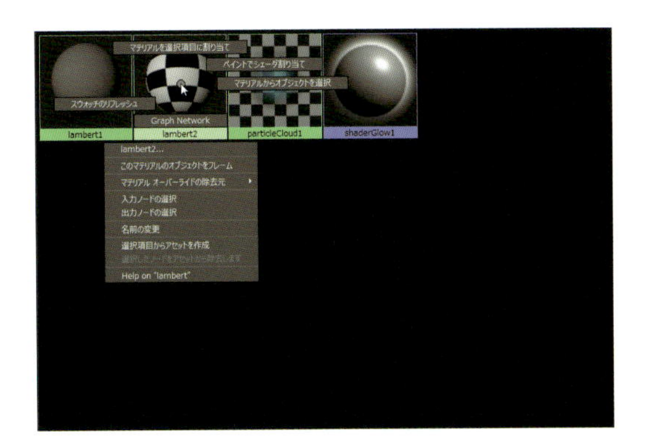

スウォッチの上で 押したまま

ブラウザのスウォッチを右クリックしそのまま押し続けることで、マテリアルの割り当て、表示、選択などに関する一般的な操作のマーキングメニューが表示されます。ノードのタイプによって表示されるマーキングメニューは異なります。

マテリアルビューア

マテリアルビューアでは、シェーダまたはソロ化されたマテリアルがレンダーされます。ハードウェアレンダラまたはArnold for Mayaを選択することができ、いくつかのジオメトリタイプから表示するジオメトリを選択することができます。リアルタイムでレンダーの更新を確認しながらシェーディングネットワークを調整することができます。

マテリアル ビューア概要

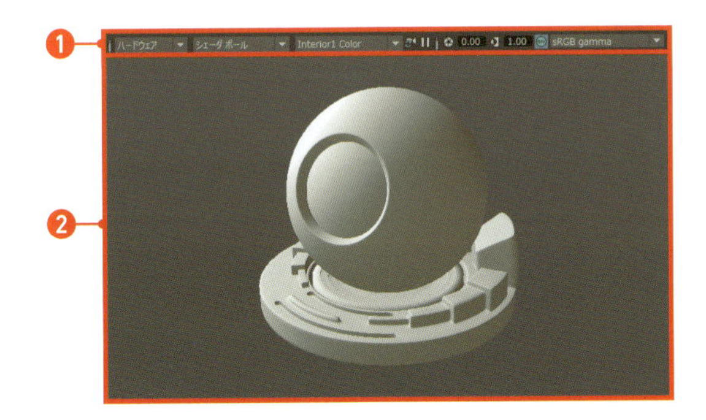

1 マテリアルビューアツールバー
レンダラの変更や表示ジオメトリの変更などの機能をつかってビューアの環境変更を行う事ができます。

2 ビューア
マテリアル、テクスチャを反映したジオメトリがレンダリングされます。

マテリアルビューアツールバー

[レンダラ変更 / ジオメトリ変更 / プリセット変更] ドロップダウンリスト
各項目の変更が行えます。

[カメラのリセット]
ビューアのカメラをリセットします。

[一時停止]
ビューポート2.0とビューアの表示更新の一時停止ができます。一時停止されるとビューアが赤い境界線で囲まれます。再度押すことにより解除されます。

[露光]
表示の輝度を調整します。

[ガンマ]
表示するイメージのコントラストや中間トーンの輝度を調整します。

[ビュー変換]
表示のためのレンダリングカラースペースからカラーの値を変換します。左のアイコンで機能のオンとオフを切り替えることができます。

マテリアルの作成とアサインの流れ

実際にハイパーシェードを使用して、マテリアルの作成とアサインの流れを見てみましょう。メインメニューの［ウィンドウ］>［レンダリングエディタ］>［ハイパーシェード］、またはステータスラインの をクリックしてハイパーシェードを開きます。作成タブのサーフェスからオブジェクトにアサインしたいマテリアルを選択します。

開始シーン ▶ MayaData/Chap03/scenes/Chap03_MatAssign_Start.mb

1　マテリアルを作成する

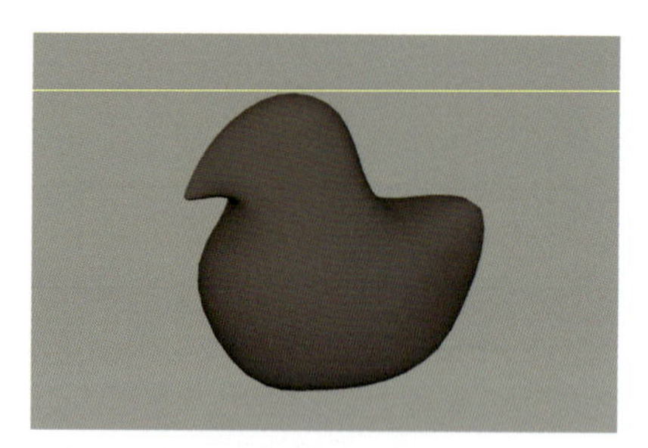

オブジェクトを用意します。

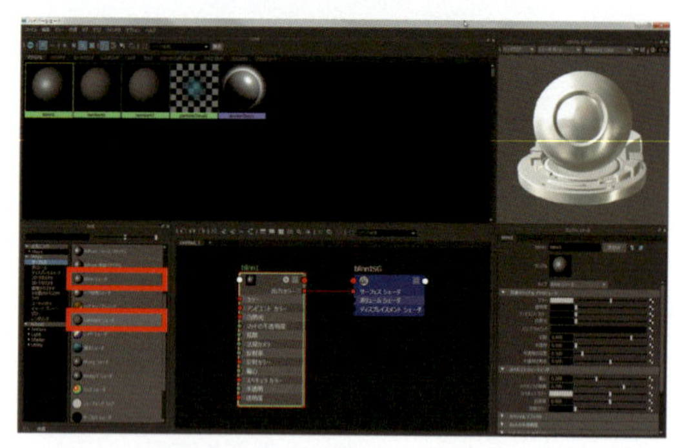

作成タブからBlinnシェーダ、Lambertシェーダをクリックしマテリアルを作成します。

2　Blinnのアトリビュートを表示する

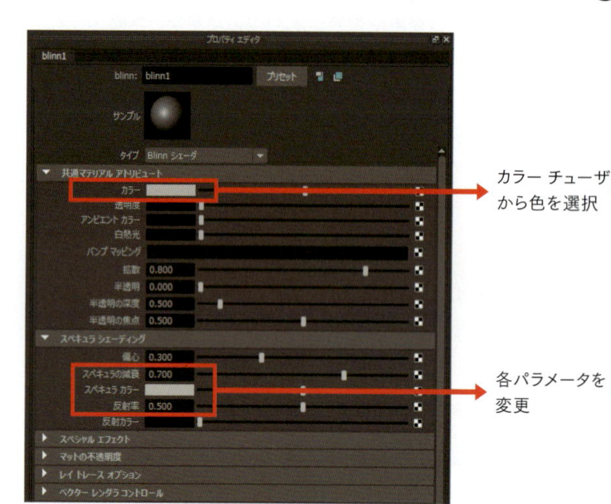

作成したBlinnをブラウザで選択、または作業領域でBlinnノードを選択することにより、プロパティエディタにBlinnのアトリビュートが表示されます。ここではアトリビュートエディタビューで作業を行います。Lookdevテンプレートビューになっている場合は をクリックして切り替えます。

カラー チューザから色を選択

各パラメータを変更

3　Blinnのアトリビュートを変更する

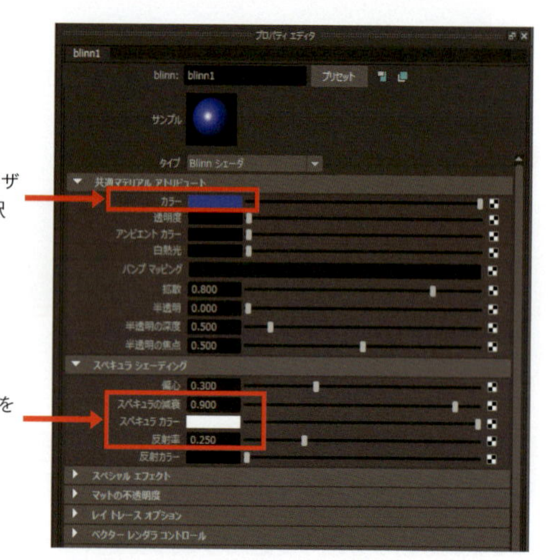

アトリビュートを変更したものです。カラーチューザから違う色を選択します。

その他変更点
- スペキュラの減衰を大きく
- スペキュラカラーを明るく
- 反射率を少なく

MEMO　**デフォルトマテリアルは使わない**

新しいシーンには自動的に3つのマテリアル（lambert1、particleCloud1、ShaderGlow1）が作成されています。デフォルトマテリアルは、新しく作られるオブジェクトに自動的にアサインされます。通常、作成したオブジェクトには個別のマテリアル、個別の質感、テクスチャがあるはずです。自動的に共通化されてしまうデフォルトマテリアルは使用せず、新規マテリアルを作成してアサインしましょう。

4 Lambertのアトリビュートを表示する

作成したLambertをブラウザで選択、または作業領域でLambertノードを選択することにより、プロパティエディタにLambertのアトリビュートが表示されます。

カラー チューザから色を選択

5 Lambertのアトリビュートを変更する

アトリビュートを変更したものです。カラーチューザから違う色を選択します。

6 マテリアルのアサイン(2種類の方法がある)

方法1:ブラウザからマテリアルを🖱ドラッグで、対象のオブジェクトにドロップするとアサインできます。

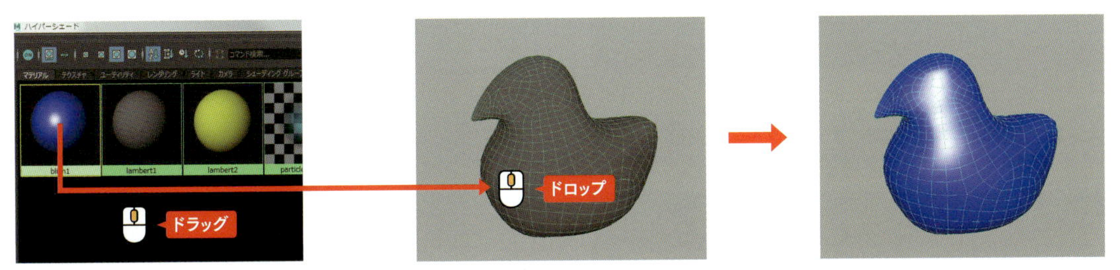

Blinnマテリアルがアサインされました。

方法2:オブジェクトまたはフェースを選択して、マテリアル上で🖱クリックしてマーキングメニューを表示させます。[マテリアルを選択項目に割り当て]を実行すれば、アサインすることができます。

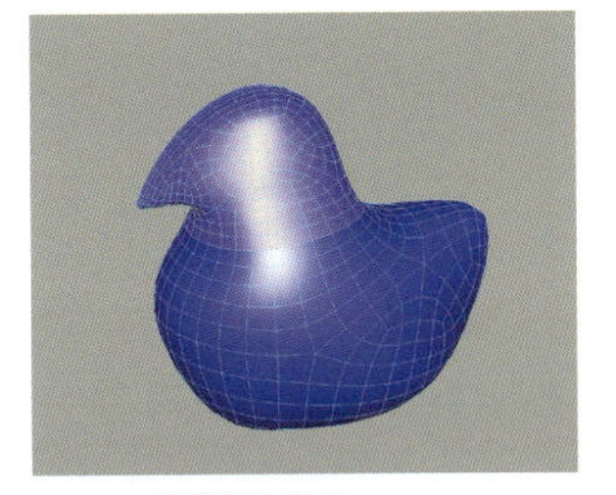

フェースを選択します。

マーキングメニューから[マテリアルを選択項目に割り当て]を実行します。

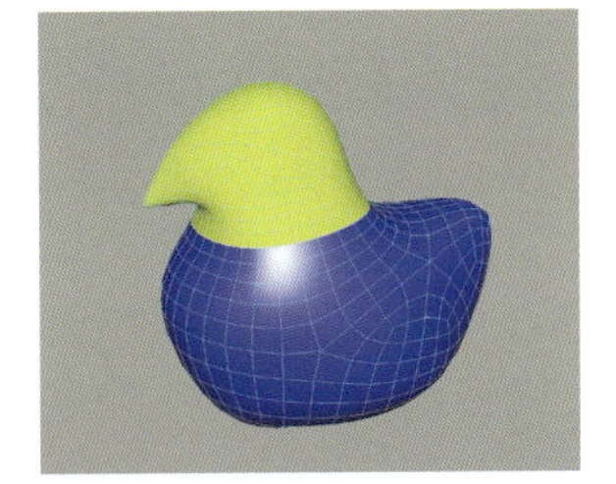

選択したフェースにLambertマテリアルがアサインされました。

7 結果を確認

Mayaソフトウェアレンダラでのレンダリングイメージ

ビューポートで指定したマテリアルの質感やカラーを確認しましょう。ビューポートのモデルにマテリアルが反映していない場合は[既定のマテリアルの使用]が有効になっていないか確認してみましょう。また、マテリアルをアサインしたオブジェクトをレンダリングしてみるのもいいでしょう。

ハイパーシェードでの選択

シェーディングの基礎として、ハイパーシェードを使ったマテリアルのアサインを説明しました。次にこれまでとは少し異なる、ハイパーシェードの選択機能を紹介します。

マテリアルからオブジェクトを選択

任意のマテリアルから、そのマテリアルがアサインされているオブジェクトやコンポーネントを選択することが可能です。使用する際は、マテリアルを選択してから実行します。

方法1：マテリアルを選択して、[編集] > [マテリアルからオブジェクトを選択]

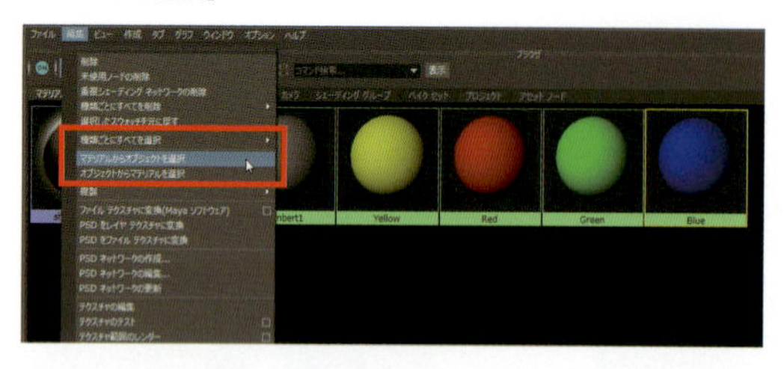

方法2：マテリアルを選択して、🖱でマーキングメニューを出し、[マテリアルからオブジェクトを選択]

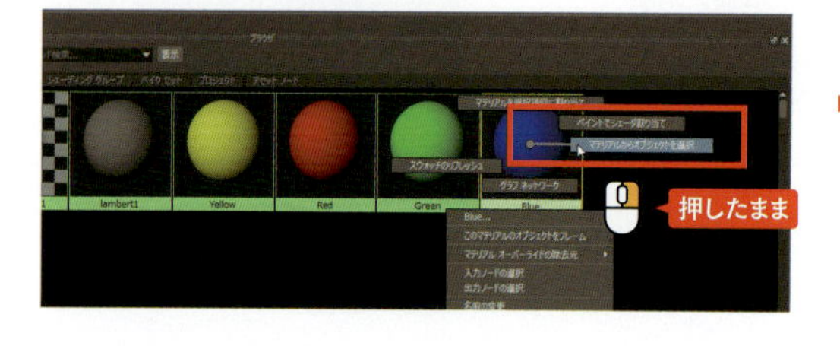

マテリアルがアサインされているオブジェクトが選択されます。

オブジェクトからマテリアルを選択

選択したオブジェクトやコンポーネントから、アサインされているマテリアルを選択することが可能です。

オブジェクト、またはオブジェクトの一部を選択します。ここではフェースを選択しています。

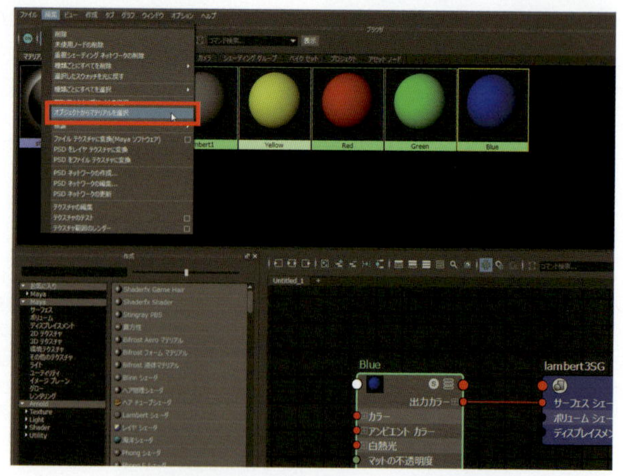

ハイパーシェードの[編集] > [オブジェクトからマテリアルを選択]で、アサインされているマテリアルが選択されます。

ハイパーシェードのレイアウトをカスタマイズする

ハイパーシェードはパネルのドッキング、ドッキング解除、配置変更を行うことができます。ハイパーシェードを開いたときに既定で表示されている、ブラウザ・マテリアルビューア・プロパティエディタ・作成およびビンパネル以外のパネルも追加でき、ワークフローに最適なレイアウトにすることができます。

ドッキング

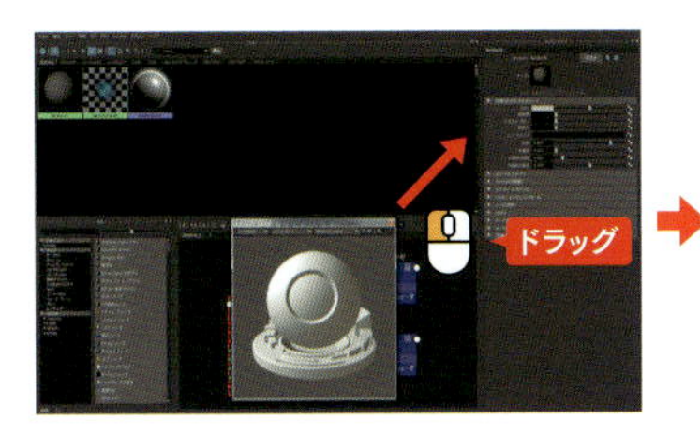

パネルをドラッグします。

ドッキングしたい位置にパネルをドラッグするとスペースができるので、よければパネルをドロップします。

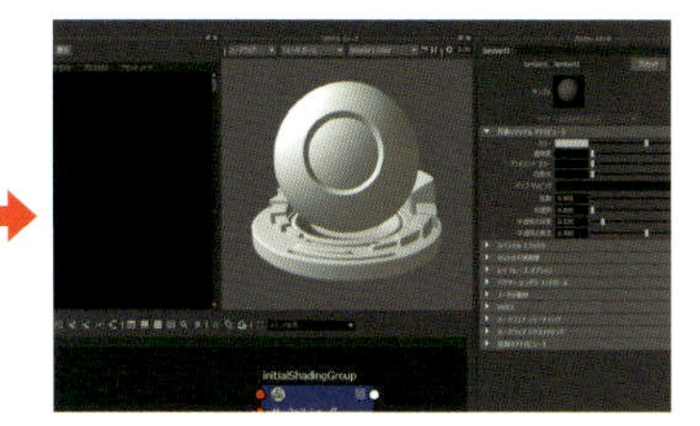

パネルがドッキングされます。

パネルを別のパネルにドッキング

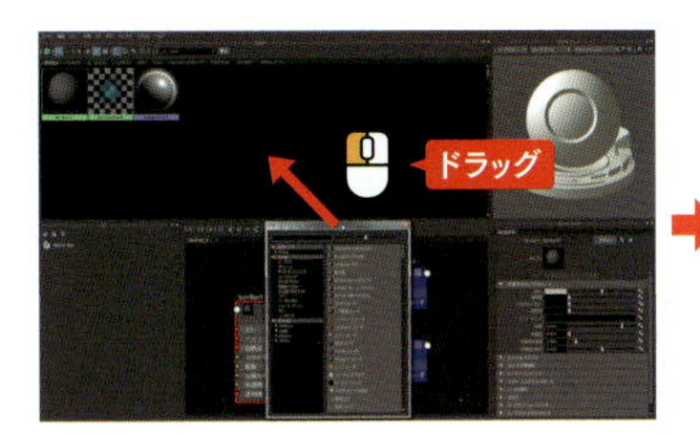

パネルをドラッグします。

ドッキングしたいパネルの上でドラッグしているパネルをドロップします。

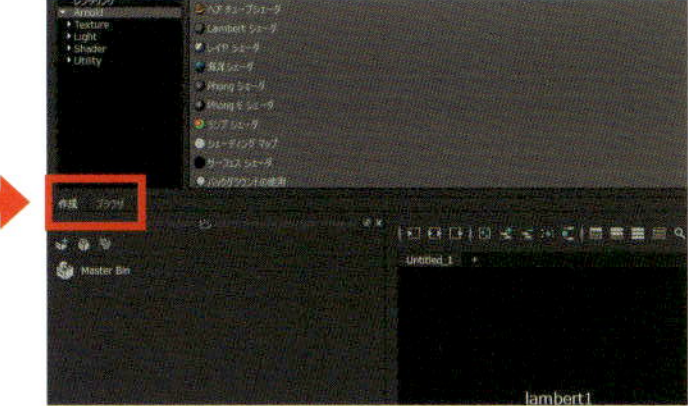

作成パネルがブラウザパネルにドッキングされ、パネル下にタブが新たに作成されます。

ドッキング解除

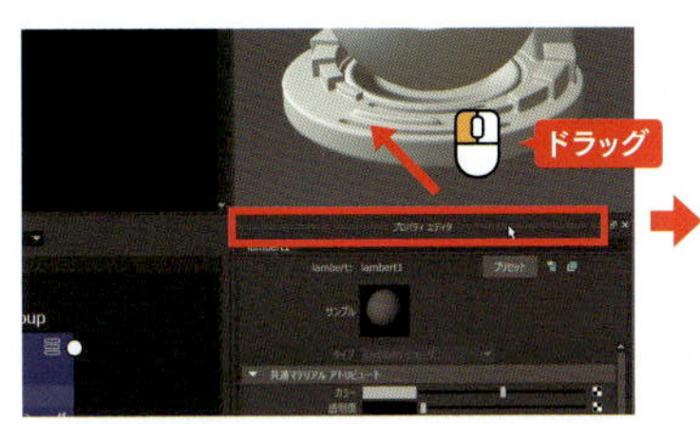

ドッキング解除したいパネルの上部の2点鎖線を現在の場所から離すようにドラッグします。

他の位置やパネルにドッキングしない場所でパネルをドロップします。

ドッキングが解除されました。

他のパネルをレイアウトに追加・ドッキング

メニューの［ウィンドウ］から任意のパネル（ビューポート・レンダービュー・アウトライナ・UVエディタ・グラフエディタ・アトリビュートスプレッドシート）を開き、そのパネルをハイパーシェードにドッキングすることができます。

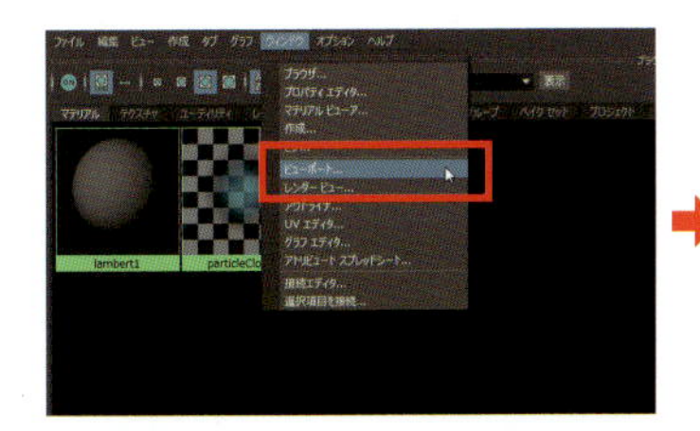

［ウィンドウ］>［ビューポート］を選択します。

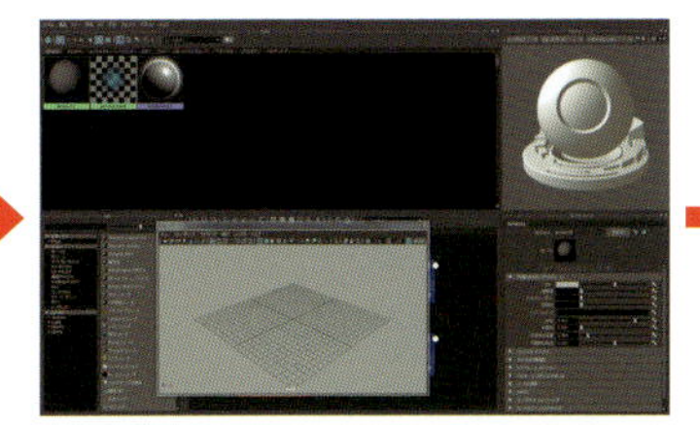

ビューポートパネルが作成されるので、ドッキングします。

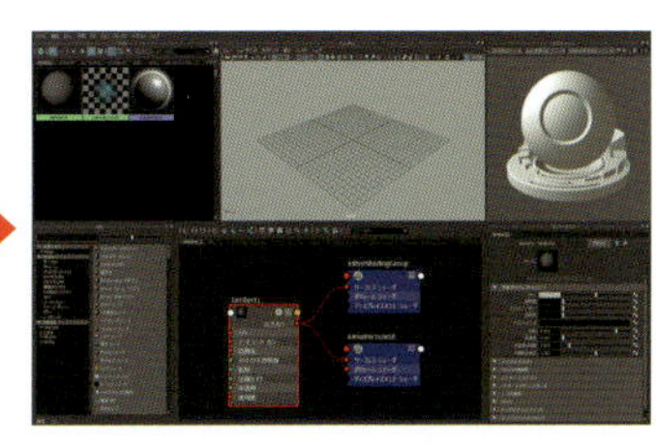

作成したビューポートがドッキングされ、ハイパーシェードに追加されました。

Chapter

3-3 テクスチャの基礎

Mayaでは、2Dテクスチャ・3Dテクスチャ・環境テクスチャ・レイヤテクスチャそれぞれに、さまざまなパターンが用意されています。ここでは、自分で画像データを用意するファイルテクスチャを中心に解説します。

テクスチャとは

モデリングとマテリアルの基本的な設定のみで、模様や細やかな凹凸等のディテールを表現するのは困難です。そこで、模様やディテールが描かれている画像データを貼り付けることで、それらを表現します。このときに使用する画像データを「テクスチャ」と言います。テクスチャにはカラーテクスチャ、光沢などを表現するスペキュラ用、凹凸を表現するバンプ用、ノーマル用などさまざまな種類があります。これらを駆使することでより求めている表現が可能になります。具体的に見てみましょう。

テクスチャの種類

カラーテクスチャは画像がそのままモデルに反映されますが、その他のテクスチャでは、画像は強弱などを表した数値の「情報」として扱われます。どのような「情報」に変換されるかを理解したうえで、必要なテクスチャを使用しましょう。

■ カラーテクスチャ

一般的にテクスチャとは、RGBのカラーテクスチャを指します。また、アルファ情報がカラーテクスチャに含まれていれば、自動的に透明度にアサインされます。

■ グレースケールテクスチャ

マスク、バンプマップ、ディスプレイスメントマップなどに代表されるように、色の黒～白を0～1の数値として扱います。複雑で繊細な強弱表現が可能です。例えば、バンプマップは白いほど「凸」、黒いほど「凹」として表現されます。

■ 法線マップ（ノーマルマップ）テクスチャ

凸凹の法線方向XYZをRGBで表した特殊なテクスチャで、法線（ノーマル）マップといいます。法線方向に合わせて、立体的な表現が可能です。

■ アルファチャンネル

黒〜白の0〜1の明度を透明度として扱います。黒に近いほど透明度が高くなります。（白＝不透明、黒＝透明）

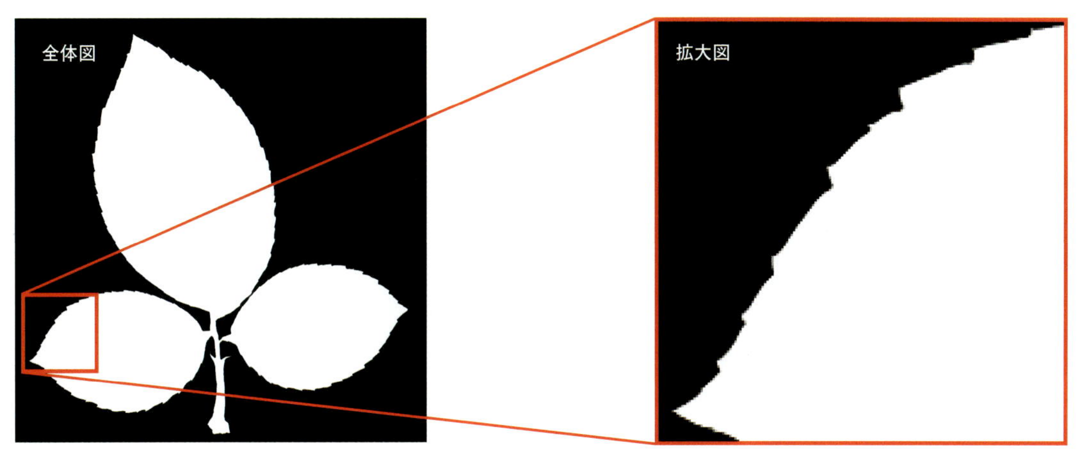

テクスチャのアルファ

アンチエイリアスをかけ、境界線にグラデーションを入れたもの

テクスチャは作成したオブジェクトに貼ることで、さまざまな質感の表現が可能になります。テクスチャを貼り付けることを、テクスチャマッピングと呼びます。

シリンダ状のオブジェクトに、缶のテクスチャをマッピングしたもの

プレーン状のオブジェクトに、アルファ情報を持った葉のテクスチャをマッピングしたもの

法線マップ（ノーマルマップ）

ここでは、法線マップについて詳しく解説していきます。実際に法線マップがどう働くのかを説明するために、まず法線とは何かを説明していきます。

法線とは

法線とは、ポリゴン平面に対して垂直な論理的な線です。Mayaでの法線は、ポリゴンのフェースの方向を定義するフェース法線とシェーディング時にフェースのエッジをどう表現するかを定義する、頂点法線があります。

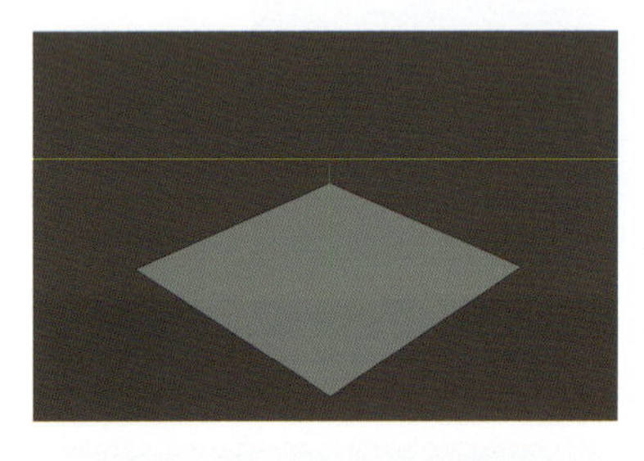

フェース法線
メインメニューの[ディスプレイ]>[ポリゴン]>[フェース法線]で表示されます。

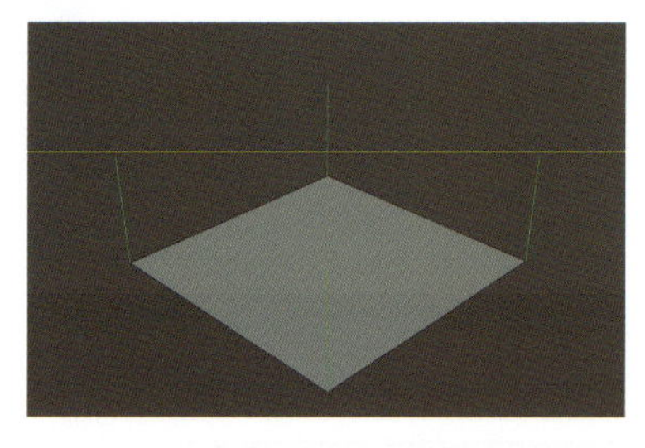

頂点法線
メインメニューの[ディスプレイ]>[ポリゴン]>[頂点法線]で表示されます。

この法線がどのように利用されているかというと、基本的な例としては、光源に対する相対的な面の角度によって、オブジェクトの各ポリゴンがどう光を受けているかを表現するときなどです。光の受け方の差異で陰影をつけ、オブジェクトの形状や凹凸などを表現しています。

表面に凹凸が無い

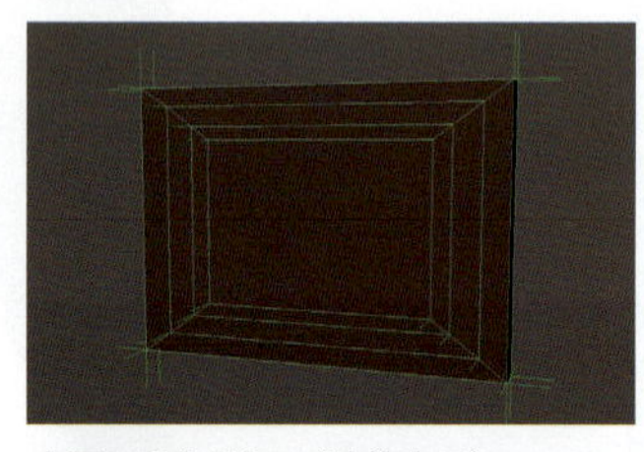

表面に凹凸が無い（法線表示）

各頂点の法線の向きが同じであり、光源に対する角度も同じなので、差異がなく平らに見えます。

表面に凹凸がある

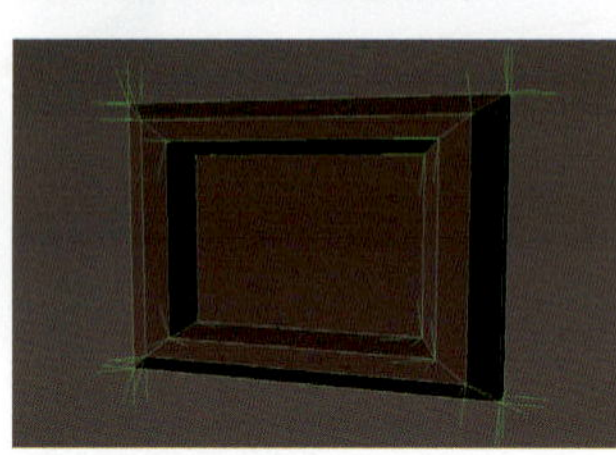

表面に凹凸がある（法線表示）

頂点を移動させたことにより、光源に対するポリゴン面の角度がそれぞれ異なっています。各頂点の法線もそれぞれ異なった方向になり、これにより陰影ができ凹凸が表現されています。

■ 法線の実験

ここで、頂点法線をつかって実験をおこなってみます。凹凸の無い平らなオブジェクトの頂点法線を、凹凸のあるオブジェクトの頂点法線と同じ方向にしてみます。

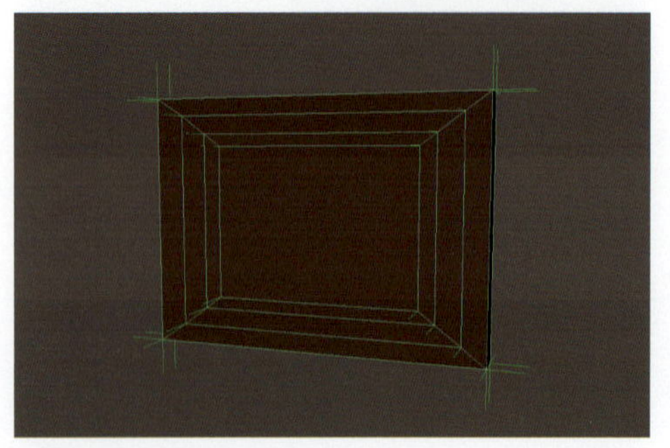

表面に凹凸が無いオブジェクト

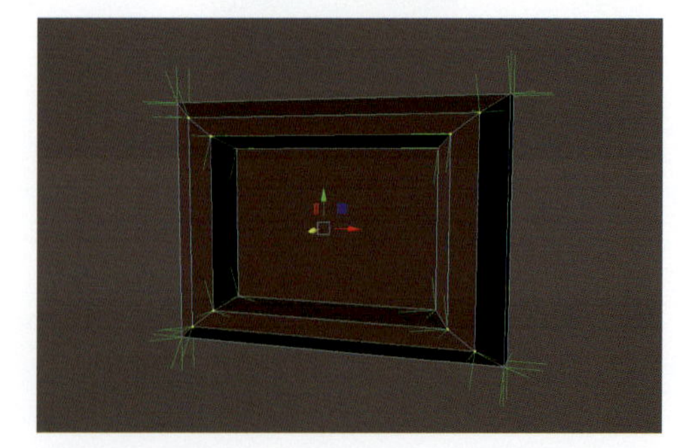

頂点を移動させ表面に凹凸を作ります。凹凸が作れたら、オブジェクトを複製します。

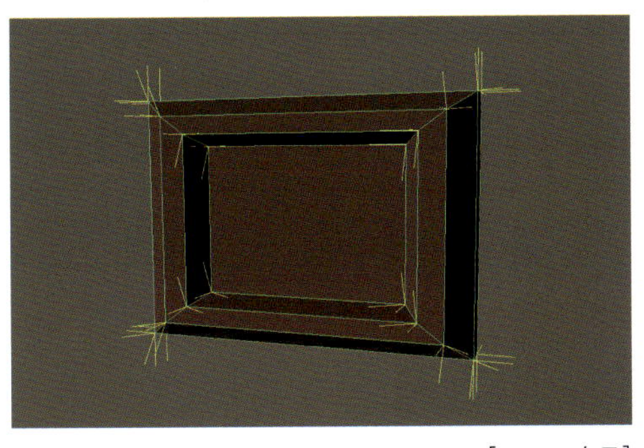

複製したオブジェクトを選択し、メインメニューの［メッシュ表示］>［法線のロック］を実行して、頂点法線をロックします。表示されている法線が黄色くなりロックされていることが確認できます。

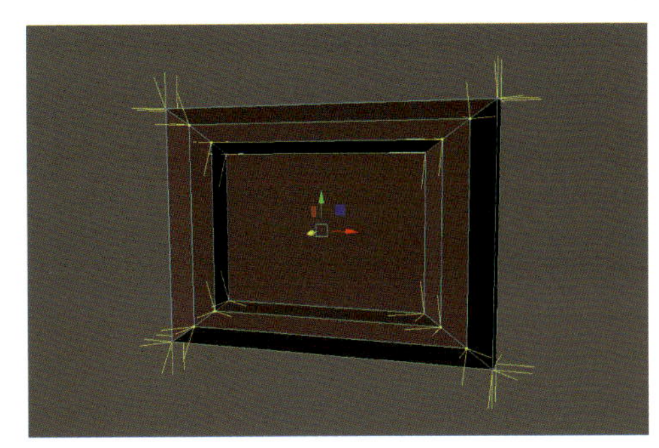

次に、移動させた頂点を元の平面状態まで戻し凹凸をなくします。これで凹凸時の頂点法線の角度を保ったまま平面の状態になりました。

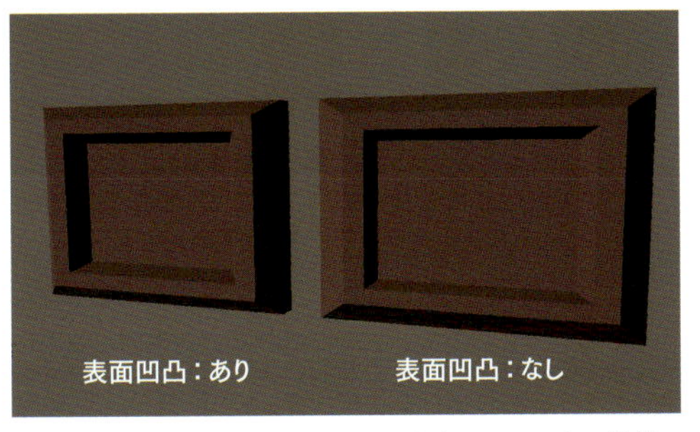

凹凸のある複製元と比較してみます。実際に凹凸がない状態でもほぼ同じように陰影が付き、凹凸が実際にあるように表示されています。

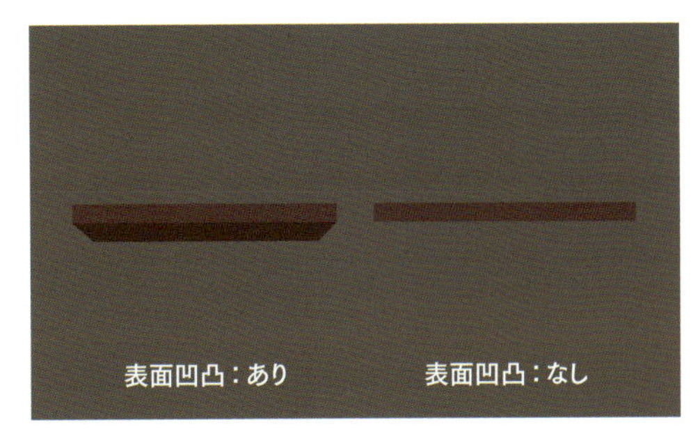

こちらは左図を上面から表示したものです。

このことから、法線情報があれば平面であっても凹凸を擬似的に表現することができることがわかります。この法線の情報をテクスチャ画像にしたものが、法線マップ（ノーマルマップ）テクスチャです。

法線マップ（ノーマルマップ）とは

法線マップとは、詳細なオブジェクトの法線ベクトルXYZをRGBに対応させた画像です。各ピクセルのRGB値は、向きベクトルのXYZ値に置き換えられ、サーフェスの凹凸などを表すための法線として使われます。法線マップをサーフェスに適用することにより、擬似的な凹凸を表現することができ、ハイポリゴンモデルの複雑な表面を、ローポリゴンモデルで表現することができます。

ハイポリゴンのモデルから、法線マップを作成します。

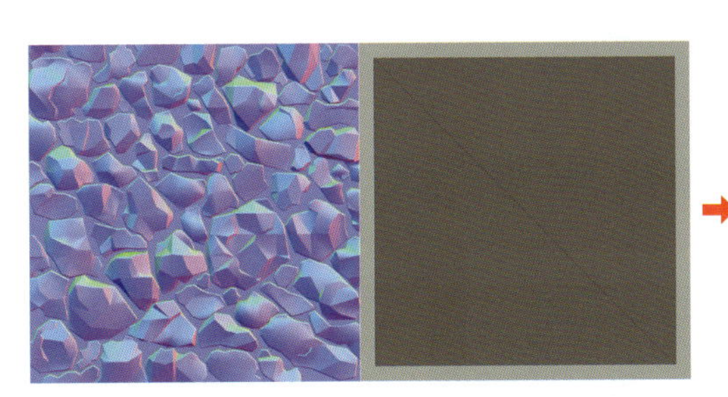

作成された法線マップを、ローポリゴンのモデルに適用します。

結果、ハイポリゴンのモデルのようなディテールを表現できます。

法線マップ（ノーマルマップ）の作成

一般的に、法線マップは、3Dモデルやテクスチャなどから作成することができます。ここでは、ハイポリゴンから作成した法線マップをローポリゴンにアサインする方法とあらかじめテクスチャで擬似的に法線マップを作成する方法を解説します。

■ モデルからの法線マップの作成

ハイポリゴンモデルとローポリゴンモデル

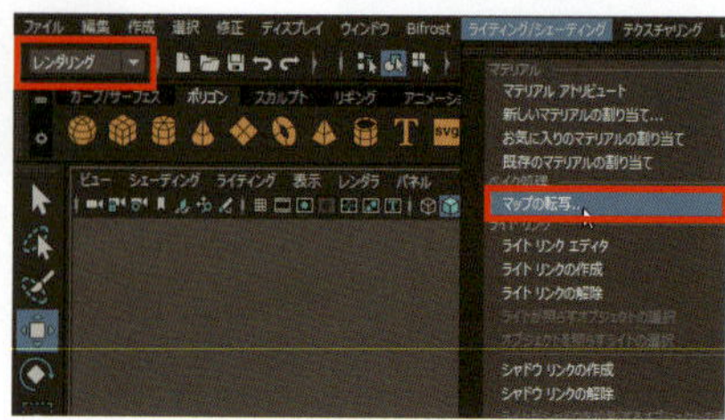

ハイポリゴンモデル（三角ポリゴン数：4200）とローポリゴンモデル（三角ポリゴン数：2）を用意します。メニューセットの［レンダリング］を選択して、メインメニューの［ライティング/シェーディング］>［マップの転写］をクリックします。

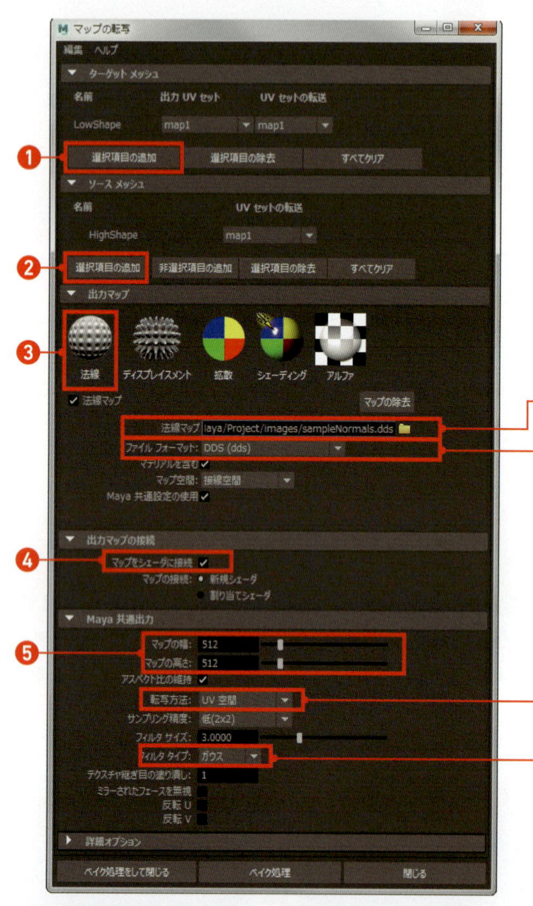

マップの転写設定

マップの転写ウィンドウ内にある各項目を設定します。

❶ ローポリゴンモデルを選択して、［ターゲットメッシュ］>［選択項目の追加］をクリックします。

❷ 次に、ハイポリゴンモデルを選択して、［ソースメッシュ］>［選択項目の追加］をクリックします。

❸［出力マップ］の項目で、法線を選択すると、法線マップの設定が表示されます。

［法線マップ］：保存するファイルのパスを選択

［ファイルフォーマット］：保存するファイルフォーマットを選択

❹［マップをシェーダに接続］にチェックを入れると、作成した法線マップが自動的にターゲットメッシュにアサインされます。

［転写方法］：［UV空間］を選択

［フィルタタイプ］：［ガウス］を選択

❺ Maya共通の出力項目の［マップの幅］、［マップの高さ］に解像度を入力します。設定が終わったら［ベイク処理］をクリックします。

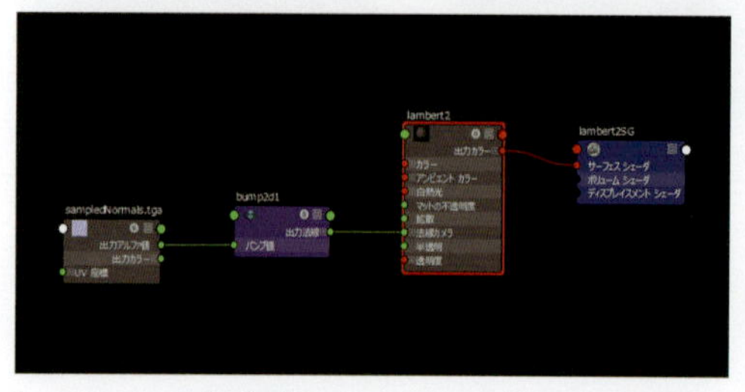

［マップをシェーダに接続］にチェックを入れていたので、自動的にマテリアルを作り法線マップがアサインされます。

転写して作成された、法線マップ

法線マップが作成されました。ローポリゴンモデルのマテリアルを確認しましょう、この時、ファイル アトリビュートの［カラースペース］が［Raw］になっているか確認します。

左がハイポリゴンモデル、右が法線マップを適用したローポリゴンモデルです。

ビュー パネルでの適用結果。左：ハイポリゴンモデル（ポリゴン数：4200）、右：ローポリゴンモデル（ポリゴン数：2）

■ テクスチャからの法線マップの作成

Photoshopのプラグイン（「https://developer.nvidia.com/nvidia-texture-tools-adobe-photoshop」からダウンロード）を使い、テクスチャから法線マップを作成します。Photoshopのメニューから［フィルタ］>［NVIDIA Tools］>［NormalMapFilter］を実行します。ウィンドウの［OK］ボタンをクリックすると、法線マップが作成されます。

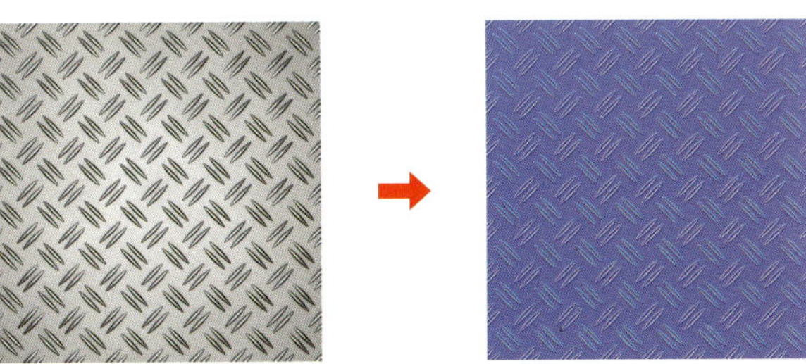

法線マップ変換前　　法線マップ変換後

オブジェクトにカラーテクスチャと法線マップを貼ります。テクスチャのアサイン方法は、後述の「テクスチャをマテリアルにアサインする」を参照してください。
法線マップは、共通マテリアルアトリビュートのバンプマッピングに貼ります。バンプ2Dアトリビュートの［使用対象］は［接線空間法線］を選択します。ファイルアトリビュートの［カラースペース］が［Raw］になっているか確認します。

法線マップが貼られ、凹凸が表現されました。

法線マップテクスチャをアサイン前

法線マップテクスチャをアサイン後

ライトの角度を変更すると、凹凸やシャドウも変化します。

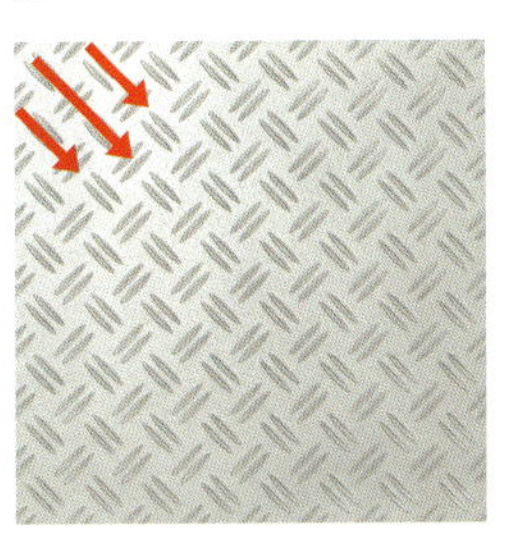

ライトが左から当たっている時

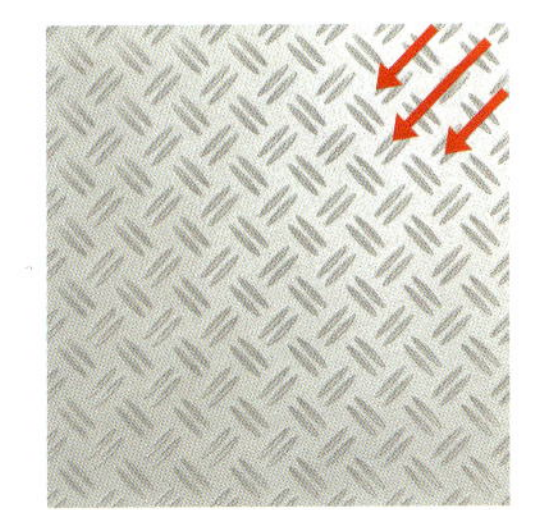

ライトが右から当たっている時

テクスチャをマテリアルにアサインする

まず、使用するテクスチャはプロジェクトの「sourceimages」に入れておきます。その後、ハイパーシェードを使って、マテリアルに使用するテクスチャの設定をします。まず、［作成］＞［ポリゴンプリミティブ］＞［立方体］で、立方体を作成したら、ハイパーシェードを使ってマテリアルを作成し、そのマテリアルにテクスチャを設定します。

テクスチャ ▶ MayaData/Chap03/sourceimages/WoodBox.tga

1 マテリアルを作成する

作成タブからマテリアルを選択します。今回はLambertを作成しました。

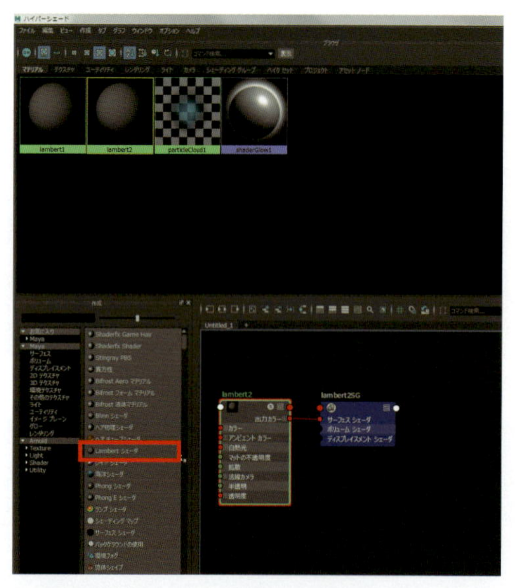

Lambertの作成

2 テクスチャアサイン

作成したLambertマテリアルを選択します。右下のプロパティエディタにマテリアルのアトリビュートが表示されます。ここではアトリビュートエディタビューで作業を行います。Lookdevテンプレートビューになっている場合は■をクリックして切り替えます。
共通マテリアルアトリビュートからカラー■ボタンでレンダーノード作成ウィンドウを読み出します。

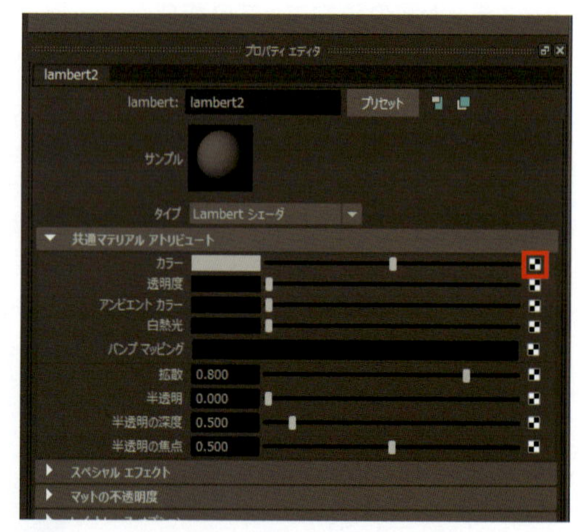

Lambertのアトリビュート

3 ファイルノードの選択

レンダーノードの作成ウィンドウの［2Dテクスチャから］から［ファイル］を選択します。作業領域をみるとplace2dTextureとfileのノードが追加され、Lambertに自動的に接続されているのが解ります。

ファイルノードの選択

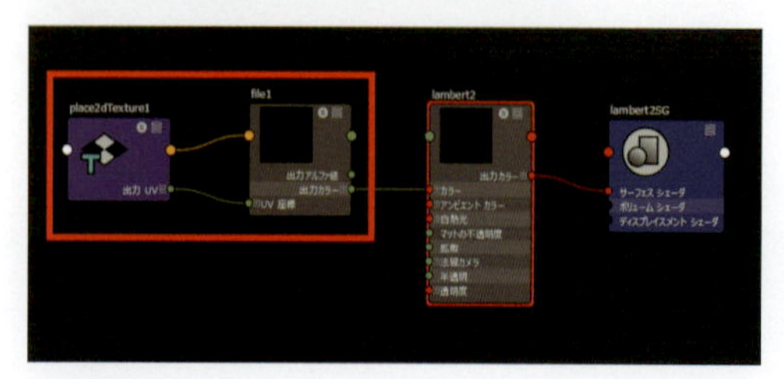

追加接続されたノード

4 ファイルのアトリビュート

プロパティエディタの［ファイルアトリビュート］＞［イメージの名前］の右にある■をクリックします。デフォルトでは、プロジェクトの「sourceimages」フォルダ内が最初に表示されます。

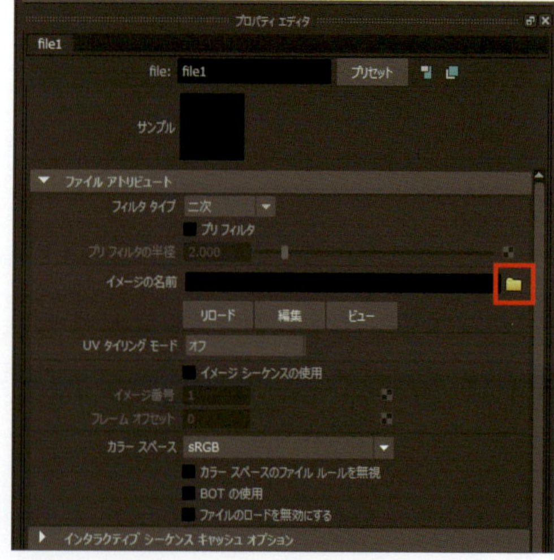

ファイルアトリビュート

5　テクスチャの読み込み

目的のテクスチャを選択し、[開く]をクリックして読み込みます。

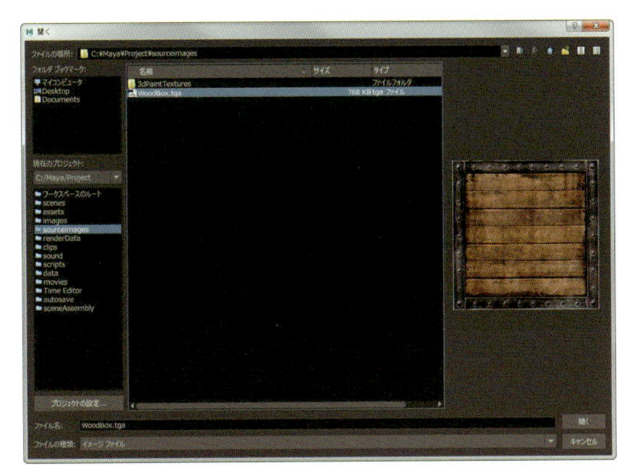

ファイルにアサインするテクスチャの選択

※「scenes」で使うテクスチャは、デフォルトでも設定されているように「sourceimages」フォルダに入れるようにしましょう。

6　読み込み後の状態

このテクスチャを読み込むと、■が■に切り替わり、この時点でカラーチューザなどを使用できなくなります。なお、再度■をクリックすることによって、プロパティエディタでファイルのアトリビュートを開く事が可能です。

ファイルがマテリアルにアサインされた状態

Lambertのアトリビュート

7　オブジェクトにマテリアルをアサイン

作成したマテリアルをオブジェクトにアサインします。

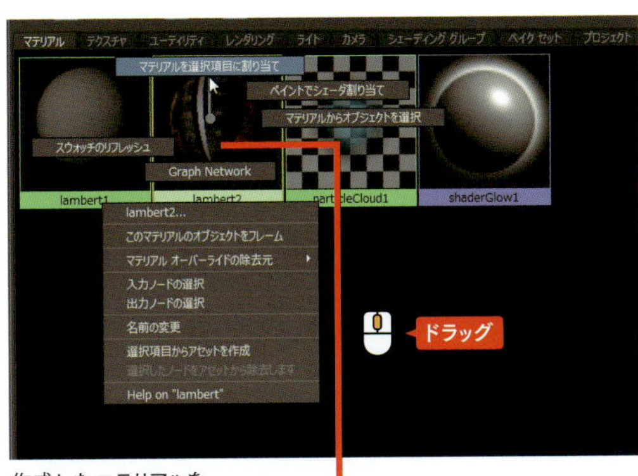

作成したマテリアルを
オブジェクトにアサイン

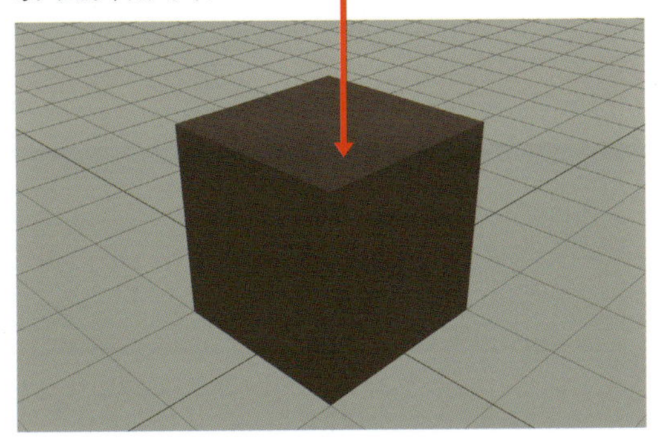

8　完成

テクスチャをマテリアルにアサインし、そのマテリアルをオブジェクトにアサインしました。しかし、画面のオブジェクトに意図どおりにテクスチャがアサインされていません・・・。次はUVについて解説します。

テクスチャを貼ったオブジェクト

今回使用した
テクスチャ（512x512）

テクスチャとUV

正立方体のオブジェクトでサイコロを作成しようとしたとき、このサイコロには何枚のテクスチャが必要でしょうか？サイコロは6面なので、それぞれの面に一枚ずつテクスチャを適用すると、6枚必要になります。

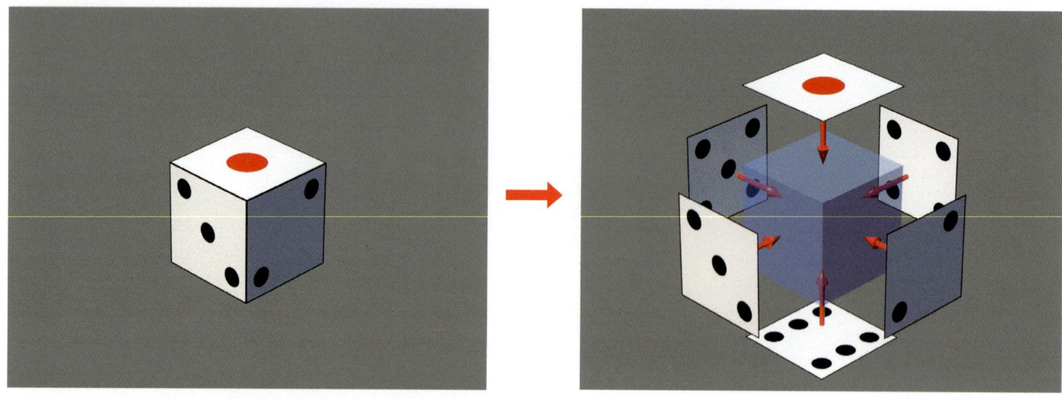

サイコロのテクスチャを考えたとき、

6枚のテクスチャが必要です。

しかし、立方体の展開図のように、展開された状態でテクスチャを作成するとどうでしょうか？このような展開図であれば、テクスチャ1枚でサイコロを作ることができます。このオブジェクトの展開図の役割をするのが「UV」です。

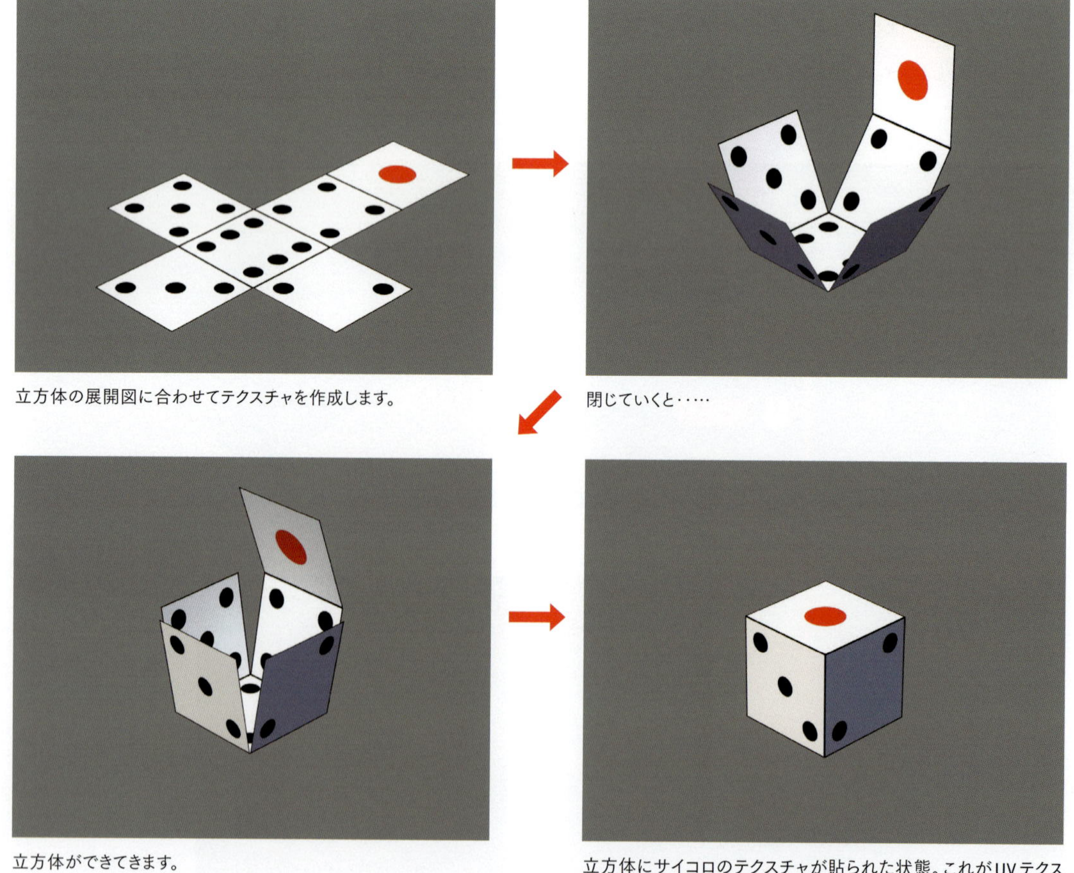

立方体の展開図に合わせてテクスチャを作成します。

閉じていくと……

立方体ができてきます。

立方体にサイコロのテクスチャが貼られた状態。これがUVテクスチャの基本的な考え方となります。

UV座標

UVとは、オブジェクトのどの部分にテクスチャを適用するのかを示すものです。テクスチャを適用させたマテリアルをオブジェクトにアサインしただけでは、思い通りの結果を出すことはできません。UV頂点とサーフェス頂点は関連付けされています。サーフェス頂点のテクスチャ情報を、UV頂点を使って、U方向、V方向の2次座標で指定します。

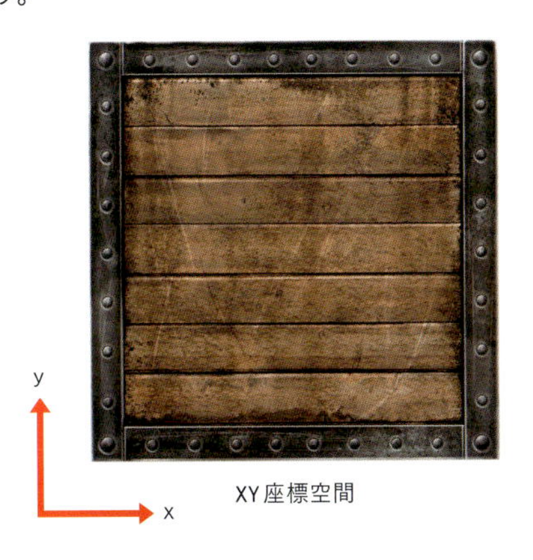

XY座標空間

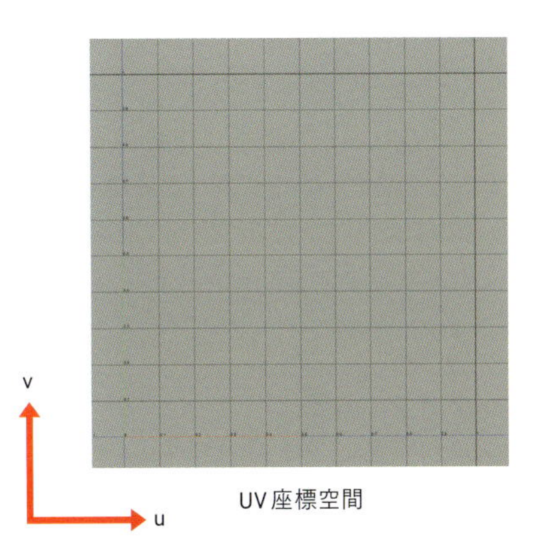

UV座標空間

UVマッピング

メインメニューの[ウィンドウ] > [モデリングエディタ] > [UVエディタ]、または[UV] > [UVエディタ]で開かれるUVエディタウィンドウで、選択したオブジェクトのUVを確認することができます。球や立方体などプリミティブを選択すると、自動的にデフォルトUVが作成されていることが解ります。UVは別空間で定義されているので、動かしてもサーフェスは変形されません。そこで、UVの位置を再定義して、オブジェクトに対するテクスチャの位置を調整します。このようにUVを作成することをUVマッピングといいます。

UV座標空間(作成時のデフォルト状態)。
フェースごとのUVがつながっています。

3Dビュー上でのテクスチャの見え方

各フェースのUVを切り離し拡大して、すべてのフェースを重ねた状態です。

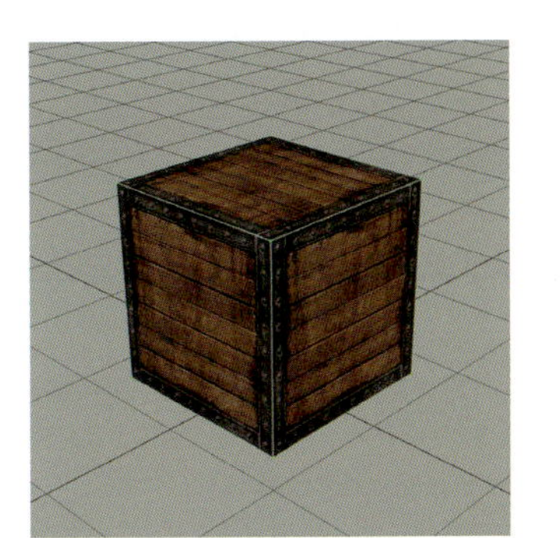

3Dビュー上でのテクスチャの見え方

UVマッピングの種類

UVマッピングにはさまざまな投影方法があります。よく使用されるのは、結果がわかりやすくて扱いやすい平面マッピングです。オブジェクトの形状から、最適なマッピングの方法を選択できるようにしましょう。マッピングはオブジェクト単位、フェース単位で可能です。メニューセットの[モデリング]を選び、メインメニューの[UV]からさまざまなマッピング方法を選択することができます。

平面マッピング

選択したサーフェスに対して、平面状に投影するマッピング方法です。きつい曲面が少なく、比較的平面的なサーフェスに適しています。逆に、奥行きができるほど歪みの幅が大きくなります。投影して作成したUVは、投影方向から見たままの形になるので、位置関係などを把握しやすく編集が容易になります。また、□をクリックすることで、投影方法や方向を変更することが可能です。投影した後は、マニピュレータを手動で調整して、位置・回転・サイズを設定します。

■ 平面マッピングオプション

メインメニューの[UV] > [平面□]をクリックします。

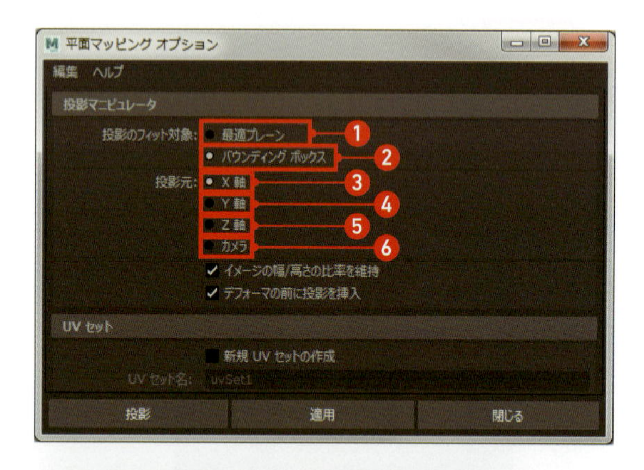

❶ 自動で方向と回転をスナップします(一部分のみ)。
❷ 撮影元を選択してマッピングします(複数可)。
❸ オブジェクトをワールド座標のX方向に平行投影します。
❹ オブジェクトをワールド座標のY方向に平行投影します。
❺ オブジェクトをワールド座標のZ方向に平行投影します。
❻ オブジェクトをアクティブビュー(現在使用しているカメラの向き)から平行投影します。

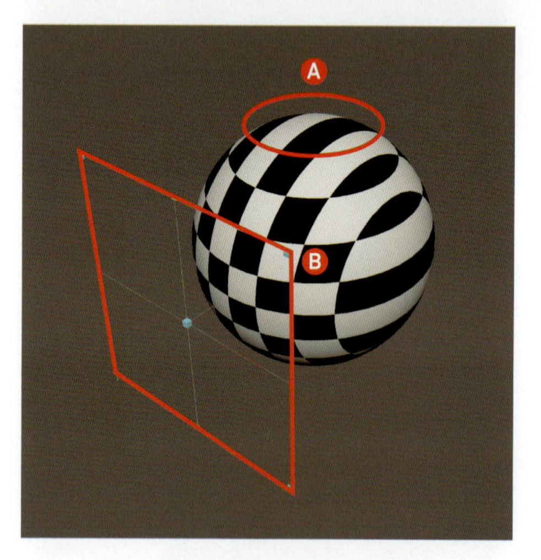

Ⓐ テクスチャが伸びてしまっている
平面マッピングした方向に対して、オブジェクトの垂直面はテクスチャが伸びてしまいます。このような場合はUV展開する必要があります。

Ⓑ 歪みがなくきれいに貼られている
平面マッピングした方向に対して、オブジェクトの並行面のテクスチャは、歪みなく貼られます。曲面や角度がついてくるとそのぶんUVの位置感覚が縮まるため、伸びていくことになります。

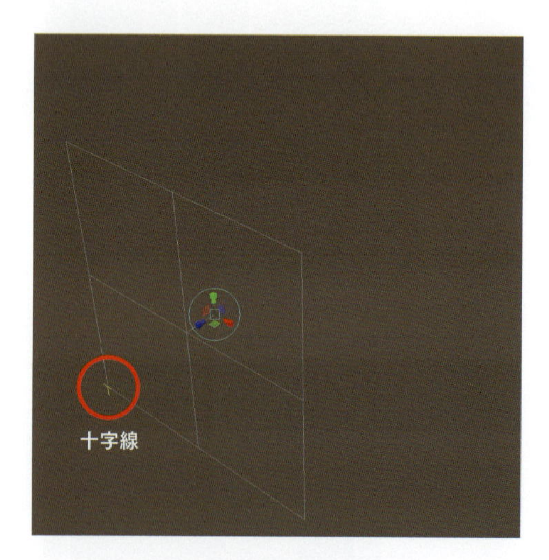

投影後にマニピュレータの移動や回転、サイズの変更をしたいときは、平面状のマニピュレータの赤い十字線を選択します。すると、投影マニピュレータが切り替わり、移動や回転、スケールなどが行えます。また、チャネルボックスの数値入力でも変更することが可能です。

円柱マッピング

選択したサーフェスを、円柱状マニピュレータの内側方向にオーバーラップして投影するマッピング方法です。完全に囲まれていて、円柱の中を見られるようなサーフェスに適しています。投影した後はマニピュレータを使用して、投影シェイプの位置、回転、サイズを設定します。

断面のテクスチャが伸びて縞状の線になっている
円柱マッピングした面に対して、垂直位置にあるオブジェクトのUVは重なってしまい、UV空間上において面ではなく線になってしまいます。この面を再選択し、個別に平面マッピングなどでUVを貼り直す必要があります。

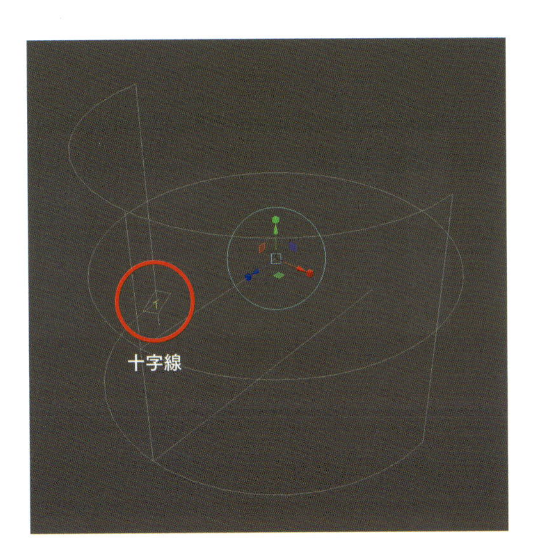

投影後にマニピュレータの移動や回転、サイズの変更をしたいときには、円柱状のマニピュレータの赤い十字線を選択します。すると、投影マニピュレータが切り替わり、移動や回転、スケールなどが行なえます。また、チャネルボックスの数値入力でも変更することが可能です。

球面マッピング

選択したサーフェスを、球状マニピュレータの内側方向にオーバーラップして投影するマッピング方法です。全方位を囲むので、球状のサーフェスに適しています。投影した後は、マニピュレータを手動で調整し、位置・回転・サイズを設定します。

球面に対して歪みが少ない
球面マッピングは球体に対して、UVの歪みがほぼないように展開できます。ただし、フェースの密集する部分ではうまくUVを展開してくれないこともあるので、そうした場合は再編集して、UVを展開し直す必要があります。

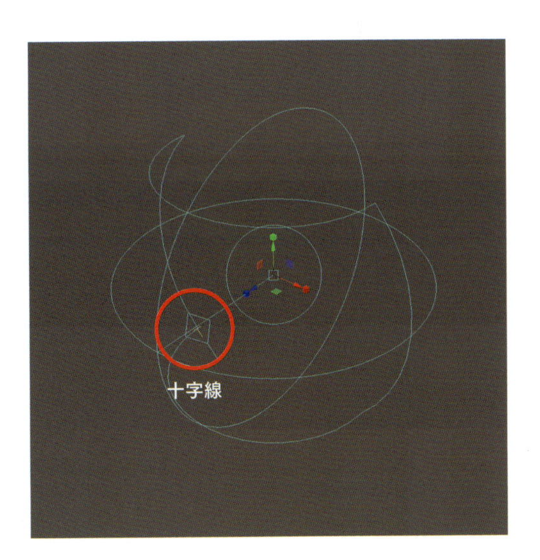

投影後にマニピュレータの移動や回転、サイズの変更をしたいときは、球状のマニピュレータの赤い十字線を選択します。すると、投影マニピュレータが切り替わり、移動や回転、スケールなどが行なえます。また、チャネルボックスの数値入力でも変更することが可能です。

自動マッピング

選択したサーフェスを、複数の角度から同時に投影するマッピング方法で、構造が複雑なサーフェスに適しています。投影した後は、自動マッピング投影マニピュレータが表示されます。複数のオブジェクトに、UVがオーバーラップしない配置を行いたい場合は、オブジェクトを一つに統合してからマッピングするとよいでしょう。

■ ポリゴン自動マッピングオプション

メインメニューの［UV］>［自動□］をクリックします。

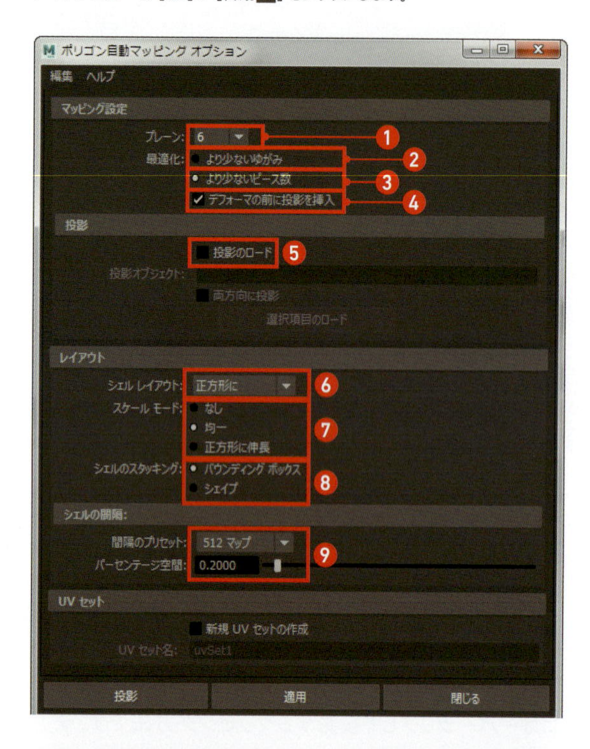

❶ 同時にマッピングする面の数を指定します。

❷ 面を均等に投影します。UVシェルは増えますが、歪みは減ります。

❸ それぞれ拡大されます。UVシェルは減りますが、歪みは増えます。

❹ デフォーマの前に投影情報が入ります。デフォルトはオンです。

❺ オブジェクトをアクティブビューのロードしたポリゴンモデルの各個から、自動マッピングを行います。

❻ UVシェルを、UVテクスチャ空間のどの位置に配置するか設定します。

❼ UVシェルを、UVテクスチャ空間内でどのようにスケールされるかを設定します。

❽ UVシェルを、UVエディタに配置するときに、シェル同士がどのような関係でスタックされるかを設定します。

❾ 各ピースの周囲にバウンディング ボックスを配置し、バウンディング ボックスどうしが接近するようにレイアウトします。間隔のプリセットで［カスタム］を選択した場合は、マップのサイズに対するパーセンテージでバウンディングボックスの間隔の大きさを入力します。

テクスチャの歪みは少ないがUVの境界が目立つ自動マッピングは、複数のプレーンで多方向から同時にマッピングして、そこでの最適なUV配置になります。そのため、テクスチャの歪みは少ないですが、自動的にUVを切ってしまうので、意図しない場所にUVの境界ができてしまいます。それらを修正するため、UVの編集と調整が必要です。シンプルなオブジェクトよりも、複雑なオブジェクトに向いています。

カメラベースマッピング

現在選択されているカメラのビューから、オブジェクトに対して平面投影します。つまり、カメラのビューが投影のプレーンになります。

ビューでカメラを動かし、オブジェクトを見ながらUVの投影を行うことができます。投影方法は平行投影なので、カメラに対して並行面のテクスチャは歪みなく貼られます。しかし、カメラに対して垂直面のテクスチャは伸びてしまいます。

法線ベースマッピング

アクティブな選択内のフェース法線の向きを平均化した方向から平面 UV 投影を作成します。

■ 法線ベースマッピングオプション

メインメニューの［UV］→［法線ベース□］をクリックします。

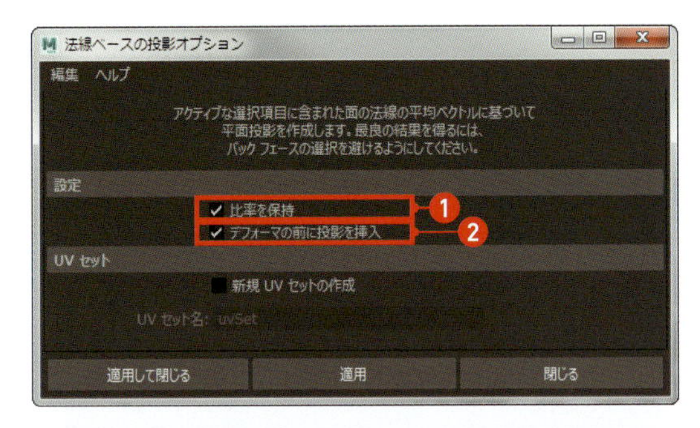

❶ 幅と高さの比率を維持して、歪まないようにします。

❷ デフォーマの前に投影情報が入ります。デフォルトはオンです。

選択したフェース法線の向きを平均化した方向から平面UV投影を作成します。XZY平面に並行ではない平面などで使用すると効率的にマッピングすることができます。投影方法は平行投影なので、平均化した方向に対して並行面のテクスチャは歪みなく貼られます。しかし、平均化した方向に対して垂直面のテクスチャは伸びてしまいます。

Chapter 3-4

UVエディタ

マッピングして作成されたUVは、UVエディタで編集する事ができます。マテリアルのテクスチャを表示してUVを合わせたり、複雑なUVの展開・調整をしたりすることが可能です。ここでは、使用頻度の高い機能を中心に、実際のモデルを使ってUV編集の手順を解説していきます。

UVエディタ概要

メニューセットの[モデリング]を選択し、メインメニューの[UV] > [UVエディタ]を選択、または[シェルフ]から をクリックすることにより、UVエディタを開くことができます。

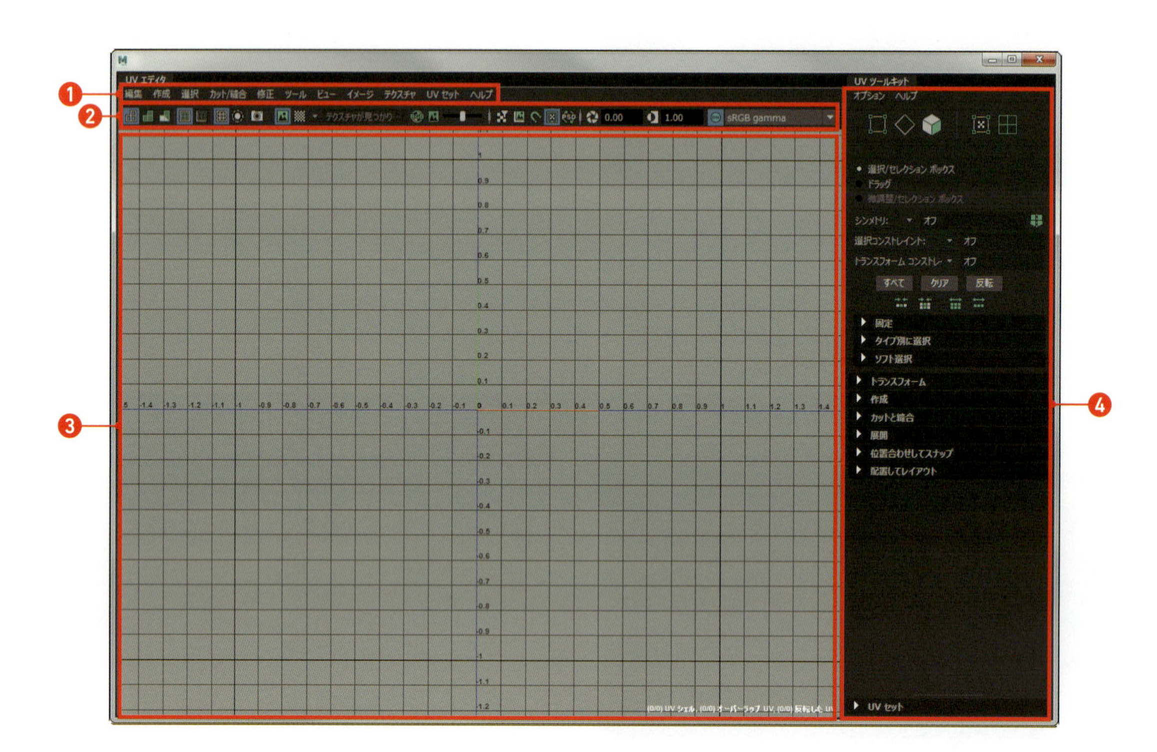

❶ **メニュー**
UVの作成、編集、管理などを行える、さまざまなツールがメニューに含まれています。

❷ **表示バー**
UVエディタやビューポートのUVシェルの表示を変更するためのオプションが含まれています。

❸ **UV編集ワークスペース**
3Dオブジェクトと2Dテクスチャ座標を簡単に比較することができます。3Dシーン内の UVと、UVエディタの2Dビュー内のUVとの関係を確認しながら編集を行うことができます。

❹ **UVツールキット**
UV配置を修正するために必要なすべてのツールが含まれています。追加オプションのツールとコマンドについては、Shiftを押しながらボタンをクリックすることでオプションウィンドウを開きます。

表示バー

[ワイヤフレーム表示]
UVシェルがシェーディングされていないワイヤフレーム状態で表示されます。

[シェーディング表示]
UVシェルがシェーディングされたワイヤフレーム状態で表示されます。バックフェースは赤色で表示されます。

[歪みシェーダ]
伸張・圧縮しているUVを特定することができます。赤は伸張、青は圧縮、白は最適を表しています。

[テクスチャ境界]
テクスチャ境界の表示と非表示を切り替えます。

[カラーUVシェル境界]
選択したコンポーネントに対してカラーUV境界の表示 / 非表示を切り替えることができます。シェルが同じエッジを共有する場所を見つけるのに役立ちます。

[UVのグリッド]
ワークスペースのグリッドの表示 / 非表示を切り替えます。

[選択したUVを分離]
選択されているUVのみ表示するか、何も選択されていない場合は、現在のUVセットのUVを表示します。

[UVスナップショット]
現在のUVレイアウトのイメージファイルを保存します。

[イメージ]
UVエディタでのテクスチャの表示 / 非表示を切り替えます。

[チェッカシェーダ]
チェッカパターンのテクスチャを、UVメッシュの表面およびバックグラウンドに適用します。

[チャネルの表示]
RGB チャネル・アルファ チャネルを切り替えます。

[イメージを暗く表示]
現在表示されているバックグラウンドのイメージを暗く表示するようにします。スライダで調整します。

[フィルタリングイメージ]
ピクセルのブラーのオン / オフを切り替えます。ブラーをオフにすることで正確なピクセル境界を表示できます。

[イメージ比率の使用]
幅と高さの比率がイメージと同じになるように表示を切り替えます。

[ピクセルにスナップ]
自動でUVをピクセル境界にスナップするかどうかを切り替えます。

[UVエディタのベイク処理]
テクスチャをベイク処理して、メモリに保存します。

[PSDネットワークの更新]
現在使用されているPSDテクスチャを更新します。

[露光]
表示の輝度を調整します。

[ガンマ]
表示するイメージのコントラストや中間トーンの輝度を調整します。

[ビュー変換]
表示のためのレンダリングカラースペースからカラーの値を変換します。左ので機能のオンとオフを切り替えることができます。

UV表示の種類

● ワイヤフレーム表示

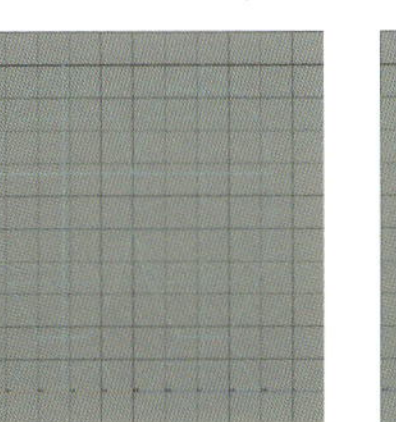

モードのホットキーは 4

● シェーディング表示

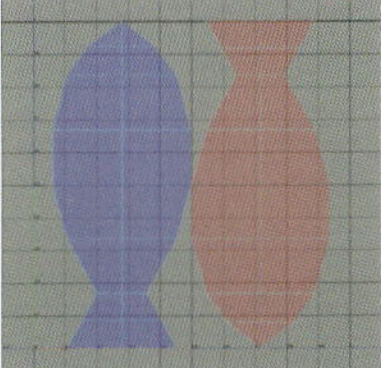

モードのホットキーは 5

● 歪みシェーダ

モードのホットキーは 7

● カラーUVシェル境界

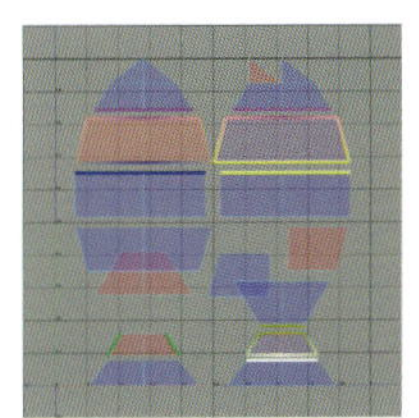

モードのホットキーは 8

● テクスチャ境界

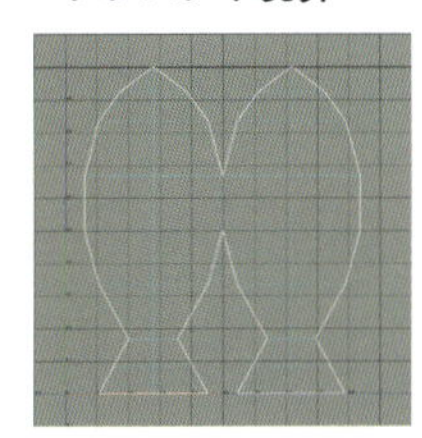

モードのホットキーは 9

UVエディタのマーキングメニュー

UVエディタ上でも、マーキングメニューを呼び出すことができます。UV、エッジ、頂点、フェース、これらのコンポーネント選択時に Shift +（または Ctrl +）すると、各コンポーネントに編集で使用頻度の高いコマンドが、マーキングメニューとして表示されます。

■【頂点選択時】

正規化、最適化などの汎用的なマーキングメニューが表示されます。

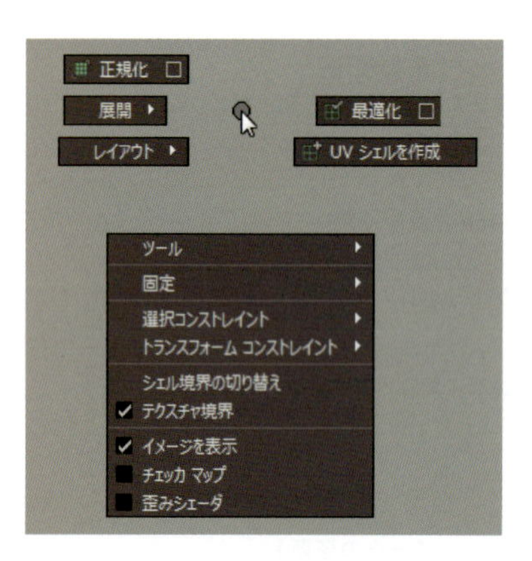

■【エッジ選択時】

エッジのUVを編集するための便利なコマンドにアクセスできるマーキングメニューが表示されます。

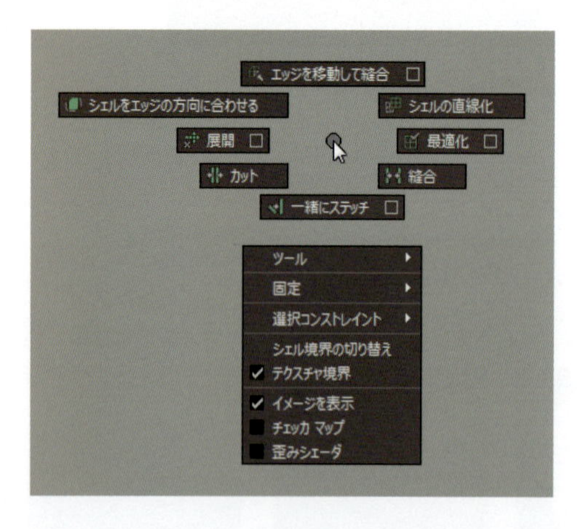

■【フェース選択時】

フェースのUV編集するための便利なコマンドにアクセスできるマーキングメニューが表示されます。

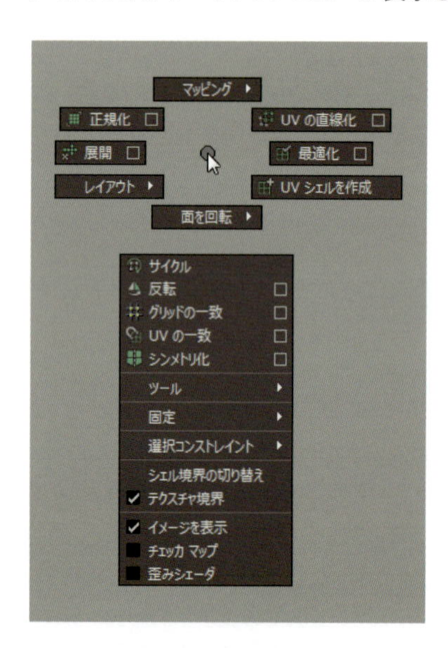

■【UV選択時】

UVを編集するための便利なコマンドにアクセスできるマーキングメニューが表示されます。

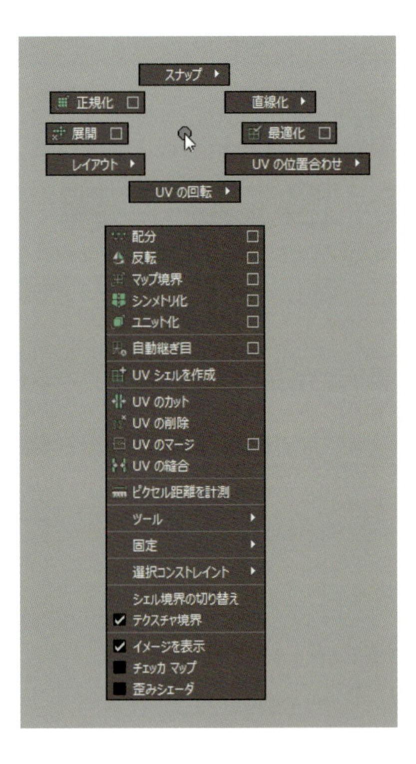

■【UVシェル選択時】

UVシェルを編集するための便利なコマンドにアクセスできるマーキングメニューが表示されます。

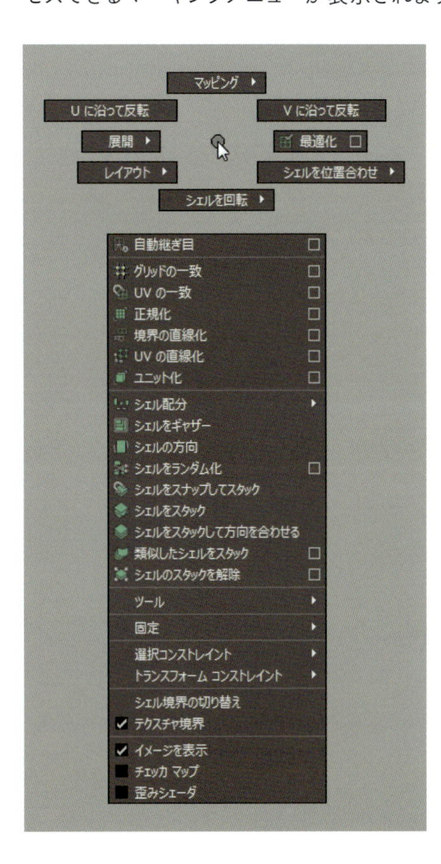

UVエディタの共通のマーキングメニューです。選択コンポーネントを別のコンポーネント選択に変更できます。

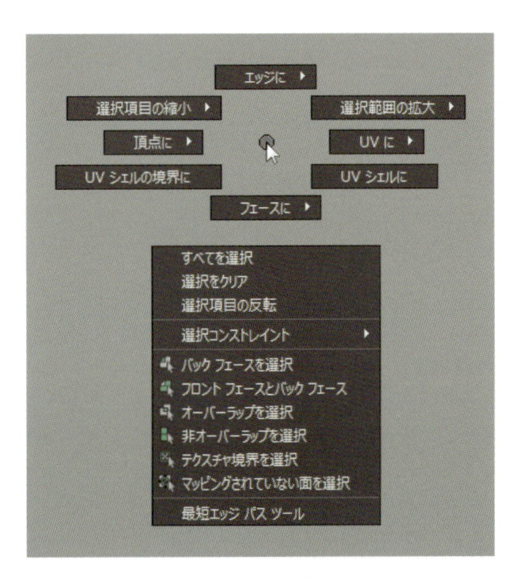

押したまま

UVエディタの共通マーキングメニューです。選択するコンポーネントが変更できます。

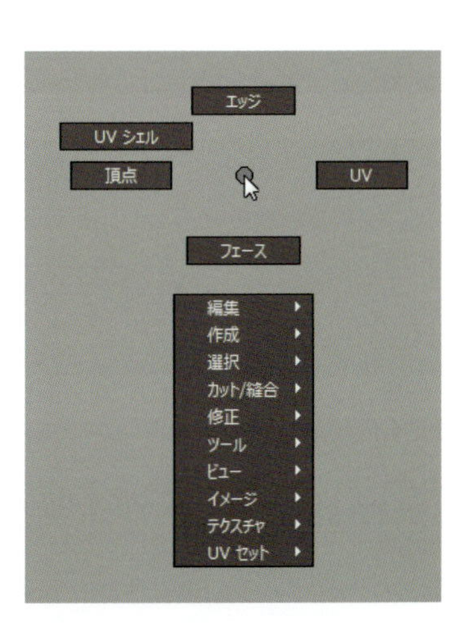

UVツールキット

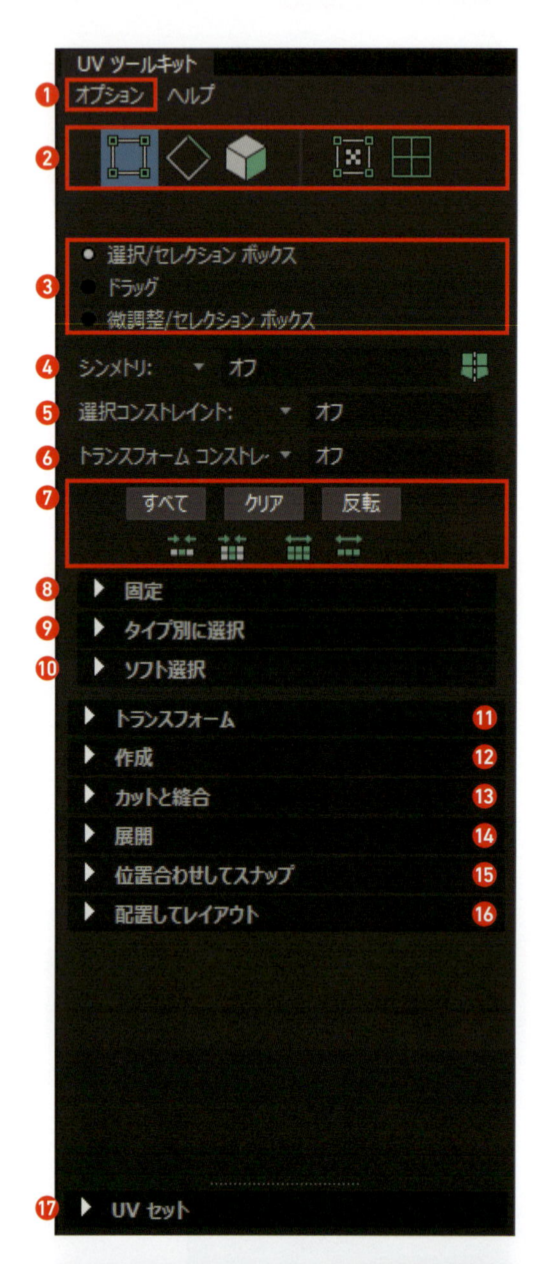

❶ **[オプションメニュー]**
UVツールキットのオプションメニュー
[UVツールキットパネルのすべての設定をリセット]
UVツールキットのすべての設定をリセット
[レイアウトをリセット]
UVツールキットのレイアウトをリセット

❷ **[セレクションマスク]**
セレクションを、各コンポーネントに制限します。

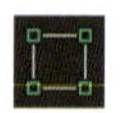			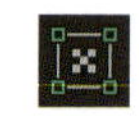	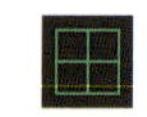
[頂点]	[エッジ]	[フェース]	[UV]	[UVシェル]
F9	F10	F11	F12	Alt + F12

❸ **[選択方法]**
マウスカーソルをドラッグ時の選択方法を切り替えます。

❹ **[シンメトリ]**
シンメトリの選択を有効にします。■を選択することで、すべてを一度にシンメトリ化することが可能です。

❺ **[選択コンストレイント]**
選択できるコンポーネントを制限します。

❻ **[トランスフォームコンストレイント]**
コンポーネントの移動をエッジに沿ったものに制限します。

❼ **[選択を修正]**
さまざまな方法で現在の選択を修正することができます。

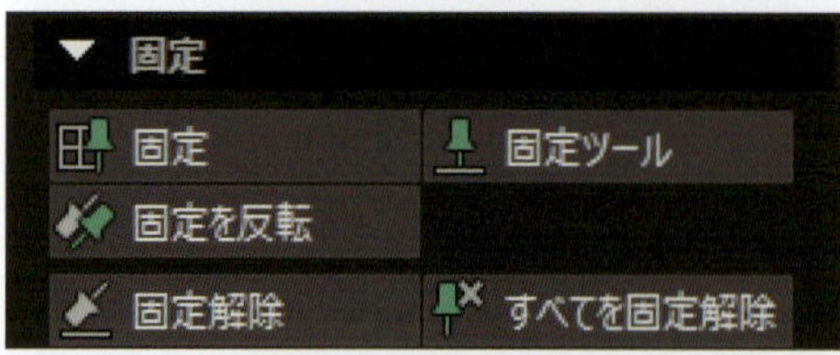

❽ **[固定]**
UVを固定して移動しないようにするツールが含まれています。

❾ **[タイプ別に選択]**
共通の特徴を共有するすべてのUVを選択するツールが含まれています。

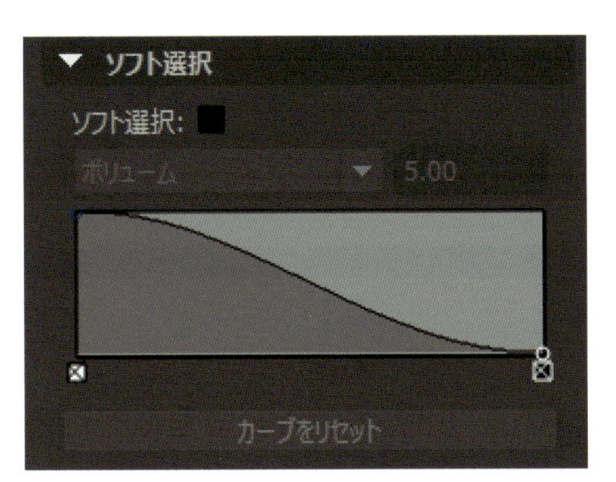

⑩ [ソフト選択]
グラディエント上のUV範囲を選択し、影響を与えます。詳細については、第1章 P.036「モデリングツールキット」を参照してください。

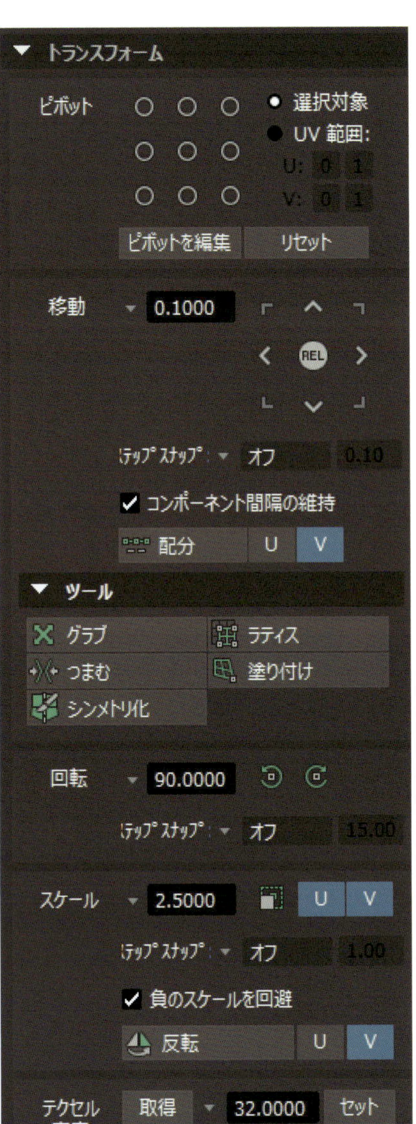

⑪ [トランスフォーム]
標準のトランスフォーム ツールより正確にUVを移動させる事のできるツールが含まれています。

⑫ [作成]
選択したメッシュに対して新しいUVマッピングを作成するためのツールが含まれています。

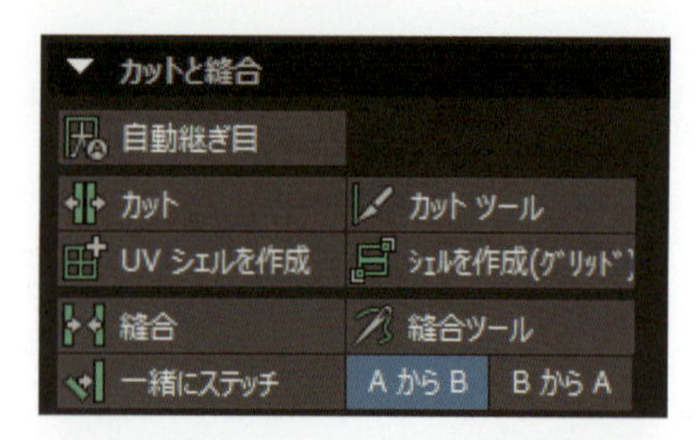

⑬[カットと縫合]
UVシェルを分割または結合するためのツールが含まれています。

⑭[展開]
継ぎ目の周囲にUVを広げたり、直線化させるツールが含まれています。

⑮[位置合わせとスナップ]
UVの位置合わせや、正規化するためのツールが含まれています。

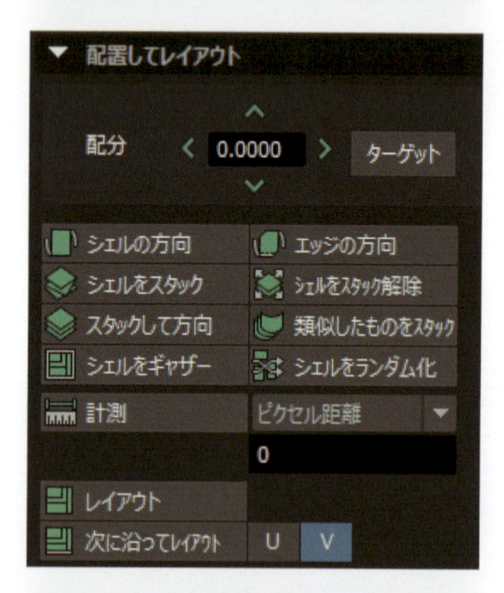

⑯[配置とレイアウト]
UVシェルの自動レイアウトや、配分、計測などをするためのツールが含まれています。

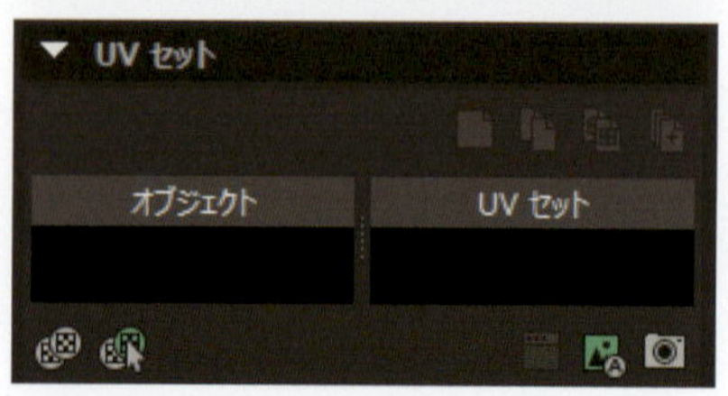

⑰[UVセット]
UVセットのリストと、それらを修正するためのツールが含まれています。

UVツール解説

ここでは、UVツールキットの中でも使用頻度の高い機能について解説していきます。

反転

U方向・V方向いずれかを選択し、その方向にUVを反転します。

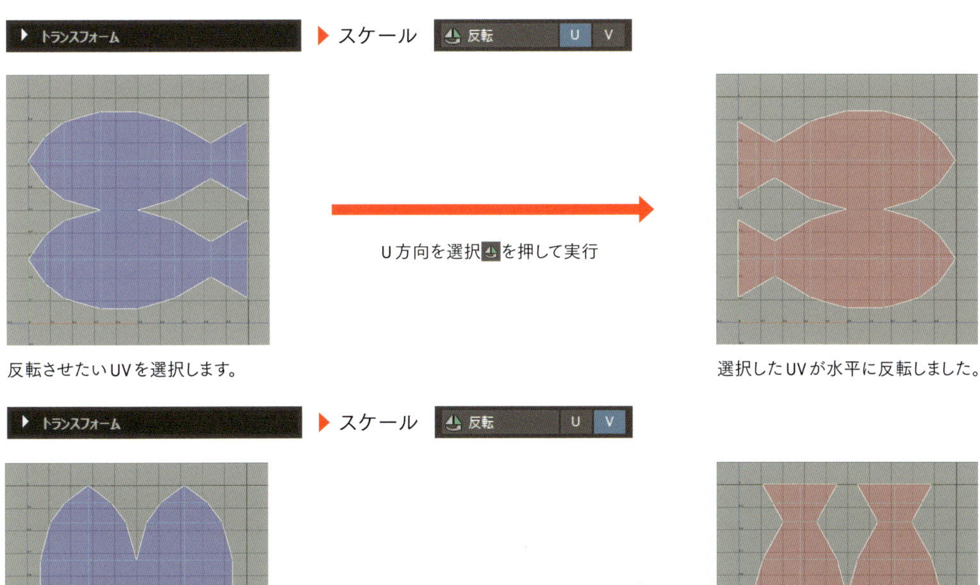

反転させたいUVを選択します。

選択したUVが水平に反転しました。

反転させたいUVを選択します。

選択したUVが垂直に反転しました。

回転

入力フィールドで指定した量分、選択したUVを回転させます

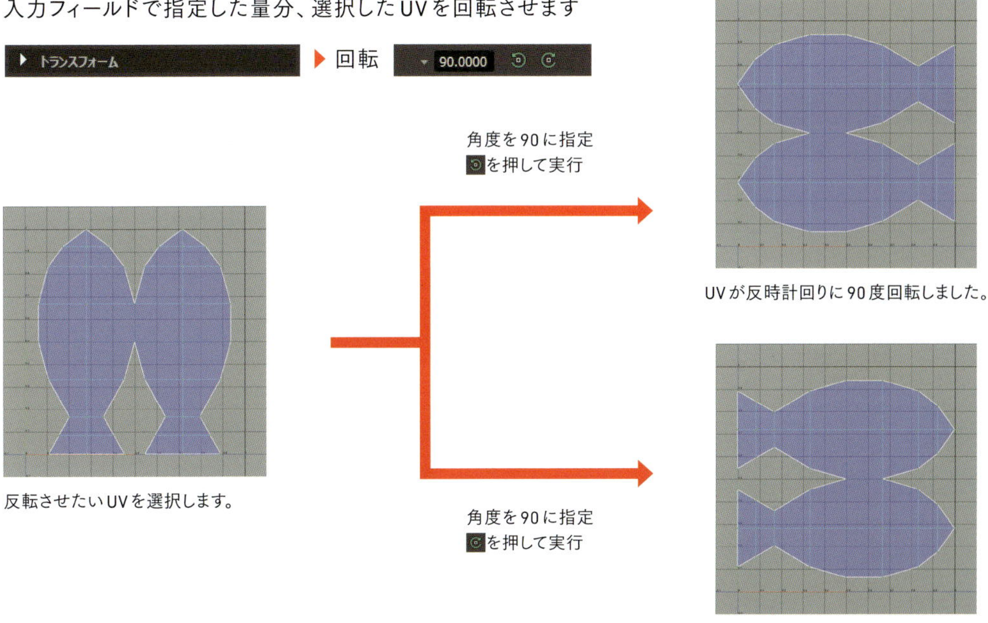

反転させたいUVを選択します。

UVが反時計回りに90度回転しました。

UVが時計回りに90度回転しました。

基礎編

3-4

UVエディタ

カット

境界を作成して、選択したエッジに沿ってUVを分離します。

カットしたいエッジを選択します。

UVを再選択して移動しました。UVシェルが、カットしたところで分かれています。

縫合

選択したUVエッジを縫合し、UVを統合します。このときUVシェルは移動しません。

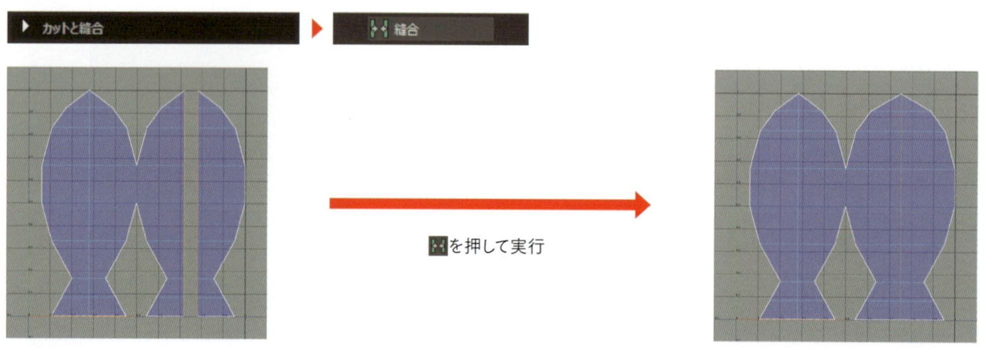

エッジが縫合され、シェルが1つになりました。隙間を埋めるため、UVが広がっています。

一緒にステッチ

一方のUVシェルを指定した方向にある他方のUVシェルに向かって移動して、選択した2つのエッジを縫合(ステッチ)します。

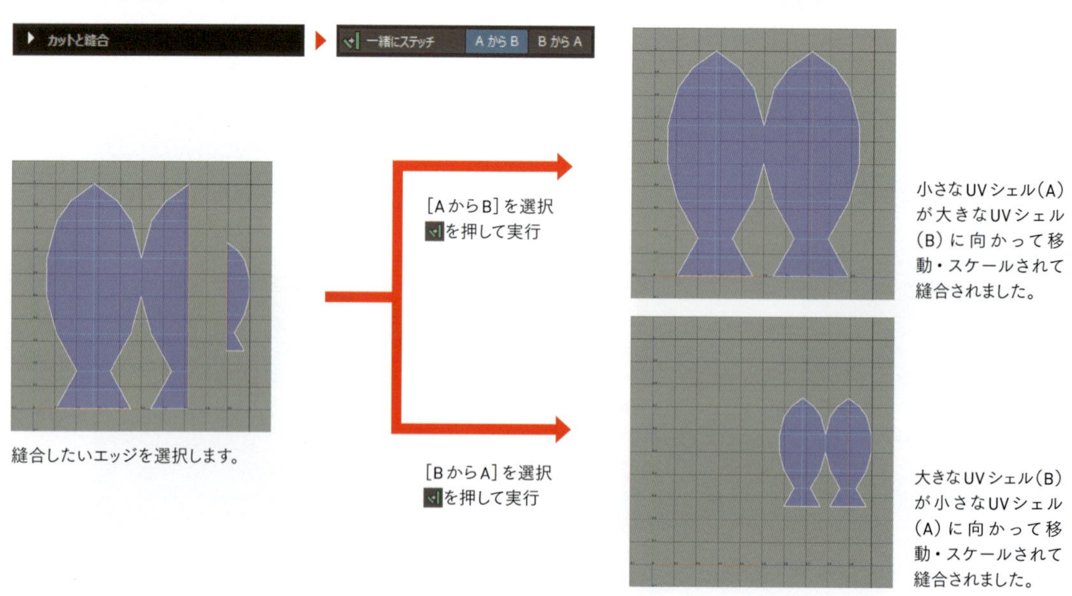

縫合したいエッジを選択します。

小さなUVシェル(A)が大きなUVシェル(B)に向かって移動・スケールされて縫合されました。

大きなUVシェル(B)が小さなUVシェル(A)に向かって移動・スケールされて縫合されました。

展開

選択したUVを、歪みを排除してUVが重ならないように展開することができます。

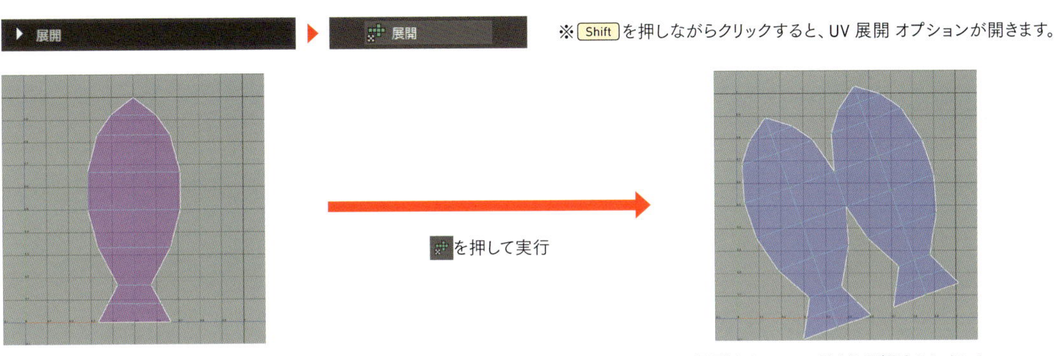

展開させたいUVを選択します。

展開され、UVの重なりが解決されました。

UVの直線化

エッジが特定の角度許容値内にある隣接したUVの位置を合わせます。

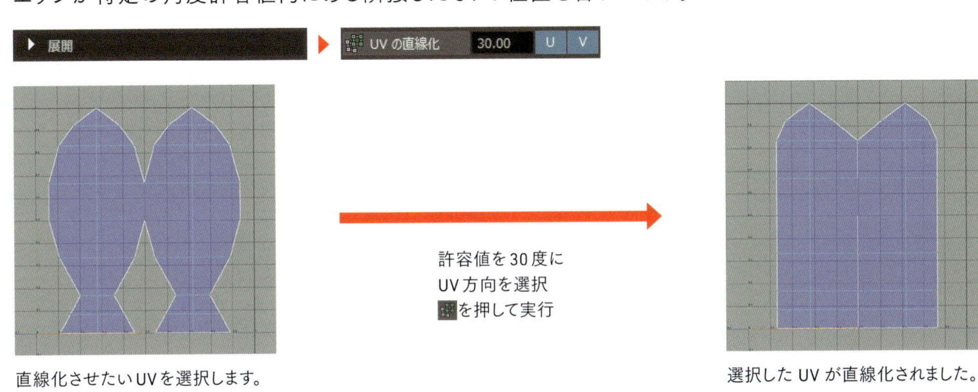

直線化させたいUVを選択します。

選択した UV が直線化されました。

正規化

0～1のUV空間に収まるように、選択したUVをスケールします。

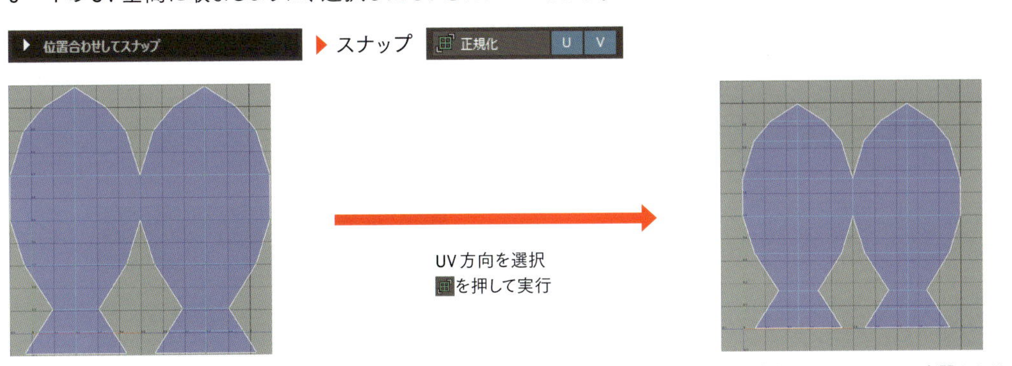

正規化したいUVを選択します。

正規化が実行されて、0～1 UV空間からはみ出たUVが0～1 UV空間に収まりました。

レイアウト

0～1 UV空間の利用が最大になるようにUVシェルを自動的に配置できます。

※Shift を押しながらクリックすると、UV レイアウト オプションが開きます。

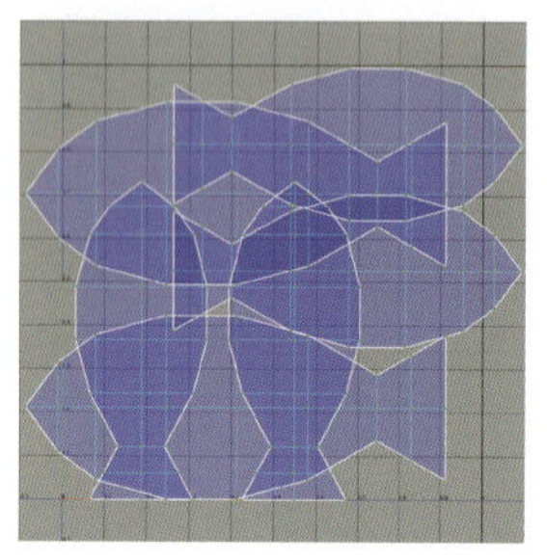

レイアウトしたいUVを選択します。

を押して実行

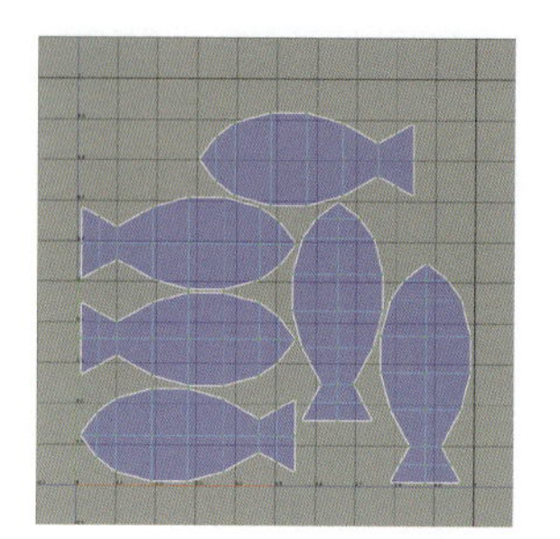

重なっているUVシェルや、0～1UV空間からはみ出ているUVシェルが0～1UV空間に重ならずに収まるように移動、スケールされて再配置されます。

スナップショット

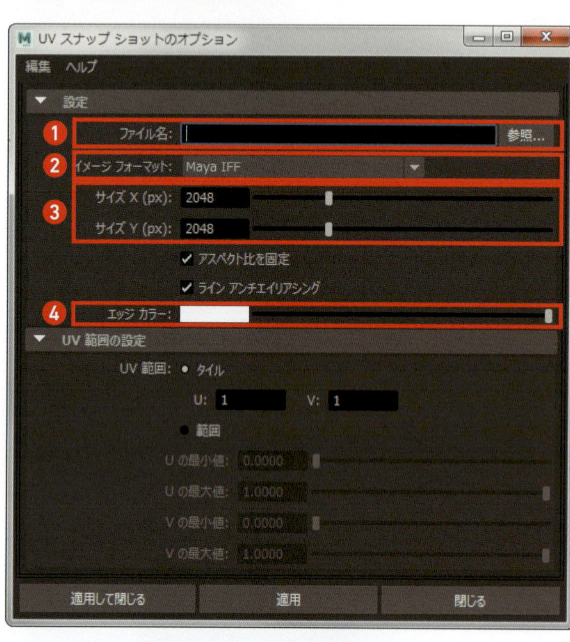

❶[参照…]ボタンを選択して、保存先とファイル名を指定します。前回のフォルダパスとファイル名が残っているので、上書きしたくない場合はファイル名を変更してから[適用して閉じる]または、[適用]を実行します。

❷出力するファイルのフォーマットを指定します。アルファ成分があるMaya IFFやpngなどのフォーマットを指定することでラインを取り出すのが容易になります。

❸出力するファイルのサイズを指定します。サイズは作成するテクスチャの解像度に合わせます。[アスペクト比を固定]がオンの場合、アスペクト比を維持するためにスライダが自動的に調整されます。
※アスペクト比とは、サイズXとサイズYの比率のことです。

❹ファイルに出力されるUVのエッジの色を指定します。

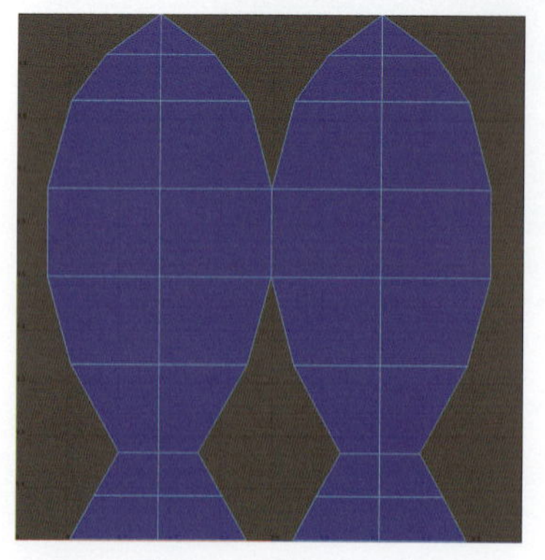

UVのスナップショットを取りたいオブジェクトを選択します。

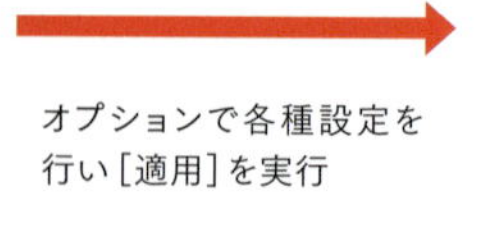

オプションで各種設定を行い[適用]を実行

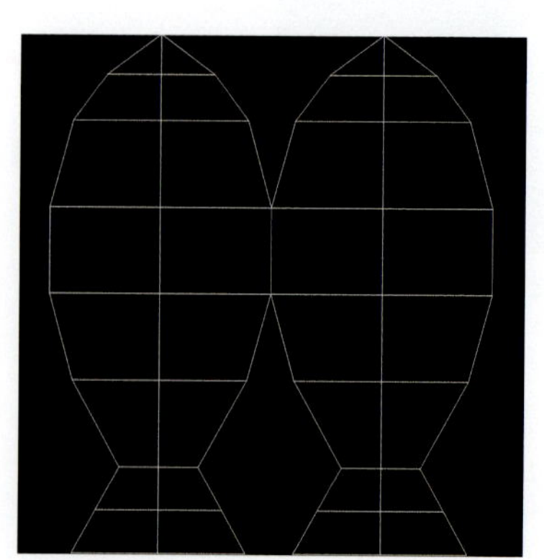

出力されたUVのスナップショット

MEMO ビューポートでのカットと縫合

メニューセットの［モデリング］を選択し、メインメニューの［UV］>［3Dカットと UV 縫合ツール］を選択、または［シェルフ］からをクリックすることにより、UV エディタを使用せずに、ビューポート上で直接 UV のカットまたは縫合することができます。 ※ビューポートと UV エディタ間を移動すると、［3D カットと UV 縫合ツール］は自動的に UV ツールの［カットツール］に変わります。

■ ビューポートでのカット

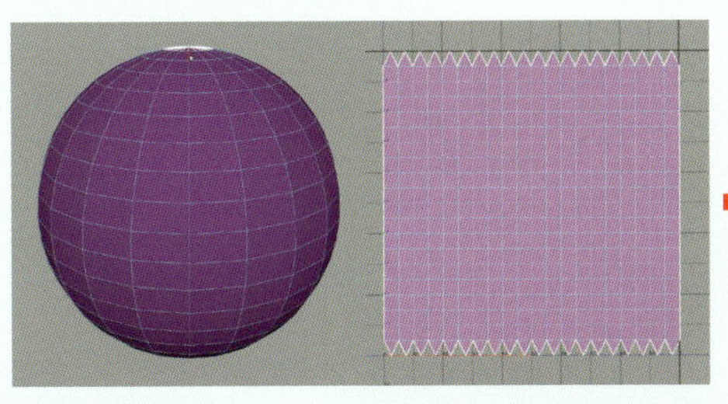

ビューポート　　UV エディタ

［3D カットと UV 縫合ツール］を実行して、ビューポートでカットを行いたいオブジェクトのエッジにマウスを重ねます。

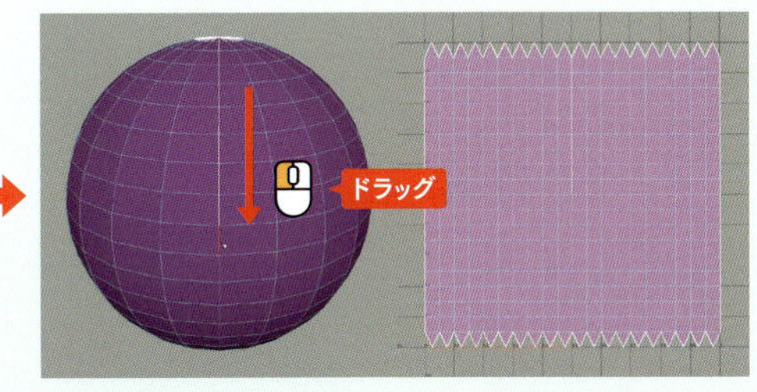

ビューポート　　UV エディタ

カットしたいエッジに沿ってドラッグすることで、UV のカットが行われます。また、Shift +のドラッグで、エッジのループにコンストレインした状態でカットすることができます。

■ ビューポートでの縫合

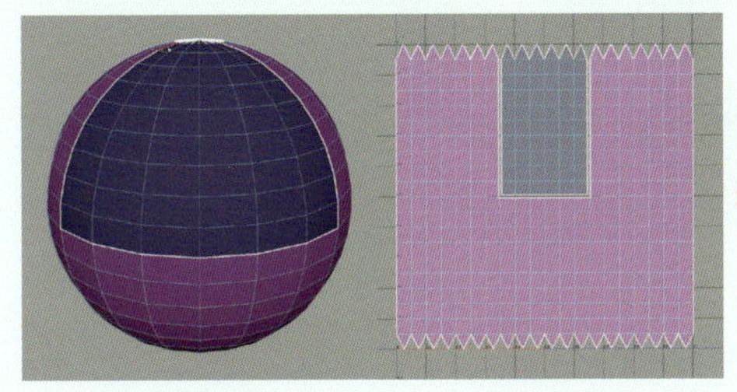

ビューポート　　UV エディタ

［3D カットと UV 縫合ツール］を実行して、ビューポートで縫合を行いたいオブジェクトのエッジにマウスを重ねます。
ここで、エッジ上で Ctrl +を行うと、ハイライトされた UV エッジが縫合されます。

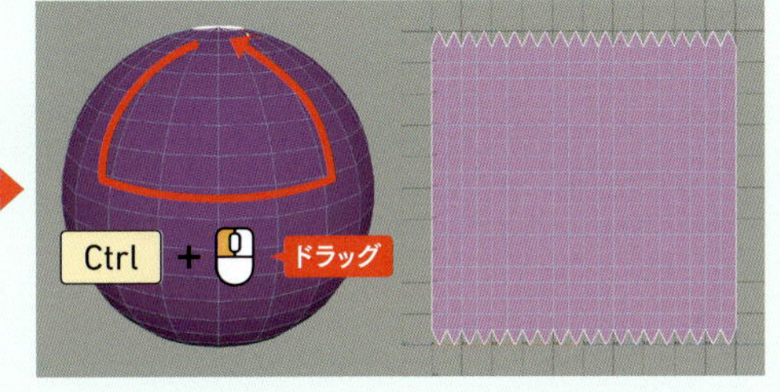

ビューポート　　UV エディタ

縫合したいエッジに沿わすように Ctrl +ドラッグすることで、UV の縫合が行われます。また Shift + Ctrl +ドラッグで、エッジのループにコンストレインした状態で縫合することができます。

［3D カットと UV 縫合ツール］をクリックでオプションウィンドウが開きます。

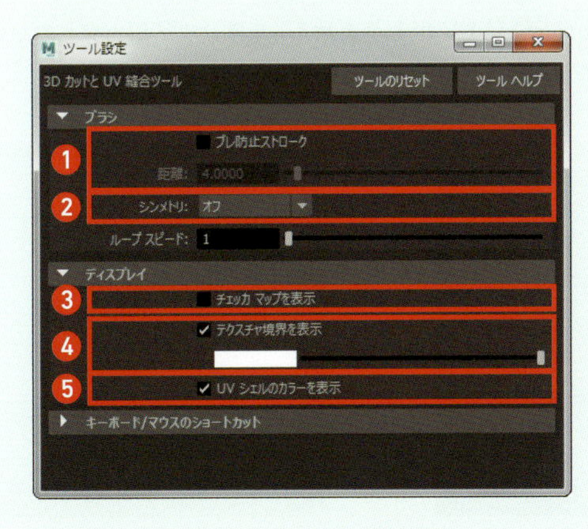

❶ ブレ防止ストローク
この機能を有効にすると、自動的にマウスストロークが滑らかになります。手の動きが不安定な場合、またはモデル上の小さなスペースで作業する場合に便利な機能です。
ブレ防止ストロークが有効な場合に、距離で滑らかにする揺らぎの幅を変更することができます。

❷ シンメトリ
選択した対称軸でカットまたは縫合をミラー化することができます。

❸ チェッカ マップを表示
選択した UV シェル上に、チェッカ マップ テクスチャを表示します。

❹ テクスチャ境界を表示
選択した UV シェルのテクスチャ境界を太く表示します。下のカラー サンプルを使用し、境界のカラーを変更することができます。

❺ UV シェルのカラーを表示
UV エディタで、同じカラー シェルに対応する UV シェル上に、オーバーレイ カラーを表示します。

Chapter 3-5

› やってみよう!

UV展開してみよう

シンプルな形状のオブジェクトをUV 展開してみましょう。「イノシシの子」のモデルにテクスチャを貼り下図のようになるようにUV 展開をして行きます。

開始シーン ▶ MayaData/Chap03/scenes/Chap03_Baby_Boar_UV_Start.mb
完成シーン ▶ MayaData/Chap03/scenes/Chap03_Baby_Boar_UV_End.mb

全体の流れ

① UVの作成
② 各パーツの切り離し
③ 各パーツのUV展開
④ UVシェルの比率調整
⑤ UVシェルの位置調整
⑥ スナップショット作成
⑦ テクスチャ・マテリアルのアサイン
⑧ チェックと調整
⑨ 完成

1 読み込んだシーンに配置されているオブジェクトにはUVがありません。まず、オブジェクトのUVを作成しましょう。ここではメインメニューのメニューセットは[モデリング]にしておきます。

オブジェクト選択でビューポート上のオブジェクトを選択します。

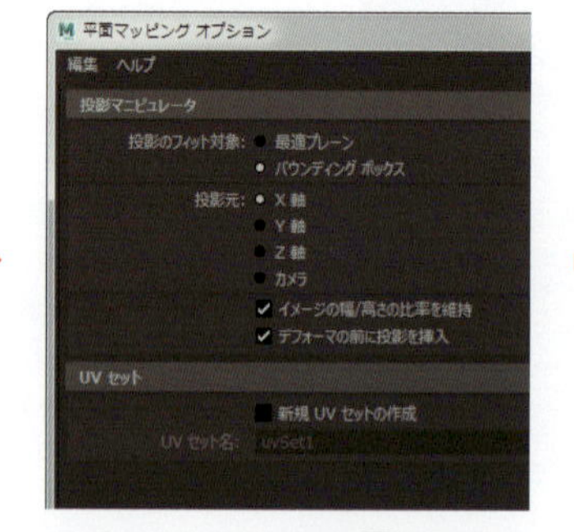

メインメニューの[UV] > [平面■]を選択し、オプションを表示します。[投影マニピュレータ] > [投影元]から[X軸]を選択します。[投影マニピュレータ] > [イメージの幅/高さの比率を維持]にチェックを入れておきます。[投影]を押してUVを作成します。

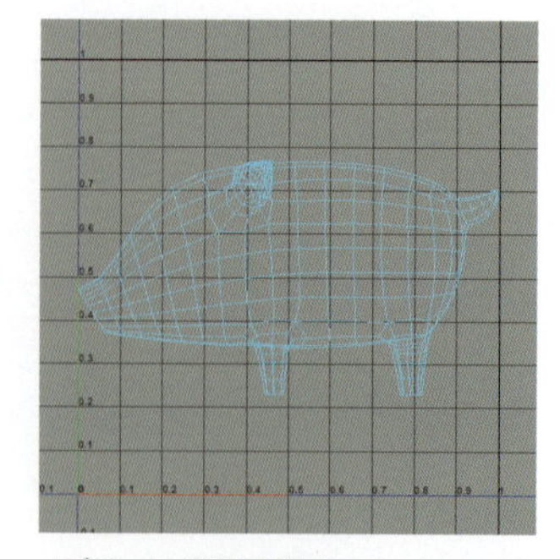

オブジェクト選択状態でメインメニューの[UV] > [UVエディタ]■からUVエディタを開きます。UVが作成されているのが確認できます。

2

各パーツのUV展開をするために、胴体から足・耳・尻尾・鼻先のUVを切り離して行きます。

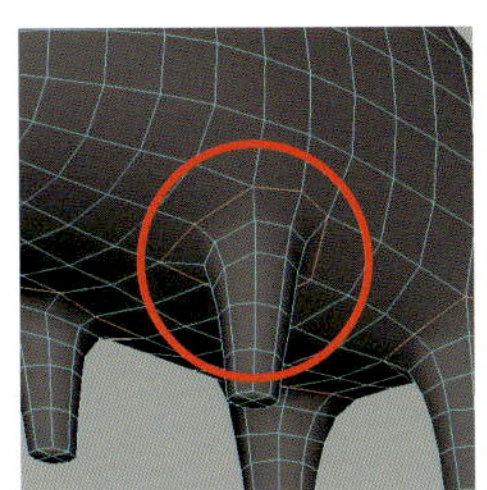
左前足の付け根

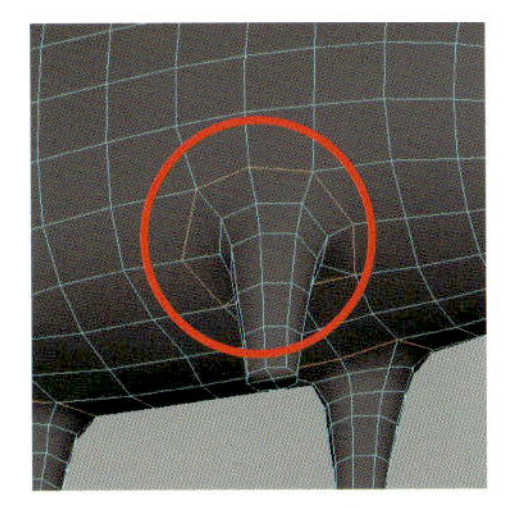
右前足の付け根

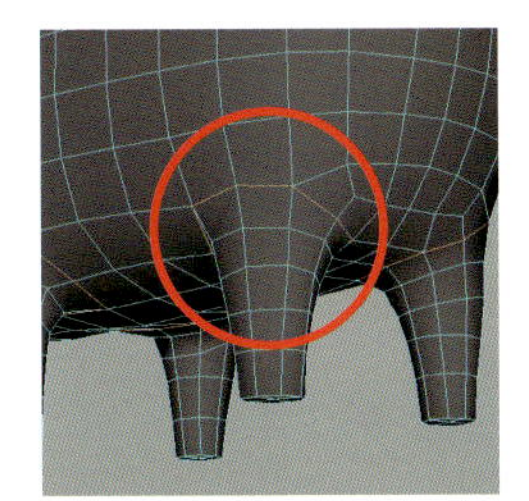
左後ろ足の付け根

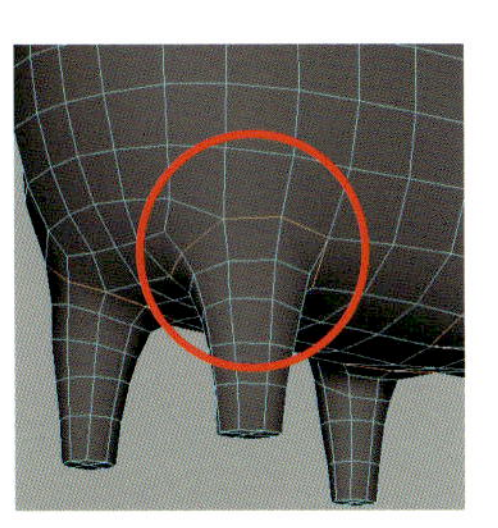
右後ろ足の付け根

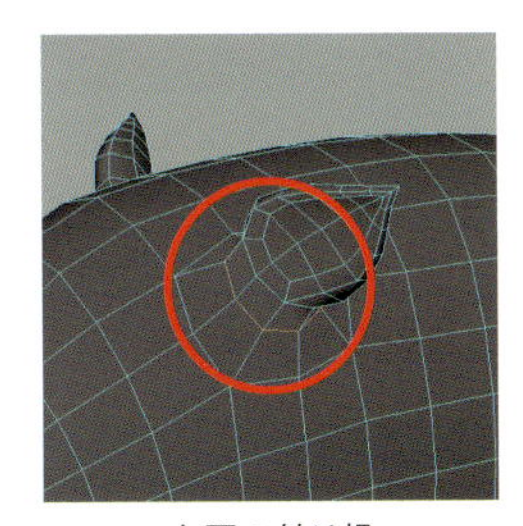
左耳の付け根

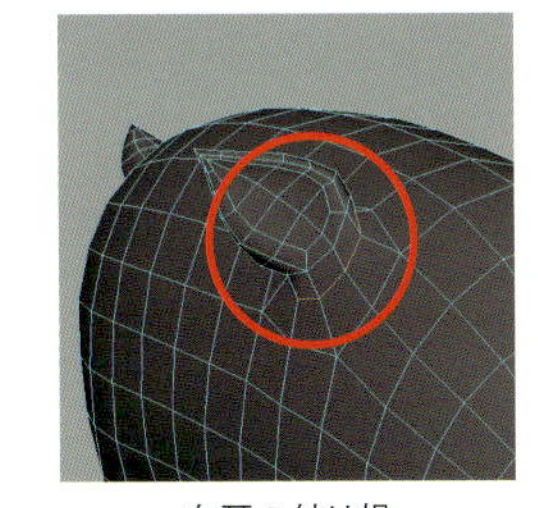
右耳の付け根

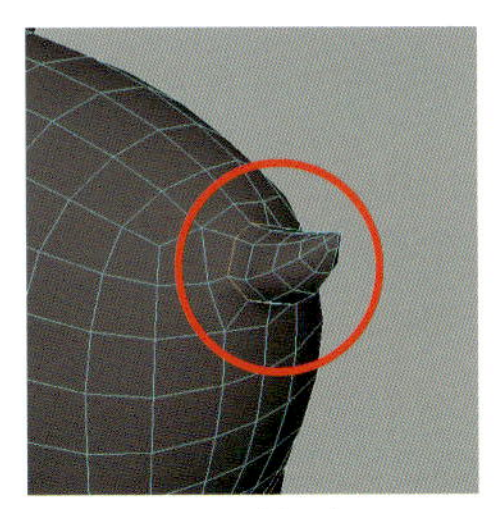
尻尾の付け根

UVを切り離すために、ビューポートで各パーツの付け根のエッジをリング状に選択します。

各足の付け根のエッジ、尻尾の付け根のエッジ、両耳の付け根のエッジをすべて選択した状態です。

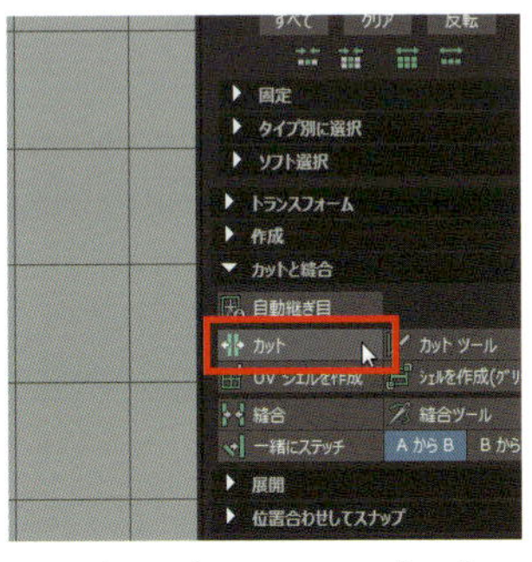

UVエディタの[UVツールキット] > [カットと縫合] > [カット]をクリックします。

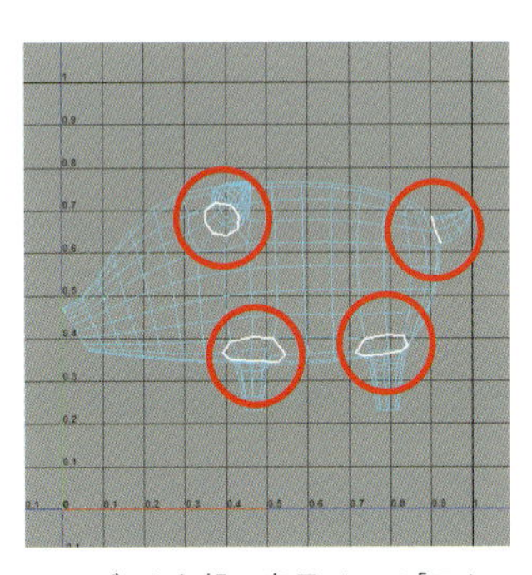
UVエディタ上部の表示バーで[テクスチャ境界]をオンにしてみましょう。耳・足・尻尾の付け根にテクスチャ境界(太線)ができ、胴体から耳・足・尻尾のUVが切り離され別々のUVシェルになりました。

次にビューポート上で、鼻先のフェースを選択します。

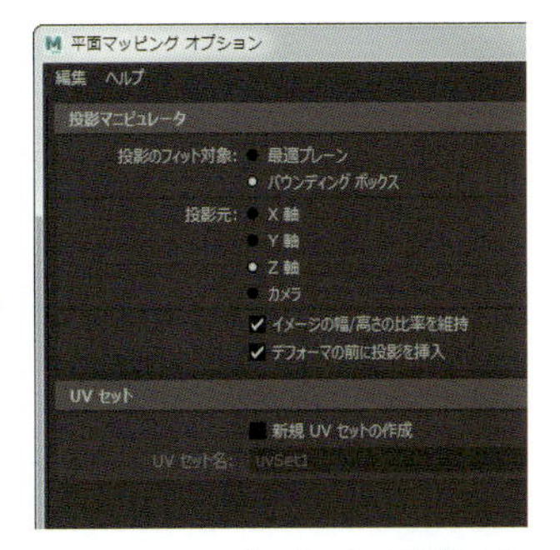

メインメニューの[UV] > [平面]を選択し、平面マッピングオプションを表示します。[投影元]の[Z軸]を選択し[投影]をクリックします。

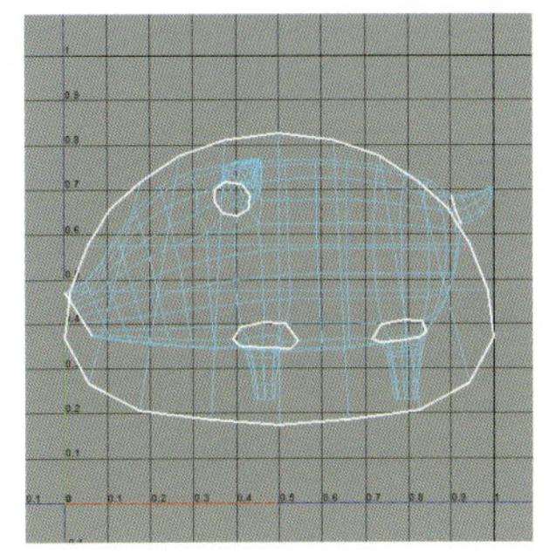
鼻先のUVが胴体から切り離されました。

3

切り離した各パーツのUV展開を行います。なるべくUVの歪みが少なくなるように展開していきます。
（※ここではUVエディタ上部にある表示バーの［選択項目の分離］でパーツごとに分離表示にしています）

胴体のUV展開

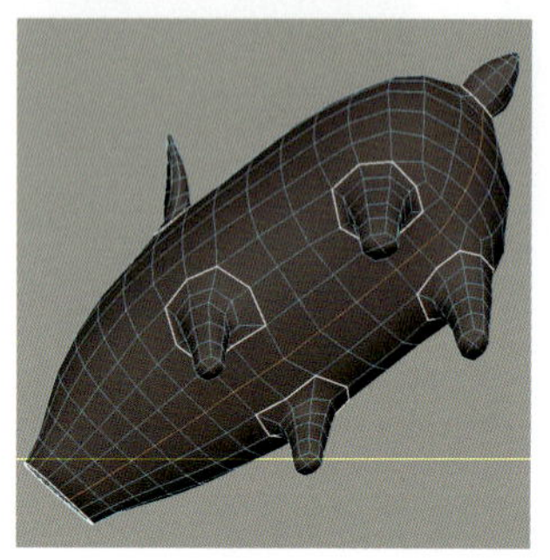

図のようにお腹側の中心のエッジを鼻先下から、尻尾の付け根まで選択します。

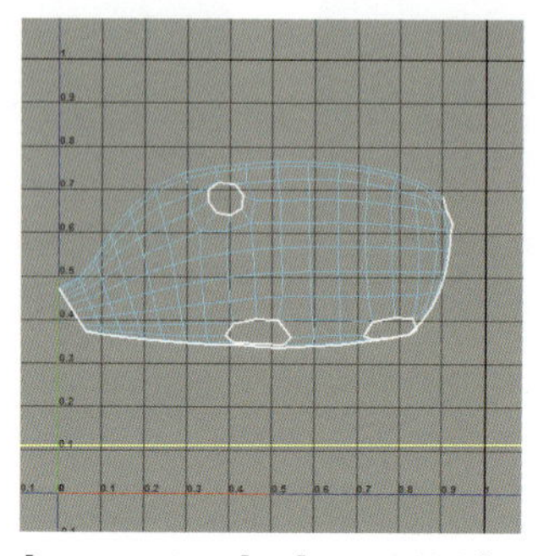

［UVツールキット］>［カットと縫合］>［カット］をクリックします。胴体のお腹の部分にテクスチャ境界ができました。

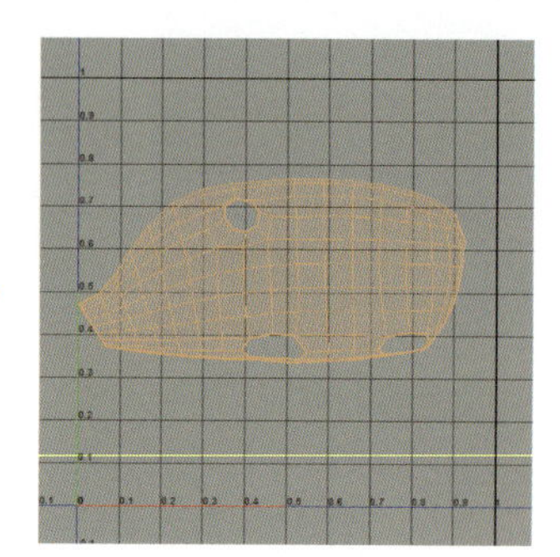

［UVツールキット］>［UVシェル］を選択して、胴体のUVシェルを選択します。

［UVツールキット］>［展開］>［展開］をクリックします。［展開］を実行することで歪みが少なく、UVが重ならないようにUVを開いてくれます。

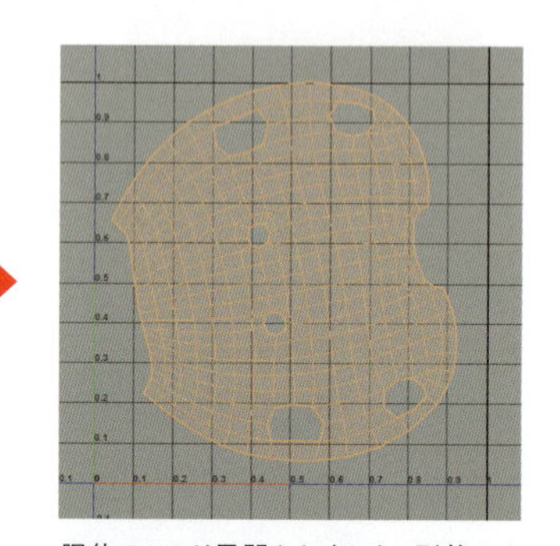

胴体のUVが展開されました。形状により展開時にUVシェルに回転がかかることがあります。

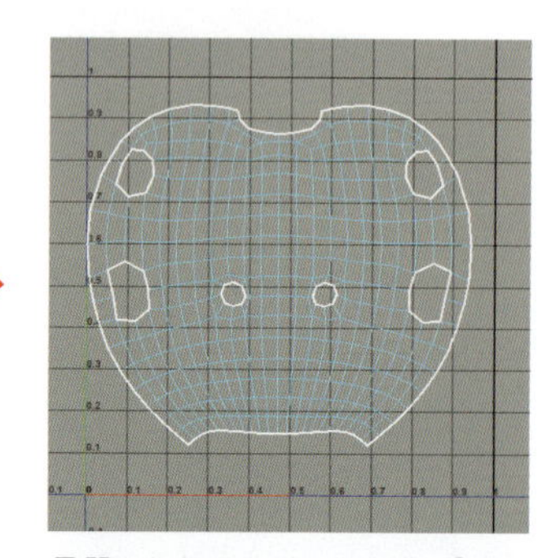

展開されたUVシェルの向きを［回転ツール］で頭側が下になるように調整します。このときに中央のエッジがまっすぐになるようにしておきます。

MEMO

UVエディタ上でUV同士が重なり合い見づらい状態になっている場合、UVを選択状態で Ctrl + 1、または表示バーの［選択項目の分離］をオンにすることで選択したUVだけを表示することができます。全て表示するには、再度 Ctrl + 1、または表示バーの［選択項目の分離］を解除します。

耳のUV展開

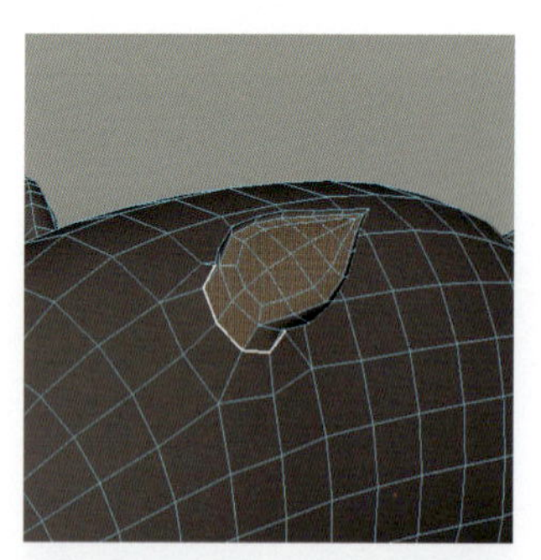

図のようにビューポート上で両耳の内側のフェースを選択し、［UV］>［平面］を選択し、平面マッピングオプションを表示します。［投影元］の［Z軸］を選択し［投影］をクリックします。

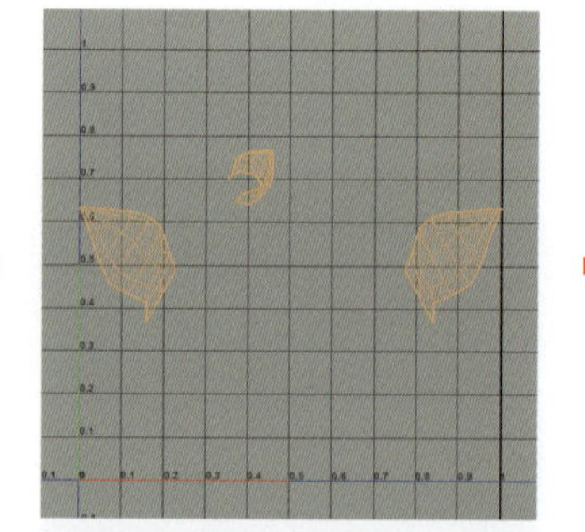

平面マッピング実行後、切り離した耳の内側と耳の外側のUVシェルを選択し［UVツールキット］>［展開］>［展開］をクリックします。

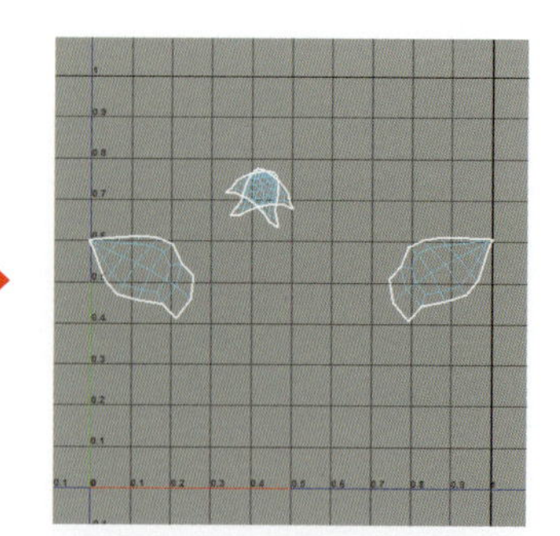

耳の内側と耳の外側のUVが展開されました。

足のUV展開

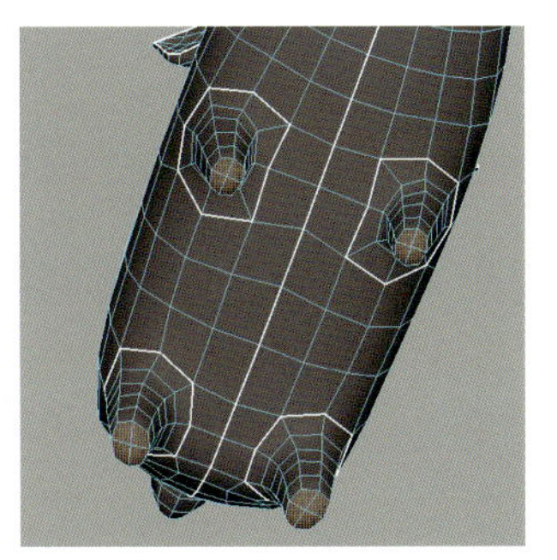

各足の足裏のフェースを選択します。

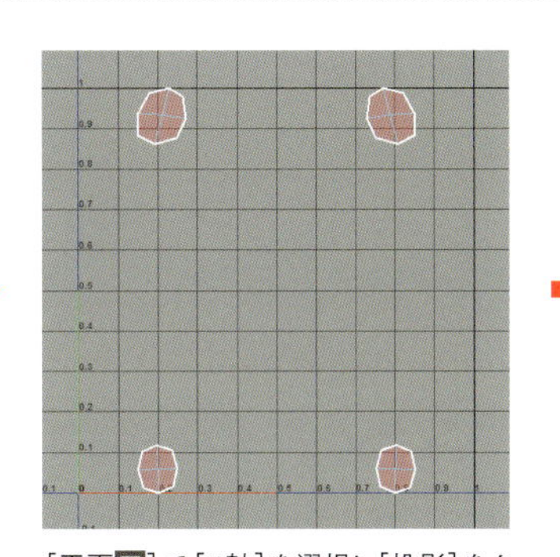

[平面]で[Y軸]を選択し[投影]をクリックします。足裏が切り離されました。ここでUVエディタ上部の表示バーで[シェード]をオンにします。UVシェルの色が赤くなり、UVが反転しているのがわかります。

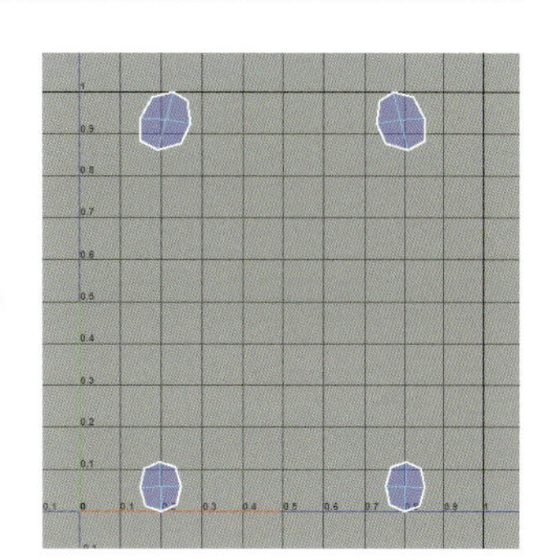

反転を修正するために足裏のUVシェルを選択して、[UVツールキット] > [トランスフォーム] > [スケール] > [反転]の方向をUにしてクリックします。UVシェルの色が青になり反転が修正されました。

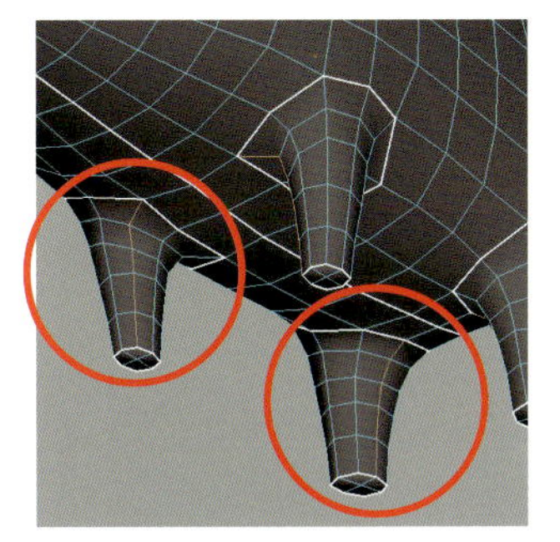

ビューポートで左右の足のエッジを図のように選択し、[UVツールキット] > [カットと縫合] > [カット]をクリックします。

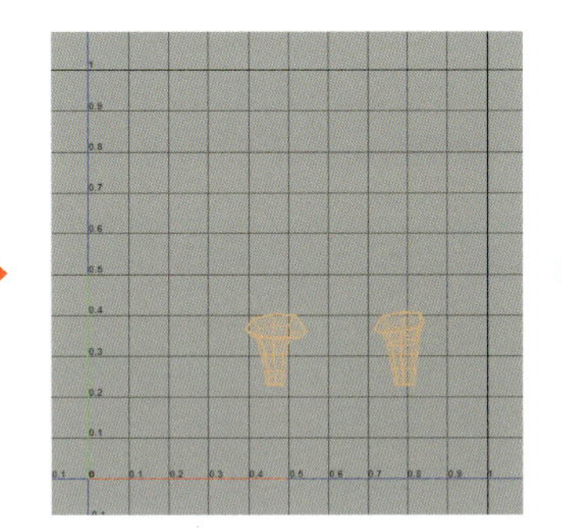

各足のUVシェルを選択し[UVツールキット] > [展開] > [展開]をクリックします。

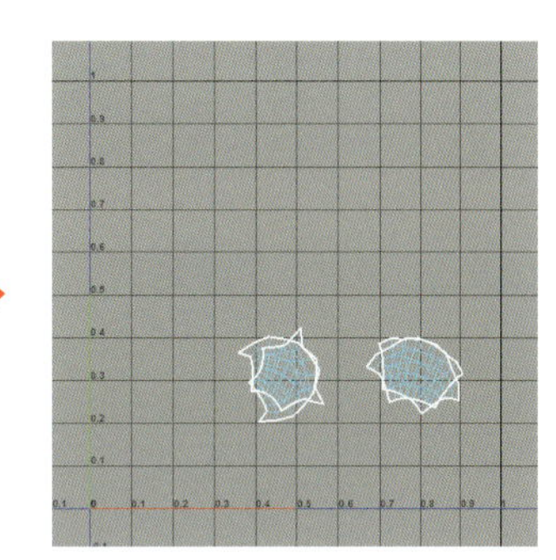

各足のUVが展開されました。

尻尾のUV展開

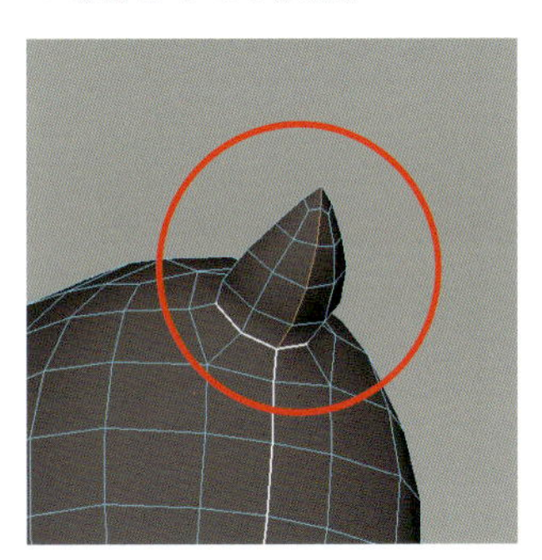

図のように、ビューポート上で尻尾のエッジを選択し、[UVツールキット] > [カットと縫合] > [カット]をクリックします。

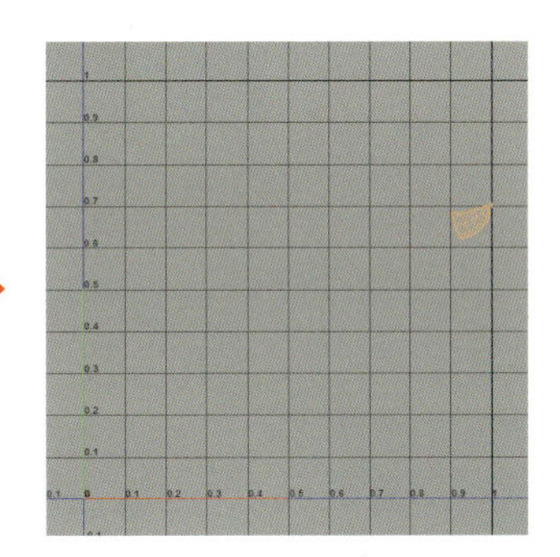

尻尾のUVシェルを選択し[UVツールキット] > [展開] > [展開]をクリックします。

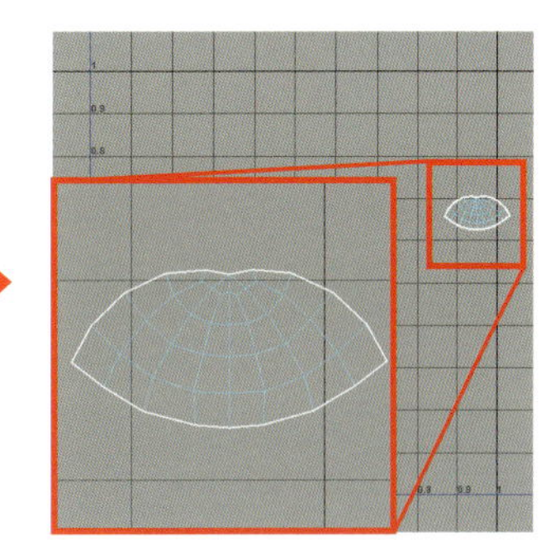

展開されたUVシェルの向きを[回転ツール]で付け根側が下になるように調整します。このときに中央のエッジがまっすぐになるようにしておきます。

鼻先のUV展開

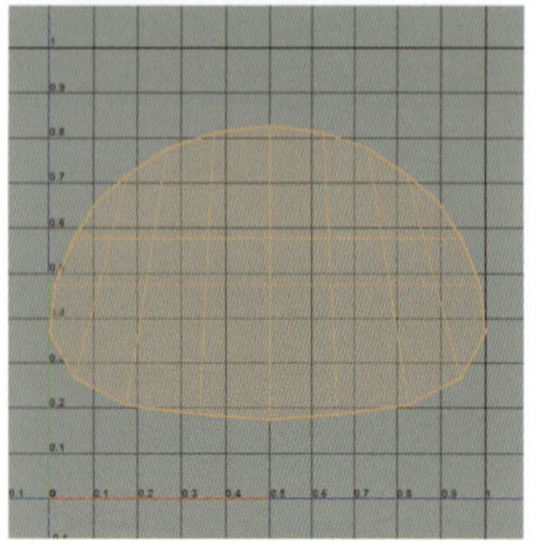

鼻先のUVシェルを選択します。

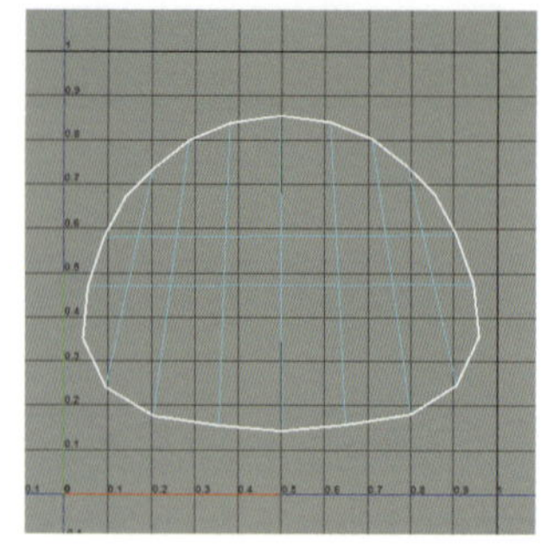

[UVツールキット] > [展開] > [展開] をクリックします。

全体のUV表示

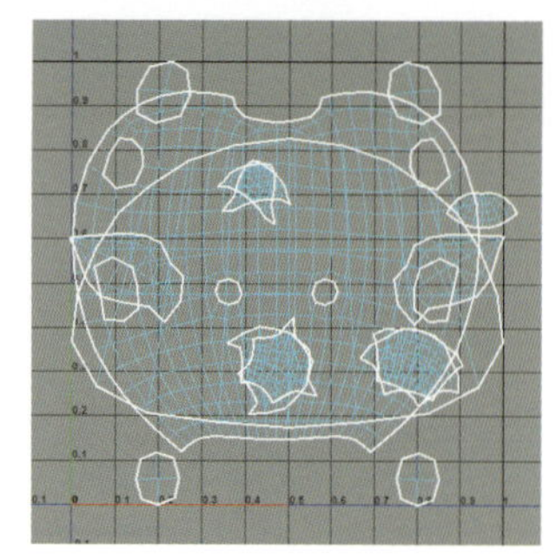

各パーツのUV展開が終わり、すべてのUVを表示しています。この時点ではUVの大きさや、向き、重なりは気にする必要はありません。

4

各パーツのUV展開が終わりましたので、展開したUVの比率を調整します。比率や歪みを調整するために使用するチェッカマップの設定も同時に行います。

チェッカマップ設定

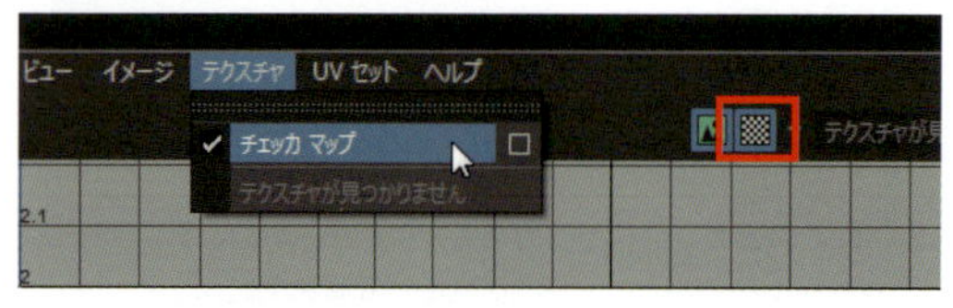

UVエディタの[テクスチャ] > [チェッカマップ]を選択しチェックボックスにチェックを入れます。またはをクリックしてチェッカ表示をONにします。UVエディタを表示した状態で、オブジェクトを選択するとビューポートのオブジェクトにチェッカパターンが表示されます。表示されない場合には、ツールバーの[ワイヤフレーム]や[既定のマテリアルの使用]がオンになっていないか確認してみましょう。

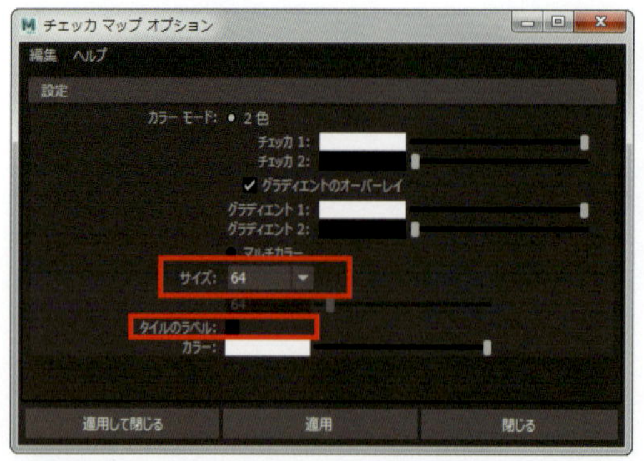

[テクスチャ] > [チェッカマップ] でチェッカマップオプションが開きます。表示されたチェッカが大きすぎたり、小さすぎたりする場合は、[サイズ]を変更します。チェッカパターンに文字が表示されている場合は、[タイルのラベル]のチェックを外すことで非表示にできます。UVエディタで作業するときに、チェッカパターンがUVエディタに表示されていると作業しづらいことがあります。その場合、[イメージ] > [ディスプレイ]のチェックを外すことでUVエディタのチェッカパターンを非表示にすることができます。また、[イメージ] > [暗く表示]にチェックを入れるとチェッカパターンを暗く表示することができます。

UVの比率調整

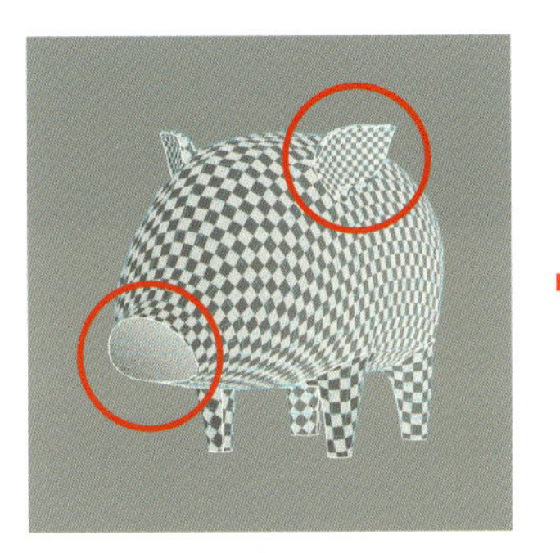

大きな歪みはありませんが、パターンの大きさが異なっている箇所があります。大きさが異なっているとオブジェクト内でテクスチャの解像度にばらつきができるので、[レイアウト]でなるべく均一にします。

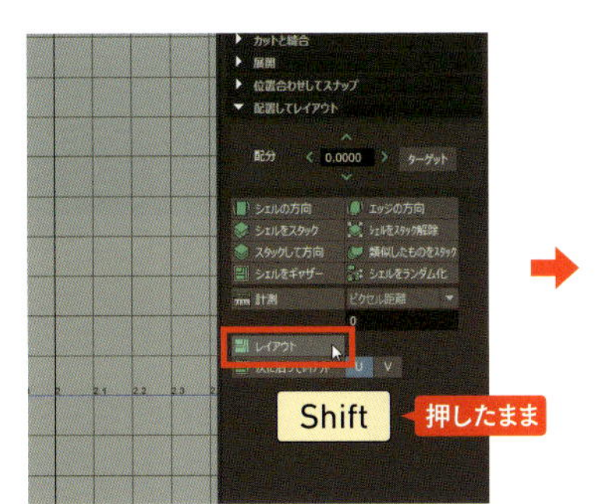

オブジェクトを選択した状態で[UVツールキット] > [配置してレイアウト] > [レイアウト] を Shift を押しながらクリックします。UVレイアウトオプションが表示されます。

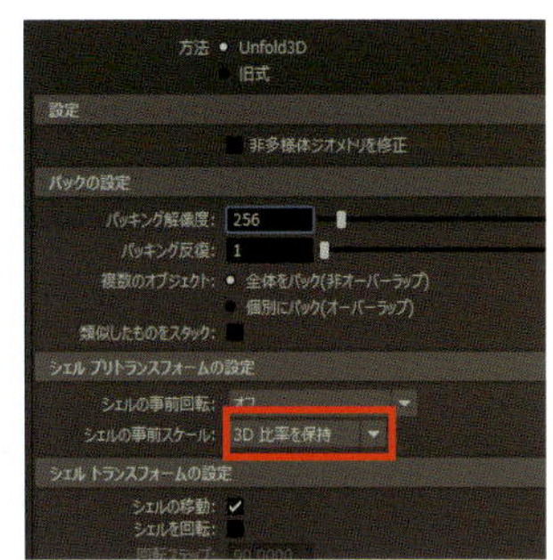

UVレイアウトオプションの[シェルプリトランスフォームの設定]の[シェルの事前スケール]を[3D比率を保持]にします。

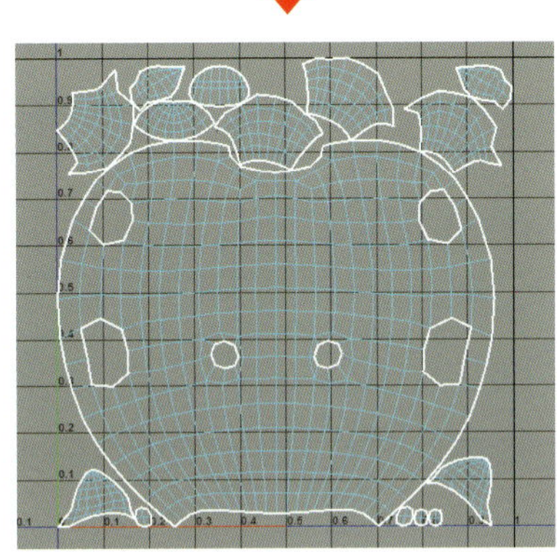

レイアウトオプションの[UVレイアウト]をクリックします。UVの0-1空間に3D比率でスケールされた各UVシェルが重なりのない状態で配置されました。

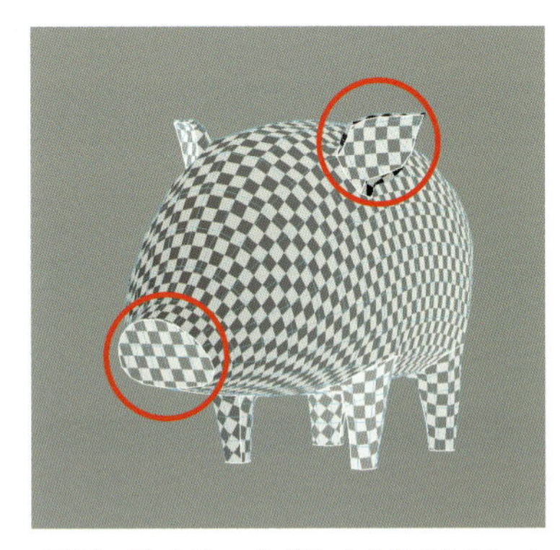

オブジェクトのチェッカパターンを見てみると、大きさがほぼ均一になっています。

MEMO UVレイアウトオプションの表示が違う場合

Maya2018では[UVレイアウト]や[展開]などで使用する既定のアルゴリズムはUnfold3Dになっていますが、プラグインがロードされずに旧式のアルゴリズムが使用される場合があります。UVレイアウトオプションを開いた際に、ウィンドウ上部に[方法]という項目がない場合、Unfold3Dプラグインがロードされていません。Unfold3Dプラグインをロードするためには、メインメニューの[ウィンドウ] > [設定/プリファレンス] > [プラグインマネージャ]からプラグインマネージャを起動します。Unfold3D.mll欄のロード、自動ロードにチェックが入っているか確認してみましょう。チェックが入っていない場合はロード、自動ロードにチェックをつけてプラグインをロードしてプラグインマネージャを閉じます。UVレイアウトオプションを開いて、[方法]項目でUnfold3Dが選択されていればプラグインのロードは完了です。

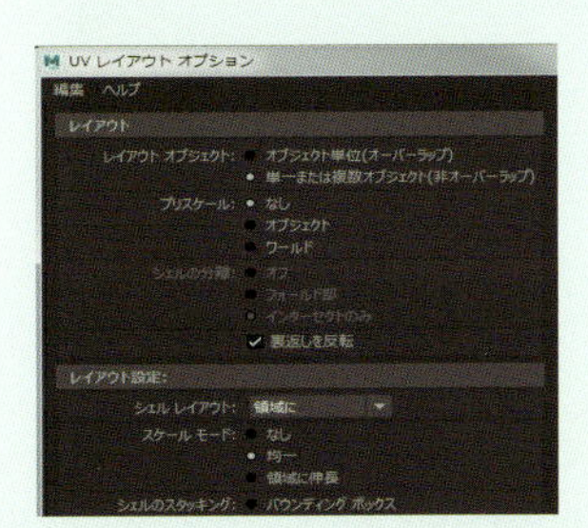

プラグインがロードされておらず、[方法]の項目がありません。

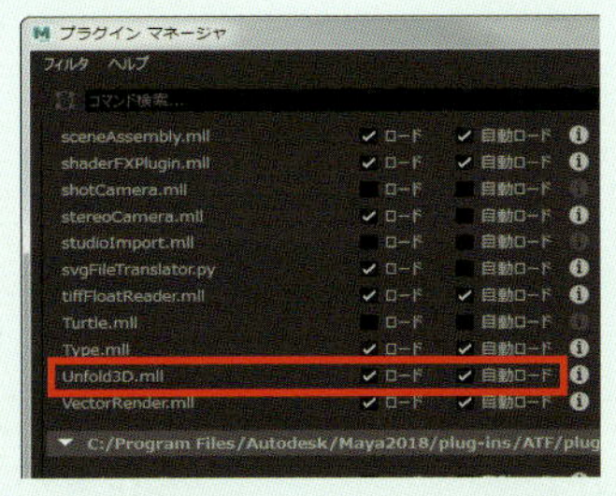

プラグインマネージャでUnfold3D.mll欄のロード、自動コードにチェックを入れ閉じます。

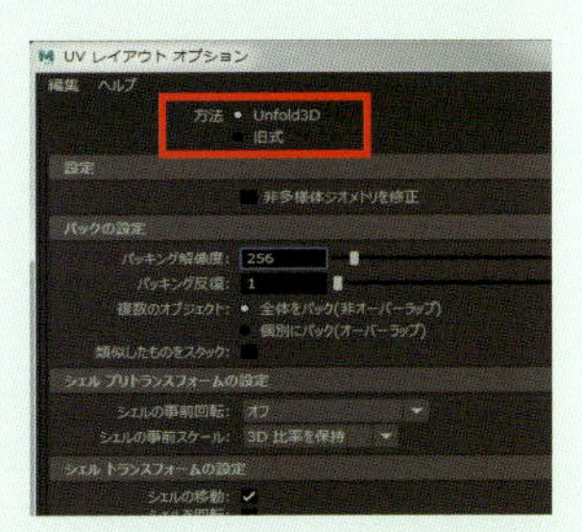

UVレイアウトオプションを開き、[方法]項目でUnfold3Dが選択されていればプラグインのロードは完了です。

5　[レイアウト]で作成されたUVをそのまま利用してもいいのですが、各シェルの位置や回転などがバラバラなので、テクスチャが描きやすいように調整を行います。

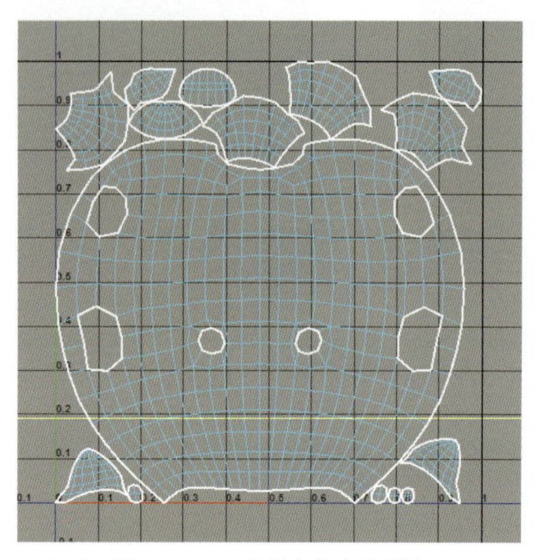

レイアウトは、UVの0-1空間を効率よく使うので、UVシェルを動かす隙間がありません。

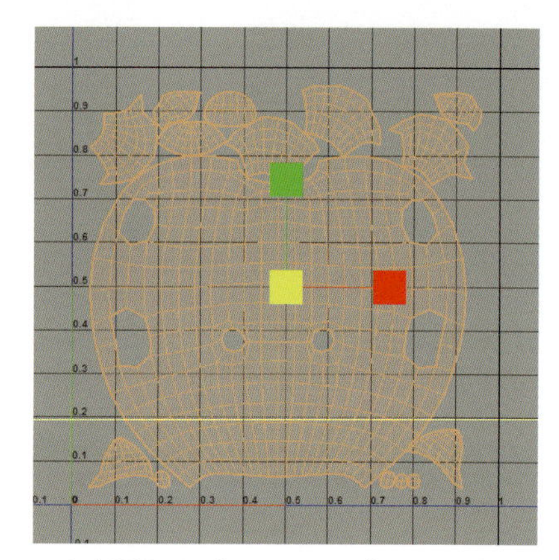

UVを全選択して、[スケールツール]で、UV全体を少し縮小します。

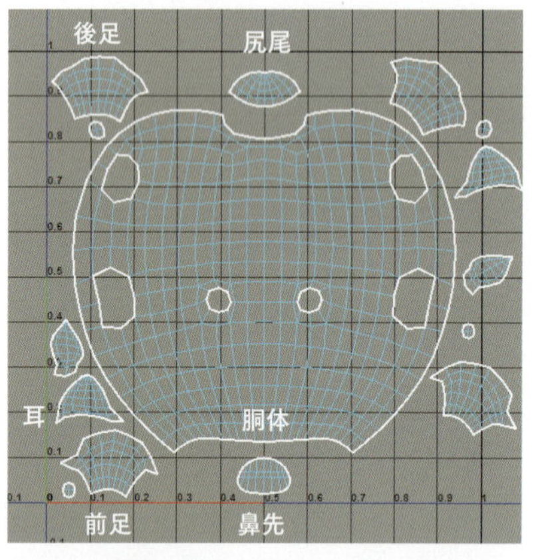

図のように胴体・尻尾・鼻先のUVシェル中央のエッジがU方向中央(0.5)になるように移動させます。周りの隙間に足や耳のUVシェルを[移動ツール]や[回転ツール]を使って配置していきます。左右対称のUVにするのでUVの左側だけの配置を決めます。

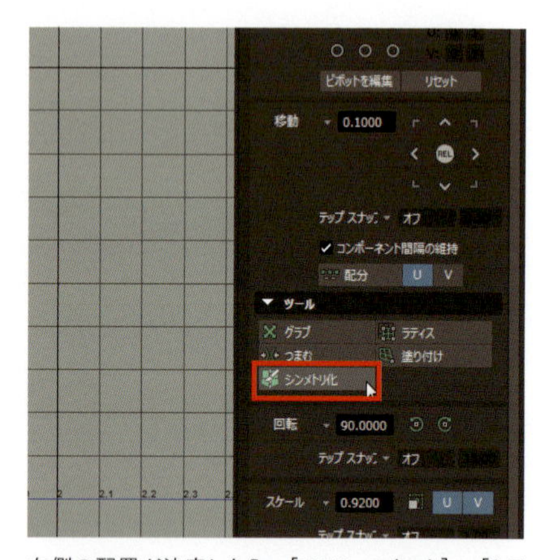

左側の配置が決定したら、[UVツールキット] > [トランスフォーム] > [ツール] > [シンメトリ化]をクリックします。

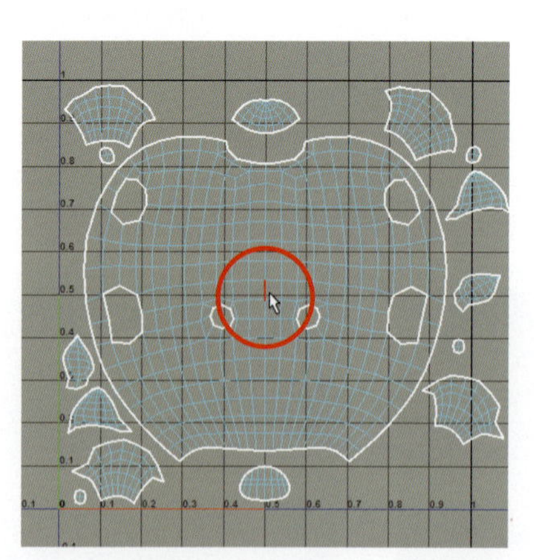

メッシュの対称基準になるエッジ(胴体の中央のエッジ)を選択しクリックすると、カーソルがブラシに変わります。

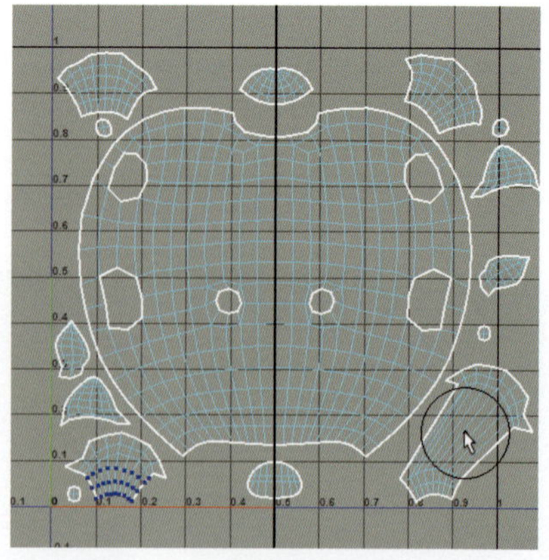

エッジ選択後に出る黒い軸を挟んでUVがシンメトリ化されます。この軸は Ctrl +ドラッグで移動させることができます。シンメトリ化したいUV右側をブラシでなぞっていきます。ブラシのサイズは B を押しながらドラッグで変更することができます。

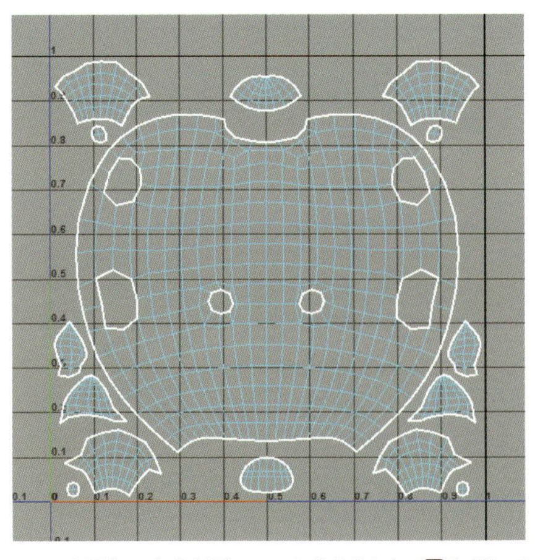

シンメトリ化で左右対称のUVになりました、Qを押してシンメトリ化を終了します。これでUVのレイアウト調整は終了です。図のUV配置は一例です、各自テクスチャが描きやすいように配置しましょう。

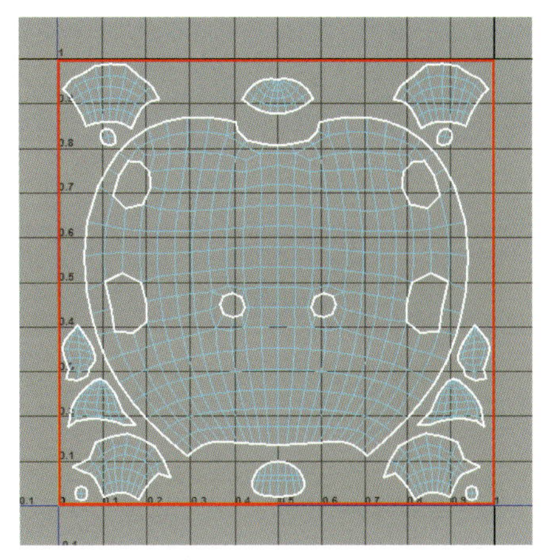

UVのレイアウトをするときにはUV領域ギリギリまでUVシェルを配置しないようにしましょう。UV空間の0～1軸(赤線)の境界では、アンチエイリアスがかかって、テクスチャがぼやけてしまうからです。1～2ピクセル空けるつもりで配置しましょう。

オブジェクトのチェッカパターンを確認して、極端な歪みや、大きさが異なっている箇所がなければUV展開終了です。

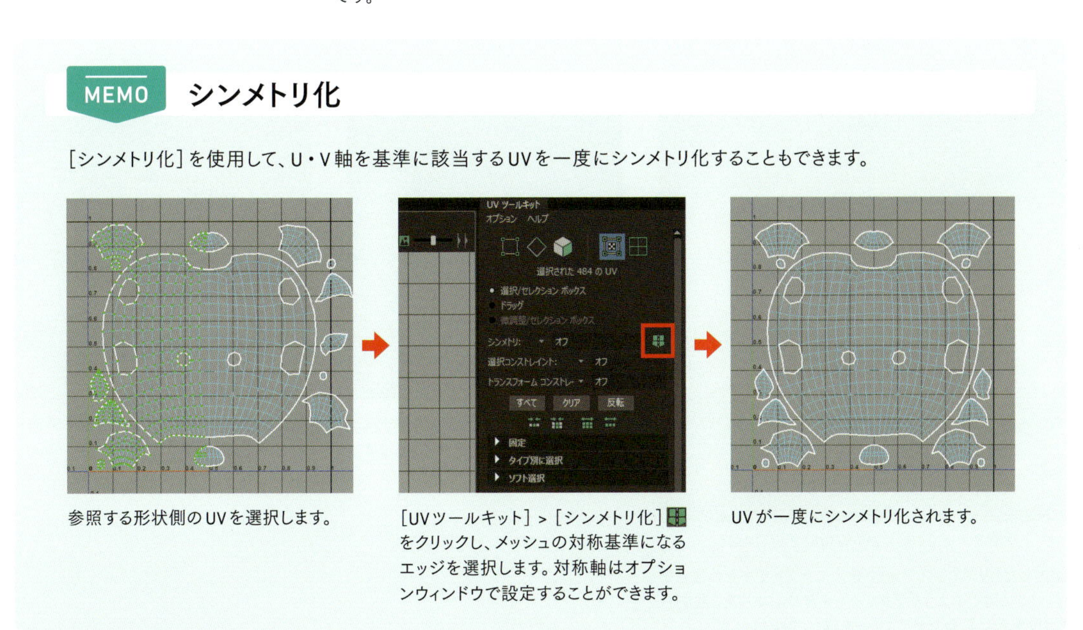

MEMO

シンメトリ化

[シンメトリ化]を使用して、U・V軸を基準に該当するUVを一度にシンメトリ化することもできます。

参照する形状側のUVを選択します。

[UVツールキット] > [シンメトリ化] をクリックし、メッシュの対称基準になるエッジを選択します。対称軸はオプションウィンドウで設定することができます。

UVが一度にシンメトリ化されます。

6

展開したUV情報をテクスチャ作成に使用するため画像ファイルとして出力します。UVの展開・調整が終了したら、次にテクスチャを用意します。テクスチャを描く前に、[UVスナップショット]でUVを画像ファイルとして出力して、テクスチャのガイドとして活用しましょう。解像度によってアンチエイリアスのかかり具合も変わるので、出力する解像度はテクスチャの解像度と合わせるようにしましょう。

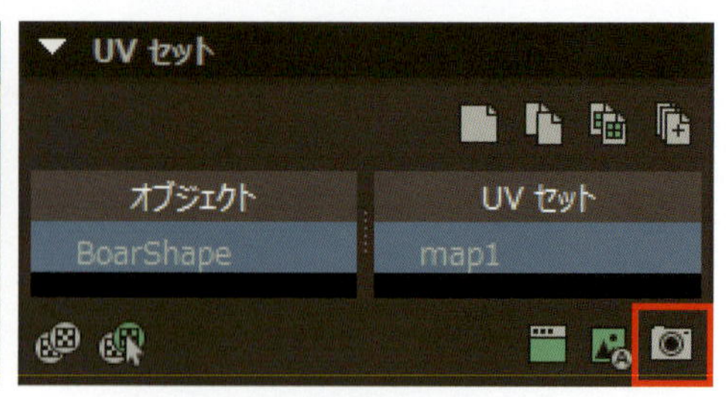

[UVスナップショット]は、UVエディタ表示バーの、または[UVツールキット] > [UVセット] > から使用することができます。また、UVエディタメニューの[イメージ] > [UVのスナップショット...]からも使用することができます。

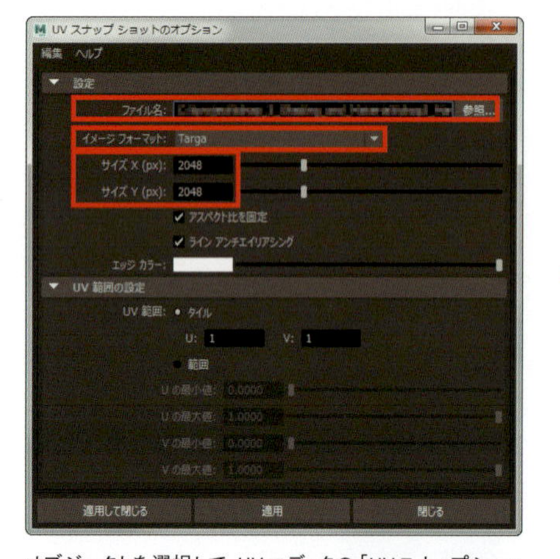

オブジェクトを選択して、UVエディタの[UVスナップショット]をクリックします。UVスナップショットのオプションが表示されるので、出力先・フォーマット・サイズを入力して[適用して閉じる]をクリックします。

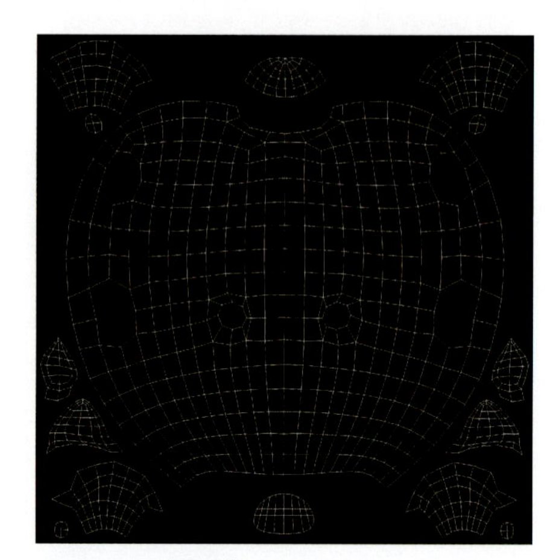

出力画像:2048 x 2048/tga

7

マテリアルを作成して、テクスチャをアサインします。ここではLambertマテリアルを作り、オブジェクトにアサインします。

テクスチャ:2048 x 2048/tga/アルファなし

出力したUVスナップショットを元にテクスチャを作成します。ここではこのようなテクスチャを作成しました。展開したUVを元に各自でテクスチャを描いてみましょう。

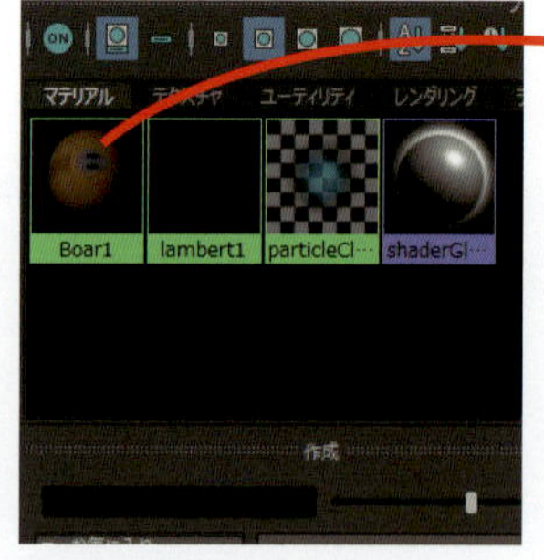

新規にLambertマテリアルを作成し、用意したテクスチャをアサインします。

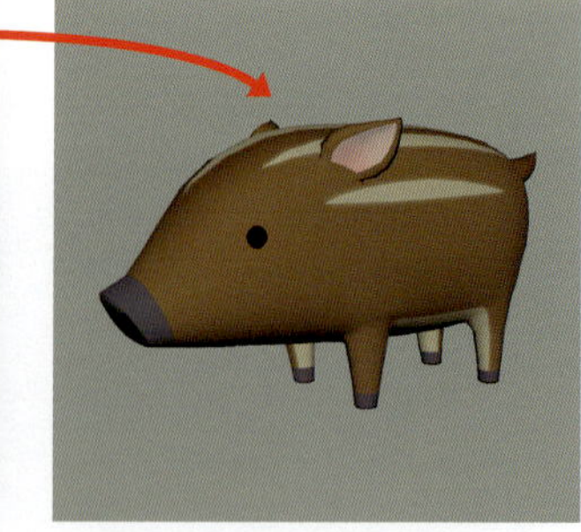

作成したLambertマテリアルをオブジェクトにアサインします。

8 最後に以下の点についてオブジェクトを確認しましょう。

- テクスチャの表示がおかしいところがないか
- 繰り返し用に作られたテクスチャであれば、つなぎ目は合っているか
- UVシェルは、間違った向きに反転されていないか
- はみ出したUVはないか
- テクスチャのアサインミスはないか

一見問題がないように見えます…

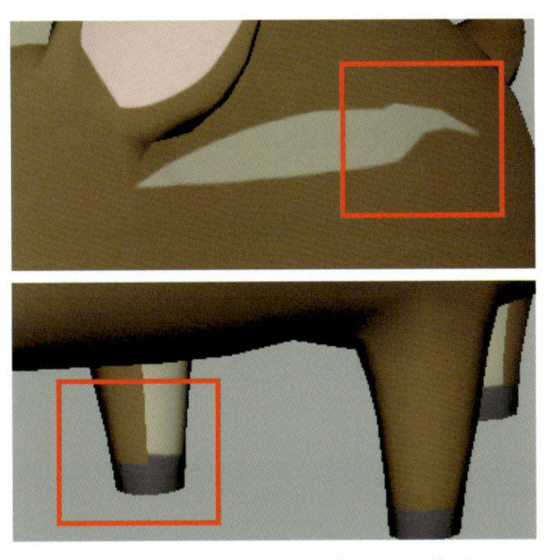

よく見ると、テクスチャの歪みや、ずれている箇所があるのでUVを修正する必要があります。

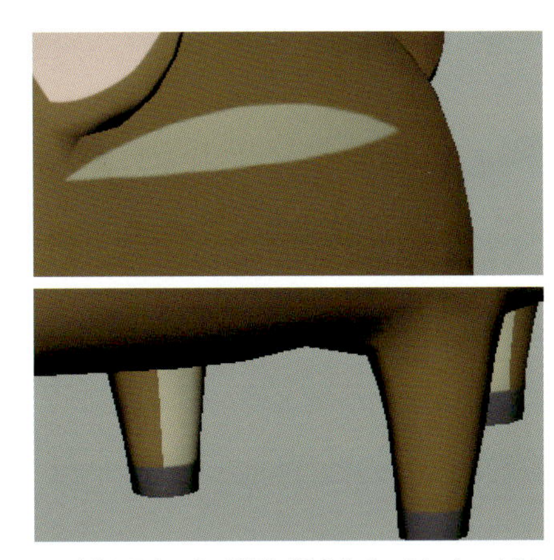

このようにテクスチャが正しく貼られているか、しっかりと確認しましょう。

9

UVの調整が終われば完成です。UVの展開は、数をこなしていけば、モデルの段階で全体のどこに配置していけばよいか把握できるようになります。UVの切れ目や境界線はポリゴンの割に左右されるので、モデル作成時にはそこも考慮しておくと良いでしょう。UVエディタでの作業は、いかにUVの歪みをなくし無駄なく領域を使い切るかです。［反転］や［位置合わせ］、［レイアウト］などを有効に活用していけば、効率よく作業を進めることができます。そのため、UVツールキットの各種ツールの機能はしっかりと理解しておきましょう。

第4章 レンダリング

Chapter 4-1 レンダリングの基本

レンダリングとは、シーン上のモデル、ライト、カメラの情報を元に画像を生成することです。モデルにマテリアルで質感を与え、ライトを当てると、レンダラがカメラから見えるイメージを計算して生成します。

Mayaのレンダラの紹介

Mayaには4種類のレンダラが標準で用意されています。この章では、この中で一番高品質な画像を作成することが可能なArnold Renderer（アーノルドレンダラ）の使い方を見ていきます。

Mayaソフトウェア

Mayaの標準レンダラです。アトリビュートが少なく、コントロールがしやすくなっています。

Maya ハードウェア 2.0

ビューポートに表示されているイメージをそのままレンダリングします。

Mayaベクター

ベクトルデータの画像をレンダリングできます。

Arnold Renderer

メジャーな映画などでも使用されている高品質なレンダラです。写真かと見紛うようなクオリティの高い画像を作成できます。

レンダービュー

レンダービューはレンダリングした画像を表示するためのウィンドウです。レンダービューにはMayaのすべてのレンダラで使える標準のレンダービューと、Arnold専用の[Arnold RenderView]があります。Arnoldでレンダリングするときはどちらのレンダービューも使用することができますが、[Arnold RenderView]のほうが便利なのでこちらを使いましょう。

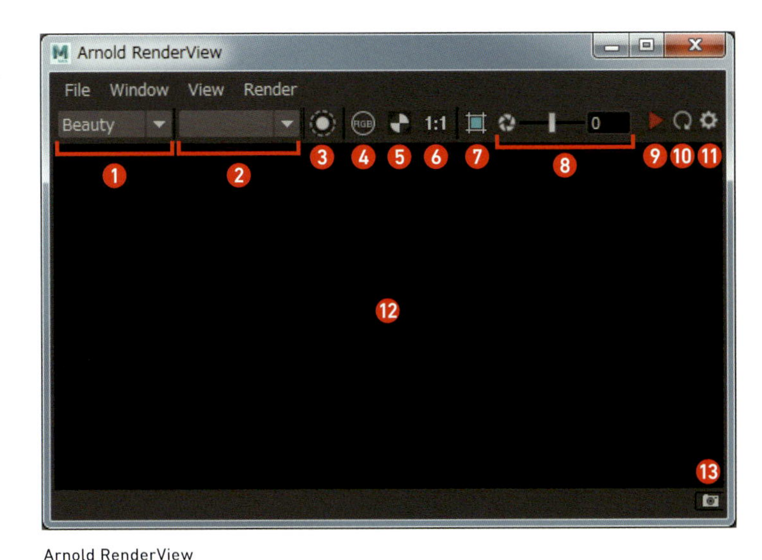

Arnold RenderView

1. AOVの切り替え
2. カメラの選択
3. 選択したものだけをレンダリング
4. RGBAの切り替え
5. アルファの切り替え
6. サイズを等倍に戻す
7. 領域レンダリング
8. 露光の調整
9. IPRレンダーの開始
10. レンダリングの実行
11. ディスプレイセッテイング
12. レンダリング画像の表示
13. スナップショット

Arnold RenderViewの起動方法

メインメニューの[Arnold] > [Render]をクリックすることで[Arnold RenderView]を起動し、そのままレンダリングを開始できます。レンダリングを開始せずに[Arnold RenderView]を起動したい場合は[Arnold] > [Arnold RenderView]をクリックします。

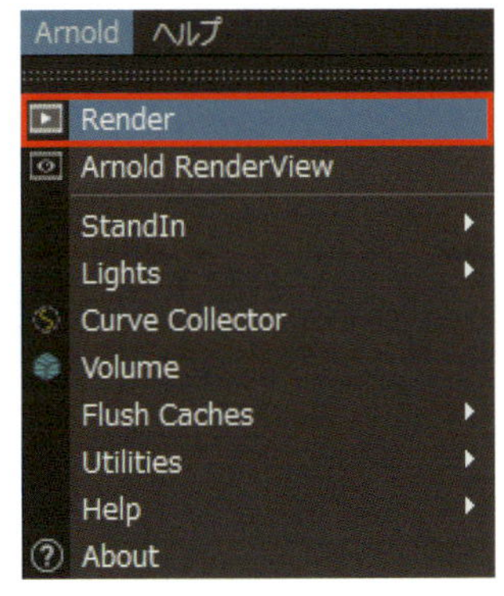

起動してレンダリングを開始

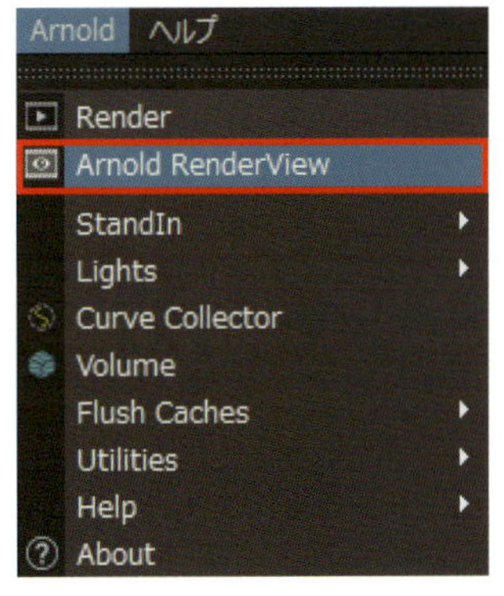

[Arnold RenderView]を起動

MEMO メインメニューに[Arnold]がない時の対処法

[Arnold Renderer]はプラグインなので、Mayaを起動して少し経ってからメインメニューに[Arnold]メニューが表示されます。しかし、何らかの原因でプラグインがうまくロードされず、いくら待っても[Arnold]メニューが表示されないことがあります。その時は、メインメニューの[ウィンドウ] > [設定/プリファレンス] > [プラグインマネージャ]を開き、「mtoa.mll」の[ロード]と[自動ロード]にチェックを入れます。

レンダリングの実行

起動したArnold RenderViewでレンダリングを開始するには、メニューの[Render] > [Refresh Render]をクリックするか、をクリックします。

Arnold RenderViewメニューからレンダリングの実行

IPRレンダー

IPRレンダーを使用すると、シーンの変更をレンダリングに瞬時に反映してくれます。使用するにはArnold RenderViewメニューの[Render] > [Run IPR]をクリック、またはをクリックします。

Arnold RenderViewメニューからIPRレンダーを開始

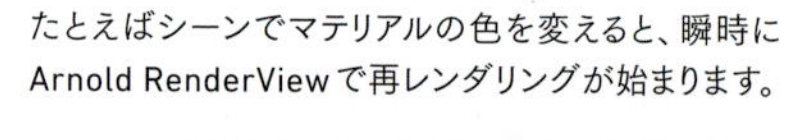

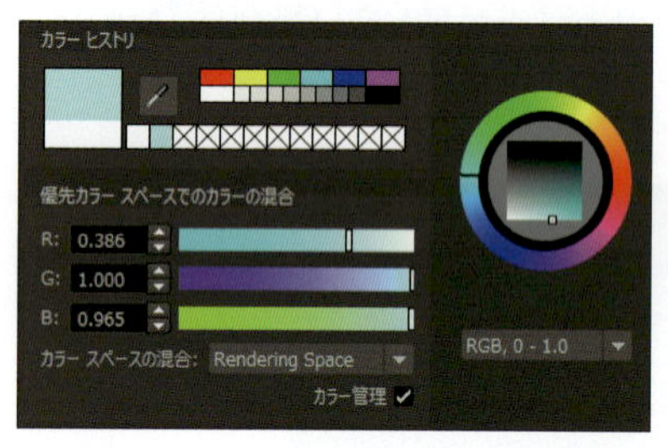

レンダリングの中断

通常のレンダリング時もIPRレンダリング時もレンダリングを中断するには、Arnold RenderViewメニューの[Render] > [Abort Render]をクリック、またはホットキーのEscを押します。

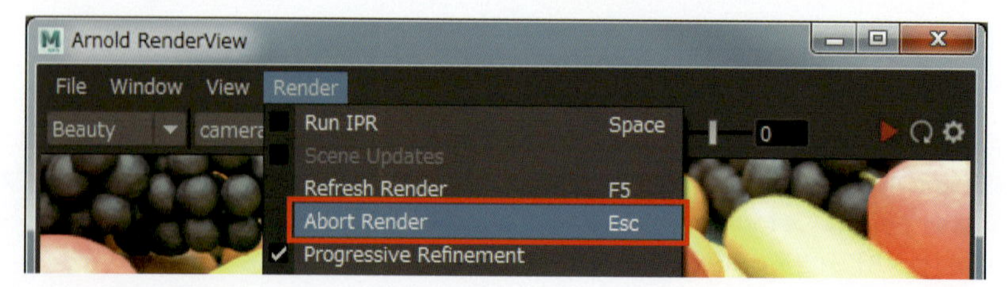

Arnold RenderViewメニューからレンダリングを中断

レンダリング中の操作を軽くする

Arnold RenderViewはレンダリングしながらMayaを操作できるように、マシンのCPUコアをすべて使わず1つ余らせています。これによりIPRレンダー中も快適に操作ができます。それでも使用しているマシンによってはまだMayaの操作が重く感じられるかもしれません。その時は、Arnold RenderViewメニューの[Render] > [Save UI Threads]から、「2」や「3」を選択して余らせるCPUコア数を増やすことができます。

余らすCPUコア数を増やすと、レンダリング時間は伸びますが快適さは増します。

ビュー上での操作

オブジェクトの選択

Arnold RenderView上でオブジェクトをクリックすると「選択」することができます。

クリック中のモデルはハイライトされます。

カメラの操作

IPRレンダーを使用中は、Arnold RenderView内でカメラを動かすことができます。これを有効にするには、Arnold RenderViewメニューの[Window] > [3D Manipulation]をクリックします。または、[Window] > [Toolbar Icons] > [Show 3D Manipulation icon]でツールバー上にアイコンを表示して、簡単に切り替えることもできます。

シーンビューと同じ操作でカメラを操作できるようになります。
Alt +でタンブル（カメラの回転）
Alt +でトラック（カメラの平行移動）
Alt +でドリー（カメラの前後移動）
（ホイール）もドリー

画像のパンやズーム

[3D Manipulation]がオフのときは、Alt +で画像のパンやズームの操作が可能です。

レンダリングの完了

レンダリングが完了するとArnold RenderViewの左下にレンダリングにかかった時間が表示されます。レンダリング中は「Rendering」と表示され、時間が表示されたら完了したことが確認できます。

レンダリング中は「Rendering」と表示されています。

レンダリングが完了し、12分21秒かかったことがわかります。

カメラの指定

シーン内にカメラが複数ある場合は、下図のドロップダウンから選択できます。

使用するカメラを選択します。

MEMO カメラが選択できないとき

Arnold RenderViewを起動直後はドロップダウンに何も表示されずにカメラが選択できないことがあります。その時は一度レンダリングを開始すると、選択できるようになります。

領域をレンダー

カメラから見える範囲の一部分だけをレンダリングすることもできます。全体をレンダリングするよりも早く結果が出せるため、モデルの一部だけ変更してレンダリング確認したい場合や、ライティング・質感の調整によく使用します。Arnold RenderViewメニューの[Render] > [Crop Region]をクリック、または をクリックします。

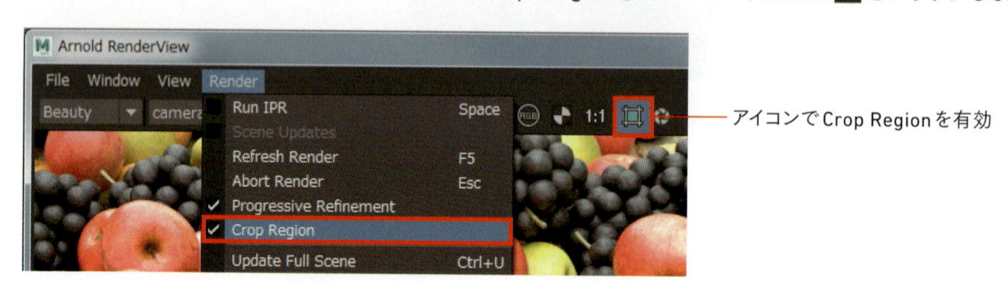

メニューからCrop Regionを開始します。

次にビュー内で ドラッグすると、白線の四角が作られます。この状態でレンダリングを実行すると選択範囲の部分だけがレンダリングされます。

確認したい範囲をドラッグで囲みます。(Shift+ で囲むと[Crop Region]がオンになっていなくても囲めます)

レンダリングを実行すると指定した領域内だけレンダリングされます。

スナップショット

レンダリングした結果のスナップショットを撮ることができます。ライティング・質感・レンダー設定の調整をするときに、設定前と設定後の画像を比較することができます。Arnold RenderViewメニューの［View］>［Store Snapshot］をクリック、または右下の📷をクリックします。

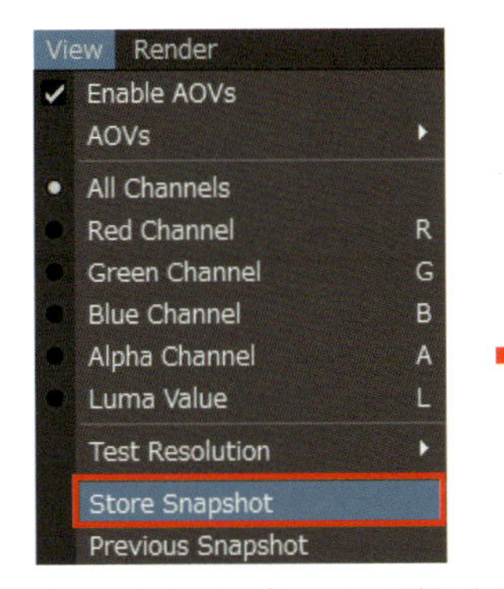

メニューからスナップショットを選択します。

スナップショットを撮るとArnold RenderViewの下にサムネイルが表示されます。

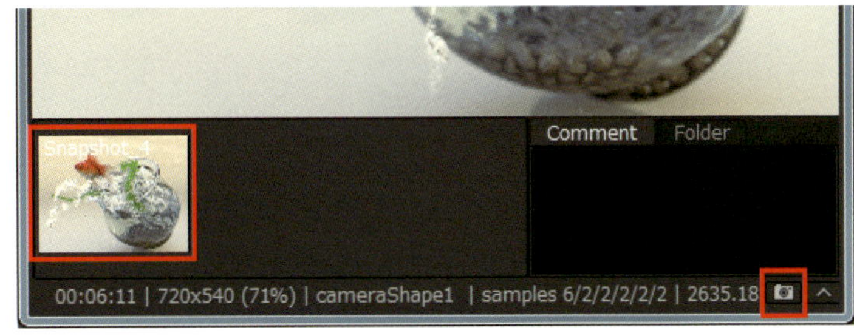

スナップショットのサムネイルです。　　このアイコンでもスナップショットを撮れます。

スナップショットの比較

スナップショットと最終レンダリング結果の比較を行うにはサムネイルをクリックします。

スナップショットのA/B比較

スナップショットと最終レンダリング結果を、ビュー内に半分ずつ表示して比較することもできます。サムネイルの上で🖱クリックし［Set as (A)］や［Set as (B)］をクリックします。元に戻すには、［Clear (A)］や［Clear (B)］をクリックします。

サムネイルの上で🖱クリックするとメニューが出ます。

中央の境界線は🖱ドラッグして好きな位置に動かすことができます。上下の赤い丸をドラッグすると境界線を斜めにすることもできます。（［Crop Region］がオンのときは動かせません。）

テスト解像度

Arnold RenderViewメニューの[View] > [Test Resolution]で、レンダリングサイズを一時的に変更することが可能です。

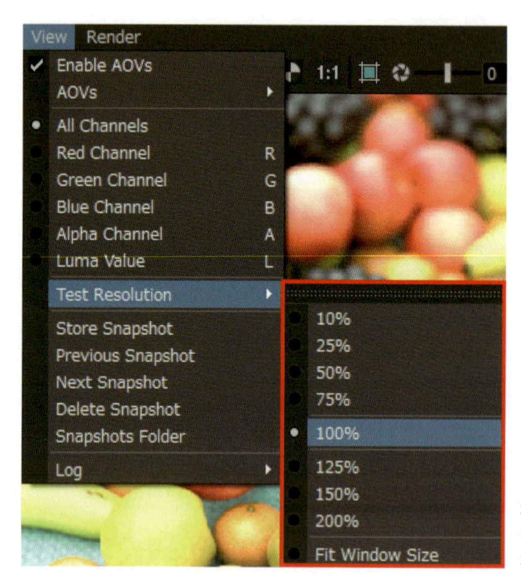

「10%」でレンダリングすると100倍の速さでレンダリングできます。「100%」に戻したときに時間がどのくらいかかるか予測するのにも役に立ちます。

レンダリング結果の保存

レンダリング結果を画像ファイルに保存するには、Arnold RenderViewメニューの[File] > [Save Image]をクリックします。

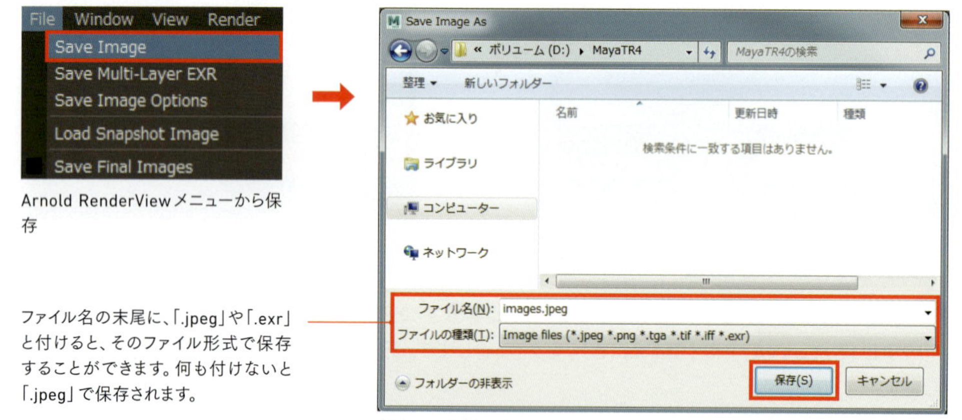

Arnold RenderViewメニューから保存

ファイル名の末尾に、「.jpeg」や「.exr」と付けると、そのファイル形式で保存することができます。何も付けないと「.jpeg」で保存されます。

保存する画像の名前とファイル形式を決めて保存ボタンをクリックします。

レンダリング結果を自動的に保存

レンダリングが完了した時に自動的に保存することもできます。Arnold RenderViewメニューの[File] > [Save Final Image]をオンにします。

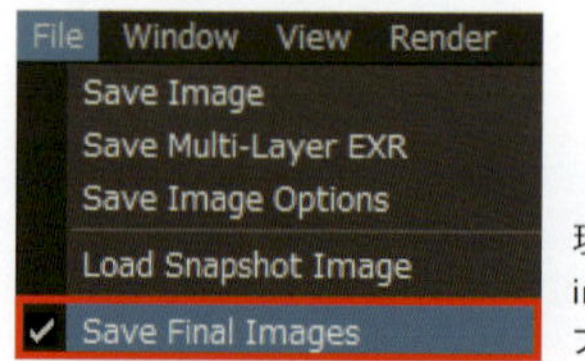

現在のプロジェクトのimagesフォルダのtmpフォルダに保存されます。

露光の調整

Arnold RenderViewのツールバーのスライダで露光を調整することができます。をクリックすると、指定した値と「0」を切り替えることができます。

レンダリングされたイメージに対しての調整なので、レンダリング中でも再レンダリングせずに変更することができます。

MEMO 露光の調整について

Arnold Rendererのレンダリング結果は、jpegなどの普通の画像よりも広い範囲の明るさを持っています。よってレンダリング後に、画質を劣化させることなく明るさの調整が可能です。exr形式で画像を保存することで、広い範囲の明るさを持ったまま保存できるため、Photoshopなどの画像編集ソフトで同じように画質を劣化させることなく明るさを調整することが可能です。露光を調整した結果をjpegなど普通の画像形式で保存したい場合は、Arnold RenderViewメニューの[File] > [Save Image Options]を開き、[Apply Gamma/Exposure]をオンにします。

一時的に表示を変更

Arnold RenderViewメニューの[Render] > [Debug Shading]から各シェーディングモードを選択すると、一時的にすべての表示を変更できます。Arnold RenderView上での一時的な変更なので実際のシーンは何も変更されません。

「Disabled」変更前

「Occlusion」にするとすべてがアンビエントオクルージョンシェーダで置き換えられレンダリングされます。

「Lighting」にするとすべて白のシンプルなシェーダに置き換えられレンダリングされます。ライティングの影響だけを確認できるので便利です。（真っ白のシェーダなので明るくなりすぎてしまうため、ツールバーの露光調整も合わせて使うと使いやすくなります）

Arnold RenderViewメニューの[Window] > [Toolbar Icons] > [Show Debug Shading icon]をオンにすると、ツールバーにドロップダウンが表示され簡単に切り替えられるようになります。

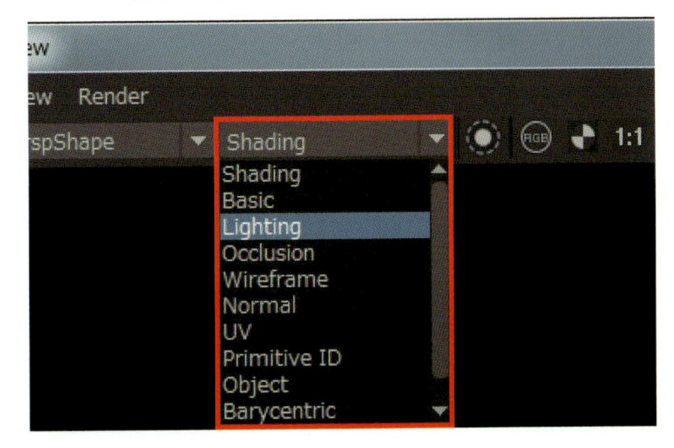

基礎編
4-1
レンダリングの基本

選択したものだけレンダリング

Arnold RenderViewメニューの[Render] > [Debug Shading] > [Isolate Selected]をクリック、またはをクリックすると、選択したものだけがレンダリングされるようになります。

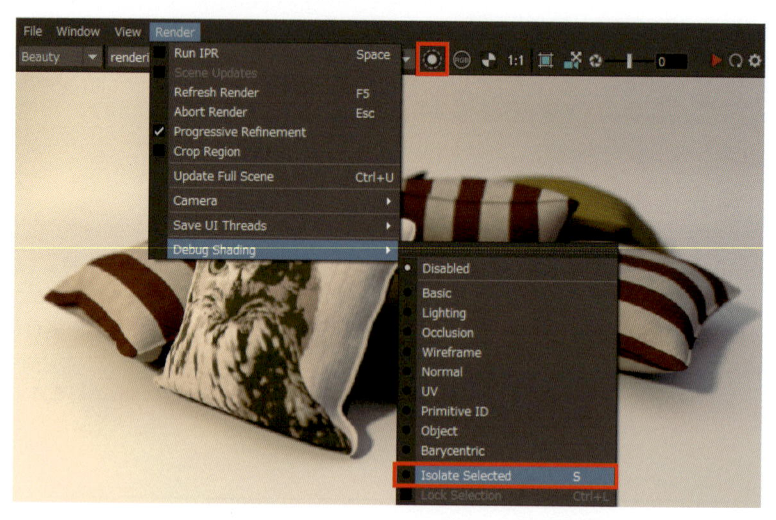

オブジェクトを選択するとそのオブジェクトのみがレンダリングされますが、それだけではなく、ライト、マテリアル、シェーダの選択でも効果があります。

オブジェクトを選択すると、そのオブジェクトだけがレンダリングされます。

ライトを選択すると、他のライトをオフにしてレンダリングされます。

マテリアルを選択すると、そのマテリアルが割り当てられているオブジェクトがすべてレンダリングされます。

ハイパーシェードで、シェーダノードを選択するとそのシェーダだけレンダリングされます。複数のシェーダを組み合わせて複雑なマテリアルを作成している時に各シェーダの効果を個別に確認できるので便利です。上図はテクスチャの[file]ノードを選択しています。

シーンの変更の反映

基本的にはシーンの変更は自動的にArnold RenderViewに反映されますが、新しいカメラの作成など一部反映されないことがあります。反映されないときは、Arnold RenderViewメニューの[Render] > [Update Full Scene]をクリックすると反映されます。またはArnold RenderViewを開き直します。

Chapter

4-2 マテリアル

Arnold Rendererには専用のシェーダが用意されています。Maya標準のLambertシェーダなどもレンダリングすることはできますが、専用シェーダを使うことによってArnoldの機能をすべて使うことができます。

Arnoldシェーダの一部を紹介

Standard Surface

プラスチック、金属、ガラス、肌、液体などあらゆる素材を作成できる万能シェーダです。あらゆる素材を表現できるように多数のパラメータを持っています。

Ambient Occlusion

ライトからの影響を受けずに、モデルの入り組んだ箇所を暗く、開けた箇所を明るく表現するシェーダです。

Noise

ノイズ模様を生成するシェーダです。

Mix Shader

2つのシェーダをブレンドするシェーダです。

Two Sided

ポリゴンの表と裏に違うシェーダを適用するシェーダです。

Curvature

凸部分や凹部分を明るく出力するシェーダです。摩耗や汚れを作成するときに便利です。

Standard Hair

毛を表現するためのシェーダです。

Standard Volume

ボリュームをレンダリングするためのシェーダです。

Flat

単色で塗りつぶすシェーダです。

Wireframe

ワイヤフレームをレンダリングするシェーダです。

Standard Surfaceシェーダの作成とアサイン

Standard Surfaceシェーダを使用したマテリアルの作成とアサインは、第3章 P.142「マテリアルの作成とアサインの流れ」と同じです。

Arnoldのシェーダは[Arnold]のカテゴリにあり、すべて先頭が「ai」で始まる名前になっています。Standard Surfaceシェーダは「aiStandardSurface」という名前です。

Standard Surface シェーダのアトリビュート

ここでは最もよく使う Standard Surface シェーダのアトリビュートの中から、基本的なアトリビュートを見ていきます。

Base

ベースカラーです。光が当たった時の拡散反射（様々な方向へ拡散する反射）の色です。

❶ Weight
この項目のウェイトです。

❷ Color
ベースカラーを指定します。ベースカラーにテクスチャを使用するときはここに接続します。テクスチャの接続の仕方は、第3章 P.152「テクスチャをマテリアルにアサインする」と同じです。

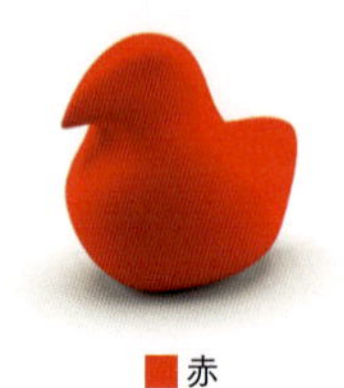
■赤

■緑

■青

テクスチャを接続

❸ Diffuse Roughness
拡散反射の仕方を指定します。「0.0」でどの方向にも均一に反射するランバート反射、数値を入れるとコンクリート、石膏、砂などに適したオーレン・ネイヤー反射という反射モデルになります。

0.0

1.0

❹ Metalness
金属かどうかを指定します。基本的には、金属の場合は「1.0」、金属ではない場合は「0.0」を指定します。金属が汚れていたり、傷ついていたりする場合は中間の値を使用することもあります。

0.0

1.0

MEMO .txファイルについて

テクスチャを読み込むとテクスチャと同じ場所に.tx拡張子のファイルが自動生成されます。これはArrnold Rendererがレンダリングに使用しているテクスチャファイルです。すべて自動で生成してくれるのでユーザーは特に気にする必要はありませんが、手動で生成することもできるので大きなプロジェクトなどでは事前に生成しておくことで効率化を図ることもできます。

MEMO Standard Surface シェーダのプリセット

Standard Surface シェーダにはプリセットが多数用意されています。プリセットはアトリビュートエディタで［プリセット*］ボタンを押すと使用することができます。

Specular

映り込みの反射(鏡面反射)を表現します。

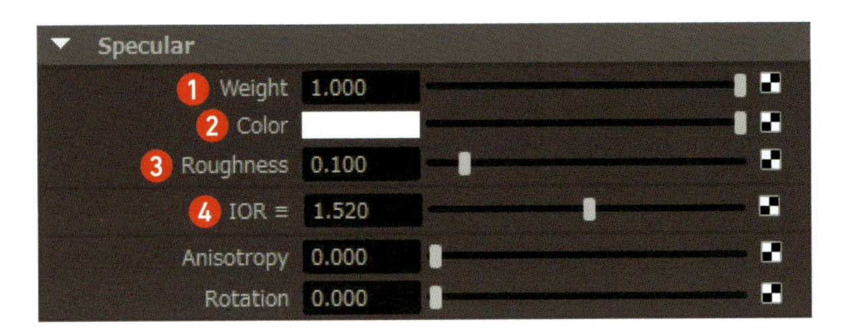

❶ **Weight**
この項目のウェイトです。

0.0

1.0

❷ **Color**
金属でない場合は通常、グレースケールを使用します。金属の場合はその金属の色を指定します。

❸ **Roughness**
表面の粗さを指定します。「0.0」だとツルツルになり、完全な鏡のような反射になります。数値を上げるとザラザラになり、反射がボケていきます。

0.0　　0.5　　1.0

❹ **IOR**
IOR(Index of Refraction = 屈折率)という名前のアトリビュートですが、カメラの方を向いている面の反射の強さをコントロールします。

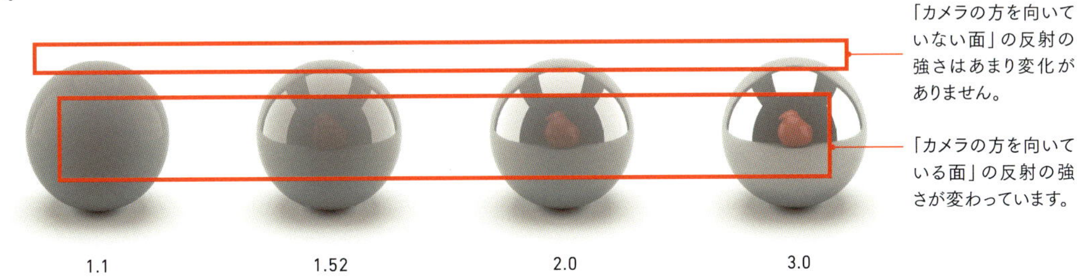

1.1　　1.52　　2.0　　3.0

次のページで扱う[Transmission](透過)を使用するときは、[IOR]には名前の通り屈折率を指定します。水なら「1.333」、ガラスなら「1.5」という素材ごとに決まった値があります。

MEMO フレネル反射率

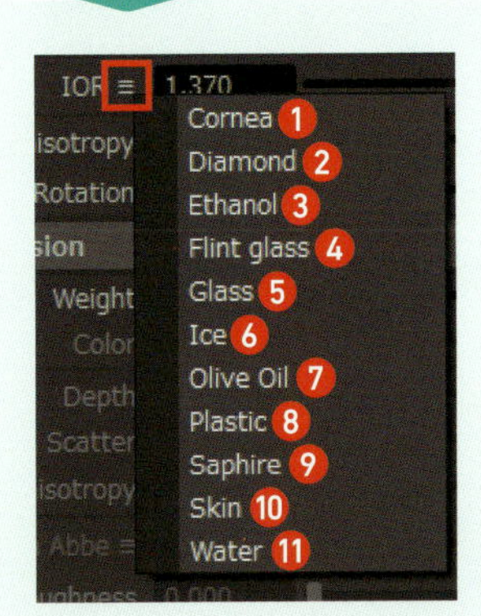

[IOR]アトリビュートに指定する値は「フレネル反射率」というものになります。フレネル反射率とは、光が物に当たった時に反射するのか、透過(屈折)するのかの割合を示すものです。一般的に金属ではない物質は、光が斜めから当たるとよく反射し、垂直に当たると透過します。フレネル反射率は材質ごとに違いますが、よく使用する値は、≡をクリックするとプリセットから選ぶことができます。金属では、光が斜めに当たっても垂直に当たっても反射、透過の割合はほとんど変わりません。よって[Metalness]を「1.0」にすると、[IOR]は指定できなくなります。

❶ **(眼球の)角膜**
❷ **ダイアモンド**
❸ **エタノール**
❹ **フリントガラス**
❺ **ガラス**
❻ **氷**
❼ **オリーブオイル**
❽ **プラスチック**
❾ **サファイア**
❿ **肌**
⓫ **水**

Transmission

「透過」を扱います。

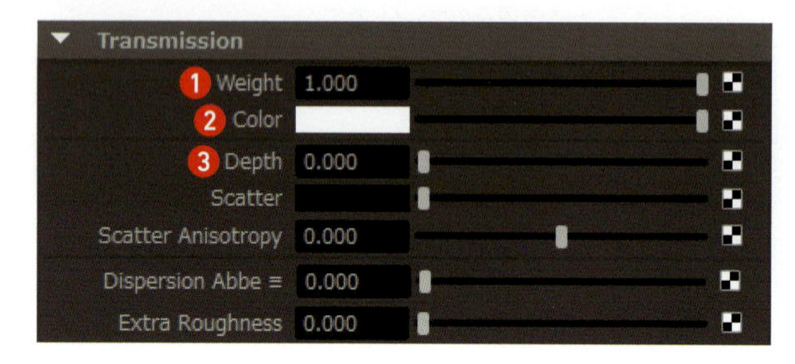

❶ Weight
この項目のウェイトです。

0.0

1.0

❷ Color
透過する光の色を指定します。例えば赤を指定すると、光が白の場合は結果として赤い見た目になります。ただし、見た目の濃さは指定した色そのままになるわけではなく、オブジェクトの厚みがあるほど[Color]の影響を受け濃くなります。よって[Color]には薄い色（白に近い色）を指定し、濃さは次の[Depth]でコントロールすると制御しやすくなります。

R:1.0 G:0.8 B:0.8

R:1.0 G:0.4 B:0.4

R:1.0 G:0.0 B:0.0

❸ Depth
透過する光は、オブジェクト内を長い距離を進むほど、[Color]の影響を強く受けます。この[Depth]を大きくすると、[Color]の影響が出るために必要な距離が大きくなり、結果として見た目は薄い色になります。このマテリアルが割り当てられているオブジェクトの大きさによって適切な値は異なります。（大きいオブジェクトほど大きい値になります）

0.5

1.0

2.0

Color R:1.0 G:0.4 B:0.4
オブジェクトの大きさは直径1.0くらいです。

MEMO Opaque（不透明）アトリビュート

[Transmission]の[Color]に色を入れる場合には、このマテリアルが割り当てられているモデルの[Opaque]をオフにしないと、その色が影に反映してくれません。初期値はオンなので忘れずにオフにしましょう。

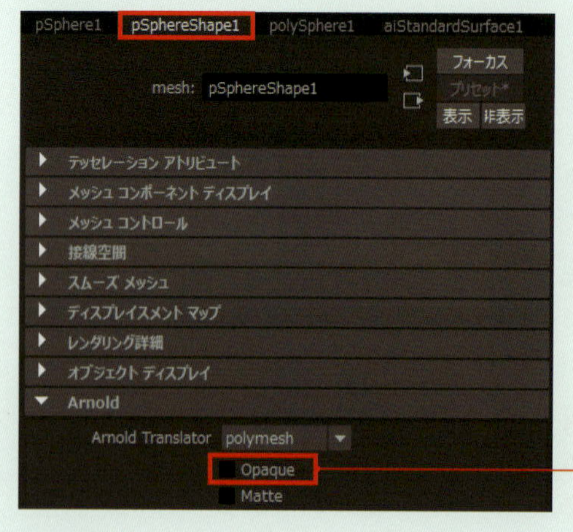

[Opaque]はシェイプノードの[Arnold]の項目にあります。

Opaque オン

Opaque オフ

Subsurface

サブサーフェススキャッタリング（SSS）は、物体に当たった光が内部に入り、表面の下で散乱する効果を表現します。肌、大理石、ワックス、ミルクなどに使用します。

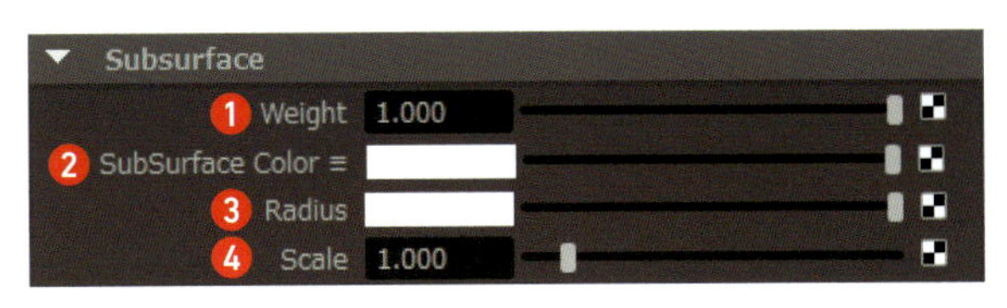

❶ **Weight**
この項目のウェイトです。

❷ **SubSurface Color**
サブサーフェススキャッタリングで使用する色を指定します。

Radius □ R:1.0 G:1.0 B:1.0
Scale 0.1

❸ **Radius**
光が当たった点から影響する範囲の半径を指定します。赤、緑、青の光に別々の影響範囲を指定できるように、色で指定するようになっています。例えば、肌を表現するときは、「■ R:1.0 G:0.35 B:0.2」のような値を指定しますが、これは赤い光の方が青や緑より大きい半径で光が散乱するようにしています。

Color □ R:1.0 G:1.0 B:1.0
Scale 0.1

❹ **Scale**
[Radius] の値を乗算します。[Radius] は オブジェクトの大きさによって適切な値が異なるアトリビュートですが、この [Scale] を使用してオブジェクトの大きさに適切な値にすることができます。

Color □ R:1.0 G:1.0 B:1.0
Radius ■ R:1.0 G:0.0 B:0.0

MEMO 肌にSubsurfaceを使用した例

Subsurface Colorに肌のテクスチャを接続、Radius を 白（□ 1.0 1.0 1.0）と赤系（■ 1.0 0.35 0.2）で比べてみた結果。

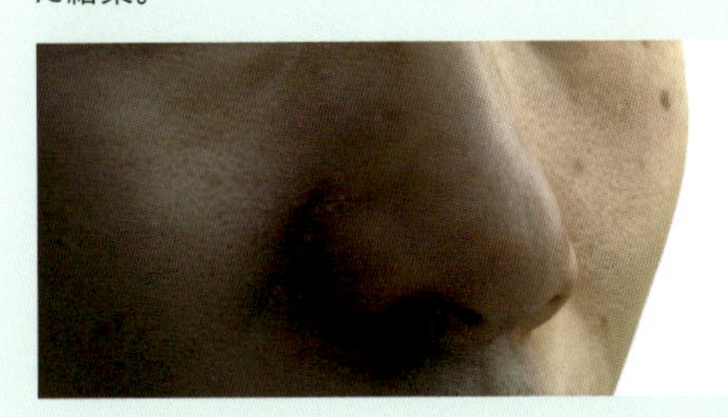

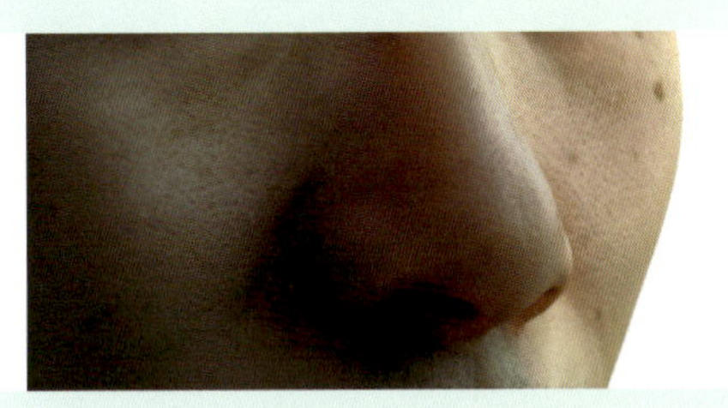

左が Radius □
右が Radius ■

Coat

コーティングを表現します。

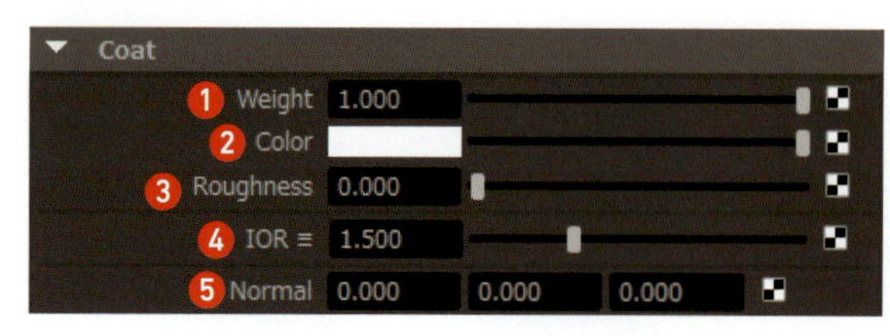

❶ Weight
この項目のウェイトです。

❷ Color
コーティングの色を指定します。

❸[Roughness]と❹[IOR]は[Specular]のアトリビュートと同じように働きます。[Specular]と違う値にすることによって、粗い材質の上にツルツルのクリアコートを重ねるという表現が可能です。

粗いSpecularのみ使用

ツルツルのCoatのみ使用

両方とも使用

❺ Normal
コーティングにバンプマップやノーマルマップを接続して凸凹に見せることができます。バンプマップやノーマルマップは2ページ後に扱いますが、そこで扱う[bump2d]ノードや[aiNormalMap]ノードを[aiStandardSurface]ノードの[coatNormal]に接続するとCoatを凸凹に見せることができます。[coatNormal]は入力ポートが表示されていないので、一番上のポートに接続しようとすると[選択項目の入力]ウィンドウが表示され、[coatNormal]を選択することができます。

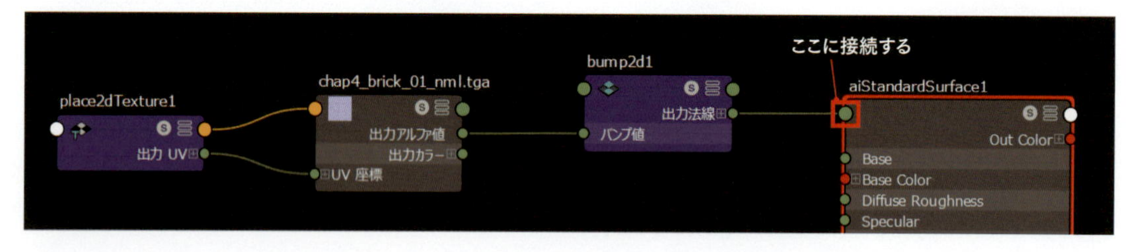

Emission

発光を表現します。

> **MEMO 発光させる別の方法**
> 発光を表現したい場合は、メッシュライトを使う方法もあります。(P.205「メッシュライト」参照)

❶ Weight
この項目のウェイトです。他の項目と違い「1.0」より大きい値も使用できます。

0.0

1.0

2.0

❷ Color
発光する色です。

R:1.0 G:1.0 B:0.0

Thin Film

表面上の薄膜を表現します。中を空洞にすることによってシャボン玉を表現することができます。

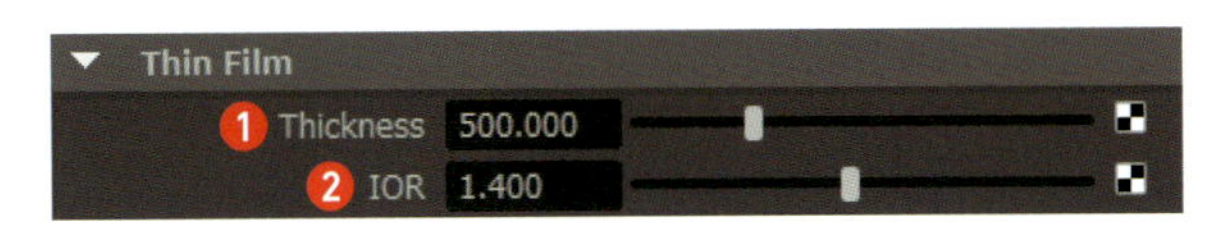

❶ Thickness
薄膜の厚さを指定します。

❷ IOR
薄膜の屈折率を指定します。

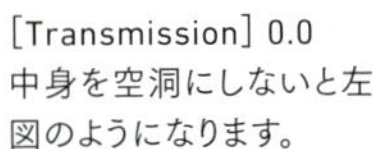

[Transmission] 0.0
中身を空洞にしないと左図のようになります。

[Transmission] 1.0
中身を空洞にするとシャボン玉のようになります。

Geometry

薄いオブジェクトの表現、アルファ抜き、バンプマップなどのジオメトリに関わる機能がここにまとめられています。

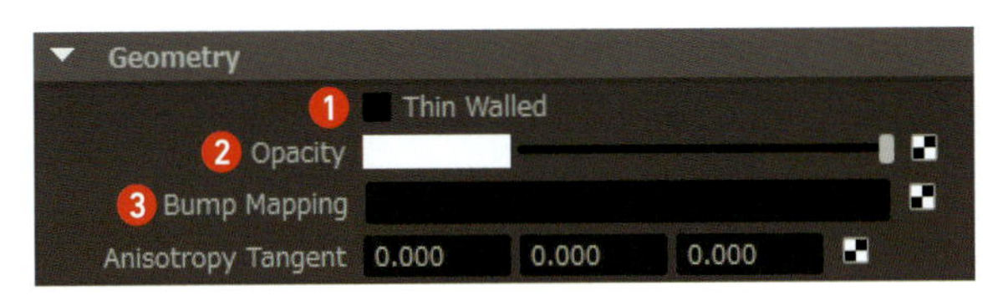

❶ Thin Walled
薄いオブジェクトを表現します。[Transmission]を使用する時、[Thin Walled]を使用しないと中身の詰まった透明なオブジェクトになりますが、[Thin Walled]を使用すると中身は空洞で表面のみの薄いオブジェクトになります。

[Thin Walled]オフ　　[Thin Walled]オン

❷ Opacity
テクスチャのアルファを使い完全に透明にするために使用します。アルファの黒い部分を完全に透明にし、白い部分を不透明にします。[Transmission]と違い屈折や影などもなくなります。([Transmission]の時と同様、このマテリアルが割り当てられているシェイプノードの[Opaque]をオフにする必要があります。)

テクスチャ

テクスチャのアルファを[Opacity]に接続

結果

❸ Bump Mapping

バンプマップやノーマルマップを接続して表面を凸凹に見せるために使用します。法線の方向を変更して凸凹に見せているだけなので実際のオブジェクトの形状が変更されるわけではありません。

バンプマップ

白黒の画像で、白い部分を法線方向に押し出したように見せかけます。

ノーマルマップ

法線の方向をどのように変更するかを記録した画像で、法線方向を変更して凸凹を表現します。

Bump Mapping

[Bump Mapping]の■をクリックすると[レンダーノードの作成]ウィンドウが開くので■[ファイル]をクリックします。ハイパーシェードで確認すると、下図のようなネットワークが作成されます。

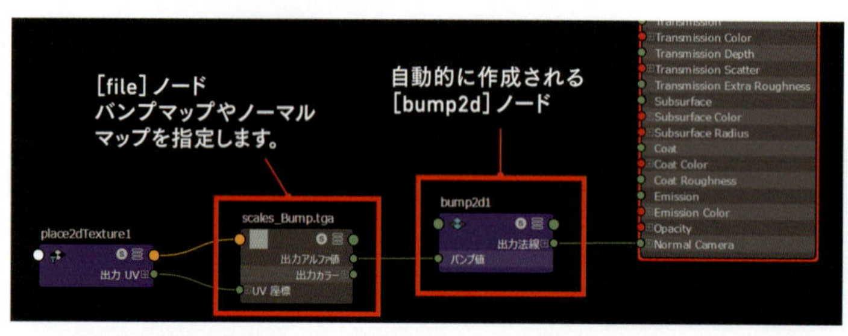

[bump2d]ノードの[使用対象]アトリビュートを「接線空間法線」にするとノーマルマップを使用できます。

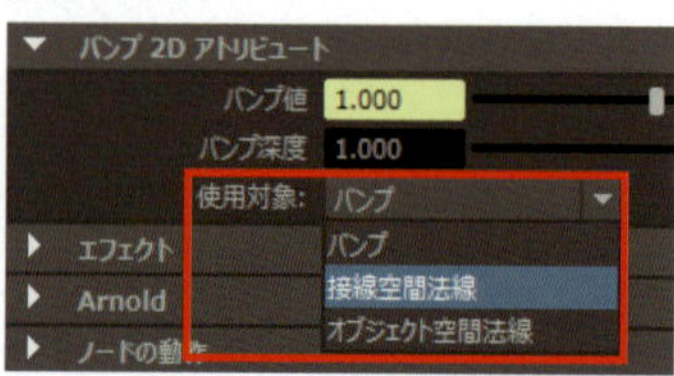

ノーマルマップの場合は、下図のように[bump2d]ノードを[aiNormalMap]ノードに差し替えることもできます。aiNormalMapを使用するとビューポート上で確認できなくなる代わりに、[Strength]アトリビュートでノーマルマップの強さを調整できるので便利です。

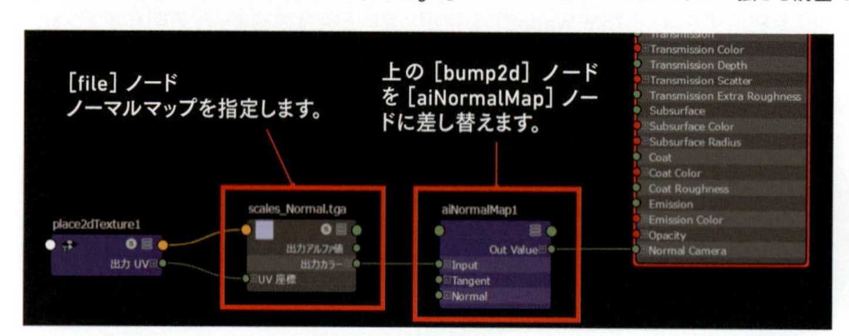

[aiNormalMap]ノードの[Strength]アトリビュートで強さを調整できます。

Input	0.000	0.000	0.000
Strength	1.000		
Tangent	0.000	0.000	0.000
Normal	0.000	0.000	0.000

fileノードの[出力カラー]を[aiNormalMap]の[Input]に繋ぎます。

MEMO 2種類のノーマルマップ

ノーマルマップには主に2種類の形式があります。❶ライトが上から当たって見えるものと、❷ライトが下から当たって見えるものです。(❷は見方によっては凹んで見えます。)

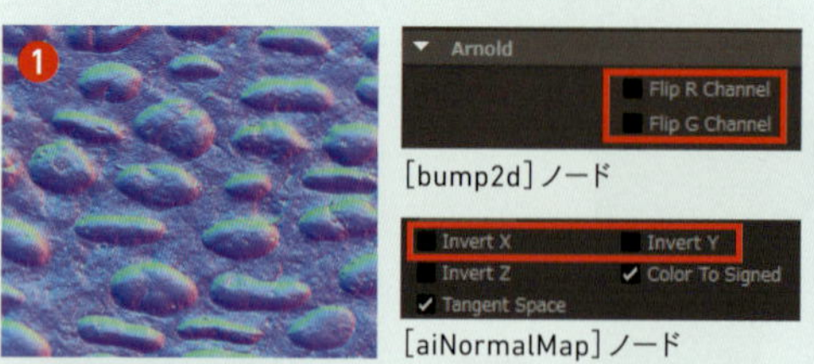

[bump2d]ノード

[aiNormalMap]ノード

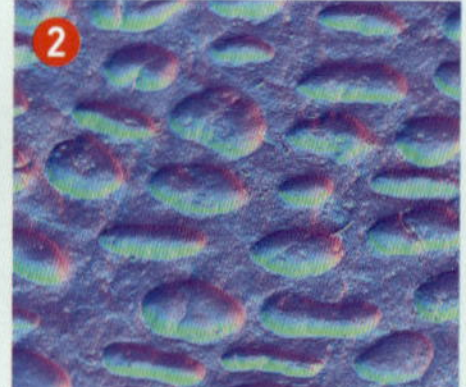

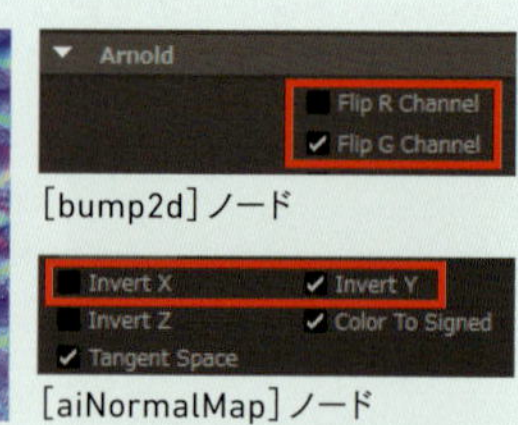

[bump2d]ノード

[aiNormalMap]ノード

❶❷はノーマルマップを作成するソフトウェアによって異なるので、レンダリング時に反転できるアトリビュートが用意されています。[bump2d]ノードの場合は[Flip R Channel][Flip G Channel]アトリビュート、[aiNormalMap]ノードの場合は[Invert X][Invert Y]アトリビュートです。それぞれ、上図のようにチェックを入れると凹凸が正しく表示されます。❶❷の形式以外のノーマルマップも存在するので、実際にレンダリングしてみて意図通りの凹凸になっているかも確認しましょう。

MEMO ノーマルマップのカラースペース

ノーマルマップやバンプマップはファイルノードの［カラースペース］アトリビュートを「RAW」にします。

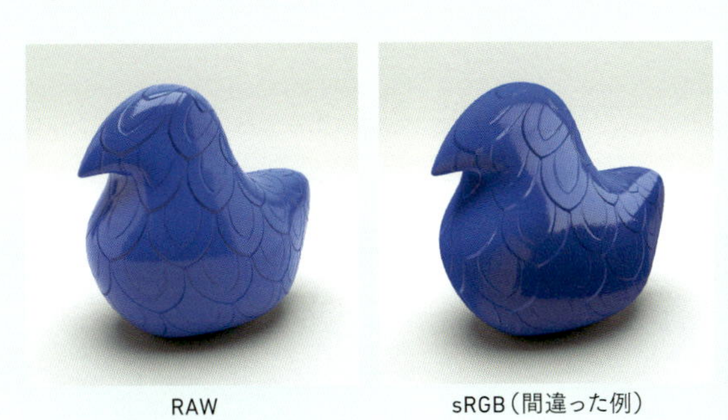

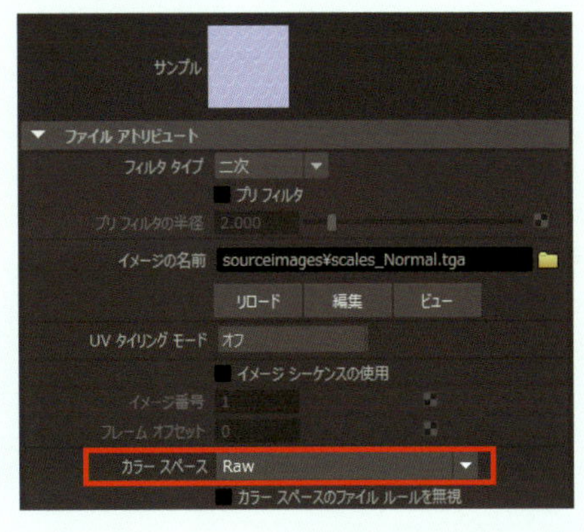

MEMO カラースペースについて

Mayaはテクスチャを読み込むと、初期設定ではカラースペースが「sRGB」になっています。これはカラーマップのように「色」を扱うときに適切な設定ですが、ノーマルマップやバンプマップなどのように「値」として扱いたいときには「RAW」が適切な設定になります。「RAW」にすると、何も変換されていない画像をそのまま使用することができます。他の例では、PBR（物理ベースレンダリング）に対応したテクスチャを出力できるソフトでArnold用にテクスチャを出力すると、メタルネスマップやラフネスマップも出力されますが、これらも「RAW」に設定します。メタルネスマップは金属かどうかを値として、ラフネスマップは粗さを値として保存しているためです。

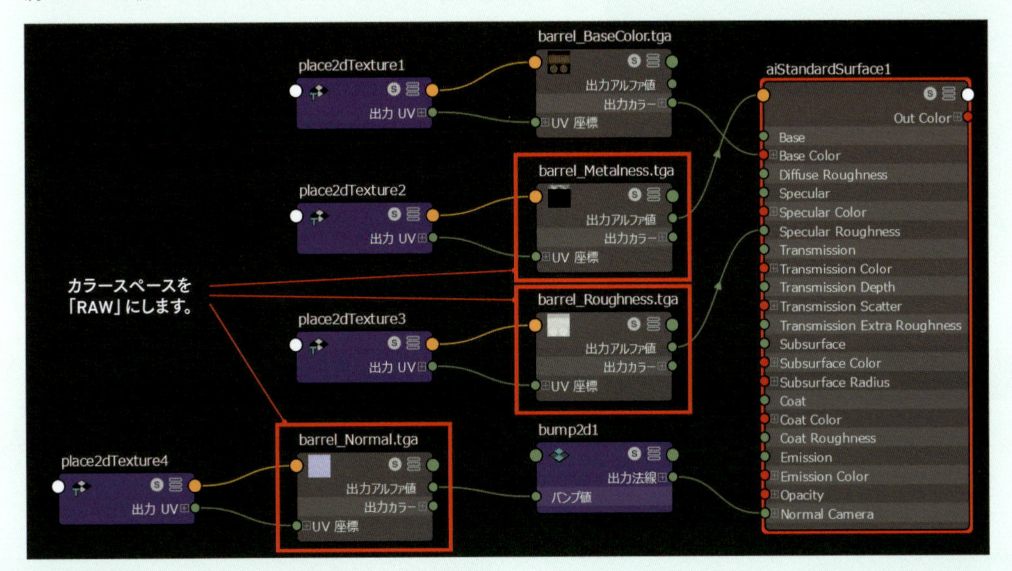

カラー、メタルネス、ラフネス、ノーマルのPBRマップの接続の仕方

Advanced

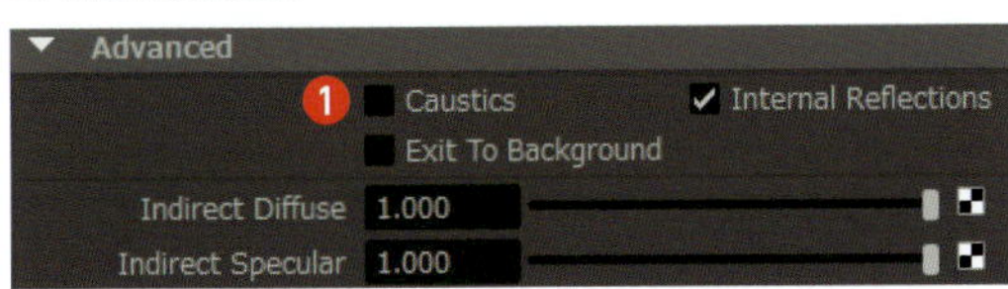

❶ Caustics
［Specular］の反射、［Transmission］の透過によって発生するライトエフェクトです。ノイズが発生しやすいため初期値ではオフになっています。

［Caustics］オフ

［Caustics］オン

基礎編
4-2
マテリアル

ディスプレイスメントマップ

ディスプレイスメントマップは、モデルを法線方向にどのくらい押し出すかを保存したテクスチャです。ディスプレイスメントマップを使用すると、ポリゴン数の少ないオブジェクトでディテールを表現できます。バンプマップやノーマルマップと違い本当にジオメトリを変形させます。

ディスプレイスメントマップ（左）をシンプルな形状（中）に使用してディテール（右）をレンダリング

ディスプレイスメントマップの使い方

ハイパーシェードでStandard Surfaceシェーダを選択してをクリックすると、［～SG］というノードが表示されます。

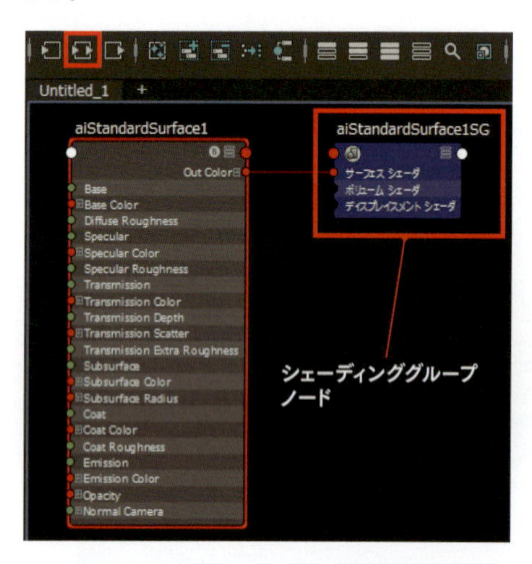

［SG］はシェーディンググループのことで、マテリアルはシェーディンググループを介してオブジェクトにアサインされています。ディスプレイスメントマップを使用するときはシェーディンググループにノードを接続します。

シェーディンググループノードを選択して、アトリビュートエディタで［ディスプレイスメントマテリアル］のをクリックします。［レンダーノードの作成］ウィンドウが開くので［ファイル］をクリックします。
ハイパーシェードで確認すると下図のようなネットワークが作成されます。

[displacementShader]ノードを選択して、アトリビュートエディタで設定を調整します。

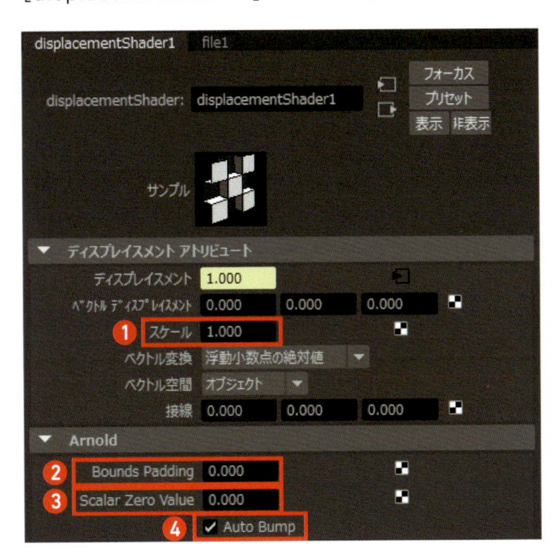

❶ スケール

押し出す高さを指定します。

0.5

1.0

❷ Bounds Padding

押し出して作成されるモデルが収まる領域です。この値が小さいとクリッピングされたモデルになってしまいます。初期値が「0.0」なので注意が必要です。

0.0

1.0

❸ Scalar Zero Value

高さ「0」とみなす値を指定します。

0.0

0.5

❹ Auto Bump

細かい凸凹をバンプマップとして表現します。メッシュのポリゴン数が足りなくても細かい凸凹を表現できます。

オン

オフ

ディスプレイスメントマップを適用しているオブジェクトの設定も調整する必要があります。初期設定だとポリゴン数が足りずに、ディテールを表現できません。

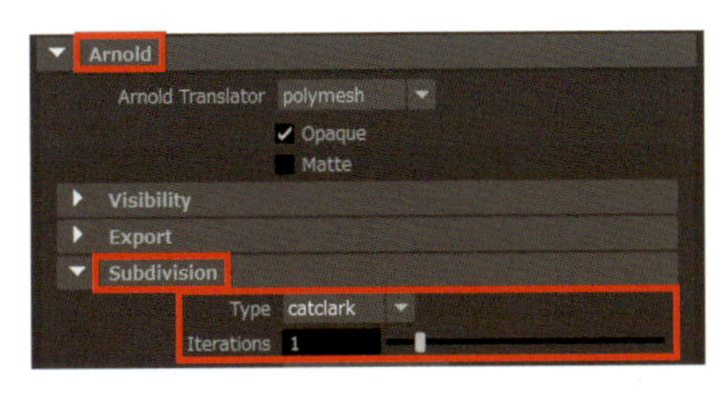

オブジェクトのシェイプノードをアトリビュートエディタで表示し、[Arnold]の項目の[Subdivision]の項目を開きます。[Type]が「none」になっているので「catclark」に変更し、[Iterations]を1ずつ上げてレンダリングしていきます。([Iterations]が1増えるだけでポリゴン数は4倍になるので、一気に上げずに1ずつ上げて適切な値を探します。)

レンダリング時にポリゴンが分割され、ディテールが表現できます。

none (0)

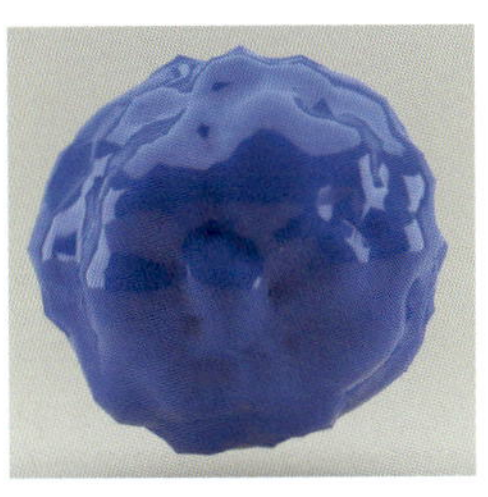

1

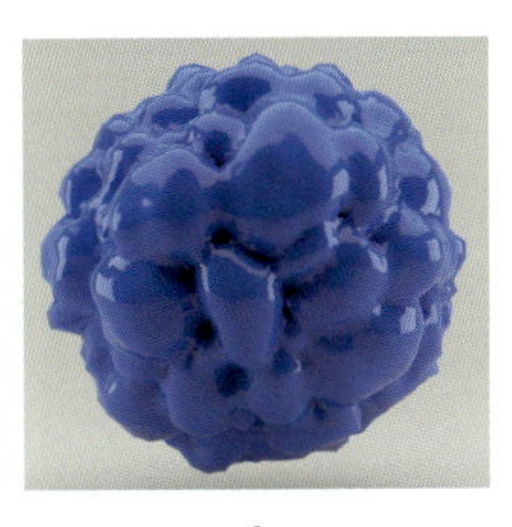

2

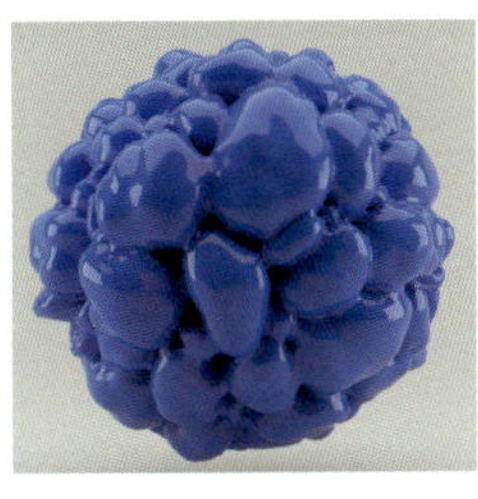

3

MEMO

ビューポートでプレビュー

ディスプレイスメントマップを適用したオブジェクトを選択して、Alt + 3 を押すとビューポート上でディスプレイスメントマップによる形状のプレビューができます。

Chapter 4-3

ライト

ライトを配置しないとシーンは真っ暗のままです。現実の照明のようにライトを配置してシーンをライティングすることで、現実味のある画像を作成することができます。

Arnoldで使用できるライトの種類

Arnoldで使用できるライトは7種類あります。ここでは、それらのライトの特徴を簡単に説明します。

ディレクショナルライト

シーンのどこに置いても、同じ方向から照らされる光を照射するライトです。太陽光のイメージです。初期値ではくっきりとした影を落としますが、Angleの値を入れることによって影をぼかすことも可能です。

ポイントライト

ライトの位置から全方向に光を放つライトです。いわゆる点光源で、電球のような光源を表現することができます。初期値では大きさを持たない点のライトですが、Radiusに値を入れることによって大きさを持った球体のライトにすることもできます。大きさを持たせると影をぼかせます。

スポットライト

ライトの位置から任意の方向へ、円錐型に光を放つライトです。車のヘッドライトのような照明器具の表現に使用できます。円錐の角度や、光源の大きさなどスポットライト専用のアトリビュートを多数持っています。

エリアライト

四角、円盤、円柱の形をしたライトです。柔らかい陰影が表現できます。エリアライトはMaya標準のエリアライトと、Arnold専用のエリアライトがあります。Arnold専用のエリアライトを使用すると、四角、円盤、円柱の形を選ぶことができます。

メッシュライト

ポリゴンオブジェクトの形をそのまま使用できるライトです。ネオンライトなどの表現が可能です。メッシュライトとして使用するポリゴンオブジェクトを表示することも、非表示にして光だけを放つようにすることも可能です。

スカイドームライト

シーン全体を囲む大きな球型のライトです。屋外の空を表現することができます。球体にHDRI（ライティング環境を保存してある画像）を貼り付けてイメージベースドライティングを行うこともできます。

フォトメトリックライト

実際の照明器具の配光データを使用できるライトです。実際の照明器具が壁を照らす光の形状を再現できます。配光データ（拡張子は.ies）は照明器具メーカーのサイトで入手することができます。

MEMO その他のライト

Mayaにはアンビエントライト、ボリュームライトというものも存在しますが、この2つはArnoldで使用することはできません。

ライトエディタ

シーンにライトを追加したり、シーン内にあるライトを調整できます。

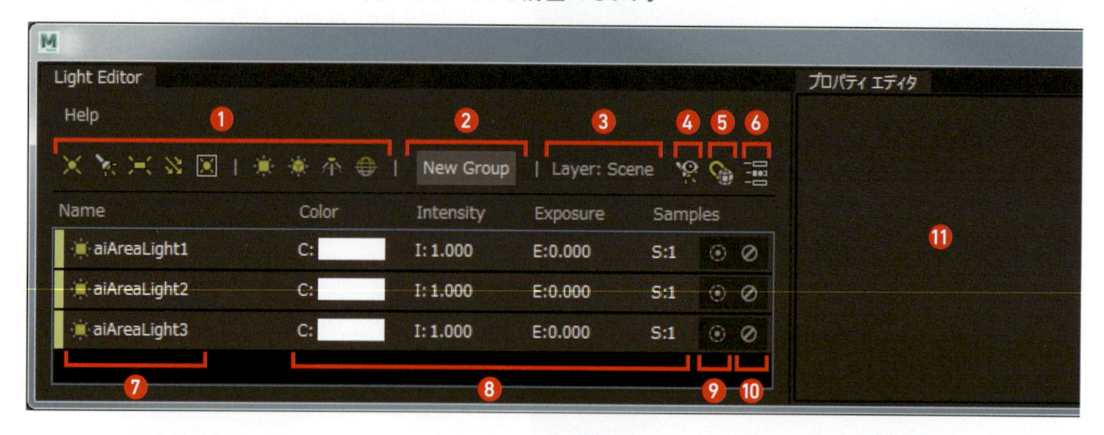

❶ 各種ライトの作成　❷ ライトグループの作成　❸ レイヤモードの表示
❹ ライト視点ウィンドウ　❺ オブジェクトにスナップ　❻ プロパティエディタの表示
❼ シーンにあるライトの一覧　❽ 主要アトリビュートの表示　❾ このライトのみ表示
❿ このライトを非表示　⓫ 主要アトリビュートの編集

ライトエディタの起動方法

ライトエディタは、メインメニューの［ウィンドウ］>［レンダリングエディタ］>［ライトエディタ］をクリック、または をクリックすることで起動できます。

ライトの作成方法

ライトは、［ライトエディタ］または［メインメニュー］から作成できます。メッシュライトだけは、ポリゴンメッシュを使うライトのため、先にポリゴンメッシュを選択しておく必要があります。

ライトエディタからの作成方法

ライトエディタから作成したいライトのアイコンをクリックします。

ポイントライト　スポットライト　エリアライト
ディレクショナルライト　ボリュームライト（Arnoldでは使用不可）　Arnold エリアライト
メッシュライト　フォトメトリックライト　スカイドームライト

メインメニューからの作成方法（ディレクショナルライト、ポイントライト、スポットライト）

[作成] > [ライト] を選択し、サブメニューから作成したいライトを選択します。ライトは原点に置かれます。

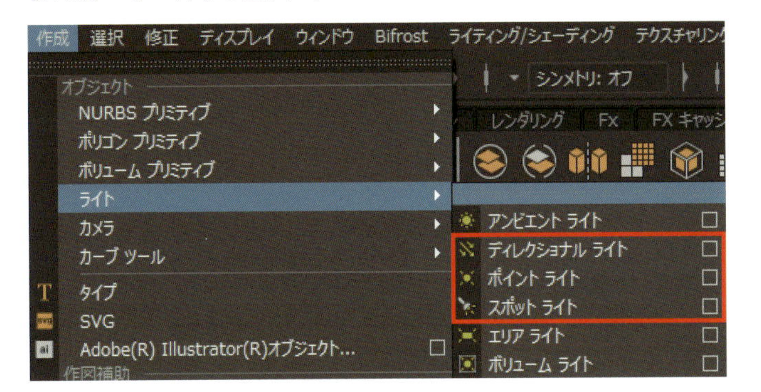

> **MEMO　エリアライト**
>
> エリアライトはこのメニューにもありますが、次の [Arnold] メニューから作成する方が、作成後に四角形、円盤、円柱から形を選べるのでおすすめです。

メインメニューからの作成方法（エリアライト、スカイドームライト、メッシュライト、フォトメトリックライト）

[Arnold] > [Lights] を選択して、サブメニューから作成したいライトを選択します。ライトは原点に置かれます。

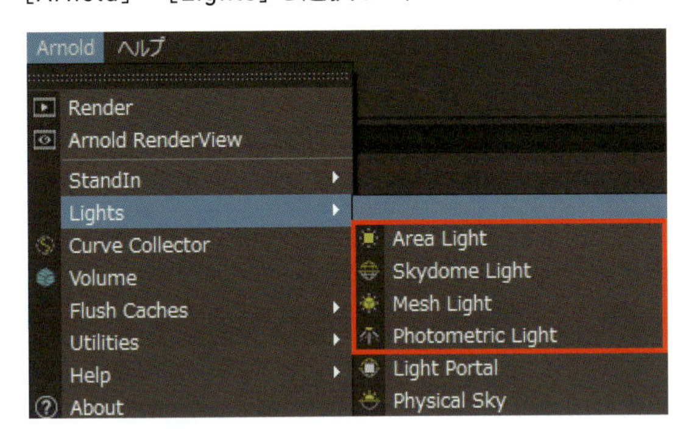

> **MEMO　普通のライトとArnold ライトの違い**
>
> [作成] メニューにあるライトはMaya標準のライトで、Arnold以外のレンダラ（Mayaソフトウェアなど）でも使用するライトです。[Arnold] メニューにあるライトはArnold専用のライトです。では、前者のライトはArnoldの機能をすべて使えないのかというとそんなことはありません。Maya標準のライトにも [Arnold] という項目が追加されておりArnoldの機能をすべて使用できます。

ライトの配置方法

ライトは作成した後に普通のオブジェクトと同じように移動や回転マニピュレータを使ってシーン内の好きな位置に配置できます。

その他にライト視点で配置することもできます。ライトを選択し、ライトエディタのをクリックします。右図のようなライト視点のウィンドウが起動して、シーンビューと同じ操作（Alt +）でライトを好きな位置に配置できます。

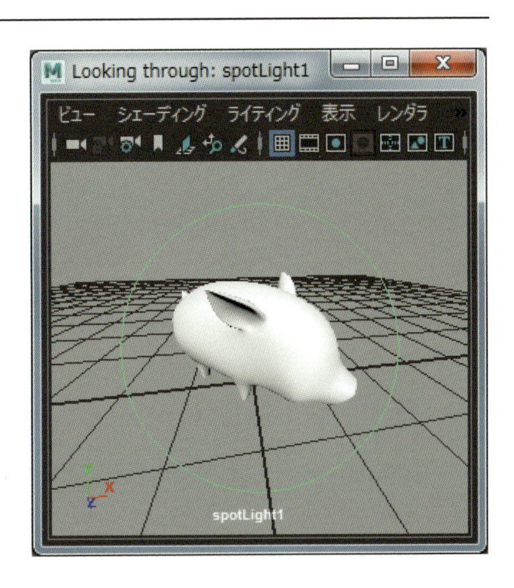

ライトの基本的なアトリビュート

ここでは、ライトのアトリビュートの中からよく使うものを見ていきます。

カラー（Color）

光の色をコントロールすることができます。初期設定では白に設定されています。

Maya標準のライトでは［カラー］と日本語になっていますが、Arnold専用のライトでは［Color］とまだ英語のままです。

Color Temperature

［Use Color Temperature］をオンにすると、［Color Temperature］が使えるようになり、ライトの色を色温度で指定できるようになります。色温度は現実の照明器具にも使われている光の色を表す尺度です。単位はケルビンです。初期設定は「6500」で白色、値を小さくすると暖色、大きくすると寒色になります。［Use Color Temperature］をオンにすると［カラー（Color）］はライトの色に影響を与えなくなります。

2000　4000　5500　6500　7500　10000　20000

強度（Intensity）

光の強さを表します。値を大きくすると明るくなります。初期設定では「1.0」になっていますが、この値は小さすぎてシーンに配置しても真っ暗なことが多いです。ライトを配置したらまずこの値か、次の［Exposure］を大きくしてレンダリング結果に反映されるようにしましょう。

Exposure

［Exposure］も光の強さをコントロールします。初期設定は「0.0」になっており、この場合は［強度（Intensity）］に影響しませんが、［Exposure］の値が1増えるごとに［強度（Intensity）］の値が2倍されます。
つまり、［強度］100、［Exposure］1の場合は、［強度］200、［Exposure］0と同じ明るさになります。

左から、［強度］200［Exposure］0、［強度］100［Exposure］1、［強度］50［Exposure］2、［強度］25［Exposure］3（結果は全部同じです）

MEMO **［強度（Intensity）］と［Exposure］のどちらを使うか**

［強度（Intensity）］と［Exposure］はどちらも光の強さをコントロールするものなので、［強度］のみを使用しても問題ありません。しかし［Exposure］を使用すると［強度］に「10000」など大きな値を使用しなくてよくなります。

Samples

ソフトシャドウとスペキュラのハイライトのノイズの品質をコントロールします。値を大きくするとノイズは減りますがレンダリング時間が増えます。

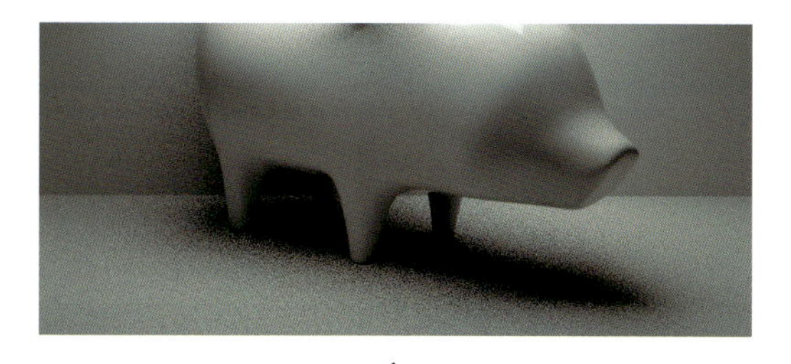
1

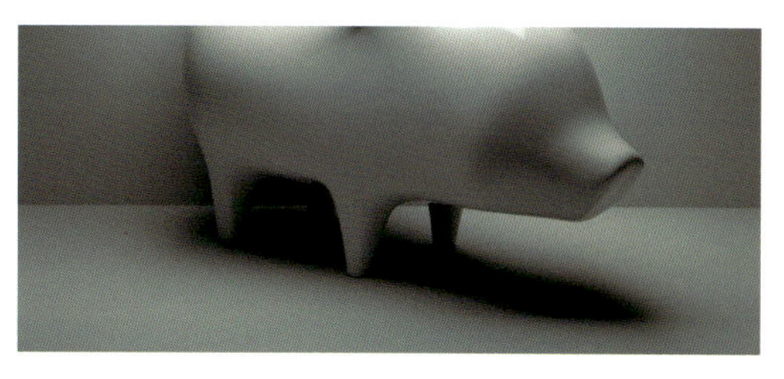
5

MEMO **ライトの［Samples］**

上の比較画像は、［Samples］の効果を確かめるために、［レンダー設定］などでノイズが出やすい状況を作り出して比較しています。実際はライトの［Samples］は1のままで問題ないことが多いです。ノイズが出ていないか、またはライトの［Samples］以外の原因でノイズが出ているのに、ライトの［Samples］を上げてもレンダリング時間が長くなるだけです。ノイズ除去の仕方は、P.265「室内のレンダリング」で扱いますのでそちらも参照してください。

Angle

ディレクショナルライトのみが持っているアトリビュートで、大きくすると影が柔らかくなります。初期値は「0.0」で影はシャープです。

0.0

2.0

10.0

Radius

ライトの大きさを指定します。ポイントライトとスポットライトのみが持っているアトリビュートです。初期設定は「0.0」で大きさのない点光源ですが、［Radius］に値を入れることにより大きさを持ち、影が柔らかくなります。

0.0

0.5

1.0

MEMO **減衰率**

ポイントライト、スポットライト、Maya標準のエリアライトは［減衰率］というアトリビュートを持っていますが、Arnoldではこのアトリビュートは無視され、現実と同じ減衰の仕方で減衰します。ただし、ディレクショナルライトとスカイドームライトは太陽と空を表現するライトのため減衰しません。

円錐角度

スポットライトのみが持っているアトリビュートです。スポットライトが照らす範囲を角度で指定します。初期値は「40」です。

20　40　60

> **MEMO　AtmosphereVolume**
>
> ここから3ページの画像は、スポットライトの円錐の形やエリアライトの形がわかりやすいように、大気による光の拡散を表現する［AtmosphereVolume］という機能を使っています。（P.235「Environment」参照）

周縁部の角度

スポットライトのみが持っているアトリビュートです。スポットライトが照らす範囲をぼかします。初期値は「0.0」で照らす範囲ははっきりしていますが、値を大きくするとボケていきます。（マイナスの値も可能です）

-10（内側にぼかします）　0（くっきり）　10（外側にぼかします）

Aspect Ratio

スポットライトのみが持っているアトリビュートです。スポットライトの円錐の円の形を楕円形にできます。初期値は「1.0」で円ですが、それより小さい値にすると楕円形になります。

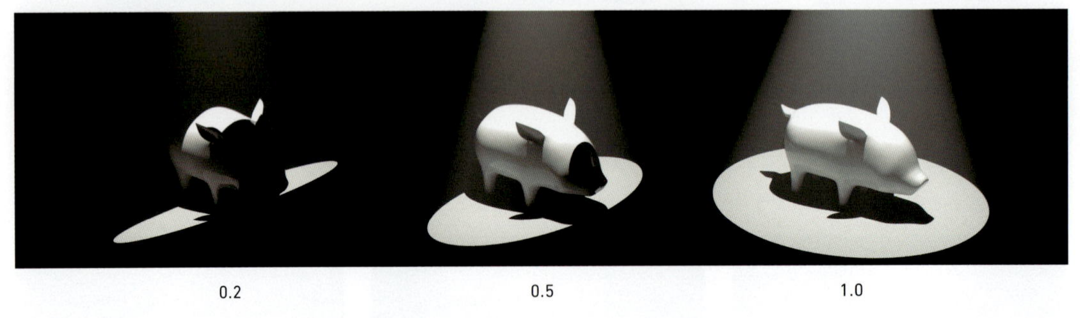

0.2　0.5　1.0

Lens Radius

スポットライトのみが持っているアトリビュートです。スポットライトの円錐の先を切ったような形になります。初期値は「0.0」ですが、値を大きくすると円錐の切り口の半径が大きくなります。

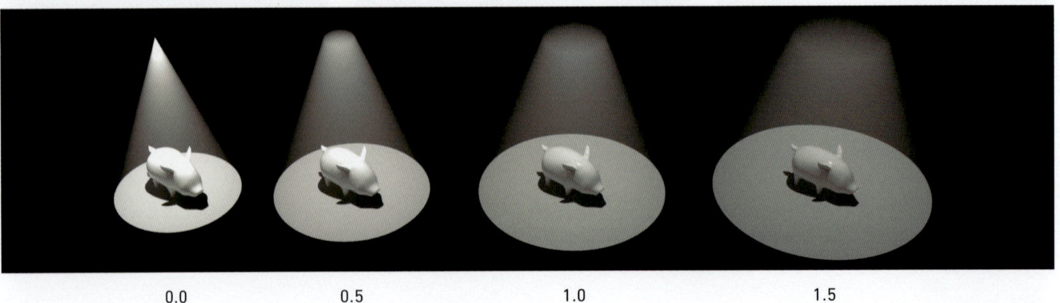

0.0　0.5　1.0　1.5

Light Shape

Arnold エリアライトのみが持っているアトリビュートです。形を「disk」円形、「cylinder」円柱形、「quad」四角形の3種類から選べます。

「disk」円形　「cylinder」円柱形　「quad」四角形

Spread

Arnold エリアライトを円形と四角形にしたときにのみ使用できるアトリビュートです。光の広がり方を指定します。初期値は「1.0」で大きく広がるように照らします。「0.0」に近づけるほど光が広がらず真っ直ぐ照らします。

1.0　0.3　0.0

Roundness

四角形の Arnold エリアライト、スポットライトでのみ使用できるアトリビュートです。丸さを指定します。エリアライトでは初期値が「0.0」で四角形、スポットライトでは初期値が「1.0」で円形になっています。

0.0　0.5　1.0

Soft Edge

Arnold エリアライトを四角形にしたときのみ使用できるアトリビュートです。エッジをソフトにします。初期値は「0.0」でソフトエッジではなく、値を大きくするとソフトエッジになります。

0.0　0.5　1.0

Normalize

オンにするとライトの大きさが光の量に影響を与えなくなります。オフにするとライトを大きくするほど光の量も増え明るくなります。物理的に正しいのはオフですが、操作しやすいのはオンです。初期値はオンになっています。

オン（ライトを大きくしても明るさは変わりません）

オフ（ライトを大きくするとその分明るくなっています）

Cast Shadow

ライトが影を落とすかどうかを指定します。初期設定はオンで、オフにすると影を落とさなくなります。

オン（影を落とします）

オフ（影を落としません）

Shadow Density

影の強さを指定します。初期設定は「1.0」で黒い影を落とし、低くすると影が薄くなります。

1.0

0.5

0.0

シャドウカラー（Shadow Color）

影の色を指定します。初期設定は黒です。

黒

緑

紫

スカイドームライトの使い方

スカイドームライトは空の明るさを表現するライトです。初期設定では全方向から同じ強さの光で照らされます。

スカイドームライトの初期設定でレンダリングした結果です。

スカイドームライトは、[Color]アトリビュートに[PhysicalSky]シェーダかHDRI（ライティング環境を保存してある画像）を接続して使用できます。

PhysicalSkyシェーダを接続して使う

スカイドームライトの[Color]に[PhysicalSky]という空を表現するシェーダを接続すると、より空らしい色で照らすことができます。これはよく使うので、メインメニューの[Arnold] > [Lights] > [Physical Sky]をクリックすることで、[PhysicalSky]シェーダが最初から接続されたスカイドームライトを作成することができます。

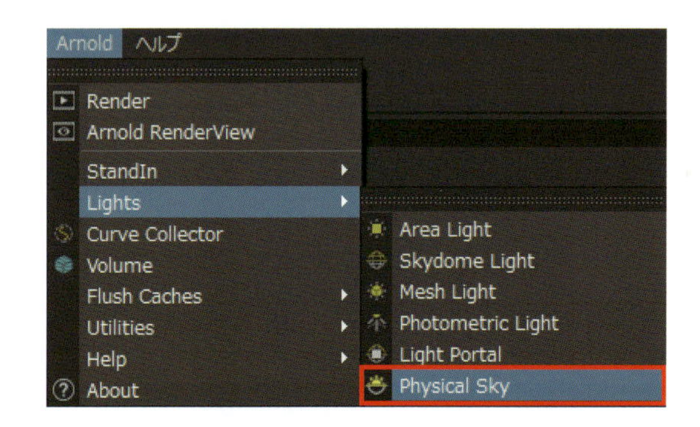

作成したライトをハイパーシェードで確認すると、スカイドームライトに[PhysicalSky]シェーダが接続されています。

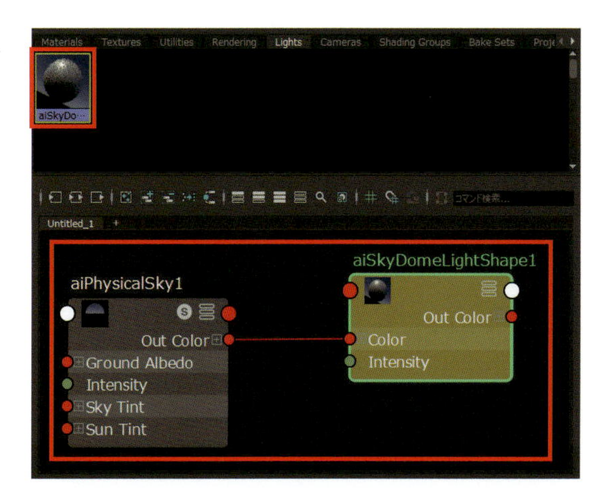

基礎編
4-3
ライト

レンダリングすると、空を光源としたライティングが行われています。

[PhysicalSky]には太陽もあり、そのおかげでくっきりとした影も出ています。地平線以下は真っ黒になります。

[PhysicalSky]シェーダのアトリビュートで、空の色や明るさ、太陽の方向や高さを調整できます。

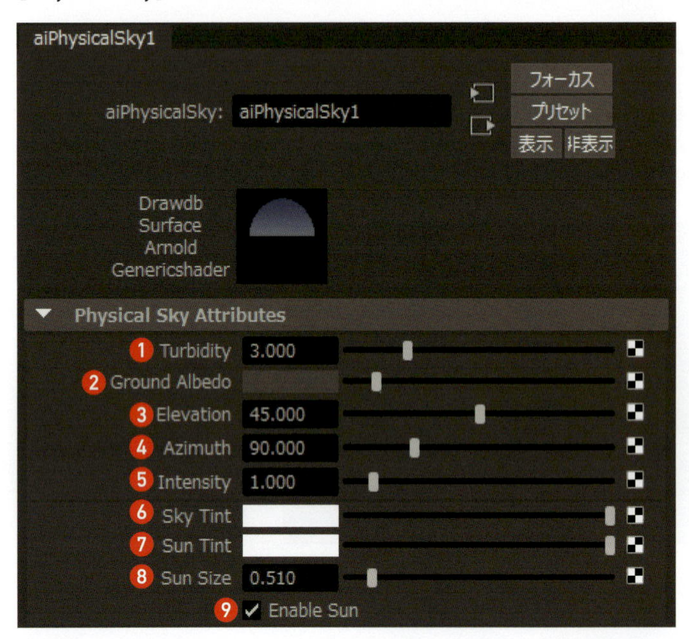

❶ Turbidity
空の濁り具合。初期値は「3.0」で、「1.0」から「10.0」の範囲で指定します。
2.0：非常に澄んだ空
3.0：温暖な気候の晴れやかな空
6.0：暖かく湿った日の空
10.0：やや曇った日

❷ Ground Albedo
地面から大気中に反射した光の量。初期値は「0.1」です。

❸ Elevation
太陽の高さ。「0」と「180」が地平線の高さ。「90」が真上になります。

❹ Azimuth
太陽の方角。「0」でX軸方向、「90」でZ軸方向、「180」でX軸の逆方向、「270」でZ軸の逆方向です。

❺ Intensity
空の明るさ。

❻ Sky Tint
空の色合い。初期値は白で、白の状態できれいな青になります。その青に重ねる色です。

❼ Sun Tint
太陽の色合い。

❽ Sun Size
太陽の大きさ。初期値は「0.51」で現実的な太陽の大きさです。

❾ Enable Sun
太陽を使用する / 使用しないのチェックです。

イメージベースドライティング

スカイドームライトの[Color]にHDRI(ライティング環境を保存してある画像)を接続すると、HDRIを光源として使用することができます。イメージベースドライティングと呼ばれています。シーンにスカイドームライトを配置し、スカイドームライトをアトリビュートエディタで表示して[Color]のをクリックします。

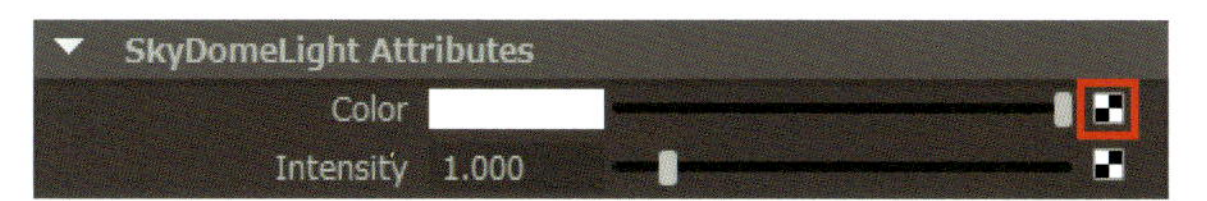

[レンダーノードの作成]ウィンドウが表示されるので[ファイル]をクリックします。[file]ノードでHDRIファイルを指定します。

今回はこのようなHDRIを使用します。

使用するHDRIに合わせて、スカイドームライトのアトリビュートを変更します。[Resolution]にHDRIの解像度を、[Format]にHDRIの撮影された形式を入れます。今回は2048×1024のHDRIなので[Resolution]は「2048」、横長のHDRIなので[Format]は「latlong」になります。

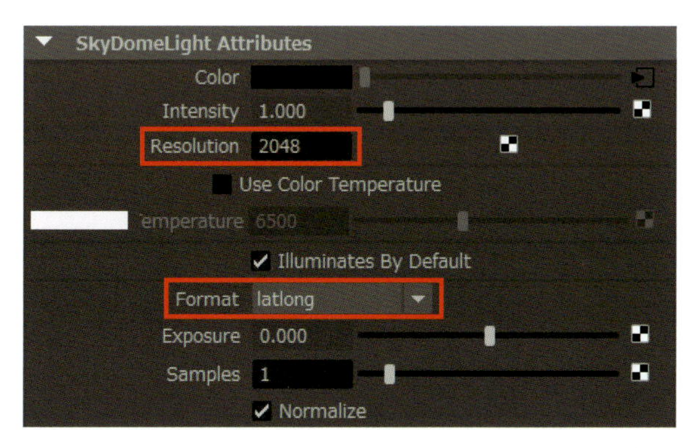

HDRIの解像度が大きすぎる場合はあえて[Resolution]にそれより小さい値を入れても問題ありません。

レンダリングしてみると、HDRIを光源としたライティングが行われています。

HDRIを回転したい場合は、スカイドームライトを回転させます。

室内のシーンでスカイドームライトを使う

スカイドームライトは屋外のシーンをライティングするために設計されたライトですが、室内のシーンで窓から光を取り込むようなシーンにも使用できます。

ガラスもないシンプルな窓が2つある部屋とスカイドームライトを置いてレンダリングした結果です。

しかし、屋外用に設計されたライトのため、室内のシーンで使うとノイズがとても目立ちます。このような状況でノイズを軽減するための[ライトポータル]というものが存在します。ライトポータルを窓に置いてレンダリングすると同じ設定で、明るさを変えずにノイズだけ軽減できます。

上のシーンの窓にライトポータルを置いてレンダリングした結果です。レンダリング時間も伸びずにノイズだけ減りました。

ライトポータルを作成するには、メインメニューの[Arnold] > [Lights] > [Light Portal]をクリックします。原点に下のような形のものが作成されるので、窓の位置に配置し、窓の大きさにスケールします。真ん中から線が出ているので、その線が室内を向くように回転します。

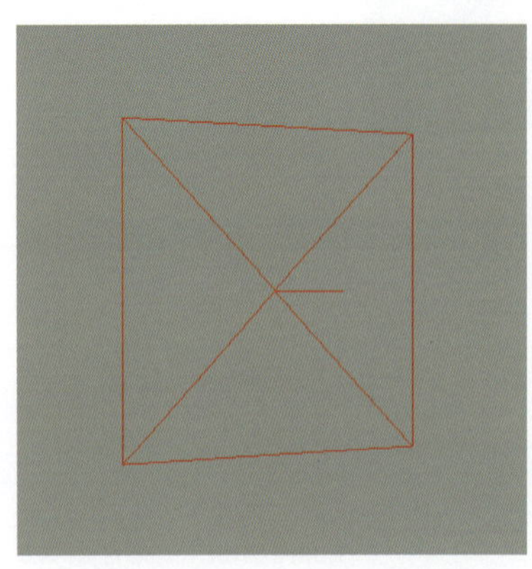

ライトポータル

上のシーンではこのように配置してあります。窓が複数ある場合はすべての窓に配置します。

>>スカイドームライトで使用するPhysicalSkyやHDRIを背景に表示しない

スカイドームライトにPhysicalSkyやHDRIを接続すると背景にも表示されますが、あくまで光源としてのみ使用し、背景には表示したくない場合は非表示にすることもできます。スカイドームライトのアトリビュートで、[Visibility]の項目の中の[Camera]を「0.0」にします。

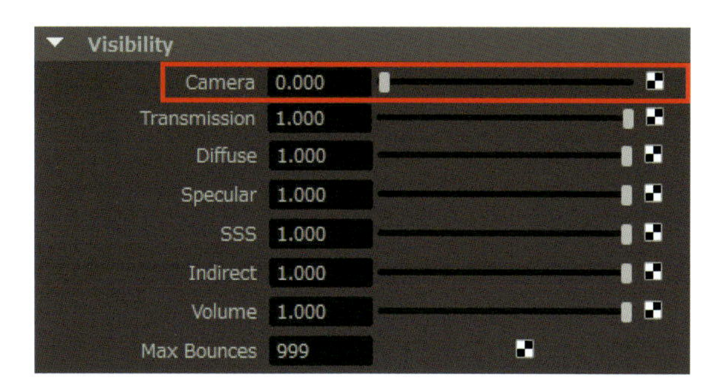

初期値は「1.000」になっているので、「0.000」にします。

これでレンダリング結果からは消えますが、ビューポートではまだ表示されています。ビューポートからも消したい場合は、スカイドームライトのアトリビュートで、[Hardware Texturing]の項目の[Opacity]を「0.0」にします。

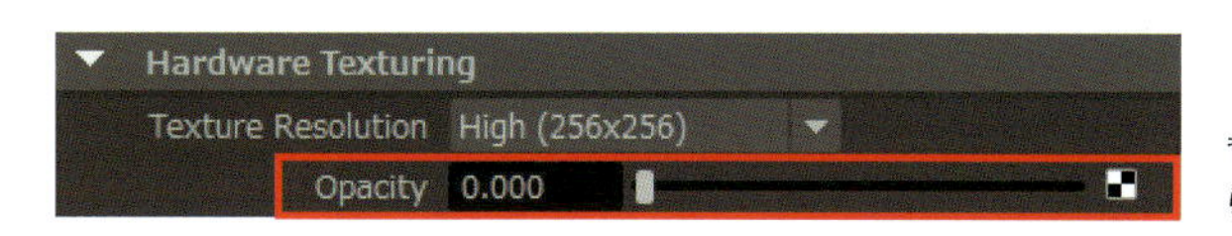

背景としては使用したいが、作業中に邪魔なのでビューポートから消したい場合は、こちらだけ「0.000」にすることもできます。

>>スカイドームライトを背景としてのみ使用する

光源としては使用したくないが、背景としてのみ使用したい場合は、[Illuminates By Default]をオフにすることで可能です。

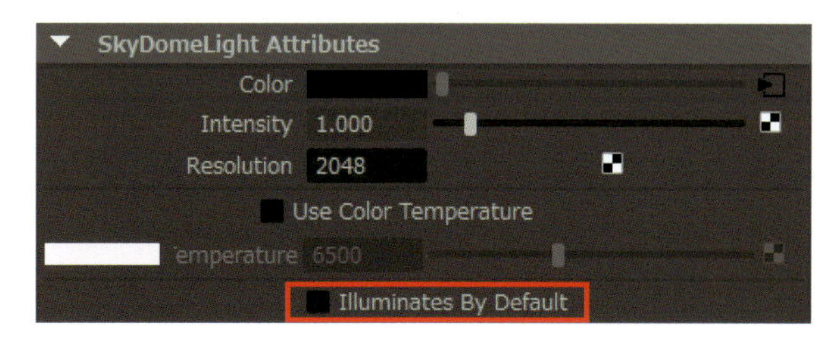

光源用と背景用にスカイドームライトを2つ置いて、違うHDRIを使用することもできます。

フォトメトリックライトの使い方

フォトメトリックライトを使うと、IESという実際の照明器具の配光データを使用できます。IESファイルは照明器具メーカーのサイトで入手することができます。

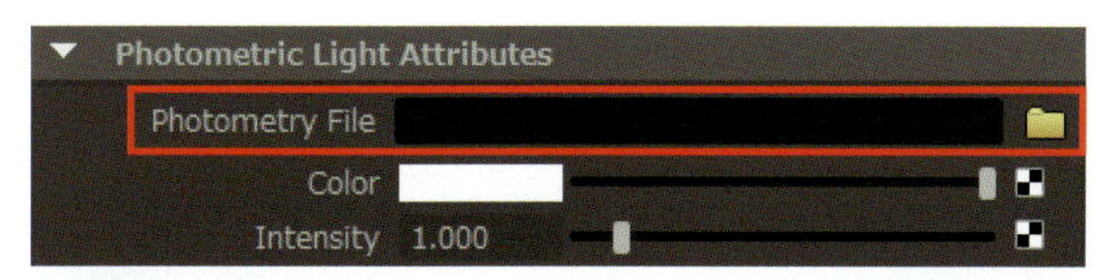

ここにiesファイルを指定します。

いろいろなiesファイルを使用してレンダリングしてみた結果です。

Chapter 4-4

カメラ

レンダリングするためにはカメラが必要です。Mayaでは最初からシーンに「persp」という作業用のカメラが存在しますが、レンダリングするときは新しくカメラを作成しましょう。

カメラの作成方法と種類

カメラの作成方法

カメラは、メインメニューの [作成] > [カメラ] で作成することができます。

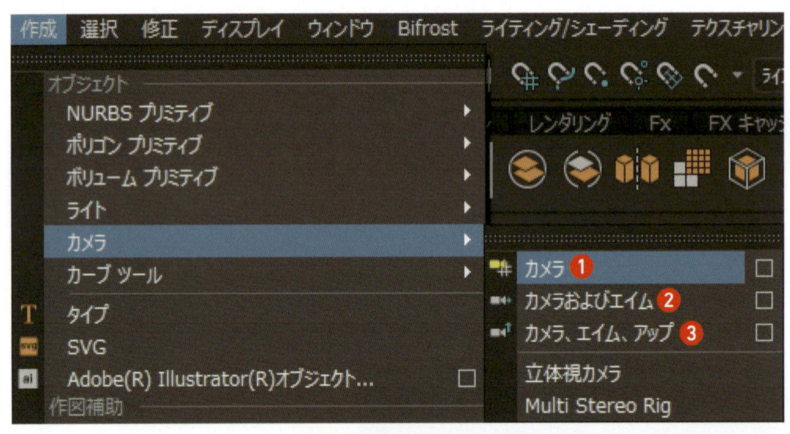

メインメニューからカメラを作成します。❶❷❸の違いは下のカメラの種類を参照してください。

カメラの種類

Mayaでは3種類の制御方法の基本カメラがあります。

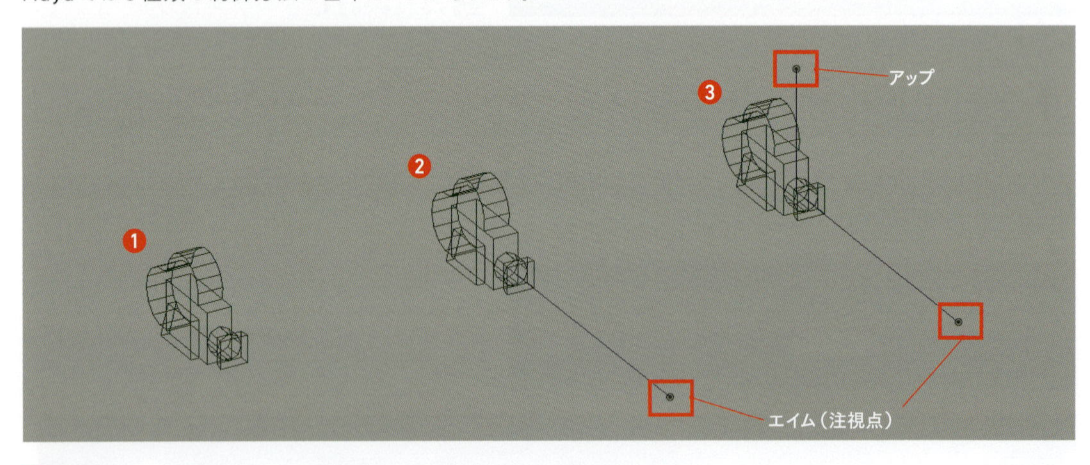

❶ カメラ

基本のカメラです。カメラの向く方向や傾きは、カメラ自体の回転値で制御します。

❷ カメラおよびエイム

「注視点」がついたカメラです。カメラの方向は、常に注視点の方を向くようになっています。カメラの傾きは親ノードの [ツイスト] アトリビュートで制御します。

❸ カメラ、エイム、アップ

注視点の他に、カメラのロール用の「アップ」がついたカメラです。

カメラのアトリビュート

[カメラアトリビュート]では、カメラの基本設定を行うことができます。

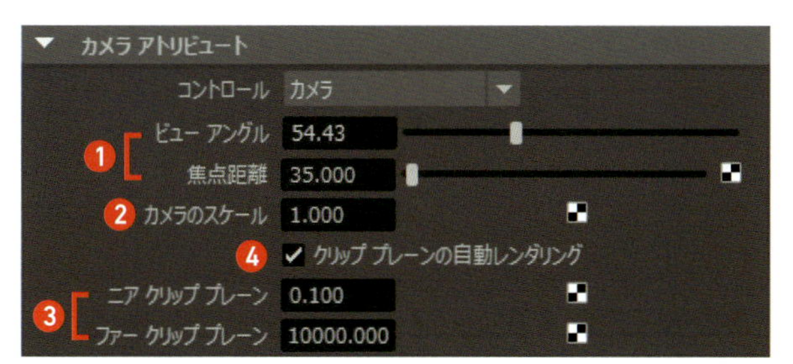

カメラのアトリビュート

ビューアングル・焦点距離❶

ビューアングルまたは焦点距離では、画のパースを調整できます。どちらか一方を調整すると、もう一方の数値も連動して変化します。初期値は焦点距離=35（mm）で、この値より焦点距離を小さくするとパースが強い画（広角）になり、大きくするとパースが弱い画（望遠）になります。

焦点距離を変えてレンダリングした結果。左から、18mm、35mm、135mmになります。

カメラのスケール❷

他のアトリビュートを変更することなく、カメラから見える範囲を拡大縮小します。

ニアクリッププレーン・ファークリッププレーン❸

カメラが表示する範囲を指定します。ニアクリッププレーンの値より近くにあるもの、ファークリッププレーンの値より遠くにあるものはレンダリングされません。

ニアの値を大きく、ファーの値を小さくすると、カメラに近すぎるものと遠すぎるものはレンダリングされなくなります。（右図）

MEMO **クリッププレーンの自動レンダリング**

❹[クリッププレーンの自動レンダリング]というアトリビュートがありますが、これはMayaソフトウェア用の機能なので、Arnoldでは効果がありません。

フラスタムの表示コントロール

カメラアトリビュートの、ビューアングル、ニアクリッププレーン、ファークリッププレーンはビューポート上で可視化できます。

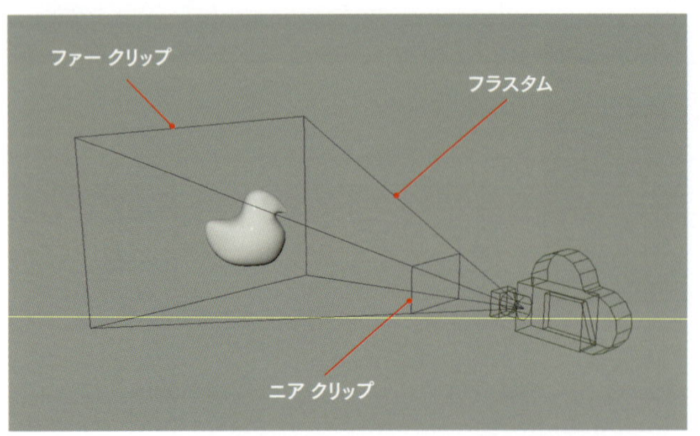

ニアの値を大きく、ファーの値を小さくして表示してみた図です。
(実際はニアはとても小さい値、ファーはとても大きい値が入るので、もっと大きく表示されます。)

可視化するためには、カメラのアトリビュートの以下の項目にチェックを入れます。

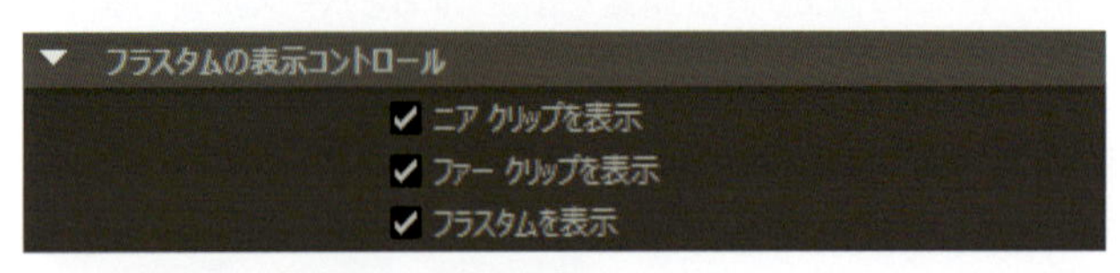

カメラが何を捉えているのかが分かりやすくなるのでカメラの操作をするときに便利です。

DOF(被写界深度)

DOFを設定すると、現実のカメラのようにピントが合っていない部分をぼかすことができます。

DOF未使用(上)とDOF使用(下)

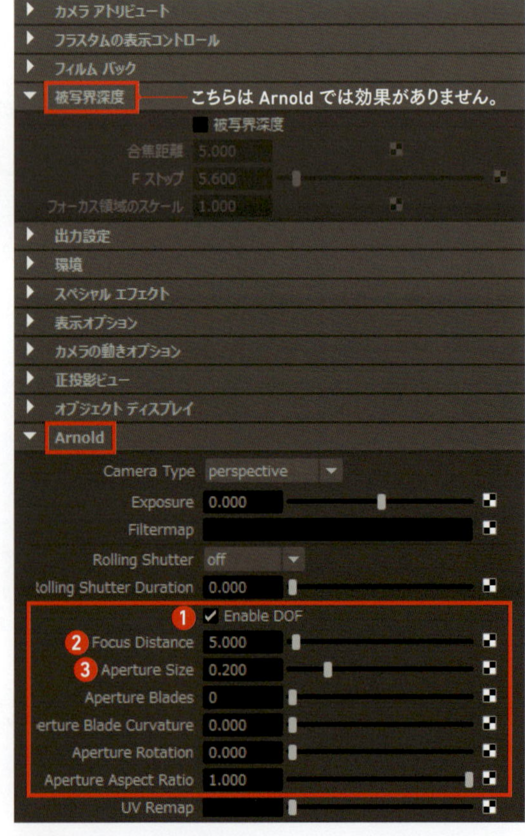

❷と❸は次のページで説明します。

Arnoldでレンダリングするときは、[Arnold]の項目の❶[Enable DOF]をオンにすることによって使用できます。[被写界深度]という別の項目も存在しますが、これはMayaソフトウェアでレンダリングするときに使用する項目なので、Arnoldでは使用しません。

Focus Distance ❷

ピントが合う距離です。

ピントを合わせたいオブジェクトのカメラからの距離を調べるには、メインメニューの[ディスプレイ] > [ヘッドアップディスプレイ] > [オブジェクトの詳細]をオンにします。

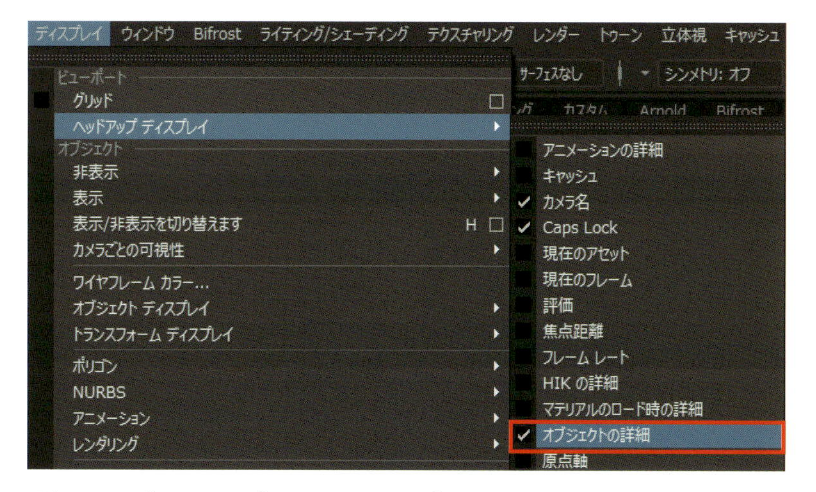

選択したオブジェクトの[カメラからの距離]が確認できます。この値を「Focus Distance」に使用します。

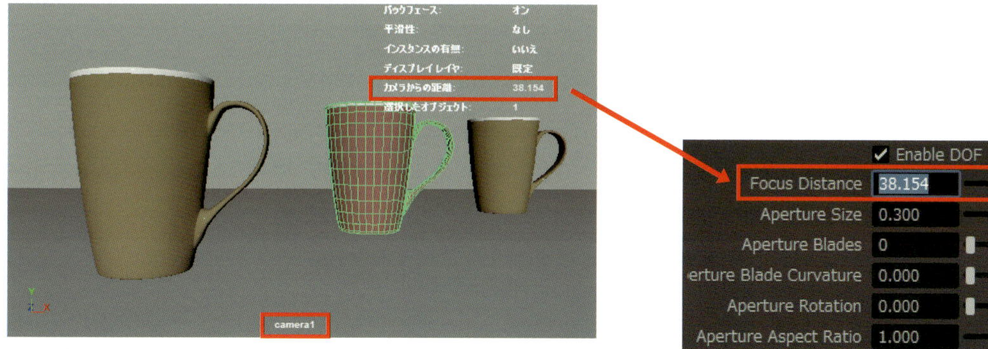

ビューポートで表示しているカメラからの距離が表示されます。

Aperture Size ❸

大きくするほどより大きくボケます。初期値の「0.0」では全くボケません。

左は「0.3」、右は「1.0」。値が大きい方がよりボケている。

DOFの品質

DOFの品質を上げるには[レンダー設定]の[Camera(AA)]のサンプル数を上げる必要があります。(P.231「Sampling」参照)

Chapter 4-5

> やってみよう！

レンダリングしてみよう

オブジェクトが1つあるだけのシンプルなシーンをレンダリングしてみましょう。

開始シーン ▶ MayaData/Chap04/scenes/Chap04_Pot_Start.mb
完成シーン ▶ MayaData/Chap04/scenes/Chap04_Pot_End.mb

全体の流れ

① 床を作成

② カメラを作成

③ ライトを作成

④ マテリアルを作成

⑤ レンダリング

① 床を作成

このシーンにはポットのオブジェクトが1つあるだけなので、まずは床を作ります。

メインメニューの［作成］>［ポリゴンプリミティブ］>［プレーン］をクリックして平面を作成し、ポットに合わせた大きさにします。

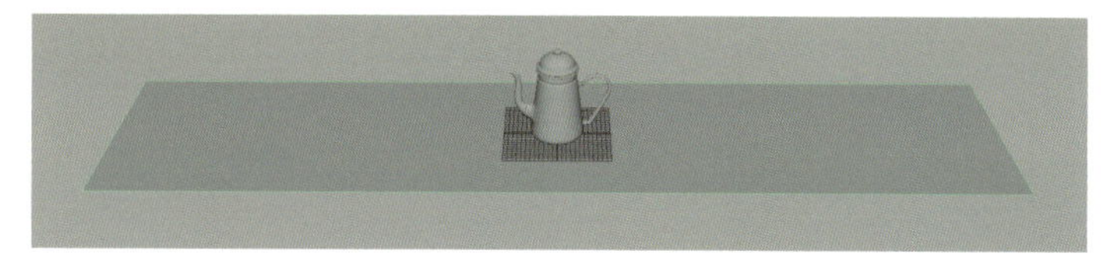

今回は、チャネルボックスで［幅］を「200」、［高さ］を「50」の大きさにしました。分割もいらないので［分割数］は幅も高さも「1」にしました。

ポットが床の一番後ろあたりに置かれるように床を前に移動します。

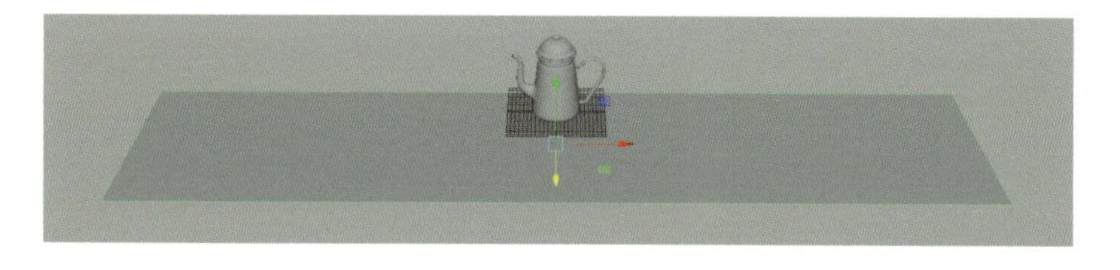

床のエッジを押し出して、背面も作りましょう。後ろのエッジを選択します。

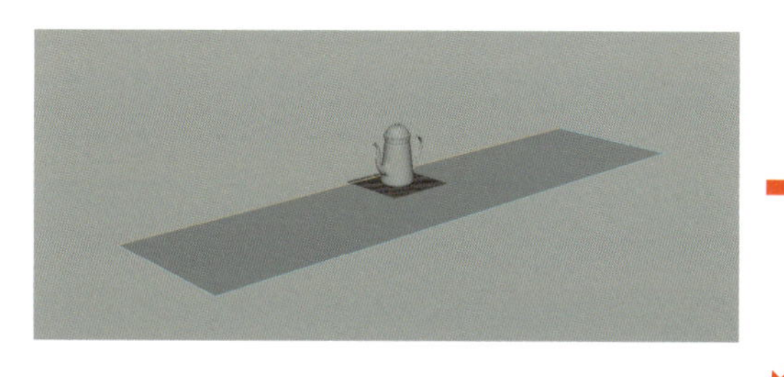

エッジを Shift を押しながら移動して後ろに押し出します。

もう一度 Shift を押しながら、今度は上に移動して押し出します。

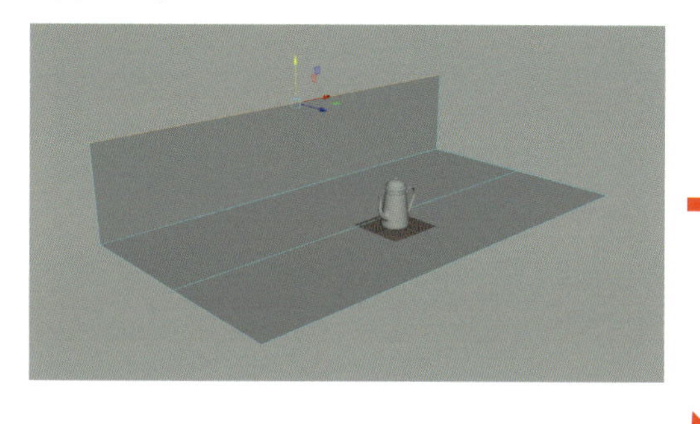

さらにもう一度 Shift を押しながら上に移動して押し出します。

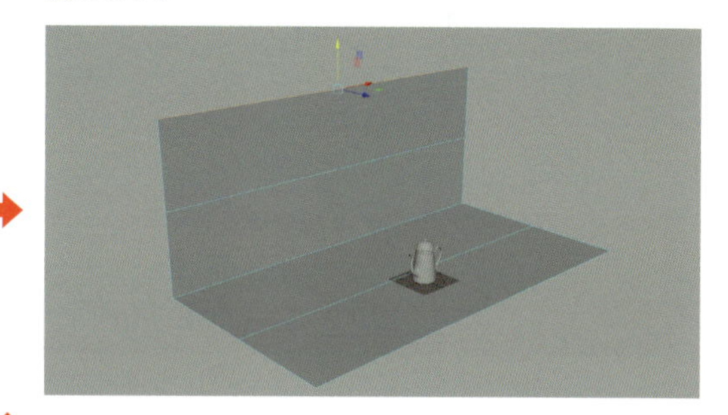

3 でスムーズメッシュプレビュー表示にします。PageUp を1回押して滑らかさも上げておきます。

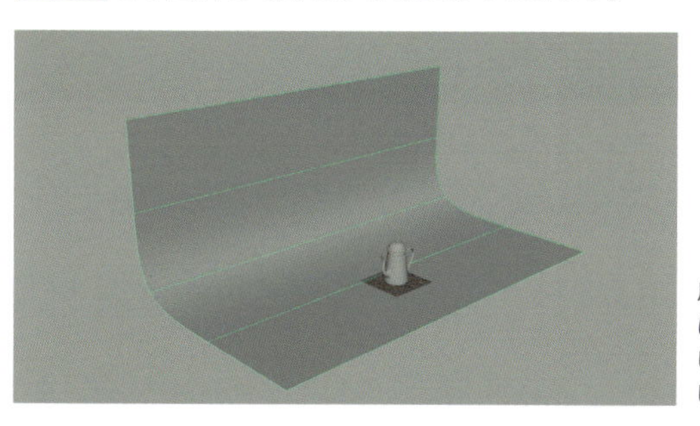

床と背面を別々のプレーンにしないのは、レンダリングした時に境界線が見えてほしくないためです。

床と背面が完成しました。

②カメラを作成

メインメニューの［作成］＞［カメラ］＞［カメラ］をクリックしてカメラを作成し、移動と回転でポットを捉えるようにします。

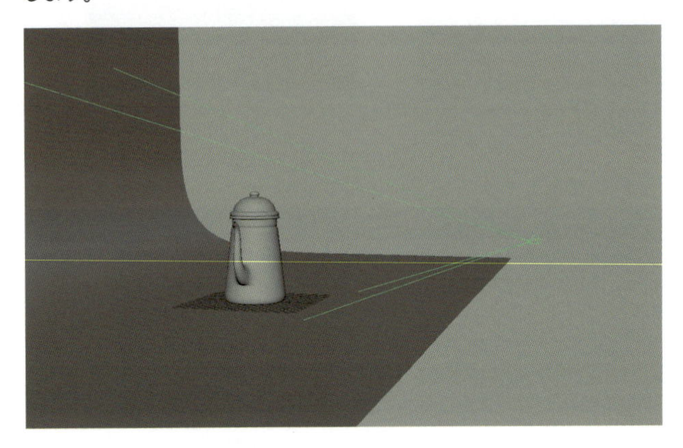

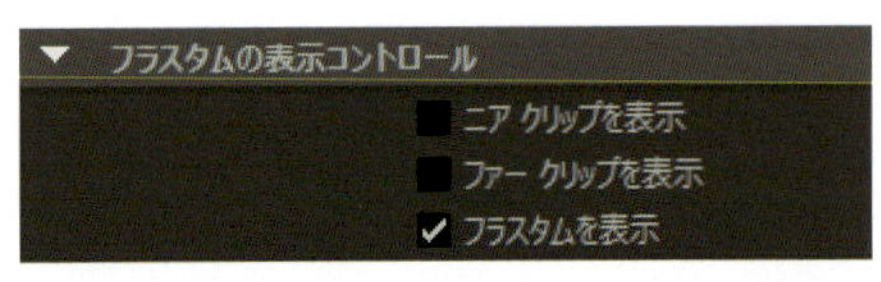

左図はカメラの［フラスタムを表示］で何を捉えているかをわかりやすくしています。

細かい位置の調整は後でArnold RenderViewから行うことにするので、次に進みましょう。

③ライトを作成

メインメニューの［ウィンドウ］＞［レンダリングエディタ］＞［ライトエディタ］をクリックし、ライトエディタを開きます。

エリアライトのアイコンを3回押して、エリアライトを3つ作成します。

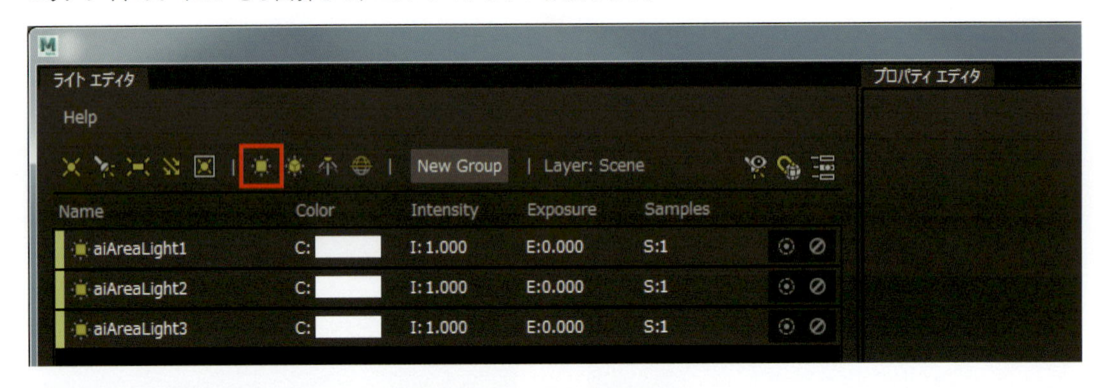

エリアライトを移動、回転、スケールして、上、左、右から照らすようにします。

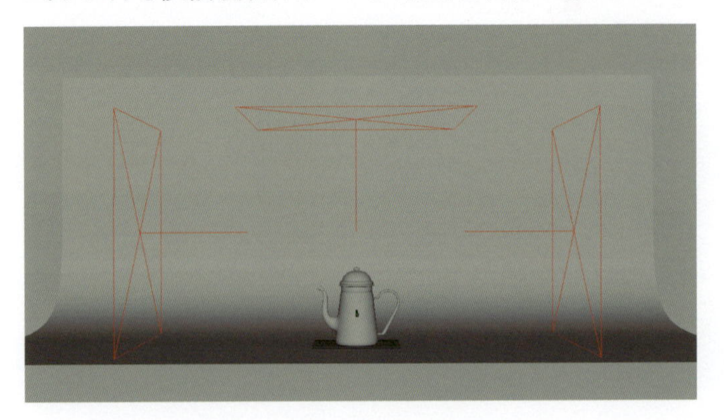

ライトも細かい調整は後にして、次に進みましょう。

基礎編
Chapter 4
レンダリング

④マテリアルを作成

メインメニューの［ウィンドウ］＞［レンダリングエディタ］＞［ハイパーシェード］をクリックして、ハイパーシェードを開きます。［aiStandardSurface］をクリックして［StandardSurface］シェーダを使用したマテリアルを作成します。

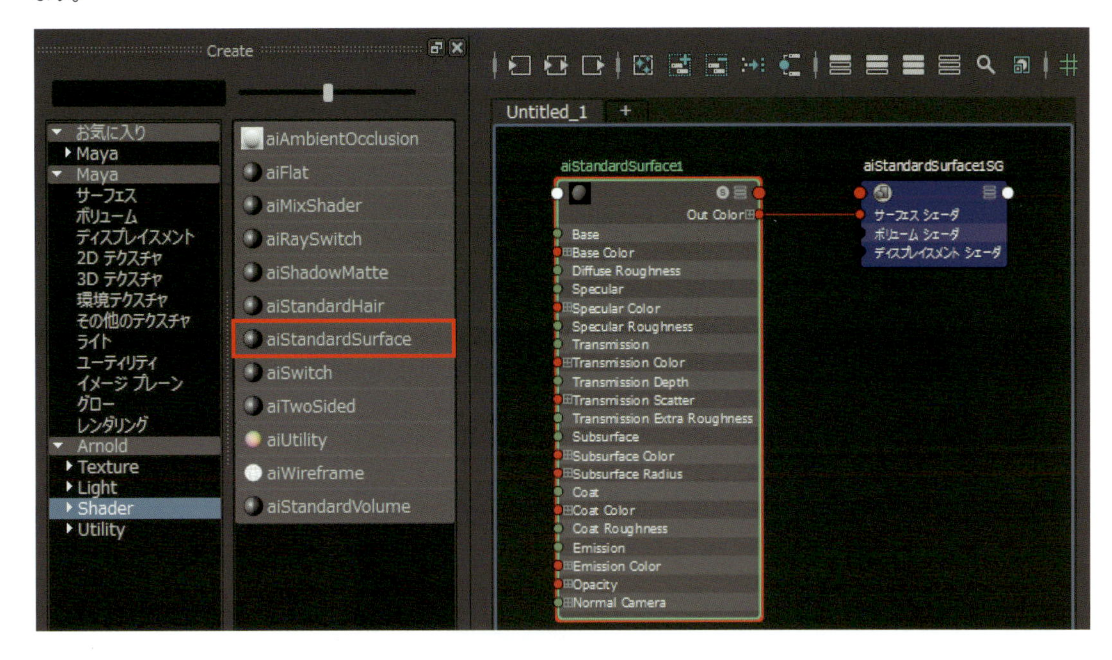

マテリアルをドラッグ＆ドロップしてポットに割り当てます。同じ手順で、もう1つマテリアルを作成し、床にもマテリアルを割り当てます。マテリアルの調整も後にして次に進みます。

⑤レンダリング

準備が整ったのでレンダリングしてみましょう。メインメニューの［Arnold］＞［Arnold RenderView］をクリックし、Arnold RenderViewを開きます。をクリックしてIPRレンダーを開始しますが、真っ黒で何もレンダリングされません。

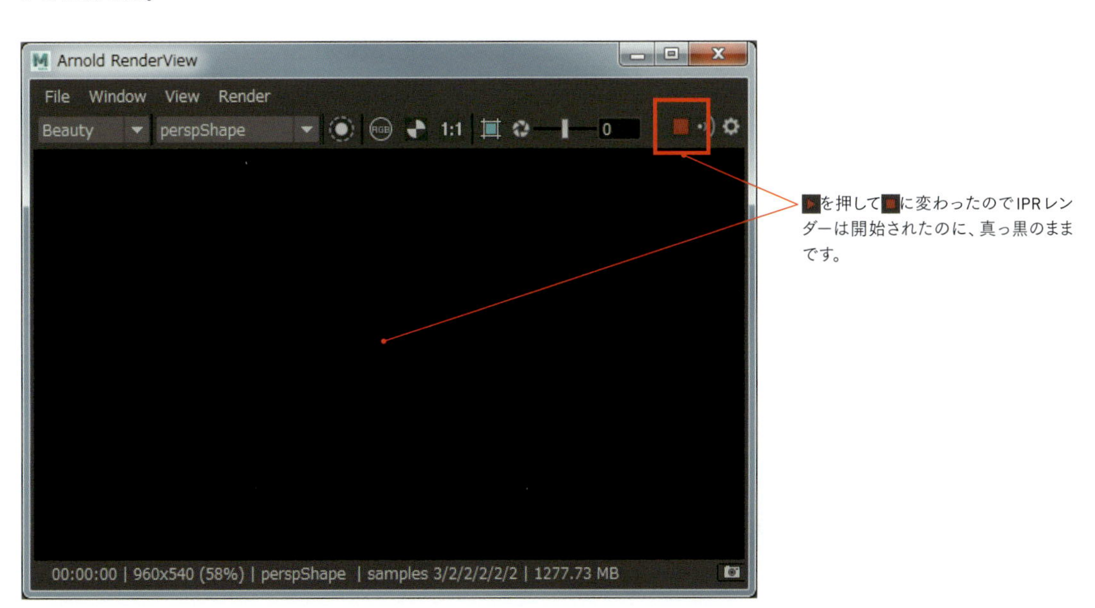

を押してに変わったのでIPRレンダーは開始されたのに、真っ黒のままです。

これはライトが弱すぎるからなので、ライト3つとも［Exposure］を「10」にしてみます。

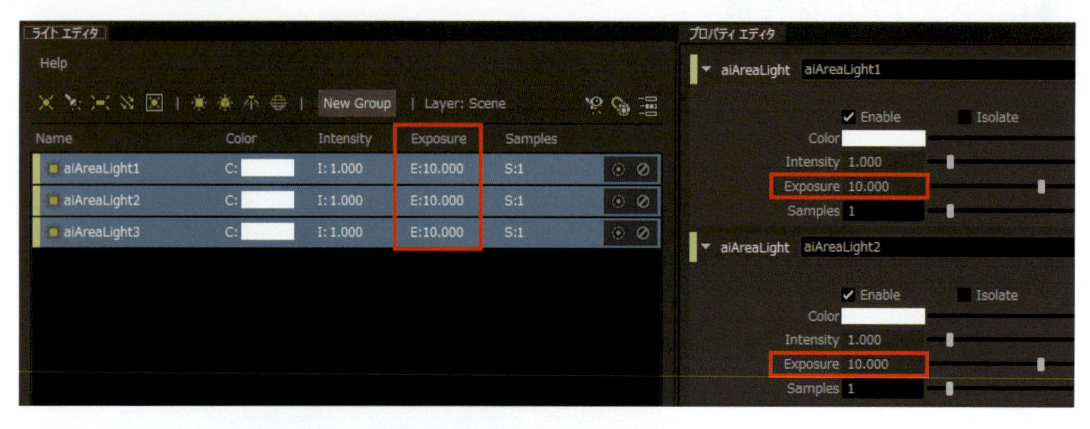

IPRレンダー中なので自動的に再レンダリングされ、薄っすらとポットが見えました。

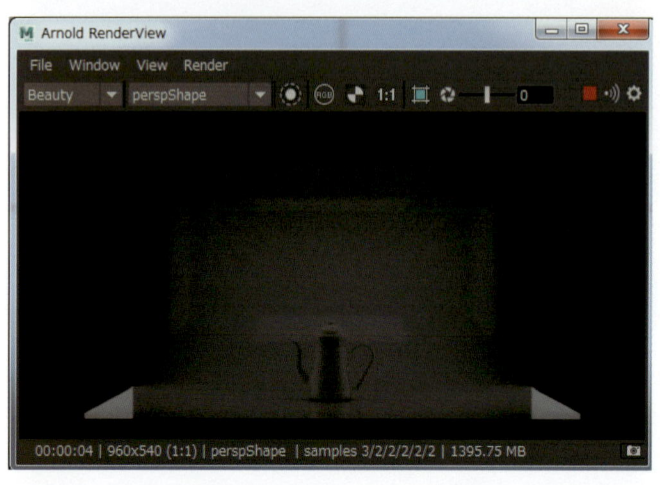

モデルやライトの大きさによって、適切なライトの強さは変わります。違うモデルで試している場合は、［Exposure］をもっと大きい値にする必要があるかもしれません。色々な値を入れて試してみましょう。

カメラが、「perspShape」になっているので、先程作った「cameraShape1」に変更します。

Arnold RenderViewメニューの［Window］＞［3D Manipulation］をオンにして、ビュー上でカメラを操作してポットを捉えるようにします。

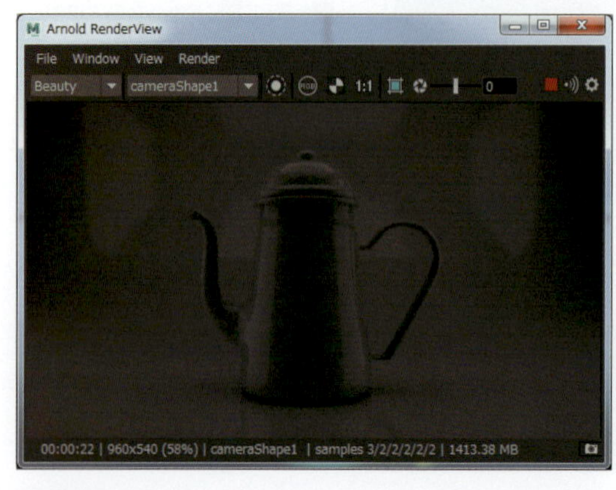

ビュー上でポットをクリックし選択して、ホットキー F を押すとビューポートと同じようにオブジェクトにフォーカスできます。さらに Alt + で操作して、カメラの位置を決定します。

ライトがまだ暗いので、[Exposure]を調整して明るくします。

いろいろな値を入れてみて、ここでは3つとも[Exposure]を「13」にしました。

マテリアルを調整しましょう。ポットのマテリアルの[Color]を好きな色に変更します。

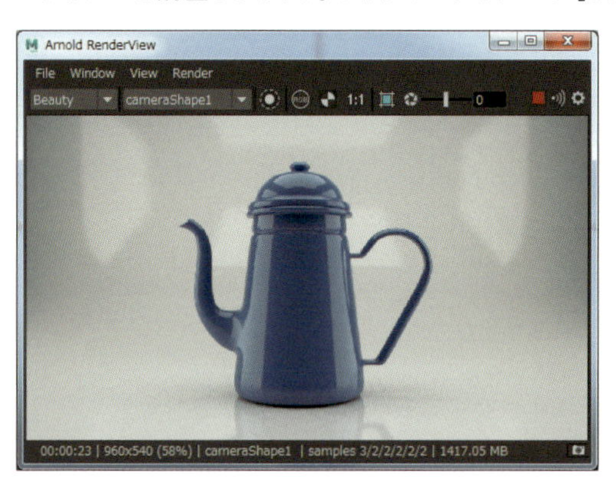

背景にエリアライトが反射して写ってしまっているので、床のマテリアルの[Specular]の[Roughness]を「1.0」にします。

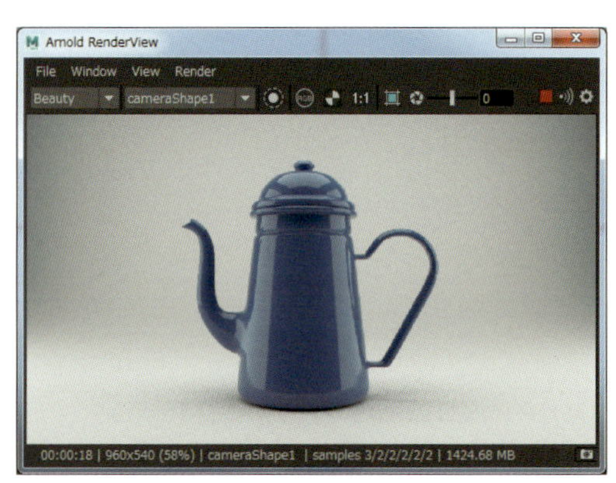

シンプルなレンダリングの流れは以上です。ライトもカメラもマテリアルもまだまだ調整することができます。例えば以下のようなことをしてみましょう。

- ライトに色を付けてみる
- ライトの位置、回転、大きさを調整してみる
- スポットライトを使ってはっきりした影を落としてみる
- マテリアルのプリセットを使って色々な材質を試してみる
- ポットのフタの取っ手などに2つ目のマテリアルを割り当ててみる
- カメラにDOF(被写界深度)を使ってみる
- 自分で作ったモデルに差し替えてみる

Chapter

4-6

レンダー設定

レンダリングをするためには、画像の名前や保存する場所、サイズや品質、静止画なのかアニメーションなのかなどを設定する必要があります。

レンダー設定ウィンドウ

レンダー設定ウィンドウの概要

レンダー設定ウィンドウは下図のようになっています。

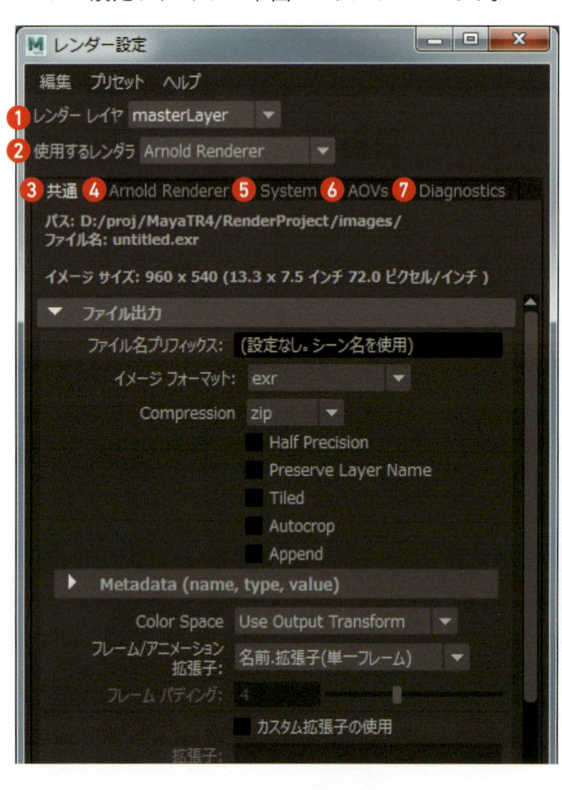

❶ レンダーレイヤ
レンダーレイヤを切り替えます。(P.248「レンダーレイヤ」参照)

❷ 使用するレンダラ
レンダラを切り替えます。

❸ 共通
すべてのレンダラ共通の設定です。

❹ Arnold Renderer
品質の設定です。

❺ System
Arnoldのシステムの設定です。

❻ AOVs
レンダリング結果を要素ごとに分けて出力するAOVの設定です。

❼ Diagnostics
ログ出力の設定です。

❹❺❻❼はArnold専用の設定です。タブがない場合は❷を「Arnold Renderer」に切り替えると表示されます。

レンダー設定ウィンドウの開き方

メインメニューの[ウィンドウ]>[レンダリングエディタ]>[レンダー設定]またはをクリックすると開くことができます。

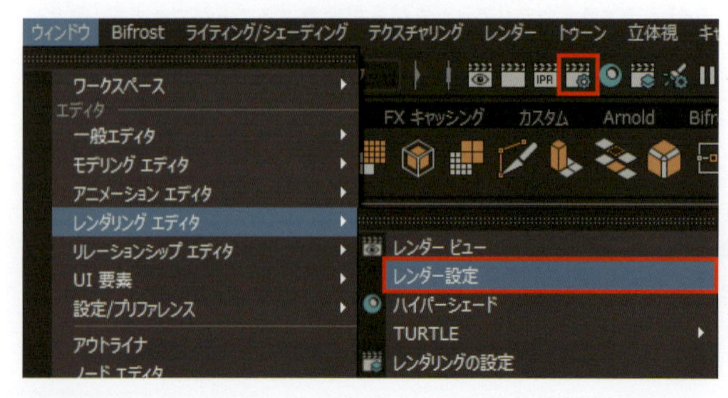

[レンダリングの設定]というメニューもあり紛らわしいですが、[レンダリングの設定]は、[レンダーレイヤ]を扱うウィンドウです。(P.248「レンダーレイヤ」参照)

［共通］タブ

レンダー設定の［共通］タブでは、レンダリング解像度や使用するカメラなど、Arnoldに限らずすべてのレンダラで使用する共通の項目を設定できます。

ファイル出力

レンダリング結果を画像ファイルとして保存する際の設定ができます。

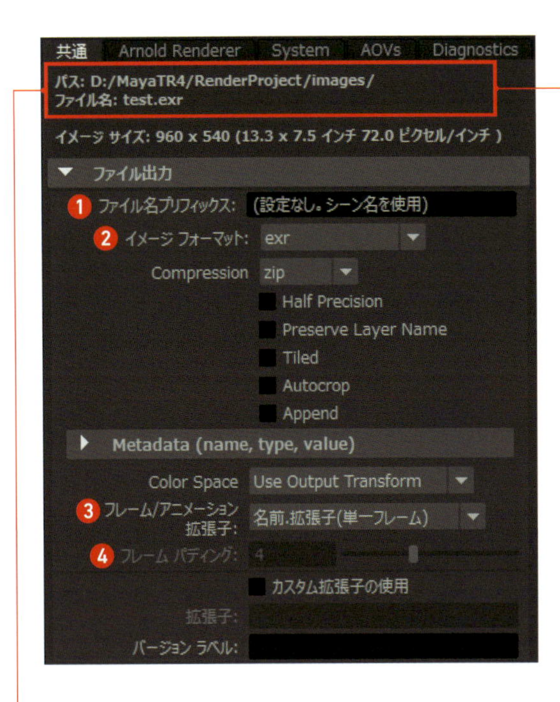

❶❷❸❹で指定した結果、どこに、どういう名前で保存されるかが表示されます。

❶ ファイル名プリフィックス
画像のファイル名を指定します。何も設定しなければシーン名が使用されます。

❷ イメージフォーマット
画像のファイル形式を選択します。

❸ フレーム / アニメーション拡張子
単一フレーム（静止画）にするのか、連番（アニメーション）にするのかを選択します。（#にフレーム番号が入ります）

❹ フレームパディング
アニメーションをレンダリングするときに、ファイル名に入るフレーム番号を何桁にするかを指定できます。例えば、4とすれば、0001、0002、0003・・・となります。

MEMO ファイルの出力場所

ファイルが出力される場所が「パス」に表示されますが、Arnold RenderViewの自動保存を使用すると、実際はこの下の「tmp」フォルダに保存されるようです。このあとに扱うシーケンスレンダー（P.244「シーケンスレンダー」参照）やバッチレンダリング（P.246「バッチレンダリング」参照）を使用するとこのパスに保存されます。

Frame Range

アニメーションをレンダリングするときに、レンダリングするフレームの範囲と、その間隔を指定します。

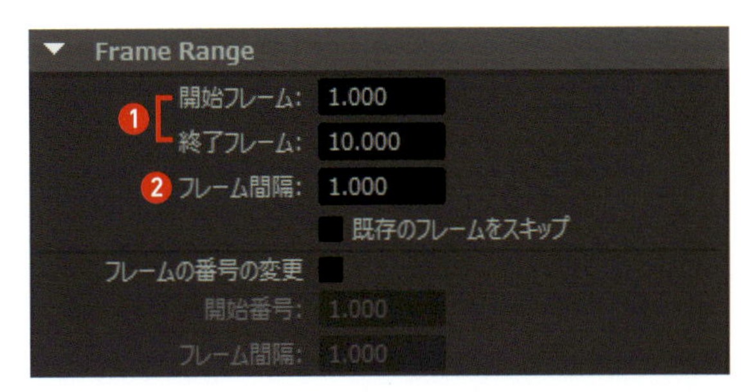

❶ 開始フレーム / 終了フレーム
レンダリングの開始フレームと終了フレームを指定します。

❷ フレーム間隔
「1」より大きくすれば、フレームを間引いてレンダリングすることができます。間隔を「1」より小さくすれば、1フレームに満たない動きをレンダリングすることもできます。

>>レンダリング可能なカメラ

レンダリングで使用するカメラを指定できます。ここでカメラを指定しておくことで、「persp」カメラでMayaを操作して、実際のレンダリングは別のカメラで行うことが可能です。

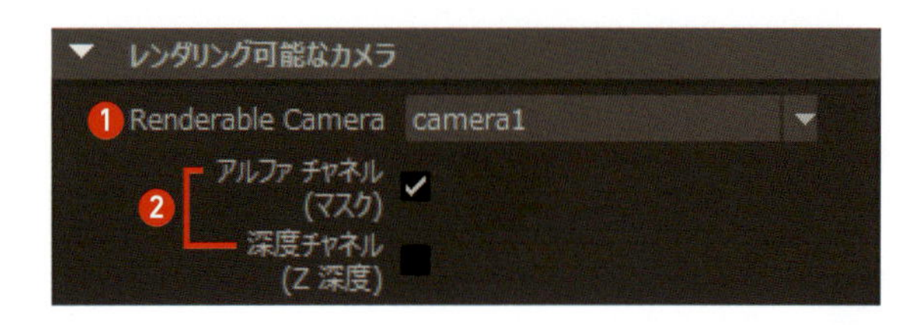

❶ Renderable Camera
レンダリングに使用するカメラを指定します。

❷ アルファチャネル / 深度チャネル
これはArnold以外で使用する項目です。Arnoldでは、アルファが使用可能なファイル形式を選択するとこのチェックに関係なくアルファは出力されます。Z深度を使用したい場合はAOVで設定します。（「AOV」については、P.237「[AOVs]タブ」参照）

MEMO レンダリングに使用するカメラ

ここでレンダリングに使用するカメラを指定しますが、これはバッチレンダリング用の設定です。Arnold RenderViewや標準のレンダービューでは、レンダービュー内の設定でカメラを指定します。

>>イメージサイズ

画像の大きさを設定できます。

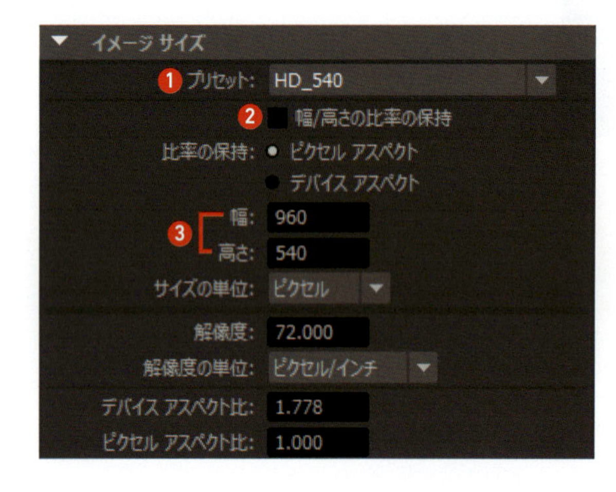

❶ プリセット
出版や映像で広く使われているイメージサイズ（静止画ならA4やB5、動画ならHD_720やHD_1080など）はここで指定できます。

❷ 幅 / 高さの比率の保持
サイズ変更の際、横縦比を保ちます。

❸ 幅 / 高さ
幅と高さを数値で直接指定できます。

[Arnold Render] タブ

最終的な品質に関わる項目を設定できます。

Sampling

レンダリングされる画像の品質をコントロールします。サンプル数を上げるとノイズが減少して品質は上がりますが、レンダリング時間は長くなります。

Camera (AA) 1

Camera (AA) 6

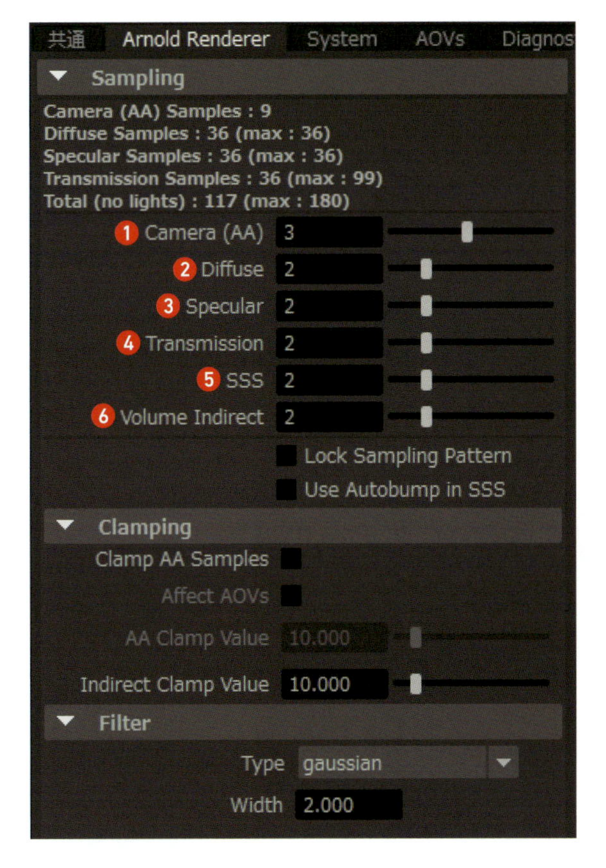

❶ Camera (AA)
カメラ(アンチエイリアシング)の値は全体の品質を上げることができます。初期値は「3」です。目安として、中程度の品質では「4」、高品質では「8」、さらに高品質の場合には「16」程度の値を使用します。(アンチエイリアシングとは画像のピクセルのギザギザ(ジャギー)を滑らかに見せる処理のことです)

❷ Diffuse
間接拡散反射光の品質を上げることができます。「diffuse_indirect」AOVにノイズがあるときに、このサンプル数を上げるとノイズを減少させることができます。(AOVは画像を要素ごとに分けてレンダリングできる機能のことです。P.237「[AOVs]タブ」参照)

❸ Specular
間接鏡面反射光の品質を上げることができます。「specular_indirect」AOVにノイズがあるときに、このサンプル数を上げるとノイズを減少させることができます。

❹ Transmission
透過の品質を上げることができます。「transmission」AOVにノイズがあるときに、このサンプル数を上げるとノイズを減少させることができます。

❺ SSS
サブサーフェスの品質を上げることができます。「sss」AOVにノイズがあるときに、このサンプル数を上げるとノイズを減少させることができます。

❻ Volume Indirect
ボリュームの品質を上げることができます。「volume」AOVにノイズがあるときに、このサンプル数を上げるとノイズを減少させることができます。

MEMO ライトの [Samples]

サンプル数の設定は、ライトにもあります。「diffuse_direct」と「specular_direct」AOVにノイズがあるときは、ライトの[samples]を上げるとノイズを減少させることができます。

MEMO サンプリングについて

Arnold Rendererはカメラからレイ（光線）を飛ばして、レイが当たった場所の明るさを計算して最終的な画像を生成します。画像のピクセルごとにレイを飛ばし、そのピクセルの色を決定することを「サンプリング」といいます。

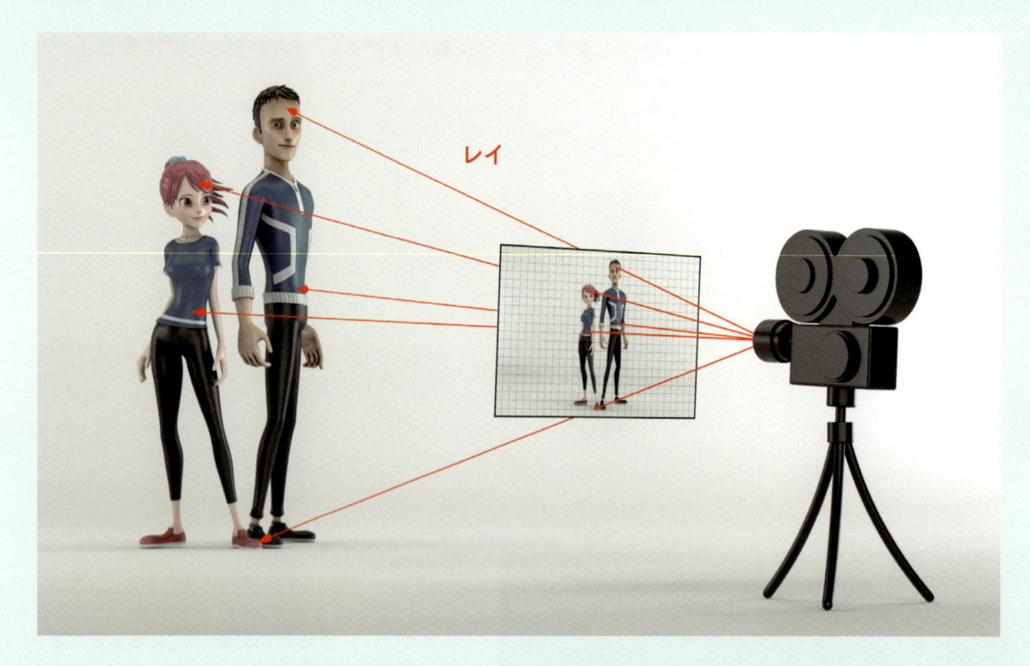

1ピクセルあたりにどのくらいの数のレイを飛ばすのかがレンダー設定の［Sampling］の値で、例えばCamera（AA）が「3」の場合は、縦3×横3＝9で、1ピクセルあたり9本のレイを飛ばします。レイがモデルに当たった時にそのモデルのマテリアルによってレイが拡散反射するのか、鏡面反射するのか、透過するのかなどが決まります。例えば間接拡散反射光を計算するときは、❶Camera（AA）が「3」で、❷Diffuseが「2」の場合は、（3×3）×（2×2）=36本のレイを使用します。この計算結果は❼の位置に表示されます。同じように、❸Specular、❹Transmission、❺SSS、❻Volume Indirectの値も❶Camera（AA）の値と乗算されて使用されるレイ数が決定します。

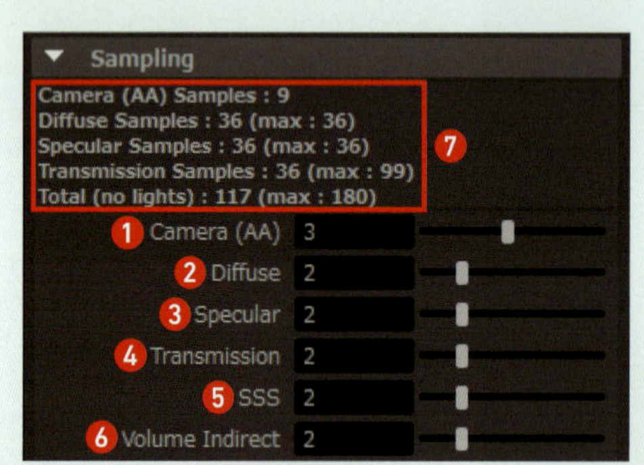

❼の（max）の値は次ページの［Ray Depth］も考慮した上での計算結果が表示されます。

しかし、❶Camera（AA）は、❷❸❹❺❻の要素だけではなく、アンチエイリアシング、モーションブラー、DOF（被写界深度）の品質を上げるためにも使用されるため、❶Camera（AA）の値を低いままにして、❷❸❹❺❻の値だけで置き換えることはできません。❶Camera（AA）の値を上げた上で、まだ間接拡散反射にノイズがある、間接鏡面反射にノイズがあるなど、ノイズの原因が特定できたら❷❸❹❺❻の値を上げ効率的にノイズを除去することができます。

Ray Depth

[Ray Depth] は、レイの反射回数を制限します。カメラから飛ばすレイを無限に反射させると計算時間が膨大になるのでこの値で制限しています。レイは物体に当たると吸収されたり拡散したりして、1本あたりの強さは弱くなっていくので、反射回数を制限しても最終的な絵にはほぼ影響を及ぼさずにレンダリング時間だけを節約できます。

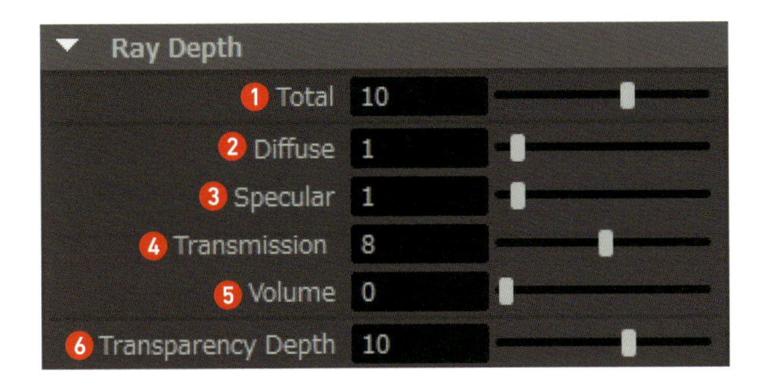

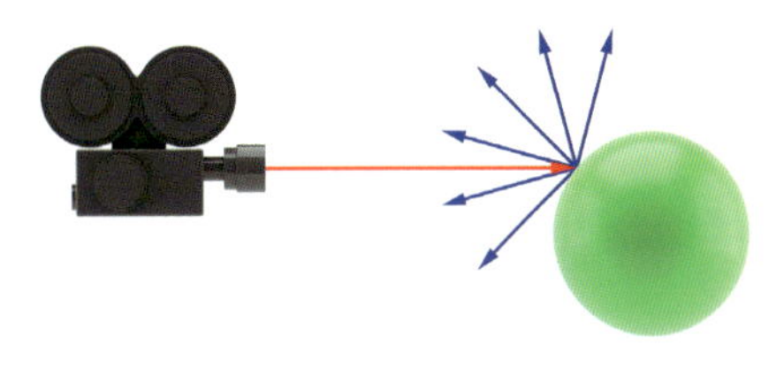

拡散反射の図。反射しても光の総量は増えず、一部は物体に吸収されるため、1度拡散反射するだけで1本あたりのレイの強さはかなり弱くなることがわかります。

1 Total

以下の [Diffuse]、[Specular]、[Transmission] の最大合計回数です。合計回数がこの [Total] の値を超えないように制限します。

2 Diffuse

レイの拡散反射の回数を制限します。初期値は「1」なので1回しか反射しません。室内のシーンなどでは「2」や「3」に上げたほうが品質がよくなります。

左は初期値の「1」、右は「3」。右の方が拡散反射の回数が多いので暗いところにも光が行き届いて柔らかい結果になっています。

3 Specular

レイの鏡面反射の回数を制限します。初期値は「1」ですが、鏡面反射するもの同士が並んでいるときなどは「2」以上にする必要があります。

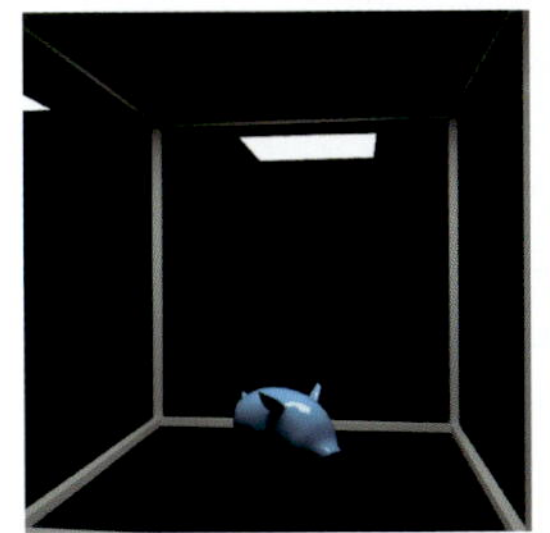

左から、「0」、「1」、「2」、「10」。6面全てが鏡の部屋にモデルを置いています。反射回数が足りないと真っ黒にレンダリングされてしまいます。

❹ Transmission
レイが屈折する回数を制限します。初期値が「8」で他より高くなっているのは、例えばグラスが1つあるだけで、4回の屈折回数が必要になるためです。

1つのグラスをレイが透過するのに4回屈折します。

左から「4」、「8」、「12」。グラスを3つ重ねるときは「12」にしてやっとすべて透明に見えます。（[Total]の初期値が「10」なので、[Transmission]を「11」以上にするときは合わせて[Total]の値も上げる必要があります）

❺ Volume
雲などのボリューム内でのレイの反射回数を制限します。

左は「0」、右は「8」。初期値は「0」なので、ボリュームを扱うときは注意が必要です。

❻ Transparency Depth
レイが透明なサーフェスを通過できる回数を制限します。この回数を超えると真っ黒にレンダリングされてしまいます。

左から、「0」、「1」、「5」。上の図では[Opacity]でアルファ抜きしたポリゴンを5枚重ねていますが、[Transmission]を使うときも同様にこの値が影響します。初期値は「10」なので通常は問題ありませんが、葉がたくさんある木などをレンダリングするときはもっと大きい値にする必要があります。

Environment

霧や大気を設定します。

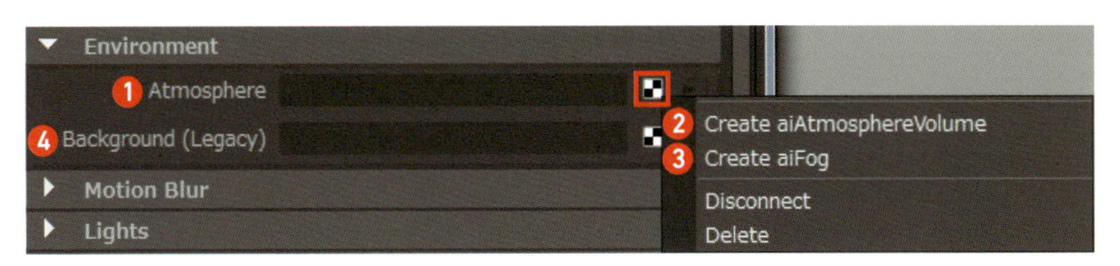

❶ Atmosphere

[Atmosphere]の■をクリックすると❷大気や❸霧を作成できます。

❷ aiAtmosphereVolume

大気によって光が拡散する様子を表現することができます。

窓からから差し込む光を表現するために使用した例です。

❸ aiFog

霧を表現することができます。

❹ Background (Legacy)

Backgroundは以前のバージョンで背景画像を表示するために使用されていましたが、スカイドームライトで背景画像を表示できるようになったため今後廃止されるようです。(P.217「スカイドームライトを背景としてのみ使用する」参照)

Motion Blur

モーションブラーの設定をします。

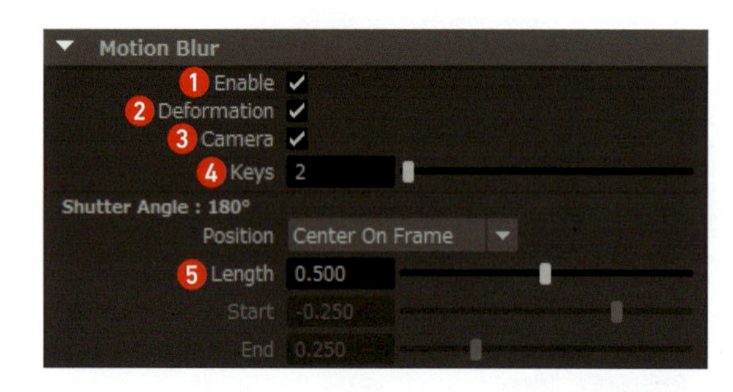

モーションブラーを使用した結果です。

❶ Enable
オンにするとモーションブラーを使用できます。

❷ Deformation
変形するオブジェクトでもモーションブラーを使用できます。

❸ Camera
カメラのモーションブラーをオンにします。

❹ Keys
モーションブラーに使用される1フレーム間のサブステップ数です。直線的な動きの場合は初期値の2で十分ですが、曲線的な動きをするときはより大きい値が必要です。

❺ Length
モーションブラーの長さを設定します。

Motion Blur
1 Enable ✓
2 Deformation ✓
3 Camera ✓
4 Keys 2
Shutter Angle : 180°
Position Center On Frame
5 Length 0.500
Start -0.250
End 0.250

画面の中心を起点に回転している4つの球で値を変えて比較してみた結果です。

[Enable] オフ

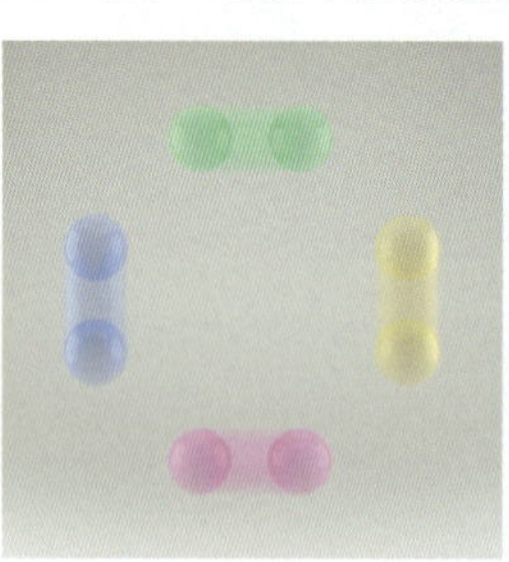

[Keys] 2、[Length] 0.5

[Keys] 2、[Length] 1.0

[Keys] 10、[Length] 1.0

MEMO モーションブラーの品質

モーションブラーの品質を上げるには [Camera (AA)] のサンプル数を上げる必要があります。

[System] タブ

Arnold Rendererのシステム全般の設定を変更できます。ただし基本的におすすめの設定になっているので、初期値のままで問題ありません。

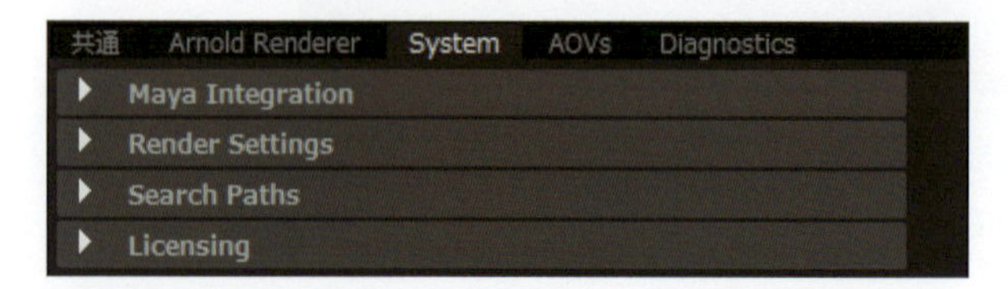

[AOVs]タブ

AOVを使用すると、レンダリング結果の様々な要素を別々の画像に保存することができます。
主に用途が2つあります。
1.レンダリング後の合成時に要素ごとに調整するため
2.ノイズがどの要素にあるかを特定し、どのサンプル数を上げるかを判断するため

Beauty（全要素）　N（法線）　albedo（アルベド）
diffuse（拡散反射）　specular（鏡面反射）　transmission（透過）

AOVの使用方法

[AOV Groups]で<builtin>を選択すると使用可能なAOVが[Available AOVs]のリストに表示されます。使用したいAOVを選択して「>>」を押して[Active AOVs]のリストに追加します。追加したAOVは下の[AOVs]にリストアップされます。

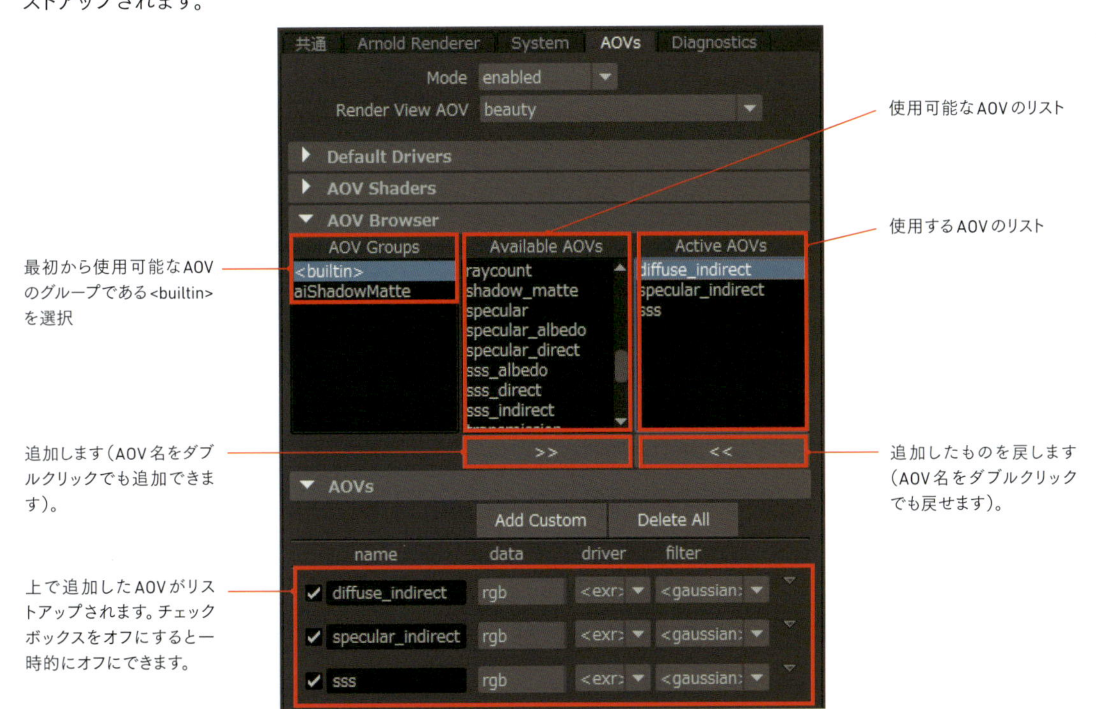

≫AOVの確認方法

Arnold RenderViewでは、AOVを簡単に切り替えて表示することができます。AOVを設定した後にArnold RenderViewでレンダリングすると、下図のドロップダウンからAOVを切り替えて結果を確認できます。

レンダリング中でも、再レンダリングをせずに切り替えることができます。「Beauty」は要素分けをしていないそのままの見た目のAOVです。

≫AOVをレイヤとして保存

さらに、AOVでレンダリングされる複数の画像をレイヤとして1つの画像にまとめて保存することもできます。Arnold RenderViewメニューの［File］>［Save Multi-Layer EXR］をクリックします。

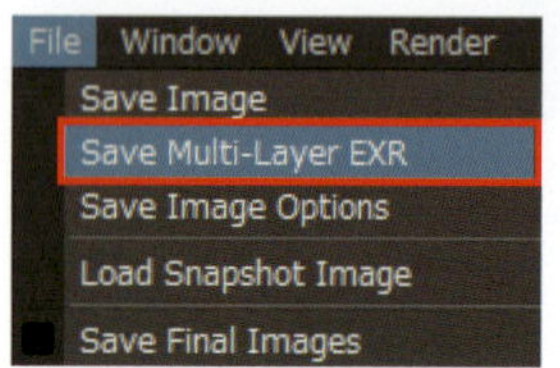

.exr形式の画像として保存されます。

ただし、レイヤを持ったEXR画像を扱えるソフトウェアは限られます。例えば、Photoshopでもプラグインなしではレイヤ情報を保持したまま開くことはできません。

MEMO レイヤを持ったEXR画像を扱えるソフトウェア

フリーのソフトや、フリーのPhotoshopプラグインがあるので検索エンジンで探してみてください。EXRの連番画像をアニメーションとして再生できるソフトもあるのでアニメーションの確認にも使用できます。

MEMO AOVによるレンダリング時間

AOVはいくつ使用してもレンダリング時間は増えません。最初にどんなAOVがレンダリングできるのかすべてレンダリングして見てみるのもいいでしょう。

MEMO レイヤを持ったEXR画像の保存の仕方（他の方法）

Arnold RenderViewを使えばレイヤを持ったEXR画像として保存できます。しかし、アニメーションをレンダリングするときはArnold RenderViewではなく、標準のレンダービューと［シーケンスレンダー］というものを使います（P.244「シーケンスレンダー」参照）。その際は、レイヤとして保存する設定を先にしておく必要があります。

❶まず［レンダー設定］の［共通］タブで、［ファイル出力］の［イメージフォーマット］を「exr」にします。

初期値が「exr」なので、特に何もしていなければ「exr」になっています。

❷［AOVs］タブで、AOV一覧の一番右の▼を1つクリックし、［Select Driver］をクリックします。

各AOVの［driver］が「exr」になっている必要があります。

❸アトリビュートエディタに［defaultArnoldDriver］が表示されるので、［Merge AOVs］にチェックを入れます。これで［シーケンスレンダー］を使用してレンダリングした際にもレイヤを持ったEXR画像として保存できます。

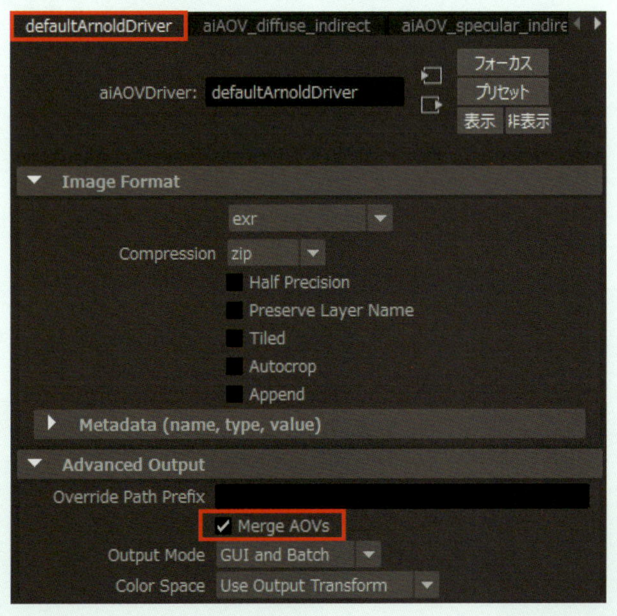

この設定をしておけば、Arnold RenderViewの［Save Final Images］で自動保存を有効にしているときも、レイヤを持ったEXR画像として保存されます。

ライトごとのAOV

ライトごとのAOVを作成すると、ライトごとにレンダリングすることができます。

左と右にライトが1つずつあるシーン

左のライトだけのAOV

右のライトだけのAOV

合成時にライトの強さを個別に調整できます。

合成時にそのまま「加算」で重ねれば元の明るさを再現できます。

合成時に左のライトを強くして、右のライトを弱くしてみました。

合成時に左のライトを弱くして、右のライトを強くしてみました。

ライトごとのAOVの使用方法

ライトごとのAOVを使用するためには、レンダー設定のAOVsタブで[Add Custom]をクリックして新しいAOVを作成します。

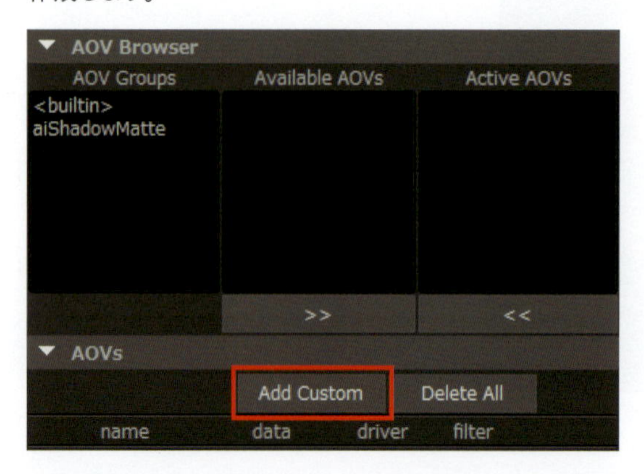

名前は「RGBA_〇〇〇」という名前にします。〇〇〇の部分は自分がわかりやすいように名前を付けます。

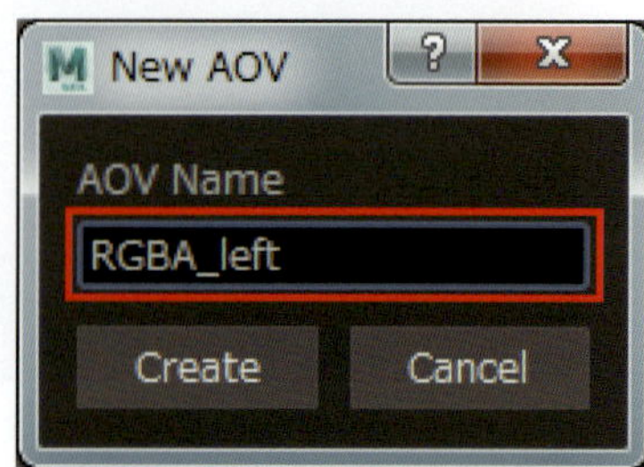

次に、ライトの［AOV Light Group］というアトリビュートに、AOVの名前に付けた○○○の部分を入力します。

「RGBA_left」というAOVを作ったので、［AOV Light Group］には「left」と入力します。

［AOV Light Group］アトリビュートの初期値は「default」になっているので、「RGBA_default」というAOVも作っておけば、そのAOVでレンダリングされます。

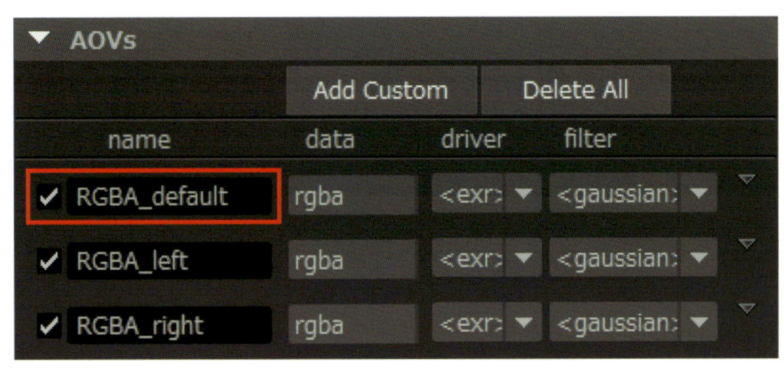

［Emission］で発光させているオブジェクトなど［AOV Light Group］を指定できないものも「RGBA_default」としてレンダリングされます。

これでレンダリングすれば、レンダリング時間も変わらずにライトごとに分けてレンダリングされます。

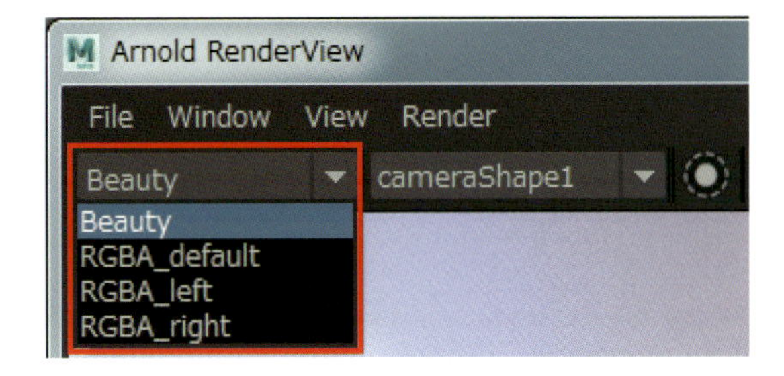

MEMO AOVによる要素分け

このようにAOVで細かく要素を分けてレンダリングできますが、これは従来のワークフローにも対応できるように搭載されているところがあり、Arnold Rendererの思想としては、1枚でレンダリングできるものは1枚でレンダリングしたほうがいいと考えているそうです。
しかし、［AOV Light Group］は別でArnoldもおすすめしたい、とても有用な機能です。再レンダリングせずに各ライトを調整できるのはとても便利です。

[Diagnostics] タブ

レンダリング時に出力されるログの設定を変更できます。初期値では、[Verbosity Level] が「Errors」になっておりエラーが起こったときにしかログが出力されません。これを「Warnings + Info」に変更すると、[Output Window] に詳細なログが出力されるようになります。

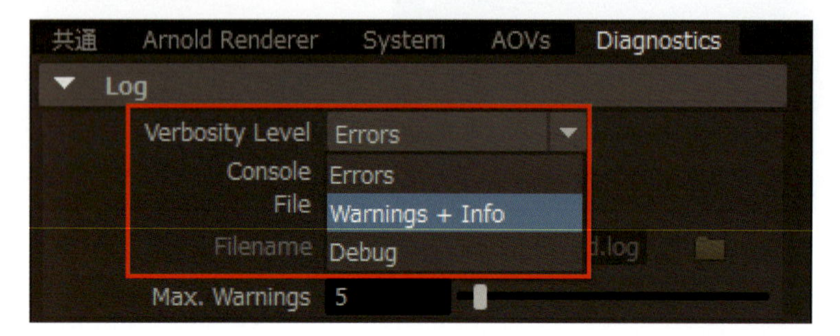

[Output Window] は、Mayaを起動した時に立ち上がる、もう1つのウィンドウです。レンダリングの進行度も確認できるので便利です。

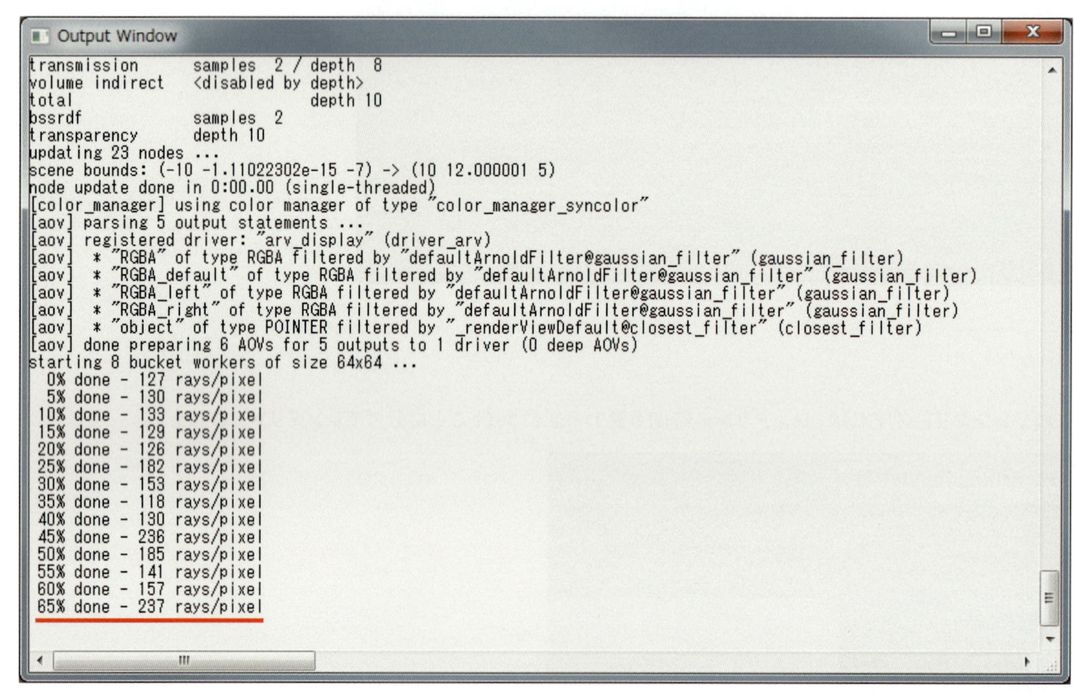

現在65%までレンダリングが進んだことがわかります。

進行度の他にも、オブジェクト数、三角形数、レイ数、使用メモリなど様々な情報を見ることができます。

Chapter 4-7

アニメーションのレンダリング

アニメーションをレンダリングするときは何枚もの静止画をレンダリングすることになります。複数枚の画像をレンダリングするために、[Arnold RenderView] ではなく、[シーケンスレンダー] を使用します。

アニメーションをレンダリングする設定

アニメーションをレンダリングするためには、レンダー設定の[共通]タブで[フレーム/アニメーション拡張子]を「#を含むもの」に変更します。

そして、シーンに合わせて[開始フレーム]と[終了フレーム]を指定します。

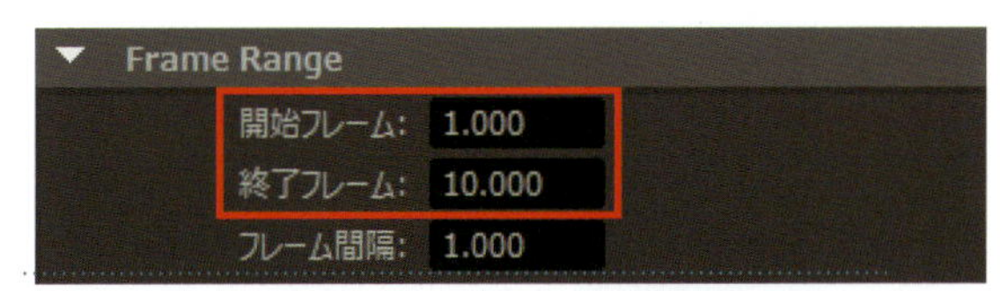

「#を含むもの」に変更すると指定できるようになります。

シーケンスレンダー

アニメーションのレンダリングをするには［シーケンスレンダー］を使用します。シーケンスレンダーのオプションを開くには、メインメニューの［レンダー］>［シーケンスレンダー■］をクリックします。

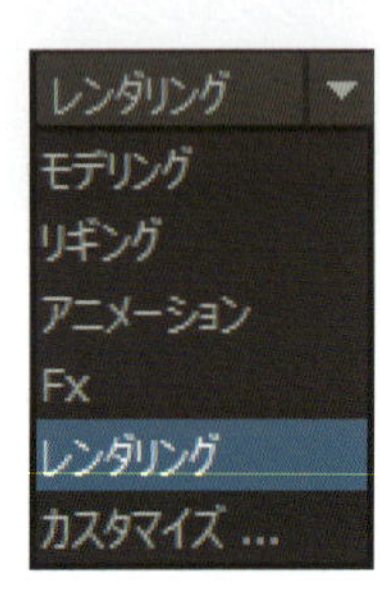

メニューセレクタが「レンダリング」になっていなかったら変更します。

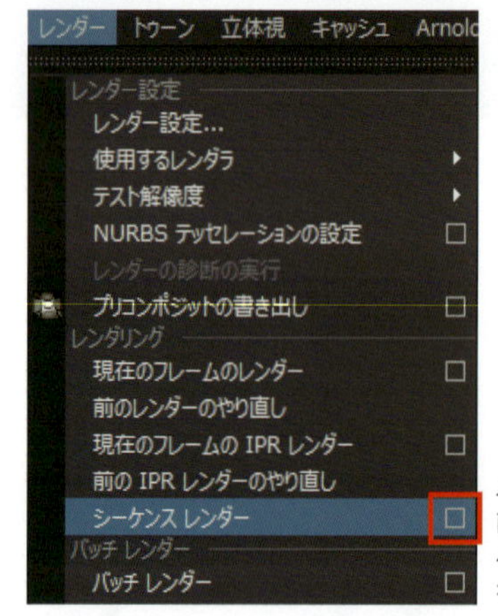

メニューをクリックすると直接レンダリングが始まるので、オプションボタンをクリックします。

シーケンスレンダーのオプションウィンドウが開きます。レンダリングに使用するカメラを選択し、［シーケンスをレンダリングして閉じる］をクリックするとレンダリングが開始します。

1フレームから10フレームまでレンダリングされることが確認できます。

［レンダー設定］で指定したカメラではなく、ここで指定したカメラでレンダリングされます。

［レンダー設定］で指定した場所と違う場所にファイルを出力したいときに指定します。

レンダリングを開始します。

レンダリングは、自動的に標準のレンダービューが立ち上がりそこで行われます。

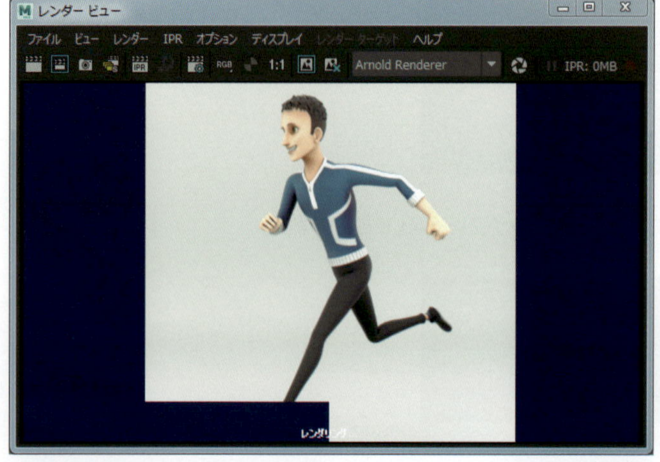

間違った設定でレンダリングを始めてしまったら、Esc で中断できます。

基礎編
Chapter 4
レンダリング

シーケンスレンダーのオプションウィンドウが閉じて、画面下に「シーケンスのレンダリングが完了しました」と表示されたら、その右の[アイコン]をクリックしてスクリプトエディタを開きます。

スクリプトエディタでレンダリングした画像が保存された場所を確認できます。

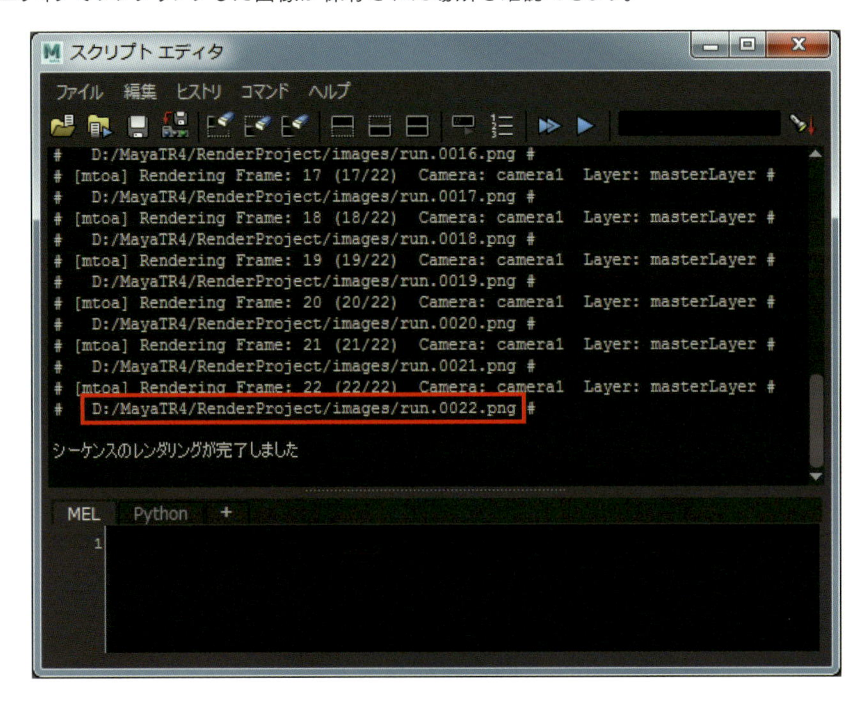

指定したフォルダで、レンダリングされていることを確認しましょう。

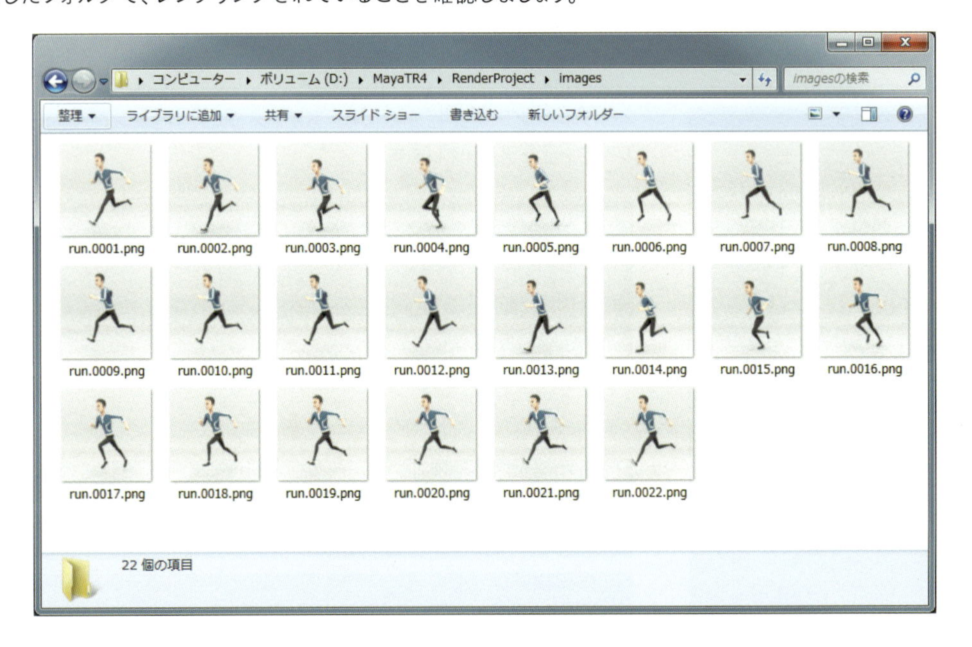

Chapter

4-8 バッチレンダリング

Arnold Rendererのライセンスなしでバッチレンダリングを使用すると、レンダリング結果にウォーターマーク（透かし）が入ります。ライセンスを取得するとウォーターマークなしでレンダリングすることができます。

ウォーターマーク（透かし）

ライセンスなしでバッチレンダリングを使用すると、「arnold」という文字のウォーターマーク（透かし）が入ります。

バッチレンダーの実行

バッチレンダリングを使用すると、レンダリングをMayaから独立させて実行することができます。バッチレンダー実行後は、Maya本体を終了しても、レンダー設定で指定した内容をすべてレンダリングするまで、レンダラは終了しません。アニメーションのように複数枚の画像をレンダリングする時や、計算に時間のかかる大きな画像をレンダリングする際に使用します。

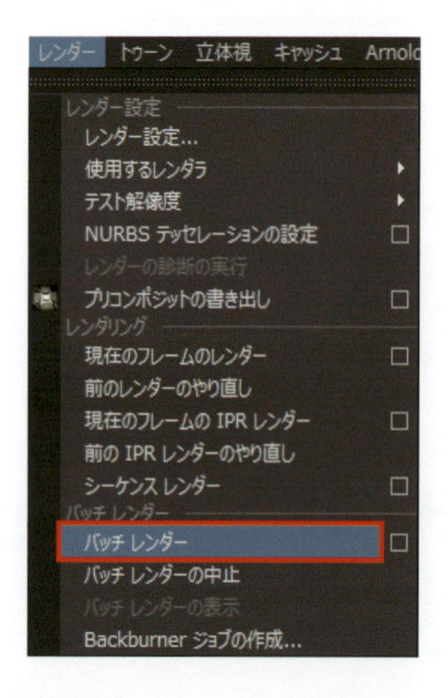

バッチレンダーを実行するには、メインメニューの［レンダー］>［バッチレンダー］をクリックします。

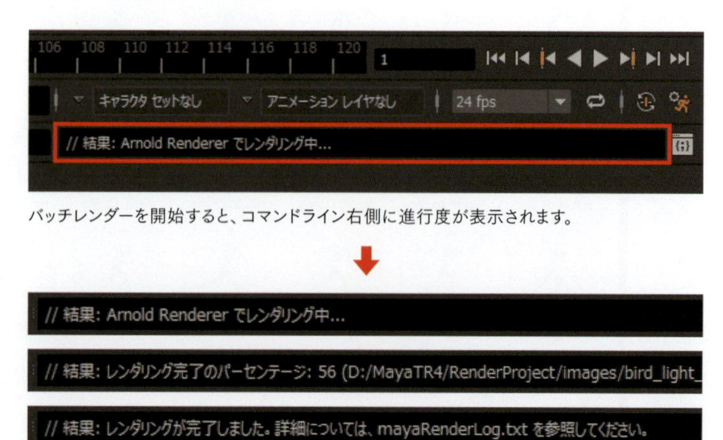

バッチレンダーを開始すると、コマンドライン右側に進行度が表示されます。

バッチレンダーの中止

バッチレンダーを途中で止めたい時は、メインメニューの［レンダー］>［バッチレンダーの中止］をクリックします。

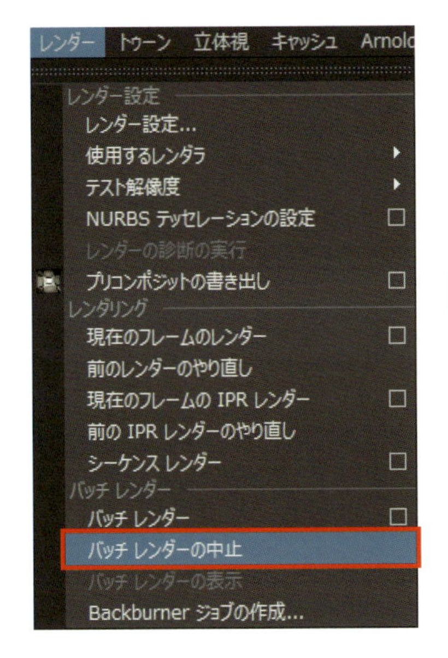

// 結果: レンダーをキャンセルしました。

バッチレンダーを中止すると、コマンドラインの右側に「レンダーをキャンセルしました。」と表示されます。

バッチファイル（コマンドラインレンダー）

バッチレンダリングはMayaを起動することなく、バッチファイルを使ってコマンドラインからレンダラのみを独立して起動することも可能です。この方法でも、レンダリングはシーンの［レンダー設定］通りに行われますが、バッチファイルの中でその設定を上書きすることもできます。また異なる複数のシーンをバッチファイル内に記述しておけば、それらをまとめてレンダリングすることも可能です。

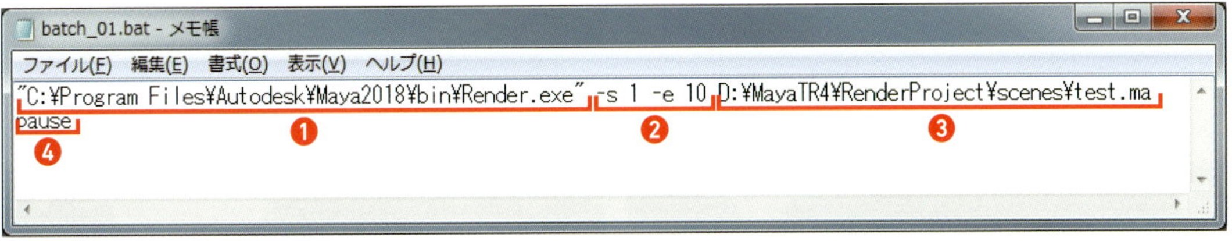

メモ帳を使用してバッチファイルを作成できます。

❶「Render.exe」のパス
Render.exeへのパスを指定します。Maya2018の場合は上図の様になりますが、その場所にRender.exeがあることを確認しましょう。

❷ スタートフレームとエンドフレーム
レンダリングの開始フレームと終了フレームを指定できます。指定しない場合は、シーンのレンダー設定が使用されます。上図の例では1フレームから10フレームをレンダリングします。

❸ シーンファイルのパス
レンダリングを行うシーンファイルを指定します。

❹ レンダリング後にコマンドラインを消さずに停止
最後に「pause」と書くと、レンダリングが終了してもコマンドラインが自動で閉じません。レンダリングにかかった時間などの情報が必要な場合は記述します。

作成したら、拡張子を「.bat」にしてファイルを保存します。作成したバッチファイルをダブルクリックすると、コマンドラインが起動しレンダリングを開始します。

Chapter 4-9

レンダーレイヤ

[レンダーレイヤ] を使用すると、シーンを破壊せずに変更を加えることが可能な [オーバーライド] を作成することができます。あらゆるアトリビュートを [オーバーライド] できるので様々な用途に使用できます。

レンダーレイヤの使用例

例えば以下のようなことができます。

オブジェクトを分けて別々にレンダリングする

キャラクタと背景を分けてレンダリングした例

マテリアルをオーバーライドしてレンダリングする

りんごとぶどうのマテリアルを別のマテリアルでオーバーライドしてレンダリングした例

ライティングのパターンを複数作り切り替えて比較する

ライトの強さや、オンオフ、接続するHDRIを変更した例

軽いレンダー設定を作り最終クオリティの設定と簡単に切り替える

ノイズのない高品質の設定と、速さを重視した設定を切り替えて作業する例

[レンダリングの設定]ウィンドウ

実際にレンダーレイヤの使い方を見ていきましょう。レンダーレイヤを使用するには、メインメニューの[ウィンドウ] > [レンダリングエディタ] > [レンダリングの設定]をクリック、または をクリックします。

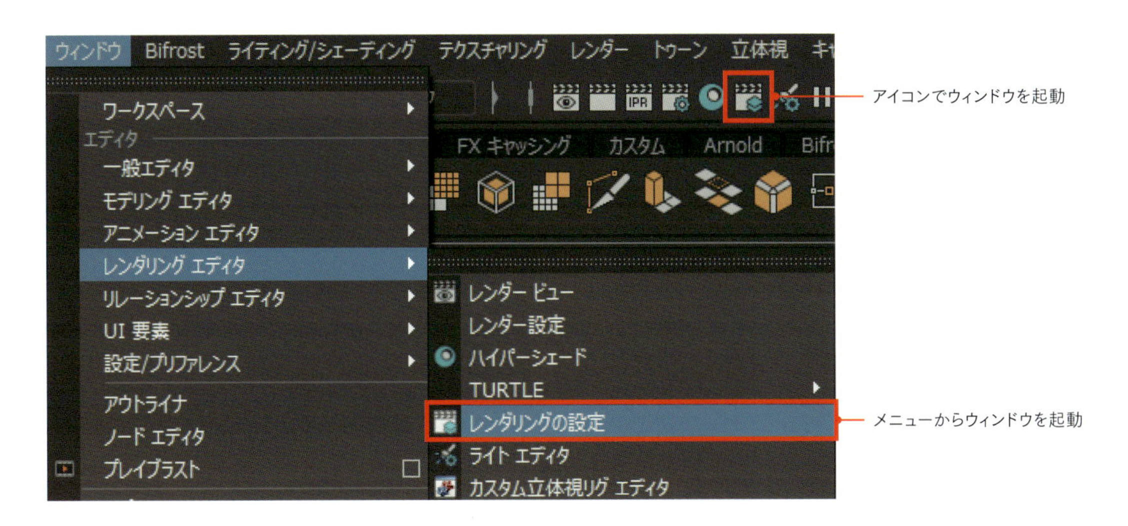

下図のような[レンダリングの設定]ウィンドウが開きます。

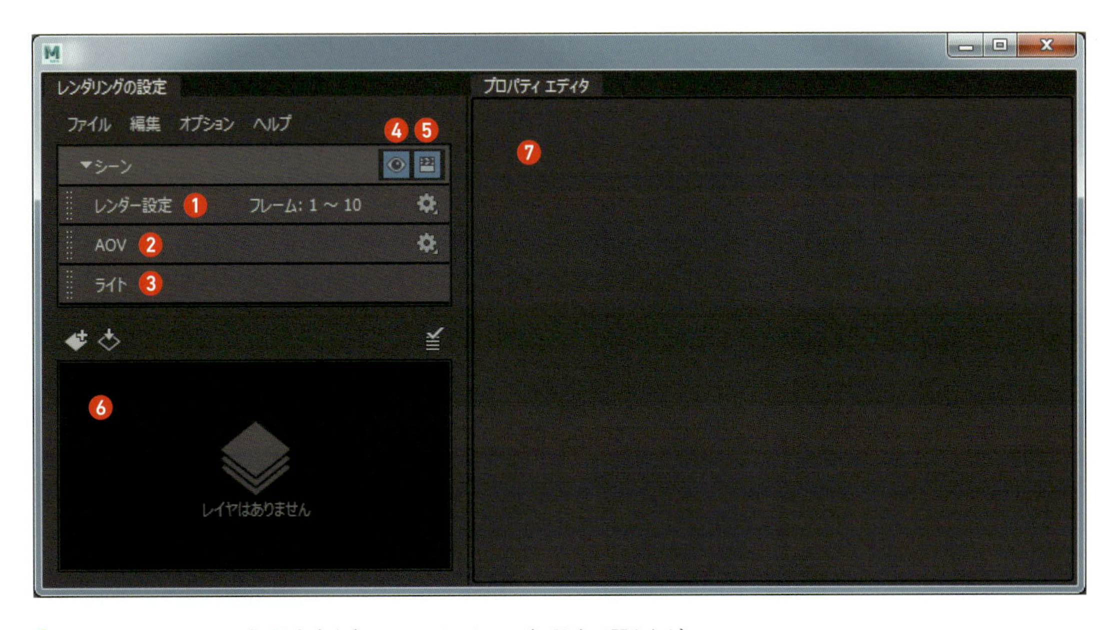

❶ **マスターレイヤのレンダー設定**(ダブルクリックするとレンダー設定が開きます)
❷ **マスターレイヤのAOVの設定**(ダブルクリックするとAOVの設定が開きます)
❸ **マスターレイヤのライトの設定**(ダブルクリックするとライトエディタが開きます)
❹ **レイヤをアクティブにするアイコン**
❺ **バッチレンダリングの有効無効を切り替えるアイコン**
❻ **レイヤを表示する場所**
❼ **コレクション(後述)などの設定を表示する場所**

レイヤを何も作っていなくても、[マスターレイヤ]というデフォルトのレイヤが常に存在します。新たにレイヤを作成していくと、それらのレイヤは[マスターレイヤ]の設定を使用します。[マスターレイヤ]から変更したい設定やアトリビュートのみをレイヤで[オーバーライド]していきます。

レンダーレイヤの作成

レンダーレイヤを作成するには、をクリックします。

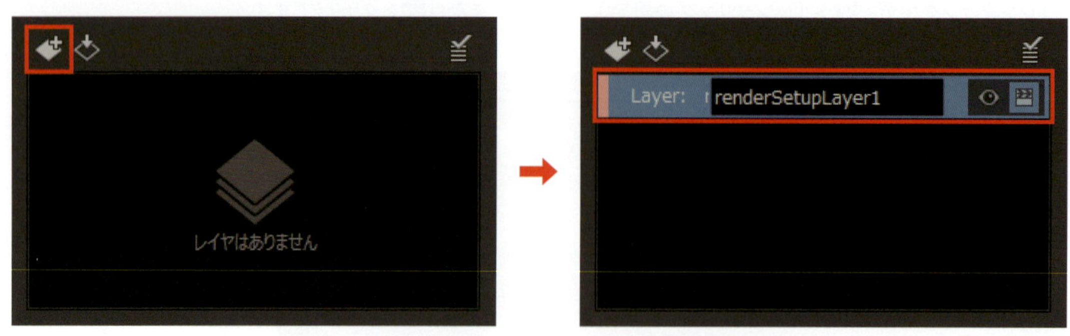

アイコンをクリック

レンダーレイヤが作成されます。

レンダーレイヤを作成したら、をクリックして作成したレイヤをアクティブにしましょう。

アイコンをクリックするとレイヤがアクティブになり、もう一度クリックするとマスターレイヤがアクティブに戻ります。

レンダーレイヤには直接何かを追加したり、オーバーライドすることはできません。
オブジェクトを入れてオーバーライドを設定するための［コレクション］というものをレンダーレイヤに作成する必要があります。

コレクションの作成

［コレクション］を作成するには、レンダーレイヤの上でして、［コレクションを作成］をクリックします。

［コレクションを作成］をクリック

［コレクション］が作成されます。

この［コレクション］にオブジェクトを追加して、アトリビュートの［オーバーライド］を設定します。

オブジェクトの追加

[コレクション] にオブジェクトを追加するには、追加したいオブジェクトをビューポートやアウトライナで選択して、[追加] ボタンを押します。またはリストにドラッグ＆ドロップします。

❶ 追加したいオブジェクトを選択
❷ [追加] ボタンを押す
❸ リストに追加される

MEMO フルネーム

リストに追加される名前は [フルネーム] で表示されます。下図で「|apple」となっているのはフルネームです。例えば、「apple」が「fruits」というグループの子供だった場合はフルネームは「|fruits|apple」になります。

追加したオブジェクトをリストから削除

リストから削除したい場合は、リストで名前を選択して [除去] ボタンを押します。

リストで名前をクリックすると選択状態になるので、[除去] ボタンを押します。

リスト内のオブジェクトを選択

リスト内で名前をダブルクリック、または [選択] ボタンを押すと実際に選択できます。

名前をダブルクリックしたときはそのオブジェクトだけ選択され、[選択] ボタンを押したときはリスト内のすべてのオブジェクトがビューポートで実際に選択されます。

エクスプレッションでオブジェクトの追加

[コレクション] にオブジェクトを追加するにはもう一つ方法があります。[エクスプレッション] という、オブジェクト名の規則を書くことによって、リストに追加しなくても [コレクション] に含める事ができます。例えば、「apple」という [エクスプレッション] を書くと、「apple」という名前のオブジェクトが [コレクション] に追加されます。

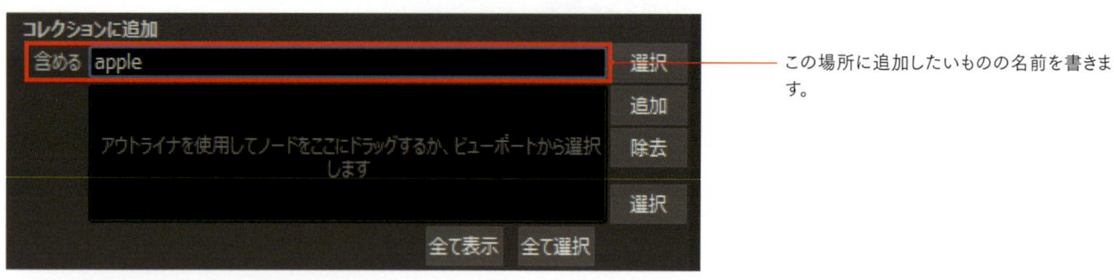

すぐ横の [選択] ボタンを押すと、ビューポートやアウトライナで実際に選択されるので、[コレクション] に追加されたことが確認できます。

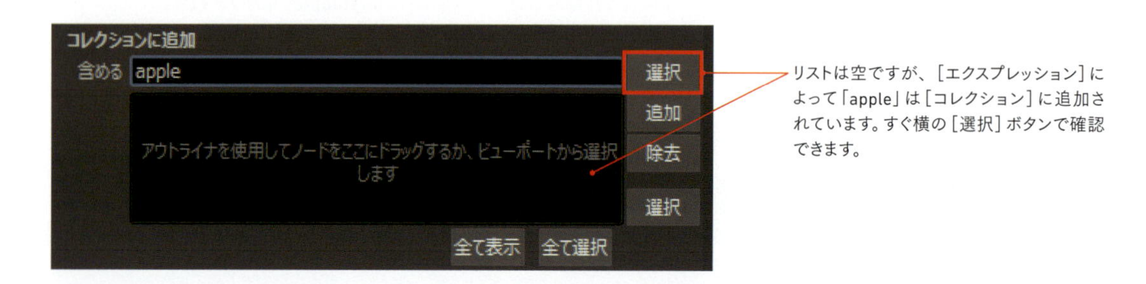

»ワイルドカード「＊」

[エクスプレッション] では、[ワイルドカード] の「*」を使うことによって柔軟にオブジェクトを追加することができます。「*」だけ書くと、シーン内のすべてのオブジェクトを追加できます。下図のように「banana*」と書くと、「banana」から始まるオブジェクをすべて追加することができます。

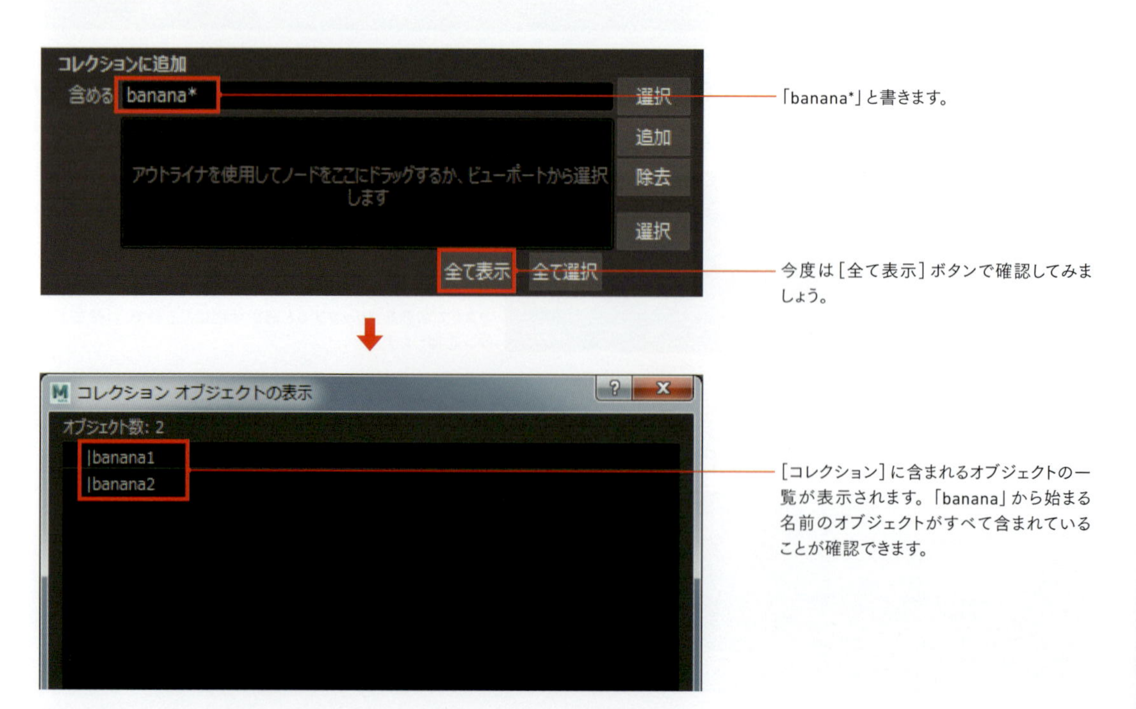

複数のエクスプレッション

[エクスプレッション]は「スペース」で区切っていくつでも並べて書くことができます。

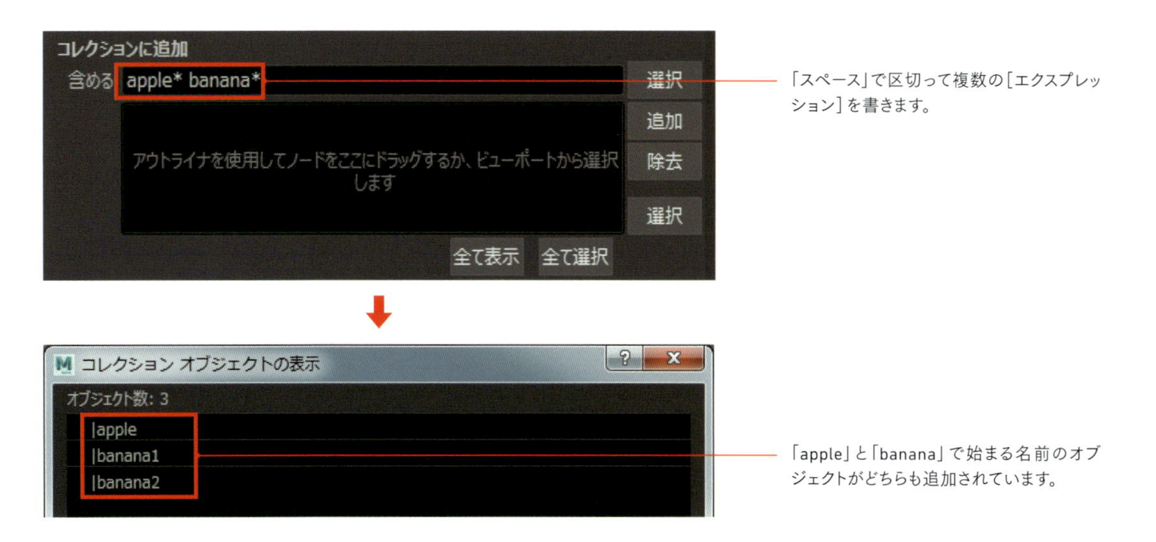

-(マイナス記号)で除外

-(マイナス記号)を先頭につけると[コレクション]から除外することもできます。例えば「*apple -green_apple」と書くと、「green_apple」は1つ目の条件を満たしていますが、2つ目の-(マイナス記号)の付いた条件により除外され、[コレクション]に含まれません。

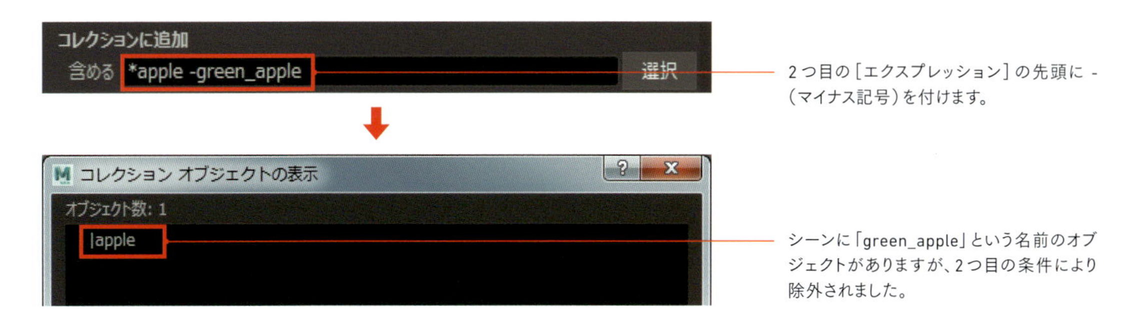

エクスプレッションの書き方

[エクスプレッション]は難しく見えるかもしれませんが、大規模なシーンを管理するときに1行で大量のオブジェクトを[コレクション]に追加できるのでとても役に立ちます。
[エクスプレッション]の書き方は記憶していなくても、[エクスプレッション]を書く欄でマウスを静止させると、書き方が表示されるので心配いりません。

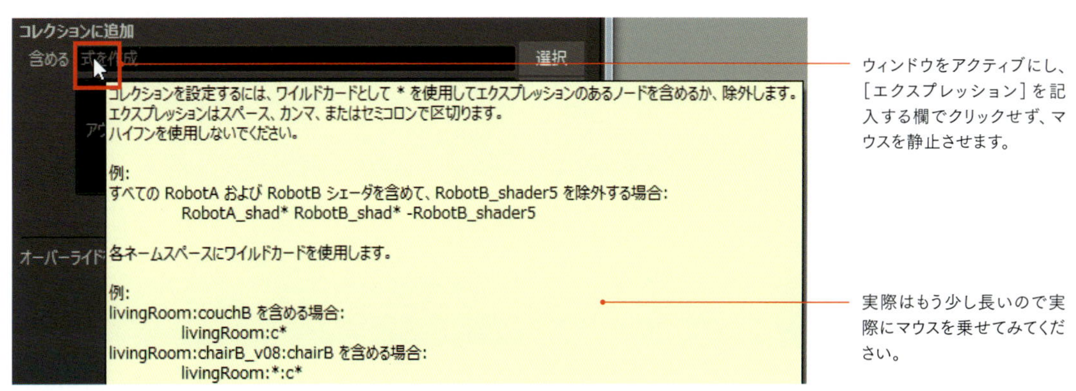

オーバーライド

[コレクション]には[オーバーライド]を作成できます。例えば、左のようなシーンがあるときに、3つの球を[コレクション]に入れて[スケール]アトリビュートを[オーバーライド]すると右のようになります。

[コレクション]に入れて[スケール]をオーバーライドします。　[スケール]の値が[オーバーライド]され大きさが変わりました。

上の例は[絶対オーバーライド]でスケールを[オーバーライド]しましたが、[相対オーバーライド]というものも選択できます。

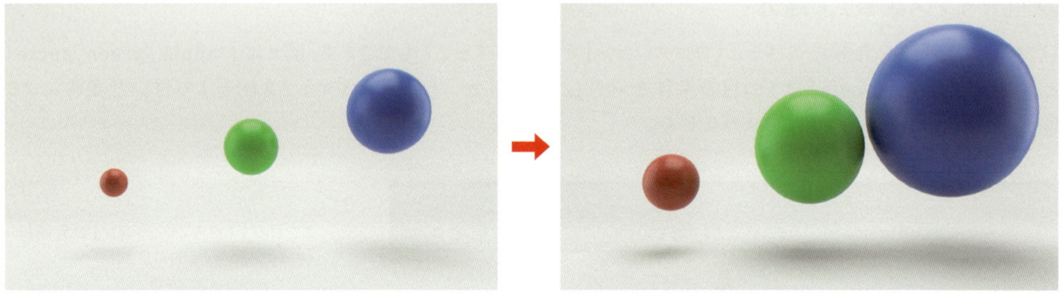

[相対オーバーライド]を作成して値を「2.0」にします。　元の大きさの2倍になりました。

オーバーライドの作成

[オーバーライド]を作成するには、まず[コレクション]を選択して「絶対」か「相対」かを下図のドロップダウンから選びます。

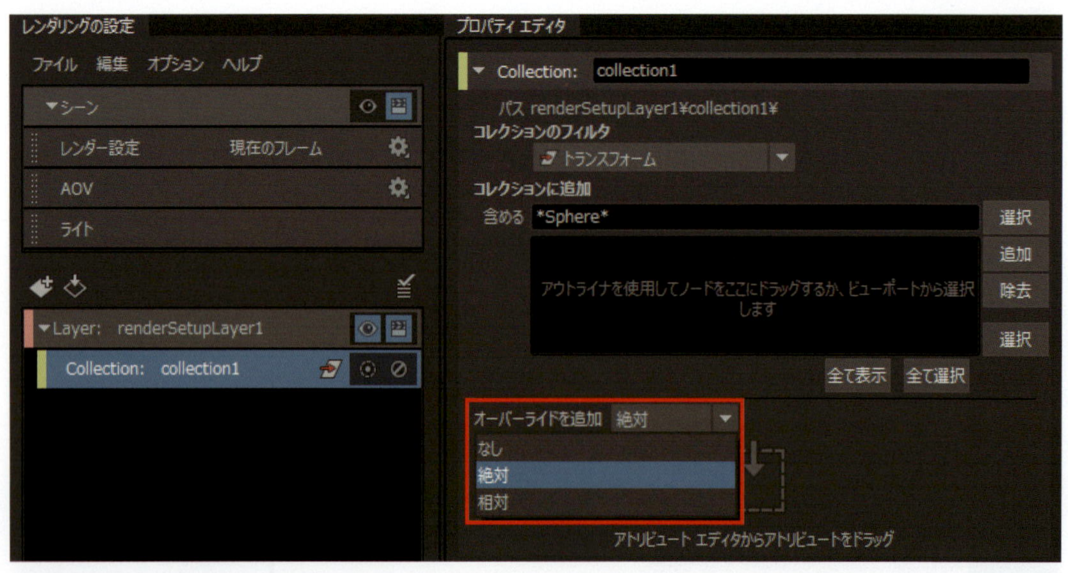

初期値は「絶対」になっています。

そして、アトリビュートエディタからアトリビュートの名前をで[コレクション]にドラッグします。

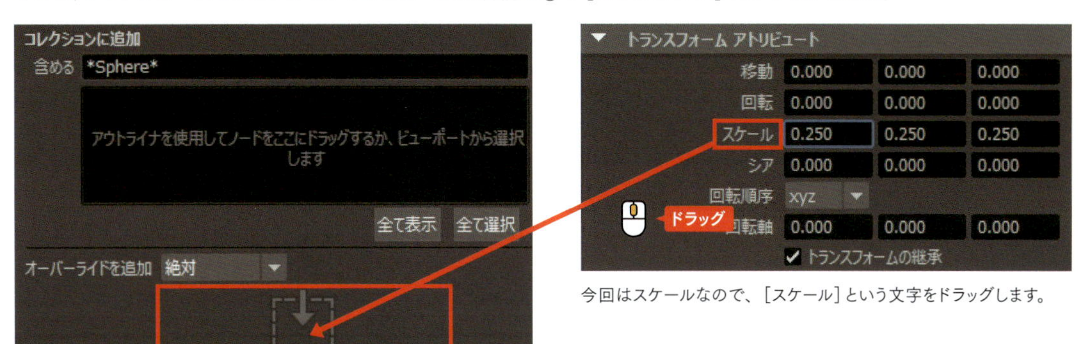

今回はスケールなので、[スケール]という文字をドラッグします。

すると、[コレクション]の下に[オーバーライド]が作成されます。

「絶対」なのか「相対」なのかと、[オーバーライド]したアトリビュート名が確認できます。

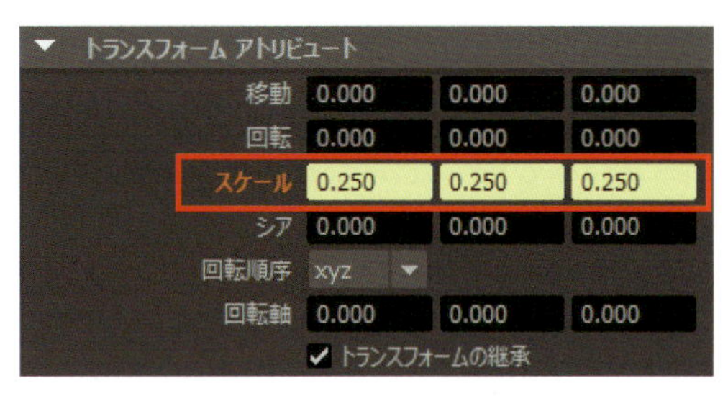

[オーバーライド]されたアトリビュートは名前がオレンジ色になり[オーバーライド]されていることがわかります。

≫オーバーライドの値の入力

[オーバーライド]を選択すると、その値を入力できます。

基礎編
6-4
レンダーレイヤ

≫オーバーライドの有効、無効の切り替え

オーバーライドの⊘で［オーバーライド］の有効 / 無効を切り替えて効果を確認します。

簡単に切り替えて効果を確認できます。

⊘は無効化アイコンなので、青くなっているとそのオーバーライドは無効になります。

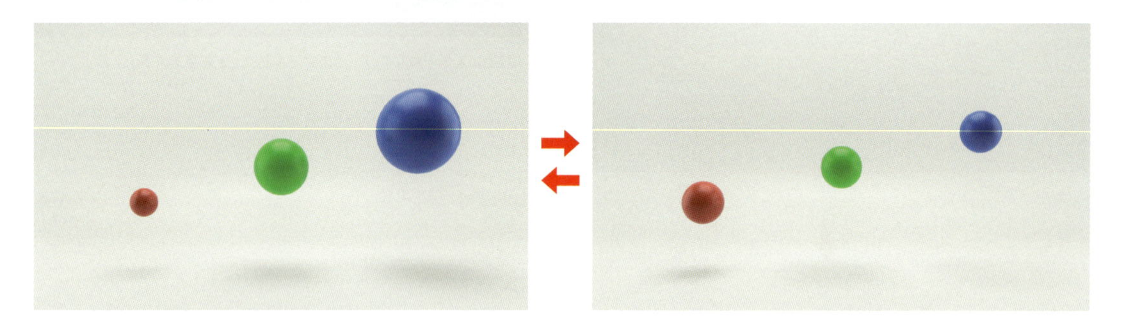

自動でできるサブコレクション

アトリビュートを［オーバーライド］すると自動で［サブコレクション］ができることがあります。例えば、［カラー］のアトリビュートを［オーバーライド］してみます。

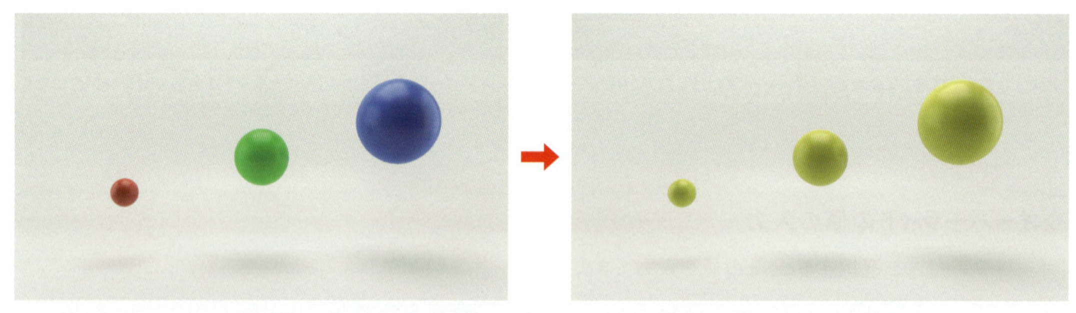

3つの球は［aiStandardSurface］シェーダのマテリアルがアサインされていたので、［Color］を絶対オーバーライドしてみます。

［コレクション］の下にもう1つ［コレクション］が自動で作られました。

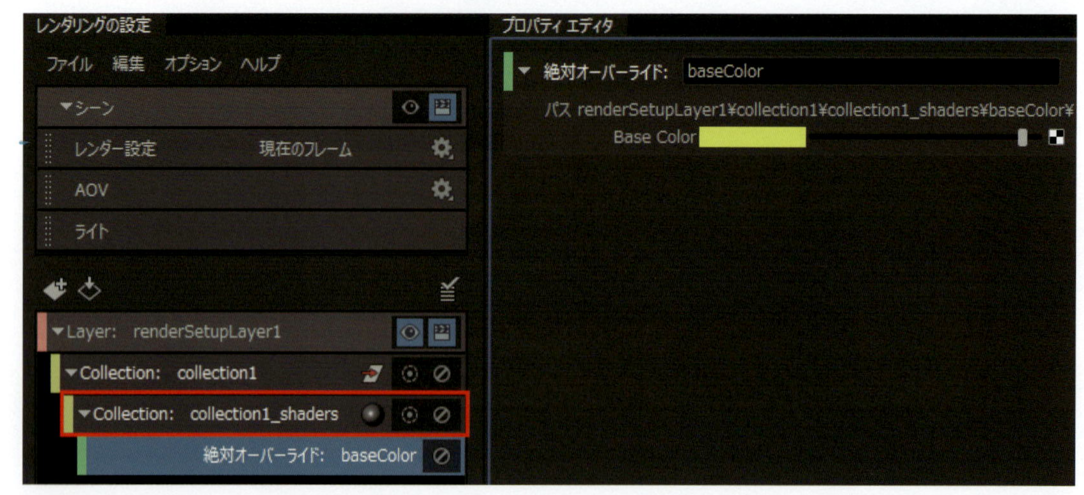

名前は「○○○_shaders」という名前になっています。

[コレクション] はノードのタイプを指定する [フィルタ] というものを持っています。[オーバーライド] したいアトリビュートによって適切な [フィルタ] を指定する必要がありますが、実際は [オーバーライド] 時に適切な [フィルタ] の [サブコレクション] を自動で作成してくれます。

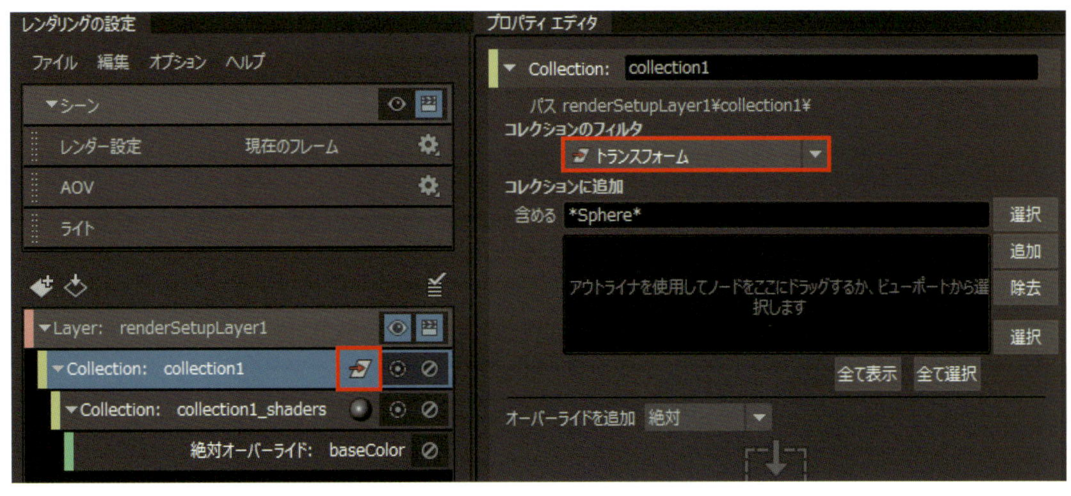

[フィルタ] の初期値は「トランスフォーム」です。アイコンでもわかります。

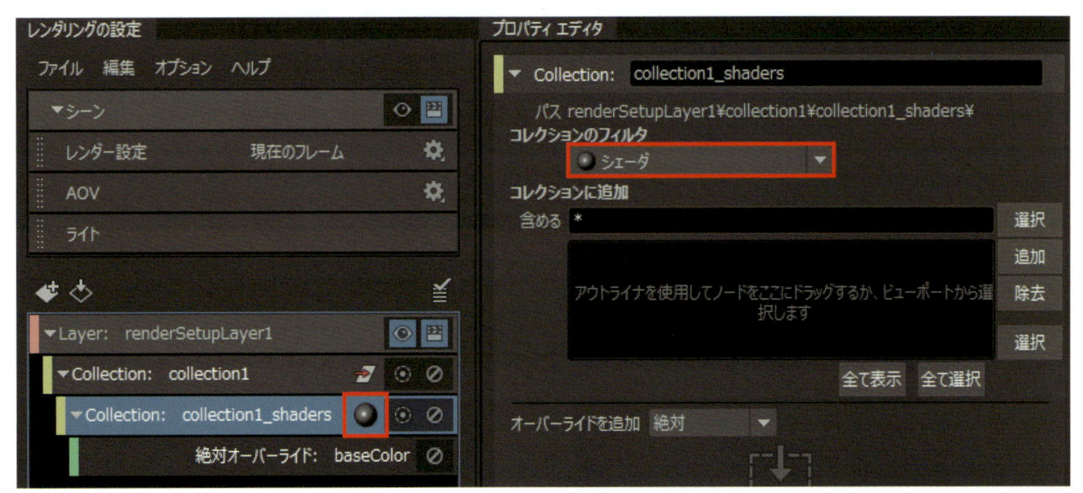

シェーダのアトリビュートを [オーバーライド] したので、[フィルタ] が「シェーダ」の [サブコレクション] が自動で作成されました。

MEMO　レイヤの更新

は、レイヤをアクティブにするアイコンですが、のように赤い枠で囲まれることがあります。これはシーンに変更があったときなどに起こります。クリックすると赤い枠は消え、シーンの変更がレイヤにも反映されるので、赤くなったらクリックしましょう。

オブジェクトを分けてレンダリング

キャラクタと背景を分けてレンダリングすると合成時に個別に調整できて便利です。

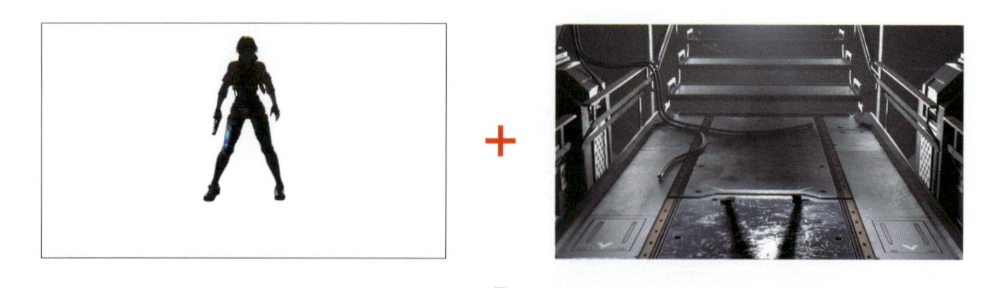

キャラクタ + 背景 → 合成した結果

実際にレンダーレイヤを使用してキャラクタと背景を分けてレンダリングしてみましょう。

①レンダーレイヤを2つ作成

キャラクタと背景の2枚の絵を同時にレンダリングするので、下図のようにレンダーレイヤは2つ作成します。

名前は「Character」と「Background」にしました。

②コレクションを2つずつ、計4つ作成

下図のように、各レイヤにキャラクタと背景用のコレクションを作成します。各コレクションにキャラクタと背景を入れます。

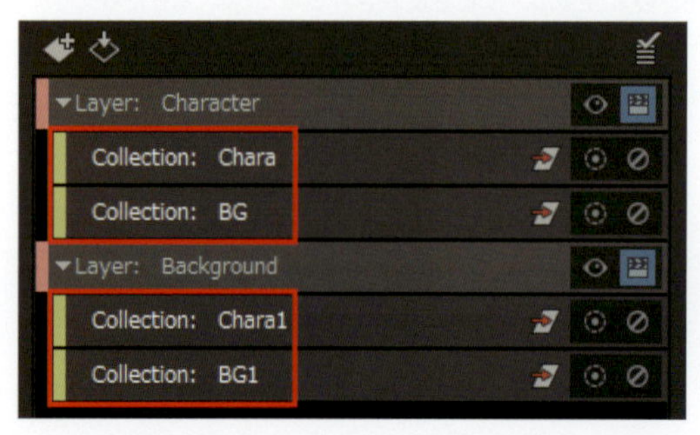

キャラクタのレイヤに背景のコレクション、背景のレイヤにキャラクタのコレクションが必要なのは、影や映り込みなどのレンダリング時の影響は残したまま見た目は消すという処理をオーバーライドで作成するためです。次のページで実際にやってみます。

③ Primary Visibilityのオーバーライドの作成

背景レイヤのキャラクタコレクションに、[Primary Visibility] のオーバーライドを作成してオフにします。[Primary Visibility] をオフにすると、自身はレンダリングされなくなりますが、影や映り込みなどは他のものに影響を与えることができます。

望んだ結果になりました。キャラクタは消えましたが影は残っています。

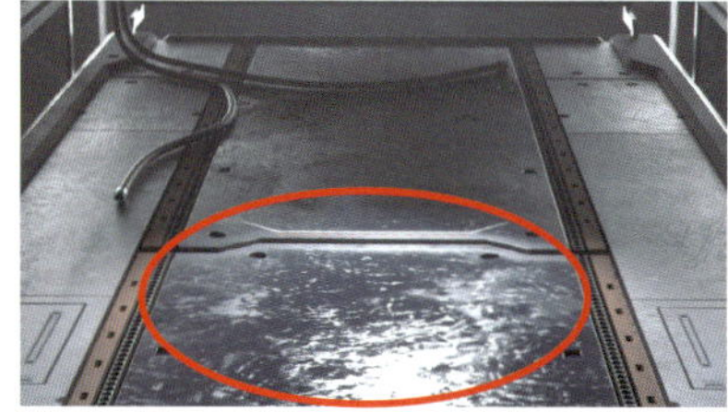

間違った結果になりました。キャラクタを非表示にしてレンダリングした結果、影もなくなってしまいました。

例えば、背景だけレンダリングしたいからといって、キャラクタをただ非表示にしてしまうと、望んだ結果になりません。なぜなら背景はキャラクタからの間接光などの影響を受けているのですが、それもなくなってしまうからです。

背景レイヤのをクリックしてレイヤをアクティブにします。キャラクタを選択してアトリビュートエディタを開き、シェイプノードのタブでArnoldの項目から [Primary Visibility] というアトリビュートを探します。Arnoldのアトリビュートはまだドラッグ&ドロップに対応していないようなので、名前の上でして、[可視レイヤの絶対オーバーライドを作成] をクリックし、オフにします。

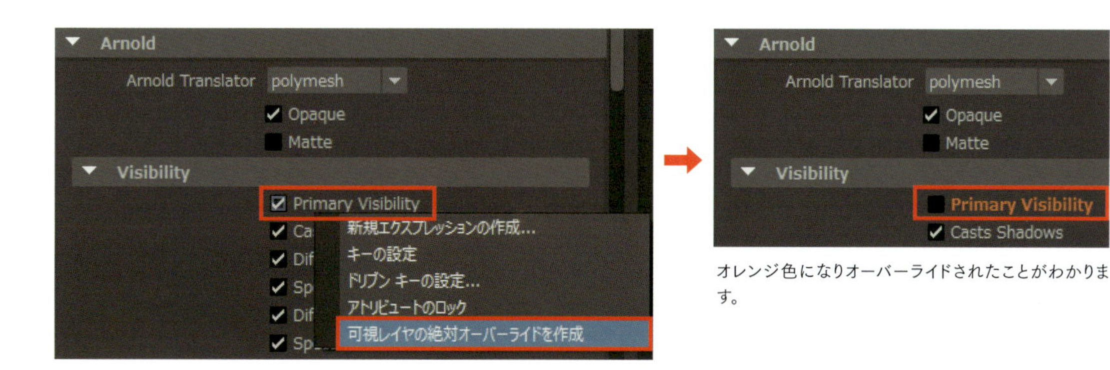

オレンジ色になりオーバーライドされたことがわかります。

同じく、キャラクタレイヤの背景コレクションに、[Primary Visibility] のオーバーライドを作成し、オフにします。レイヤは下図のようになります。

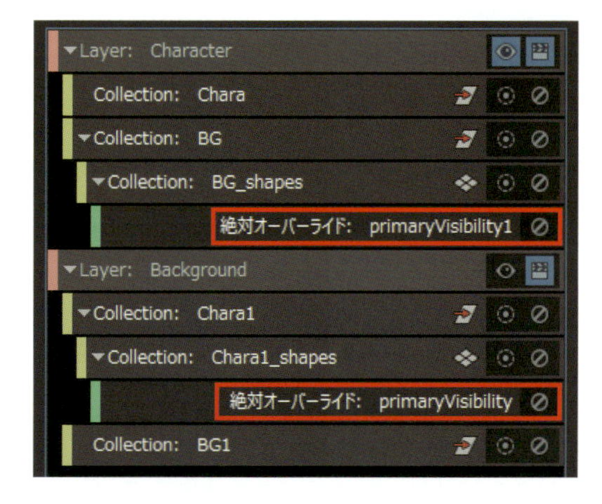

これでレイヤの設定は完了です。次に設定した2つのレンダーレイヤを同時にレンダリングしてみましょう。

④複数のレンダーレイヤをレンダリング

複数のレンダーレイヤを同時にレンダリングするには[シーケンスレンダー]を使用します。今のままだと、マスターレイヤも含めて3枚の絵がレンダリングされてしまうので、マスターレイヤのレンダリングアイコンをオフにします。

メインメニューの[レンダー]>[シーケンスレンダー]をクリックして、シーケンスレンダーのオプション画面を開きます。[すべてのレンダリング可能なレイヤ]にチェックを入れて、[シーケンスをレンダリングして閉じる]をクリックします。

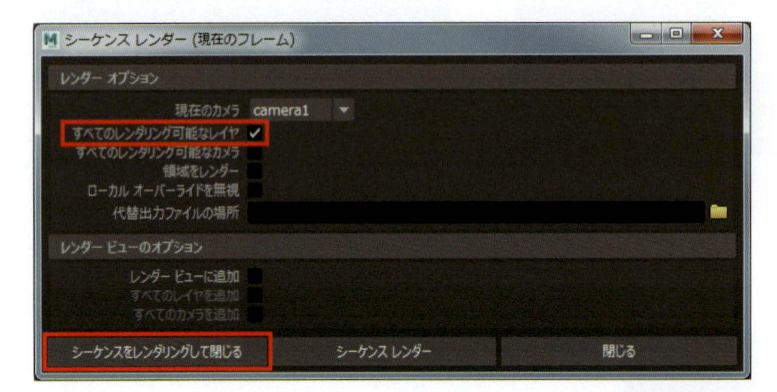

画面下に「シーケンスのレンダリングが完了しました」と表示されたら完了です。キャラクタレイヤと背景レイヤの2枚がレンダリングされていることを確認しましょう。

MEMO レンダーレイヤによるオブジェクト分け

レンダーレイヤはArnold Pluginとしての機能ではなく、Maya本体の機能です。レンダーレイヤは色々な使い方ができますが、「オブジェクトを分けてレンダリングする」という使い方はArnold Rendererとしてはおすすめの使い方ではありません。AOVのところでも触れましたが、1枚でレンダリングできるものは1枚でレンダリングしたほうがいいというのがArnold Rendererの考えのようです。レイヤを分けてレンダリングすると便利な場面もありますが、その分、データ容量が増えてしまいます。レンダリング後の合成などの作業を見据えて計画的にレイヤ分けを使用しましょう。

マテリアルをオーバーライドしてレンダリング

レンダーレイヤを使用すると、アトリビュートだけではなく、マテリアルをオーバーライドすることも可能です。

シーン内にあるオブジェクトすべてを、アンビエントオクルージョンシェーダのマテリアルでオーバーライドしてみます。マテリアルをオーバーライドする場合は、コレクションの上でし、［マテリアルオーバーライドを作成］をクリックします。

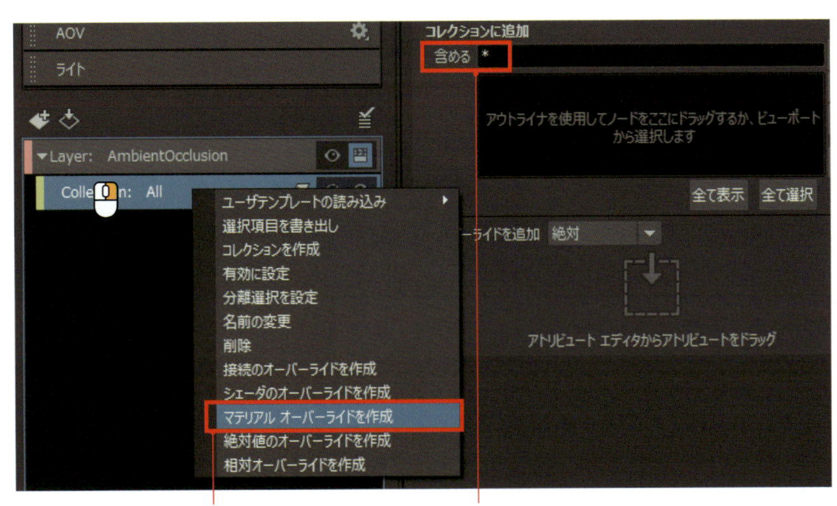

［マテリアルオーバーライドを作成］をクリックします。

エクスプレッション「＊」を使用するとシーン上のすべてのオブジェクトをコレクションに含めることができます。

作成されたオーバーライドの［Override Material］の右のをクリックし、［レンダーノードの作成］で［aiAmbientOcclusion］を探してクリックします。

レンダリングして確認してみましょう。

> **MEMO**
>
> ### ［シェーダのオーバーライド］と［接続のオーバーライド］
>
> ［マテリアルのオーバーライド］の他に［シェーダのオーバーライド］と［接続のオーバーライド］というものがあります。［マテリアルのオーバーライド］がシェーディンググループごと置き換えるのに対して、［シェーダのオーバーライド］はシェーディンググループのサーフェスマテリアルに接続されているシェーダを置き換えることができます。［接続のオーバーライド］は例えばテクスチャの［file］ノードだけ差し替えるなどマテリアルを組んでいるネットワークの一部だけを差し替えることができます。

ライトのオーバーライド

レンダーレイヤを使用すると、ライトのオーバーライドも作成できます。

マスターレイヤのライトのタブを🖱でレイヤにドラッグ＆ドロップするとレイヤにライトタブが作成されます。

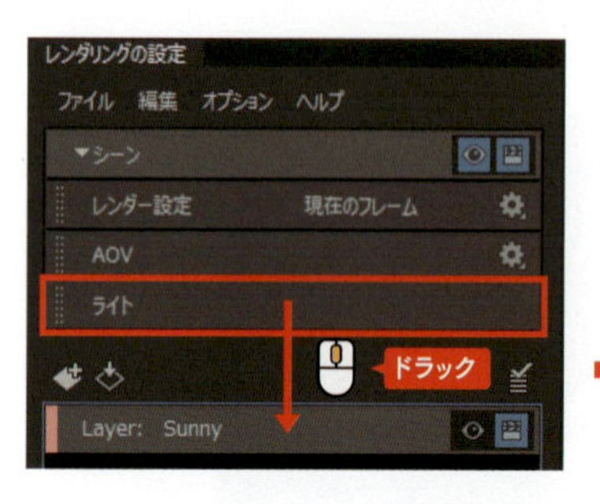

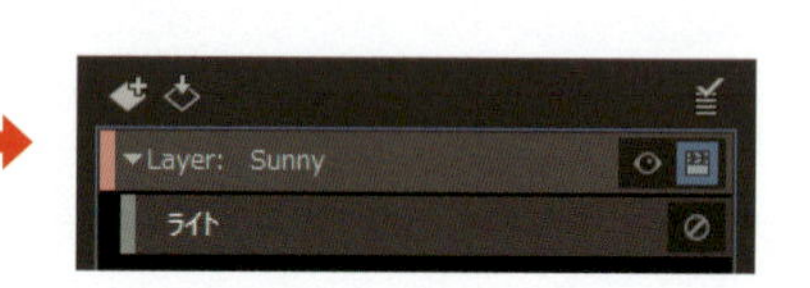

レイヤをアクティブにし、ライトのアトリビュートエディタで🖱から［オーバーライドを作成］をクリックするとライトのオーバーライドを作成できます。

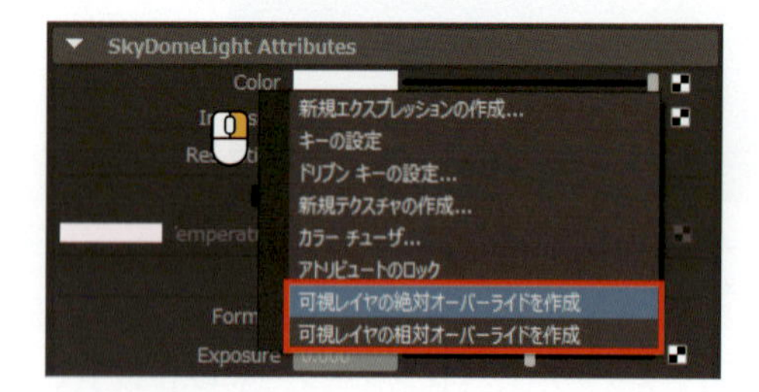

レンダー設定のオーバーライド

レンダーレイヤを使用して、レンダー設定をオーバーライドすることもできます。例えば、最終クオリティの設定を維持しつつ、軽い設定のオーバーライドを作成して見た目を調整することができます。

［Sampling］の値をオーバーライドしたレイヤをレンダリングした例です。

マスターレイヤのレンダー設定のタブを🖱でレイヤにドラッグ＆ドロップするとレイヤにレンダー設定のタブが作成されます。

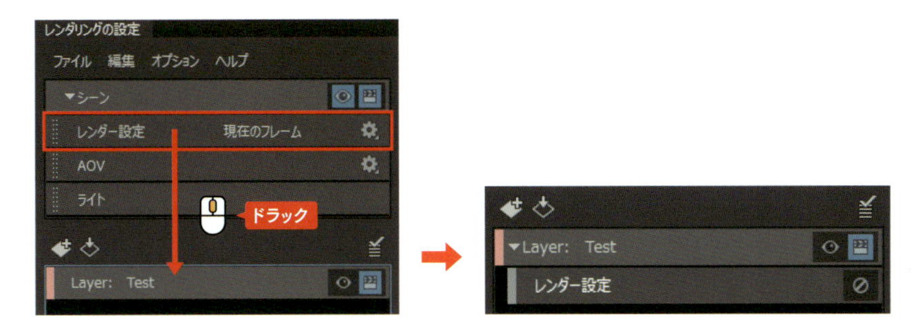

レイヤをアクティブにして、レンダー設定のタブをダブルクリックするとレイヤのレンダー設定が開きます。

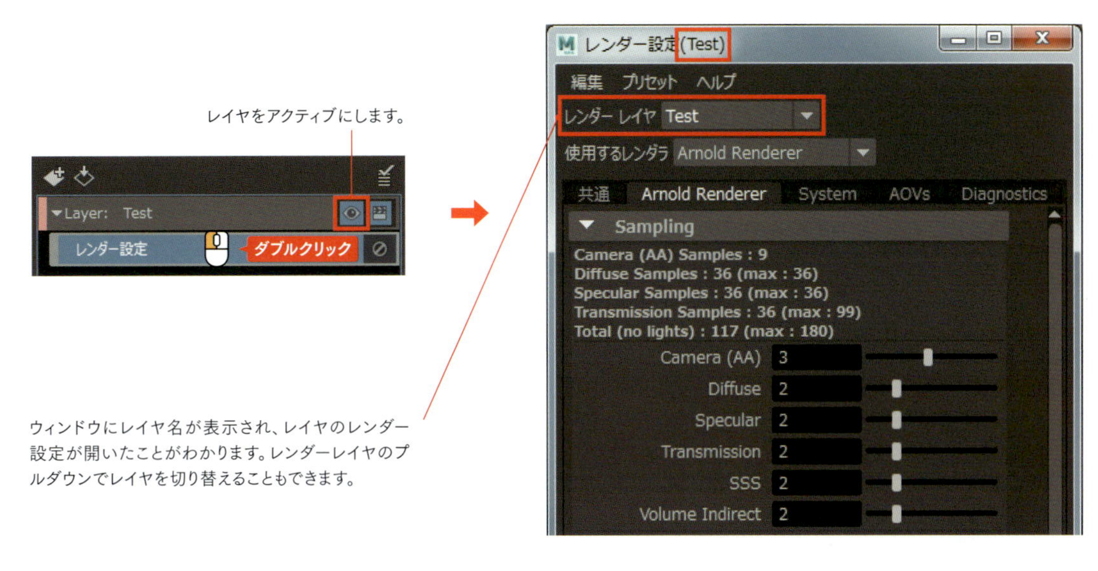

ウィンドウにレイヤ名が表示され、レイヤのレンダー設定が開いたことがわかります。レンダーレイヤのプルダウンでレイヤを切り替えることもできます。

オーバーライドしたい設定名の上で🖱から[オーバーライドを作成]をクリックすると、名前がオレンジ色になりオーバーライドが作成できます。

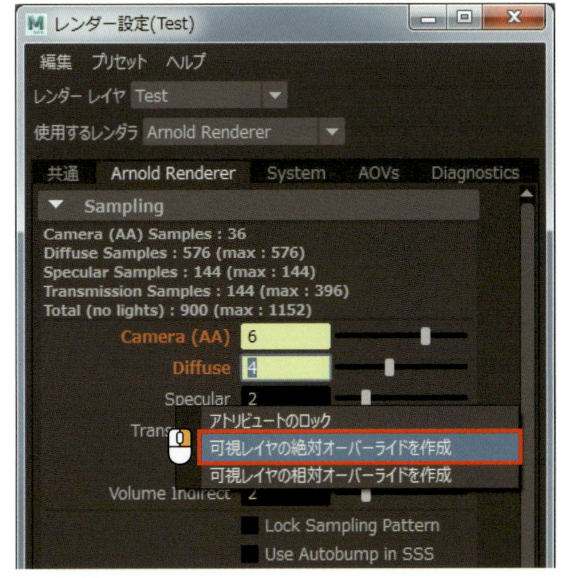

サンプル数だけではなく、レンダリングサイズやAOVのオン/オフなどもオーバーライドできます。

1つのレンダーレイヤに複数のレンダー設定のオーバーライド

1つのレンダーレイヤに複数のレンダー設定のオーバーライドを作成することも可能です。

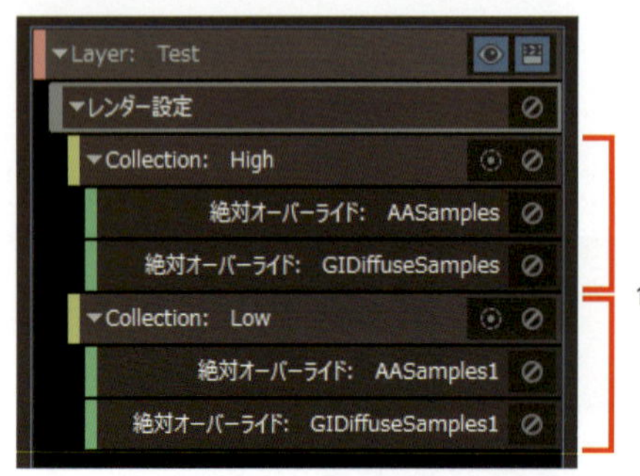

1つのレンダーレイヤに複数のオーバーライドがある状態。

レンダーレイヤのレンダー設定タブの上でから[レンダー設定のコレクションを作成]をクリックし、コレクションを作成します。

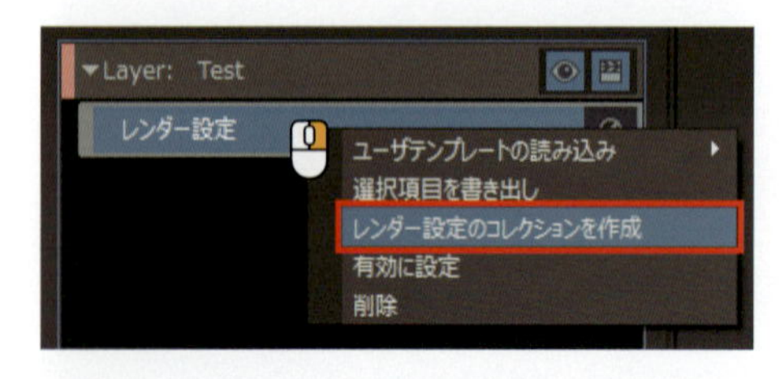

作成したコレクションを選択して、先ほどと同じようにレンダー設定ウィンドウでオーバーライドを作成します。

複数のコレクションを作成したら、他の設定を無効化するソロ化アイコンや、自身を無効化する無効化アイコンで簡単に設定を切り替えることができます。

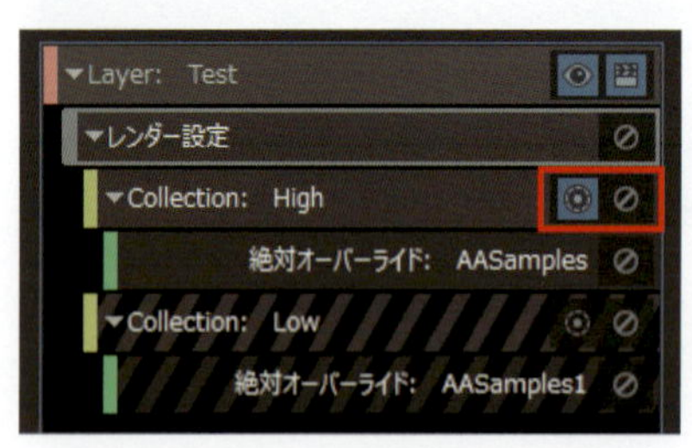

「High」コレクションのソロ化アイコンをオンにしたので、「Low」コレクションが無効化された状態です。

さらに、オーバーライドをから[ローカルレンダーオーバーライド]に変換すると、バッチレンダーには適用されないオーバーライドにすることができます。これをすると、Arnold RenderViewではスピード重視の軽い設定でレンダリングし、本番のバッチレンダーやシーケンスレンダー時はクオリティ重視の重い設定でレンダリングするということが可能です。

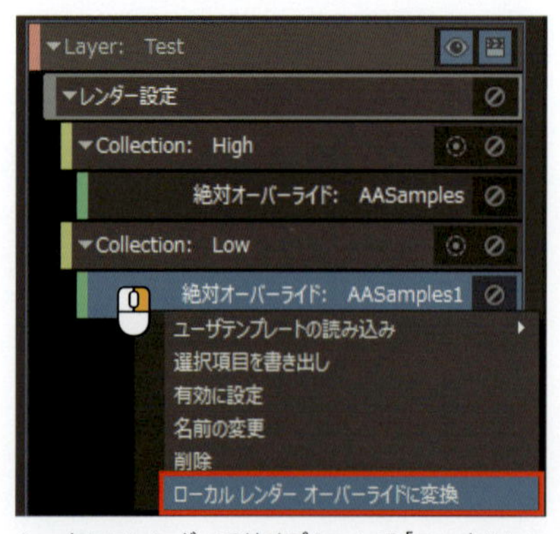

シーケンスレンダーではオプションで[ローカルレンダーオーバーライド]を無視するかどうかを選択することができます。

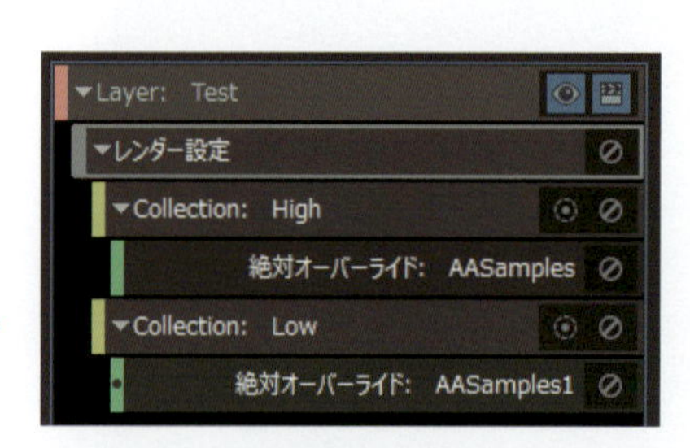

レンダー設定の例で説明しましたが、[ローカルレンダーオーバーライド]はレンダー設定だけではなくすべてのオーバーライドで使用できます。

Chapter 4-10

› やってみよう！

室内のレンダリング

ここでは作業の流れに沿って、室内のレンダリングを行っていきます。

開始シーン ▶ MayaData/Chap04/scenes/Chap04_Room_Start.mb
完成シーン ▶ MayaData/Chap04/scenes/Chap04_Room_End.mb

シーンの説明

このシーンのモデルはすでにマテリアルが割り当てられています。カメラも配置されているので、あとはライティングをしてレンダリングを行ってみましょう。

全体の流れ

① ライティング
窓から光を取り込むように、窓の外にエリアライトとディレクショナルライトを配置します。

② ノイズの除去
室内のシーンはノイズが出やすいです。ノイズを除去する設定を見つける方法を順を追って見ていきます。

③ ライトAOVの設定
ライトの強さの調整をレンダリング後に行うためにライト AOV の設定をします。

④ レンダリング
レンダリング時間を予測してから実際にレンダリングしてみます。

⑤ ライトの強さの調整
レンダリングした画像を合成してライトの強さの調整をします。

①ライティング

このシーンにはまだライトが配置されていないので、まずはライティングを行います。(シーン内に「background」という名前のスカイドームライトがありますが、背景として使用しているだけでライトとしては使用していません)

エリアライトの配置

窓から光を取り込むために、窓の外にエリアライトを置きます。

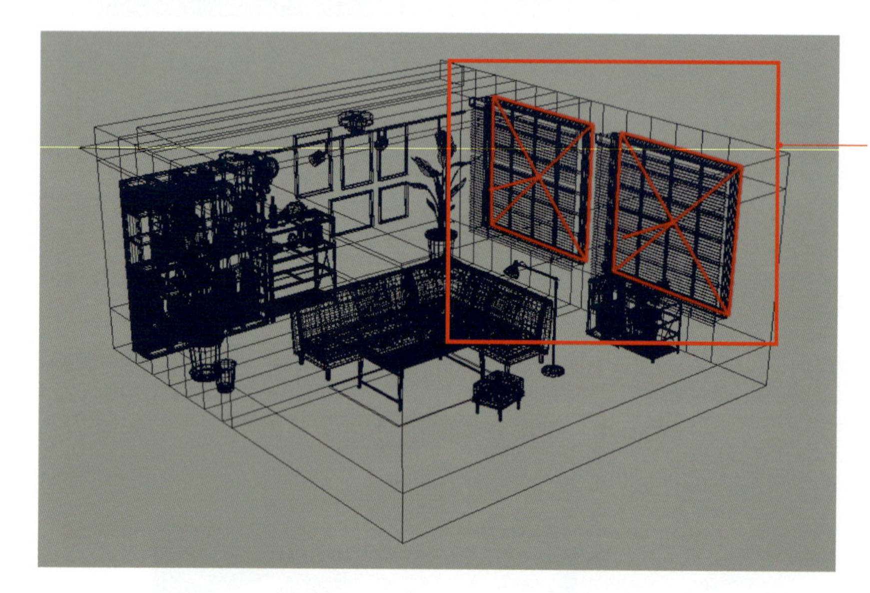

窓が2つあるので2つのエリアライトを置きました。

Arnold RenderViewのIPRレンダーを開始し、変化を見ながらアトリビュートを調整していきます。

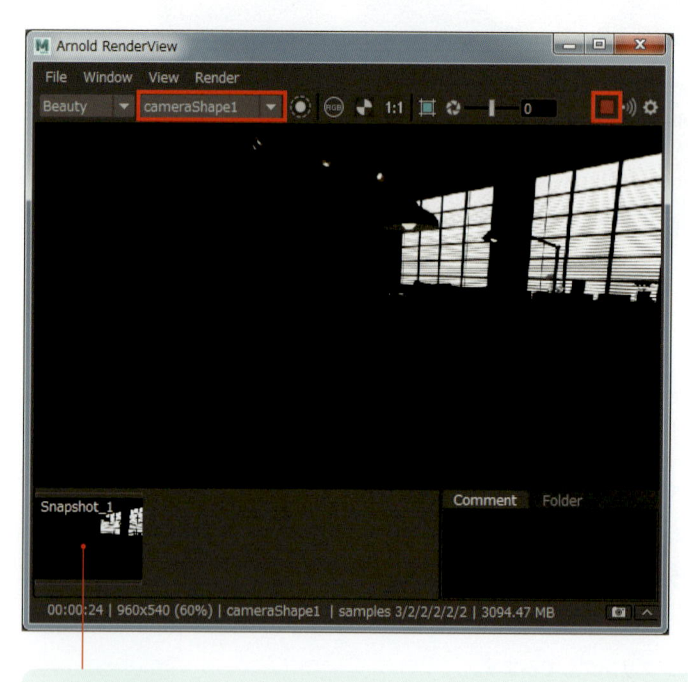

レンダーを開始して、カメラを選択しましたが、まだライトが弱いので真っ暗です。窓の外が白いのはエリアライトではなく、背景のbackgroundが白いだけです。あとは、電球に割り当てられたマテリアルのエミッション(発光)が白く表示されています。

MEMO スナップショット

レンダリング作業時は、レンダリングするたびにスナップショットを撮って変化を確認しながら進めましょう。スナップショットはレンダリングの途中でも撮ることができるので、レンダリングが完了するまで待つ必要はありません。

明るさを上げるためにエリアライトの［Exposure］を上げてみます。

［Exposure］を「10」にしましたが、まだ真っ暗だったので、「20」にしてやっと室内が見えるくらいに明るくなりました。

［Exposure］を「23」にするとこのくらいの明るさになりました。

この後ディレクショナルライトも配置するのでエリアライトのみでの明るさの調整はこのくらいにして次に進みます。

Ray Depth

エリアライトを配置して、室内が見えるようになったので、ここでレンダー設定の［Ray Depth］を調整しておきましょう。［Ray Depth］の［Diffuse］は室内のシーンでは明るさに影響するのでライトを細かく調整する前に設定します。

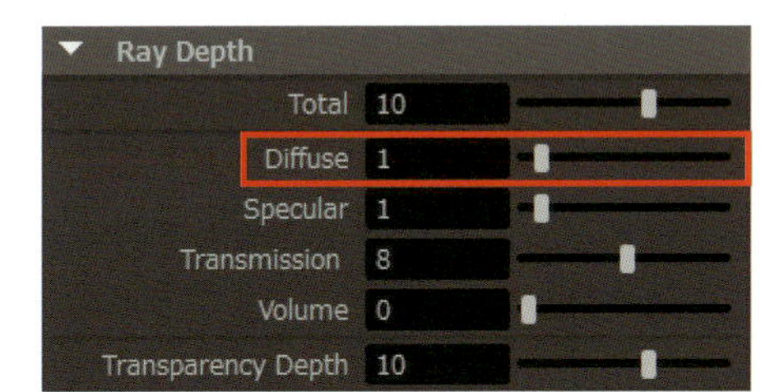

初期値は左図のようになっています。［Diffuse］を1ずつ上げて比較していきます。

明るさだけを比較したいので、マテリアルはシンプルな方がわかりやすいです。よって Arnold RenderView の［DebugShading］を「Lighting」にして 露光調整を「-5.0」にして比較しています。

［Diffuse］を「1」→「2」→「3」→「4」と上げてみました。画像を横に並べるとわかりにくいですが、Arnold RenderView のスナップショットで比較すると明るくなっていくのが確認できます。「3」→「4」で変化が小さくなったので、今回は「3」に決定しました。

ディレクショナルライトの配置

窓から太陽の光を取り込むようにディレクショナルライトを配置します。

ディレクショナルライトはシーン上のどこに置いても効果は変わりませんが、わかりやすいように窓の外に置きました。スケールも変更しても効果は変わらないので、見やすいように大きくしました。

ディレクショナルライトの影響だけを確認したいのでライトエディタでディレクショナルライトのソロ化アイコン■をオンにし、[Exposure]を上げます。

[Exposure] 5

[Exposure] 10

ディレクショナルライトは初期設定のままだと影がシャープすぎるので[Angle]に値を入れて影を少しぼかします。

[Angle]を「0.0」→「0.5」→「1.0」と上げてみて、今回は「0.5」にしました。(また[Debug Shading]の「Lighting」で比較しています)

②ノイズの除去

初期設定ではノイズが多いので、ノイズを除去するための設定をしていきましょう。まずは簡単に、レンダー設定の[Camera (AA)]の値を上げてみます。高品質にしたいのでマニュアルに従い「8」にしてレンダリングしてみます。

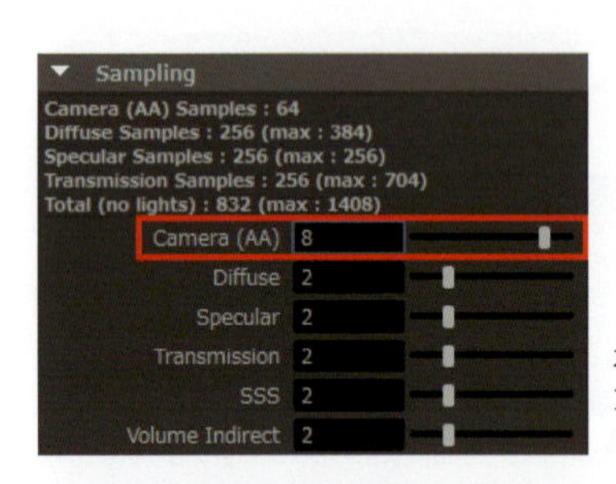

左下が[Camera (AA)]「3」、右下が「8」。ライトはすべて表示したら明るくなりすぎたので、エリアライトの[Exposure]を「20」に、ディレクショナルライトの[Exposure]を「5」にしました。ライトの強さの調整はレンダリング後に行う予定なので、この段階では見やすくなればOKです。

まだ多くのノイズが確認できます。室内のシーンではノイズが発生しやすいので、ここからは他の[Sampling]の値と、ライトの[Samples]の値を調整してノイズを除去してみます。闇雲にいじってもレンダリング時間が長くなってしまうだけなので、ノイズの原因がどこにあるのかを調べながら適切な項目を調整していきます。

ノイズの原因を探すためのAOVを作成

まず、ノイズがどこにあるのかを特定するためにAOVの設定をしましょう。レンダー設定の[AOVs]のタブで「diffuse_direct」、「diffuse_indirect」、「specular_direct」、「specular_indirect」、「sss」、「transmission」、「volume」を使用するように設定します。

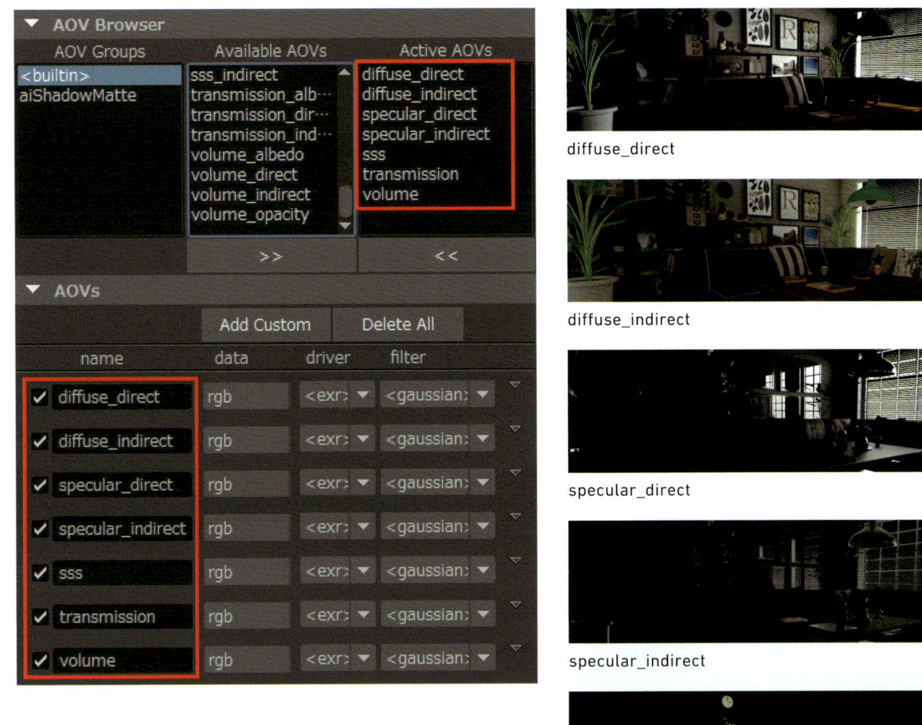

diffuse_direct

diffuse_indirect

specular_direct

specular_indirect

右図はレンダリング結果の各AOV。[sss]と[volume]はシーンに存在しないので真っ黒でした。

transmission

ディレクショナルライトの[Samples]の調整

「diffuse_direct」AOVを見るとノイズがあります。「diffuse_direct」と「specular_direct」AOVにノイズがあるときは、レンダー設定ではなく、ライトの[Samples]を上げます。ライトは3つ配置したのでライトを1つずつ表示してどのライトによるノイズなのかを調べます。

ディレクショナルライトのみを表示してレンダリング。床に当たっている光の周りを クロップリージョン（領域レンダー）で囲み、[Samples]を1ずつ上げて比較してみます。

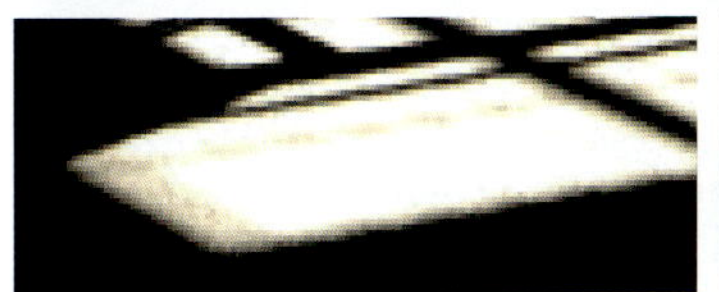

[Samples]を「1」→「2」→「3」と上げていった結果。「2」→「3」であまり変化がなくなったので、今回は「2」にしました。

1つ目のエリアライトの［Samples］の調整

同じようにエリアライトも1つずつ表示して確認します。

エリアライト1つ目のみを表示してレンダリング。暗くて見にくかったので、Arnold RenderViewの露光スライダで露光を上げて見やすくしています。部屋の奥の天井あたりのノイズが一番多い部分をクロップリージョンで囲み、［Samples］を1ずつ上げて比較してみます。

［Samples］を「1」→「2」→「3」→「4」→「5」と上げていった結果。今回は「4」にしましたが、「10」にしても「15」にしてもノイズは減っていったので、ノイズの量が許容できるところで切り上げます。

2つ目のエリアライトの［Samples］の調整

同じく2つ目のエリアライトのみを表示してレンダリング。部屋の奥の天井あたりのノイズが一番多い部分をクロップリージョンで囲み、［Samples］を1ずつ上げて比較してみます。

［Samples］を「1」→「2」→「3」→「4」→「5」と上げていった結果。今回は「4」にしました。

［specular_direct］AOVの確認

次に「specular_direct」AOVのノイズを見ていきます。「diffuse_direct」でノイズを消すためにライトの［Samples］を上げたので、すべてのライトを表示し「specular_direct」AOVをもう一度レンダリングしてノイズを確認します。

レンダリング結果の［specular_direct］。ノイズ自体はまだ確認できますが、［diffuse_direct］で許容した程度のノイズなので、次に進みます。ここでまだノイズを除去する必要があったら、［diffuse_direct］の時と同じようにライトを1つずつ表示し、ライトの［Samples］を上げていきます。

間接拡散反射光の調整

「diffuse_indirect」AOVを見ると大量のノイズが確認できるので、レンダー設定の[Diffuse]のサンプル数を上げていきましょう。

先程ライトの[Samples]の値を決定しましたが、他の要素のノイズを調べるときには、すべてのライトの[Samples]を「1」に戻しておくとレンダリングが速くなります。ライトの[Samples]を調べるときとは違いすべてのライトを表示して、一番ノイズが多そうなところをクロップリージョンで囲み[sampling]の[Diffuse]の値を上げていきます。

 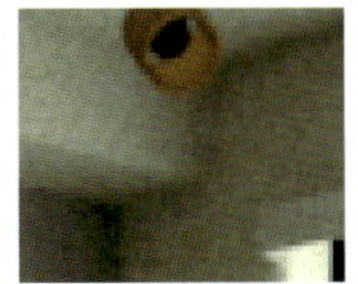  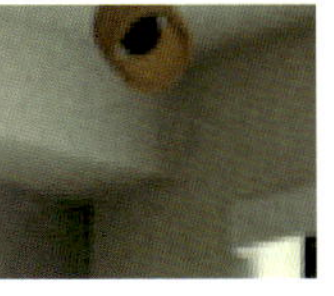  

[Sampling]の[Diffuse]を「2」→「3」→「4」→「5」→「6」→「7」としてレンダリングした結果。今回は「6」にしました。

間接鏡面反射光の調整

「specular_indirect」AOVにもノイズがあるので、[Specular]のサンプル数を上げていきます。

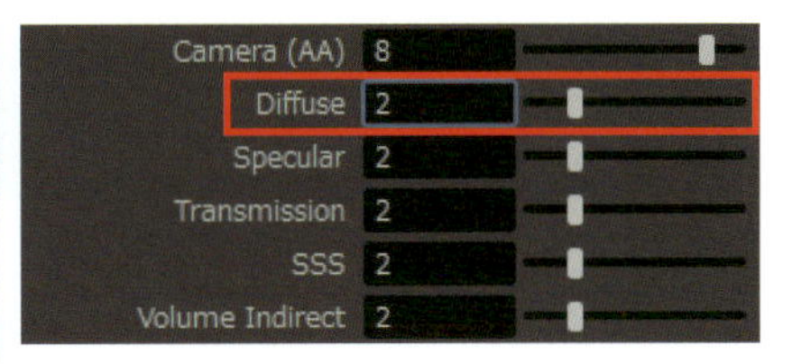

上で決定した[Diffuse]の値は「2」や「1」に戻しておくとレンダリングが速くなります。ここでもクロップリージョンで囲み、[sampling]の[Specular]の値を上げていきますが、暗くて見づらいので露光スライダで明るくしています。

[Sampling]の[Specular]を「2」→「3」→「4」→「5」→「6」→「7」としてレンダリングした結果。[Specular]も「6」にしました。

透過の調整

「transmission」AOVにはノイズがないので初期値の「2」のままにしておきます。

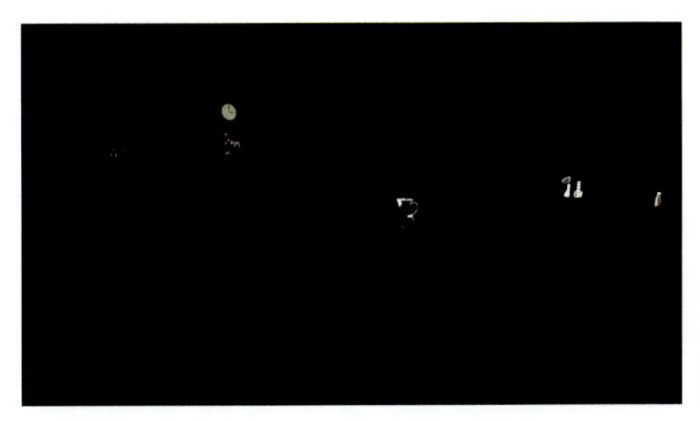

ノイズがあるかどうかわかりにくいときは、[Sampling]の値を上げてみて、変化があるかどうかで判断できます。今回は上げても変化がありませんでした。

最終的には各［Sampling］の値とライトの［Samples］の値は下図のようになりました。

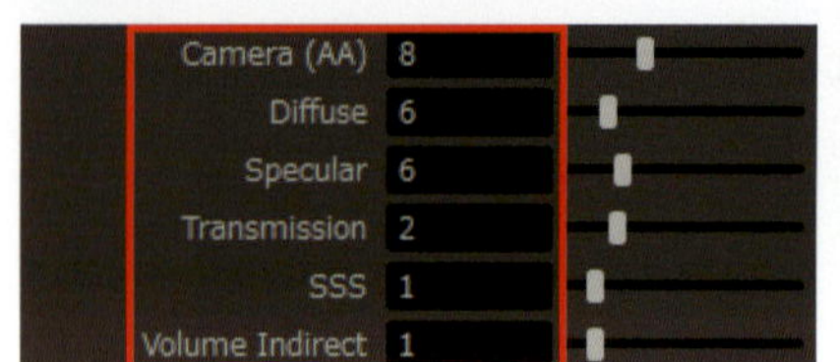

	C:	I	E	S
aiAreaLightShape1	C:	I: 1.000	E:20.000	S:4
aiAreaLightShape2	C:	I: 1.000	E:20.000	S:4
directionalLightShape1	C:	I: 1.000	E:5.000	S:2

SSSとVolumeは使用していないので「1」にしました。

MEMO 領域レンダー

ノイズ除去の手順は長くて大変そうに見えますが、実際は■クロップリージョン（領域レンダー）で一部分だけをレンダリングするのでそれほど時間はかかりません。

③ライトAOVの設定

各ライトの強さをレンダリング後に個別に調整できるようにライトのAOVを作成しましょう。［Add Custom］から「RGBA_directional」、「RGBA_area」、「RGBA_default」という名前でAOVを作成します。

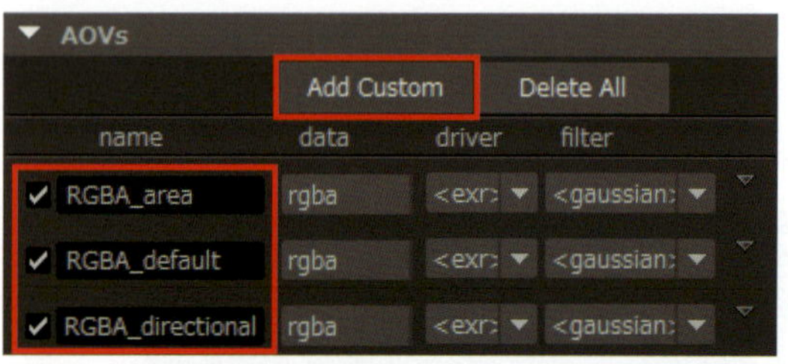

ノイズ除去のために作ったAOVはもう使用しないので削除しました。

ディレクショナルライトの［AOV Light Group］アトリビュートに「directional」と入力します。

AOV Light Group　directional

同じく、2つのエリアライトには「area」と入力します。今回はエリアライト2つは別々の強さにする予定はないので1つのAOVとしてレンダリングします。

AOV Light Group　area

このシーンには電球が6つあり、これらのマテリアルは［emission］を持っています。このマテリアルの発光は「RGBA_default」AOVでレンダリングされます。

MEMO RGBA_default

今回はすべてのAOVを足すと「Beauty」と同じになることを確認するために「RGBA_default」も使用しますが、実際は合成時に「Beauty」から他のAOVを減算することで作成することもできます。アニメーション作成時などは保存領域の節約になります。

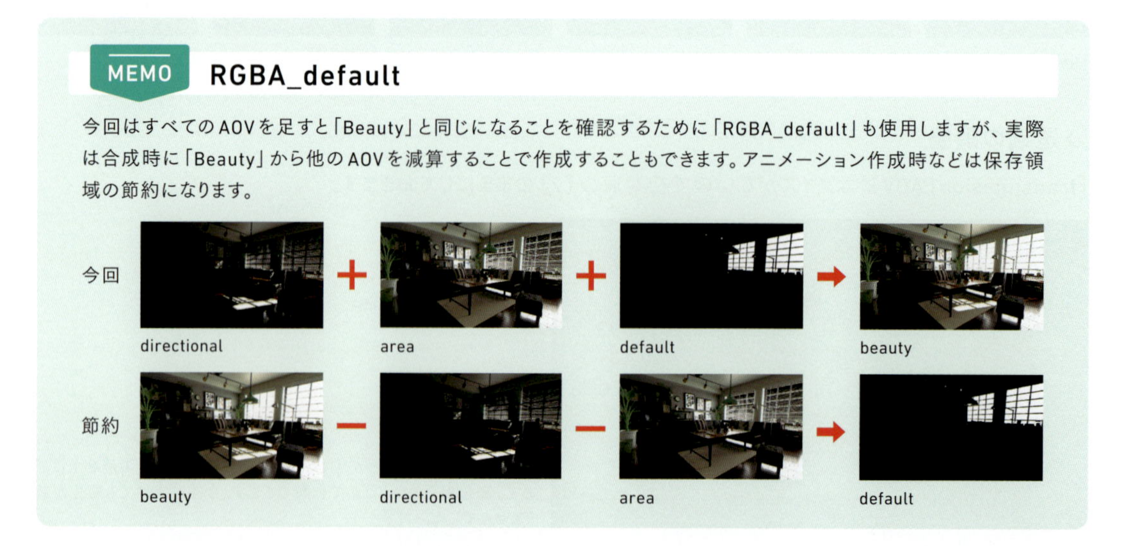

④レンダリング

すべての設定は済みましたが、ノイズ除去のためにサンプル数を上げたのでレンダリング時間が長くかかります。まず、Arnold RenderViewの［Test Resolution］を「10%」にしてどのくらい時間がかかるか予測してみましょう。

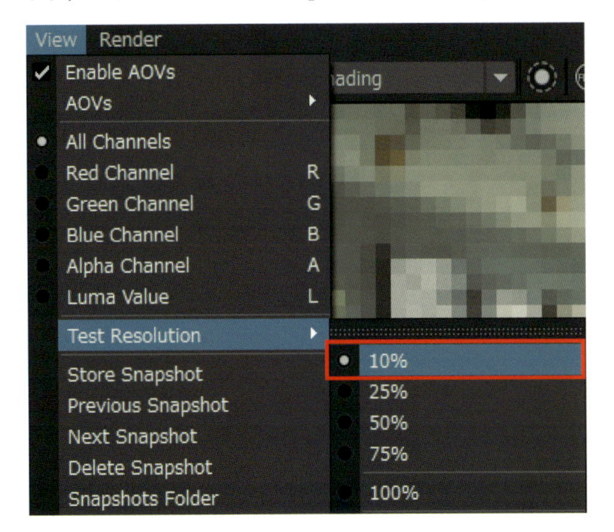

レンダリング時間は、Arnold RenderViewの左下に出ますが、「00:00:00」になってしまうこともあるので、［レンダー設定］でログを出力する設定もしておきましょう。

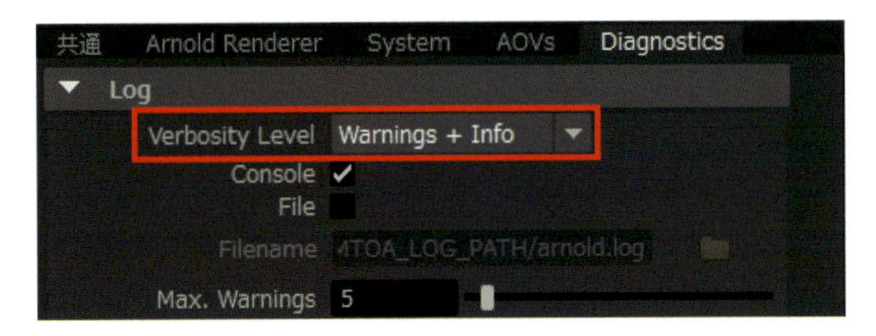

「10%」のサイズでレンダリングしてみると、50秒かかりました。

00:00:50 96x54 (1411%) | cameraShape1 | samples 8/6/6/2/1/1 | 3686.24 MB

ログを出力する設定にしたので、ログでも確認してみます。

Output Window

```
bucket workers done in 0:49.95
render done

-----------------------------------------------------------------------------
scene creation time:
plugin loading                0:00.06
unaccounted                   0:06.51
total                         0:06.58   (11.93% machine utilization)
-----------------------------------------------------------------------------
render time:                   (multi-threaded render, values may not be reliable)
node init                     0:00.00
bucket rendering              0:49.95
 accel. building              0:00.00
 pixel rendering              0:49.95
unaccounted                   0:00.05
total                         0:50.00   (99.65% machine utilization)
-----------------------------------------------------------------------------
memory consumed in MB:
at startup               2835.73
```

［Test Resolution］が「10%」なので、「100%」に戻すと、縦10倍×横10倍になり100倍の時間がかかるはずです。50秒の100倍なので、およそ1時間23分（5,000秒）かかると予測できます。IPRレンダーを途中で触ってしまい、再レンダリングが始まるのを防ぐため、IPRレンダーをストップし、［Refresh Render］でレンダリングを開始します。

レンダリングに1時間22分03秒かかりました。大体予想に近い時間です。

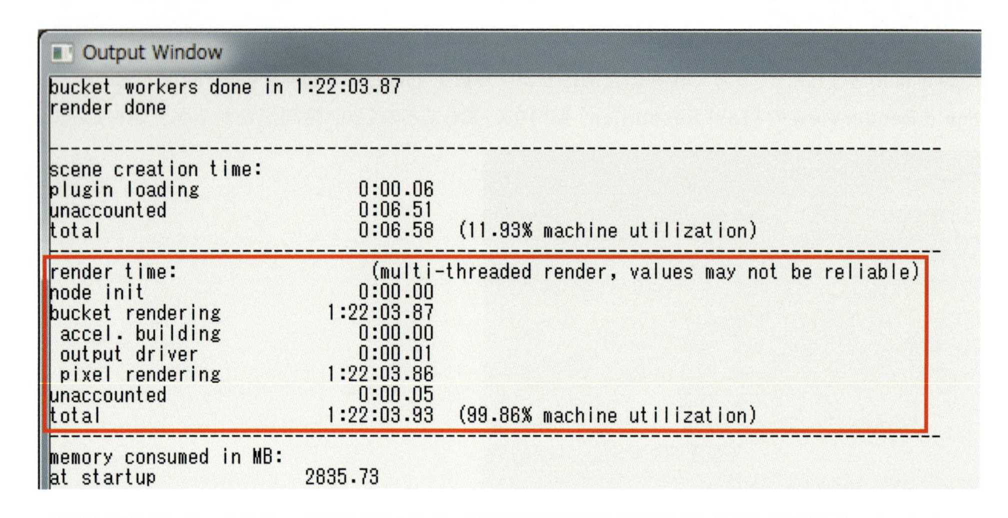

MEMO レンダリング時間の予測 その2

レンダー設定の[Camera(AA)]の値を小さくしてレンダリング時間を予測することもできます。今回は[Camera(AA)]の値を「8」にしました。この「8」というのは1ピクセル辺り8×8で64本のレイを飛ばすという意味になります。Camera(AA)の値が「1」の場合は1×1で1本のレイを飛ばすという意味なので、Camera(AA)の値が「1」のときの64倍時間がかかることになります。[Camera(AA)]が「1」でのレンダリング時間を測り、その64倍を最終レンダリング時間と予測できます。

⑤ライトの強さの調整

各AOVを「.exr」の形式で保存します。作成した3つのライトAOVだけではなく、「Beauty」AOVも保存しておきましょう。ライトAOVを合成したときに、「Beauty」と全く同じになるはずなので、その確認に使用できます。(exr形式を使用する理由は、P.189「露光の調整について」参照)

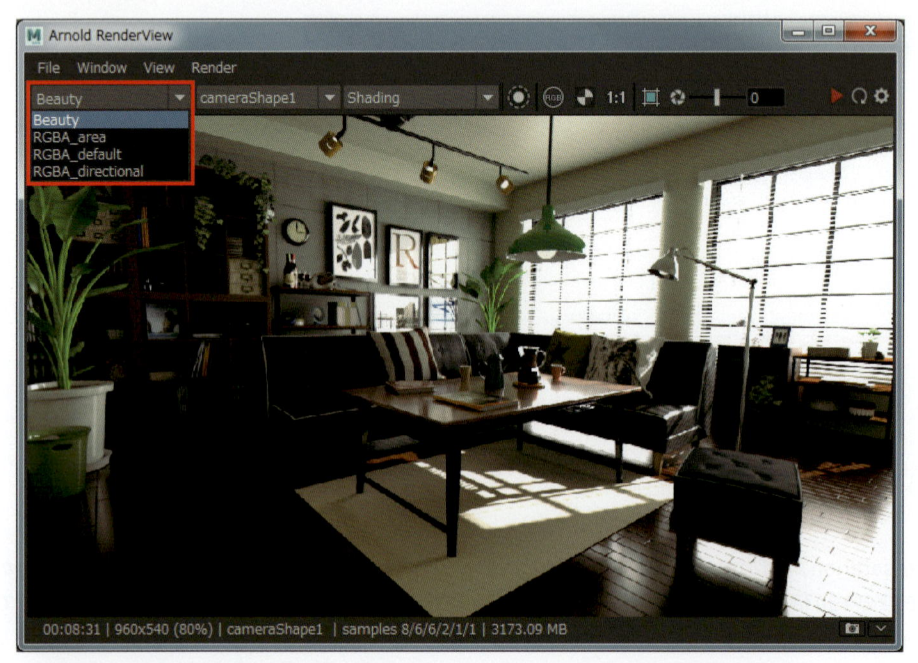

マルチレイヤEXRを編集できる環境があれば、「Save Multi-Layer EXR」で1枚の画像に保存するほうが簡単です。

Photoshopなどの画像編集ソフトで「Beauty」以外のAOVを、「加算」で合成すると、「Beauty」と同じ絵が再現できます。

「directional」 AOV　「area」 AOV　「default」 AOV

加算で合成。「Beauty」 AOVと同じになります。

あとは、各AOVの露光を調整すればライトの強さを調整できます。

例えばPhotoshopなら、新規調整レイヤの「露光量」を使用します。上の画像では「directional」 AOVの露光量を「+0.39」、「area」 AOVの露光量を「+1.32」にしました。

完成です。ライトごとの強さを個別にレンダリング後に調整できるのは、シーンにライトが増えれば増えるほど便利です。

第5章 アニメーション

Chapter 5-1 キーフレーム

アニメーションとは連続する複数のキャラクタのポーズを作成して動きを作る技法です。3DCGではそれらのポーズを「キー」機能で記録し、そのキーフレーム間をコンピュータが自動補間してアニメーションを作ります。これは「キーフレームアニメーション」と呼ばれます。本章ではキーフレームアニメーションに関する機能について主に解説します。

Mayaのアニメーションの作成方法

3DCG(Maya)でアニメーションを作成するには、オブジェクトの動きを「キーの設定」で記録します。例えばボールがバウンドするアニメーションを作るなら、ボールの開始する位置、地面に着地した位置、跳ねた位置等に動かして[キーの設定]で記録します。キーが設定されたフレームは「キーフレーム」と呼ばれ、キーフレーム間が自動補間されてアニメーションが作成されます。

メニューセットを[アニメーション]に切り替える

アニメーション作業ではメニューセットを[アニメーション F4]に切り替えます。

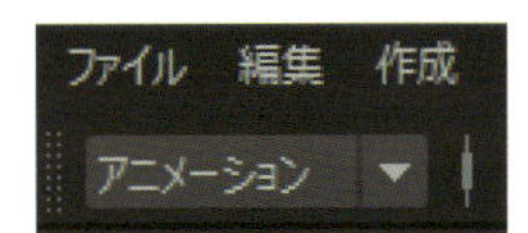

1秒間のコマ数[フレームレート]の確認と変更

フレームレートとは1秒間あたりに何枚のフレーム(静止画、コマ)が更新されるかを示す値で、「fps」(frames per second)と略称されます。例えば60fpsであれば、1秒間に60枚の画像が連続再生される動画ということになり、枚数が多ければ多いほどなめらかな動画といえます。フレームレートが高くなれば動画の品質は高くなりますが、その代わりレンダリングに時間がかかったり、容量が大きくなります。フレームレートはMayaの画面右下にある[再生オプション]の[フレームレート]で確認し、プルダウンメニューで他のレートに変更することができます。Mayaの既定では、[24fps]に設定されています。

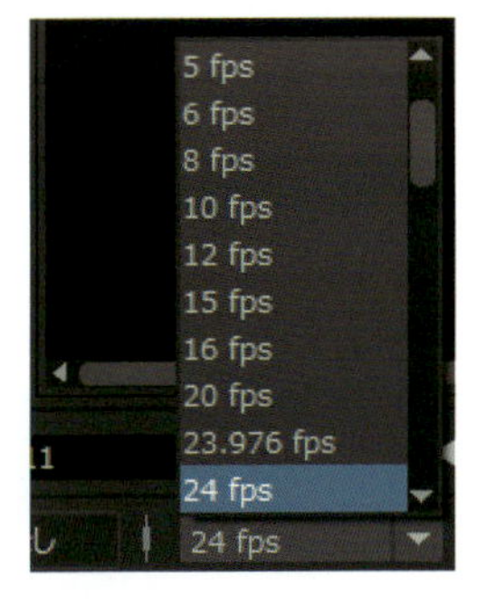

キーフレームアニメーションの基本

キーフレームアニメーションの作成工程の概要を説明します。対象を選択してキーフレームを設定し、値が変化するキーフレームを最低2つ以上作成すれば、「キーフレームアニメーション」を作成することができます。

キーフレームの設定

キーを設定する対象オブジェクトを選択し、タイムスライダでキーを設定するフレーム（時間）を選択します。

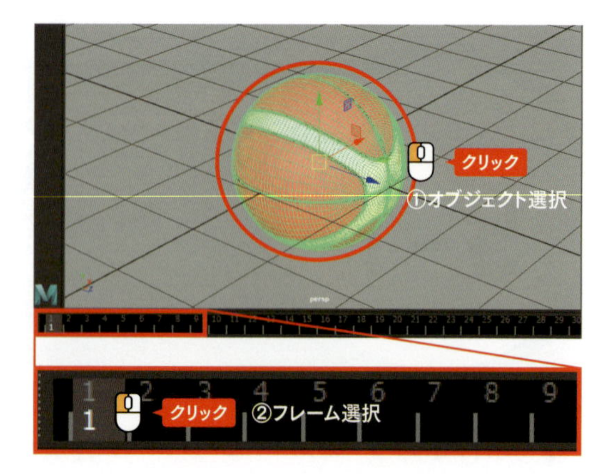

キー設定します。S（キー設定のホットキー）を押します。指定フレームに赤い「キーマーク」が表示されます。これが「キーフレーム」です。

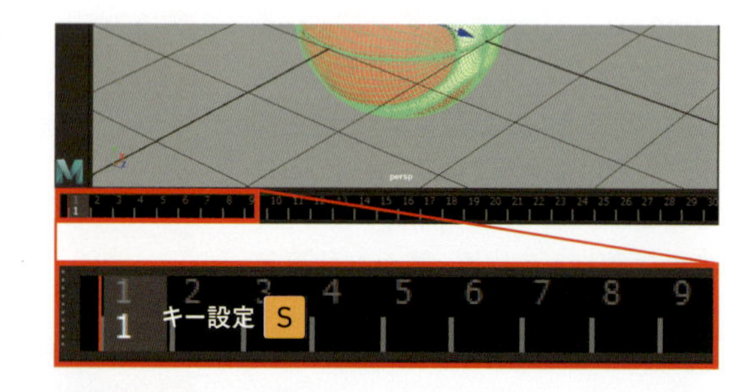

次に変化後のキーフレームを設定します。例えばこのボールを斜め上に動かしたい場合、到達時間の[フレーム]を指定し、[移動ツール W]でボールを到達させたい位置に動かし、新たにキー設定します。回転アニメをつけたい場合、[回転ツール E]でボールを回転、スケールアニメをつけたい場合は[スケールツール R]でスケールしてキー設定します。

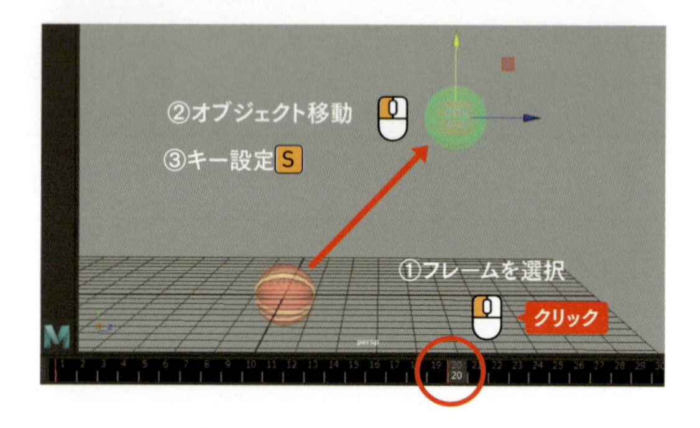

アニメーションの再生

アニメーションを再生するには、[再生コントロール]の[順再生 Alt + V]をクリックします。オブジェクトが2つのキーフレーム間を移動する「キーフレームアニメーション」を作成することができました。

順再生

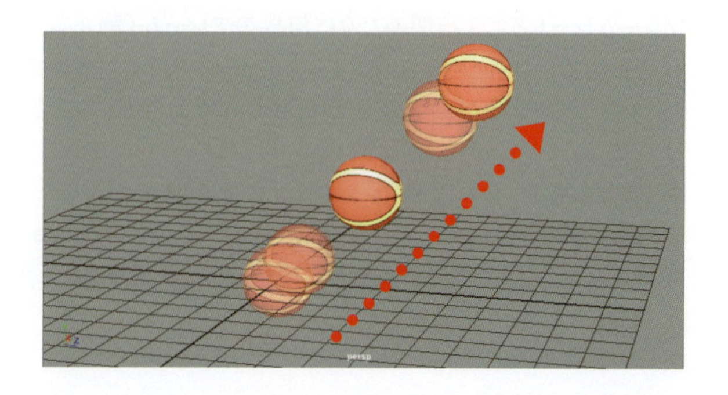

アニメーションの再生をループ

再生を繰り返すには［再生オプション］の［ループ］アイコンをクリックして［連続ループ］に設定します。サイクルアニメーションを作る際には便利です。

連続ループ

アニメーションのスクラブ

［タイムスライダ］上を🖱で左右にドラッグするとアニメーションを手動で順再生または逆再生方向にスクロールしてプレビューすることができます。

キーフレームの更新

一度作成したキーフレームのオブジェクトの位置を更新する場合は、オブジェクトを選択した状態で、タイムスライダ上のキーフレームにカーソルを合わせ、オブジェクトの位置を修正し、［キーの設定 S］をします。

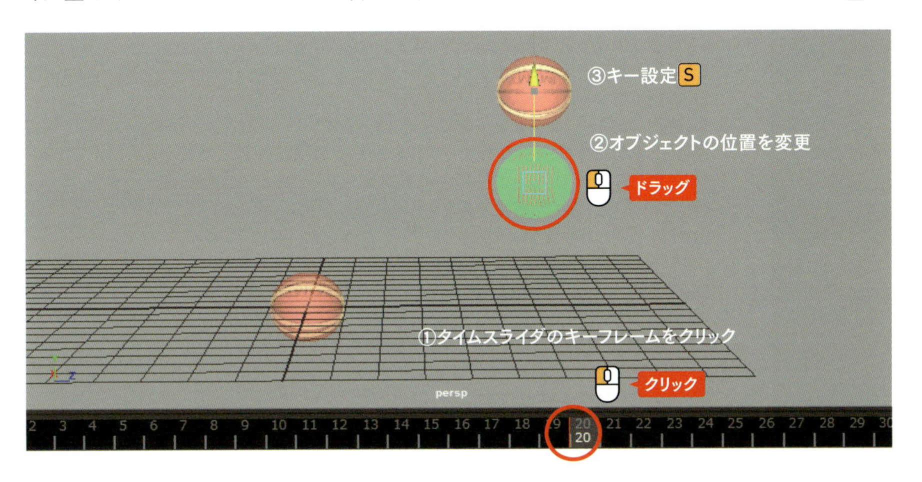

キーフレームの移動

キーフレームのフレームを変更する場合、タイムスライダでキーフレームを時間軸上にドラッグします。キーフレームを Shift ＋🖱でクリックして選択して、Shift を離し、🖱で左右にドラッグします。

ドラッグ

キー設定のホットキー一覧

［キーの設定 S］はチャネルボックスに表示されたすべてのアトリビュートにキー設定します。移動や回転、スケールに個別にキーを設定した場合は［移動キーの設定］、［回転キーの設定］、［スケールキーの設定］を選びます。

	キーの設定	S	チャネルボックスのアトリビュート全てにキー設定されます。
	移動へのキーを設定	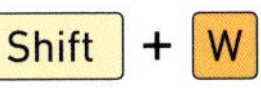 Shift + W	選択オブジェクトのアトリビュートの［移動XYZ］にキー設定します。
	回転へのキーの設定	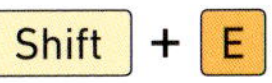 Shift + E	選択オブジェクトのアトリビュートの［回転XYZ］にキー設定します。
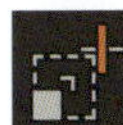	スケールへのキーの設定	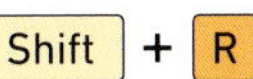 Shift + R	選択オブジェクトのアトリビュートの［スケールXYZ］にキー設定します。

アニメーションコントロール：メニュー

キーの削除やコピー＆ペーストは［アニメーションコントロール］メニューで行います。他、再生スピードの設定、再生ループ有無、プレイブラスト等、アニメーショ作業に必要な機能に素早くアクセスできます。［タイムスライダ］上にマウスカーソルを合わせ、クリックしてメニューを開くことができます。

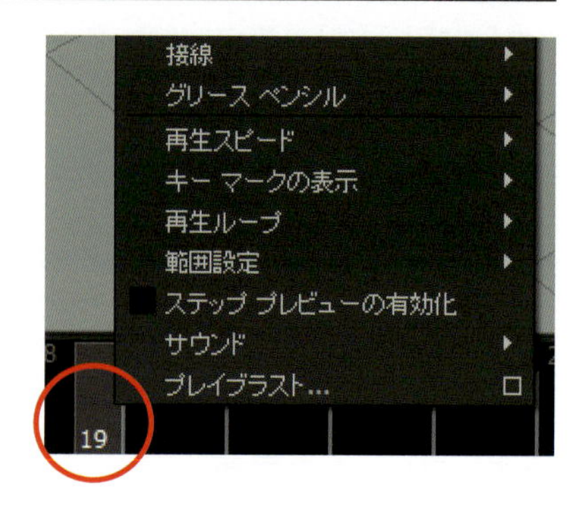

アニメーションコントロール：メニュー

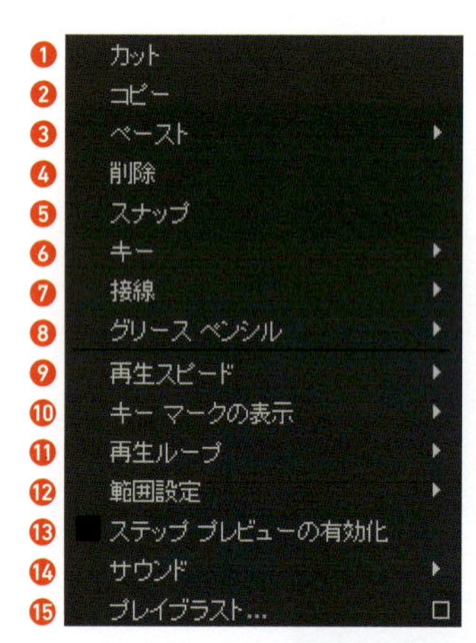

❶ 選択したキーフレームをカットします。
❷ 選択したキーフレームをコピーします。
❸ 選択したフレームにキーをペーストします。
❹ 選択したキーフレームを削除します。
❺ 選択したキーフレームを整数にスナップします。
❻ ブレイクダウンキーへ変換やインビトウィーンの追加や除去を行います。
❼ 選択したキーフレームの接線の種類を変更することができます。
❽ グリースペンシルを描画するカメラを選択します。
❾ 再生スピードを変更します。
❿ キーマークの表示設定を変更します。
⓫ 再生ループの設定を行います。
⓬ タイムスライダの再生範囲を設定します。
⓭ オンでステッププレビューを有効化し、オフで解除します。
⓮ 読み込んだサウンドの選択やオンオフを設定します。
⓯ プレイブラストを作成します。

キーフレームのコピー＆ペースト

キーフレームを選択し、アニメーションコントロールを開いてメニューから［コピー］（または［カット］）をクリックし、次にペーストしたいフレームを選択し、メニューから［ペースト］＞［ペースト］をクリックします。

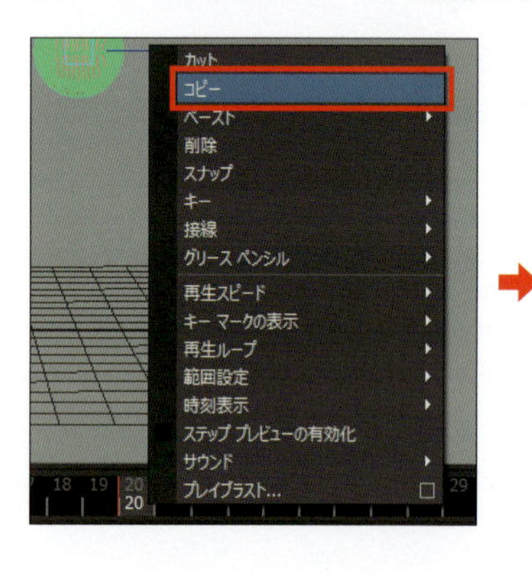

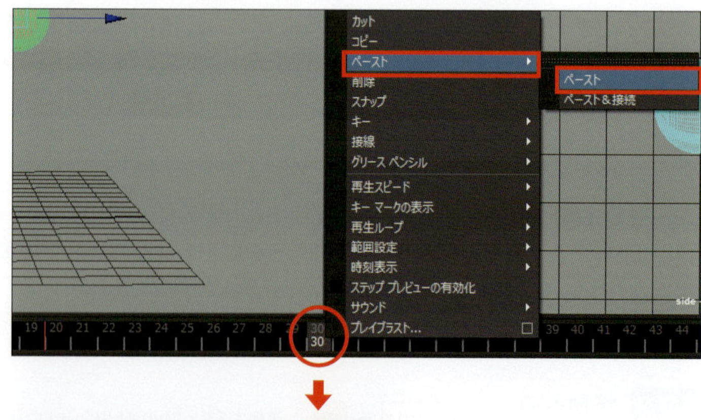

キーがペーストされます。

■ コピー＆ペーストのホットキー

タイムスライダでコピーしたいフレームをクリックし、同じくタイムスライダでペーストしたいフレームをクリックして［キー設定 S］します。こちらは、キーフレームがないフレームでもコピーが可能で、コピー元のフレームの時点での値をキーフレームにします。

キーフレームの削除

アニメーションされたオブジェクトと、タイムスライダで削除したいキーフレームを選択し、[アニメーションコントロール] > [削除] をクリックします。キーフレームが削除されます。

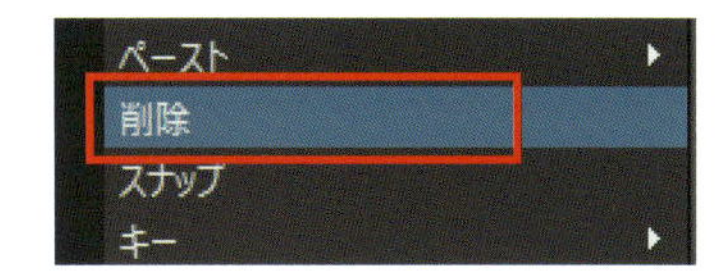

インビトウィーンの追加と除去

タイムスライダのフレームにインビトウィーン(空きフレーム)を追加、除去します。キーのタイミングの微調整に使います。タイムスライダで追加または除去するフレームを選択し、[アニメーションコントロール] > [キー] > [インビトウィーンの追加]、または[インビトウィーンの除去] をクリックします。

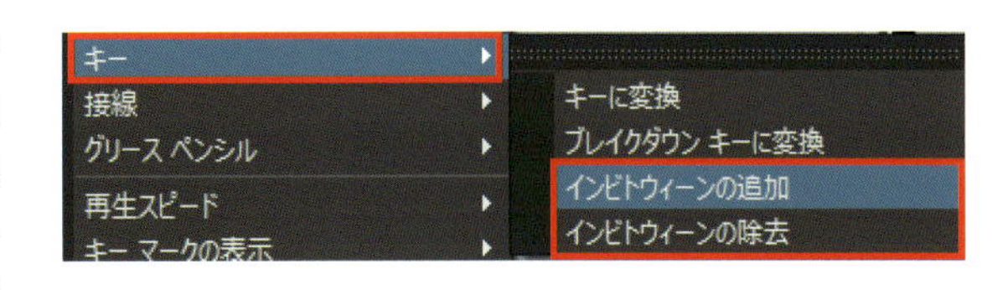

フレームを選択します。

[インビトウィーンの追加]
1フレーム挿入されます。

[インビトウィーンの除去]
1フレーム削除されます。

ブレイクダウンキーの設定

キーをブレイクダウンキーに設定すると、通常のキーフレームの移動によりフレーム間隔を相対的に保ちながら移動させることができます。アニメーションのスピードやタイミングの調整に使います。ブレイクダウンキーを解除するには、[キーに変換] を実行します。

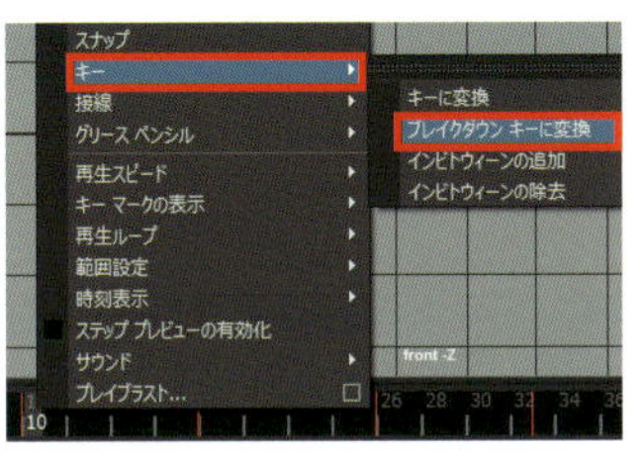

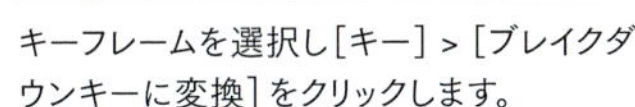

キーフレームを選択し[キー] > [ブレイクダウンキーに変換] をクリックします。

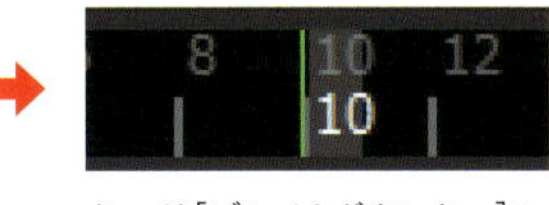

キーが[ブレイクダウンキー] に変換されます。

例えば図のように両端のキーの中間のキーをブレイクダウンキーに変換します。

右端キーを右にドラッグすると、ブレイクダウンキーの間隔が引き延ばされます。

左にドラッグすると、ブレイクダウンキーの間隔が圧縮されます。

MEMO キャラクタアニメーション制作でのブレイクダウンキー利用注意

ブレイクダウンキーは選択オブジェクトのキーにしか設定されません。この機能をキャラクタアニメーションのポーズタイミング調整で利用したい場合は、コントローラ(リグ)すべてを選択して実行します。ただし[キャラクタセット] (P.299「キャラクタセットとTraxエディタ」参照)を作成してカレントキャラクタに設定した場合、1 個のコントローラのキーをブレイクダウンキーに変換すると、他コントローラの同一フレーム上のキーもすべてブレイクダウンキーに変換されます。

キャラクタセットを[カレントキャラクタ]に設定

グリースペンシル

グリースペンシルはビュー上に2Dスケッチを描画します。アニメーションのプランニングやアイデア交換する時に使うことができます。スケッチはアクティブカメラに接続されているイメージプレーンの一種で、シーンをタンブルする場合もスケッチの位置は変わりません。任意のパースビューまたは正投影カメラでフレームごとに1つのスケッチを追加することができます。グリースペンシルはタブレットでも動作します。

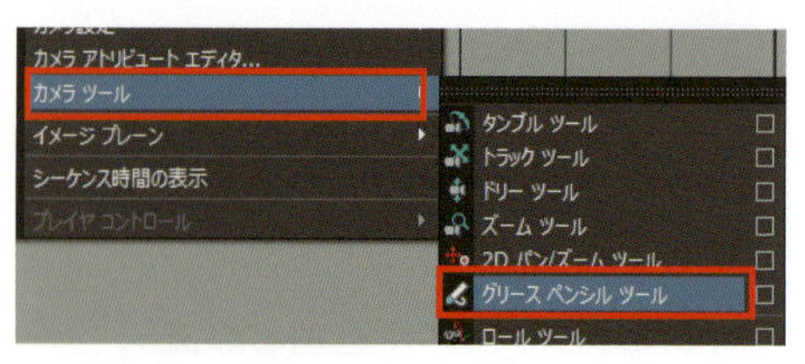

パネルメニューから[ビュー] > [カメラツール] > [グリースペンシル]を選択します。

[グリースペンシルフレーム]
描画するとグリースペンシルフレームがタイムスライダに追加されます。切り取り、コピー、貼り付けを行うこともできます。

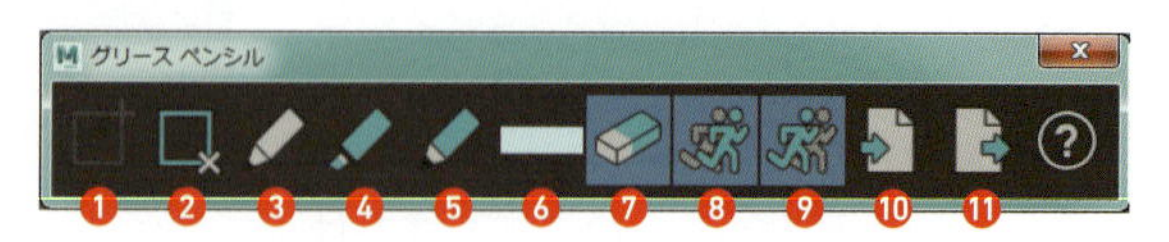

❶ **フレームの追加**
現在のフレームにグリースペンシルフレームを追加します。

❷ **フレームの除去**
現在のフレームのスケッチとグリースペンシルフレームを除去します。

❸ **鉛筆**
ペンを鉛筆に設定します。

❹ **マーカー**
ペンをマーカーに設定します。

❺ **ソフトペン**
ペンをソフトペンに設定します。

❻ **カラーの変更**
ペンの色を変更します。

❼ **消しゴム**
消しゴムでスケッチを消去します。

❽ **プリフレームゴーストの表示**
現在のフレームの前のフレームのゴーストスケッチを表示します。

❾ **ポストフレームゴーストの表示**
現在のフレームの後ろのフレームのゴーストスケッチを表示します。

❿ **読み込み**
グリースペンシルフレームを読み込みます。

⓫ **書き出し**
グリースペンシルフレームを書き出します。

再生スピードの設定

シーンの再生スピードを設定します。[再生スピード] > [リアルタイム]に設定するとシーンのアニメーション再生速度がリアルタイムになります。

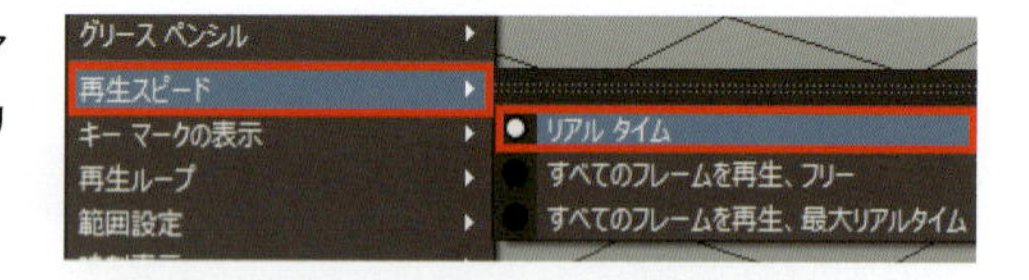

アニメーション再生範囲の設定

[再生範囲] > [最小/最大]をクリックすると、シーン中のアニメーションの開始と終了キーフレームにタイムレンジを合わせることができます。

ステッププレビューの有効化

[ステッププレビューの有効化]にチェックを入れると、補間が無効になりアニメーションがステッププレビューに変更されます。チェックを外すと解除されます。グラフエディタのカーブタイプの変更の[ステップ接線]と同じようなものですが、ステッププレビューはプレビューのみステップになり、カーブは現在の接線を保持します。

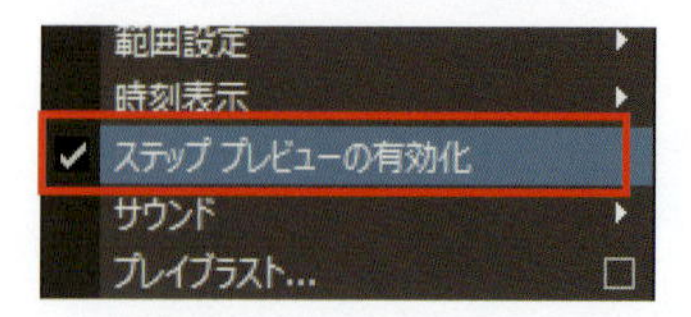

サウンド

メインメニューの[ファイル] > [読み込み]で.wavか.aiff形式のサウンドファイルを読み込みます。サウンドを読み込むとタイムスライダに波形が表示されます。サウンドのオンオフや選択は[アニメーションコントロール] > [サウンド]メニューで行います。

プレイブラスト

正式なレンダリングに要する時間をかけずにアニメーションをプレビューすることができます。アクティブビューを選択して、[アニメーションコントロール] > [プレイブラスト] をクリックします。

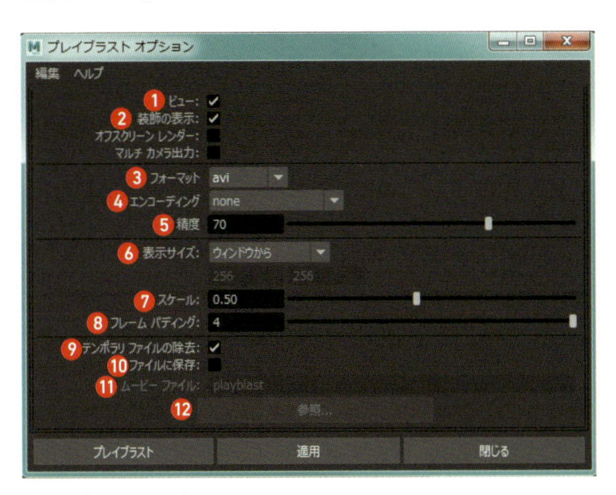

プレイブラスト：オプション

❶ ビュー
オンで既定のビューアを使用してイメージが表示され、オフでプレイブラストされたイメージはオプションのムービーファイル設定に従って保存されます。

❷ 装飾の表示
ビューの原点と左下にカメラ名と軸を表示します。

❸ フォーマット
ムービー出力のフォーマットを選択します。

❹ エンコーディング
ムービー出力に使用するコーデックを選択します。

❺ 精度
ムービー出力の圧縮の値を制御できます。

❻ 表示サイズ
プレイブラストイメージの解像度をウィンドウ、レンダー設定、カスタムの3種類から選択します。

❼ スケール
表示サイズオプションで指定した解像度にスケール係数を適用してプレイブラストイメージのサイズを細かく調整します。

❽ フレームパディング
フォーマットでイメージを選択した場合、プレイブラストするイメージのファイル名に埋め込むゼロの数を指定します。

❾ テンポラリファイルの除去
Maya終了時にプレイブラストで作成したテンポラリファイルを削除する場合は、このオプションをオンに設定します。

❿ ファイルに保存
オンにすると作成したムービーを特定の場所に保存することができます。既定の設定ではプロジェクト設定したフォルダ以下の[movies]フォルダに保存されます。

⓫ ムービーファイル
[参照]ボタンを使用してムービーファイルの保存先を指定します。

⓬ 参照
[参照]を押すと保存先のディレクトリを開くことができます。

タイムスライダの選択とキーフレームの移動

タイムスライダを選択します。選択されたキーフレームの移動やスケールを行う他、複数のキーフレームに対してアニメーションコントロールメニューのコピー＆ペーストや削除を実行する際に使います。

タイムスライダの部分選択

タイムスライダ上を Shift を押したままドラッグします。

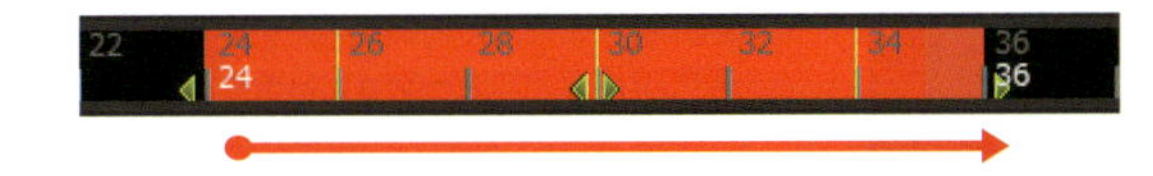

タイムスライダの全選択

タイムスライダ上をかでダブルクリックすると再生範囲を全選択します。

ドラッグ

選択範囲の中央の黄色の矢印をドラッグします。

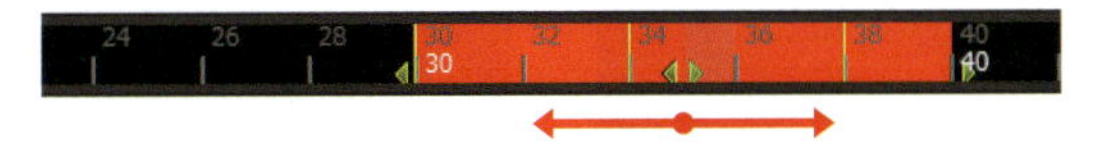

スケール

選択範囲の前後の黄色の矢印をドラッグすると基点からキーの間隔がスケールします。

MEMO キーフレームを整数に戻すには

スケールするとキーフレームが小数点に移動します。整数に戻すにはキーフレームを選択し、[アニメーションコントロール] > [スナップ] を実行します。

チャネルボックスのキー編集

特定のアトリビュートを数値でキー設定する場合や、削除、ロック、キー設定不可の設定にはチャネルボックスの［チャネル］メニューで行います。

チャネルメニュー

［チャネルボックス］>［チャネル］

または選択項目上を右クリックでもメニューが表示されます。

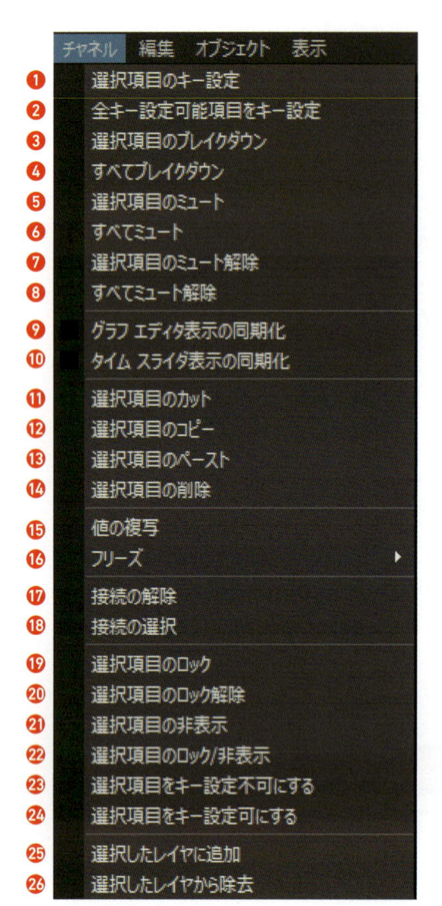

❶ 選択項目にキー設定します。
❷ 全キー設定可能項目にキー設定します。
❸ 選択項目をブレイクダウンキーに設定します。
❹ 全キー設定可能項目をブレイクダウンキーに設定します。
❺ 選択項目をミュート（停止）します。
❻ 全キー設定可能項目をミュートします。
❼ 選択項目のミュートを解除します。
❽ すべての項目のミュートを解除します。
❾ 選択項目とグラフエディタの表示が同期します。
❿ 選択項目とタイムスライダのキー表示が同期します。
⓫ 選択項目のキーをカットします。
⓬ 選択項目のキーをコピーします。
⓭ 選択項目にカットやコピーしたキーをペーストします。
⓮ 選択項目のキーを削除します。
⓯ 複写先、複写元のオブジェクトと、複写するチャネルアトリビュートを選択して実行すると、選択した値を複写先に変換します。
⓰ 選択項目の移動、回転、スケール、またはすべてをフリーズします。
⓱ 選択項目の接続（コンストレイント、ドリブンキー、エクスプレッション等）を解除します。
⓲ 選択項目の接続ノードを選択します。
⓳ 選択項目をロックします。値の変更やキーの設定ができなくなります。
⓴ 選択項目のロックを解除します。
㉑ 選択項目をチャネルボックスから非表示にします。
㉒ 選択項目をロックし、チャネルボックスから非表示にします。
㉓ 選択項目をキー設定ができないようにします。
㉔ 選択項目をキー設定ができるようにします。
㉕ 選択項目をアニメーションレイヤに追加します。
㉖ 選択項目をアニメーションレイヤから除去します。

キー設定

選択項目でキー設定します。テキストフィールドに数値を入力できるので数値を決めてキー設定が可能です。

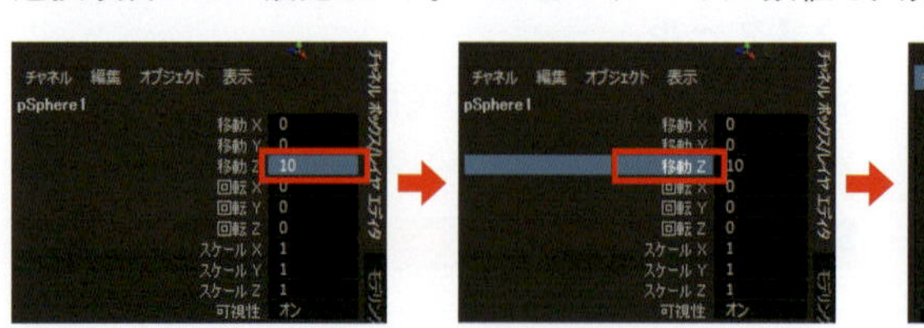

選択項目のテキストフィールドを選択し、値を入力し Enter を押して確定します。

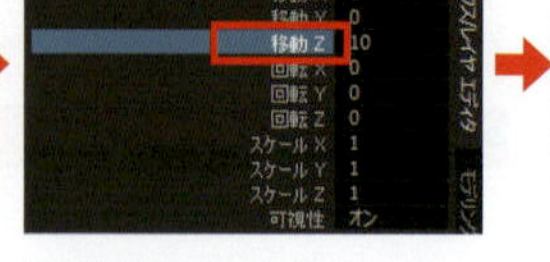

項目をクリックします。

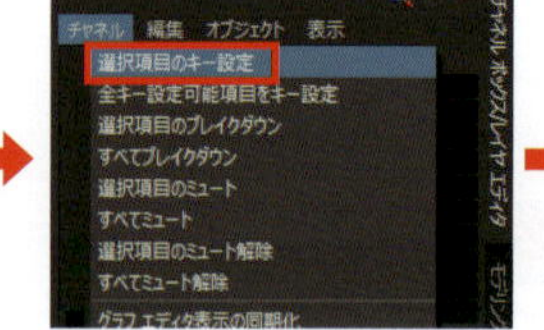

［チャネル］>［選択項目のキー設定］をクリックします。

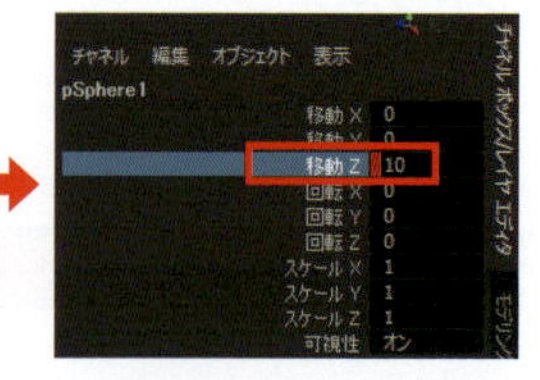

キーが設定されます。キー設定された項目は赤いマークがつきます。

接続の解除

選択項目に設定されたアニメーション、コンストレイント、エクスプレッション、キャラクタセットを解除します。選択項目を選択して［チャネル］>［接続の解除］をクリックします。

≫アニメーション削除

選択項目のアニメーションを削除します。キーフレーム単体でなく全削除されます。

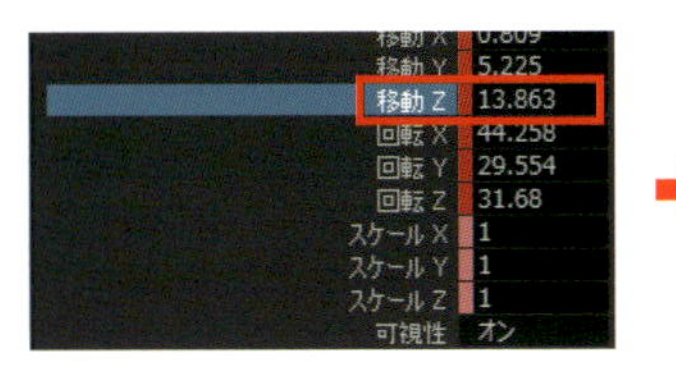

キーを削除したい項目を選択します。（ドラッグで複数選択可能）

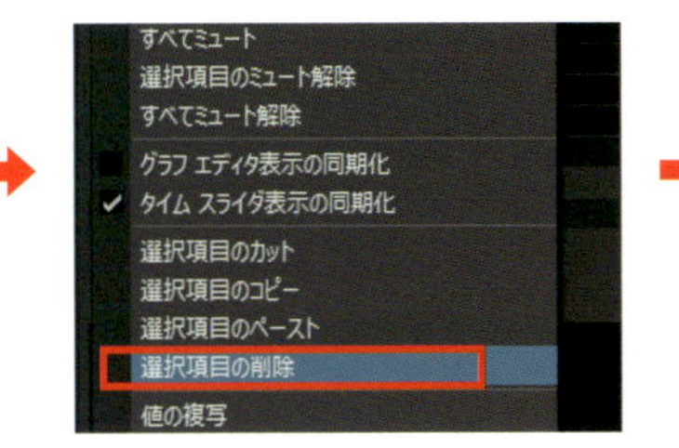

［チャネル］＞［選択項目の削除］をクリックします。

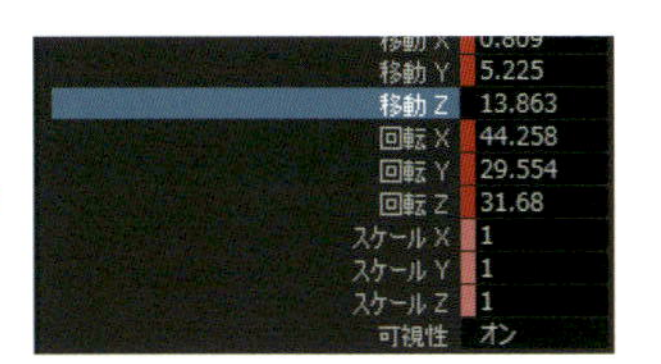

アニメーションが削除されます。

≫ミュート

アニメーションをミュート（停止）します。項目をミュートするには［チャネル］＞［選択項目のミュート］か［すべてミュート］をクリックします。解除するには［チャネル］＞［選択項目のミュート解除］か［すべてミュート解除］をクリックします。

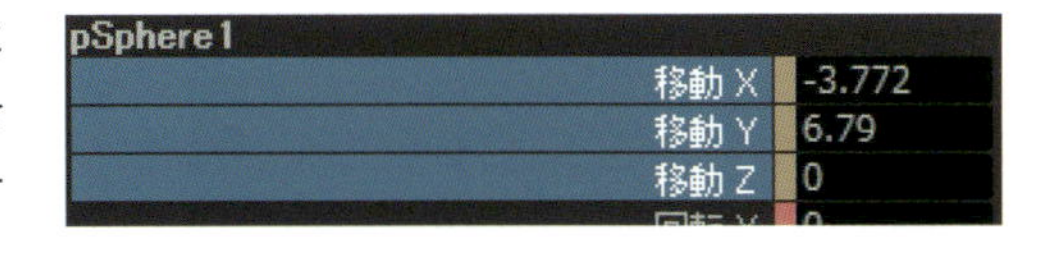

≫ロック

選択項目をロックします。ロック中はアトリビュートの変更やキー設定ができなくなります。項目を選択して［チャネル］＞［選択項目のロック］を実行します。解除するには［チャネル］＞［選択項目のロック解除］をクリックします。

≫選択項目のロック / 非表示

選択項目をロックした上で、チャネルボックスから非表示にします。アニメーションする上でキー設定不要でかつアトリビュートを変更できないようにするために使います。項目を選択して［チャネル］＞［選択項目のロック / 非表示］をクリックします。選択項目が非表示になります。

≫チャネルコントロール

［編集］＞［チャネルコントロール］は、項目のキー設定可否や表示と非表示、ロック可否を一括で設定できます。項目を非表示にしてしまった場合もここで戻せます。

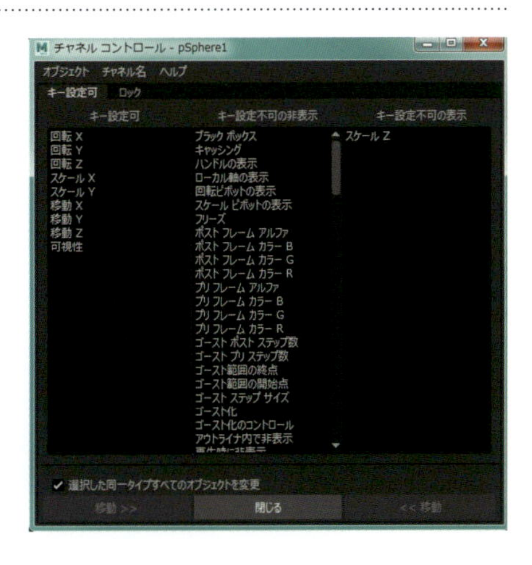

キーメニュー

メインメニューの［キー］の概要です。キーの設定やアニメーションのコピー＆ペーストや削除、ドリブンキーの設定やアニメーションのベイクを行うことができます。

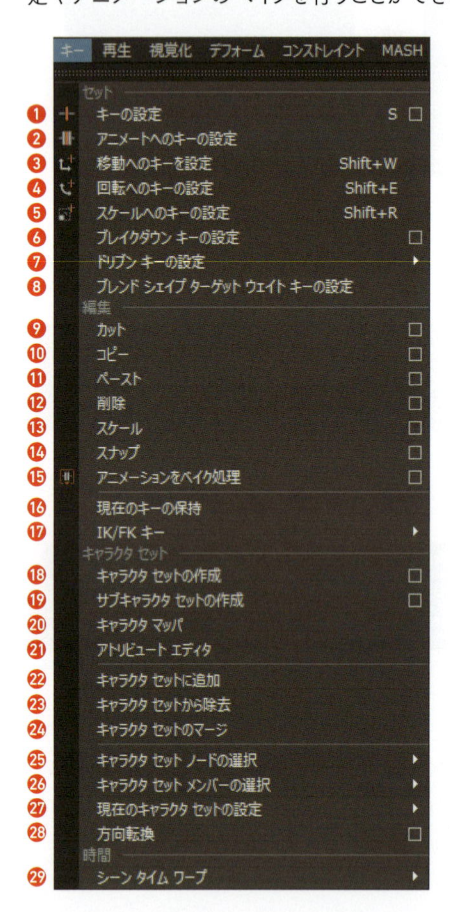

❶ タイムスライダの現在のタイムにキーを設定します。
❷ すでにキーがあるチャネルだけにキーを設定します。
❸ 現在のタイムに移動キーを設定します。
❹ 現在のタイムに回転キーを設定します。
❺ 現在のタイムにスケールキーを設定します。
❻ 現在のタイムにブレイクダウンキーを設定します。
❼ ドリブンキーの設定を行います。［設定］で設定ウィンドウが開きます。
❽ 現在のブレンドシェイプデフォメーションに、ターゲットシェイプのブレンドシェイプウェイトをキー設定します。
❾ 現在のキーをカットしてクリップボードに格納します。
❿ 現在のキーをクリップボードにコピーします。
⓫ クリップボード上のカットまたはコピーしたキーを現在のタイムにペーストします。
⓬ 選択オブジェクトのキーを削除します。
⓭ アニメーションを時間もしくは値にスケールします。
⓮ 選択オブジェクトのキーを整数フレームにスナップします。
⓯ アニメーションをキーにベイク処理します。
⓰ オブジェクトを選択してキーの保持を設定します。
⓱ IK/FKキーのメニューを開き、IK/FKキーの設定、IKソルバの有効化、IK/FKに接続、IKをFKに移動します。
⓲ キャラクタセットを作成します。
⓳ 予め作成したキャラクタセット内にサブキャラクタセットを作成します。
⓴ キャラクタマッパウィンドウを使用して、あるキャラクタ（ソース）のアニメーションを別のキャラクタ（ターゲット）にマップできます。
㉑ キャラクタアトリビュートを編集します。
㉒ 選択したアトリビュートが、現在のキャラクタセットまたは現在のサブキャラクタセットに追加されます。
㉓ 選択したアトリビュートが、現在のキャラクタセットまたは現在のサブキャラクタセットから除去されます。
㉔ 選択された複数のキャラクタを結合して、単一のキャラクタセットにします。
㉕ キャラクタセットのノードを選択します。
㉖ キャラクタセットのメンバーを選択します。
㉗ 現在のキャラクタセットを設定します。
㉘ 移動方向転換コントロールまたは回転方向転換コントロールを現在のキャラクタに追加します。
㉙ シーンタイムワープを追加、選択、削除、有効化します。

アニメーションのコピー＆ペースト

キーのコピー（またはカット）

あるオブジェクトのアニメーションを別のオブジェクトにコピーしたい場合に使います。アニメーションが設定されたオブジェクトを選択して［キー］>［コピー］をクリックします。

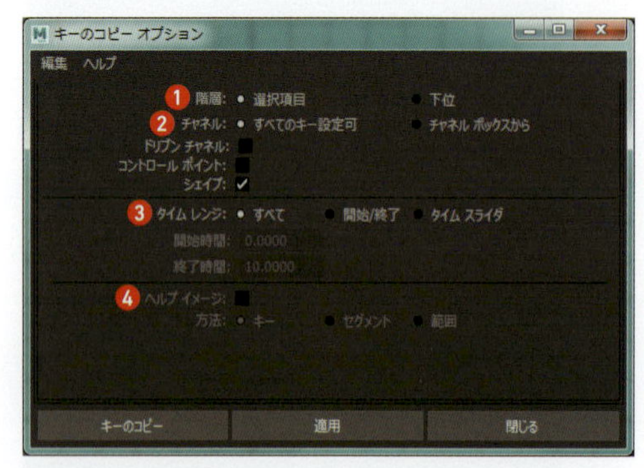

キーのコピー：オプション

❶ 階層
［選択項目］で選択中のオブジェクトが、［下位］で選択中のオブジェクトと下層のすべてのオブジェクトが含まれます。

❷ チャネル
コピーするチャネルを、すべての「キー設定可」チャネルか選択したチャネルだけにするかを指定します。

❸ タイムレンジ
コピーまたはカットするキーの範囲を指定します。

❹ ヘルプイメージ
「タイムレンジ」の［開始/終了］か［タイムスライダ］にオンにすると、コピー方法を示す図が表示できます。

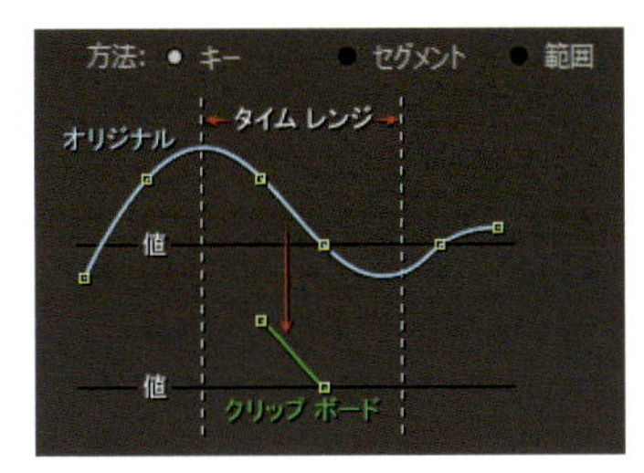

ヘルプイメージをオンにするとコピー方法を表す図が表示されます。

キーのペースト

キーをペーストします。[キー] > [コピー] を実行した後で、コピー先のオブジェクトを選択して、[キー] > [ペースト] をクリックします。

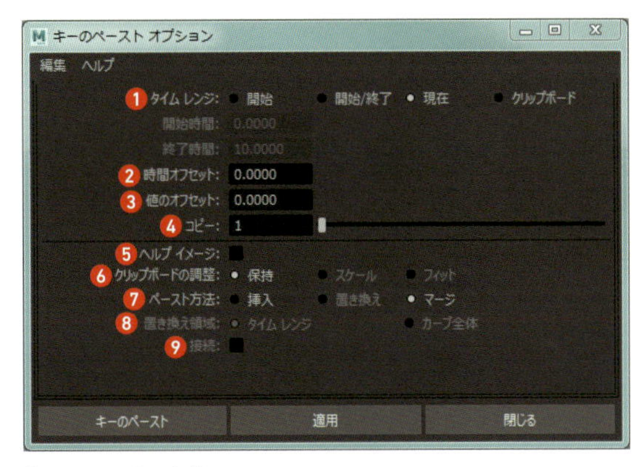

キーのペースト：オプション

❶ タイムレンジ
タイムレンジを指定します。

❷ 時間オフセット
入力した数値をタイム値に追加します。

❸ 値のオフセット
入力した数値をアトリビュート値に追加します。

❹ コピー
アニメーションを繰り返します。コピー回数を入力します。

❺ ヘルプイメージ
オンにすると、さまざまなペースト操作の設定の効果を表す図が表示されます。

❻ クリップボードの調整
タイムレンジへのペースト方法を指定します。

❼ ペースト方法
既存のキーフレームへのペースト方法を指定します。

❽ 置き換え領域
ペースト方法オプションを置き換えに設定すると選択可能な状態になり、タイムレンジかカーブ全体かを選択できます。

❾ 接続
ペーストされるセグメントの開始時間でアニメーションが不連続にならないように、キー用のクリップボード内のアニメーション カーブの値を調整します。

コピー＆ペーストの使用例

コピー元となるオブジェクトを選択して [キー] > [コピー] をクリックし、コピー先のオブジェクトを選択して [キー] > [ペースト] を実行します。

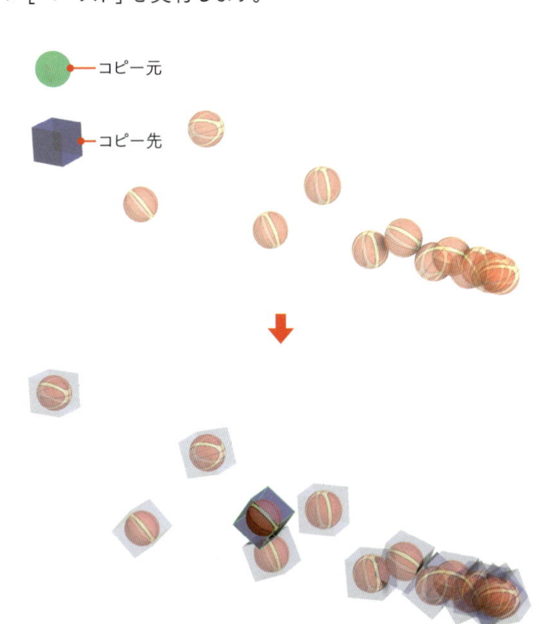

例えばボールのアニメーションを立方体のオブジェクトにコピーします。ボールを選択して [キー] > [コピー] をクリックし・・・

立方体を選択して [キー] > [ペースト] をクリックします。アニメーションがペーストされました。

ドリブンキー

ドリブンキーは別のアトリビュートを使用してアニメーションをコントロールすることができます。個別にアニメートする必要がなくなり、ドライバオブジェクトをアニメートするとドリブンオブジェクトもアニメートします。例えば車のタイヤが、車の前進に合わせて回転するようにさせたいときに使います。

≫ドリブンキーの使用例

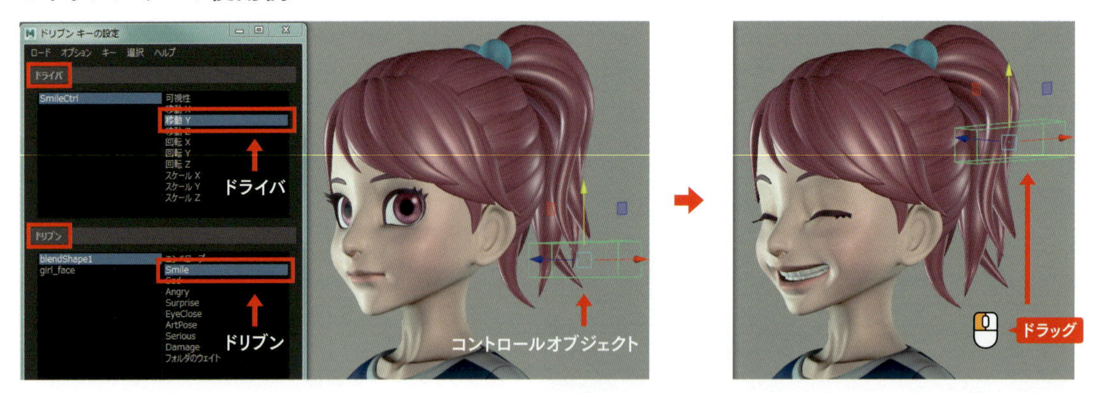

例えばドリブンキーはフェイシャルアニメーションで使えます。［ドライバ］にコントロールオブジェクトの移動Y、［ドリブン］にブレンドシェイプの入力アトリビュートを関連付けます。仮に移動Yの値「0」でブレンド値「0」、移動Y「10」でブレンド値「1」でキー設定すれば、コントローラをY移動することによってフェイシャルアニメーションを作ることができます。

≫ドリブンキーの設定

1. ドライバ（動かす側）のオブジェクトを選択し、［ドライバのロード］をクリックします。
2. ドリブン（動かされる側）のオブジェクトを選択し、［ドリブンのロード］をクリックします。
3. ［ドライバ］と［ドリブン］のリストから、関連付けたいアトリビュートを選択して、［キー］をクリックします。これにより現在の値で選択したアトリビュート間の関連付けが作成されます。
4. 次に「変化後」の関連付けを設定します。ドライバ、ドリブンオブジェクトをそれぞれ動かして再び［キー］をクリックします。これによってドライバオブジェクトの操作によってドリブンオブジェクトが連動されるようになります。

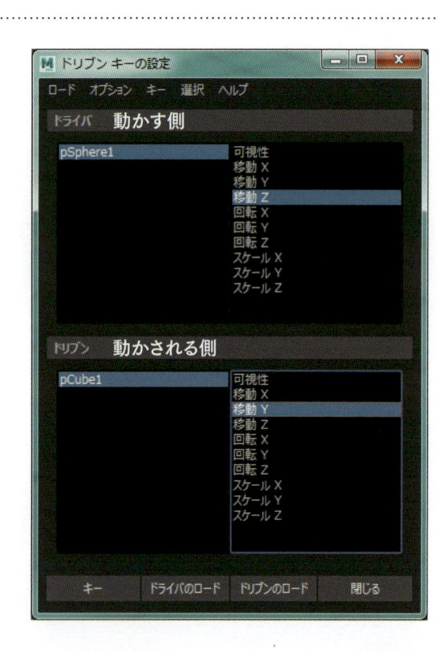

≫ドリブンキーの削除方法

ドリブンキーを設定したチャネルボックスやアトリビュートの項目は水色になります。右クリックで表示するメニューから［接続の解除］をクリックします。（または［チャネル］＞［接続の解除］でも可）。

基礎編
Chapter 5
アニメーション

アニメーションのベイク

ベイクは、シミュレーションやコンストレイントアニメーションをキーフレーム化します。オブジェクトを選択して［キー］>［アニメーションをベイク処理］をクリックします。

ベイクの使用例

シミュレーション結果のキーフレーム化や座標・階層が異なるオブジェクト間のアニメーション交換に使われます。キャラクタアニメーションでは［コンストレイント］機能と併用してよく使われます。

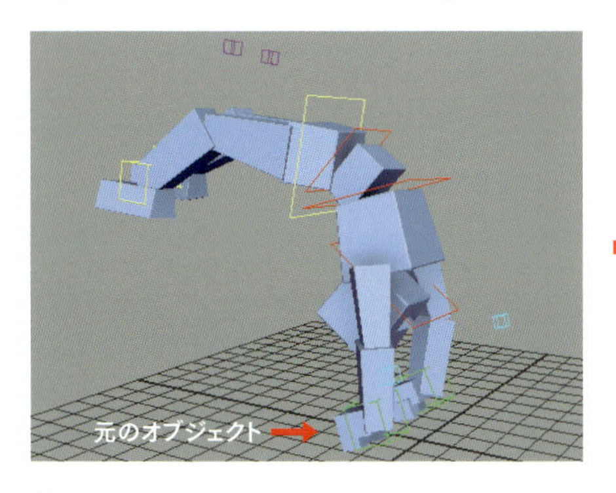

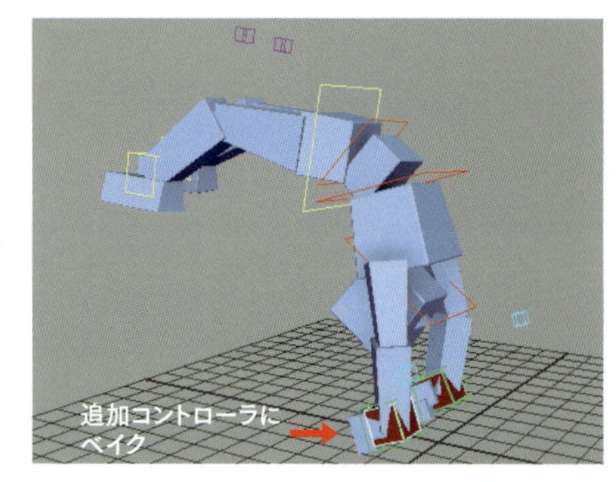

例えばバク転アニメーションで、手のコントローラが上半身の子だと床への固定が難しくなります。そこで上半身の階層外の座標に追加コントローラを作り、手のコントローラへコンストレイントして［ベイク］を実行します。これにより手のアニメーションを追加コントローラへ座標変換して取得できます。その後、手から追加コントローラへコンストレイントすれば手は上半身の影響を受けなくなり、接地を固定してアニメーションを作ることができます。ただしベイクは、初期設定では毎フレームにキーが設定されるので留意しておきましょう。

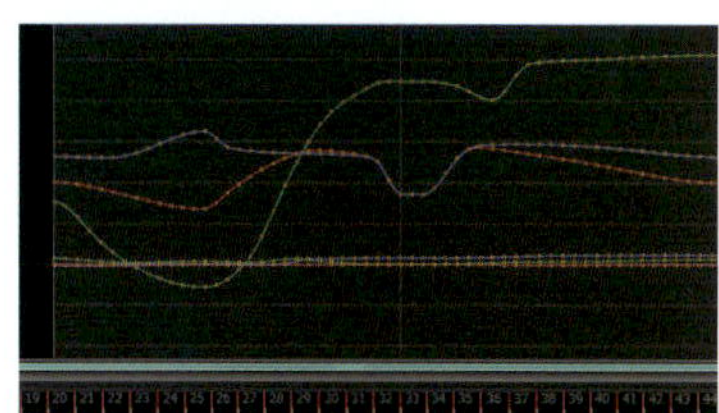

ベイク後のアニメーションカーブ

ベイク：オプション

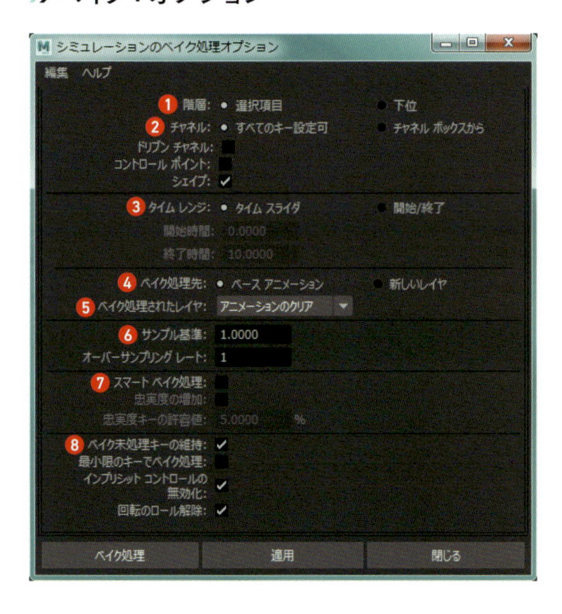

❶ **階層**
ベイクの対象オブジェクトを指定します。

❷ **チャネル**
ベイク対象のチャネルを指定します。

❸ **タイムレンジ**
ベイク範囲を指定します。

❹ **ベイク処理先**
ベイク処理先のレイヤを指定します。

❺ **ベイク処理されたレイヤ**
ベイク処理された後のレイヤの処理を設定します。

❻ **サンプル基準**
キーが生成されるフレームの間隔を指定します。

❼ **スマートベイク処理**
キーフレームのみベイクします。

❽ **ベイク未処理キーの維持**
オンにするとベイク範囲外のフレームのキーを保持します。

アニメーションの視覚化

メインメニューの［視覚化］ではアニメーションオブジェクトの軌跡や、ゴースティング、スナップショットの作成等を行うことができます。主にアニメーション作業でのプレビューで使用します。ここではよく使用する機能を紹介します。

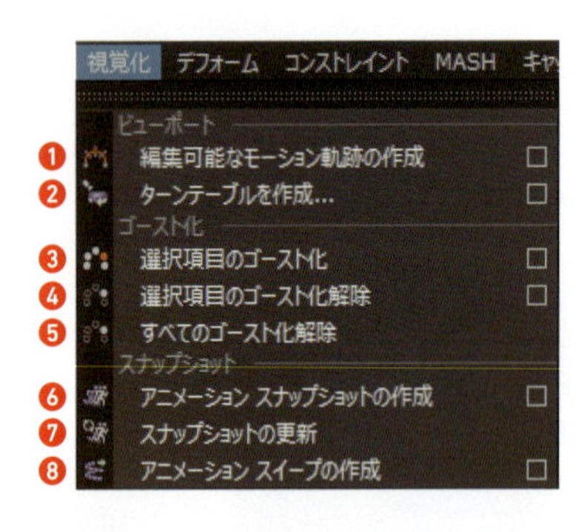

❶ 編集可能なモーション軌跡を作成します。

❷ ターンテーブルカメラを作成し、単一または複数のオブジェクトを 360°の方向から表示できます。

❸ 現在のフレームの前後の指定したフレームで、アニメートされたオブジェクトのゴーストを表示します。ゴーストとは現在のものとは異なる同時に表示されるキャラクタイメージです。

❹ 選択項目のゴースト化を解除します。

❺ すべてのゴースト化を解除します。

❻ アニメーションのスナップショットを作成します。

❼ スナップショットを更新します。

❽ プレーンやカーブなどのアニメート オブジェクトから新しいシェイプを生成できます。

編集可能なモーション軌跡の作成

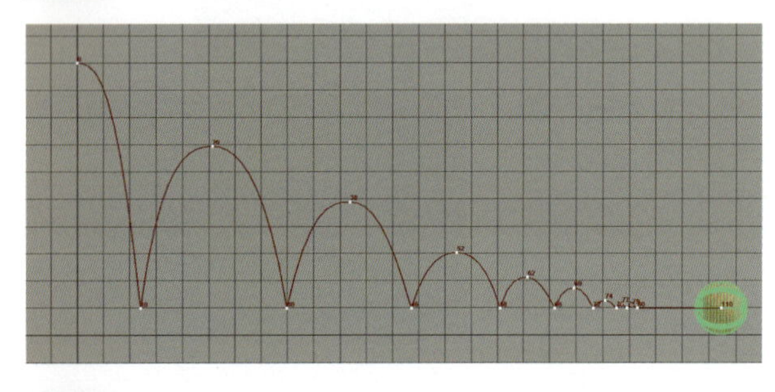

アニメーションの軌跡を作成します。アニメーションされたオブジェクトを選択し、［視覚化］>［編集可能なモーション軌跡の作成］をクリックします。軌跡の確認及び軌跡の直接選択での編集が可能です。削除するには［アウトライナ］に作成された［motionTrail1Handle］ノードを選択して Delete します。

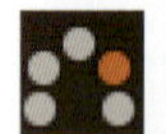

選択項目のゴースト化

アニメーションのゴーストを作成します。アニメーションされたオブジェクトを選択し、［視覚化］>［選択項目のゴースト化］をクリックします。フレームの前後のアニメーションを半透明で表示します。削除するにはオブジェクトを選択して［視覚］>［選択項目のゴースト化解除］をクリックします。

アニメーションスナップショットの作成

キャラクタアニメーションの一連の動作のスナップショットを作ります。キャラクタメッシュを選択して［視覚化］>［アニメーションスナップショットの作成］をクリックすると、指定フレームに沿ってメッシュが形成されます。削除するには［アウトライナ］に作成された［snapshot1Group］ノードを Delete します。

Chapter 5-2

アニメーションエディタ

グラフエディタとドープシート、アニメーションレイヤ、エクスプレッションエディタについて紹介します。

グラフエディタ

グラフエディタはアニメーションをグラフ化し、カーブをさまざまな方法で作成、表示、および修正することができます。メインメニューの［ウィンドウ］＞［アニメーションエディタ］＞［グラフエディタ］で開きます。

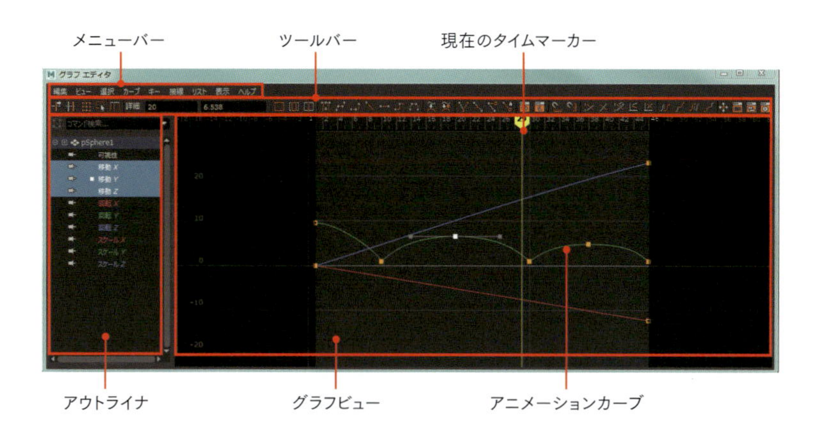

ツールバー

メニューに含まれている機能をアイコンとして配置しています。

［選択項目に最も近いキーの移動ツール］
でキーを選択し、で最も近いキーを移動

［キーの挿入ツール］
でカーブを選択し、でキーを挿入

［キーのラティス変形ツール］
でキーを選択するとラティス選択

［領域ツール］
でキーを領域選択してキーをスケール

［リタイムツール］
グラフビュー内をダブルクリックしてリタイミングマーカーを追加しキーをスケール

詳細 20 6.538

［詳細］
左の枠が選択したキーの現在のフレーム数、右が値を表示し、入力することで変更が可能

［すべてをフレームに合わせる］
選択したカーブすべてをグラフビューのフレームに収める

［再生範囲をフレームに合わせる］
グラフビューで選択されている再生範囲内にあるキーをフレームに収める

［現在のタイムをビューのセンターに表示］
グラフビューで中央を現在のタイムに収める

［自動接線］
カーブまたは選択したキーを自動接線にする

［スプライン接線］
カーブまたは選択したキーをスプライン接線にする

［クランプ接線］
カーブまたは選択したキーをクランプ接線にする

［リニア接線］
カーブまたは選択したキーをリニア接線にする

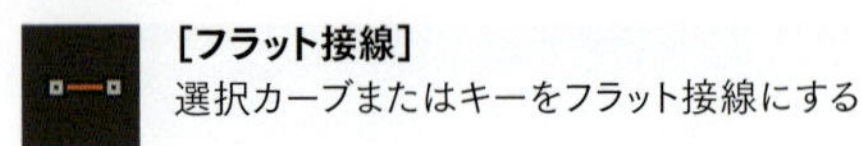

[フラット接線]
選択カーブまたはキーをフラット接線にする

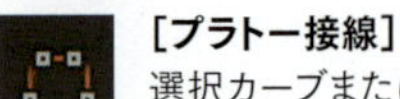

[プラトー接線]
選択カーブまたはキーをプラトー接線にする

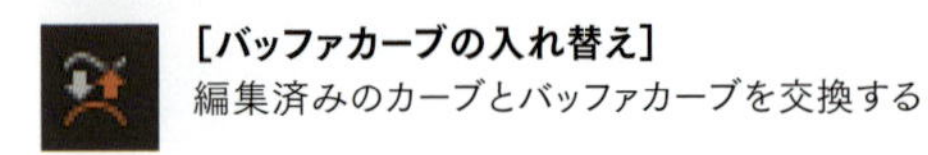

[バッファカーブの入れ替え]
編集済みのカーブとバッファカーブを交換する

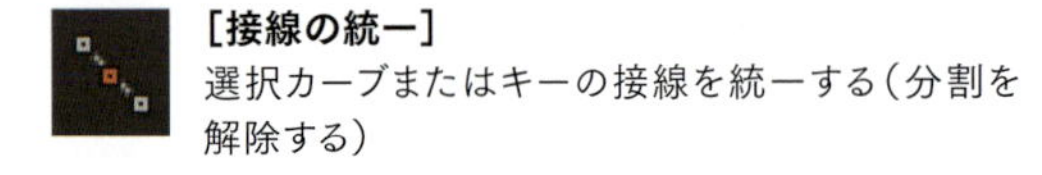

[接線の統一]
選択カーブまたはキーの接線を統一する（分割を解除する）

[接線の長さをロック]
接線の長さをロックする（非ウェイト付きの場合は無効）

[グラフエディタを選択項目からロード]
[グラフエディタの自動ロード]をオフにしたときに、選択オブジェクトをグラフエディタに読み込む

[値スナップ]
キーを最も近い整数に移動する

[正規化したカーブ表示を無効化]
絶対ビューを無効にする

[スタックしたカーブ表示の有効化]
スタックしたカーブ表示を有効にする

[前にサイクル]
プリインフィニティサイクルにする

[後にサイクル]
ポストインフィニティサイクルにする

[コンストレイントされないドラッグ]
グラフビューのキーのドラッグの方向制限無し

[ドラッグをY軸にコンストレイント]
グラフビューのキーのドラッグをY軸にコンストレイントする

[Traxエディタを開く]
Traxエディタを開く

[ステップ接線]
選択カーブまたはキーをステップ接線にする

[バッファカーブのスナップショット]
選択カーブのスナップショットを撮る

[接線の分割]
選択カーブまたはキーの接線を分割する

[接線の長さを解放]
接線ウェイトを解放する（非ウェイト付きの場合は無効）

[グラフエディタの自動ロード]
選択オブジェクトの自動ロードをオン / オフ

[時間スナップ]
キーを最も近い時間整数に移動する

[正規化したカーブ表示を有効化]
グラフを絶対ビューに切り替える

[カーブを再正規化]
グラフを再正規化する

[スタックしたカーブ表示の無効化]
スタックしたカーブ表示を無効にする

[プリインフィニティをオフセット付きサイクル]
プリインフィニティオフセットサイクルにする

[ポストインフィニティをオフセット付きサイクル]
ポストインフィニティオフセットサイクルにする

[ドラッグをX軸にコンストレイント]
グラフビューのキーのドラッグをX軸にコンストレイントする

[ドープシートを開く]
ドープシートを開く

[タイムエディタを開く]
タイムエディタを開く

グラフエディタのアウトライナ

グラフエディタのアウトライナでは、グラフビューに表示するアニメーションカーブを選択します。をクリックすると、グラフビューが更新されてもアウトライナ内に表示が固定されます。

グラフビュー

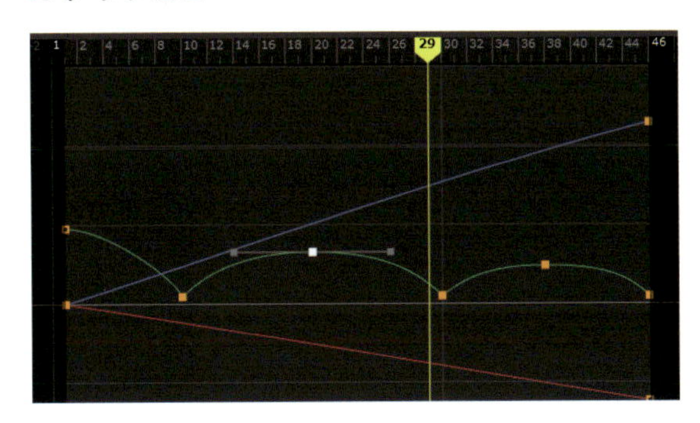

グラフビューではアウトライナで選択されたアニメーションのキーと接線、カーブが表示されます。Mayaの選択ツールや移動ツールを使用してグラフビュー内にあるキーを操作します。

[選択ツール]  **[移動ツール]**

グラフビュー内のカーブやキー、接線の選択と移動をします。

[スケールツール]
グラフビュー内のカーブをスケールします。

Delete **[キーの削除]**
選択したキーを削除します。

グラフビュー内のカメラ操作

パン	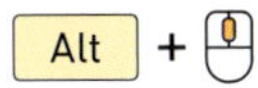	[Alt] を押しながら中ボタンでドラッグします。
ズーム	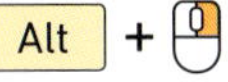	[Alt] を押しながら右ボタンドラッグします。または中ボタンのホイールでも可。
再生範囲のサイズ変更	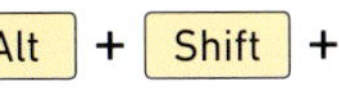	左右ドラッグで時間方向、上下ドラッグで値方向に変更します。

アニメーションをスクラブする

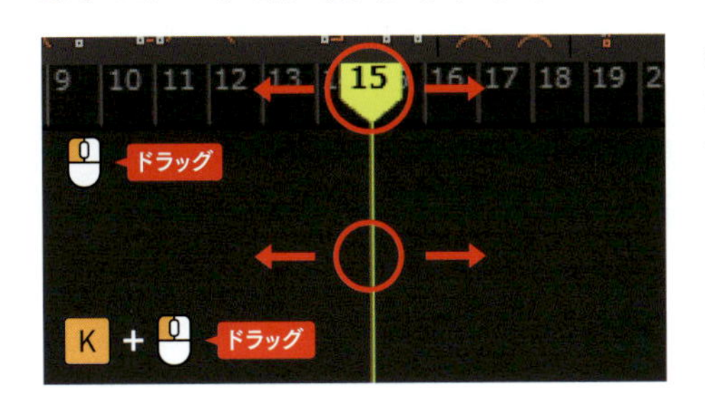

タイムマーカーの一番上を左右にドラッグするとアニメーションをスクラブすることができます。下のグラフビュー内でスクラブするにはKを押しながらドラッグします。

再生範囲を変更する

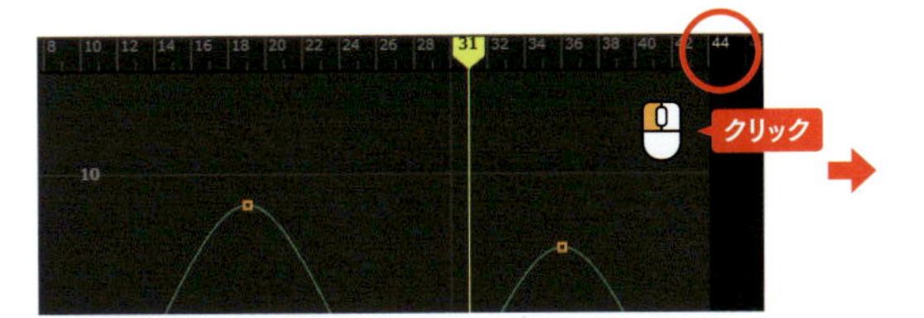

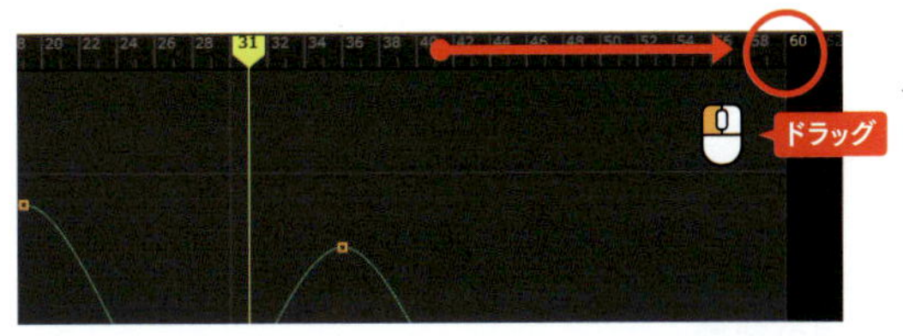

タイムルーラー（グラフエディタの目盛）で暗い領域のエッジをクリックして左右にドラッグすると再生範囲を伸ばしたり縮めることができます。

カーブやキーをフレームに収める

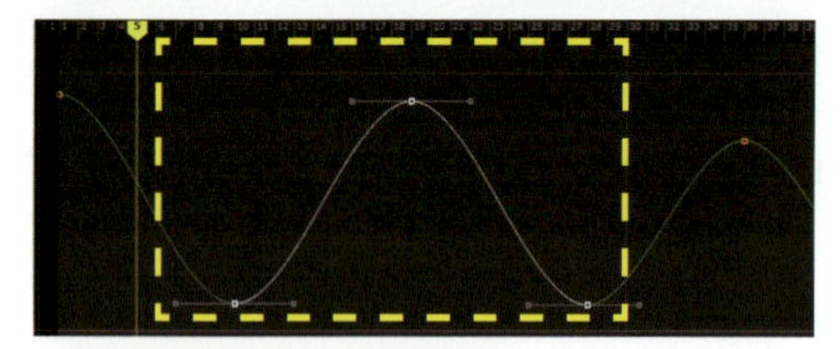

選択項目をフレームに収める

キーを選択してFを押します。

全体をフレームに収める

Aを押すとカーブ全体をフレームに収めます。

キーとカーブの選択

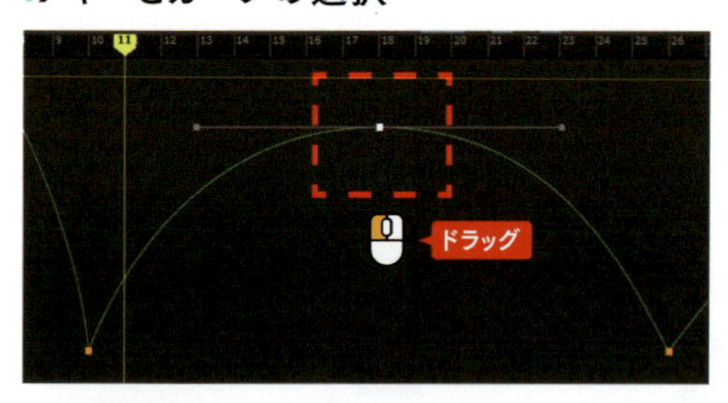

キーを選択

カーブ上のキーをドラッグで囲んで選択します。

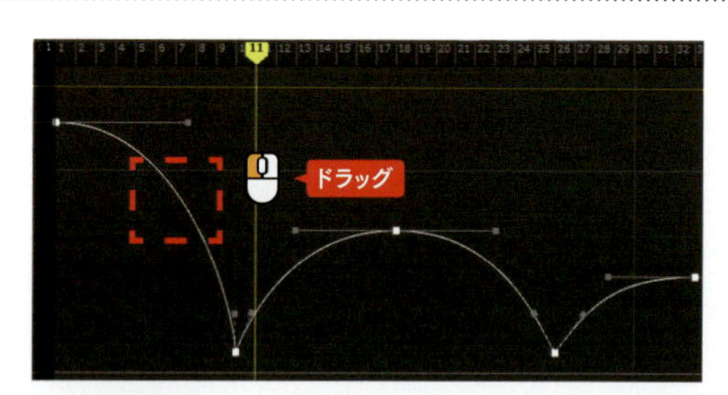

カーブ選択

カーブをドラッグして囲って選択します。

キーの移動

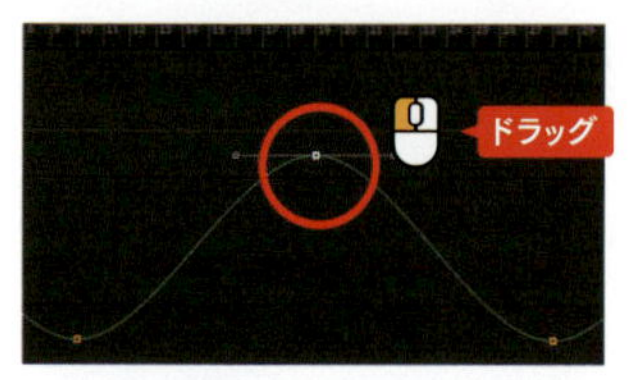

キーの移動

マウスカーソルをキーに合わせるか選択後、ドラッグします。

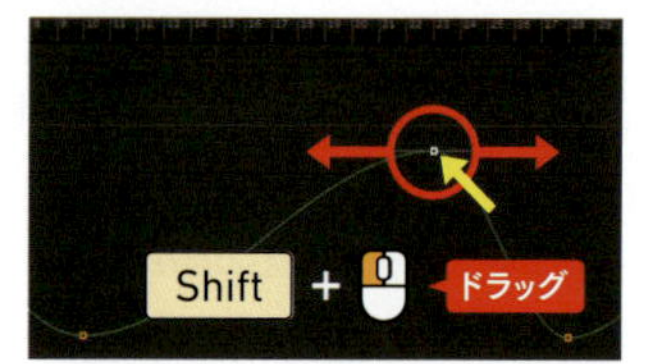

キーをX軸に移動

キーを選択してShift+ドラッグします。

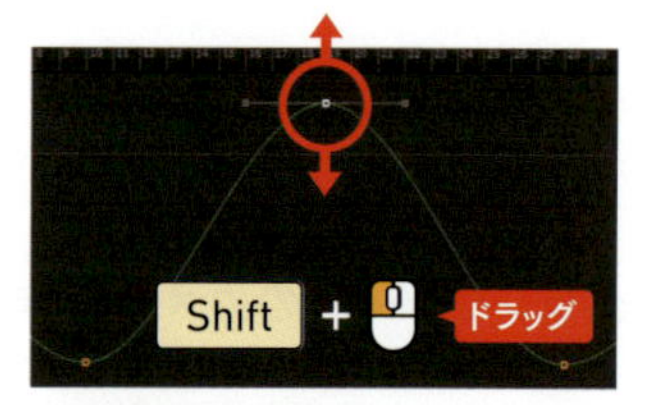

キーをY軸に移動

キーを選択してShift+ドラッグします。

接線の選択

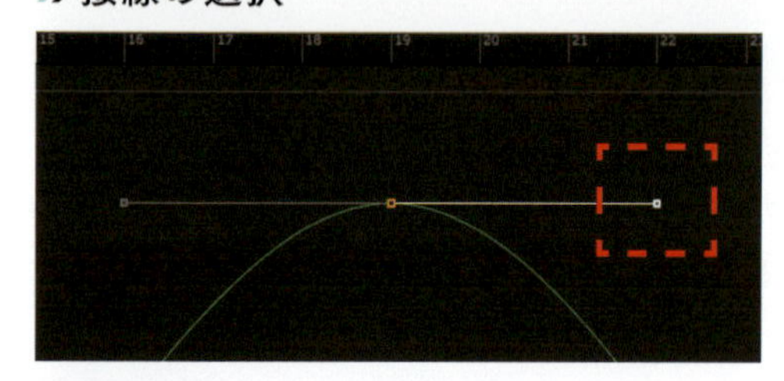

接線の選択

接線の先端をドラッグで選択します。

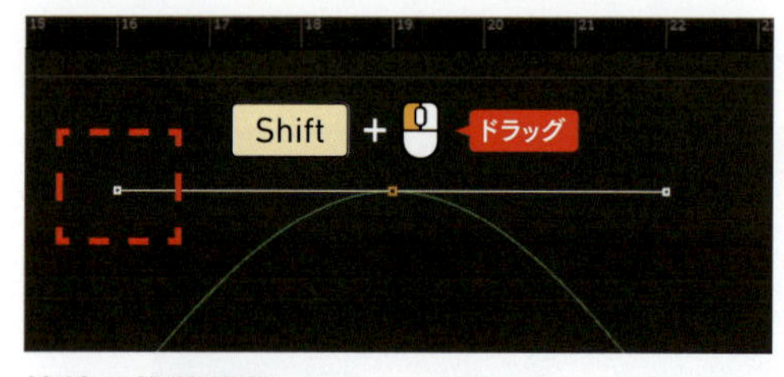

接線の複数選択

片方の接線を選択後、もう片方をShift+ドラッグで選択します。

接線の制御

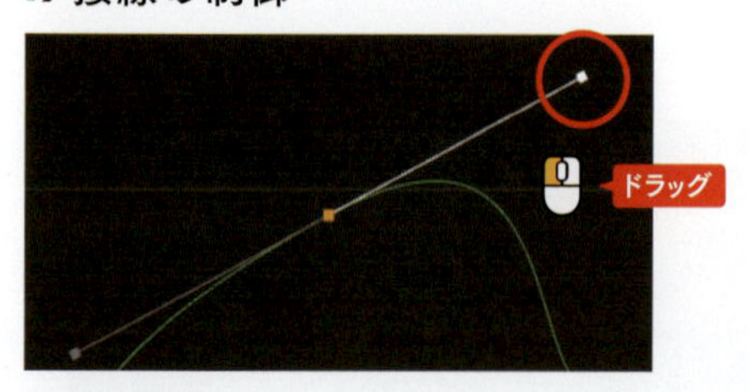

接線の制御

接線を選択して、ドラッグで接線の傾きや長さを変更します。

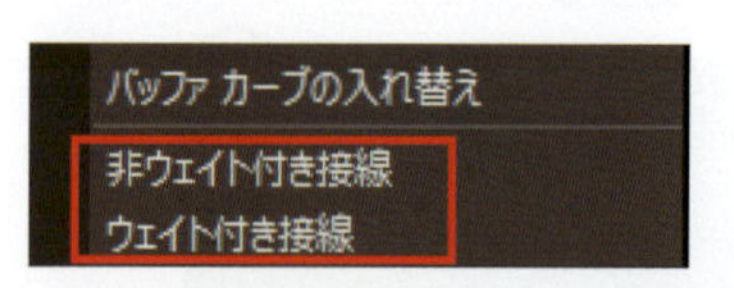

[非ウェイト付き接線]と[ウェイト付き接線]

グラフエディタのメニューの[カーブ]>[非ウェイト付き接線]にすると接線の長さが変更できなくなり、[ウェイト付き接線]にすると変更できるようになります。

接線タイプの変更

接線タイプを変更すると、カーブシェイプを変更します。アニメーションのタイプによって使い分けます。

1. キーまたはカーブを選択（選択しない場合、アウトライナにあるカーブ全て対象）
2. ツールバーの接線アイコンをクリックします（もしくは［接線］メニュー以下から実行）。

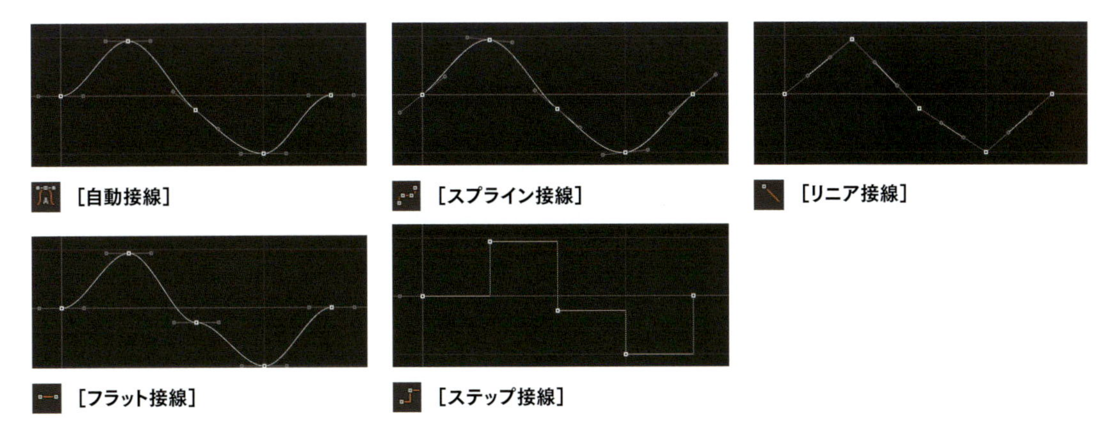

サイクルカーブ化

アニメーションカーブを前後に繰り返します。サイクルアニメーションを作成する場合に使用します。

1. カーブを選択します（選択しない場合はアウトライナのすべてのカーブ対象）。
2. ツールバーのサイクルアイコンをクリックするか、［カーブ］＞［プリインフィニティ］/［ポストインフィニティ］＞［サイクル］/［オフセット付きサイクル］をクリックします。

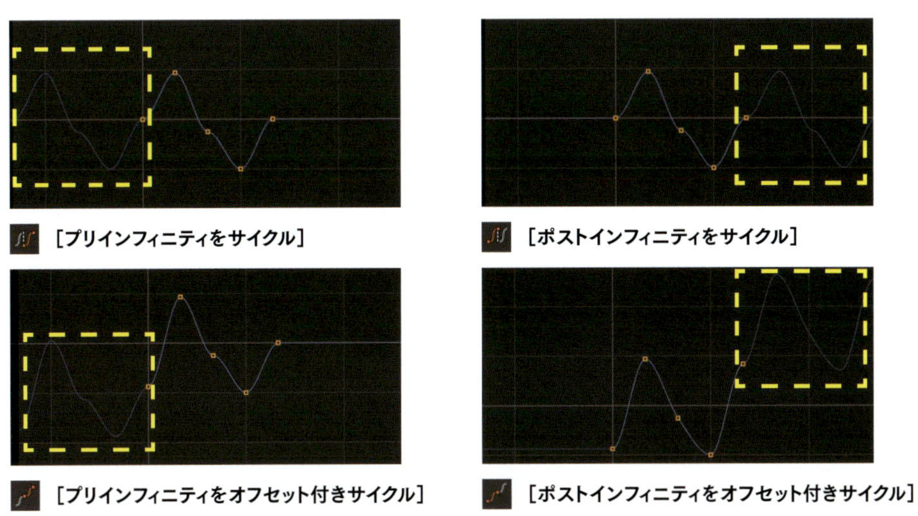

サイクルカーブを除去する場合

［カーブ］＞［プリインフィニティ］/［ポストインフィニティ］＞［一定］をクリックします。

オイラーフィルタ

オブジェクトを回転した時に、3つの軸のうち2つの軸が同一平面上に揃ってしまう「ジンバルロック」という現象が起こった際に、［オイラーフィルタ］を使用するとスムーズな回転カーブに戻すことができます。

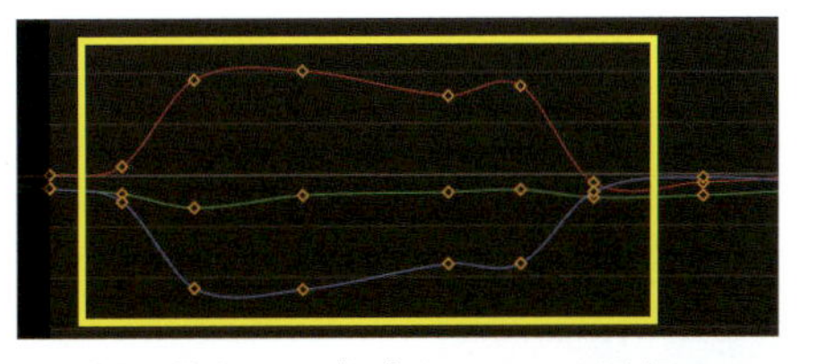

図の黄色い枠内のカーブが「ジンバルロック」を起こしています。

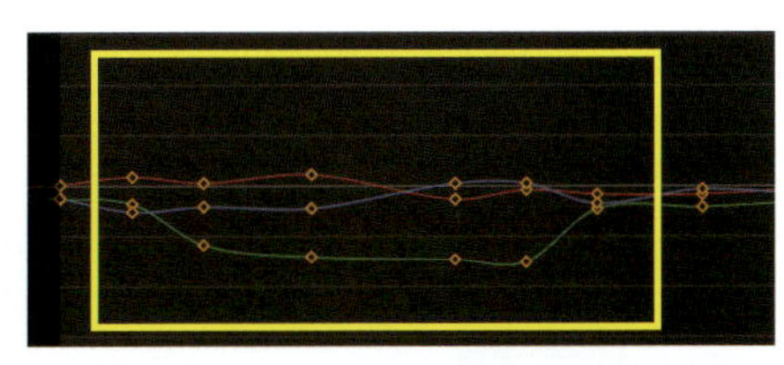

［グラフエディタ］の［カーブ］＞［オイラーフィルタ］をクリックします。ジンバルロックが解消されます。

ドープシート

[ドープシート] はアニメーションにおいてキーのタイミングをずらすときに使います。横軸は整数の時間単位を表し、縦軸はドープシートのアウトライナに読み込まれている項目を表します。 メインメニューの [ウィンドウ] > [アニメーションエディタ] > [ドープシート] で開きます。

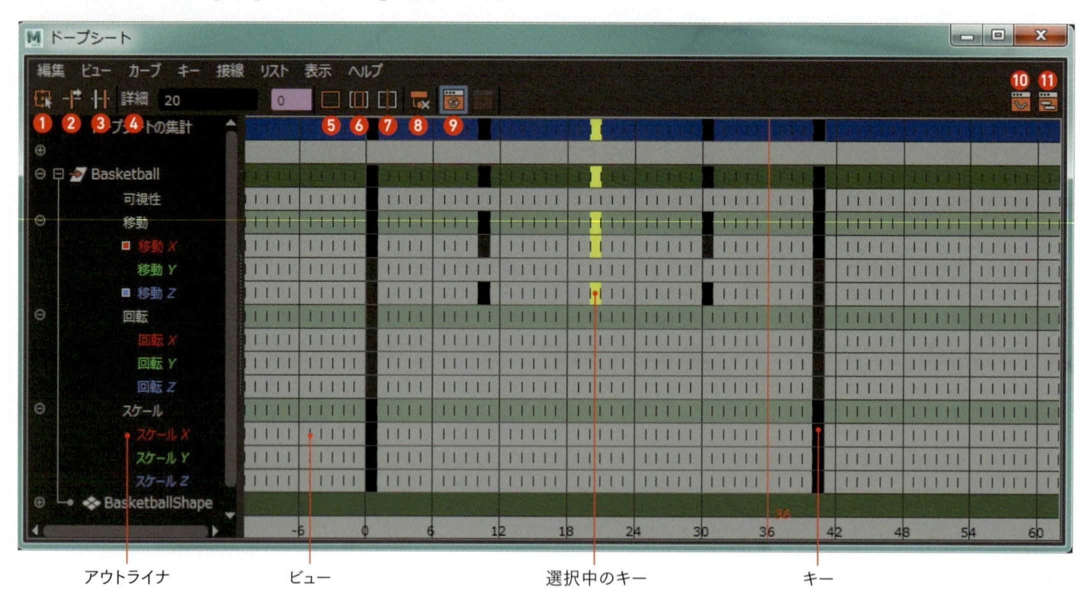

1. キーフレームの選択ツール
2. キーの移動ツール
3. キーの挿入ツール
4. キーの時間と値を表示
5. 全てのキーをビューに収める
6. 再生範囲をビューに収める
7. 現在のタイムをビューのセンターに収める
8. 下位階層のオン / オフ
9. ドープシートの自動ロードをオン / オフ
10. グラフエディタを開く
11. Trax エディタを開く

黒と灰色のキーの色の違い

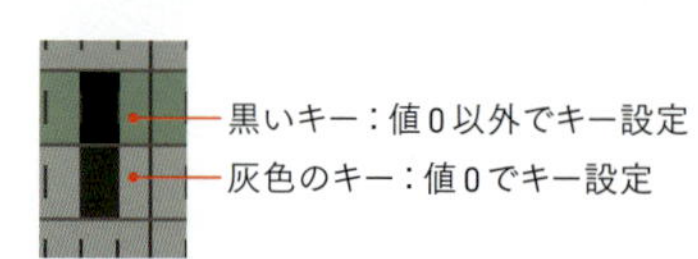

ビュー内の操作

パン 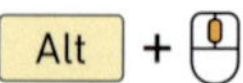

再生範囲のサイズ変更 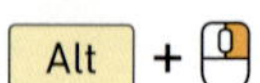

キーの選択

キーマークにマウスカーソルを合わせてクリック

[ドープシートの集計] の行のキーを選択すると、そのフレームの列のキー全てを選択します。

アウトライナの項目の行のキーを選択すると個別にキー選択します。

キーの移動

キーを選択し [移動ツール] にした状態でドラッグ

[ドープシートの集計] の行のキーを移動すると下層のキーも移動します。

チャネルの行のキーを選択すると個別で移動します。

アニメーションレイヤエディタ

アニメーションレイヤは元のアニメーションを破壊せず、既存のアニメーションの上層にキーフレームを設定してブレンドすることができます。例えばジャンプアニメーションのジャンプの高さを変更する場合に元のアニメーションカーブを触らず、アニメーションレイヤで調整することができます。

アニメーションレイヤ

❶ レイヤにゼロキーを設定します。
❷ ウェイトを 0.0 でレイヤにキーを設定します。
❸ ウェイトを 1.0 でレイヤにキーを設定します。
❹ 選択レイヤをリストの上方向に移動します。
❺ 選択レイヤをリストの下方向に移動します。
❻ 空レイヤを作成します。
❼ 選択したオブジェクトを含めたレイヤを作成します。
❽ レイヤにロックを設定します。
❾ オンにすると他のレイヤをミュートします。
❿ レイヤをミュートします。
⓫ オンにするとゴーストを表示します。アイコンを🖱するとアイコンカラーを変更することができます。
⓬ レイヤのアクティブ状況。緑はアクティブ、赤は非アクティブを示します。
⓭ レイヤのウェイトを調節します。
⓮ ウェイトのキーを設定します。

アニメーションレイヤの作成とオブジェクトの追加

空レイヤを作ります。ツールバーの［空レイヤを作成］アイコンをクリックします。レイヤが作成され、元のアニメーションは［BaseAnimation］レイヤに格納されます。

オブジェクトと追加したいレイヤを選択して、［レイヤ］メニューか、項目を🖱クリックして表示されるメニューから［選択したオブジェクトの追加］をクリックすると、オブジェクトがレイヤに追加されます。

アニメーションレイヤのアクティブ化

レイヤの切り替えはレイヤエディタのリストからクリックするか、Maya 画面下部の［アクティブアニメーションレイヤの設定］のプルダウンメニューから選択します。

»アニメーションレイヤにキー設定

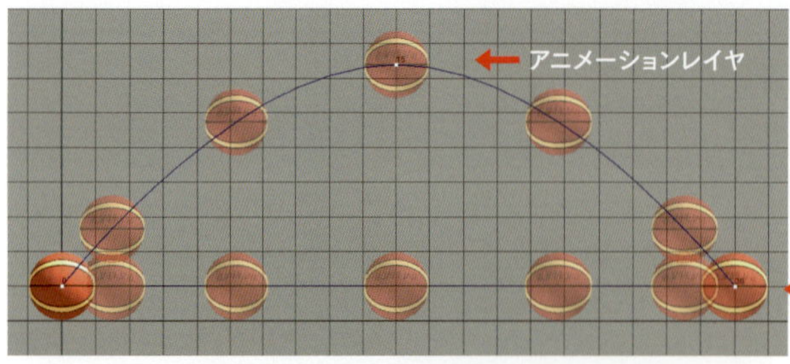

アクティブレイヤに追加されたオブジェクトにキー設定すると、アクティブレイヤ上にキーフレームが設定されます。[レイヤ] > [レイヤモード] で [加算] か [オーバーライド (上書き)] に設定できます。

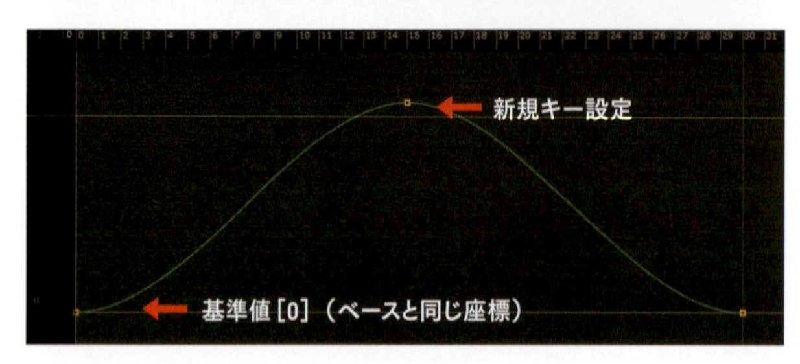

アニメーションレイヤのアニメーションカーブでは、値「0」が基準値 (ベースアニメーションと同じ値) になります。「0」から離れるほどベースレイヤとの差 (オフセット) が広がります。

»アニメーションレイヤのマージ

アニメーションレイヤとベースアニメーションを選択します。

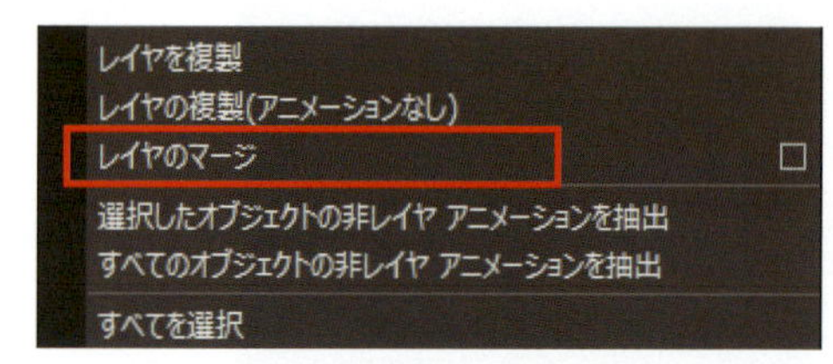

[レイヤ] メニューの [レイヤのマージ] をクリックします。レイヤアニメーションがベースアニメーションにマージされ、レイヤは除去されます。

エクスプレッションエディタ

エクスプレッションは、異なるオブジェクトのアトリビュートを関連付け、1つのアトリビュートを変更することによって他のアトリビュートの動作を制御します。メインメニューの [ウィンドウ] > [アニメーションエディタ] > [エクスプレッションエディタ] で開きます。

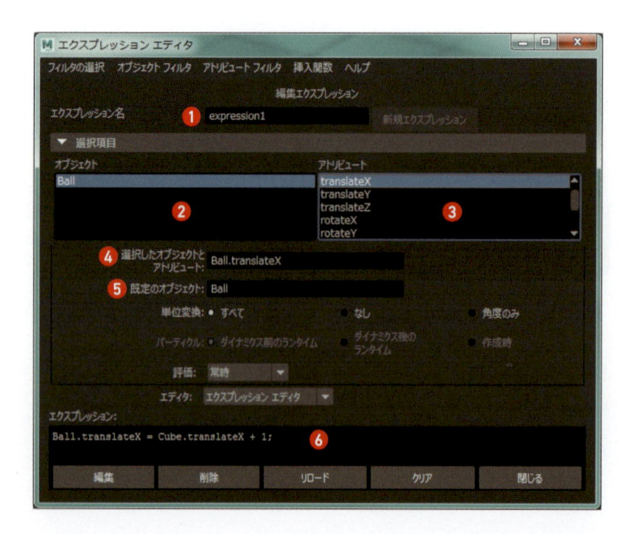

❶ エクスプレッション名
エクスプレッションの名前を設定します。

❷ オブジェクト
選択オブジェクトを表示します。

❸ アトリビュート
選択オブジェクトのアトリビュートを表示します。

❹ 選択したオブジェクトとアトリビュート
選択したオブジェクトとアトリビュートを表示します。

❺ 既定のオブジェクト
既定されているオブジェクトを表示します。

❻ エクスプレッション
エクスプレッションを記述します。

基礎編 Chapter 5 アニメーション

アニメーションのエクスプレッションの作成方法

対象オブジェクトとアトリビュートを選択して計算式を記述して作成します。

オブジェクトを選択し、エクスプレッションエディタで計算式を適用するアトリビュートを選択します。

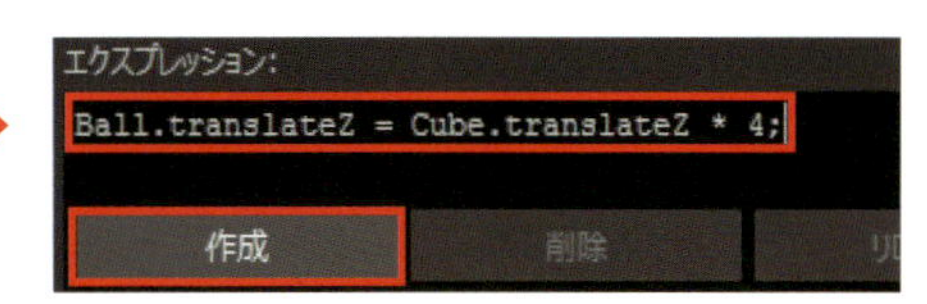

エクスプレッションエディタのアトリビュートを選択して、[作成]を押します。

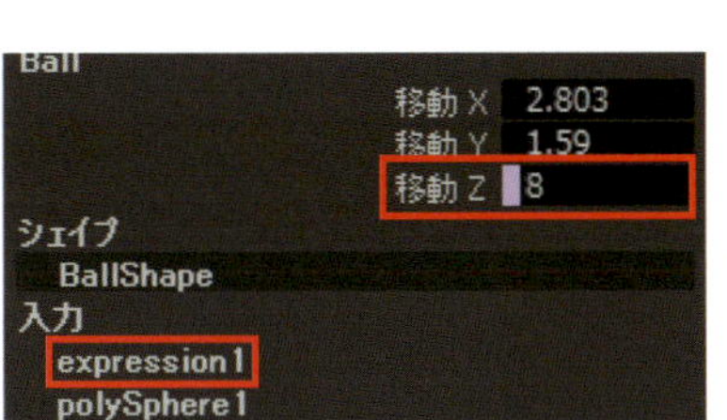

対象オブジェクトのアトリビュートにエクスプレッションが入力されます。

エクスプレッションの削除

削除するアトリビュートを選択して[削除]を押します。

MEMO キャラクタセットとTraxエディタ

キャラクタアニメーションするコントローラオブジェクト等を[キャラクタセット]化すると、[Trax(トラックス)エディタ]によるノンリニア編集を行うことができます。今回本書では[Traxエディタ]に詳しく触れませんが、概要だけ紹介します。「ノンリニア」とは、時系列を自由に入れ替えて、切り張りが行える動画の編集システムです。

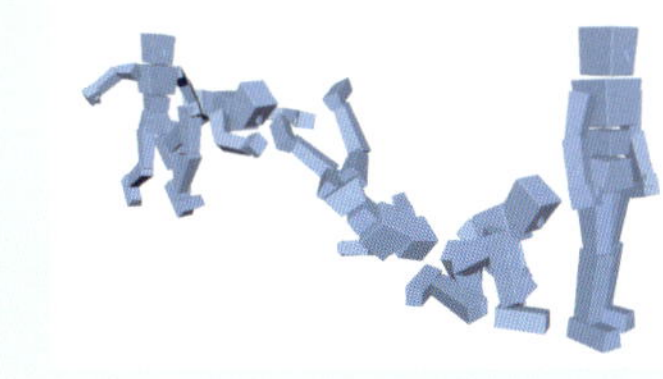

例えば待機と飛び込み前転アニメーションをつなげることができます。

キャラクタセットの作成

キャラクタアニメーション用のコントロールリグを選択して、メインメニューの[キー] > [キャラクタセットの作成]をクリックします。

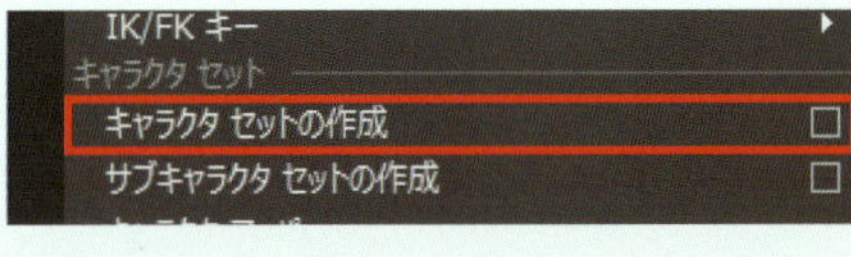

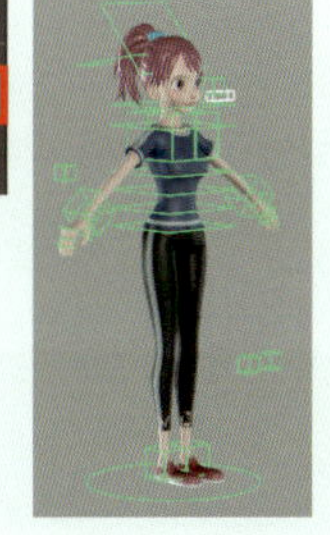

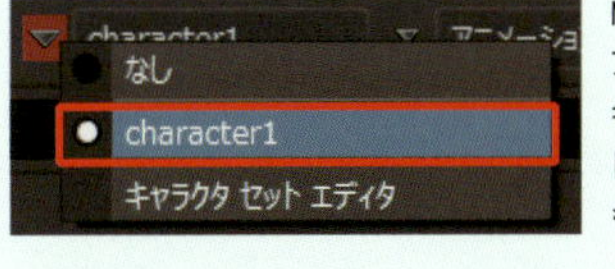

Maya画面下の[カレントキャラクタセットの設定]をクリックして、プルダウンメニューから作成したキャラクタセットを選択します。キャラクタセットを選択しておくと、セットに含まれたアトリビュートのキーフレームが常時タイムスライダに表示され、キーの編集もセットに含まれたアトリビュートすべてが対象になります。

Traxエディタ

メインメニューの[ウィンドウ] > [アニメーションエディタ] > [Traxエディタ]で開きます。

Traxエディタはアニメーションやサウンドをクリップ化して配置します。アニメーションされたキャラクタセットを選択した上で、▬をクリックすると、クリップがトラックに追加されます。また、.wavまたは.aiffファイルをオーディオクリップとして読み込むことができます。読み込んだクリップはタイムラインを移動することができます。複数読み込んでいる場合、一番上のクリップから再生され、最後に最下層のクリップが再生されます。一度に再生できるオーディオクリップはひとつだけです。

Chapter
5-3

›やってみよう!
ボールのバウンドアニメーションを作る

ボールが床をバウンドするキーフレームアニメーションを作りましょう。

ボールがバウンドするアニメーションの作成

バスケットボールが何回かバウンドしながら前方に転がるアニメーションを作ります。

①準備

シーンを読み込む

サンプルの開始シーン「Chap05_BallBound_Start.mb」を読み込みます。完成は「Chap05_BallBound_End.mb」を参考にしてください。

開始シーン ▸ MayaData/Chap05/scenes/Chap05_BallBound_Start.mb
完成シーン ▸ MayaData/Chap05/scenes/Chap05_BallBound_End.mb

シーンの設定

メニューセットを[アニメーション]に変更します。

フレームレートを[30fps]、ループを[連続ループ]にします。

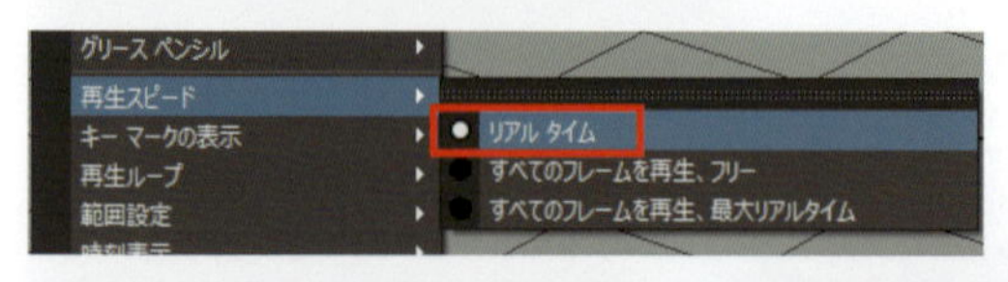

[再生スピード]を[リアルタイム]にします。

アニメーションの再生範囲を開始「1」、終了「110」にします。

不要なチャネルのキー設定を不可にする

ボールには［移動X］、［回転YZ］、［スケールXYZ］、［可視性］のアニメーションをつけないので、チャネルボックスでこれらの項目を［選択項目のロック/非表示］にします。

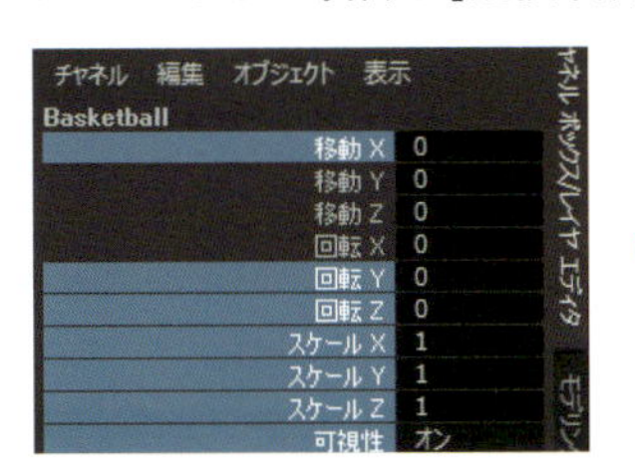

チャネルボックスで［移動X］、［回転YZ］、［スケールXYZ］、［可視性］の項目を選択します。

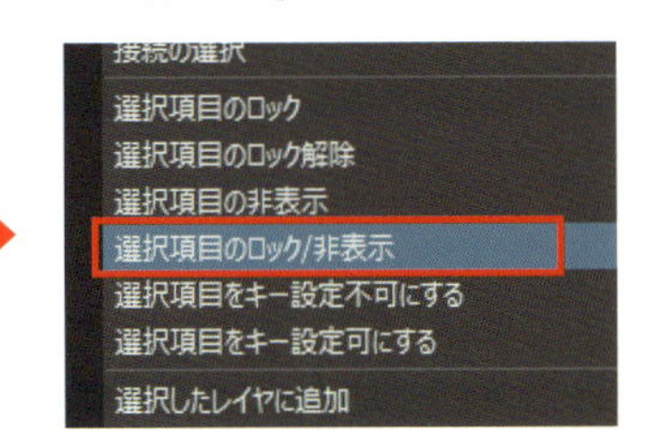

［チャネル］>［選択項目のロック/非表示］をクリックします。

選択項目がロックされて非表示になり、キー設定ができなくなります。

②ボールに移動のアニメーションキーを設定

左面ビューに切り替え

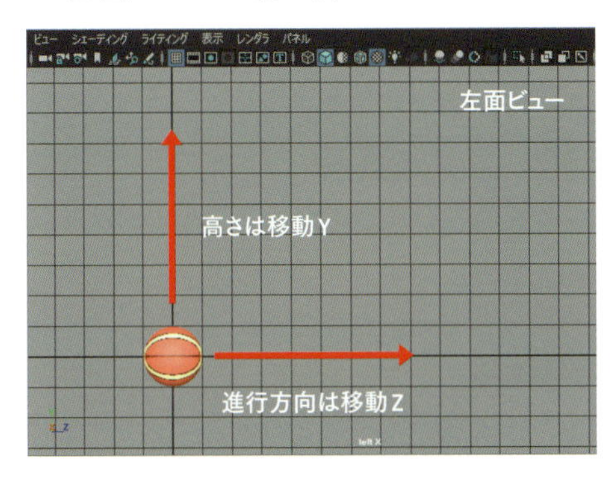

いずれかのビューでホットボックスを表示し、［Maya］>［左面ビュー］を選択して左面ビューに切り替え、全画面に切り替えます。ボールの高さはY軸、進行方向は+Z軸に移動してキーを設定していきます。

ボールの開始位置でキー設定

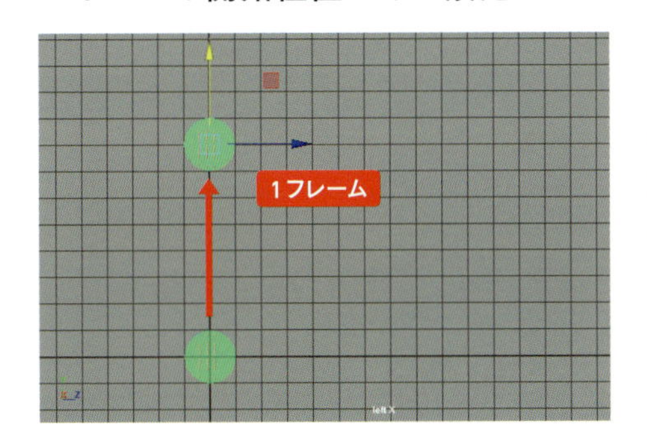

ボールのアニメーションの開始位置を決めてキー設定します。タイムスライダで1フレームを選択し、ボールを動かして（図では移動Y「8」、移動Z「0」）移動キー（Shift + W）を設定します。回転アニメは移動アニメの後に設定するので、この時点ではまだつけません。

地面に接触させてキー設定

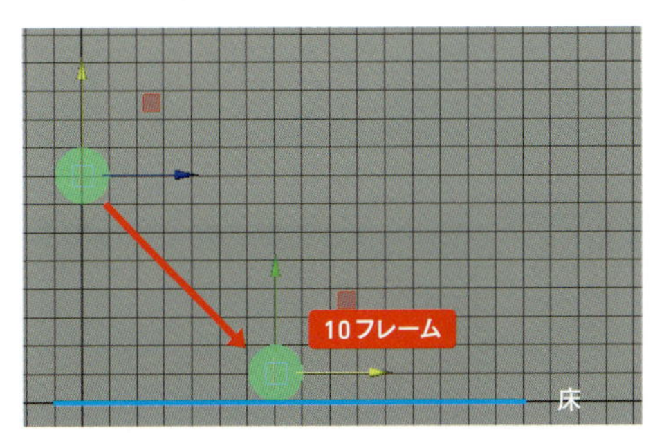

ボールが落ちて地面に着地するキーを設定します。タイムスライダで「10」フレームを選択し、ボールを地面（ワールド座標Y軸の値「0」平面）のグリッドに接触するように動かして、移動キーを設定します。

> **MEMO**
> 基本的に背景オブジェクトがシーンに無い場合、移動Yの値「0」のXZプレーンを地面と仮定します。

跳ねた位置、再び着地する位置でキー設定

続いて「18」フレームでボールが地面に着いて跳ねた位置と、「26」フレームで着地した位置の2か所にキー設定します。

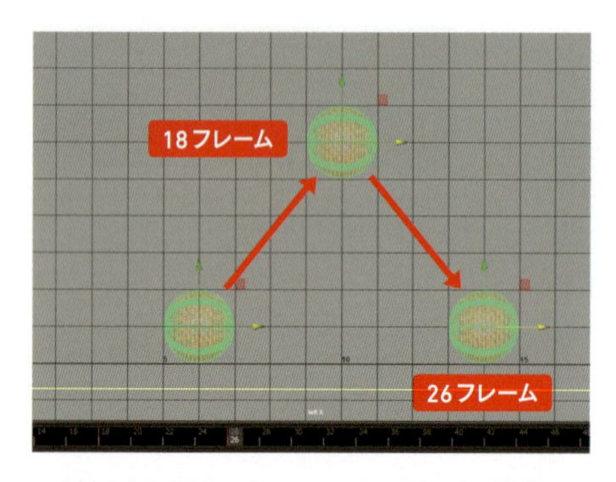

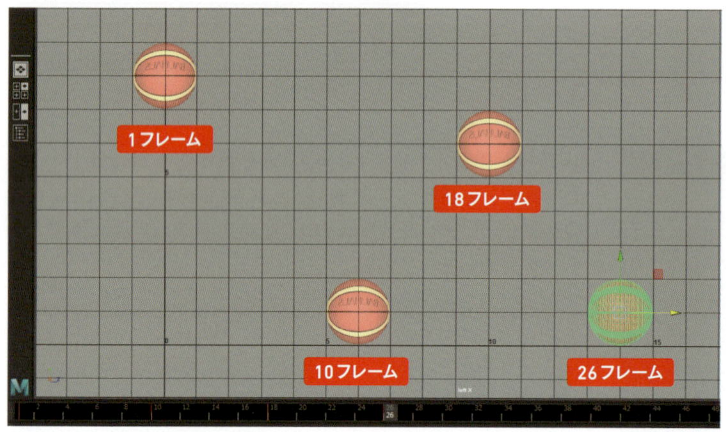

これで4つキーフレームが作成されました。

ボールの軌跡を表示

ボールのアニメーションの軌跡を表示します。

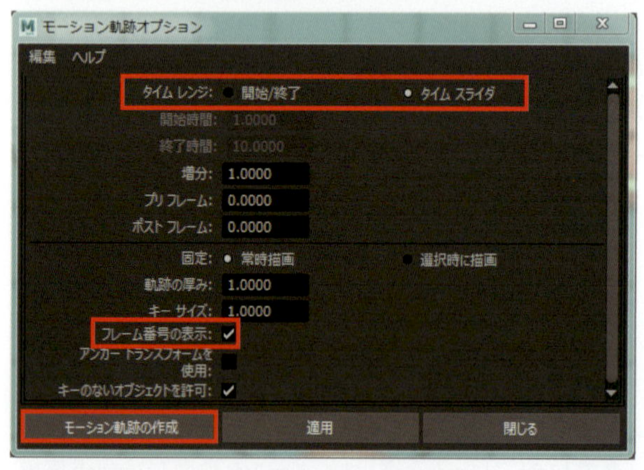

ボールを選択し、メインメニューの[視覚化] > [編集可能なモーションの軌跡]のオプションを開き、図の設定にして[モーション軌跡の作成]をクリックします。

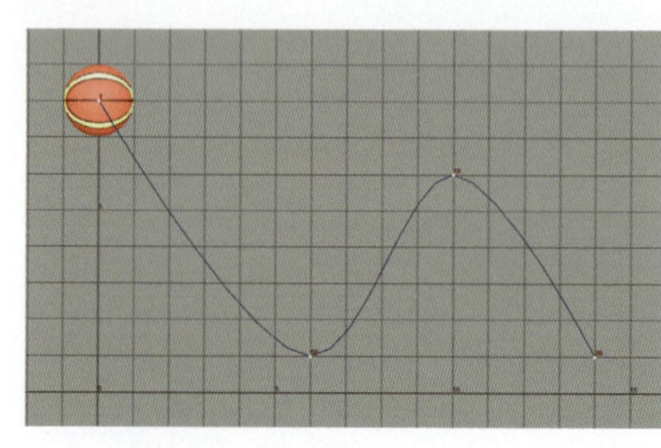

ボールの軌跡が表示されます。

ビューに軌跡が表示されていない場合は、ビューパネルの[表示] > [モーションの軌跡]にチェックを入れます。

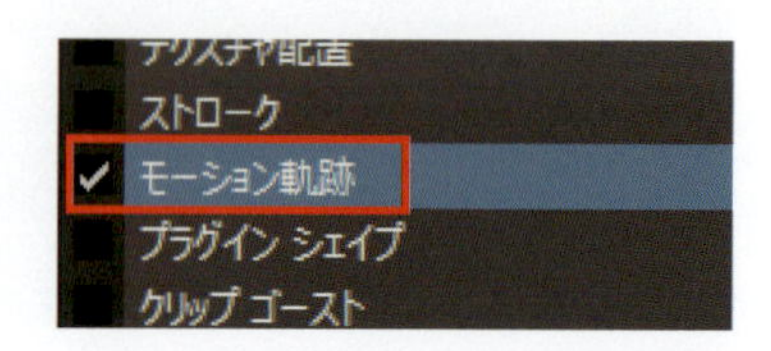

ボールのゴーストを表示

続いてボールのゴーストを表示します。

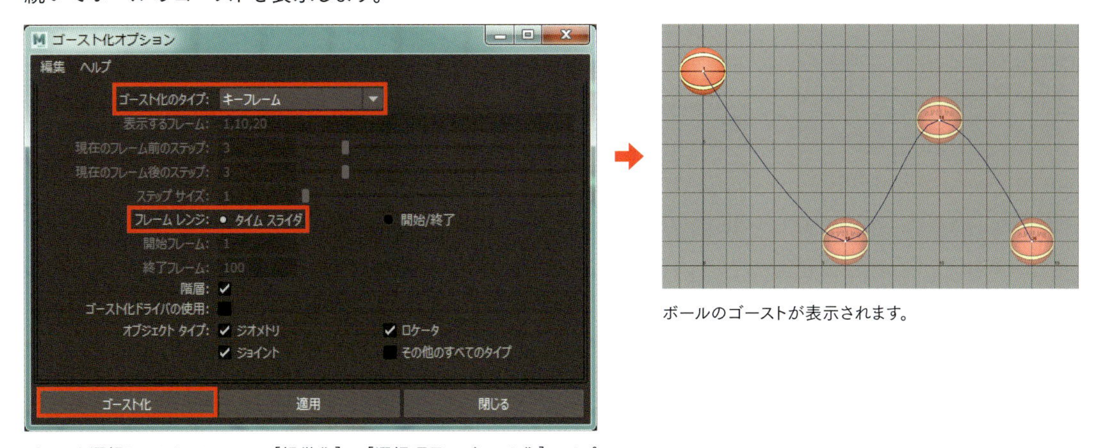

ボールを選択し、メインメニューの［視覚化］＞［選択項目のゴースト化］のオプションを開き、図の設定にして［ゴースト化］をクリックします。

ボールのゴーストが表示されます。

移動キーをアニメーションの終了まで設定する

軌跡とゴーストを確認しながら、下の図のように移動キーを追加します。
バウンドは合計6回にし、バウンド回数を重ねるごとに高さ（Y軸）を段々低くし、キーフレームの間隔を狭くします。最後は110フレームでボールが停止するキーを設定します。作例ではボールの停止位置の移動Zは「33」に設定しています。

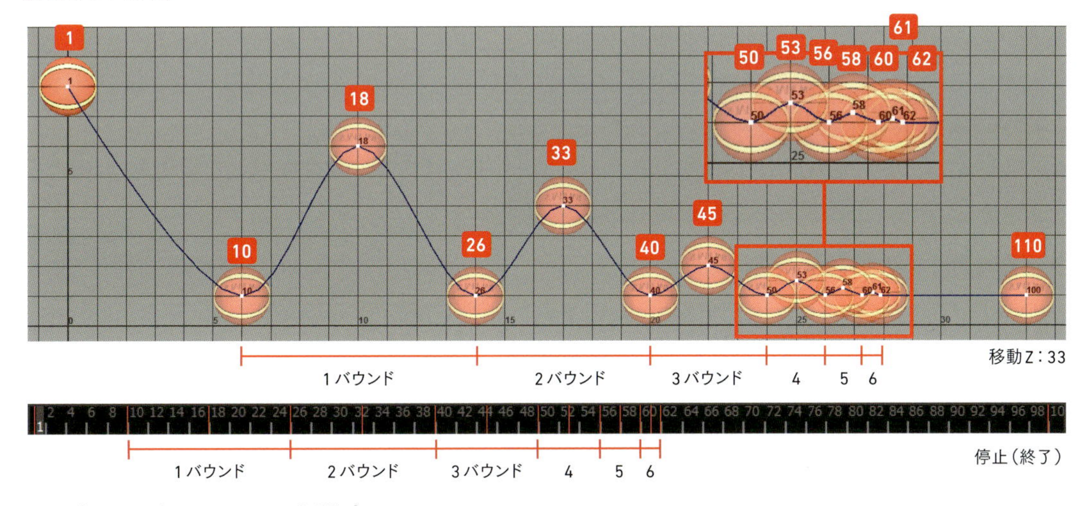

回転Xのキーフレームを設定

ボールに回転X軸のアニメーションを設定します。ボールを選択し、「1」フレームで回転キー（Shift + E）を設定します。［チャネルボックス］の「回転X」の項目を確認すると、値「0」でキー設定されているのが確認できます。

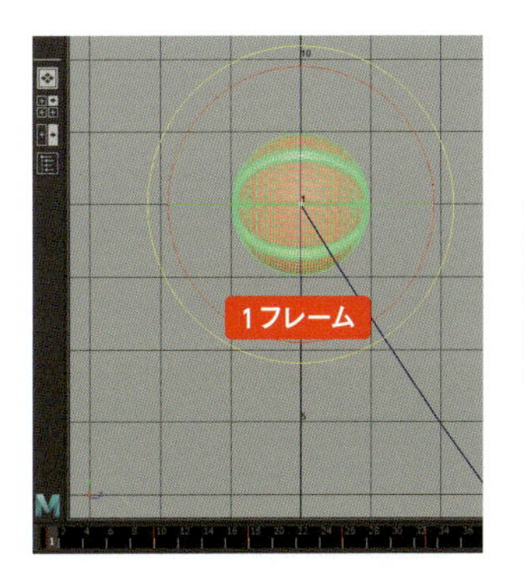

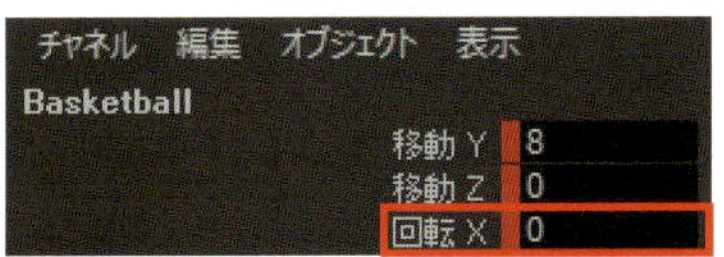

»110フレームに回転キーを設定

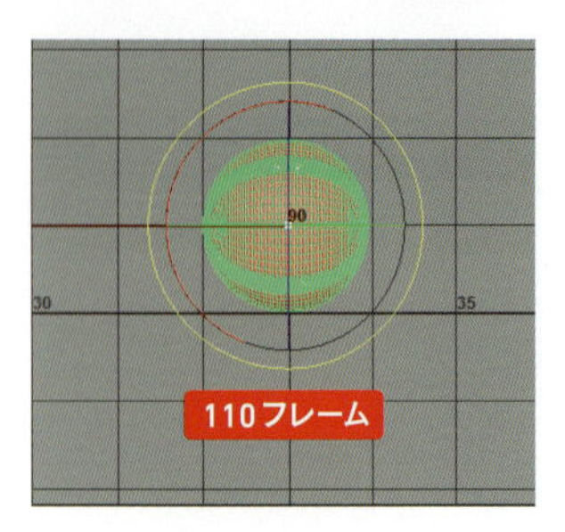

タイムスライダを「110」フレームにします。ボールを選択し、チャネルボックスの回転Xに「2160」を入力して Enter を押して確定し、［チャネル］＞［選択項目のキー設定］をクリックしてキーを設定します。

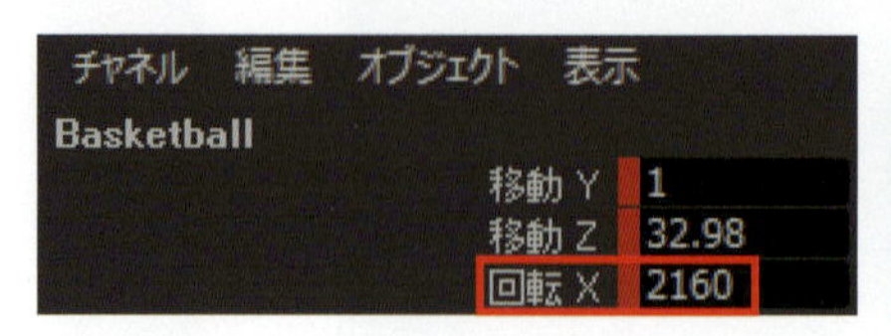

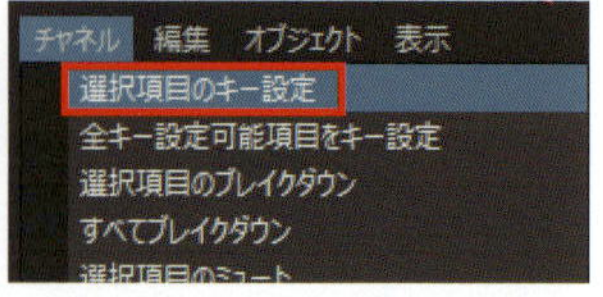

MEMO **1回転は「360」の値**

オブジェクトを1回転させたい場合は数値を「360」入力します。2回転なら「720」、3回転なら「1080」です。

③アニメーションカーブを調整

»グラフエディタを開く

シーンを再生してみましょう。ボールの着地がフワフワしており、弾力がありません。弾力が出せるようにグラフエディタでカーブを調整します。移動Y、移動Z、回転Xカーブを選択し、グラフエディタのメニューの［カーブ］＞［ウェイト付き接線］を実行して接線を伸ばせるようにします。

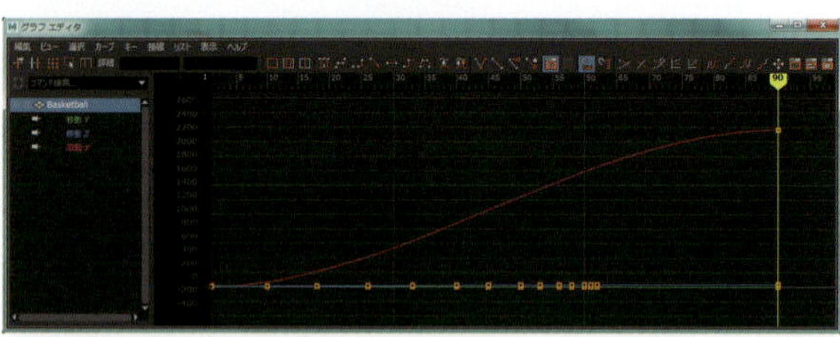

ボールを選択して、メインメニューの［ウィンドウ］＞［アニメーションエディタ］＞［グラフエディタ］をクリックします。

»移動Yカーブの接線を分割

移動Yカーブの接線を調整して、弾力が出るようにします。

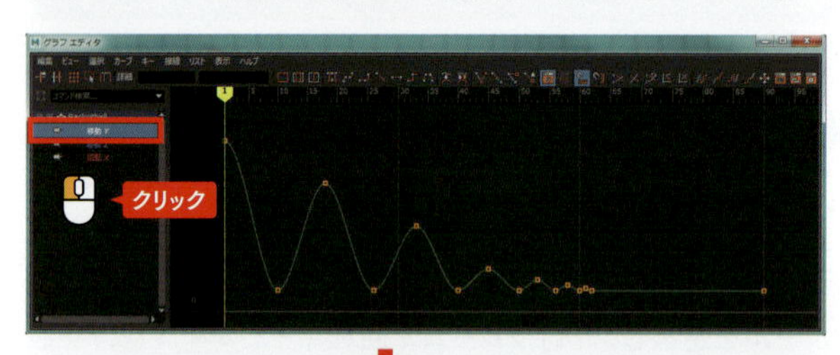

グラフエディタのアウトライナで移動Yのカーブを選択します。

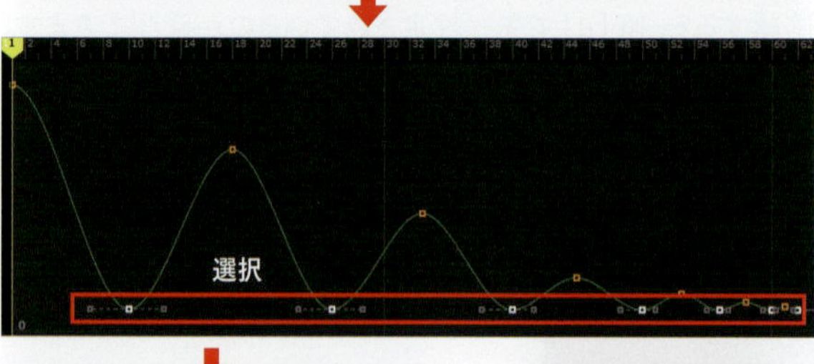

続いて「110」フレーム以外のボールが地面に接触するキーを全て選択します。

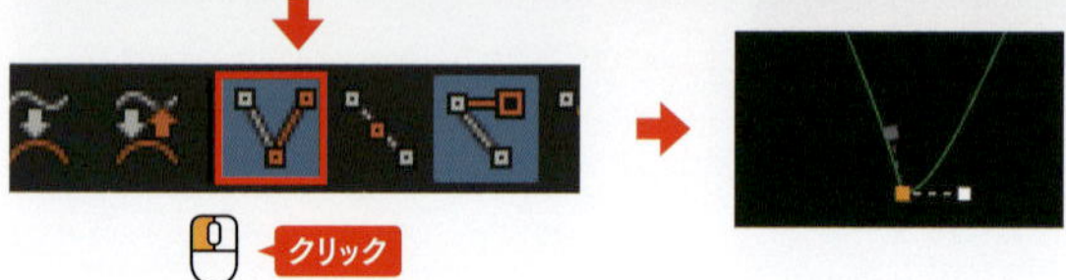

グラフエディタのツールバーの［接線の分割］をクリックします。キーの接線を左右個別に動かせるようになります。

バウンド時のキー接線の角度を調整

分割した接線を動かして左下の図のようにカーブを折ります。

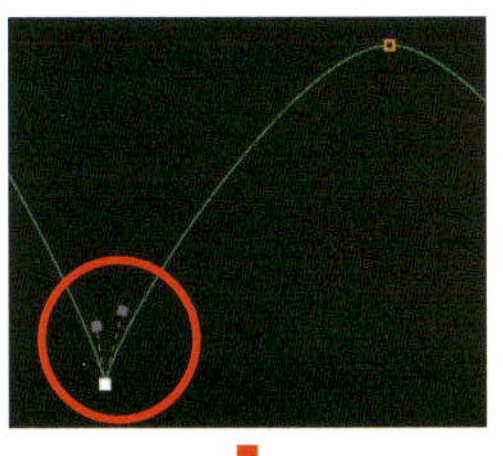

接線を選択して動かし、図のように折り曲げます。

他の接線も同様に調整します。

バウンド中のキーの接線を調整

ボールが跳ね上がった時のキーの接線を伸ばし、軌跡を円弧にします。

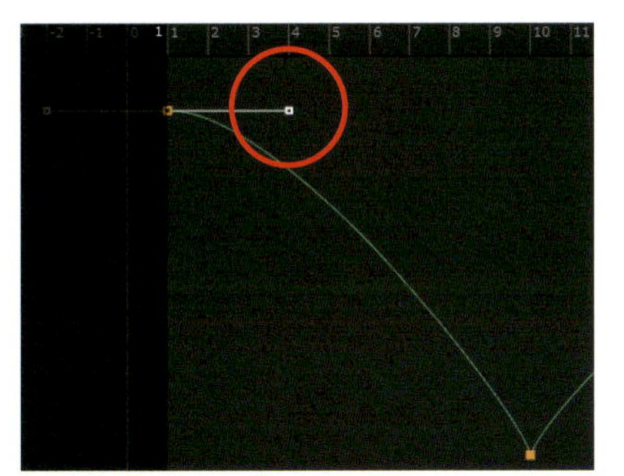

キーの右の接線を選択します。

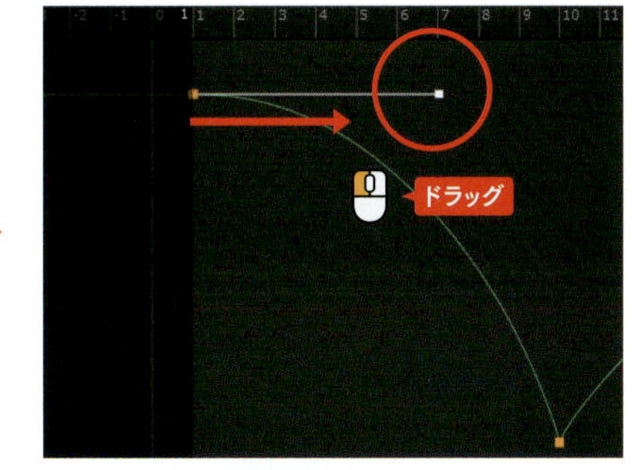

右にドラッグして接線を伸ばし、カーブの曲線を図のようにします。

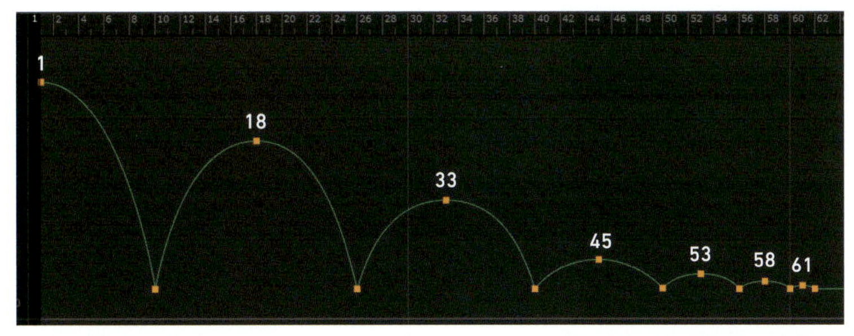

他のキーも図のように調整します。

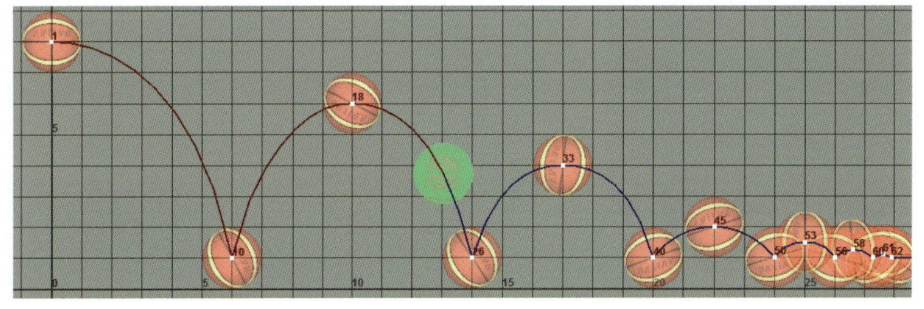

シーンを再生します。軌跡がバウンドらしくなり、弾力も加わって弾むようになりました。

移動Zカーブの調整

続いて移動Zカーブを調整します。

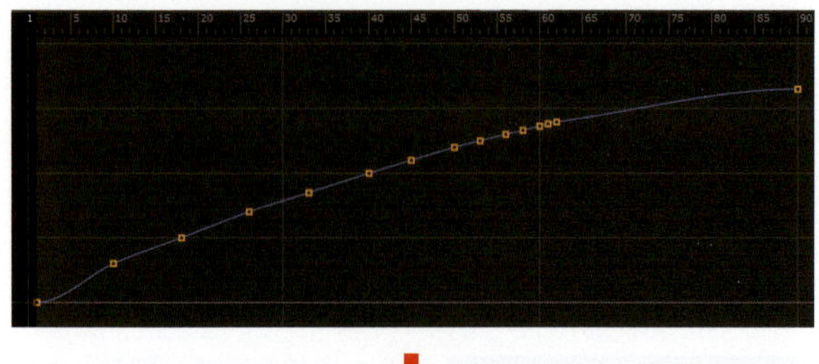

移動Zは前方に進むアニメーションです。キーに段差があり、これでは動きがガタガタし、スムーズでない状態になります。

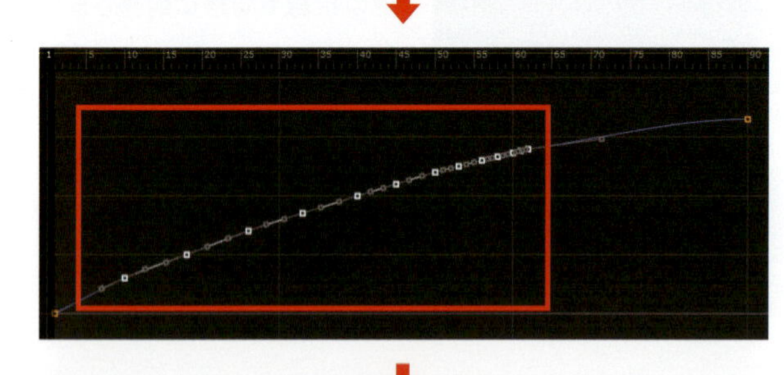

開始の「1」フレームと終了の「110」フレーム以外のキーを選択します。

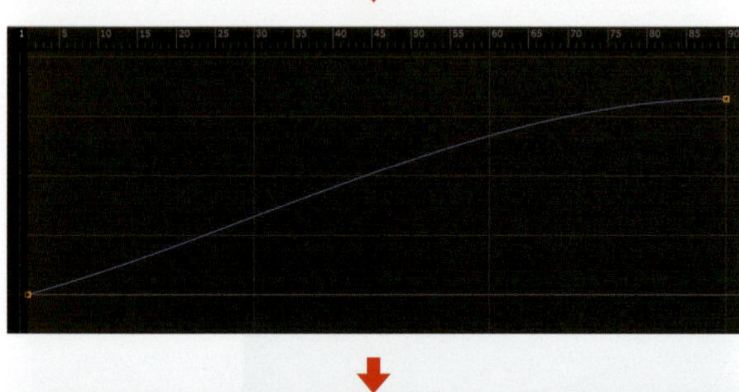

Delete を押して選択したキーを削除します。

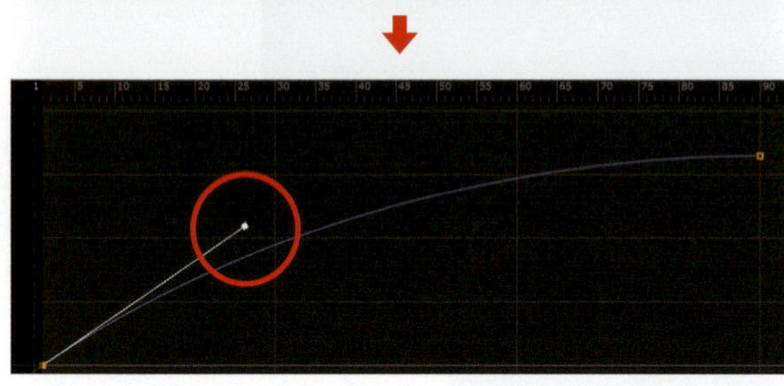

「1」フレームのキーの右の接線を選択し、図のようにカーブを変形するように動かします。これにより加速減速のアニメーションが強調されます。

回転Xカーブの調整

最後は回転Xカーブを調整します。

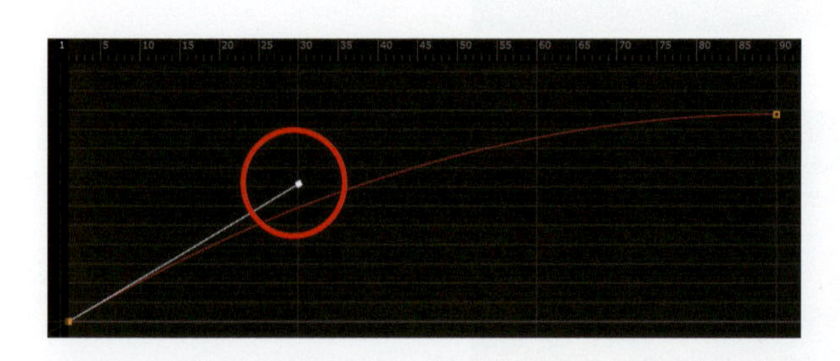

回転は開始と終了の2点しかキーを設定していませんでした。こちらも「1」フレームのキーの右の接線を選択し、移動Zカーブと同じようなカーブの形にします。

仕上がりのチェック

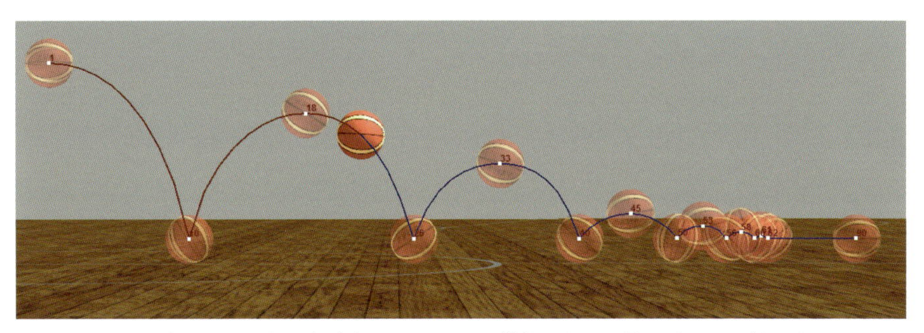

アニメーションを再生してスムーズか、加減速がついているか、終盤にボールが滑ってないかを確認します。

④モーションの軌跡とゴーストを解除

グラフエディタを開く

モーションの軌跡とゴーストを解除します。

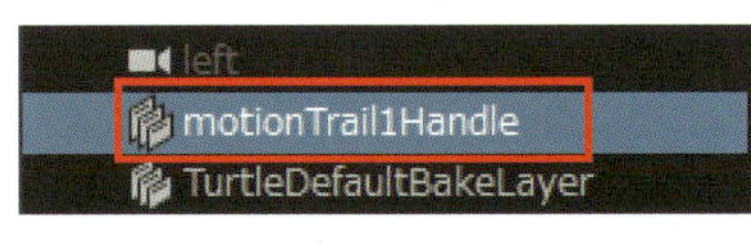

[モーションの軌跡の削除]

アウトライナを開いて[motionTrail1Handle]を選択して Delete を押します。

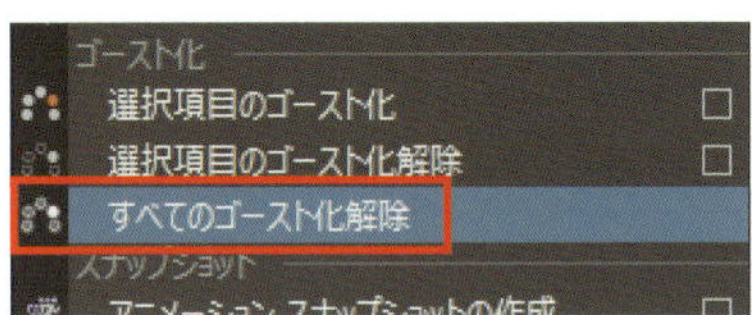

[ゴーストの解除]

[視覚化]>[すべてのゴース化解除]をクリックします。

⑤プレビュー

プレイブラスト

[プレイブラスト]でムービーを作成して出来上がりを確認します。

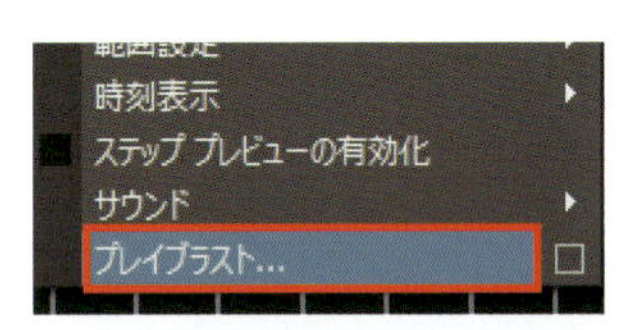

タイムスライダ上を右クリックして[アニメーションコントロール]メニューを開き、[プレイブラスト]をクリックします。選択中のビューがレンダリングされ、終了するとプレーヤーが起動して動画が再生されます。

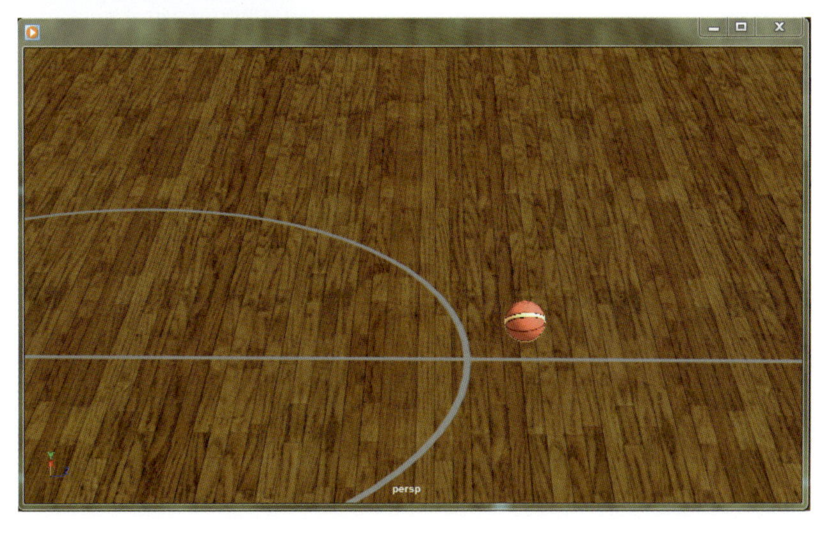

以上で作業は終了です。この作例がバウンドアニメーションのすべての正解ではありません。ボールの落下する高さや速度、地面の材質によってバウンドの回数や転がる距離も変わるので、状況に応じて常に自然かどうかを見極めるようにしましょう。

Chapter

5-4

デフォーム

デフォームはモデルを変形させる手法で、あるモデルの形状を別のモデルの形状に沿わせて変形させたり、座標軸に沿ってねじるツイストや、格子を作って変形させるラティスなど、パスや頂点の移動によって形状を変化させることができます。

デフォームメニュー

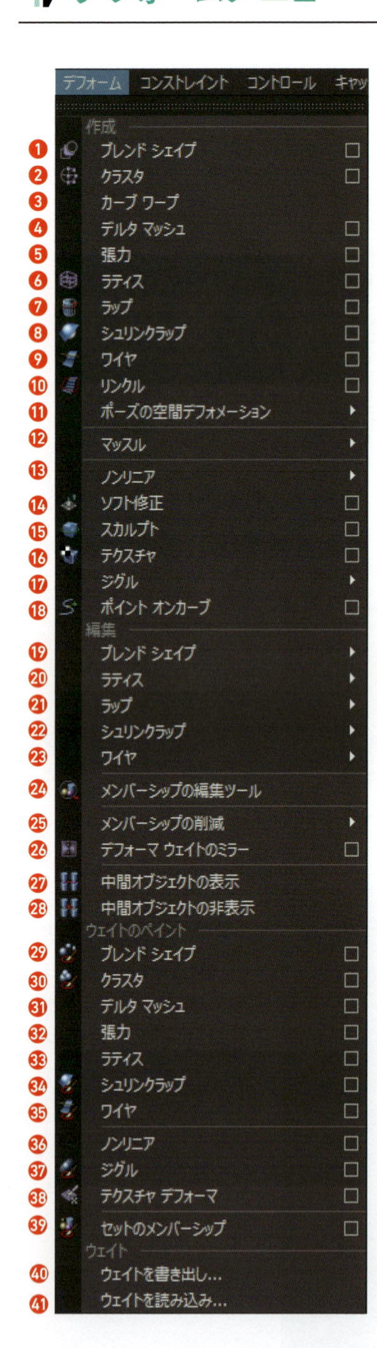

❶ ブレンドシェイプデフォーマを作成します。
❷ クラスタデフォーマを作成します。
❸ カーブワープデフォーマを作成します。
❹ デルタマッシュデフォーマを作成します。
❺ 張力デフォーマを作成します。
❻ ラティスデフォーマを作成します。
❼ ラップデフォーマを作成します。
❽ シュリンクラップデフォーマを作成します。
❾ ワイヤデフォーマを作成します。
❿ リンクルデフォーマを作成します。
⓫ ポーズの空間デフォメーションのメニューを開きます。
⓬ マッスルデフォーマを作成します。
⓭ ノンリニアデフォーマを作成します。
⓮ ソフト修正デフォーマを作成します。
⓯ スカルプトデフォーマを作成します。
⓰ テクスチャデフォーマを作成します。
⓱ ジグルデフォーマを作成します。
⓲ ポイントオンカーブデフォーマを作成します。
⓳ ブレンドシェイプメニューを開きます。
⓴ ラティスメニューを開きます。
㉑ ラップメニューを開きます。
㉒ シュリンクラップメニューを開きます。
㉓ ワイヤメニューを開きます。
㉔ デフォーマセットのメンバーシップを直接編集することができます。
㉕ メンバーシップの削減メニューを開きます。
㉖ デフォーマウェイトをミラーします。
㉗ 選択したオブジェクトのオリジナルシェイプの可視性をオンにします。
㉘ 選択したオブジェクトのオリジナルシェイプの可視性をオフにします。
㉙ ブレンドシェイプウェイトペイントツールを開始します。
㉚ クラスタウェイトペイントツールを開始します。
㉛ デルタマッシュペイントツールを開始します。
㉜ 張力のペイントツールを開始します。
㉝ ラティスペイントツールを開始します。
㉞ シュリンクラップペイントツールを開始します。
㉟ ワイヤペイントツールを開始します。
㊱ ペイントアトリビュートツールを開始します。
㊲ ジグルウェイトペイントツールを開始します。
㊳ テクスチャデフォーマウェイトペイントツールを開始します。
㊴ セットメンバーペイントツールを開始します。
㊵ デフォーマウェイトの書き出しオプションを開きます。
㊶ デフォーマウェイトの読み込みオプションを開きます。

ブレンドシェイプ

ブレンドシェイプは変形前と変形後のオブジェクトを使用し、頂点の移動を補間するアニメーションを作成します。

ブレンドシェイプの作成

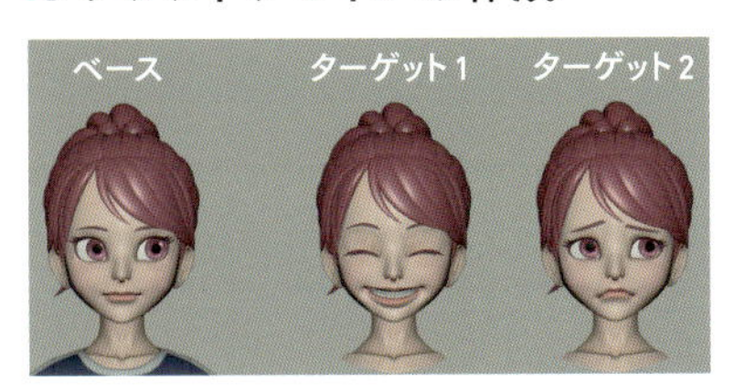

初めに変形後（ターゲット）オブジェクトを選択、最後にベースオブジェクトを選択して、［デフォーム］＞［ブレンドシェイプ］をクリックします。

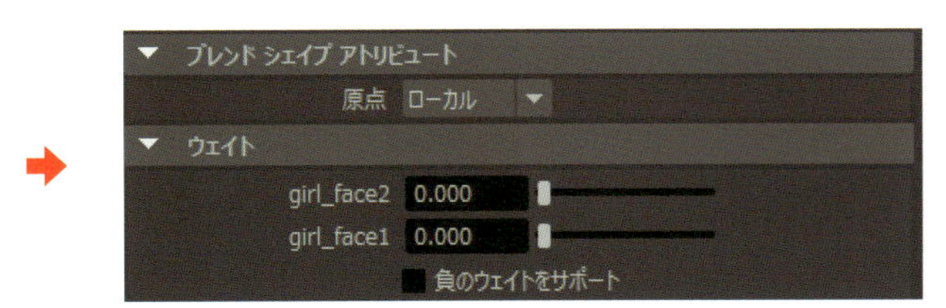

ベースオブジェクトのアトリビュートエディタを開き、ブレンドシェイプ（blendShape）のタブをクリックします。

スライダをドラッグするか、セルに値を直接入力して、ターゲットシェイプ、グループ、またはブレンドシェイプのウェイト（影響）を設定します。「0」が最小、「1」が最大値です。（1以上、0以下の値は入力可能ですがモデルが壊れます。）

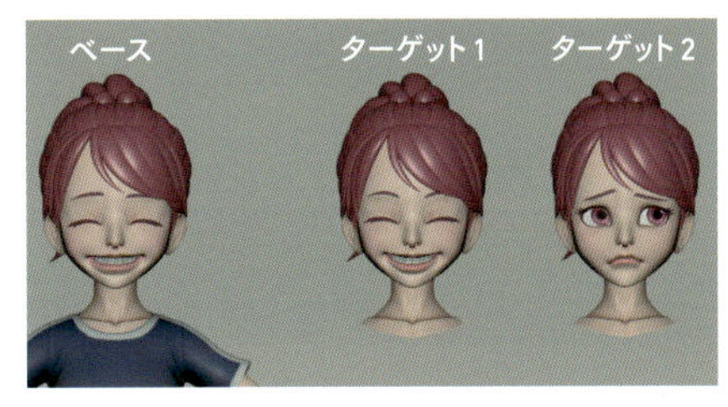

ベースオブジェクトが変形します。

シェイプエディタ

シェイプエディタはシェイプオーサリングのためにシェイプを作成、編集、管理するツールです。［ウィンドウ］＞［アニメーションエディタ］＞［シェイプエディタ］で開きます。

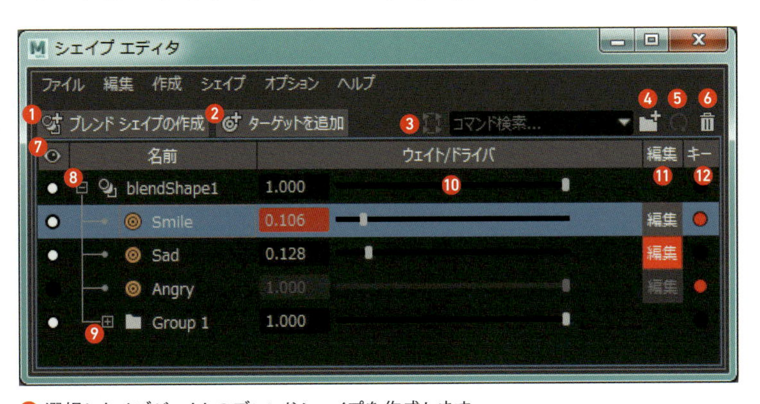

❶ 選択したオブジェクトのブレンドシェイプを作成します。
❷ 空のターゲットシェイプを作成します。
❸ テキストを入力して指定したテキストが含む項目がリストに表示されるよう絞り込みます。
❹ ターゲットシェイプまたはブレンドシェイプデフォーマを選択してアイコンをクリックすると、それらを含むグループが作成されます。
❺ 選択したターゲットシェイプに基づいて新しいオブジェクトを作成します。
❻ シェイプエディタで選択されている項目（ターゲットシェイプ、ブレンドシェイプ、グループ）を削除します。
❼ クリックするとターゲットシェイプの効果の可視性を切り替えます。
❽ 各ブレンドシェイプデフォーマを表示します。
❾ シェイプデフォーマのグループです。
❿ スライダを0から1の値にドラッグするか、ウェイトボックスに値を入力して、ターゲットシェイプ、グループ、またはブレンドシェイプのウェイト（影響）を設定します。
⓫ クリックするとターゲットシェイプの編集モードに切り替え、編集が完了したら再度クリックします。
⓬ 選択したターゲットシェイプまたはグループの現在のフレームにキーを設定します。

MEMO ブレンドシェイプターゲットの条件

ブレンドシェイプを適用させるベースオブジェクトとターゲットオブジェクトには条件があり、両者の頂点数、頂点番号などが同一でなければなりません。オブジェクトを変形させる際には新たな頂点を増やしたりせず、頂点の移動だけで変形したオブジェクトを作成する必要があります。

クラスタ

オブジェクトのポイント（CV、頂点、ラティスポイント）にクラスタハンドル（Cアイコン）を作成して、オブジェクトを変形することができます。クラスタハンドルにはキー設定することでアニメーションの作成も可能です。

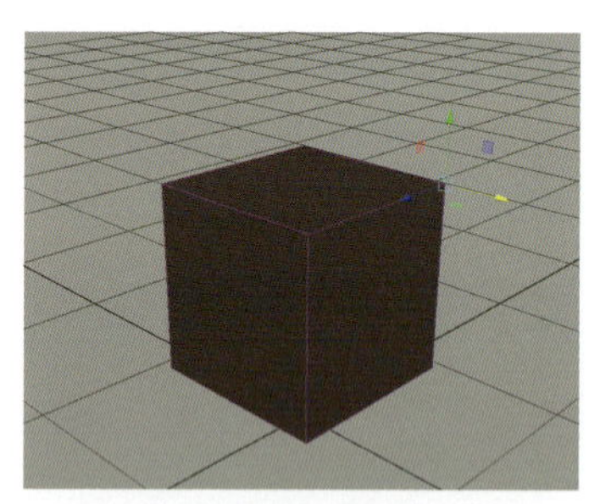

頂点を選択して［デフォーム］>［クラスタ］をクリック。クラスタハンドルが作成されます。

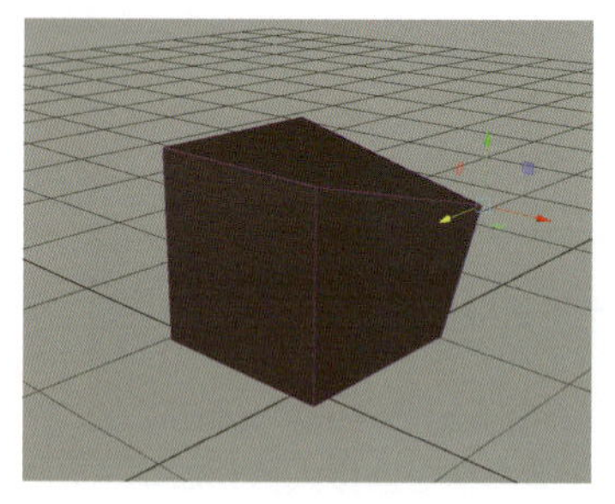

クラスタハンドルを移動ツールでドラッグすると変形します。

ラティス

対象オブジェクトを任意のオブジェクトで箱のように包み、ポイントを操作して変形させるデフォーマ。ポリゴン数の多いオブジェクトを変形させる際などに有効です。

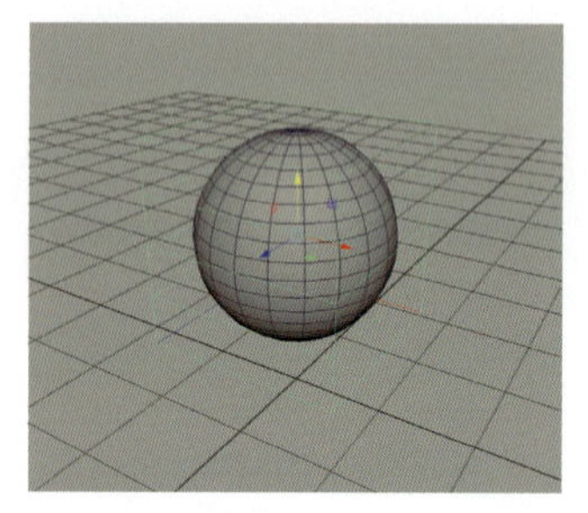

オブジェクトを選択して［デフォーム］>［ラティス］をクリック。格子状のオブジェクトが作成されます。

を押したままマーキングメニューを表示し、「ラティスポイント」をクリックします。

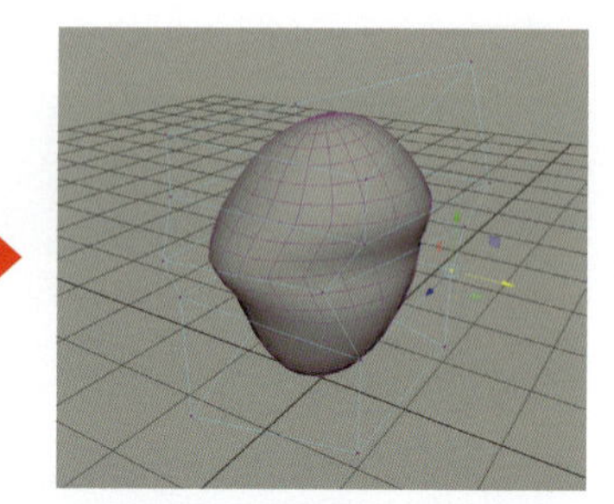

ラティスのポイントを選択して移動ツールでドラッグするとベースオブジェクトが変形します。

ラティスの分割数

ラティスの分割数は作成時のオプションメニューか、チャネルボックスの「シェイプ」項目から設定します。

ラティスデフォーマを選択し、チャネルボックスの「シェイプ」項目のSTUの分割数のボックスに数値を入力します。STUはラティスの特別な座標系で、「S分割数」が横、「T分割数」が縦、「U分割数」は奥行きになります。

 ラップ

NURBSオブジェクトまたはポリゴンオブジェクトを使用して、変形可能なオブジェクトを変形することができます。変形可能オブジェクトはNURBSカーブ、NURBSサーフェス、ポリゴンメッシュ、ラティスなどです。

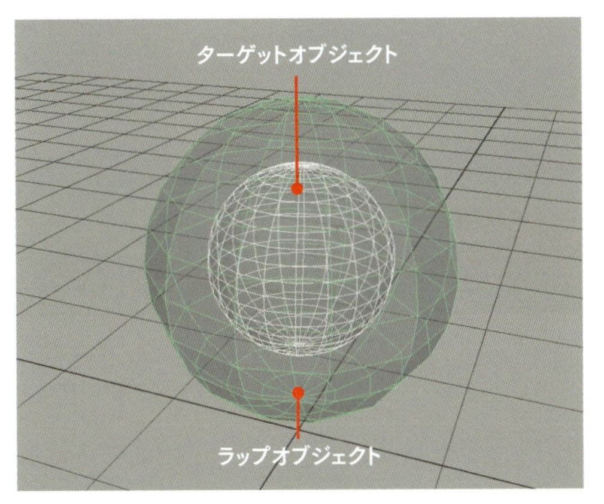

ターゲットオブジェクト、ラップオブジェクトの順に選択して[デフォーム] > [ラップ]をクリックします。

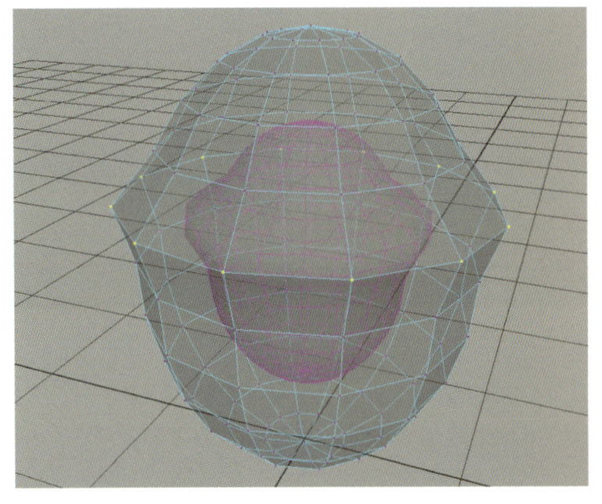

ラップオブジェクトのトランスフォームや頂点を変形すると、ターゲットオブジェクトも変形します。

シュリンクラップ

他のオブジェクトのサーフェス上にオブジェクトを投影することができます。

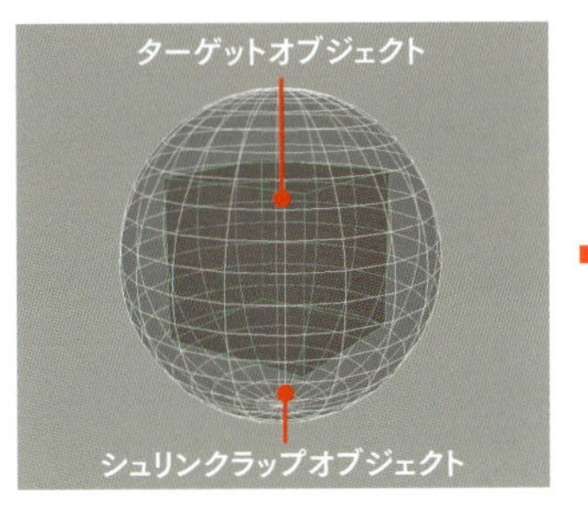

シュリンクラップされるオブジェクト、ターゲットオブジェクトの順に選択して[デフォーム] > [シュリンクラップ]をクリックします。

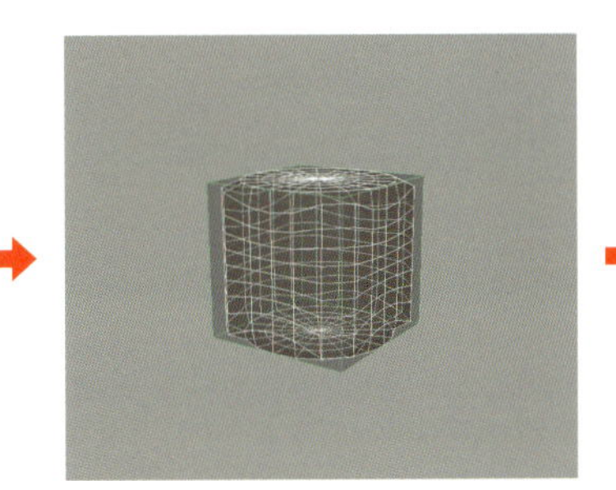

シュリンクラップオブジェクトがターゲットに張り付くように変形します。

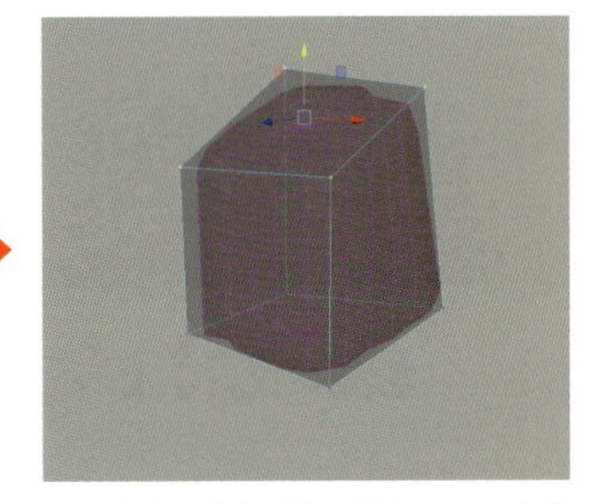

ターゲットオブジェクトのトランスフォームや頂点を変形すると、シュリンクラップオブジェクトが変形します。

 ワイヤ

NURBSカーブを使用してオブジェクトのシェイプを変更します。

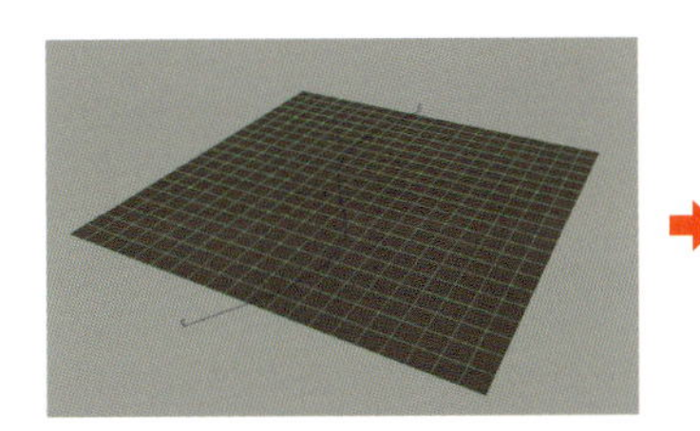

[デフォーム] > [ワイヤ]をクリックし、変形させるオブジェクトを選択して Enter を押します。

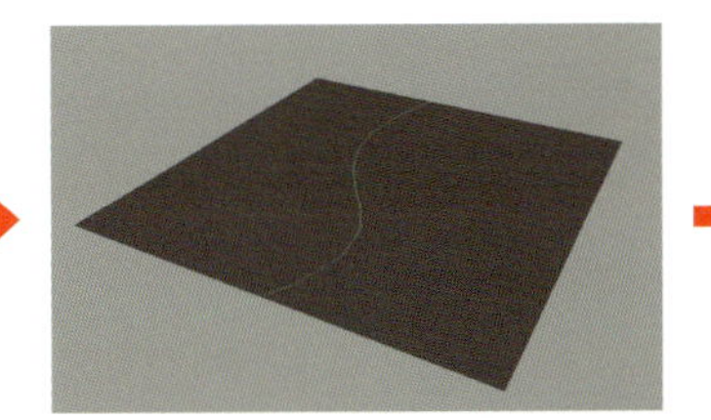

カーブを選択して Enter を押します。

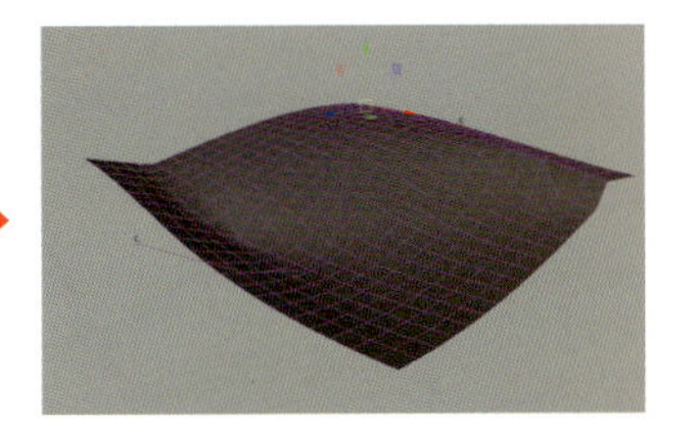

カーブのCVやエディットポイントを動かすと変形します。

ベンド

ベンドはオブジェクトを円弧状に曲げることができます。

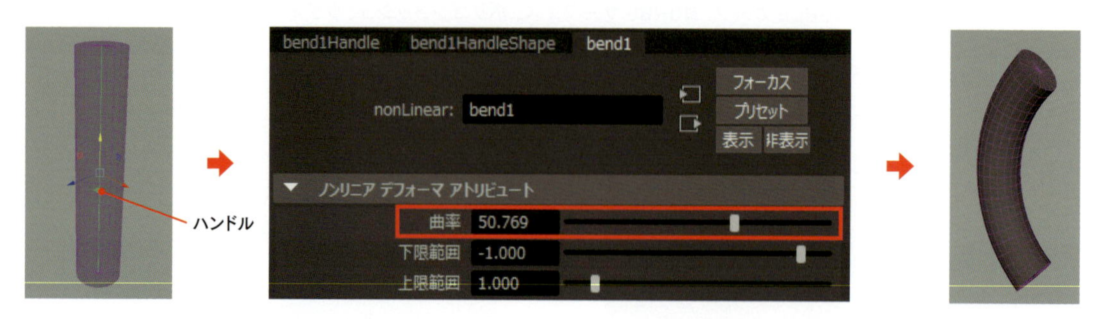

ターゲットオブジェクトを選択して［デフォーム］>［ノンリニア］>［ベンド］をクリック。ベンドハンドルが作成されます。ベンドハンドルのアトリビュートを開き、［ノンリニアデフォーマアトリビュート］>［曲率］のスライダをドラッグするか、数値ボックスに値を入力するとターゲットオブジェクトが変形します。

ソフト修正

ソフト修正ツールはメッシュの頂点を手動で調整せずに滑らかに変形することができます。

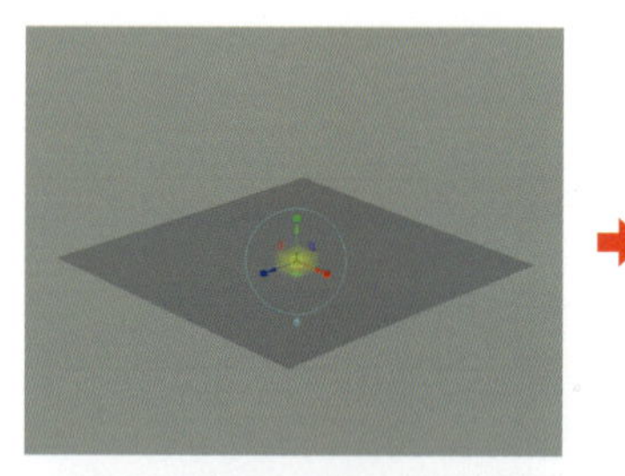

ターゲットオブジェクト（図は幅10、高さ10のプレーン）を選択し、［デフォーム］>［ソフト修正］をクリックします。ソフト修正ハンドルが作成されます。

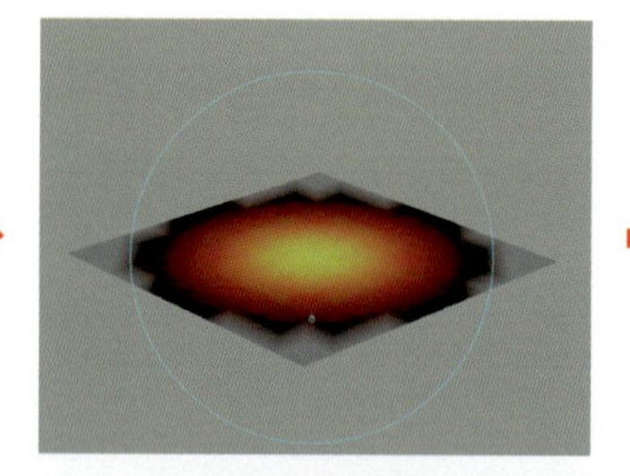

色はソフト修正の影響範囲を示しています。青い丸の［影響半径］を B +ドラッグすると減衰範囲の広さを変更することができます。

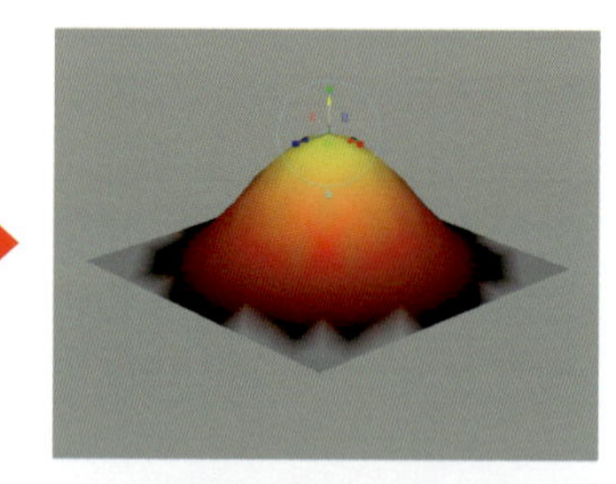

ハンドルを移動、回転するとターゲットオブジェクトを変形することができます。

スカルプト

スカルプト球という球状のインフルエンスオブジェクトで、オブジェクトを変形することができます。

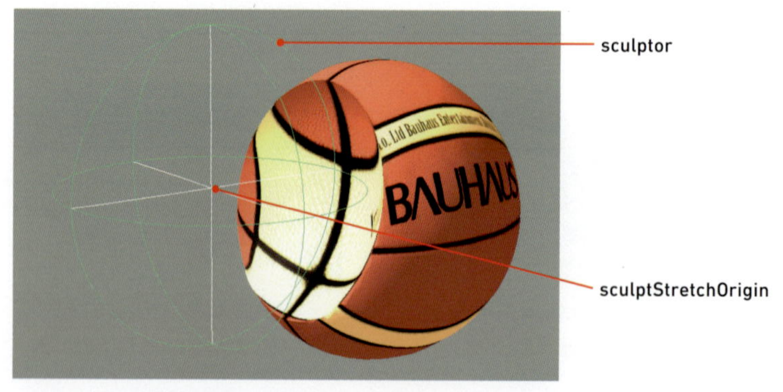

ターゲットオブジェクトを選択して［デフォーム］>［スカルプト］をクリックすると、スカルプトオブジェクトが2つ作成されます。スカルプトオブジェクトを動かしてターゲットオブジェクトを変形します。

テクスチャ

テクスチャパターンを使用してオブジェクトを変形することができます。

ターゲットオブジェクトを選択して[デフォーム] > [テクスチャ]をクリックします。テクスチャデフォーマハンドルが作成されます。

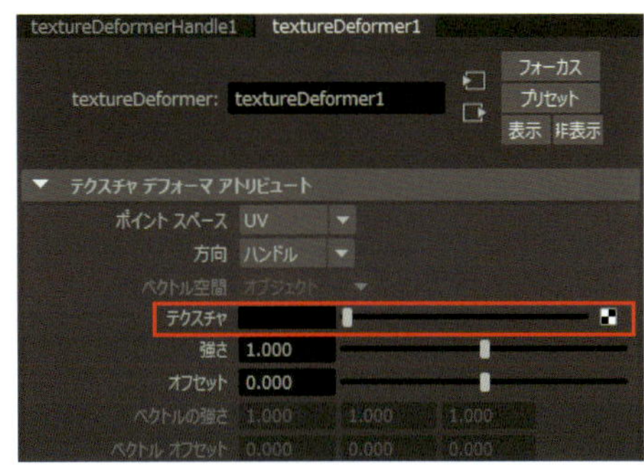

テクスチャデフォーマのアトリビュートを開き、[テクスチャデフォーマアトリビュート]の[テクスチャ]のをクリックします。

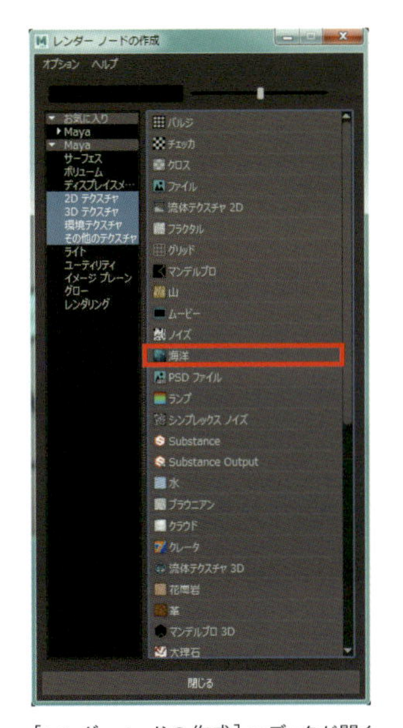

[レンダーノードの作成]エディタが開くので、適用するテクスチャを選択します。

選択したテクスチャデフォーマのアトリビュートで各項目のスライダをドラッグするか、数値入力でターゲットを変形します(画像は「海洋」テクスチャを使用)。

ポイントオンカーブ

NURBSカーブ上のポイント(カーブポイント)をロケータにコンストレイントすることができます。これは、カーブに沿った特定のポイントで個々のカーブを変形するときに便利です。

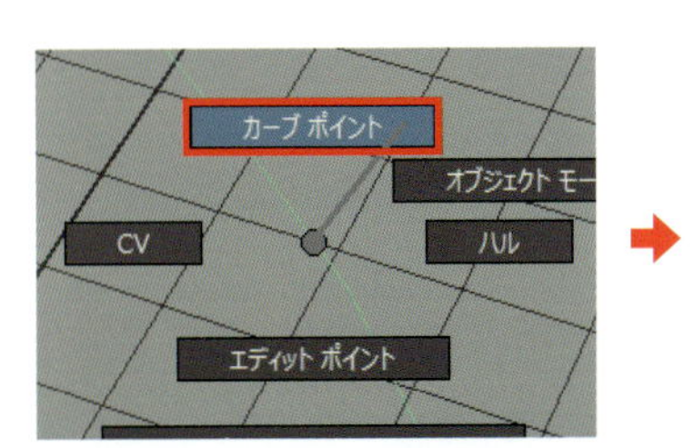

カーブ上でクリックしてマーキングメニューを表示し、[カーブポイント]をクリックします。

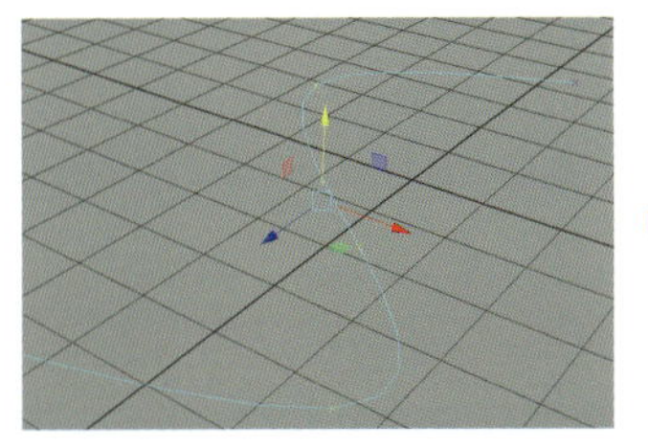

カーブポイントを選択し、[デフォーム] > [ポイントオンカーブ]をクリックします。

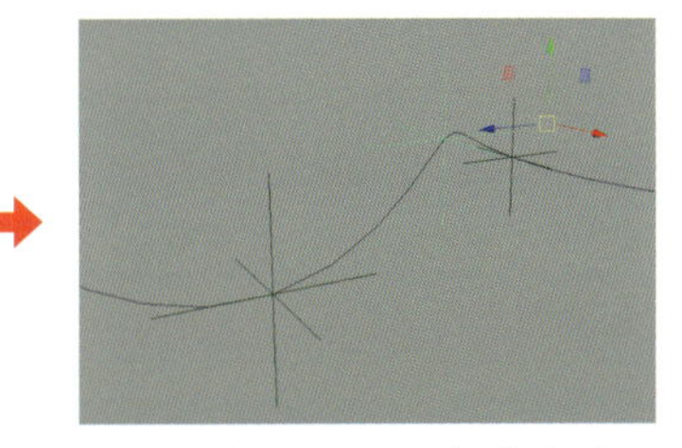

ロケータを操作するとカーブが変形します。

基礎編
5-4
デフォーム

Chapter

5-5

コンストレイント

コンストレイントはオブジェクトの位置、方向、スケールなどを他のオブジェクトに対して制約（コンストレイント）することができます。オブジェクトに特定の制限を課して、アニメーションのプロセスを自動化することもできます。

コンストレイントメニュー

メインメニューの［コンストレイント］をクリックします。

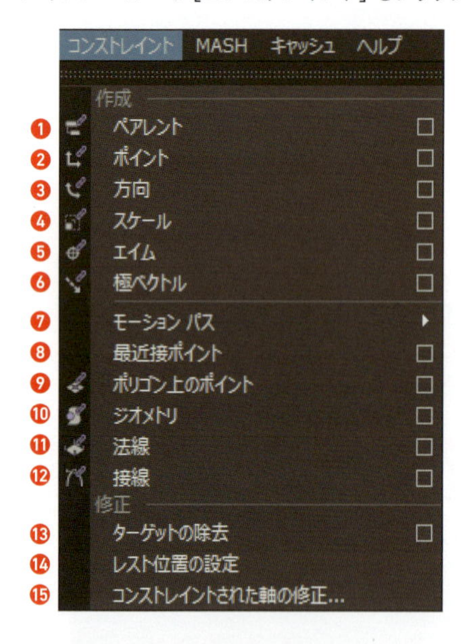

❶ オブジェクトの移動と回転を別のオブジェクトの移動と回転に制約します。
❷ オブジェクトの移動を別のオブジェクトの移動に制約します。
❸ オブジェクトの回転を別のオブジェクトの回転に制約します。
❹ オブジェクトのスケールを別のオブジェクトのスケールに制約します。
❺ オブジェクトの回転を別のオブジェクトに常に向くように制約します。
❻ 主にキャラクタの肘や膝で IK ハンドルの回転を制約するために使用します。
❼ 選択したオブジェクトが選択したカーブ上に配置され、モーションパスになります。
❽ 最近接ポイントの情報を計算してそのまま表示することや、ロケータを作成してメッシュ、サーフェス、またはカーブ上の最近接ポイントをマークするようにコンストレイントすることができます。
❾ オブジェクトをメッシュにコンストレイントして、メッシュを変形してもコンストレイントされたオブジェクトをサーフェス上のポイントに固定したままにすることができます。
❿ オブジェクトを NURBS サーフェス、NURBS カーブ、またはポリゴンメッシュに追従させます。
⓫ オブジェクトの方向を NURBS サーフェスまたはポリゴンメッシュの法線方向に一致させることができます。
⓬ オブジェクトをカーブに沿って移動させたとき、オブジェクトの方向を常にカーブの方向に追従させることができます。
⓭ コンストレイントからターゲットオブジェクトを除去します。
⓮ コンストレイン対象オブジェクトの既定の位置を定義します。
⓯ コンストレイントの影響が及ぶコンストレイント対象オブジェクトの軸を変更します。

コンストレイントの使用例

コンストレイントは、とあるオブジェクトを一方のオブジェクトに制約する機能です。キャラクタアニメーションでは主に 2 通りの使い方があります。ひとつは物を持たせるとき。もうひとつは体の一部分を床や物に固定させるときです。

■ 体の一部を固定するとき

アニメーションのベイク（P.289「アニメーションのベイク」参照）でも説明しましたが、バク転などのアニメーション制作で、床に手をつかせたいのに固定できず滑って困る...といった状況で使います。固定できない理由は手のコントローラが体の階層の子で、親を動かせば子も動いてしまうからです。こういう場合は新たに階層の外に別の手のコントローラを作り、そのコントローラに対してコンストレイントを設定すれば、手を固定するアニメーションを作ることができます。

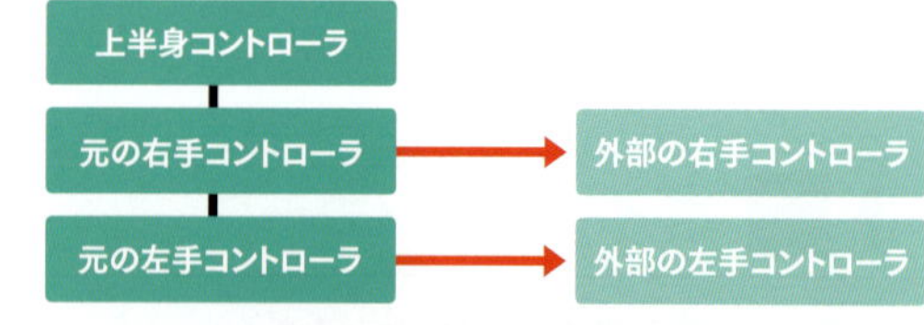

ポイントと方向コンストレイント

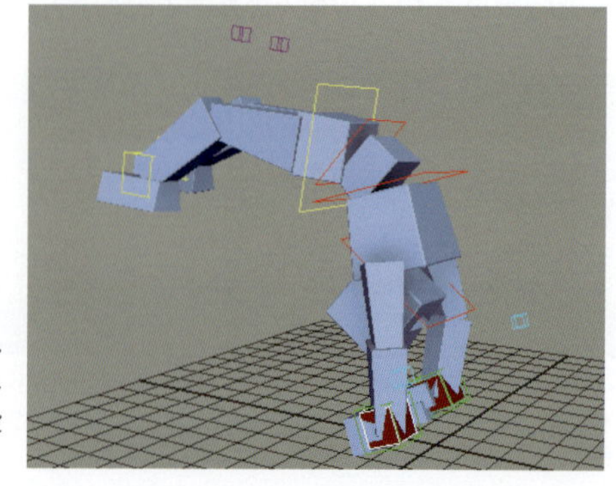

図の赤いオブジェクトが外部コントローラです。このコントローラで手のアニメーションを作ります。元のアニメーションを移して作業したい場合は、コンストレイントを設定した後に［ベイク］をしてキーフレーム化します。

■[物を持たせるとき]

物を持たせるときは通常はペアレント化で問題ないのですが、ある時は持ってある時は離すアニメーションを作る場合はコンストレイントを使います。離すにはコンストレイントのブレンドにキーを設定し、離すタイミングでブレンドの値を「0」にします。

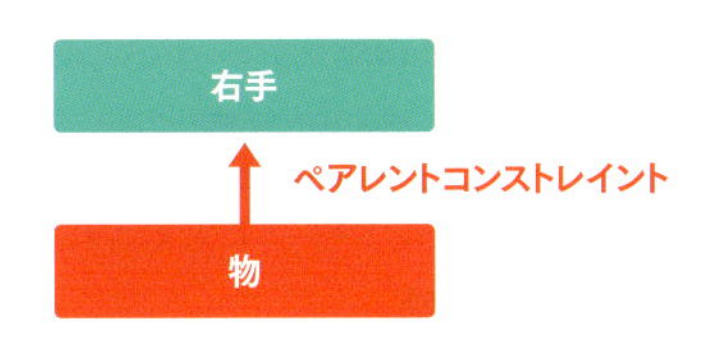

■[両手で物を持たせるとき]

右の図のように武器を両手で持たせたい場合は以下の工程です(キャラクタや武器にコントローラがついている前程の工程なので注意してください)。

1. 武器コントローラを右手コントローラの子にペアレント化して、武器の位置や回転、指のポーズを調整してきちんと持たせた状態にします。

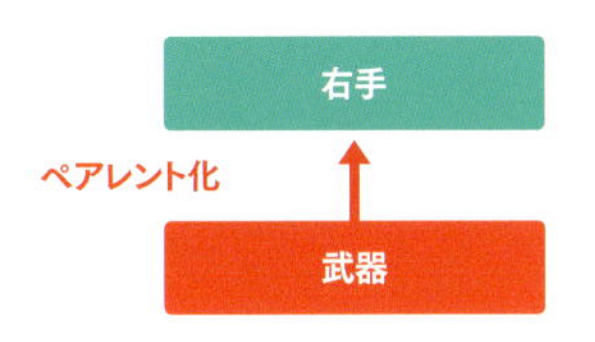

2. 左手が武器を持つための「左手で持つ用」コントローラを新しく作り武器の子にペアレント化します。

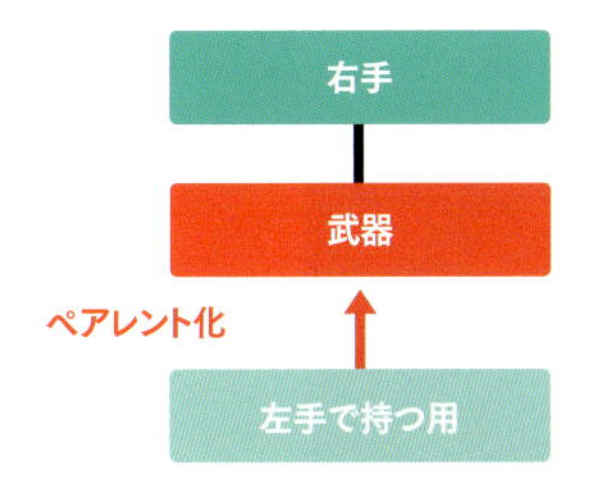

3. 左手のコントローラを「左手で持つ用」に対してコンストレイントし、移動や回転、指を調整して持たせたポーズにして完了です。

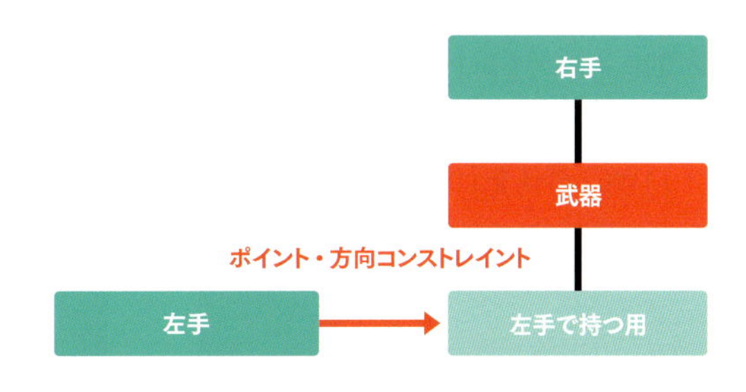

この状態にしておくとコンストレイントのブレンドを使って左手を武器から離したり、再び掴んだりするアニメーションも作ることができます。

コンストレイントの設定

コンストレイントは制約する側、制約される側の順にオブジェクトを選択してメニューを実行します。

ポイント

[コンストレイント] > [ポイント]

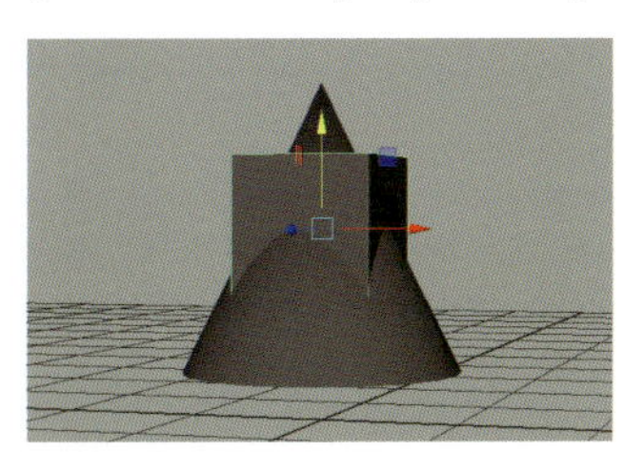

位置を制約します。

方向

[コンストレイント] > [方向]

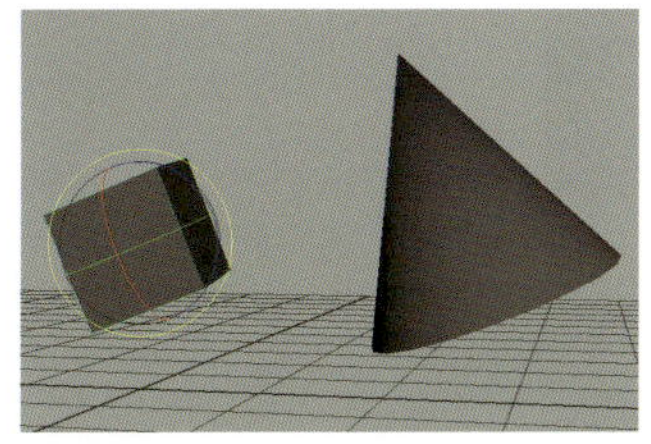

回転を制約します。

エイム

[コンストレイント] > [エイム]

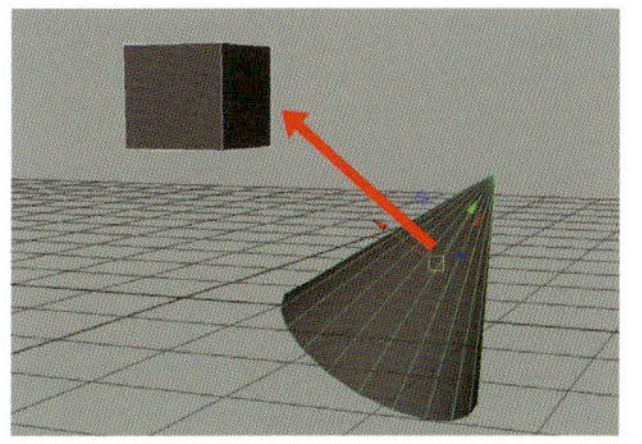

X軸の向きを制約します。

コンストレイントのオプション

オプションでオフセットや軸を特定する設定ができます。

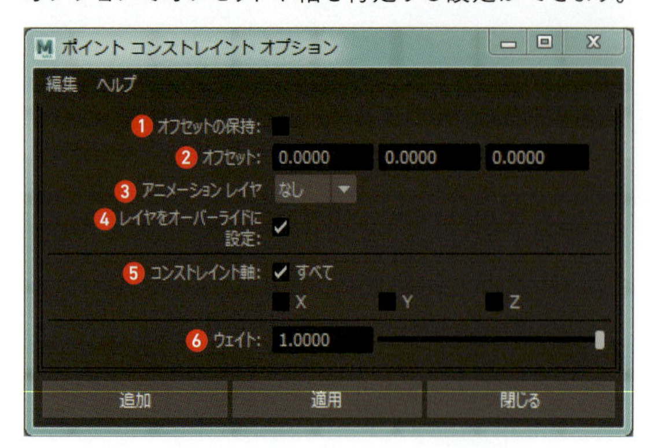

❶ オフセットの保持
チェックを入れると現在の位置でオフセットします。

❷ オフセット
入力するXYZ数値でオフセットを指定します。

❸ アニメーションレイヤ
コンストレイントを追加するアニメーションレイヤを選択します。

❹ レイヤをオーバーライドに設定
オンにすると、コンストレイントをアニメーションレイヤに追加するときにオーバーライドモードに設定されます。

❺ コンストレイント軸
XYZ軸全てか個別にコンストレイントするかを指定します。

❻ ウェイト
コンストレイントされるウェイト（影響）の強さを設定します。最小値は0、最大値は1です。

コンストレイントの除去

制約する側のオブジェクト、制約される側のオブジェクトを順に選択して、［コンストレイント］＞［ターゲットの除去］をクリックします。

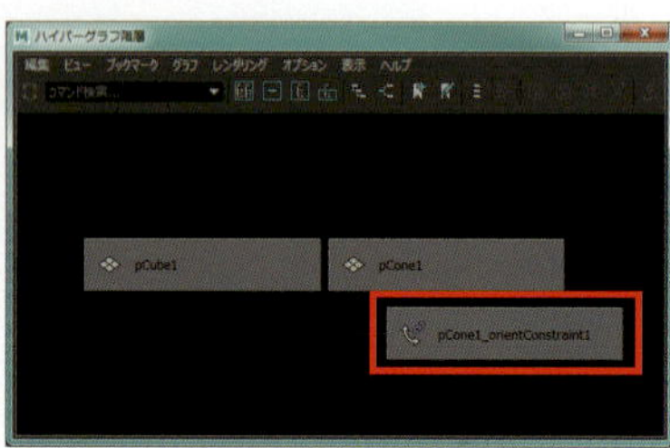

アウトライナやハイパーグラフでコンストレイントされたオブジェクトの子階層のコンストレイントノードを選択して Delete を押しても削除できます。

コンストレイントの有効化 / 無効化

チャネルボックスの「シェイプ」欄の「(オブジェクト名)_(コンストレイント名)1」をクリックし、「(制約側オブジェクト)1W0」の値を「0」にするとコンストレイントを無効化します。「0」以上の値で有効になります。

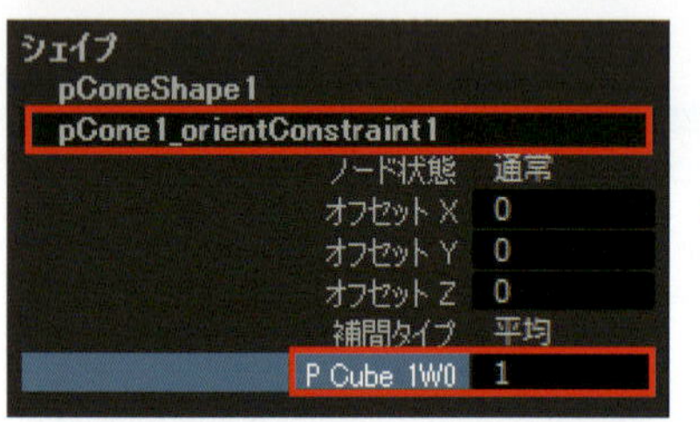

「1」にすると有効になります。

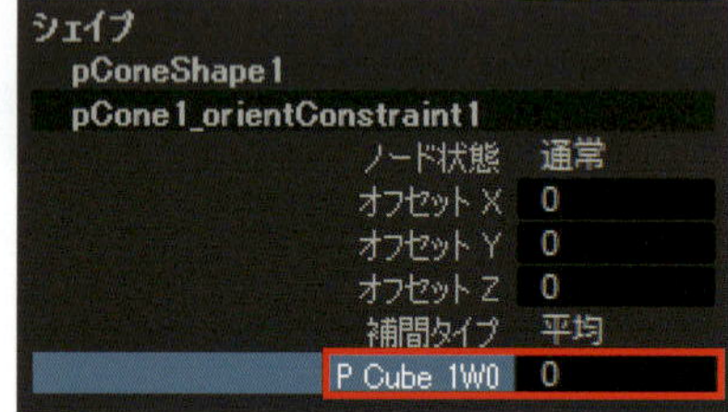

「0」にすると無効になります。

コンストレイントのブレンドアニメーション

コンストレイントのブレンドにキーを設定し、制約力の強さをアニメーションすることができます。

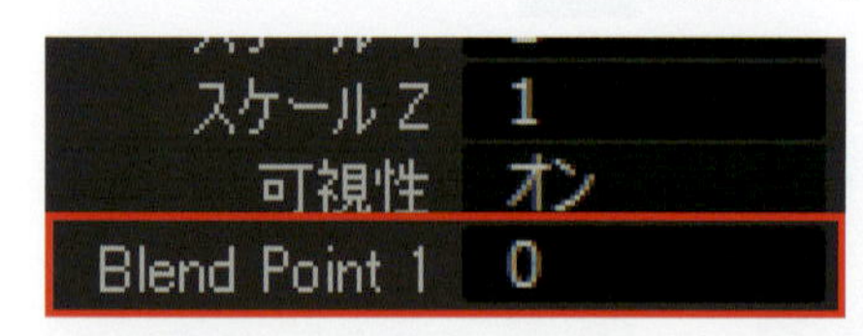

例えばポイントコンストレイントされたオブジェクトに移動キーを設定すると、チャネルボックスに新たに[BlendPoint1]の項目が作成されます。Blend（ブレンド）はコンストレイントの制約力の強さを表し、キーを設定すれば強弱をアニメーションすることができます。

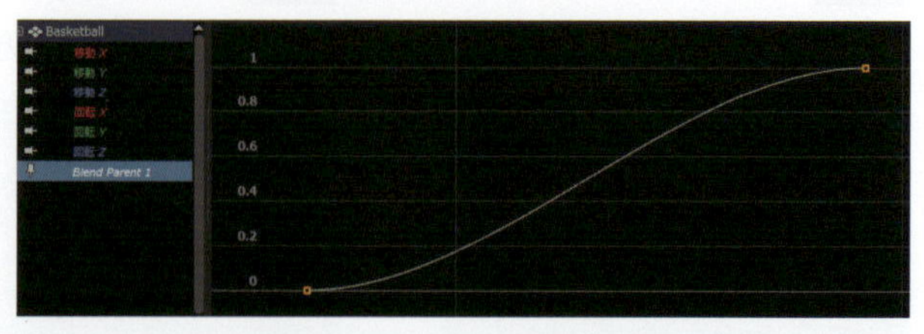

ブレンドアニメーションはグラフエディタでカーブ編集することがきます。

Chapter 5-6

›やってみよう！ キャラクタアニメーションを作る

キャラクタに走りのサイクルアニメーションを作ってみましょう。

アニメーションの制作工程

動作に必要なポーズを時間軸に沿って作成する「ポーズ トゥ ポーズ(Pose to Pose)」という方法を用い、その場（原点上）で走るサイクルアニメーション制作を行います。

1. キーポーズの作成
動作に必要なキーポーズを作り、速度とタイミングを調整します。

2. 補間ポーズの作成
キーポーズ補間に追加キーを作成して補強します。

3. スムージング
アニメーションの流れをスムーズにします。

4. 最終調整
アニメーションのオフセットや微調整をして完成です。

①シーンの準備

シーンを読み込む

開始シーン「Chap5_Run_Start.mb」を読み込んでください。各工程の完成シーンは参考に使用してください。

開始シーン	▶ MayaData/Chap05/scenes/Chap05_Run_Start.mb
キーポーズ完成シーン	▶ MayaData/Chap05/scenes/Chap05_Run_02.mb
補間ポーズ完成シーン	▶ MayaData/Chap05/scenes/Chap05_Run_03.mb
スムージング完成シーン	▶ MayaData/Chap05/scenes/Chap05_Run_04.mb
最終調整完成シーン	▶ MayaData/Chap05/scenes/Chap05_Run_End.mb

シーンの設定

フレームレートを［30fps］、ループを［連続ループ］、［自動キーフレーム］をオン、［再生スピード］を［リアルタイム］に設定します。

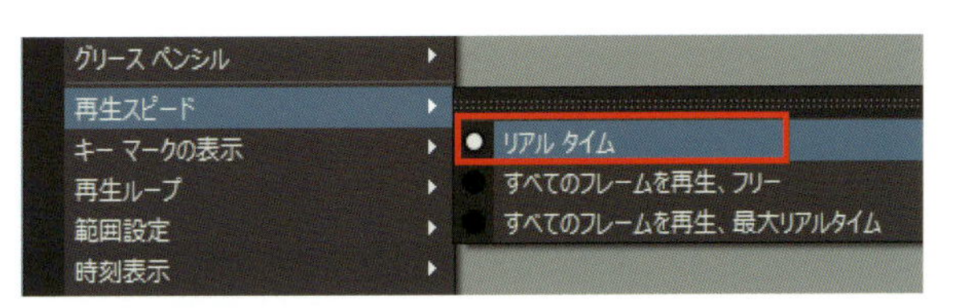

②アニメーションの構成を考える

フレームの構成

アニメーション再生範囲を1～23フレームに設定します。1ステップ目を1～11フレーム、2ステップ目を12～22フレーム、最終23フレームを終了にします。

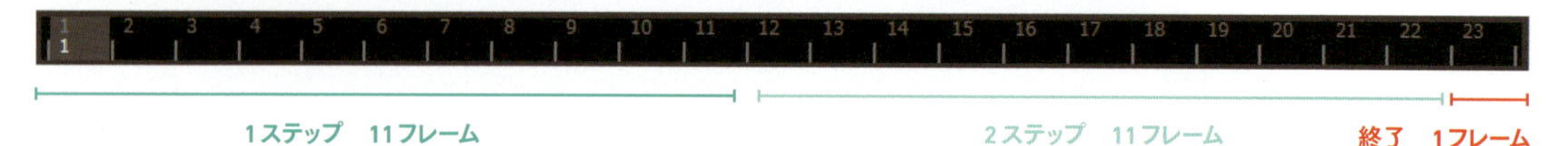

1ステップ　11フレーム　　2ステップ　11フレーム　　終了　1フレーム

キーポーズの構成を考える

「キーポーズ」とは2Dのアニメーションの原画に相当する動きの要となるポーズです。キャラクタの腰の高低や膝の伸び縮み、足の接地等の状態から姿勢「ポジション」を選び出します。1ステップ分で4つ、2ステップ分で4つ、最終フレームで1つ、合計9ポーズにします。

1 エクストリーム　3 ダウン　5 パッシング　8 アップ　12 エクストリーム

14 ダウン　16 パッシング　19 アップ　23 エクストリーム 1フレームと同じ

各ポジションの意味

「エクストリーム」 エクストリーム（Extreme）は「極度」「極端」という意味ですが、動きの端に作るポーズと定義します。空中から着地に向かって足が伸びている状態です。

「ダウン」 全ポーズ中、最も腰が低い位置のポーズで、着地した状態です。

「パッシング」 パッシングとはPass（経過）の現在進行形のPassing（経過中）という意味で、経過中のポーズを指します。跳躍するために軸足で腰を押し上げている状態です。

「アップ」 全ポーズ中、腰が最も高い位置のポーズを指します。空中に跳躍した状態です。

ポーズ作成順序を考える

ポーズはエクストリーム、その次はダウン、パッシング、アップの順で作成します。

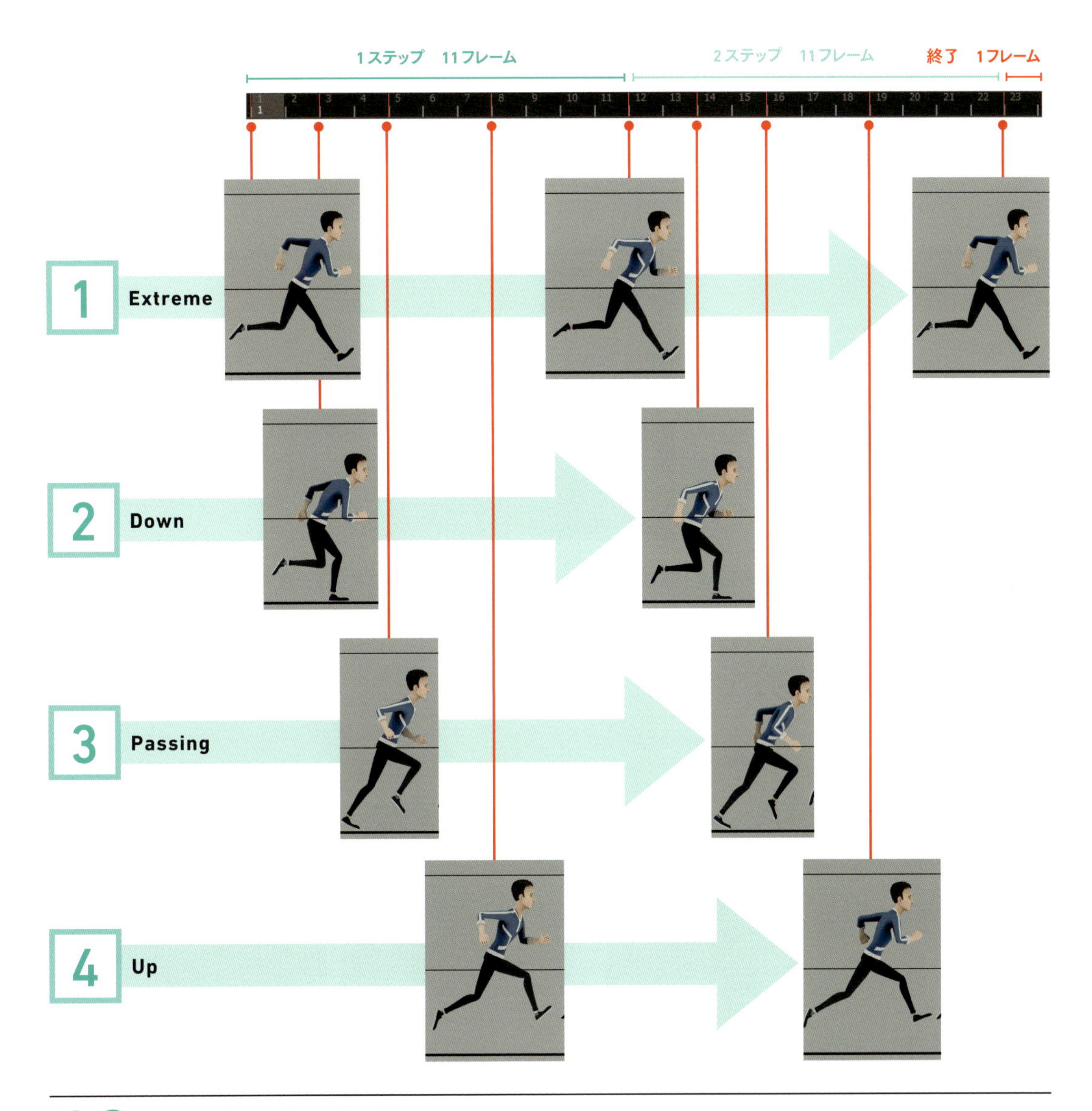

③キーポーズの作成

この工程では、アニメーションの自動補間を遮断して、キーとなるポーズ「キーポーズ」の作成に限定して作業します。3DCGアニメのメリットである自動補間は、ポーズや動きに対しての見方を散漫とさせてしまうデメリットにもなることから、補間を敢えて外してポーズに集中する手段をとります。[アニメーションコントロール]メニューの[ステッププレビューの有効化]を使います。アニメーション制作ではこの工程を「ブロッキング(Bloking)」と呼ぶことがあります。

ステッププレビューの有効化

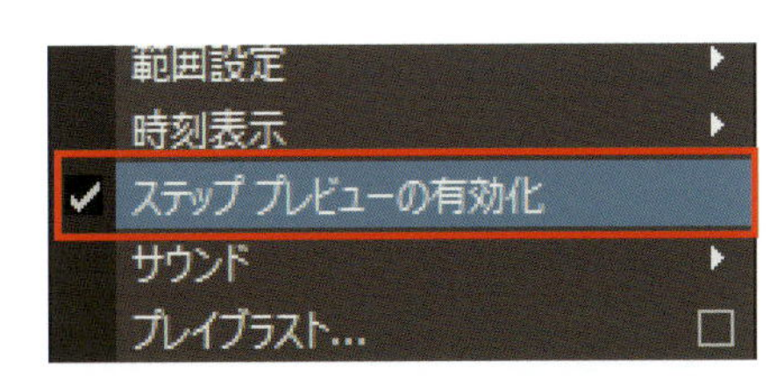

[タイムスライダ]のメニューを開き、[ステッププレビューの有効化]にチェックを入れます。オンにすると自動補間がオフになってアニメーションが[ステップ]に変更され、パラパラ漫画のように再生されるようになります。チェックを外すと、自動補間に戻ります。

≫リグのセットを作ってシェルフに登録

リグは作業中何度も選択します。予めリグを［セット］化して［シェルフ］に登録し、アイコンからリグを選択できるようにします。

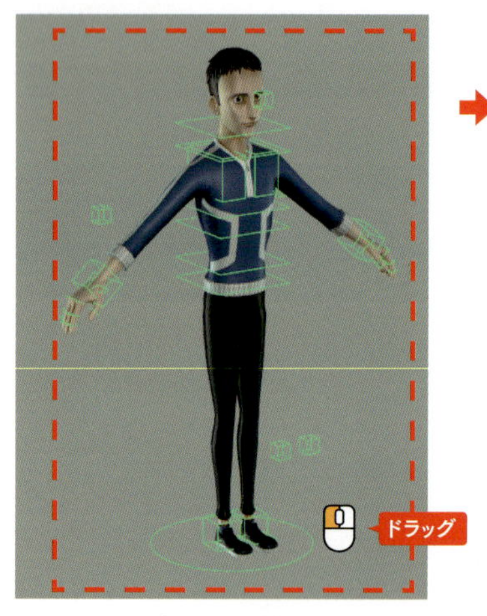

コントロールリグをすべて選択します。

メインメニュー［作成］>［セット］>［クイック選択セットの作成］をクリックします。

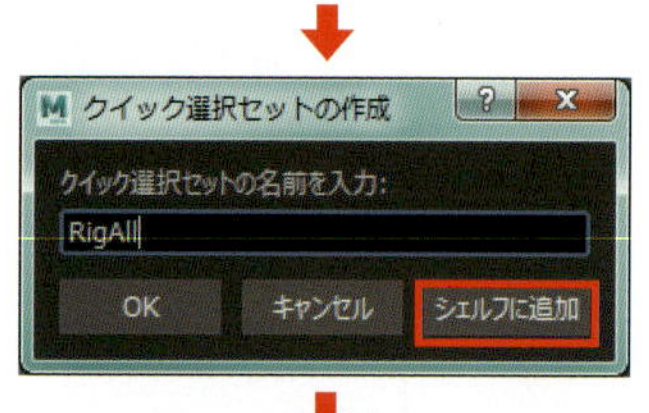

任意の名前を入力し、［シェルフに追加］をクリックします。

現在選択中の［シェルフ］に追加されます。アイコンをクリックすればリグを全選択できるようになります。あとは個別に選択し辛かったり良く選択するリグを登録しておきましょう。

登録したらリグを全選択して、キー設定します。［自動キーフレーム］設定により、一度キー設定をしておけば以降はリグの位置や回転を更新するとキーが作成・更新されるようになり、キー設定の手間が省けます。

1 エクストリームポジションの作成

画像を参考にしてポーズを作成しましょう。

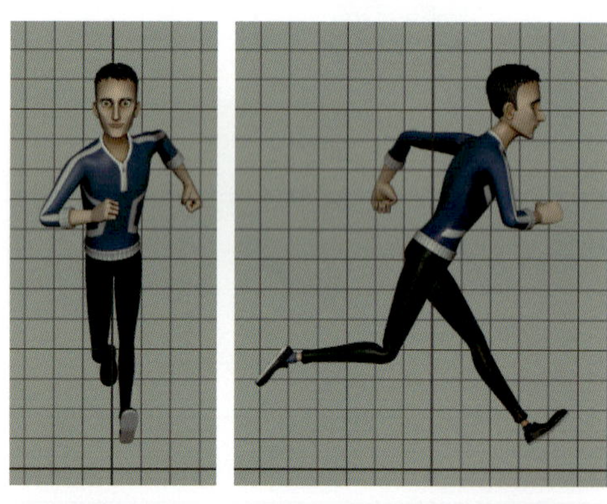

1フレーム

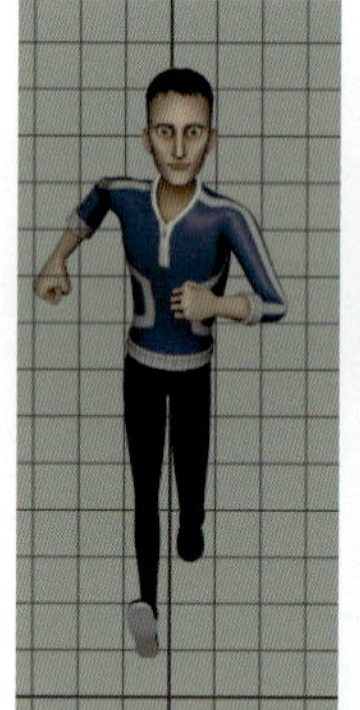

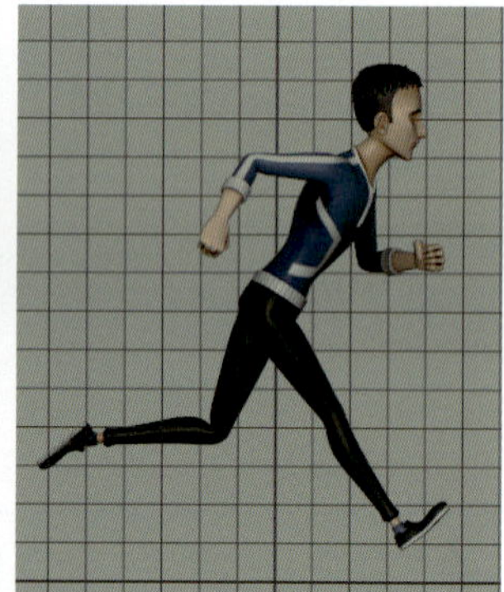

12フレーム

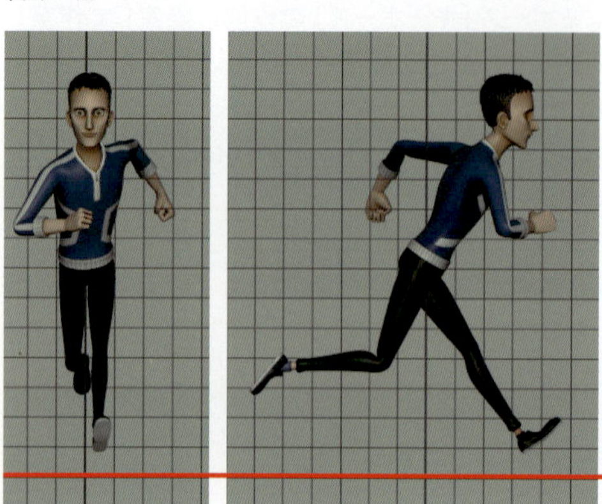

地面（Y=0のXZプレーン）

23フレーム

「1」フレームに左足が前で右足が後ろ、「12」フレームに右足が前で、左足が後ろのエクストリームポーズを作成します。この時点は空中から落下してきて、地面に向かって足を伸ばしている状態です。地面はYの高さ0のXZプレーン上にします。23フレーム（終了フレーム）のポーズは、1フレームのポーズをコピー＆ペーストします。指のアニメーションは今回は握り拳のポーズにして細かい動きはつけませんので、1フレームにキーを設定してポーズをつけたら、他のキーポーズにコピーするようにしましょう。

2 ダウンポジションの作成

ダウンは腰を最も落とします。着地した足は地面にべったりとつけます。

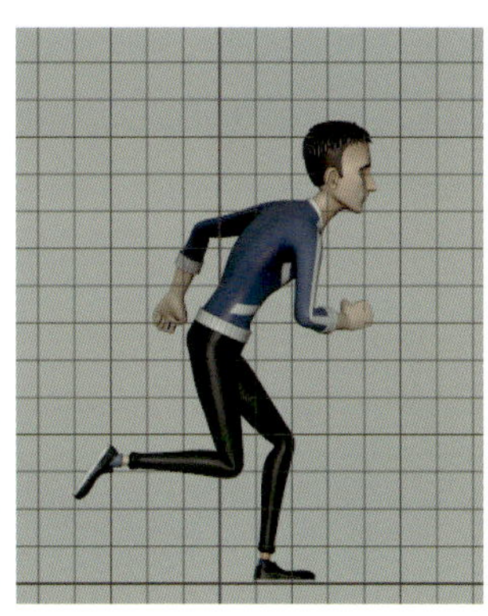

3フレーム

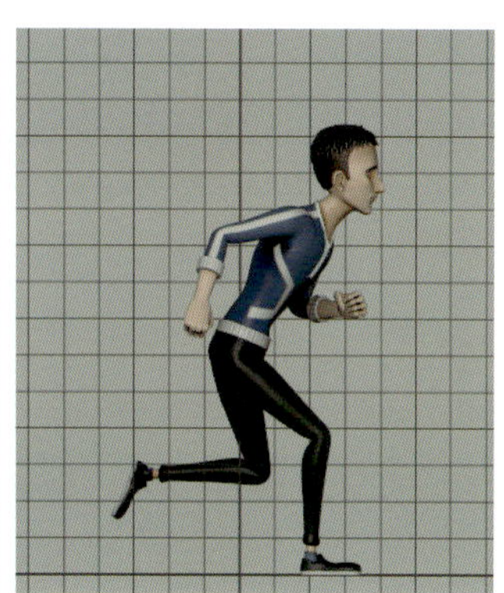

14フレーム

3 パッシングポジションの作成

足で腰を押し上げて跳躍する寸前の状態を作ります。軸足のつま先は地面に着けておくようにしましょう。

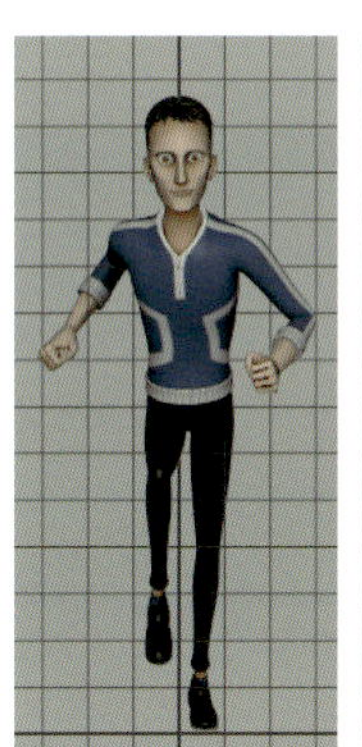

5フレーム

16フレーム

4 アップポジションの作成

跳躍した腰が最も高く上がった状態を作ります。

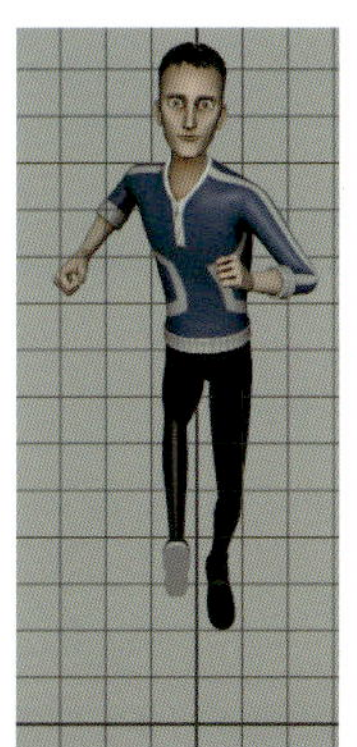
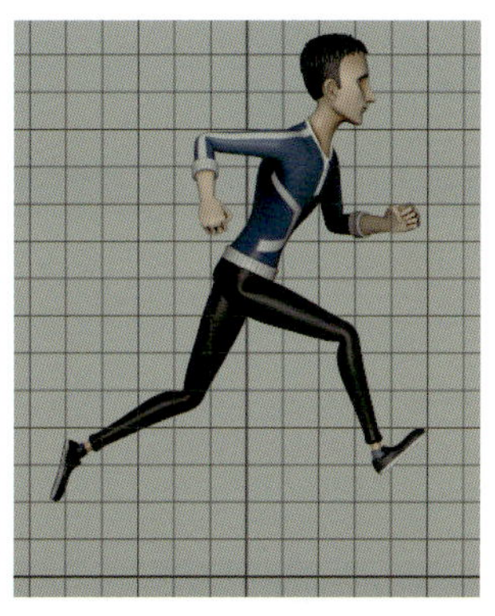

8フレーム

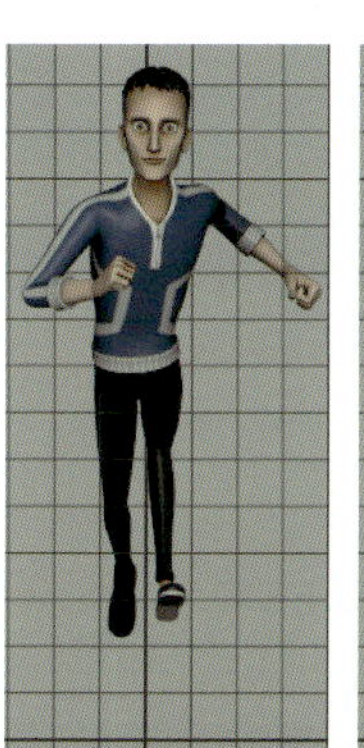

19フレーム

ステップブレビューで再生してチェック

再生して流れを確認します。気になるポーズを修正しておきます。

[ディスプレイ] レイヤの [rig_Layer] の [P] をオフにしておくと、アニメーション再生中にそのレイヤ(リグ)を非表示にしておくことができます。

④ 補間にポーズを追加

ステッププレビューを解除して自動補間に戻し、今度はキーポーズ間の補間フレームに注目し、問題あるフレームにキーを追加して補強する作業工程に入ります。

ステッププレビューの有効化を解除

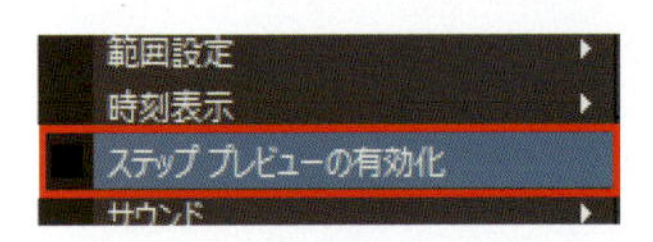

[アニメーションコントロール] のメニューを開き、[ステッププレビューの有効化] のチェックを外します。自動補間に戻ります。

補間ポーズが必要なフレームとは?

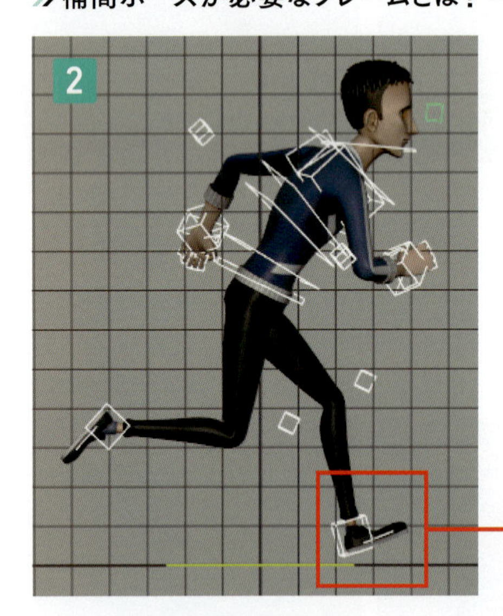

左面ビューにしてシーンをコマ送りしてアニメの流れを確認しましょう。例えば2フレームの左足に注目してください。足が地面から浮いています。かかとを地面に着けなければなりません。このように、この工程ではポーズ間の補間中に意図しない位置や軌道である箇所を見つけ、キーを足して補間を補強します。

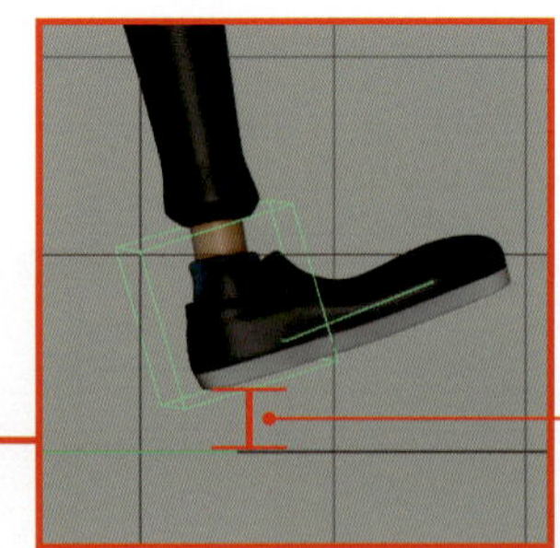

地面から浮いている

MEMO 接地表現は品質の必須条件

足と地面との接地は品質にとって非常に重要です。着いていなかったり埋まっていると「ウソ」になってしまいます。このような体の部分が接地する瞬間を捉えたポーズポジションは「コンタクト (Contact)」と呼ばれることがあります。

キーを追加する

図を参考に、「2」、「4」、「13」、「15」フレームに図を参考にしてキーを追加設定します。今回は位置を変更したリグだけキー設定します。

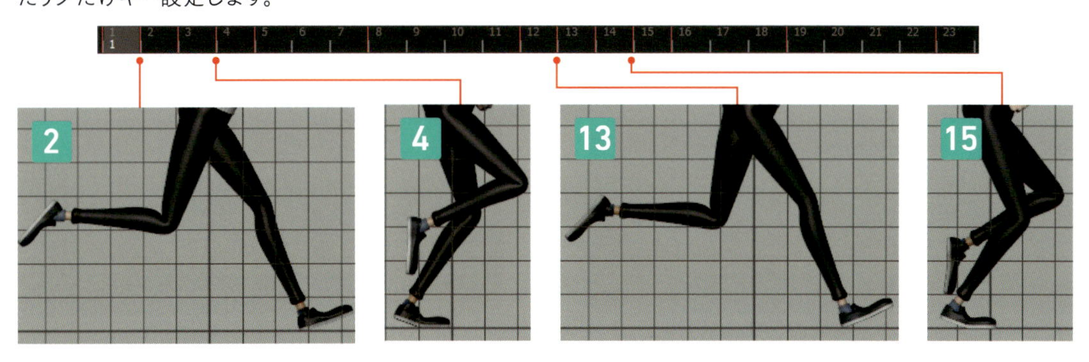

コマ送りで確認

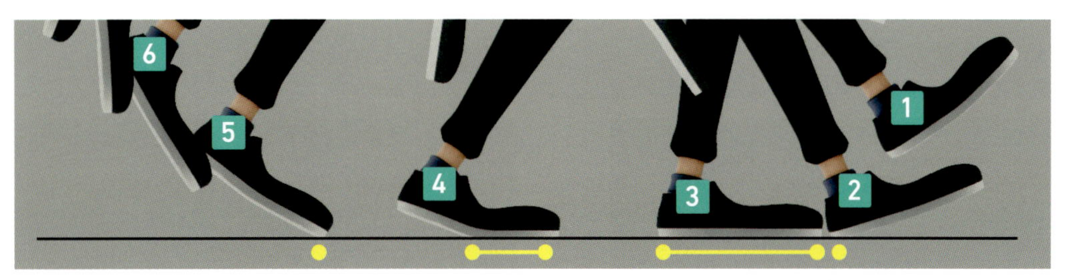

コマ送りして足が浮いていたり地面に沈んでいないか確認します。黄色でつけた足の部分はしっかり地面と接地させましょう。

⑤スムージング

この工程ではグラフエディタでアニメーションカーブの流れをスムーズにする作業を行います。

アニメーションカーブをサイクル化

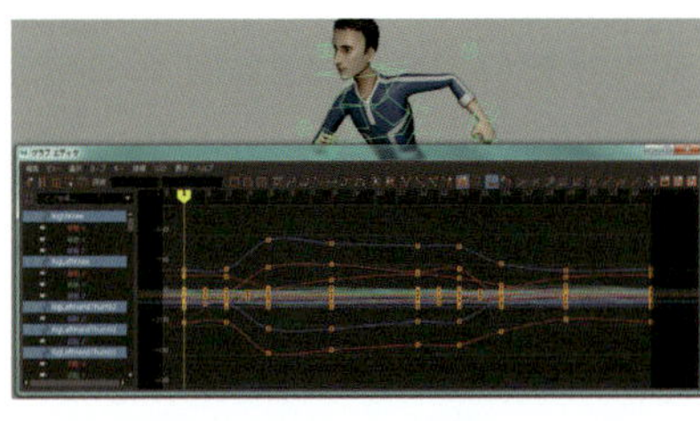

全リグを選択してグラフエディタを開きます。

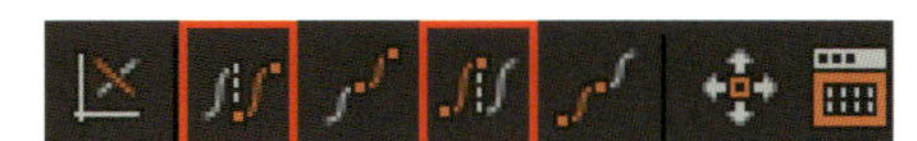

ツールバーの［プリインフィニティをサイクル］と［ポストインフィニティをサイクル］のアイコンをクリックして、カーブをサイクル化します。

カーブを「非ウェイト付き接線」に変更

カーブを接線の伸びない［非ウェイト付き接線］に設定します。キャラクタのリグを全選択した状態で、グラフエディタのメニュー［カーブ］＞［非ウェイト付き接線］をクリックします。

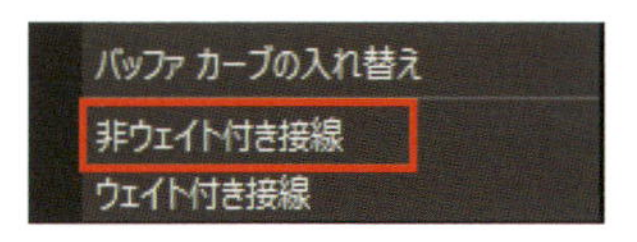

MEMO

［ウェイト付き］と［非ウェイト付き］はどちらも一長一短

［ウェイト付き］は接線の長さを可変できるので加速減速カーブを作りやすいですが、接線の長さの制御分作業が増えます。［非ウェイト付き］は長さを変更できず、その分制御は減りますが加速減速カーブを作るにはキーが多くなりがちです。

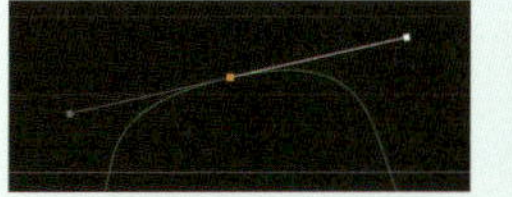

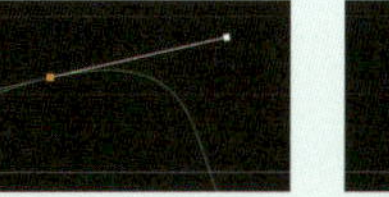

ウェイト付き接線

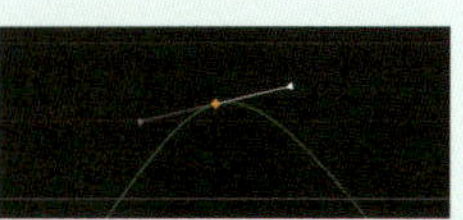

非ウェイト付き接線

≫カーブをスムーズにする

グラフエディタでカーブを確認するとキーの配列が凸凹していて、きれいに繋がっていません。これが原因でアニメーションもガタガタと振動してしまいます。これをスムーズにする処置をします。

■【対処1】キーの移動や削除

スムーズな流れを阻害するキー、もしくは用途に意味がないキーの移動や削除します。

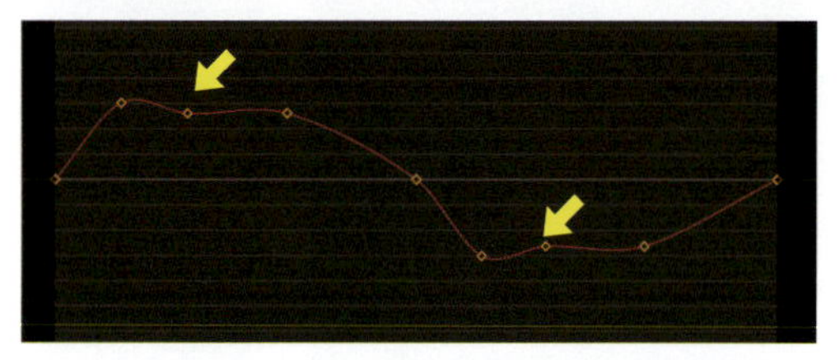

例えば上は「RigHips」リグの「移動X」カーブです。矢印で示したキーが凹んでおり、アニメーションの振動の原因になっています。

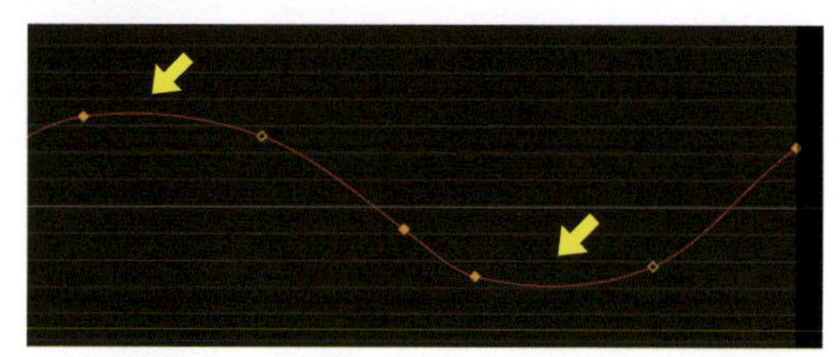

キーを削除することによりスムーズになります。ただし削除するとポーズが崩れてしまうこともあるので、その場合は削除ではなく移動してスムーズにします。

■【対処2】接線の調整

スムーズなカーブの流れを作るため接線の角度を調整します。

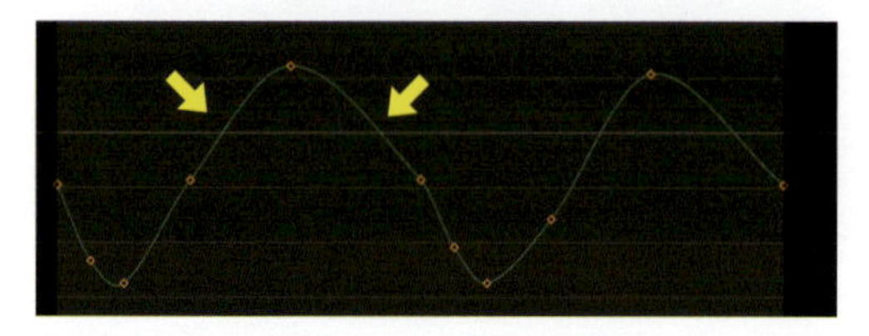

次は「RigHips」の「移動Y」カーブです。矢印で示したカーブが直線的になっています。このフレームはジャンプ中なので、もう少し放物線を描くようにしたいところです。

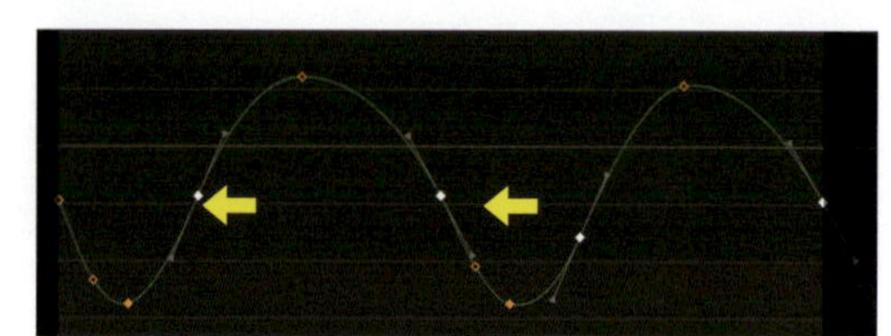

矢印のキーの接線の角度を調整して放物線を描きます。

■【対処3】フレームの端の接線角度を合わせる

サイクルアニメーションは終了から開始にかけて繋がりをスムーズにするため、各アニメーションカーブの両端のキーの接線の角度を合わせます。

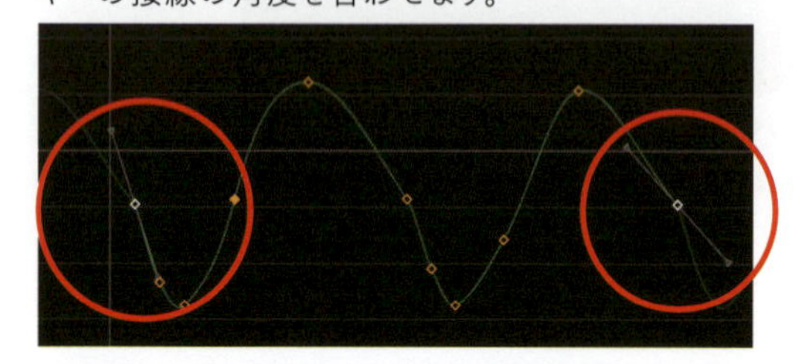

例えば「Hips」リグ「移動Y」を選択します。開始と終了のキーの接線の角度が異なっています。このような場合、アニメーションがスムーズにサイクルしません。

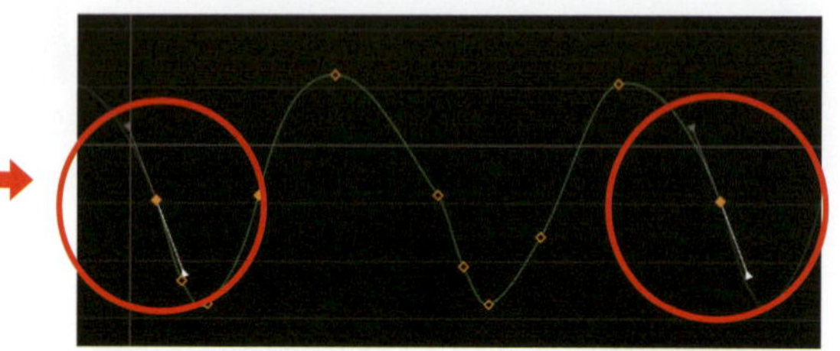

双方のキーを選択してツールバーの[フラット接線]でいったん水平にしてから、同時に傾けます。

[フラット接線]

■【対処4】ジンバルロックの解消

「ジンバルロック」を起こしている場合は修正します。

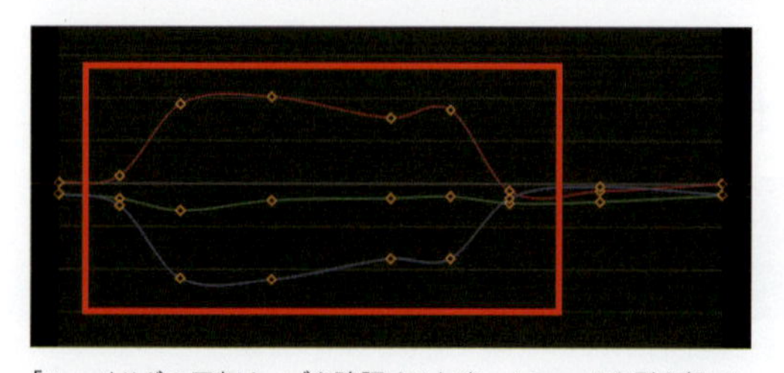

「Hand」リグの回転カーブを確認するとジンバルロックを引き起こしているのがわかります。

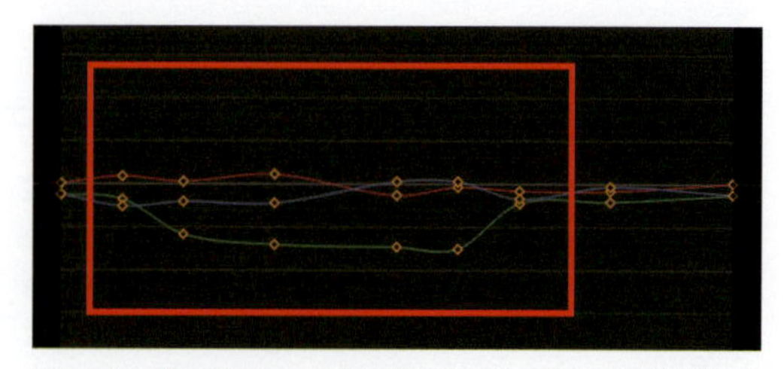

[カーブ] > [オイラーフィルタ]を実行してジンバルロックを解消します。

■【対処5】アニメーションのオフセット

「ポーズ トゥ ポーズ」はポーズからポーズへと体の全パーツが同タイミングで繋がるために、動きに硬さが見られます。生物らしくするために、腕のアニメーションキーをオフセットして同期をずらします。

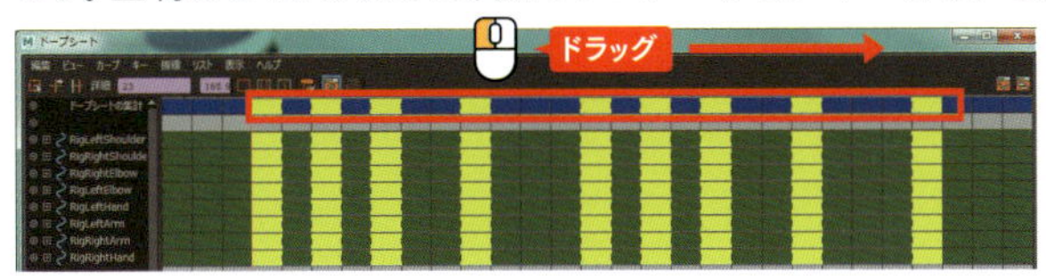

「Rig Left/RightArm」、「Rig Left/RightHand」、「Rig Left/RightElbow」のリグを選択して[ドープシート]を開き、[ドープシートの集計]の列のキーを全て選択し、1か2フレーム後にドラッグします。グラフエディタでカーブを選択してずらしても問題ありません。

■【対処6】アニメーション軌跡の確認

アニメーションの流れを視覚化して調整します。

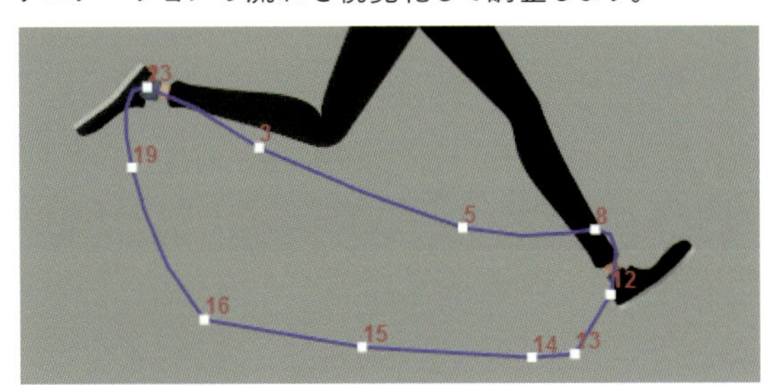

[モーションの軌跡]を使います。腕や足の軌跡を表示し、流れや左右とのバランスを比較して調整します。

図は右足リグ「RigRightFoot」の[モーションの軌跡]を表示した状態です。

> **MEMO　2つの回転補間[オイラー回転]と[クォータニオン回転]**
>
> Mayaの回転の補間では「オイラー」と「クォータニオン」の2つの回転補間方法を使用できます(初期設定ではオイラー)。オイラーは接線で意図的にカーブを操作する場合に使用します。しかしジンバルロックが発生しやすくなります。クォータニオンは効率的な補間で繋ぎジンバルロックが発生しませんが、接線の操作ができません。どちらも長所と短所があります。実際に使って判断しましょう。
>
> 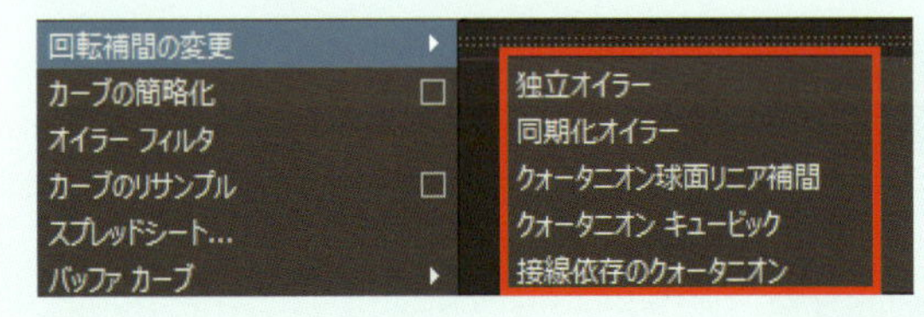
>
>
> 対象カーブを選択してグラフエディタメニュー[カーブ] > [回転補間の変更]で変更します(既定は[独立オイラー])。
>
> 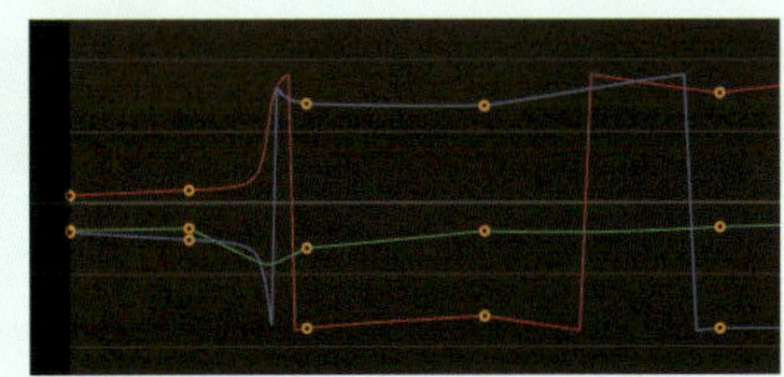
>
> 図はクォータニオンカーブです。接線の制御ができません。

⑥最終調整～完成

最終調整です。ポーズや緩急や軌道に磨きをかけて完成です。

›› 完成

さらに磨きをかけて最終調整します。この工程はアニメーション制作で「ブラッシュアップ」や「ポリッシュ(Polish)」と呼ばれることがあります。完成したらアニメーション再生時間の終了フレームを「22」にして、作業は終了です。

MEMO 速度の調整「スペーシング」

今回は指定したフレームにポーズを作るのでタイミングや速度調整作業は行いませんでしたが、本来はポーズ作成と並行で行います。キーフレームの間隔を詰めて「速く」したり、広げて「遅く」して、イメージする速度やタイミングにする作業です。アニメーション制作ではこの工程を「スペーシング（Spacing）」と呼ぶことがあります。

スペーシングの意味

例えば5と8フレームにAとBというポーズがあるとします。現在3フレームの間隔があります。

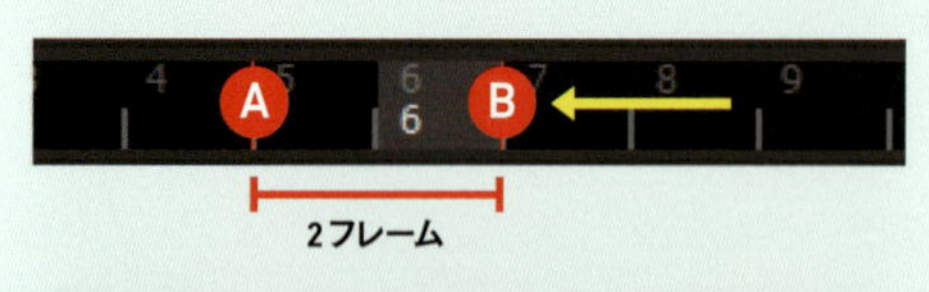

AB間のフレームを1フレーム詰めると、AB間の速度は以前よりも速くなります。

AB間のフレームを1フレーム足すと、AB間の速度は以前よりも遅くなります。「タメツメ」といわれる表現をするための調整でもあります。

スペーシングの方法

■ タイムスライダでキーをドラッグ

タイムスライダでキーフレームを選択して左右にドラッグします。

■ [インビトウィーンの追加] または [インビトウィーンの除去]

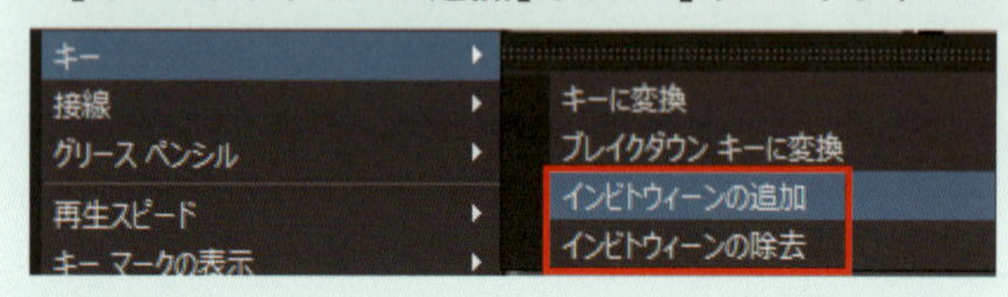

[アニメーションコントロール] メニューの [インビトウィーンの追加]、[インビトウィーンの除去] はスペーシングの微調整をする場合に効率的です。

■ ドープシート

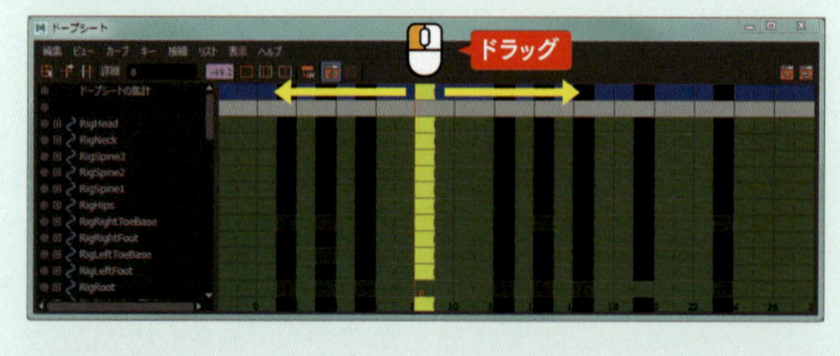

ドープシートでキーマークを選択してドラッグします。リグ別にキーのオフセットをするときには便利です。

■ グラフエディタ

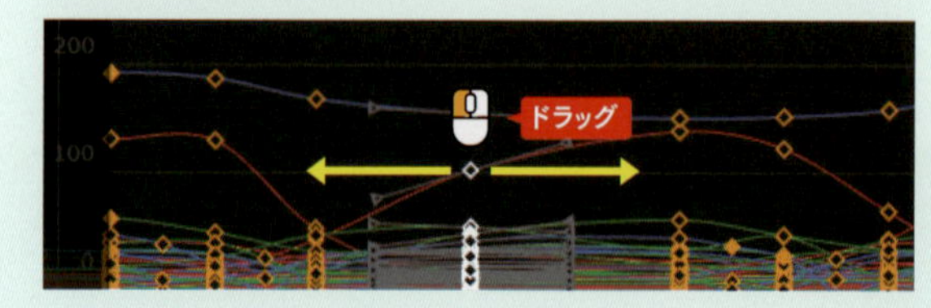

グラフエディタでキーを選択して時間方向にドラッグします。

MEMO 加速減速の調整「イーズイン・イーズアウト」

アニメーション制作では良く「緩急がある」「緩急が無い」という言葉が使われますが、これは動作の加速減速の度合いのことです。緩急は生物的なアニメーションを作るためには必須となる技法で、アニメーション制作では緩急を「イーズイン(Ease in)」「イーズアウト(Ease out)」と呼ばれることがあります。

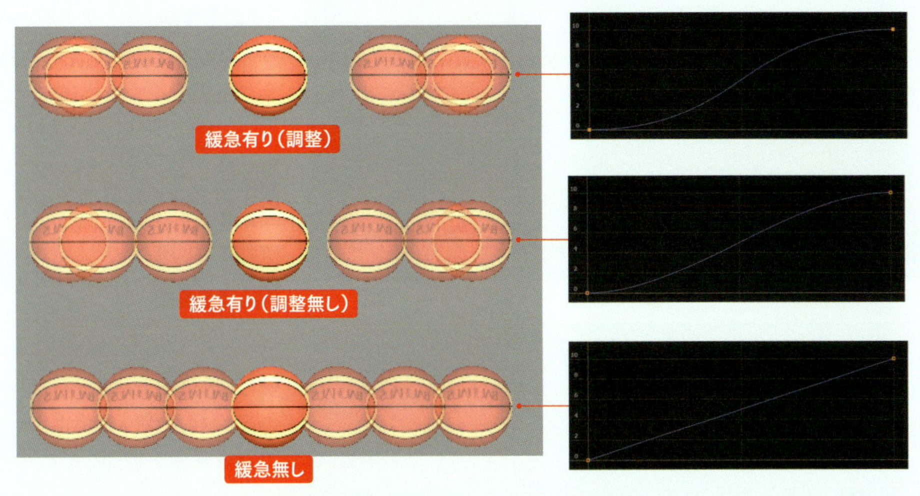

図は緩急の度合いを比較したものです。3例とも開始と終了地点の2つのキーを設定していますが、緩急が異なります。同じキーフレーム数でもアニメーションカーブを調整して緩急の違いを表現することができます。この例では[ウェイト付き接線]を使用しました。[非ウェイト付き接線]の場合は接線が伸ばせないため、一番上のカーブを作るには代わりにキーを足す必要があります。

オマケ 前進する走りの作り方

走りアニメーションを前進させてみましょう。自身で走りモーションを完成した場合はそのまま使用し、ない場合はサンプルの開始シーン「Chap05_RunForward_Start.mb」を使用してください。完成は「Chap05_RunForward_End.mb」を参考にしてください。

開始シーン ▶ MayaData/Chap05/scenes/Chap05_RunForward_Start.mb
完成シーン ▶ MayaData/Chap05/scenes/Chap05_RunForward_End.mb

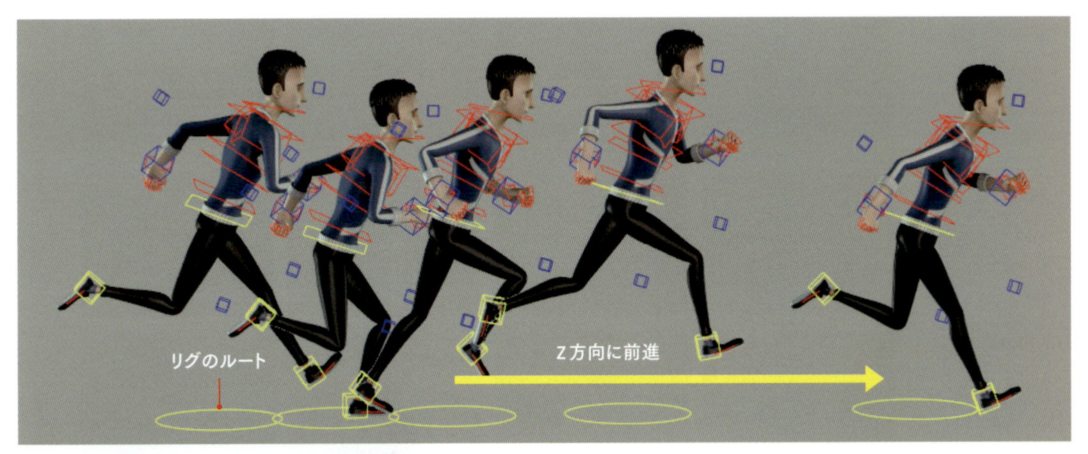

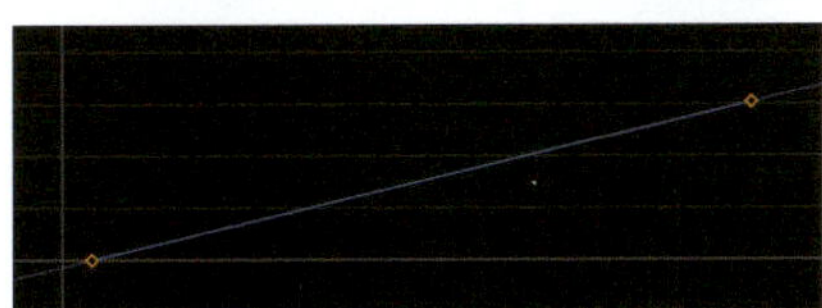

今回作成した走りはその場で留まり続けているアニメーションですが、これをそのままに足許のルートのリグ「RigRoot」に「移動Z」方向に直進するアニメーションを入れて、前進する走りに変更します。

「RigRoot」の[移動Z]カーブです。接線タイプを[リニア接線]にし、カーブの前後に[オフセット付きサイクル]を設定します。

≫リグのルートに移動Zアニメーションを設定

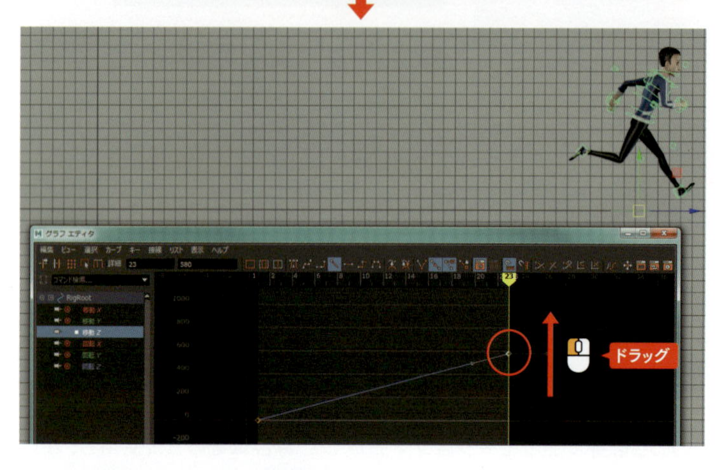

左面ビューにしてグリッドを表示してなければ表示します。「RigRoot」を選択して「1」と「23」フレーム以外の移動キーを削除します。カーブは[リニア接線]にして[オフセット付きサイクル]を設定します。「移動Z」以外のアニメーションは使わないので、こちらも削除してかまいません。

[リニア接線]

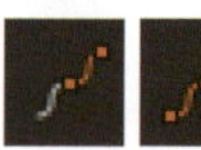

[オフセット付きサイクル]

「23」フレームの「移動Z」キーを選択し、数値を上げながら、キャラクタの足が極力滑らないように目分量で前進具合を調節します。

≫足の移動Zカーブの調整

このままでは接地した足が滑るので、足のリグ「RigLeftFoot」及び「RigRightFoot」の「移動Z」カーブの接地間のキーの接線タイプを[リニア接線]にして、地面を滑らないように微調整します。手順としては以上です。プレビューして確認しましょう。

「RigLeftFoot」

「RigRightFoot」

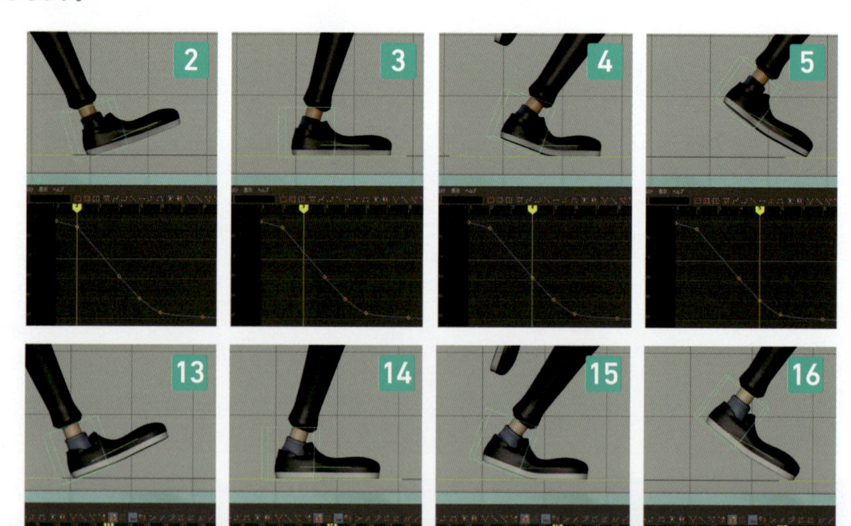

第6章 リギング

Chapter 6-1 スケルトン

スケルトンはキャラクタアニメーションに必須となるオブジェクトです。ここでは基本的なスケルトンの機能について紹介します。

スケルトンとは

スケルトン（骨格）は人間や動物キャラクタのアニメーションを作成するために用いられます。キャラクタモデルの形状に合わせて構築し、「バインド」機能によってモデルと関連付け、スケルトンを操作してアニメーションを作成することができるようになります。

メニューセットを[リギング]に切り替える

スケルトンとスキンを使用するには、メニューセットを[リギング]（F3）に切り替えます。

スケルトン：メニュー概要

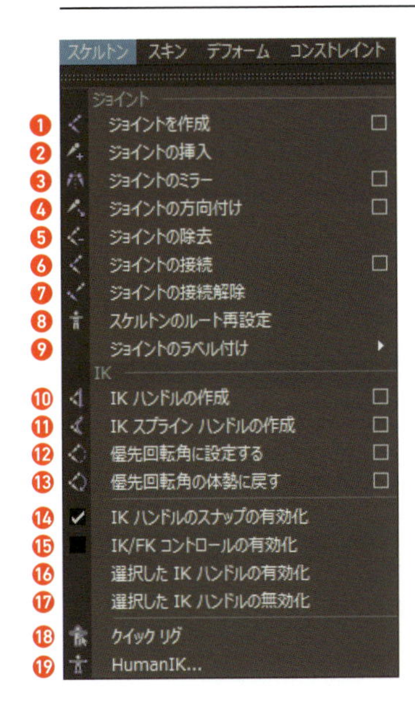

❶ 新規にジョイントを作成します。
❷ 既に作成されたスケルトン階層構造内に新たなジョイントを挿入します。
❸ 選択したジョイントを対称にコピーします。
❹ ジョイントのローカル回転軸の方向付けをします。
❺ 選択したジョイントを削除します。
❻ 選択したジョイントを接続します。
❼ 選択したジョイントの接続を解除します。
❽ 選択したジョイントを階層のルートにします。
❾ ジョイントにラベル付けるメニューを開きます。
❿ 既に作成されたスケルトン階層構造内にIKハンドルを作成します。
⓫ 既に作成されたスケルトン階層構造内にIKスプラインハンドルを作成します。
⓬ スケルトンの優先角を設定します。
⓭ ジョイントを優先角が設定された角度に戻します。
⓮ IKハンドルを終了ジョイントの位置にスナップします。
⓯ オンにするとIKハンドルのキーの有無にかかわらずジョイントを回転することができます。
⓰ 選択したIKハンドルのブレンド値を1に設定します。
⓱ 選択したIKハンドルのブレンド値を0に設定します。
⓲ クイックリグツールを開きます。
⓳ HumanIKウィンドウを開きます。

ジョイント

ジョイントの作成

ジョイントとは、スケルトンのブロックと関節を結合するポイントです。ジョイントとジョイントの間の四角錐を「ボーン」といいます。ボーンは、ジョイント間のリレーションシップを表す視覚的な表示物に過ぎません。

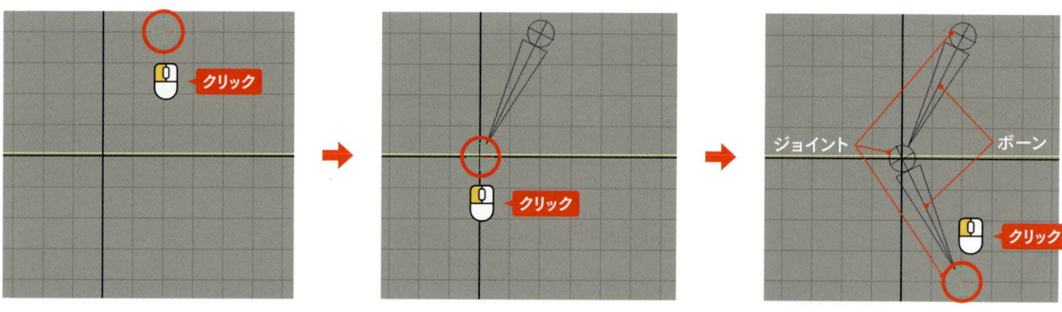

[スケルトン] > [ジョイントの作成] をクリックし、ビュー上をするとジョイントが作成されます。

続けて次の位置でクリックすると、2つ目のジョイントが作成されます。

更に続けて上図の位置でクリックし、Enter を押します。Enter を押すとジョイントの作成が「確定」されて、ジョイント作成ツールを終了します。

ジョイントの除去

下図のようなジョイント構造の中間ジョイントを除去します。一度に除去できるジョイントは1つだけです。このアクションではルートジョイントを除去することはできません。

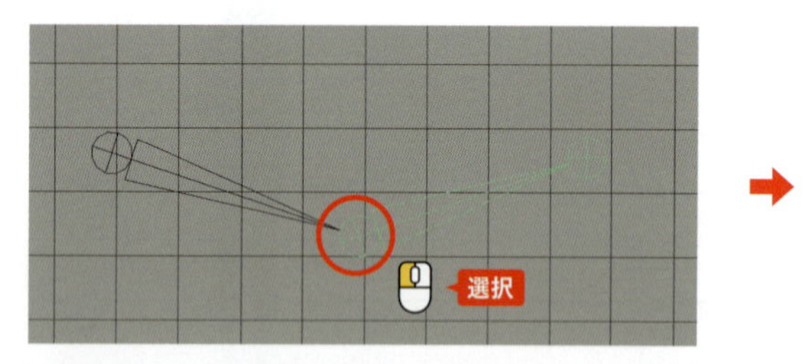

除去するジョイントを選択して [スケルトン] > [ジョイントの除去] をクリックします。

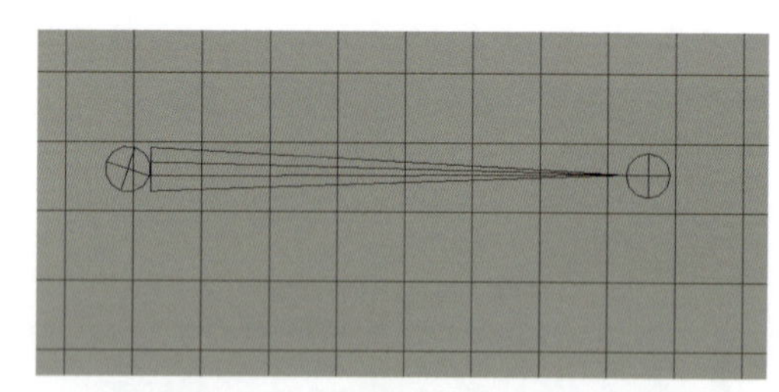

ジョイントが除去されます。Delete を押しても除去できますが、その場合は選択ジョイント以下全てが削除されます。

ジョイントの挿入

既に作成されたスケルトン階層構造内に新たなジョイントを挿入します。新しく挿入したジョイントからスキンに影響を与えるには、これを「インフルエンスオブジェクト」としてスキンに追加する必要があります（[スキン] > [影響を編集] > [インフルエンスの追加]）。

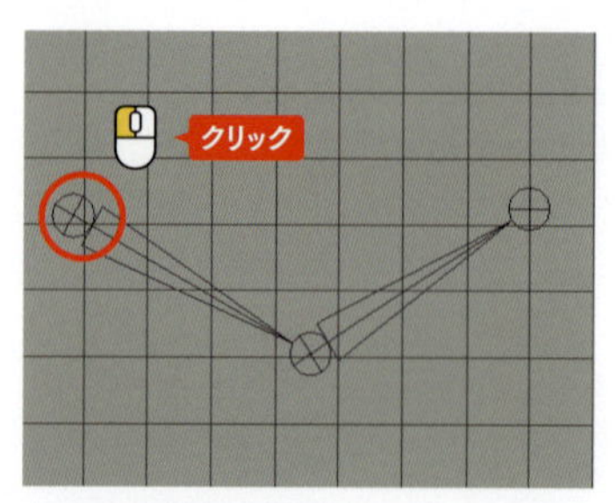

挿入する開始元となるジョイントにマウスカーソルを合わせてします。

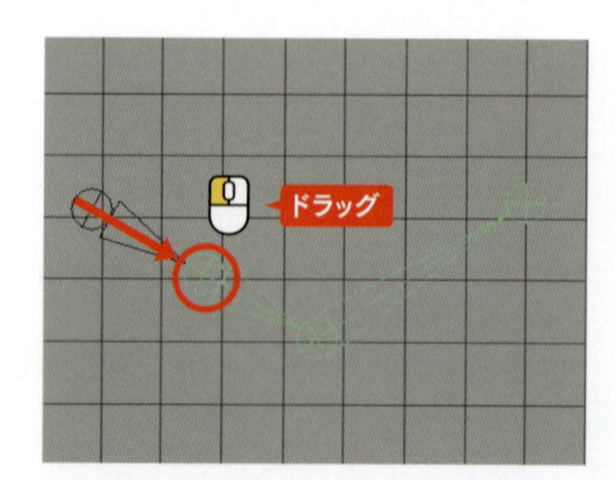

挿入する位置までマウス左ボタンを押しながらドラッグしてボタンを離し Enter で確定させて終了します。

MEMO 「インフルエンスオブジェクト」とは

「インフルエンス（influences）オブジェクト」とは［バインド］機能によってバインドされたスキン頂点に影響を及ぼすオブジェクトのことを指します。例えばバインド後に追加ジョイントをペアレント化しただけでは、インフルエンス対象になりません。新たに作成したジョイントを含めて再度バインドし直すか、作成したジョイントとスキンオブジェクトを選択して［スキン］＞［影響を編集］＞［インフルエンスの追加］を実行します。

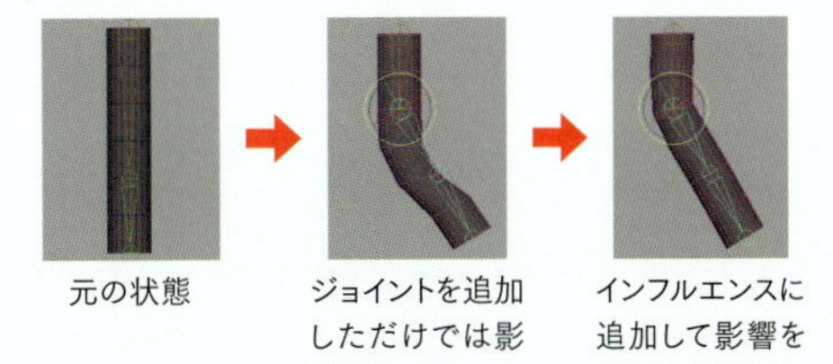

ジョイントのミラー

親ジョイントを指定したプレーンで対称に複製します。ジョイントをミラーする場合、［編集］＞［特殊な複製］は使用せず、代わりに［スケルトン］＞［ジョイントのミラー］を使用します。

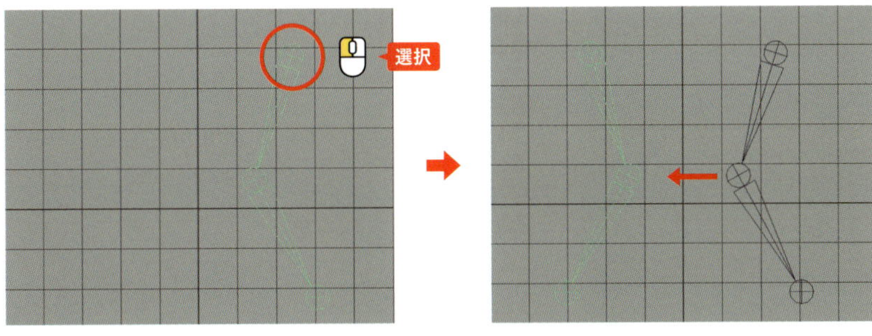

ミラーするジョイントのルートを選択して［スケルトン］＞［ミラー］をクリックします。

ジョイントがミラー平面にミラーされます。

ジョイントのミラー：オプション

ジョイントのミラーオプションはジョイントのミラーする平面、ミラー対象、複製するジョイントの代替名を設定できます。

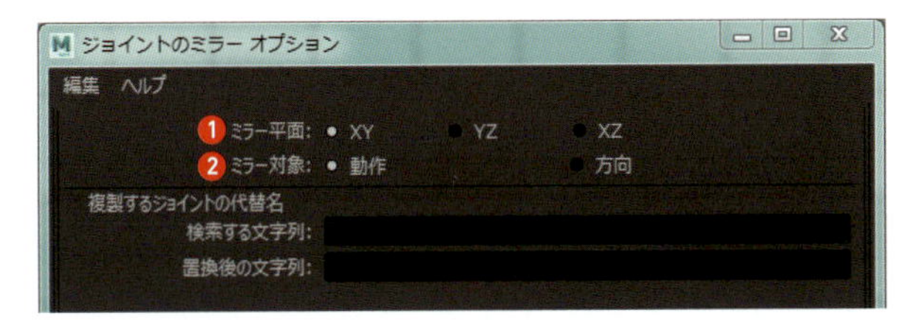

❶ ミラー平面
ミラー平面をXY,YZ,XZのどれかを指定します。

❷ ミラー対象

動作
ミラーされたジョイントはコピー元のジョイントと反対の方向を向き、互いのローカル回転軸は反対の方向を向きます。

方向
ミラーされたジョイントはコピー元のジョイントと同じ方向を向きます。

MEMO ジョイントの接続や接続解除は主にペアレントを使用

ジョイントの接続や解除は、［ジョイントの接続］と［ジョイントの接続解除］というメニューがありますが、ペアレント化やペアレント化解除でも問題ありません。

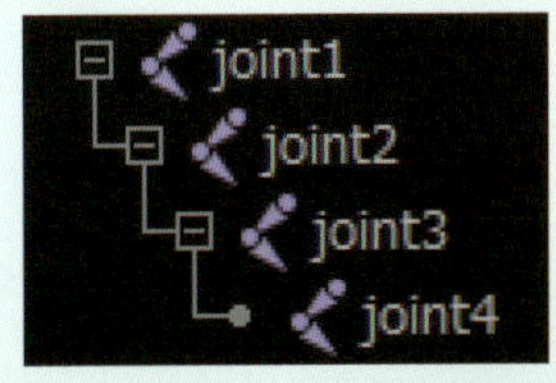

ジョイントは作成した順に親子関係付けされます。

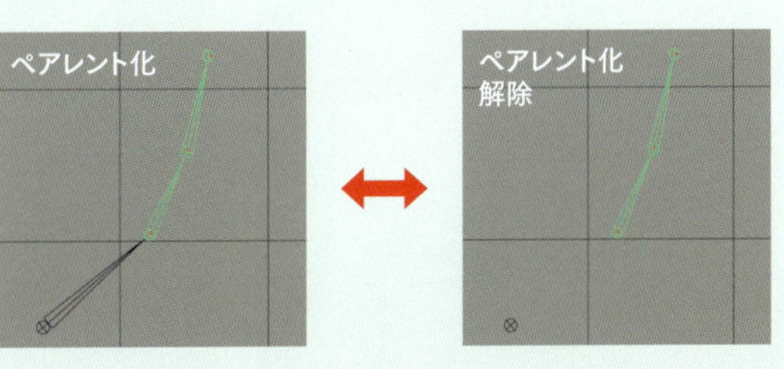

ジョイントの方向付け

ジョイントのローカル回転軸の方向を設定します。ジョイントの回転軸の方向を整理することで、制御しやすい構造を構築する際に使用します。

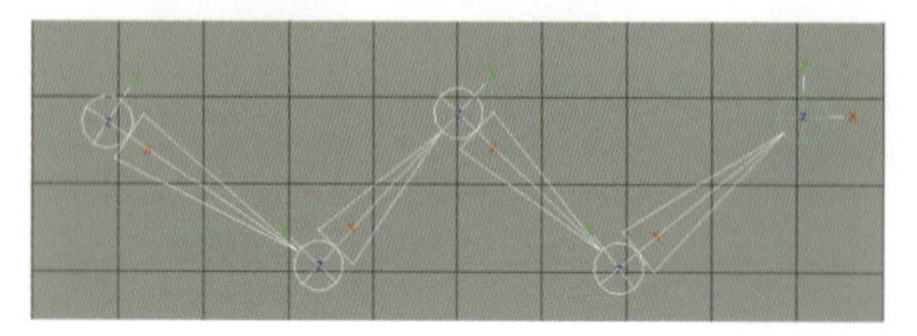

ジョイントを選択し、[スケルトン] > [ジョイントの方向付け] をクリックします。

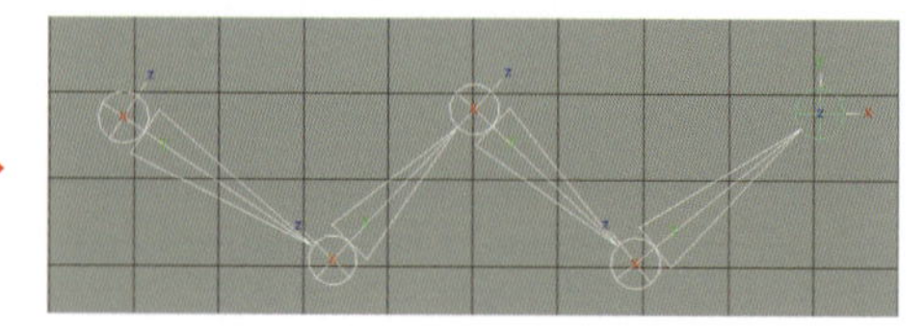

オプション設定に従って、ジョイントのローカル回転軸の方向が設定されます。

ジョイントの方向付け：オプション

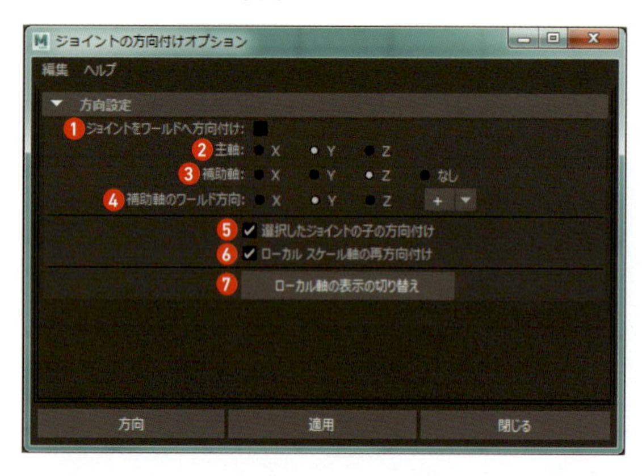

❶ ジョイントをワールドへ方向付け
オンに設定すると各ジョイントのローカル軸はワールド軸の向きに設定され、方向付け設定は無効化されます。オフに設定すると方向付け設定が指定できます。

❷ 主軸
ジョイントのローカル主軸を指定します。

❸ 補助軸
ジョイントの補助的な方向として使用するローカル軸を指定します。

❹ 補助軸のワールド方向
補助軸の向きを設定します。

❺ 選択したジョイントの子の方向付け
オンにすると、ジョイントの方向付け設定はスケルトン階層内の現在のジョイントの下位にあるすべてのジョイントに影響を及ぼします。オフにすると、現在のジョイントのみジョイントの方向付けオプション設定の影響を受けます。

❻ ローカルスケール軸の再方向付け
オンに設定すると、現在のジョイントのローカルスケール軸の方向も変更されます。

❼ ローカル軸の表示の切り替え
選択したジョイントのローカル軸の表示を切り替えます。

IKとFK

IK（インバースキネマティクス）とFK（フォワードキネマティクス）はリギングやアニメーション制作における制御構造のことで、IKは先端の制御ハンドルを移動するとジョイントの回転が決まる方式で、FKは、根元から順番に回転制御する方式です。

IKの使用例

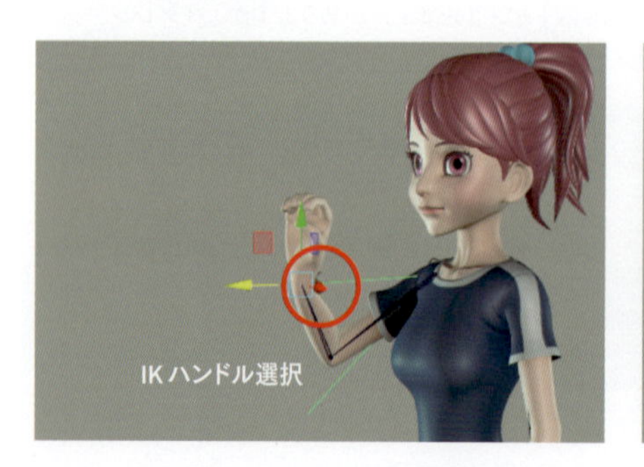

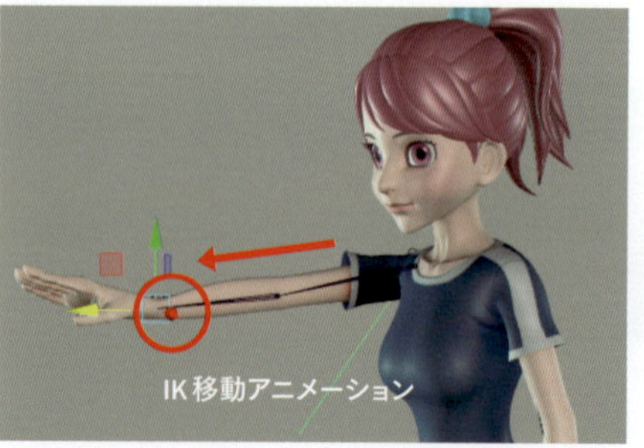

IKハンドルを腕に設定してハンドルの移動アニメーションで腕のジョイントを回転して肘を曲げたり伸ばすことが容易にできます。

›› FKの使用例

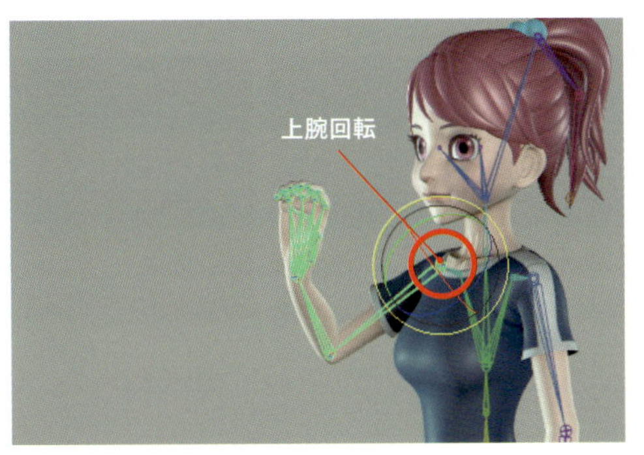

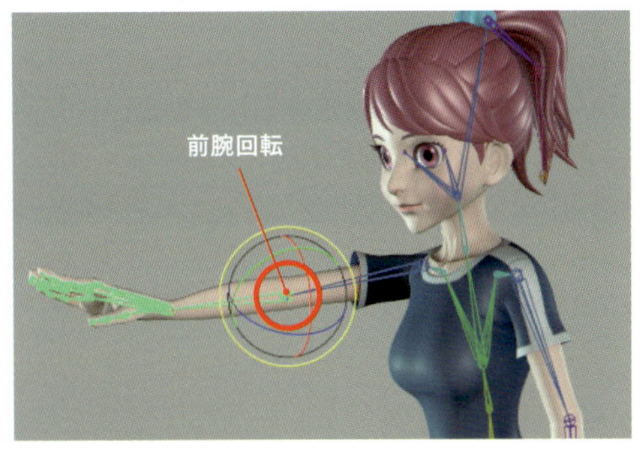

FKは回転制御です。腕を伸ばすには上腕と前腕のジョイントをそれぞれ回転させる必要があります。

IKハンドルの作成

既成のスケルトンにIKハンドルを作成します。[スケルトン] > [IKハンドルの作成]をクリックして、親ジョイント、末端ジョイントの順にクリックすると、IKハンドルが作成されます。アウトライナでIKハンドルのエフェクタの生成が確認できます。

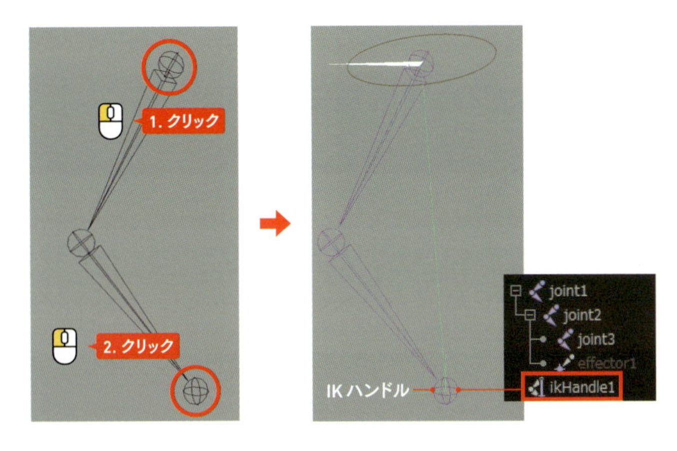

›› IKハンドル:オプション

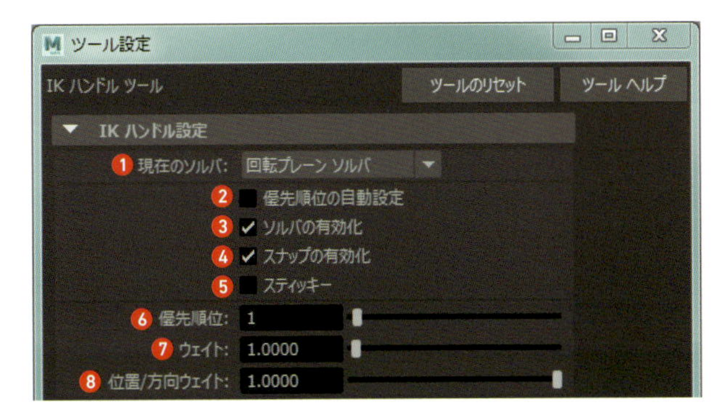

❶ 現在のソルバ

シングルチェーンソルバ

エンドエフェクタをIKハンドルの位置と方向で制御します。

回転プレーンソルバ

IKハンドルの位置のみで制御します。

❷ 優先順位の自動設定

オンにするとIKハンドルの優先順位が自動的に設定されます。

❸ ソルバの有効化

オンにすると作成時、IKソルバ([現在のソルバ]で指定)がアクティブになります。

❹ スナップの有効化

オンに設定すると、IKハンドルはIKハンドルの終了ジョイントの位置にスナップされます。

❺ スティッキー

オンにすると、他のIKハンドルを使用して、または個々のジョイントを移動、回転、スケールしてスケルトンにポーズを設定する際に、IKハンドルは現在の位置と方向を保持します。

❻ 優先順位

[優先順位の自動設定]がオフの場合にのみ使用できます。IKシングルチェーンハンドルの優先順位を指定します。

❼ ウェイト

IKハンドルのウェイト値を設定します。

❽ 位置 / 方向ウェイト

ゴールの位置と方向に、IKハンドルのエンドエフェクタを優先して到達させるかどうかを指定します。

MEMO

FKの作り方はあるの?

IK制御するにはIKハンドルを設定しますが、FK制御はいわば素のスケルトンの状態を指すので、設定方法はありません。

IKスプラインハンドルの作成

IKスプラインはカーブを使用してジョイントを制御することができます。蛇の胴体やタコの足等の軟体動物のアニメーションを制作する際に便利です。[スケルトン] > [IKスプラインハンドルツール] をクリックし、ルートジョイント、末端ジョイントの順にクリックします。カーブが自動生成され、カーブのエディットポイントやCVを選択して移動するとジョイントの角度が変更されます。

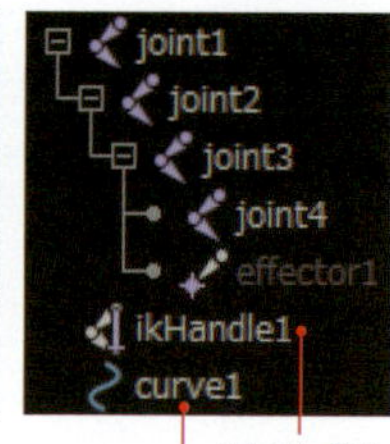

IKハンドル
自動生成カーブ

IKスプラインの使用例

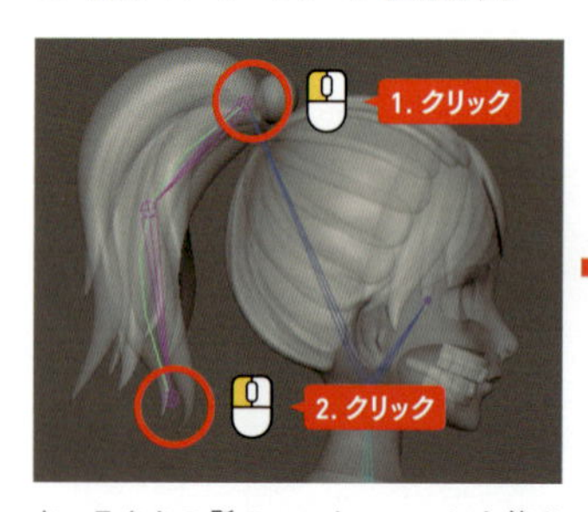

キャラクタの髪のコントロールにも使えます。[スケルトン] > [IKスプラインハンドルツール] をクリックし、髪の毛の根元のルートジョイント、末端ジョイントの順にクリックします。カーブが自動生成されます。

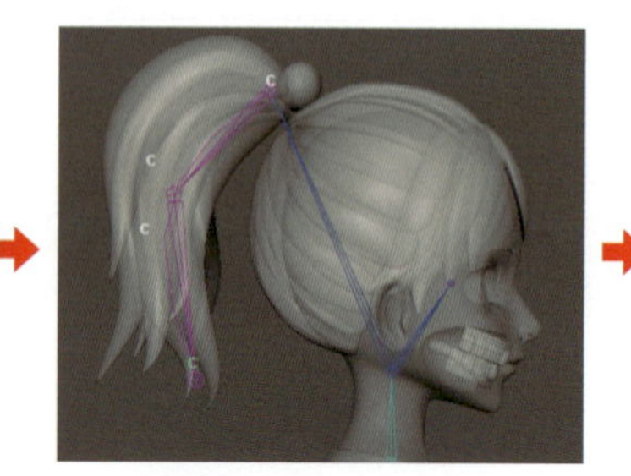

CVやエディットポイントはコントロールリグにコンストレイントできません。そのため「クラスタハンドル」を作成します。生成カーブを選択して、メインメニューの [選択] > [クラスタカーブ] をクリックします。クラスタハンドルが作成されます。

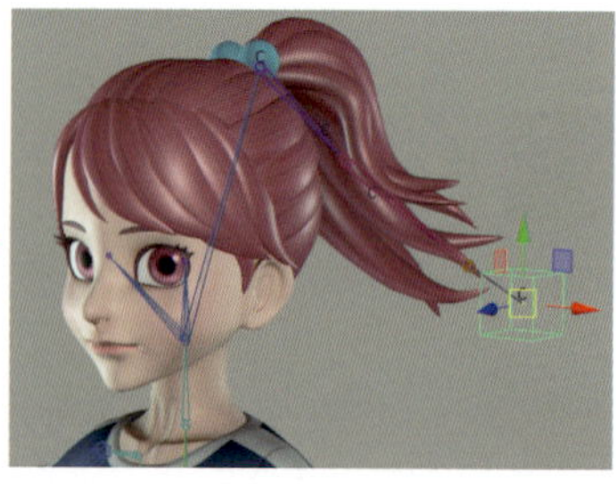

クラスタハンドルの移動により髪の毛をコントロールすることができます。リグへコンストレイントする場合はコンストレイントの [ポイント] を使用します。

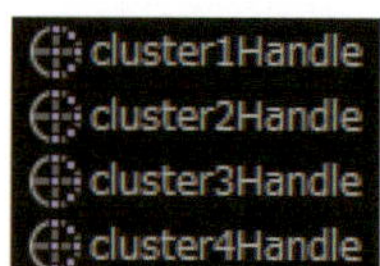

[アウトライナ] のクラスタハンドルです。この例では頭のリグの子にペアレント化しておきます。

● [ロール] と [ツイスト]

IKスプラインハンドルのアトリビュートの [ロール] で回転、[ツイスト] で捻りを加えることができます。

IKスプラインハンドル：オプション

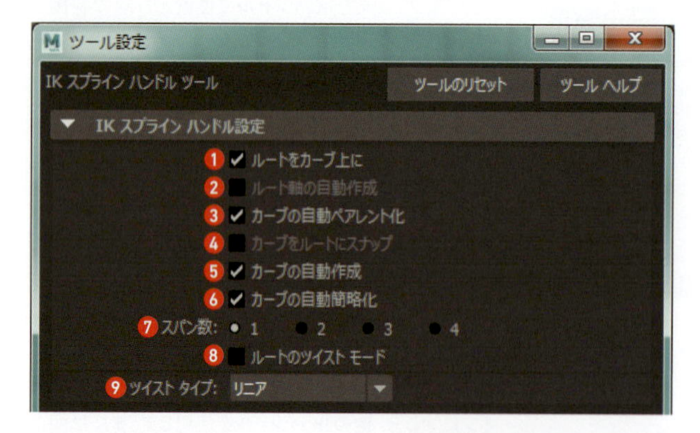

❶ ルートをカーブ上に
オンに設定すると、IKスプラインハンドルの開始ジョイントがカーブにコンストレイントされます。

❷ ルート軸の自動作成
オンに設定すると、シーンの階層構造の開始ジョイントの上位にある親のトランスフォームノードが作成されます。

❸ カーブの自動ペアレント化
スプラインIKハンドルの開始ジョイントが親ジョイントを持っている場合、このオプションをオンに設定すると、NURBSカーブがその親ジョイントの子オブジェクトになります。

❹ カーブをルートにスナップ
オンに設定すると、カーブのスタートポイントが開始ジョイントの位置に自動的にスナップします。

❺ カーブの自動作成
オンにすると、スプラインIKハンドルの作成時にNURBSカーブが作成されます。

❻ カーブの自動簡略化
オンに設定すると、指定したスパン数を持つNURBSカーブが自動的に作成されます。

❼ スパン数
スプラインIKハンドル作成時にカーブで自動的に作成されるスパン数を指定します。

❽ ルートのツイストモード
オンに設定した場合、終了ジョイントにあるツイストマニピュレータを操作すると、開始ジョイントが他のジョイントとともに少しツイストします。

❾ ツイストタイプ
ジョイントチェーンで発生するツイストのタイプを指定します。

リニア
すべての部分を均等にツイストします。

イーズ イン
チェーンの終了部分を多くツイストします。

イーズ アウト
チェーンの開始部分を多くツイストします。

イーズ イン / アウト
開始部分と終了部分よりも中間を多くツイストします。

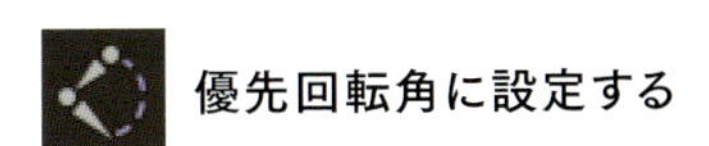

優先回転角に設定する

スケルトンを直線の状態でIKハンドルを作成すると、期待する方向にジョイントが回転しないことがあります。その場合はスケルトンに優先回転角を適用します。

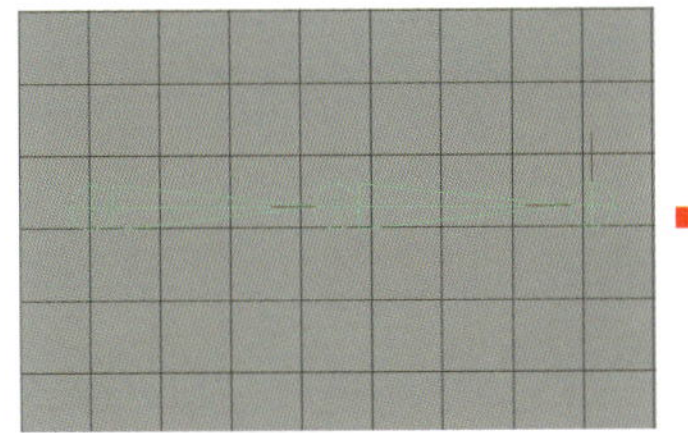

スケルトンが直線状態でIKハンドルを動かすと、ジョイントが回転しない、または意図しない方向に回転することがあります。

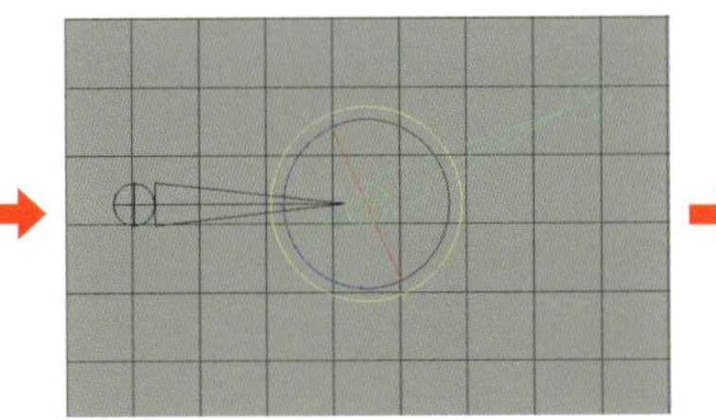

2つ目のジョイントを回転したい方向に回転し、[スケルトン] > [優先回転角に設定する] をクリックします。

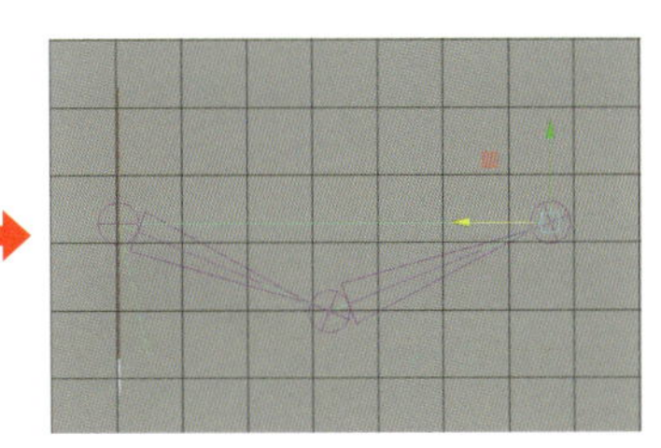

スケルトンを再び直線に戻し、IKハンドルを動かしてジョイントが意図する方向に回転するかを確認します。

IKハンドルの有効化 / 無効化

IKハンドルのアトリビュートのIKブレンドの値が「1」に設定されているとIKハンドルが有効となり、IKアニメーションがスケルトンを制御するようになります。逆にIKブレンドの値を「0」に設定するとIKハンドルが無効になりFKアニメーションがスケルトンを制御します。

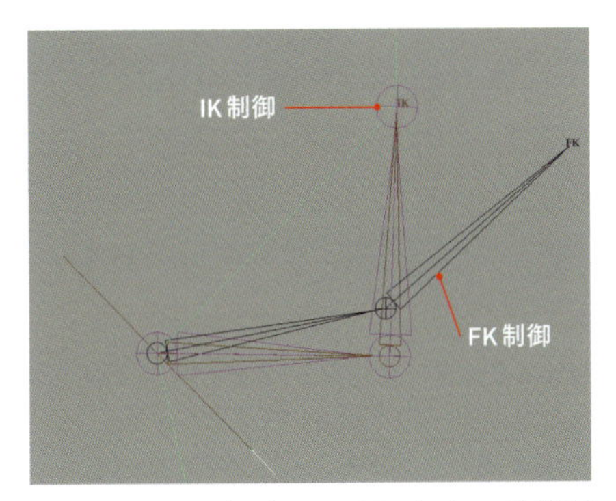

IKハンドルのIK、スケルトンのFKアニメーションを[IKブレンド]で切り替えることができます。

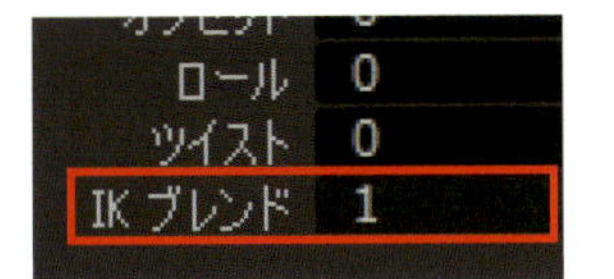

IKハンドルの有効化
IKハンドルを選択して[スケルトン] > [選択したIKハンドルの有効化] をクリックすると、「IKブレンド」の値が1になります。

IKハンドルの無効化
IKハンドルを選択して[スケルトン] > [選択したIKハンドルの無効化] をクリックすると、「IKブレンド」の値が0になります。

MEMO

IK/FKの切り替え アニメーションの[キー] > [IK/FKキーの設定]

キャラクタアニメーションでIKとFKの切り替えをしながらキーフレームを双方に設定したい場合、[IK/FK キーの設定] を使用します。IKハンドルを選択して[キー] > [IK/FK キーの設定] でIKハンドルとジョイント双方にキーを設定できます。[IKソルバの有効化] にチェックを入れるとIKブレンド「1」が設定されIKアニメーションになり、チェックを外すとIKブレンド「0」に設定され、FKアニメーションが優先されます。グラフエディタでアニメーションカーブを確認すると、アニメーションが完全にIKによって駆動される期間のカーブは実線で表示され、完全にFKによって駆動される期間は、カーブが点線で表示されます。

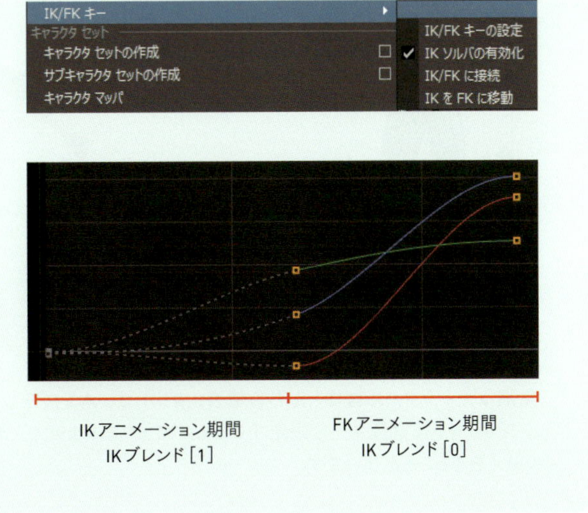

MEMO IKに向いているアニメーション、FKに向いているアニメーション

IKとFKに向いているアニメーションとは

IKはキャラクタが机に手を付いて立ったり、地面を歩く時の足など、先端が物や地面に接地しなければならないアニメーションに向いています。FKは空を飛んだり、歩く時の腕の振りのように、体の部分がどこにも接地せずに宙にある状態のアニメーションに向いています。

空を飛ぶアニメーションのように、手足が地面と触れていない状態ではFKが向いています。

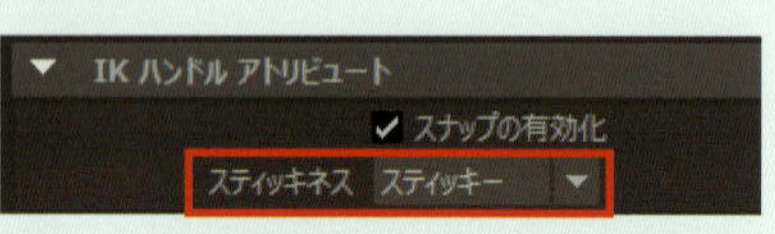

［IKハンドルアトリビュート］の［スティッキネス］を［スティッキー］にするとIKハンドルを固定することができます。

手足が地面に着くアニメーションはIKがあった方が便利です。

IKとFKをアニメーション中に切り替える局面

例えば跳び箱のアニメーションでは手を跳び箱につかなければなりません。その場合に腕のIK / FK切り替えを行います。走ってくるまではFK、跳び箱に手を付いている間はIK、飛んだ後は再びFKに切り替えます。ただし切り替えはIKの移動とジョイントの回転、ブレンドアニメーションなど複数使うことになるので、切り替えれば効率が良くなるとは限りません。

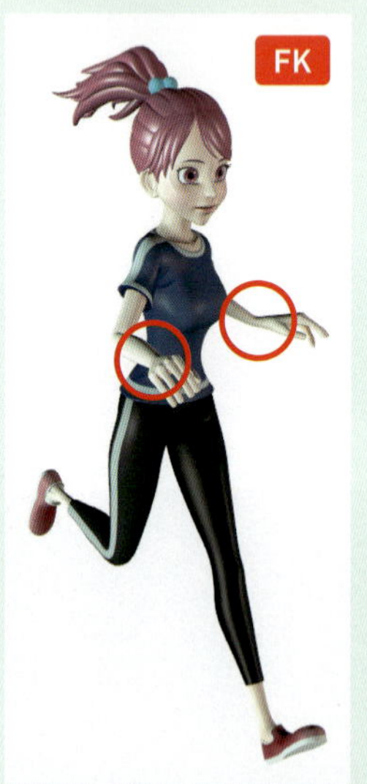

走り込んでいるときはFKで…。

跳び箱に手を着くアニメーションはIKに切り替えます。

実際はキャラクタにはほとんどの場合、コントロールリグをつけてアニメーション制作をするので、IKハンドルやジョイントに直接キーを設定することはあまりありません。予めIKとFKリグを作成し、リグ間でのIK/FKの切り替えをすることが多いです。

Chapter 6-2

スキニング

スケルトンを作成後はスキンモデルにバインドし、スケルトンの移動や回転に応じてモデルを的確に変形させる「スキニング」作業の基本について説明します。

スキニングとは

作成したスケルトンは、キャラクタモデルと「バインド」（縛る）機能で関連付けします。バインドにより、スケルトンの移動や回転に応じてキャラクタの皮膚（スキン）であるモデル、「スキンモデル」を変形させることができます。しかしそれだけではモデルの形状が滑らかになりませんので、バインドで設定される「ウェイト」を調整します。ウェイトはスケルトンがモデルの各頂点にどの割合、影響を及ぼしているかを数値化したもので、滑らかにするには、このウェイトを調整する作業が必須となります。バインド、ウェイト調整含め、モデルの変形を滑らかにする作業を「スキニング」と呼びます。

スキン：メニュー概要

メインメニューの［スキン］の概要です。

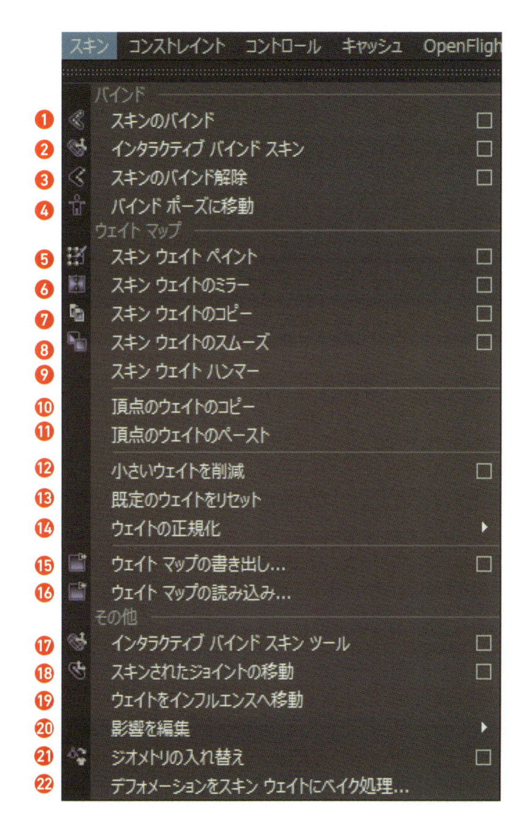

❶ トランスフォームノードまたはグループノードやロケータなどのノードの階層にジオメトリをバインドします。
❷ ボリュームマニピュレータに基づいてメッシュにウェイトを設定します。
❸ スキンのバインドをスケルトンから解除します。
❹ バインドポーズが設定された位置にスケルトンを戻します。
❺ スキンウェイトペイントツールを使用して、スキンにウェイト強度の値をペイントします。
❻ 選択したスキンウェイトのミラーリングを行います。
❼ 選択したスキンオブジェクトのウェイトを別の選択スキンにコピーします。
❽ 選択したスキンオブジェクトのスキンウェイトをスムーズにします。
❾ 選択した頂点に隣接する頂点と同じウェイト値が割り当てられます。
❿ 選択した頂点のウェイト値をコピーします。
⓫ コピーした頂点のウェイト値を他の選択した頂点にペーストします。
⓬ 現在のジョイントから微量のウェイトを削減します。
⓭ 選択されたジョイントのウェイトをリセットします。
⓮ ウェイトの正規化メニューを開きます。

ウェイトの正規化を無効化
スキンウェイトを自動的に正規化しないようにします。

ウェイトの事後正規化を有効化
ウェイトの自動正規化をオンにしウェイトの正規化モードをポストに設定します。

ウェイトの正規化の有効化
スムーズスキンウェイトを自動的に正規化します。

ウェイトの正規化
スキンウェイトを合計すると1になるように調整します。

⑮ ウェイトマップを作成して書き出します。
⑯ ウェイトマップを読み込みます。
⑰ ボリュームマニピュレータのシェイプと位置を変更して、選択したメッシュの最初のウェイトを設定できるようにします。
⑱ スキンをデタッチせずにジョイントを移動します。
⑲ 選択した頂点のウェイト値を現在のインフルエンスから選択したインフルエンスに移動します。
⑳ [影響を編集] メニューを開きます。

インフルエンスの追加

選択したインフルエンスオブジェクトを追加します。

インフルエンスの除去

選択インフルエンスオブジェクトをスキンから除去します。

最大インフルエンス数の設定

各スキン頂点に作用するジョイントおよびインフルエンスオブジェクトの数を設定します。

使われていないインフルエンスの除去

スキンウェイトが0のジョイントとインフルエンスオブジェクトをスムーズスキンから除去します。

㉑ ジオメトリのバインドされていない部分をキャラクタのバインドされたジオメトリと入れ替え、スキンウェイトを転送します。
㉒ ベイクデフォーマツールを開きます。

バインド

スキンのバインド

ジョイントをモデルとバインドします。

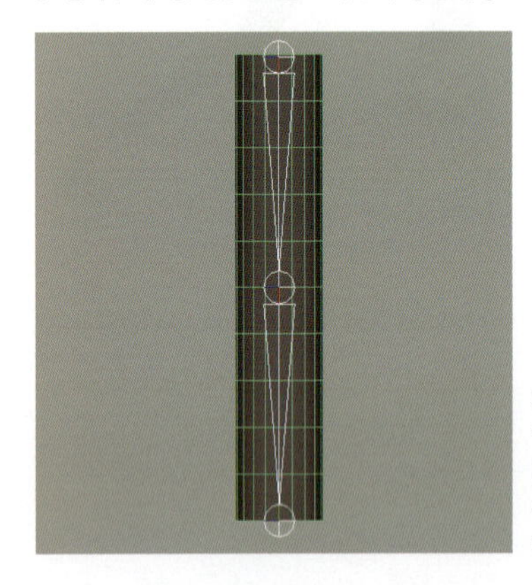

スケルトンとスキンモデルを選択して[スキン] > [スキンのバインド] をクリックします。

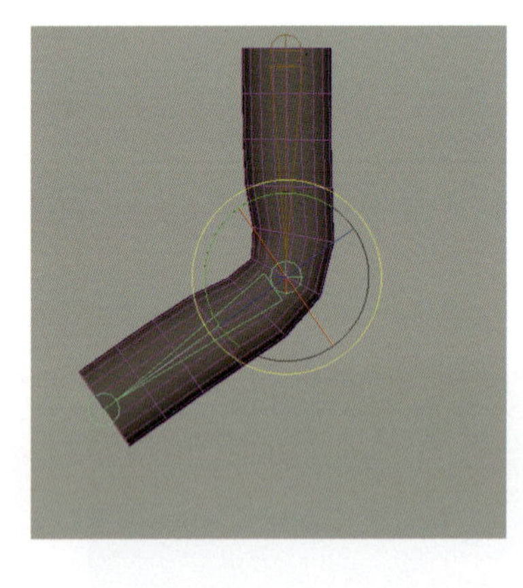

バインドが完了し、スケルトンを動かすとスキンモデルも変形します。

バインドスキン：オプション

[スキン] > [スキンのバインド□] で、近接するスキンポイントに作用するジョイントの数や、作用する範囲を制限することができます。

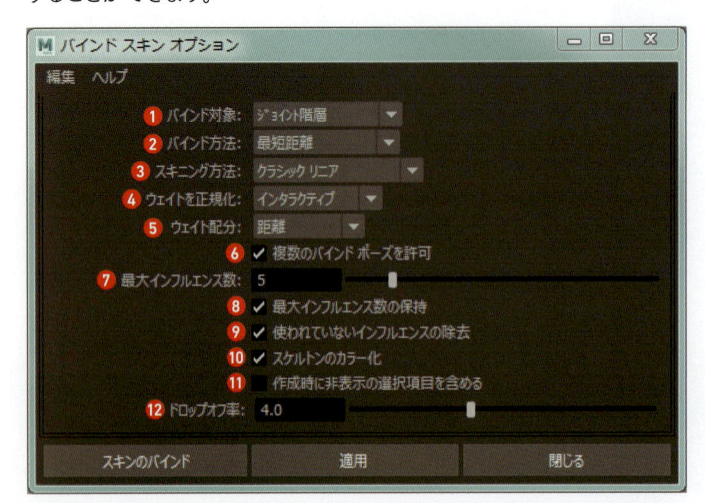

❶ バインド対象

スケルトン全体にバインドするか、選択されたジョイントにバインドするかを設定します。

ジョイント階層

スケルトン全体にバインドします。

選択したジョイント

選択したジョイントのみバインドします。

オブジェクト階層

ジョイントまたはジョイント以外のトランスフォームノードに変形可能なジオメトリをバインドします。

❷ バインド方法
ジョイントがスキン頂点にどのような影響を与えるかを指定します。
最短距離
インフルエンスがスキンポイントへの近接度にのみ基づくように設定します。
階層内の最近接
ジョイントのインフルエンスがスケルトンの階層に基づくように設定します。
ヒートマップ
熱放散型でジョイントの近いところでは高いウェイト値になり、離れるにつれて低い値になります。
測地線ボクセル
ボクセル化されたリプリゼンテーションでウェイトを計算して適用します。

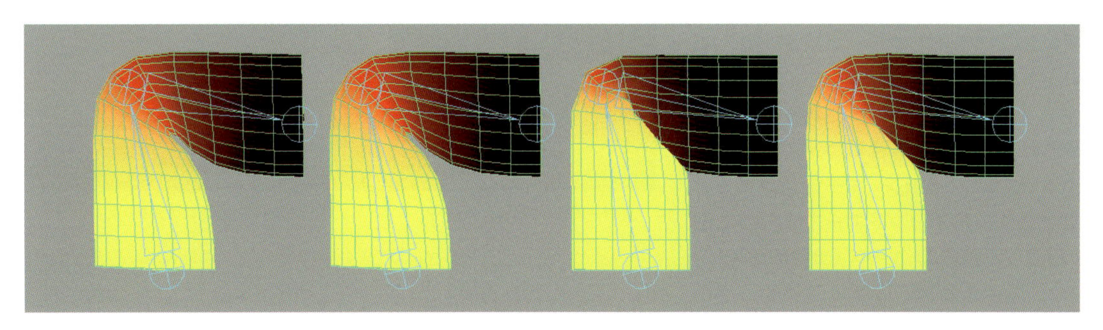

最短距離　階層内の最近接　ヒートマップ　測地線ボクセル

❸ スキニング方法
選択したブジェクトに対してどのスキニング方法を使用するかを指定します。
クラシックリニア
Maya従来のスキニングにする場合はこのモードを使用します。
デュアルクォータニオン
ツイストするジョイントの周囲のメッシュが変形したときに、メッシュ内のボリュームを保持します。
ブレンドしたウェイト
ペイントした頂点単位のウェイトマップに基づいて、オブジェクトにクラシックリニアスキニングとデュアルクォータニオンスキニングの両方を混合するように設定します。
❹ ウェイトを正規化
スムーズスキンウェイトをどのように正規化するかを設定します。正規化の際に多数の頂点に意図せず微量のウェイトが設定されるのを防ぎます。
インタラクティブ
インフルエンスの追加または除去やスキンウェイトのペイントを行うときにスキンウェイト値が正規化されます。
なし
スムーズスキンウェイトの正規化をオフにします。
ポスト
オンの場合、メッシュを変形すると正規化されたスキンウェイト値が計算され、不自然なデフォメーションや正確でないデフォメーションを回避します。
❺ ウェイトの配分
ウェイトの正規化がインタラクティブに設定されている場合にのみ使用します。
距離
インフルエンスからスキンされている頂点までの距離に基づいて新しいウェイトを計算します。
隣り合わせ
周囲の頂点に影響を与えるインフルエンスに基づいて新しいウェイトを計算します。

❻ 複数のバインド ポーズを許可
1つのスケルトンに複数のバインドポーズを許可するかどうかを設定します。
❼ 最大インフルエンス数
スキンの頂点に作用するジョイントの数を指定します。
❽ 最大インフルエンス数の保持
オンの場合、スキンしたジオメトリは最大インフルエンス数の指定より多いインフルエンスを持つことができなくなります。
❾ 使われていないインフルエンスの除去
オンの場合、0のウェイト付けされたインフルエンスはバインド対象とならなくなります。
❿ スケルトンのカラー化
オンに設定すると、バインドされたスケルトンとそのスキンの頂点がカラー化されて、頂点がそれにインフルエンスを与えるジョイントおよびボーンと同じカラーで表示されます。
⓫ 作成時に非表示の選択項目を含める
オンにすると、バインドに非表示のジオメトリを含めます。
⓬ ドロップオフ率
バインド方法が階層内の最近接または最短距離に設定されている場合にのみ使用できます。スキン頂点の各ジョイントのインフルエンスが、ジョイントからの距離に伴ってどれだけ減衰するかをスライダで0.1から10の値を指定します。

バインドポーズに移動

バインドポーズはスキンをバインドするときのスケルトンのポーズです。バインドされたスキンモデルかジョイントを選択して[スキン] > [バインドポーズに移動]をクリックすると、バインド設定された位置にスケルトンが戻ります。コンストレイント、エクスプレッション、またはキーが設定されたIKハンドルを使用しているときは、バインドポーズへ戻ることが制限される場合があります。そのような場合はコンストレイントやエクスプレッション、キーを削除する必要があります。バインドポーズは右の左図のような姿勢は「Aポーズ(またはAスタンス)」、両手を真横に広げた姿勢は「Tポーズ(またはTスタンス)」と呼ばれます。

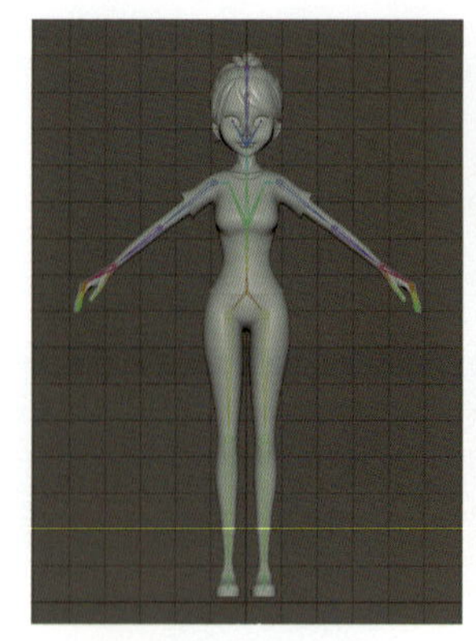

Aポーズ(またはAスタンス)

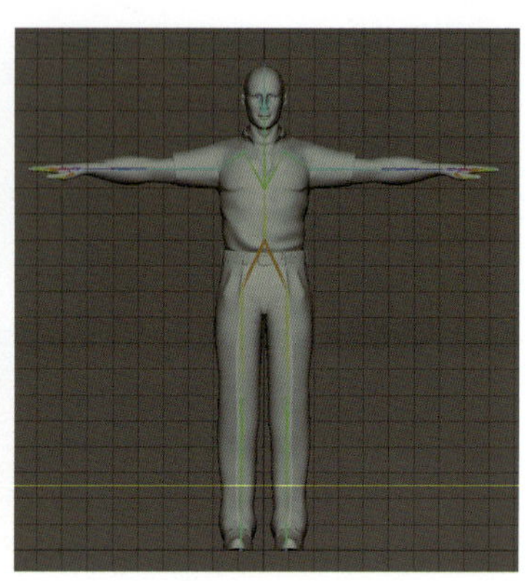

Tポーズ(またはTスタンス)

MEMO Aポーズと Tポーズどちらが良いの?

もしキャラクタアニメーションにモーションキャプチャーデータやHumanIKリグを使用する場合ならばTポーズを推奨します。本書ではHumanIKについては触れませんが、HumanIKのキャラクタライズ時でジョイントを登録する際、腕のジョイントはX軸に対して水平であると正常に登録されるからです。HumanIKもキャプチャーも特に使用しない場合は、Aポーズでも問題ありません。

スキンのバインド解除

スキンをバインドした後でスケルトンやバインドポーズを変更したり、スキンにモデリングを追加する必要が生じる場合があります。その場合はスキンのバインドをスケルトンから解除し、再びスキンをバインドする必要があります。バインドされたオブジェクトを選択して[スキン] > [スキンのバインド解除]をクリックします。

スキンのバインド解除：オプション

❶ ヒストリ

ヒストリの削除、ヒストリの維持、ベイク処理を設定します。

ヒストリの削除

スキンのバインドを解除して元の変形されていないシェイプに戻し、スキンクラスタノードを削除します。

ヒストリの維持

スムーズスキンウェイト値を保持し、再バインド時に既存のスキンウェイト値を戻します。

ヒストリのベイク処理

スキンのバインドを解除しスキンのスキンクラスタノードを削除し、削除後でもスキンが現在のシェイプを維持します。

❷ カラーリング

バインドの作業中に割り当てられたジョイントのカラーを除去するかどうかを設定します。

ジョイントのカラーの除去

オンに設定すると、ジョイントのカラーを除去します。

ウェイトの編集

スケルトンを動かしてモデルの変形が不完全である時は、スキンウェイト値を編集する必要があります。編集には［コンポーネントエディタ］か、［スムーズスキンペイント］を使用します。

コンポーネントエディタ

各頂点のウェイト値の確認と調節ができます。［ウィンドウ］>［一般エディタ］>［コンポーネントエディタ］の［スムーズスキン］のタブをクリックします。ローポリゴンキャラや、ウェイトを数値で細かい調整をしたい場合に使用します。

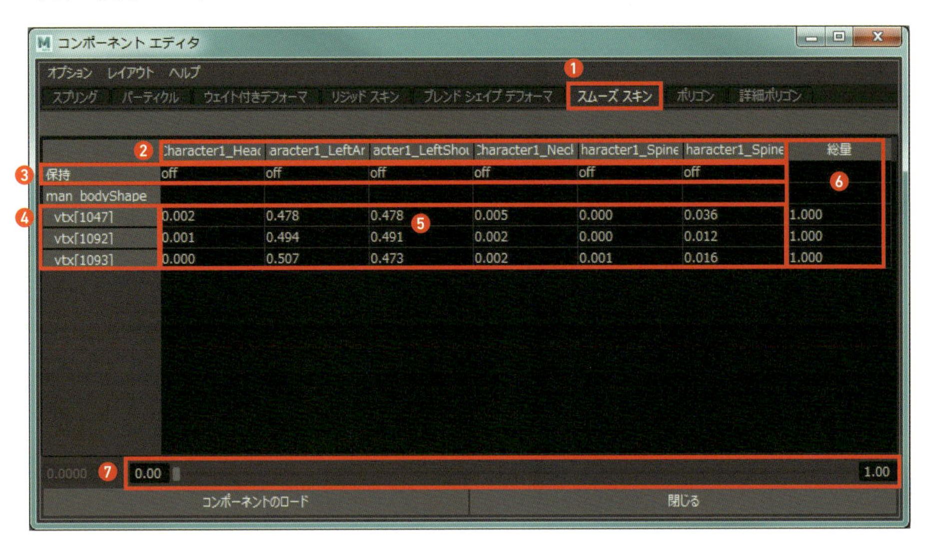

❶［スムーズスキン］タブをクリックするとウェイト調整します。
❷ 選択したスキンの頂点に設定しているインフルエンスオブジェクトが表示されます。
❸「on」に設定すると現在のウェイト値が保持されます。「1」を入力すると「on」、「0」を入力すると［off］になります。
❹ 選択したスキンの頂点が表示されます。
❺ 頂点の現在ウェイト値を示しており、数値入力で変更できます。
❻ ウェイトの総量です。
❼ ウェイトをスライダで調節します。

コンポーネントエディタの使い方

モデルを頂点モードにし、調整したい頂点を選択します。選択した頂点は［コンポーネントエディタ］の［スムーズスキン］タブにリストされ、どのジョイントに何割のウェイト値が割り振られているかが表示されます。1つまたは複数のセル、列、を選択してセルの数値を入力して変更します。

	Skl_girl_Spine	Skl_girl_Spine1	総量
保持	off	off	
girl_bodyShape			
vtx[61]	0.511	0.489	1.000
vtx[62]	0.510	0.490	1.000
vtx[63]	0.510	0.490	1.000

クリック

セルを🖱クリックで選択して編集可能になります。

	Skl_girl_Spine	Skl_girl_Spine1	総量
保持	off	off	
girl_bodyShape			
vtx[61]	0.511	0.489	1.000
vtx[62]	0.510	0.490	1.000
vtx[63]	0.510	0.490	1.000

ドラッグ

セルを🖱ドラッグで選択すると一括編集ができます。

	Skl_girl_Spine	Skl_girl_Spine1	総量
保持	off	off	
girl_bodyShape			
vtx[61]	0.600	0.400	1.000
vtx[62]	0.510	0.490	1.000
vtx[63]	0.510	0.490	1.000

Enter

数値を入力して Enter で確定します。他のジョイントへのウェイト値も変更されます。

スキンウェイトペイント

スキンウェイトペイントツールはスキンに対してブラシを使ってウェイト強度の値をペイントできます。[スキン] > [スキンウェイトペイント■] をクリックします。

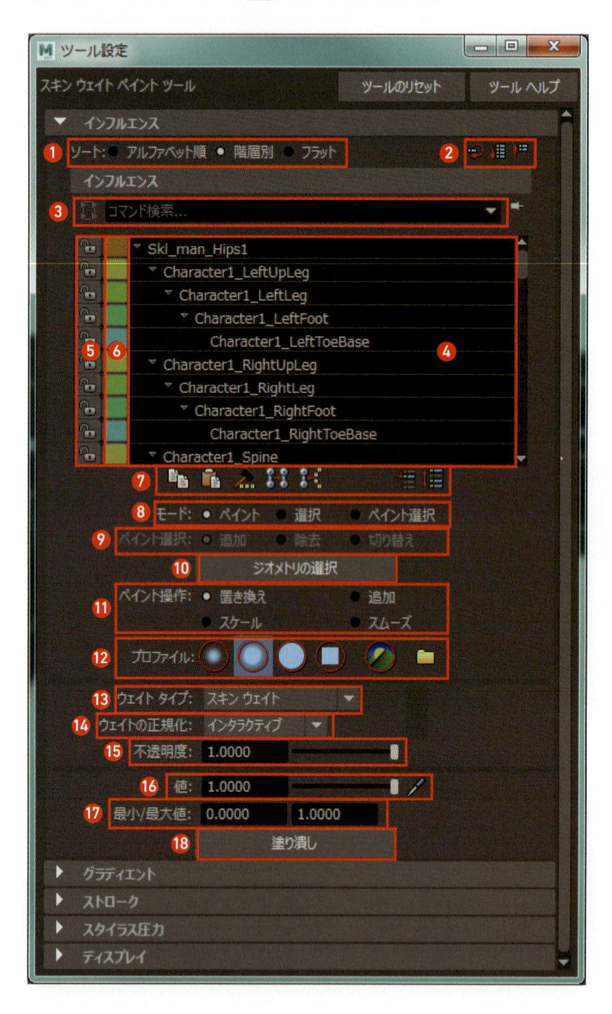

≫スキンウェイトペイント：オプション

ブラシのサイズやペイント強度などを設定します。

❶ インフルエンス

ソート

アルファベット順

ジョイントをアルファベット順に並べ替えます。

階層別

ジョイントを階層の順に並べ替えます。

フラット

ジョイントをフラットに階層順に並べ替えます。

❷

インフルエンスリスト規定値にリセット

インフルエンスリストを規定値にリセット。

インフルエンスリストの展開

インフルエンスリストの表示数が増えます。

インフルエンスリストの折り畳み

インフルエンスリストの表示数が減ります。

❸ フィルタ

リストに表示するインフルエンスをフィルタするためのテキストを入力します。

❹ インフルエンスリスト

選択したメッシュのスキンウェイトに影響を与えるジョイントのリストが表示されます。

❺ インフルエンスのロック

ウェイトをロックまたはロック解除します。

❻ インフルエンスカラー

インフルエンスカラーウィンドウが開き、新しいカラーを割り当てることができます。

❼

ウェイトをコピー

頂点のウェイト値がコピーされます。

ウェイトをペースト

コピーした頂点のウェイト値が選択した他の頂点にペーストされます。

ウェイトハンマー

メッシュに望ましくないデフォメーションが発生している選択した頂点が修正されます。

ウェイトを移動

選択した頂点のウェイト値が最初に選択されるインフルエンスから2番目以降に選択されるインフルエンスに移動します。

インフルエンスを表示する

選択した頂点に影響を与えるすべてのインフルエンスが選択されます。

選択項目の開示

インフルエンスリストが自動的にスクロールして選択したインフルエンスが表示されます。

選択範囲の反転

リストの選択されているインフルエンスが反転します。

❽ モード

ペイント

頂点に値をペイントしてウェイトを設定します。

選択

スキンポイントとインフルエンスの選択に切り替わります。

ペイント選択

頂点をペイントして選択できます。

❾ ペイント選択

追加

ペイントした頂点が選択範囲に追加されます。

除去

ペイントした頂点が選択範囲から除去されます。

切り替え

ペイントすると選択した頂点は選択範囲から除去され、選択されていない頂点が選択範囲に追加されます。

❿ ジオメトリの選択

クリックするとメッシュ全体を選択できます。

⑪ **ペイント操作**
置き換え
ペイントされたスキンウェイト値がブラシに設定されたウェイト値に置き換わります。
加算
近接したインフルエンスが増大します。
スケール
遠くのインフルエンスが減少します。
スムーズ
インフルエンスがスムーズになります。
⑫ **プロファイル**
ガウスブラシ
ソフトブラシ
ソリッドブラシ
正方形ブラシ
シェイプブラシ
ファイルブラウザ

⑬ **ウェイトタイプ**
スキンウェイト
選択したインフルエンスの基本的なスキンウェイトをペイントします。
DQブレンドウェイト
ウェイト値をペイントしてクラシックリニアスキニングとデュアルクォータニオンスキニングの頂点単位のブレンドを制御します。
⑭ **ウェイトの正規化**
オフ
スキンウェイトの正規化をオフにします。
インタラクティブ
インフルエンスの追加または除去、またはスキンウェイトのペイントを行うときに、スキンウェイト値が正規化されます。
ポスト
メッシュを変形すると正規化されたスキンウェイト値が計算され、不自然なデフォメーションを回避します。
⑮ **不透明度**
ペイントの不透明度を設定します。
⑯ **値**
適用するウェイト値を設定します。
⑰ **最小 / 最大値**
ペイント可能な最小値と最大値を設定します。
⑱ **塗り潰し**
⑯ で設定した値で塗り潰します。

スキンウェイトペイントの簡単な使用方法

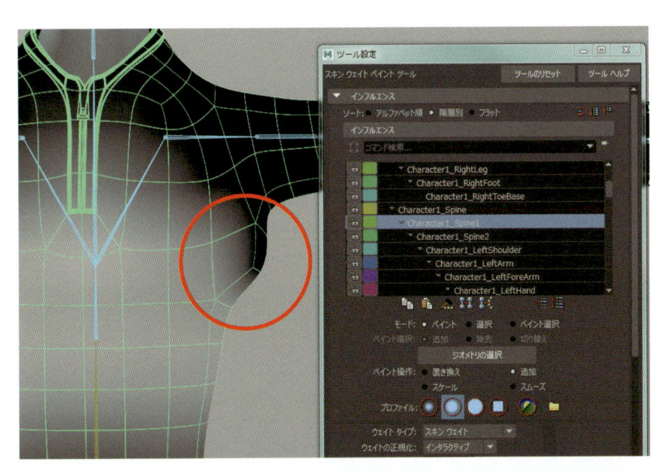

例えば、左の図の赤い丸内の頂点の突出を抑えてみるとします。スキンメッシュを選択して、［スキン］>［スキンウェイトペイント］をクリックしてツールを開きます。

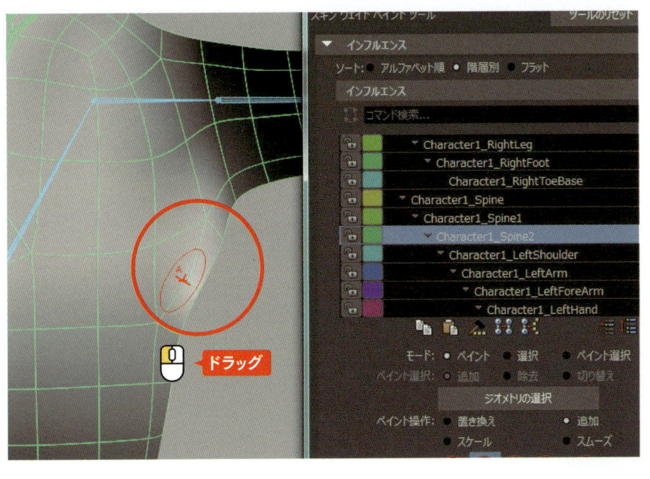

インフルエンスリストでウェイト値を調整したいジョイントを選択し、［ペイント操作］を［追加］に設定して頂点をペイントします。ブラシサイズはスキンウェイトペイントツールの［ストローク］の［半径］の項目で変更します。B +左右ドラッグでも変更できます。

スキンウェイトのミラー

スキンウェイトのミラーリングは、指定したプレーンを境界にしてスキンウェイトをミラーします。

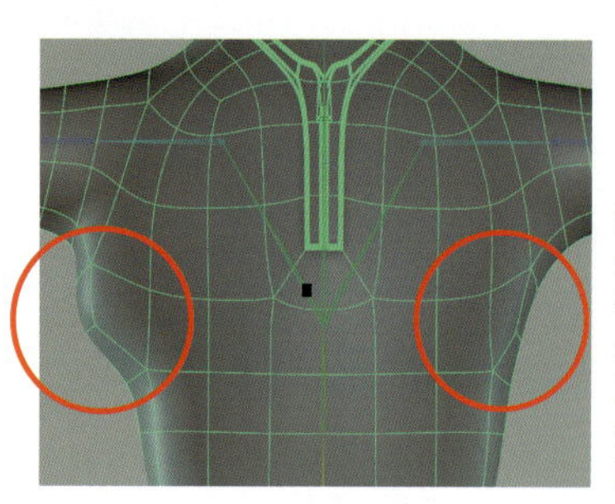

例えば左の図の赤い丸内のウェイトの結果をミラーします。スキンメッシュを選択して、[スキン] > [スキンウェイトのミラー] をクリックします。

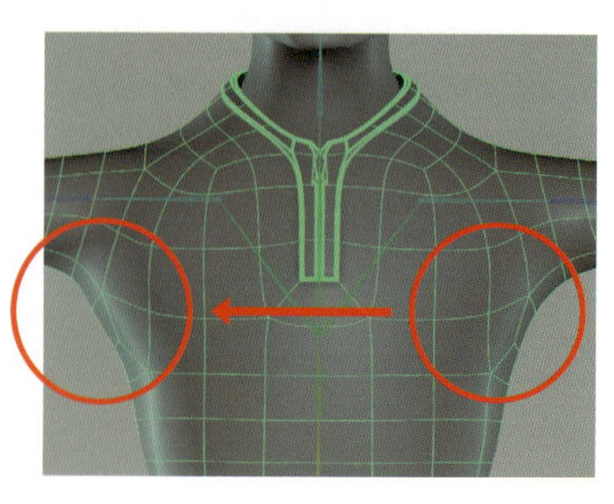

YZ平面でウェイトをミラーしました。左右同じウェイト値になります。

スキンウェイトのミラー：オプション

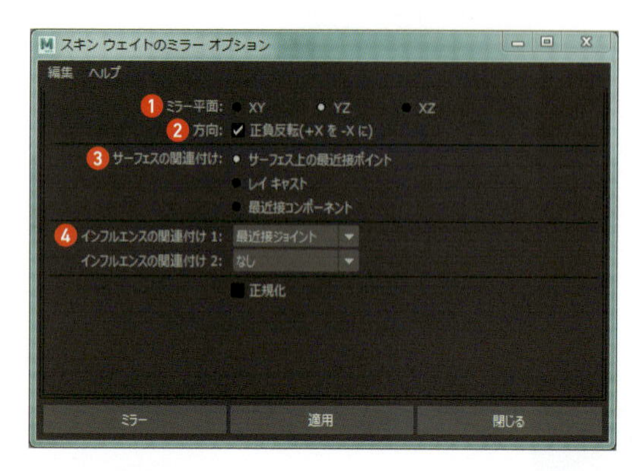

❶ ミラー平面
XY、YZ、XZから基準にするグローバルプレーンを設定します。

❷ 方向
ミラーリングする方向を指定します。チェックを外すと「-X」を「+X」に反転します。

❸ サーフェスの関連付け

サーフェス上の最近接ポイント
ソースサーフェスとターゲットサーフェス間の最近接ポイントを検索して、これらのポイントでスキンウェイトを滑らかに補間します。

レイキャスト
レイキャスティングアルゴリズムを使用して、2つのサーフェスメッシュ間でサンプル ポイントを定義します。

最近接のコンポーネント
各サンプリングポイントで最も近接する頂点コンポーネントまたはCV、NURBSを検索して、補間せずにそのコンポーネントやCVのスキンウェイト値を使用します。

❹ インフルエンスの関連付け
スキンオブジェクトに影響するコンポーネント「ジョイント、インフルエンスオブジェクトなど」が、ソースオブジェクトと対象オブジェクト間で相関する方法を定義します。

最近接ジョイント
互いに最近接にあるジョイントを関連付けます。

1対1
スキンオブジェクト同士が同じスケルトン階層を持っている場合、ジョイントを関連付けます。

ラベル
定義済みのジョイントラベルに基づいてジョイントを関連付けます。

なし
特定のインフルエンスを関連付けしないようにします。

スキンウェイトのコピー

選択したソーススキンのスキンウェイトを、選択したコピー先スキンにコピーします。ソーススキンとするポリゴンメッシュ（またはメッシュのグループ）を選択後、コピー先ポリゴンメッシュ（またはメッシュのグループ）を選択し、[スキン] > [スキンウェイトのコピー] をクリックします。

スキンウェイトのコピー：オプション

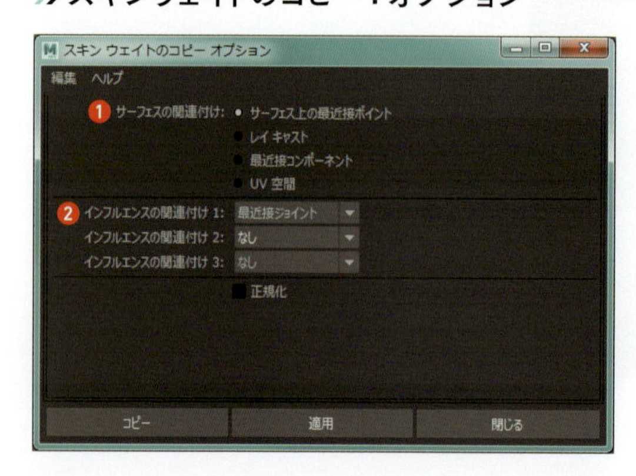

❶ サーフェスの関連付け
スキンオブジェクトのソースと目的のサーフェスコンポーネントが、互いに相関する方法を定義します。

❷ インフルエンスの関連付け
スキンオブジェクトに影響するコンポーネント（スケルトン ジョイント、インフルエンスオブジェクトなど）が、ソースオブジェクトと対象オブジェクト間で相関する方法を定義します。

Chapter
6-3

› やってみよう!

リギングする

キャラクタモデルを使ってスケルトン作成、スキニング、リグ作成作業を一通り実践してみましょう。

リギング

「リギング（Rigging）」はキャラクタをアニメートするためのコントローラである、「リグ（Rig）」を作成をする工程です。リグは操り人形を操る糸のようなもので、アニメーターがキャラクタを効率的に動かすために作成します。本工程ではキャラクタのスケルトン作成、スキニング、リギングまでの一連の作業を実践します。この一連の工程は「セットアップ」と呼ばれることもあります。

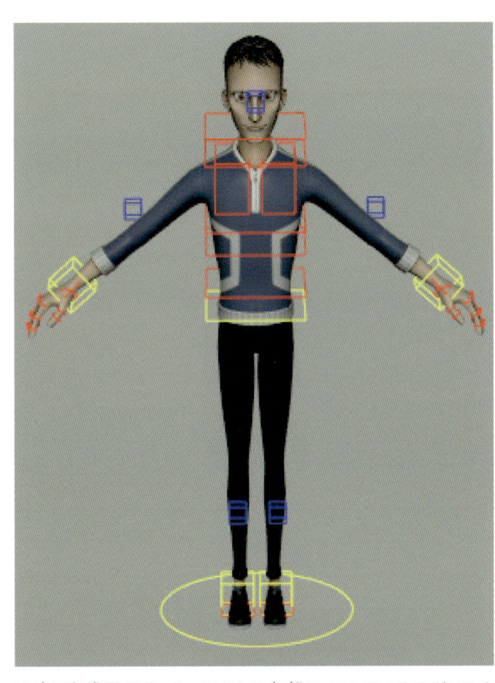

リグの完成図です。キャラクタの各部についているのがコントローラとなる「リグ」です。

作業工程

スケルトン作成	スケルトンを人型に組む
▼ スキニング	スキンモデルとバインドしてウェイトを調整する
▼ リギング	リグを作成してスケルトンと連結する

リグにキーを設定してキャラクタアニメーションを作ることができます。

①スケルトンの完成図

開始シーンを開きます。下の図のようにスケルトンを作成していきましょう。

開始シーン ▶ MayaData/Chap06/scenes/Chap06_Rigging_Start.mb

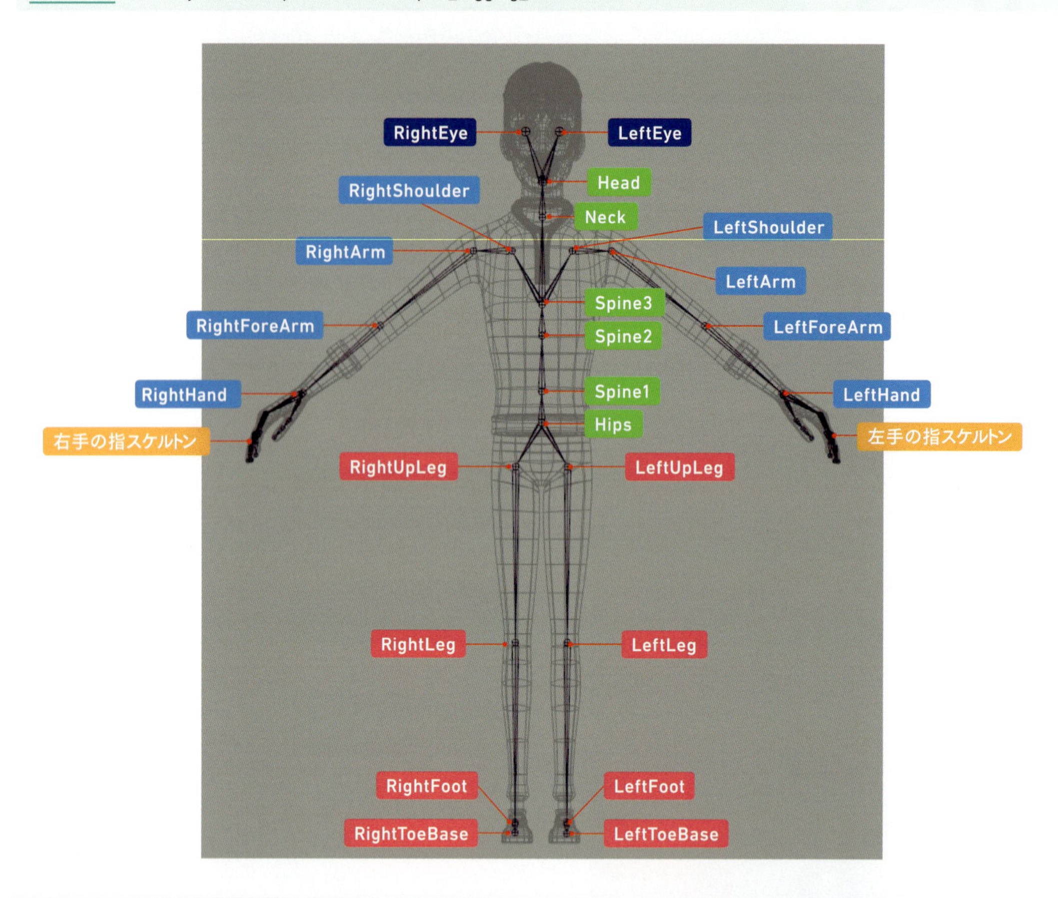

②腰～頭のスケルトンを作成

右面ビューで腰から頭までのスケルトンを作成します。

1. [リギング] > [スケルトン] > [ジョイントを作成] をクリックします。
2. 右面ビューで、腰、背骨1、背骨2、背骨3、首、頭の順にクリックし、Enter を押して終了します。YZプレーンの中心にスケルトンが作成されます。
3. ジョイントの名前を腰を「Hips」、背骨3本を「Spine1」、「Spine2」、「Spine3」、首を「Neck」、頭を「Head」に変更します。

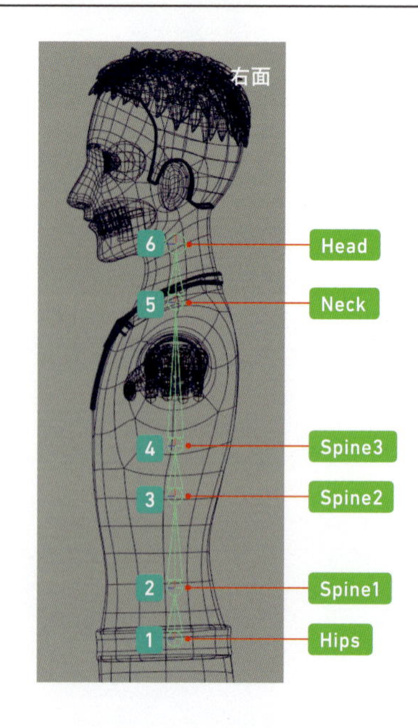

③左足のスケルトンを作成

左足のスケルトンを作ります。

1. 同様の手順で右面ビューで脚、膝、足首、つま先の順にクリックします。
2. YZプレーンの中心に作成されているので、親ジョイントを選択し、前面ビューに切り替えて左足の中央に配置するように移動します。
3. ジョイント名を上から「LeftUpLeg」、「LeftLeg」、「LeftFoot」、「LeftToeBase」に変更します。

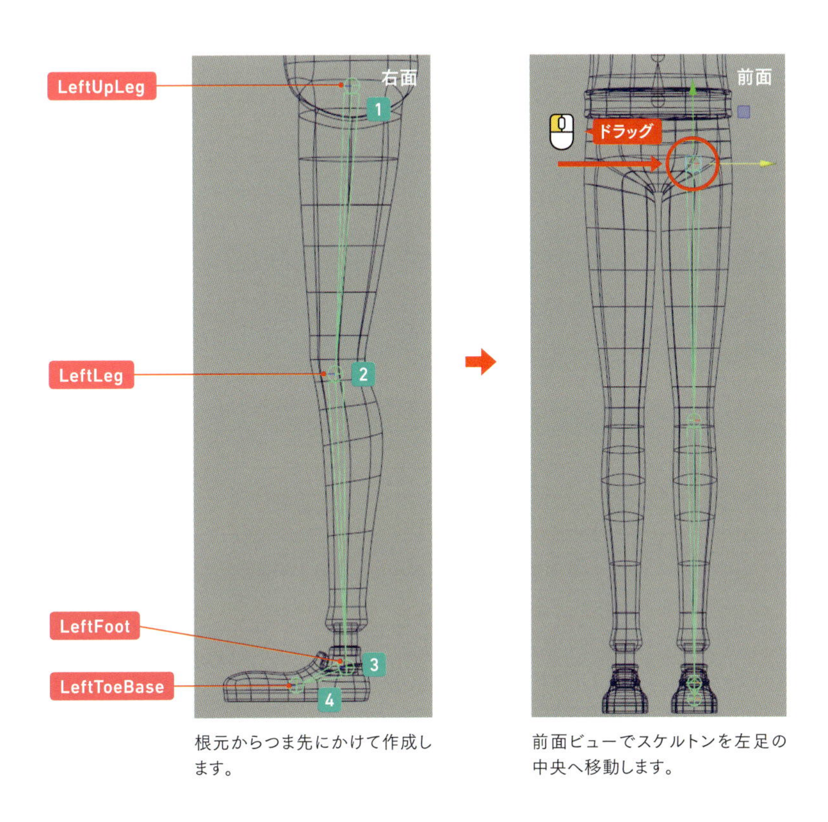

根元からつま先にかけて作成します。

前面ビューでスケルトンを左足の中央へ移動します。

④肩～左腕のスケルトンを作成

続いて腕のスケルトンを作成します。

1. 前面ビューで肩、腕、肘、手首の順に作成します。
2. 親ジョイントを選択して、右面ビューで腕の中央に配置するように移動します。
3. ジョイント名を変更します。

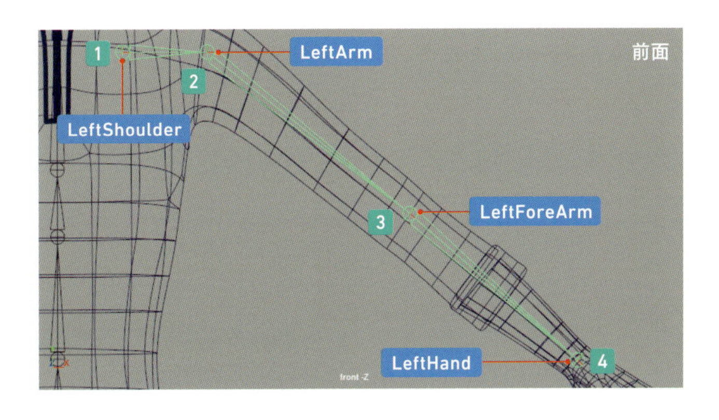

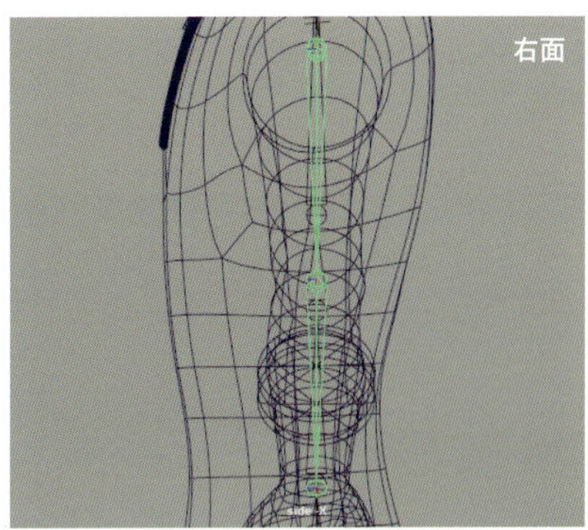

基礎編

6-3

リギングする

⑤指のスケルトンを作成

指のスケルトンの作成にチャレンジしてみましょう。1本の指のスケルトンは指の先端部分まで含めて4つのジョイントを作成します。作成したら名前を変更します。

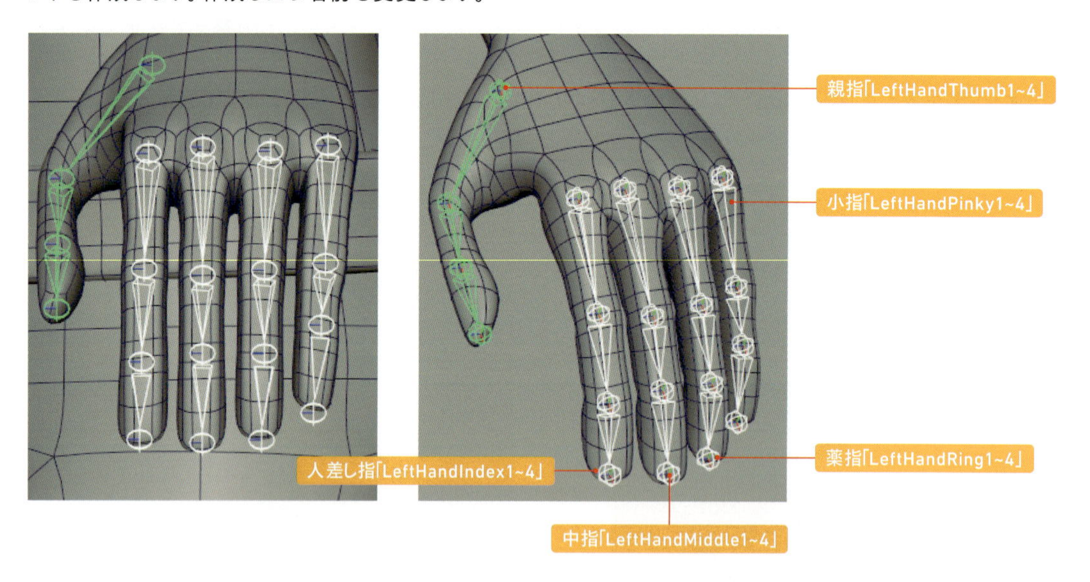

⑥目のスケルトンを作成

目のスケルトンは眼球オブジェクトの中央に1つ作成します。［ジョイントを作成］でどこでも良いのでジョイントを1つ作成します。作成したらジョイント、眼球「man_eyeL」の順に選択し、メインメニューの［修正］>［変換と一致］>［移動と一致］をクリックします。ジョイントが眼球のセンターに移動します。移動したら名前を「LeftEye」に変更します。

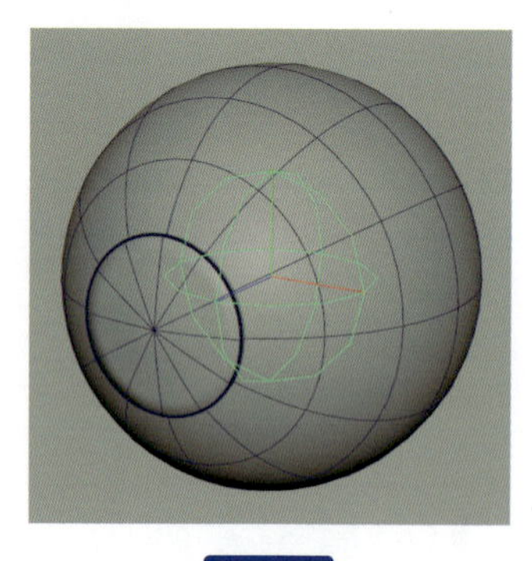

LeftEye

⑦位置調整～ジョイントをフリーズ

背骨、脚、肩、指、目のスケルトンを作成しました。ジョイントの位置を移動や回転で調整を行ったら、最後はトランスフォームのフリーズをします。作成したスケルトンをそれぞれ［修正］>［トランスフォームのフリーズ］で位置、回転、スケールにチェックを入れてフリーズします

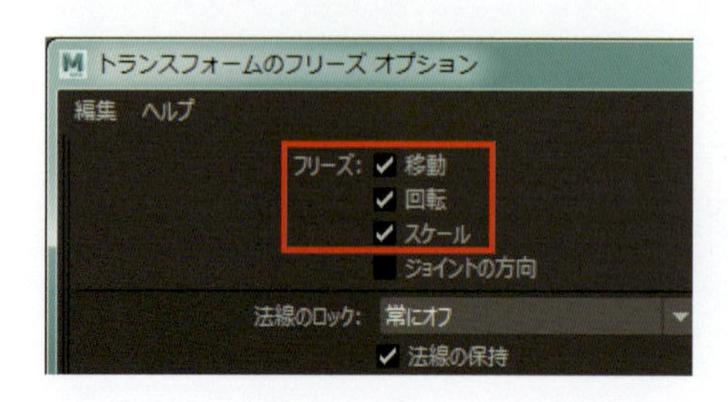

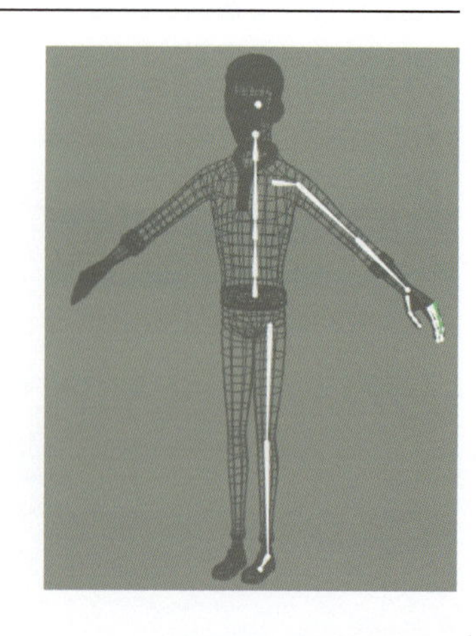

⑧ジョイントの方向付け

ジョイントの方向には「ローカル回転軸」が設定されています。「ジョイントの方向」は変更が可能で、回転の向きを統一することにより、アニメーションしやすいリグを作ることができます。

ジョイントのローカル回転軸を表示

方向付けを行う前に予めジョイントのローカル回転軸を表示します。ジョイントの子供まで選択して以下の手順でジョイントの方向軸を表示させます。

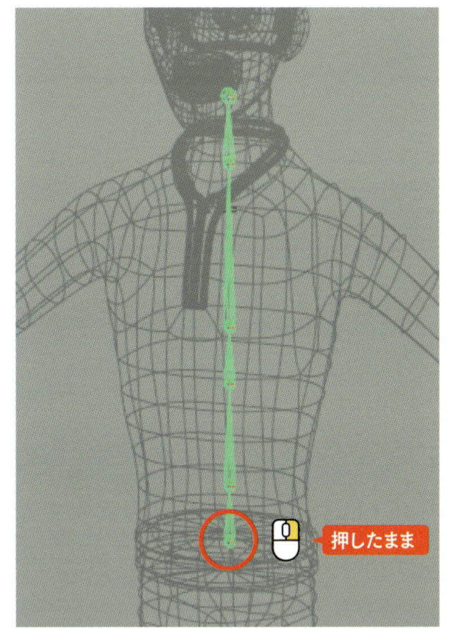

スケルトンの親ジョイントにマウスカーソルを合わせ クリックでマーキングメニューを表示します。

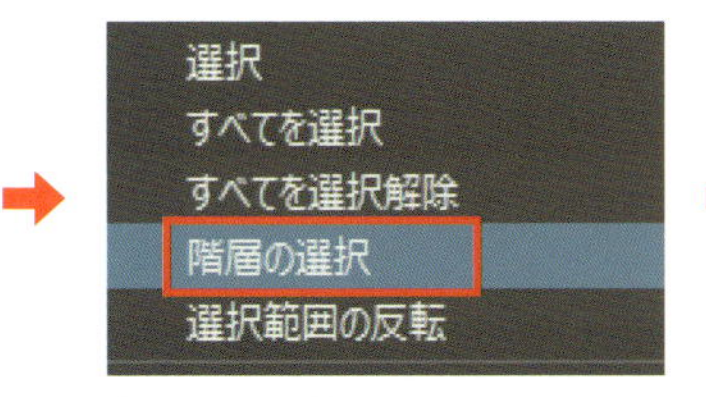

［階層の選択］を選択します。全てのジョイントを選択されます。

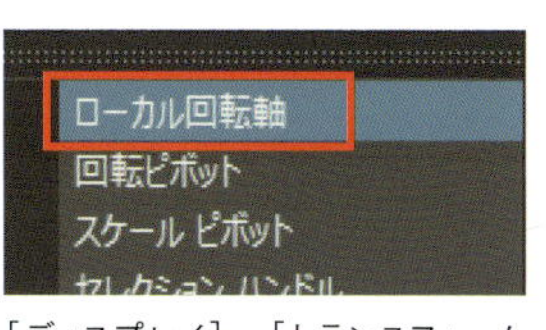

［ディスプレイ］＞［トランスフォームディスプレイ］＞［ローカル回転軸］をクリックします。

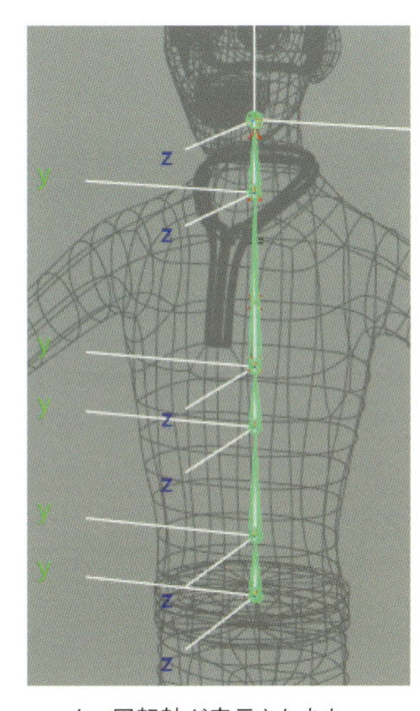

ローカル回転軸が表示されます。

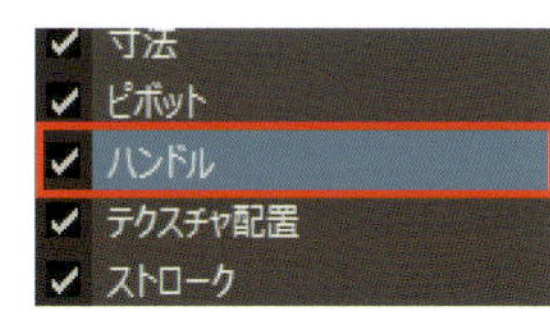

一度表示させたローカル回転軸は、ビューパネルのパネルメニュー＞［表示］＞［ハンドル］のチェックを外すと非表示に、チェックを入れると表示されます。

胴体、脚、目の方向付け

胴体、脚、目のスケルトンは［ジョイントをワールドへ方向付け］します。

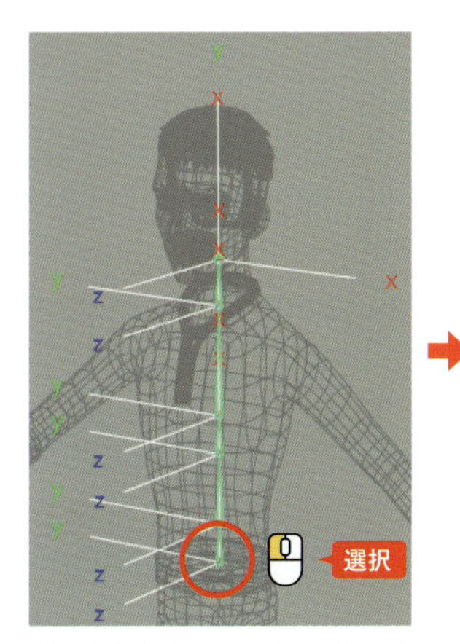

背骨を方向付けしてみましょう。スケルトンの親ジョイントを選択します。

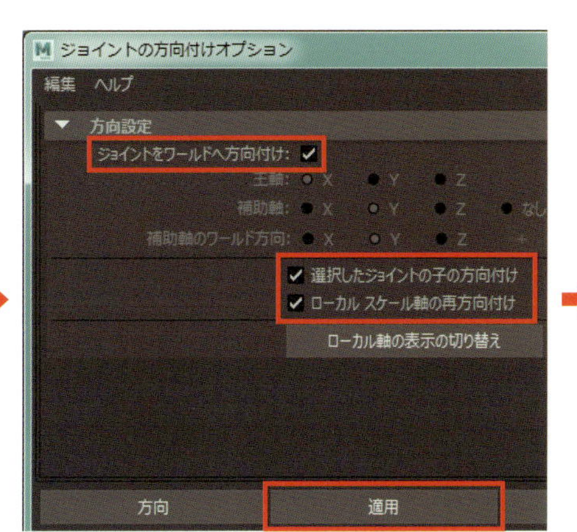

［スケルトン］＞［ジョイントの方向付け■］をクリックしてオプションを開きます。［ジョイントをワールドへ方向付け］にチェックを入れて、［適用］をクリックします

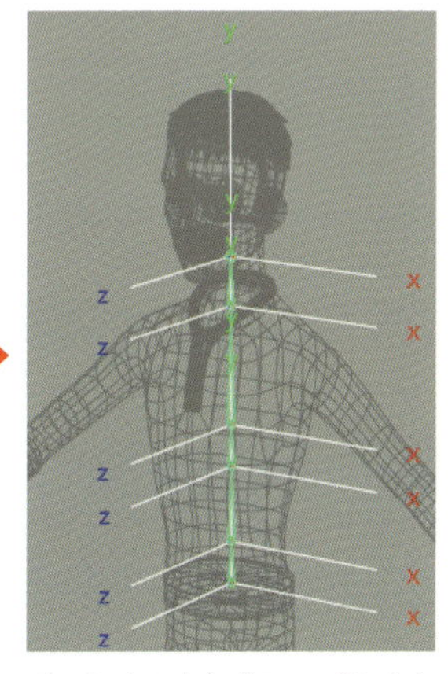

ジョイントの方向がワールドに方向付けされます。

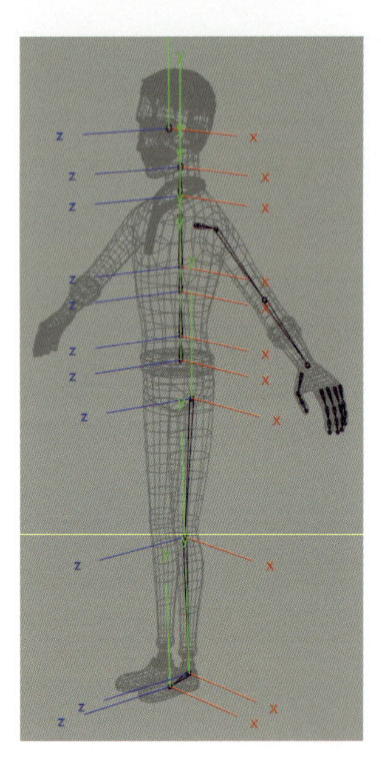

同様の方法で脚と目のジョイントの方向をワールドにします。

MEMO ジョイントの回転があると方向付けできない

[ジョイントの方向付け] を実行後、コマンドラインに下のエラーが表示された場合は方向付けが失敗しています。対象ジョイントに回転が入っているのが原因です。チャネルボックスで回転XYZを「0」にするか [フリーズ] しましょう。

// 警告: line 0: ジョイントの方向付けを実行できません。トランスフォーム Spine3 にゼロ以外の回転があります。

肩のジョイントの方向付け

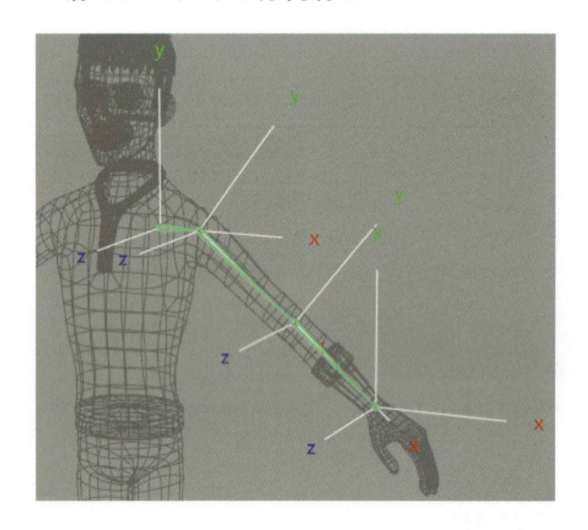

ジョイント「LeftShoulder」を選択して図の設定で方向付けします。

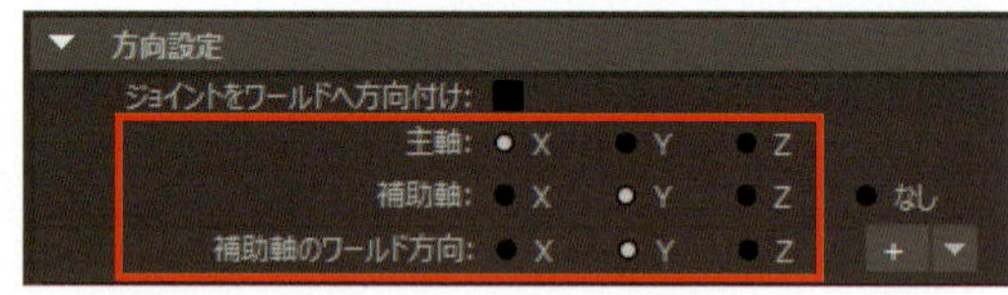

[主軸] をX、[補助軸] をY、[補助軸のワールド方向] をYにします。

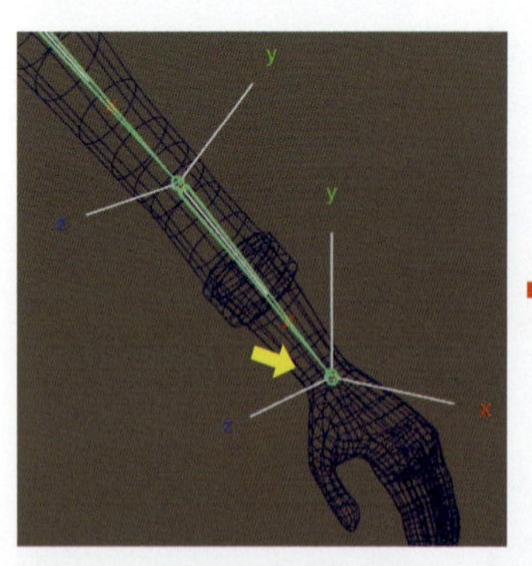

末端ジョイント「LeftHand」の方向付けが設定されていません。通常、ジョイントの方向付けは末端ジョイントには適用できない仕様のためです。

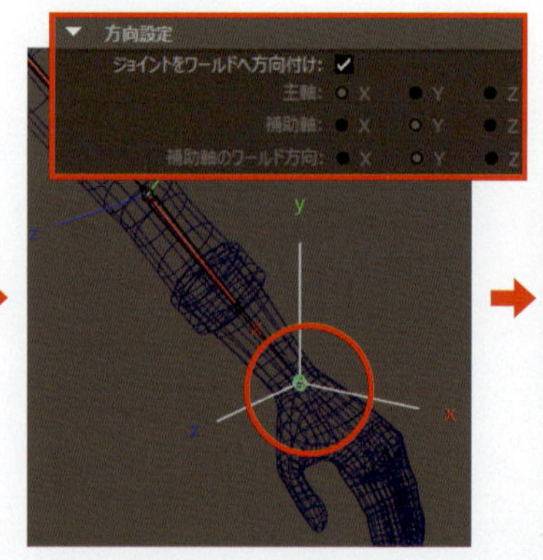

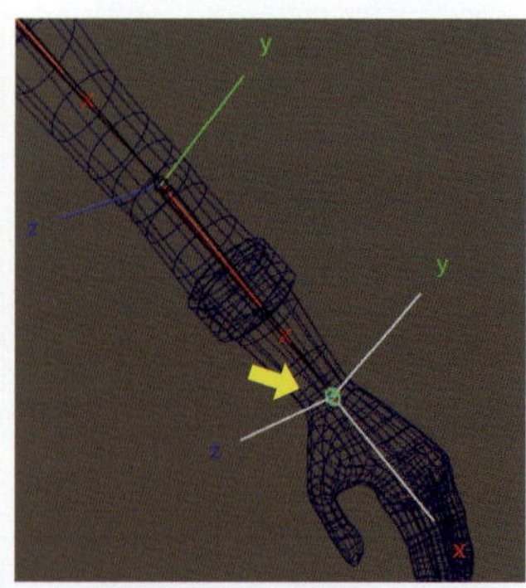

ジョイント「LeftHand」を選択し、ジョイントの方向を [ジョイントをワールド方向付け] に設定して実行します。これにより、末端ジョイントはその直上の親のジョイントの方向と同じ方向に設定されます。

指のジョイントの方向付け

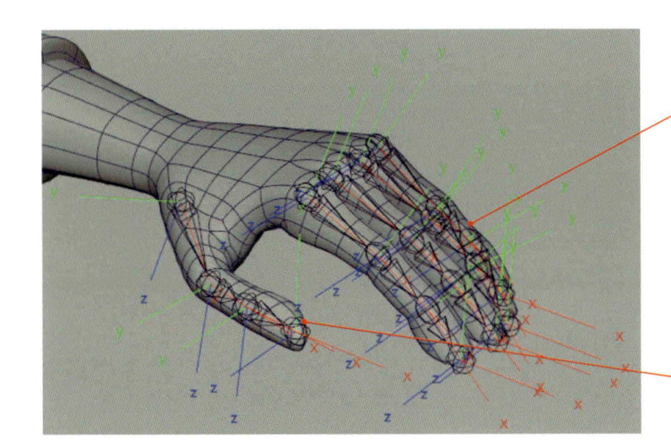

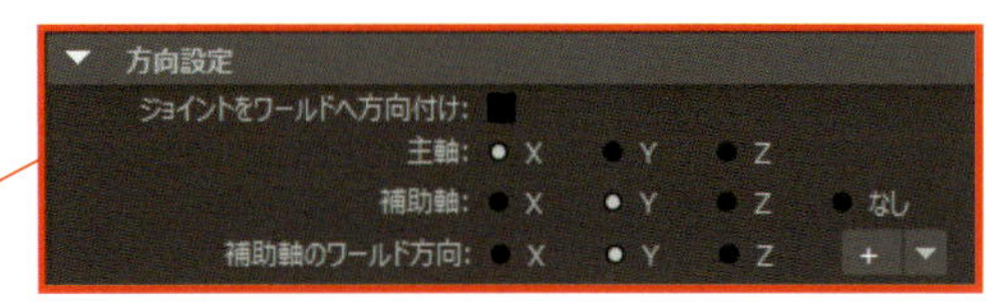

人差し指、中指、薬指、小指の設定
[主軸]をX、[補助軸]をY、[補助軸のワールド方向]をYにします。

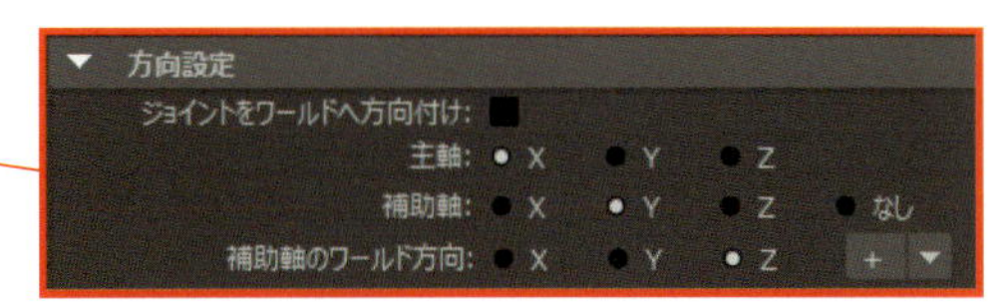

親指の設定
親指は[主軸]をX、[補助軸]をY、[補助軸のワールド方向]をZにして適用します。

MEMO ジョイントの方向付けがズレたときの対処

スケルトンが蛇行して作成されているとジョイントの方向付けを実行した際に、下の図のように方向が途中からずれてしまうことがあります。このような場合は手動で合わせる方法があります。調整したいジョイントを選択してアトリビュートエディタを開き、[ジョイント]の項目以下の[ジョイントの方向]に値を入力して方向を設定します。そもそもズレないようするには、スケルトンをできるだけ水平、垂直に作成できるようにモデリングしておくのも防止の手段のひとつです。

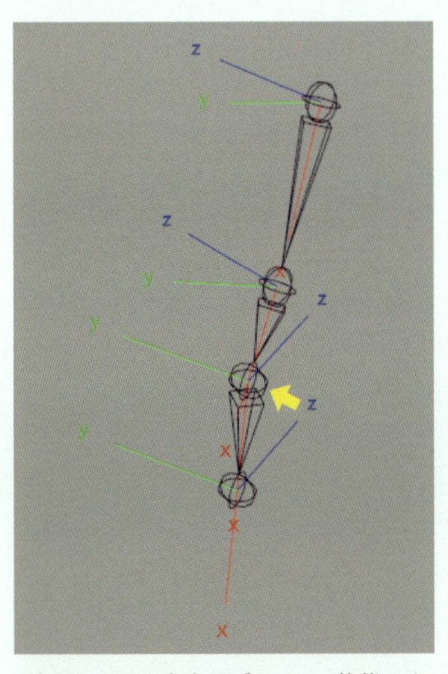

3本目から下の方向がずれている状態です。数値入力で手動で調整して合わせます。下のジョイントも回転してしまうので、個別で調整したい場合はペアレントを解除してから実行します。

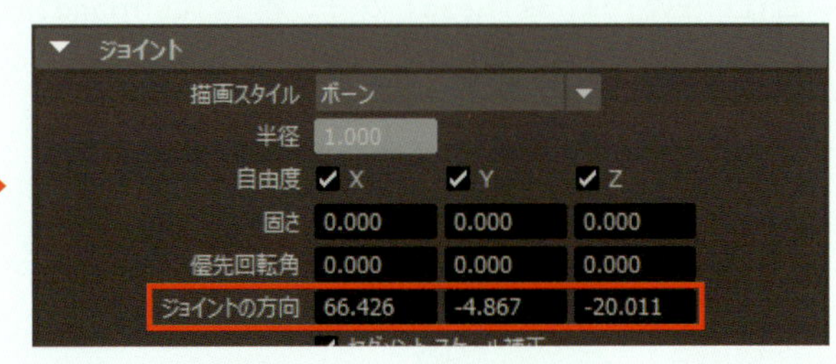

[ジョイントの方向]に数値を入力して角度を調節します。([主軸]が[X]の場合は[X]のテキストフィールドの値を調整)。

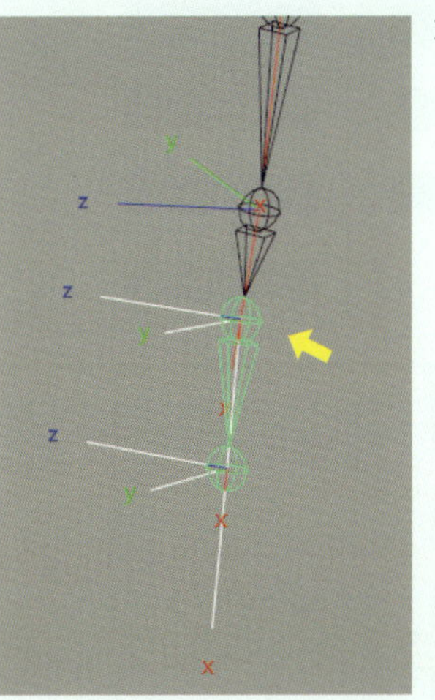

方向のずれが修正されました。

MEMO ジョイントの自動方向設定

ジョイントの位置の調整は何度も行いますが、その都度にジョイントの方向を設定するのは手間がかかります。[移動ツール設定]の[ジョイントの方向設定]の[ジョイントの自動方向設定]にチェックを入れておくと、ジョイントを移動したときに設定に従って方向を再設定します。

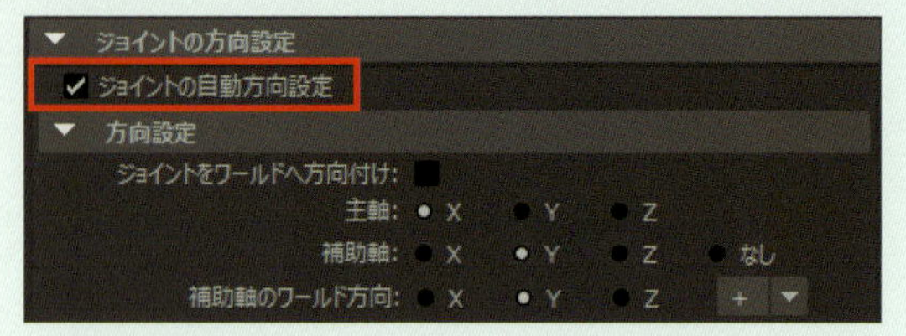

[移動ツール設定] > [ジョイントの方向設定] > [ジョイントの自動方向設定]にチェックを入れます。

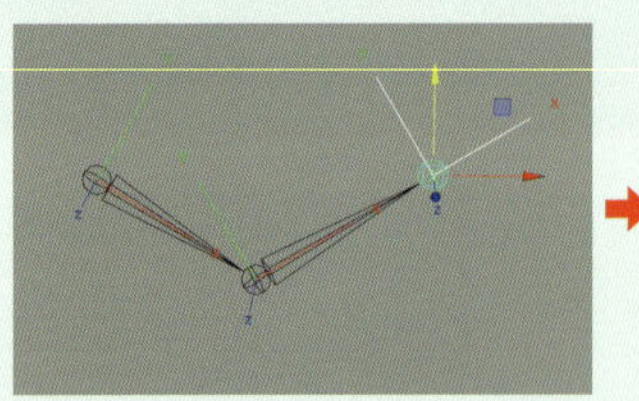

例えば上の図のスケルトンがあるとして、図の末端のジョイントを移動して比較します。

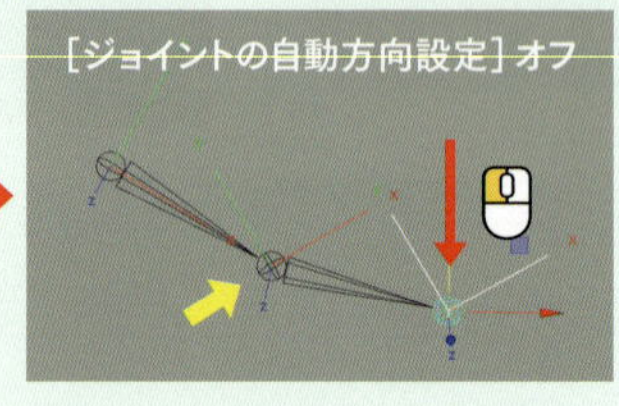

親ジョイントの方向が置いてきぼりになります。

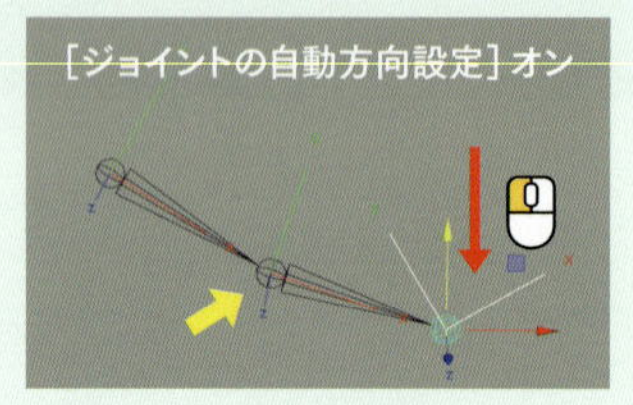

親ジョイントの方向が再設定されます。

⑨ スケルトンをペアレント化する

スケルトンをペアレント化します。脚「LeftUpLeg」は腰「Hips」の子にし、肩「LeftShoulder」は背骨3「Spine3」の子、目「LeftEye」は、頭「Head」の子、親指「LeftHandThumb」、人差し指「LeftHandIndex」、中指「LeftHandMiddle」、薬指「LeftHandRing」、小指「LeftHandPinky」は手「LeftHand」の子にします。

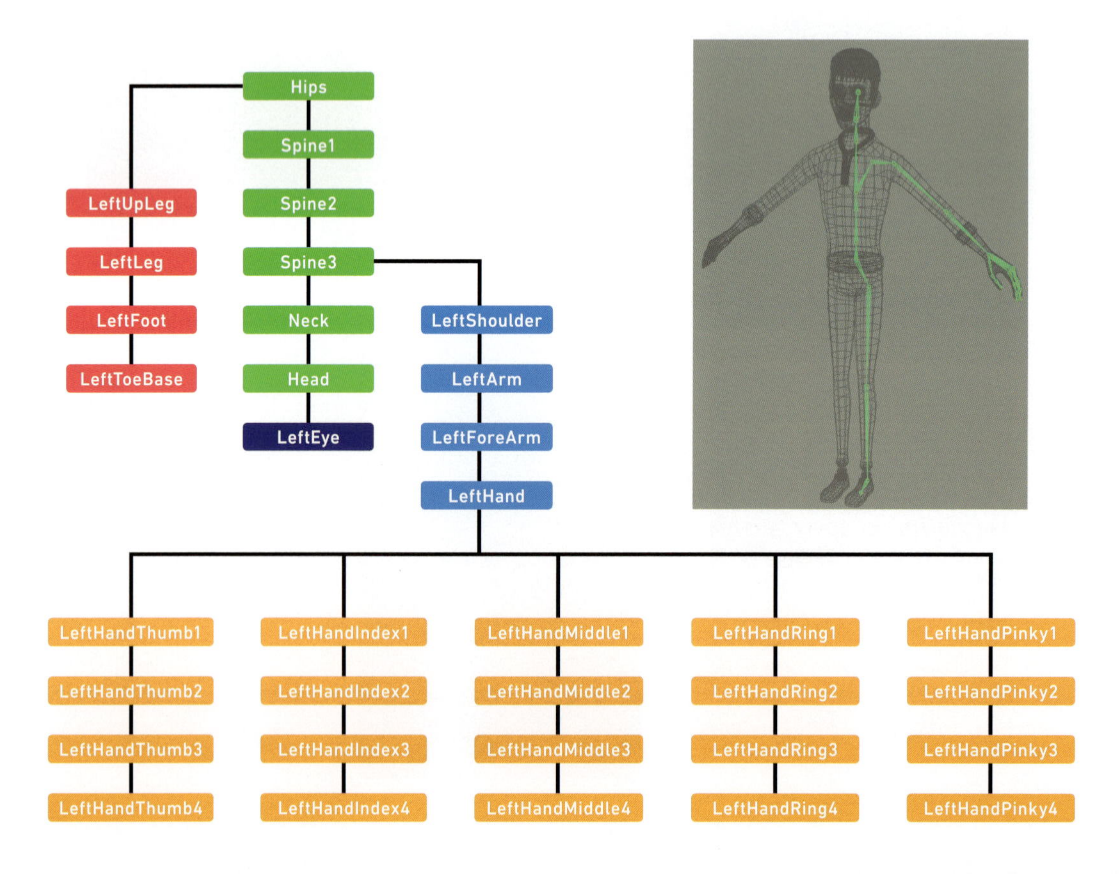

⑩ ジョイントのミラー

脚「LeftUpLeg」、肩「LeftShoulder」、目「LeftEye」のスケルトンをミラーします。

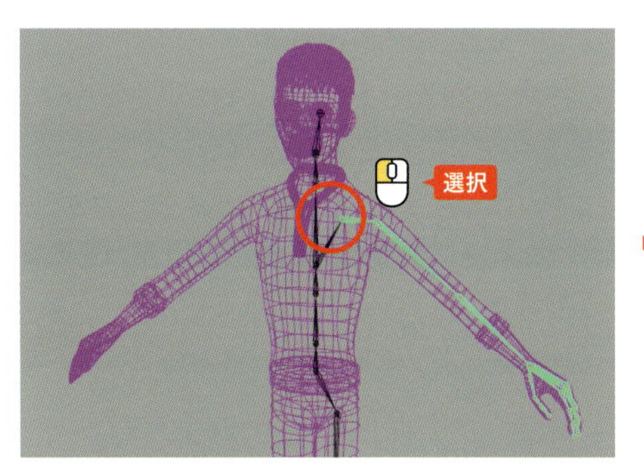

ジョイント「LeftShoulder」を選択します。

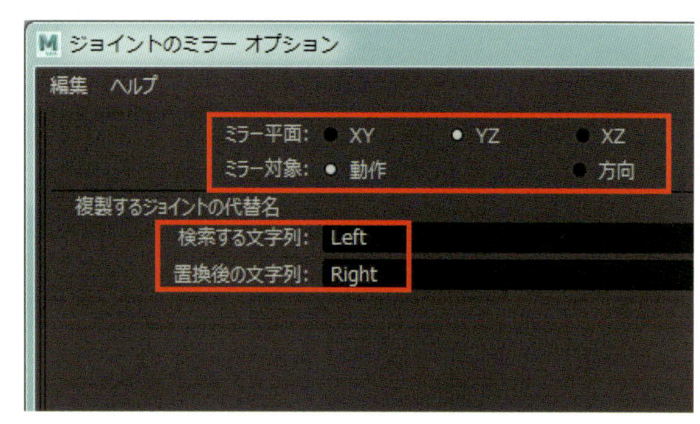

[スケルトン][ジョイントをミラー■]をクリックします。[ミラー平面]は[YZ]、[ミラー対象]は[動作]にチェック。[検索する文字列]には「Left」、置換後の文字列は「Right」を入力して[ミラー]をクリックします。

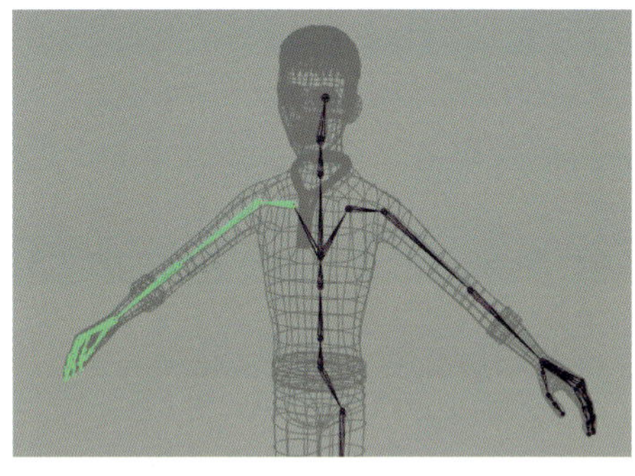

YZ面にスケルトンがミラーコピーされます。

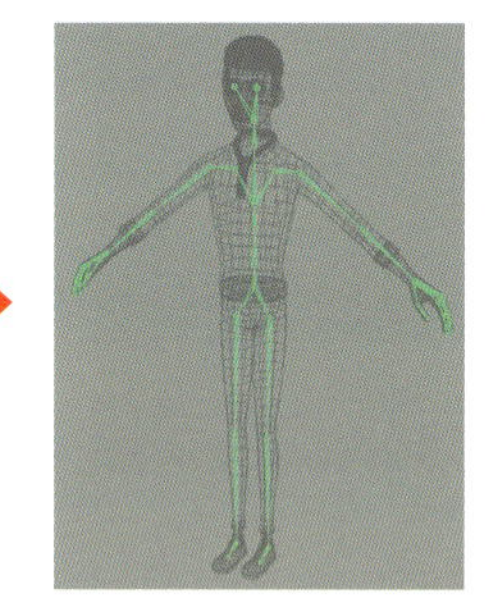

同様に左足と左目もミラーします。

⑪ スキンのバインド

この工程の開始シーン ▶ MayaData/Chap06/scenes/Chap06_Skeleton.mb

ここからスキニングの工程に入ります。作成したスケルトンとスキンモデルをバインドします。スケルトンの親ジョイント「Hips」とスキンモデル「man_face, man_body, man_hair, man_eyeL, man_eyeR」を選択し、[スキン] > [スキンのバインド■]をクリックしバインドします。

スケルトン「Hips」とスキンモデルを全選択します。

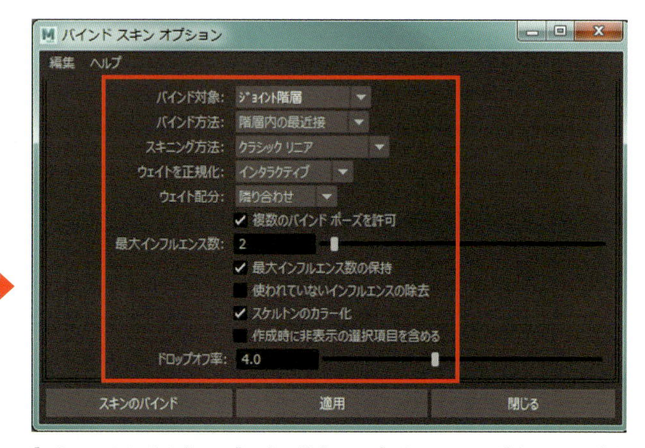

[スキンのバインドオプション]で次の設定にして[スキンのバインド]をクリックします。

[バインド方法] …… 階層内の最近接
[ウェイト配分] …… 隣り合わせ
[最大インフルエンス数] …… 2
[最大インフルエンス数の保持] …… オン
[使われていないインフルエンスの除去] …… オフ

⑫スキンウェイトペイント

スキンウェイト調整はリギングの工程の中でも時間がかかります。効率良く調整するには最大インフルエンス数を抑えてバインドし、スキンウェイトペイントで値「1」か「0」でスキン頂点を塗り分け、機械的にスムーズをかけ、その後に細かい不具合を調整します。

スキンウェイトペイントの方法

腰を例にして説明します。体「man_body」を選択し、[スキン] > [スキンウェイトペイント■] をクリックします。インフルエンスリストでHipsを選択すると、「Hips」のスキンウェイトがつけられたスキンポイントが白く表示されます。白くなっていない場合は、[グラディエント] の [カラープリセット] で変更します。

インフルエンスリストで「Hips」を選択します。

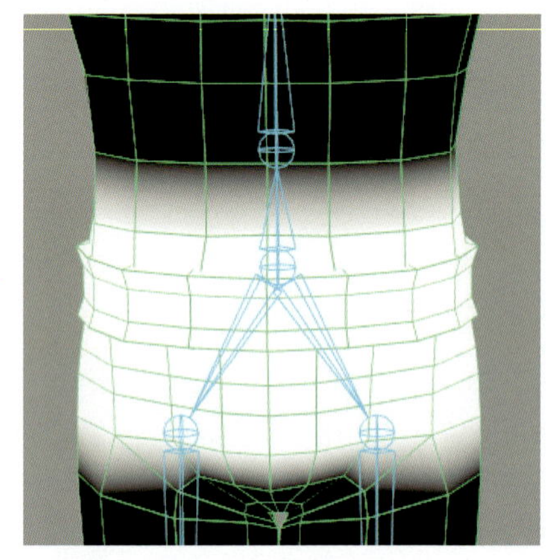

ウェイトされたポイントが白く表示されます。

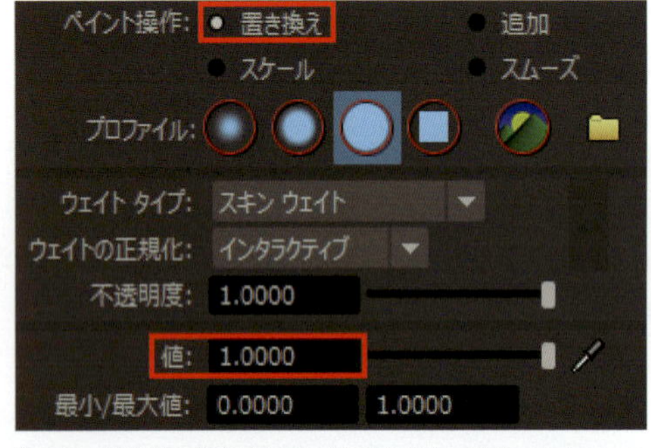

[ペイント操作] を [置き換え]、[値] を「1」に設定します。

塗り方は腰の影響を与えたい「黒い頂点」と「灰色の頂点」を真っ白にするようペイントします。YZ平面でウェイトをミラーするため、中心から左半分のみペイントします。

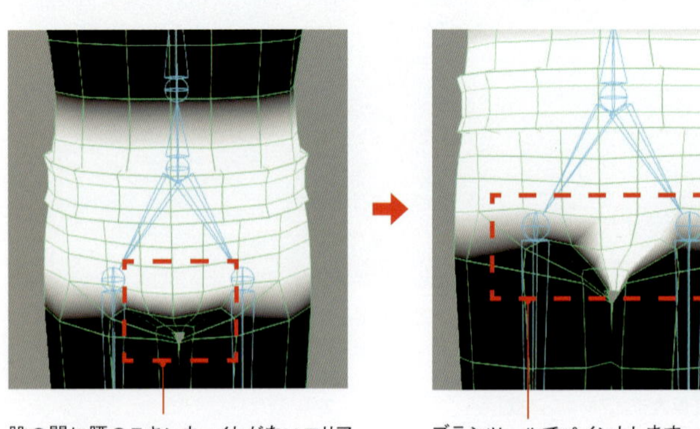

股の間に腰のスキンウェイトがないエリアがあります。

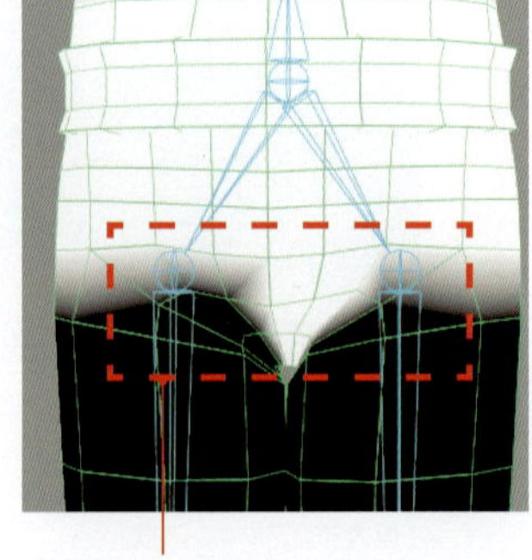

ブラシツールでペイントします。

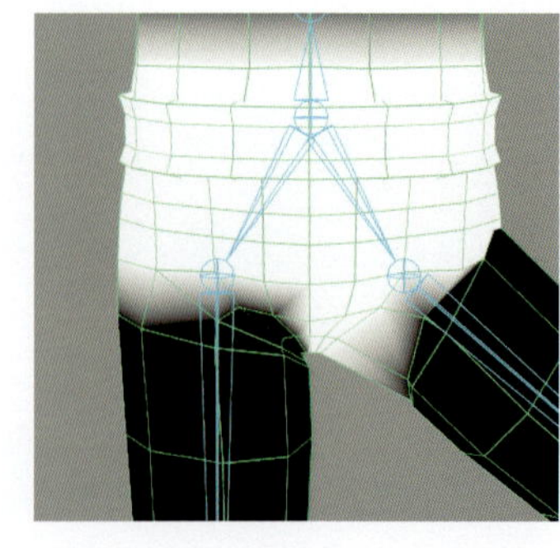

ペイントしにくい場合は足のスケルトンを回転します。

スキンウェイトのミラー

半身を塗り終わったら、[スキン] > [スキンウェイトのミラー] を実行します。オプションで [ミラー平面] を [YZ] にしてウェイトをミラーして完了です。

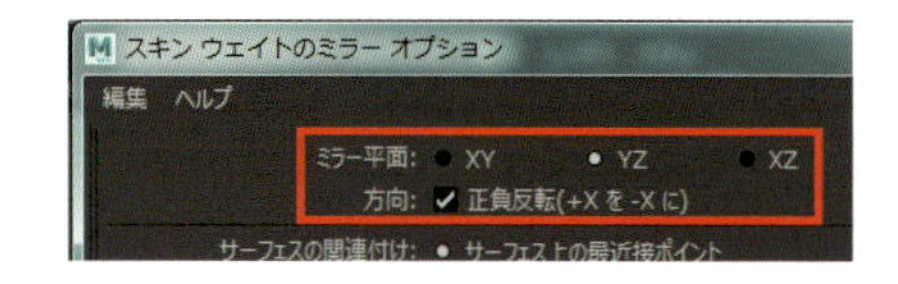

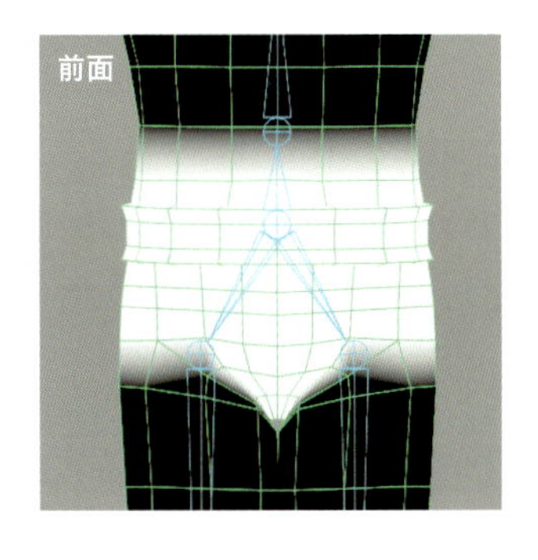

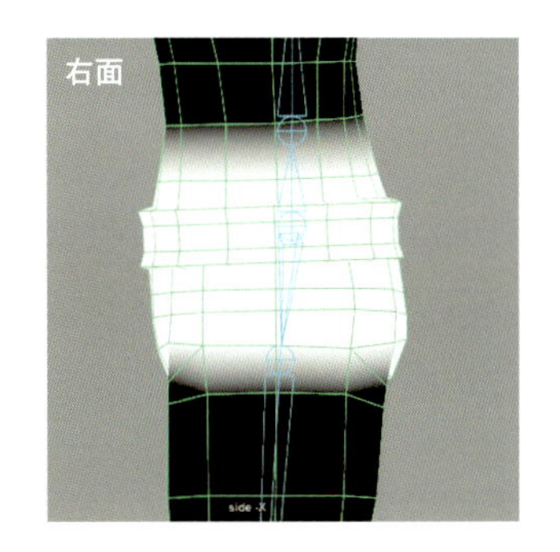

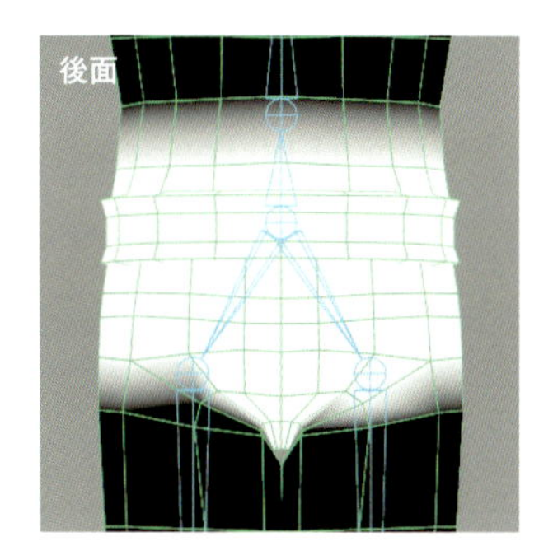

腿「LeftUpLeg」をペイント

同じ要領で図を参考にして各部位をペイントしてみましょう。

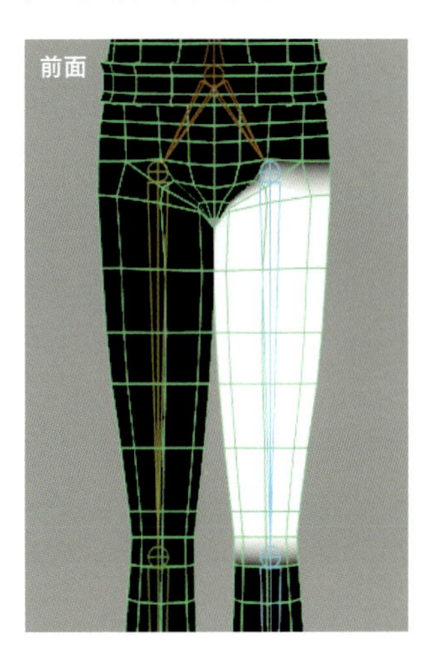

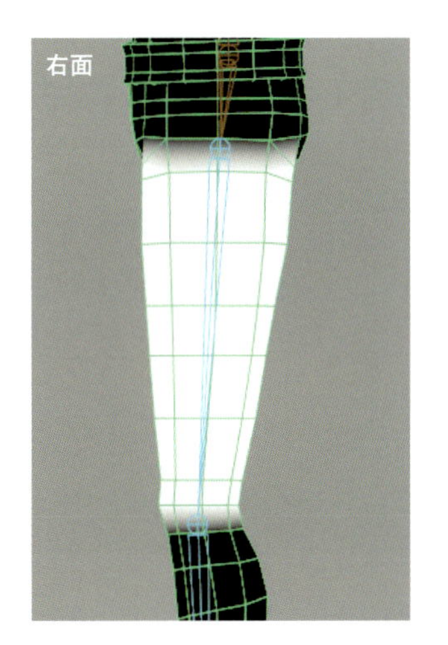

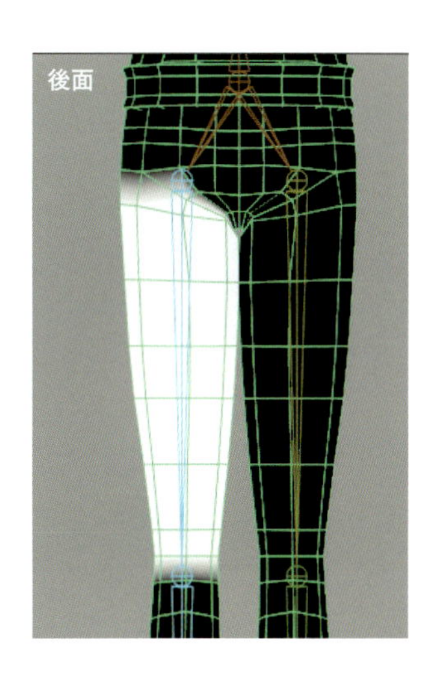

脛「LeftLeg」をペイント

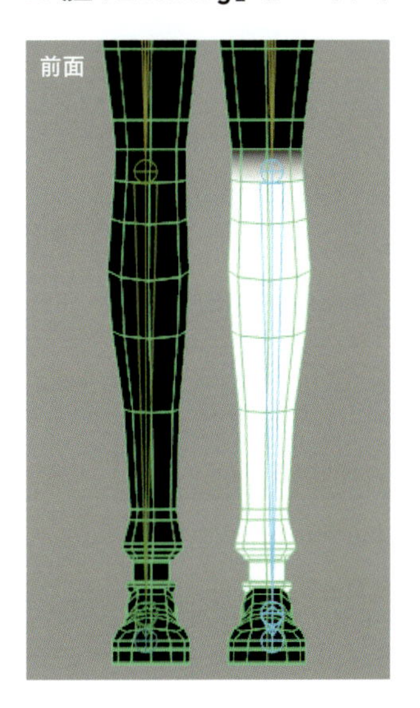

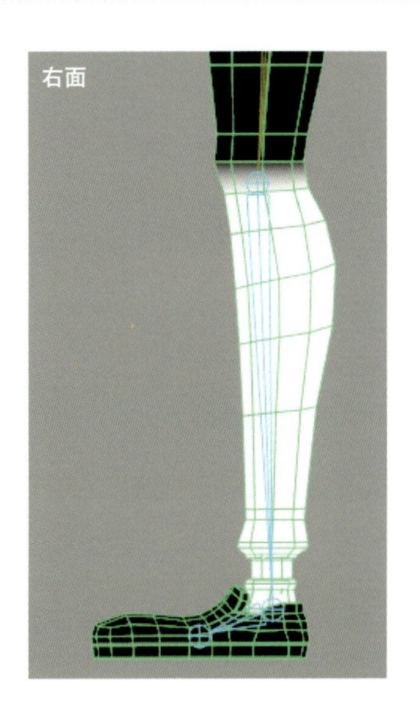

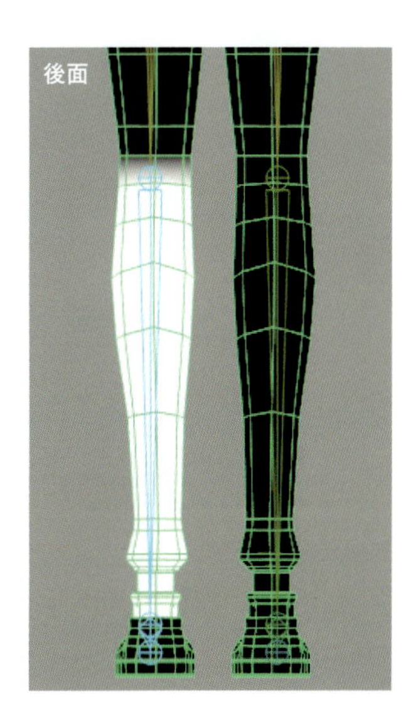

足「LeftFoot」をペイント

正面

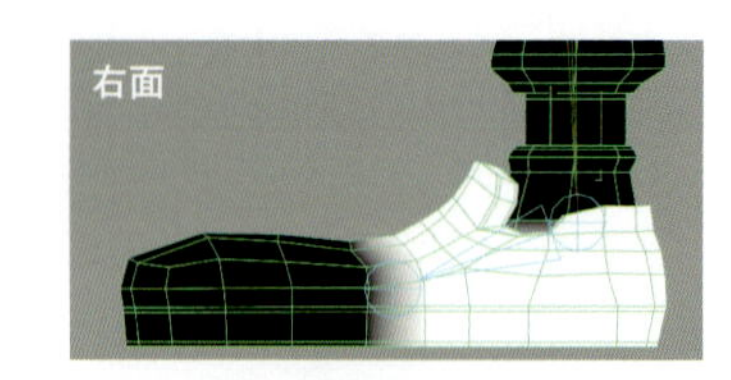

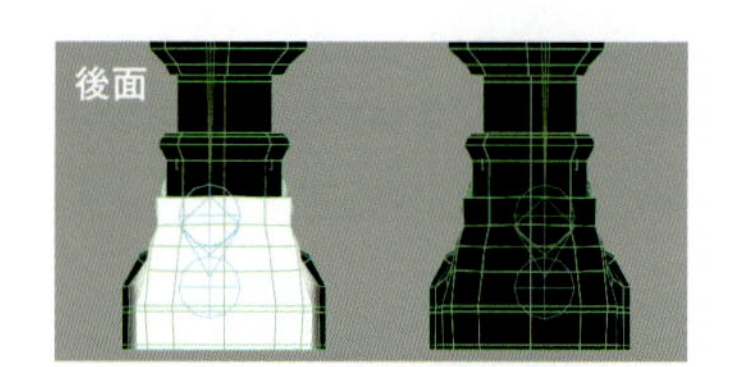

つま先「LeftToeBase」をペイント

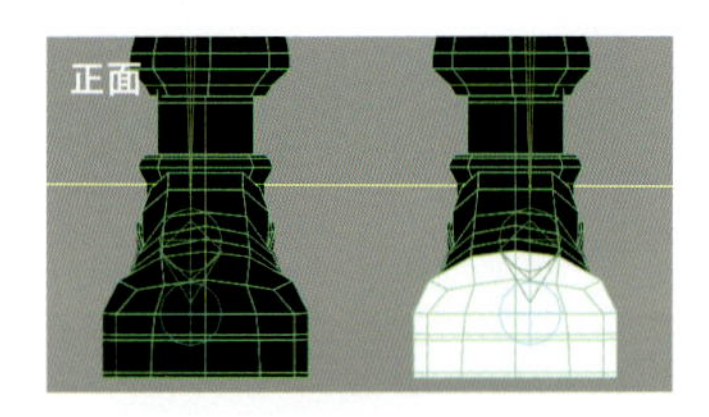

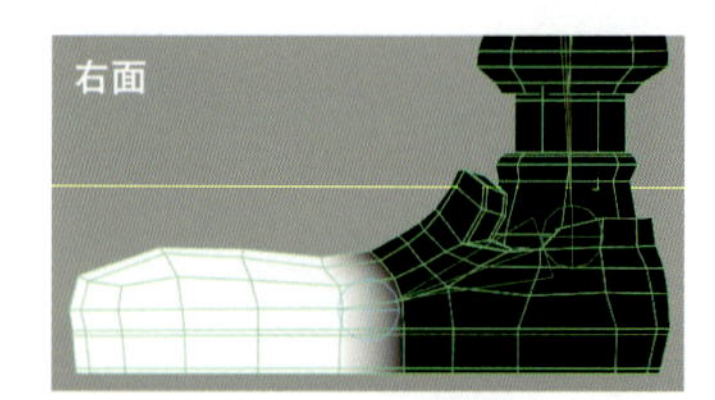

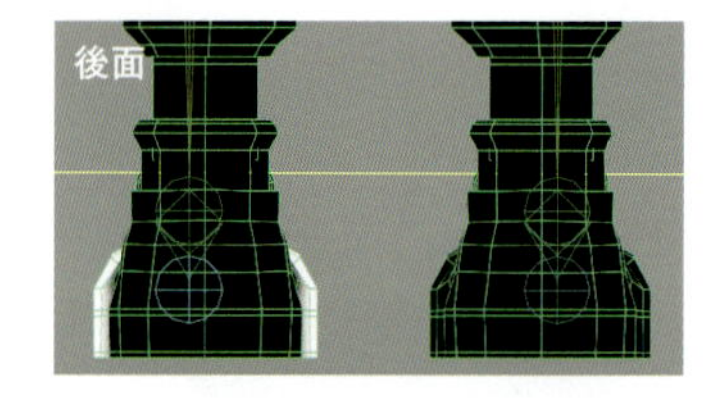

背骨 1「Spine1」をペイント

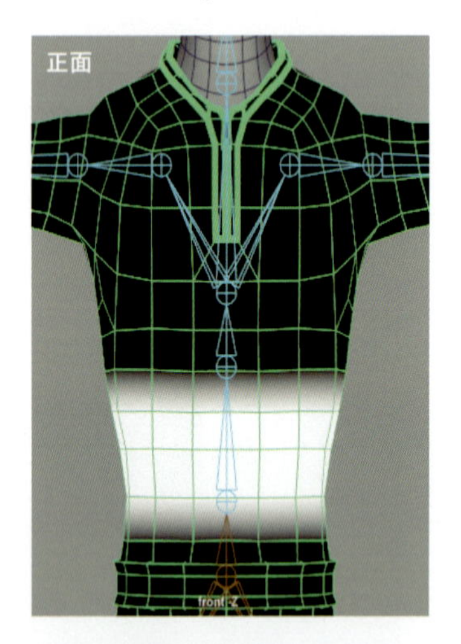

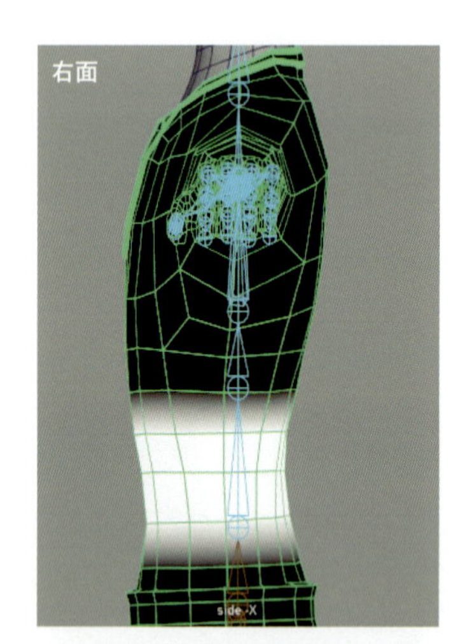

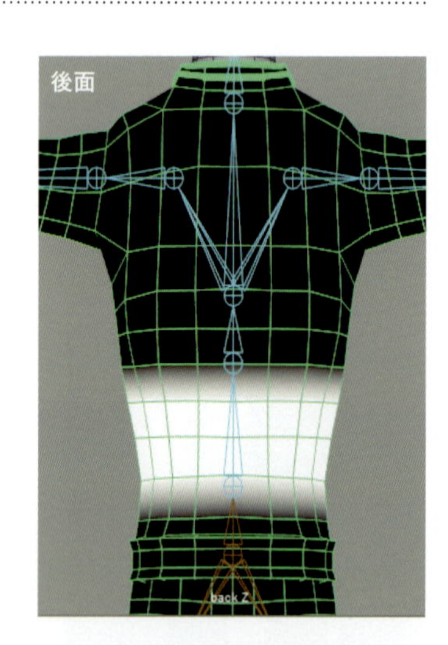

背骨 2「Spine2」をペイント

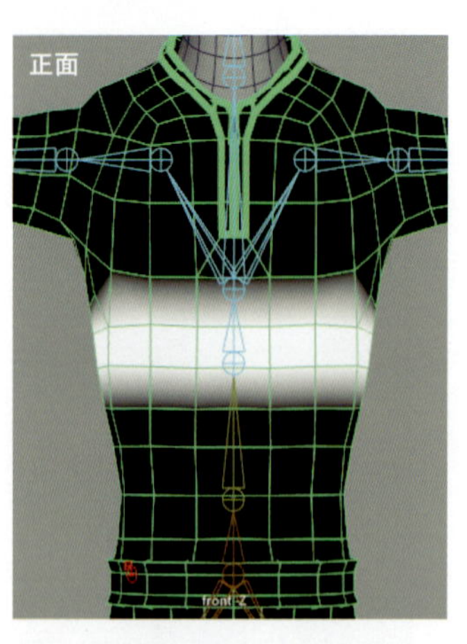

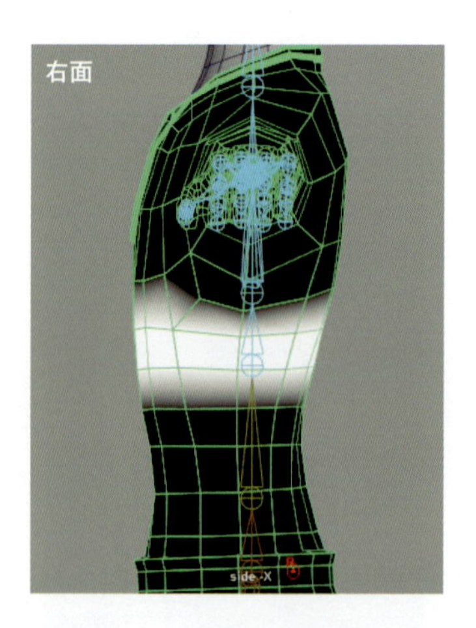

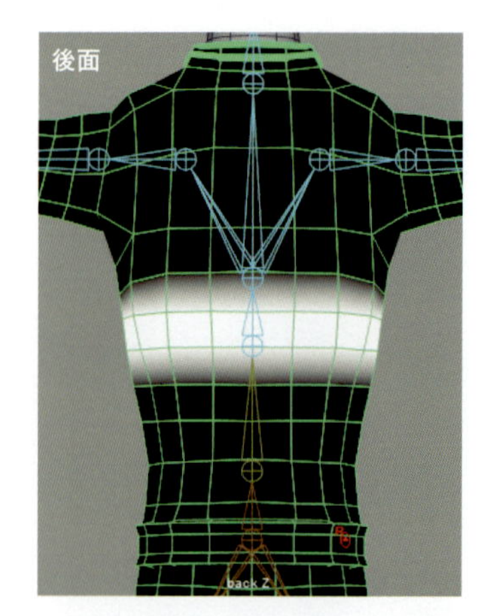

背骨3「Spine3」をペイント

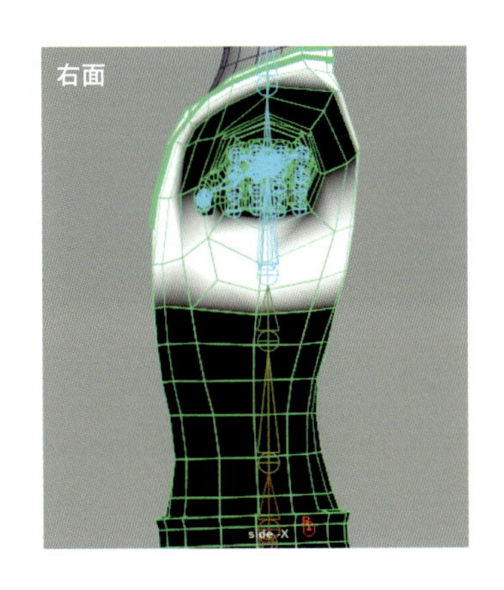

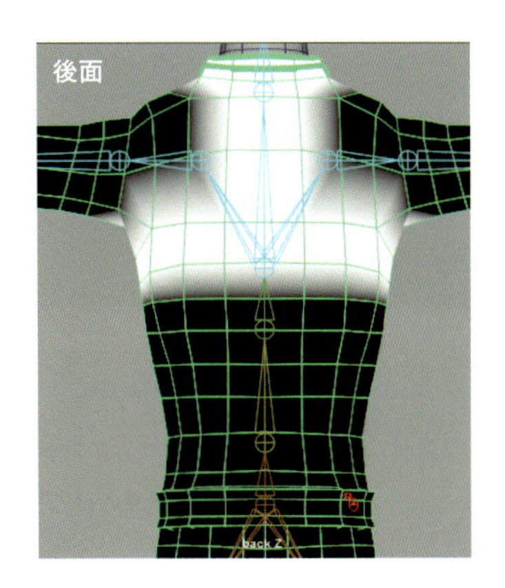

肩「LeftSoulder」をペイント

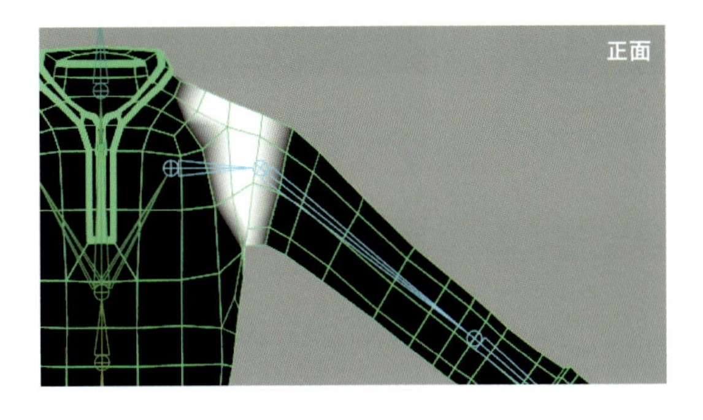

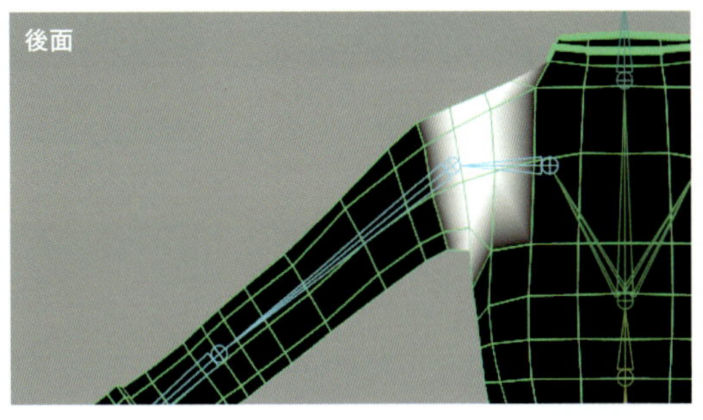

上腕「LeftArm」をペイント

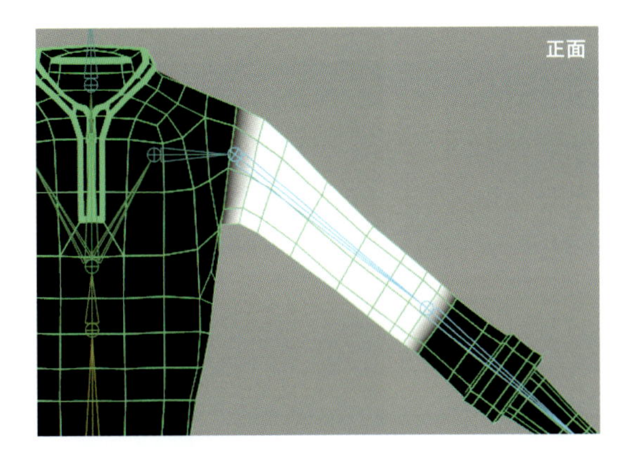

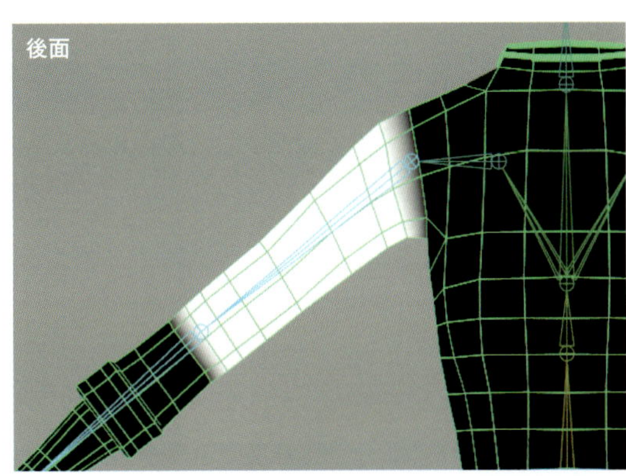

前腕「LeftForeArm」をペイント

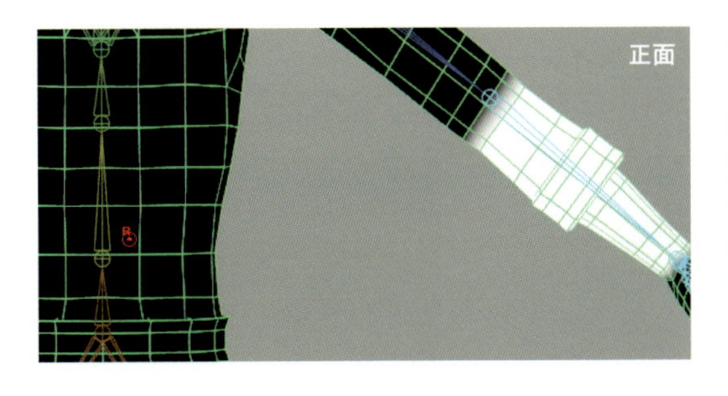

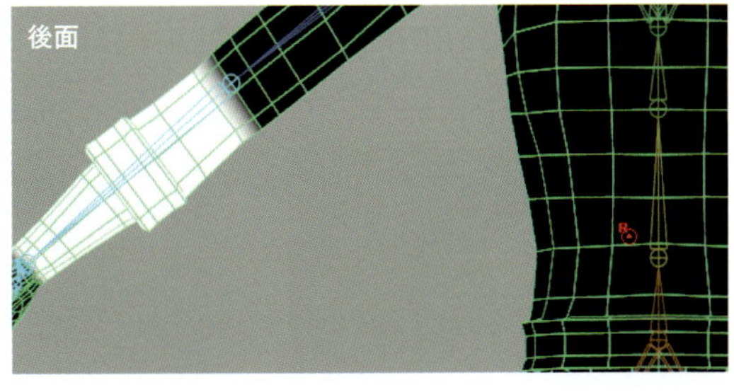

手首「LeftHand」をペイント

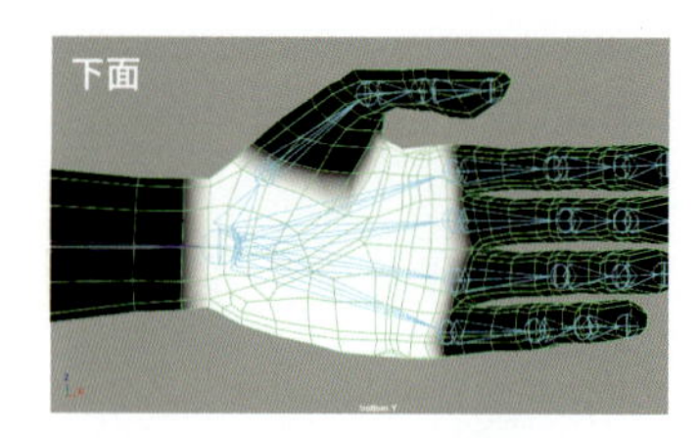

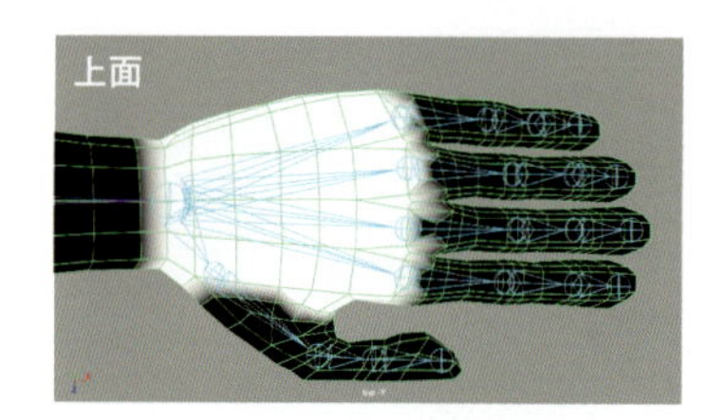

親指「LeftHandThumb」をペイント

指スケルトンは４本目のジョイント「LeftHandThumb4, LeftHandIndex4, LeftHandMiddle4, LeftHandRing4, LeftHandPinky4」はウェイトはつけません。

● LeftHandThumb1

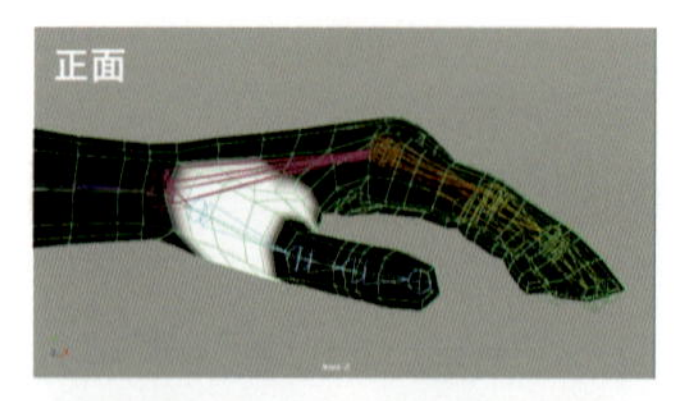

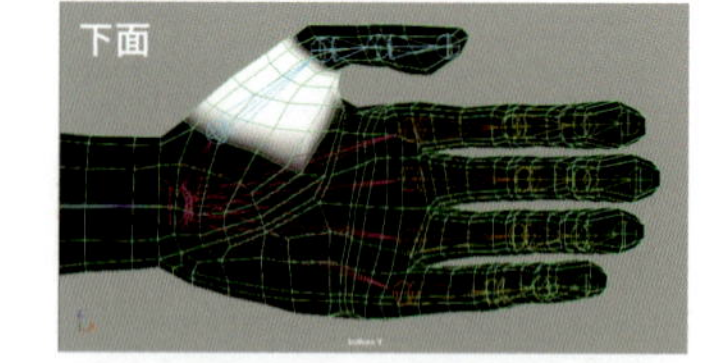

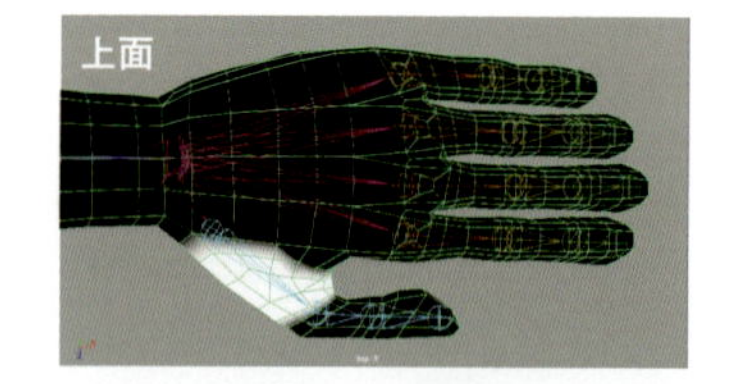

● LeftHandThumb2

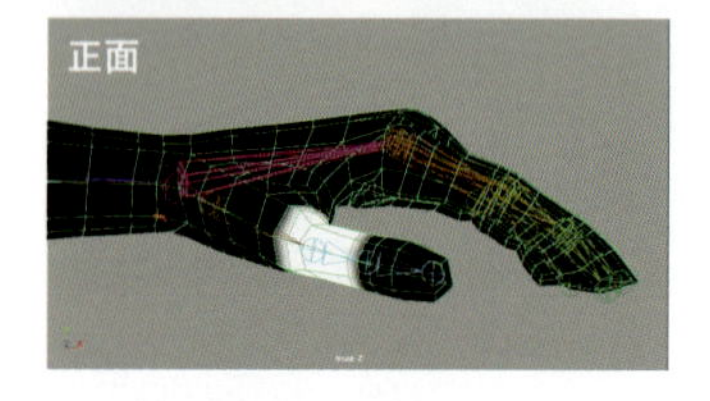

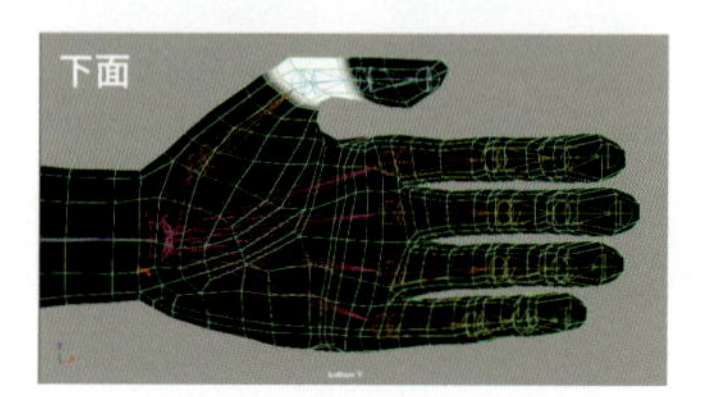

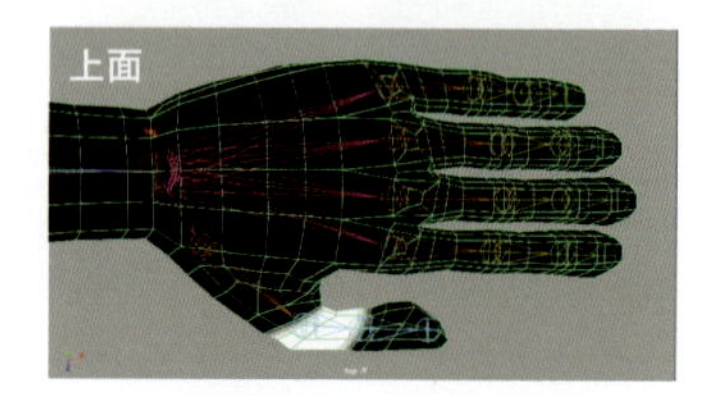

● LeftHandThumb3

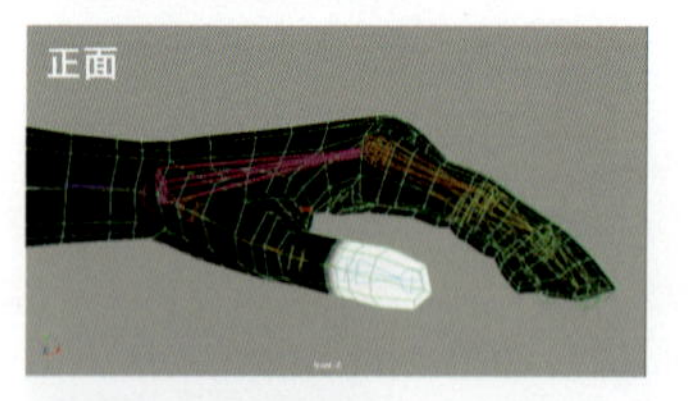

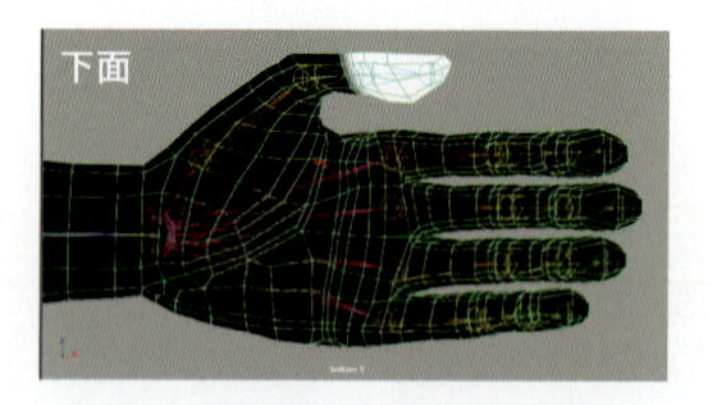

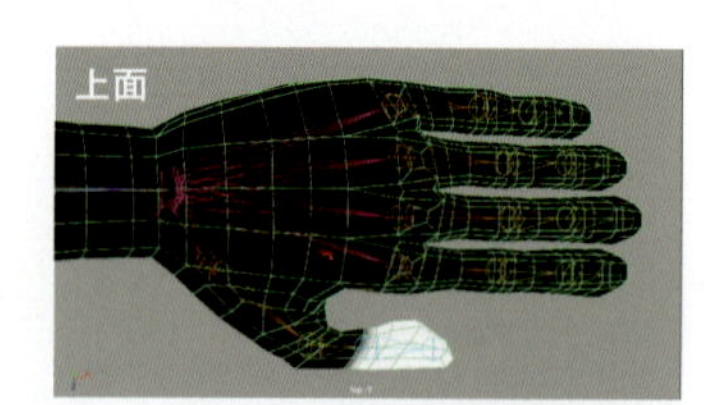

● LeftHandThumb4

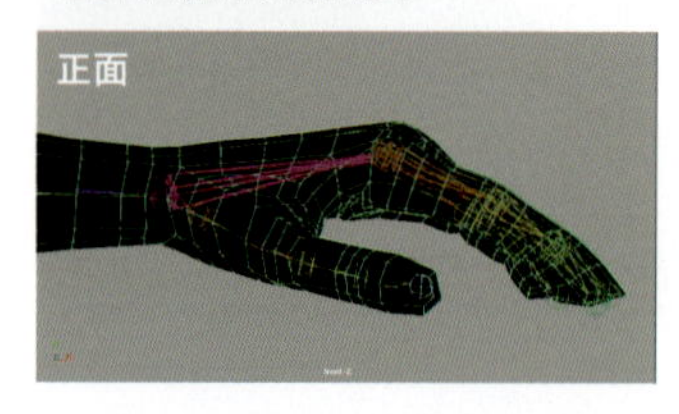

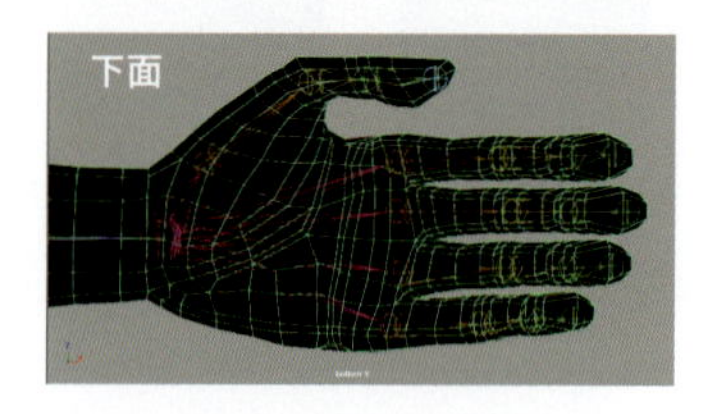

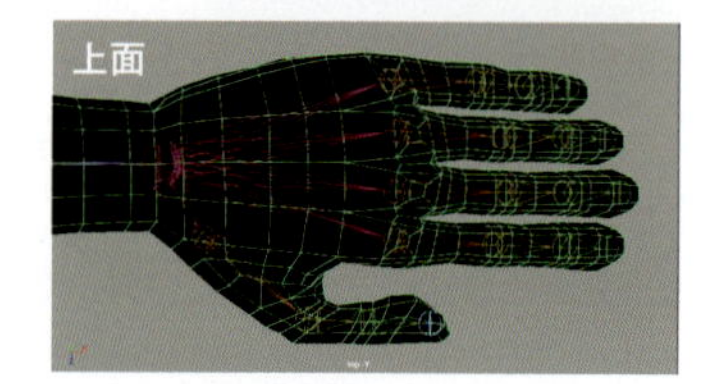

人差し指「LeftHandIndex」、中指「LeftHandMiddle」、薬指「LeftHandRing」、小指「LeftHandPinky」をペイント

● LeftHandIndex1

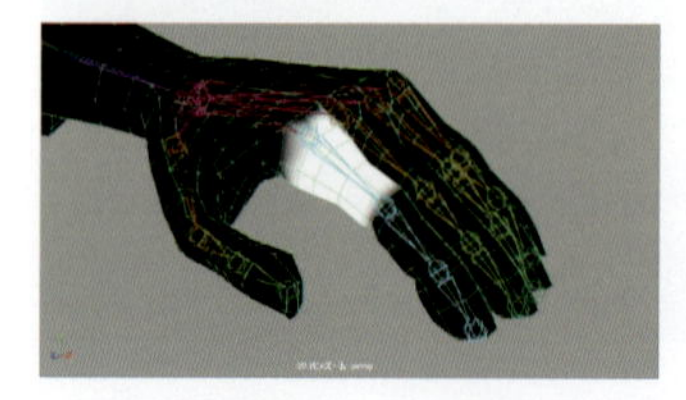

● LeftHandIndex2

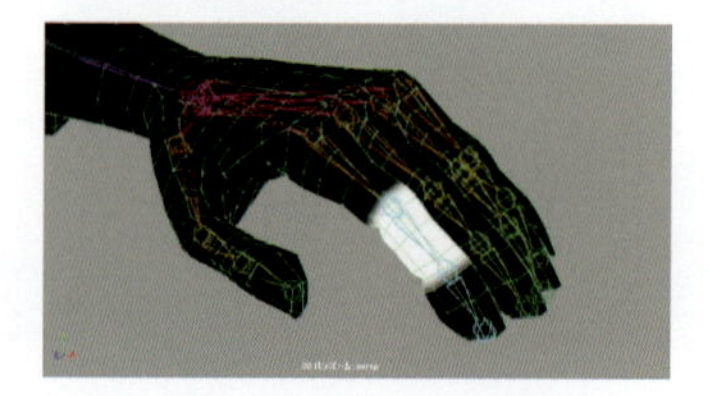

● LeftHandIndex3

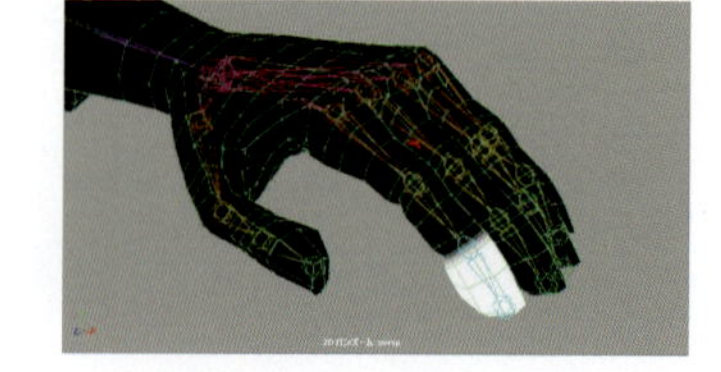

人差し指を参考にして他３本の指も同じようにペイントしましょう。

頭「man_face」をペイント

頭のスキンモデル「man_face」はSpine3, Neck, Headのインフルエンスをペイントします。

● Spine3

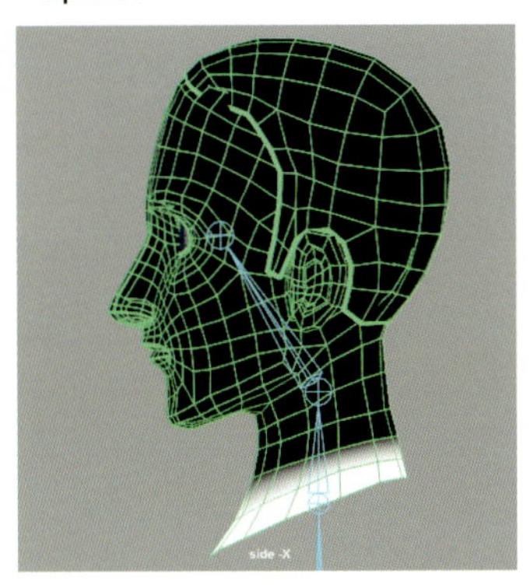

● Neck

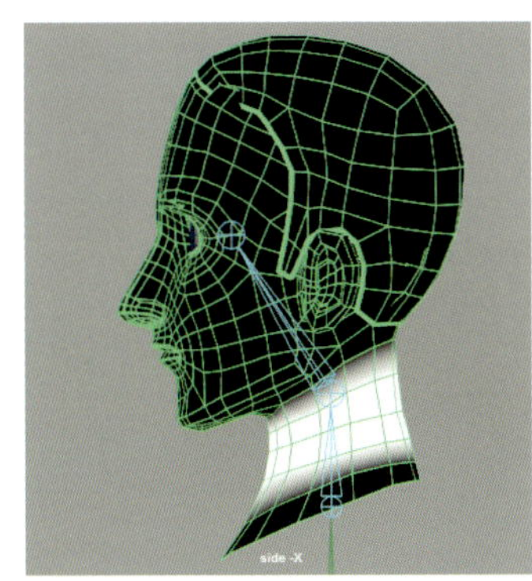

● Head

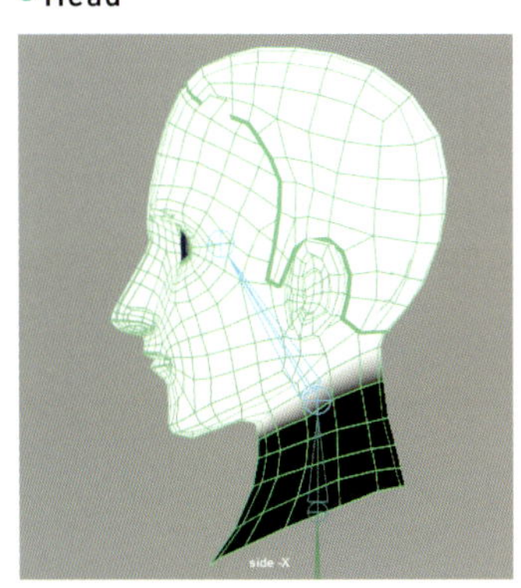

目「man_eyeL, man_eyeR」をペイント

左目のスキンモデル「man_eyeL」は左目のインフルエンス「LeftEye」、右目のスキンモデル「man_eyeR」は右目のインフルエンス「RightEye」を割り当てます。

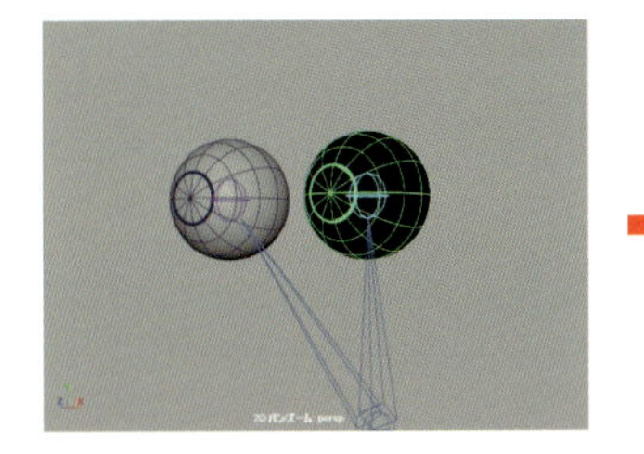

左目「man_eyeL」を選択し、インフルエンスリストで「LeftEye」を選択します。スキンウェイトがついていない状態です。

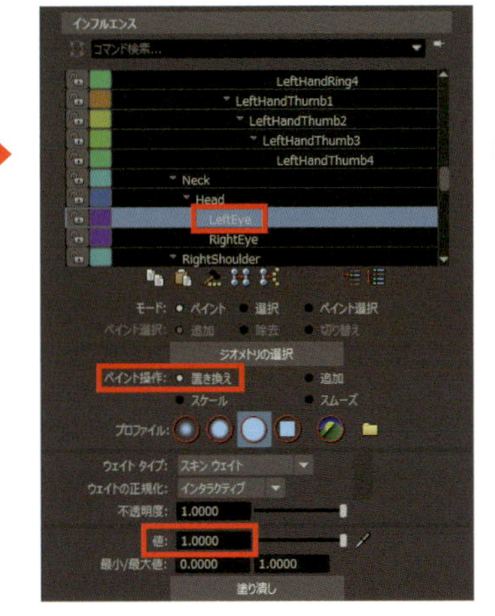

インフルエンスリストで[LeftEye]を選択したまま、[ペイント操作]を[置き換え]であることを確認し、[塗り潰し]をクリックします。

左目が塗り潰されます。

右目もRightEyeで塗り潰します。

髪「man_hair」をペイント

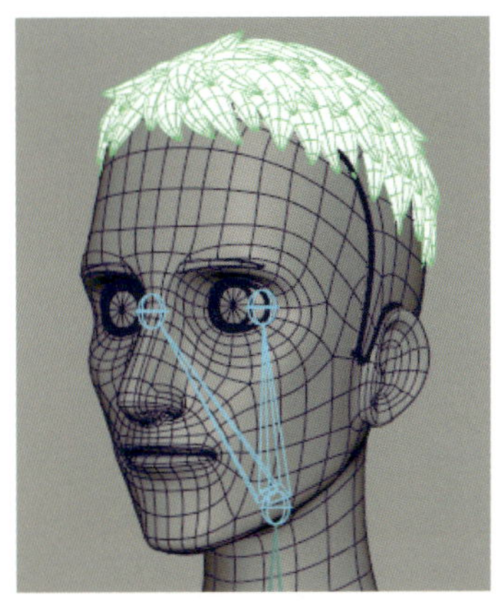

髪「man_hair」のスキンモデルは「Head」に塗り潰されているか確認します。左の図になっていれば問題ありません。

基礎編
6-3
リギングする

MEMO スキニングの疑問あれこれ

バインド後にジョイントを修正したい

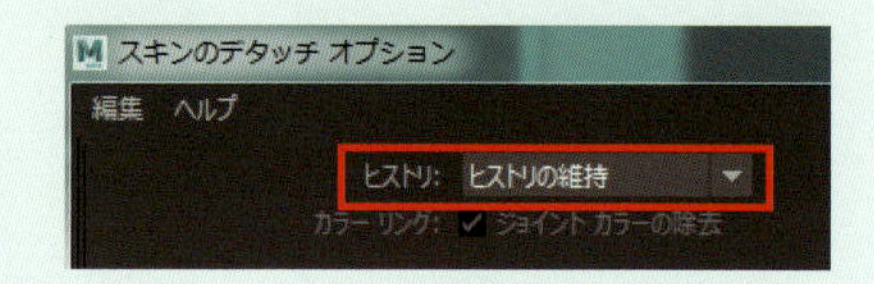

バインドした状態でジョイントの位置やジョイントの方向を修正したくなった場合は、一旦バインドを解除します。[スキン] > [スキンのバインド解除□] の [ヒストリ] で、[ヒストリの維持] を選択して実行しましょう。これにより再度バインドするとウェイト調整の結果が戻ります。[ヒストリの削除] にすると調整結果が消えてしまうので注意しましょう。

バインドされたジョイントを削除するとどうなる?

バインドされたジョイントを削除すると、そのジョイントに割り当てられたウェイト値はバインド設定に基づいて他のジョイントへ自動で割り振られます。

バインド中にジョイントを追加したり除去したい

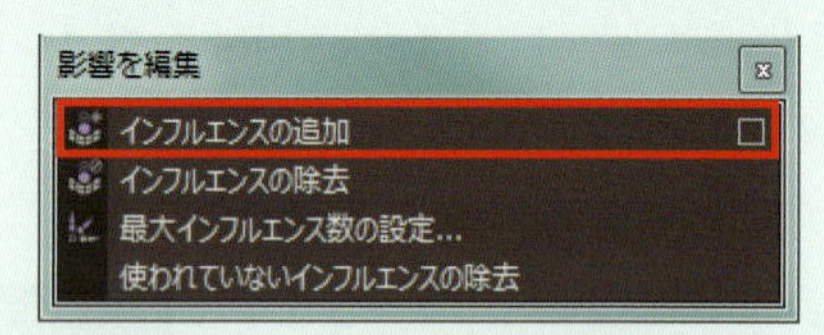

ジョイントを別途新たに追加したい場合は、ペアレント化しただけではウェイト対象になりません。追加ジョイント、バインド対象モデルの順に選択して、[スキン] > [影響を編集] > [インフルエンスの追加] をクリックします。不要なジョイントをウェイト対象から外したい場合は [インフルエンスの除去] を実行します。

ウェイトをコピーしたい

選択したソーススキンのスキンウェイトを選択したコピー先スキンにコピーします。新旧のシーンを読み込み、ソース元のバインドモデル、コピー先のバインドモデルを選択して [スキン] > [スキンウェイトのコピー] を実行します。

⑬ 使われていないインフルエンスの除去

例えば目のウェイトは目のジョイントにウェイト値「1」を割り当て、それ以外のジョイントにウェイトをつける必要がありません。そこでスキンモデルから使われていないインフルエンス(ジョイント)を除去すれば、ウェイト対象から削除して整理することができます。以下の手順を体、両目、髪、頭で実行しましょう。

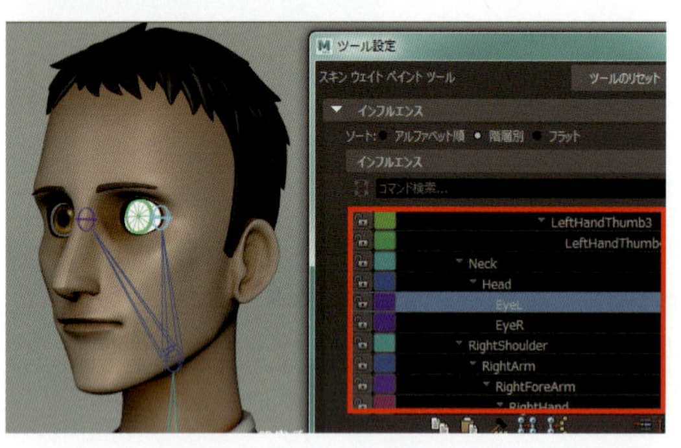

例えば左目「man_eyeL」を選択します。スキンウェイトペイントのインフルエンスリストを確認すると、この時点では全てのジョイントがリストされています。

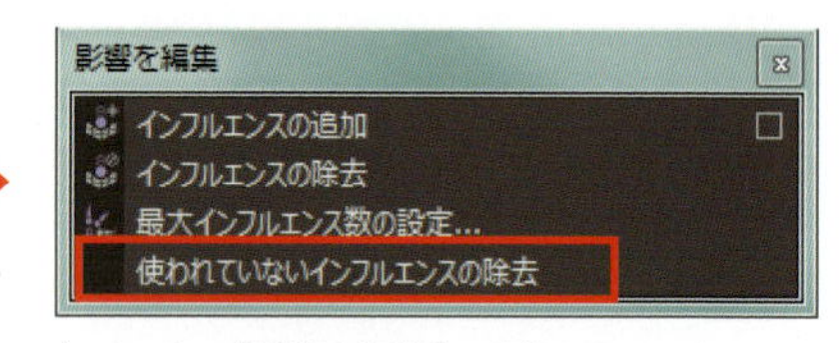

[スキン] > [影響を編集] > [使われていないインフルエンスの除去] をクリックします。

「LeftEye」以外の不要なインフルエンスが除去されます。

⑭関節をスムーズにする

スキンウェイトの塗り分けが完了しました。「0」か「1」でペイントしたため、スケルトンを右の図のように曲げると赤い丸のように関節のメッシュに角が目立ちます。この作業では［スキンウェイトペイント］>［スムーズ］>［塗り潰し］で関節を機械的にスムーズにします。

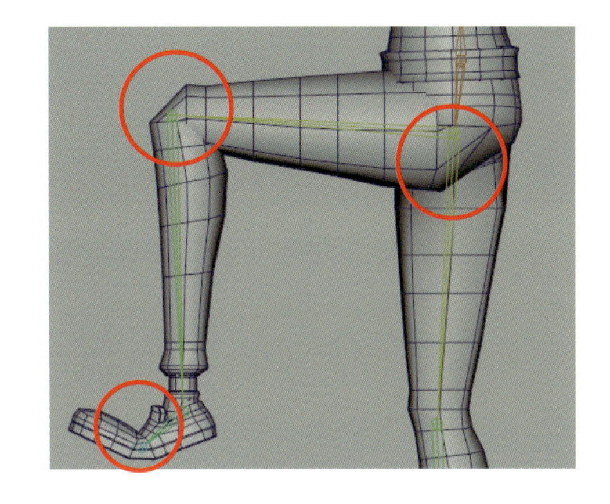

腰のウェイトをスムーズする

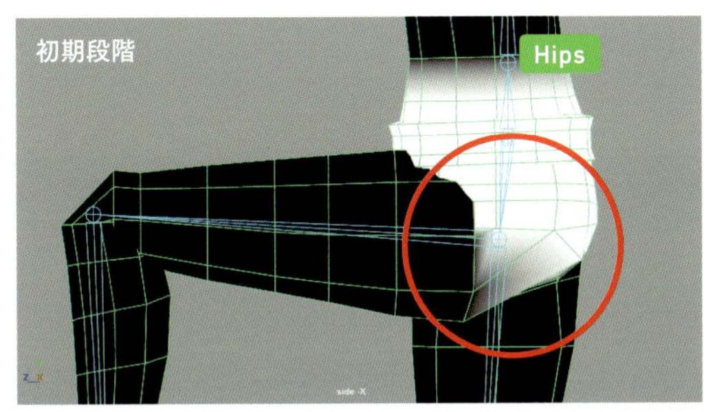

腰「Hips」のスキンウェイトをスムーズしてみましょう。スキンモデルを選択し、［スキン］>［スキンウェイトペイント■］をクリックします。

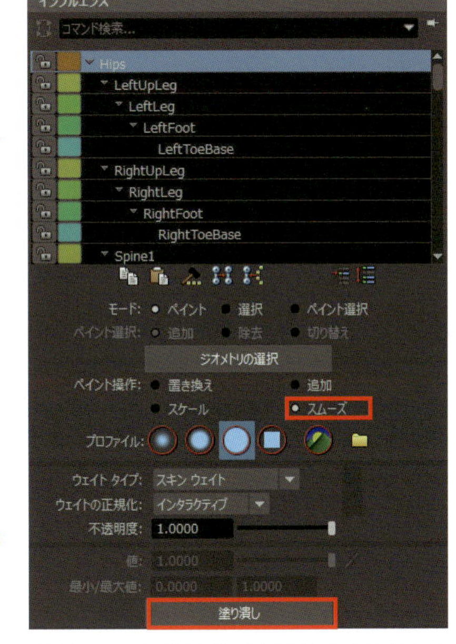

インフルエンスリストで［Hips］を選択し、［ペイント操作］を［スムーズ］にし、［塗り潰し］をクリックします。

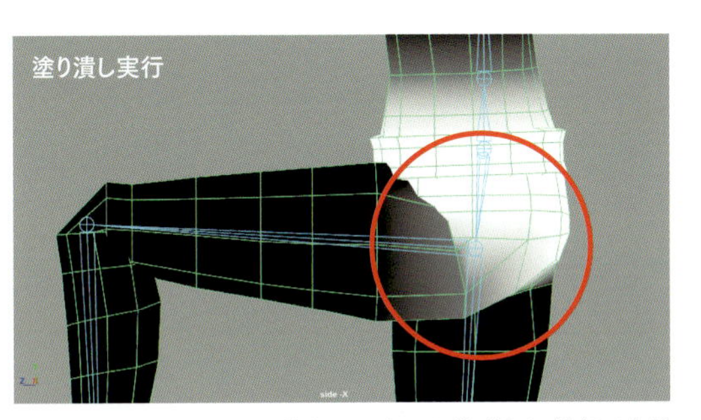

塗りの境界がぼかされ、関節部分が丸みを帯びます。輪郭が自然になるまで何回か繰り返します。

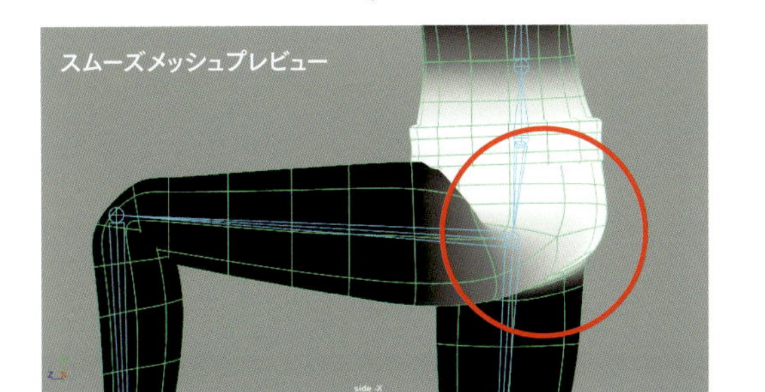

スムーズメッシュプレビューでも確認しましょう。

足のウェイトをスムーズする

同様の手順で、「LeftUpLeg」、「LeftLeg」、「LeftFoot」、「LeftToeBase」をスムーズにします。

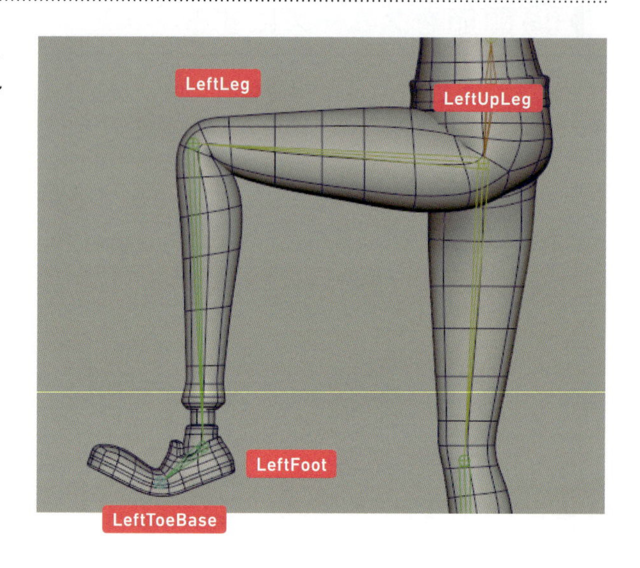

背骨のウェイトをスムーズする

背骨1～3「Spine1」、「Spine2」、「Spine3」をそれぞれスムーズします。

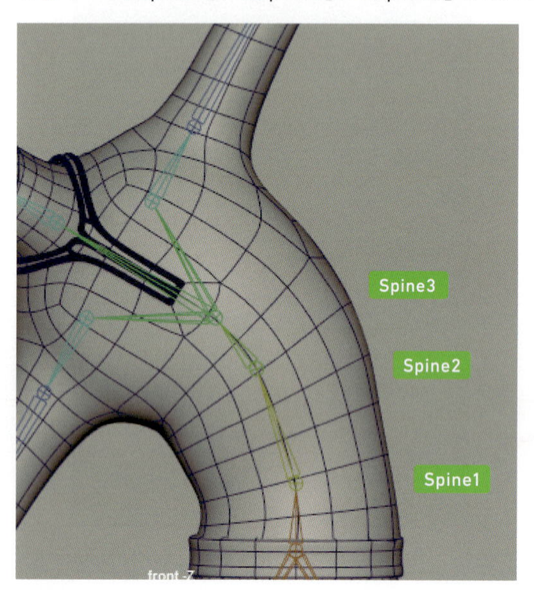

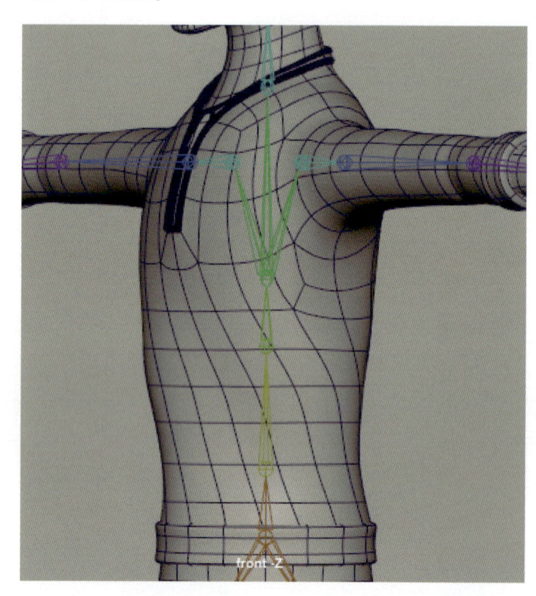

肩、上腕、前腕

「LeftShoulder」、「LeftArm」、「LeftForeArm」をそれぞれ1回スムーズで塗り潰します。肩を上げ下げしたときにスキンの形状に不具合がありますが、後で調整します。

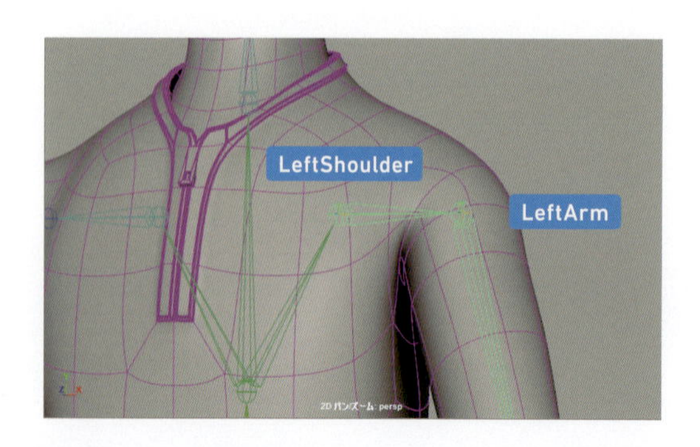

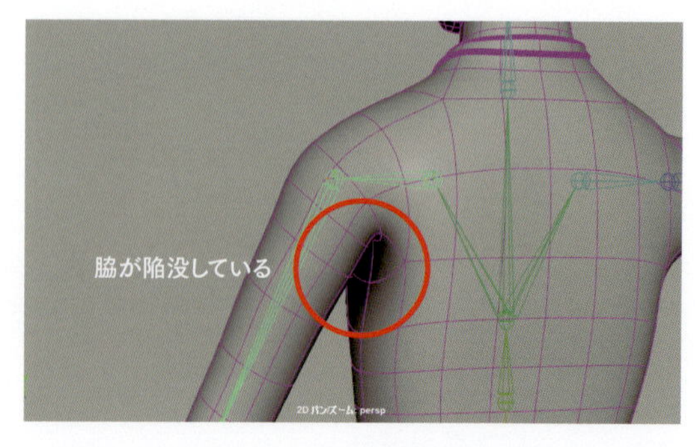

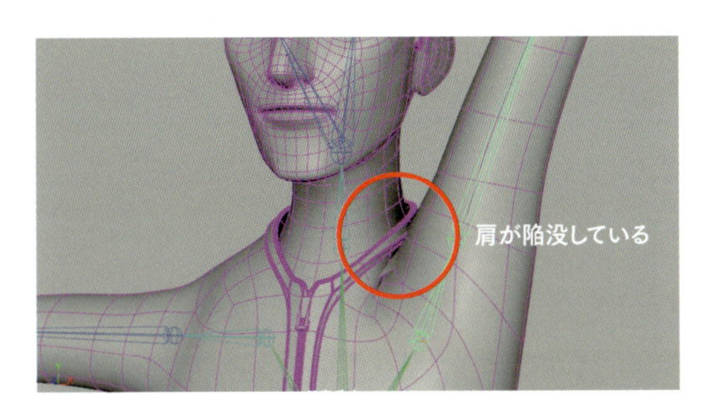

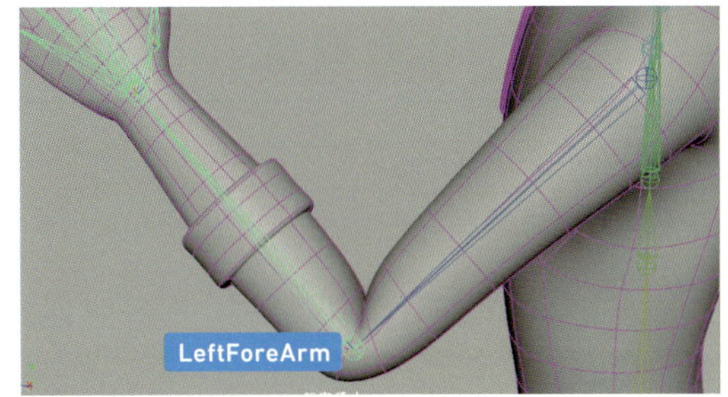

手首をスムーズにする

「LeftHand」をスムーズします。

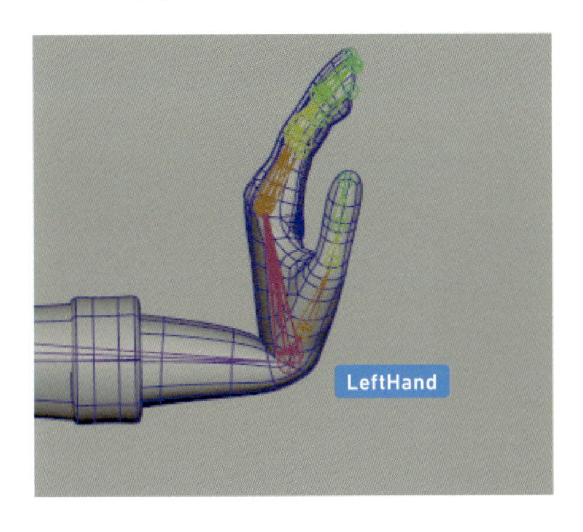

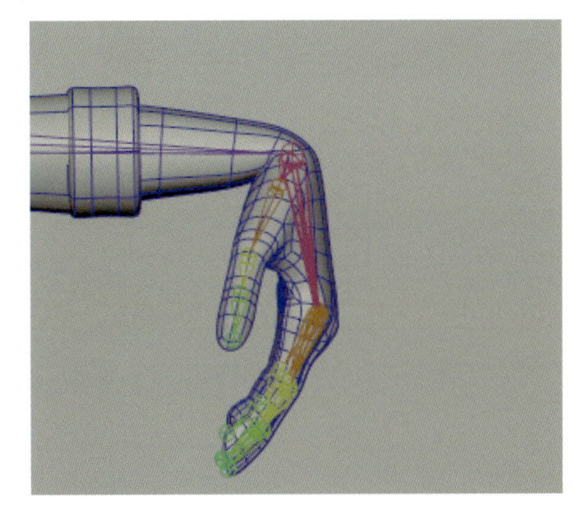

指をスムーズにする

指をスムーズにします。

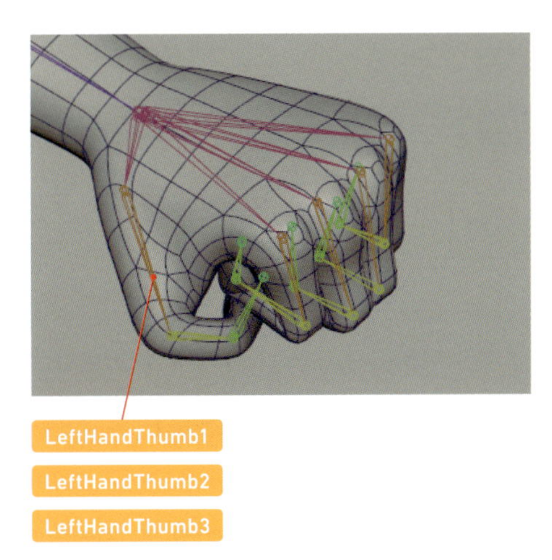

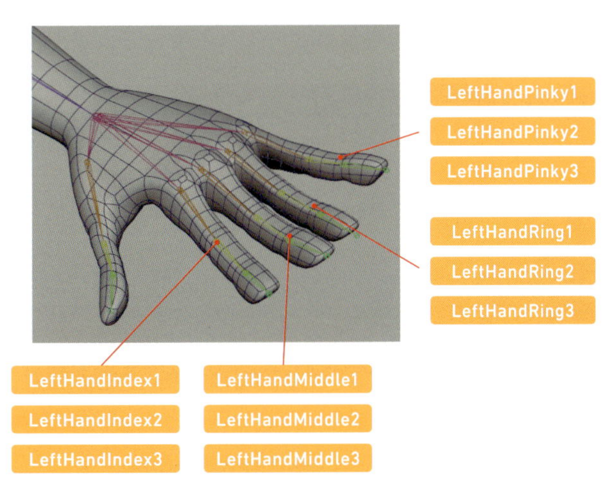

頭部のスムーズ

頭部「man_head」は「Neck」と「Head」をスムーズします。首のジョイントを後ろに回転すると襟に首のスキンがめり込んでいますが、この後修正します。

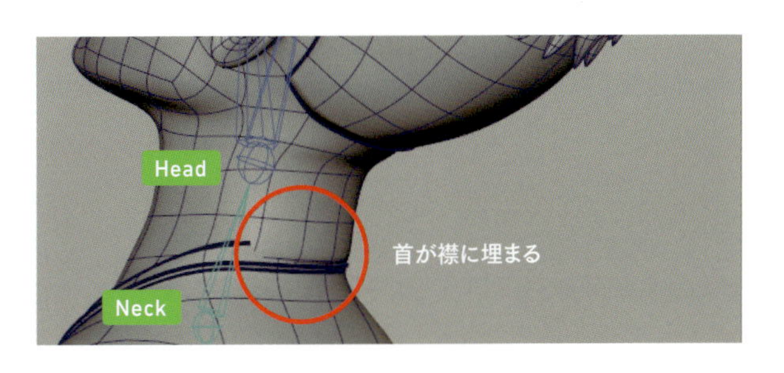

⑮スキンの微調整

スムーズが完了しました。最後は気になっていた不具合を修正します。

肩まわりの調整

肩を上げた際の首の周辺の陥没を修正します。スムーズメッシュプレビューを解除します。

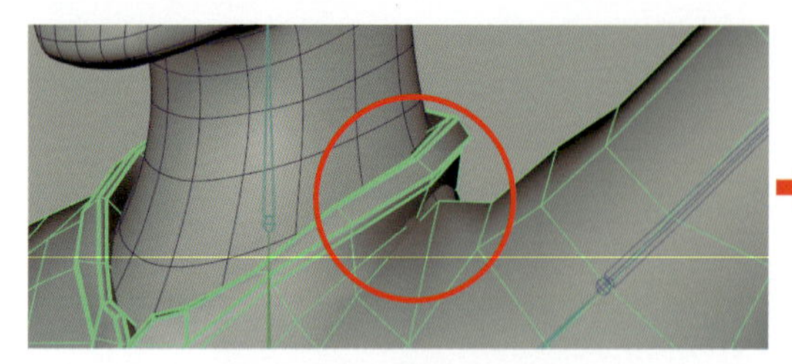

頂点は「LeftShoulder」へ強く引っ張られているので、「Spine3」へ割り当てます。

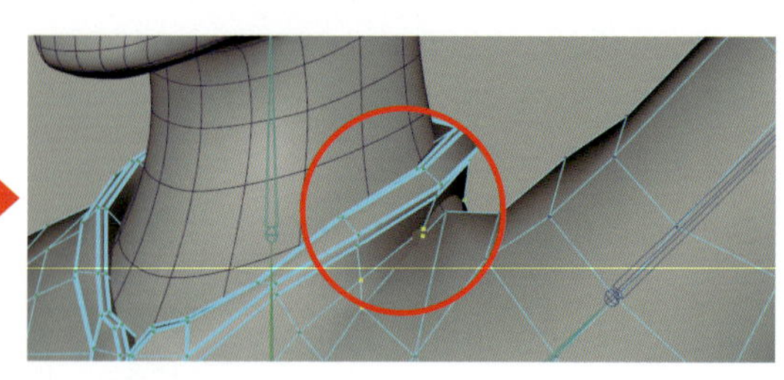

頂点を選択します。

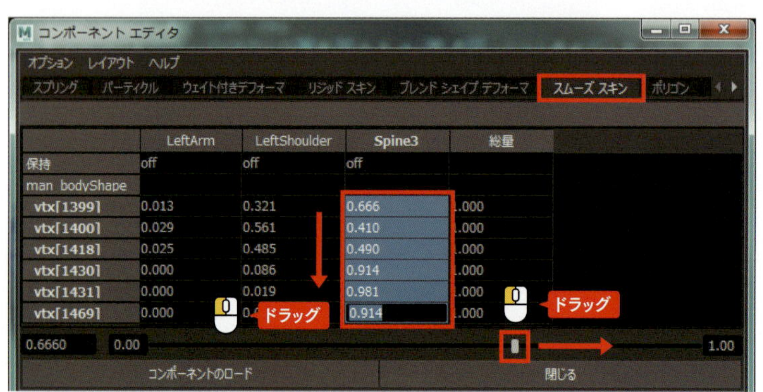

1. [コンポーネントエディタ] を開きます。
2. [スムーズスキン] のタブをクリックします。
3. インフルエンスの [Spine3] のセルをドラッグして全て選択します。
4. 下のスライダを右方向にドラッグします。

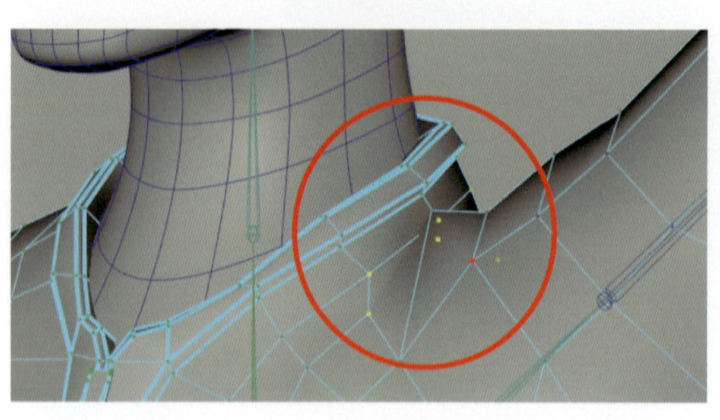

頂点が「Spine3」に強く割り当てられ、陥没が解消されて首の根元が隠れるまでドラッグします。

脇の調整

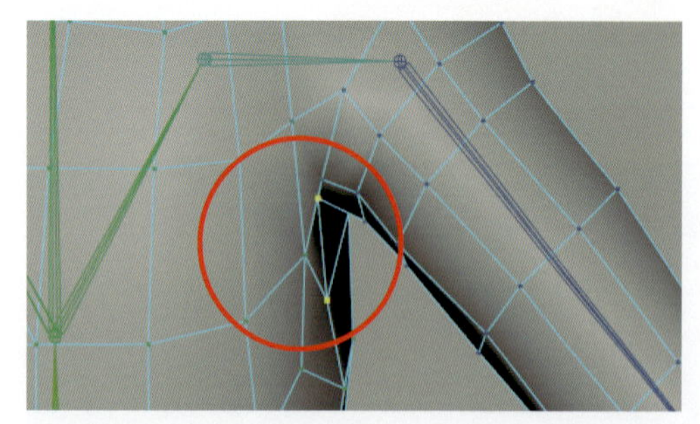

脇の陥没を同じ手順で修正します。凹んでいる頂点を選択します。

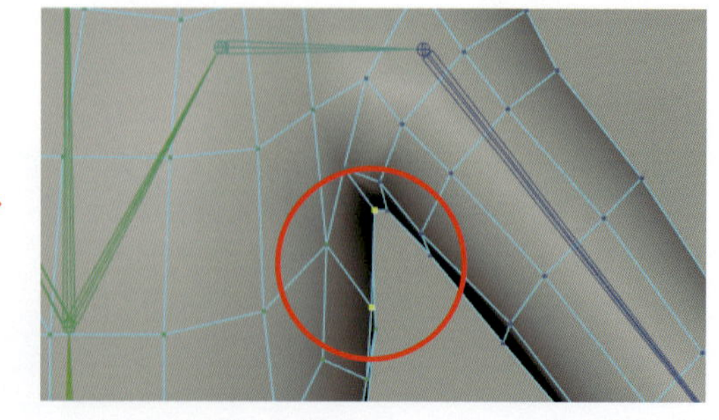

コンポーネントエディタで「Spine3」へのウェイトの量を強くして解消します。

首まわりの調整

隆起している頂点は［スキンウェイトハンマー］を使って対処します。

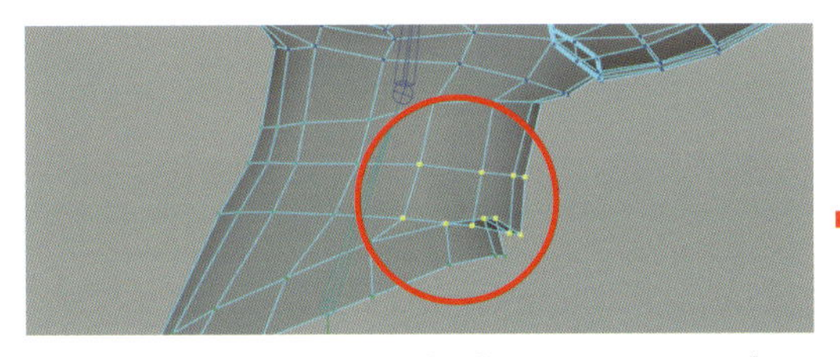

図のように頂点を選択して［スキン］＞［スキンウェイトハンマー］をクリックします。

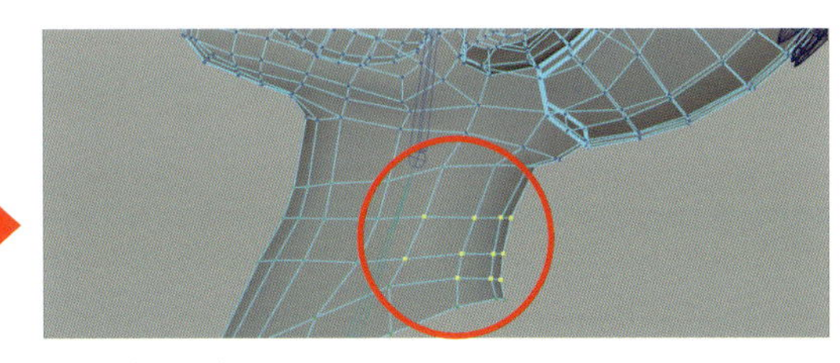

スムーズになります。

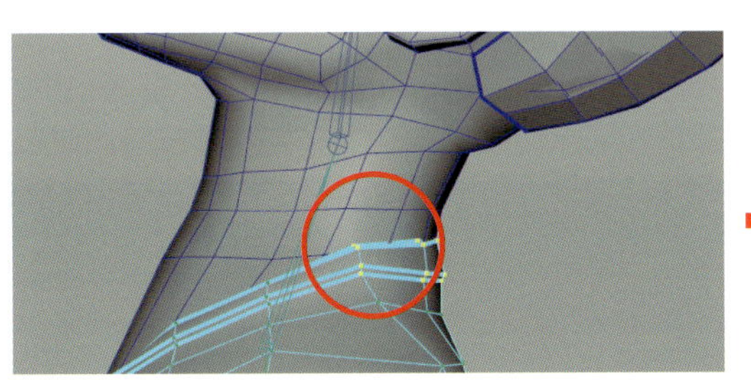

「man_body」を表示します。まだ少し襟にめり込んでいます。襟の頂点を「Neck」に割り当てます。

	Spine3	総量
保持	off	
man_bodyShape		
vtx[1415]	1.000	1.000
vtx[1458]	1.000	1.000
vtx[1475]	1.000	1.000
vtx[1476]	1.000	1.000
vtx[1509]	1.000	1.000

コンポーネントエディタを開きます。ウェイトが「0」のインフルエンスが表示されていない場合があります。

［オプション］＞［ゼロカラムの非表示］のチェックを外します。0ウェイトのインフルエンスがリストに表示されます。

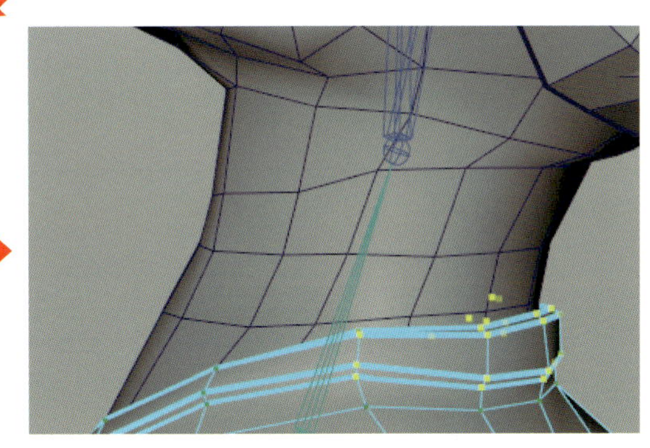

コンポーネントエディタで［Neck］のセルを全選択して、スライダをドラッグして頂点がめり込まないように調整します。

⑯リグの作成

この工程の開始シーン ▶ MayaData/Chap06/scenes/Chap06_Skinning.mb

ここからリグの作成に入ります。リグはカーブで作成します。カーブで作成する主な理由は以下です。

- ポリゴンだと表示 / 非表示設定に影響する。
- レンダリングされない。

スケルトンやIK、その他アニメーションさせる部位に対して配置し、コンストレイントでスケルトンとリグを連結します。右の完成図を目指して作業を進めましょう。

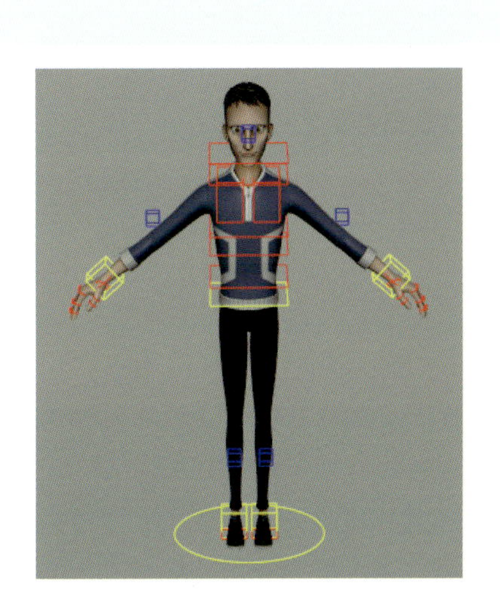

⑰立方体リグの作成

カーブでリグオブジェクトを作成します。

原点にポリゴンの立方体を作成して、スケールを10倍くらいにしておきます。

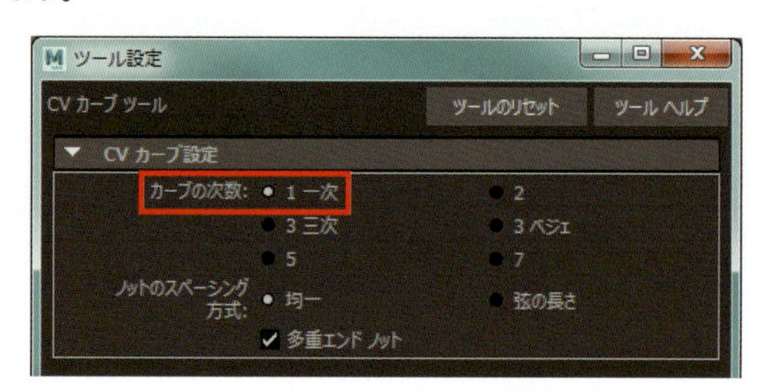

[作成] > [カーブツール] > [CVカーブツール] をクリックしてツール設定を開きます。[CVカーブ設定] の [カーブの次数] を [1次] にチェックします。

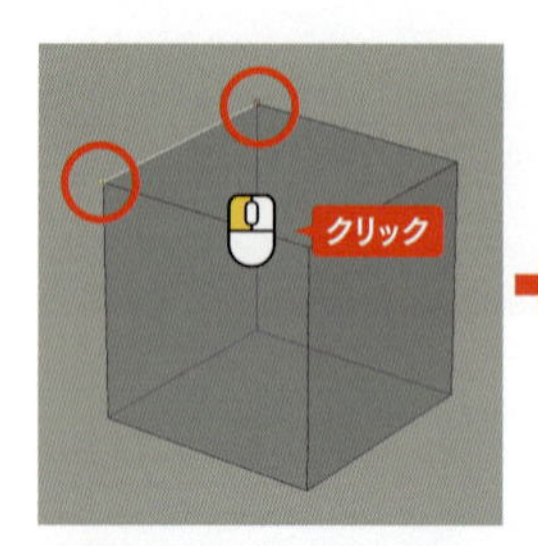

V を押しながら立方体の頂点をクリックしていきます。

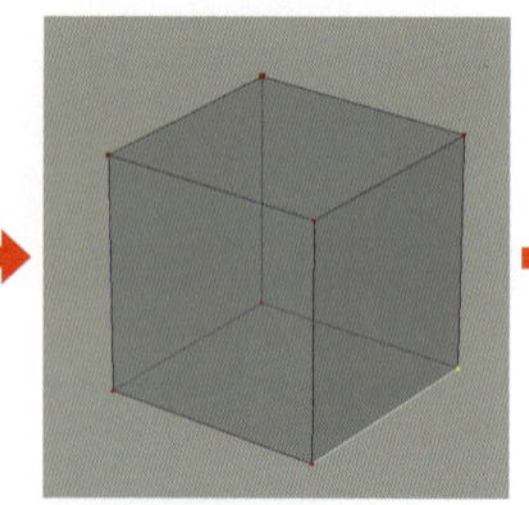

すべての辺をなぞるようにします。重複してもかまいません。

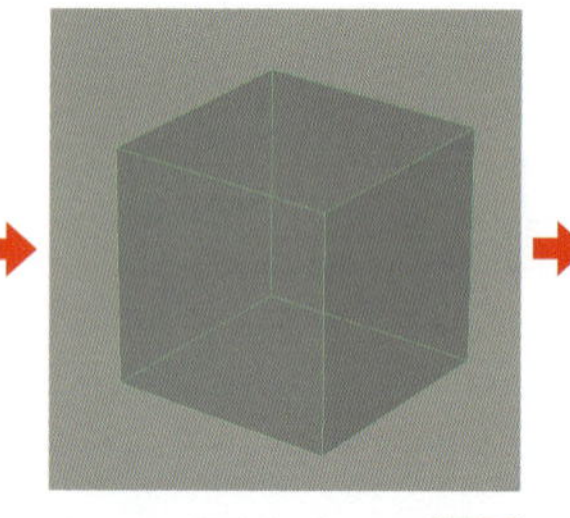

すべての辺をなぞったら Enter を押します。

立方体リグが完成しました。元のポリゴンは削除します。

⑱プレーンリグの作成

プレーンリグ

同様にポリゴンのプレーンを作成してスケールを10倍くらいにし、立方体リグと同じ手順でカーブでプレーンリグを作成します。次の工程から、立方体リグとプレーンリグを複製しながら、ジョイントへの位置合わせとスケール調整、名前を変更していきます。

⑲リグの位置合わせ

リグをジョイントの位置へ合わせます。位置合わせにはメインメニューの [修正] > [変換と一致] を使用します。

つま先のリグ

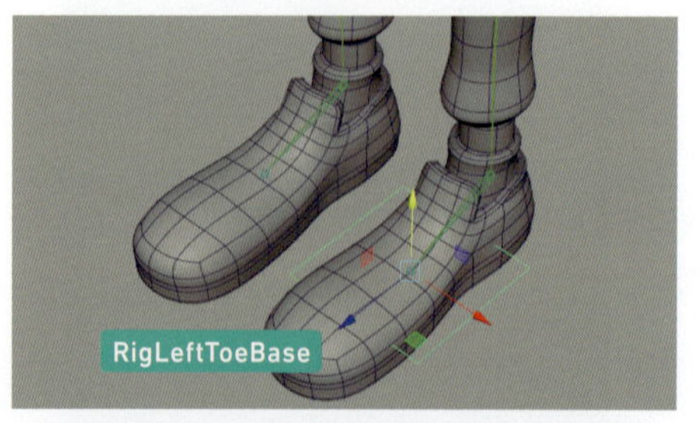

プレーン1個、ジョイント「LeftToeBase 」の順に選択し、[修正] > [変換と一致] > [移動と一致]をクリックします。プレーンの名前を「RigLeftToeBase」に変更します。

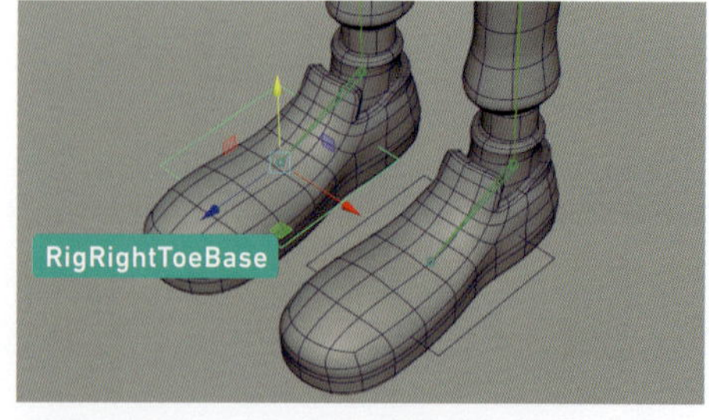

同様に別のプレーンを右足のつま先「RightToeBase」に [移動と一致] します。オブジェクト名を「RigRightToeBase」に変更します。

腰、背骨、首、頭のリグ

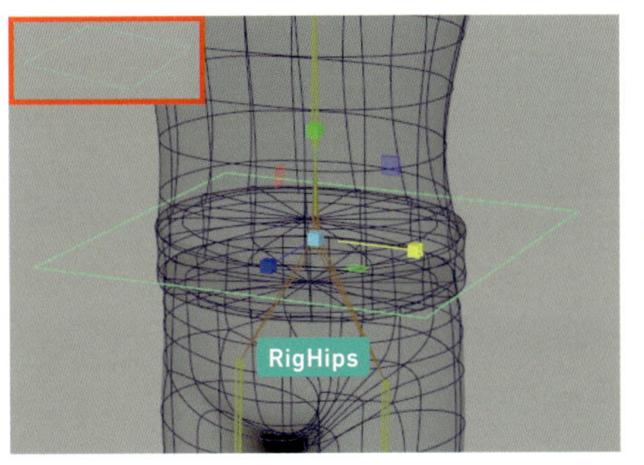

プレーン1個、ジョイント「Hips」の順に選択し、[修正]>[変換と一致]>[移動と一致]をクリックします。プレーン名は「RigHips」に変更します。

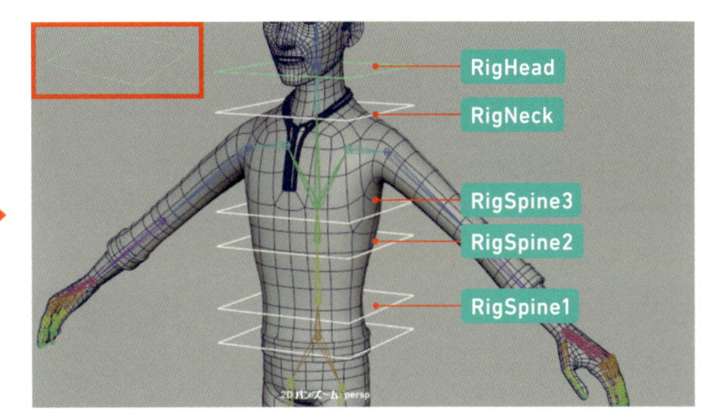

同様にプレーンリグをそれぞれ背骨1「Spine1」、背骨2「Spine2」、背骨3「Spine3」、首「Neck」、頭「Head」のジョイントの位置に合わせ、名前を「RigSpine1」、「RigSpine2」、「RigSpine3」、「RigNeck」、「RigHead」に変更します。

足のリグ

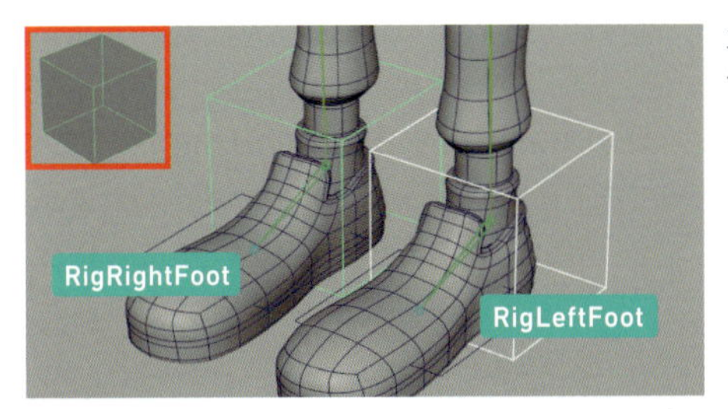

立方体のリグを左足「LeftFoot」、右足「RightFoot」に[移動と一致]して合わせ、それぞれ「RigLeftFoot」、「RigRightFoot」に名前を変更します。

肩のリグ

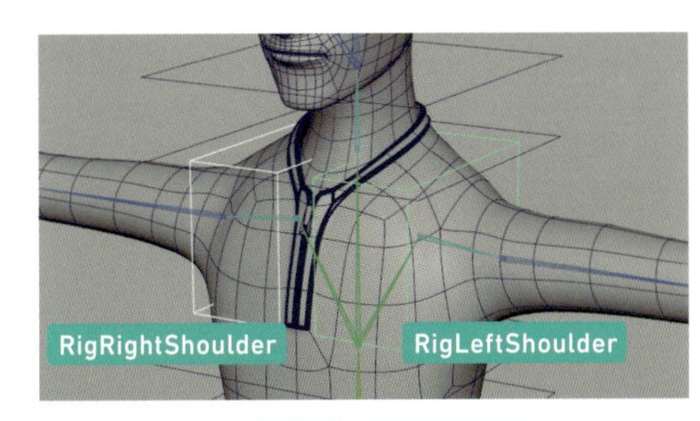

肩のジョイントは方向付けをしていました。ジョイントの方向とリグの方向を合わせるために、回転のギャップを埋める処置を行います。

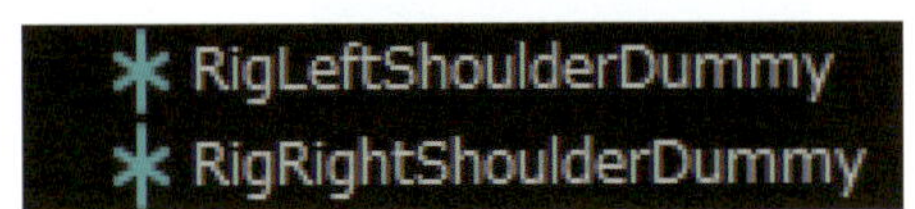

ロケータを2つ作成して、「RigLeftShoulderDummy」と「RigRightShoulderDummy」に名前を変更します。

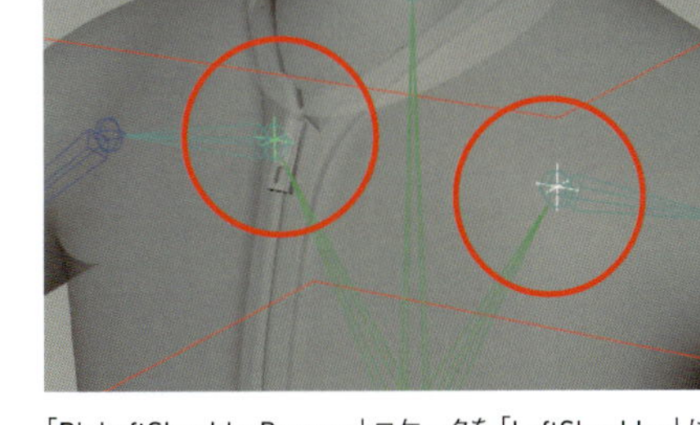

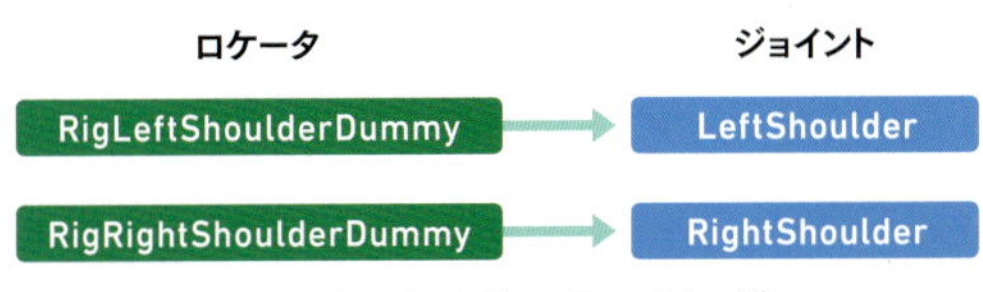

「RigLeftShoulderDummy」ロケータを「LeftShoulder」に「RigRightShoulderDummy」を「RightShoulder」のジョイントの位置と回転に一致させます。ロケータ、ジョイントの順に選択してメインメニューの[修正]>[変換と一致]>[すべてのトランスフォームと一致]をクリックします。

立方体リグをそれぞれ1個ずつロケータの子にします。

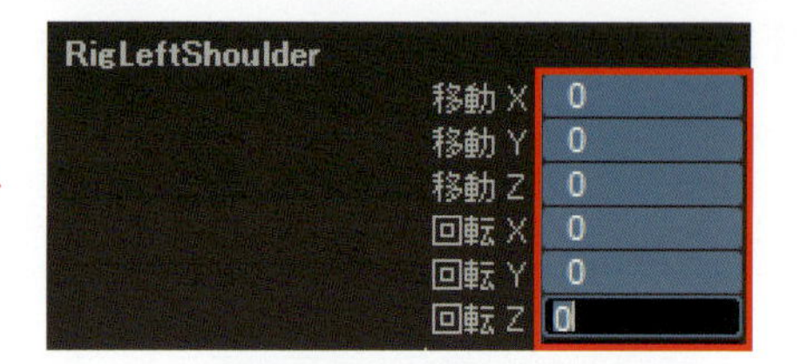

チャネルボックスで移動と回転値を全て「0」にします。

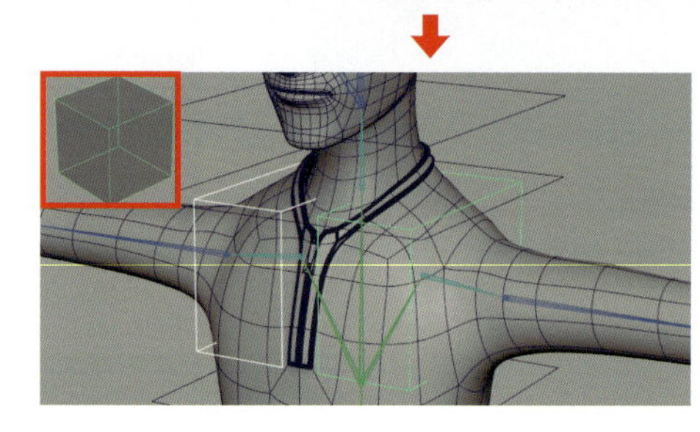

リグの位置と回転がロケータの位置に合わせられます。スケールは図のようにしておきます。

腕のリグ

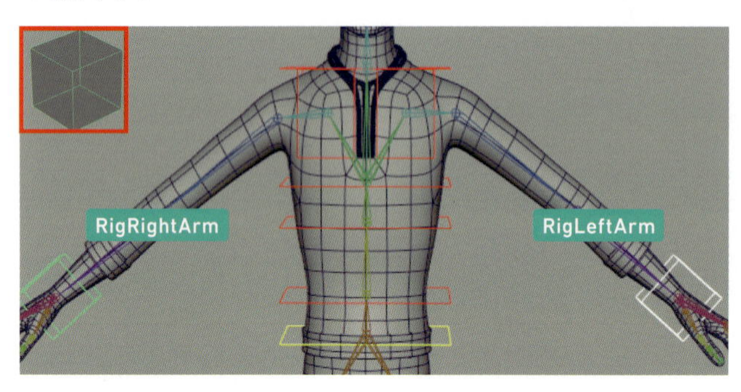

腕のリグもジョイントの方向に合わせます。立方体リグをそれぞれ1個左手のジョイント「LeftHand」と右手「RightHand」へ[すべてのトランスフォームと一致]で合わせます。名前を「RigLeftArm」と「RigRightArm」に変更します。

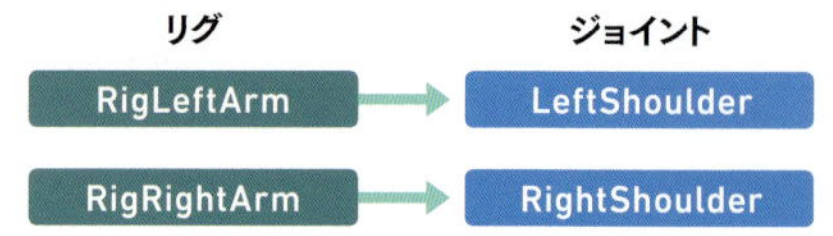

すべてのトランスフォームと一致

手首のリグ

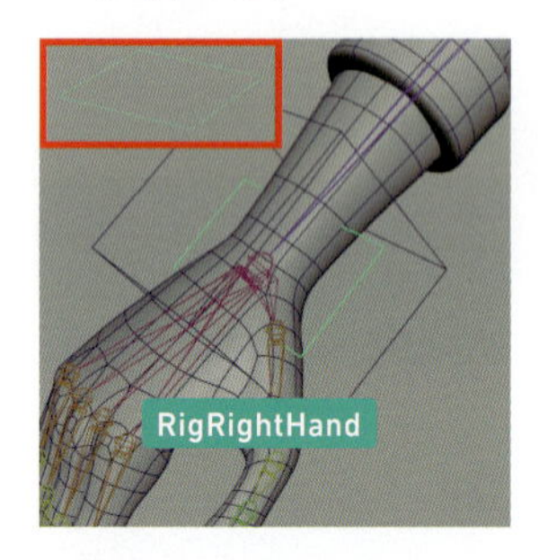

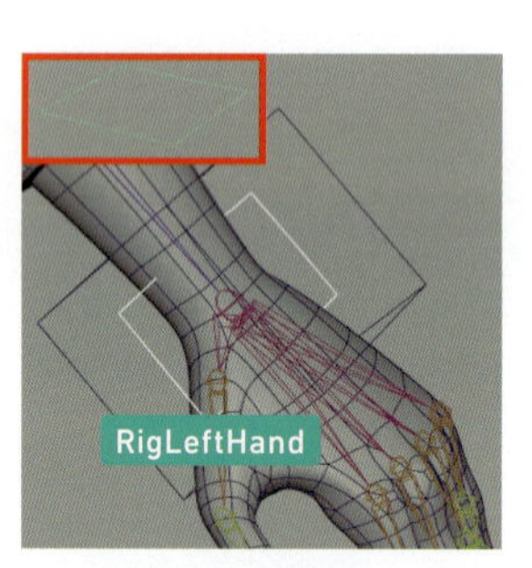

プレーンリグを腕のリグ「RigLeftArm」と「RigRightArm」の子にペアレント化して「RigLeftHand」と「RigRightHand」に名前を変更し、チャネルボックスで移動と回転の値を全て「0」にします。

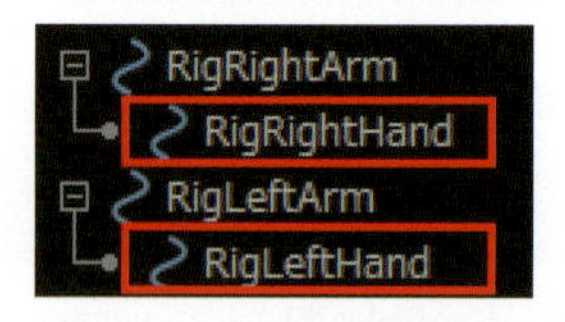

膝のリグ

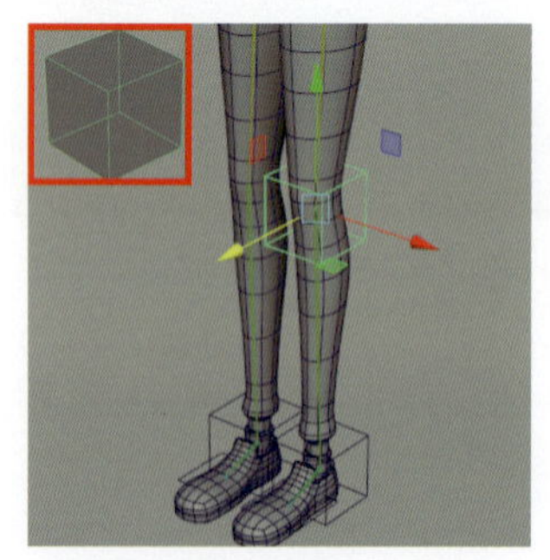

立方体リグを膝「LeftLeg」の位置に合わせます。

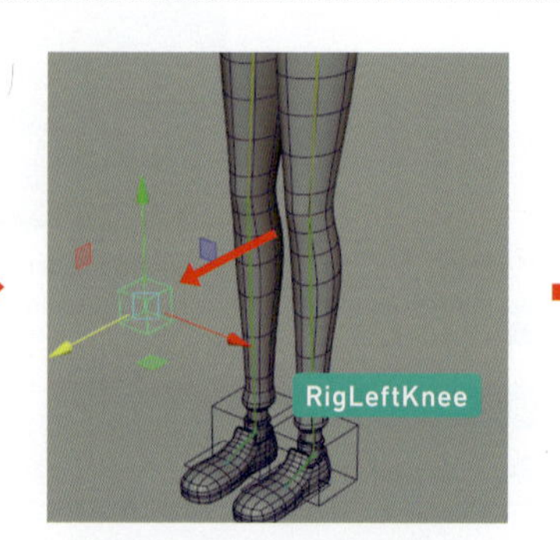

+Z方向に移動してスケール調整し、名前を「RigLeftKnee」に変更します。

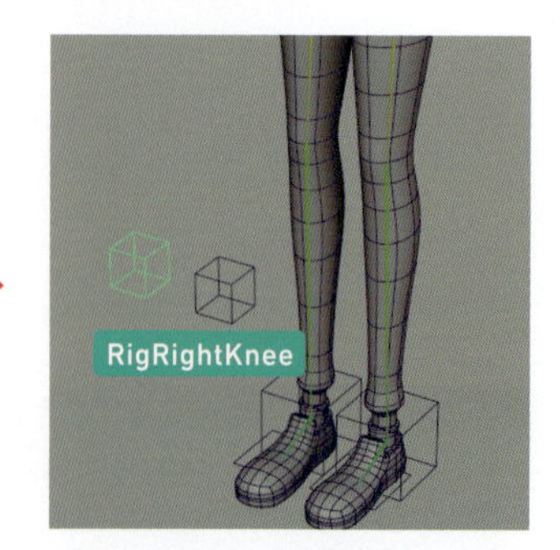

同様に右膝のリグを作成します。名前を「RigRightKnee」に変更します。

肘のリグ

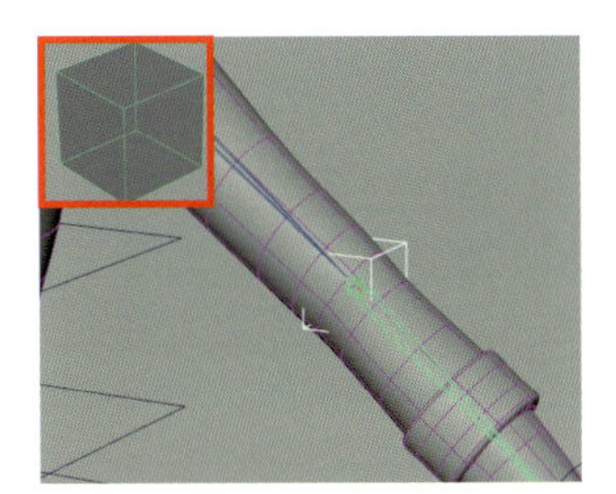

立方体リグを左腕の肘「LeftForeArm」の位置に合わせます。

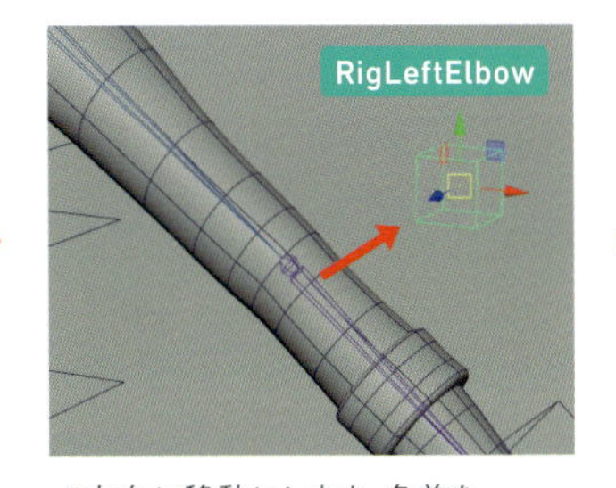

-Z方向に移動にします。名前を「RigLeftElbow」に変更します。

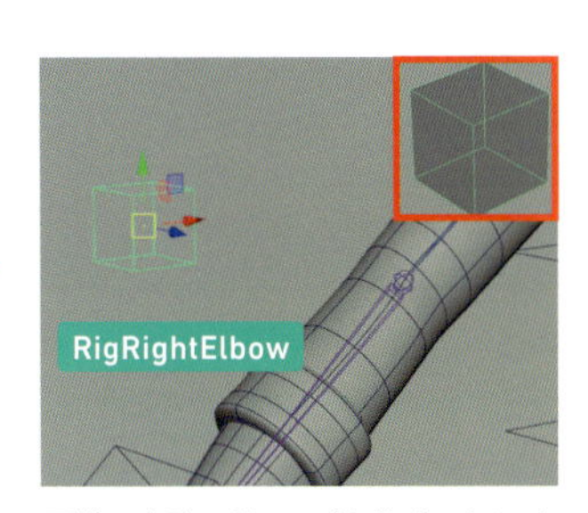

同様に右腕の肘のリグを作成します。名前を「RigRightElbow」に変更します。

左手の親指のリグを作る

指のリグは肩と同様にジョイントの向きに回転の向きを合わせます。ロケータを作成してジョイントの回転を吸収し、その子にリグをペアレント化します。

ロケータを作成して名前を「RigLeftHandThumbDummy1」にし、ロケータ「RigLeftHandThumbDummy1」、左手の親指1「LeftHandThumb1」の順に選択し、［修正］＞［変換と一致］＞［すべてのトランスフォームと一致］をクリックします。

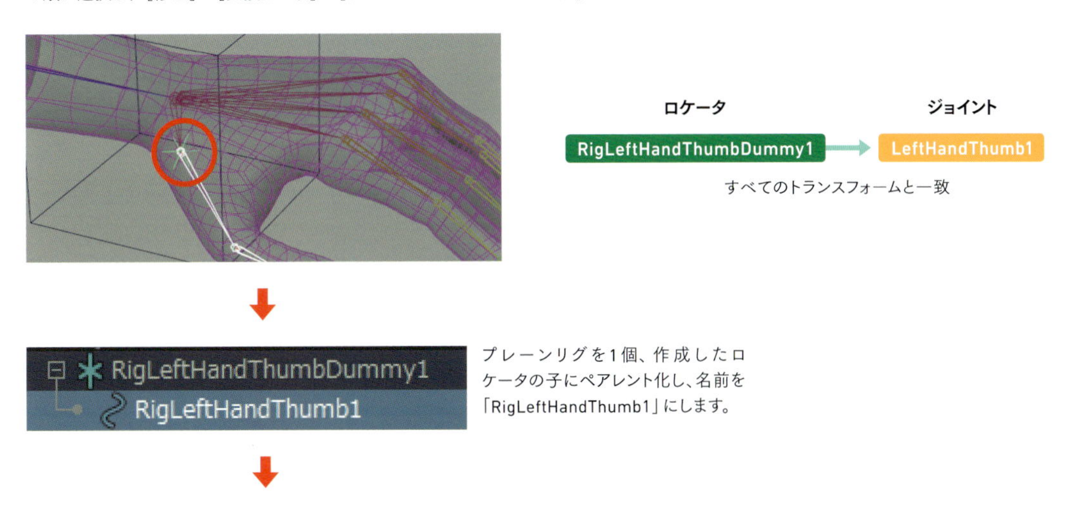

プレーンリグを1個、作成したロケータの子にペアレント化し、名前を「RigLeftHandThumb1」にします。

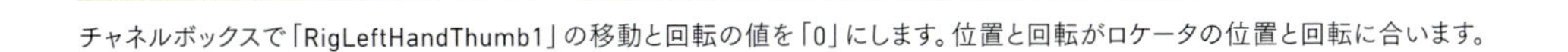

チャネルボックスで「RigLeftHandThumb1」の移動と回転の値を「0」にします。位置と回転がロケータの位置と回転に合います。

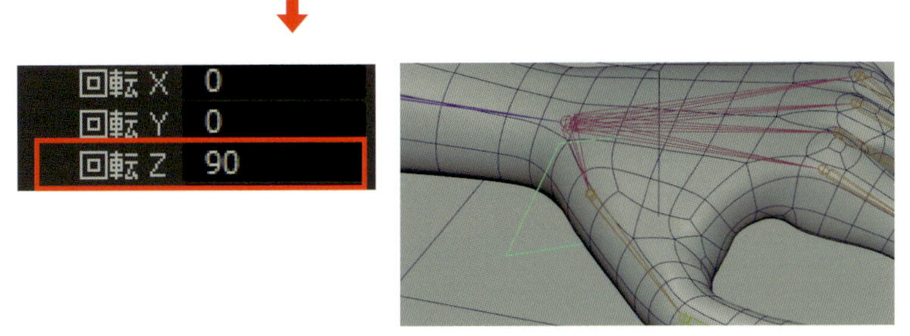

ロケーターの方向に対してリグの向きを水平にしたいので「回転Z」を「90」にします。回転後、トランスフォームの回転をフリーズします。

親指以外の指のリグを作る

同様に左手の残りの指を作成します。

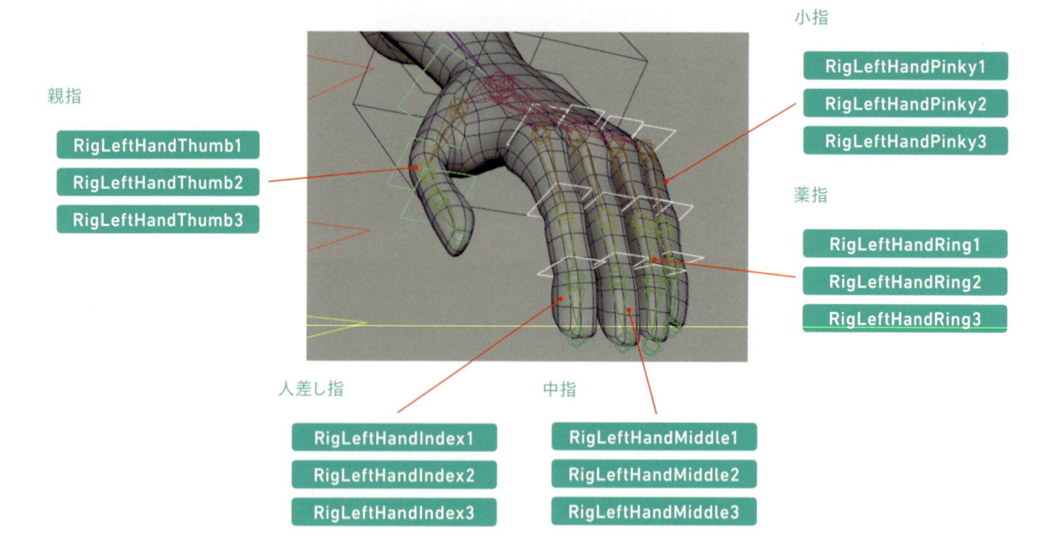

右手の指のリグを作る

同様に右手の指を作成します。

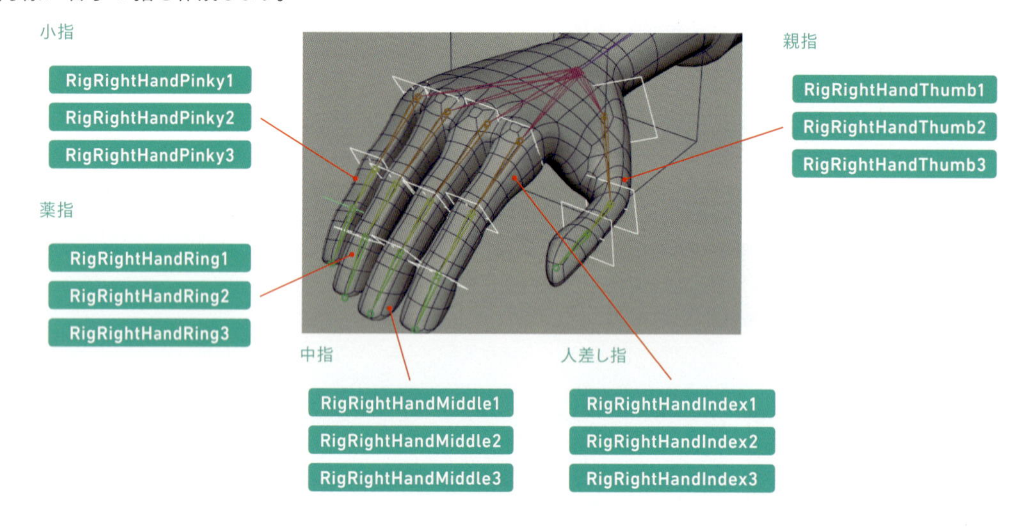

⑳ 目のリグの作成

目のリグはロケータを作成し、エイムコンストレイントで制御する構造を作成します。

ロケータを2つ作成して、
それぞれ名前を「RigLeftEyeDummy」と「RigRightEyeDummy」に変更します。

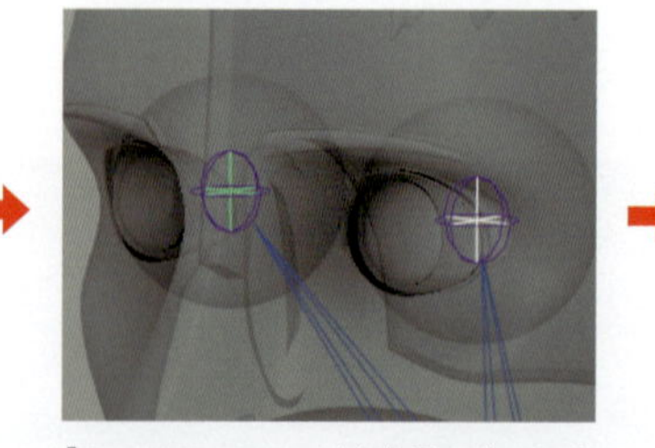

「RigLeftEyeDummy」を左目のジョイント「LeftEye」に、「RigRightEyeDummy」を右目のジョイント「RightEye」に［移動に一致］します。

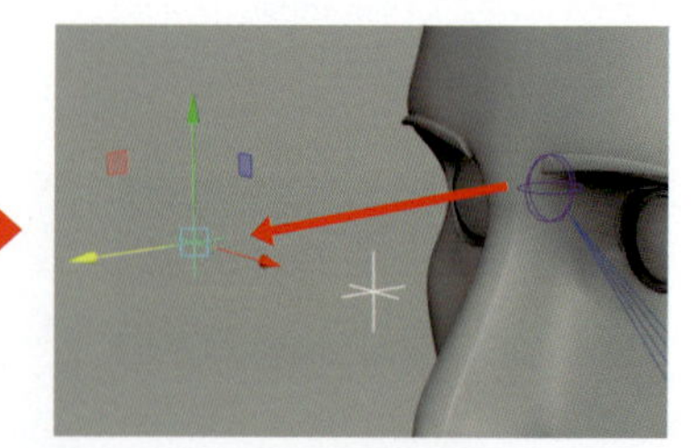

ロケータをプラスZ方向に移動します。

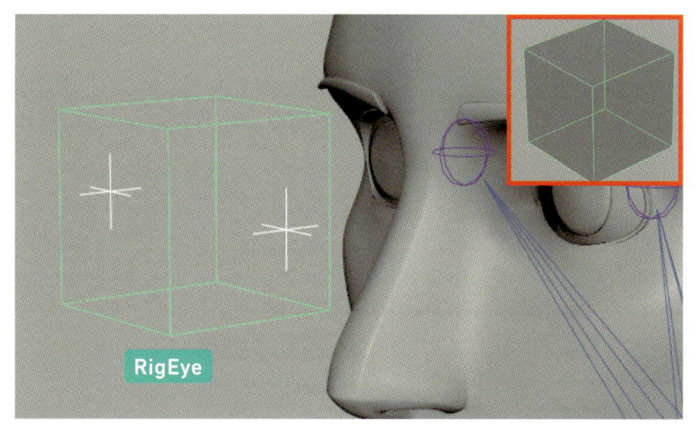

立方体リグを「RigEye」に名前を変更し、左目のロケータ「RigLeftEyeDummy」、右目のロケータ「RigRightEyeDummy」、「RigEye」の順に選択して[コンストレイント] > [ポイント]をクリックします。目のリグが2つのロケータの中間に移動します。移動したらポイントコンストレイントは削除します。

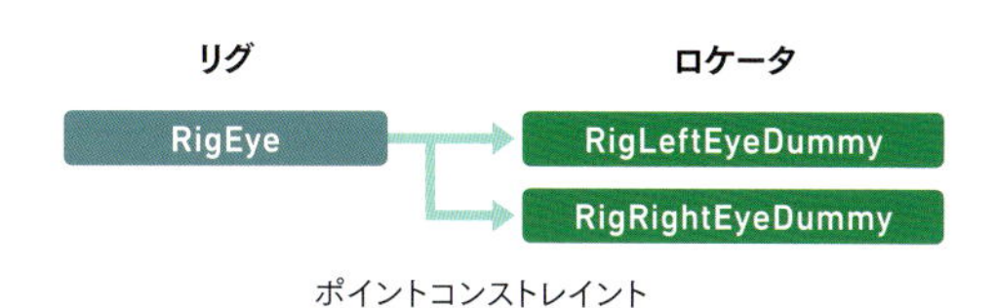

ポイントコンストレイント

「RigLeftEyeDummy」、「RigRightEyeDummy」を「RigEye」の子にペアレント化します。

リグのルート「親」オブジェクトを作る

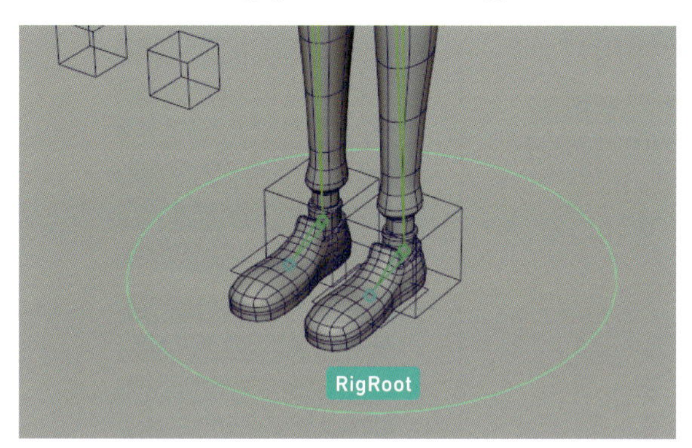

リグの階層を束ねるためのルート「親」リグを作成します。[作成] > [NURBSプリミティブ] > [円]で円を作成し、スケールを調整して名前を「RigRoot」に変更します。

21 リグをフリーズ

リグをフリーズする

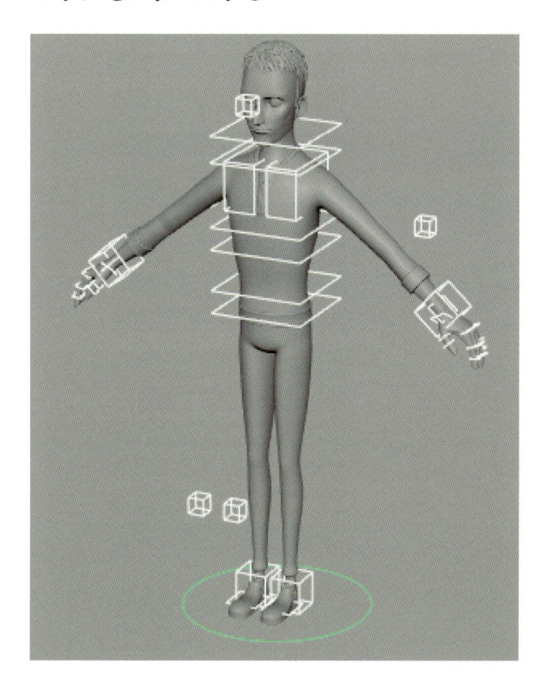

すべての立方体とプレーン、ロケータ、ルートオブジェクトを選択して、「移動」と「スケール」のトランスフォームをフリーズします。フリーズしておけば、リグの移動と回転値を「0」にすればバインドポーズの位置にリセットすることができます。回転はフリーズしないように注意してください。

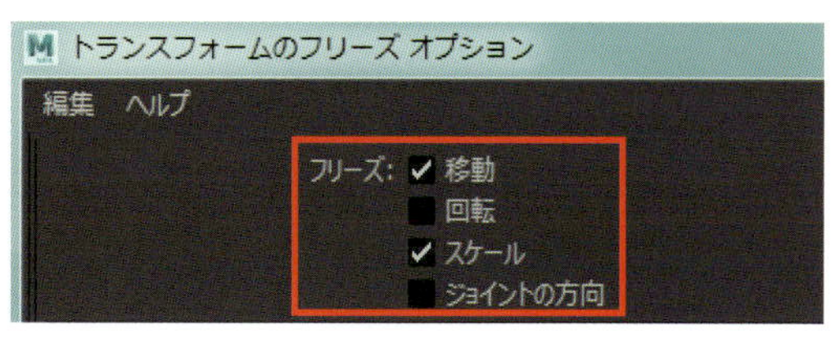

[移動]と[スケール]にチェックを入れる

㉒リグの階層を作る

RigRootをルートとして各リグを下図のようにペアレント化します。

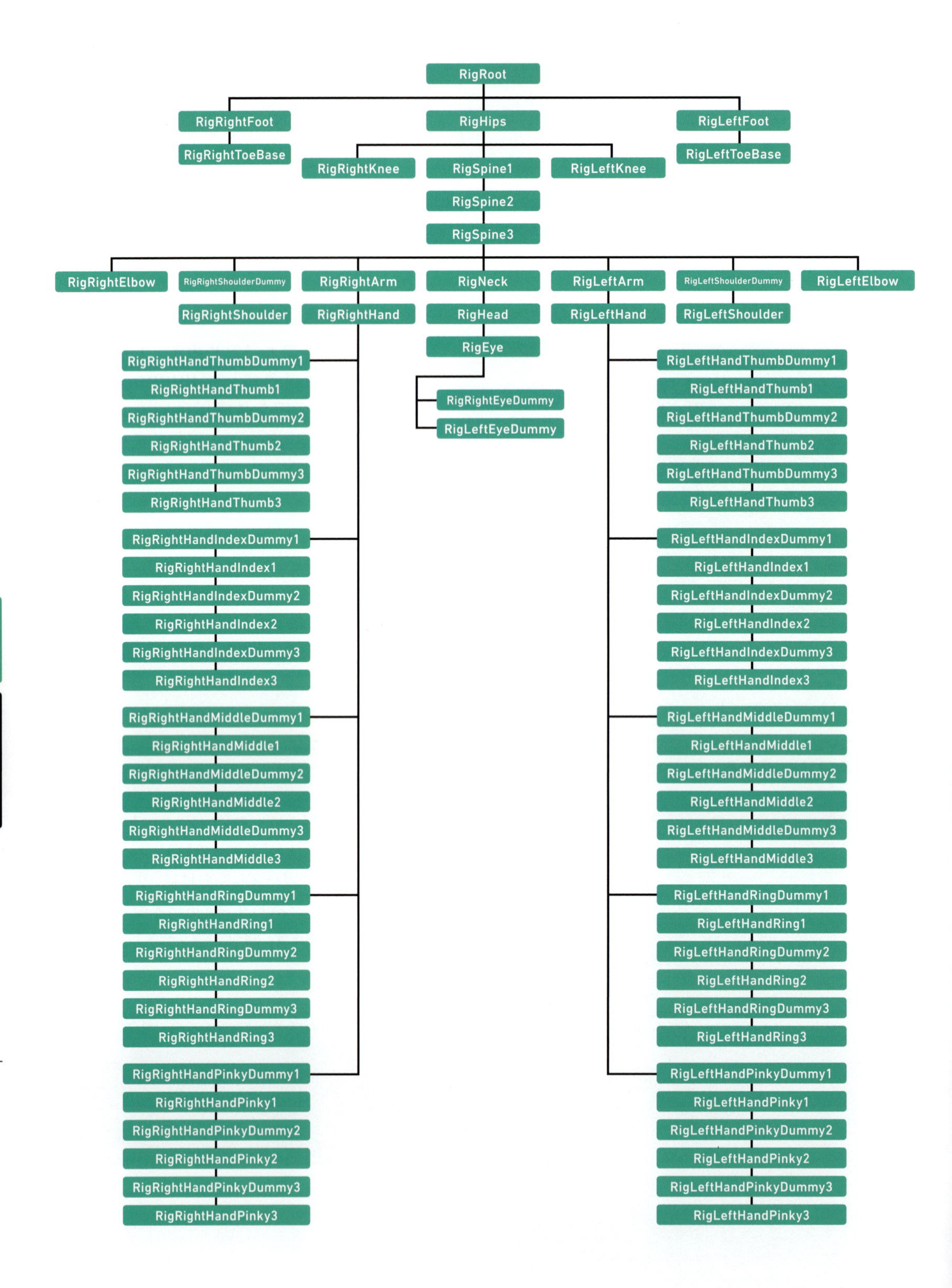

㉓IKハンドルを作成

IKハンドルを作成

両脚と両腕のスケルトンにIKハンドルを作成します。

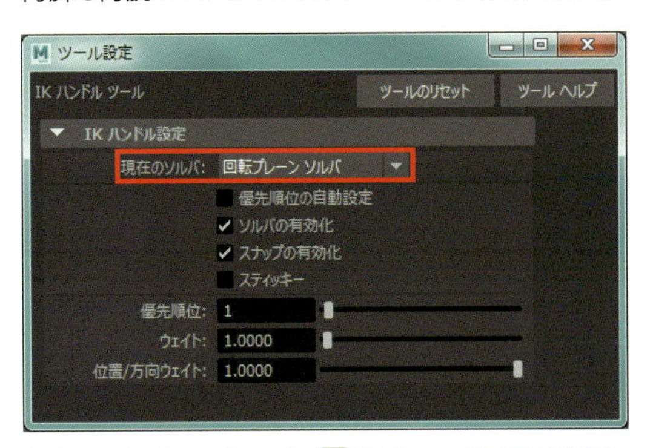

[スケルトン] > [IKハンドルの作成■]をクリックして設定画面を開き、[現在のソルバ]を[回転プレーンソルバ]にします。

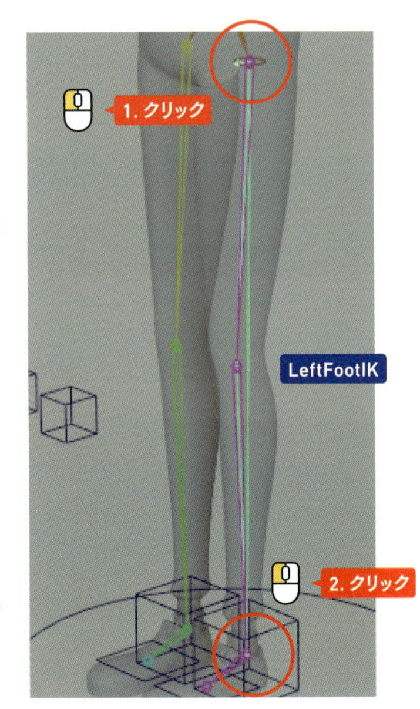

ジョイントの「LeftUpLeg」、「LeftFoot」の順にジョイントをクリックします。IKハンドルが作成されます。

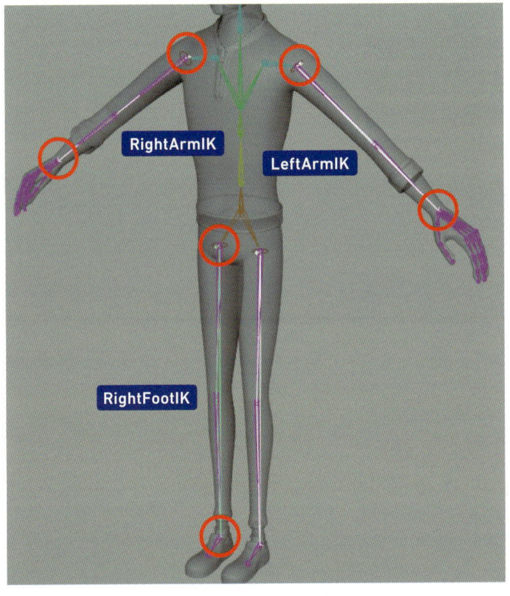

同様にして右足と両腕にもIKハンドルを作成します。

ジョイントの優先回転角の確認

脚と腕のIKを動かして、関節が意図する方向に曲がるか確認し、そうでない場合はジョイントの優先回転角を設定します。

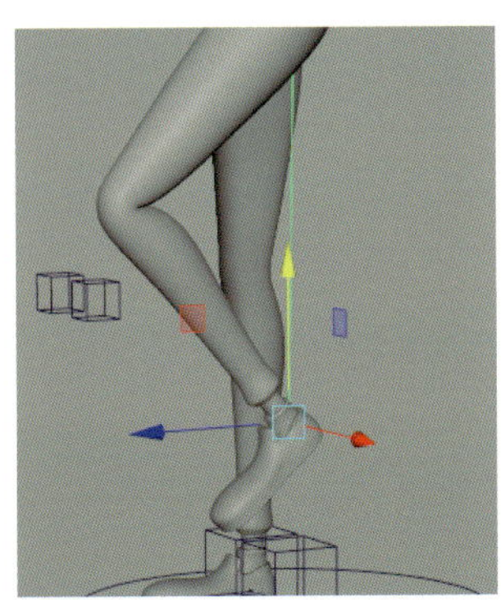

左足のIKを持ち上げます。正常に曲がっています。

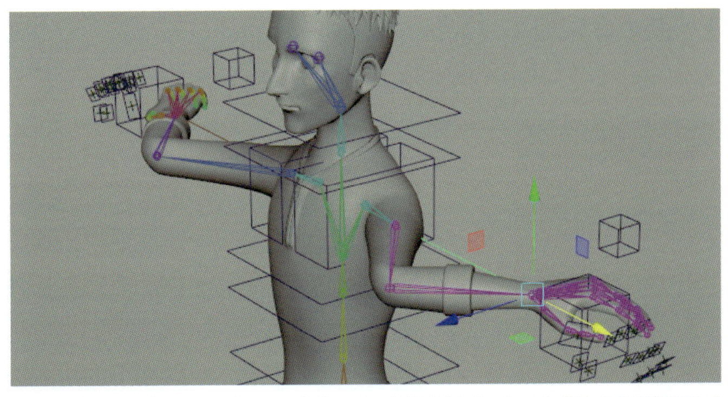

腕は関節が逆に曲がってしまっています。こうした場合はジョイントに優先角度を設定します。

基礎編

6-3

リギングする

ジョイントの優先回転角の設定

一度作成したIKハンドルを削除して優先回転角を設定し、再度IKハンドルを作成します。

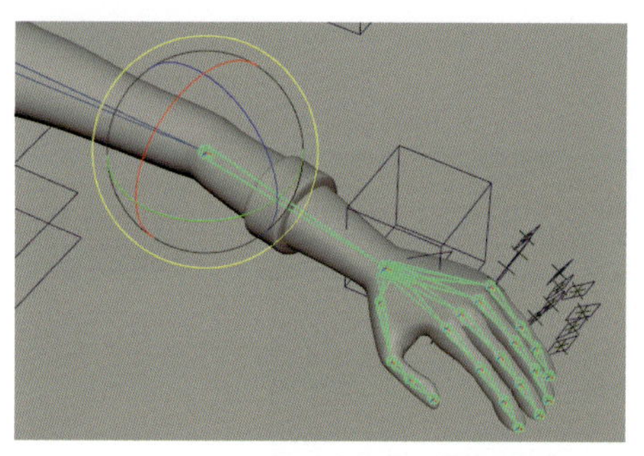

肘のジョイントを曲げたい方向に回転し（図では回転Yを「-10」）し、[スケルトン] > [優先回転角に設定する] をクリックします。

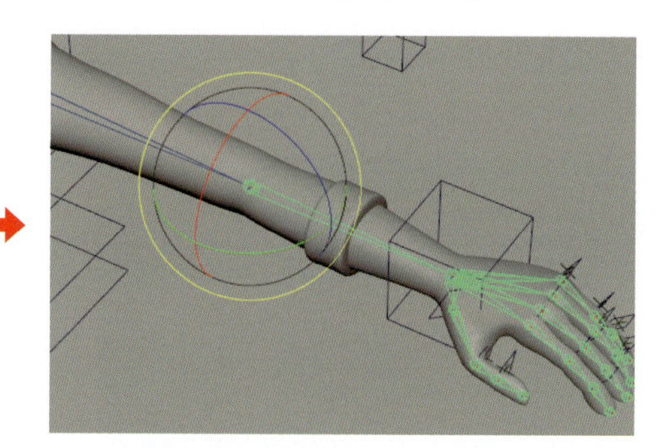

設定したら回転は「0」に戻します。

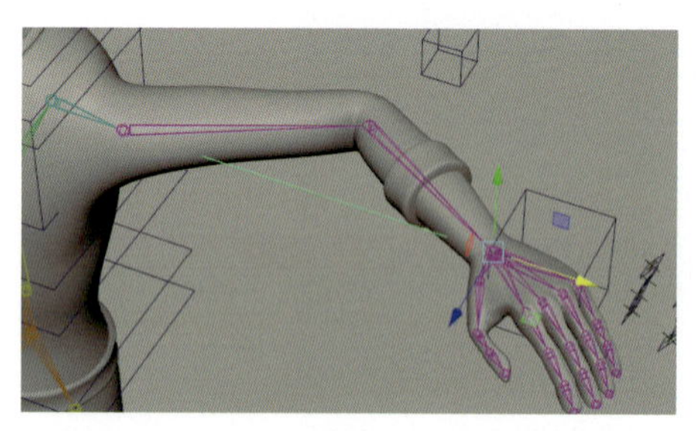

再びIKハンドルを設定して動かします。意図する方向にジョイントが回転しているのを確認します。

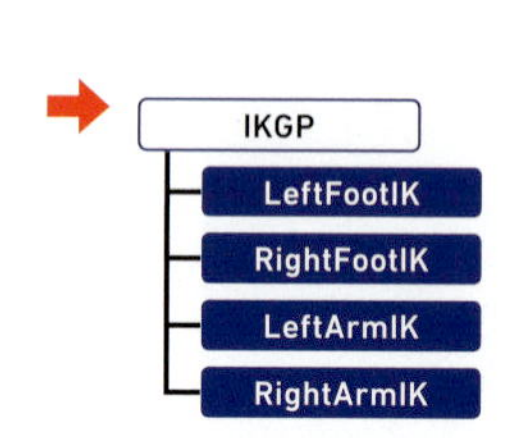

4つのIKが出来たらグループ化します。

㉔ スケルトンからリグへコンストレイントする

スケルトンからリグへコンストレイントしていきます。基本的にはジョイントとその箇所に該当するリグを選択し、コンストレイントを実行する手順を繰り返します。

腰のコンストレイント

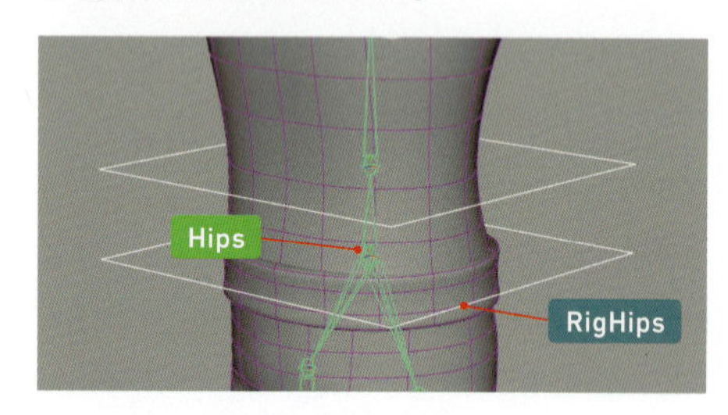

腰のリグ「RigHips」、腰のジョイント「Hips」の順に選択して、[コンストレイント] > [ペアレント] をクリックします。

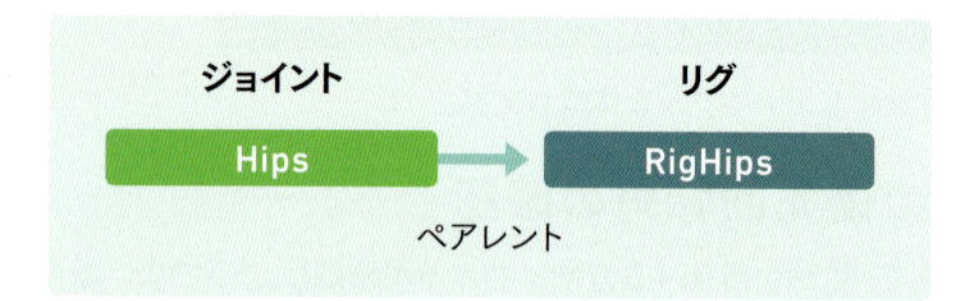

背骨～頭のコンストレイント

同様に背骨から頭をジョイントからリグへ方向コンストレイントします。

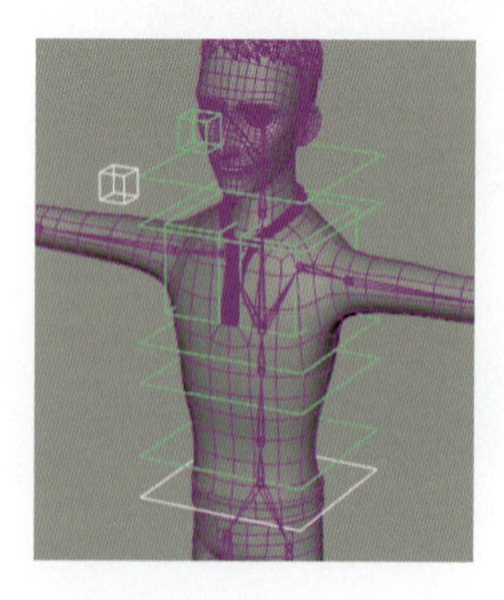

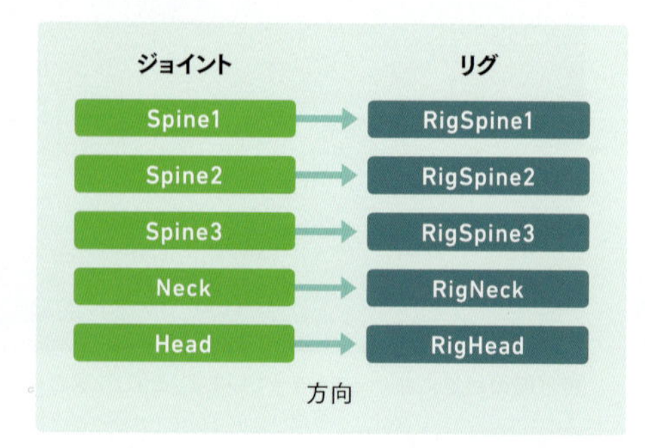

肩のコンストレイント

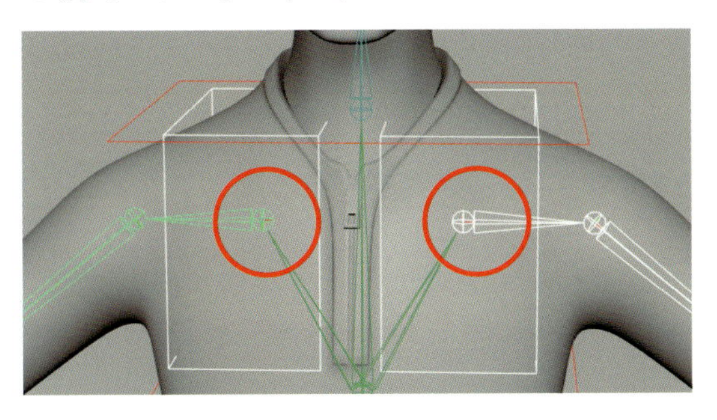

肩はジョイント「LeftShoulder」から肩リグ「RigLeftShoulder」、「RightShoulder」から「RigRightShoulder」に方向コンストレイントします。

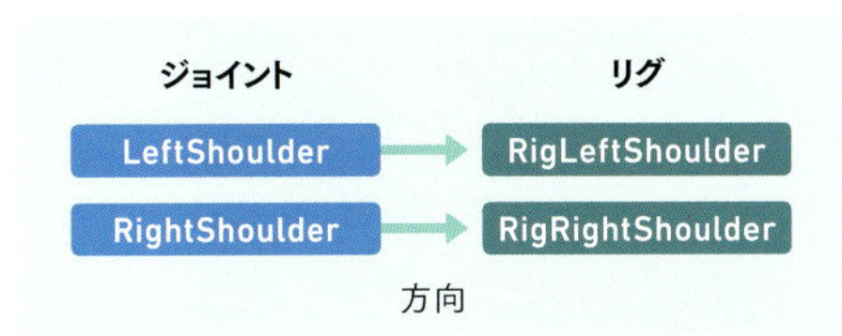

左足とつま先

足にはIKハンドルを設定していました。IKは足リグに「ポイント」コンストレイント、ジョイントから「方向」コンストレイントします。

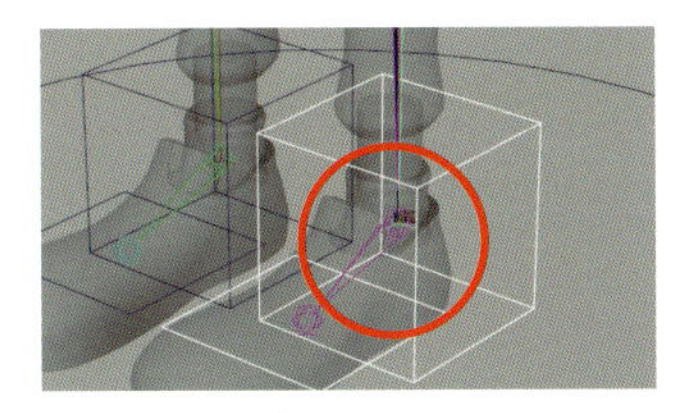

左足のIKハンドル「LeftFootIK」を「RigLeftFoot」へポイントコンストレイントを設定します。

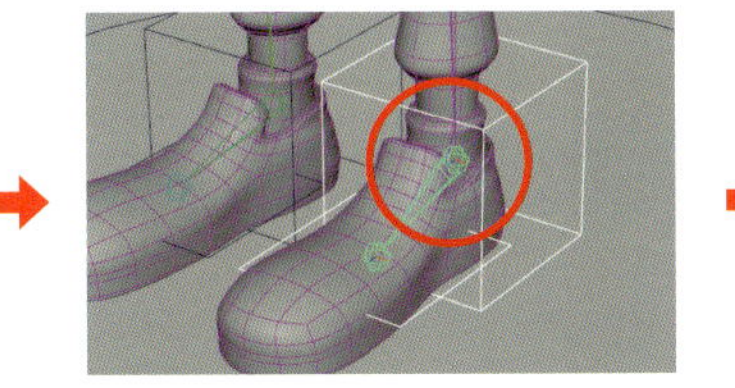

ジョイント「LeftFoot」をリグ［RigLeftFoot］へ方向コンストレイントを設定します。

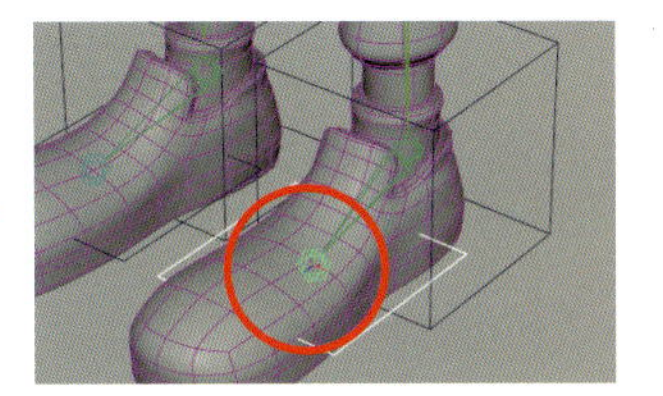

つま先のジョイント「LeftToeBase」を左足のつま先リグ「RigLeftToeBase」に方向コンストレイントを設定します。

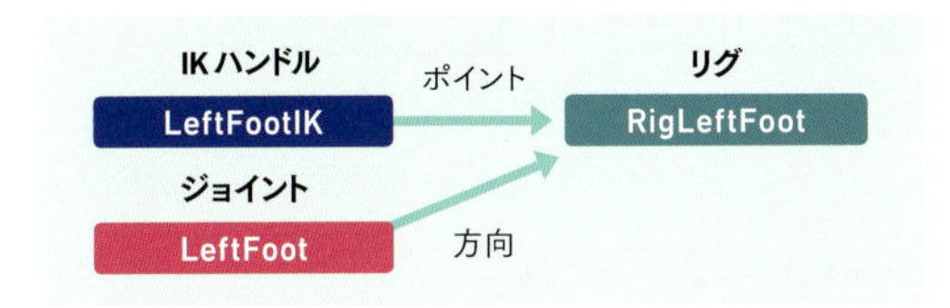

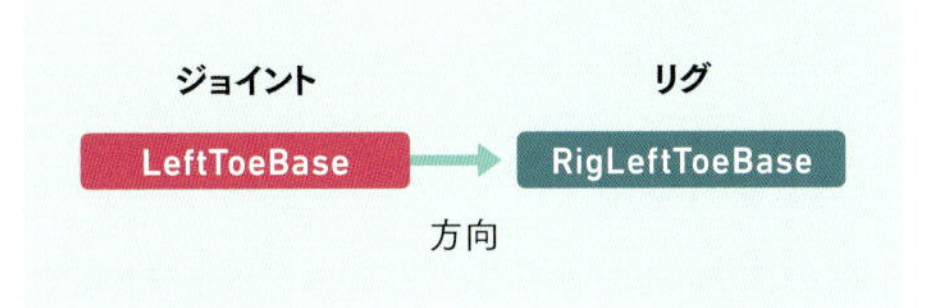

右足とつま先

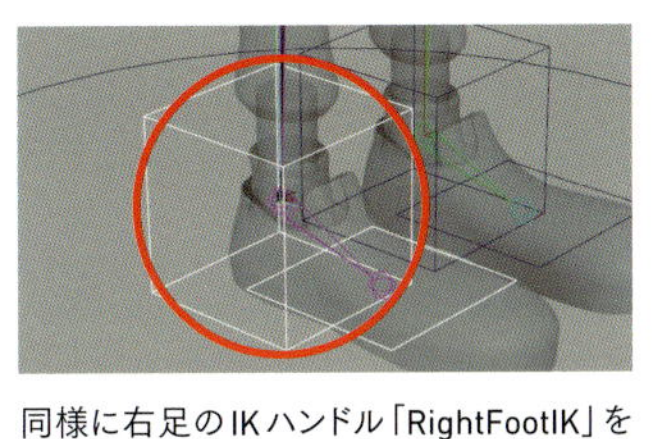

同様に右足のIKハンドル「RightFootIK」を「RigRightFoot」にポイントコンストレイントを設定します。

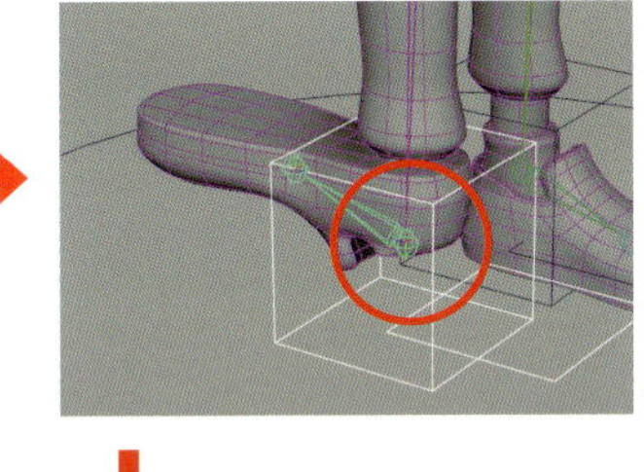

右足のリグ「RigRightFoot」に右足のジョイント「RightFoot」を方向コンストレイントすると、足の回転がひっくり返ってしまいます。リグの回転とジョイントの回転値が異なるためです。

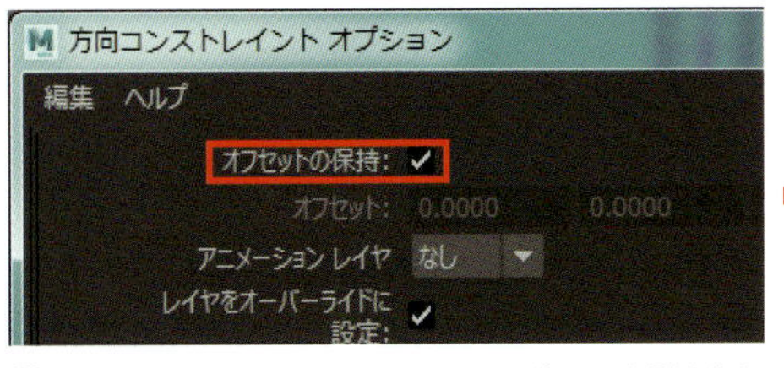

Zで元に戻して、方向コンストレイントのオプションを開きます。［オフセットの保持］にチェックを入れて［追加］または［適用］をクリックします。

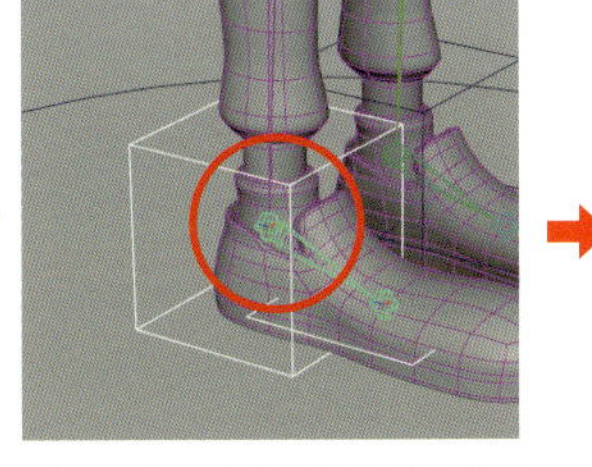

ジョイントの向きを変えずに設定できます。

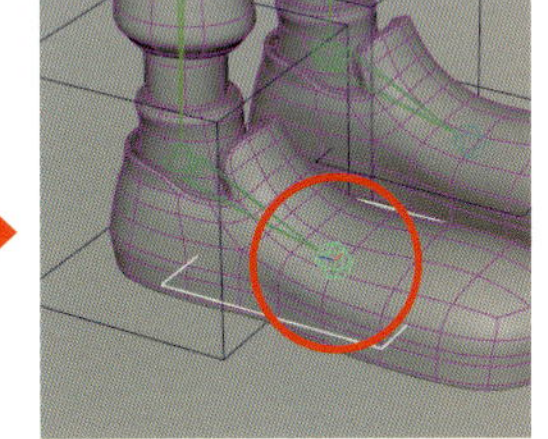

つま先もオフセットで方向コンストレイントを設定します。

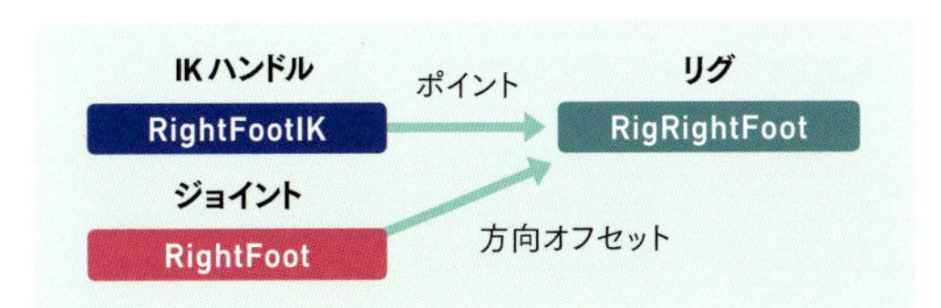

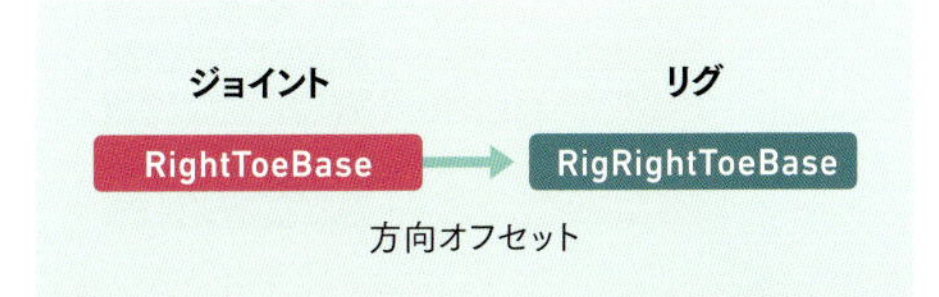

左腕と右腕のコンストレイント

左腕の IK「LeftHandIK」を左腕リグ「RigLeftArm」にポイントコンストレイントします。

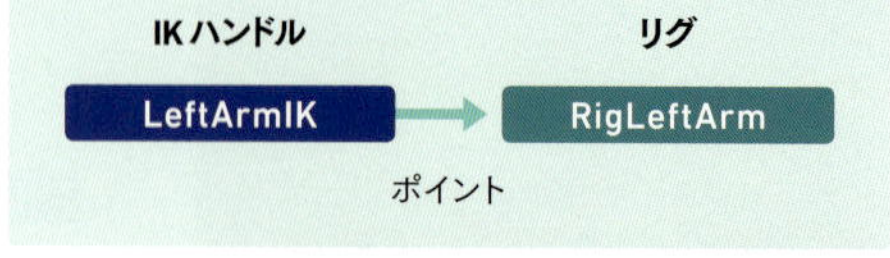

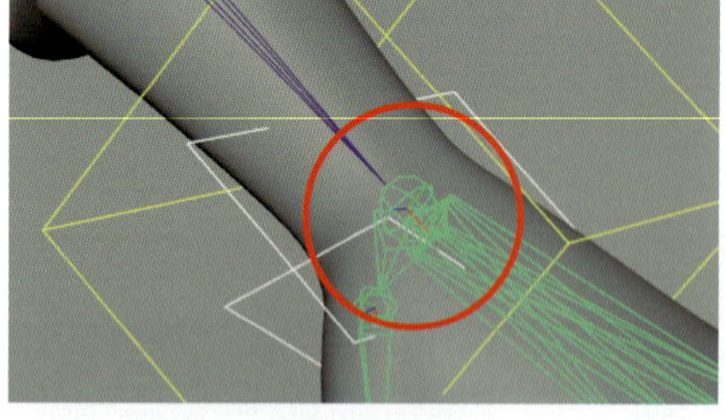
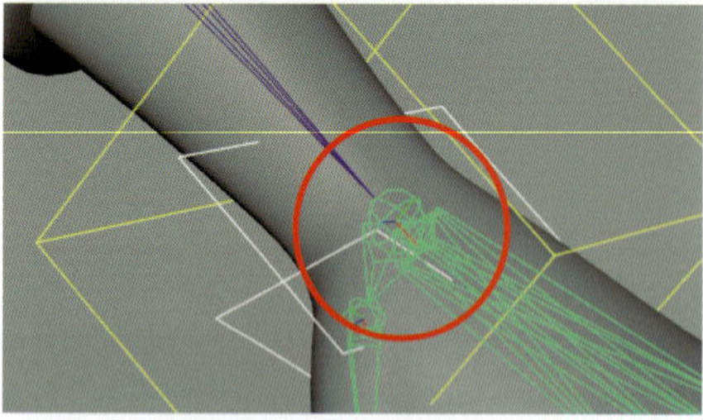

左手のジョイント「LeftHand」を左手のリグ「RigLeftHand」に方向コンストレイントします（オフセットでも可）。

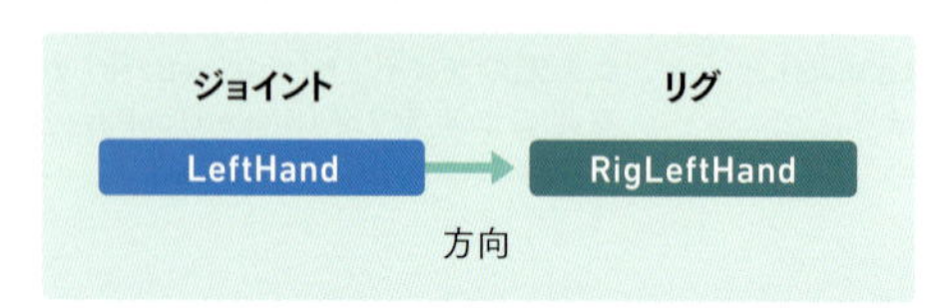

右手も同様にRightArmIKをRigRightArmにポイントコンストレイントし、RightHandからRigRightHandに方向コンストレイントをオフセットで設定します。

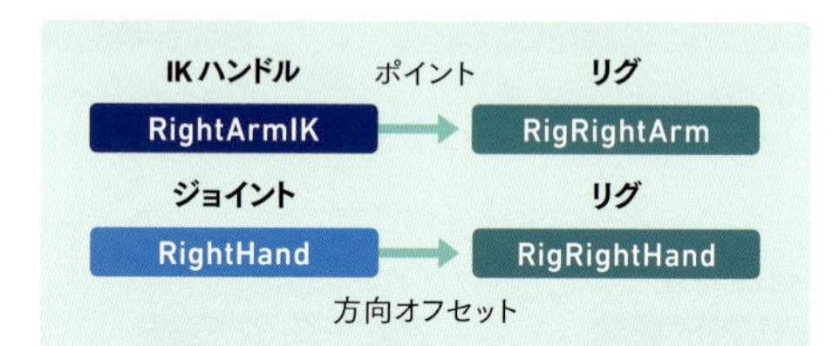

指のコンストレイント

指のリグは、指のスケルトンから指のリグオブジェクトにコンストレイントします。

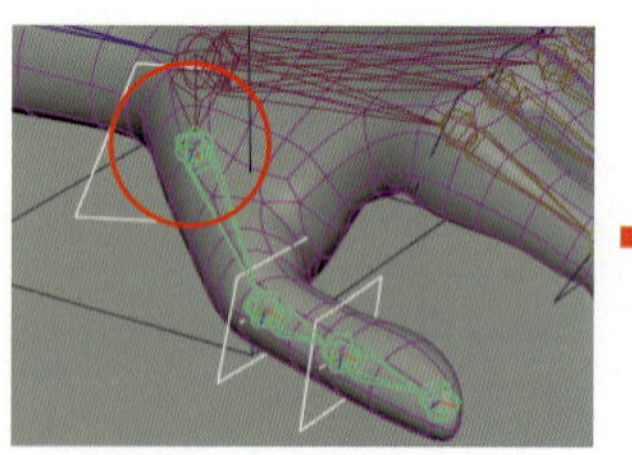

親指１ジョイント「LeftHandThumb1」を、左手の親指リグ「RigLeftHandThumb1」に方向コンストレイントを設定します。

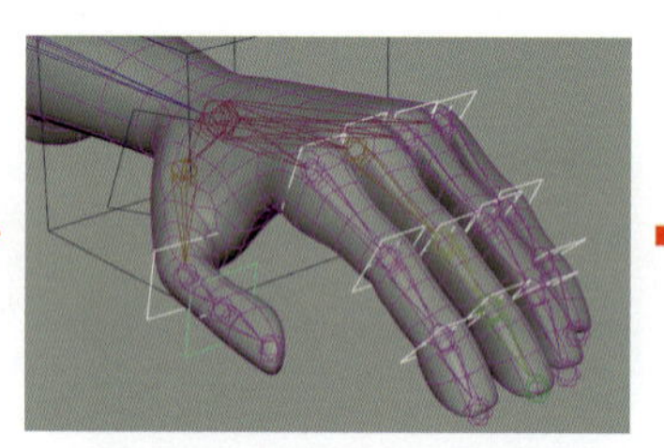
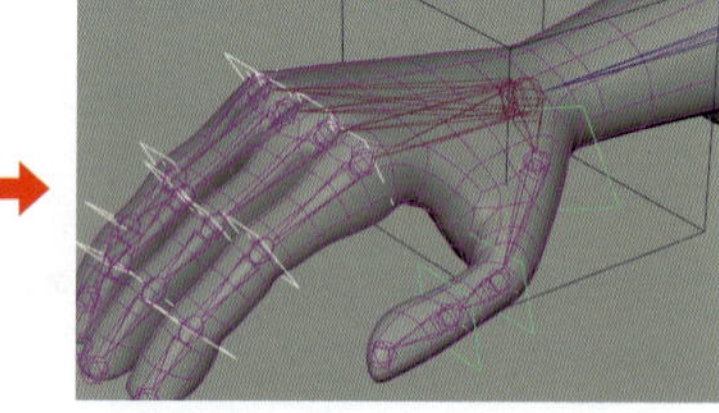

同様の残り４本の指と右手全ての指のリグをコンストレイント設定します。

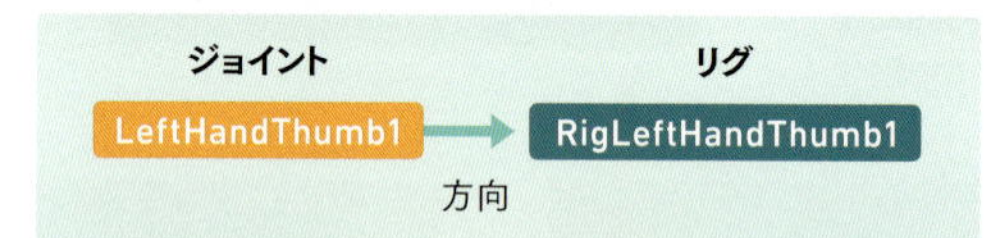

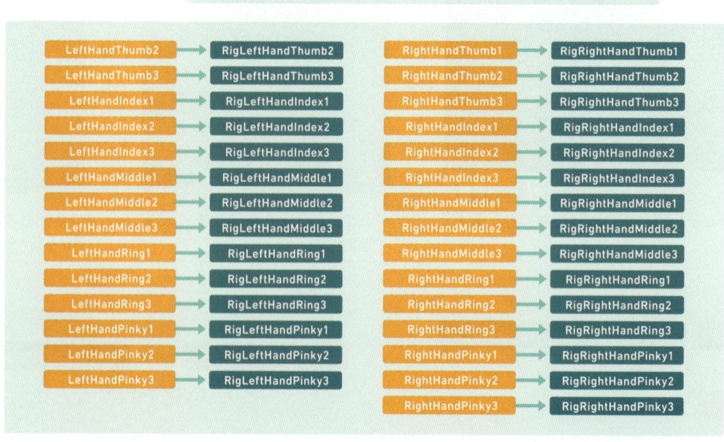

ジョイント	リグ	ジョイント	リグ
LeftHandThumb2	RigLeftHandThumb2	RightHandThumb1	RigRightHandThumb1
LeftHandThumb3	RigLeftHandThumb3	RightHandThumb2	RigRightHandThumb2
LeftHandIndex1	RigLeftHandIndex1	RightHandThumb3	RigRightHandThumb3
LeftHandIndex2	RigLeftHandIndex2	RightHandIndex1	RigRightHandIndex1
LeftHandIndex3	RigLeftHandIndex3	RightHandIndex2	RigRightHandIndex2
LeftHandMiddle1	RigLeftHandMiddle1	RightHandIndex3	RigRightHandIndex3
LeftHandMiddle2	RigLeftHandMiddle2	RightHandMiddle1	RigRightHandMiddle1
LeftHandMiddle3	RigLeftHandMiddle3	RightHandMiddle2	RigRightHandMiddle2
LeftHandRing1	RigLeftHandRing1	RightHandMiddle3	RigRightHandMiddle3
LeftHandRing2	RigLeftHandRing2	RightHandRing1	RigRightHandRing1
LeftHandRing3	RigLeftHandRing3	RightHandRing2	RigRightHandRing2
LeftHandPinky1	RigLeftHandPinky1	RightHandRing3	RigRightHandRing3
LeftHandPinky2	RigLeftHandPinky2	RightHandPinky1	RigRightHandPinky1
LeftHandPinky3	RigLeftHandPinky3	RightHandPinky2	RigRightHandPinky2
		RightHandPinky3	RigRightHandPinky3

膝のコンストレイント

膝は足のIKハンドルから膝のリグへ［極ベクトル］コンストレイントを設定します。

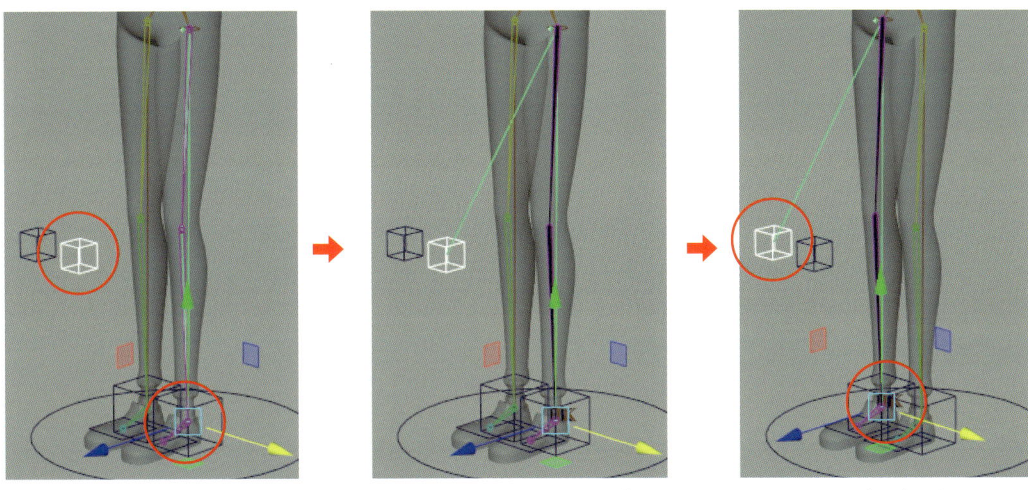

左足の膝のリグ「RigLeftKnee」、左足のIK「LeftFootIK」の順に選択します。

［コンストレイント］>［極ベクトル］をクリックします。

同様に、右足の膝リグにも極ベクトルを設定します。

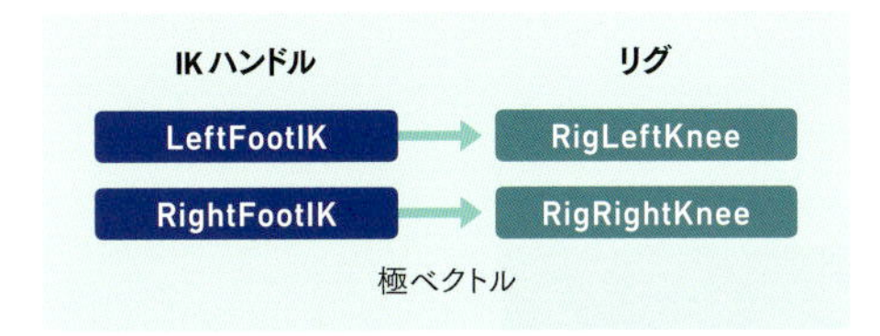

肘のコンストレイント

腕のIKハンドルから肘のリグへ極ベクトルコンストレイントを設定します。

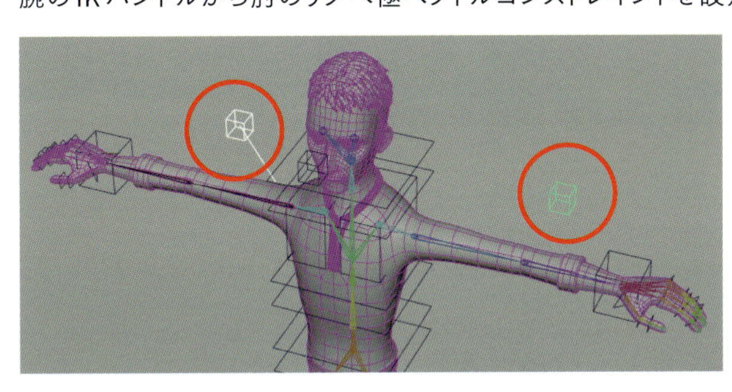

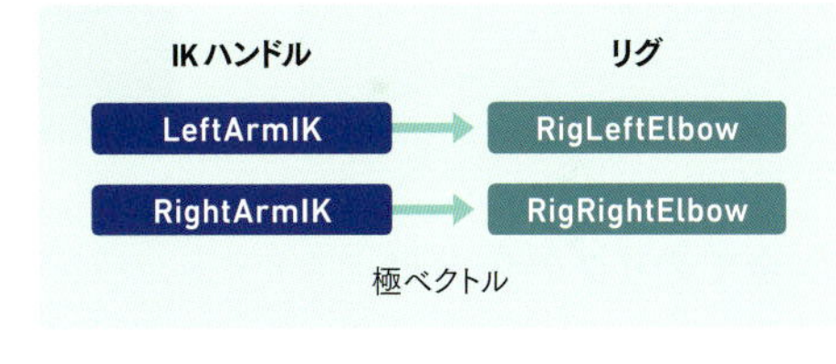

目のコンストレイント

目は眼球のジョイントから目のリグにエイムコンストレイントを設定します。

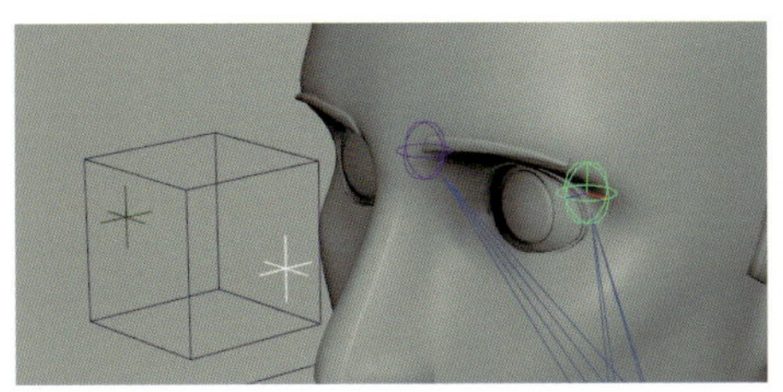

目のリグ「RigLeftEyeDummy」、左目のジョイント「LeftEye」の順に選択し、［コンストレイント］>［エイムコンストレイント ■］をクリックします。

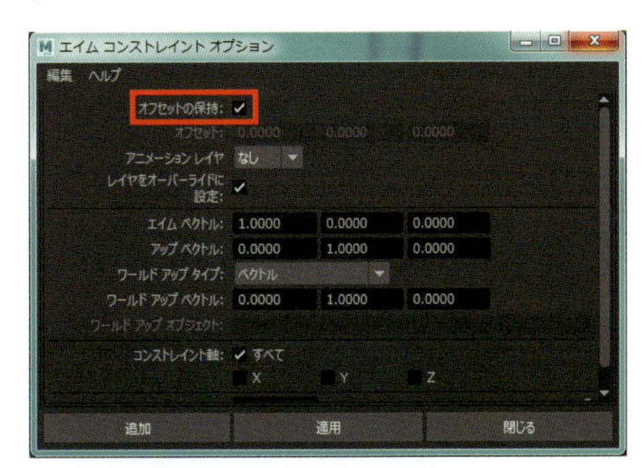

オプションを開いたら［オフセットの保持］にチェックを入れ、［追加］もしくは［適用］をクリックします。

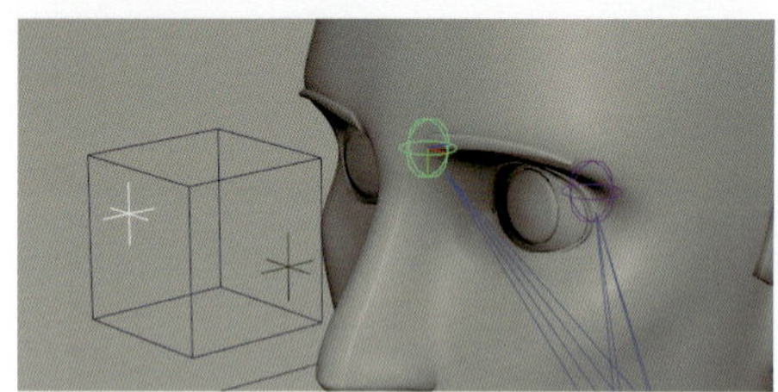

同様に、目のリグ「RigRightEyeDummy」、右目のジョイント「RightEye」の順に選択し、オフセットでエイムコンストレイントを設定します。

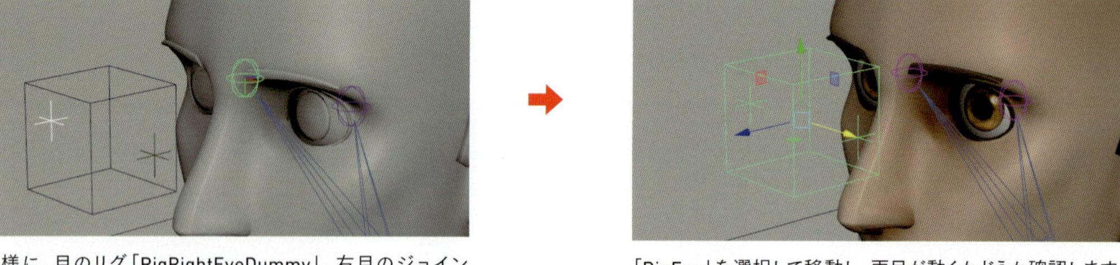

「RigEye」を選択して移動し、両目が動くかどうか確認します。

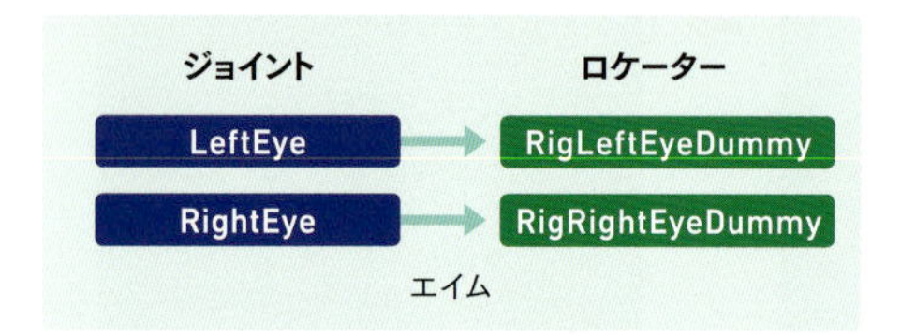

㉕リグを色分けする

以上でコンストレイント作業が終了しました。次にアニメーションしやすいようにリグの色分けを行います。

リグの色分けの方法

リグのルート「RigRoot」で設定してみましょう。

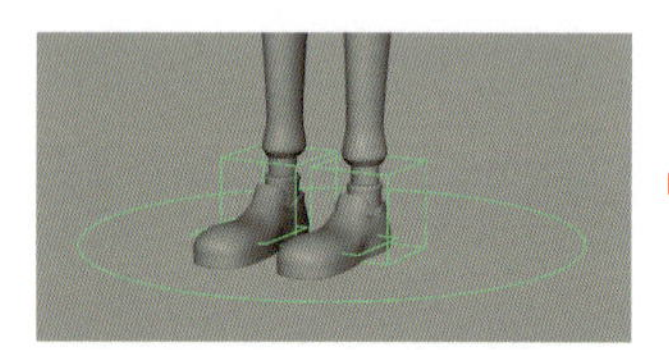

リグを選択してアトリビュートエディタを開きます。

[RigRootShape] タブをクリックし、[描画オーバーライド] の [オーバーライド有効化] にチェックを入れ、[カラー] のスライダバーをドラッグし色を変更します。

全てのリグの色分け

リグ全ての色分けします。移動と回転両方アニメーションするリグを黄色、移動アニメーションのみのリグを青、回転アニメーションのみのリグを赤で統一します。

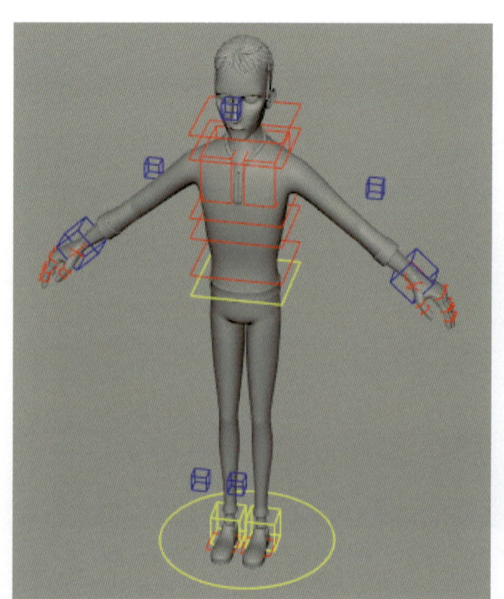

■ **黄・・・移動・回転アニメーションリグ**

RigRoot, RigHips, RigLeft/RightFoot

■ **青・・・移動アニメーションリグ**

RigLeft/RightArm, RigLeft/RightKnee, RigLeft/RightElbow, RigEye

■ **赤・・・回転アニメーションリグ**

RigSpine1~3, RigNeck, RigHead, RigLeft/RightShoulder, RigLeft/RightHand, RigLeft/RightToeBase, 指リグ

㉖アニメーションしないチャネルをロック / 非表示にする

以上でコンストレイント作業が終了しました。次に、各リグにアニメーションをさせないチャネルに誤ってキーが設定されないようにチャネルのロック / 非表示にします。

ロック / 非表示の設定方法

リグのルート「RigRoot」で設定してみましょう。

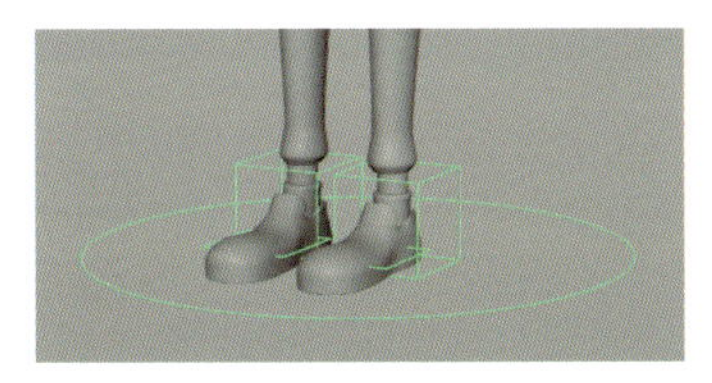

リグ「RigRoot」を選択します。

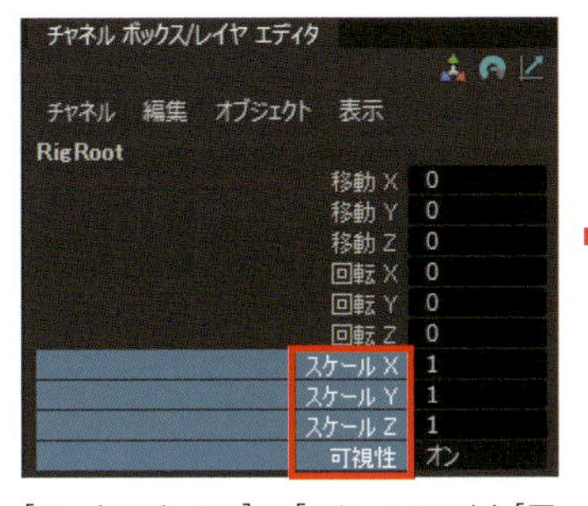

[チャネルボックス] で「スケールXYZ」と [可視性] を選択し、項目上で🖱してメニューを表示します。

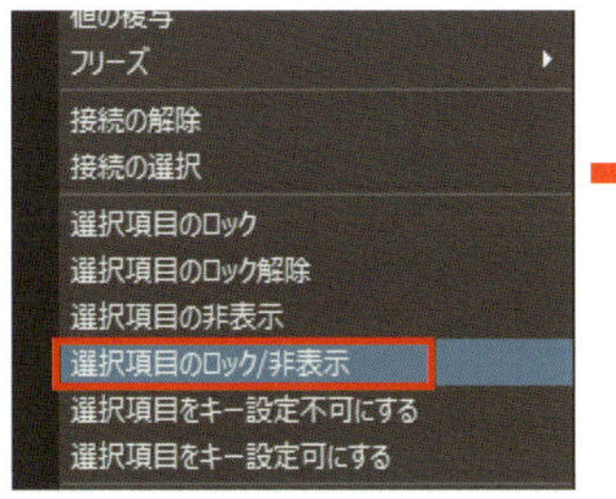

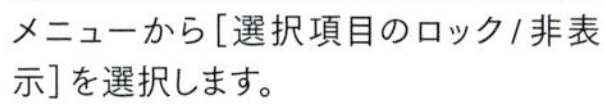

メニューから [選択項目のロック / 非表示] を選択します。

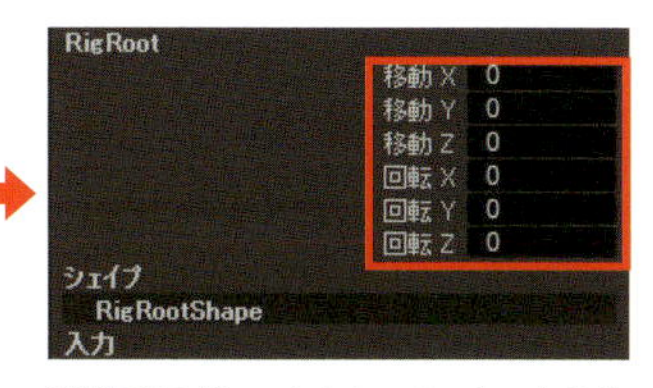

選択項目がロックされ、チャネルから非表示されます。

> **MEMO チャネルを再表示するには**
>
> チャネルボックスの [編集] > [チャネルコントロール] をクリックして、[ロック] 項目から [非ロック] 項目に移動し、「キー設定不可の非表示」から [キー設定可] に移動します。

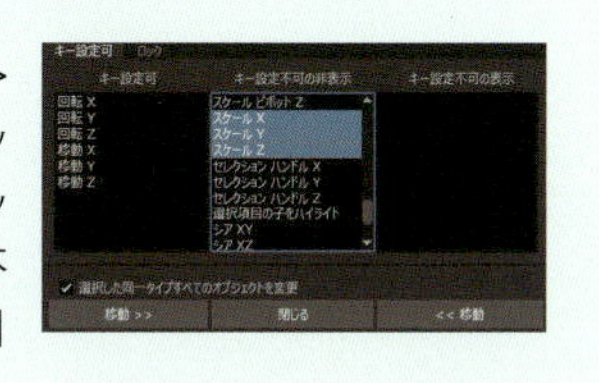

他のリグをロックとキー設定不可にする

他のリグも同様に [選択項目のロック / 非表示] を設定します。

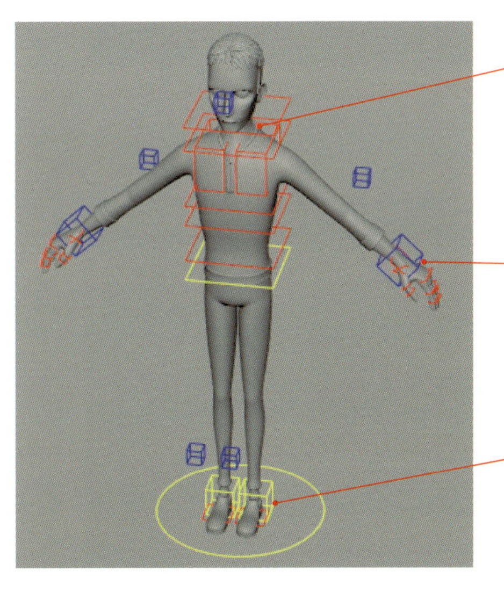

■ **赤の [回転] アニメーションリグ**

回転以外のチャネルをロック / 非表示します。

■ **青の [移動] アニメーションリグ**

移動以外のチャネルをロック / 非表示します。

■ **黄の [移動] と [回転] リグ**

移動と回転以外のチャネルをロック / 非表示します。

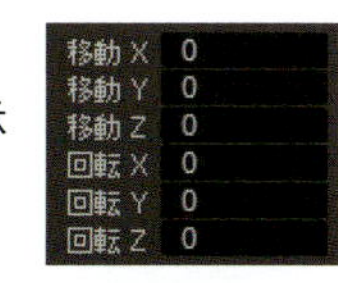

■ **ロケータは全てロック / 非表示**

肩のリグ、目のリグ、指リグで使用した「Dummy」とつけたロケータはアニメーションさせません。[移動]、[回転]、[スケール]、[可視性] の全てのチャネルをロック / 非表示にします。

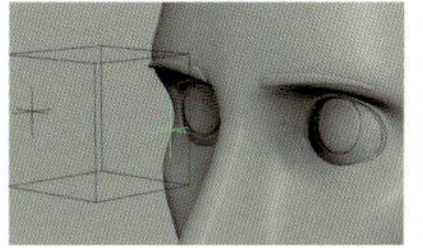

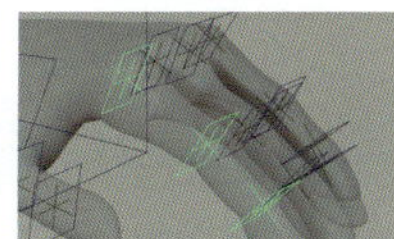

㉗ブレンドシェイプターゲットの追加

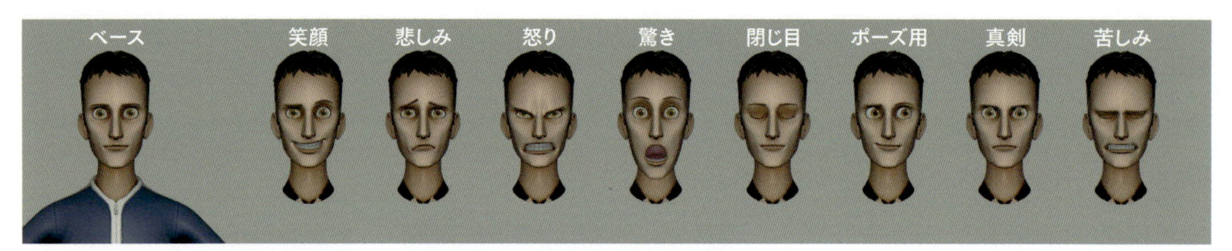

フェイシャルアニメーション用のブレンドシェイプを「man_face」に追加します。

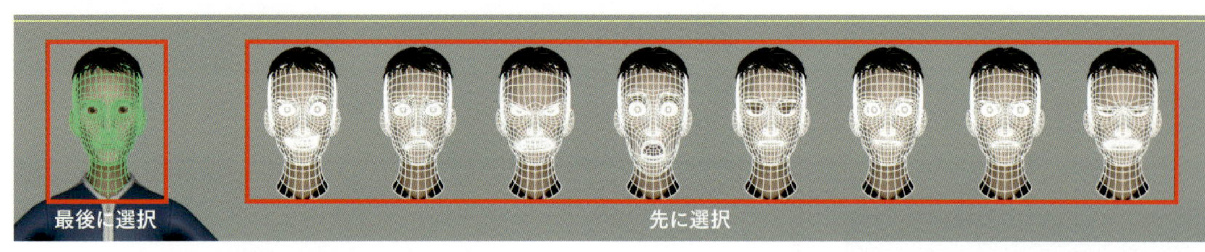

ターゲットシェイプを先に選択し、最後にベースシェイプ「man_face」を選択します。

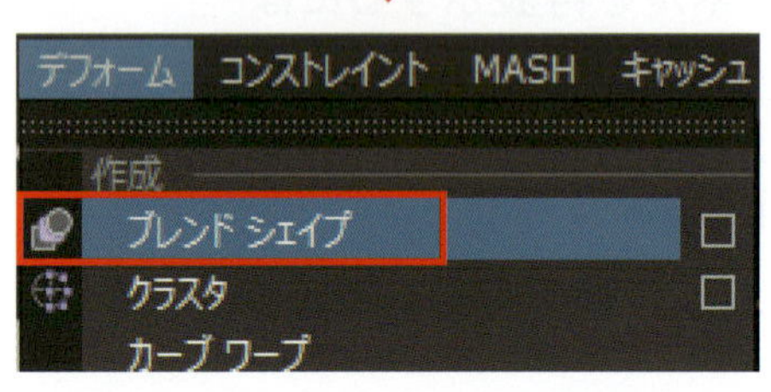

[デフォーム] > [ブレンドシェイプ] をクリックします。

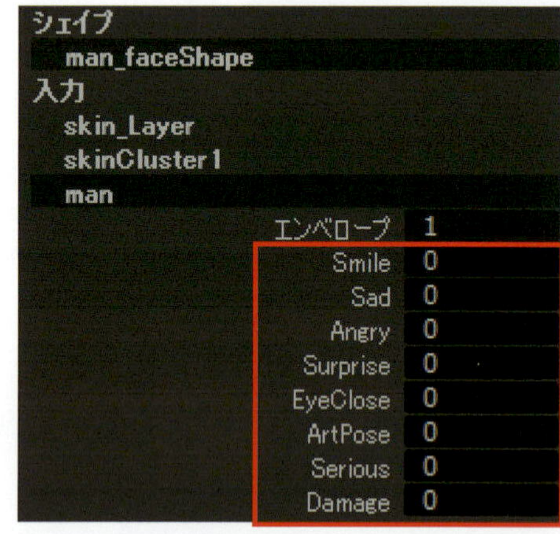

チャネルボックスに登録した表情モデルがリストされています。

ブレンドシェイプの項目に「1」を入力します(「0」が最小値、「1」が最大値)。

表情が変化するかを確認します。

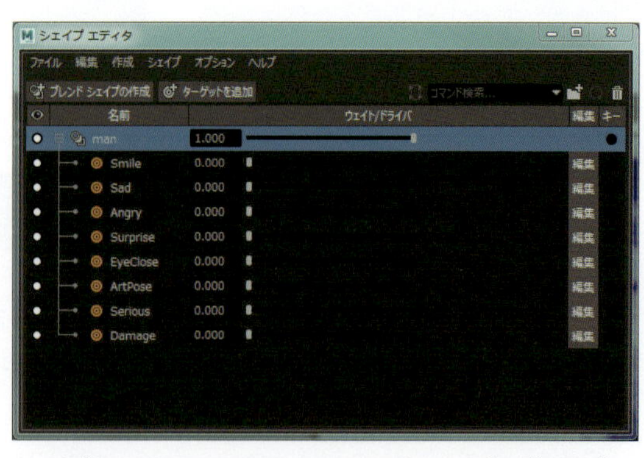

シェイプアニメーションのコントロールにはシェイプエディタを使います([ウィンドウ] > [アニメーションエディタ] > [シェイプエディタ] で開く)。シェイプの名前の変更やキー設定、ターゲットの追加や削除ができます。

28 ディスプレイレイヤ分け

アニメーション作業で必要のないオブジェクトを選択しないようにするため、スキンモデルやスケルトンをディスプレイレイヤ分けして選択不可や非表示にします。

モデル、スケルトン、IK、リグをレイヤ分け

スキンモデル、スケルトン、IKハンドル、リグ、ブレンドシェイプモデル毎にレイヤを作ってそれぞれ格納し、リグ以外は[R]にします。ブレンドシェイプモデルやIK、スケルトンは[V]をオフにして非表示にします。

blend_Layer：ブレンドシェイプモデルを格納します。
ik_Layer：IKハンドルを格納します。
skeleton_Layer：スケルトンを格納します。
skin_Layer：スキンモデルを格納します。
rig_Layer：リグを格納します。

29 表示の整理

アニメーション作業で必要なポリゴンとリグのカーブ以外を非表示にします。

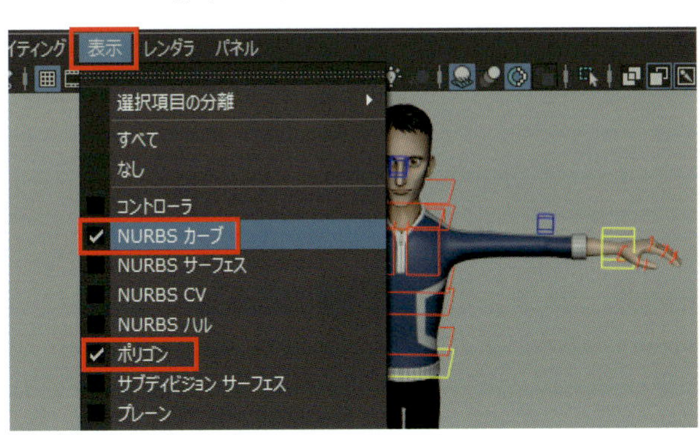

[表示]メニューを開き、一度[なし]をクリックして全て非表示にした後、[NURBSカーブ]と[ポリゴン]にチェックを入れます。

30 完成

完成シーン ▶ MayaData/Chap06/scenes/Chap06_Rigging_End.mb

完成しました。リグを動かしてポーズを付けてキーを設定し、問題がなければ完成です。

第7章 スクリプト

Chapter 7-1 スクリプトの読み込み

MEL（メル）・Python（パイソン）は、Mayaで使用できるスクリプト言語です。スクリプトを導入することで、Mayaの標準にはない機能や、ツールを拡張することができます。Mayaユーザー自身、さまざまなスクリプトを作成しており、インターネットに公開されているものもあるので、目的にあったスクリプトを入手して導入することで、作業の効率化を図ることができます。

サンプルスクリプト MEL ▶ MayaData/Chap07/MEL/sampleRenameTool.mel
サンプルスクリプト Python ▶ MayaData/Chap07/Python/sampleRenameTool.py

Maya起動と同時にスクリプトを自動的に読み込ませる

Mayaでスクリプトを使用するには、まず使用するスクリプトファイルを認識させる必要があります。Maya起動の際に自動的にスクリプトを認識させるには、Mayaの指定フォルダにスクリプトファイルを移動します。

使用したいスクリプトファイルを、Mayaのscriptsフォルダ（ライブラリ▶ドキュメント▶maya▶scripts）に移動します。scriptsフォルダがない場合は作成します。

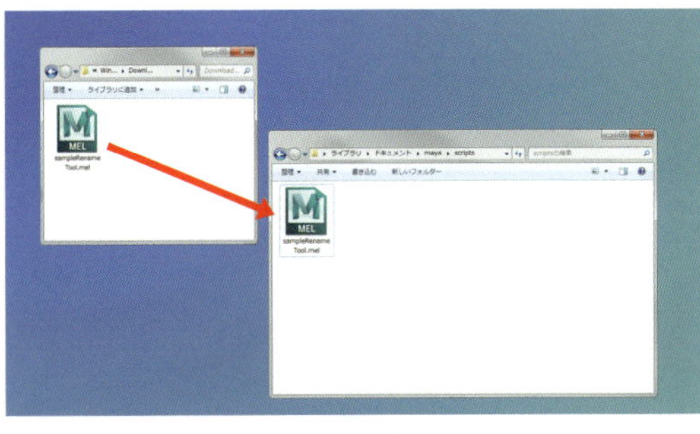

スクリプトファイルを指定フォルダに移動

次回の起動からスクリプトが自動で認識され、使用できる状態になります。Pythonは再起動を行わなくても認識されます。

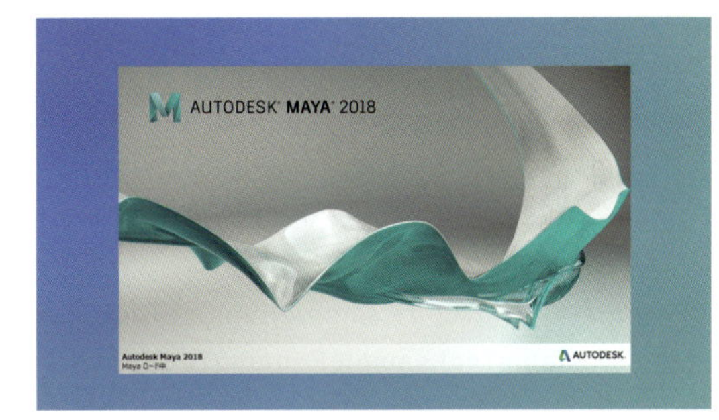

Maya起動

MEMO

Maya起動の際、下記のディレクトリにあるスクリプトは自動的に認識されます。スクリプトによっては別バージョンのMayaや多言語に対応していないものがあるので、1台のPCに複数バージョンのMayaがインストールされている場合、下記のフォルダに移動することで、読み込むMayaを個別に制限することができます。

ライブラリ▶ドキュメント▶maya▶scripts	（各ユーザー、maya全バージョン）
ライブラリ▶ドキュメント▶maya▶2018▶ja_JP▶scripts	（各ユーザー、maya2018日本語）
ライブラリ▶ドキュメント▶maya▶2018▶scripts	（各ユーザー、maya2018）
ローカルディスク(C:)▶Program Files▶Autodesk▶Maya2018▶scripts	（全ユーザー、maya2018）

高 ↕ 低
同名スクリプト存在時の優先順位

スクリプトの実行

スクリプトが認識されても、Mayaの見た目に変化はありません。あくまでスクリプトが実行できる状態になっただけです。認識されたスクリプトを実行するには、コマンドラインかスクリプトエディタにコマンドを入力します。

コマンドラインでの実行の場合はコマンドラインのMEL/Pythonスイッチが実行したいスクリプトの種類になっているのを確認します。もし異なっていたらMEL/Pythonスイッチをクリックして切り替えます。

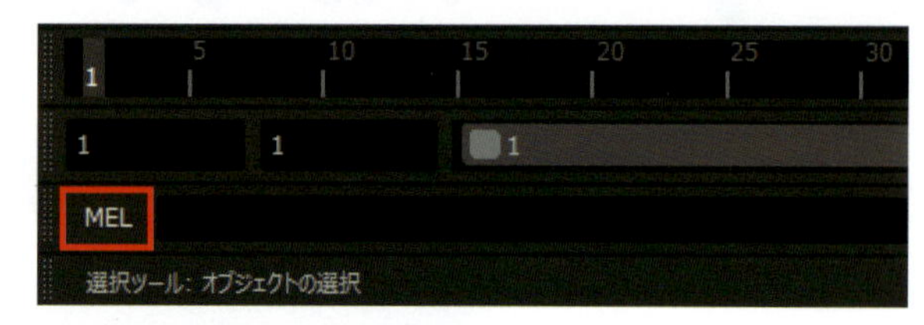

MEL/Pythonスイッチ

MELスクリプトの実行

ファイル名 sampleRenameTool.mel
実行プロシージャ名 sampleRenameTool の場合

コマンドラインにmelファイルの拡張子を除いた部分（ファイル名がsampleRenameTool.melの場合「sampleRenameTool」を入力し、Enterで MELスクリプトを実行できます。

コマンドライン

Enter
実行

Pythonスクリプトの実行

ファイル名 sampleRenameTool.py
実行関数名 sampleRenameTool の場合

PythonはMELと違い、スクリプトを明示的に読み込んでから、スクリプトにアクセスする必要があります。

コマンドラインに import sampleRenameTool を入力し、Enterでファイルを読み込みます。コマンドラインにsampleRenameTool.sampleRenameTool() を入力し、Enterで Pythonスクリプトを実行します。

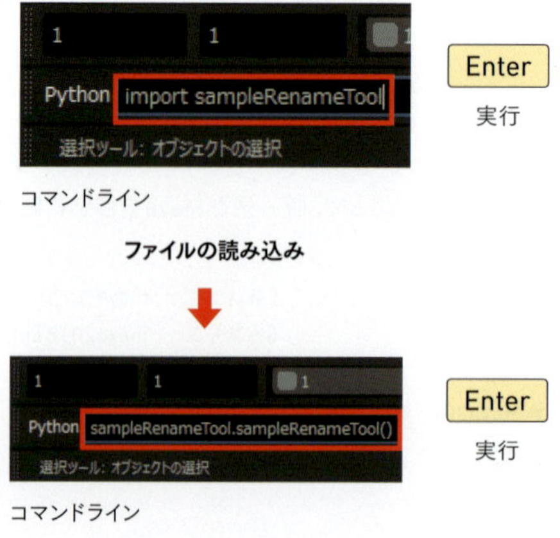

Enter
実行

Enter
実行

MEMO

スクリプトによっては、処理を行いたいオブジェクトやコンポーネントを先に選択してから実行するものもあります。実行のタイミングや使用方法はさまざまなので、新たにスクリプトを導入する際は、使用するスクリプトの説明を参照しましょう。

スクリプトをシェルフへ登録

よく使用するスクリプトは、シェルフに登録することで、毎回コマンドラインやスクリプトエディタにコマンドを入力することなく使用できます。Pythonの場合、今回はコマンドを二回に分けて入力しスクリプトを実行しているのでコマンドラインからの登録はできません。後に解説するスクリプトエディタを使い同様の手順でシェルフに登録することができます。

コマンドラインに記入された文字列をすべて選択し、シェルフへ🖱でドラッグします。

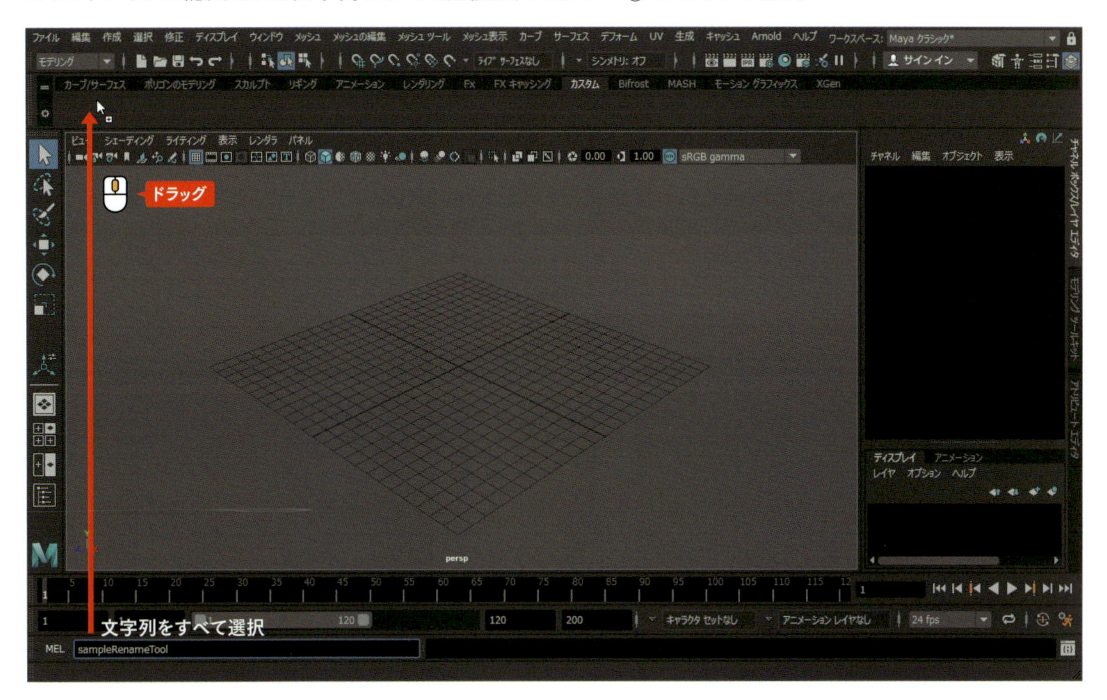

コマンドラインからのドラッグでは「スクリプトを次のタイプとしてシェルフに保存:」というメッセージが書かれたダイアログが開かれるので、登録するスクリプトの種類を選択しクリックします。

シェルフにアイコンが表示されコマンドが登録されます。

シェルフの左にある［シェルフ修正用項目のメニュー］>［シェルフエディタ］でアイコンの変更や、アイコンラベル付加など、さまざまな設定ができます。

Chapter
7-2

スクリプトの基礎

ここでは、スクリプトの基礎を説明します。スクリプトに共通する概念をMELとPythonを併記しながら、基本から説明していますので、スクリプトやプログラムを全く経験したことのない初心者の方が主な対象です。途中【実際に入力】とあるものは、記載されているとおりスクリプトエディタで入力します。その時点でスクリプトが理解できていなくても、まずは入力して実行結果を確認しましょう。その後、結果につながった理由を順を追って解説します。

スクリプトエディタ

スクリプトは、スクリプトエディタで作成、編集、実行をします。まずはスクリプトエディタの各部名称と、機能の一部を紹介します。

スクリプトエディタを開くには、[ウィンドウ] > [一般エディタ] > [スクリプトエディタ] を選択します。

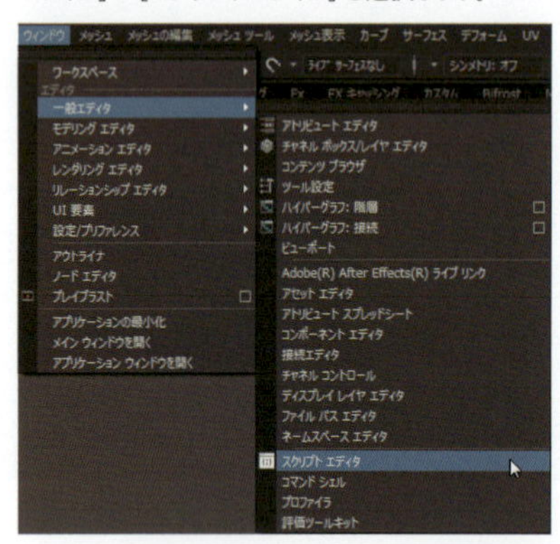

スクリプトエディタの開き方1

または、[スクリプトエディタ] アイコンをクリックします。

スクリプトエディタの開き方2

スクリプトエディタ

上部ペイン

実行されたコマンドと、結果が表示されます。

下部ペイン

複数行にわたってコマンドが入力できます。読み込んだスクリプトは、「コマンドライン」の代わりにこちらにコマンドを入力しても実行可能です。下部ペイン上のタブでソースタイプ(MEL / Python)を切り替えられます。また、スクリプトエディタメニューの[コマンド] > [新規タブ...]で新しくタブを追加、[コマンド] > [タブ名の変更...]でタブ名の変更、[コマンド] > [タブの削除]でタブの削除ができます。

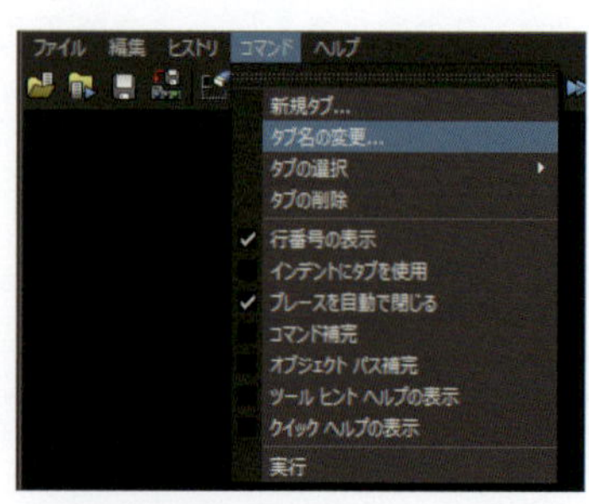

タブの追加 / タブ名の変更

ツールボックス

スクリプトを開く

スクリプトのソース
スクリプトを手動で読み込み、Mayaでスクリプトを使用できる状態にします。

スクリプトの保存

スクリプトをシェルフに保存

ヒストリのクリア

入力のクリア

すべてクリア

ヒストリの表示
下部ペインを表示せず、上部ペインを大きく表示します。

入力の表示
上部ペインを表示せず、下部ペインを大きく表示します。

両方とも表示

すべてのコマンドのエコー
Mayaで行われたコマンドを、すべて上部ペインに表示します。

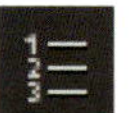
行番号の表示

すべて実行
下部ペインのコマンドをすべて実行します。

実行
下部ペインで選択されたコマンドを実行します（選択されていない場合すべて実行されます）。

フィールドの検索

下へ検索

上へ検索

次の行フィールドに進む
下部ペインでカーソルを移動させたい行を入力します。

進む
「次の行フィールドに進む」で入力された行にカーソルを移動します。

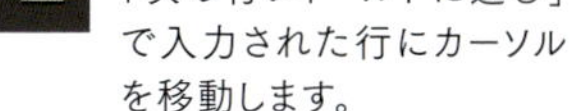

MEMO
スクリプトエディタメニューの［ファイル］>［スクリプトのソース］でMELを読み込むことにより、Mayaを再起動することなく、すぐに実行することができます。

Pythonの使用方法

ここから実際にスクリプトを入力していくのですが、MELとPythonとで使用する上で大きく違うところがあります。MELはMayaのために作られたプログラミング言語で、PythonはMaya以外でも様々な使われ方をされているプログラミング言語です。MELはMayaのために作られた言語なので単純なものであれば、1単語入力するだけでも結果を得ることができます、しかしPythonではMELとは違いMayaの機能を使うために準備が必要となります。

PythonでMayaに命令するための準備

Pythonではさまざまな定義（機能）をファイルにし、それを呼び出すことにより、スクリプトを作成していきます。この定義ファイルを「モジュール」といい、モジュールを読み込むことを「インポート」といいます。PythonでMayaの機能を使用するために準備として、Mayaに命令できるモジュールをインポートする必要があります。

PythonでMayaの機能を使用するために、おおむねこのように記述します。

```
import maya.cmds as cmds
```

上記文の意味は、maya.cmdsを読み込みその名前をcmdsにするという意味になります。今回はcmdsという名前にしましたが、as以降の名前は任意の名前をつける事ができます。
このコマンドをスクリプトの最初に書くことにより、PythonでMayaの機能を使用できるようになります。読み込んだモジュールは基本的にMELのコマンドに対応しています。

Mayaコマンドのインポート

コマンドの入力

簡単な球体を作成するコマンドを実際にMELとPythonで書いてみましょう。実際に入力する部分では、コマンドやスクリプトを区別しやすいように、MELはピンク色の枠、Pythonは青色の枠内に記述していきます。

入力

1 実行

❶[すべてクリア]アイコンをクリックし、ヒストリと入力をクリアします。

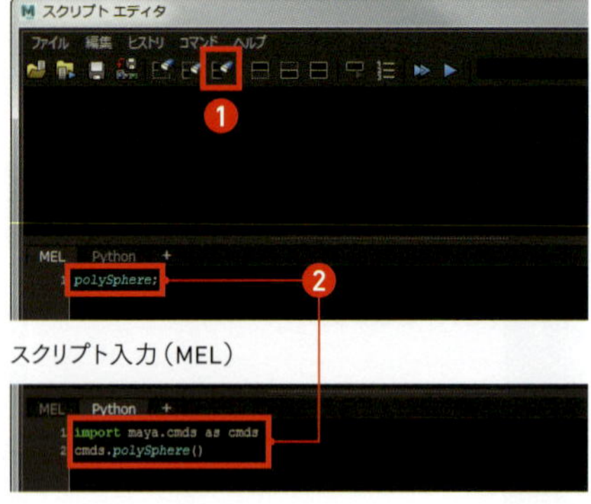

スクリプト入力（MEL）

スクリプト入力（Python）

2 実行

実際に入力

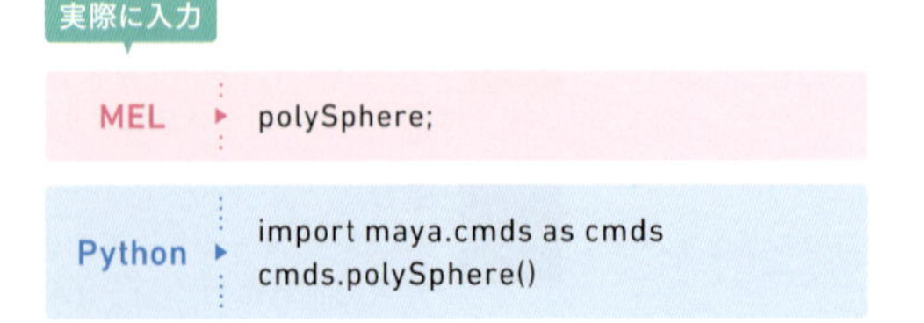

MEL

```
polySphere;
```

Python

```
import maya.cmds as cmds
cmds.polySphere()
```

❷下部ペインに入力します。入力コマンドのソースタイプを確認し下部ペインのタブを切り替えます。すべて半角で、大文字、小文字に気をつけてください（ここでのpolySphereのSは大文字です）。誤りがないか確認します。MELではコマンドの終わりを示すセミコロン（;）も付けます。

コマンドを入力する際は、以下のことに注意してください。

- コマンドに全角文字は使用できません。全角スペースも同様です。
- 大文字小文字は区別されます。
- 下部ペインのソースタイプが違うと動作しません。

MEMO

上部ペインにヒストリがたまってくると結果がわかりにくくなるので、わかりにくいと思ったら、新たに操作を始める前に[ヒストリのクリア]アイコンで上部ペインをクリアしましょう。

コマンドの実行

入力したコマンドを実行して、球体ができることを確認します。

実行と確認

1 実行

スクリプトエディタの[コマンド]＞[実行]で、コマンドを実行します。

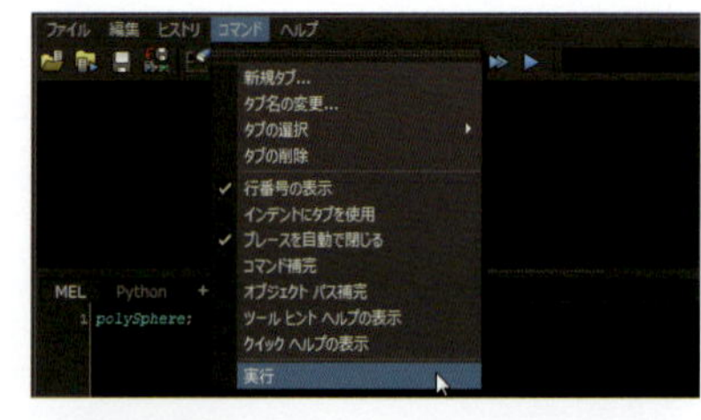

コマンドの実行

2 確認

MEL・Pythonともに入力が正しく、エラーがなければシーンに球体が作成されます。

MEMO

他のコマンドの実行方法は、[実行]アイコンのクリックか[すべて実行]アイコンのクリック、またテンキーのEnterかCtrl＋Enterでも実行することができます。しかし、下部ペインに入力されたコマンドは、実行すると消えてしまうので（[すべて実行]を除く）、Ctrl＋Aなどでコマンドをすべて選択してから実行すると、下部ペインにコマンドを残したままにすることができます。

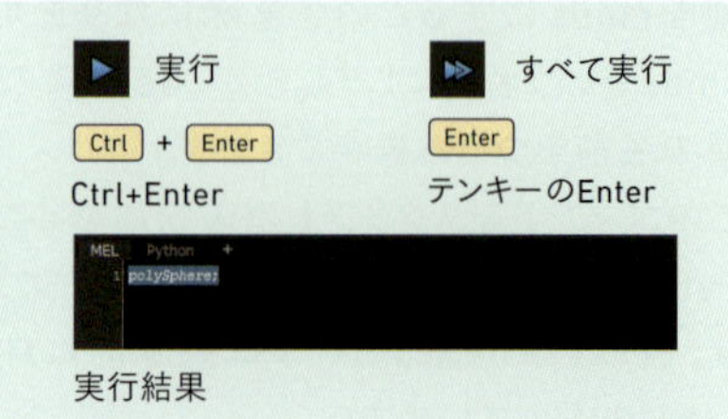

実行結果

エラー

スクリプトには決まった構文があり、その構文に違反していたり、矛盾のある構文が存在したりしたまま実行すると、MELでは「// エラー :...」、Pythonでは「# エラー :...」と表示され、スクリプトを実行することができません。Mayaがそのエラーを特定できた場合は、理由が表示されます。

実行と確認

実際に入力

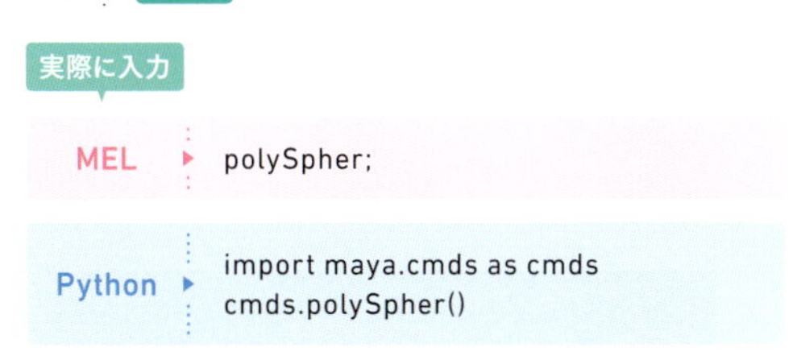

試しに間違ったコマンドを入力して実行します。ここではコマンドのpolySphereの最後のeを除き、スペルミスをしてみました。

スクリプト入力 / 実行結果（MEL）

```
import maya.cmds as cmds
cmds.polySpher()
# エラー: AttributeError: 'module' object has no attribute 'polySpher' #
```

スクリプト入力 / 実行結果（Python）

MEL のエラー
// エラー : プロシージャ "polySpher" が見つかりません。 //

Python のエラー
エラー : AttributeError: 'module' object has no attribute 'polySpher'

結果、上部ペインにMELでは「MayaにpolySpherという名前の処理は見つからない」という意味のエラー、Pythonでは「モジュールにpolySpherという命令はありません」という意味のエラーが表示されました。

行番号の表示

スクリプトが長くなると、どこでエラーが起きたのかわかりにくくなるので、[エラーの行番号]と[行番号の表示]にチェックを入れておくと、エラーが起きた行番号が表示され、探しやすくなります。ただし、エラーの行番号が表示されても、その行自体がエラーの原因ではない場合があるので、注意が必要です。

スクリプトエディタのメニューから、[ヒストリ] > [エラーの行番号]と[コマンド] > [行番号の表示]にチェックを入れます。

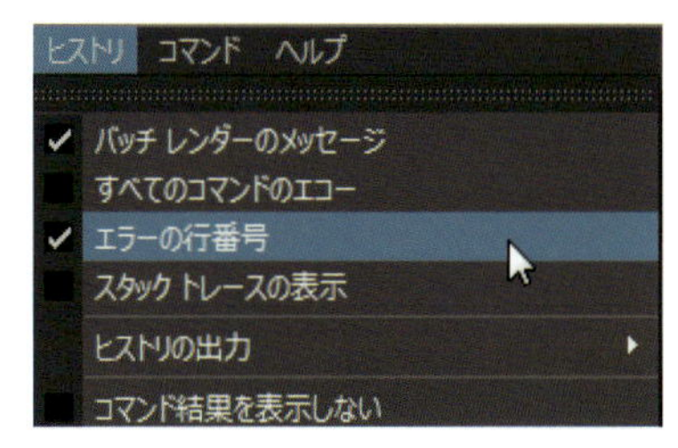

[エラーの行番号]

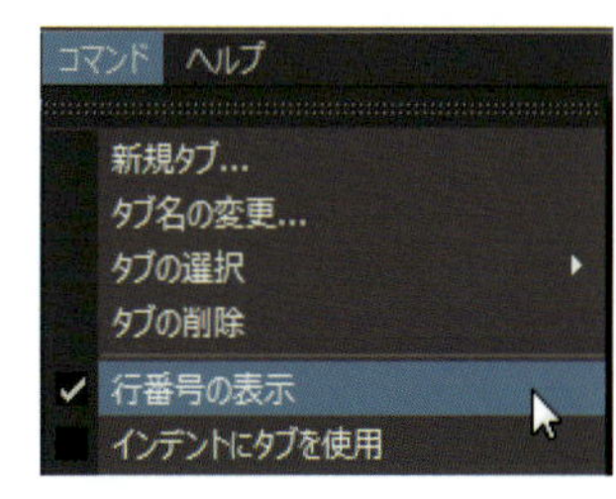

[行番号の表示]

行番号の表示にチェックを入れた状態でエラーになるとエラーの行番号が表示されます。

スクリプトエディタでヒストリを確認

ユーザーが何かしらの操作をしたときに、どのようなMELコマンドが実行されているか、スクリプトエディタで確認することができます。たとえば、ポリゴンプリミティブを作成すると、スクリプトエディタの上部ペインに実行されたコマンドと結果が表示されます。実際に立方体を作り、ヒストリを確認します。

実行と確認

1 実行

オブジェクトを選択して Delete で、シーンのオブジェクトを消去しておきます。

2 実行

スクリプトエディタの「すべてクリア」をクリックし、上部ペインと下部ペインを消去します。

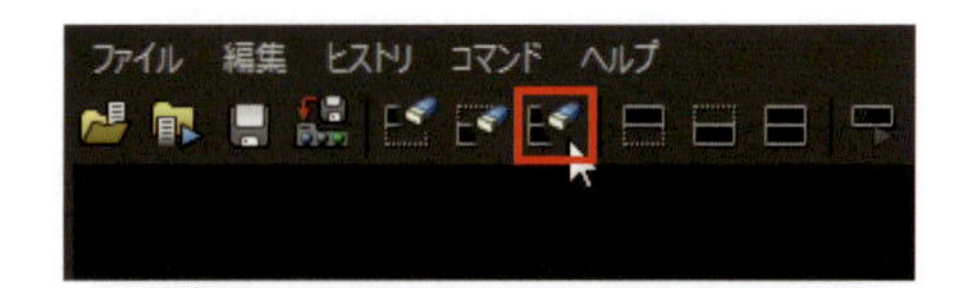

3 実行

❶[作成] > [ポリゴンプリミティブ] > [インタラクティブ作成] にチェックが入ってないことを確認します。

4 実行

❷[作成] > [ポリゴンプリミティブ] > [立方体■] で、ポリゴン立方体オプションウィンドウを開きます。

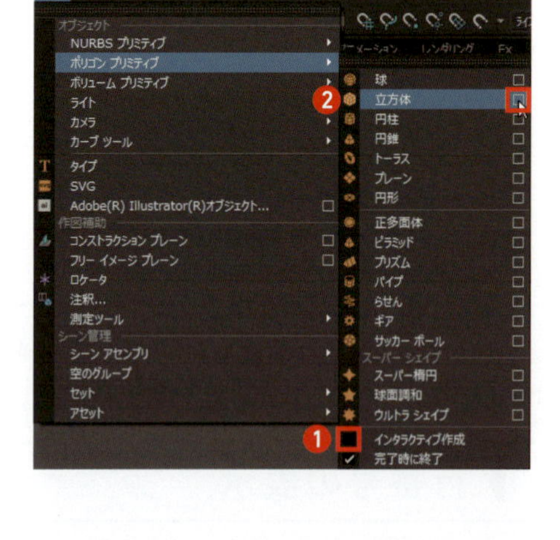

5 実行

図のように設定(デフォルト)して、[作成]ボタンをクリックします。

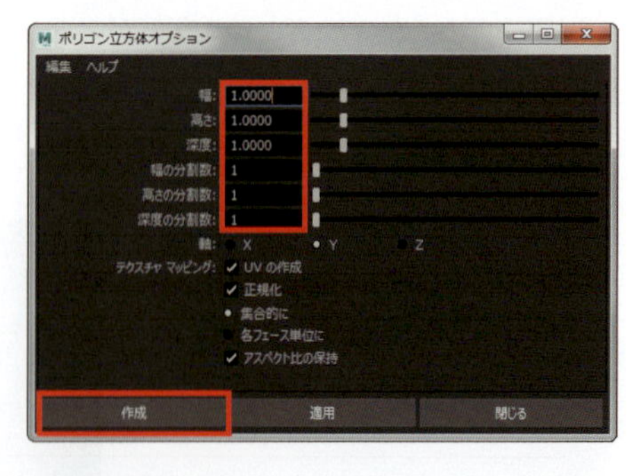

6 実行

ポリゴン立方体がワークスペースに作成されます。

7 

```
❶polyCube -w 1 -h 1 -d 1 -sx 1 -sy 1 -sz 1 -ax 0 1 0 -cuv 4 -ch 1;
❷// 結果 : pCube1 polyCube1 //
```

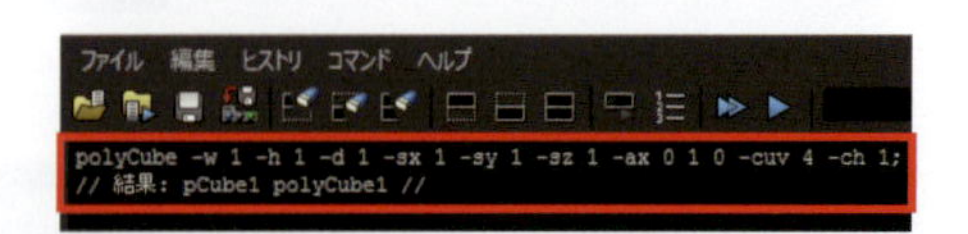

スクリプトエディタの上部ペインには、❶「実行されたコマンド」と❷「実行された結果」がそれぞれ表示されます。

ヒストリのコマンドを参考にコマンドを実行する

上部ペインに出力されたコマンドを参考にして下部ペインに入力することで、スクリプトエディタから、先ほどユーザーが行った操作と同じ操作をすることが可能です。上部ペインに出力されるのはMELのコマンド表記で表示されるので、そのままPythonコマンドとして使用することはできません。Pythonで使用する場合は、出力されたMELコマンドをPythonコマンドに変換する作業が必要になってきます。

MELコマンドをPythonコマンドに変換する

表示されたpolyCubeコマンドの後ろに -w 1 や -sx 1 などの文字と数字がたくさん並んでいます。これら「-（ハイフン）」から始まる英数字が「フラグ」、その後の数値・文字列がフラグに指定する「値」になります。MELの場合、コマンドに続けて「スペース」で区切りながら「フラグ」「値」を指定します。コマンドの終わりは必ず「;（セミコロン）」で終わる形になっています。Pythonではコマンド後ろの () 内に「,（カンマ）」区切りで「フラグ = 値」の形式で指定します。このことをふまえて、上部ペインに表示されたMELコマンドをPythonコマンドに変換すると以下のようになります。

```
polyCube -w 1 -h 1 -d 1 -sx 1 -sy 1 -sz 1 -ax 0 1 0 -cuv 4 -ch 1;
```

MEL から Python に変換

```
cmds.polyCube(w=1, h=1, d=1, sx=1, sy=1, sz=1, ax=[0,1,0], cuv=4, ch=1)
```

実行と確認

では、実際に上部ペインに出力されたコマンドを参考に下部ペインに入力して実行してみましょう。Pythonコマンドを実行するときはMELコマンドからPythonコマンドに変換するのを忘れずに入力しましょう。

1 実行

シーンのオブジェクトを消去しておきます。

2 実行

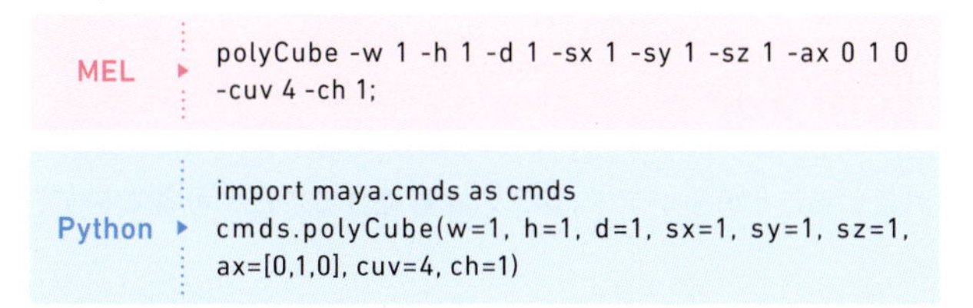

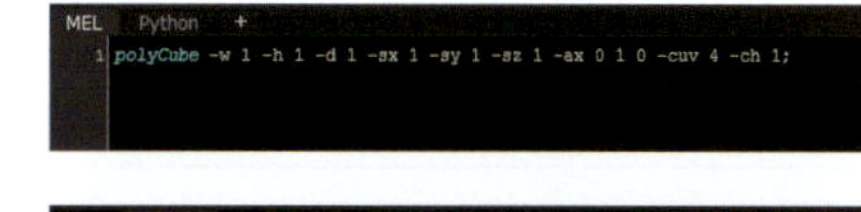

3 確認

先ほどと同じ立方体が作成されました。このように上部ペインに表示されたコマンドを、参考に実行することで、操作したものと同じ結果を得ることができます。
（MELでの実行であれば上部ペインに出力されたコマンドをコピー＆ペーストで下部ペインに入力できます。）

コマンドに書かれた数値を変更して別の結果を得る

上部ペインのコマンドを参考に入力したコマンドの数値を変更することで、別の結果を得ることが可能です。幅と高さの数値を変えて、実際に先ほどとは違う形の立方体を作成します。

実行と確認

1 実行

シーンのオブジェクトを消去しておきます。

2 実行

実際に入力

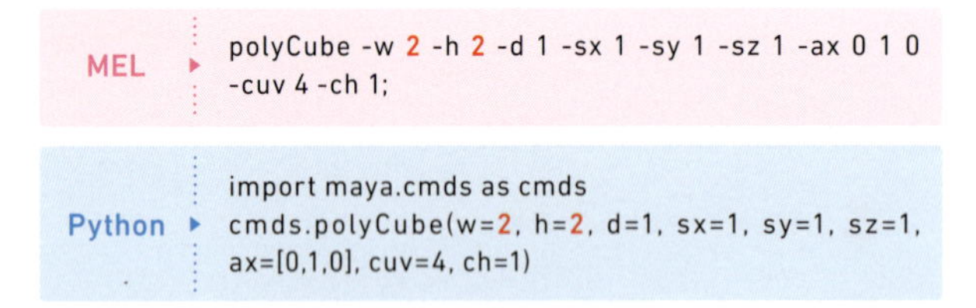

MEL
```
polyCube -w 2 -h 2 -d 1 -sx 1 -sy 1 -sz 1 -ax 0 1 0 -cuv 4 -ch 1;
```

Python
```
import maya.cmds as cmds
cmds.polyCube(w=2, h=2, d=1, sx=1, sy=1, sz=1, ax=[0,1,0], cuv=4, ch=1)
```

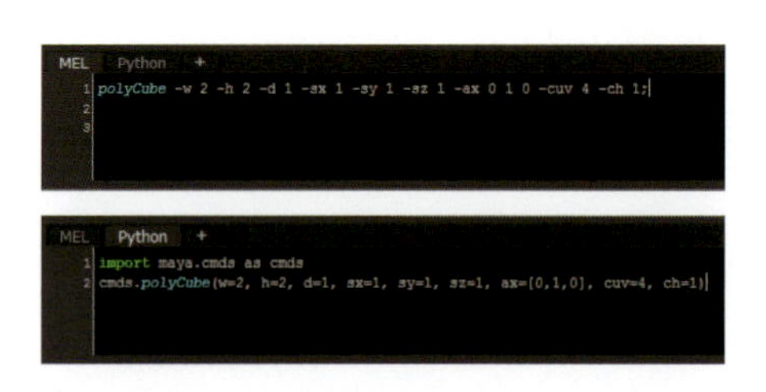

幅を意味する-w(MEL)・w=(Python)の後ろの1と、高さを意味する-h(MEL)・h=(Python)の後ろの1を、MELは前後のスペースに気をつけて、それぞれ2に書き換えて実行します。

3 確認

幅と高さが2のオブジェクトが作成されました。

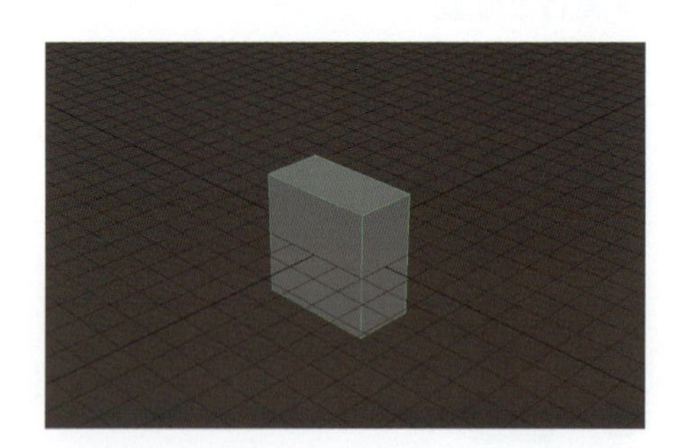

コマンドの必要なところだけ使用する

ヒストリから得られたコマンドは、フラグが多く記されていることが多いです。フラグは省略することが可能なので、設定が必要なフラグ以外は消去します。

実行と確認

1 実行

シーンのオブジェクトを消去しておきます。

2 実行

実際に入力

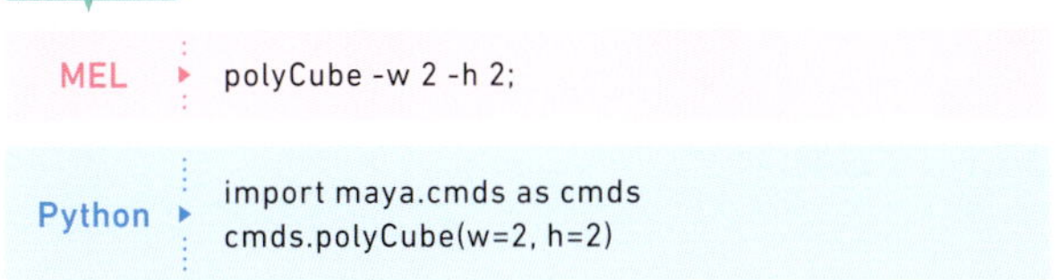

MEL

```
polyCube -w 2 -h 2;
```

Python

```
import maya.cmds as cmds
cmds.polyCube(w=2, h=2)
```

今回は、幅と高さの設定しか行わないので、MELであれば -w 2 と -h 2、Pythonであれば w=2 と h=2 以外のフラグと、その後ろについている引数という名の数値を削除します。ここでは、MELコマンドではセミコロン(;)を消さないように注意してください。上記のような構文になったら実行します。

3 確認

フラグが省略されても、同じオブジェクトが作成されました。

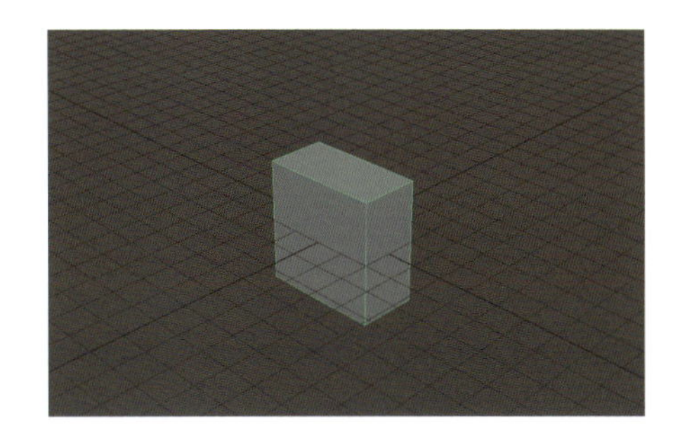

コマンド

MELコマンド・Pythonコマンドの構文は、コマンド名、フラグ、引数、オブジェクト名などで構成されます。まず先頭に何を行うかを示す「コマンド名」を、続いて詳細設定を行なう「フラグと引数」を記述する形式が主です。ここで使用したコマンドの場合、立方体を作成するコマンド「polyCube」に、サイズの詳細設定を行うフラグと、その値である引数「1」がそれぞれつけられたかたちで構成されています。

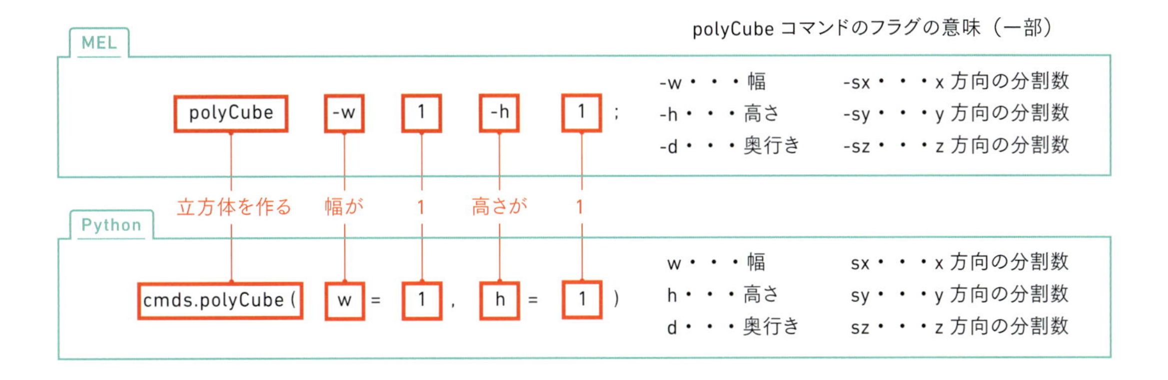

MELとPythonのフラグは記述の仕方こそ違いますが、文字の持つ意味は同じといえます。
詳細設定が必要なければフラグは省略することが可能で、省略されたフラグの引数はデフォルト値になります。

変数を使用する

独自にスクリプトを書き始めると、今回のように具体的に決まった数値で実行することは少なく、各場面で異なった数値で実行する必要が出てきます。その時に必要になるのが変数というものですが、ここでは実際に変数を使ってみたうえで、変数というものがどんなものか掘り下げて説明します。

実行と確認

1 実行

シーンのオブジェクトを消去しておきます。

2 実行

実際に入力

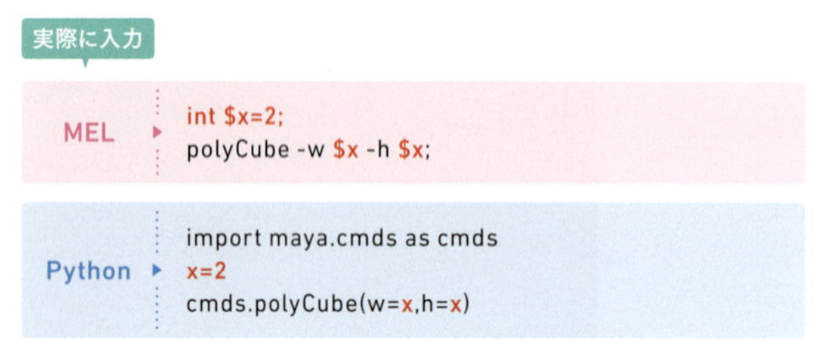

MEL
```
int $x=2;
polyCube -w $x -h $x;
```

Python
```
import maya.cmds as cmds
x=2
cmds.polyCube(w=x,h=x)
```

polyCubeコマンドの上に、MELであれば、「int $x=2;」、Pythonであれば「x=2」というコマンドを記述します。すべて半角小文字で、記述します。
MELでは最後の（;）に注意してください。幅と高さのフラグの値をMELであれば$x、Pythonであればxに書き換え、実行します。

3 確認

先ほどと同じ立方体が作成されました。万が一「// エラー：異なる型での変数 "$x" の再宣言は無効です //」とエラーが出てしまったら、Mayaを再起動します。それでもだめなら、すべての$xを$aなど別の文字に変えてください。

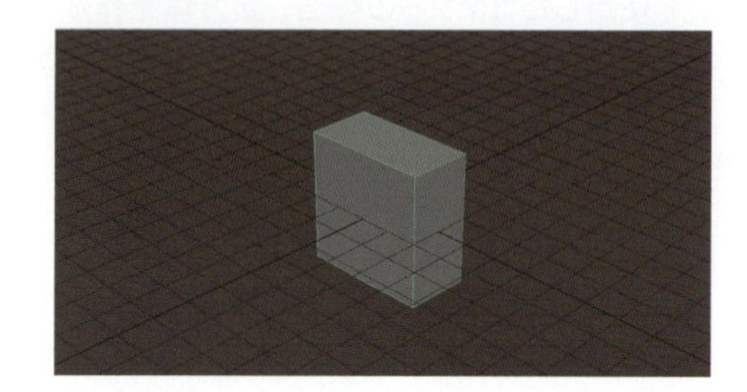

先ほど1行目に追加した

MEL
```
int $x=2;
```

Python
```
x=2
```

は「$xまたはxという入れ物に2という値を入れる」という意味になります。よって、$xとxが2と同じように扱えるようになり、以下の2つのコマンドは同じ意味になったので、先ほどと同じ立方体が作成されたというわけです。

MEL
```
polyCube -w $x -h $x;
polyCube -w 2 -h 2 ;
```

Python
```
cmds.polyCube(w=x,h=x)
cmds.polyCube(w=2,h=2)
```

この「$x」「x」という入れ物のことを「変数」と言います。

変数

データを一時的に記憶しておく領域のことを変数と言います。中学で習う方程式のXやYのような代数に近く、何らかの値を代入して使用します。多少規則がありますが、半角英数やアンダースコア(_)の組み合わせであれば、自由な変数名が使用できます。ただし、MELでは変数名は必ずドル記号($)で始まります。

有効な変数名の例

変数の型

変数には、整数だけでなく、浮動小数点数(数学での小数)や、文字列(名前や言葉など文字の集まり)などを代入できますが、これらの種類を「型」と呼びます。型によってデータの大きさが違うので、代入する値に応じた変数を使用しなければいけません。

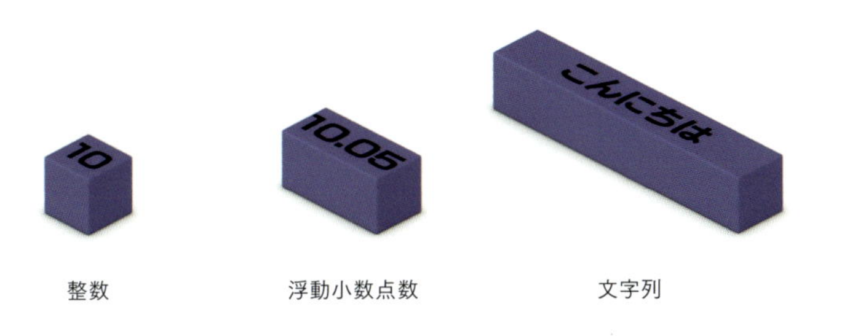

整数　浮動小数点数　文字列

※文字列の容量は長さによって可変しますが、特別なことをしようとしない限り、容量の可変は特に意識しなくても問題ないので、文字列はこの大きさのイメージに統一して進めていきます。

たとえば、浮動小数点数は整数よりデータの容量が大きくなります。それは、扱う数字の量が整数よりずっと多くなるからです。文字列は長さによって異なりますが、浮動小数点数よりも大きいことがほとんどです。これに合わせて、入れ物にもさまざまな大きさがあります。それが変数の型です。

MEL 変数の型

```
int $i=1;                 ・・・・・・・・  整数(int)型
float $f=1.0;             ・・・・・・・・  浮動小数点数(float)型
string $s="sample";       ・・・・・・・・  文字列(string)型
int $array[]={1,2,3};     ・・・・・・・・  配列型
```

Python 変数の型

```
i=1             ・・・・・・・・  整数型
f=1.0           ・・・・・・・・  浮動小数点数型
s="ABC"         ・・・・・・・・  文字列型
list = [1,2,3]  ・・・・・・・・  リスト型
```

MEL・Pythonともに他の型もありますが、スクリプトの変数の基本は、整数、浮動小数点数、文字列の3つです。他はこれらの応用になるので現段階では、扱うデータがこれらの3つのうちのどれなのか意識できれば問題ありません。

整数(int)型

浮動小数点数(float)型

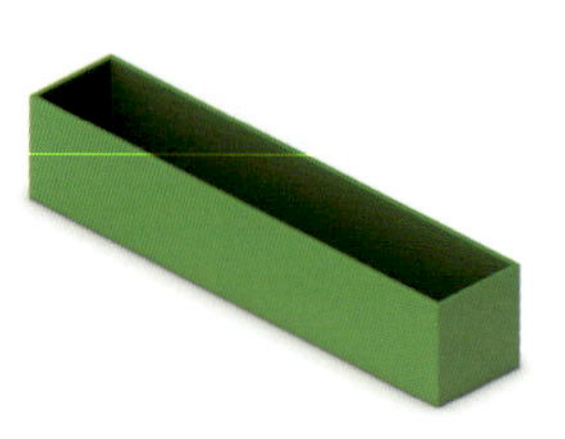

文字列(string)型

型の宣言(MELのみ)

MELでは変数を使用する前にどの型になるのかを決めておくことを推奨します。どの型を何という名前の変数で使用するか決めることを「宣言」といいます。宣言の方法は、使用する型の後にスペースを一つ以上入れ、変数名を記述します。MELでは宣言した変数はその型に固定されてしまいます。これを「静的型付け」といいます。
Pythonでは、変数に入れるデータによって動的に自動で型が判断されます。これを「動的型付け」といいます、よってPythonでは型の宣言は必要ありません。

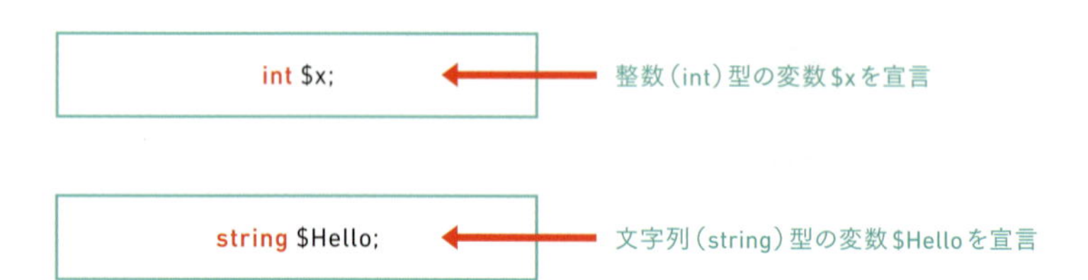

MELの変数は、一度宣言されると型が固定されるので途中で別の型に変更することはできません。
Pythonでは「動的型付け」により途中で型の違うデータを変数に入れることができます。

型の変更不可

入れ物の大きさを決め、名前をつけるイメージです。これにより、変数を使用する準備が整います。

整数(int)型の変数$xを宣言　文字列(string)型の変数$Helloを宣言

Pythonは MELと違い型の宣言がありません、そのため型を意識しないでスクリプトが書ける柔軟性のある言語です。そのため複雑な内容のスクリプトになると、いつの間にか意図しない型のデータが変数に入っているなどのミスが起こりやすいので気をつけましょう。

代入演算子

=（イコール）は、右側にある値を左側の変数に代入するという意味です、これを「代入演算子」といいます。

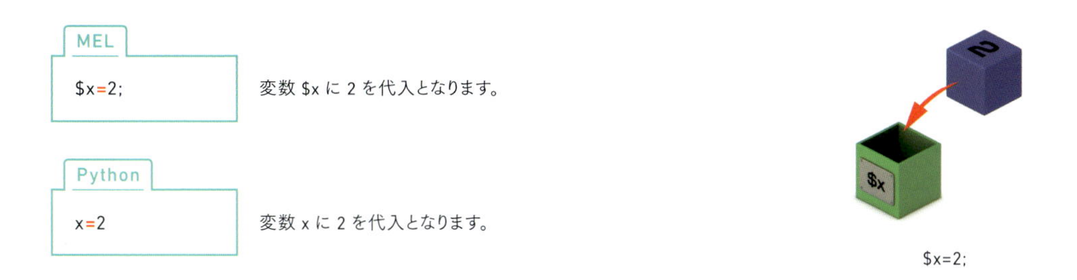

数学の右辺と左辺が等しいという意味とは異なるので、注意が必要です。

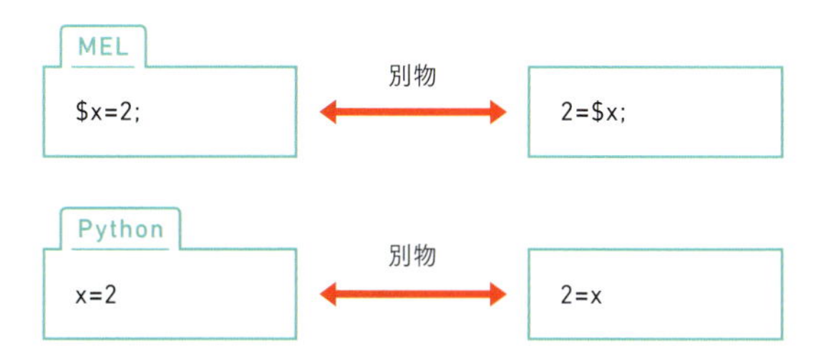

慣れるまでに頭の中で=を←に置き換えてイメージするのもよいと思います。

変数にあらかじめ別の値が変数に代入されている場合、上書きされます。

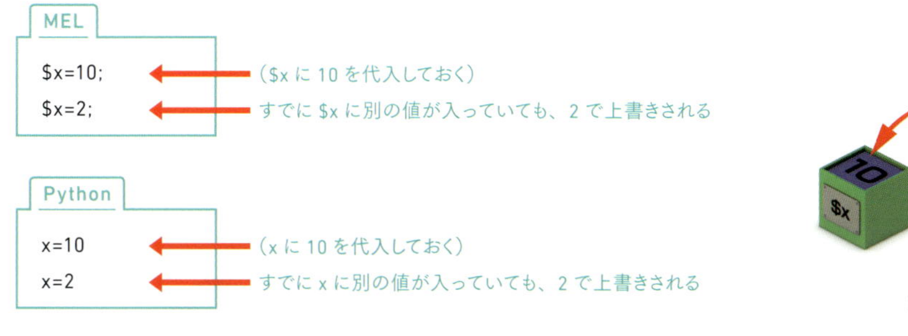

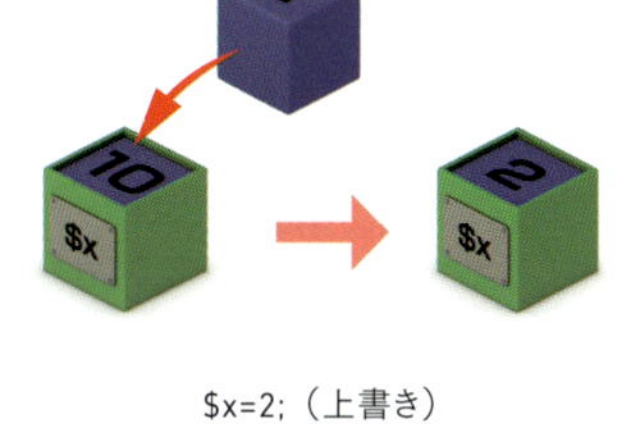

$x=2;（上書き）

変数の値を別の変数に代入します。

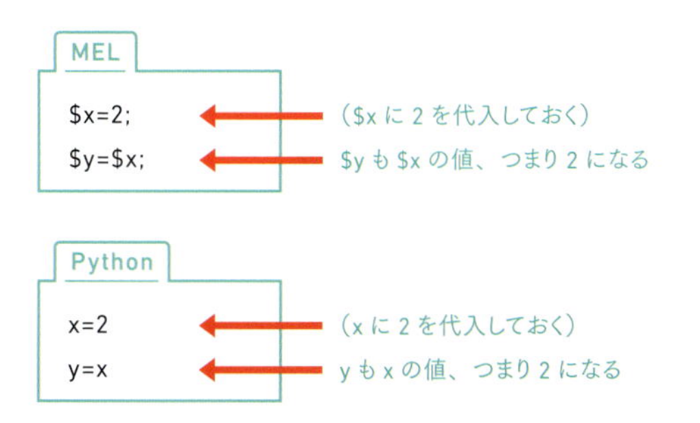

$y=$x;

MELであればint型で$xを宣言し、その後で$xに2を代入という処理は下記のようになります。

```
int $x;
$x=2;
```

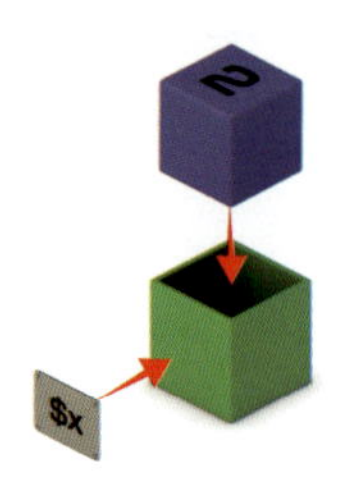

int $x=2;

これを同時に行う場合、下記のようなかたちにすることが可能です。

MEL

```
int $x=2;
```

MELの文字列（string）型の変数であれば、文字列も代入することが可能です。ただし文字列の前後にダブルクォーテーション（"）をつける必要があります。Pythonでは「動的型付け」によりどんな変数にも文字列を代入することができます。PythonでもMELと同じく文字列の前後にダブルクォーテーション（"）をつける必要があります。Pythonではシングルクォーテーション（'）を使用することもできます。

MEL

```
string $Hello=" こんにちは ";
```

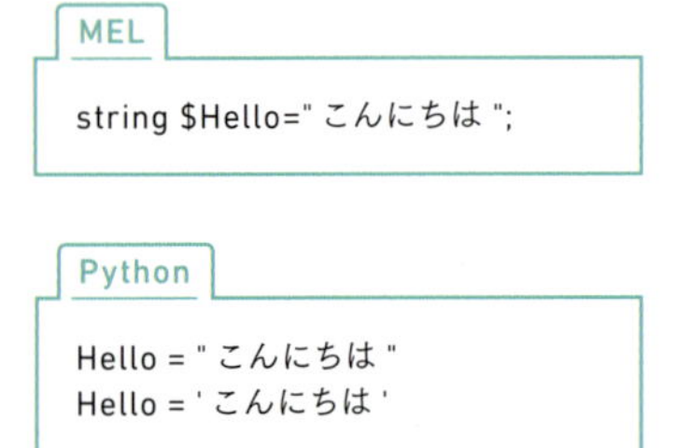

Python

```
Hello = " こんにちは "
Hello = ' こんにちは '
```

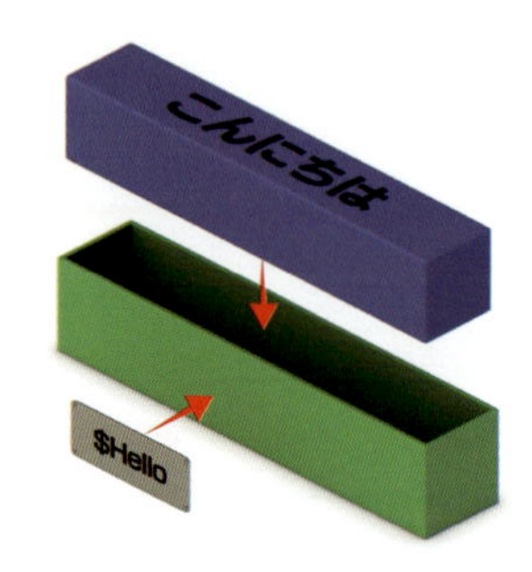

string $Hello=" こんにちは ";

MEMO

MELの場合でもPythonと同じく、変数は宣言をしなくとも値を代入すれば、その値に適した型の変数が自動的に作成されます。

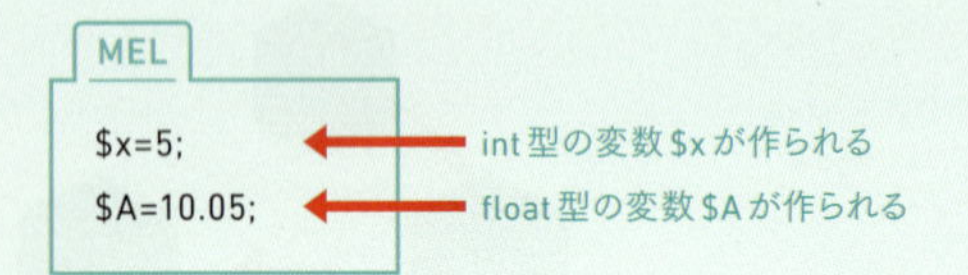

MEL

```
$x=5;
$A=10.05;
```


宣言しなくても値にぴったりの変数が作られますが、これによって発生するエラーの要因が理解できるようになるまで、きちんと宣言することを推奨します。

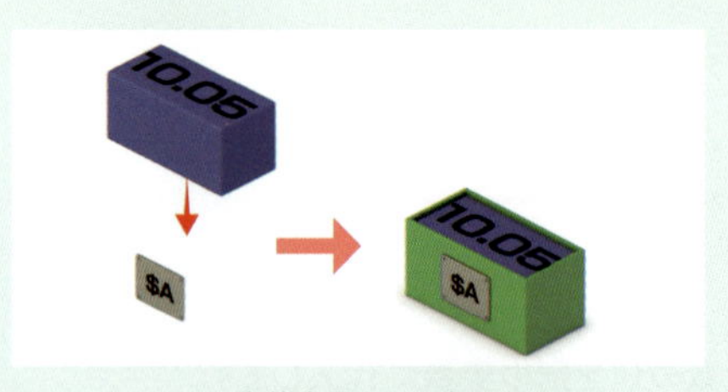

変数宣言なしの代入

しかし、変数が意図した型ではないものになっていたり、全体でどんな変数が使われているかがわかりにくかったりするので、エラーを避けるためにも、はじめのうちはできるだけ宣言をしましょう。
また、変数が宣言されただけのとき、図では変数を空の状態で表現しましたが、厳密にはその時点で0が代入されています（文字列（string）型の場合、何もない文字列（""）が代入されています）。これも明確化するため、たとえ0を使用する場合でも、0をあらためて代入することを推奨します。

MELの場合は変数の宣言をしただけでも、実際には0がすでに代入されています。

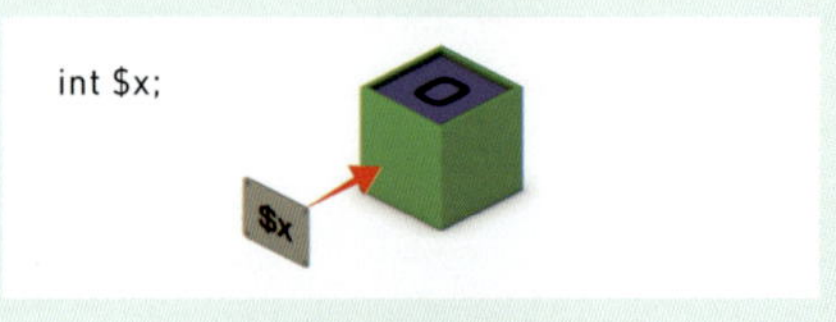

変数宣言時の値

算術演算子

加算(+)減算(-)乗算(*)除算(/)などを「算術演算子」といいます。算術演算子は、数値同士の計算であれば、足す(+)引く(-)かける(*)割る(/)として、数学と同じ意味で使用することが可能です。

四則演算

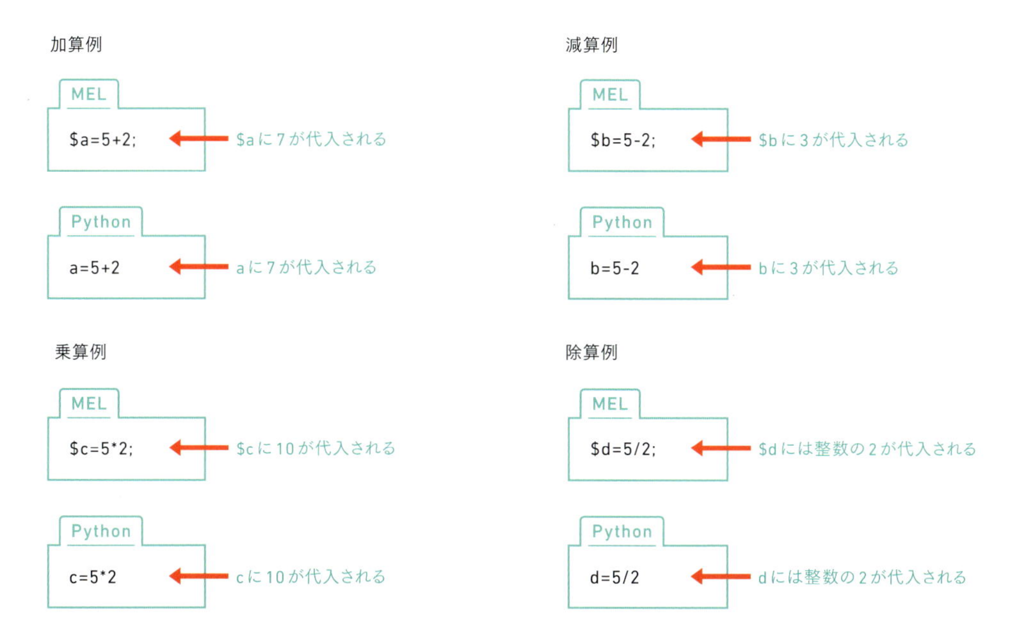

除算の注意

除算例の通り、整数同士の計算結果は、整数の結果しか得られません。そのため、計算結果が浮動小数点数の場合、端数が切り捨てられます。端数を切り捨てたくない場合、少なくともどちらかを浮動小数点数にする必要があるので注意しましょう。

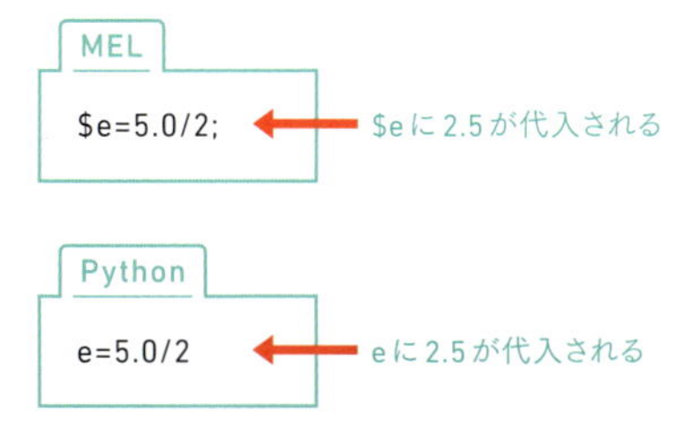

変数を同じ変数に代入

最初は慣れないかもしれませんが、= は等しいという意味ではなく代入なので、変数に1を足した値を変数自体に代入するような式が可能です。よく使う手法なので理解しておきましょう。

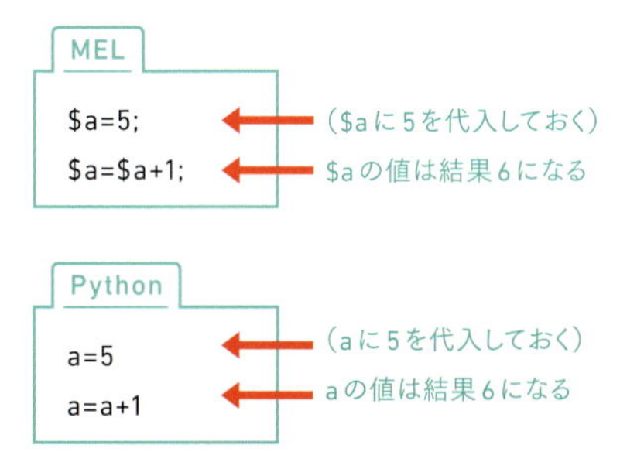

文字列の連結

文字列に(+)を使用すると、文字列を連結することができます。

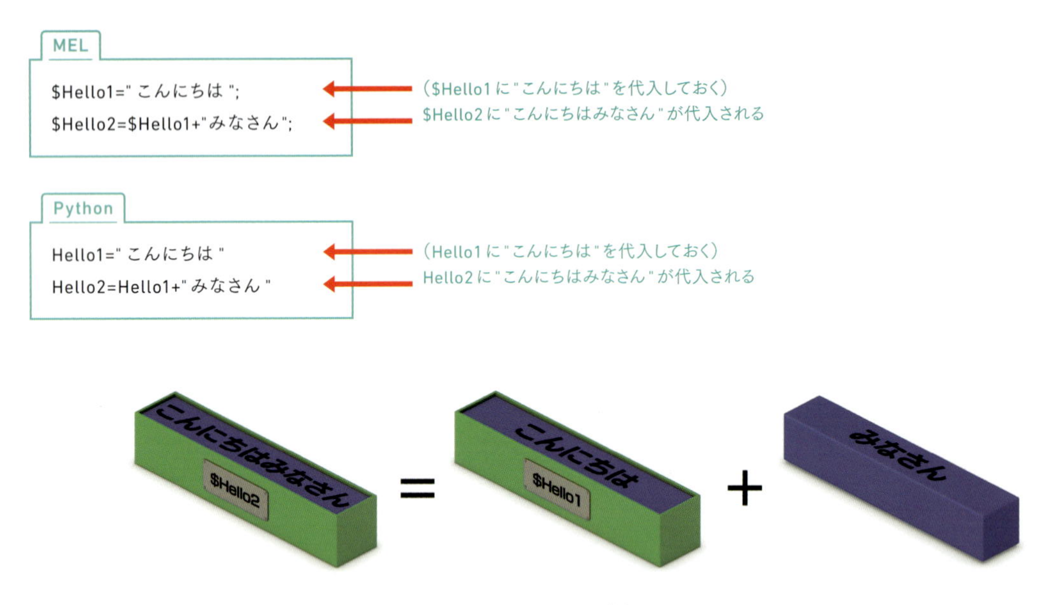

$Hello2=$Hello1+" みなさん ";

ところで、ダブルクォーテーション(")の役割は理解できていますか？慣れないうちは、連結する変数にもダブルクォーテーション(")をつけたくなるケースがあります。間違えて変数につけてしまった場合のイメージは次の通りです。

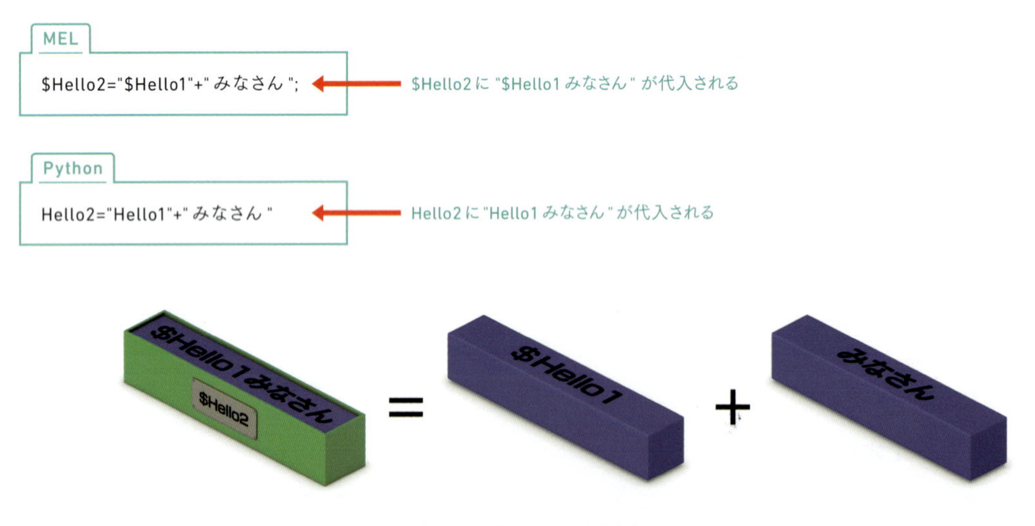

$Hello2="$Hello1"+" みなさん ";

ダブルクォーテーション(")をつけると、変数ではなく単なる文字列のデータとして扱われるため、このような結果になります。

条件分岐ifを使用して条件を満たす場合のみ立方体を作成する

実行する処理内容によっては、スクリプトの流れを条件に応じて変えたい場合があります。そのような際には条件分岐を利用します。最も簡単な条件分岐の方法として、ifがあります。

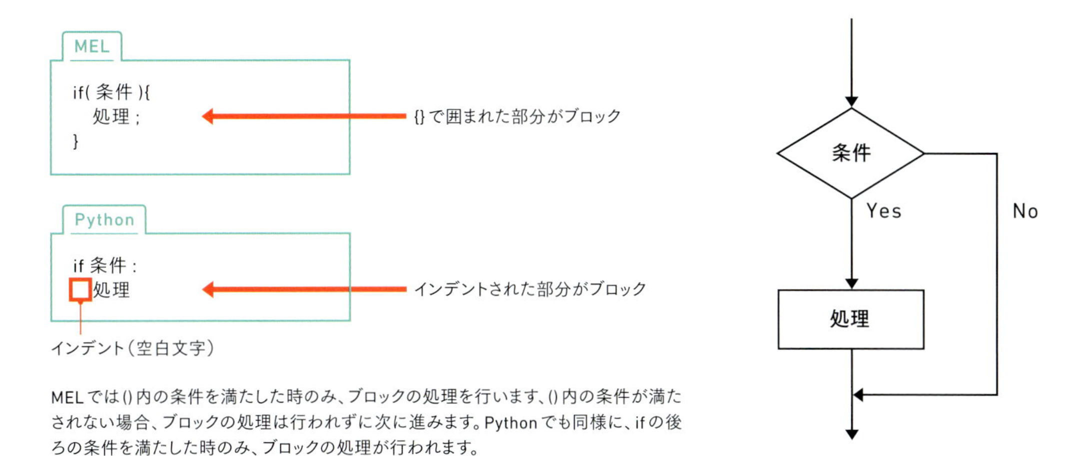

MELでは()内の条件を満たした時のみ、ブロックの処理を行います、()内の条件が満たされない場合、ブロックの処理は行われずに次に進みます。Pythonでも同様に、ifの後ろの条件を満たした時のみ、ブロックの処理が行われます。

Pythonのインデントについて

ifを実際に使用する前にPythonのインデントについて解説しておきます。MELでは文を{}で囲むことでブロックを構成しますが、Pythonではインデント(字下げ)で判断され同種・同数でインデントされた文がブロックとみなされます。インデントには空白文字・タブ文字が使えますが、通常4個の空白文字(スペース)を使用します。

有効なインデントの例

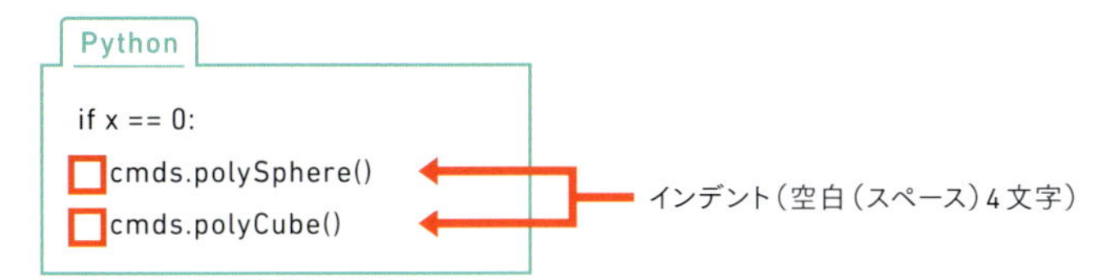

無効なインデントの例

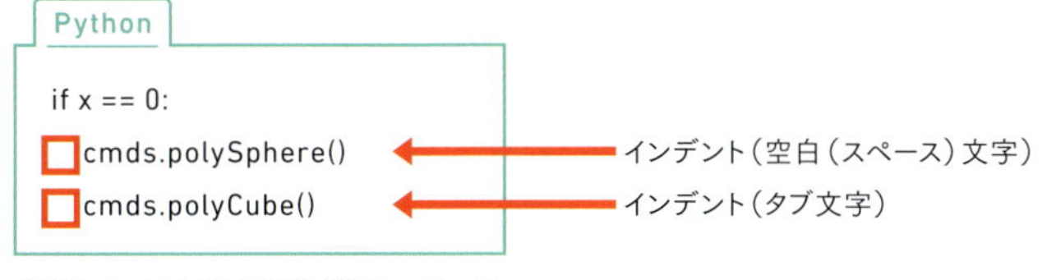

使用している文字の種類が異なっている

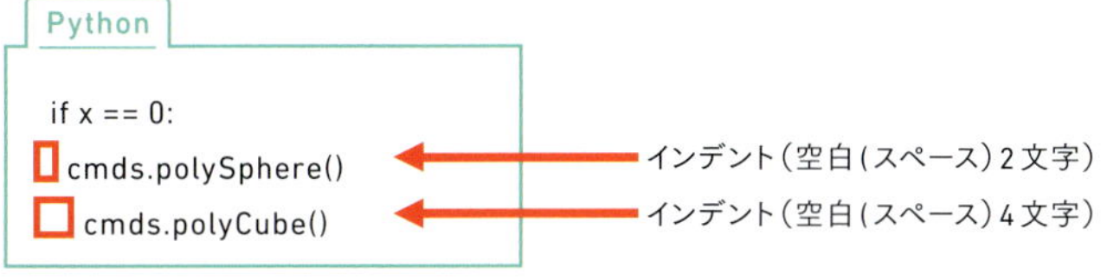

使用している文字の数が異なっている

上記の無効なインデントがある場合、実行時にエラーになってしまいます。Pythonではこのインデントが非常に重要なのでよく理解しておきましょう。また、ifが書かれている行はコロン(:)で終わるので忘れずに入力しましょう。

実行と確認

では、実際にifを使用して、変数の値を可変させることを前提に、変数の値が1より小さければ立方体を作成するスクリプトを書いてみましょう。Pythonを入力するときはインデントに注意して入力しましょう。

1 実行

シーンのオブジェクトを消去しておきます。

2 実行

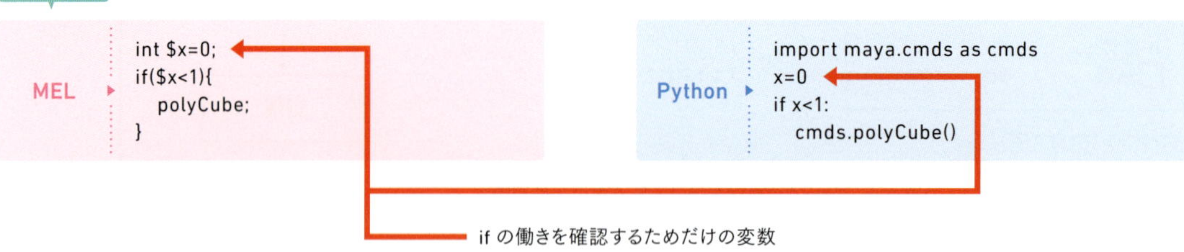

MEL

```
int $x=0;
if($x<1){
    polyCube;
}
```

Python

```
import maya.cmds as cmds
x=0
if x<1:
    cmds.polyCube()
```


このようにスクリプトを入力し、実行します。
MELではPythonと違いインデントを入れる必要はありませんが、ブロック内であることをわかりやすくするため、ブロック内はタブ文字などでスペースを空け、段落を1段下げるとよいでしょう。

3 確認

キューブが作成されました。

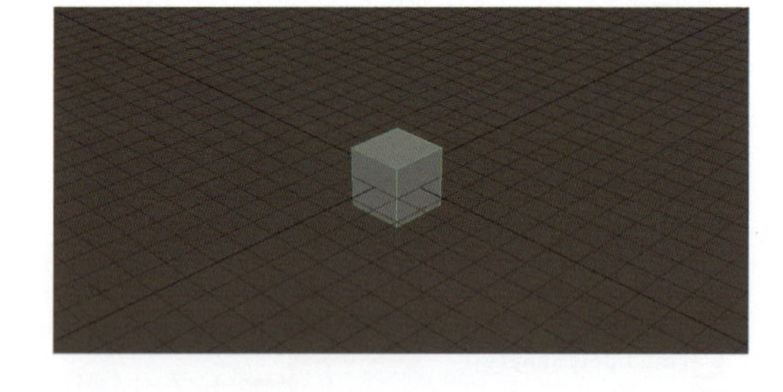

4 実行

シーンのオブジェクトを再度消去します。

5 実行

実際に入力

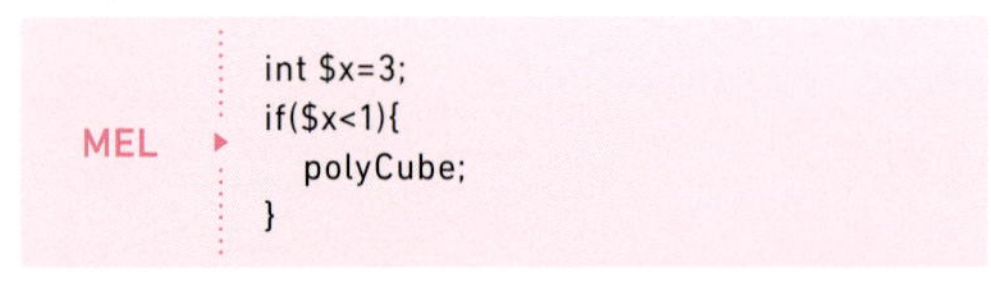

MEL

```
int $x=3;
if($x<1){
    polyCube;
}
```

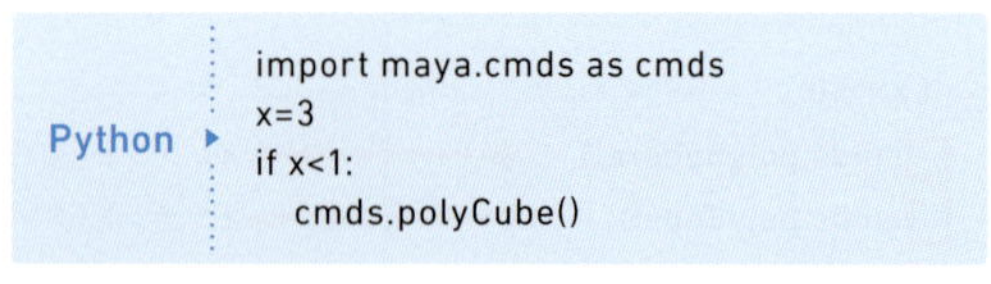

Python

```
import maya.cmds as cmds
x=3
if x<1:
    cmds.polyCube()
```

変数に代入する値を3（条件を満たさない適当な整数）に変更し、実行します。

6 確認

何も作成されません。

［コマンド］>［インデントにタブを使用］をオンにすることで、Tabを押した時に「複数の半角スペース」ではなく「タブ文字」が使用できます。

具体的なスクリプトの流れ（if）

MEL

```
if($x<1){
  polyCube;
}
```

Python

```
if x<1:
  cmds.polyCube()
```

$x<1/x<1（条件）

MELでは $x<1、Pythonでは x<1 が条件です。<は小なりを表します。つまり、変数が1より小さいかどうかが、ブロックの処理を実行するかどうかの条件になります。

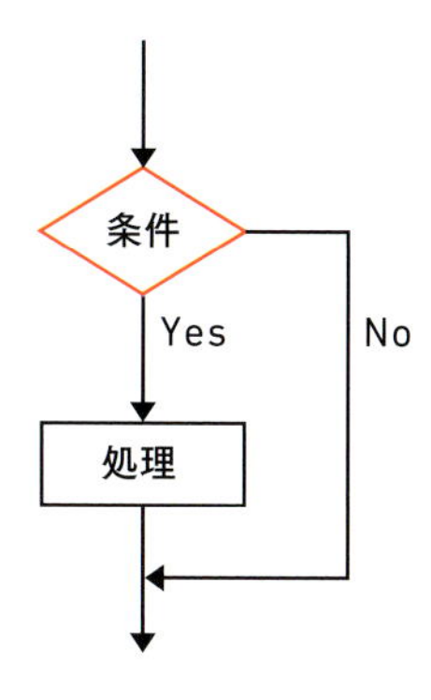

変数が 0 の場合

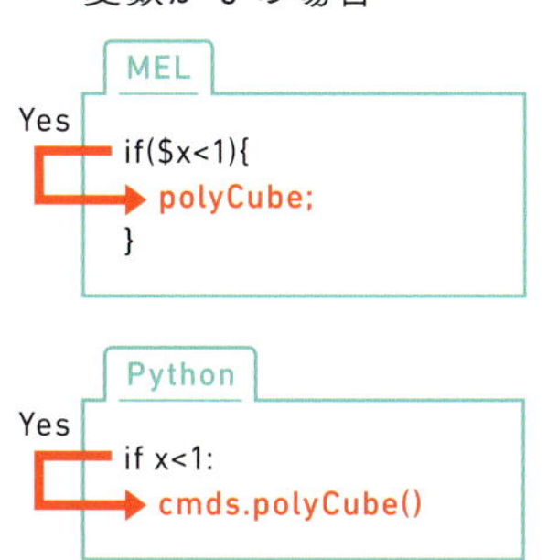

polyCube; /cmds.polyCube()（処理）

変数に0を代入していた場合、条件が満たされるので、ブロックの処理に移ります。polyCubeが実行され、立方体が作成されます。

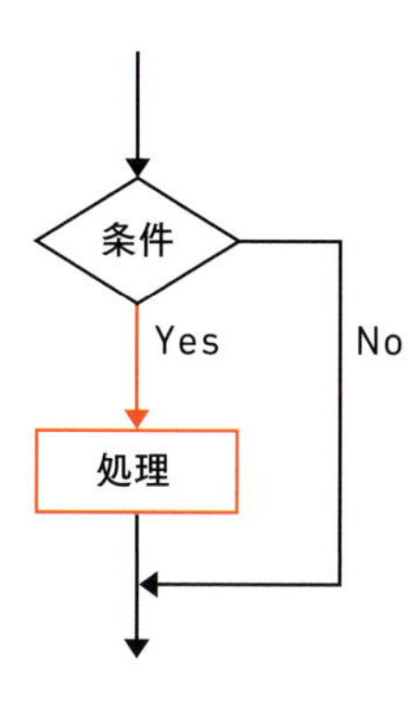

変数が 3 の場合

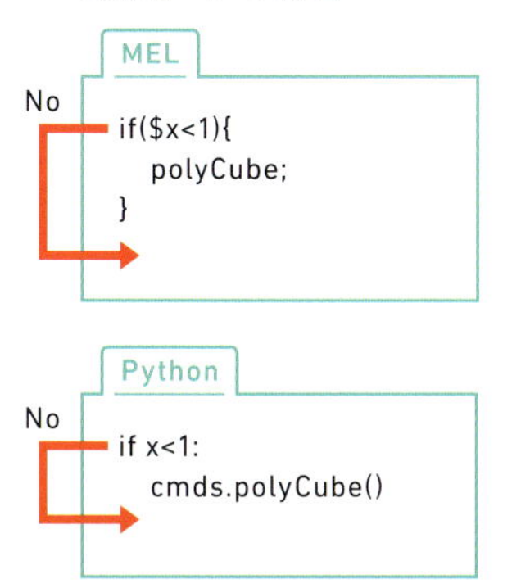

変数に1以上を代入していた場合、条件が満たされないので、ブロックの処理には移らず、何も作成されません。

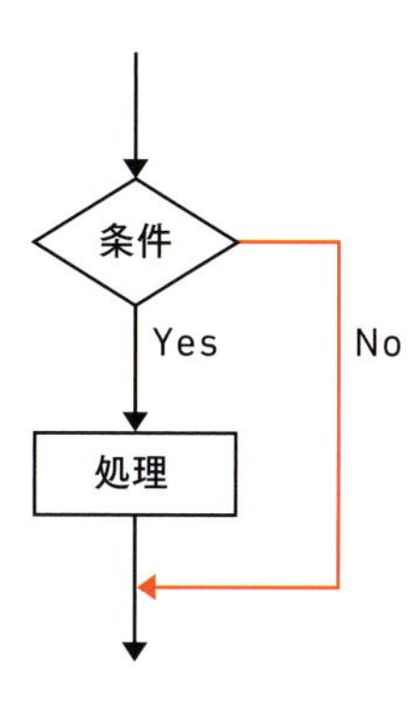

このとき2つの値を比較するときに使用した「<」を関係演算子と言い、次の種類があります。これらをif文で使用することでさまざまな条件を作成することが可能です。

関係演算子	意味	例		例の意味	
		MEL	Python	MEL	Python
<	小なり	$x<1	x<1	$xが1より小さい	xが1より小さい
<=	以下	$x<=1	x<=1	$xが1以下	xが1以下
>	大なり	$x>1	x>1	$xが1より大きい	xが1より大きい
>=	以上	$x>=1	x>=1	$xが1以上	xが1以上
==	等しい	$x==1	x==1	$xが1と等しい	xが1と等しい
!=	等しくない	$x!=1	x!=1	$xが1と等しくない	xが1と等しくない

if else

if else 文を使用すれば、条件を満たしたときのみでなく、条件を満たさなかったときの処理も指定できます。

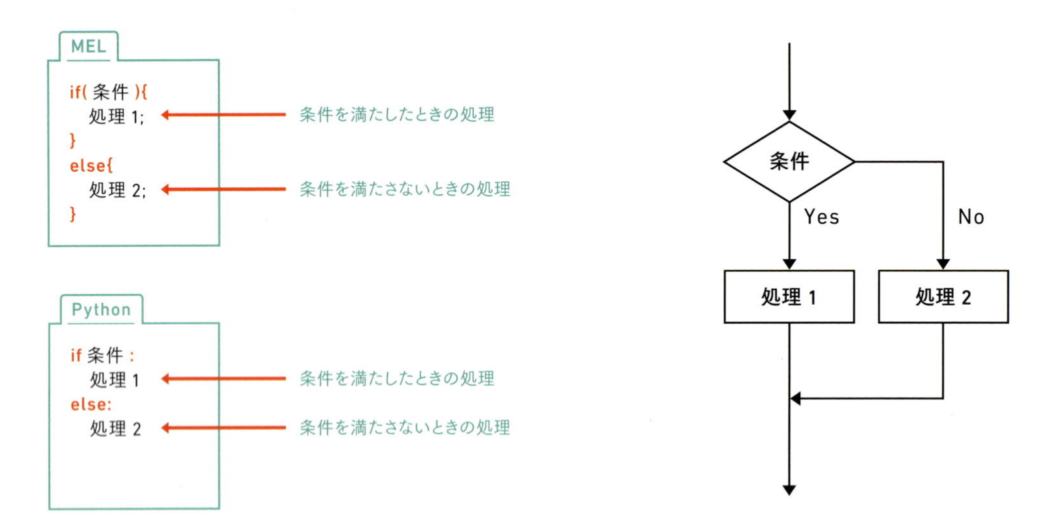

ifの後ろの条件を満たした場合、直後のブロックの処理、「処理1」を行います。条件を満たさない場合、else直後のブロックの処理、「処理2」を行います。if else文は、条件を満たすか否かで、必ずどちらか片方の処理を実行します。

実行と確認

実際if elseを使用して、変数の値を可変させることを前提に、変数の値が1より小さければ立方体を作成し、変数の値が1より小さくなければ球を作成するスクリプトを書いてみましょう。

1 実行

シーンのオブジェクトを消去しておきます。

2 実行

実際に入力

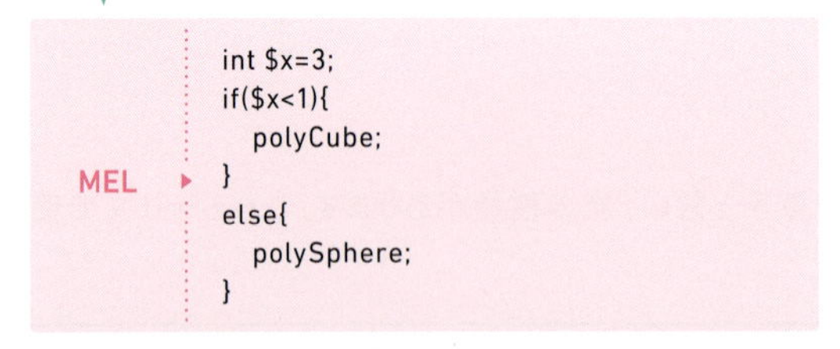

MEL
```
int $x=3;
if($x<1){
   polyCube;
}
else{
   polySphere;
}
```

Python
```
import maya.cmds as cmds
x=3
if x<1:
   cmds.polyCube()
else:
   cmds.polySphere()
```

このようにスクリプトを追記して実行します。Pythonではif・elseの処理部分のインデントに気をつけてください。

3 確認

球が作成されました。

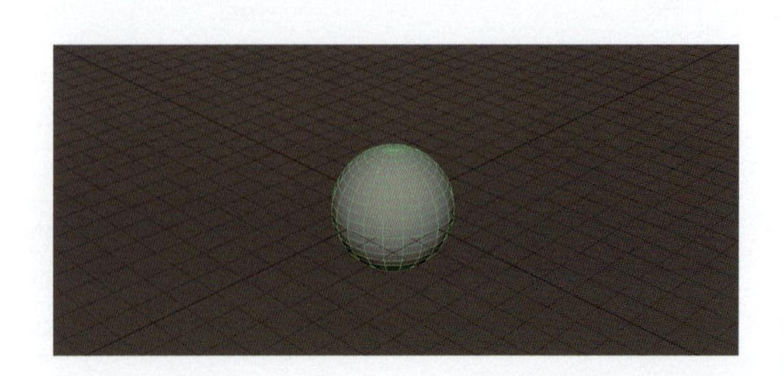

具体的なスクリプトの流れ（if else）

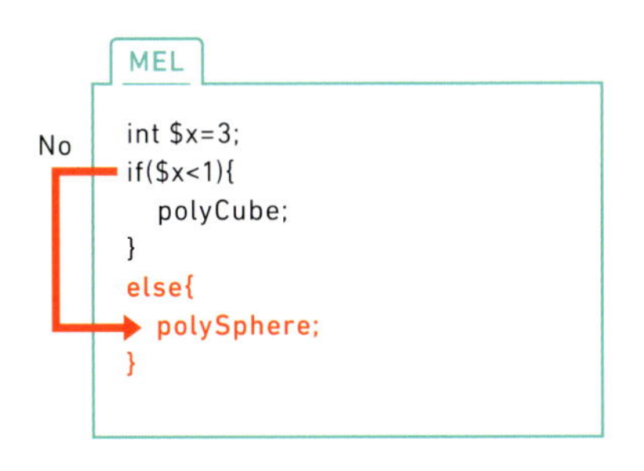

Python

```
import maya.cmds as cmds
x=3
if x<1:
    cmds.polyCube()
else:
    cmds.polySphere()
```

No

else{ polySphere; }/
else: cmds.polySphere()
変数に1以上が代入されていた場合、条件が満たされないので、else直後のブロックの処理に移ります。polySphereが実行され、球が作成されました。

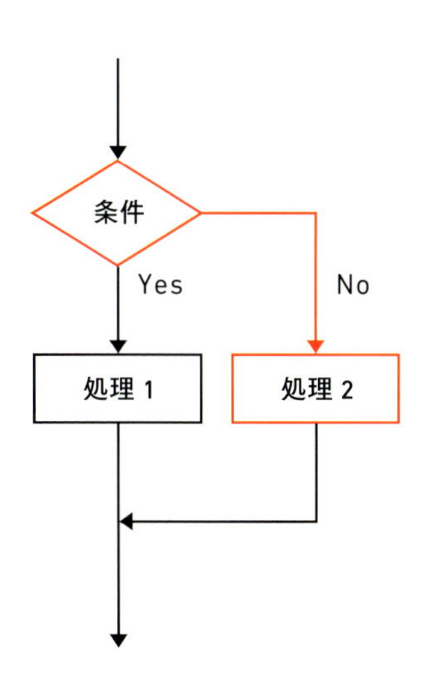

MEMO

条件分岐は、他にもswitch文があります。if文とは違い、変数の値によって3つ以上の処理に分岐できます。Pythonにはswitch文はないためMELだけの解説となります。

MEL

```
switch( 変数 ){
    case 値 1:
            処理 1;
            break;
    case 値 2:
            処理 2;
            break;
    default:
            処理 3;
            break;
}
```

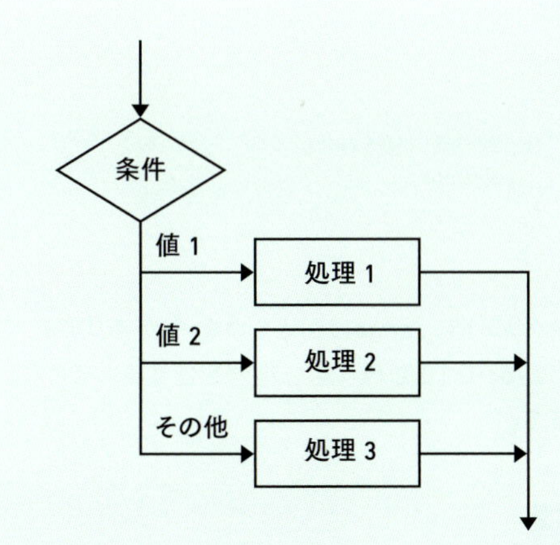

変数の値とcaseの値が等しいとき、その値の直後からbreakまでの処理が行われます。変数の値がどのcaseの値とも等しくなかったとき、defaultの直後からbreakまでの処理が行われます。caseの数はいくつでも構いません。また、defaultは省略でき、変数の値がどのcaseの値とも等しくなかったとき、どの処理も実行されません。caseの値の後ろについている記号は、コロン（:）なので注意しましょう。

繰り返し処理forを使用し立方体を10個作る

スクリプトは、繰り返しの作業に大きな威力を発揮します。ここでは繰り返し作業の基本を、forを使用して説明していきます。

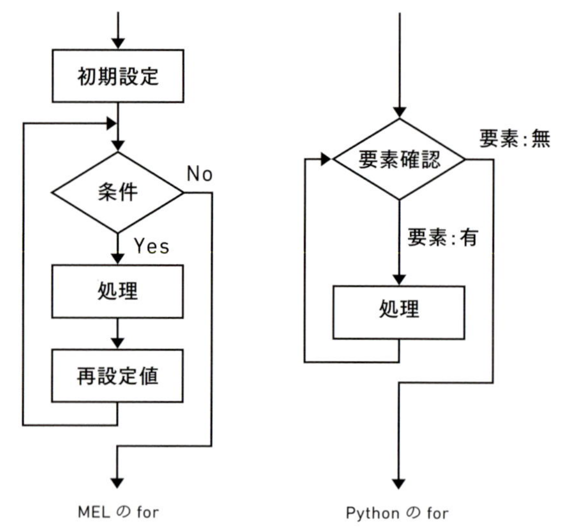

MELの for は、()内に初期設定、条件、再設定値を;で区切って記述し、条件を満たしている場合のみブロックの処理に移ります。PythonではMELのfor文と違い、初期設定、条件、再設定値がありません。オブジェクト（要素が入っているもの）を用意し、その中から要素を取り出し変数に渡して、要素の数だけ繰り返し処理を行います。if文と同じく処理の部分にはインデントが必要ですので気をつけましょう。

実行と確認

1 実行

シーンのオブジェクトを消去しておきます。

2 実行

実際に入力

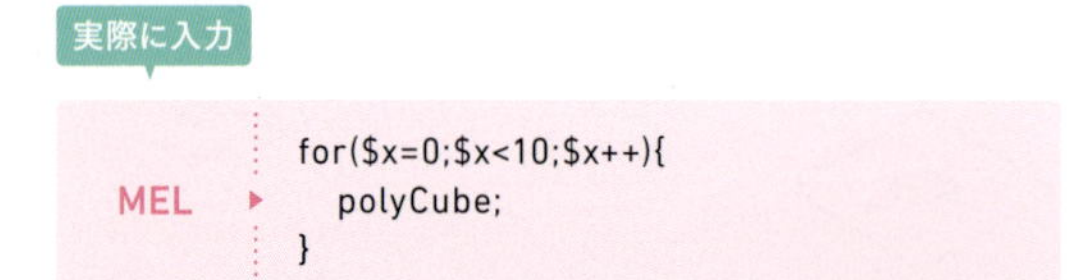

```
MEL
for($x=0;$x<10;$x++){
    polyCube;
}
```

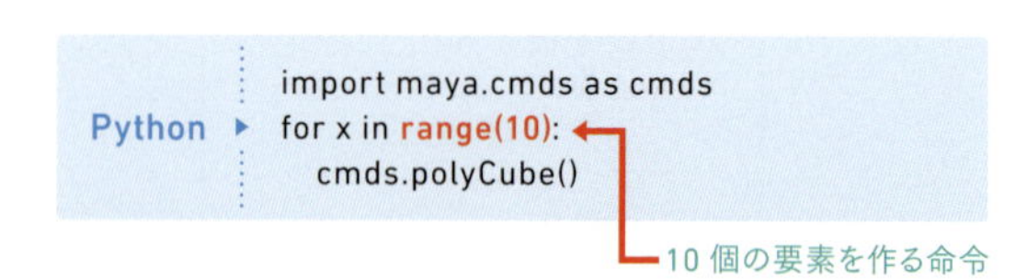

```
Python
import maya.cmds as cmds
for x in range(10):
    cmds.polyCube()
```

10個の要素を作る命令

Pythonのスクリプトにrange(10)という命令があります、この命令は連続した要素を10個作るという命令になります。ここではforで10回繰り返し処理をさせるおまじないだと思って入力してください。入力ができたらスクリプトを実行します。

3 確認

立方体が10個作成されました。ビューでは1個にしか見えませんが、これは立方体がすべて同じ座標に作成されたためです。アウトライナで確認すると、10個作成されていることがわかります。

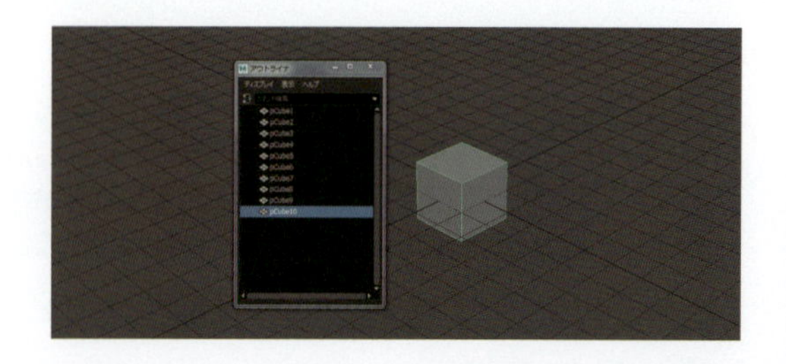

具体的なスクリプトの流れ（MEL:for）

MEL

```
for($x=0;$x<10;$x++){
  polyCube;
}
```

❶ $x=0（初期設定）

初期設定 $x=0 は、for 文を開始する際、必ず最初に実行される式です。ここでは変数 $x に 0 が代入されます。

```
for($x=0;$x<10;$x++){
  polyCube;
}
```

❷ $x<10（条件）

$x<10 が条件です。< は小なりを表します。つまり、変数が 10 より小さいかどうかが、ブロックの処理を実行するかどうかの条件になります。

```
for($x=0;$x<10;$x++){
  polyCube;
}
```

❸ polyCube;（処理）

$x++ では、ループの最初は実行されません。先ほどの条件を満たしているので、ブロックの処理が実行されます。ブロック内のキューブを作成するコマンド polyCube; が実行され、最初のキューブ 1 個が作成されます。

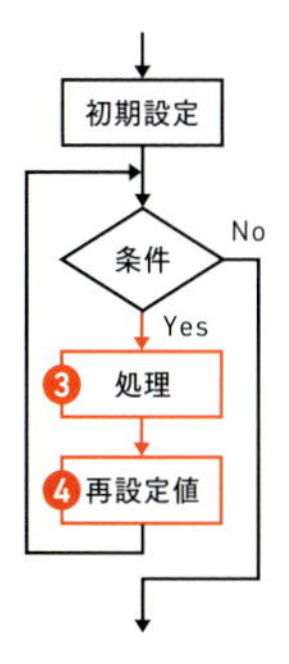


```
for($x=0;$x<10;$x++){
  polyCube;
}
```

❹ $x++（再設定値）

ブロック内の処理が実行された後は、() の中の最後の式が実行されます。$x++ は $x に 1 を足すという意味で、$x=$x+1; と同じ結果になります。1 を足す場合のみ特別に簡略化でき、このような書き方が可能です。ここでは $x が 0 だったので、1 が足されたことで、$x の値は 1 となりました。

```
for($x=0;$x<10;$x++){
  polyCube;
}
```

❺ $x<10（条件）

再び条件に移ります。$x は 1 なので、$x<10 は今回も成り立ちます。

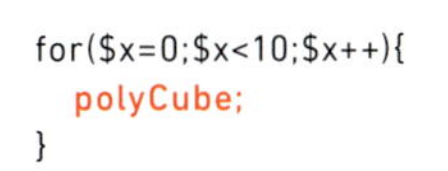

```
for($x=0;$x<10;$x++){
  polyCube;
}
```

❻ polyCube;（処理） 条件が成り立ったので、ブロック内の処理に再び移り、polyCube により 2 つめのキューブが作成されます。

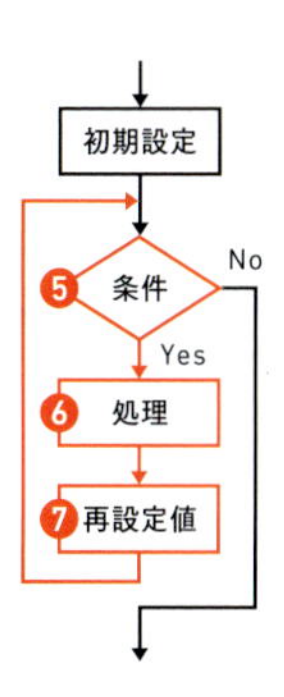


```
for($x=0;$x<10;$x++){
  polyCube;
}
```

❼ $x++（再設定値）

再び $x に 1 が足されます。$x が 2 になります。

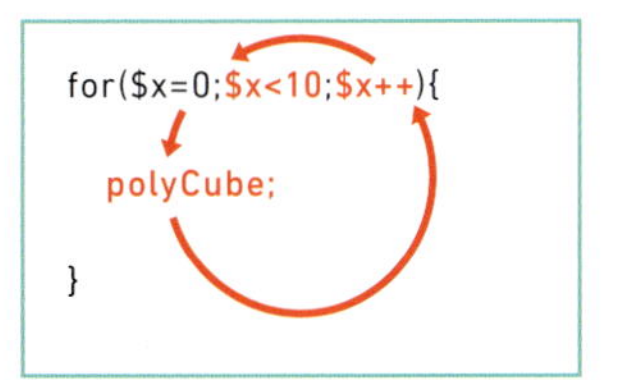

```
for($x=0;$x<10;$x++){
  polyCube;
}
```

このように $x が 10 より小さい間、{} の中のコマンド（立方体作成）と、$x に 1 を足す、を繰り返します。

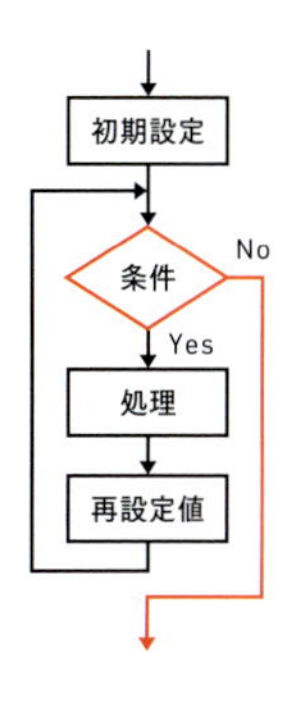

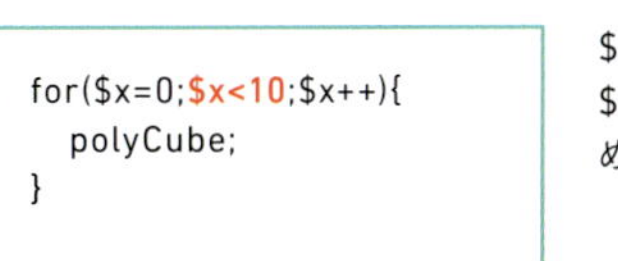

```
for($x=0;$x<10;$x++){
  polyCube;
}
```

$x が 10 になると、条件 $x<10 を満たさなくなり、for は終了します。つまり、$x が 0 から 9 までの間、条件処理が満たされて polyCube を実行したため、合計 10 個の立方体ができたのです。

具体的なスクリプトの流れ（Python:for）

Python

```
for x in range(10):
    cmds.polyCube()
```

❶range(10)（要素の作成）

rangeは()内で指定した値の、連続した数値のオブジェクトを作ってくれます。ここでは10と指定していますので[0, 1, 2, 3, 4, 5, 6, 7, 8, 9]と10個の要素が入ったオブジェクトが作られます。この工程は一度だけ行われます。

```
for x in range(10):
    cmds.polyCube()
```

❷x（要素の代入）

range(10)で作られた要素が順番にxに代入されます。ここでは一番初めの0がxに代入されます。

```
for x in range(10):
    cmds.polyCube()
```

❸cmds.polyCube()（処理）

要素があったので、処理が実行されます。

❶ ❷要素確認 要素:有 ❸処理 要素:無

```
for x in range(10):
    cmds.polyCube()
```

❹x（要素の代入）

オブジェクトの中に次に代入できる要素があるか確認します。range(10)で作られた要素が順番にxに入れられます。ここでは0の次の1がxに代入されます。

```
for x in range(10):
    cmds.polyCube()
```

❺cmds.polyCube()（処理）

要素があったので、処理が実行されます。

❹要素確認 要素:有 ❺処理 要素:無

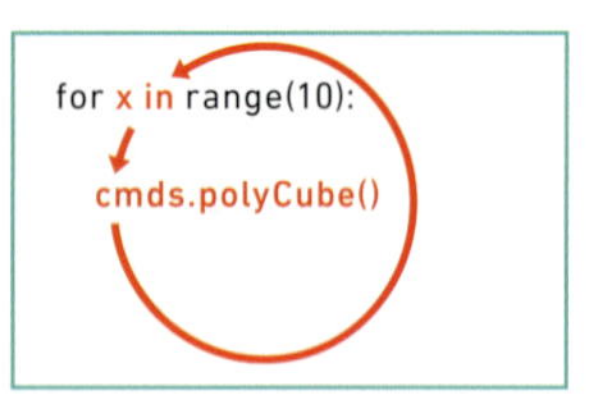

このように、オブジェクトの中にxに代入できる要素がある間は処理を繰り返します。

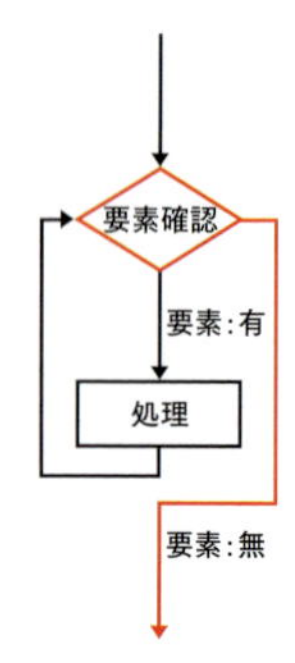


```
for x in range(10):
    cmds.polyCube()
```

xが9まで繰り返されると、次に入れられる要素がなくなるため、繰り返し処理は終了します。
0から9まで10回のcmds.polyCube()を実行したため、合計10個の立方体ができたのです。

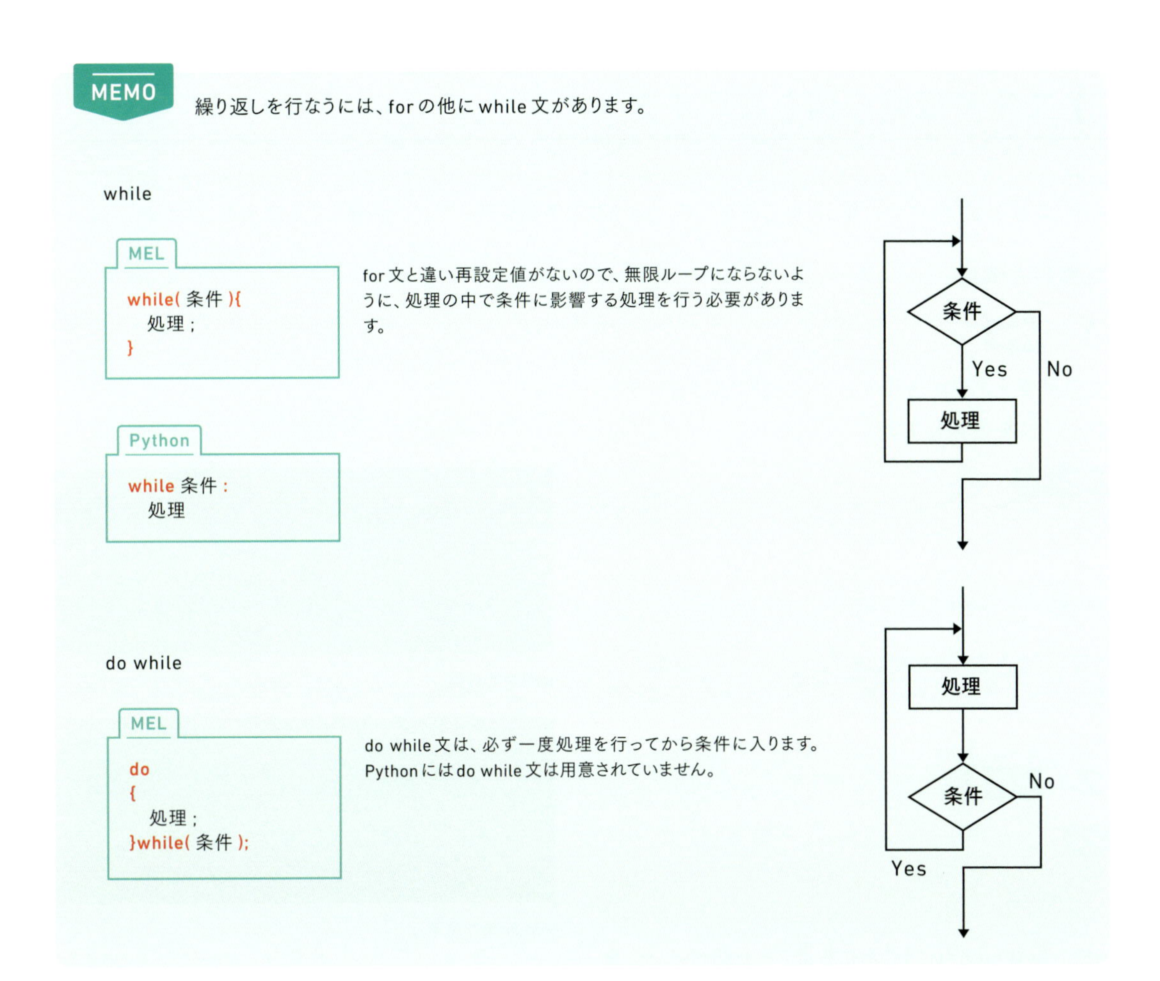

無限ループ

ループを続けても条件を満たし続けてループを終了できない状態を、無限ループと言います。下の例は、変数が-1より大きい間ループするというfor文ですが、変数の初期値が0で、再設定値も変数に1を足すものなので、いつになっても-1以下にはならず、forを抜けることができません。無限ループを起こすとMayaは操作を一切受け付けなくなり、強制終了が必要です。このとき、シーンのデータは保存ができないので、スクリプトを実行する際にはシーンやスクリプトの保存を小まめに行うことを推奨します。また、完成したスクリプトでも、使い方によって無限ループが発生するようなスクリプトでは、他の人が使う場合にとても迷惑です。そこで、どのような状況においても無限ループが発生しないスクリプトを書くことを心がけましょう。

無限ループの例

MEL

```
for($x=0;$x>-1;$x++){
    polyCube;
}
```

このような無限ループが起こるスクリプトを実行すると、Mayaの操作ができなくなってしまいます。もしも操作ができなくなってしまったら、Ctrl + Alt + Deleteでタスクマネージャを起動し、Mayaを強制終了しましょう。

文字や変数の値を表示する

printコマンドを使用することで、文字や変数の値をヒストリエリアに表示できます。条件分岐がうまく機能しているか、変数の値はいくつになっているのかなど、さまざまな情報を得るために必要になる重要なコマンドです。

実行と確認

1 実行

文字列をそのまま表示するには、ダブルクォーテーション(")を使用します。

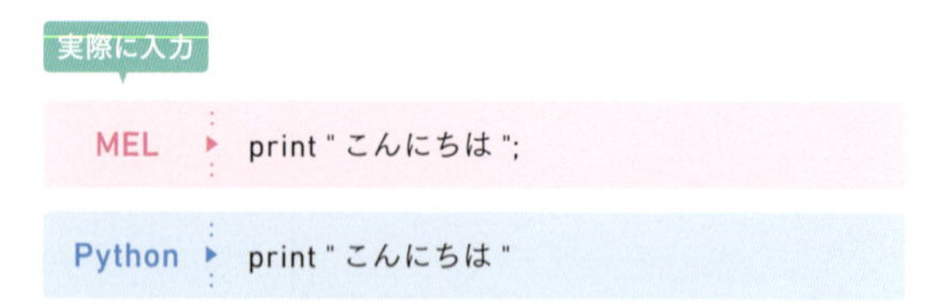

実際に入力

MEL
```
print " こんにちは ";
```

Python
```
print " こんにちは "
```

このように入力して実行します。

MEL実行結果

2 確認

結果

```
こんにちは
```

Python実行結果

MEL・Pythonともに「こんにちは」と上部ペインに表示されます。
次に、変数の値を表示します。試しに変数に5を代入してから、printで変数の値を表示してみます。

3 実行

実際に入力

MEL
```
int $x=5;
print $x;
```

Python
```
x=5
print x
```

このように入力して実行します。

MEL実行結果

4 確認

結果

```
5
```

Python実行結果

MEL・Pythonともに変数の値が上部ペインに表示されました。

文字列と連結して、変数の値をわかりやすく表示します。

5 実行

実際に入力

MEL
```
int $x=5;
print("$x の値は " + $x + " です ");
```

Python
```
x=5
print "x の値は " + str(x) + " です "
```

このように入力して実行します。

MEL 実行結果

Python 実行結果

6 確認

結果

MEL の結果
$x の値は 5 です

Python の結果
x の値は 5 です

文字列と変数の値が連結された状態で表示されました。

MEL

連結

print ("$x の値は " + $x + " です ") ;

そのまま表示　値を表示　そのまま表示

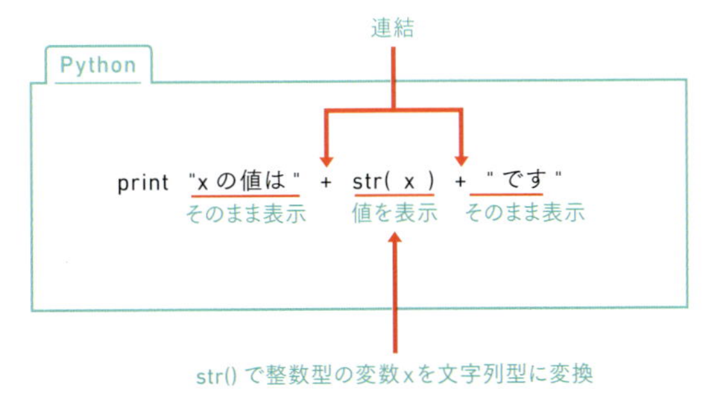

少し複雑そうに見えますが、分けて考えると明確です。そのまま表示したい文字列にはダブルクォーテーション(")をつけ、値を表示したい変数とプラス記号(+)で連結しただけです。MEL で連結する場合は、表示するもの全体に括弧 () をつける必要があります。
Python の print 文では変数の x を str() で囲っています。これは変数 x を整数型から文字列型に変換する命令になります。変数 x は整数の 5 を代入したので整数型の変数になっています、Python では型の違う変数と文字列を結合する場合、明示的に文字列型に変換する必要があります。
変数と文字列の連結は、これからよく使用していくテクニックなので、いろいろ試して理解しましょう。

選択した複数オブジェクトを配列変数に代入する

lsコマンドで選択したオブジェクトの名前を取得します。同時に、1つの変数に複数の値が代入できる配列変数を使用し、オブジェクト名を代入します。

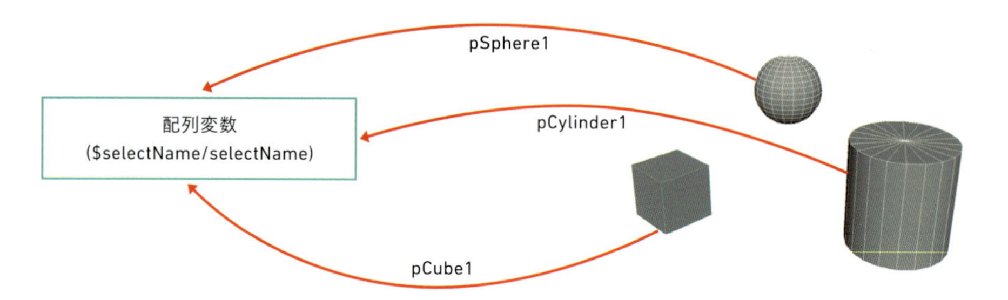

実行と確認

1 実行

球体、立方体、円柱など何でもよいので、適当にオブジェクトを作成して配置します。

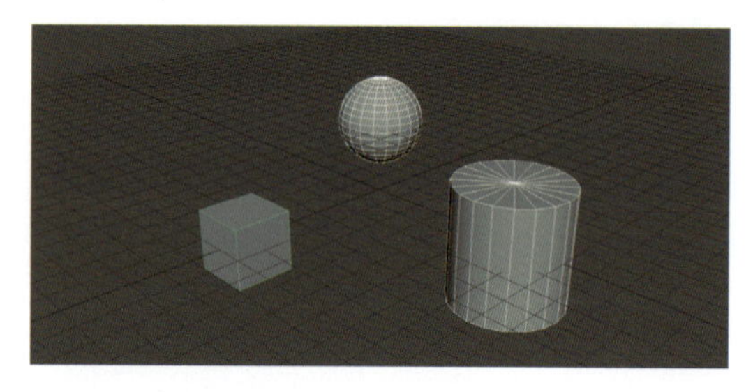

2 実行

作成したオブジェクトを、Ctrl + Shift + 🖱で順々にすべて選択します。

3 実行

実際に入力

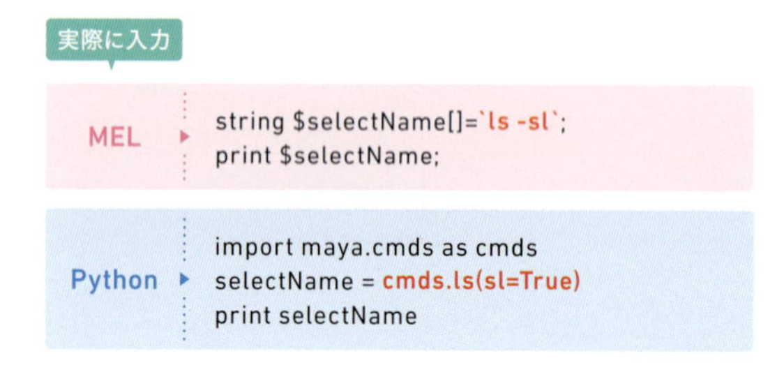

MEL

```
string $selectName[]=`ls -sl`;
print $selectName;
```

Python

```
import maya.cmds as cmds
selectName = cmds.ls(sl=True)
print selectName
```

-slフラグを追加することで選択されているオブジェクトの名前が取得できます。

$selectNameに選択したオブジェクト名を代入し、すぐに$selectNameの値を表示するスクリプトです。宣言時$selectNameの後ろには[]をつけます。コマンドの結果を変数に代入する場合、前後にバッククォート(`)をつける必要があります。シングルクォーテーション(')ではないので注意が必要です。フラグはすべて小文字で入力します。

Pythonではslフラグに値(True)を指定することによって選択されているオブジェクトの名前が取得できます。

4 確認

結果

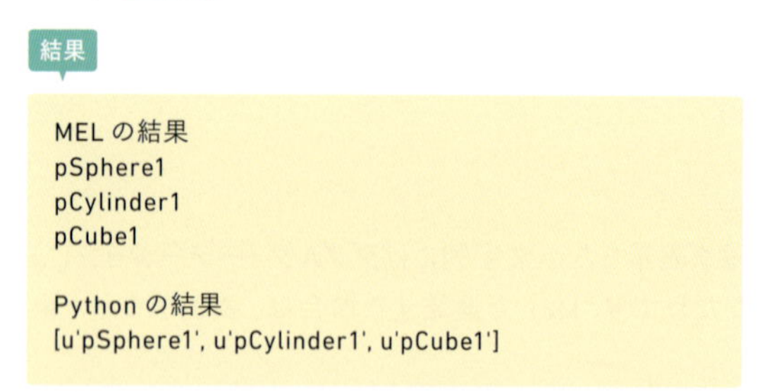

MELの結果
pSphere1
pCylinder1
pCube1

Pythonの結果
[u'pSphere1', u'pCylinder1', u'pCube1']

MEL実行結果

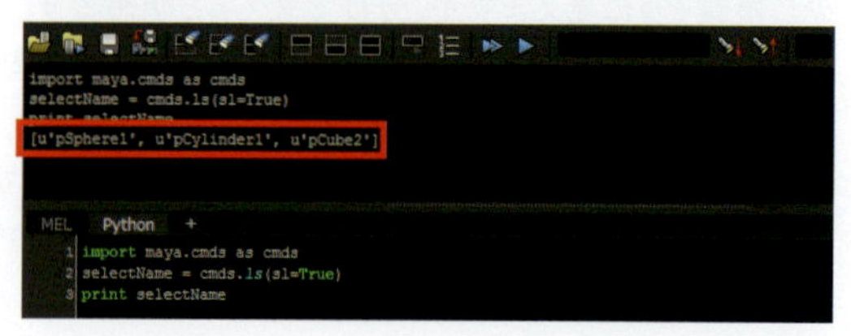

Python実行結果

変数の中身が出力され、選択したオブジェクト名が複数変数に代入されていることが解ります。

配列変数に入力されている値を1つずつ表示する

配列変数では、変数名の後に[]をつけて中に整数値を入れることで、値を1つずつ表示できます。

実行と確認

1 実行

実際に入力

MEL
```
string $selectName[]=`ls -sl`;
print $selectName[0];
```

Python
```
import maya.cmds as cmds
selectName = cmds.ls(sl=True)
print selectName[0]
```

2 確認

結果

MEL の結果
pSphere1

Python の結果
pSphere1

複数代入されたうちの、最初の値のみが表示されました。

MEL 実行結果

Python 実行結果

配列変数

配列変数とは、要素という番号をつけることにより、複数の値が管理できる変数です。MELでは要素の個数は宣言時に決めることもできますが、特に指定がない場合は代入する値の数によって自動的に決まります。
Pythonでは配列を「リスト」と呼びます。MELの配列とは厳密には異なるものですが、MELと合わせて配列変数として説明していきます。

整数型(int)型の配列変数

文字列(string)型の配列変数

配列変数を宣言（MELのみ）

MELでは通常の変数の後に[]をつけて宣言すると、配列変数となります。Pythonでは宣言をする必要はありません。

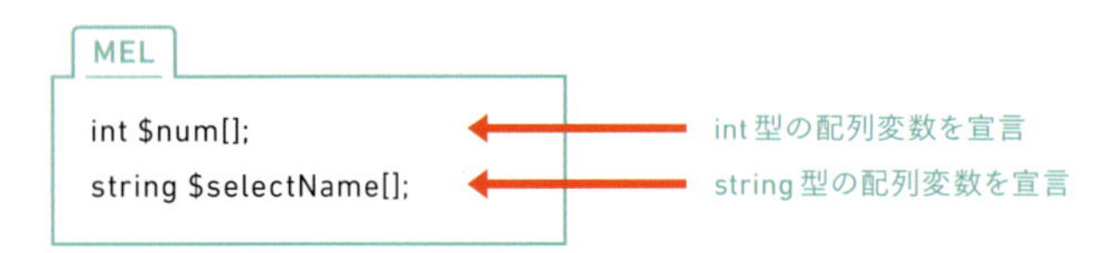

配列変数に代入

配列変数名の後ろに整数値を[]で囲み、代入する場所を指定します。1番目なら[0]と指定します、配列変数の要素の番号は0から始まるので気をつけましょう。あとは変数と同じく(=)イコールで要素を代入します。
MELの場合、配列変数の要素数以上の番号を指定しても自動的に要素数が追加されて代入されます。Pythonの場合、要素数以上の番号を指定するとエラーになります。

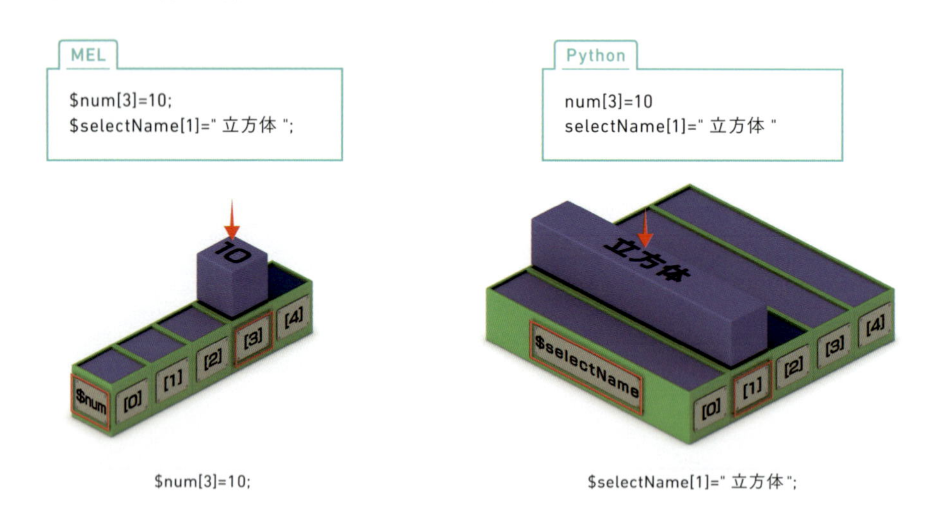

$num[3]=10;　　$selectName[1]=" 立方体 ";

下記のように要素数2の配列変数に要素数より大きな要素番号2を指定して代入しようとした場合、MELとPythonで反応が異なります。

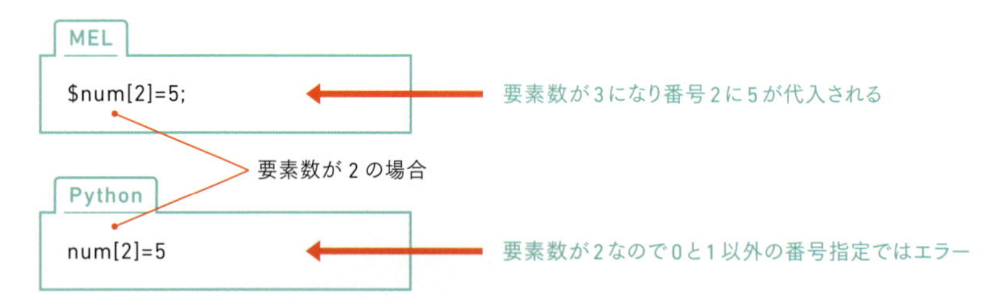

MELの場合、配列変数に一度に複数の値を代入する場合、要素数を指定せず[]のみで宣言します。

空の[]をつけるのは宣言時のみです。要素を使用するとき以外、配列ではない変数と記述のしかたは変わりません。

一度に複数の値を代入します。

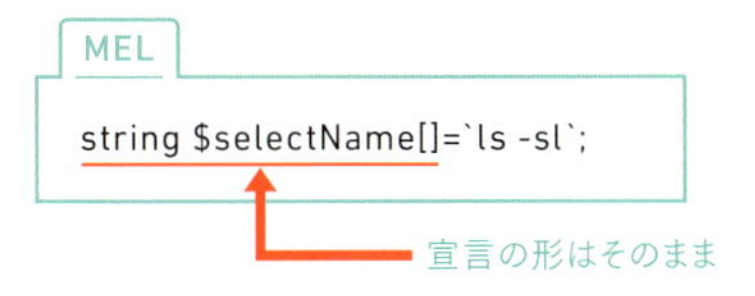

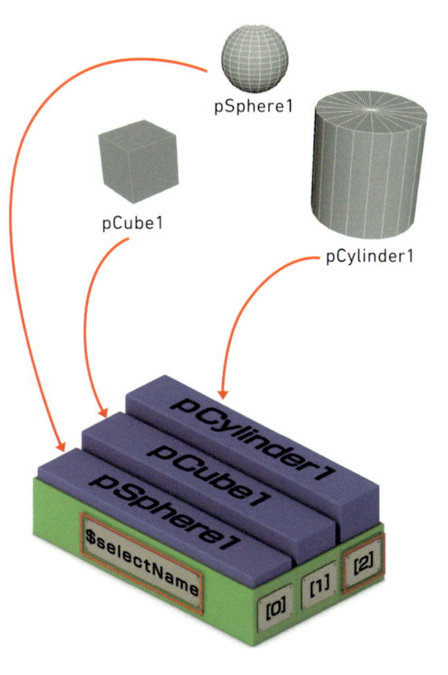

MELの場合、宣言と代入を一度に行う場合、宣言の形はそのままで、続けて代入の式を記述することができます。

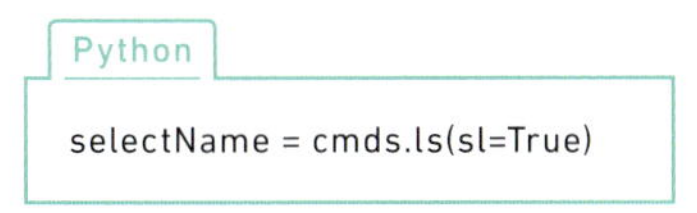

Pythonは宣言は必要ないので、変数を用意し複数の値を代入すれば動的型付けにより配列変数になります。

配列変数の表示や他の変数への代入

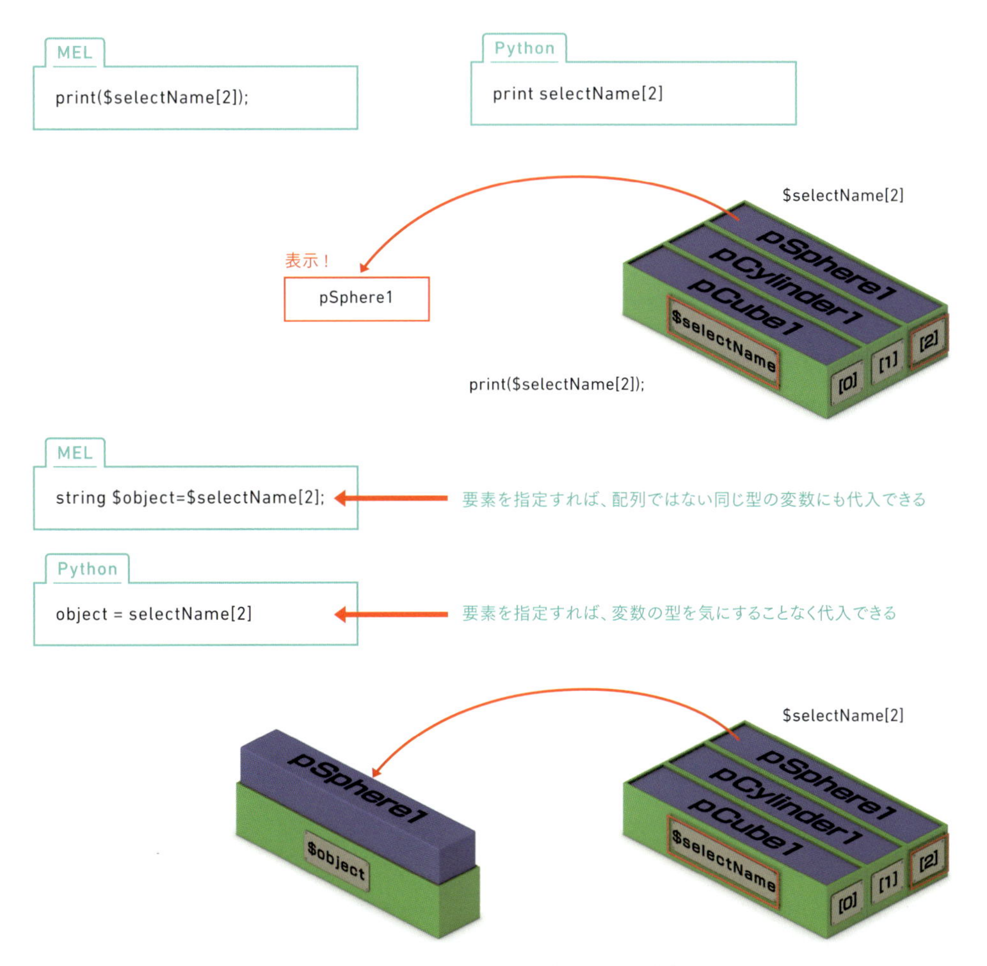

配列変数にのみ使用できるforの特別な使い方（MELのみ）

配列変数の値１つ１つを取り出して、同じ処理をしたいことが多々あります。MELでは for文で使用した初期設定、条件、再設定値の代わりに in を使用することで、配列１つ１つを簡単に取り出すことができます。
繰り返し処理の項目で解説したPythonのforと同じ処理にあたります。

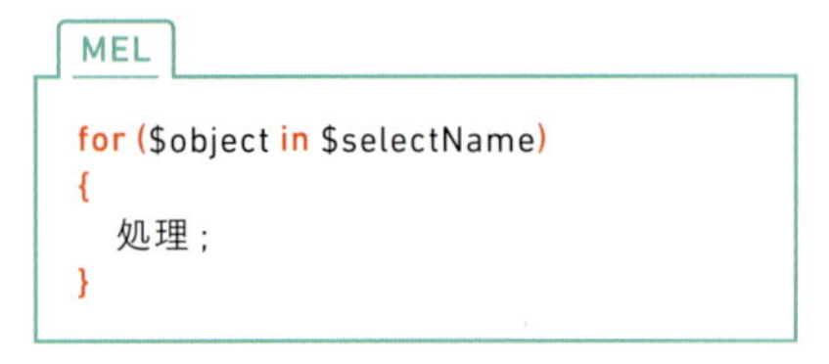

```
MEL
for ($object in $selectName)
{
  処理；
}
```

ブロック内実行回数	$object の値
1 回目	$object=$selectName[0]
2 回目	$object=$selectName[1]
3 回目	$object=$selectName[2]

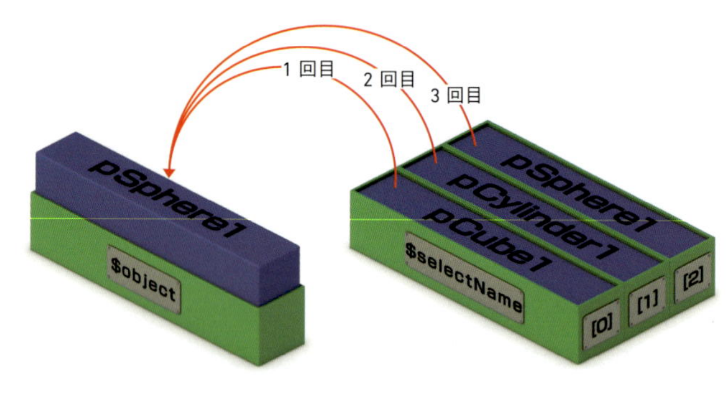

for ($object in $selectName)

最初$objectには$selectName[0]が代入され、2回目には$selectName[1]が代入されるように、$selectNameの値が1つ1つ順々に$objectに代入され、ブロック内の処理が行われます。配列の値を最後まで代入し終えると、forは終了します。

実行と確認

1　実行

作成したオブジェクトを、Ctrl + Shift + 🖱で順々にすべて選択します。

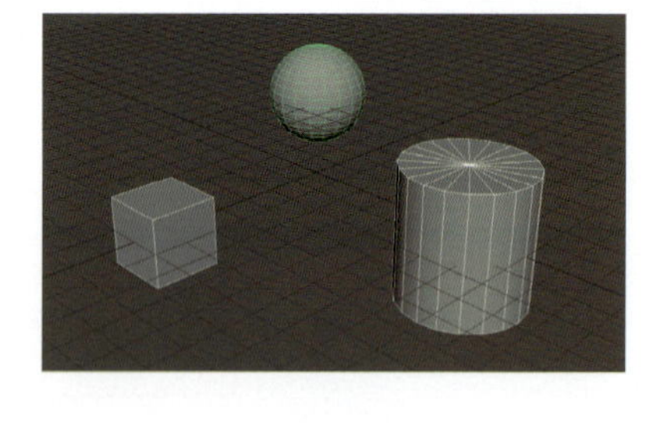

2　実行

```
MEL
string $selectName[]=`ls -sl`;
int $x=1;
for($object in $selectName){
   print($x + " 番目に選択したのは " + $object + " です \n");
   $x++;
}
```

ブロック内の処理が行われるたびに$objectの値を表示するスクリプトです。$xに最初1を代入しておき、ブロック内の処理を行うたびに$xに1を足しているので、$xの値は1回目は1、2回目は2とブロック内の処理回数を数えています。記入できたら実行します。

3　確認

```
1 番目に選択したのは pCube1 です
2 番目に選択したのは pCylinder1 です
3 番目に選択したのは pSphere1 です
```

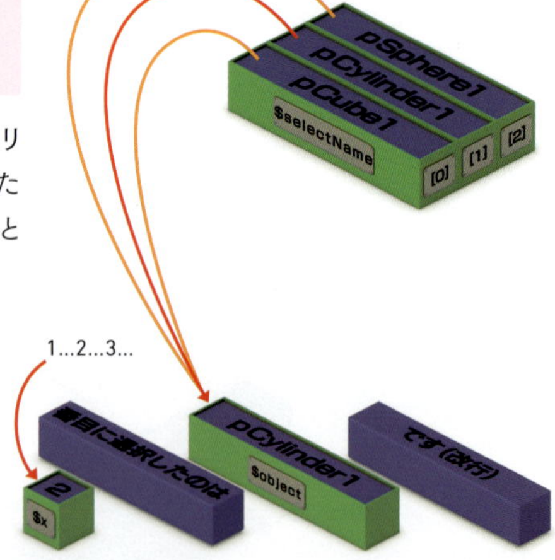

($x + " 番目に選択したのは " + $object + " です \n");

選択されたオブジェクト名、つまり配列変数$selectNameの中身が順番に表示されたことがわかります。

変数の再利用

MELの場合、これまで変数宣言は、単純に以下のように行ってきました。

MEL
```
int $x;
```

実はこれには危険な面があります。それは$xをintで一度宣言すると、そのスクリプト自体を消しても、Mayaを再起動するまで$xは他の型で宣言することができないのです。試しにスクリプトをクリアして、floatで宣言してみます。

MEL
```
float $x;

// エラー :float $x; //
// エラー : 異なる型での変数 "$x" の再宣言は無効です。 //
```

エラーになります。問題はこれだけでなく、もし他のMELが同じ$xという名前の変数を別の型で使用していた場合、エラーになってしまいます。この場合、Mayaを再起動しなければそのMELは使用できません。これを簡単に回避する方法があります。それは次のようにスクリプト全体を{}で囲うことです。

MEL
```
{
    int $x;
}
```

Pythonの場合、変数の宣言がないので一度使用した変数名をつけても問題なく再度使用することができます。

変数の有効範囲

変数の再利用でMELの変数$xを{}で囲うことで再宣言時のエラーを回避しました。これは変数が{}の内側でのみ有効であるという特性を利用したものです。このような変数の有効範囲を変数のスコープと言います。
if や for で使用している{}も同様で、もしも if の{}中で変数を宣言したときなど、if の{}外では無効になってしまうので注意が必要です。MELとは事なり、Pythonでは ifや forなどの制御構造でもスコープが作られないので、ifやforのブロック内で初めて定義された変数でも、ブロック外から参照することができます。ここでは説明しませんが、Pythonにスコープが無いわけではなく、関数やクラス定義などではスコープが作られます。

MEL
```
int $x;
{
    int $x;
}
{
    float $x;
}
```

- 2番目の$xのスコープ（{}の中でのみ有効）
- 3番目の$xのスコープ（{}の中でのみ有効）
- 最初の$xのスコープ（Maya全体で他のスクリプトにも影響する。グローバル変数という）

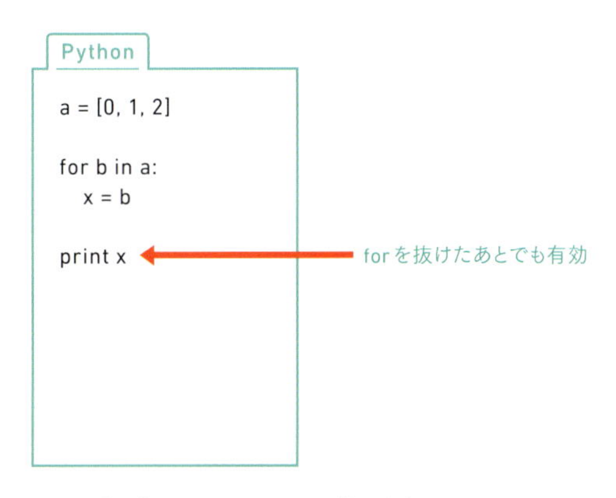

スコープが作られないので、forを抜けたあとでもxが参照でき、最後に代入された2が表示される。

コメント

特定の記号を使用することで、スクリプトを無効化しスクリプト中にメモなど書き込むことが可能です。この無効になった部分をコメントと言います。

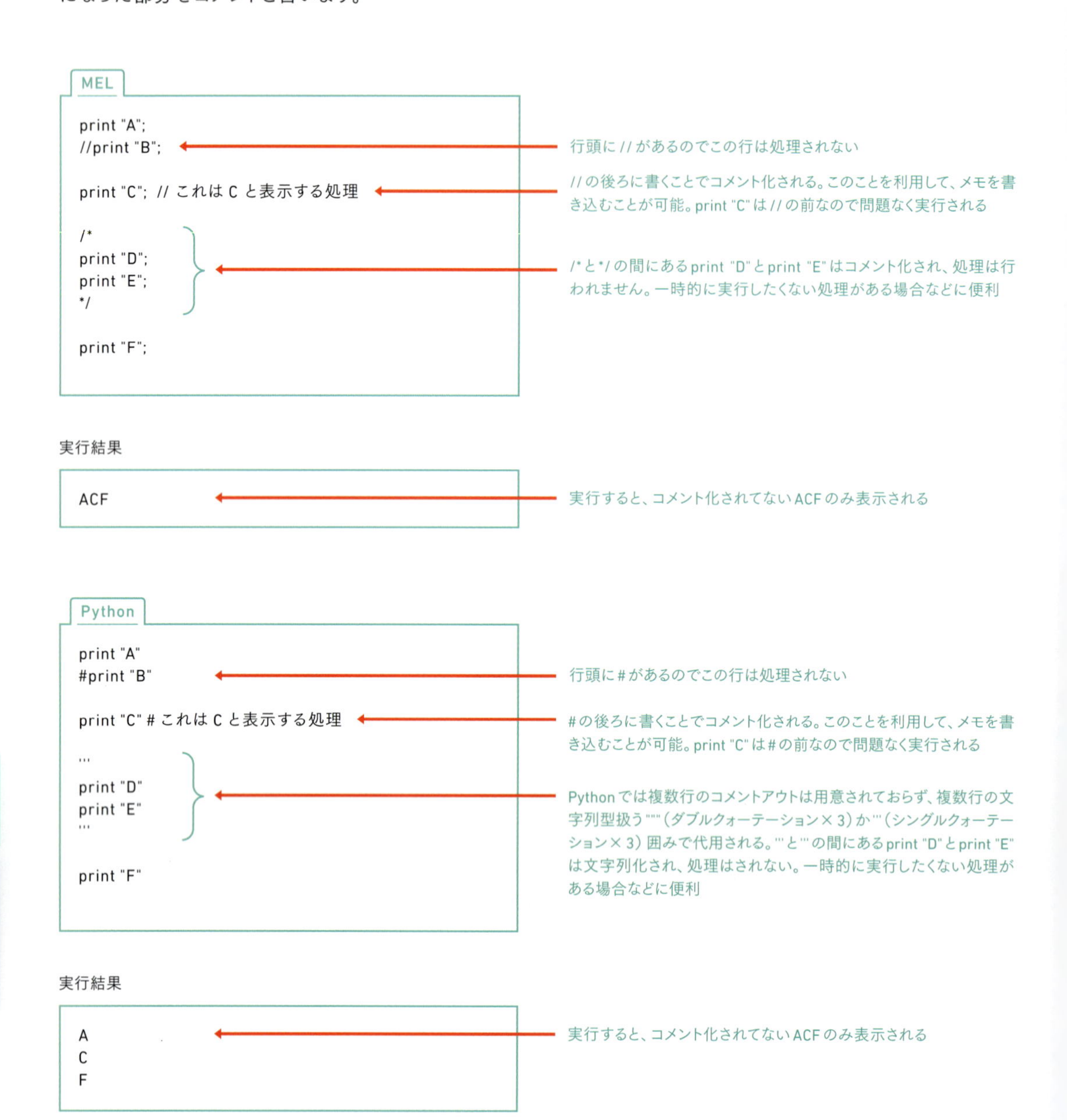

処理の内容などのコメントを記入しておくと、自分自身だけでなく、他の人が見たときにもわかりやすくなります。またデバッグ時など、一時的に処理を無効にして、スクリプトを簡略化することが可能です。

よくある間違い

とても初歩的な例ではありますが、MEL・Pythonでのよくある間違いを記載しました。実際にエラーが出てしまった時は参考にしてください。

共通

全角文字使用	"" の中や、コメント以外全角は使えない。全角スペースがないかも注意する。
大文字小文字	大文字小文字は区別される。
= と == の間違い	代入するときに使用する = を、if 文の中など比較しなければいけない処理に使用している。

MEL

セミコロン (;) のつけ忘れ	コマンドや計算の終わりには必ずつける。改行をしただけで忘れることが多い。
ドルマーク ($) のつけ忘れ	MELの変数はすべて頭に $ がつく。
シングルクォーテーション (') とバッククォート (`) の間違い	コマンドの結果を変数に代入する際にはバッククォート (`) を使用する。シングルクォーテーション (') ではないので注意 (入力は Shift + @ で行うことが多い)。
() や {} の数	{} がきちんと閉じられていない。
Python タブでコマンドを記述している	気付かぬうちに、タブを Python にしてしまっていることがある。

Python

コマンドをインポートしていない	Python で Maya に命令するときは、maya.cmds のインポートが必要。
コロン (:) のつけ忘れ	for 文や if 文の終わりには (:) を必ずつける。
インデントの数・種類が違っている	インデントに全角スペースが使用されている。スペースの数が違っている。タブ文字とスペースが混在している。
MEL タブでコマンドを記述している	気付かぬうちに、タブを MEL にしてしまっていることがある。

Chapter 7-3

スクリプトの応用

まとめとして、選択したオブジェクト名を一括変換できるリネームツールを作成しましょう。ほとんどが前項で学んだことの応用なので、作成する中でわからない部分があったら、前項に戻ってそれぞれの基本を確認しましょう。今回は、完成したスクリプトをファイルに出力するところまで行います。

作成するスクリプトがどのようなものか確認する

どんなスクリプトも、作成する前にどんな機能や使い方にするか、完成形をイメージして作ることが大切です。そこで今回は、これから作るスクリプトがどのようなものになるのか把握するため、あらかじめ完成しているものを一度実行して、動作を確認しましょう。

実行と確認

1 実行

sampleRenameTool.mel・sampleRenameTool.pyファイルを章の最初に説明したMayaがスクリプトを認識できるフォルダに移動しておきます。

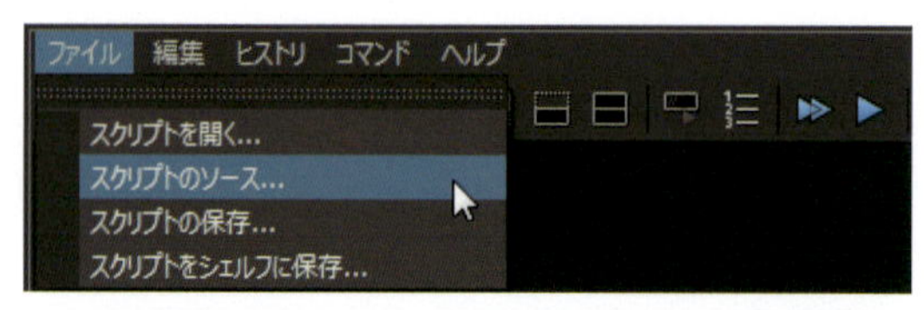

スクリプトの読み込み

2 実行

Mayaが起動中にファイルを移動させた場合、MELの場合はMayaを再起動するか、スクリプトエディタの[ファイル] > [スクリプトのソース]で移動したディレクトリからsampleRenameTool.melを選択しMayaに認識させます。

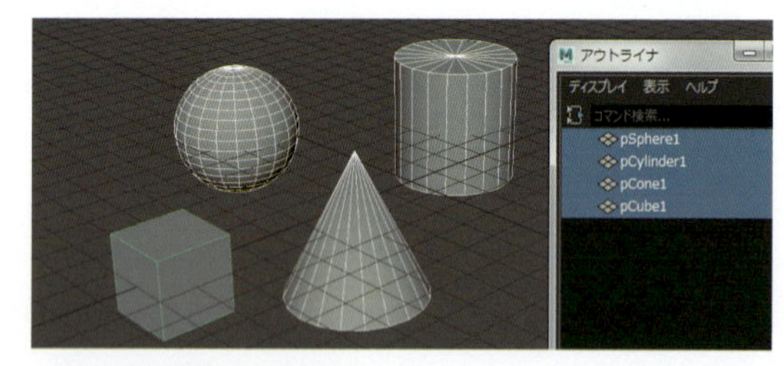

オブジェクト選択

3 実行

作成したオブジェクトを、Ctrl + Shift + 🖱で順々にすべて選択します。

4 実行

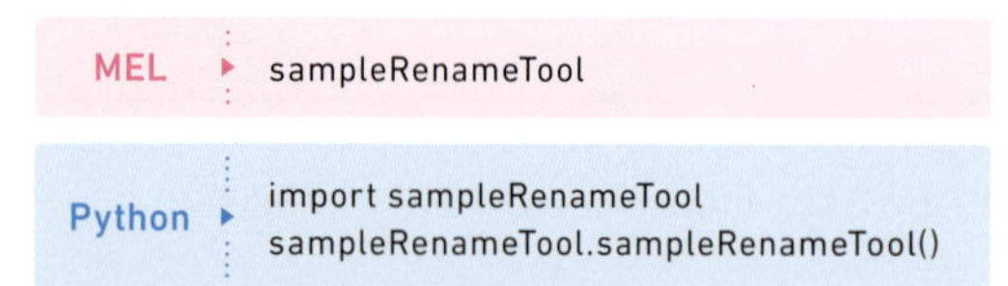

```
MEL     sampleRenameTool
```

```
Python  import sampleRenameTool
        sampleRenameTool.sampleRenameTool()
```

下部ペインに入力して実行します。

新しい名前を入力

5 実行

ダイアログが開くので、変更したい新しい名前を入力します。

6 確認

入力した名前に加え、選択した順番どおり連番がつけられたものにリネームされます。

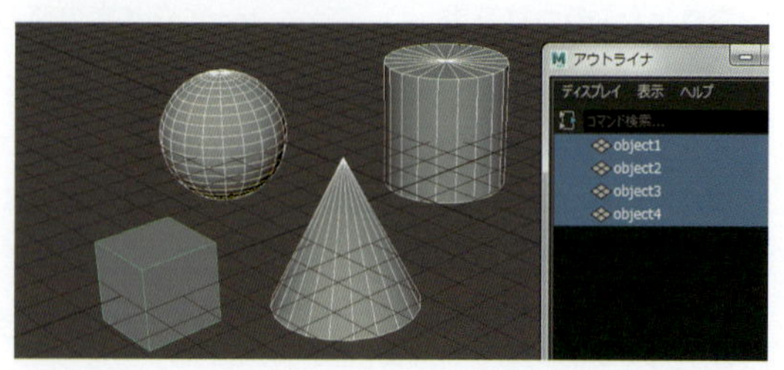

実行結果

リネームするためのコマンドを調べる

現時点では、リネームするためにはどんなコマンドを使っていいかわかりません。基本的にはコマンドリファレンスを確認すればよいのですが、ヒストリからある程度コマンドを予測することができます。実際リネームしてスクリプトエディタのヒストリを確認してみましょう。

実行と確認

1 実行

アウトライナなどを使用し、実際オブジェクトを適当にリネームします。ここでは、pSphere1というオブジェクトをpSphere1_testにリネームしました。

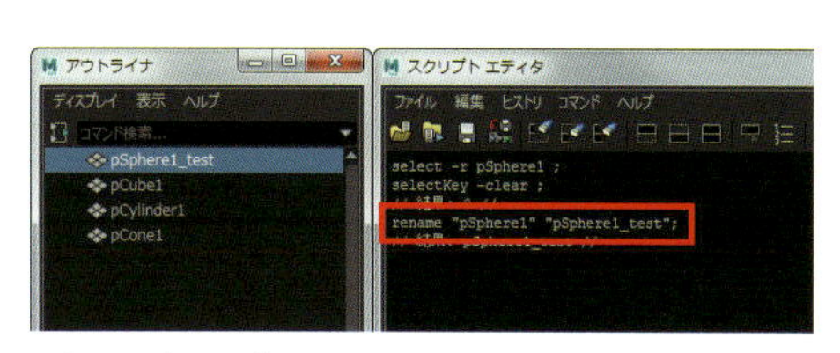

リネームを行った後のヒストリ

2 確認

結果

```
rename "pSphere1" "pSphere1_test";
```

スクリプトエディタに、リネームのコマンドらしきものが表示されました。しかも、リネーム前とリネーム後の名前も表示されています。このことからMELでは「rename」コマンドに、「変更前オブジェクト名」、「変更後のオブジェクト名」をスペースで区切って入力するとリネームができると予想できます。

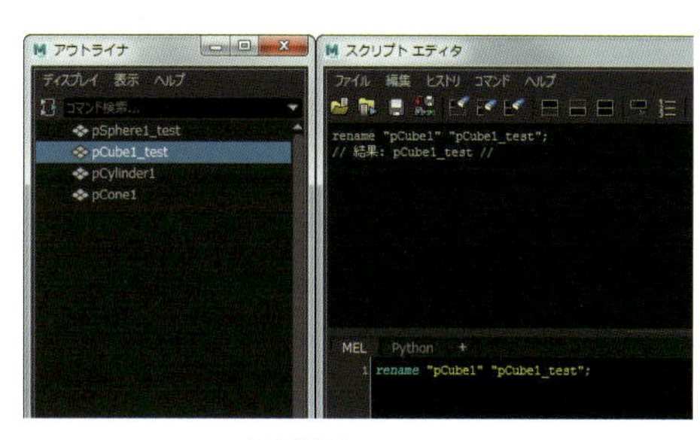

MEL renameコマンドを使用

3 実行

実際に入力

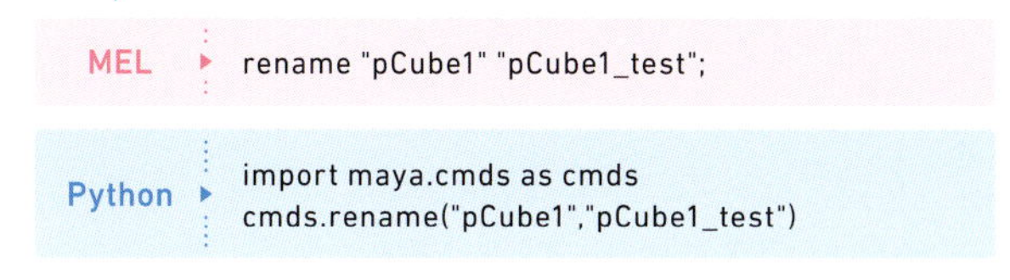

MEL

```
rename "pCube1" "pCube1_test";
```

Python

```
import maya.cmds as cmds
cmds.rename("pCube1","pCube1_test")
```

MELであれば、コマンドを下部ペインにコピー＆ペーストし、Pythonであれば MELコマンドをPythonコマンドに変換し、コマンドを使ってリネームできるか試してみましょう。シーン上のpCube1という名のオブジェクトをpCube1_testにリネームしてみたいので、上記のように入力して実行します。

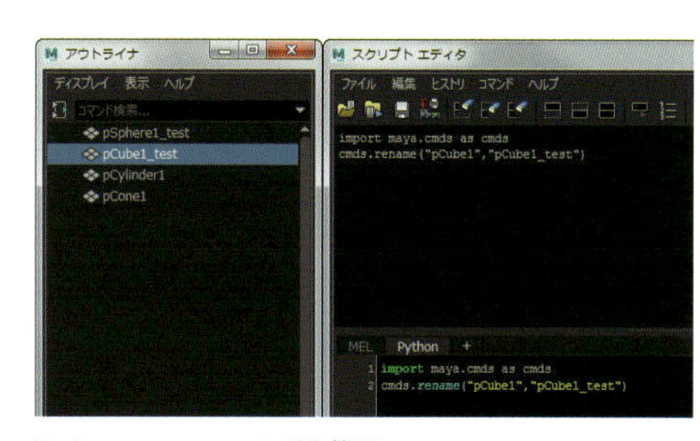

Python renameコマンドを使用

4 確認

シーン上のオブジェクトが実際にリネームされました。よって、リネームのコマンドが判明しました。

MEMO

コマンドは判明しましたが、この時点では使い方などはあくまで予想にすぎません。今回のケースでは問題なく実行できましたが、状況によっては使用方法が違うなど、使用できないという場合もあるかもしれません。使用したことのないコマンドを予想だけで使用すると、エラーの原因となります。どんな状況においてもエラーのないスクリプトを書くために、新しいコマンドを使用するときは必ずヘルプを確認しましょう。
MELの場合、スクリプトエディタのメニューの［ヘルプ］>［MELコマンドリファレンス］
Pythonの場合、スクリプトエディタのメニューの［ヘルプ］>［Pythonコマンドリファレンス］
からコマンドの詳細が確認できます。

選択したオブジェクト名を配列変数に代入する

リネームは選択したオブジェクトに対して行うので、選択したオブジェクトの名前が必要になります。そこで、lsコマンドを使用し、選択したオブジェクト名を変数に代入するスクリプトを追加します。変数の名前はわかりやすいように$selectNameにしました、PythonではselectNameになります。MELでは変数の宣言をするので、念のため全体を{}で囲んでおきます。

MEL

```
{
    string $selectName[]=`ls -sl`;
    rename "pSphere1" "pSphere1_test";
}
```

Python

```
import maya.cmds as cmds
selectName = cmds.ls(sl=True)
cmds.rename("pSphere1","pSphere1_test")
```

配列変数から1つずつオブジェクト名を取得しリネームする

$selectNameの値を1つずつ$beforeNameに代入して、renameコマンドで使用します。これで選択したオブジェクトを1つ1つリネームする形になりました。

MEL

```
{
    string $selectName[]=`ls -sl`;
    for($beforeName in $selectName) {
        rename $beforeName "pSphere1_test";
    }
}
```

Python

```
import maya.cmds as cmds
selectName = cmds.ls(sl=True)
for beforeName in selectName:
  cmds.rename(beforeName, "pSphere1_test")
```

しかしこのままでは、すべてのオブジェクトがpSphere1_testという名前になってしまいます。

変更後の名前を変数にする

MELの場合、"pSphere1_test"を書き変えて、変更後の名前を$afterNameという変数になるようにしましょう。そのため、string型で$afterNameを宣言し、とりあえず"test"という仮の文字列を代入しておきます。また、リネーム後の名前には連番を付けるため、int型の$xと連結するかたちにします。$xを宣言し、開始番号である1を代入します。そして、forのブロック内が処理されるたびに1が足されるようにします。

Pythonの場合でも同じように"pSphere1_test"をafterNameという変数にし、afterNameに"test"を代入します。リネーム後の名前には連番を付けるため、変数xと連結するかたちにし、xに開始番号である1を代入します。そして、forのブロック内が処理されるたびに1が足されるようにします。

文字列変数のafterNameと連結するために、変数xをstr()で囲っている点に注意してください。

MEL

```
{
  string $selectName[]=`ls -sl`;
  string $afterName="test";
  int $x=1;
  for($beforeName in $selectName) {
    rename $beforeName ($afterName + $x);
    $x++;
  }
}
```

Python

```
import maya.cmds as cmds
selectName = cmds.ls(sl=True)
afterName = "test"
x=1
for beforeName in selectName:
  cmds.rename(beforeName,afterName + str(x))
  x+=1
```

この時点で主要部分は完成しました。試しにオブジェクトを選択して実行してみると、testの後ろに連番がついた名前になるはずです。文字列変数に代入しているtestを他の文字列に変更して実行すればその文字列に変更されるので、自分1人が使う分にはこれで十分かもしれません。しかし、シェルフに登録してしまうと手軽には値を変更できませんし、他の人が使う場合、直接スクリプトを書き変えてもらうのも好ましくありません。

ダイアログを表示させて好きな文字を入力できるようにする

ユーザーが文字列を入力できるダイアログは、promptDialogコマンドで開けます。入力された文字列を取得するには、promptDialogコマンドを再び使用し、qフラグとtextフラグをつけます。

MEL

```
{
  string $selectName[]=`ls -sl`;
  promptDialog -title " 新しい名前 ";
  string $afterName=`promptDialog -q -text`;
  int $x=1;
  for($beforeName in $selectName) {
    rename $beforeName ($afterName+$x);
    $x++;
  }
}
```

Python

```
import maya.cmds as cmds
selectName = cmds.ls(sl=True)
cmds.promptDialog(title=" 新しい名前 ")
afterName = cmds.promptDialog(q=True, text=True)
x=1
for beforeName in selectName:
  cmds.rename(beforeName, afterName+str(x))
  x+=1
```

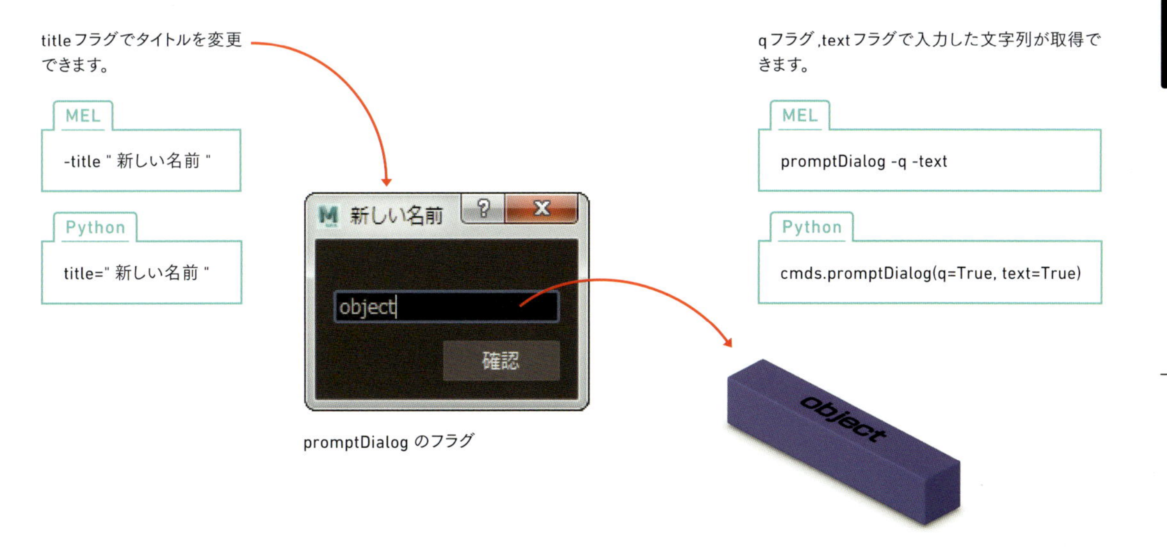

promptDialog のフラグ

この状態で実行してみましょう。選択したオブジェクト名が、ダイアログに入力した文字列に変更されることが確認できます。しかし、ダイアログに何も入力しないまま［確認］をクリックした場合、
MELでは
「// エラー: line 7: 新しい名前には正当な文字がありません。//」
Pythonでは
「# エラー: RuntimeError: file <maya console> line 7: 新しい名前には正当な文字がありません。 #」
とのエラーが出てしまいます。

これは、($afterName+$x)の$afterNameが空のため、$xだけの名前になり、名前の先頭が数字になってしまったからです。Mayaでは、オブジェクト名の先頭を数字にすることができません。そのためエラーになってしまいました。Pythonでも同じくafterNameが空のため、名前の先頭が数字になりエラーになってしまいます。

promptDialogのように、ヒストリからコマンドの予測をつけられないものもあります。このように、使用したいコマンドがヒストリから得られないものは、マニュアルやコマンドリファレンスをひたすら確認したり、他のいろいろなスクリプトを参考にさせてもらったり、インターネット検索を駆使するなどしてコマンドを導き出しましょう。

文字列が入力されている場合のみ処理をする

何も入力されていない場合エラーが出てしまうので、文字列が入力されている場合のみリネーム処理を行うように、スクリプトを追加します。つまり、ダイアログから受け取った値が空白("")であるかどうかを、if文を使って条件分岐します。

MEL

```
{
   string $selectName[]=`ls -sl`;
   promptDialog -title " 新しい名前 ";
   string $afterName=`promptDialog -q -text`;
   if($afterName != ""){
      int $x=1;
      for($beforeName in $selectName) {
         rename $beforeName ($afterName+$x);
         $x++;
      }
   }
}
```

Python

```
import maya.cmds as cmds
selectName = cmds.ls(sl=True)
cmds.promptDialog(title=" 新しい名前 ")
afterName = cmds.promptDialog(q=True, text=True)
if afterName != "":
   x=1
   for beforeName in selectName:
      cmds.rename(beforeName, afterName + str(x))
      x+=1
```

何も入力されていないときはメッセージを表示する

リネームが行われなかった原因をわかりやすくするために、"何も入力されていません"というメッセージのダイアログが表示されるよう、スクリプトを追記します。メッセージを表示するダイアログconfirmDialogコマンドを使用します。

MEL

```
{
    string $selectName[]=`ls -sl`;
    promptDialog -title " 新しい名前 ";
    string $afterName=`promptDialog -q -text`;
    if($afterName != ""){
        int $x=1;
        for($beforeName in $selectName) {
            rename $beforeName ($afterName+$x);
            $x++;
        }
    }
    else{
        confirmDialog -title " エラー " -message " 何も入力されていません ";
    }
}
```

Python

```
import maya.cmds as cmds
selectName = cmds.ls(sl=True)
cmds.promptDialog(title=" 新しい名前 ")
afterName = cmds.promptDialog(q=True, text=True)
if afterName != "":
    x=1;
    for beforeName in selectName:
        cmds.rename(beforeName, afterName + str(x))
        x+=1
else:
    cmds.confirmDialog(title=" エラー ",message=" 何も入力されていません ")
```

if文が実行されなかったときが条件なので、else文を追記し、そのブロック中にメッセージの処理を記入します。confirmDialogコマンドのmessageフラグでメッセージを"何も入力されていません"に、ついでに、titleでダイアログのタイトルも"エラー"に変更しておきます。厳密にはまだ、数字で始まったり、全角を含んだり、アンダースコア(_)以外の記号を含んだ文字列を入力するとエラーになります。それらを判定するのに最適なコマンドもありますが、説明が少し複雑になってしまうので、今回は割愛します。ここまでで、ひとまず処理自体は完成です。

confirmDialogコマンド

スクリプトをファイルにする

読み込んで実行できるスクリプトファイルにするための準備をします。
MELの場合は、全体の{}の前に、global proc「ファイル名」()を追記します。
Pythonの場合は、一番初めの行に、# -*- coding: shift_jis -*- を追記し、次にimportの次の行に def「任意の名前」(): を追記します、最後のコロン(:)を忘れずに入力してください。追記したdef以降の行全てにインデントを入れます。

MEL

```
global proc myRenameTool(){
    string $selectName[]=`ls -sl`;
    promptDialog -title "新しい名前";
    string $afterName=`promptDialog -q -text`;
    if($afterName != ""){
        int $x=1;
        for($beforeName in $selectName) {
            rename $beforeName ($afterName+$x);
            $x++;
        }
    }
    else{
        confirmDialog -title "エラー" -message "何も入力されていません";
    }
}
```

Python

```
# -*- coding: shift_jis -*-
import maya.cmds as cmds
def myRenameTool():
    selectName = cmds.ls(sl=True)
    cmds.promptDialog(title="新しい名前")
    afterName = cmds.promptDialog(q=True, text=True)
    if afterName != "":
        x=1
        for beforeName in selectName:
            cmds.rename(beforeName, afterName + str(x))
            x+=1
    else:
        cmds.confirmDialog(title="エラー",message="何も入力されていません")
```

global procやdefの詳しい説明は割愛しますが、これを追記することにより、myRenameToolというコマンドでブロック内に記述したスクリプトが実行できるようになります。
このように、コマンドで実行できるようにした状態のプログラム全体を、プロシージャや関数と言います。
準備を終えたら、スクリプトエディタの[ファイル] > [スクリプトの保存]を選択します。フォルダはscriptEditorTempのままだと、Mayaを閉じたときに消えてしまうので、別フォルダにします。今回は、自動的に認識される下記フォルダにしました。

```
<ユーザーディレクトリ>\Documents\maya\scripts
```

MEL保存

Python保存

ファイル名は、MELの場合はプロシージャと同じにする必要があるので、myRenameToolにします。Python を保存する場合も同じくmyRenameToolとします。保存するファイルの種類を確認し、［保存］クリックするとスクリプトファイルが指定パスに作成されます。

Pythonスクリプトの一行目に「# -*- coding: shift_jis -*-」という見慣れない一行を追記しましたが、これは、「このファイルはshift_jisいうエンコード方式で記述しました」という宣言をするための一行です。スクリプトエディタで保存したスクリプトファイルはshift_jis方式で保存されるので、一行目の宣言を記述したのです。スクリプト内で全角文字が使用されている場合、一行目の宣言が無いとimportのときにエラーになってしまいます。
今回はMayaのスクリプトエディタを使いスクリプトを記述しましたが、もっと長く複雑なスクリプトを記述する場合は、外部のテキストエディタなどで記述する事が多くなってきます。その場合スクリプトを保存するときはエンコード方式をutf-8の方式で保存することをお勧めします。その場合Pythonスクリプトの一行目は「#-*- coding: utf-8 -*-」と記述します。

ファイルの作成方法は他にも、テキストエディタなどでテキストファイルを作成し、拡張子がMELの場合は「.mel」に、Pythonの場合は「.py」に変更する方法があります。

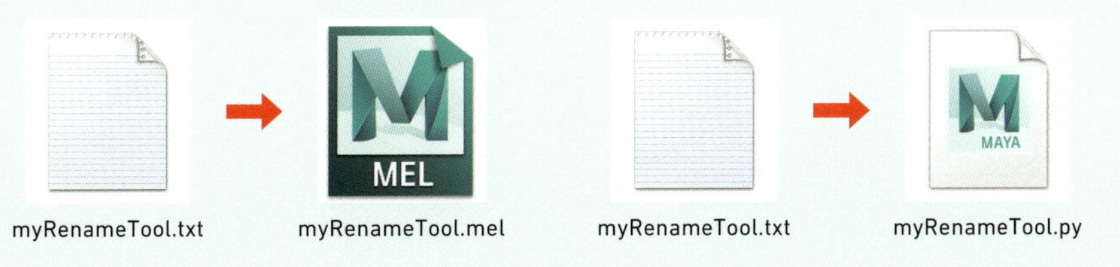

作例編

第1章 ローポリゴンキャラクタ制作

この章ではローポリゴンキャラクタの制作を通してMayaの基本的なポリゴンモデリングの操作を身に付けましょう。ローポリゴンモデルの制作は限られたポリゴン数やテクスチャサイズで如何に綺麗に効率よく作るかを考えるのでモデリングの練習に効果的です。

完成データの読み込み

最初に完成シーンを開いて実際のデータを確認してみましょう。また、シーンファイルはメニューの[ファイル] > [読み込み]で作業中のシーンに追加することができるので、各工程のサンプルシーンを隣に読み込んで見ながら作業するのもオススメです。

完成シーン ▶ MayaData/Ex_Chap01/scenes/Ex_Chap01_End.mb

制作の流れ

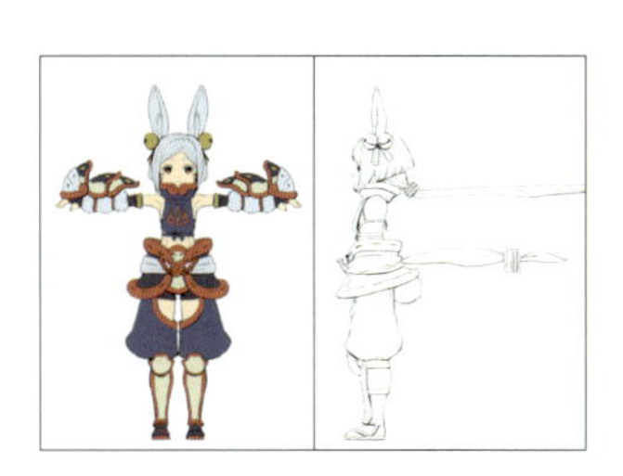

準備

P.432

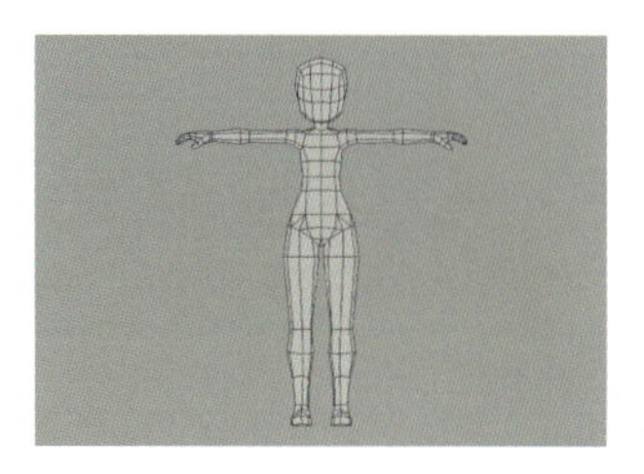

ベースモデル

P.434

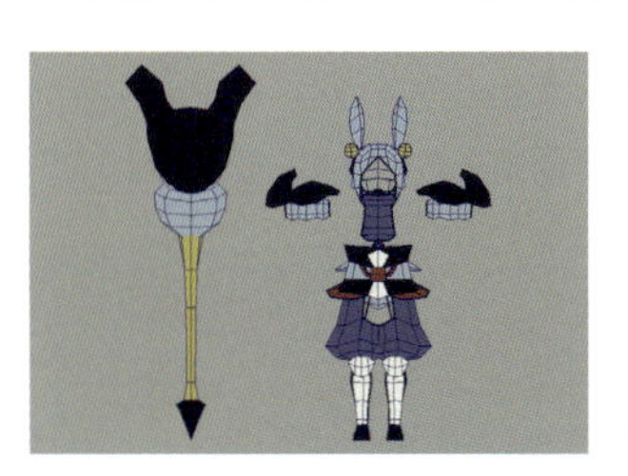

パーツの作成

P.442

作り込み

P.451

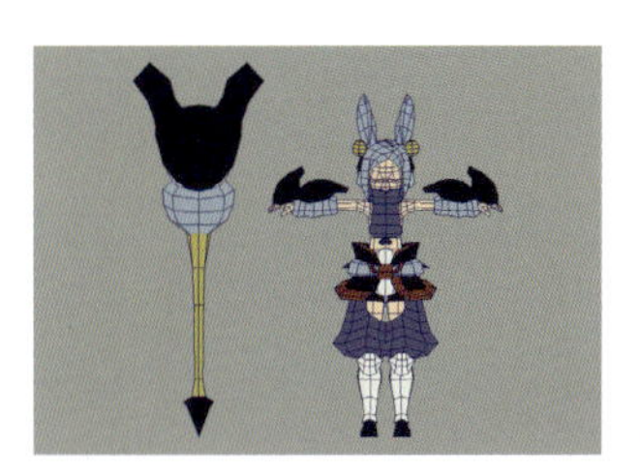

結合

P.456

UV

P. 458

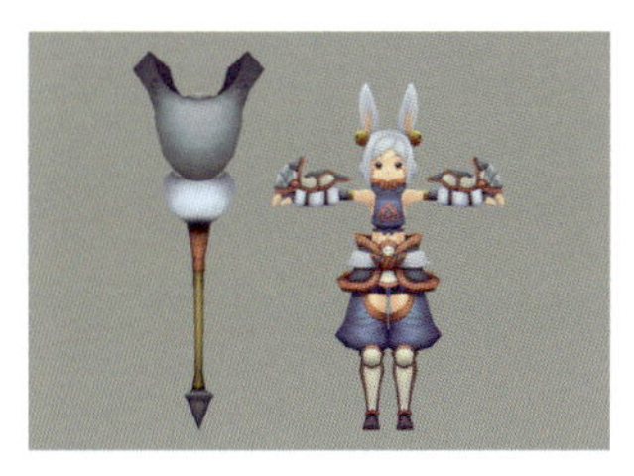

テクスチャ

P.466

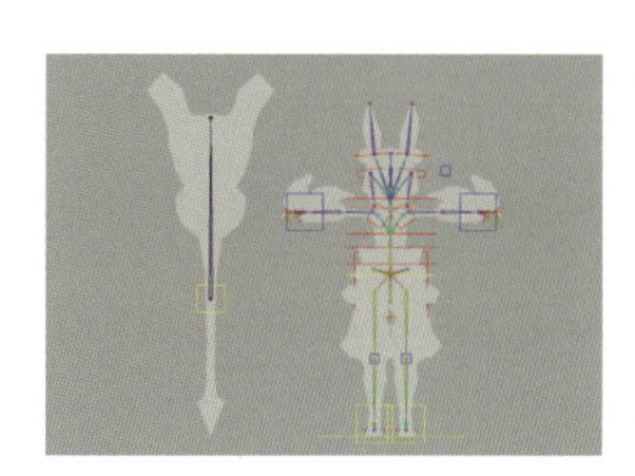

リギング

P.471

ポリゴンの表示設定

Maya はポリゴンの表示設定を作業に合わせて細かく変更できます。作業中にモデル単位で変更することもできますが、[プリファレンス] で変更しておくと新しく作成するモデルはその設定を使用します。この章では、ポリゴンの切れ目がわかりやすいように [境界エッジ] をオンにし、ポリゴンの表裏を間違えないように [バックフェースカリング] を [ワイヤの維持] にしています。同じ設定にするには、メニューの [ウィンドウ] > [設定 / プリファレンス] > [プリファレンス] を表示して、[ポリゴン] のカテゴリで下のように変更して [保存] を押します。

ハイライト: ✔ 境界エッジ

バックフェース カリング: ワイヤの維持

Chapter 1-1

準備

制作するもののデザインの画像を用意し、プロジェクトに入れます。新規シーンでカメラやグリッドの設定を行い、デザインの画像を読み込んだイメージプレーンをフロントビューとサイドビューに配置します。

デザインの用意

1 キャラクタの制作には❶正面図と❷側面図を用意します。❸❹は服等の細かいパーツを取り除いたベースモデル用の正面図と側面図です。❸❹は必須ではありませんがあると好ましいです。作業中の差し替えが可能なように、❶と❸、❷と❹の画像サイズは同じにしましょう。

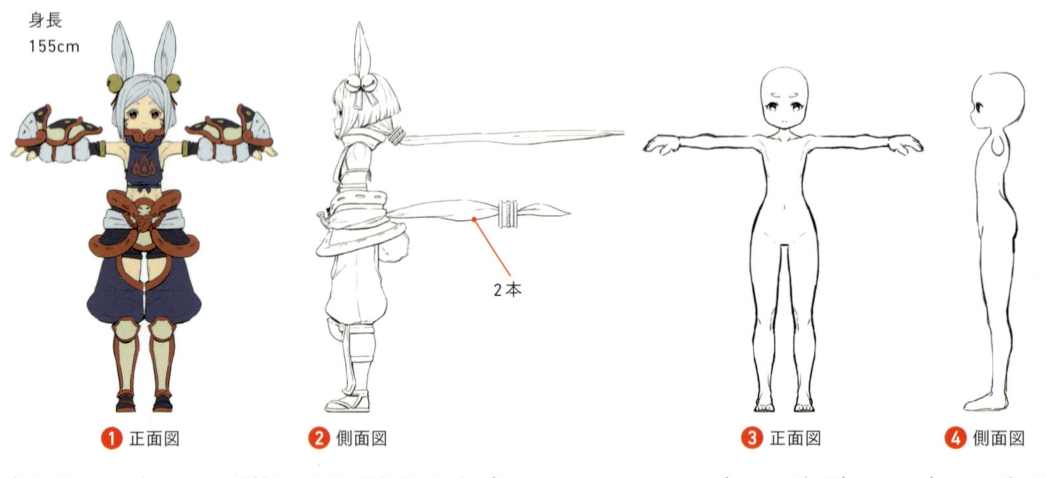

❶ 正面図 ❷ 側面図 ❸ 正面図 ❹ 側面図

（正面図はシーン内でバランスを確認するために配色をしています。） （ベースモデル用） （ベースモデル用）

正面図	▶ MayaData/Ex_Chap01/sourceimages/front.png
側面図	▶ MayaData/Ex_Chap01/sourceimages/side.png
正面図（ベースモデル）	▶ MayaData/Ex_Chap01/sourceimages/front_2.png
側面図（ベースモデル）	▶ MayaData/Ex_Chap01/sourceimages/side_2.png

2 新しい作業を開始するのでプロジェクトを作成します。（プロジェクトの作成方法は、第2章 P.069「プロジェクトの作成と設定」参照）作成したプロジェクトの「sourceimages」フォルダに 1 で用意したデザインの画像ファイルを入れます。

3 新しいシーンから始めます。メニューの［ファイル］>［新規シーン］（Ctrl＋N）で新しいシーンを作成します。

4 シーンに最初からある「persp」カメラの［ビューアングル］をアトリビュートエディタで「25」にします。

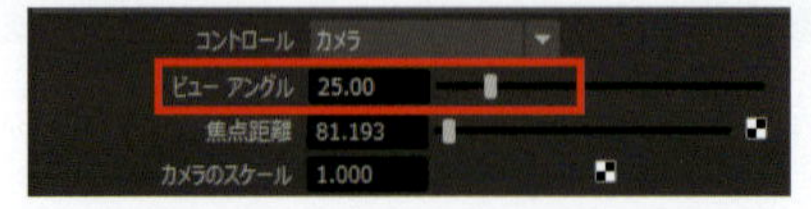

パースビューで［カメラの選択］を押すとカメラを選択できます。初期値の「54.43」のままではパースが利きすぎて正確な形が把握しづらいので変更します。

5

メニューの［ディスプレイ］＞［グリッド］でグリッドオプションを開き、［長さと幅］を「50」に、［グリッドラインの間隔］を「10」に、［サブディビジョン］を「1」に設定します。

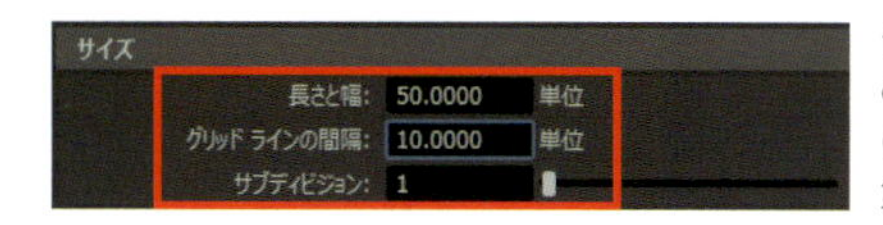

シーンの単位は初期値の［センチメートル］なので、この設定で1グリッドが10cmになります。（現在のシーンの単位を確認したい場合は、第2章 P.067「作業単位」参照）

6

フロントビューで［イメージプレーン］を押し正面図を読み込み位置とサイズを合わせます。同じくサイドビューでを押し側面図を読み込み位置とサイズを合わせます。

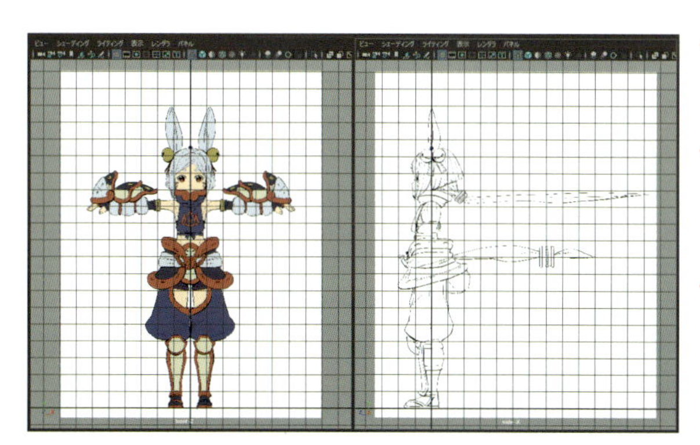

- イメージプレーンを選択してスケールツール（R）でサイズを大きくします。移動ツール（W）で足元が原点になるように移動します。
- 身長が155cmのキャラクタなのでグリッドは15.5マスになります。先にY=155の位置に［球］を置いておくなどするとイメージプレーンのサイズを合わせやすくなります。
- 側面図は腕が中心に来るように配置すると作りやすいです。

7

パースビューで確認するとイメージプレーンが原点に配置されており作業の邪魔になるので、移動ツール（W）で正面図をZ軸のマイナス方向に、側面図をX軸のマイナス方向に移動します。

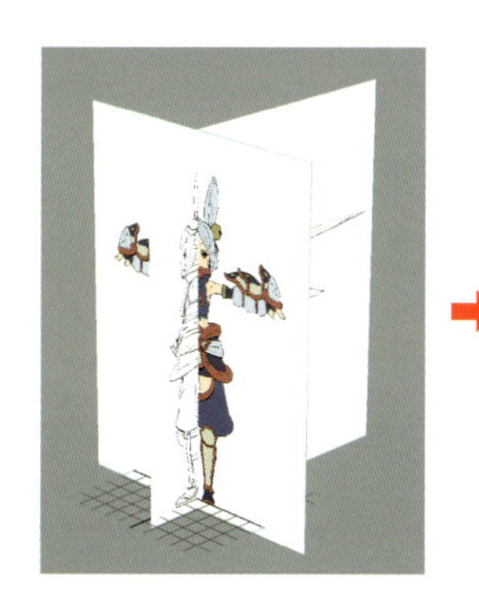

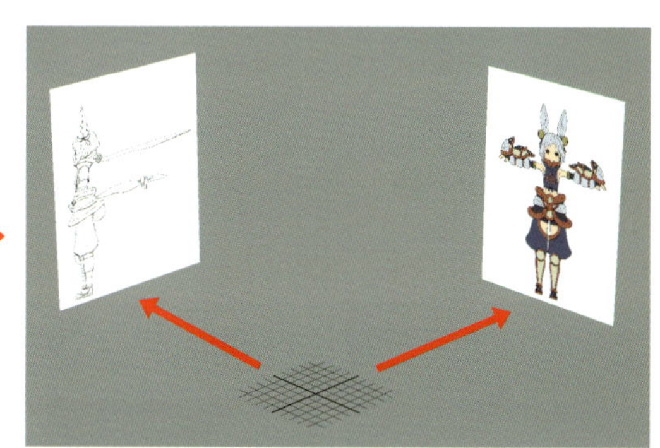

ここではそれぞれ、Z軸に「-300」、X軸に「-300」移動しました。

8

2つのイメージプレーンを選択して Ctrl ＋ G でグループ化します。アトリビュートエディタの［ディスプレイ］の［描画オーバーライド］の項目で［オーバーライド有効化］をオンにし、表示タイプを［リファレンス］にします。

- これでビュー上で選択できなくなるので、作業中に誤って選択することがなくなります。
- グループの名前は「Images」にします。

9

ここでメニューの［ファイル］＞［シーンを保存］（Ctrl ＋ S）でシーンに名前を付けて保存します。この先も、こまめにシーンを保存しましょう。切りの良いところでは［シーンを別名で保存...］（Ctrl ＋ Shift ＋ S）で名前を変更して保存することで間違えてしまったときなどにそのシーンまで簡単に戻ることができます。

Chapter 1-2

ベースモデル

ベースモデルを作成します。最初にベースモデルを作成することで全体のバランスを取ることができます。衣装などの付属パーツもベースモデルを元に作成することでバランスを崩さずに効率よく作成することができます。

この工程の開始シーン ▶ MayaData/Ex_Chap01/scenes/Ex_Chap01_02.mb

胴体を作る

1 イメージプレーンの❶[イメージの名前]アトリビュートをベースモデル用の画像に差し替えます。画像が明るすぎるので❷[カラーゲイン]アトリビュートで暗くします。

イメージプレーンはビュー上で選択できないようにしたのでアウトライナから選択してアトリビュートエディタに表示します。

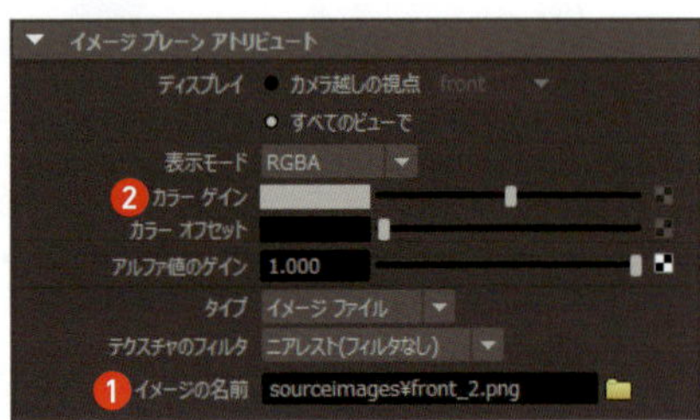

2 ポリゴンプリミティブの[立方体]を作成し、胴体の高さに配置します。大きさは「20」、分割数は「2」にします。

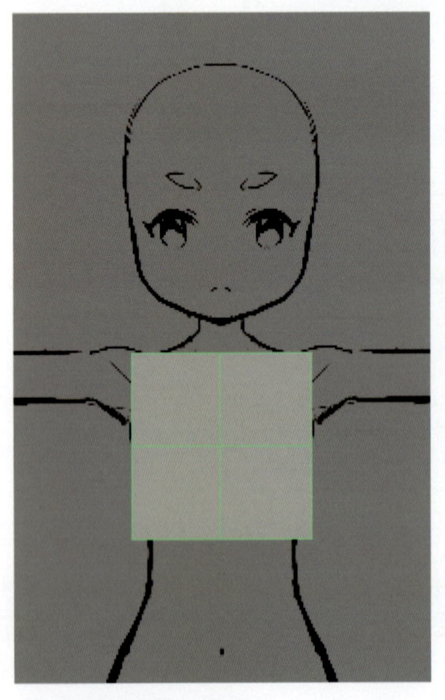

立方体を胴体の高さに配置

[ポリゴンのモデリング]シェルフから[立方体]を作成します。

polyCube1	
幅	20
高さ	20
深度	20
幅の分割数	2
高さの分割数	2
深度の分割数	2

Tを押すとビュー内エディタが表示されるので、[幅][高さ][深度]を「20」に、[幅の分割数][高さの分割数][深度の分割数]を「2」にします。Qで選択ツールに戻ります。

フロントビューとサイドビューで[X線]を押し、X線表示にします。モデルが透けて、イメージプレーンが見えるようになります。

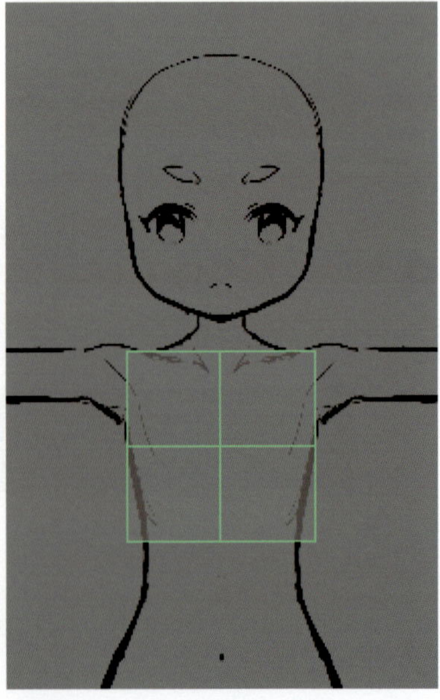

X線表示

3

[シンメトリ] を [ワールド X] に変更し、左右対称の編集を開始します。

シンメトリ: オフ  ワールド X

・[シンメトリ] は画面の上の方にあります。

4

フロントビューで正面図に形を合わせます。頂点モード（F9）に切り替え、頂点を選択します。移動ツール（W）に切り替え、頂点を正面図に合うように移動します。

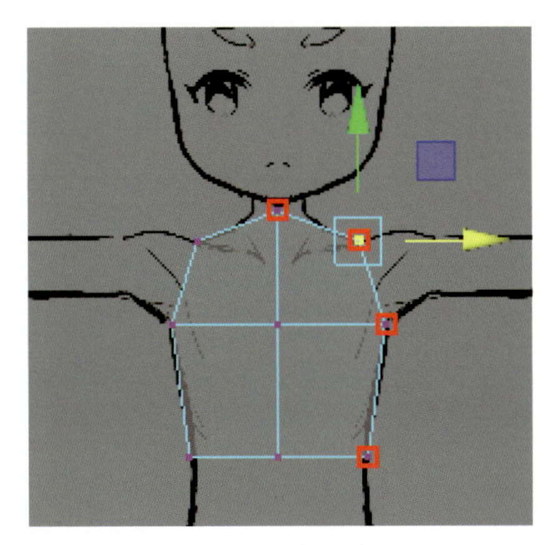

正面図に形を合わせます。頂点を選択するときは、クリックではなく、ドラッグで囲むように選択すると複数の頂点を同時に選択することができます。

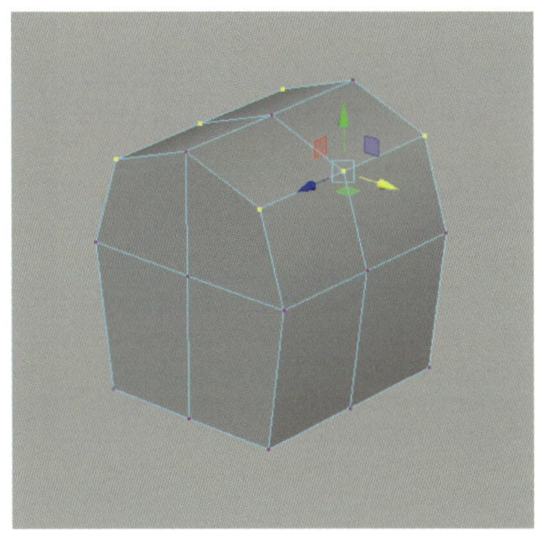

フロントビューで編集中でも、パースビューを同時にチェックするようにすると、どのように変形したのかを把握しやすくなります。

5

次にサイドビューから側面図に形を合わせます。同じように頂点モード（F9）で頂点を選択し、移動ツール（W）で頂点を移動します。

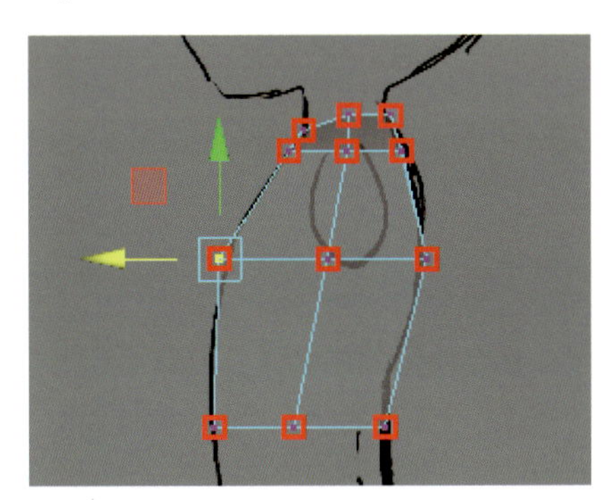

頂点を移動して側面図に形を合わせます。

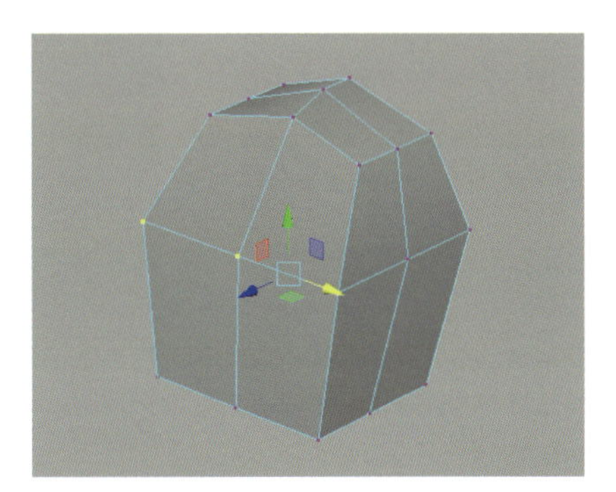

同じくパースビューでもチェックします。

6

パースビューで全体を確認しながら、人の身体らしい丸みを付けます。

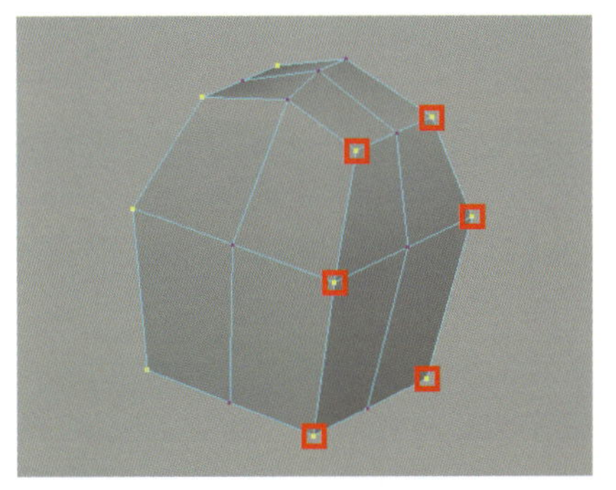

角の頂点を移動して、丸みを付けます。

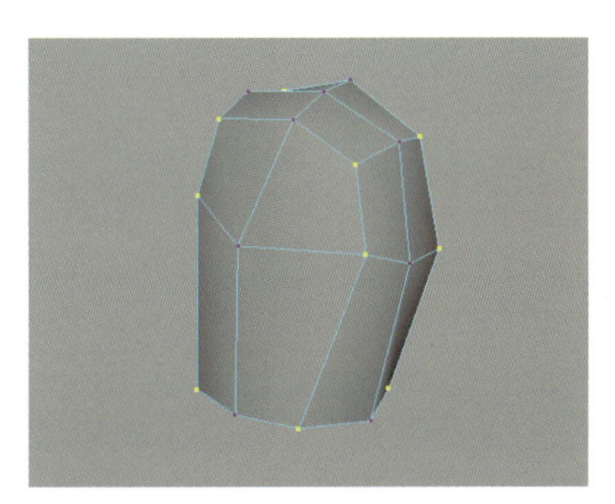

この段階ではこのような形になればOKです。一旦シーンを保存しましょう。

7 フェースモード（F11）に切り替え、底面のフェースを選択します。[押し出し]（Ctrl＋E）を実行し、[押し出し]のマニピュレータ（青い矢印）で下方向に移動します。

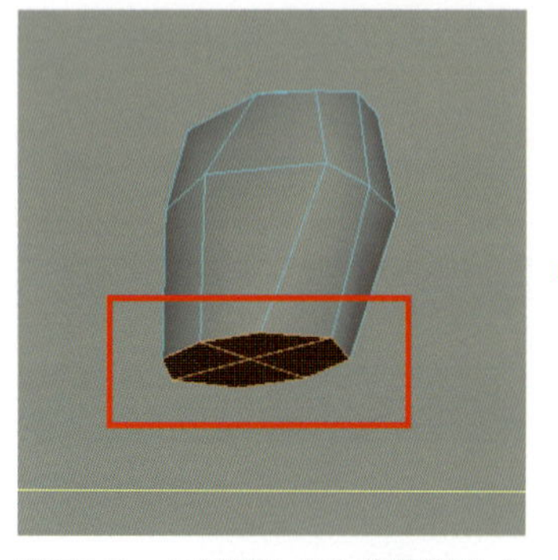

底面のフェースを選択します。複数選択したいときはドラッグで囲むように選択すると楽ですが、必要以上に選択しすぎてしまいます。選択しすぎてしまったフェースをCtrlを押しながらドラッグで選択解除すると素早く選択できます。カメラを回転して余計なフェースが選択されていないかを確認します。

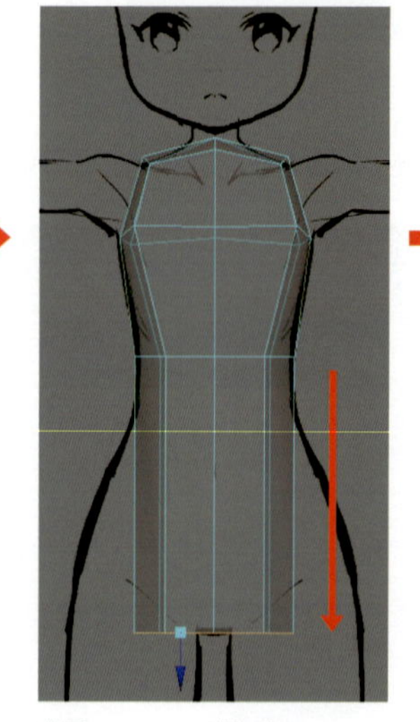

底面のフェースの押し出し

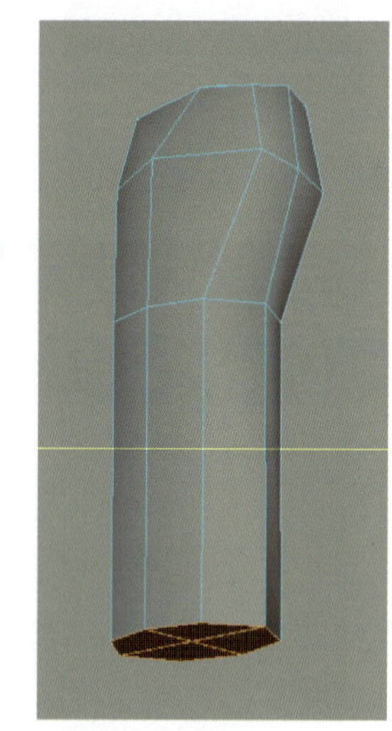

パースビューで確認

8 押し出したフェースの形を整えて下半身を作成します。

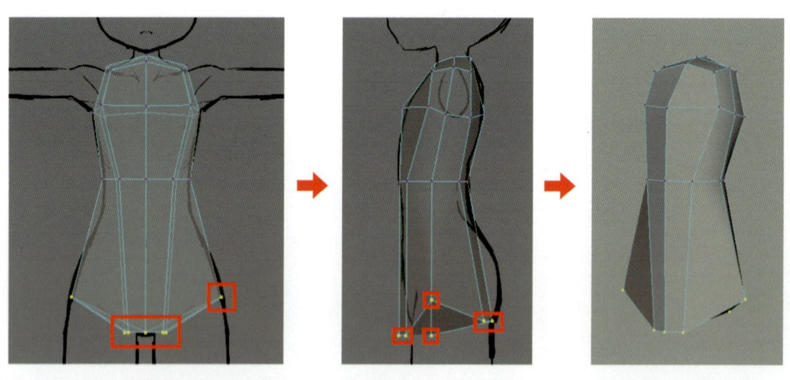

フロントビューで正面図に合わせます。

サイドビューで側面図に合わせます。

パースビューで整えます。

9 [マルチカット]ツールを使用してCtrlを押しながらエッジをクリックしエッジループを挿入します。

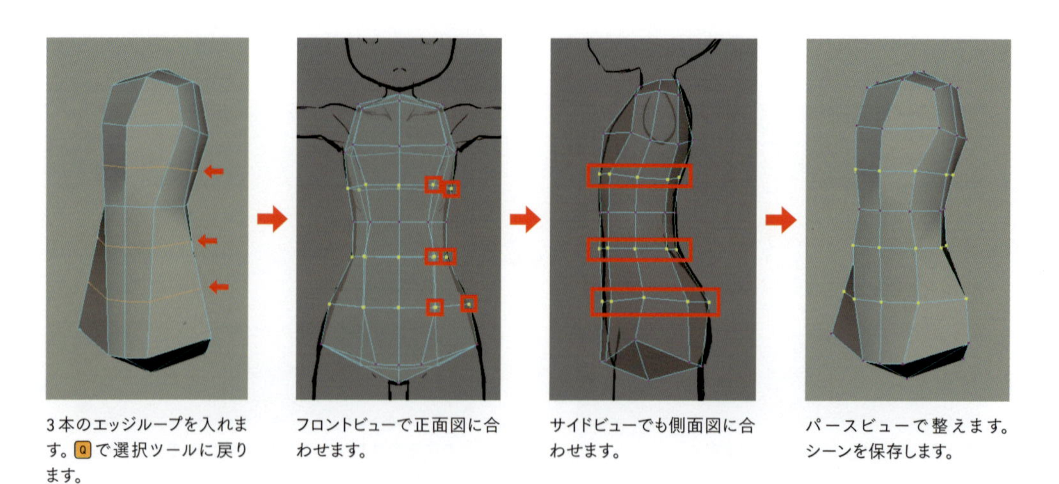

3本のエッジループを入れます。Qで選択ツールに戻ります。

フロントビューで正面図に合わせます。

サイドビューでも側面図に合わせます。

パースビューで整えます。シーンを保存します。

脚を作る

10 脚の付け根を作るために、[マルチカット]で股間部分にエッジを追加します。脚の付け根のフェースの形を整えてから下方向に押し出して脚を作成します。

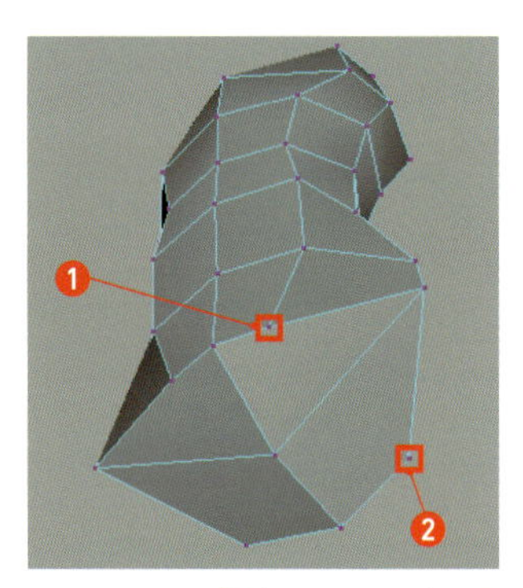

下から見た図。[マルチカット]で❶❷の頂点を順番にクリック。

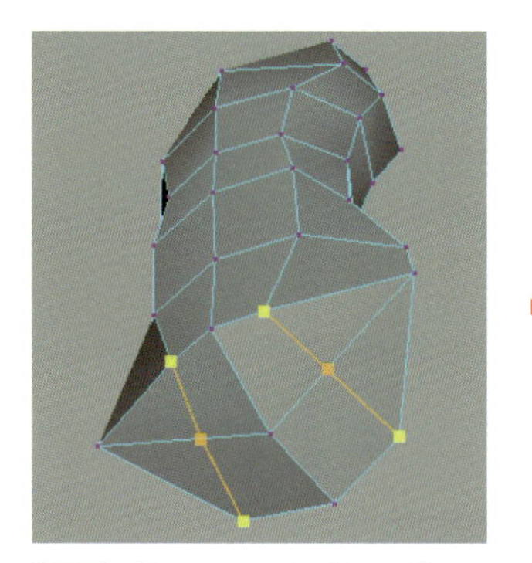

Enter を押して、エッジの挿入を適用します。

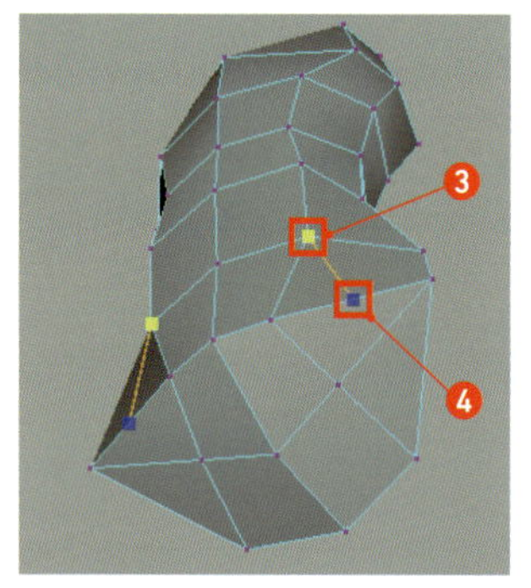

❸頂点、❹エッジ上をクリックし、Enter を押して適用します。

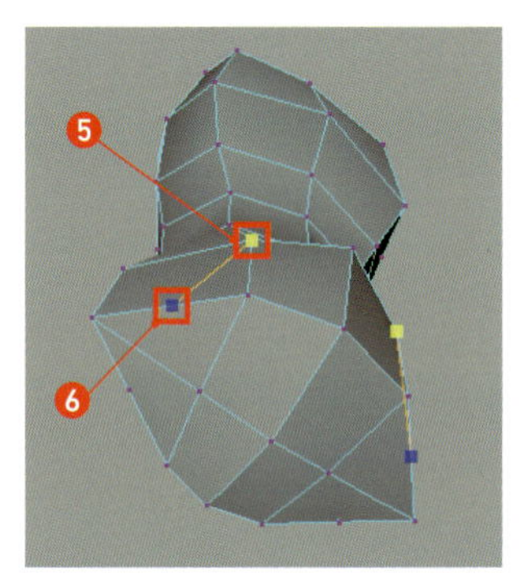

お尻側でも、❺頂点、❻エッジ上をクリックし、Enter を押し適用します。Q で選択ツールに戻ります。

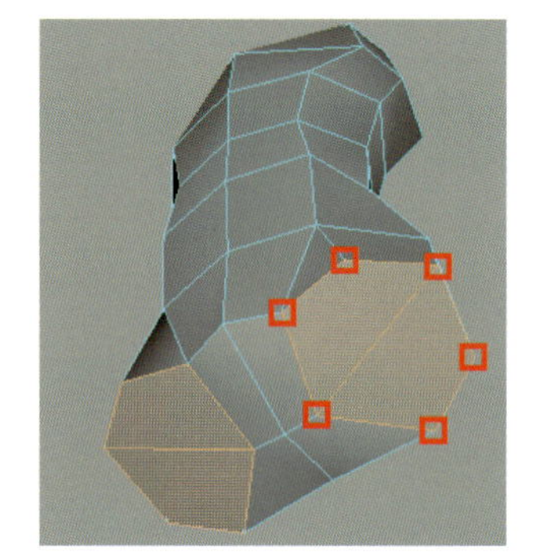

このフェースを脚の付け根にするので、円形に近くなるように形を整えます。

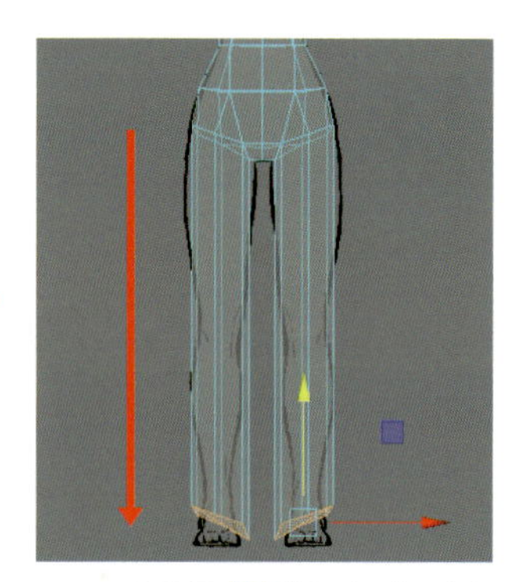

フェースを選択し[押し出し]を実行し、W で移動ツールに切り替えて真下に移動して脚を作成します。

11 [マルチカット]を使用し、フロントビューで Shift を押しながら脚を横切るようにスライスしエッジを追加します。太もも、膝、ふくらはぎ、足首の高さにエッジを追加し脚の形を作成します。最後にフェースを押し出して足を作成します。

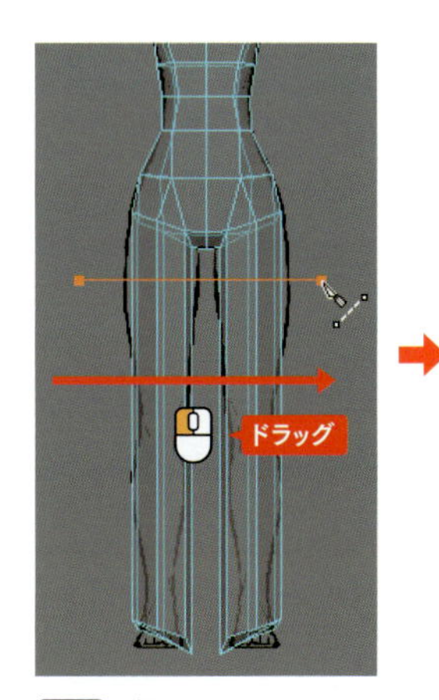

Shift を押しながらスライスすると水平にエッジを追加できます。

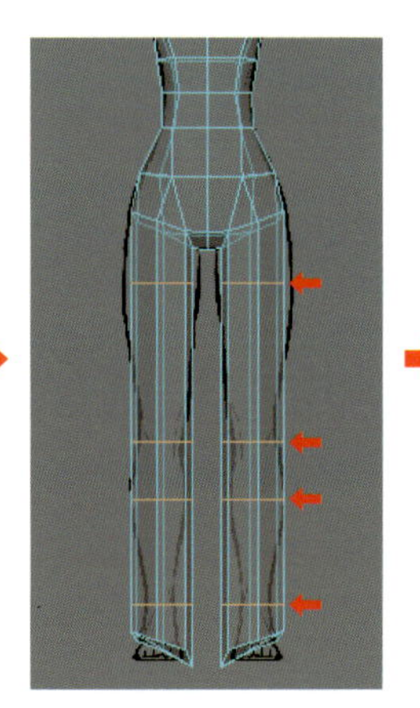

太もも、膝、ふくらはぎ、足首の4箇所をスライスしエッジを追加します。

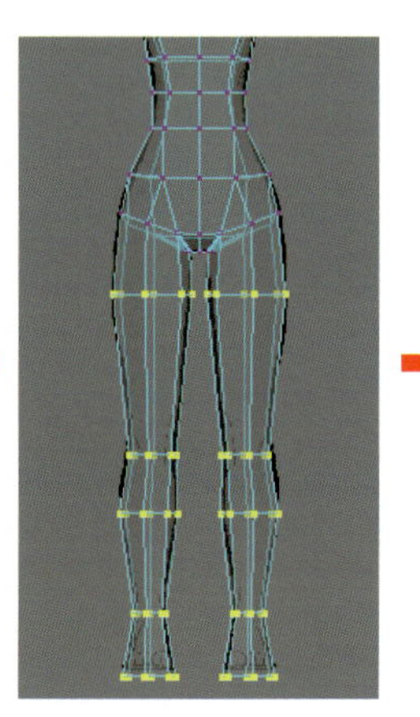

フロント、サイド、パースビューで形を合わせます。

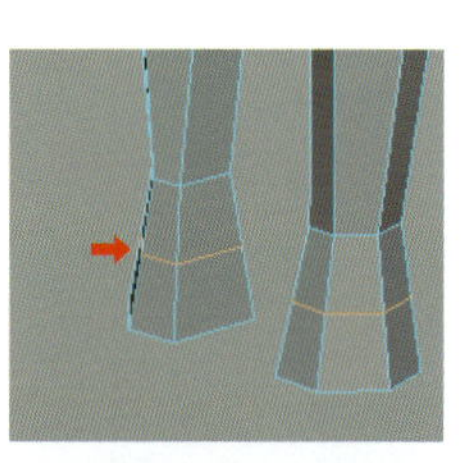

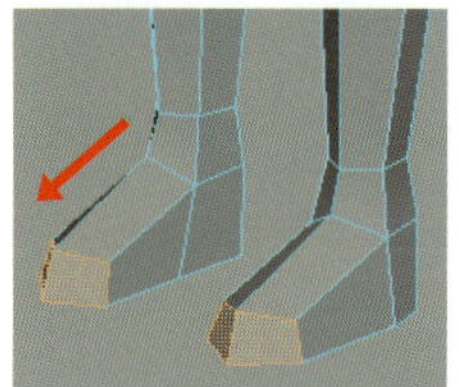

足首の下にエッジループを入れ、フェースを押し出して足を作成します。シーンを保存します。

腕を作る

12 脚と同じ要領で腕を作成します。細かいエッジの入れる位置や形の整え方は示しませんが、使用する機能は今までと同様なので下図を見ながら作成してみましょう。

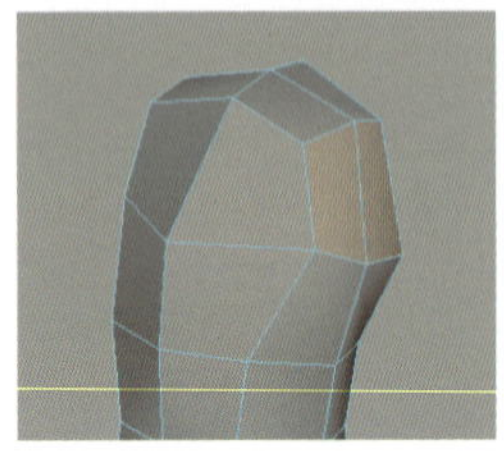

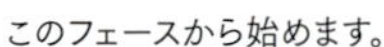

このフェースから始めます。

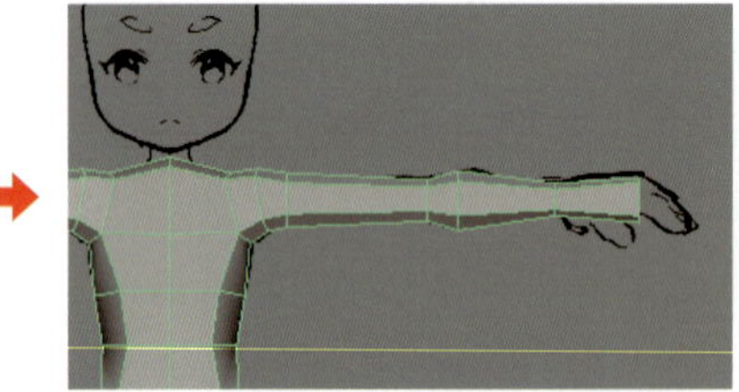

前から見るとこのようになります。

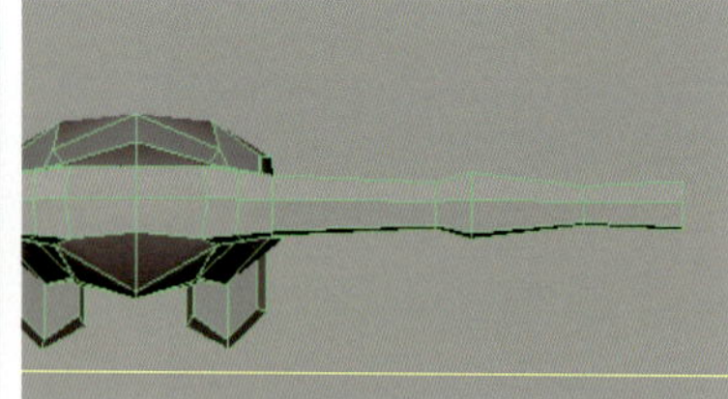

上から見るとこのようになります。

頭を作る

13 頭を作成します。今までと同じ要領で作成しますが、今までより頂点数が多く複雑になるので完全に下図と同じようにエッジを入れる必要はありません。後の工程で作り込むので、この段階では大まかに頭の形が合っていれば十分です。自由にエッジを入れるときは以下のようなことに注意しながら作業しましょう。

- エッジを入れるかどうかは、そのエッジと頂点がシルエットを形成するために必要かどうかで判断します。
- エッジが増えすぎた場合は Ctrl + Delete でエッジを削除してフェースの量をコントロールします。
- ローポリゴンモデリングの場合は無理に四角形ポリゴンのみで作成する必要はありません。四角形のほうがエッジループを入れやすいという利点はあるので四角形で作成できるところは四角形で作成します。

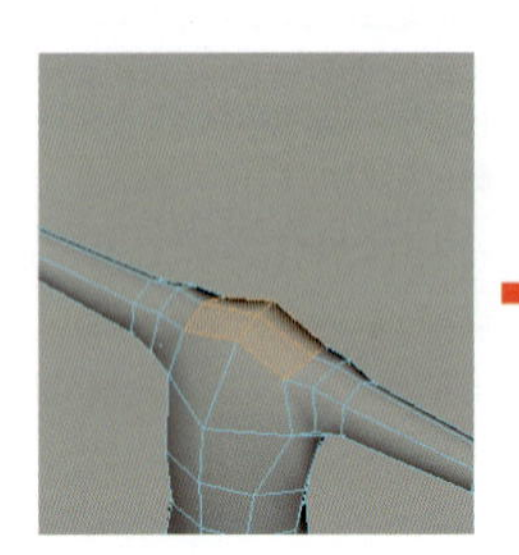

首の付け根になるフェースを選択します。

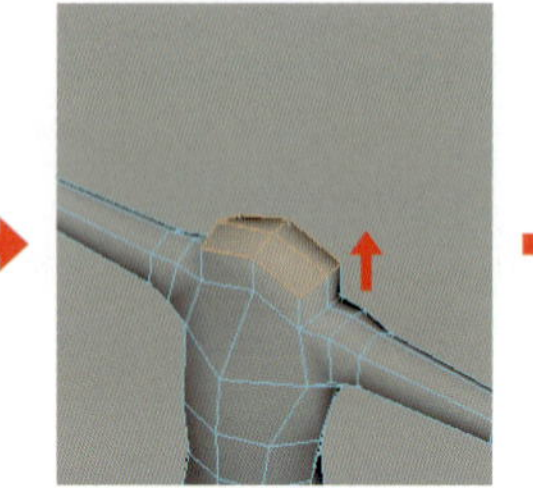

上方向に[押し出し]ます。

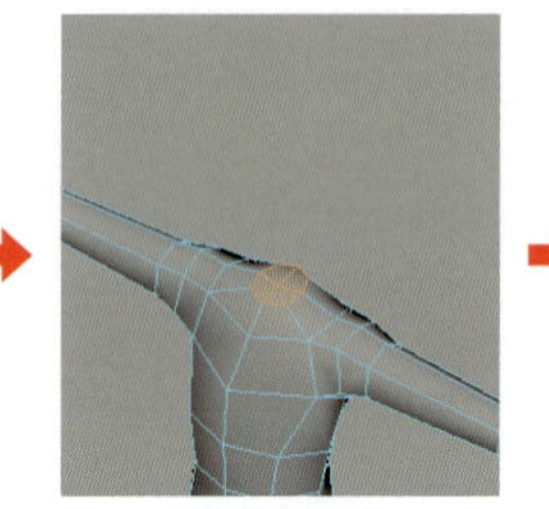

首の付け根に適切なサイズになるように調整します。

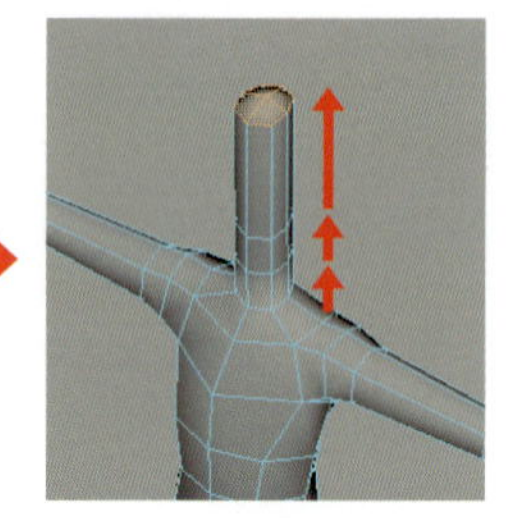

上方向に3回[押し出し]ます。

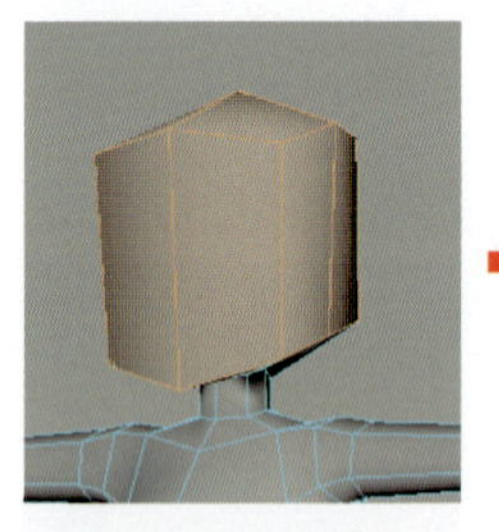

頭になるフェースを拡大し、形を整えます。

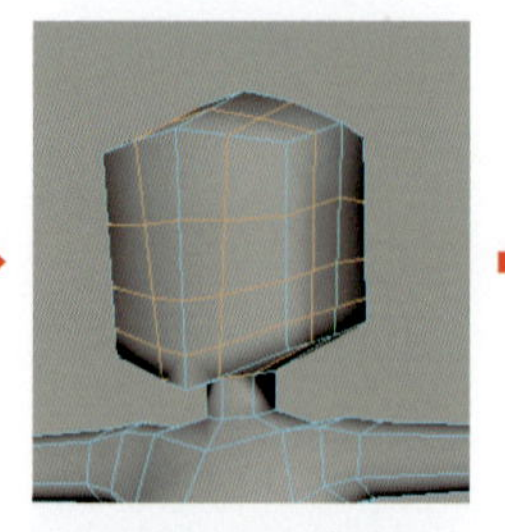

エッジやエッジループを挿入します。

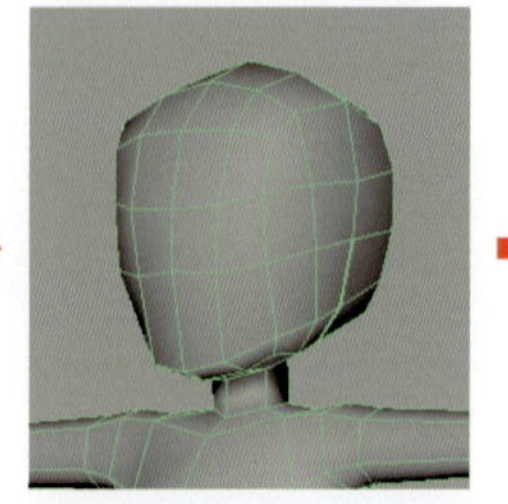

形を整えます。

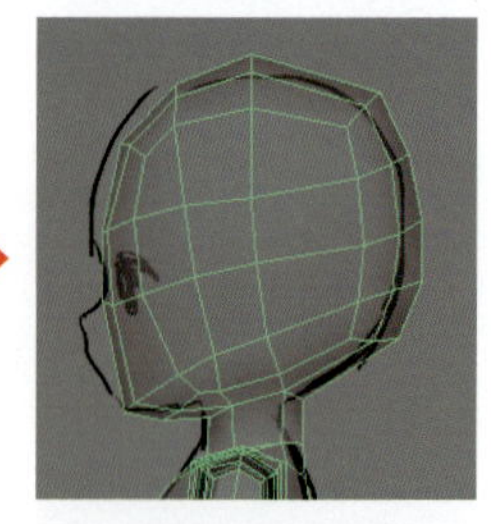

横から見るとこうなります。シーンを保存します。

MEMO 微調整モード

頂点数が多くなってくると、「頂点を選択して移動」の繰り返しが大変になってきます。その際は［微調整モード］を使用すると「頂点を選択せず移動」が可能です。選択していない頂点を直接摘んで移動できるようになります。
ただし、マニピュレータを使用したい場面も多いので、今度は［選択］と［微調整］を切り替えるのが大変になってきます。その際は、［移動ツール］（W）で、頂点を何も選択していないときに🖱で頂点を摘まむと［微調整モード］と同じように「頂点を選択せず移動」が可能になります。

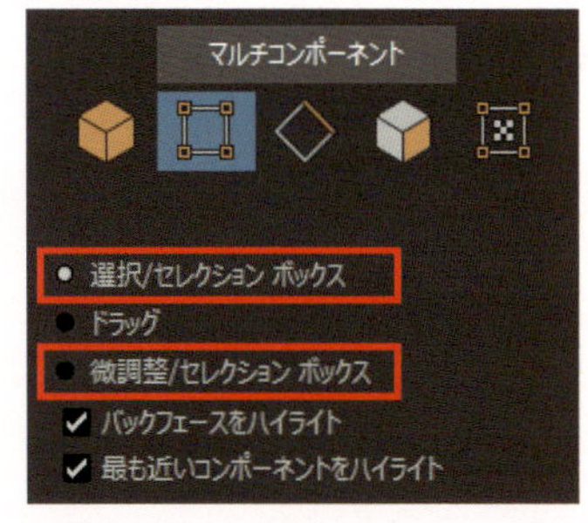

モデリングツールキット

手を作る

14 手を作成します。親指以外の指は分割せず、あとでテクスチャで表現します。頭よりもさらに複雑な形をしていますが、使用する機能は同じです。シルエットの形が綺麗になるようにエッジを足しながら形を作成します。下図と一緒になる必要はありませんが、下図を参考にしながら作成してみましょう。

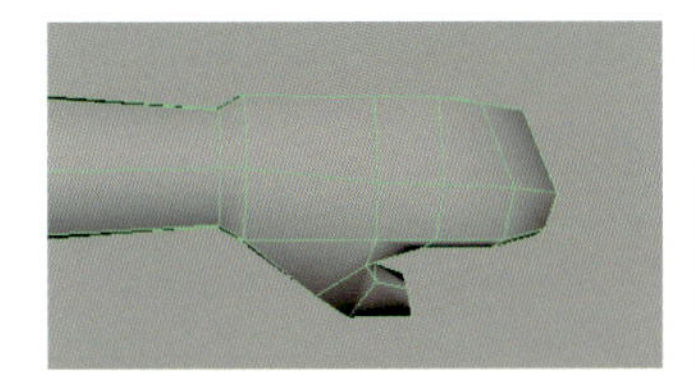
上

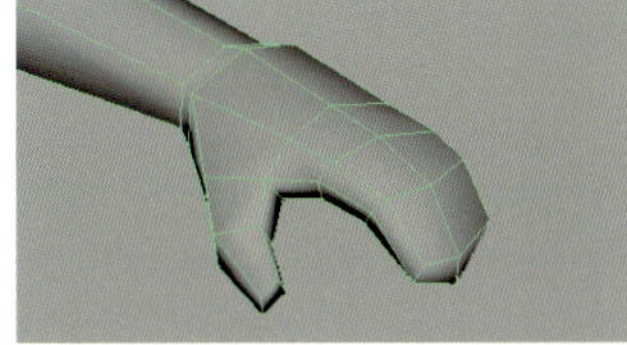
パース

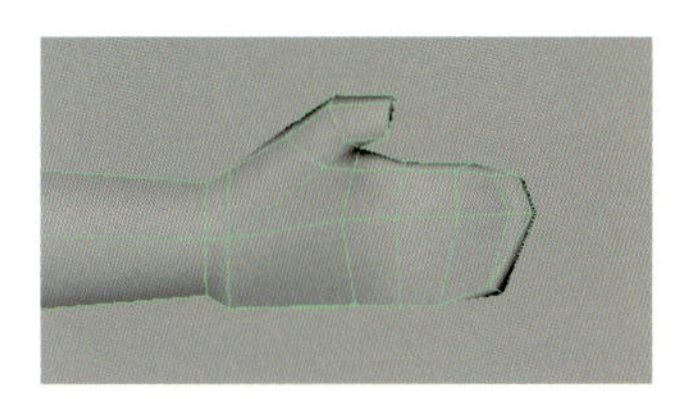
下

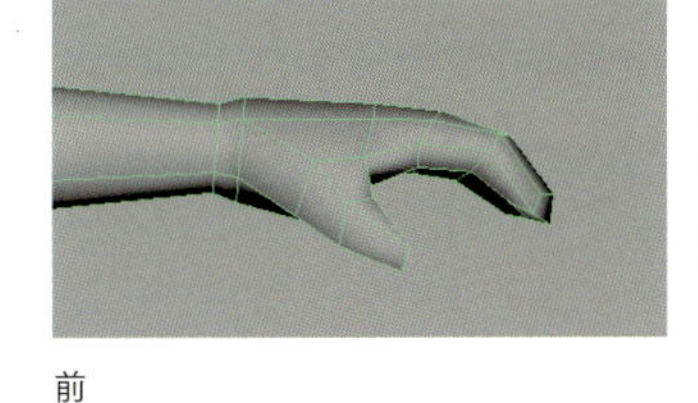
前

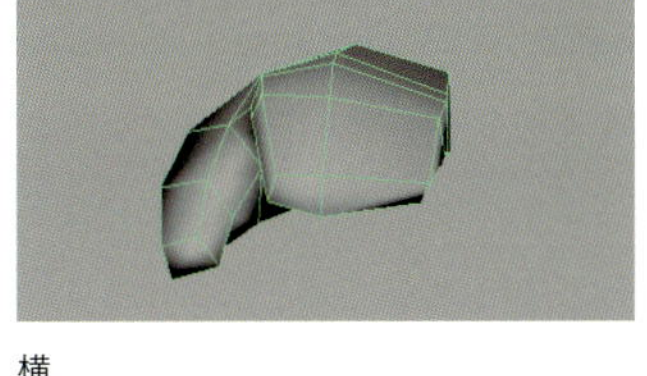
横

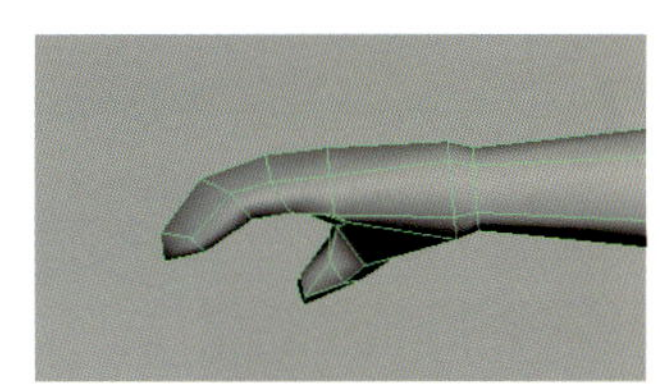
後ろ

エッジの追加と削除

15 エッジが足りない箇所にエッジを追加し、多すぎるエッジを削除します。ここでは、後でジョイントを入れて曲げるときに頂点数が足りなそうな部分にエッジを追加しています。

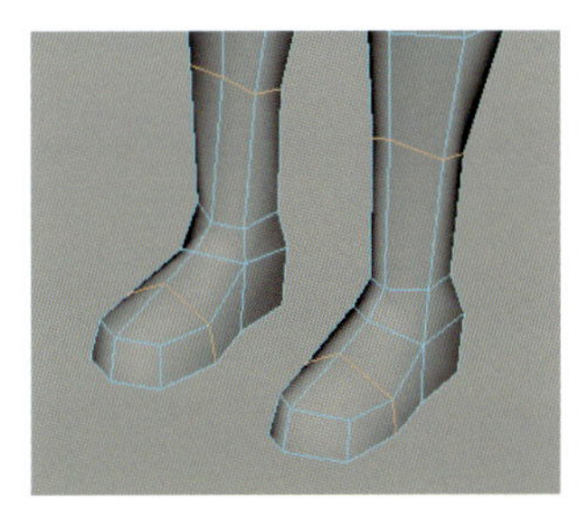
ジョイントを入れたときに、つま先を曲げるためにエッジが必要なのでエッジを追加します。脛や足の裏などのエッジも調整します。

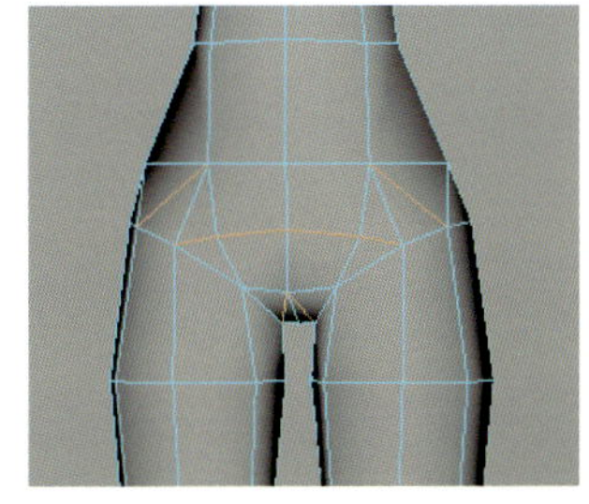
股関節もジョイントを入れて動かすにはエッジが少ないので追加します。

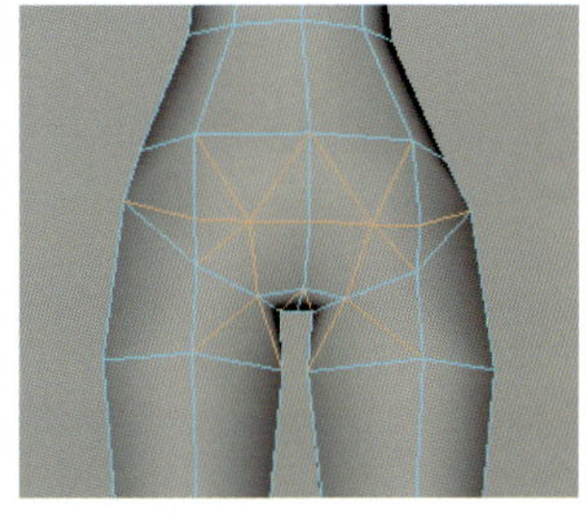
同じくお尻側でもエッジを追加します。シーンを保存します。

ベースモデルの完成

16 ベースモデルが完成しました。今回は練習することが目的なのでゼロから作りましたが、同じ等身のキャラクタを作るときはベースモデルを使いまわすことで効率化を図ることもできます。

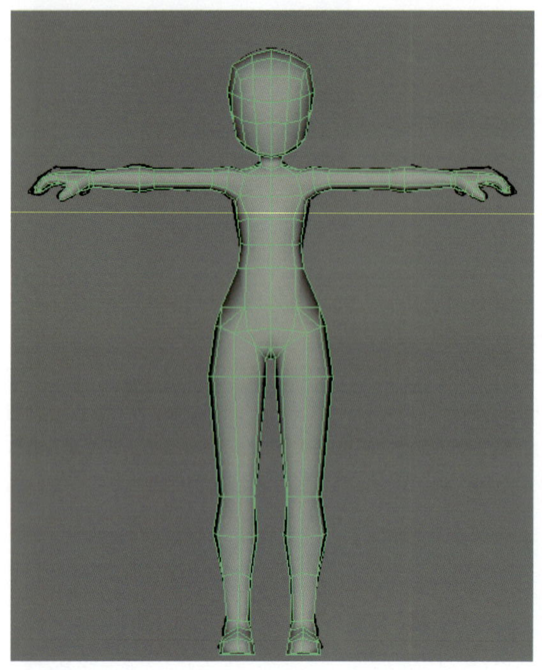

フロントビュー

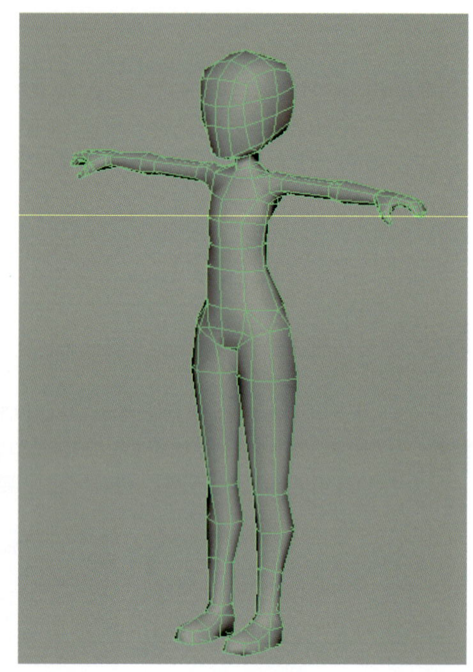

パースビュー

17 チャネルボックスを見ると作業のヒストリ（履歴）が大量に表示されます。これらはもう必要ないので、モデルをオブジェクト選択して、メニューの［編集］＞［種類ごとに削除］＞［ヒストリ］（Alt＋Shift＋D）で削除します。データも軽くなるので、作業中でも気がついたらこまめに削除しましょう。

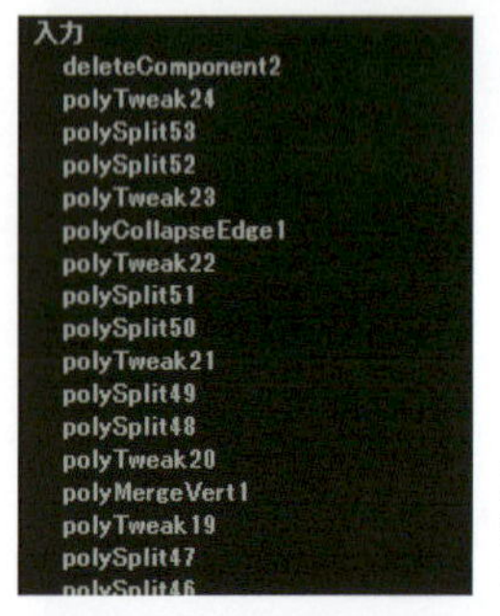

チャネルボックスに表示される大量のヒストリ

［ポリゴンのモデリング］シェルフの［タイプ別に削除：履歴］でもヒストリを削除できます。

18 次の作業のために、イメージプレーンをメインの画像に戻しておきます。シーンを別名で保存し次に進みます。

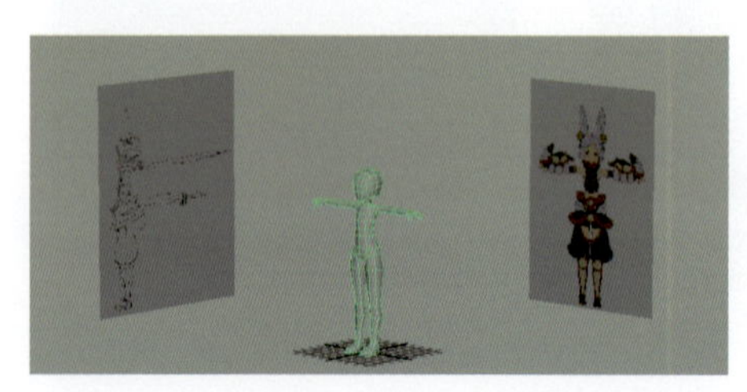

イメージプレーンはビュー上で選択できないようにしているのでアウトライナから選択し、アトリビュートエディタの［イメージの名前］アトリビュートの画像をメインのものに戻します。

MEMO シンメトリモデリングについて

シンメトリ機能はとても便利ですが、いくつか注意点もあるのでここにまとめておきます。

1. シンメトリ機能がオフの状態で作業を進めてしまいシンメトリ機能が使えなくなってしまったときの対処法

ベースモデルの作成時は常にシンメトリを[ワールドX]で作業を進められたので、このようなことは起こりにくいですが、このあとパーツの作成時には、シンメトリを[オフ]や[オブジェクトZ]などに変更して作業をする場面があります。そのあとに[ワールドX]に戻し忘れるとモデルが左右対称ではなくなってしまいます。その際は[ミラー]の機能を使用し左右対称ではなくなってしまったモデルを再び左右対称に戻すことができます。

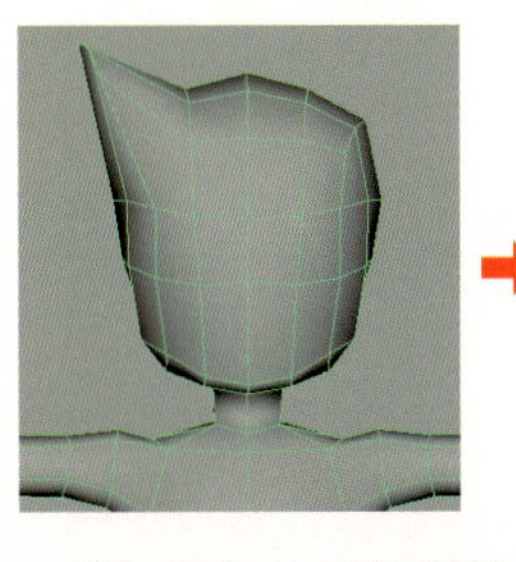

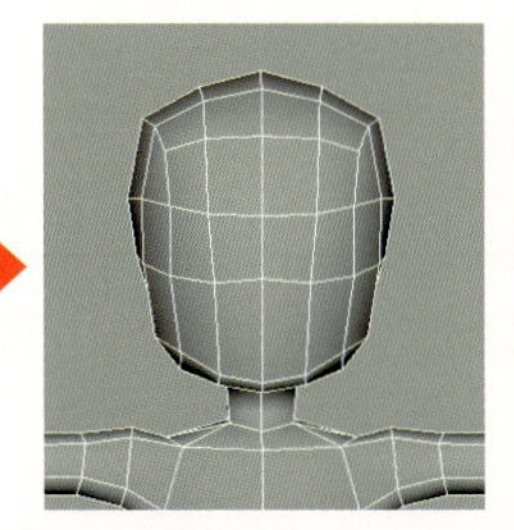

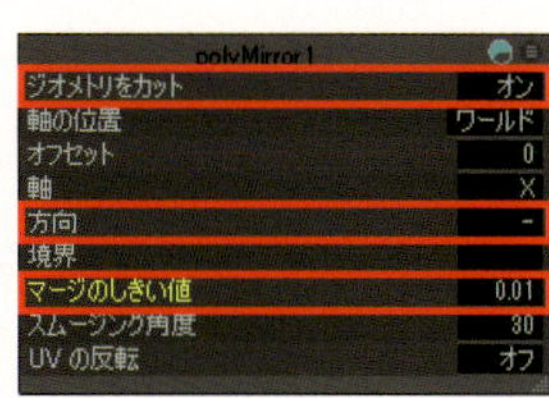

・[ジオメトリをカット]がオンなので、モデルの半分が削除され、残りの半分が反転コピーされます。

・[方向]で左右のどちらを使用するかを選択できます。

・[マージのしきい値]は「0.01」のような小さい値にして中央の頂点のみをマージします。

2. デタッチやマージの機能との相性

シンメトリは対称の位置の頂点を探して機能しているので、複数の頂点が同じ位置にあるとうまく機能しないことがあります。[デタッチ]は使用後に2頂点が同じ位置にある状態になるので、その後に正しい対称の頂点を選択できない可能性があります。よって、下図のようにモデルに切れ目を入れたい場合などは[マルチカット]でエッジを追加してからフェースを削除するという方法を取ります。

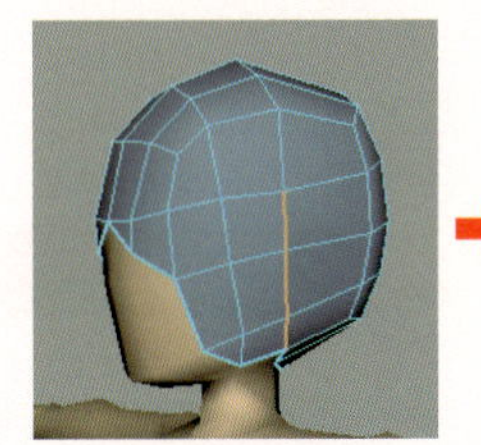
エッジを[デタッチ]

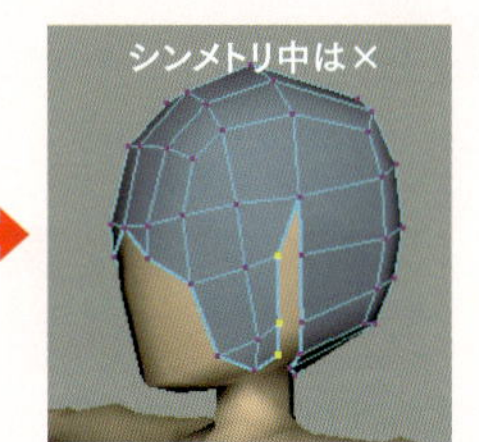

頂点を移動して切れ目を作成

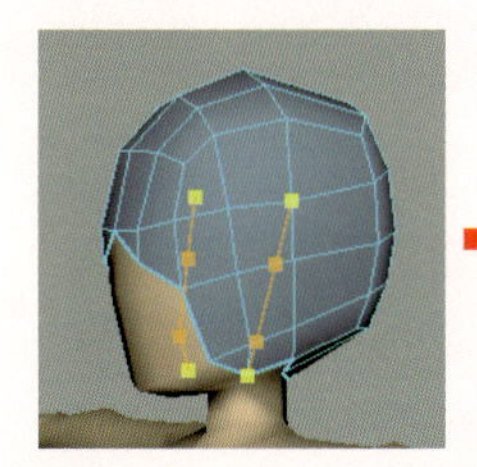
[マルチカット]でエッジを追加

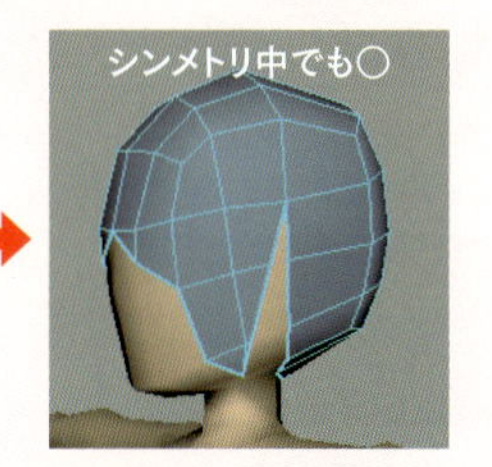

Delete でフェースを削除

同じ理由で[マージ]もうまく機能しないことがあります。[マージ]を使用するときは頂点をスナップ移動して2頂点を同じ位置にしてから行うことが多いですが、同じ位置に移動したため正しい対称の頂点を選択できないことがあります。よって、シンメトリ中は代わりに[ターゲット連結]を使いましょう。

3. おかしな挙動をしたらMayaを再起動

シンメトリ中に押し出したフェースを移動しようとするとモデル全体が移動してしまうなど、Maya がおかしな挙動になったら、モデルのヒストリを削除してみたり、Maya を再起動してみましょう。

4. 他の対称モデリングの方法

シンメトリ機能は便利ですが、左右対称にモデリングする方法は他にもあります。作例編第2章「ハイポリゴンキャラクタ制作」では[特殊な複製]でインスタンスコピーを使用して対称モデリングを行っています。

MEMO ハードエッジとソフトエッジ

立方体から始めたため、角張った「ハードエッジ」と滑らかな「ソフトエッジ」が混ざっています。モデルを選択して、メニューの[メッシュ表示] > [ソフトエッジ / ハードエッジ■]のオプションを開き、[角度]を「60～90」にして適用します。エッジに隣接するフェース同士の角度を見てソフトエッジとハードエッジに分けられます。

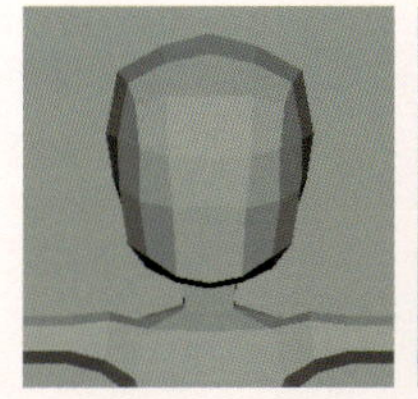
ハードエッジ

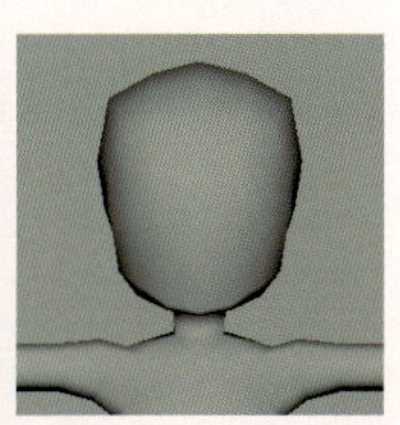
ソフトエッジ

Chapter

1-3

パーツの作成

ベースモデルを元に衣装や髪のパーツを作成します。パーツの形状はキャラクタにより様々です。デザイン画をよく見て、エッジを足しすぎず、減らしすぎず、シルエットを重視しながらモデルを作成します。

この工程の開始シーン ▶ MayaData/Ex_Chap01/scenes/Ex_Chap01_03.mb

 [複製] で作成

1 ベースモデルの上半身の衣装に当たる部分のフェースを選択し、[複製] で衣装用のパーツを作成します。

上半身の衣装

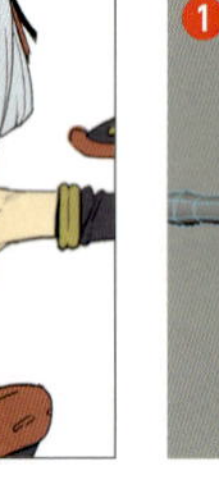

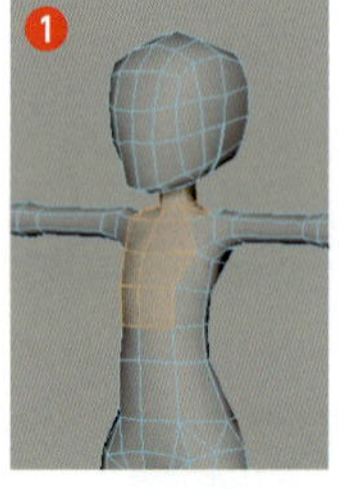

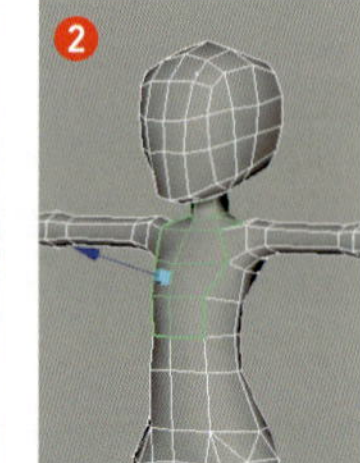

❶胸と首周りのフェースを選択して、[ポリゴンのモデリング] シェルフの [複製] を実行します。

❷ [複製] のマニピュレータ（青い矢印）が表示されるので、少しだけ前へ移動します。（移動しないと元のフェースと全く同じ位置にあるため、選択しづらくなってしまいます。）

[複製] 後にアウトライナで確認すると、❸グループノードと❹transform1ノードができています。

Alt + Shift + D でヒストリを削除すると、❹transform1ノードが消えます。

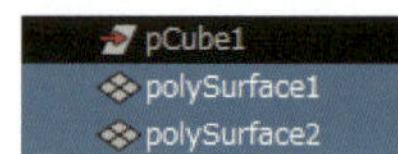

Shift + P で、❸グループノードとのペアレント化を解除します。

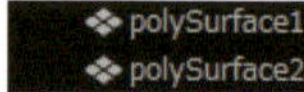

❸グループノードを選択して Delete で削除します。元のモデルと複製されたモデルのみになります。

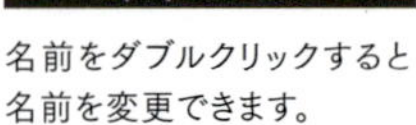

名前をダブルクリックすると名前を変更できます。

簡単に名前を付けます。

- これからパーツが増えるので簡単に名前を付けておくとアウトライナから選択するときに役立ちます。最終的には結合して1つのモデルにするので、しっかりとした名前を付ける必要はありません。
- パーツが増えてくると作業に邪魔なモデルは H で非表示にすることができます。非表示にしたモデルはアウトライナで選択して H を押すと再表示することができます。

2 モデルが複数になったので、わかりやすいように各モデルに色を付けます。

- 最終的にはテクスチャで色を付けますが、ここでは簡易的にマテリアルで色を付けます。オブジェクトモードに切り替え、モデルを選択しを押したままにすると表示されるマーキングメニューの [お気に入りのマテリアルの割り当て] > [Lambert シェーダ] を実行しマテリアルを作成します。アトリビュートエディタで作成したLambert マテリアルの [カラー] をデザインに近い色に変更します。
- モデルが複数になると選択していないモデルのワイヤフレームを見たい場面も出てきます。その際はパースビューの [ワイヤフレーム付きシェード] を押すと、選択していないモデルのワイヤフレームも表示することができます。[X線] をパースビューで使用するのも複数モデルの作業時に有効です。
- 左図はパースビューのメニューの [ライティング] > [フラットライトを使用] にしています。

3

上半身の衣装の形を編集します。ここでもベースモデルを作成したときと同じように、[押し出し]や[マルチカット]などでフェースやエッジを増やし、頂点を移動して形を作成します。不要なエッジは、Ctrl＋Deleteで削除します。ベースモデルとの接触部分やモデルの裏側は、まだ作る必要はありません。ここではシルエットの形状だけを意識して形を作成します。

前から見た図。

横から見た図。

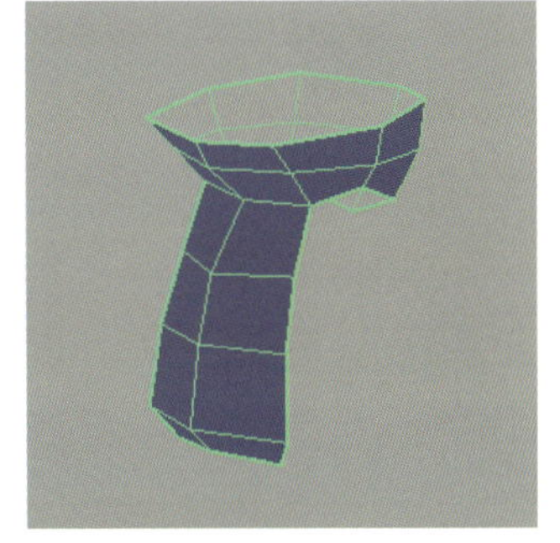

ベースモデルを非表示にして斜めから見た図。厚みなどはまだありません。

[複製]で作成後に片方のモデルをインスタンス化

4

次に腕の衣装を作成します。上半身の衣装と同じように、ベースモデルのフェースを[複製]して作成しますが、作成後は左右で別のモデルになっているのでそのままでは左右対称にモデリングができません。よって右のモデルを削除して、左のモデルに[特殊な複製]を実行し左右対称のインスタンスコピーを作成します

腕の衣装

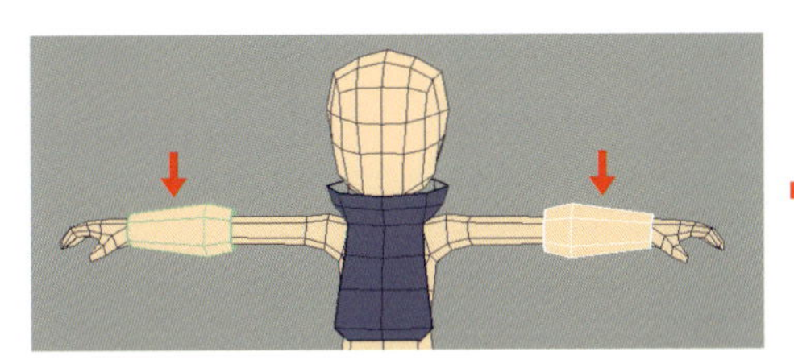

まず、腕のフェースを選択して[複製]で複製モデルを作成します。[複製]のマニピュレータで少し移動させ、Alt＋Shift＋Dでヒストリを削除、Shift＋Pでペアレント化を解除し、アウトライナで不要なグループノードを選択して削除します。（ここまでは上半身の衣装と同じです。）

この段階で右と左のモデルは別のモデルになっているので、右のモデルを削除します。左のモデルにマテリアルを割り当て、色を付け、メニューの[編集]＞[特殊な複製□]でオプションを表示します。

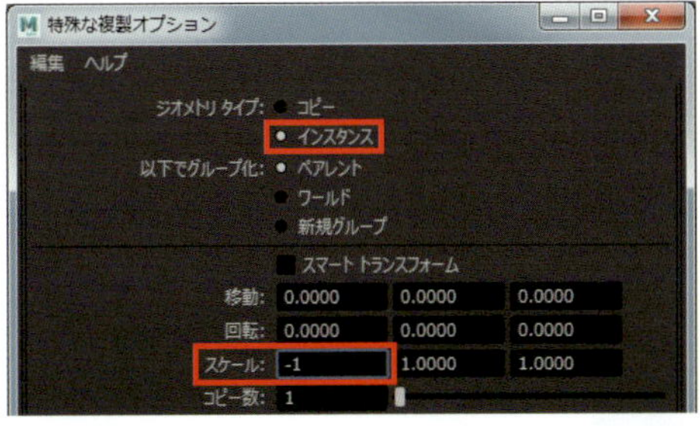

[インスタンス]をオンにし、[スケール]のXを「-1」にして[特殊な複製]を実行します。これにより、左のモデルを編集すると右のインスタンスも連動して同じ形になります。

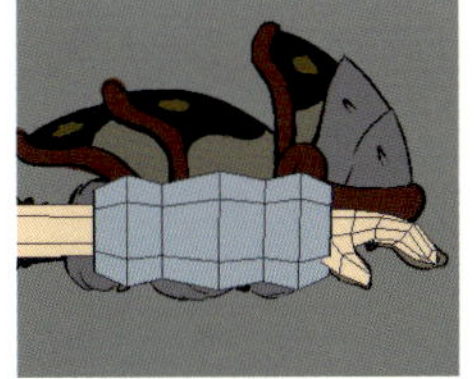

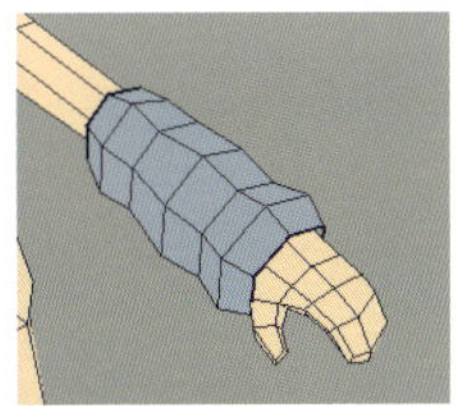

左のモデルを、[マルチカット]でのエッジの挿入や、頂点の移動で、デザインの形状に近づけます。ベースモデルとの接触部分やモデルの裏側はまだ作る必要はありません。

ベースモデルをそのまま使用

5 ❶腰のインナーのような衣装はベースモデルの形状そのままでよさそうなので[複製]せず、色だけを変えます。最終的にも、テクスチャを描き込むだけで済ませます。

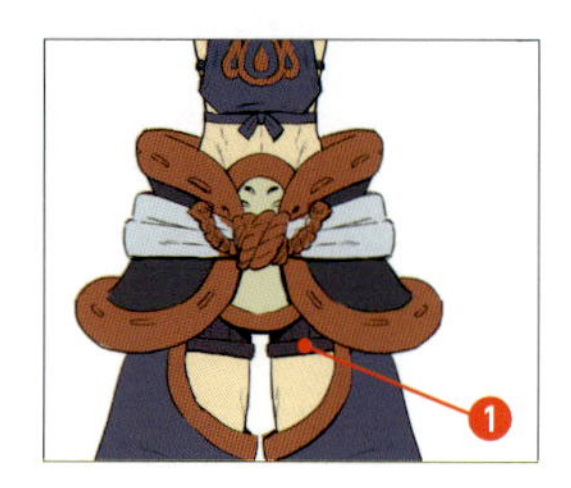
インナー

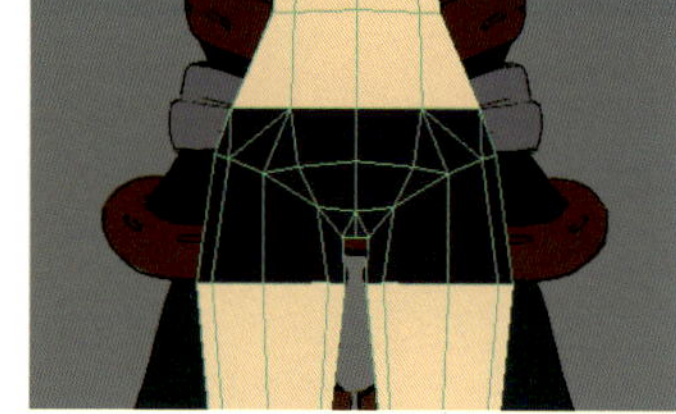
フェースの色を変更

- モデルの一部のフェースだけ色を変える場合は、色を変えたいフェースを選択し、[お気に入りのマテリアルの割り当て]を実行することでフェース単位でマテリアルを割り当て、色を付けることができます。
- または、[既存のマテリアルの割り当て]から既に作成したマテリアルを選ぶこともできます。

[抽出]で作成

6 脛周りの脚の装備や靴は[抽出]を使いベースモデルのフェースを切り離して作成します。ベースモデルの膝から下の脚は完全に装備に隠れて見えなくなり必要ないので[複製]ではなく[抽出]を使用します。[抽出]は元のフェースが削除されること以外は、[複製]と使い方が同じです。

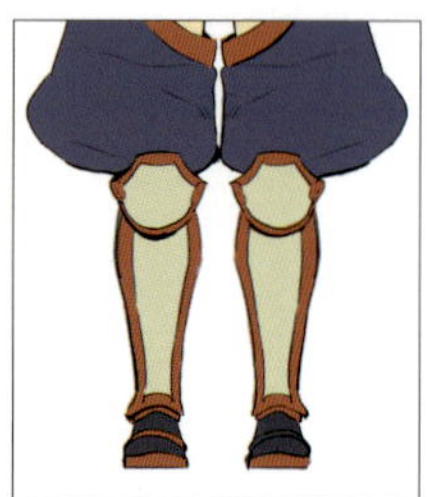

脛周りの装備と靴

[抽出]して色付け

- 膝から下の脚のフェースを選択し、[抽出]を実行します。
- [複製]と同じようにマニピュレータが表示され移動できますが、移動する必要はありません。([抽出]の場合は元のフェースが削除されるので、選択しづらくなることはないため。)
- Alt + Shift + D でヒストリを削除します。
- Shift + P でペアレント化を解除して不要なノードを削除します。
- 右のモデルを削除します。
- 左のモデルに色を付けます。
- 左のモデルを[特殊な複製]で対称インスタンスコピーします。
- 形状をデザイン画に合わせます。

7 ここでは足首の周りだけエッジを追加し立体的にしています。

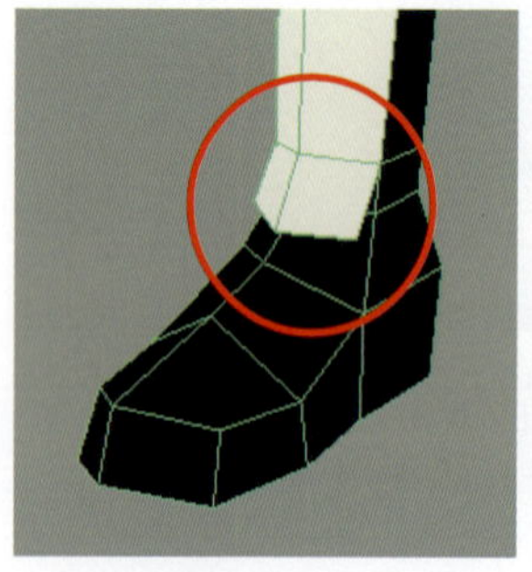
斜めから見た図

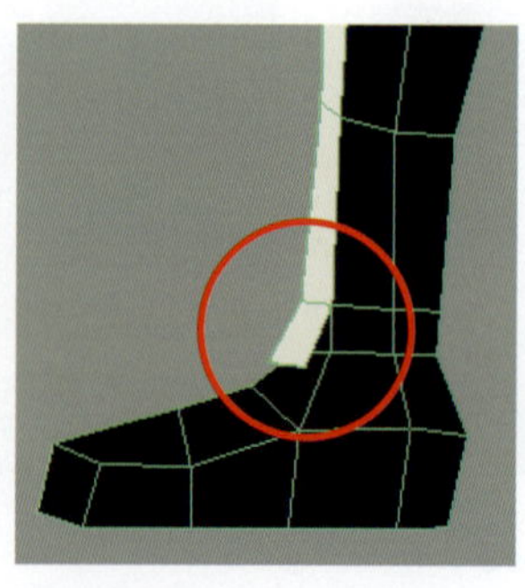
横から見た図

- ここではこのような形にしました。画像ではわかりにくい形をしているので、一緒にする必要はありませんが、一例としてこの形にするための手順を次のページに載せておきます。

下の手順の最後のマテリアルの変更はインスタンスに反映されないので、最後に右のモデルを削除してもう一度［特殊な複製］を行う必要があります。

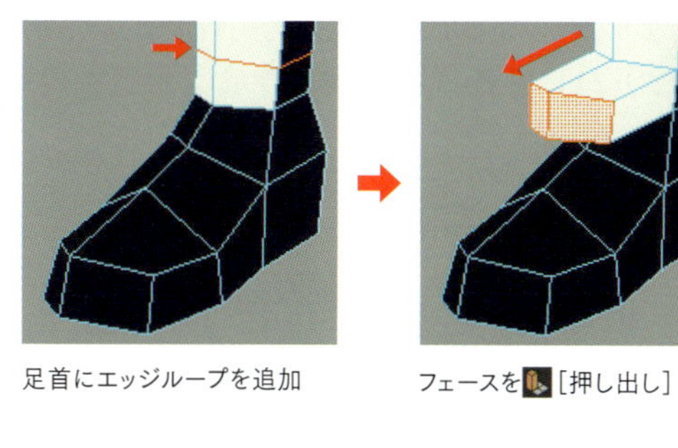

足首にエッジループを追加

フェースを［押し出し］

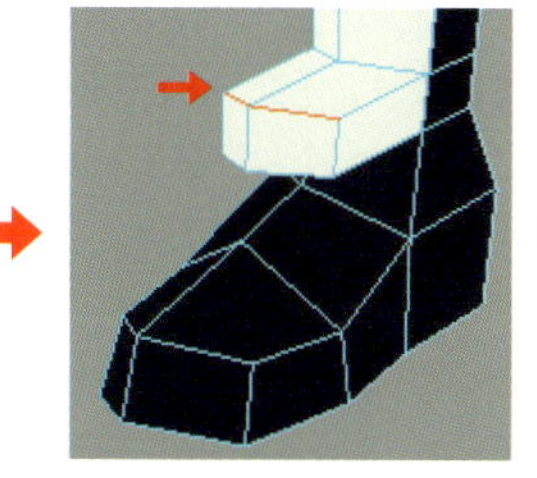

上の2つのエッジを選択

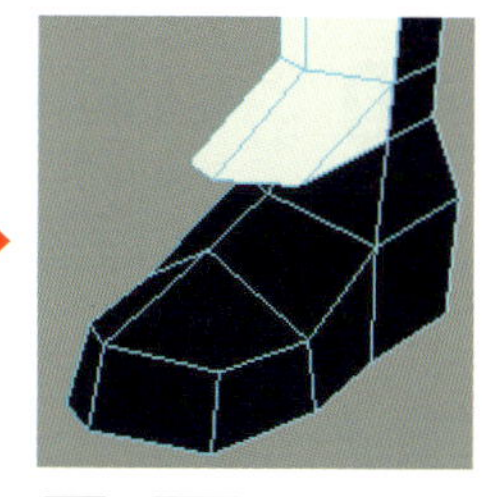

Ctrl + Delete でエッジを削除

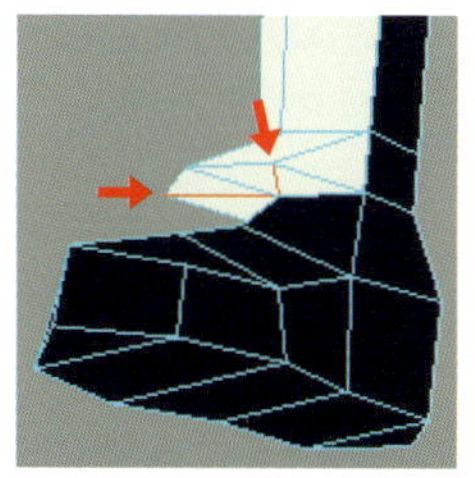

下側にエッジを2つ追加

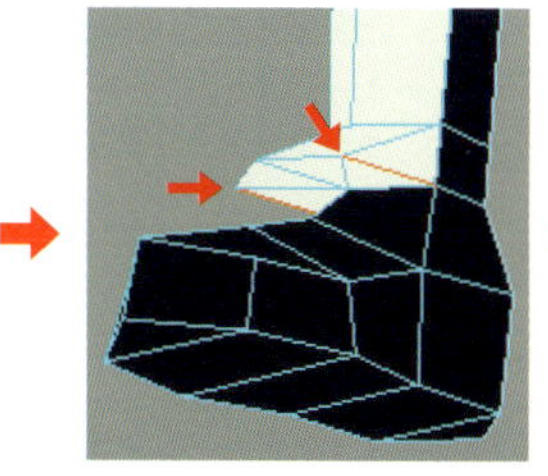

横の2つのエッジを削除

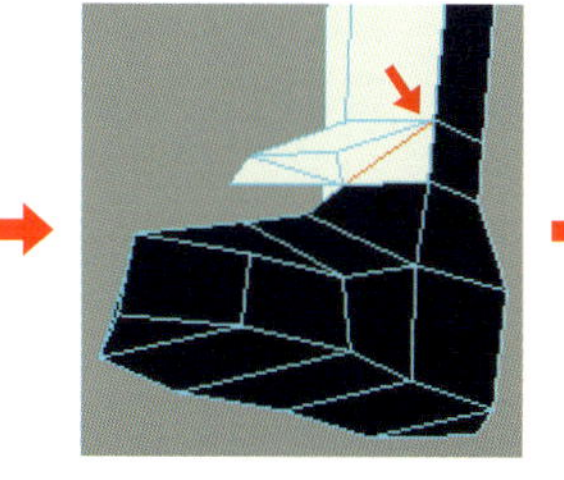

エッジを2つ追加（図で見えていない反対側も同様に）

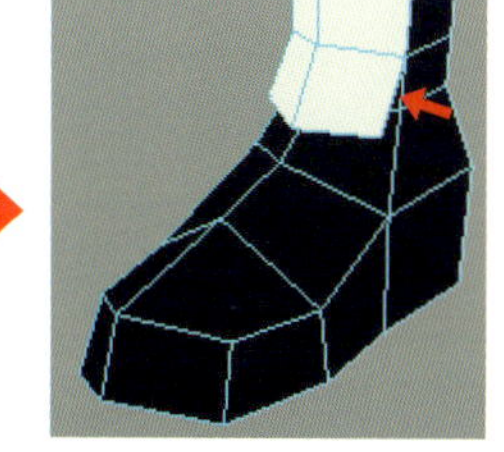

形を調整して矢印のフェースのマテリアルを変更

プリミティブから作成

8 腿周りの衣装はベースモデルと大きく違います。よってここではプリミティブの［円柱］から作成します。

腿周りの衣装

［円柱］を腿に配置して、マテリアルで色を付けます。

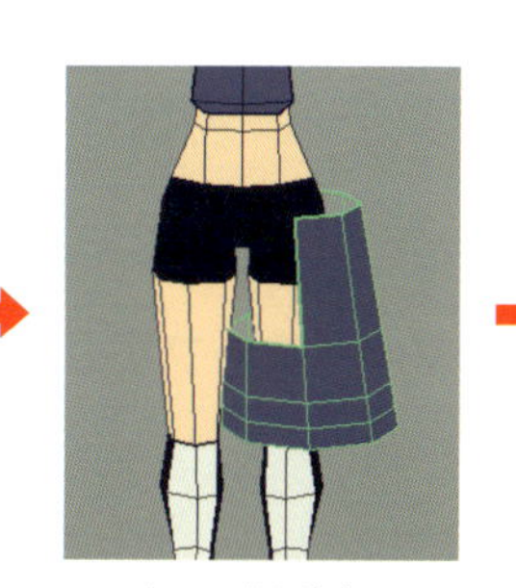

エッジループを追加し、不要なフェースは選択して Delete で削除します。

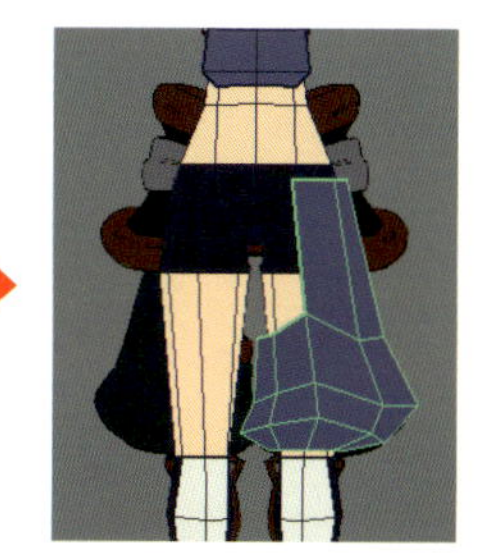

正面図と側面図に形を合わせます。

9 最後に［特殊な複製］で対称インスタンスコピーをしますが、プリミティブから作成した場合は下図左のようにその場で対称コピーされてしまいます。その際は、メニューの［修正］＞［トランスフォームのフリーズ］を実行し、［修正］＞［トランスフォームのリセット］を実行して、ピボットを原点に移動してから行うと正しく対称コピーできます。

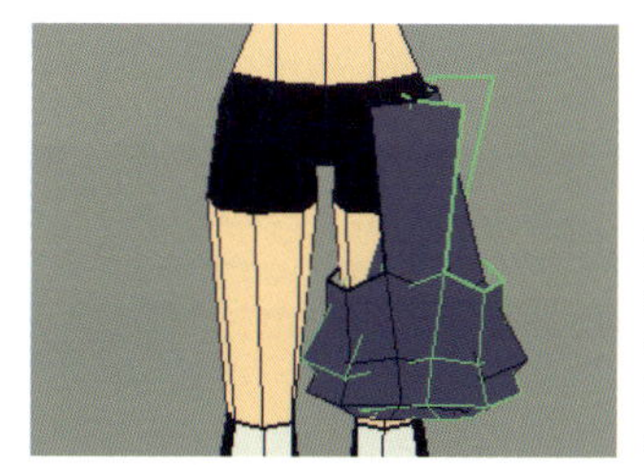

うまくいかない例です。最初に配置するときにピボットが移動したため、そこを中心に対称コピーされてしまいました。

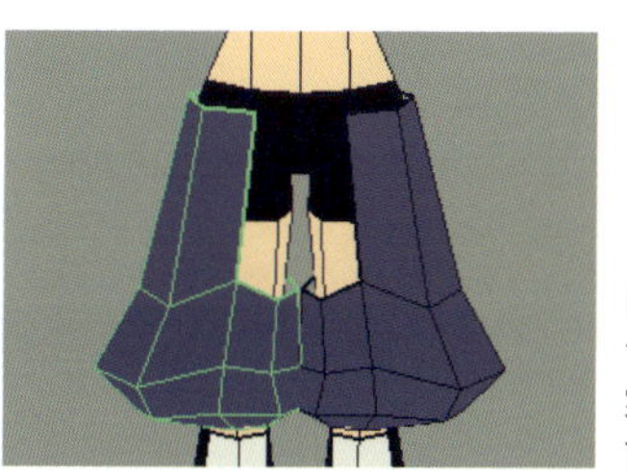

ピボットを原点に移動してから［特殊な複製］を実行するとうまくいきます。

前後対称に作成

10 腕の防具もプリミティブの[立方体]から作成します。腕の防具は左右対称なだけではなく、前後対称にもなっています。[シンメトリ]を[オブジェクトZ]に変更し前後対称に作成し、最後に[特殊な複製]で左右対称コピーで右側のモデルも作成します。

腕の防具1

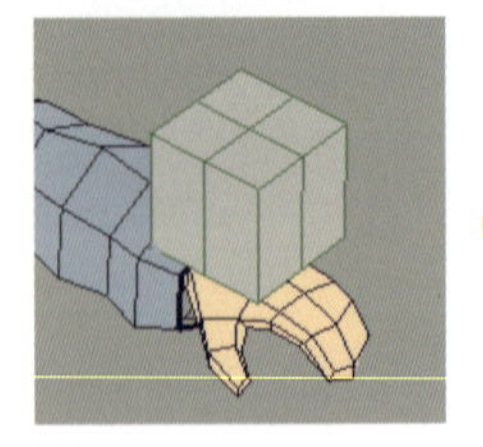
[立方体]を配置

前から見た図。エッジを足しつつ前後対称に変形

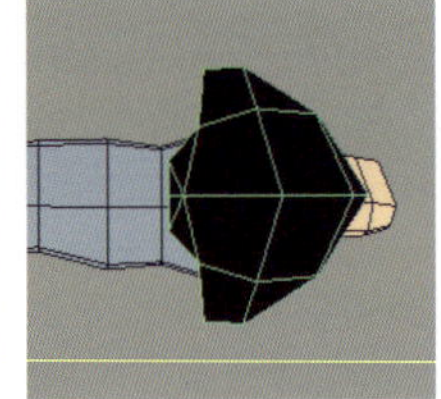
上から見た図

似たパーツを複製して作成

11 腕にはもう1つ防具がありますが、上で作成したものと形が似ています。似た形のものは複製して作成すると効率的です。ここでは上半身の衣装を作成したときに使用したフェースの[複製]ではなく、オブジェクトの複製（Ctrl＋D）を使用します。

腕の防具2

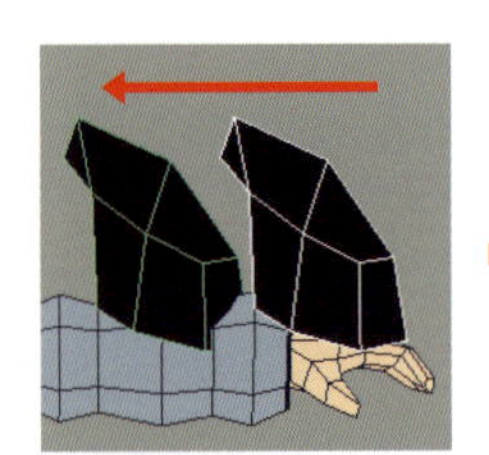
複製して移動

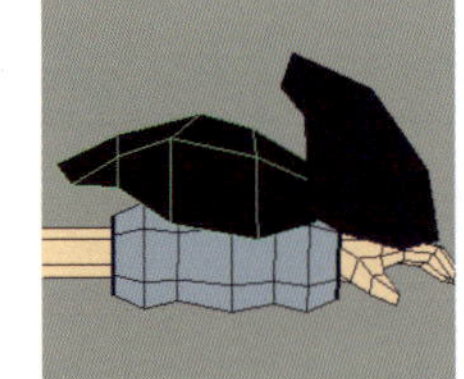
エッジを足しつつ前後対称に変形

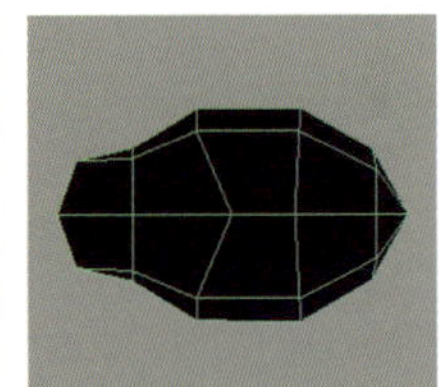
上から見た図

MEMO トランスフォームをフリーズとリセットした後にシンメトリモデリング

腕の防具は、[シンメトリ]を[オブジェクトZ]で作成した後に、[トランスフォームのフリーズ]、[トランスフォームのリセット]を実行しピボットを原点に移動してから[特殊な複製]で対称コピーしています。この後にもう少し形を修正したい場合に[シンメトリ]を[オブジェクトZ]にしてもシンメトリモデリングができない可能性があります。（最初に側面図をどのように配置したかにもよりますが、腕の防具が完全にX軸上にあれば引き続きシンメトリモデリングできます。）シンメトリモデリングできない場合は、メニューの[修正] > [中央にピボットポイントを移動]を実行し、[修正] > [ピボットをベイク処理]を実行すると、ピボットがモデルの中央に戻ってくるので再びシンメトリモデリングを始めることができます。ただし、[特殊な複製]で作成したインスタンスは正しくない位置に移動してしまうので削除して、モデリングが終わったらまた[特殊な複製]を実行します。

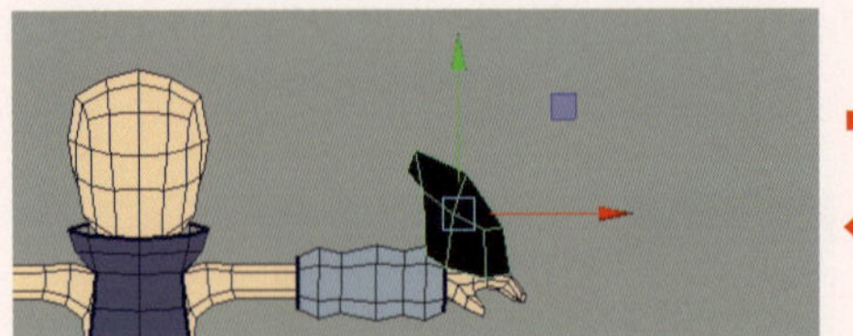
ピボットがモデルの中央にある状態。[シンメトリ]の[オブジェクトZ]などが使用できますが、[特殊な複製]はうまくいきません。[トランスフォームのフリーズ][トランスフォームのリセット]で右の状態に変更できます。

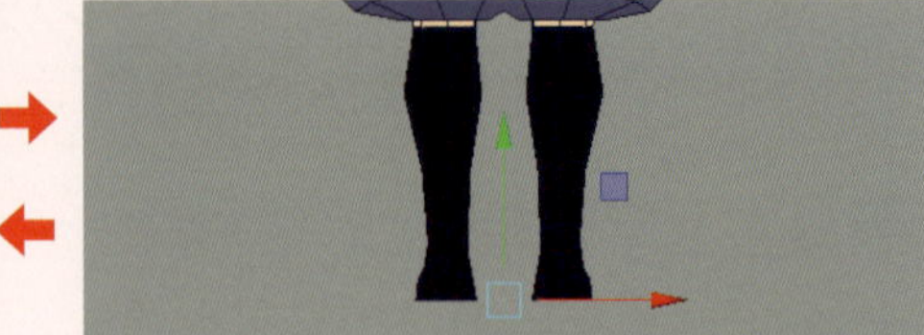
ピボットが原点にある状態。[シンメトリ]の[オブジェクトZ]などが使用できませんが、[特殊な複製]はうまくいきます。[中央にピボットポイントを移動][ピボットをベイク処理]で左の状態に変更できます。

オブジェクト単位で左右対称に作成

12 膝当ては、オブジェクト単位でも左右対称です。よって、［シンメトリ］を［オブジェクトX］にして作成します。

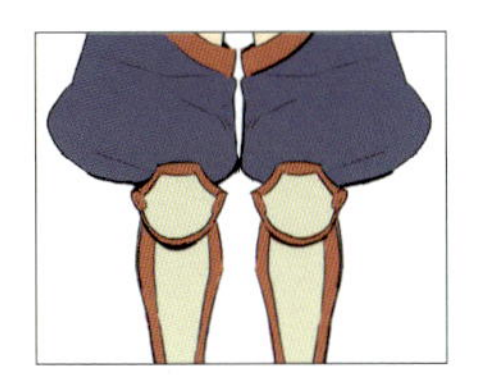
膝当て

膝に［立方体］を配置します。

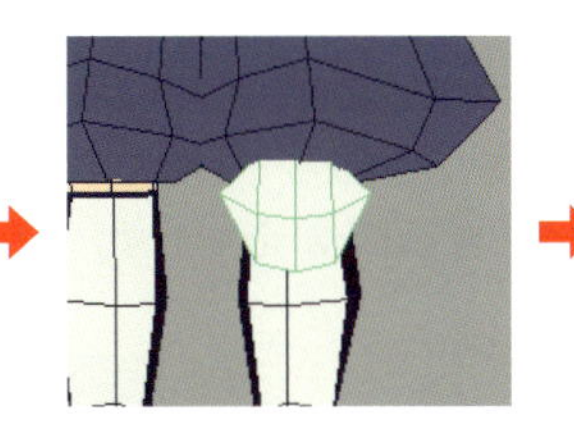
オブジェクト単位で左右対称に編集します。

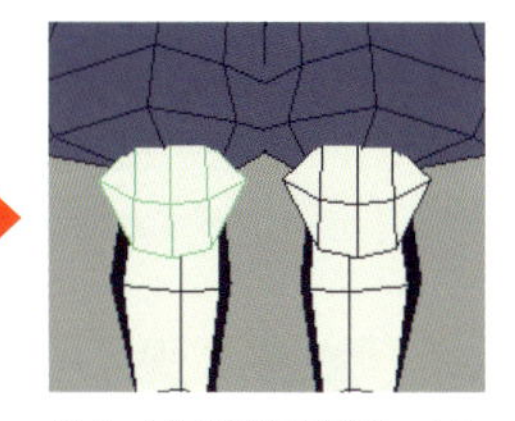
ピボットを原点に移動し、シンメトリコピーします。

髪の作成

13 髪も頭のフェースを［複製］で作成します。デザインの前髪は左右対称ではありませんが、この工程ではまだ左右対称のまま作成し、次の工程で左右非対称にする予定です。［シンメトリ］は［ワールドX］に戻します。

髪

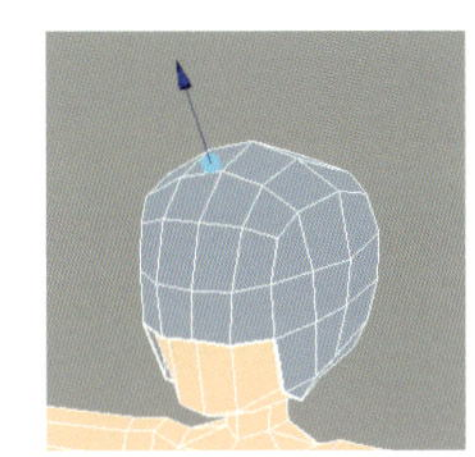

髪の形状もキャラクタによって様々なので、一貫した作り方が存在するわけではありませんが、今回のキャラクタはベースモデルの頭を元に作成するのが簡単そうなので、［複製］で作成します。［複製］のマニピュレータで少し移動して、マテリアルで色を付けます。

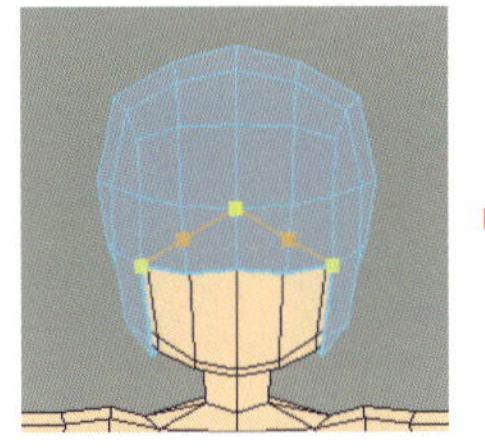
前髪の形にエッジを追加

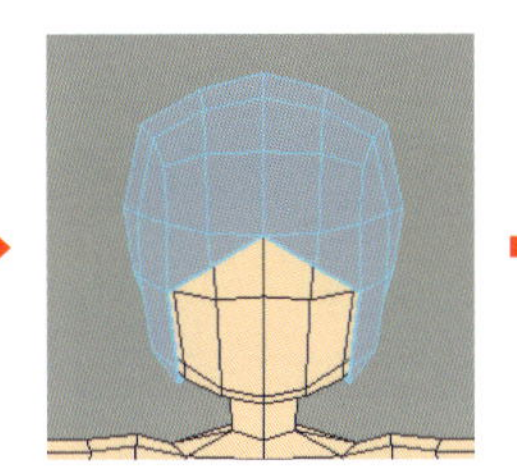
前髪のフェースを削除

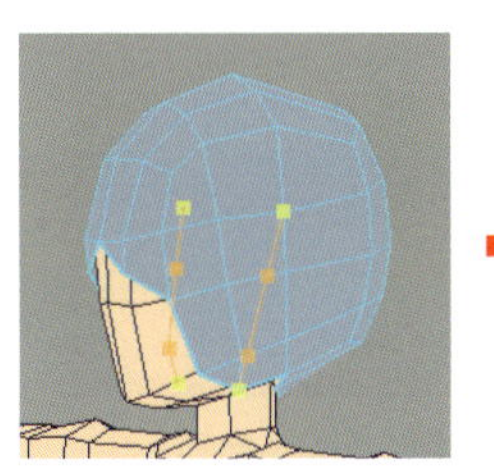
横にもエッジを追加

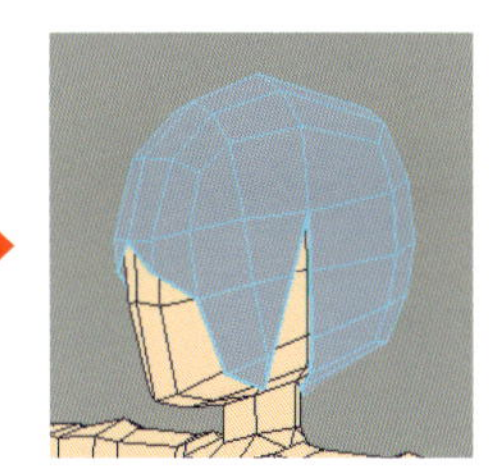
フェースを削除

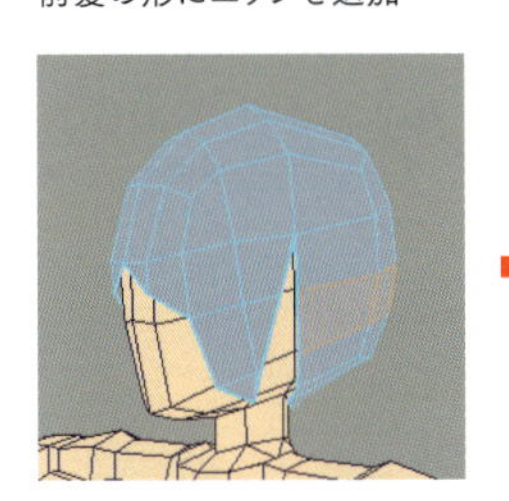
フェースループを選択

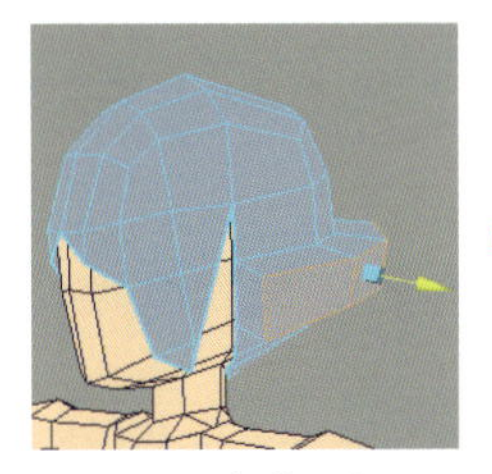
フェースループを押し出し

エッジループを選択

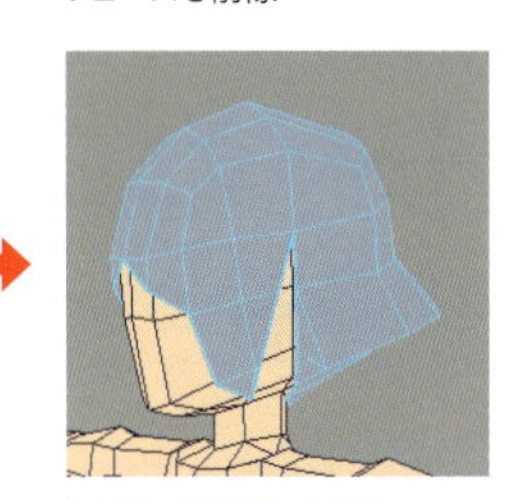
Ctrl + Delete で削除

斜め前から見た図

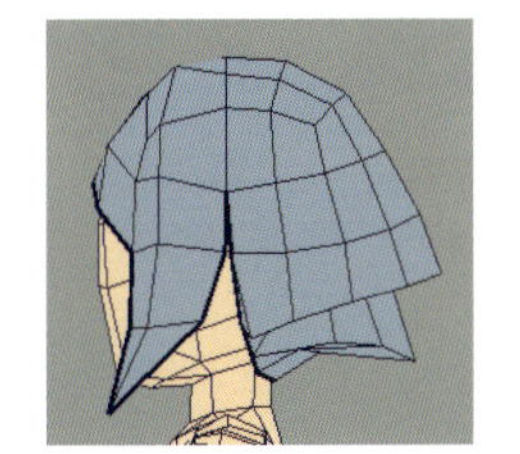
横から見た図

斜め後ろから見た図

正面図と側面図に形を合わせます。必要に応じてさらにエッジを追加したり削除したりします。後の工程でもまだ編集するので、ここでは大まかな形があっていれば問題ありません。

上半身の紐の結び目の作成

14

上半身の衣装の紐を、前と後ろの結び目だけ作ります。紐自体はテクスチャで身体に描き込む予定なのでモデルでは作成しません。この際、結び目モデルの接触部がベースモデルのエッジ上に来るように作成し、紐をテクスチャで書くときはエッジに沿って書くようにします。もしベースモデルのエッジがデザイン画の紐の高さとずれている場合は、エッジの位置をデザイン画に合わせ調整します。この様に作成することによって、後でアニメーションを作成するときに身体を動かしても紐と結び目がずれないようにすることが可能です。

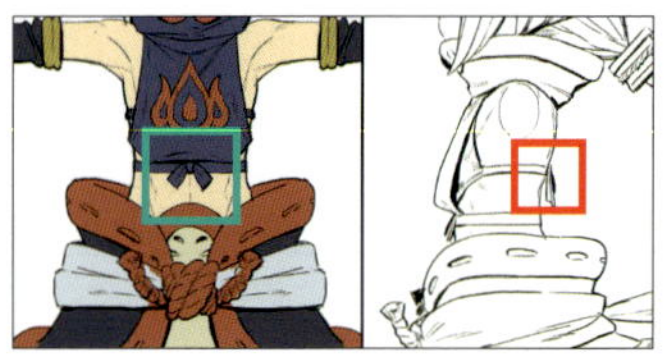

紐の結び目

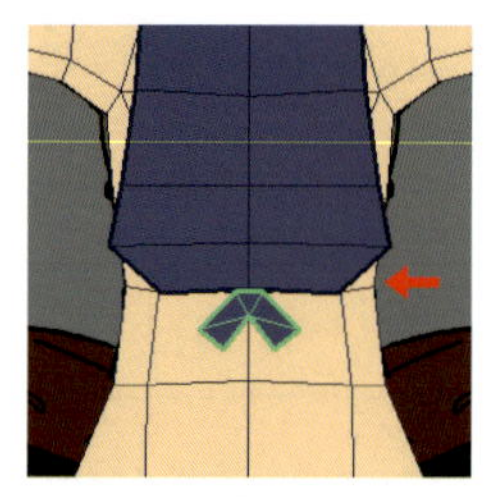

前の結び目。[プレーン]から作成します。

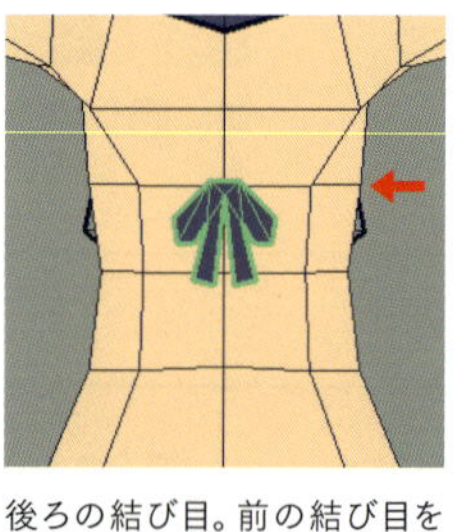

後ろの結び目。前の結び目を複製して作成します。

デザイン画の紐の高さ、エッジの高さ、結び目の付け根の高さを合わせます。

その他のパーツの作成

15

ここからは今までと同じように作成していくだけなので、画像を参考にしながらパーツごとにどんどん作っていきましょう。まずは腰の防具です。ベースモデルと大きく違うので、プリミティブの[円柱]から作成します。

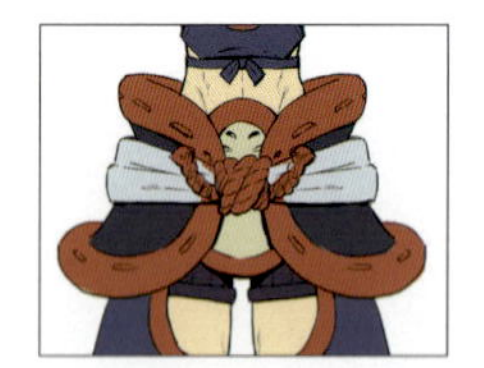

腰の防具

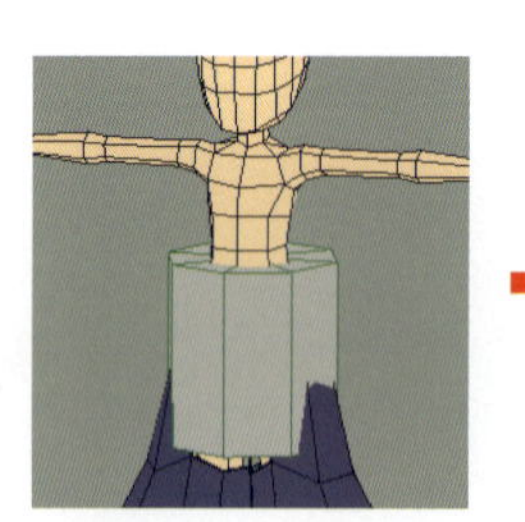

腰に[円柱]を配置

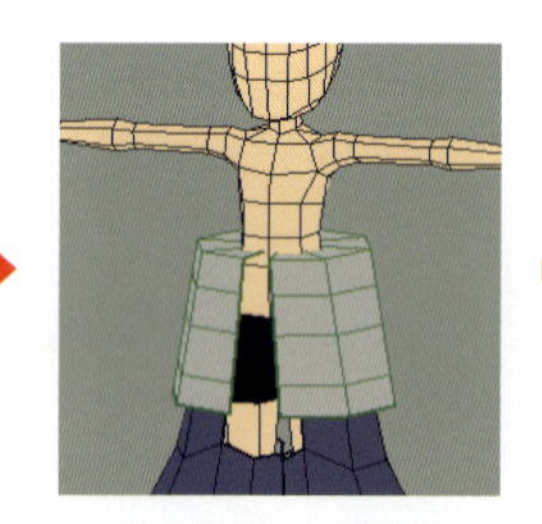

エッジを追加し、不要なフェースを削除します。

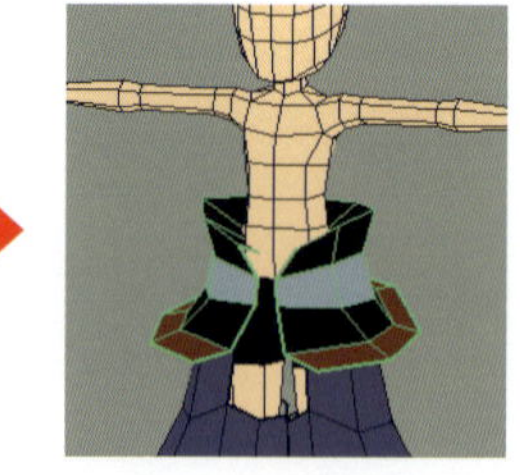

形を整え、色を付けます。

16

腹の防具は腰回りの防具の内側にあるので、その位置関係だけ気をつけて作成します。必要があれば、腰回りの方の防具も調整します。

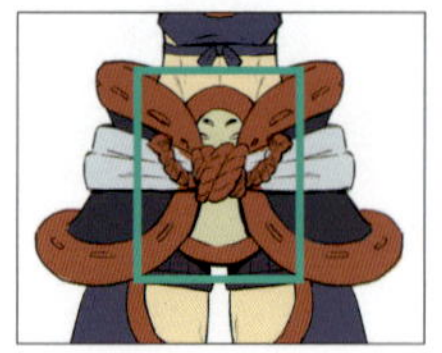

腹の防具

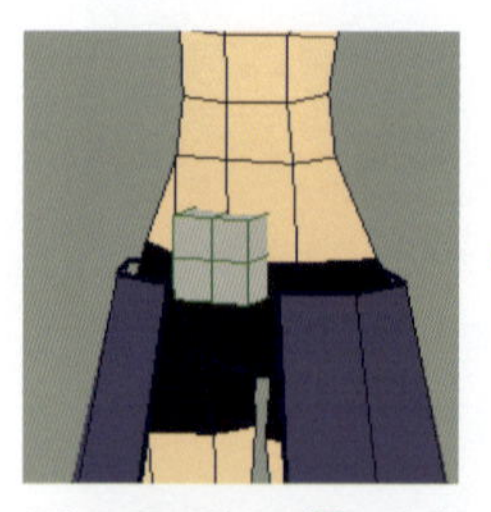

最初は腰の防具をHで非表示にして[立方体]を配置

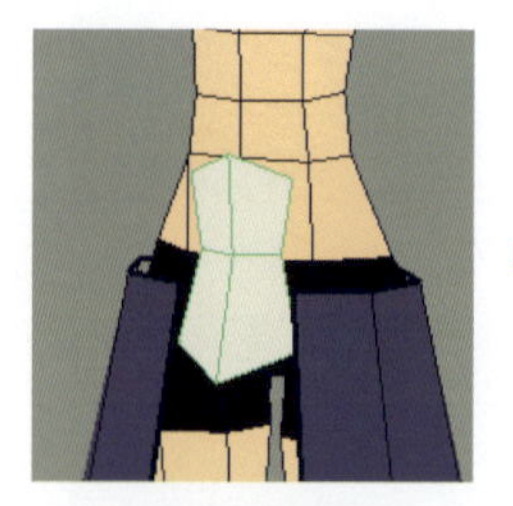

形を整え、色を付けます。

腰の防具をHで表示して位置関係を調整します。

17　ウサギの耳と髪飾りを作成します。髪飾りはプリミティブの[球]で作成します。

ウサギの耳と髪飾り

[円柱]から作成します。

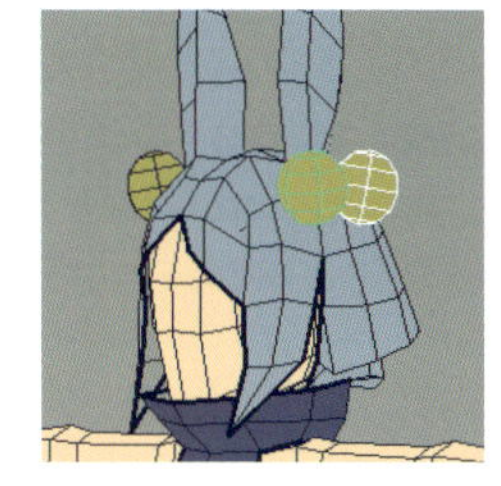
[球]で作成します。

[プレーン]で作成します。

18　後ろの長い髪を作成します。

後ろの長い髪

長い髪は[球]で、髪留めは[円柱]で作成します。

19　腰布を作成します。デザイン画ではわかりませんが腰布は2本あります。

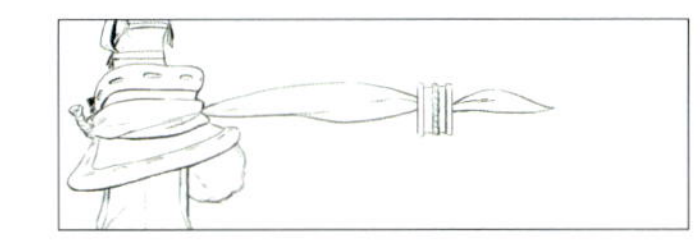
腰布

腰布は上の長い髪を複製して作ると簡単です。

20　お尻にあるウサギの尻尾を作成します。立方体に[モデリングツールキット]の[スムーズ]をかけたものを使用して作成します。

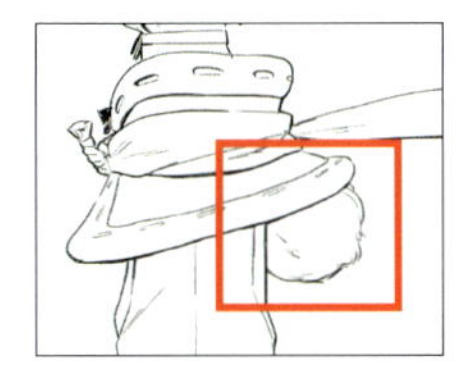
ウサギの尻尾

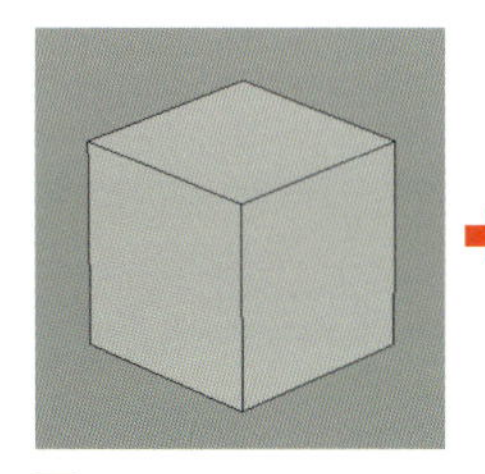
[立方体]

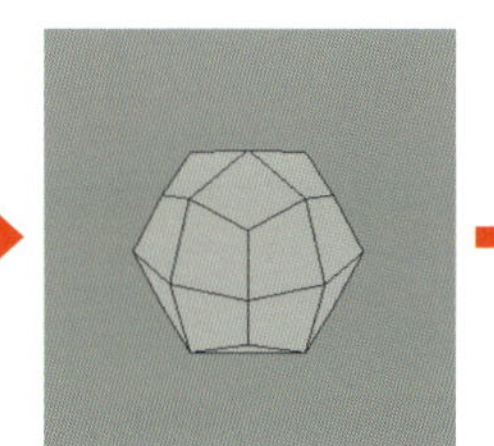
[スムーズ]

尻尾を作成

21　腰の綱を作成します。中央の大きい結び目はテクスチャで表現する予定です。

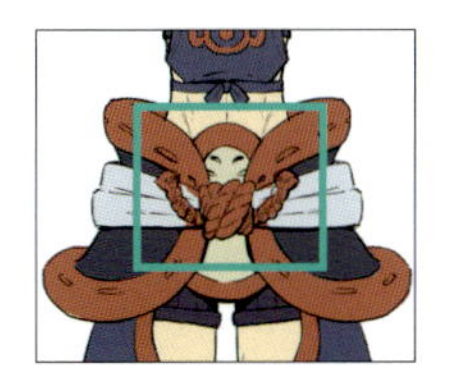
腰の綱

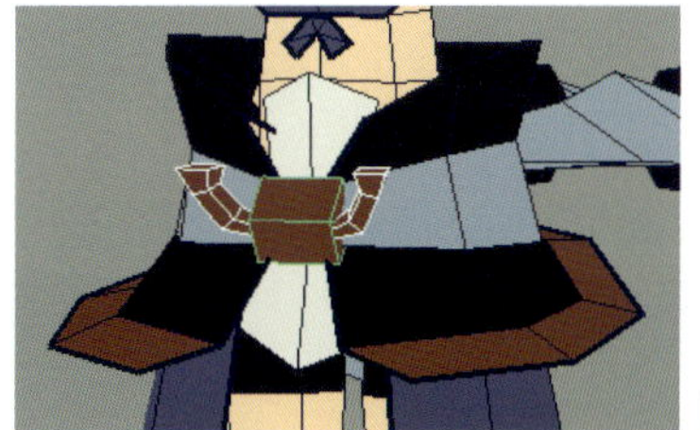
[立方体]で作成します。

武器の作成

22 ここで武器も作成しましょう。武器のデザインは側面図しかないので、正面からの見た目は想像で補って作成します。キャラクタの側面図とは画像サイズが違うので、武器用に別のイメージプレーンを作成します。武器で1つのパーツと考えると複雑に見えますが、5個のパーツに分けて考えると簡単です。

武器のデザイン画像 ▶ MayaData/Ex_Chap01/sourceimages/weapon.png

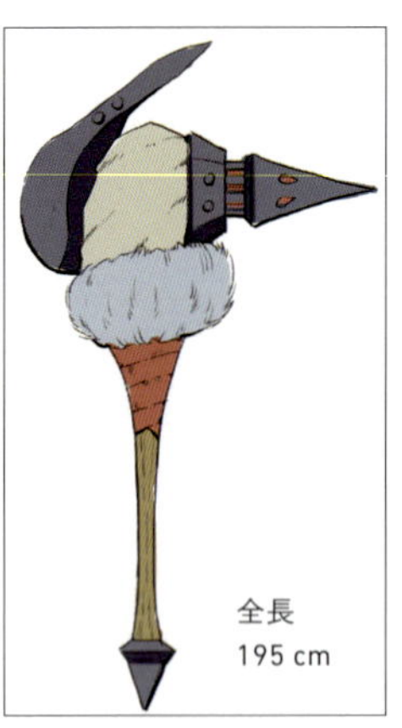

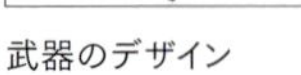
武器のデザイン

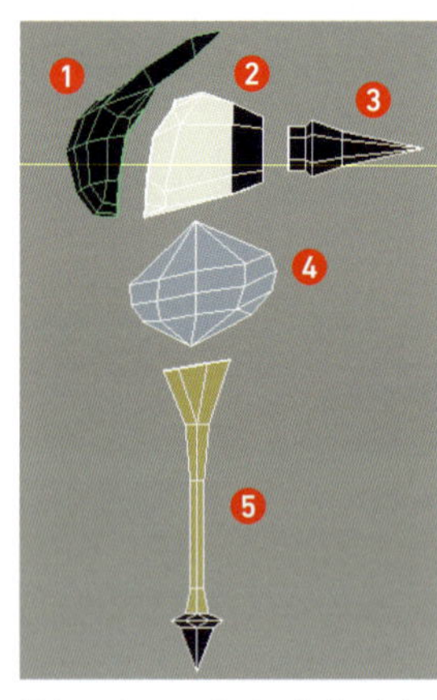

細かいパーツに分けて作成します。

斜め

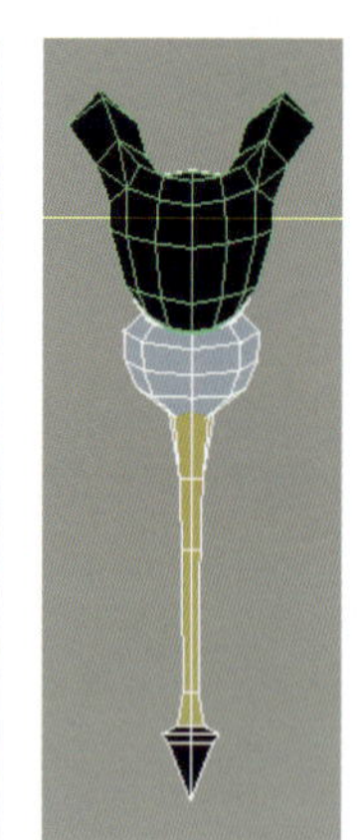
前

❶のパーツだけは分けてもまだ少し複雑です。キャラクタの耳や尻尾からウサギがモチーフであることが分かるので、武器もウサギの耳のような形にします。分割数が「4 × 4 × 1」の[立方体]から始めて、耳に当たる部分をフェースの押し出しで作成し、形状を整えます。あとの工程で❶と❷のパーツは結合したいので接合部の頂点数を合わせておくと良いですが、結合時に修正しても問題ありません。

パーツの完成

23 各パーツモデルの完成です。

別名でシーンを保存しておきましょう。

Chapter
1-4 作り込み

各パーツのモデルを作り込みます。エッジが足りず丸みが足りないところにエッジを追加したり、ジョイントを入れて曲げるときに必要なエッジを追加したりします。また、裏が見えてしまうモデルの裏面を作成したり、穴を塞いだりします。

この工程の開始シーン ▶ MayaData/Ex_Chap01/scenes/Ex_Chap01_04.mb

[複製] で作成

1 腰のパーツはまだ丸みが足りないのでエッジを追加して形を整えます。裏面も見えてしまうので穴を塞ぎます。下図と完全に一緒にする必要はありませんが、参考にしながら作り込みをしてみましょう。

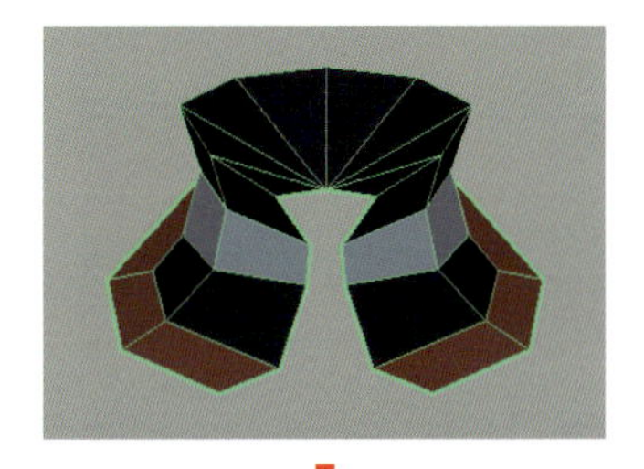

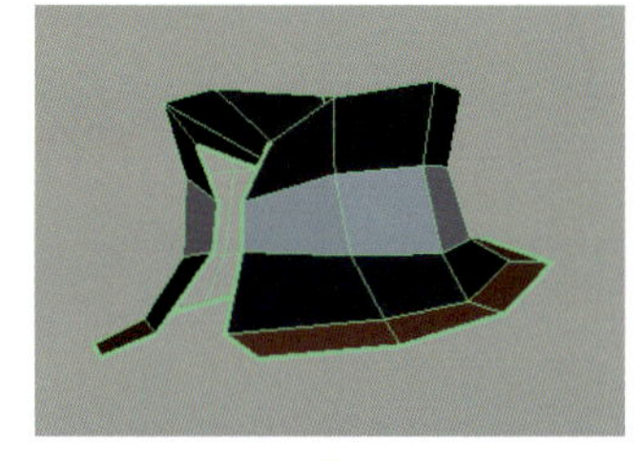

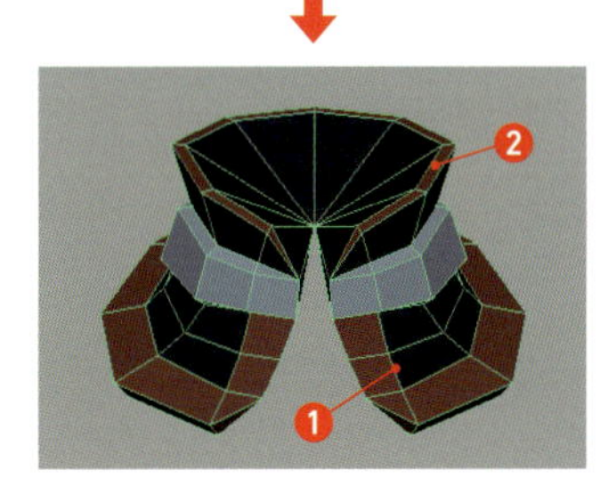

前方斜め上

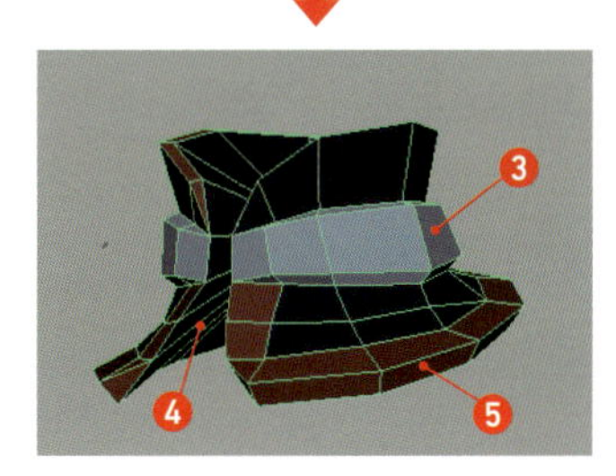

斜め

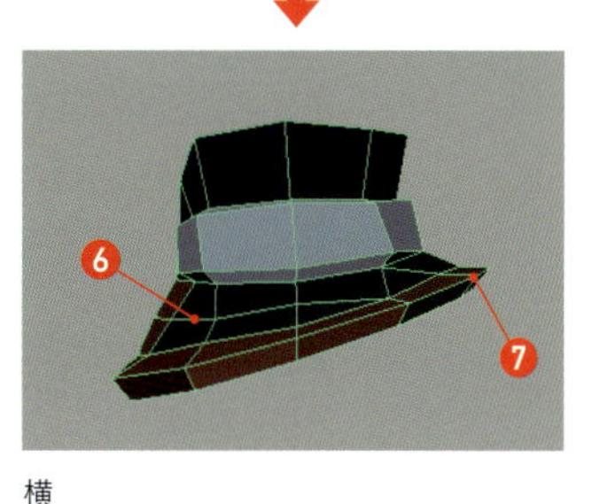

横

❶❻❼エッジを足して丸みを出します。

❸水色のフェースを押し出して立体感を出します。

❹裏が見えてしまうので穴を塞ぎます。穴を塞ぐにはモデルを選択して、メニューの［メッシュ］>［穴を埋める］を実行します。エッジのない大きな多角形のフェースで穴が塞がれるので、［マルチカット］でエッジを足して三角形や四角形のフェースにします。

❷❺上と下の縁にエッジを足して厚みを付けます。

MEMO 選択項目の分離

パーツ単位で作り込むときは、オブジェクトを選択してパースビューの［選択項目の分離］（Ctrl＋1）を押すとそのパーツのみを表示することができます。もう一度押すと元に戻ります。Hとは違いオブジェクトを非表示にするわけではないので使い分けると便利です。

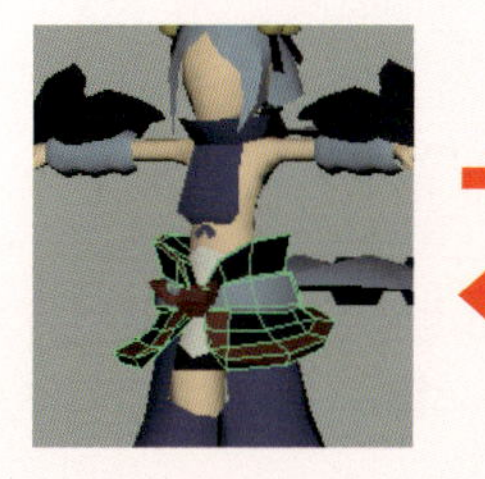

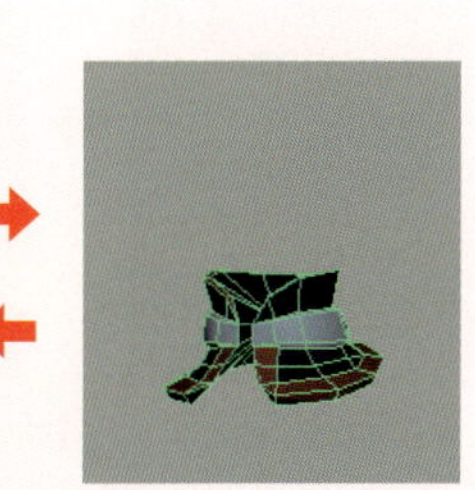

脚と腕と上半身の衣装

2　脚の衣装もエッジを追加して形を整えます。裏面が見えてしまうので穴を塞ぎます。

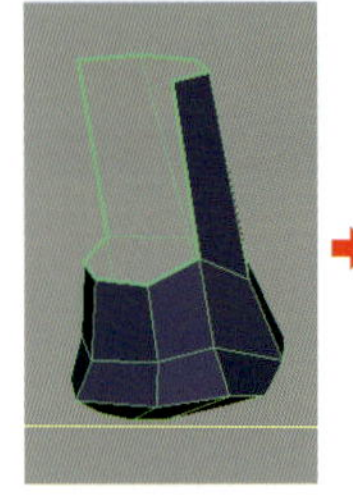
斜め、編集前。

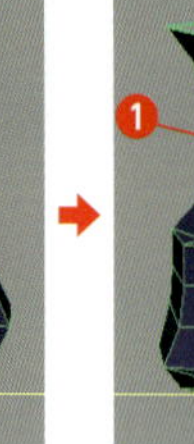

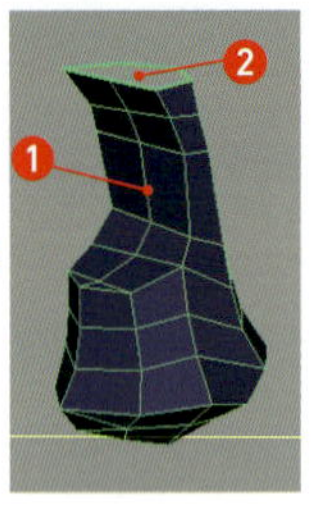

斜め、編集後。

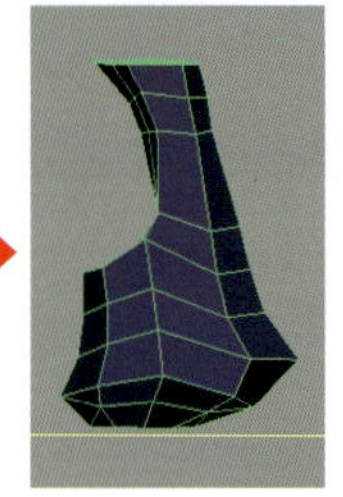
前、編集前。

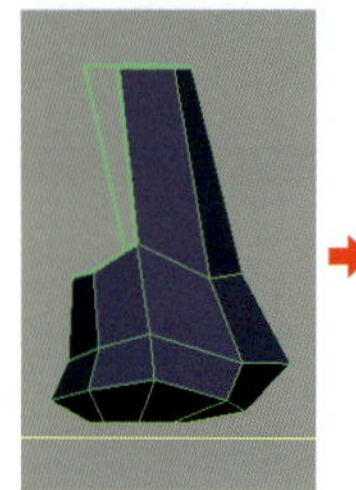
前、編集後。

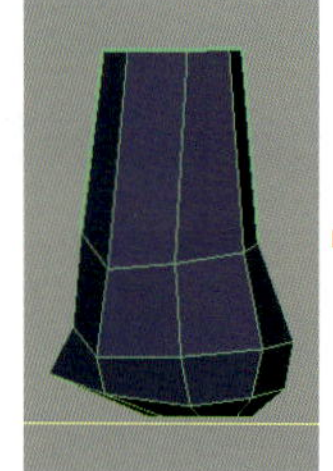
横、編集前。

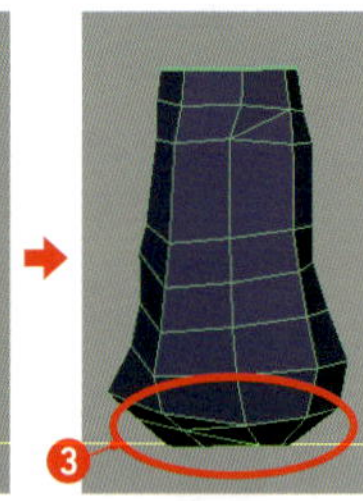

横、編集後。

❶裏面が見えてしまうので穴を塞ぎます。❷は腰のパーツと重なり裏面が見えることはないので塞ぎません。[穴を埋める]を使用すると❶❷が纏めて埋められてしまうので、埋められたフェースを[マルチカット]で分割し、❷の部分のフェースを削除します。

❸は膝に当たる部分なので、ジョイントが入り曲がります。膝の曲がりを考慮したエッジの入れ方に編集します。右の図は素足にエッジを入れるときの例です。基本的には、❹膝側にエッジを多く入れ、❺膝の裏側に広い面のフェースを置きます。膝を曲げたときに膝のエッジが少ないと潰れてしまいます。今回は素足ではありませんが、同じように膝側にエッジを足して曲げたときに潰れないようにしています。

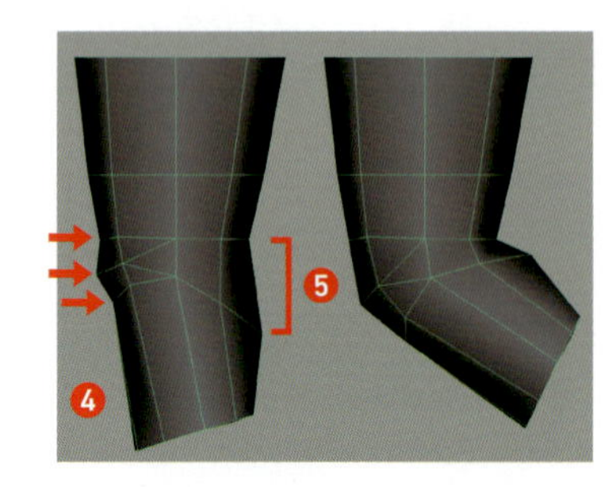

3　腕の衣装も裏面が見えてしまうので穴を塞ぎます。膝と同じように、肘の部分は肘の曲がりを考慮したエッジの入れ方にします。

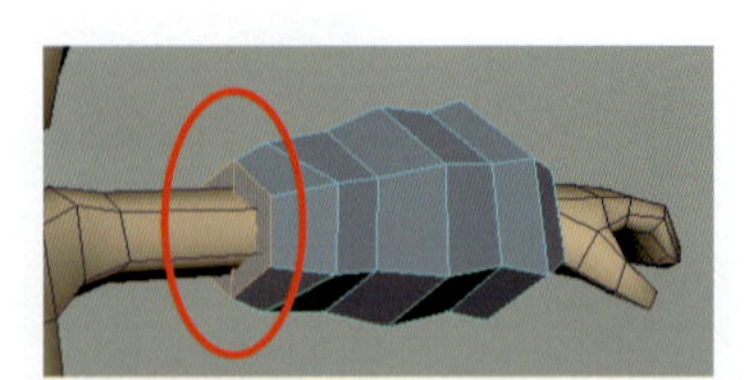
肘側の穴を塞ぎます。

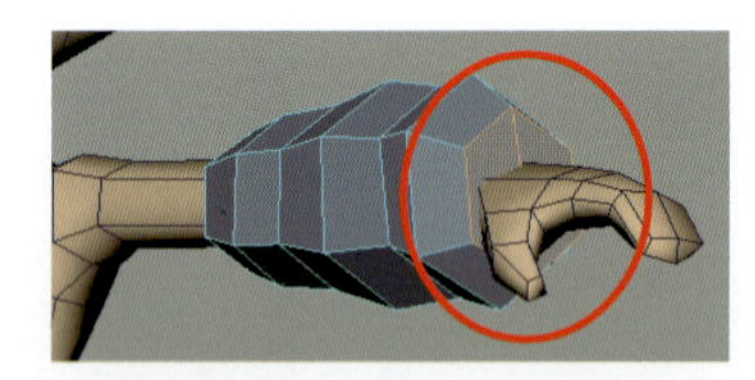
手首側の穴を塞ぎます。

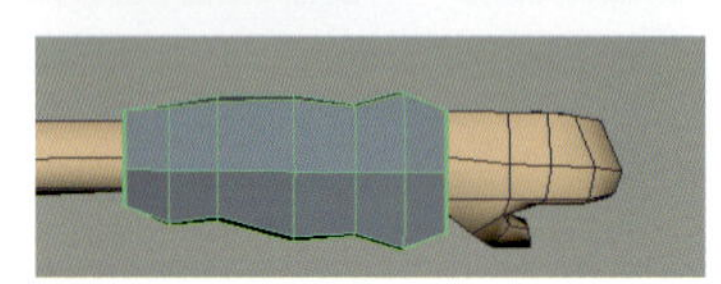
上から見た編集前です。

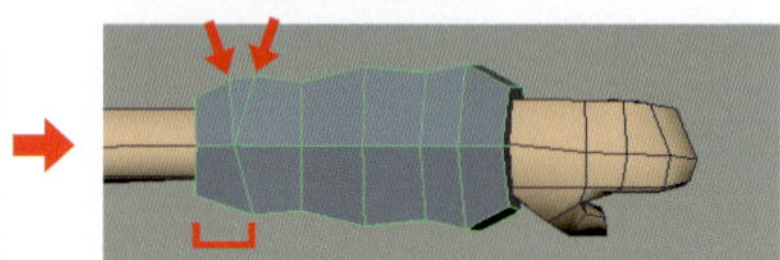
編集後です。肘にエッジを足し、肘の内側のフェースを広くしています。

4　上半身の衣装も首周りは穴を塞ぎます。身体との間にも隙間がありますが、後で身体と結合する予定なのでこちらは塞ぎません。

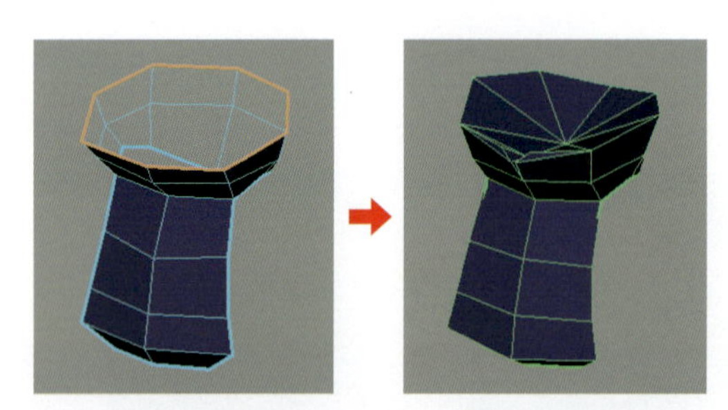
斜め上から見た図。境界エッジを選択して[穴を埋める]を使用するとその穴だけを埋められます。

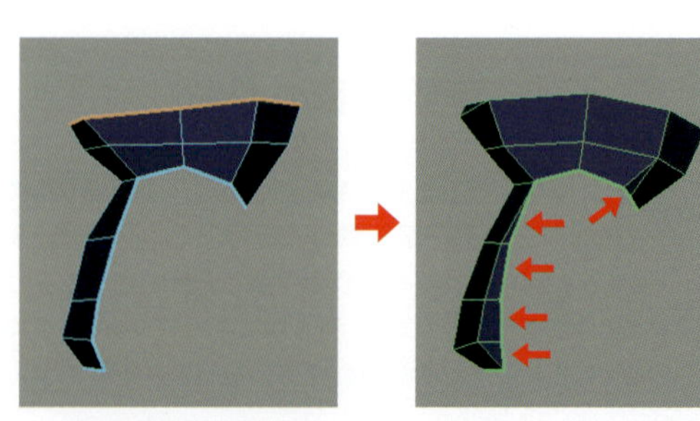
横から見た図。後で身体と結合するためにフェースやエッジを追加しています。境界エッジを選択して[押し出し]を実行すると簡単にフェースを追加できます。

肩

5 肩も大きく動く関節なのでエッジが多めに必要です。

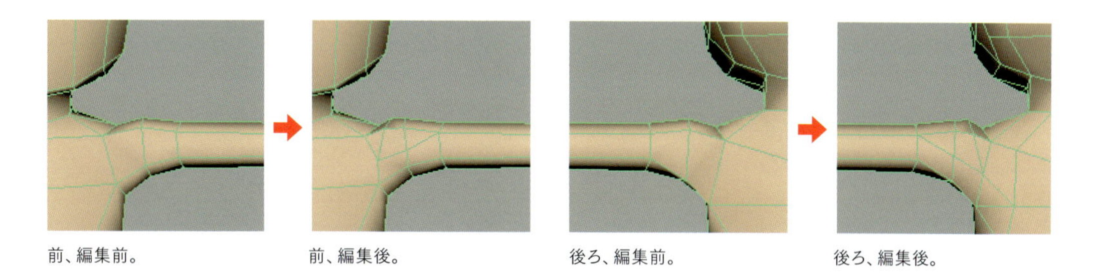

前、編集前。　前、編集後。　後ろ、編集前。　後ろ、編集後。

髪と頭

6 髪と頭の境目は髪の裏側のフェースを作り隙間を埋めます。髪と頭の頂点やエッジが同じ位置に来る必要はなく、お互いのフェースが刺さるように重ね内側の面が見えないようにします。

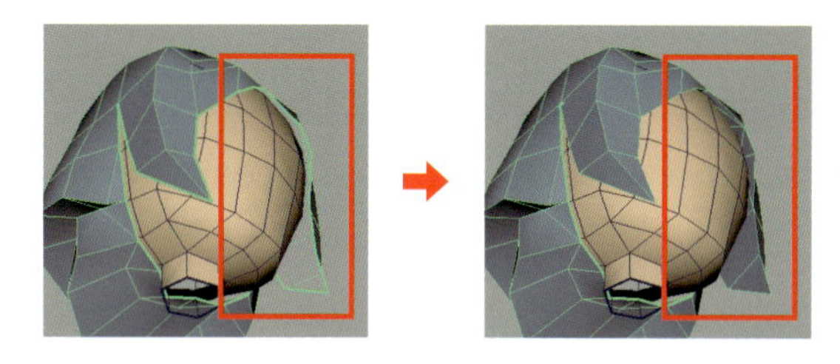

斜め下から見た図。前髪の裏にフェースを作り、頭部との隙間を埋めています。境界エッジの[押し出し]や、[モデリングツールキット]の[ブリッジ]を使用してフェースを作成しています。[ブリッジ]は選択したエッジとエッジの間にフェースを作成することができます。

7 髪で見えない頭部のフェースは削除します。

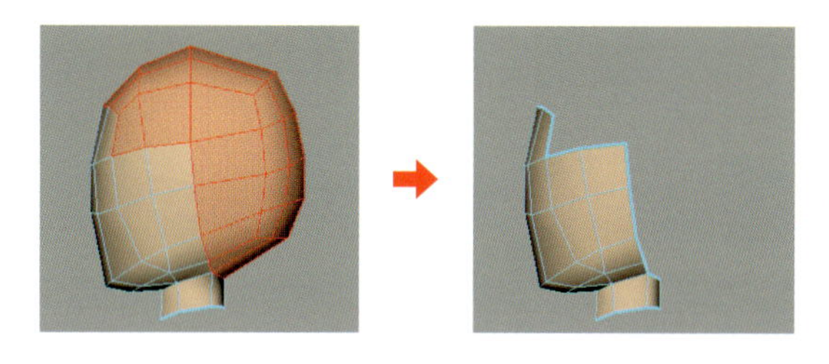

髪との隙間を埋めたことによって見えなくなった頭のフェースを削除します。ベースモデルの段階では頭と身体は1つのモデルでしたが、上半身の衣装を挟んで別れているので、[抽出]を使い別モデルにしています。

8 前髪は左右非対称なので、[シンメトリ]を[オフ]にし前髪をデザインに合わせて整えます。[シンメトリ]が[オフ]のときに前髪以外を編集し左右対称を崩してしまわないように気をつけます。

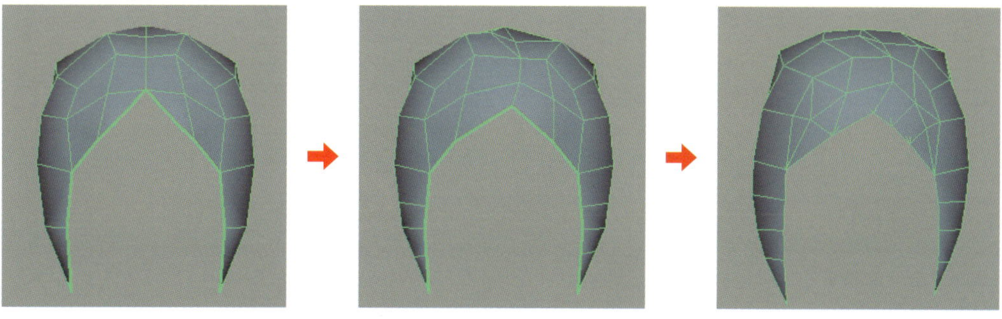

デザインに合わせて形を整えます。前髪以外のフェースを選択しHで非表示にすると誤って編集せず安全です。非表示にしたフェースは、フェースモードのときにもう一度Hを押すと戻すことができます。

後ろの長い髪と腰布

9 後ろの長い髪と、腰布はジョイントを入れて曲げるときに柔らかく曲げたいので、曲げたときにも丸みが表現できるだけの分割数が必要です。

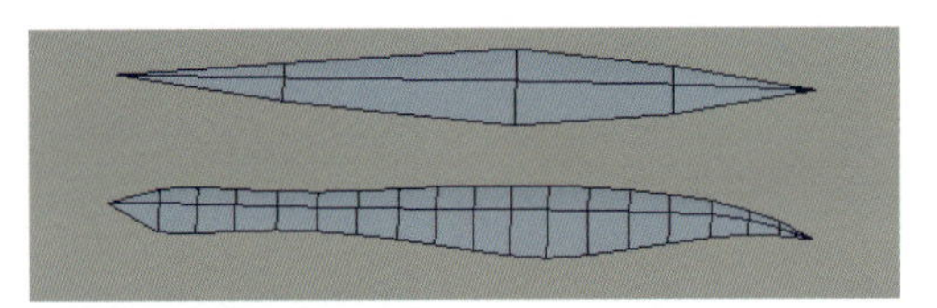

後ろの髪です。上が編集前、下が編集後です。後ろの髪も左右対称を崩しています。

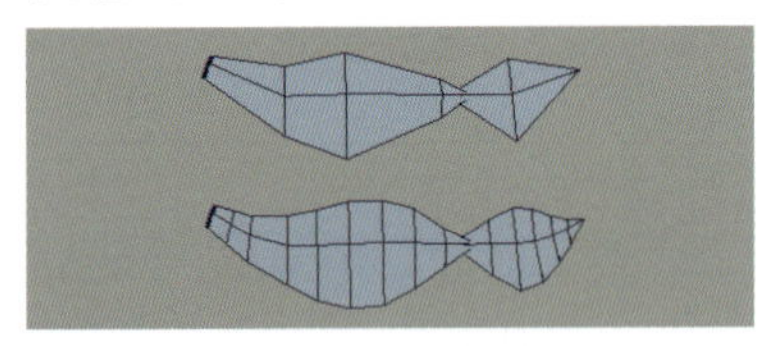

腰布です。上が編集前、下が編集後です。

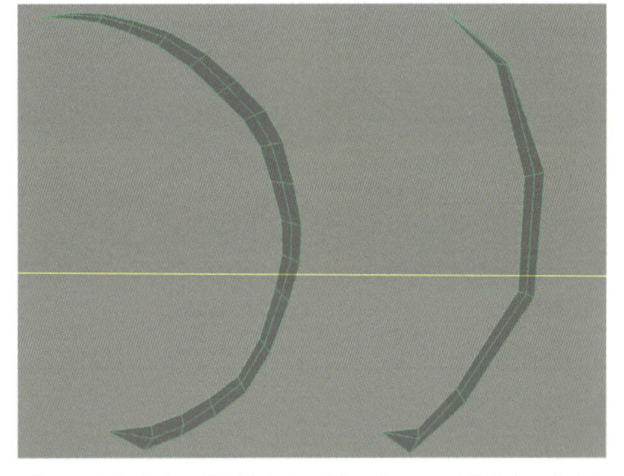

ジョイントを入れて曲げたときの例です。エッジが少ないとカクカクになってしまいます。

顔

10 顔はあらゆる方向から見てかわいく見えるように作成するのは大変ですが、色々な方向から形をチェックしながら丁寧に作成します。

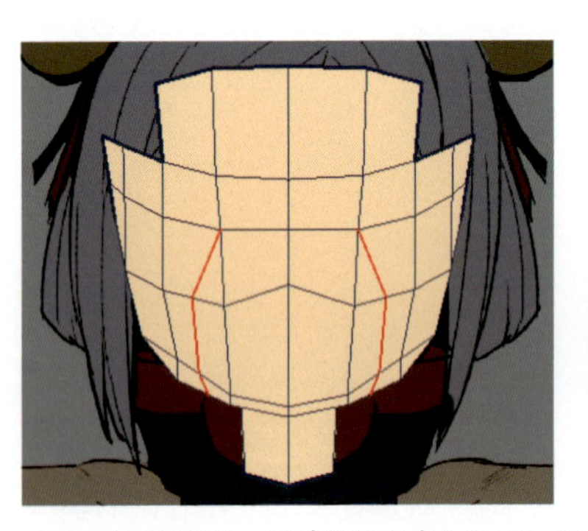

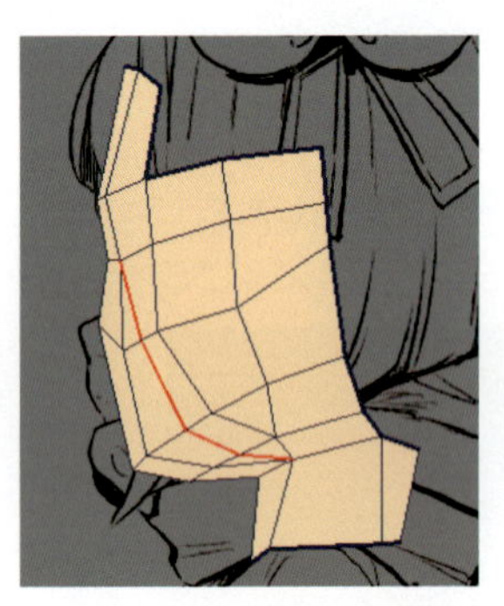

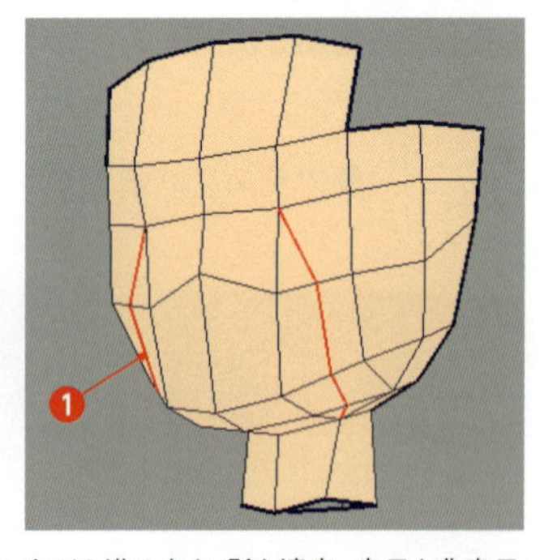

- フロント、サイドビューでデザインに合わせつつ、パースビューで色々な方向から形をチェックしながら進めます。髪も適宜、表示と非表示を切り替え、バランスをチェックします。
- ❶鼻を作るためにエッジを追加します。

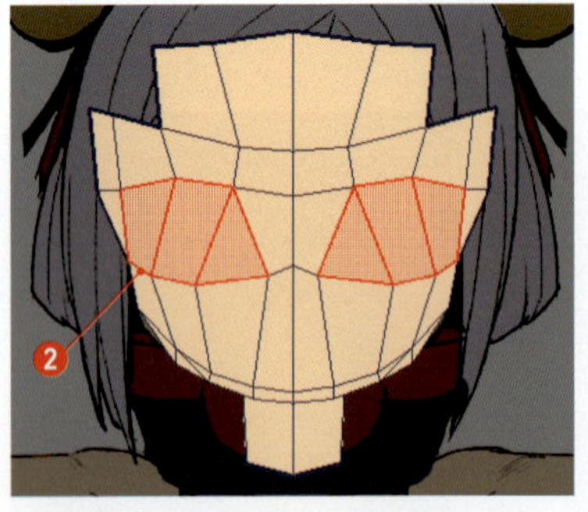

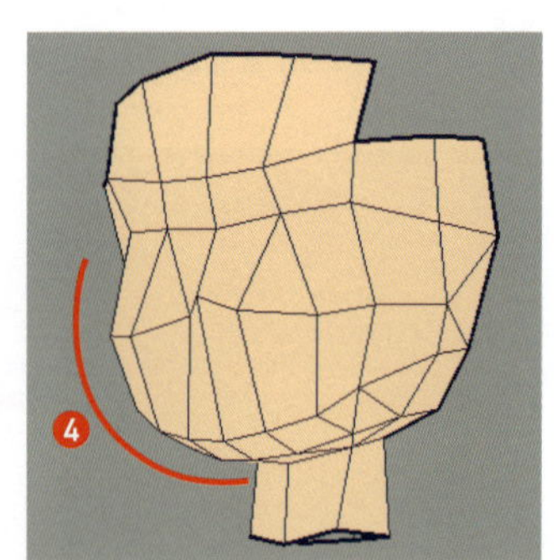

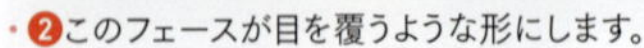

- ❷このフェースが目を覆うような形にします。
- ❸鼻先を突き出します。
- ❹頬の形が丸くなるように調整します。

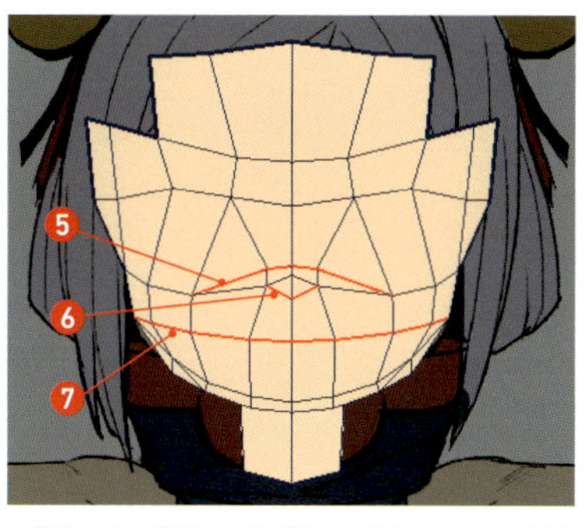

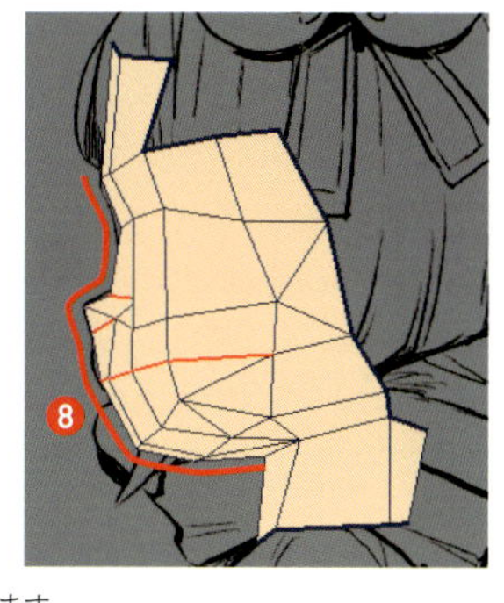

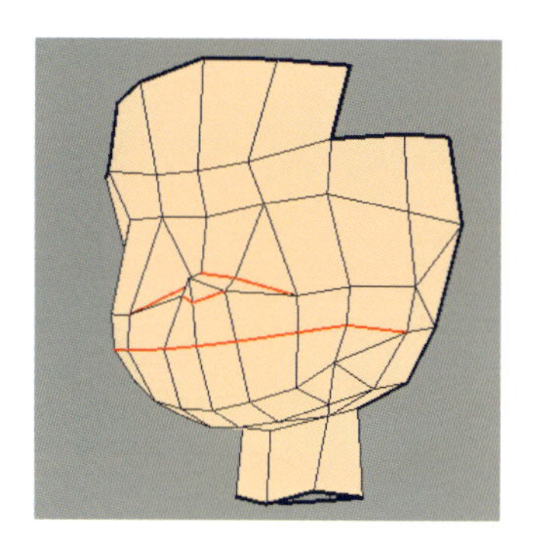

- ❺鼻の上、❻鼻の下、❼口の高さにエッジを追加します。
- ❽横から見たときの鼻の形、輪郭を側面図に合わせて調整します。

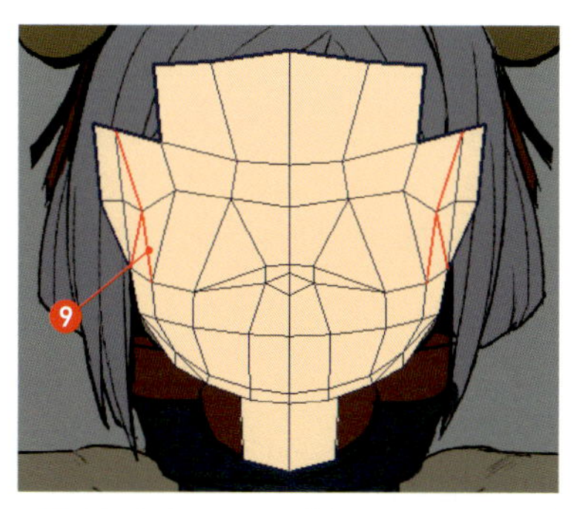

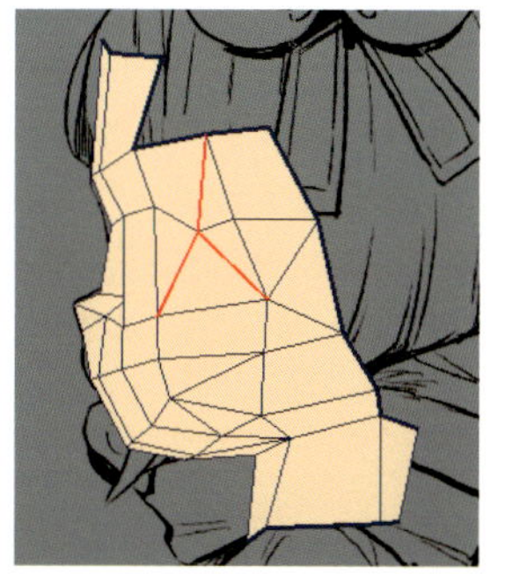
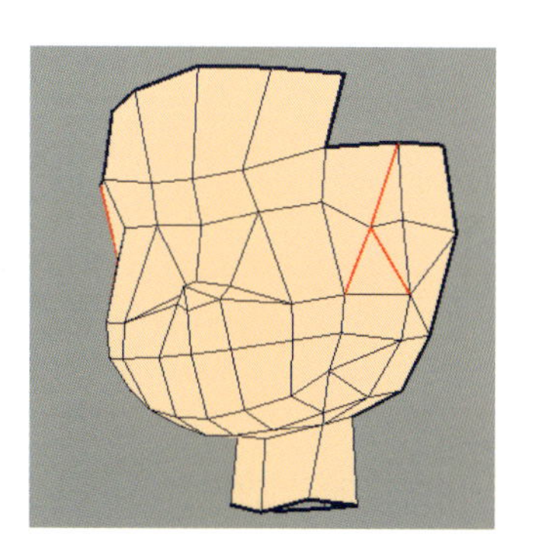

- ❾目尻の辺りにエッジを追加し、目の周りの形を整えます。

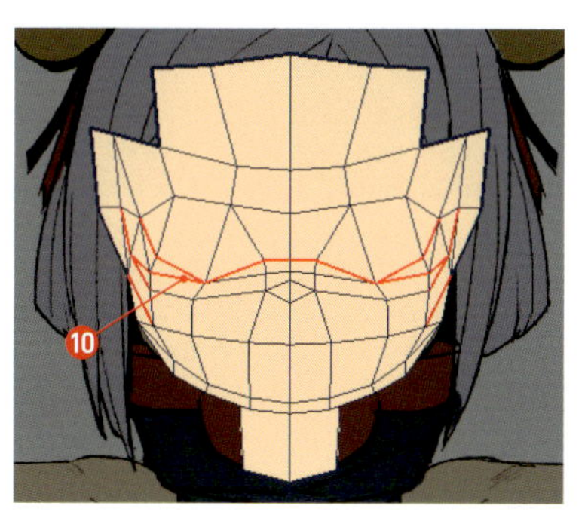

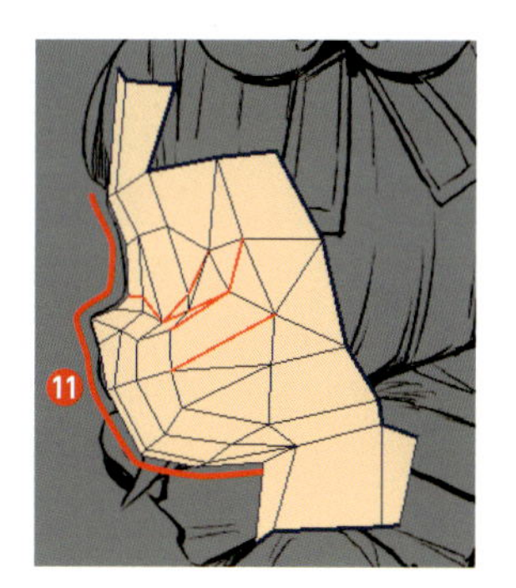

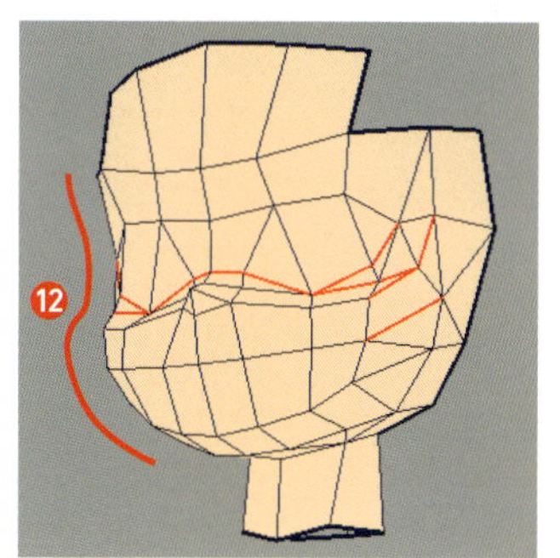

- ❿目の下から鼻の上にかけてエッジを追加します。
- ⓫横から見たときの輪郭を調整します。
- ⓬目は凹み、頬は丸くなるように調整します。
- あらゆる方向からチェックし自然な形に調整します。

その他のパーツの作り込み

11 他のパーツも丸みが足りないところを作り込みます。ここでは、耳、膝の防具、腹の防具などを作り込みました。

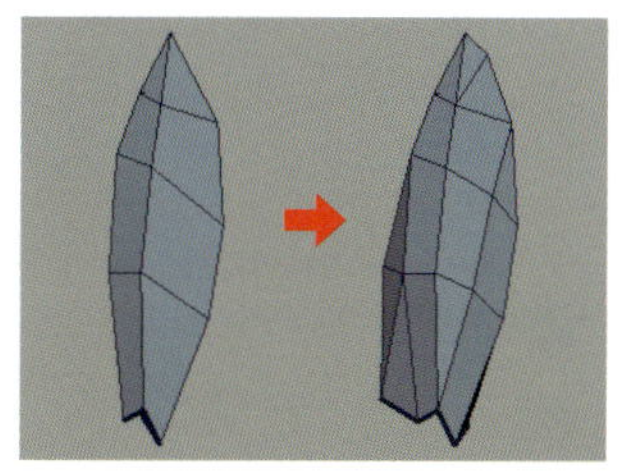
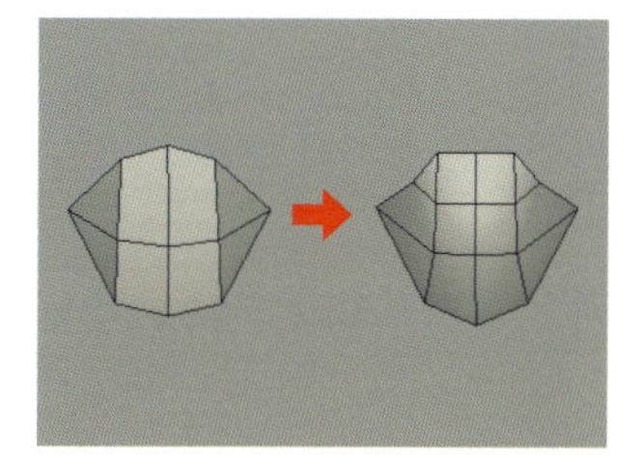
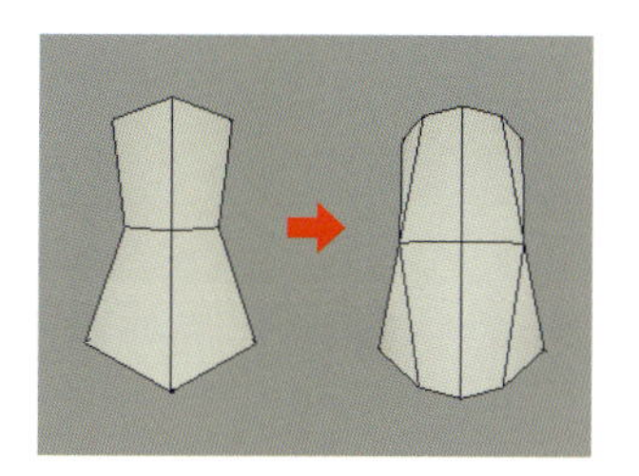

作り込みは完了です。別名でシーンを保存しておきましょう。

Chapter

1-5

結合

武器以外の全てのパーツを[結合]して1つのモデルにします。結合しても同じ位置の頂点は別々のままなので、同じ位置の頂点は1つにマージします。パーツ同士で重なっていて見えることのないフェースは削除して、テクスチャ領域を節約します。

この工程の開始シーン ▶ MayaData/Ex_Chap01/scenes/Ex_Chap01_05.mb

上半身衣装と身体

1 全てのモデルを一気に[結合]する前に、頂点のマージが必要なところは先に結合し頂点をマージします。身体と上半身の衣装の間には隙間があるので、頂点をマージして隙間を無くします。シンメトリモデリング中に頂点をマージするときは[マージ]ではなく[ターゲット連結]を使用します。衣装の後ろにある身体のフェースは削除します。

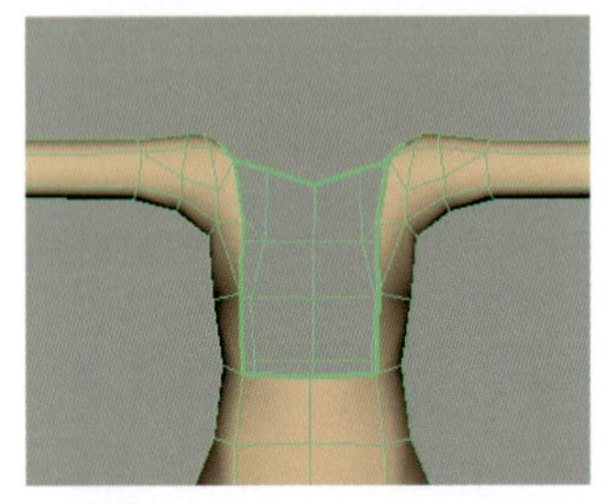

衣装の後ろの身体のフェースは削除します。身体にエッジがなくて衣装の形にフェースが削除できない部分は、[マルチカット]でエッジを追加してからフェースを削除します。

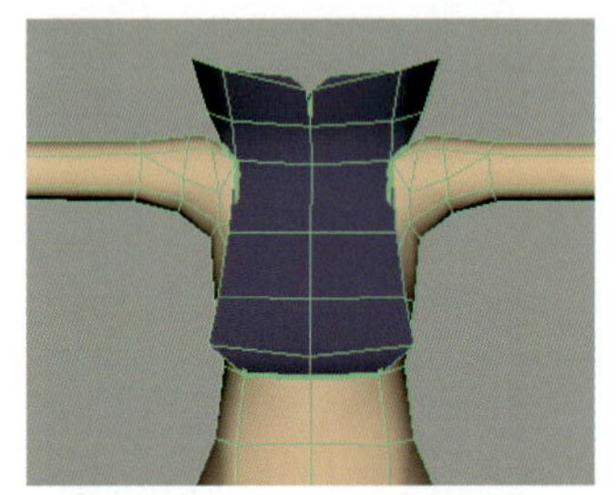

身体と衣装のモデルを選択して[結合]で1つのモデルにします。結合すると不要なグループノードができるので Alt + Shift + D でヒストリと一緒に削除します。

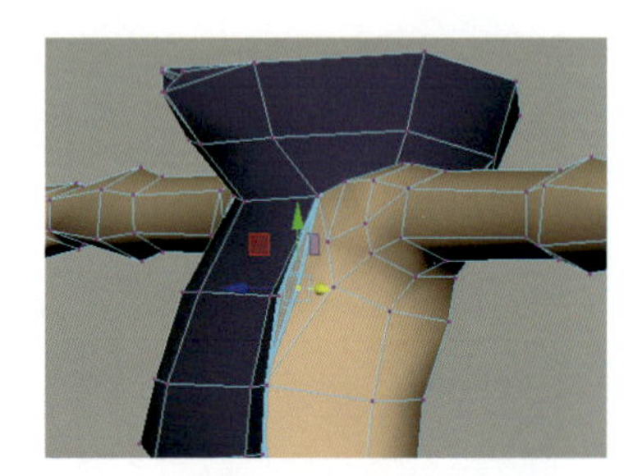

頂点をマージするときは[モデリングツールキット]の[ターゲット連結]を使用します。衣装と身体の頂点数が合わない場合は[マルチカット]で頂点を追加します。

脚

2 脚も膝から下が別のモデルになっているので、同じように接続部のフェースを削除して[結合]し、頂点を[ターゲット連結]でマージします。脚の衣装の上の方のフェースは腰の防具の内部にあり、見えることは無いので削除します。

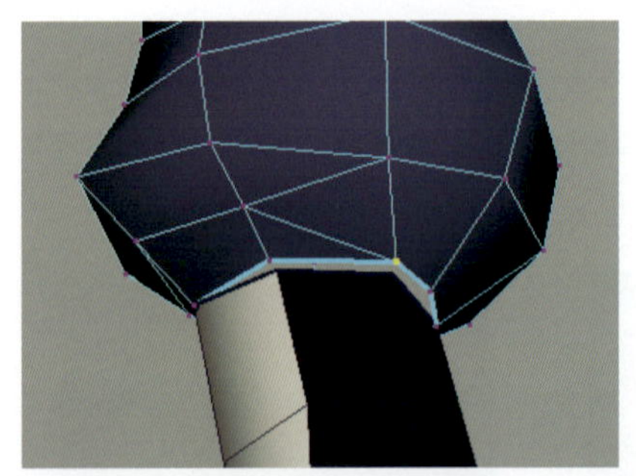

腿と脛のモデルを[結合]し、頂点を[ターゲット連結]でマージします。

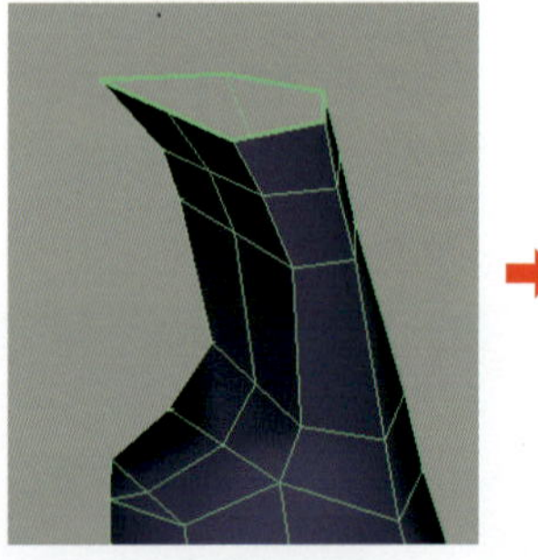

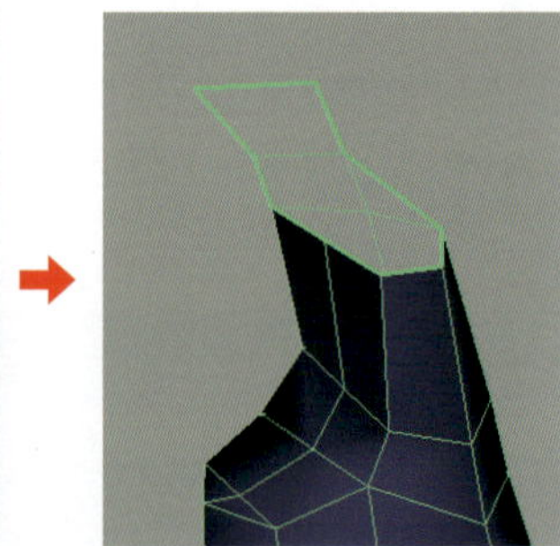

脚の衣装の上の部分は腰のパーツの内部にあり見えることはないので、フェースを選択して Delete で削除します。

髪飾り

3 他にもよく見えるところは頂点をマージします。基本的には、マージした方が接続部が綺麗に見えテクスチャ領域の節約になりますが、ポリゴン数は少し増えます。ここでは飾りの鈴を[マルチカット]で接続部を作り、フェースを削除し、頂点をマージします。

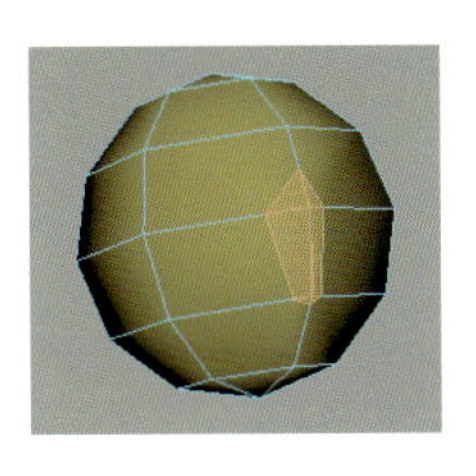
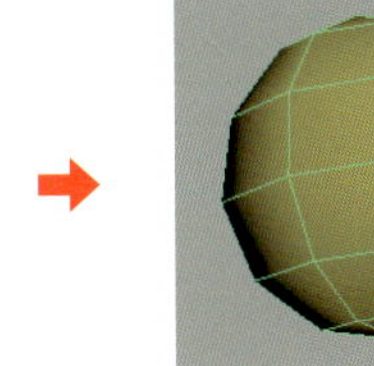
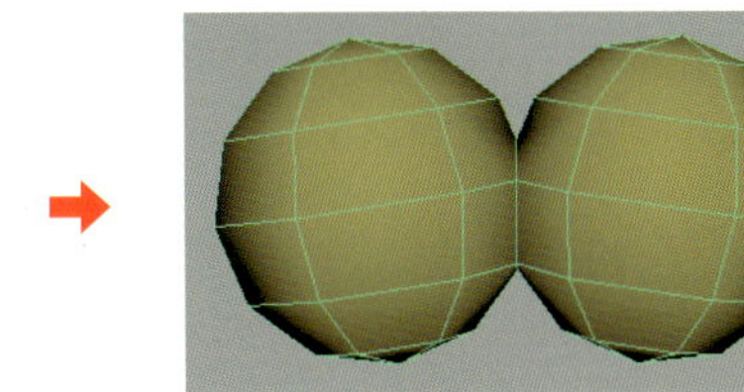

見えないフェースの削除

4 腕、脚、腰など衣装により見えないフェースを削除して、テクスチャ領域を節約します。

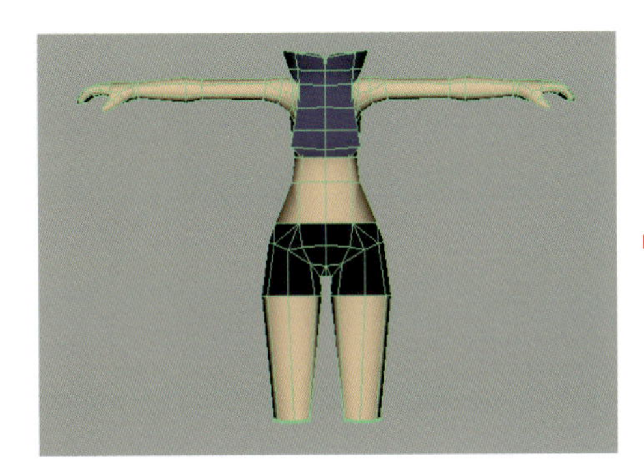

削除前の状態です。

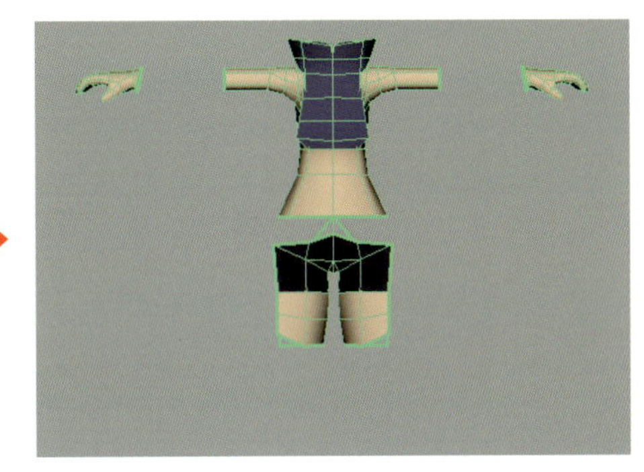
腕、脚、腰の衣装に隠れるフェースを削除します。

全てを結合

5 武器以外の全てのモデルを選択して[結合]します。武器は武器で1つのモデルになるように[結合]します。武器も頂点をマージできるところは[ターゲット連結]でマージしましょう。結合したモデルのヒストリを削除し、アウトライナに残った大量の不要ノードを削除します。

結合は完了です。別名でシーンを保存しておきましょう。

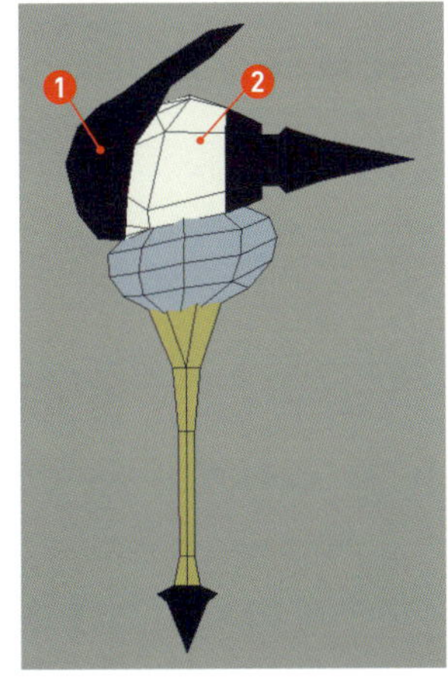

- 今回は、武器は❶❷のパーツを[ターゲット連結]で頂点をマージしました。
- 頂点をマージするか、重ね合わせのままにするかは、使用できるポリゴン数やテクスチャ領域との兼ね合いになります。今回は具体的なポリゴン数やテクスチャ領域の制限を設けていませんが、制限があるときはそこも考慮します。

Chapter 1-6 UV

モデルにテクスチャを貼るためにUVを展開します。UVを綺麗に展開するとテクスチャも作成しやすくなるので丁寧に展開しましょう。

この工程の開始シーン ▶ MayaData/Ex_Chap01/scenes/Ex_Chap01_06.mb

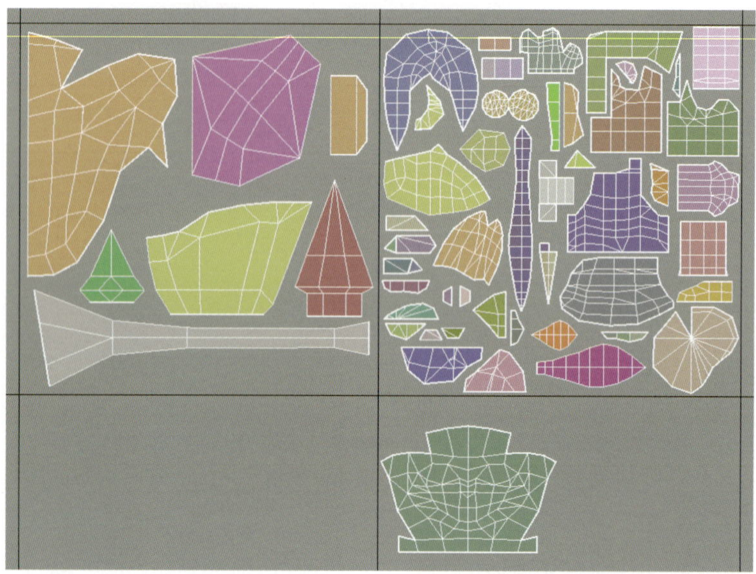

UV展開完成図

要素別に区分け

1 最初にテクスチャを何枚使うのか、どのパーツごとに分けるのかを決めます。今回は以下のように3枚のテクスチャを使用することにします。

❶体　テクスチャ解像度 1024 × 1024px
❷顔　テクスチャ解像度 1024 × 1024px
❸武器　テクスチャ解像度 512 × 512px

UVアニメーションで瞬きを作成できるように顔と身体は別テクスチャにします。

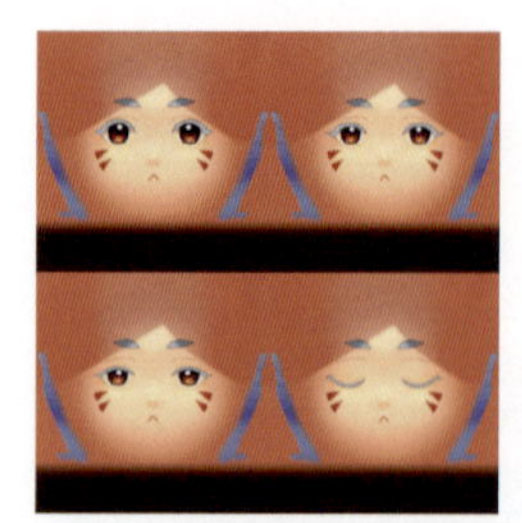

UVアニメーションで瞬きができるテクスチャ

武器も違う武器に持ち替えることが多いため別テクスチャにします。

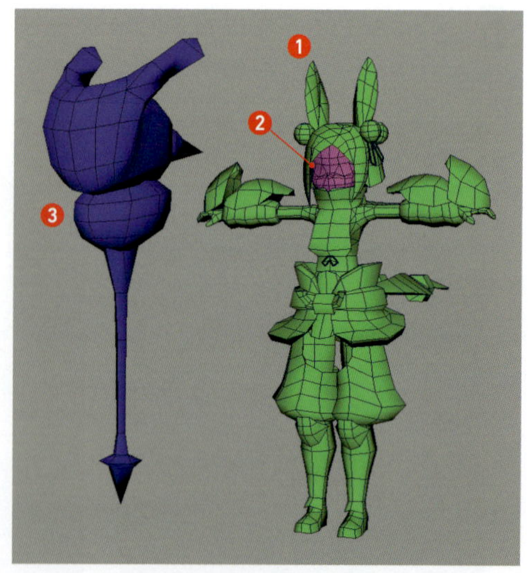

テクスチャの分け方を色で表した図。（実際に色分けする必要はありません）

左右でUVを共有できるパーツの右半分を削除

2 左右対称になっているパーツは左右でUVを共有します。よって、まず左右でUVを共有できないパーツを[抽出]します。今回の場合は、形状が左右対称になっていない髪と、中央にエッジのない結び目のパーツが左右でUVを共有できないパーツになります。残りのパーツは左右対称になっているので右半分のフェースを選択して Delete で削除してしまいます。UVが完成したらミラーコピーで元に戻します。

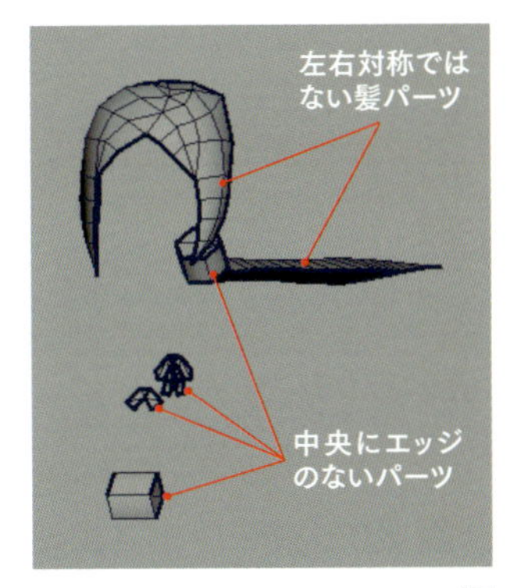

左右でUVを共有できないパーツは[抽出]で別モデルにします。各パーツがバラバラになってしまうので、左右非対称モデルを1つに[結合]します。

残りは右半分を削除して左半分のみにします。

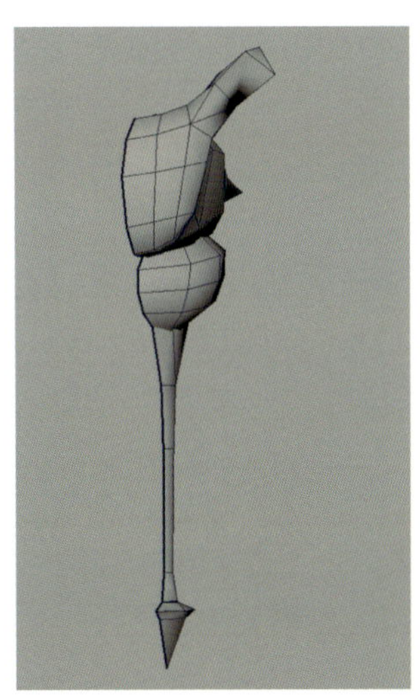

武器も左右対称なので右半分を削除します。

胴体のUVの展開

3 まずは胴体からはじめます。上半身の腕以外のフェースを選択して[円柱マッピング]で展開します。円柱マッピングのマニピュレータは選択したフェースの中央に配置されますが、ここでは胴体の中央に配置したいので、チャネルボックスで[投影のセンターX]を「0」にしました。縦横比もモデルに合わせたいので[投影の高さ]を「20」程度にしました。

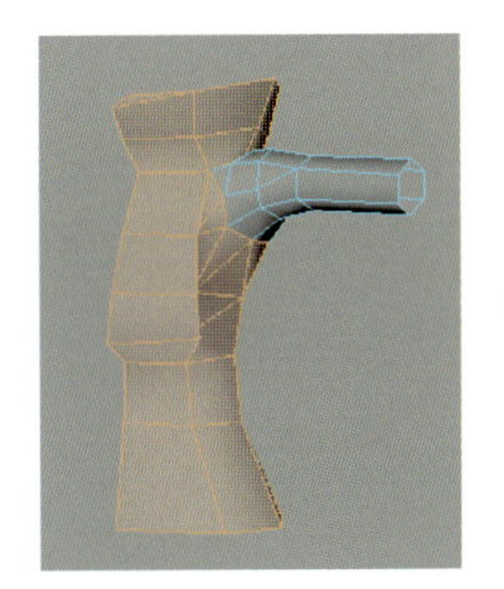

UV展開したいフェースを選択

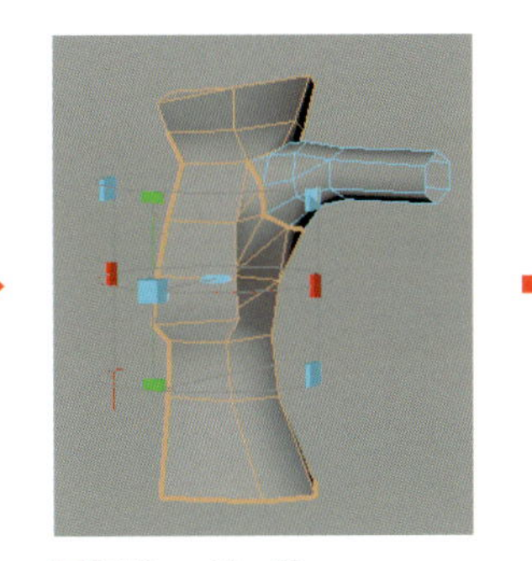

[円柱マッピング]

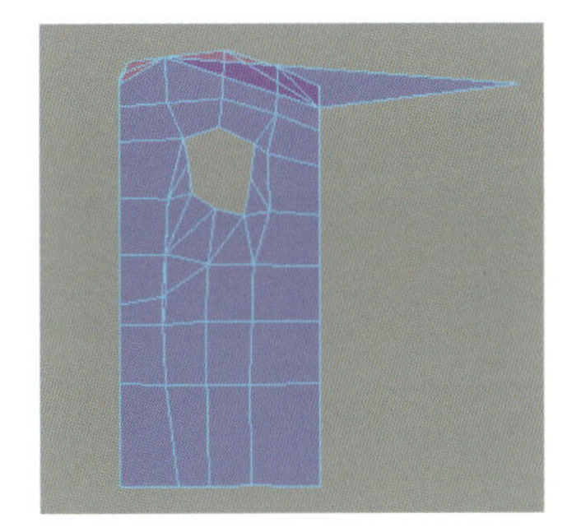

展開されたUV

MEMO フェースやUVの選択項目の分離

胴体パーツのフェースをダブルクリックするとポリゴンシェル選択で胴体パーツのみを選択できます。その状態でパースビューの[選択項目の分離]を押すと胴体パーツだけを表示することができます。UVエディタでも[選択項目の分離]を押すと胴体パーツだけを表示することができます。アイコンは違いますが、ホットキーはどちらも Ctrl ＋ 1 です。

4

下図のポリゴンは円柱マッピングで潰れてしまった上、デザイン上も別のUVシェルに分けて問題なさそうなので、ポリゴンを選択してUVツールキットの[UV シェルを作成]で別のUVシェルに切り離します。

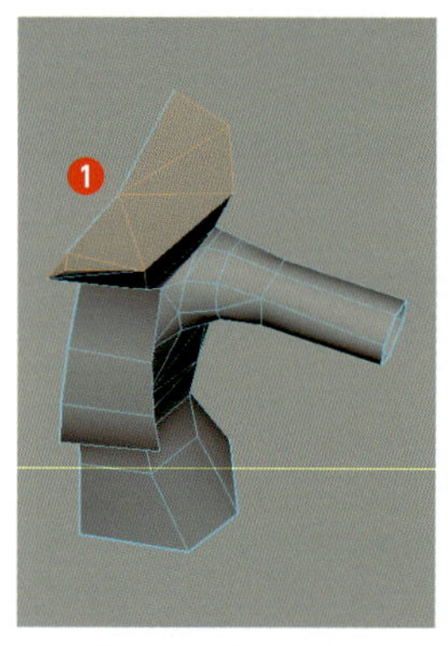
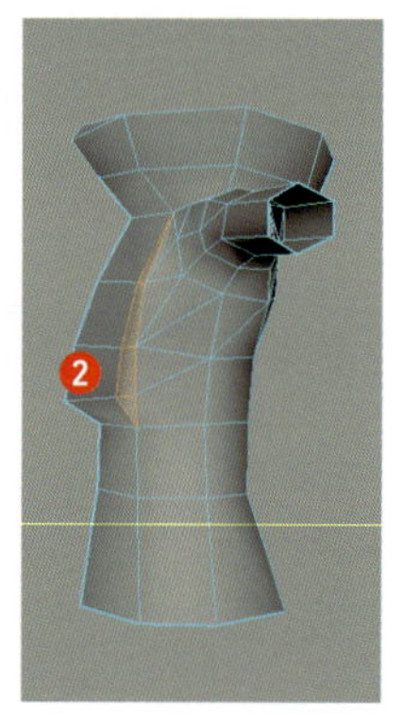

この2箇所は切り離したほうがテクスチャが描きやすそうに見えます。

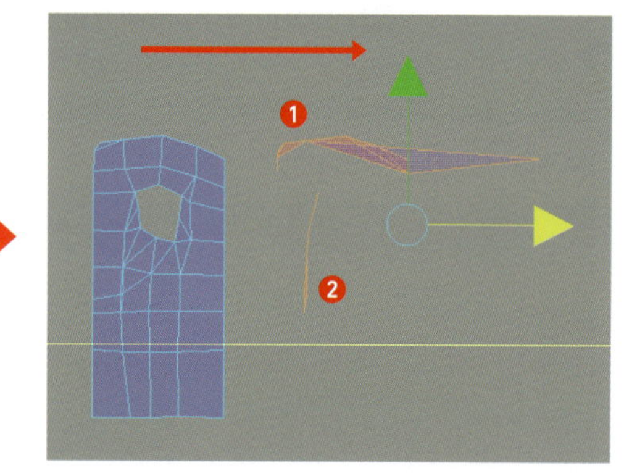

別のUVシェルに切り離して横に移動しておきます。

5

水平や垂直に近いUVのラインはUVツールキットの[位置合わせ]で整列させます。整列させておくことでテクスチャが描きやすくなります。ただし、水平や垂直に近くないUVを無理やり整列させるとUVの歪みが目立ってしまうため、UVを整列させるかどうかはパースビューで[チェッカマップ]を確認しながら行いましょう。

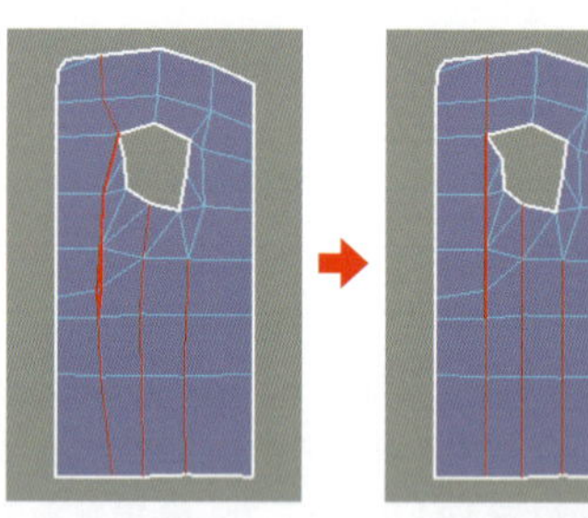

垂直に近いUV。

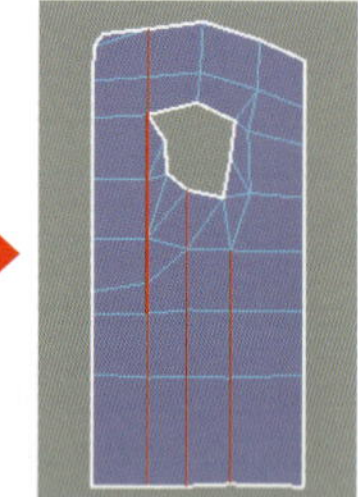

整列させます。

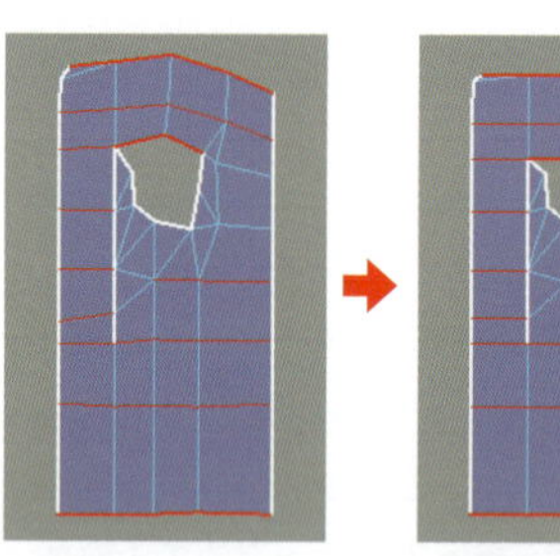

水平に近いUV。

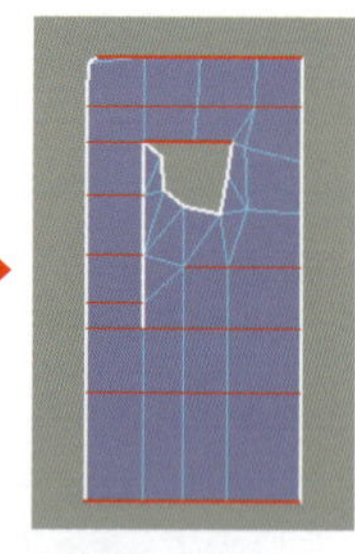

整列させます。

チェッカを確認。

6

衣装と肌はUVシェルを分けたほうがテクスチャが描きやすくなるのでUVを切り離して少し離します。今度はエッジを選択して[カット]で切り離してみます。

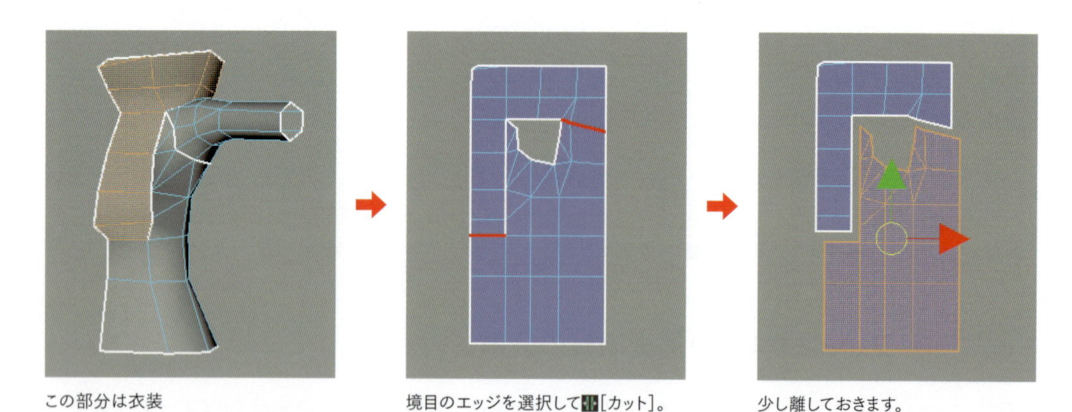

この部分は衣装

境目のエッジを選択して[カット]。

少し離しておきます。

- 基本的にはデザイン画を見ながらテクスチャの描きやすい単位でUVシェルを作成していきます。一度別のシェルに切り離した後でも、縫合（繋ぎ合わせること）が簡単にできるのでサクサク進めましょう。
- フェースを選択して[UVシェルを作成]で切り離しても、エッジを選択して[カット]で切り離しても結果は同じです。その状況でフェースとエッジの選択しやすい方を選択します。

7

4で横に避けておいたポリゴンを展開します。今度は[平面マッピング]で展開してみます。UVツールキットのはで投影する方向が変わります。Shift を押しながらをクリックするとオプションが表示され、オプションの[イメージ幅 / 高さの比率を維持]をオンにすると使いやすくなります。

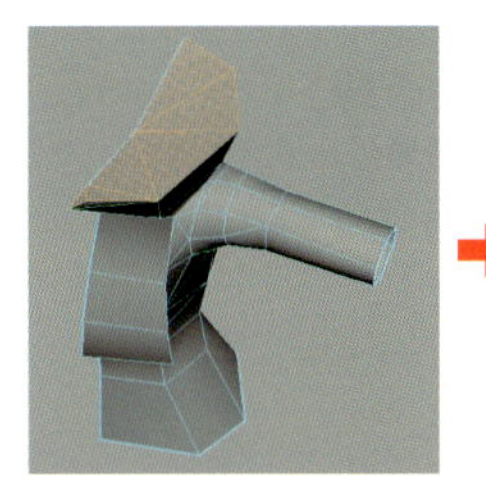
フェースを選択

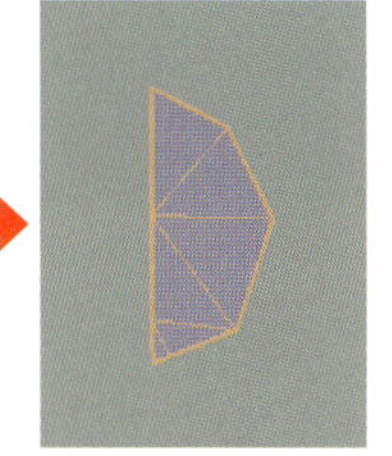
をクリック(Y軸方向に投影)

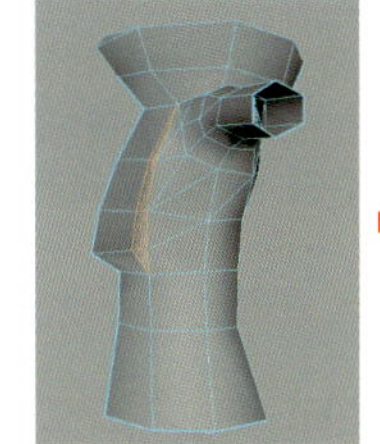
フェースを選択

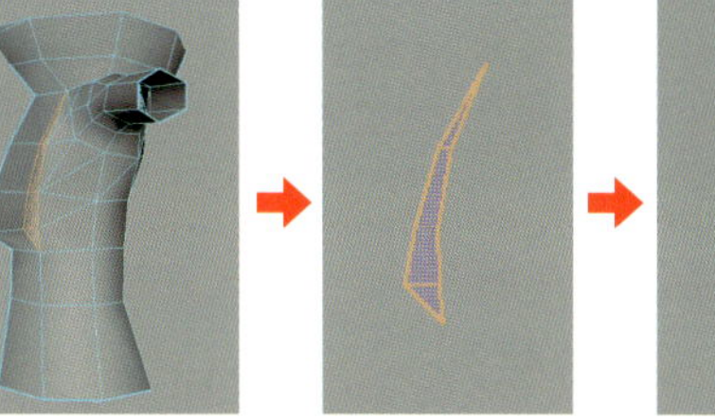
をクリック(X軸方向に投影)

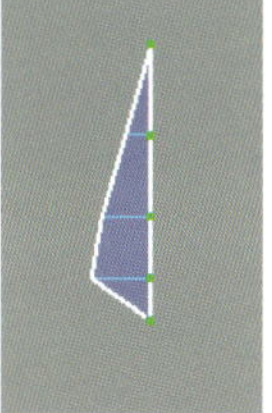
垂直に整列

腕と手のUVの展開

8

腕を展開します。今度は[展開]を使用して展開してみます。[展開]を使用するときはまず[平面マッピング]などで一度UVを作成します。(UVがない場合や、余計にカットされすぎている場合があるのでマッピングで作成します。)その後にUV境界にしたいエッジをカットし、フェースを選択して[展開]を実行します。UV境界はテクスチャの切れ目になるので、一番目立たない下側のエッジをカットします。

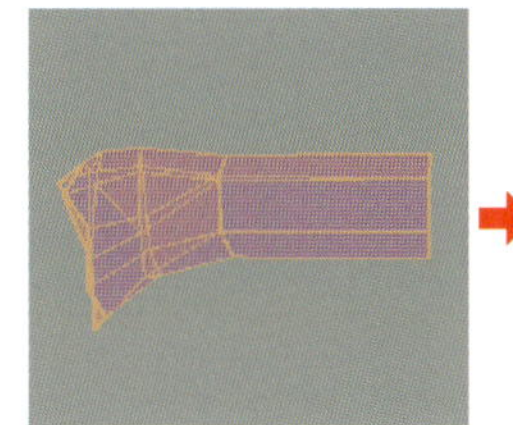
腕のフェースを選択して[平面マッピング]を実行。

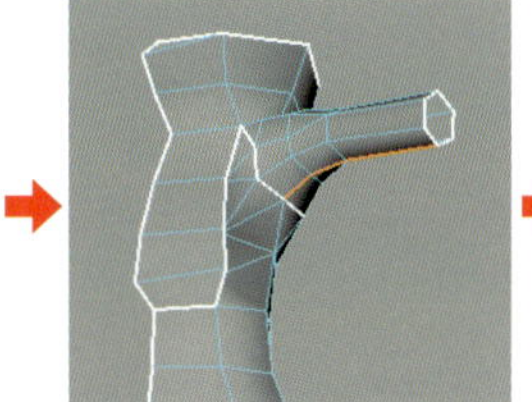
下側のエッジを選択して[カット]を実行。

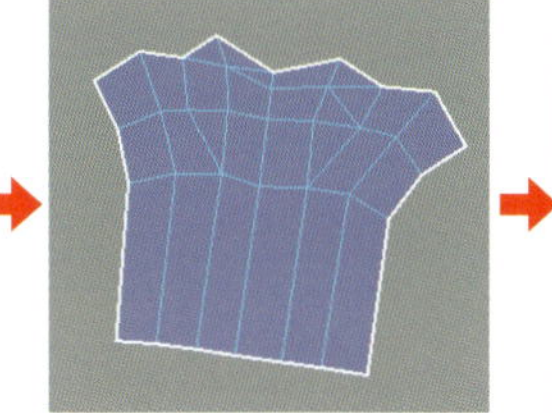
フェースを選択して[展開]を実行。

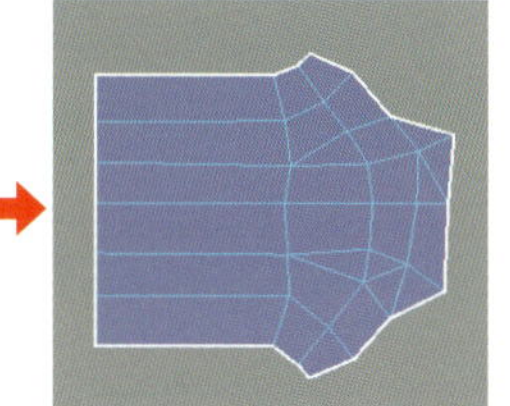
回転し、整列させます。

9

手を展開します。もう一度[展開]を使用してみます。一度[平面マッピング]などでマッピングしてから下のように展開します。

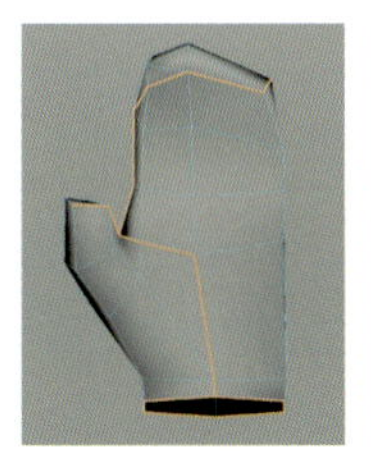

UV境界にしたいエッジを選択して[カット]し、フェースを選択して[展開]を実行します。

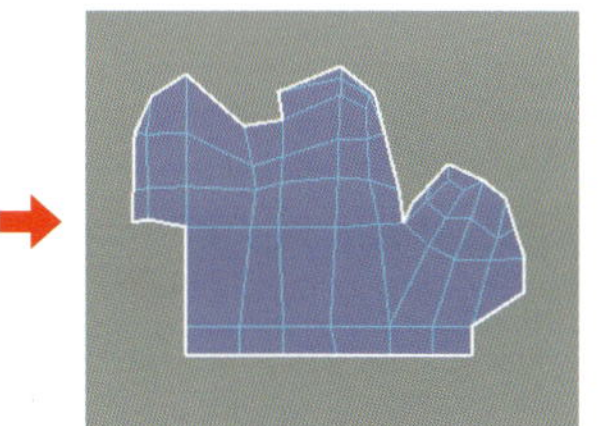
適切にカットすれば複雑な形状も重なりがなく展開できます。

整列できるところを整列させます。

MEMO 展開で表示される警告

3つ以上のフェースが1つのエッジを共有するなどの構造が含まれていると、[展開]を使用する際、右図のような警告が表示されます。[修正]を押せば直してくれますが、事前にメニューの[メッシュ] > [クリーンアップ...]で調べたり、修正したりもできます。

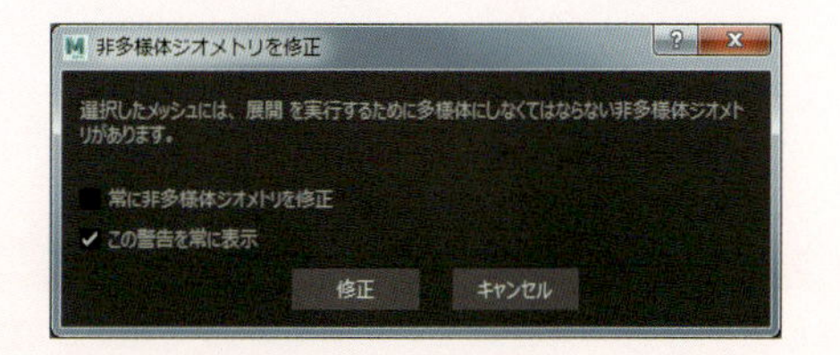

MEMO 展開とカットと縫合

[展開]を使用する際、複雑な形状になるとどのエッジをカットしておくと綺麗に展開されるのかを予想するのが難しくなります。しかし[展開]は何度もやり直せるので、綺麗に展開されなかったら更にエッジを[カット]したり、一度カットしたエッジを[縫合]で繋ぎ直したりしてまた[展開]という手順を繰り返すと綺麗に展開できます。

MEMO UVの整列

適切にカットされたUVシェルに[展開]を使用すると、歪みもあまりなく展開できます。それでも、その後に水平や垂直にUVを整列させているのは、テクスチャを作成しやすくするためです。ハイポリゴンの場合は歪みを取ることを優先させますが、今回のようなローポリゴンの場合は整列させたほうが綺麗に素早くテクスチャを作成できます。具体的には、グラデーションの入れやすさや、テクスチャの目地の描きやすさに影響します。

オーバーレイなどで重ねるためのグラデーションを作成しやすくなります。

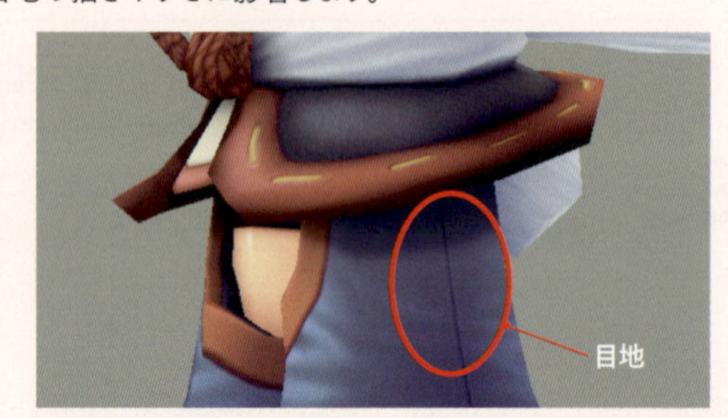

テクスチャの目地などが描きやすくなります。

腕の防具のUVの展開

10

腕の防具のUVを展開します。腕の防具は前後にも対称になっているので前後でUVを共有できます。限られたテクスチャ領域を有効に使うために共有できるUVは共有します。左右対称と同じようにモデルを半分削除してからUVを編集し、UV編集後にミラーコピーすることもできますが、ここでは[エッジの方向]、[反転]、[シェルをスタック]の機能を使用してみます。

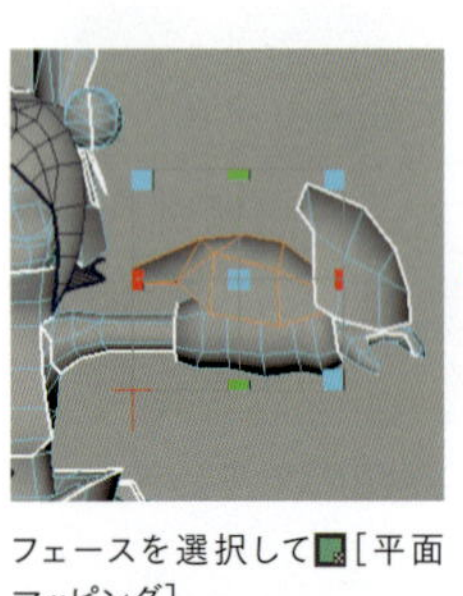
フェースを選択して[平面マッピング]。

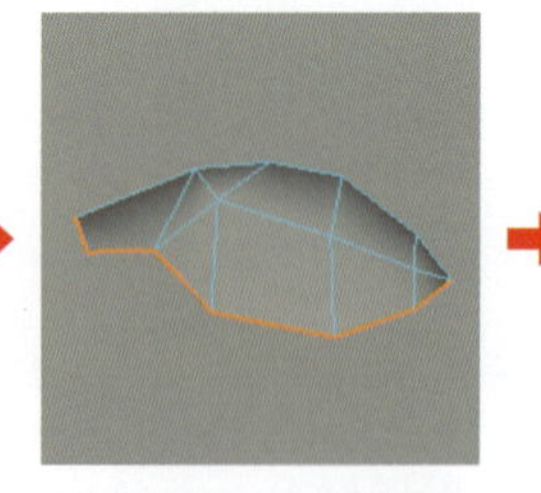
上下の境目のエッジを選択して[カット]。

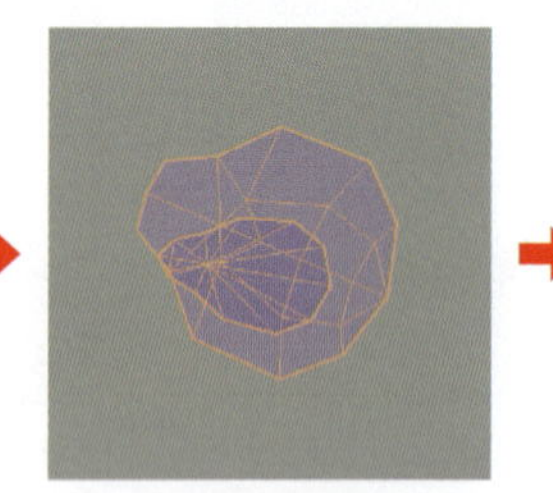
フェースを選択して[展開]。

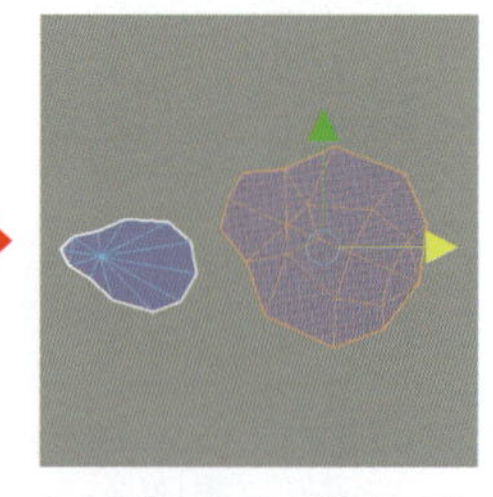
2つのUVシェルが重なってしまうのでずらします。

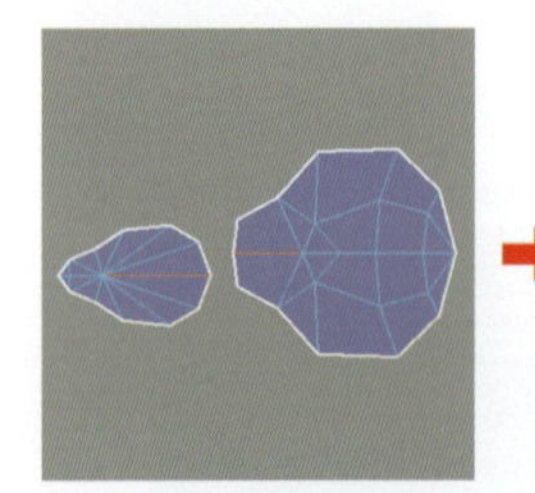
水平にしたいエッジを選択して[エッジの方向]。

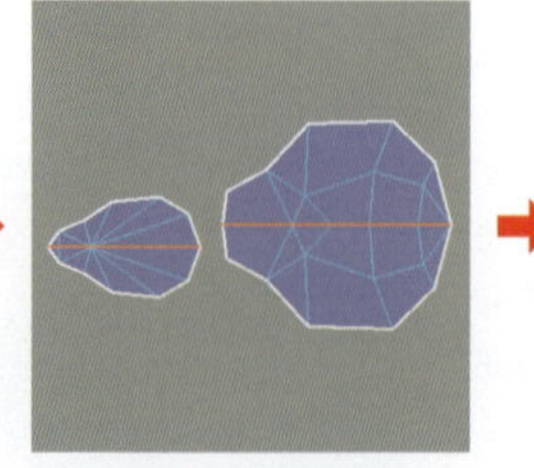
中央のエッジを選択して[カット]。

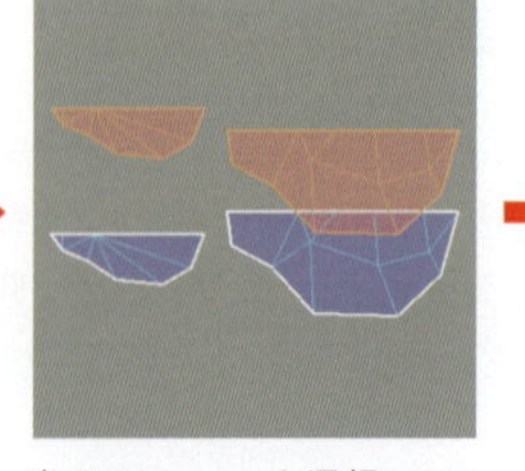
半分のフェースを選択してV方向に[反転]。

シェルを2つずつ選択して[シェルをスタック]。

その他のUVの展開

11 あとは同じ要領で他のパーツも展開していきます。今までと同じように以下のことに気をつけながら展開しましょう。

- デザイン画とモデルを見ながらテクスチャの描きやすい単位にUVシェルを分けます。
- パースビュー上のチェッカで歪みすぎていないかを確認しながら展開します。
- 水平や垂直に整列させられるところは整列させます。
- 共有できるところは積極的に共有します。

MEMO UVエディタのボタンを Shift クリック

UVエディタの［シェード］ボタンを Shift を押しながらクリックするとオプションが表示され、［マルチカラー］を選ぶと上のようにUVをカラフルに表示できます。Shift クリックでオプションが開くことは、マウスをボタンの上に載せてクリックせずに静止させると確認することができます。

UVレイアウト

12 全てのパーツのUV展開が終わったので、UVを「0～1」の範囲に収まるように綺麗に配置します。各UVサイズの比率を同じくらいにスケールします。テクスチャを描きやすくするために同じ部位のUVは近くに置いておきます。

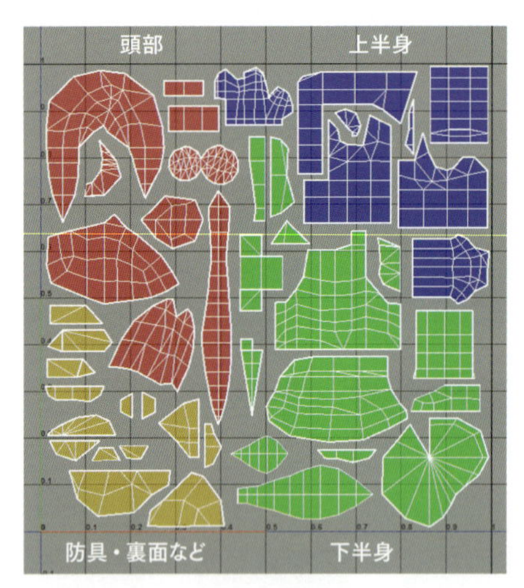

顔と武器は別のテクスチャにするので、それ以外のUVが「0～1」の領域に収まるように配置します。部位ごとにまとめます。

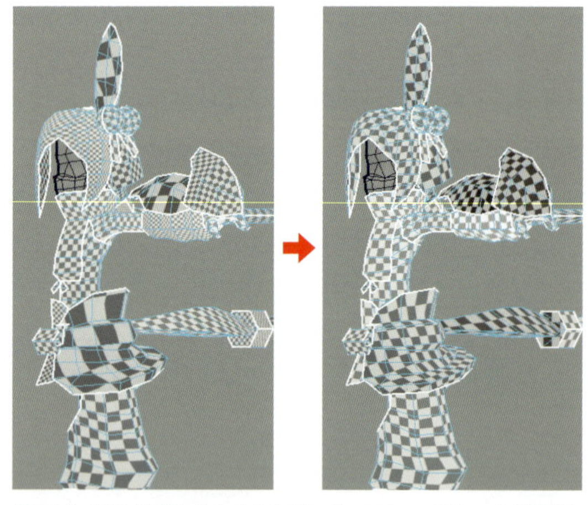

各UVサイズの比率を合わせるためにパースビューでチェッカを確認しながら行います。展開した直後は左のように各UVの比率がバラバラになっています。右のようにチェッカの大きさが同じくらいになるようにUVの比率を調整します。

13 武器は武器のみで1枚のテクスチャなので、武器のUVだけで「0～1」の領域に収まるように配置します。ただし、キャラクタ本体と武器を同時に選択したときにUVが重なって見づらくなってしまうので、隣の領域に移動します。（U「-1 ～ 0」の領域）

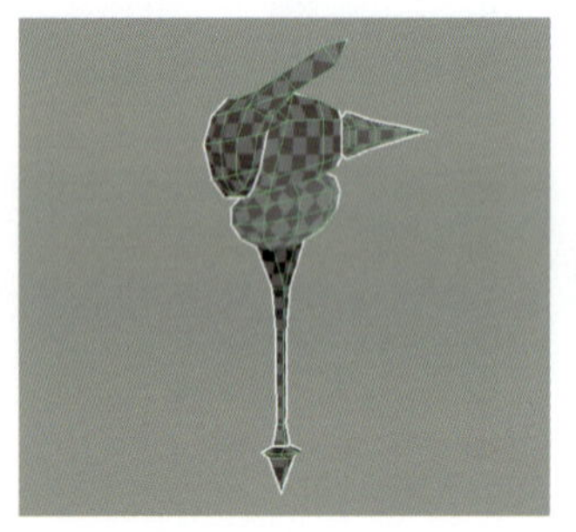

武器は武器のみでチェッカのサイズがあっていればOKです。

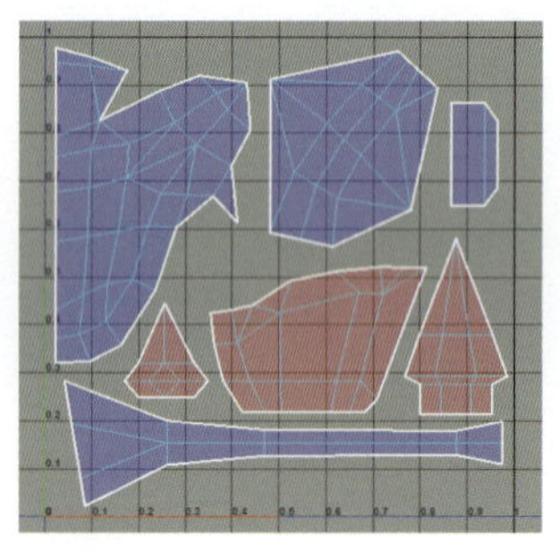

まずは体と同じように「0～1」の領域に収めます。

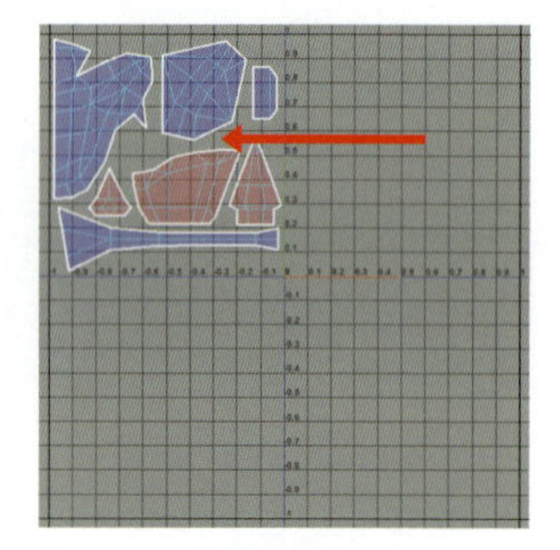

「-1～0」の領域に移動します。

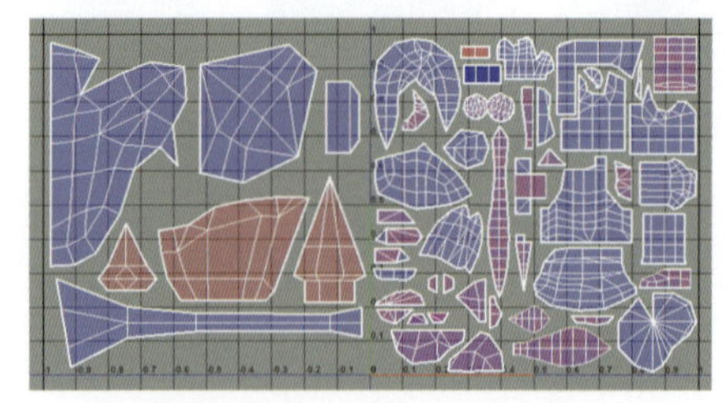

キャラクタ本体と武器を同時に選択してもUVが重ならず見やすくなります。ちょうど「1」ずつUVを移動すれば、テクスチャがずれることはありません。

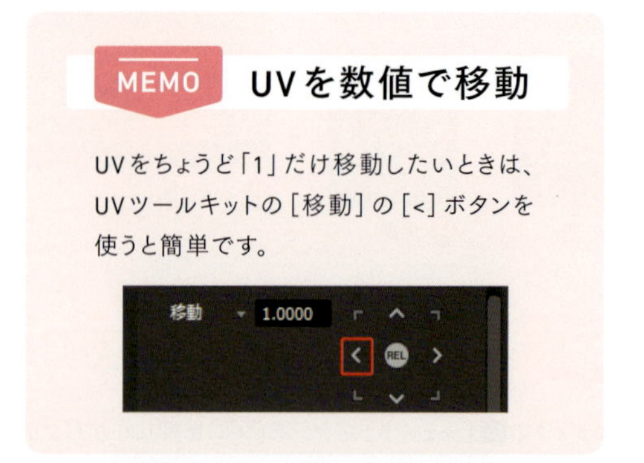

顔も同じく1枚のテクスチャですが、顔は今回左右の共有をさせないので、顔のUVのレイアウトはミラーコピー後に行います。

ミラーコピー

14 UVレイアウトが完成したので、ミラーコピーして最初に削除した半分を元に戻します。半分のモデルを選択して[ミラー]を使用します。ミラーコピーしたモデルと左右非対称のモデル(髪など)を選択して、[結合]を実行し1つのモデルにします。

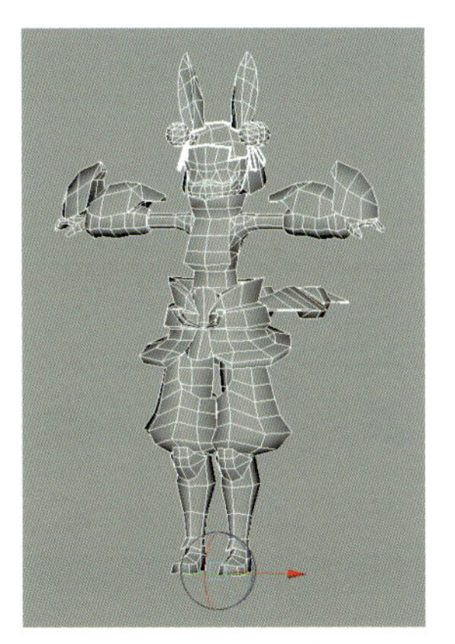

半分のモデルを選択して[ミラー]を実行します。

武器も同じようにミラーコピーします。

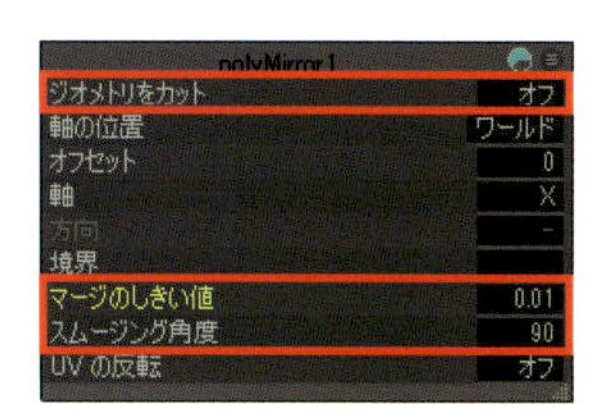

- [ジオメトリをカット]は「オフ」にします。「オン」だと中央を跨いだモデルが切断されます。
- [マージのしきい値]を「0.01」など小さい値にします。これで同じ位置の頂点のみがマージされます。
- [スムージング角度]は「90」にして中央のエッジをソフトエッジにします。

顔のUVレイアウト

15 ミラーコピーを終えたので顔のUVレイアウトを行います。顔のモデルは左右対称ですが、テクスチャを描く際に左右対称ではない表情も作成できるように、UVの左右は共有させないようにします。

ミラーコピーしたので左右のUVが重なっています。

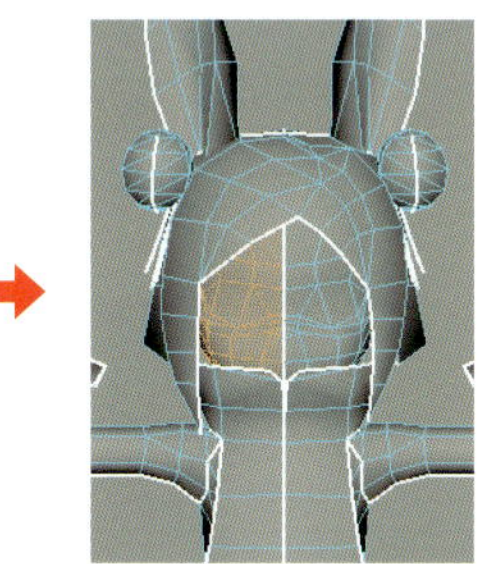

顔の半分のポリゴンを選択します。

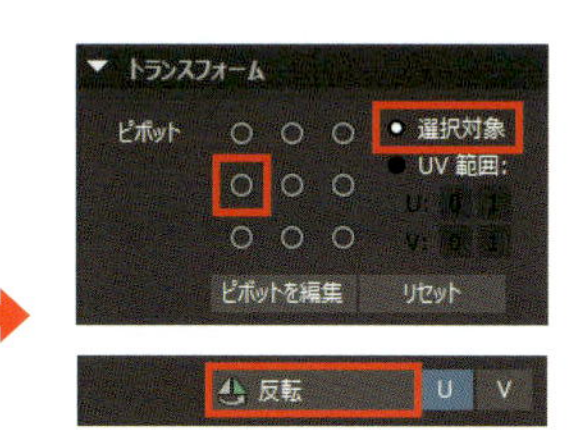

UVエディタで移動ツールのマニピュレータを出し、UVツールキットのピボットを[選択対象]にして、左の[○]を押し、[反転]を押します。

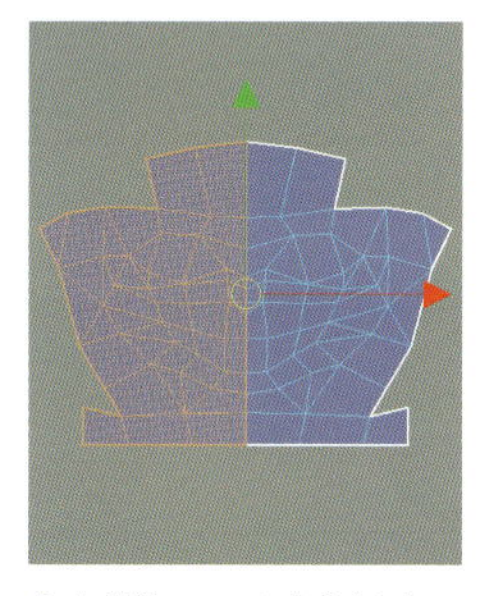

左右対称のUVになりました。

16 今回は1枚のテクスチャに4つの表情を描けるように1/4の領域にUVを配置します。

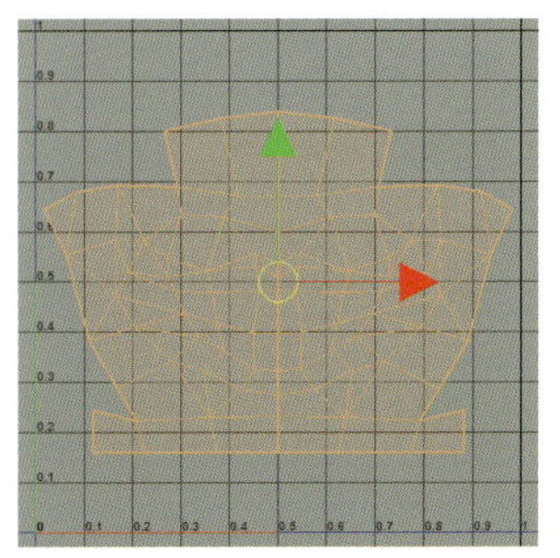

まずは「0～1」の領域に配置します。正確に中央に配置したいのでXを押しながらグリッドにスナップします。

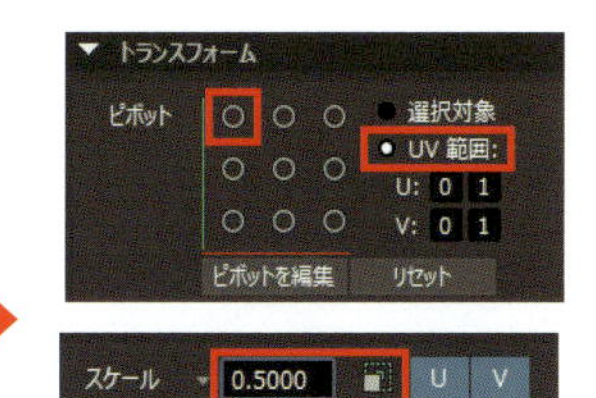

UVエディタで移動ツールのマニピュレータを出し、UVツールキットのピボットを[UV範囲]にして、左上の[○]を押し、スケールを「0.5」にし[スケール]を押します。

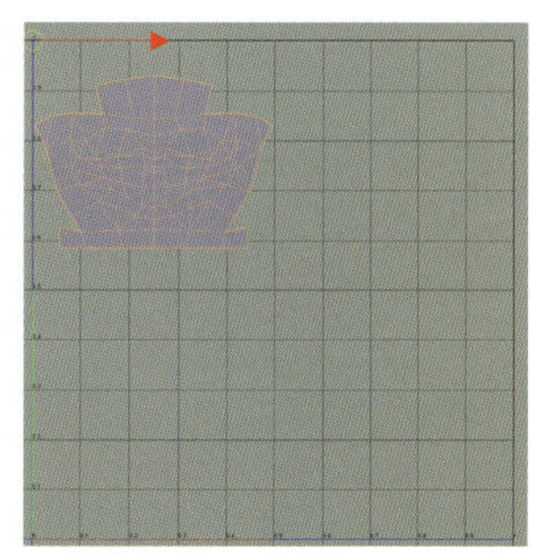

左上1/4の領域に配置されました。さらに武器と同じように、V方向に「-1」移動して体のUVと重ならないようにします。

Chapter 1-7

テクスチャ

展開したUVに合わせてテクスチャを作成します。テクスチャ作成はPhotoshopなど他ソフトウェアでの作業になりますが、簡単な流れだけを紹介します。

この工程の開始シーン ▶ MayaData/Ex_Chap01/scenes/Ex_Chap01_07.mb

UVのスナップショット

1 UVに合わせてテクスチャを描くために、UVのスナップショットを撮ります。UVエディタの[UVスナップショット]を実行しスナップショットを画像として保存します。

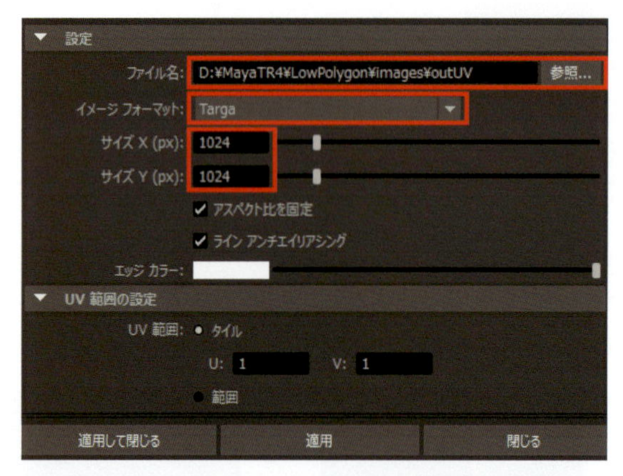

ファイル名、サイズ、イメージフォーマットを入力し[適用]を押します。

[ファイル名]で指定した場所にUVのスナップショットの画像が保存されます。武器と顔のUVも同じようにし保存します。

テクスチャのベースカラー

2 保存したスナップショットの画像を元にテクスチャを作成します。まずはベースカラーと簡単に模様を描きモデルに適用してみます。

ベースカラーと模様を描きます。

1. モデルを選択し、を押したままにすると表示されるメニューの[お気に入りのマテリアルの割り当て]で[Lambertシェーダ]を選びマテリアルを作成します。
2. Lambertマテリアルのアトリビュートエディタで[カラー]のをクリックし、[レンダーノードの作成]ウィンドウから[ファイル]を選びます。
3. fileノードのアトリビュートエディタで[イメージの名前]アトリビュートのをクリックし作成したテクスチャを読み込みます。
4. パースビューで6を押しテクスチャを表示します。

モデルのシルエットの修正

3 この段階でデザイン画と比較して、シルエットが足りないモデルを修正します。

腕の装備のこの辺りのシルエットが足りません。

エッジを追加してシルエットに現れるようにしました。

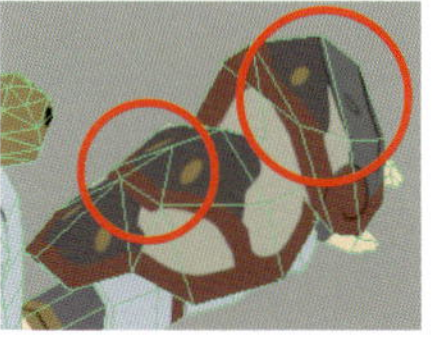
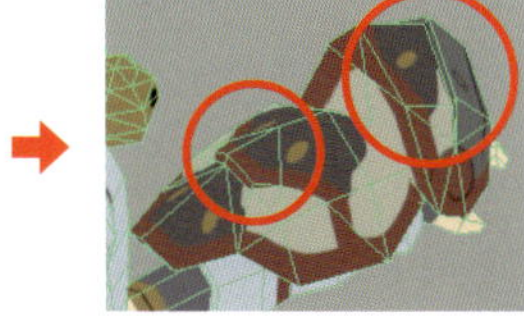
他の角度から見るとこのように修正しました。

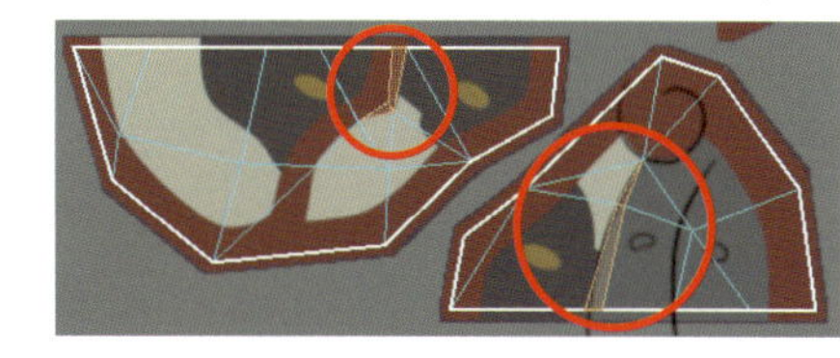
UVもエッジが重ならないように修正します。

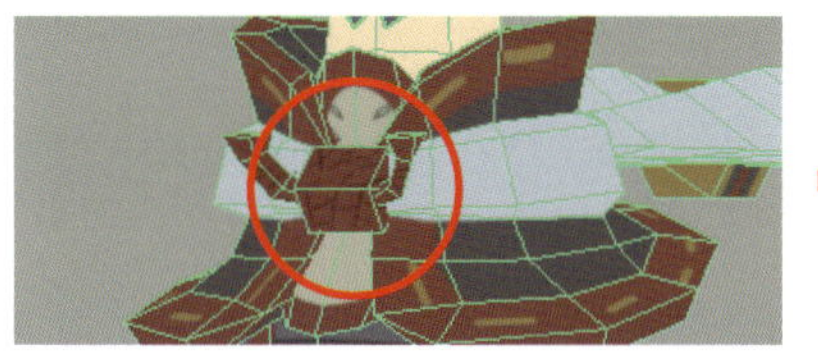
同じようにここもポリゴン数が足りずに結び目を表現できなさそうなので修正します。

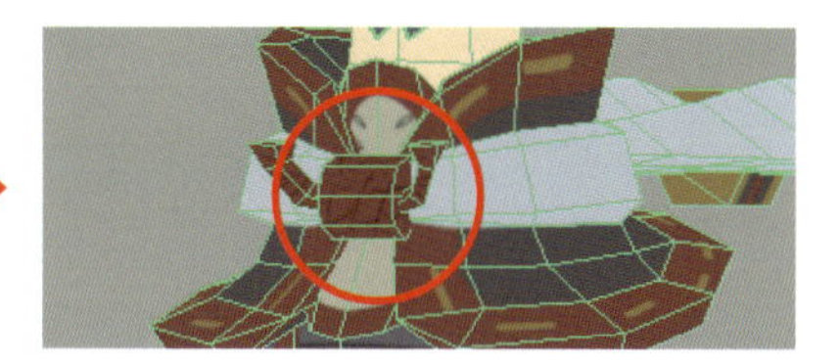
エッジを追加し丸みが出るように形状を修正しました。

テクスチャの描き込み

4 テクスチャを描き込みます。下図は完成したテクスチャとそれを適用したモデルです。（書き込みの簡単な流れは次ページ参照。）

パースビューのメニューで［ライティング］>［フラットライトを使用］にするとテクスチャのみを確認できます。

5 ❶ベースカラーに❷～⓫陰影やハイライトを重ねて立体感を出します。⓬布や革などは素材テクスチャを重ねます。⓬最後に全体に色調補正します。

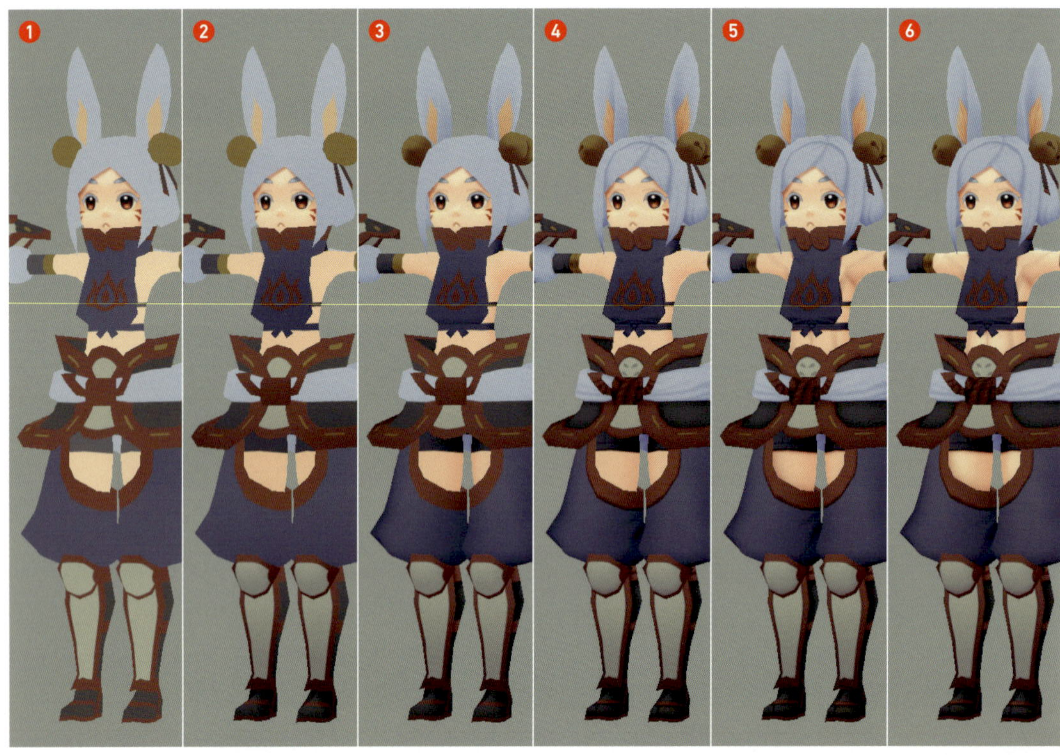

❶ ベースカラー。この上にレイヤを重ねていきます。

❷ Y方向のグラーデーションの陰影。ベタ塗り■をオーバーレイで重ねます。

❸ Z方向のグラデーションの陰影。ベタ塗り■をオーバーレイで重ねます。

❹ シワなどの細かい陰影。ベタ塗り■をオーバーレイで重ねます。

❺ 肌の陰影。ベタ塗り■を乗算で重ねます。

❻ 肌のライト。ベタ塗り■をオーバーレイで重ねます。

・陰影やハイライトは白黒で作成し、ベタ塗りレイヤのマスクとして使用すると色の調整や陰影の調整がしやすくなります。下段❷～❿はマスクの画像をモデルに貼ってみた図です。（白いところがベタ塗りの色が適用されている部分です。）

・⓫はアンビエントオクルージョンをベイクしたAOマップを元に作成した陰影です。（AOマップのベイクの仕方は、作例編第2章P.532「AO（アンビエントオクルージョン）の書き出し」参照）

7 青いライト。ベタ塗り□をオーバーレイで重ねます。

8 黄色いライト。ベタ塗り□をオーバーレイで重ねます。

9 ハイライト。ベタ塗り□をオーバーレイで重ねます。

10 落ち影。ベタ塗り■を乗算で重ねます。

11 AOマップを元に作成した陰影。これは直接オーバーレイで重ねています。

12 布や革に素材テクスチャを重ね、全体の色調を補正します。

布や革に重ねる素材テクスチャ。オーバーレイ「10〜50%」で重ねます。

テクスチャの完成

6 テクスチャの完成です。

フェースの三角形化

7 四角形以上のフェースは平面ではない場合、えぐれて見えてしまうことがあるので、[マルチカット] でエッジを挿入し三角形化します。モデリングやUV展開の工程では四角形の方が作業がしやすいので、モデリングの段階ではなく、この段階で三角形化を行います。

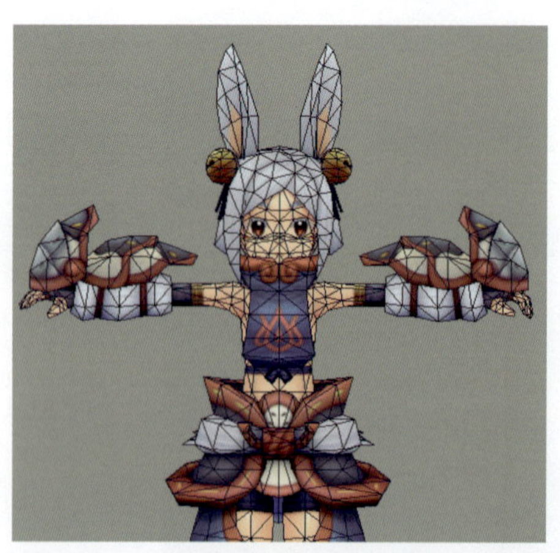

上図では全て三角形化しましたが、平面に近いフェースは四角形のままでも問題ありません。別名でシーンを保存して次に進みましょう。

Chapter 1-8

リギング

第6章 P.345「リギングする」を参照して、スケルトン作成、スキニング、リグ作成を行い、最後にポーズを付けてみましょう。手順は第6章と同様ですが、IKスプラインやドリブンキーなど一部異なる機能を扱います。

この工程の開始シーン	MayaData/Ex_Chap01/scenes/Ex_Chap01_08.mb
スケルトン完成シーン	MayaData/Ex_Chap01/scenes/Ex_Chap01_08_Skeleton.mb
スキニング完成シーン	MayaData/Ex_Chap01/scenes/Ex_Chap01_08_Skinning.mb
リグ完成シーン	MayaData/Ex_Chap01/scenes/Ex_Chap01_08_Rig.mb
ポージング完成シーン	MayaData/Ex_Chap01/scenes/Ex_Chap01_08_Posing.mb

スケルトンの作成

1 今回のキャラクタは親指以外は分割されていないので、スケルトンも2本指の構成で作成します。他には、ウサギの耳、尻尾、髪、腰布などの付属パーツにもスケルトンを作成します。武器は、身体と別階層の独立したスケルトンにします。

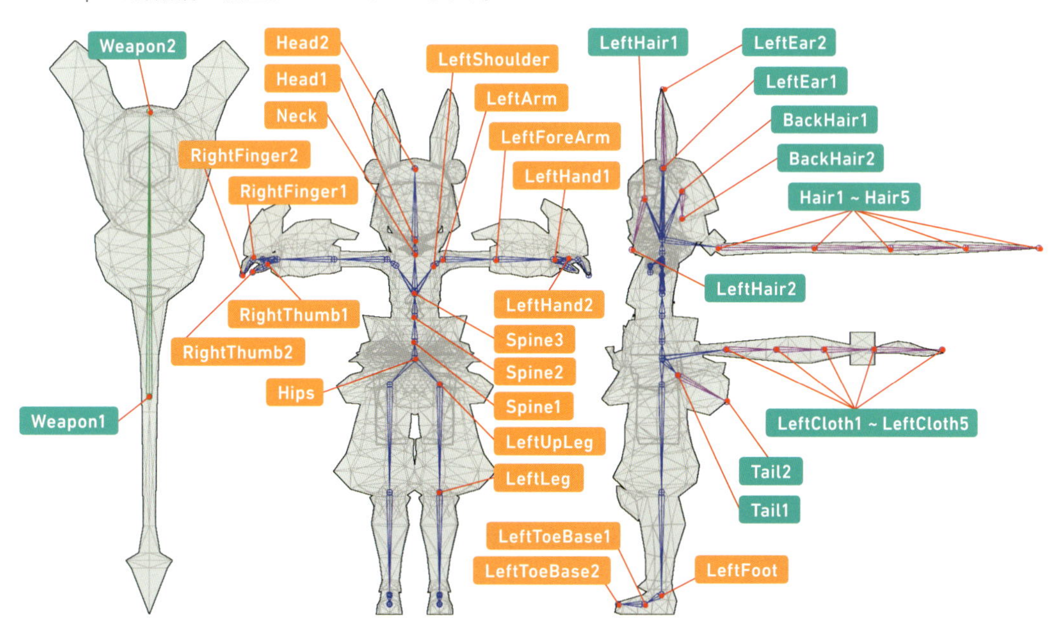

- 青いスケルトンは本体のスケルトンです。（実際に色を付ける必要はありません。）
- 紫のスケルトンは、付属パーツです。（サイドビューでのみ表示しています。）
- 緑のスケルトンは武器です。（フロントビューでのみ表示しています。）
- 第6章と違い末端までジョイントを入れています。
- 後ろの長い髪や腰布のモデルは少し曲がっていますが、スケルトンは真っ直ぐ作成します。
- 武器は持つ箇所にルートジョイントを作成します。（Weapon1）
- 左側のスケルトンを作成し終わったらトランスフォームをフリーズします。（P.348「⑦位置調整～ジョイントをフリーズ」参照）
- 各ジョイントにジョイントの方向付けを行います。（P.349「⑧ジョイントの方向付け」参照）
- 指は親指に2つのジョイント、その他の指を合わせて2つのジョイントで作成し、「Hand1」の子供にします。
- 耳と全ての髪は「Head1」の子供にします。
- 腰布2つと尻尾は「Hips」の子供にします。
- 最後に[ジョイントをミラー]で左側のジョイントを右側にコピーします。（P.353「⑩ジョイントのミラー」参照）

作例編

Chapter 1

ローポリゴンキャラクタ制作

スキニング

2

ローポリゴンモデルは、主にゲーム等のために作成することが多いので、ウェイトも「0.1」や「0.01」など、小数点第1位や第2位で四捨五入した切りの良い値を使用することが多くなります。今回はゲーム用というわけではありませんが、小数点第1位で四捨五入した値を使用します。切りの良い値を使用することと、頂点数が少ないという理由で、ローポリゴンのウェイトの調整はペイントよりも[コンポーネントエディタ]で行う方が素早く行えます。

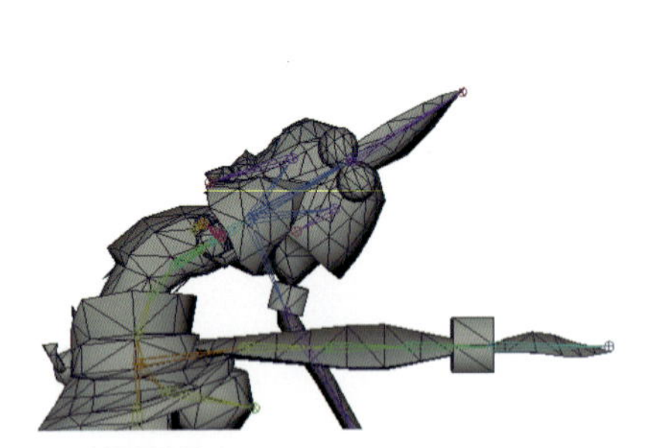

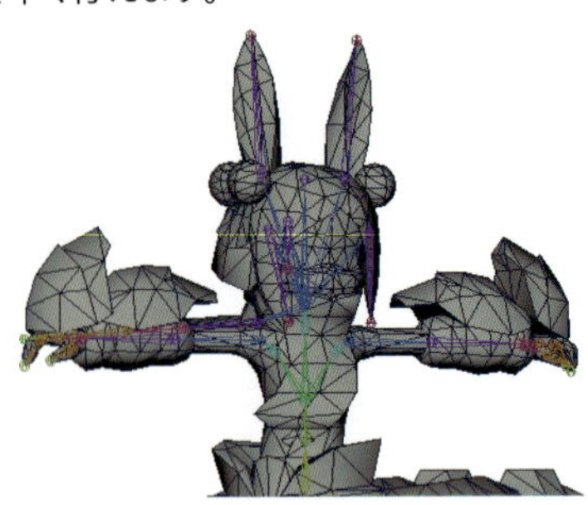

スパインのウェイト調整中。前後左右に曲げたり捻ったりしてウェイトを調整します。

- モデルとスケルトンをバインドします。(P.353「⑪スキンのバインド」参照)
- 武器は武器モデルと武器スケルトンでバインドします。
- [スキンウェイトペイント]の代わりに[コンポーネントエディタ]を使用します。(P.341「ウェイトの編集」参照)
- [コンポーネントエディタ]を使用しますが、まず値を「1」と「0」のみでウェイトを割り当てるのは同じです。
- その後に関節部など曲がるところの値を2つのジョイントに「0.5」ずつや、「0.7」と「0.3」のように、小数点第1位までの値を割り当てます。
- ジョイントを回転して、モデルが綺麗に曲がるように調整します。ジョイントを曲げたポーズで、ジョイントにアニメーションキーを設定して簡単に複数のポーズを行き来できるようにすると作業しやすくなります。

リグの作成

3

P.365「⑯リグの作成」を参照してリグを作成します。後ろの長い髪と腰布は、IKスプラインを使用してスプラインリグを作成してみましょう。顔のUVをドリブンキーで動かす瞬きアニメーション用のリグも作成します。

本体のリグを作成する

- リグオブジェクトをカーブで作成します。
- リグオブジェクトをジョイントの位置に合わせ、選択しやすい大きさにスケールします。
- 耳、尻尾、短い髪は赤い回転のみのリグで、頭などと同じ作り方です。
- 肩、指、耳、尻尾、短い髪はダミーロケータを作成しその子供にリグを作成します。
- リグの移動とスケールをフリーズします。
- リグの階層を作成します。耳と短い髪のリグは頭のリグの子供に、尻尾のリグはお尻のリグの子供にします。
- 腕と脚にIKハンドルを作成します。
- ジョイントからリグへのコンストレイントを作成します。
- リグを色分けします。
- チャネルのロック/非表示を設定します。
- IK、スキンモデル、スケルトン、リグ用のディスプレイレイヤを作成し各オブジェクトをそれぞれレイヤに格納します。

IKスプラインでスプラインリグを作成する（P.334「IK スプラインハンドルの作成」参照）

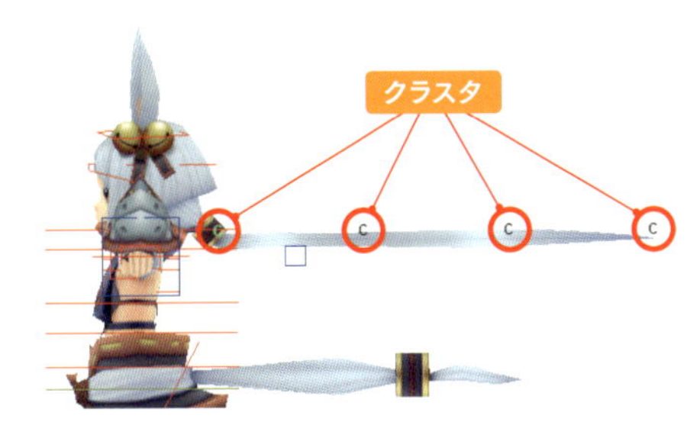

クラスタはビューの［表示］>［デフォーマ］で表示されます。

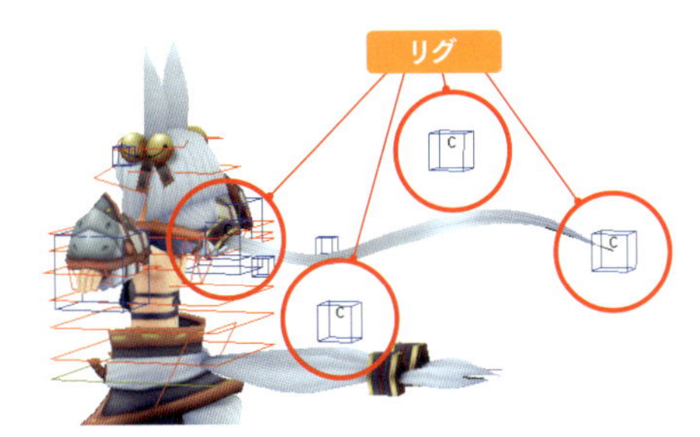

- メニューの［スケルトン］>［IKスプラインハンドルの作成 □］を実行し、［カーブの自動ペアレント化］のチェックを外し、「Hiar1」、「Hair5」の順にクリックします。
- 自動生成されたカーブを選択して、メニューの［選択］>［クラスタカーブ］を実行し、カーブを操作するためのクラスタを作成します。
- クラスタの位置に立方体のリグオブジェクトを配置します。
- 名前は「RigHair1」〜「RigHair4」にして、「RigHead」の子供にします。
- クラスタからリグへのペアレントコンストレイントを作成します。リグ、クラスタの順に選択して、メニューの［コンストレイント］>［ペアレント］を実行します。
- リグを操作して髪のモデルがカーブに沿って動くことを確認します。
- 腰布にも同様にスプラインリグを作成します。

ドリブンキーで瞬きリグを作成する（第5章 P.288「ドリブンキー」参照）

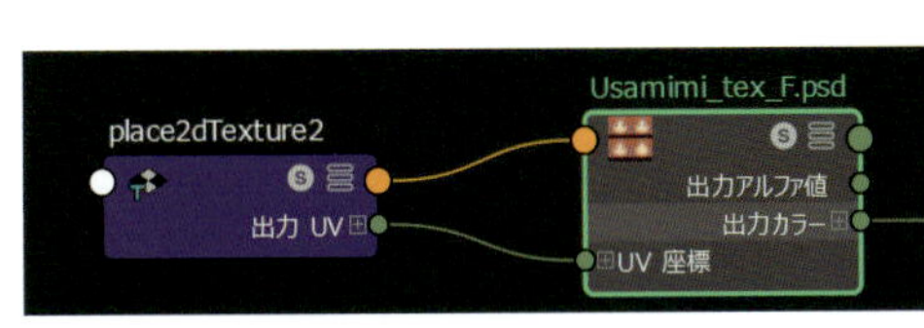

［place2dTexture］ノードはハイパーシェードで選択できます。

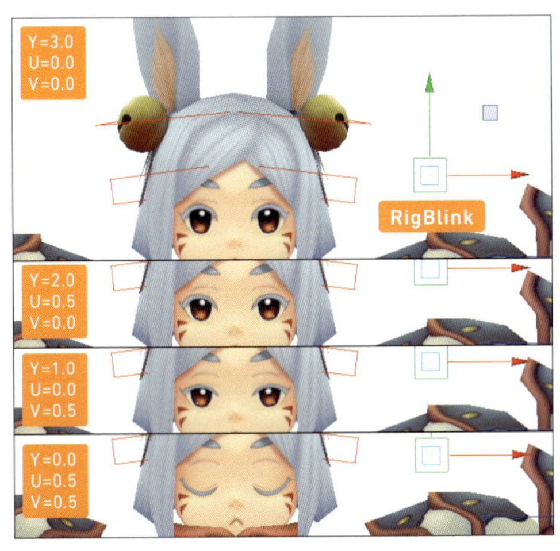

RigBlinkを上下すると瞬きします。

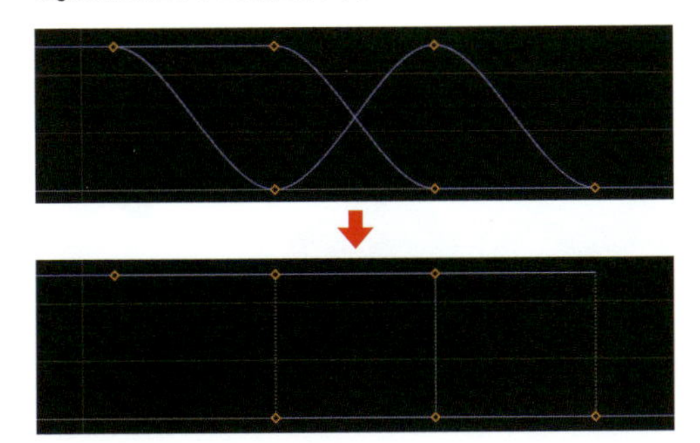

ステップ接線カーブに変更します。

- 顔のテクスチャの［place2dTexture］ノードの［オフセット］に「0.5」の値を入れて、表情が変わることを確認します。
- 瞬き用のリグオブジェクトを作成し顔の横に配置します。階層は「RigHead」の子供にします。名前は「RigBlink」にします。
- 「RigBlink」のトランスフォームをフリーズします。
- アニメーションメニューの［キー］>［ドリブンキーの設定］>［設定 ...］で［ドリブンキーの設定］ウィンドウを開きます。
- 「RigBlink」を選択して［ドライバのロード］、［place2dTexture］ノードを選択して［ドリブンのロード］を押します。
- ドライバでは［移動Y］を選択し、ドリブンでは［オフセットU］［オフセットV］を選択します。
- 「RigBlink」を「Y = 3.0」の高さに移動し、［place2dTexture］ノードの［オフセットU］を「0.0」、［オフセットV］を「0.0」にして［ドリブンキーの設定］ウィンドウの［キー］を押します。
- 同じように、「RigBlink」を「Y = 2.0」にし、［オフセットU］を「0.5」、［オフセットV］を「0.0」にして［キー］を押します。
- 同じく、「Y = 1.0」にし、［オフセットU］を「0.0」、［オフセットV］を「0.5」にして［キー］を、「Y = 0.0」にし、［オフセットU］を「0.5」、［オフセットV］を「0.5」にして［キー］を押します。
- この段階で「RigBlink」をY = 「0〜3」に移動して確認してみると、テクスチャがスムーズに動いてしまいます。
- ［place2dTexture］ノードを選択して、メニューの［ウィンドウ］>［アニメーションエディタ］>［グラフエディタ］を開きます。
- 2本のグラフが表示されるので、選択して、［ステップ接線］を押します。
- もう一度「RigBlink」をY = 「0〜3」に移動して正しく瞬きすることを確認します。

ポージング

4

完成です。リグを操作してポーズやアニメーションを作成してみましょう。武器のリグは独立した別階層で作成しましたが、武器を持ったポーズやアニメーションを作るときには別々だと作りにくいのでコンストレイントを使用します。ポーズによって、右手で持つ、左手で持つ、両手で持つ、持たない、など色々なパターンがあるのでリグを別階層で作成し、ポージング時にコンストレイントで対応します。武器を手に制約するか、手を武器に制約するかも、ポーズやアニメーションによって、また武器の種類や大きさによって異なります。

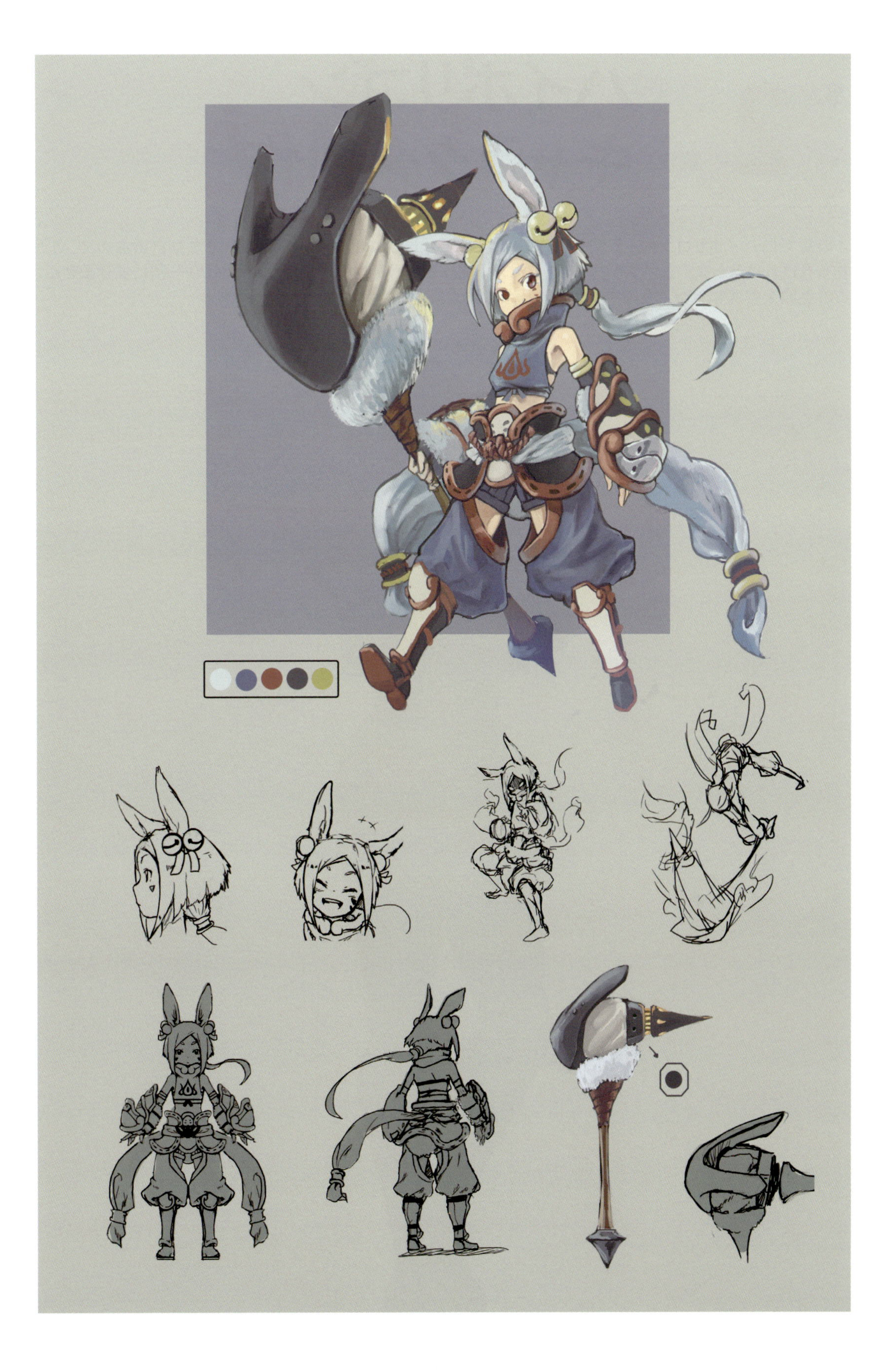

第2章 ハイポリゴンキャラクタ制作

この章ではハイポリゴンキャラクタ制作の手順を紹介していきます。CGの制作方法は自由なので、こう作らなければならないというものはありません。従って今回紹介する手順は、ほんの一例にすぎません。この手順を参考に自分なりのキャラクタ制作に役立ててください。

制作の流れ

Chapter 2-1

制作準備

キャラクタモデルは完成までに様々な工程を経る必要があり、決して短時間で作成できるものではありません。漠然と作業を始めるのではなく、効率よく制作を進める為に事前に十分な計画と準備をしておきましょう。

キャラクタの概要を決める

まずは制作しようとしているキャラクタを構成する要素や容姿などの設定を、下記の項目を参考にまとめてみましょう。テキストにリストとして書き出して方向性を絞っていきます。

- 時代背景や世界観は？（現代、過去、未来、SF、ファンタジーなど）
- リアルな頭身にするのか？デフォルメにするのか？
- 性別や年齢、性格は？
- どのような人種、職種、生い立ちなのか？
- どういった身体的な特徴があるのか？（細身、太目、長身、短身、髪の形状など）
- 身につけている服装や装飾具は？

参考用資料の収集

大まかなキャラクタ像を詰めていくのと同時に、デザインのヒントとなる参考用資料も収集しておきましょう。ゲームの設定資料や映画、コミックなど様々なジャンルの資料からピックアップし、インスピレーションを受けた要素を加えていくのもよいでしょう。
最近ではテーマやカテゴリ別に画像を収集し管理できるウェブサービスもあるので、これらのサービスを利用するのも有用といえます。

キャラクタ設定画を作成

概要が固まりましたら、キャラクタの設定画を作成します。正確な3面図を用意する必要はありませんが、形状が理解でき、ラインやパーツの繋がり方が判断できる内容にしましょう。
配色やディテールの粗密感だけではなく衣服の材質なども、この段階で予め決めておきます。

作例の設定

- SFの世界観
- リアルな頭身と比率
- 20歳ぐらいの女性で活動的
- 賞金稼ぎを生業としている
- 短髪で引き締まった体系
- インナースーツの上にジャケットとショートパンツを身につけており、動きやすい格好

Chapter 2-2

ベースモデルの作成

最初は顔、胴体、手足といった一部の細かいパーツを作り込むのではなく、全体のプロポーションを整えるところから始めていきます。今回はリアル頭身の女性モデルをベースモデルとして作っていきます。またこのチャプターは[モデリングツールキット]の機能を中心に使用して制作しています。

開始シーン ▶ MayaData/Ex_Chap02/scenes/Ex_Chap02_BaseModel_Start.mb

イメージプレーンの配置

1 フロントビューとサイドビューにイメージプレーンを設定します。大まかなプロポーション用のテンプレートであり、あくまでガイドなので正確に合わせる必要はありません。また persp カメラ焦点距離の値を変更して人体モデリングに適した設定にします。

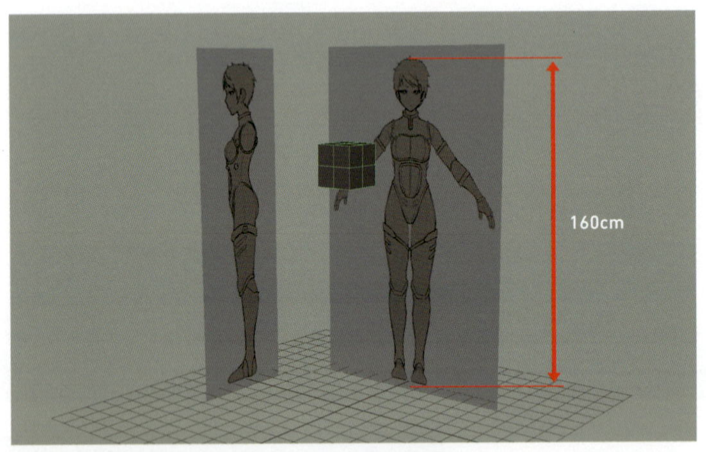

グリッド設定は、[長さと幅]を「100」、[グリッドラインの間隔]を「50」、[サブディビジョン]を「5」にしてあります。

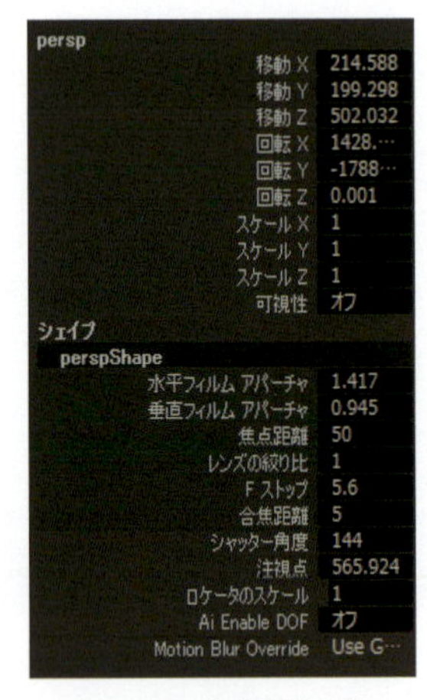

persp カメラの焦点距離を「50～80」に変更します。

胴体の作成

2 まずは身体の上半身部分を作成していきます。幅、高さ、深度の分割数をそれぞれ「2」に設定した[立方体]のポリゴンプリミティブを元に編集していきます。

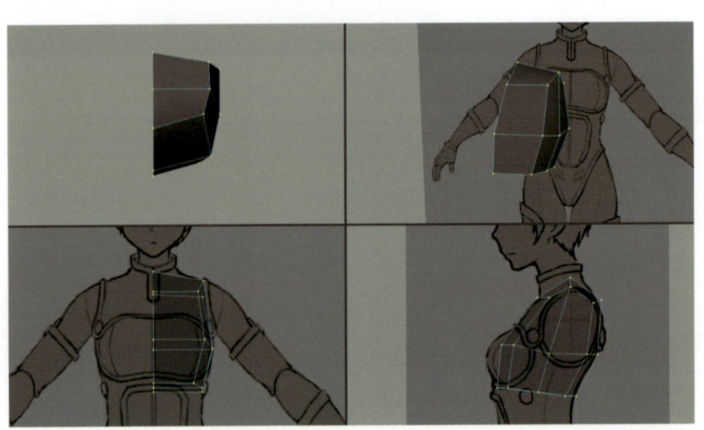

最初は左半身のみを編集するため右半分のフェースを削除します。頂点移動で大まかに整えて肩から肋骨にかけての形状を作成します。

テンプレートイメージをガイドとして使用するのであれば、ビューポートの[X線]をオンにすることでメッシュが半透明状態でシェーディングされてイメージが確認しやすくなります。

3

底面のフェースを選択し［押し出し］を使用しフェースを押し出し、腰部分を作成します。マニピュレータによる移動、もしくは［ローカル移動Z］に値を入力して下方向に引き延ばします。

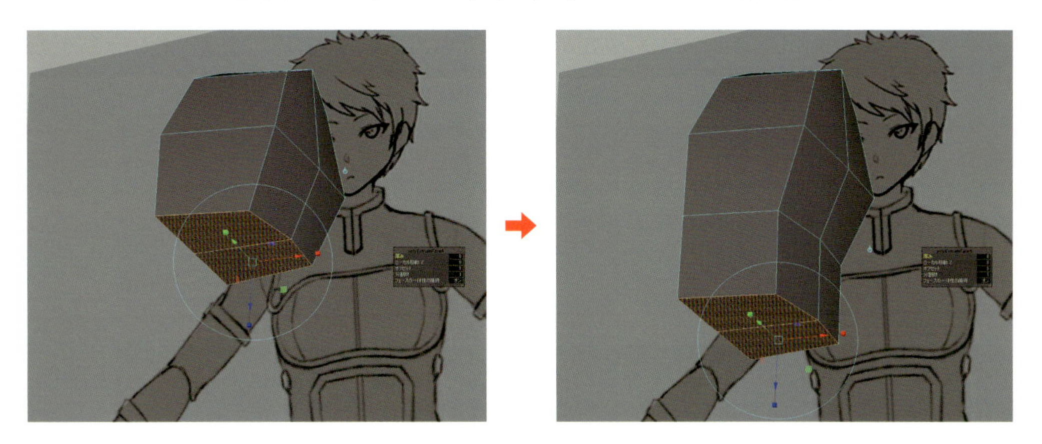

4

同様の手順で押し出しを繰り返して股下までフェースを作成します。G を押すことで直前の編集を繰り返して実行できます。

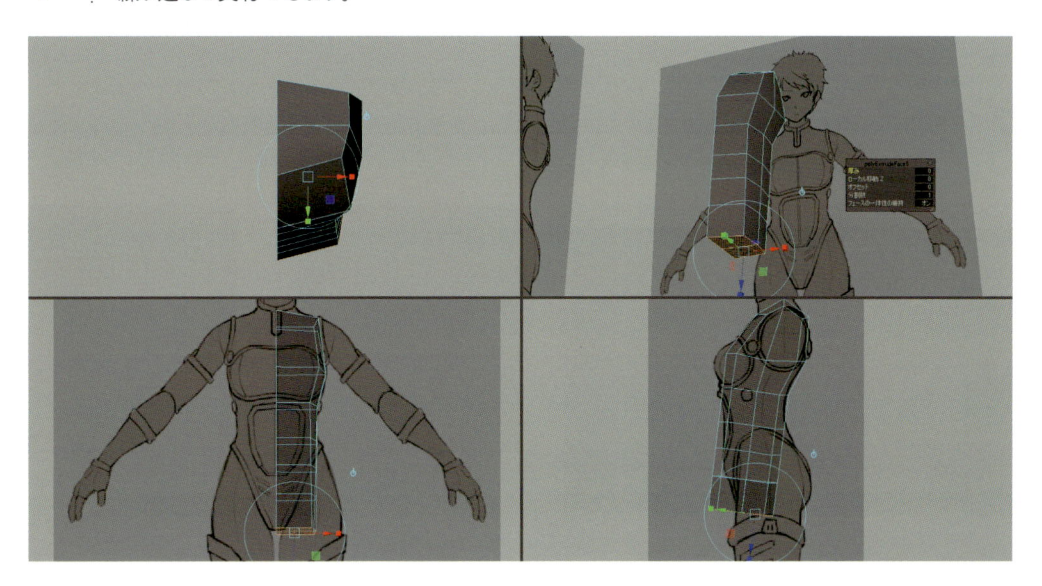

5

押し出された部分の頂点を移動して下腹部や臀部の形状を調整します。

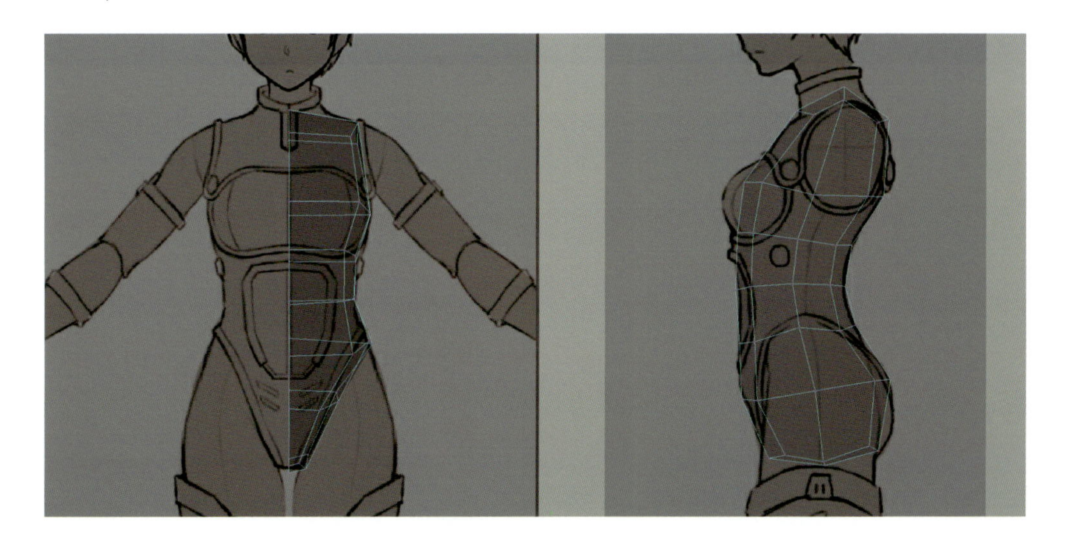

オブジェクトのシンメトリ化

6 左半身のオブジェクトをシンメトリ化する前に、押し出しにより中心部に生成された側面の不要なフェースを削除しておきます。

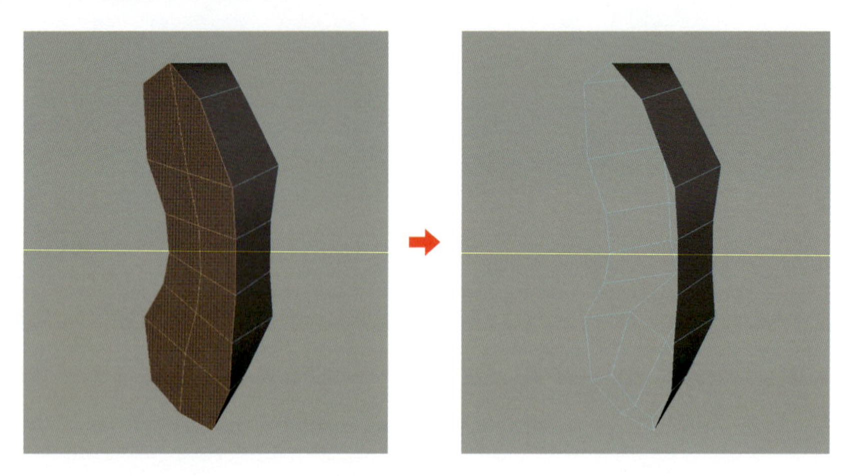

7 シンメトリコピーを行う前に、元のオブジェクトのトランスフォームの値をフリーズしておきます。[修正] > [トランスフォームのフリーズ] のオプションを表示し、「移動」「回転」「スケール」にチェックを入れて [適用] をクリックします。

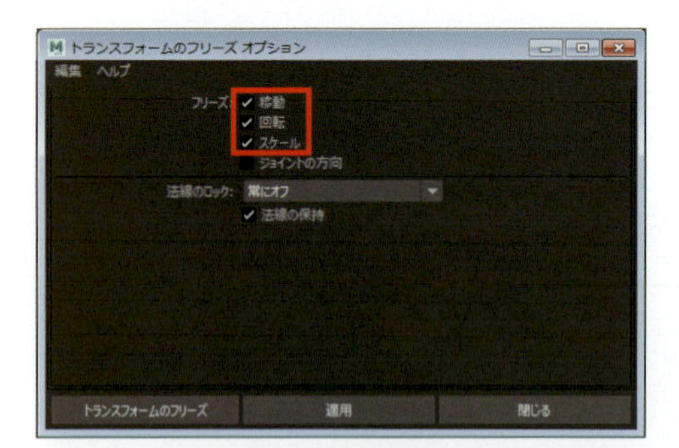

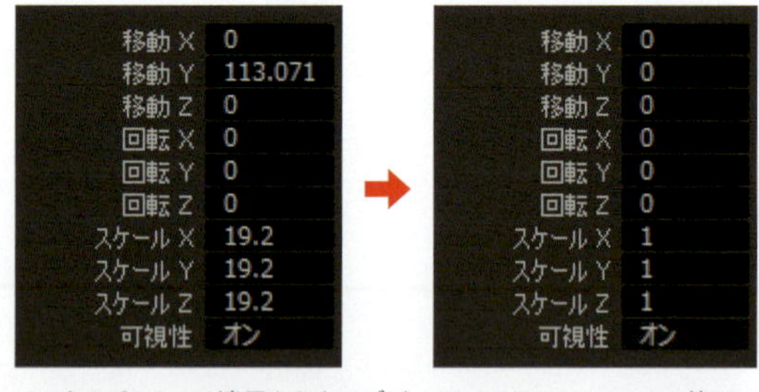

チャネルボックスで適用されたオブジェクトのトランスフォームの値がフリーズされていることが確認できます。

8 オブジェクトを選択し、[編集] > [特殊な複製] でオプションを表示させ、[ジオメトリタイプ] を [インスタンス] に変更します。[スケール] の X の値には「-1」を入力し [適用] をクリックして複製を実行します。

以降の作業は基本的に左半身のメッシュを編集して調整していきます。インスタンス化されたオブジェクトなので左半身に加えた調整(エッジの追加やフェースの押し出し)は右半身にも反映されます。

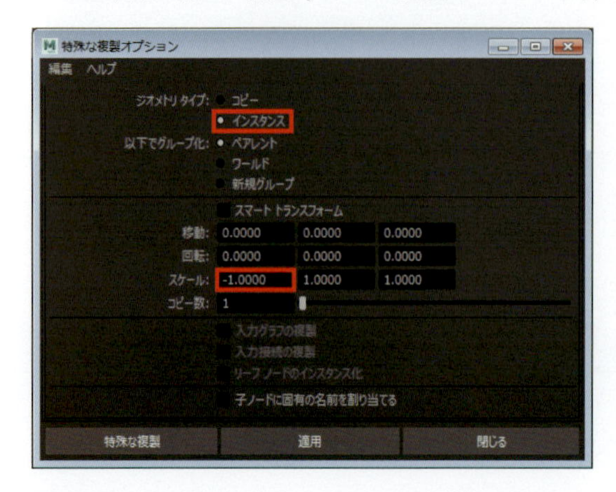

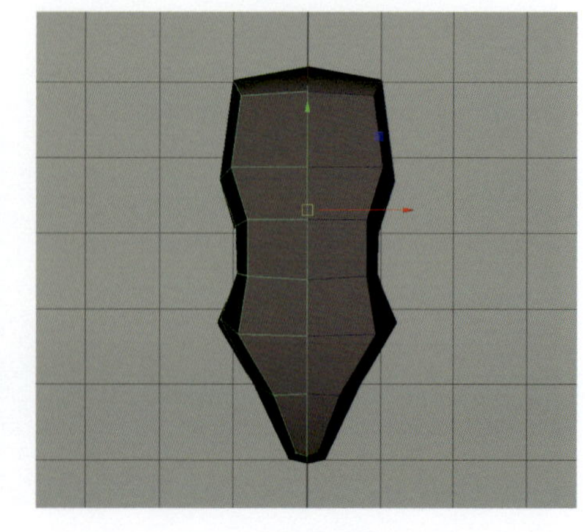

MEMO シンメトリの軸について

シンメトリ化する場合はオブジェクトの中心軸（マニピュレータ）の位置に注意してください。ずれている場合はマニピュレータの位置がグローバルのX座標の「0」に配置されるように移動します。Insert を押してピボットポイントを移動できる状態にし X を押しながら中央のX軸のグリッドにスナップさせます。

入力フィールドのXに「0」の値を入れ Enter を押し、適用させても中央に移動することができる。

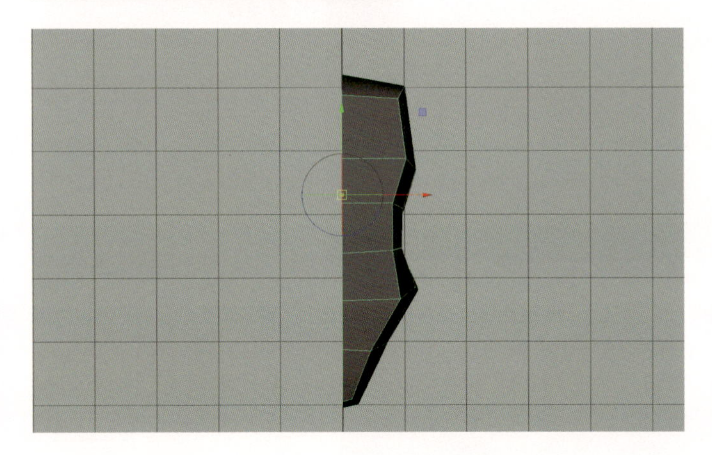

脚部と足の作成

9 脚部用のオブジェクトを作成します。［軸の分割数］を「8」に設定した［円柱］のポリゴンプリミティブを作成し、スケールや頂点移動で股関節から足首あたりまでサイズを拡張します。

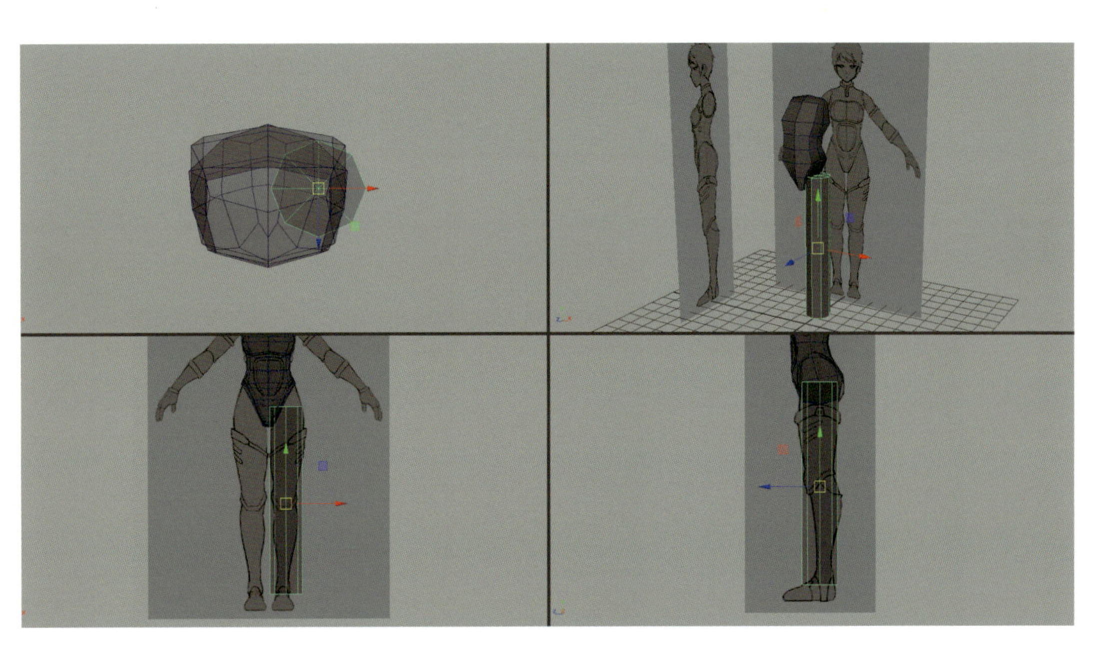

10

脚部の横の分割を追加していきます。Ctrl を押しながら［マルチカット］でエッジを選択することでエッジループ状態で追加することができます。エッジを追加する位置については、起伏がありシルエットに大きく影響する個所に追加します。

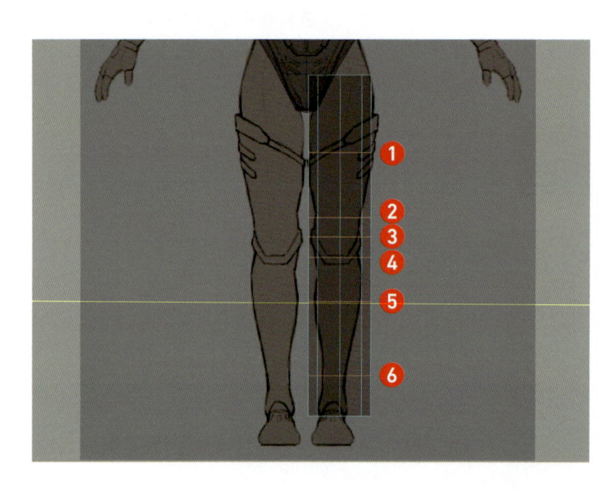

1. 太ももの中間
2. 膝上
3. 膝
4. 膝下
5. ふくらはぎ
6. 足首

11

追加したエッジを調整していきます。単純にエッジを移動させるだけではなくループ選択状態で回転させ、形状に合わせて傾きも加えてみましょう。

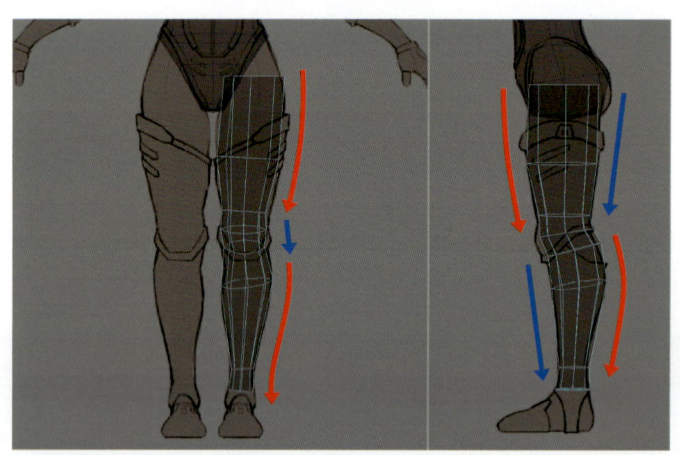

［正面］腿は股関節から膝に向けて緩やかに内側にカーブします。膝上から膝下にかけてやや外側に曲がります。脛は膝下から一旦外側に曲がり、足首にかけて緩やかに内側にカーブします。

［側面］腿の正面側は膝に向けカーブを帯びてますが、背面は直線に近い形状になります。対して脛は膝から足首にかけてほぼ直線で、ふくらはぎ部分は大きくカーブしています。

側面から見て足首は股関節よりやや後ろ側に位置します。

12

形状に更に丸みを持たせるため補完のエッジを追加します。極力エッジの分割具合が均等になる位置に追加しましょう。

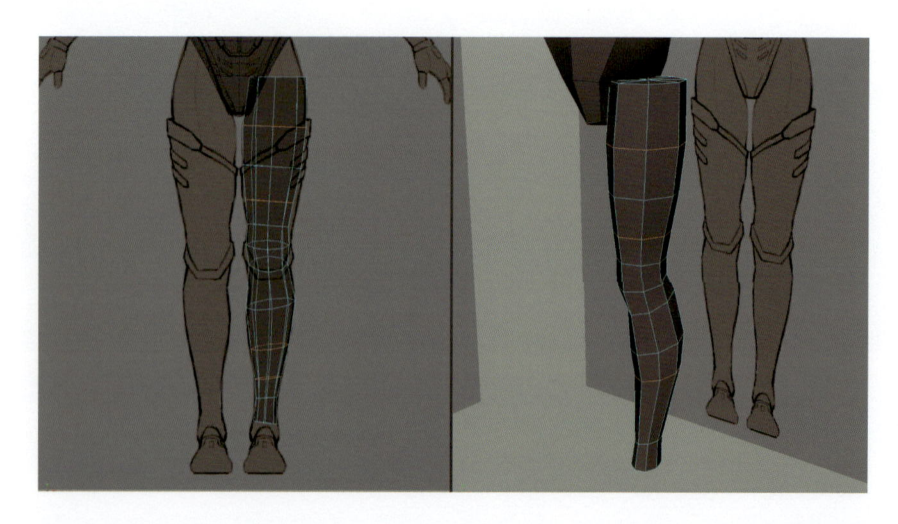

MEMO エッジフローについて

［マルチカット］ > ［マルチカットオプション］ > ［エッジループの切り取り / 挿入ツール］内の［エッジフロー］にチェックを入れてエッジループを追加した場合、周囲のメッシュの曲率を重視したエッジループを挿入することができます。人体のような曲面の多い有機的な形状を調整する上で有用です。

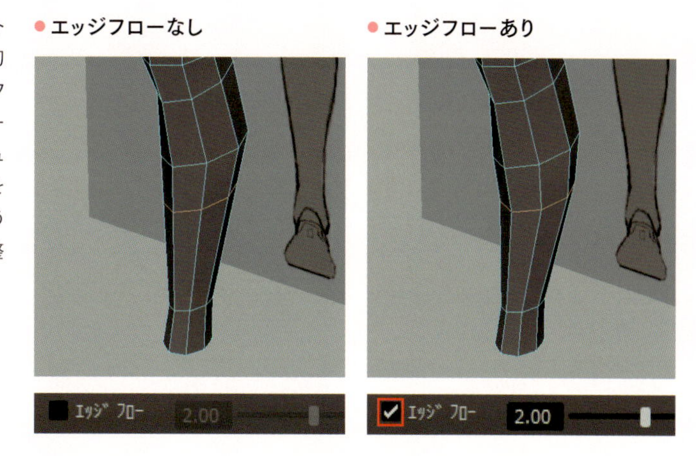

13 足用の立方体プリミティブを作成します。奥行きを調整し土踏まずあたりにエッジループを追加した後に天面のフェースを［押し出し］て足首を作成します。

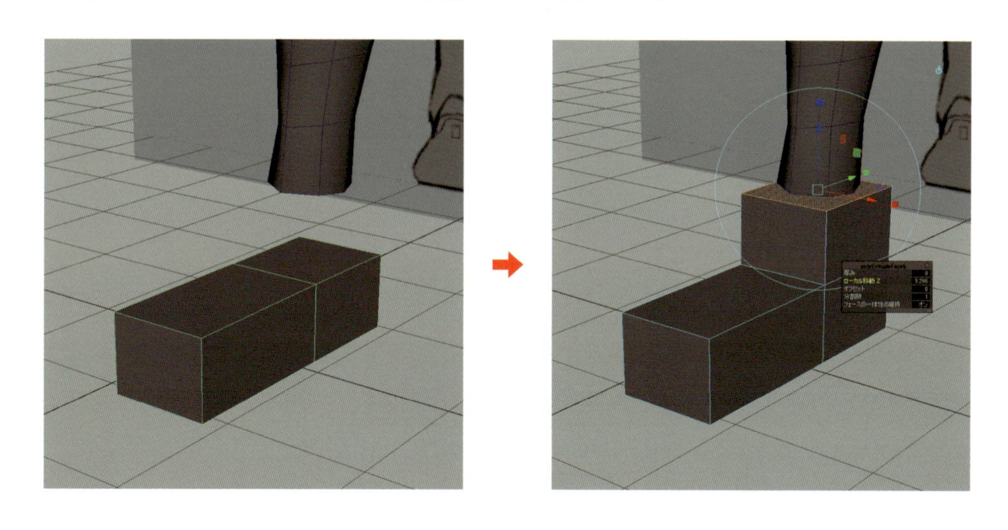

14 フェースの分割を増やして足の形状を整えていきます。脚部と結合するため足首の断面の分割数は統一しています（脚部の分割数「8」に合わせています）。

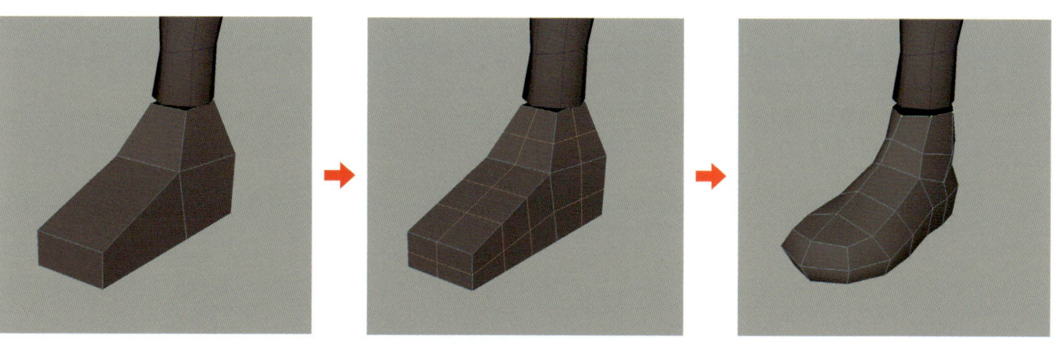

大よその形状調整。

各フェースを2～3分割します。足首の断面数は脚部と合わせます。

頂点移動し全体に丸みを持たせます。

15

次に脚部と足のオブジェクトを結合します。足首の頂点を脚部側にスナップさせた後に脚部オブジェクトと足オブジェクト両方選択した状態で［結合］を適用する事で1つのオブジェクトにします。

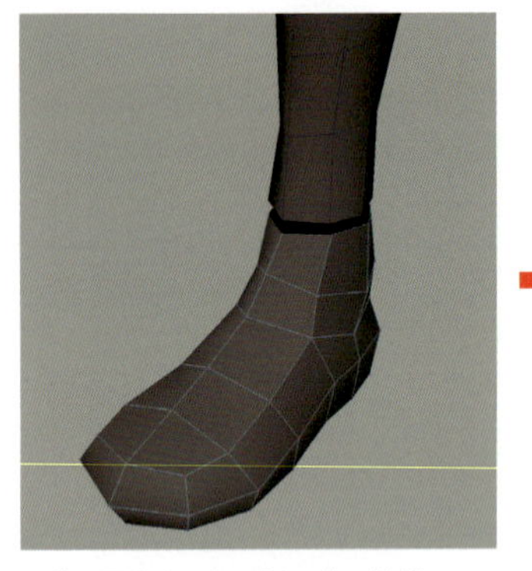

足首の頂点をスナップする前の状態。

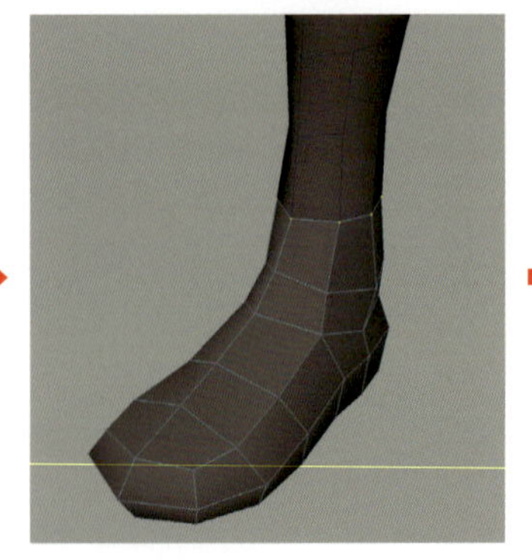

足首の頂点をVを押しながら脚部分側にスナップさせます。

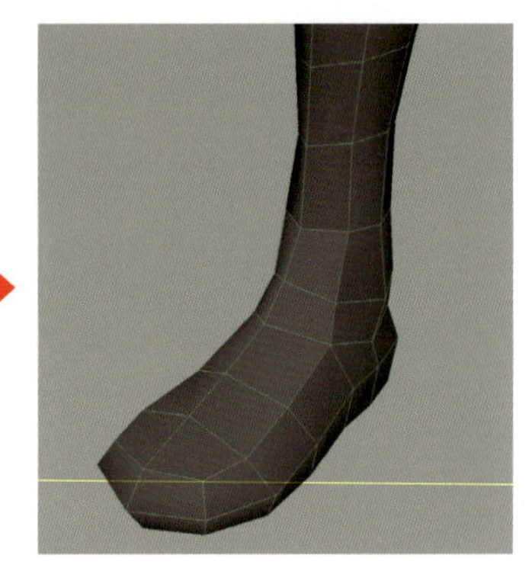

結合された状態。必要であれば足首の太さや形状を整えます。

16

オブジェクト自体は1つに結合されましたが、スナップされた頂点同士は互いに同じ頂点座標にあるだけで接続されていない状態です。［ディスプレイ］＞［ポリゴン］＞［境界エッジ］で境界エッジを表示すると接続されていないエッジが太目のラインで確認できます。オブジェクトを選択し［メッシュの編集］＞［マージ］を適用し、頂点同士を接続します。

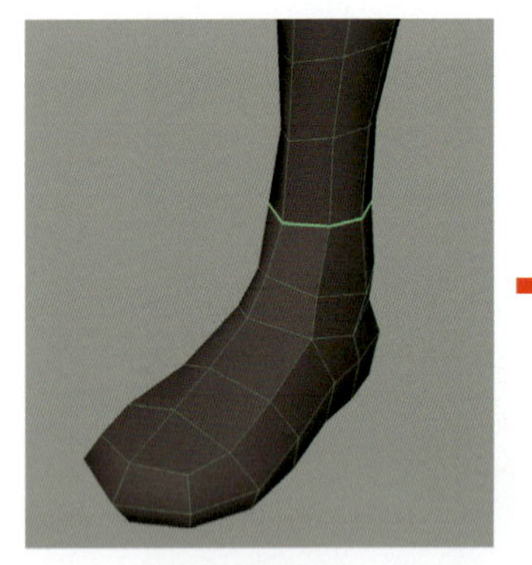

境界のエッジが太く表示され、スナップされた頂点同士がマージされていないことが確認できます。

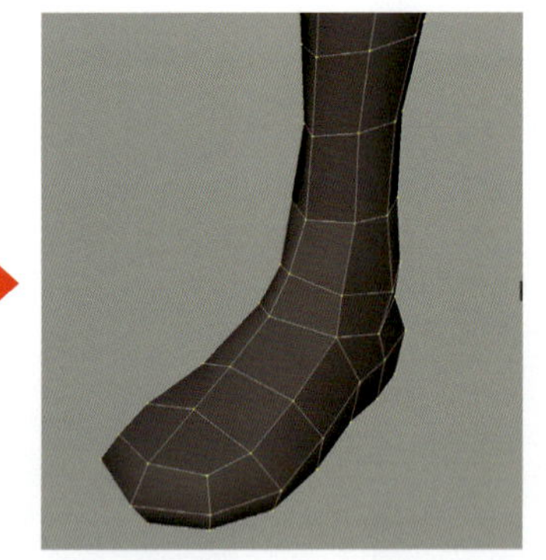

頂点がマージされたことで通常のエッジ表示に切り替わります。

MEMO 結合時の注意点

結合時に接触部分にフェースが残っているとラミナフェースの原因となるため、事前に削除しておきましょう。

腕と手の作成

17 腕用に［軸の分割数］を「8」に設定した［円柱］のポリゴンプリミティブを作成します。45度に傾けた後にスケールや頂点移動で肩から手首あたりまでサイズを拡張します。

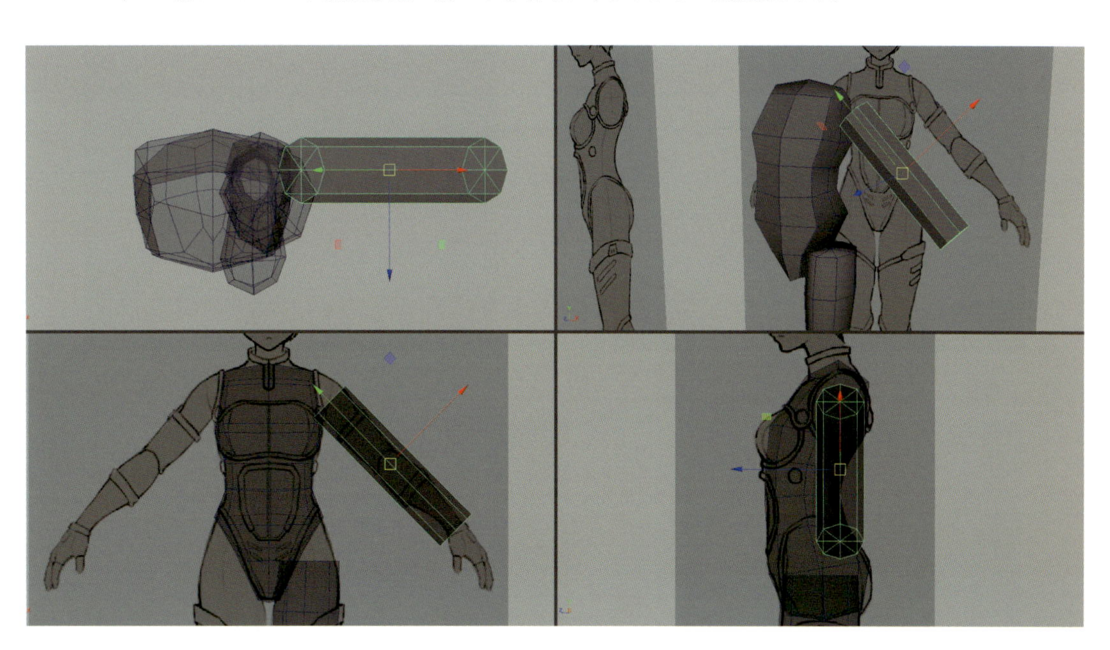

MEMO 軸方向の設定

オブジェクトが傾いた状態で移動やスケールによる編集が難しい場合、ツール設定の軸方向を［ワールド］から［オブジェクト］に切り替えて編集しましょう。

18 脚同様に起伏がありシルエットに大きく影響する個所に［モデリングツールキット］の［マルチカット］でエッジループを追加します。

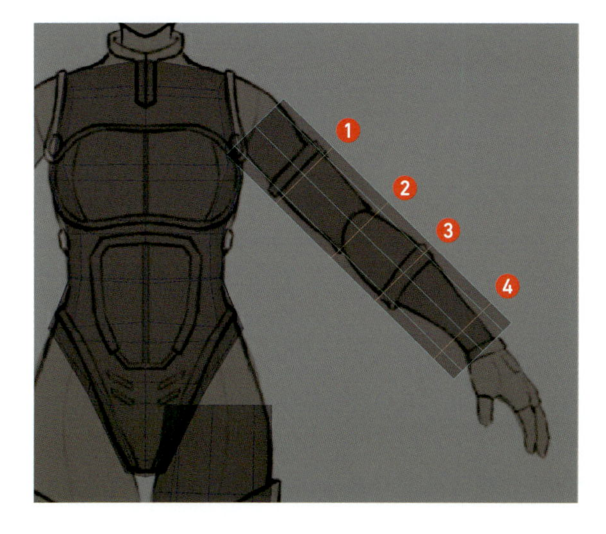

❶ 二の腕
❷ 肘
❸ 前腕
❹ 手首

19

ガイドに合わせ大まかな形状調整を行い、補完用のエッジを追加して更にシルエットを滑らかにします。分割はまだ少ないですが、ある程度上腕や前腕の筋肉の膨らみがわかるよう形状調整していきます。

● 正面

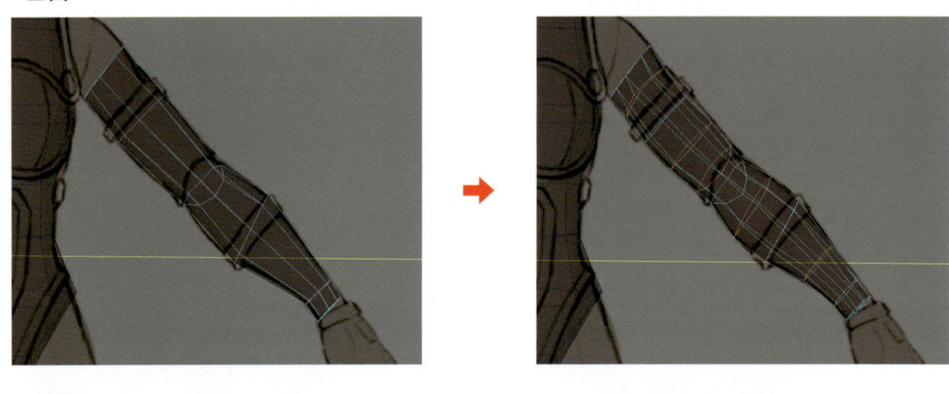

● 側面

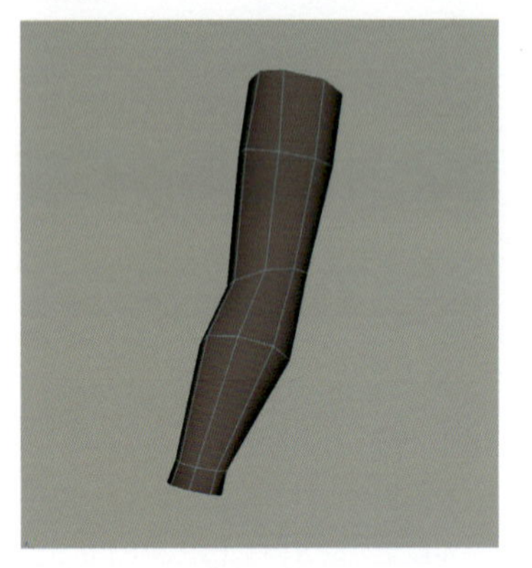

上腕と前腕の膨らみ具合をある程度再現します。

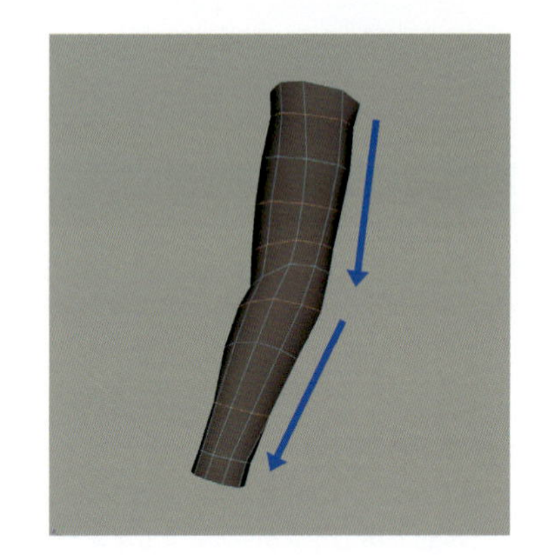

肘は伸ばすのではなく、内側に若干「くの字」に曲げた状態にしておきます。

20

手用の立方体プリミティブを作成します。手は指がある分、予め多めの分割が必要になってきます。オプションで[幅の分割数]「5」[高さの分割数]「2」[深度の分割数]「8」に設定して立方体を作成し、腕と同じような傾きで手首の延長上に配置します。位置が決まりましたらスケールで手の甲の厚みに合わせてサイズを調整します。

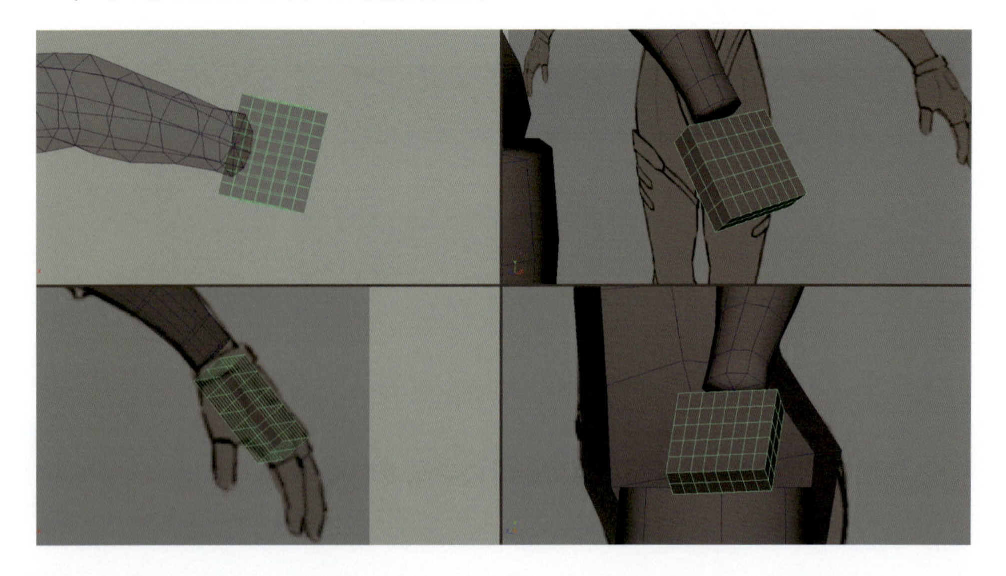

21

ラティス機能を使用して手の大まかな形状調整を行います。[アニメーション] > [デフォーム] > [ラティス]オプションで分割数を「3」・「2」・「3」に設定して適用します。適用されたラティスを右クリックのメニューからラティスポイント編集に切り替え、手首側がすぼまり、手の甲の部分がアーチ状に膨らむように形状を調整します。このようにラティスは分割数の多いオブジェクトに対して少ない制御点で変化させることができます。

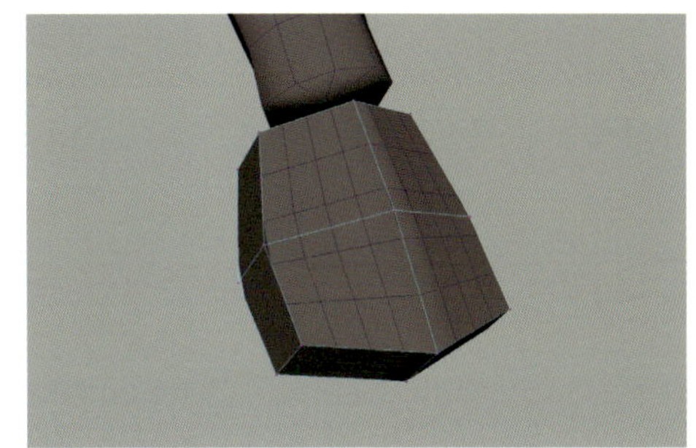

22

指の付け根を作成します。[モデリングツールキット]の[ターゲット連結]で頂点をそれぞれ連結することで指の股を作ります。次に手の後ろの頂点を連結し側面の丸みを作り、親指側は指の股部分の頂点のみ連結します。

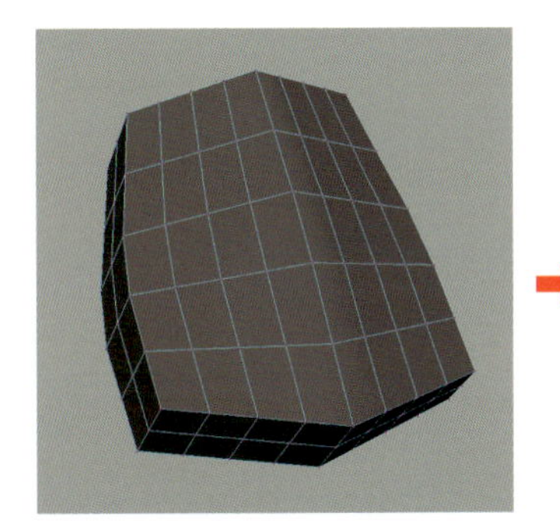

ラティスによる編集が終わっているのであれば、オブジェクトのヒストリを削除しておきましょう。

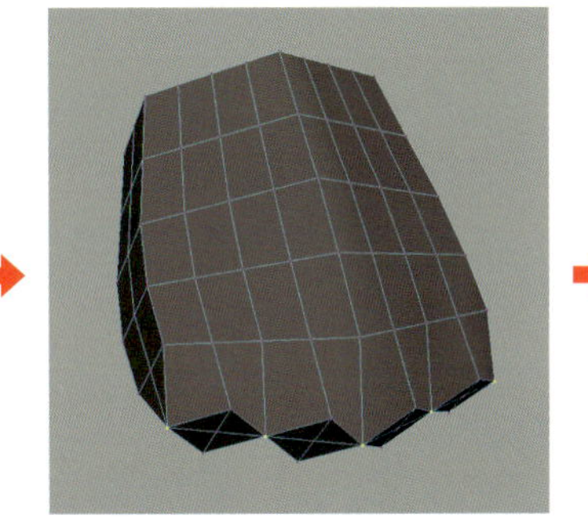

ターゲット連結で指の股の基礎を作成する。互いの頂点の中央で連結する場合はオプションでマージ先を[センター]に切り替えておきます。

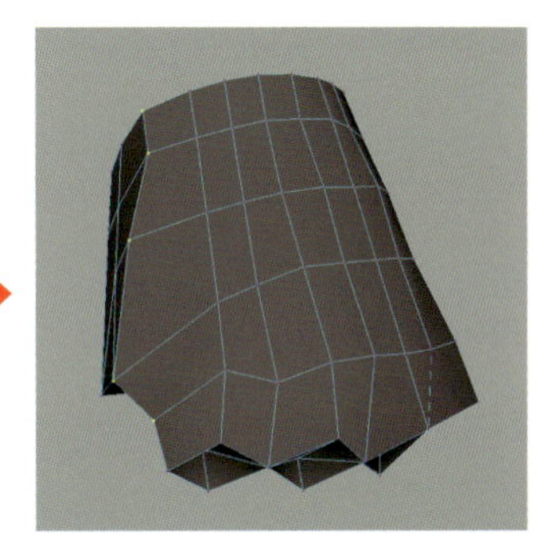

側面の頂点をマージし形状全体を整えます。

23

人差し指の根元のフェースを[押し出し]て人差し指のベースを作成します。押し出す際はアイコンを押し、軸をワールド軸に切り替えて押し出しましょう。

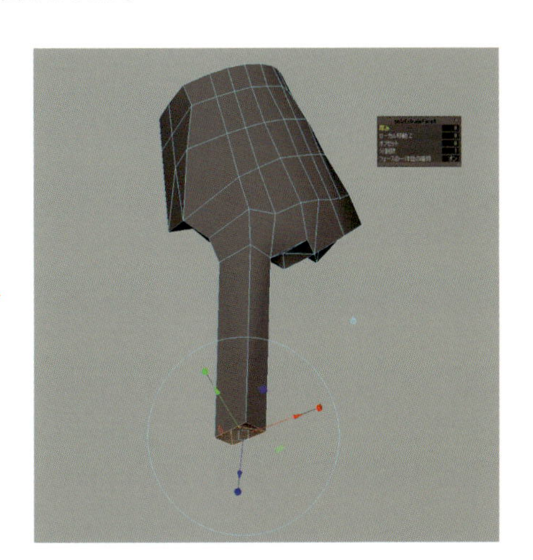

24 押し出して作成した人差し指をエッジ分割し、形状を整えていきます。

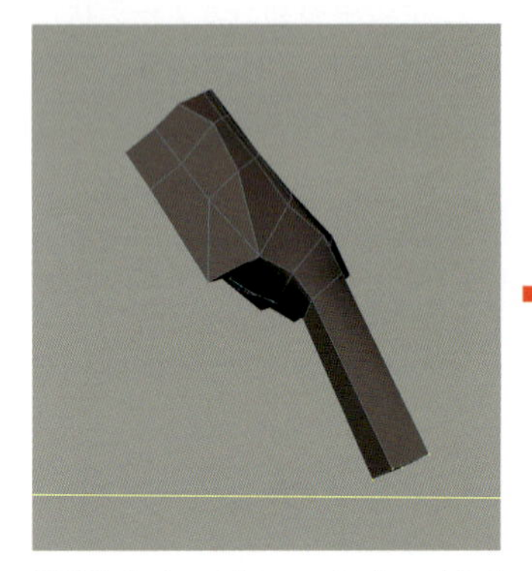

編集しやすいようフロントビューもしくは指側面フェースの正面方向に向いたパースビューで作業します。

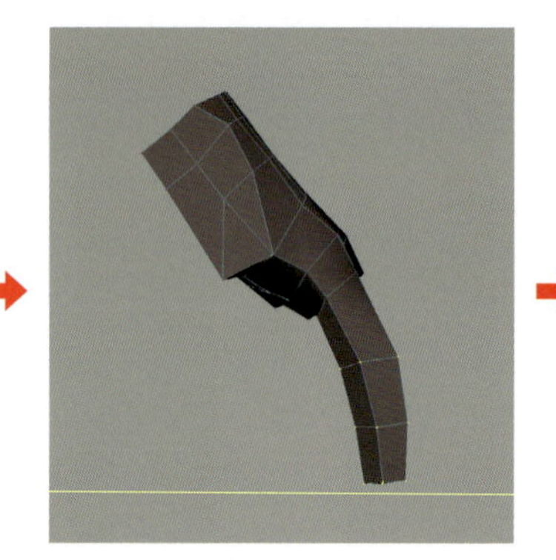

指の第1関節と第2関節部分にエッジループを追加して内側にやや曲げます。

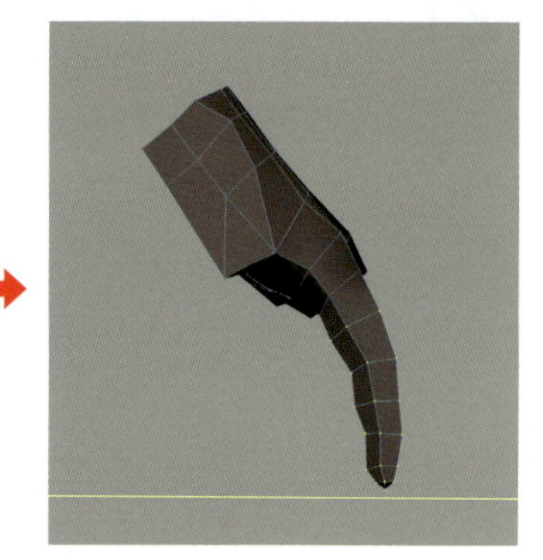

中間にエッジを追加して指の腹部分の丸みが出るように調整します。

25 調整した人差し指を複製して他の指も作成していきます。指のフェースを選択し［メッシュの編集］>［複製］の適用を繰り返し他の指を作成します。それぞれの指に合った配置と形状の調整をした後、複製した指と手のオブジェクトを1つに［結合］します。接合部分の頂点は［ターゲット連結］を使用して連結して隙間をなくします。

人差し指のフェースを全て選択して複製します。

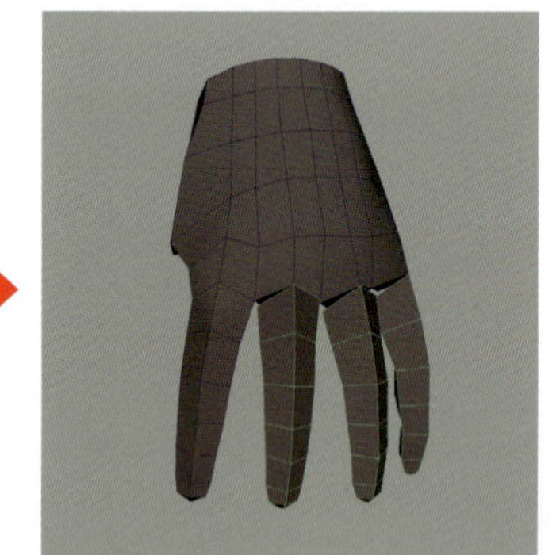

複製された他の指を配置します。それぞれ回転させ少し広がった状態にして指の長さや形状を調整しましょう。

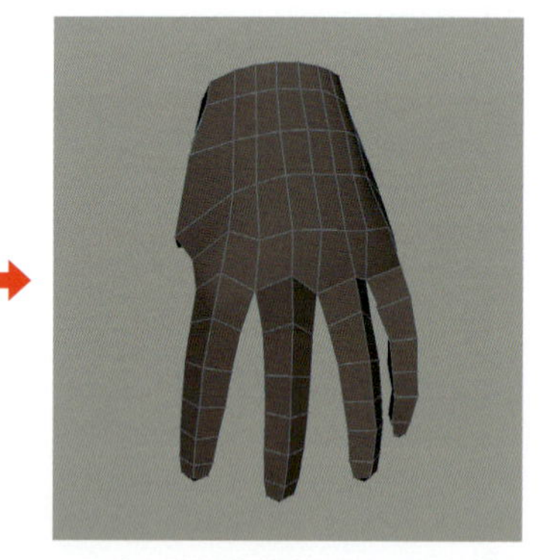

手オブジェクト側の接合部分のフェースを削除して指オブジェクトと結合後、頂点を連結します。

26 親指部分を作成します。手前側面のフェースを押し出して形状を整えて親指の付け根を作成した後、他の指から複製したフェースを結合します。

手前側面フェースを選択します。

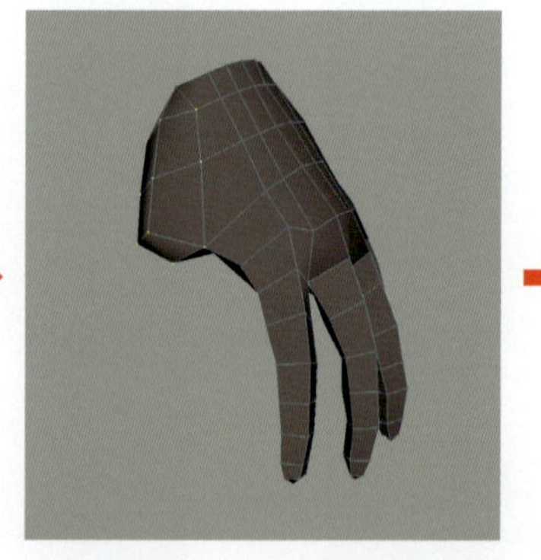

フェースを押し出して丸みを持たせた形状に調整します。指が接続されるフェースの断面数を合わせておきましょう。

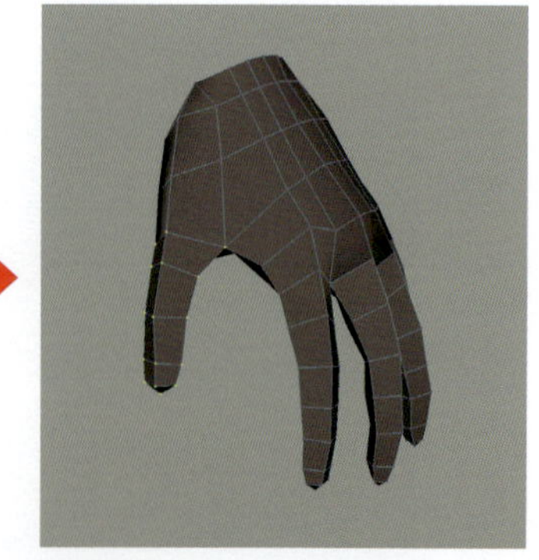

他の指から第1、2関節のフェースのみを複製して親指付け根と結合します。

27

腕と手のオブジェクトを結合します。手の分割は腕と比較し多くなりがちなので、結合部分の分割数を合わせづらいですが、手首に向けて頂点をマージしていき分割を調整します。その過程で三角ポリゴンが発生した場合は、作り込み時に解消するので現段階ではそのままにしておきましょう。

● 手の甲側

● 手のひら側

頭部の作成

28

頭部を作成していきます。頭部は作り込み時に大きく調整する必要があるので、ベースモデルでは大体のボリュームが確認できる内容で十分です。幅、高さ、深度の分割具合それぞれ「2」に設定した[立方体]を作成します。右半分のフェースを削除後、インスタンス化されたシンメトリオブジェクトを作成します。

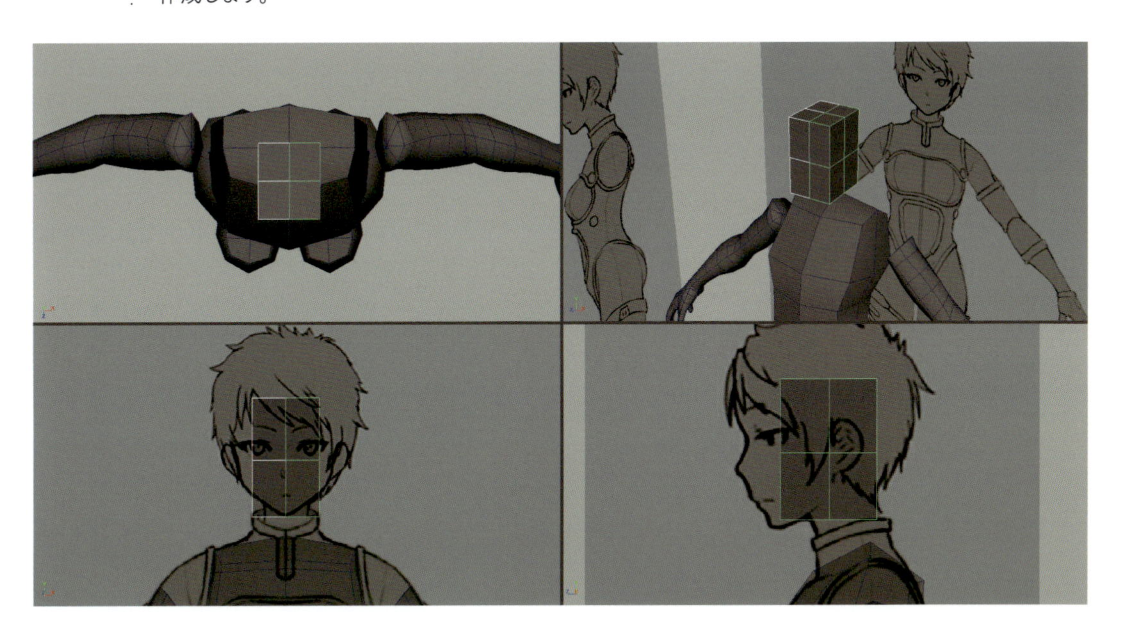

29

エッジの追加でフェースの分割を増やし形状を整えて頭部全体の丸みを出していきます。

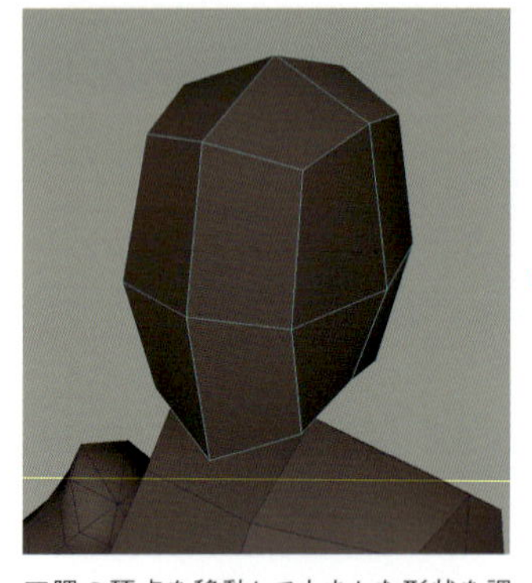
四隅の頂点を移動して大まかな形状を調整します。

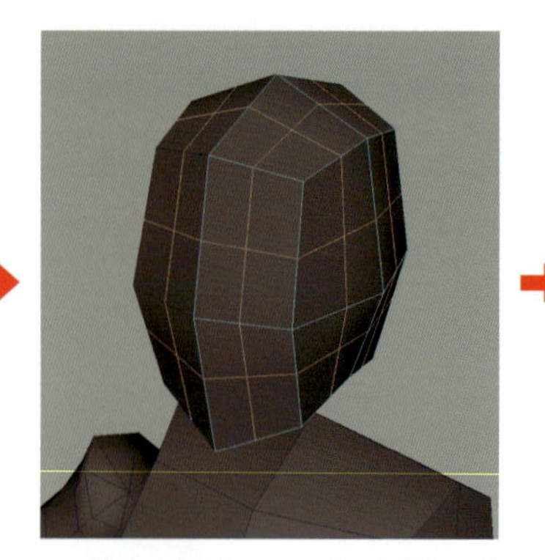
エッジループで各フェースを2分割して分割数を増やします。

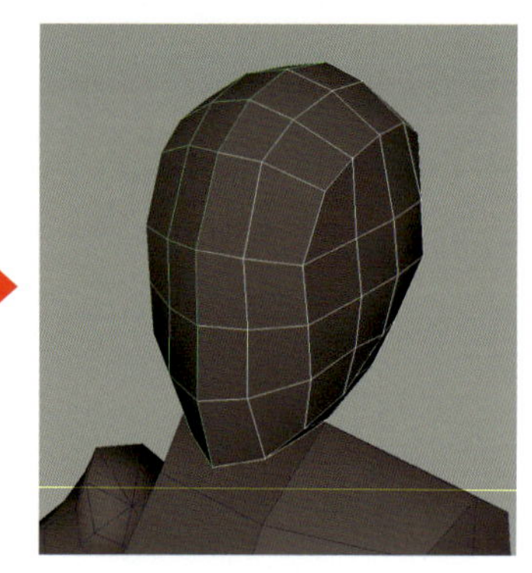
追加された頂点を移動して顎や頬など丸みを出します。

30

必要部分にエッジを追加して更に滑らかにします。頂点移動で目の窪みを再現してフェースの押し出しで鼻と耳を作成することで顔の主要なパーツを用意します。

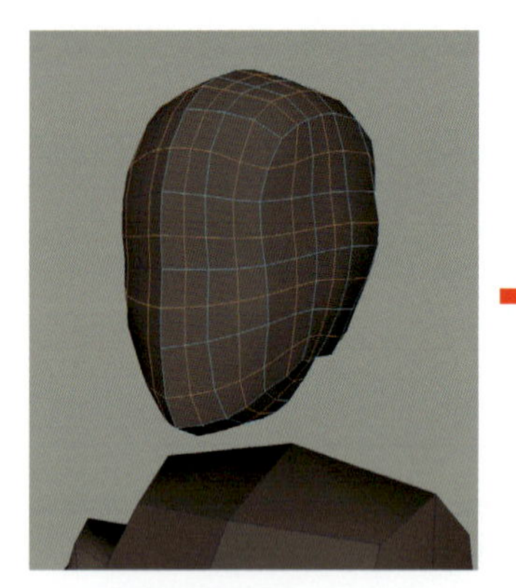
更にフェースを分割します。

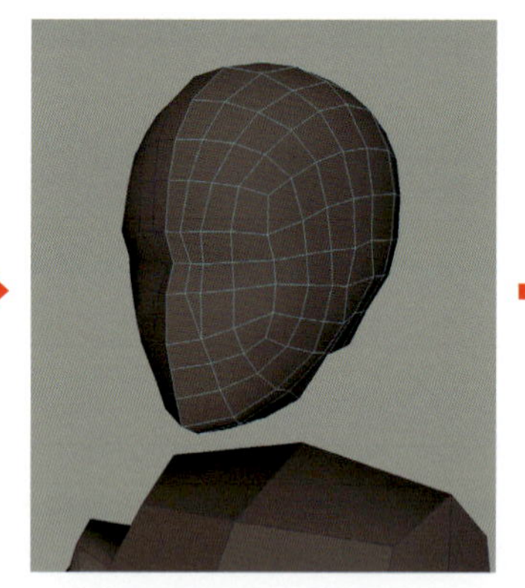
全体を滑らかになるように調整して目の窪みを作ります。

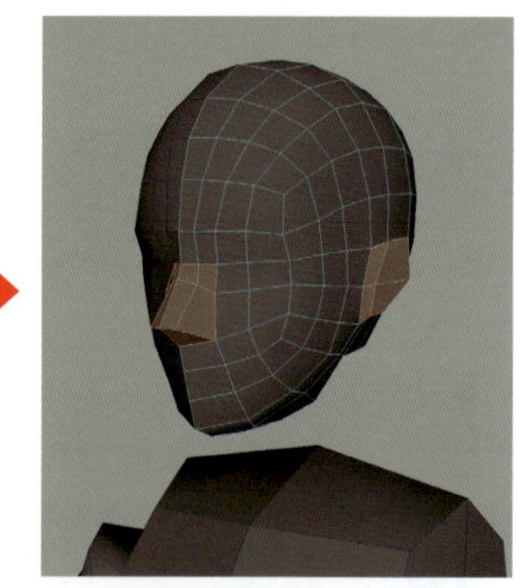
鼻と耳のフェースを押し出して頂点のマージをしつつ形状を整えます。

MEMO 中心部のフェースの削除

インスタンスコピーされたオブジェクトを使用し、モデリングしていると見落としがちですが、鼻などの中央のパーツは押し出し機能を利用して作成した場合に中心部の側面に不要なフェースが生じるので、削除しておきましょう。

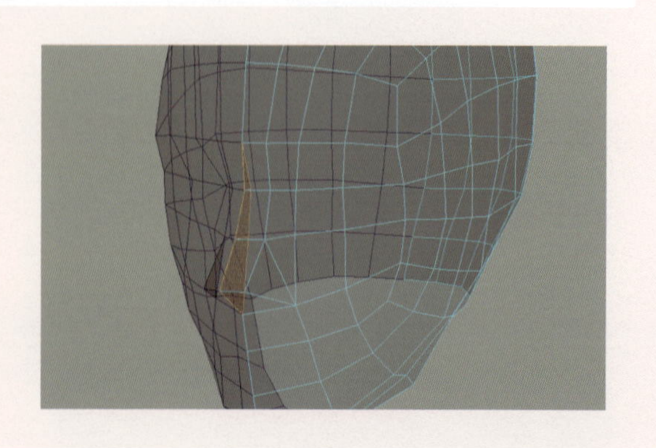

胴体調整と部位の接続

31 腕や脚部に合わせ胴体部分の形状を調整していきます。全体の分割を増やし腰のくびれなど曲線のシルエットを再現します。

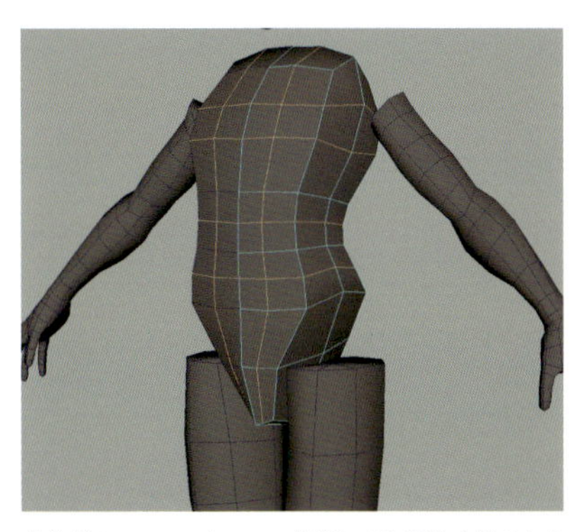

全体的にフェースを2～3分割して分割数を増やします。

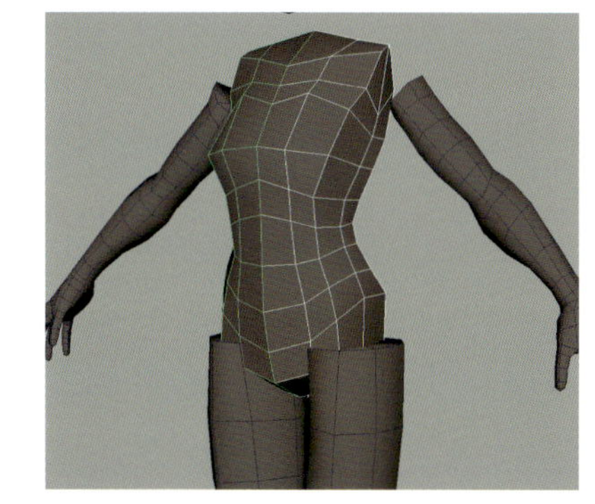

腰のくびれや胸元の起伏を出して全体的に角ばった印象をなくします。

32 胸全体に丸みが出るよう調整します。脇から乳房の下までの窪んだカーブなど特徴的な凹凸部分にもエッジを加えます。

脇から乳房下にかけてのエッジを追加します。エッジループではなく必要な場所だけにマルチカットで追加します。

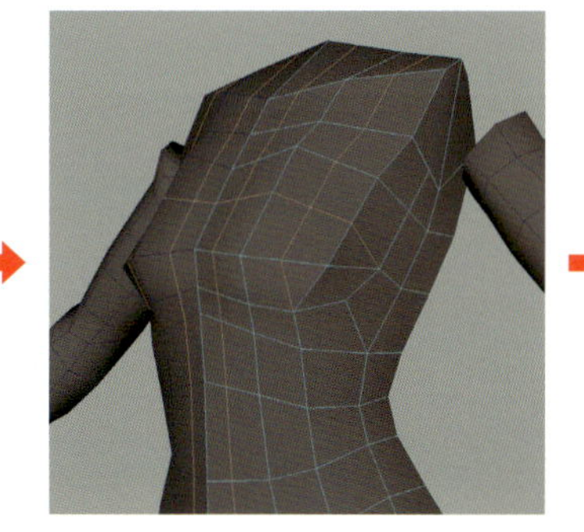

縦と横共にフェースのサイズが極力均等になるように分割します。

形状を調整して胸部に丸みを持たせます。

33 次に腕オブジェクトと結合する前に肩の断面の調整をします。断面の分割数が奇数だと三角ポリゴンが生じる原因となるので、偶数で構成するようにしてください。

付け根部分のフェースを削除して断面の分割数が偶数になるようにエッジを追加します。

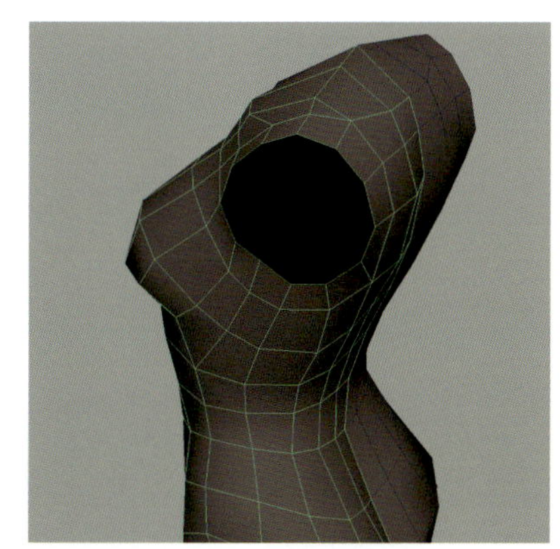

断面の形状を滑らかにして脇腹周辺の厚みと丸さを再現します。

34

胴体と腕を繋げます。肩断面のエッジループを押し出して腕の頂点にスナップします。結合および頂点マージで1つのオブジェクトにします。

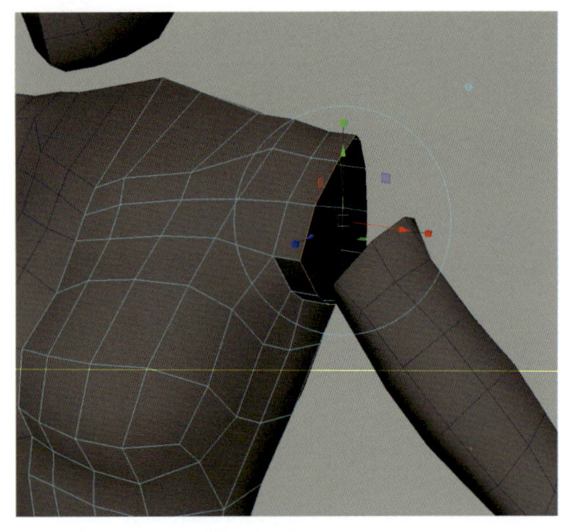
肩の縁部分のエッジを押し出します。

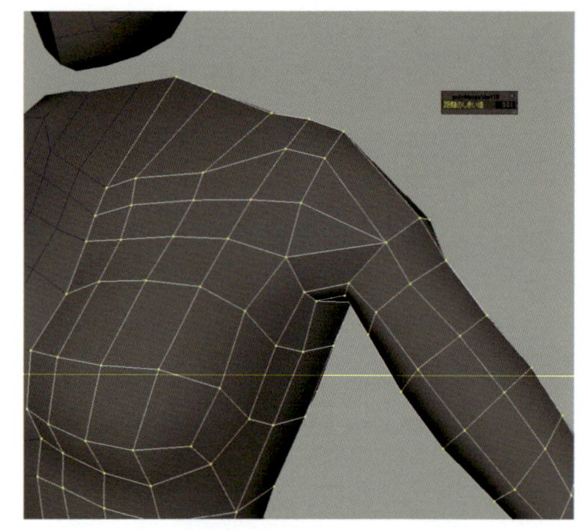
腕オブジェクトと胴体オブジェクトを結合して頂点をマージします。

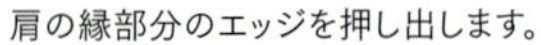

35

肩の三角筋のラインと肩全体の丸みを持たせるためのエッジを追加して形状を整えます。

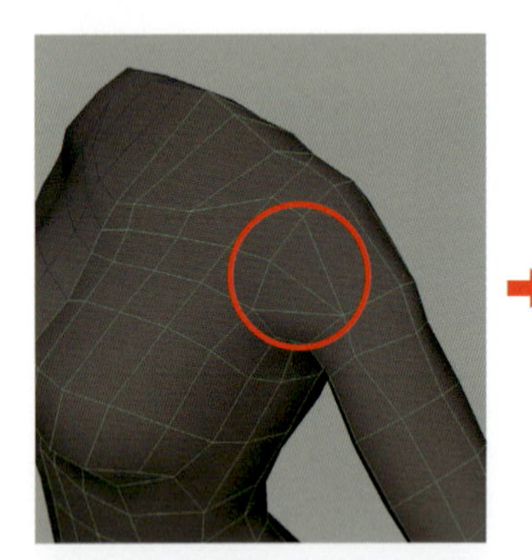
腕オブジェクトに結合した過程で三角ポリゴンが発生しています。

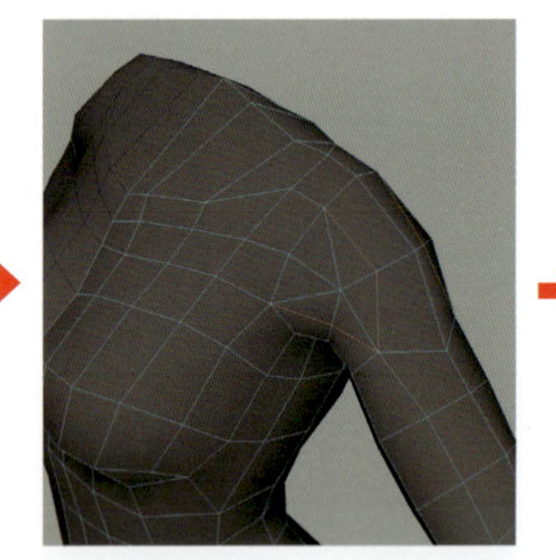
正面側の胸筋と三角筋の境目にエッジを追加します。また肩上部の丸みを出すためのエッジも追加します。

肩と脇を一周するようにエッジループを追加して更に滑らかなシルエットになるように調整します。

36

胴体と脚部を繋げます。正面から見た腰の曲線のシルエットを整えつつ、脚部の断面数に合わせ付け根のエッジを調整します。エッジを押し出しと頂点のスナップ > オブジェクト同士の結合と頂点マージの一連の編集を行います。

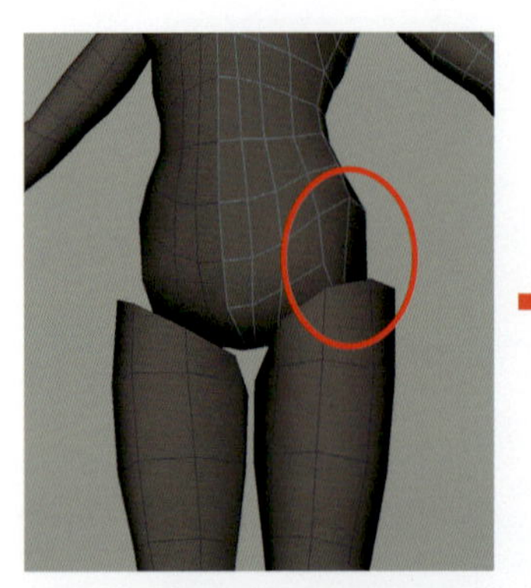
下腹部から側面に向けての横のエッジループが途絶えている場合、エッジを追加します。

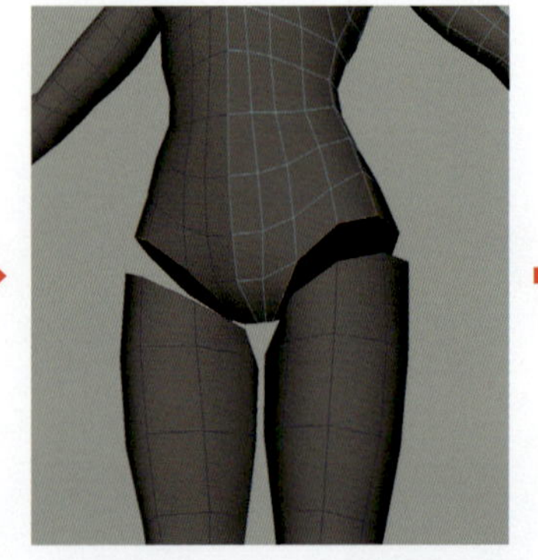
付け根のフェースを削除して断面数を調整しつつ広げます。合わせて腰から脚にかけての横の曲線を再現します。

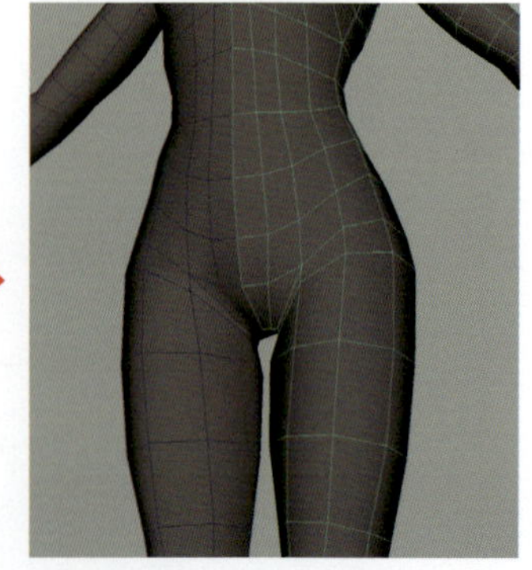
断面のエッジループを押し出してスナップ、結合します。

37 背面から見た調整過程です。脚部と繋げる段階でお尻の下に皺ができるよう調整します。

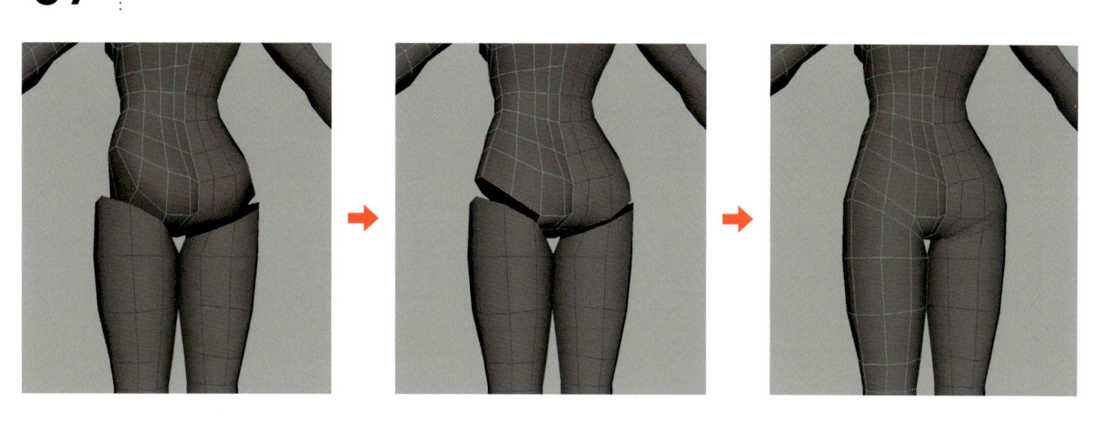

38 頭部と胴体を繋げます。頭部オブジェクトの下部エッジを数回押し出し首用のフェースを作成します。

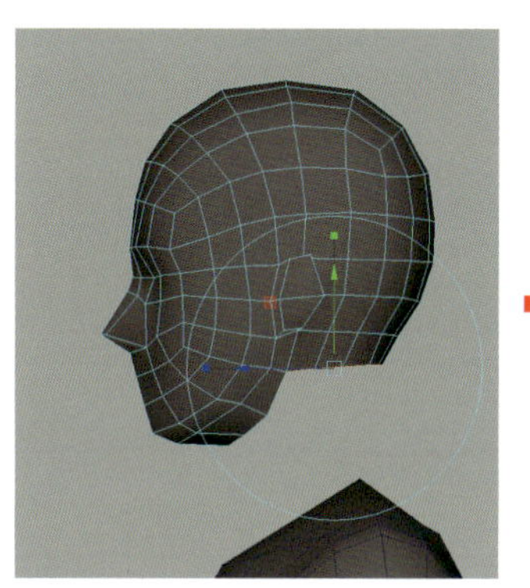

うなじから側面にかけてのエッジを選択し下に向け一段階押し出します。

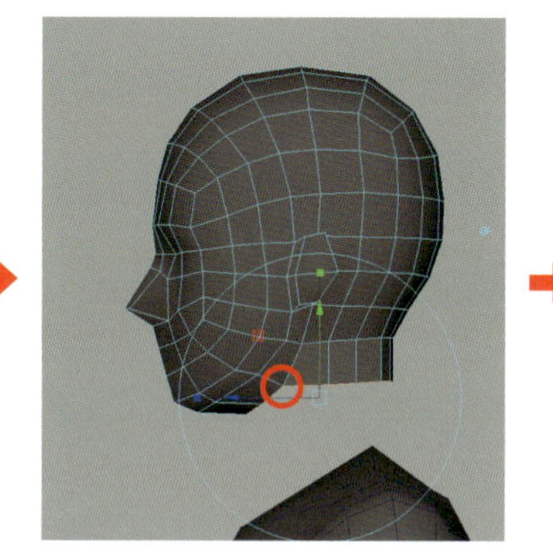

押し出したエッジを部分的にマージして(赤丸の部分)、次は頭部下部の断面のエッジを全て選択し胴体に向けて押し出します。

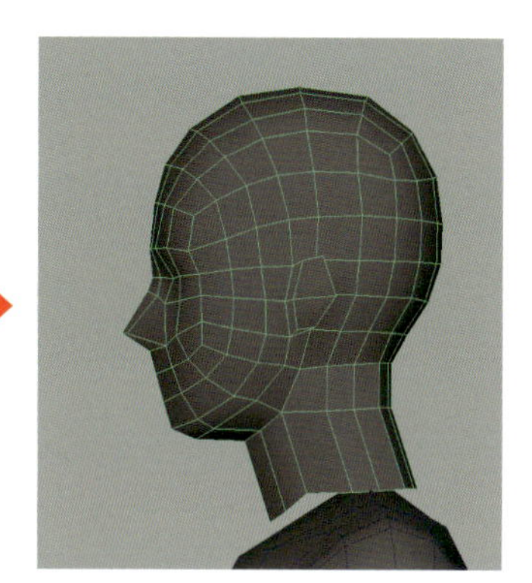

首のフェースは真直ぐに下に向けてではなく、やや背中側に傾けて伸ばします。

39 首の中間に補完用エッジを追加し形状調整します。

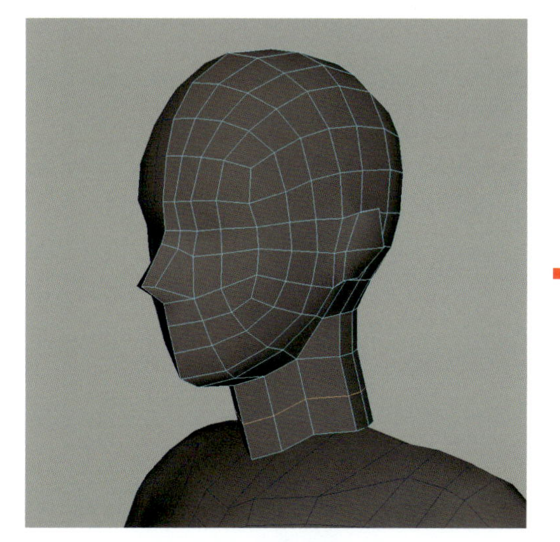

首のフェースの中間にエッジループを追加します。

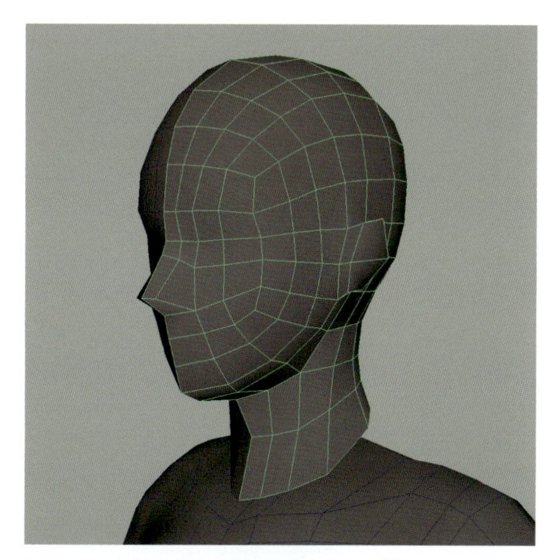

正面下部の頂点を手前に引きのばして耳から鎖骨にかけての胸鎖乳突筋の曲線を再現します。

40 首と胴体を繋げます。首の断面数に合わせ鎖骨と僧帽筋周辺のエッジを調整して結合します。

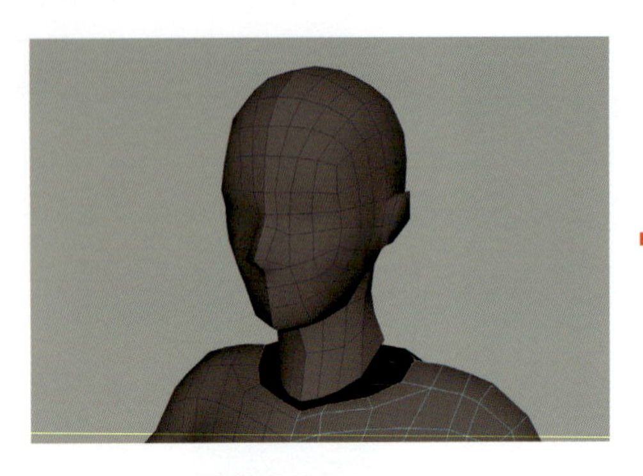

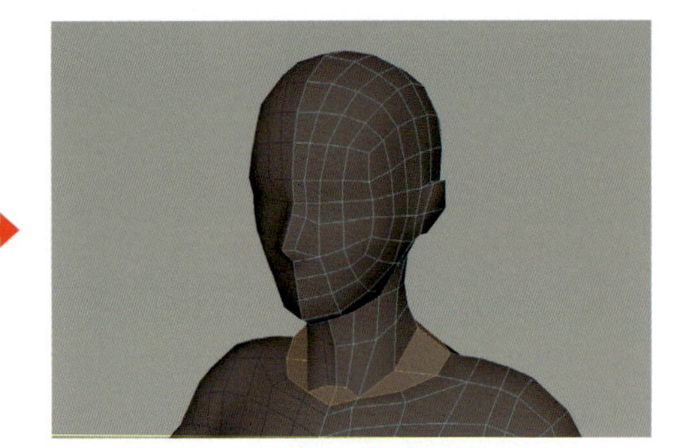

背面から見た調整過程です。

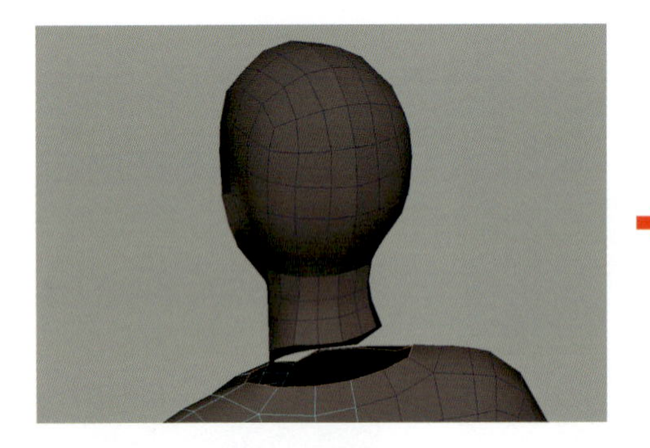

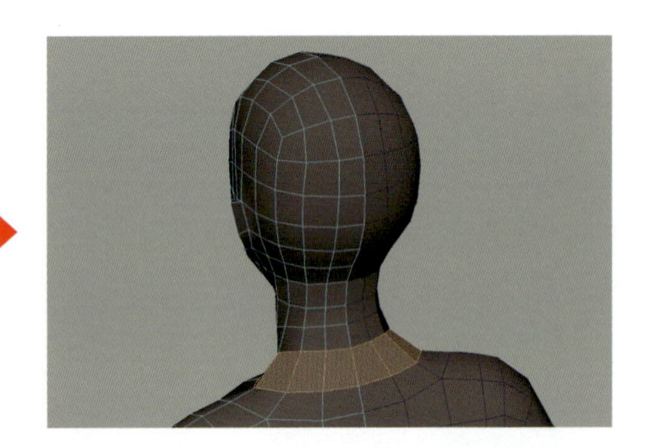

ベースモデル完成

41 全身のベースモデルが完成しました。この段階で一度全体のプロポーションやオブジェクトの不備（ラミナフェースや多角形ポリゴン、境界エッジ、正中線の頂点のズレなど）がないか見直し、不要なヒストリがある場合はデータを精査します。

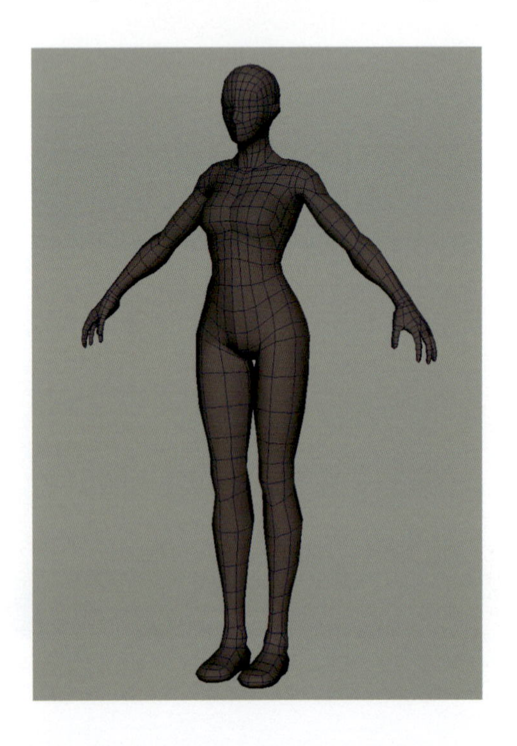

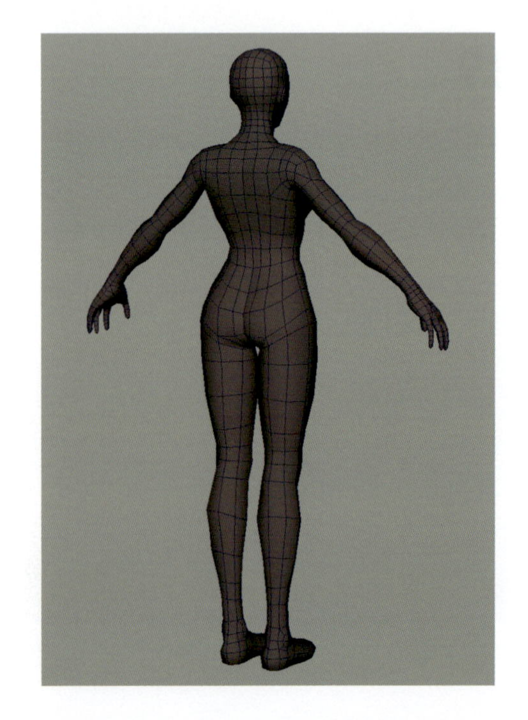

Chapter 2-3

頭部の作り込み

ベースモデルができたところで頭部を作り込んでいきます。頭部は情報量が多くディテールが出しやすい反面、少しの差異で大きな違和感が生じやすい部位といえます。目、鼻、口、耳、頬や眉間といったように各々のパーツ情報だけではなく、それぞれの繋がりも重要になってきますので、一部分を作り込まず頭部全体のバランスをとりながらフォルムを詰めていきましょう。

開始シーン ▶ MayaData/Ex_Chap02/scenes/Ex_Chap02_Head_Topology.mb

トポロジの流れ

顔を作成する上でトポロジ（ポリゴンの流れ）の構成が重要になってきます。実際の筋肉の流れ同様にポリゴンの流れを意識して作成しましょう。

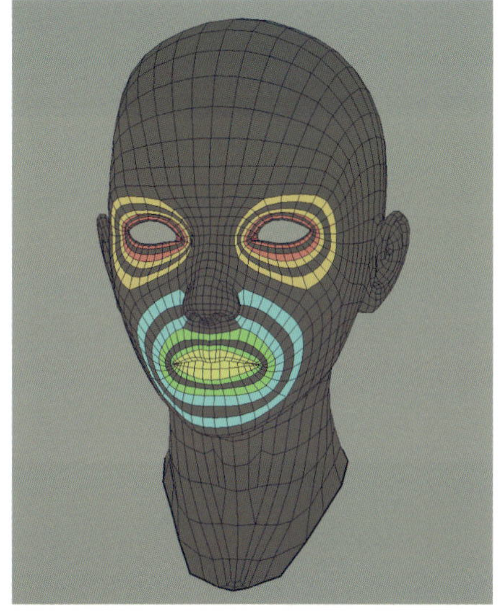

眼輪筋や咬筋といったリング状に構成されるトポロジの流れ。

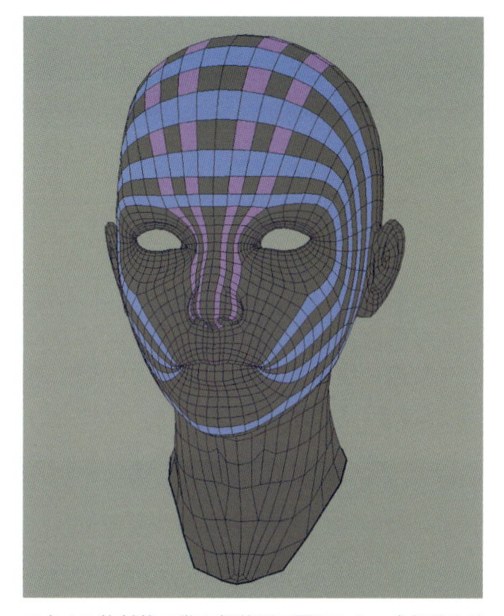

口角から放射状の帯や顔前面を覆うライン、鼻根筋など縦のトポロジの流れ。

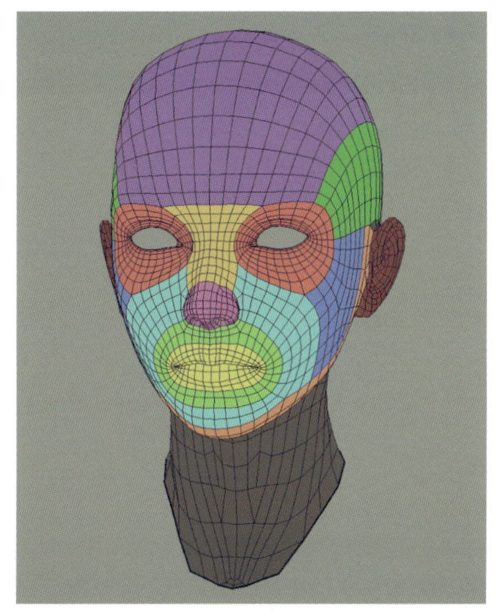

頬や鼻筋、側頭部などパーツ別の領域分け。

主要パーツと輪郭の作成

1

ベースモデルの頭部から目や鼻、耳など大よその位置は把握できますがトポロジを意識した作りではないため、そのまま調整していくには不便です。ベースモデルの頭部はあくまでボリュームを測るためのガイドとして使用します。頭部のフェースを複製しディスプレイレイヤに登録しておきましょう。

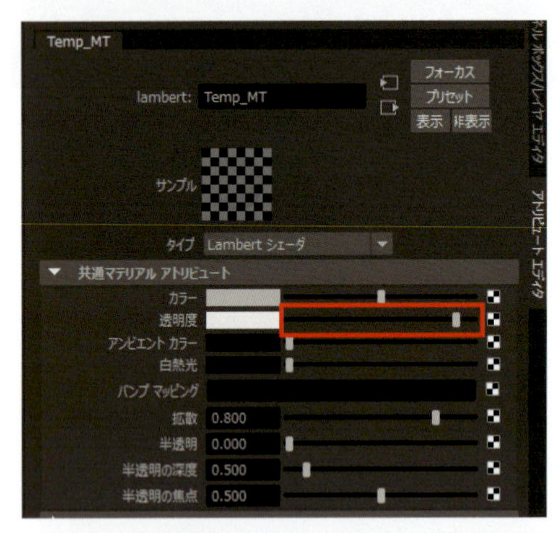

頭部ガイドオブジェクト用のマテリアルを作成して透明度の値を上げて半透明にします（Lambertマテリアル）。

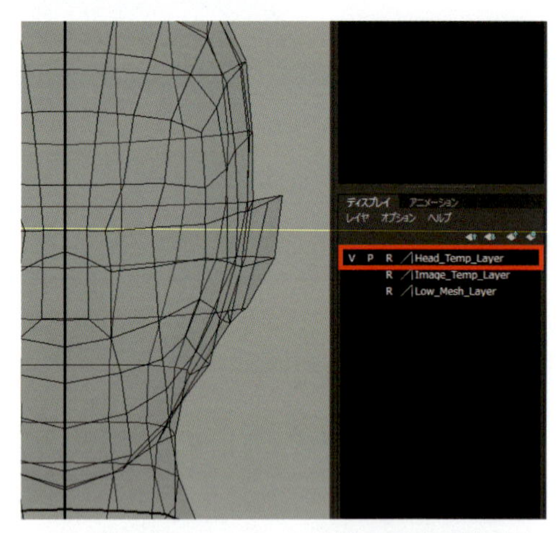

ベースモデルの首から上のフェースを複製し、作成した半透明マテリアルを適用します。オブジェクトはディスプレイレイヤに登録して表示タイプを［リファレンス］もしくは［テンプレート］に切り替えておきましょう。

2

まずは取っ掛かりとして眼球オブジェクトを配置します。一般的な比率からいえば正面から見た目の位置は、頭頂部から顎先までの真ん中、横幅を5等分したその間に配置します。側面から見た位置は個人差が出やすいのですが、耳の付け根から額までの間のおよそ3/4ぐらいの位置に配置します。

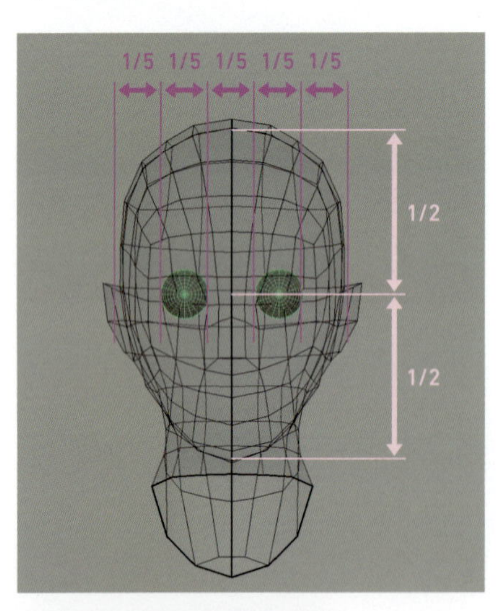

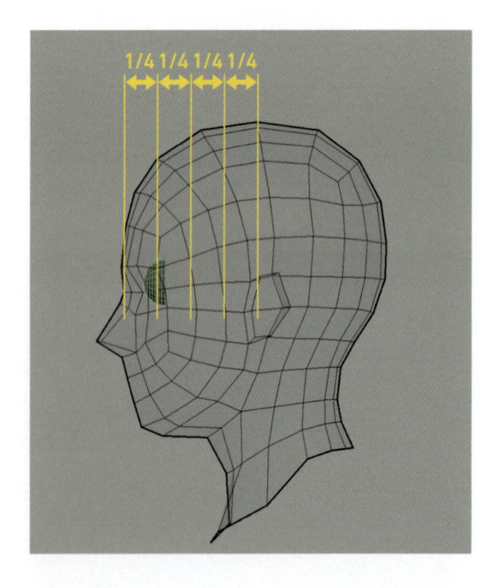

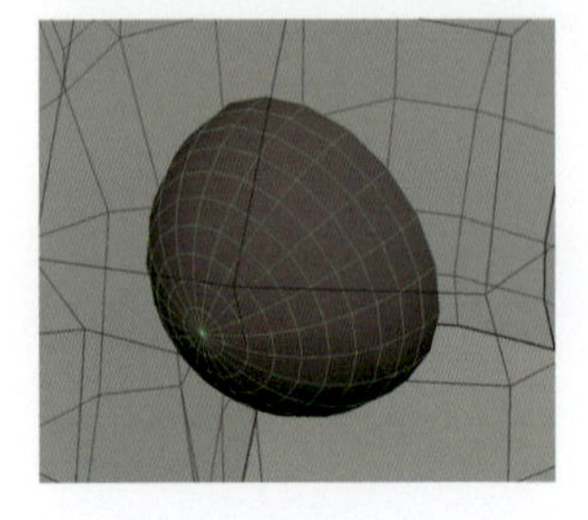

眼球は球プリミティブオブジェクトで作成しています（軸と高さの分割数は共に「20」）。フェースは見える範囲だけでよいので、後ろ側の半球部分は削除します。

3

目の周りのフェースを作成していきます。ベースモデルの目元のフェースを複製し、アーモンド状に加工後、眼球に合わせ内側のフェースを削除します。

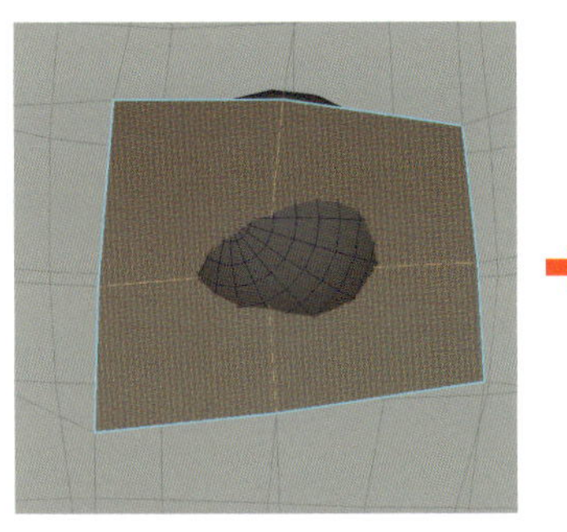

目の窪み部分の4つのフェースを複製します。

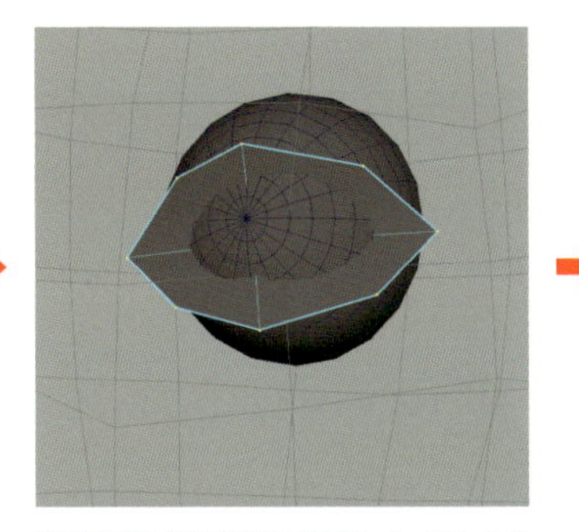

四隅の頂点を内側に移動しアーモンド形状に調整します。

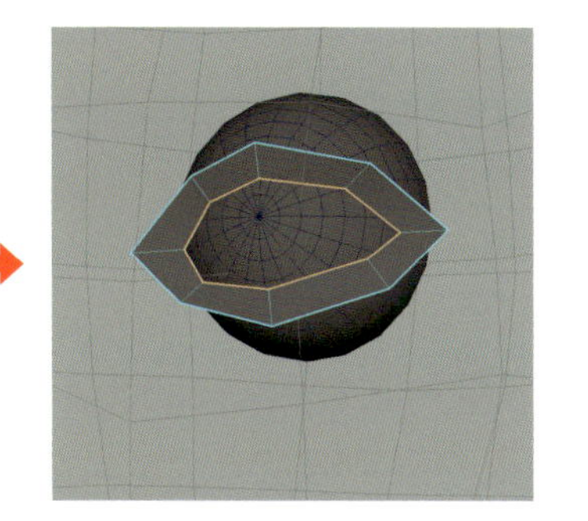

眼球と干渉するあたりにエッジを引き、内側のフェースを削除します。

4

エッジ分割で全体に丸みを付け、目蓋の厚みを出すためのエッジループを追加します。外周のエッジを押し出し、眉、頬、鼻までのフェースを作成します。

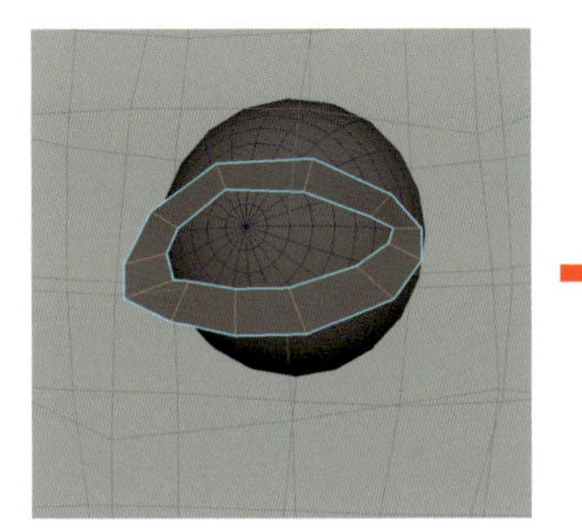

分割を増やし全体を滑らかにします。

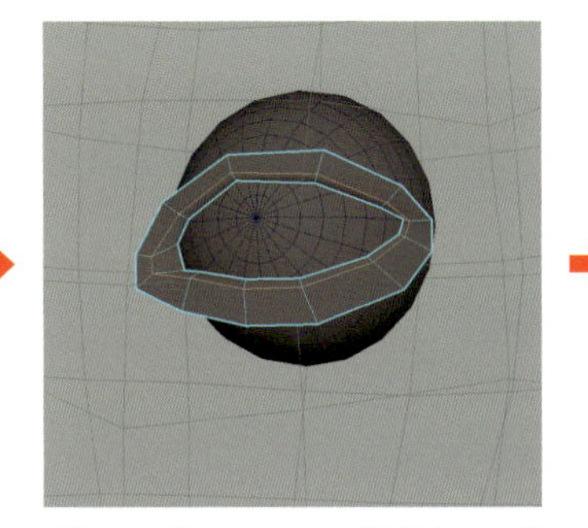

目蓋の穴側にエッジループを追加し手前に移動して目蓋の厚みを再現します。

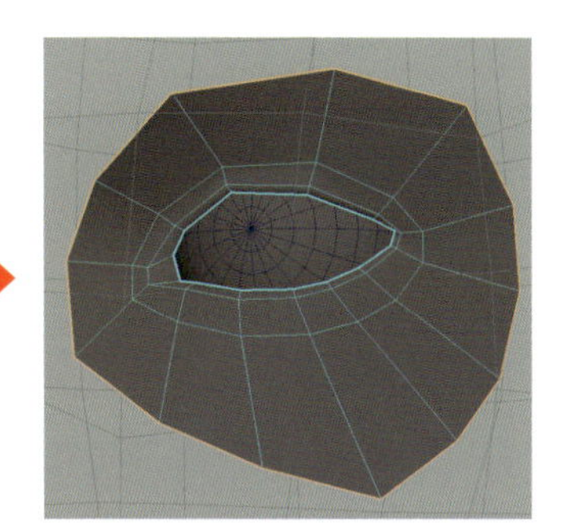

外周のエッジを押し出します。押し出されたそれぞれのエッジの位置は眼窩の穴のイメージが近いです。

5

目蓋の形状を調整します。目蓋の厚みは眼球の形に沿って肉薄していますが目頭部分は涙丘があるので幅を持たせた形状に調整します。調整が終わりましたらメッシュをシンメトリコピーして右側の目を作成します。目の周囲は一旦ここまでにし周囲のパーツと合わせて後ほど細分化します。

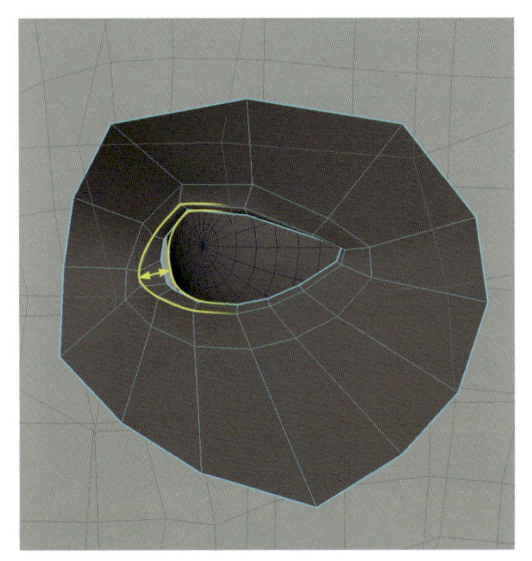

目頭の涙丘付近のエッジのラインイメージ。

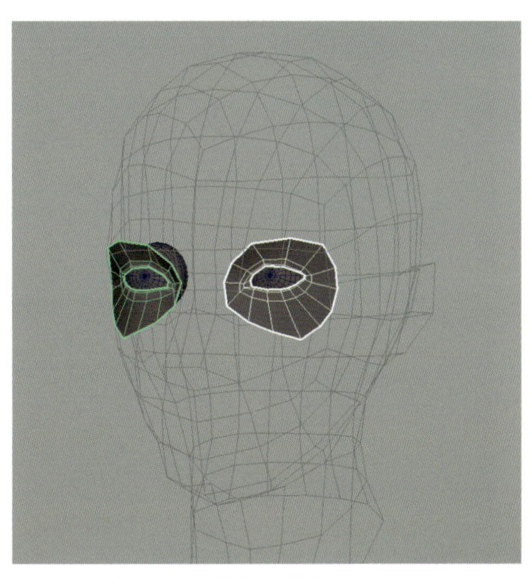

シンメトリコピーされた目周囲のオブジェクト。

6

鼻のメッシュを作成します。目同様にベースモデルのフェースを複製し、顔中央にあるパーツなので予めシンメトリ化しておきます。目部分のパーツの割に合わせエッジを追加し頂点をスナップしたあと鼻の頭や小鼻の丸みを出す調整を加えます。

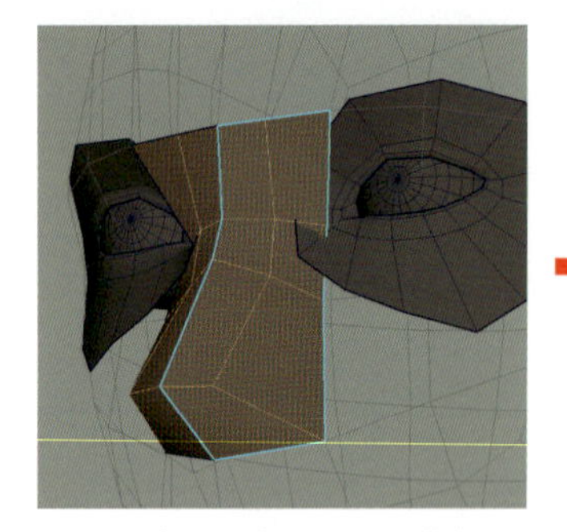

ベースモデルから鼻のフェースを複製してシンメトリコピーします。

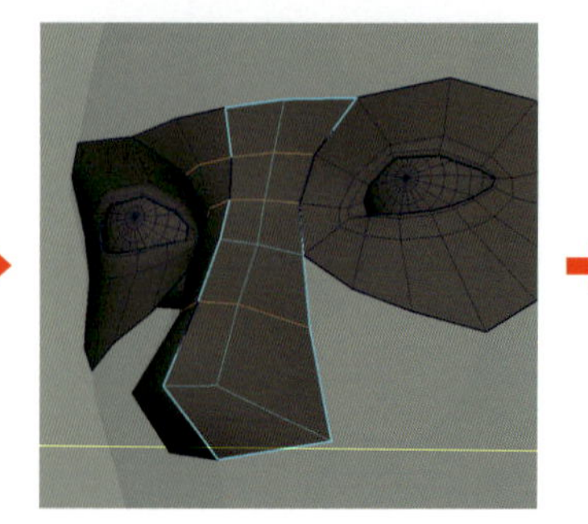

目部分に合わせエッジループを追加して目のパーツにスナップします。

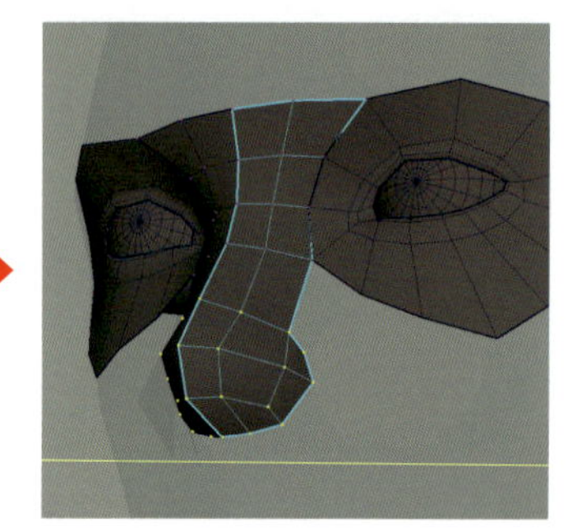

エッジの追加と頂点移動で鼻頭と小鼻の大まかな形状を作ります。

7

口のフェースを作成します、口は目の制作手順とほぼ同じです。ベースモデルの一部のフェースを複製しシンメトリ化。アーモンド状に加工後に口の穴を作成します。

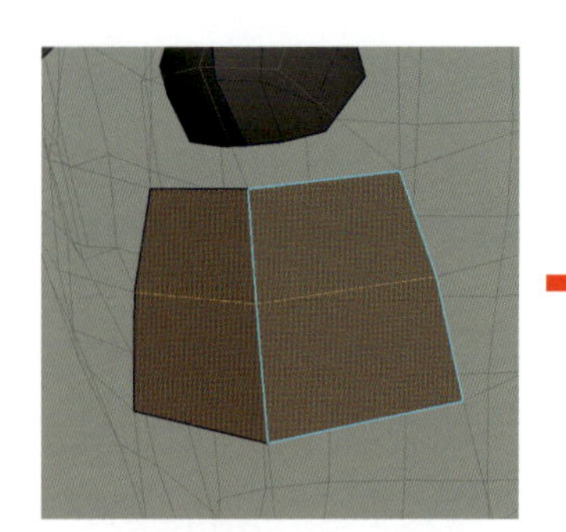

ベースモデルから口のフェースを複製してシンメトリコピーします。

頂点移動し縦幅を狭めアーモンド形状に調整します。

エッジを追加し、内側のフェースを削除して口の穴を作ります。

MEMO 口の位置について

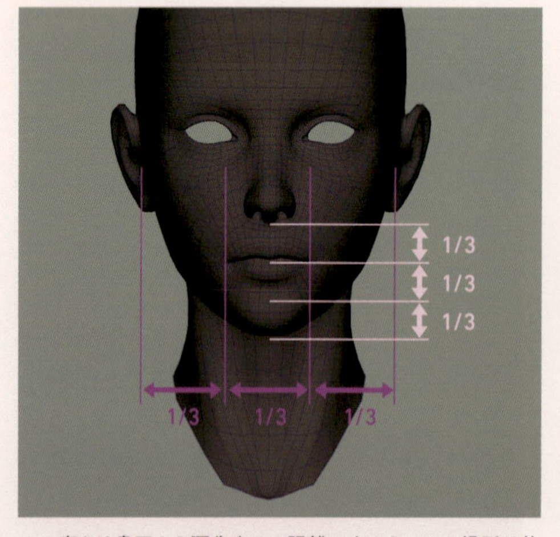

口の高さは鼻下から顎先までの距離の上から1/3の場所に位置して幅に関しては顔の横幅の1/3程度にします。

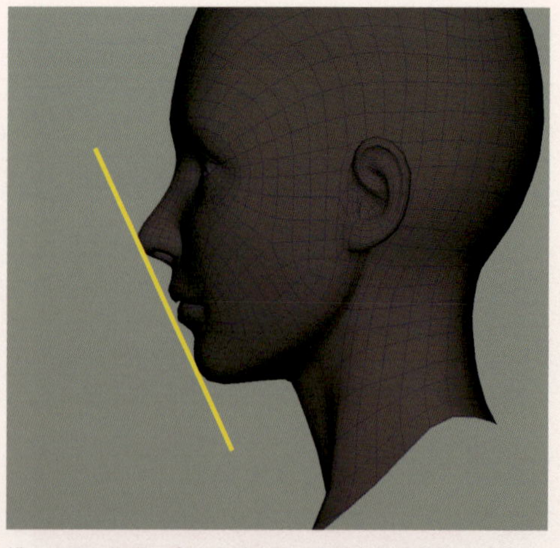

横から見た位置は鼻の先端と顎の先端を直線で結んだラインより奥に収まるよう配置します。

8

上唇と下唇のかみ合わせを再現して丸みを出すためのエッジを追加し調整します。外周のエッジを押し出して口周辺のフェースを作成します。

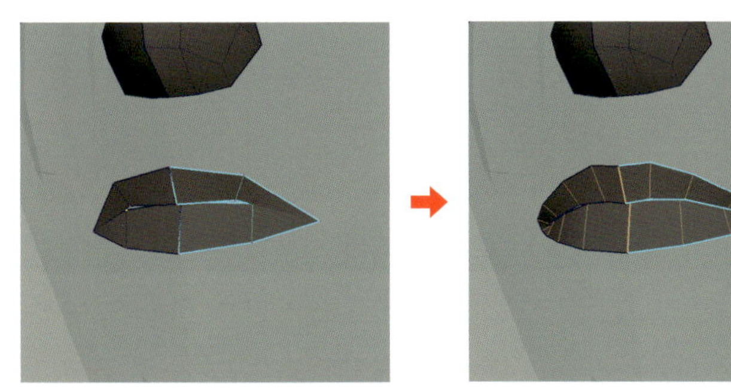

下唇の上部の頂点を移動し唇の重なりを作ります。

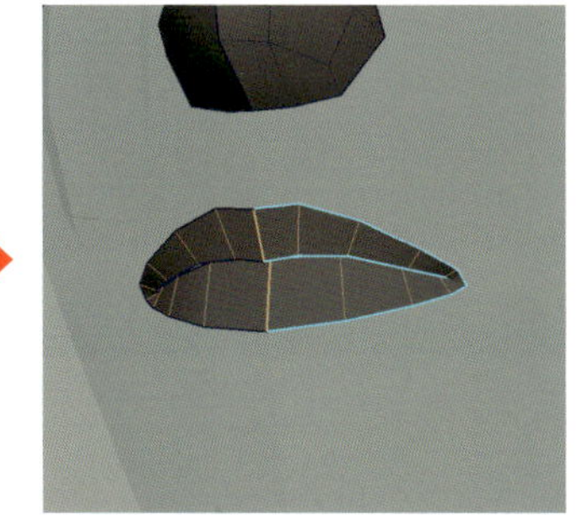

分割を増やして形状を滑らかにします。

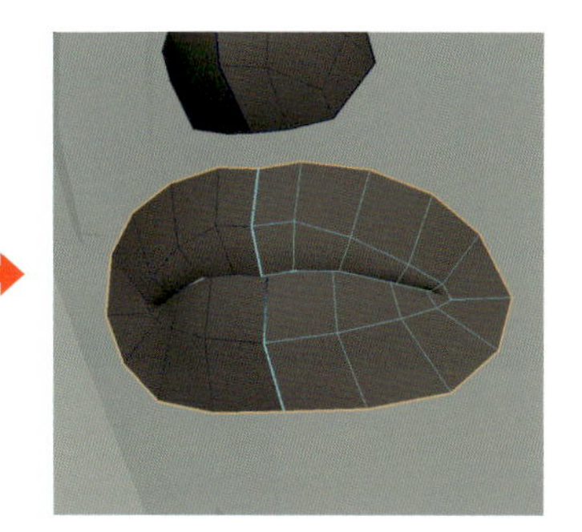

外周のエッジを放射状に押し出します。

9

耳を作成します。耳は複雑な器官なのでエッジループで分割するのではなく必要な場所に適宜エッジを追加します。耳は一旦ここまでにし周囲のパーツと合わせて後ほど細分化します。

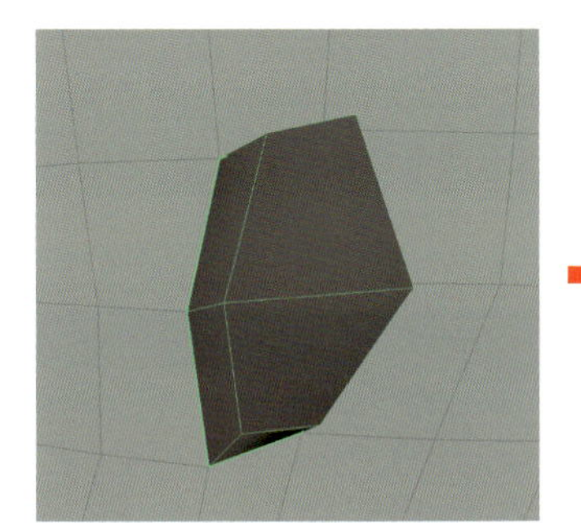

ベースモデルから耳のフェースを複製します。

耳の穴から放射状に分割を増やして形状を滑らかにします。

耳輪や対輪などパーツ間の境目にエッジを追加します。

10

顔の輪郭を作成します。ベースモデルの頭頂部から顎にかけての輪郭のフェースを複製します。エッジの分割数を増やしてシルエットを滑らかにし、輪郭全体の形状を調整します。

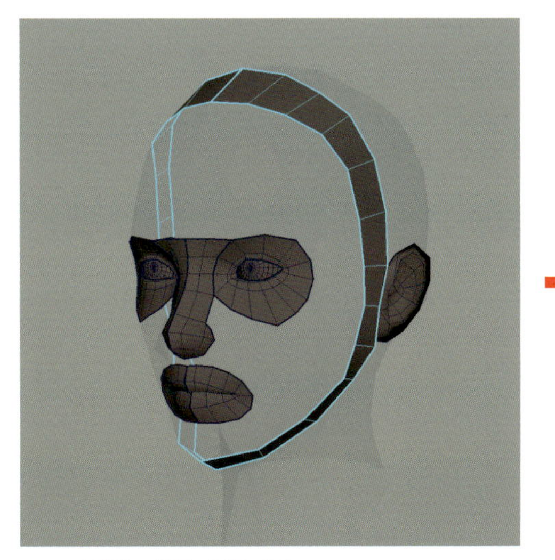

フェースを帯状に選択し複製します。

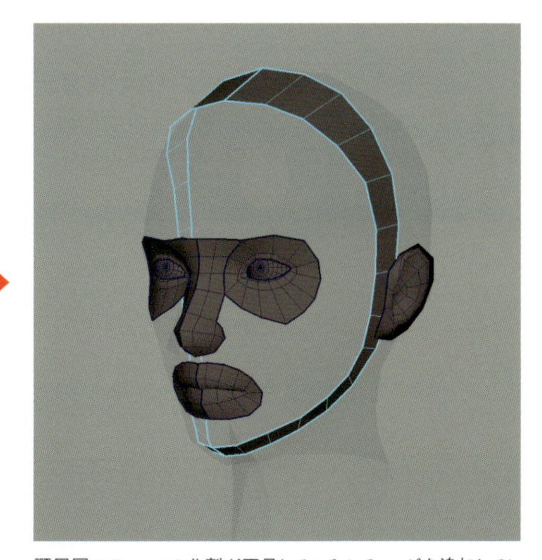

顎周囲のフェースの分割が不足しているのでエッジを追加してシルエットを滑らかにします。

11 正面からみた調整過程です。女性的な緩やかなシルエットになるように顎の丸みを再現します。また顔の輪郭と目や口との距離はキャラクターの年齢や性別を印象づける重要なポイントになります。

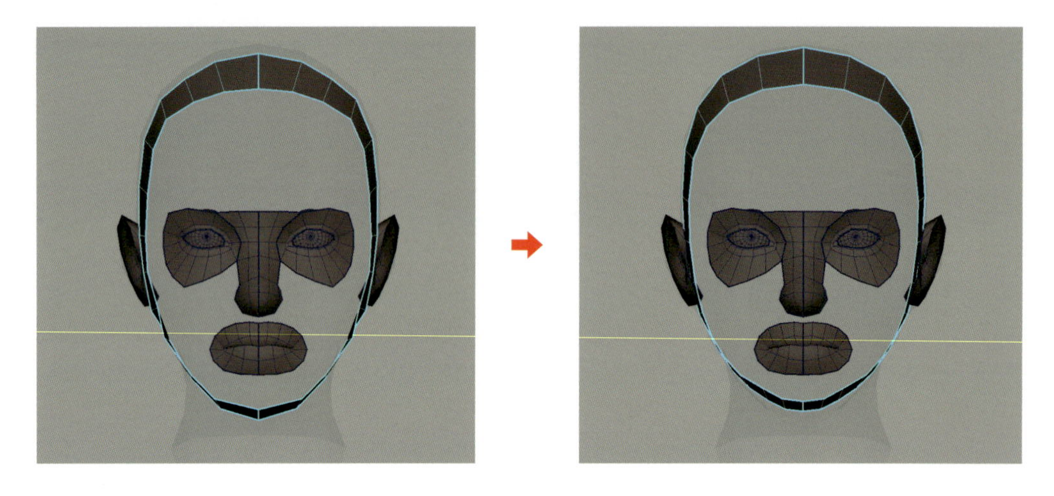

額、頬、後頭部の作成

12 オブジェクトを結合し各パーツ間にフェースを貼っていきます。輪郭上部のエッジを選択して眉間に向けてスマート押し出しを複数回行いフェースを作成します。先端を眉間の頂点部分とマージして、おでこの形状を整えます。

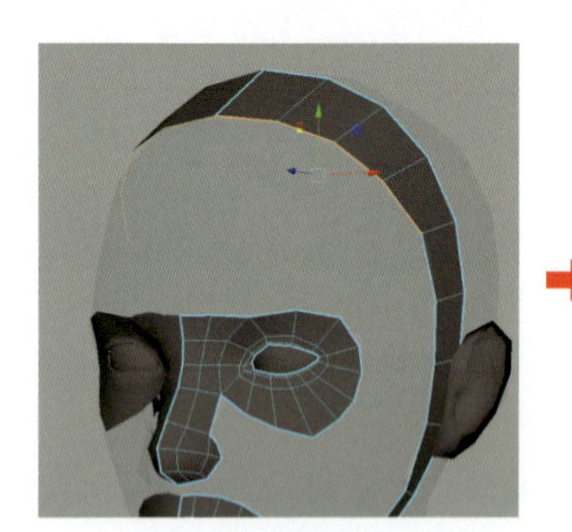

輪郭上部のエッジを選択します。

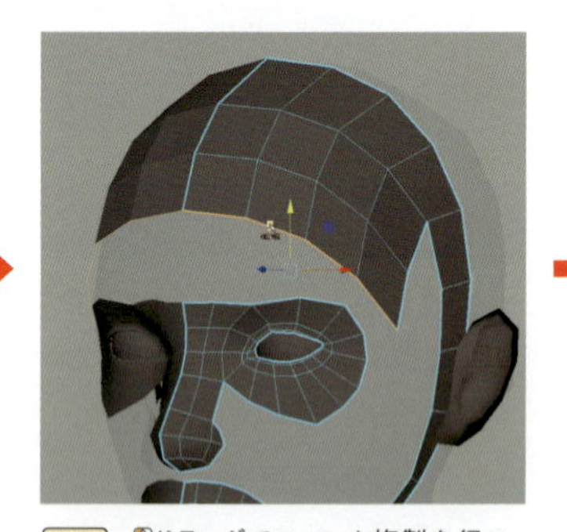

Shift +ドラッグでスマート複製を行い、おでこのフェースを作成します。

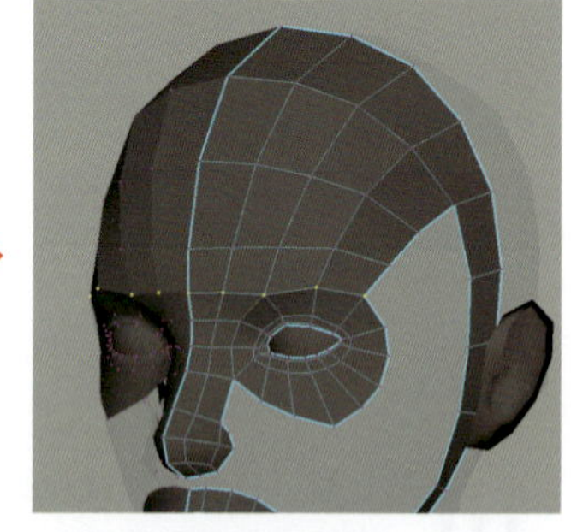

先端の頂点を眉間部分にスナップしてマージします。貼られたフェースを調整して、おでこの形状を整えます。

13 他のフェース間も繋げていきます。目元からエラ部分へ[メッシュの編集] > [ブリッジ]でフェースを作成し、次にこめかみ付近の側面のフェースと頬から口にかけてのフェースを作成します。残りの穴部分には開いたエッジを選択し[メッシュ] > [穴を埋める]を適用して埋めます。

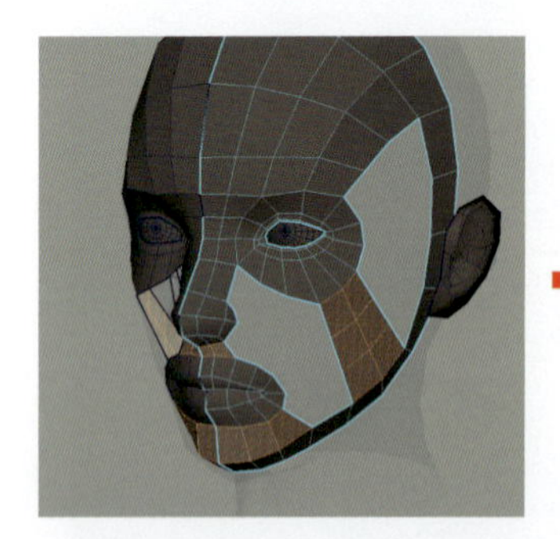

目元下部のエッジとエラ部分にブリッジを適用します。同様に鼻と口、顎も繋げます。

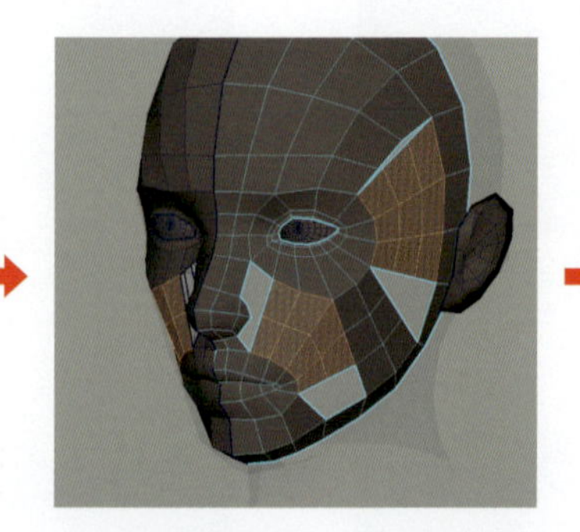

目じりから側頭部にかけてブリッジを適用して頬から口にかけてもブリッジを適用します。

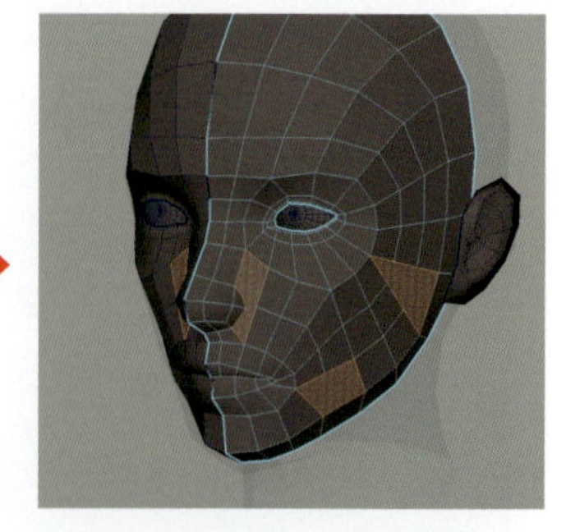

空いている穴部分を埋めます。ブリッジの過程で頂点間に隙間がある場合はマージしておきます。

14

頬のラインを調整します。頬のフェースが直線的に貼られているため調整して膨らみを持たせます。

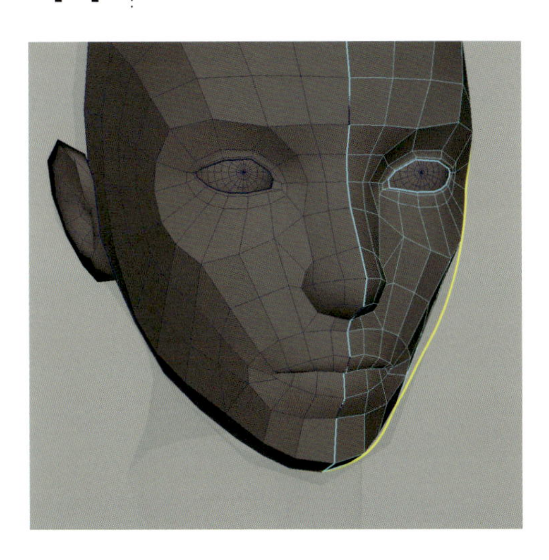

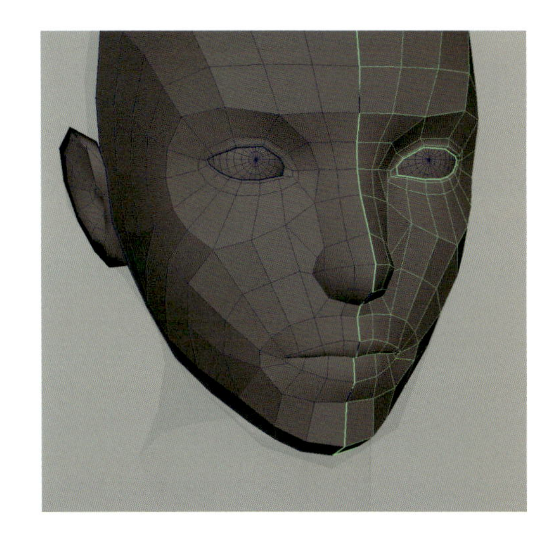

15

ベースモデルから後頭部と首のフェースを複製します。顎下から喉のラインと耳の後ろから鎖骨に伸びる胸鎖乳突筋のラインを整えます。また顔の割に合わせエッジを追加しスナップします。

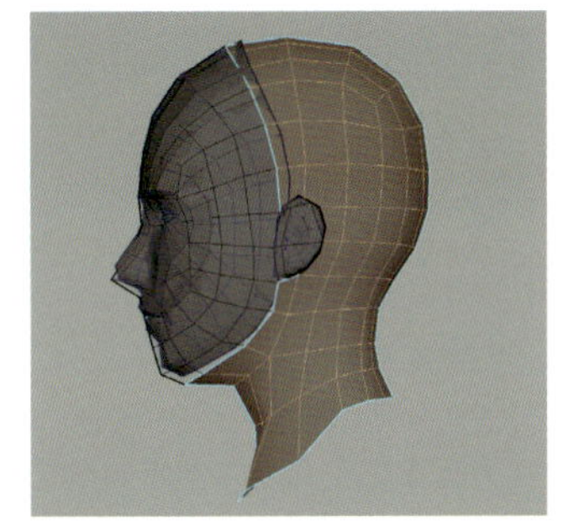

ベースモデルから後頭部と首のフェースを複製します

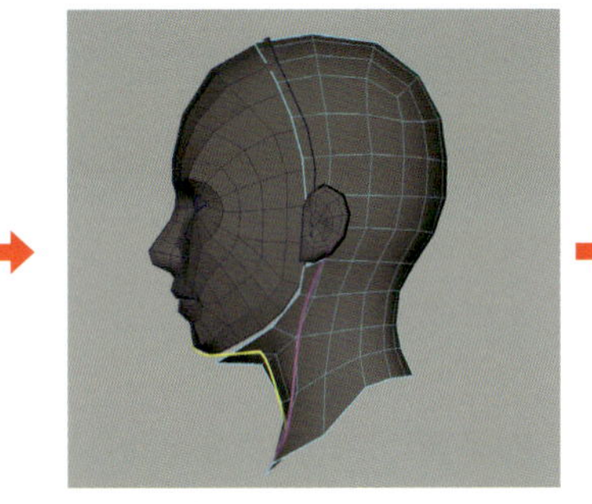

サイドビューから見て顎下と胸鎖乳突筋の流れを調整します。

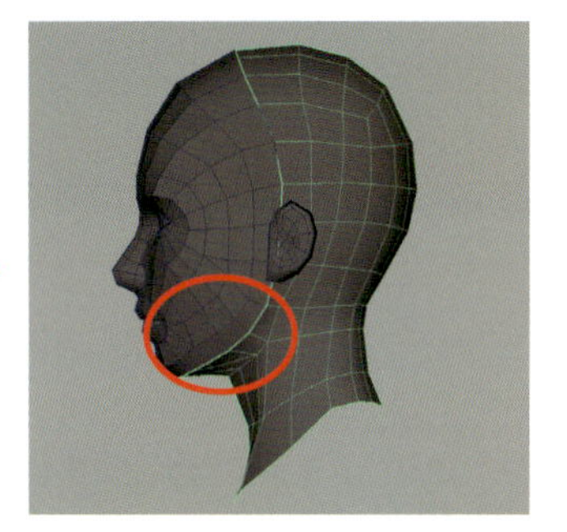

喉部分にエッジを追加し顔の分割に合わせた後に顔との接合部分の頂点をスナップして合わせます。

16

顔と後頭部オブジェクトを結合します。フェースの穴を埋める過程で三角ポリゴンが発生していますが次の細分化の作業の中で解消していきます。

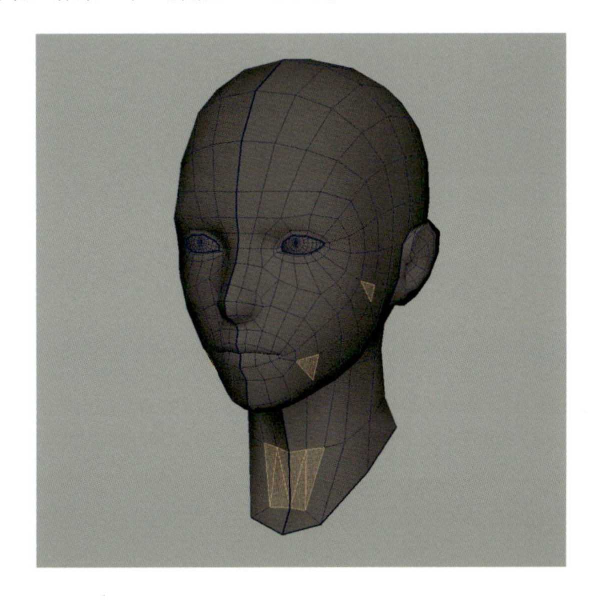

顔の細分化と形状調整

17 今の状態ではまだフェースの分割具合が不足しており、フォルムに直線的な部分が多いためローポリゴンといえます。エッジループの挿入などを使用して全体の分割を増やして滑らかにし、細かい凹凸も再現していきましょう。

目元のフェースを細分化していきます。目の周囲にリング状のエッジを追加した後、放射状に広がるエッジループを追加して目の輪郭を滑らかにします。

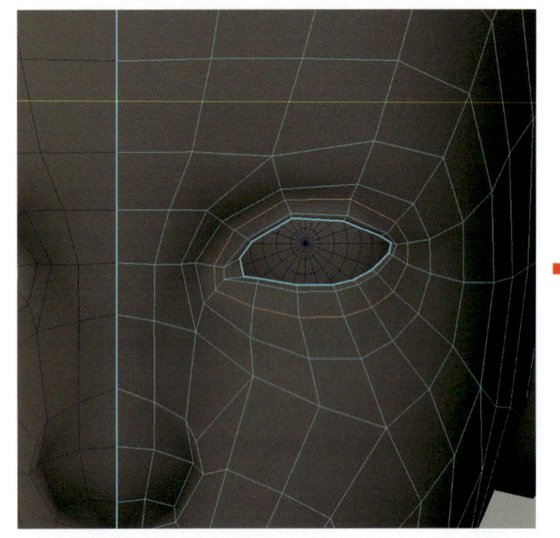
目元の外周の内側にリング状のエッジを追加します。

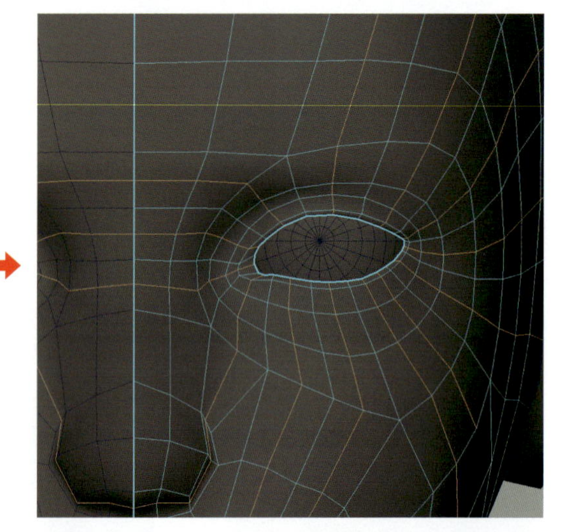
目蓋のフェースを2等分して眼球から放射状に広がるようにエッジを追加します。エッジの追加時にはエッジフローにチェックを入れておきましょう。

18 追加したエッジを調整します。単純にフェースを細分化しただけでは十分な凹凸感はできていません。目から眉骨にかけての凹凸や頬へかけての凹凸など分割を増やす度に形状調整を適宜行いましょう。また目の内側のエッジを奥に押し出し、目の裏のフェースを作成しておきます。

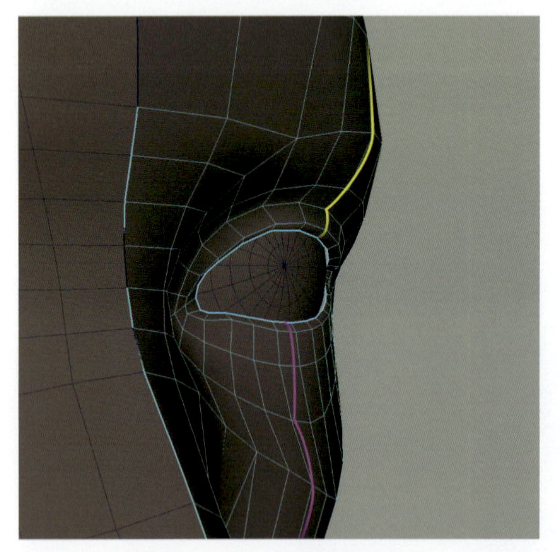
パースビューで確認しつつ目蓋の膨らみや眉骨の盛り上がりを出します。

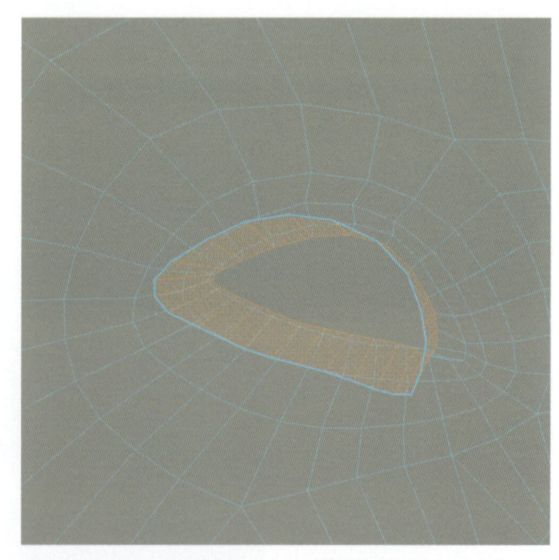
目の穴のエッジを内側に押し出して末端部分を広げておきます。

19

鼻部分を細分化します。まず縦のエッジを増やし鼻筋や鼻頭の表面を滑らかにします。次に鼻頭を中心に横のエッジを追加して鼻全体に丸みを加えていきます。

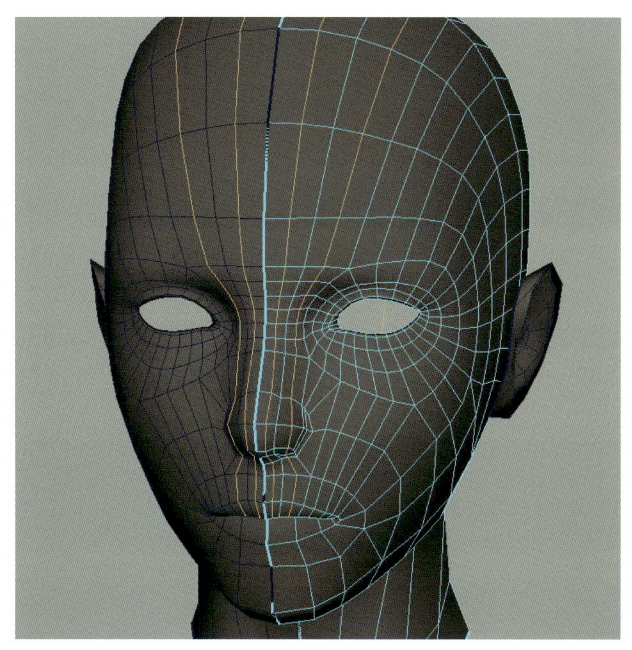

鼻の縦のラインを2分割します。エッジループで追加した過程で上唇も分割されますが、後の工程で調整していきます。

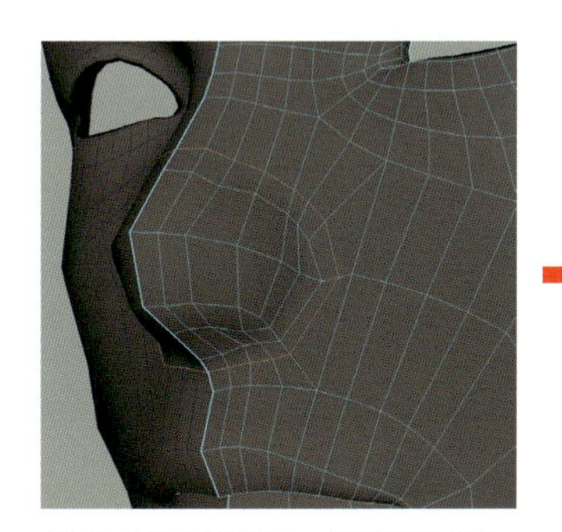

鼻頭と小鼻の外周にエッジを追加します。

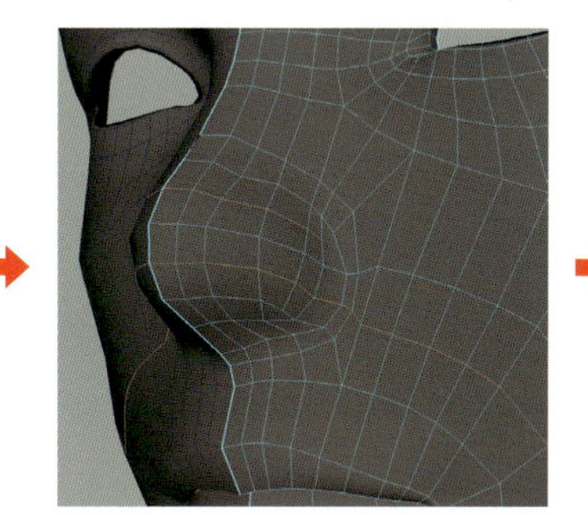

鼻頭の丸みを持たせるための横ラインのエッジを追加して形状調整します。

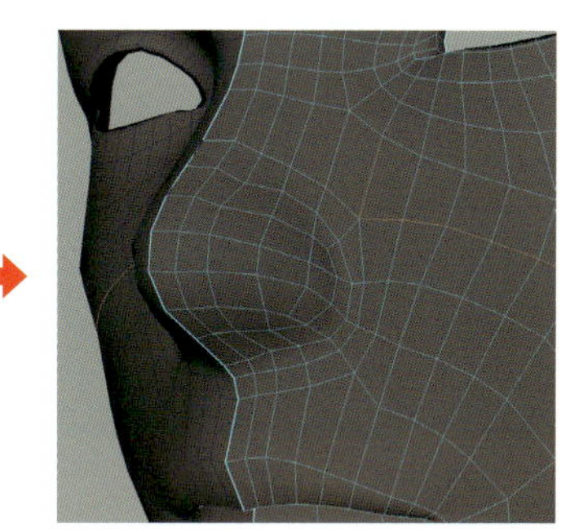

頬に向けてのエッジを追加してトポロジを調整します。

20

更に細分化して小鼻の凹凸と鼻の穴を作成します。鼻の穴を縁取るエッジの周囲はリング状に構成しておきフェースを押し出して鼻の穴を作成します。

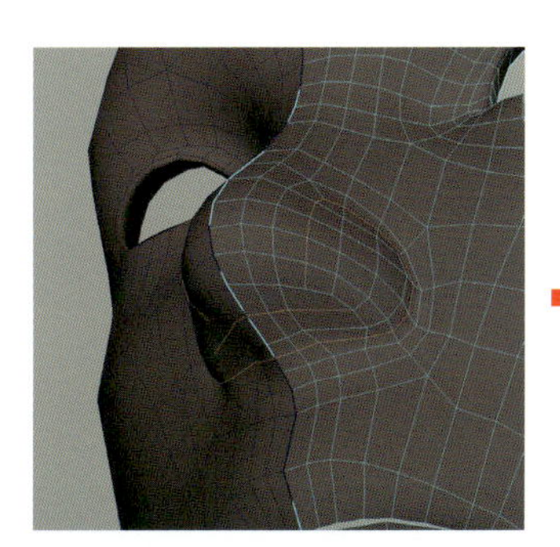

小鼻を囲むようにエッジを追加し凹凸をつけます。

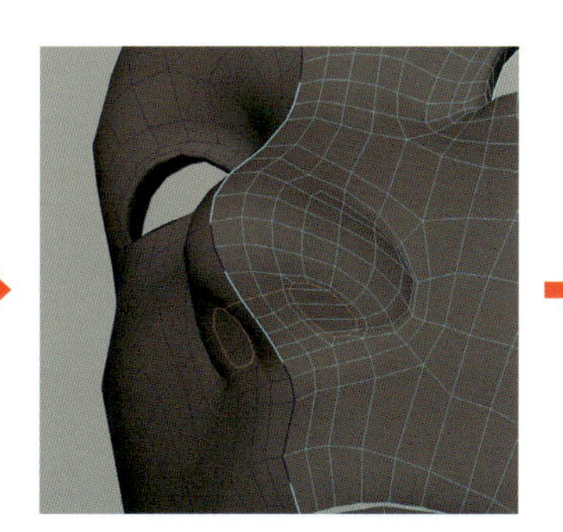

鼻の穴に沿ってエッジを加えます。

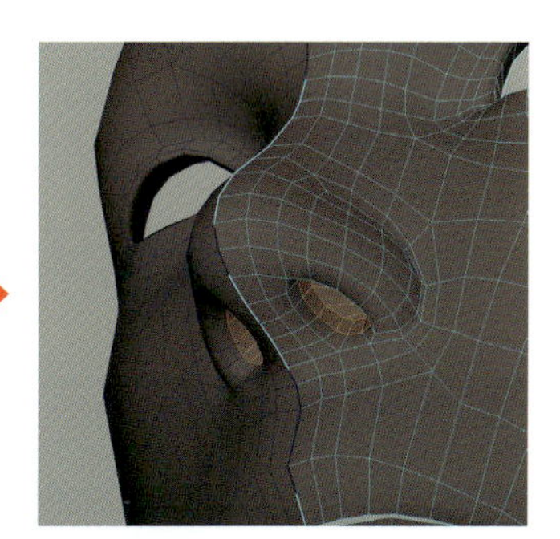

フェースを奥に押し出し鼻の穴を作成します。

21

口周囲を細分化します。口の周囲にリング状のエッジを追加し唇の膨らみや窪みを再現します。上唇は鼻や目のエッジ追加の過程で既にある程度分割されていますが、下唇と顎はまだ不足しているので縦のエッジを追加します。最後に丸みを出すためのリング状のエッジを適宜追加して滑らかにします。

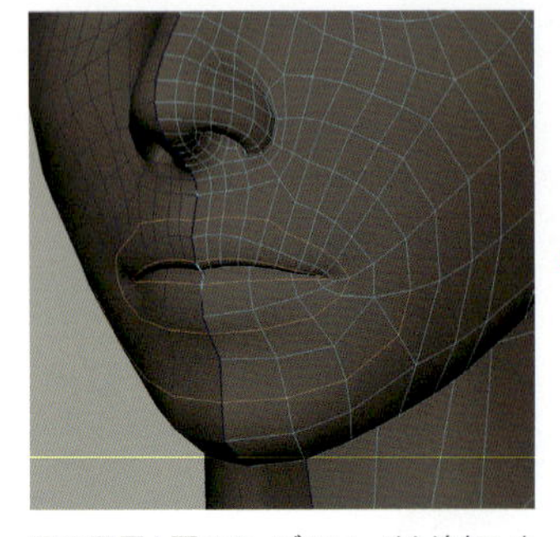
唇の周囲と顎のカーブのエッジを追加します。

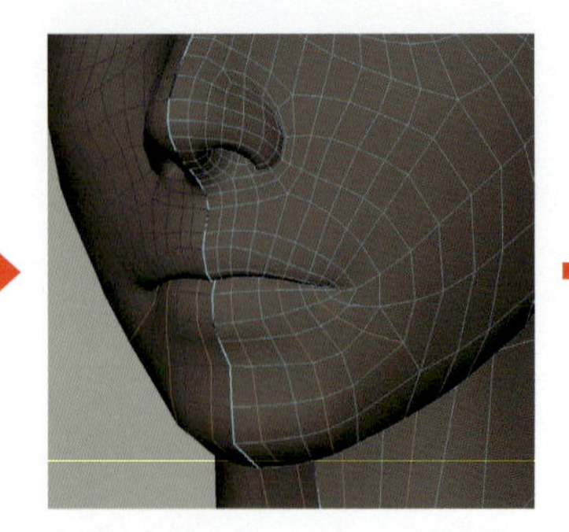
上唇の分割に合わすように、下唇と顎の縦の割を追加します。

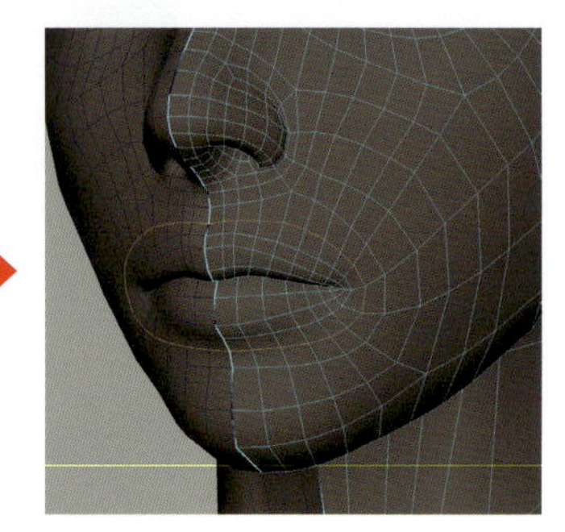
更に唇を囲むようにエッジループを追加して形状調整します。

22

口と鼻周囲のエッジの流れを見直します。

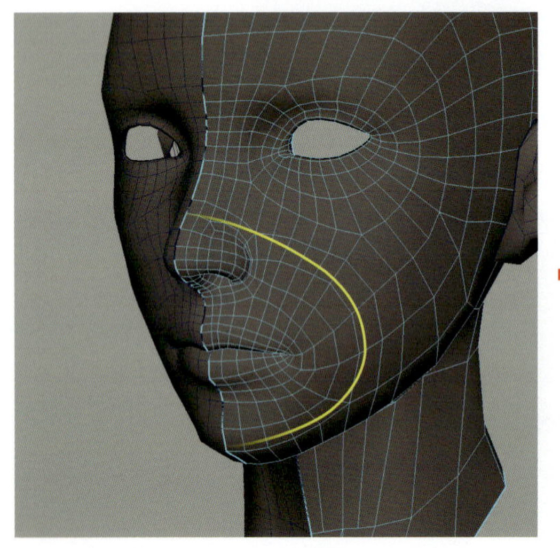
頬から小鼻にかけてのエッジの流れに窮屈な印象があります。

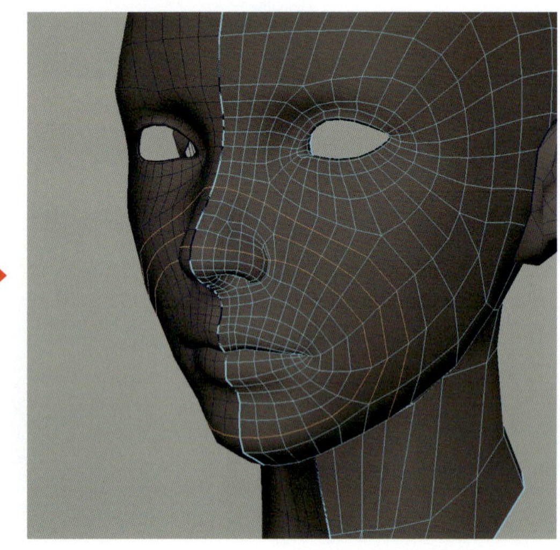
鼻背から頬へ向けてエッジループを追加して流れを調整し、各フェース間のサイズを均等にします。

23

額や頬周辺のフェースの間隔を整えます。額から口角や顎先にかけてのエッジループを追加し後頭部も顔前面の割り具合に合わせ細分化します。

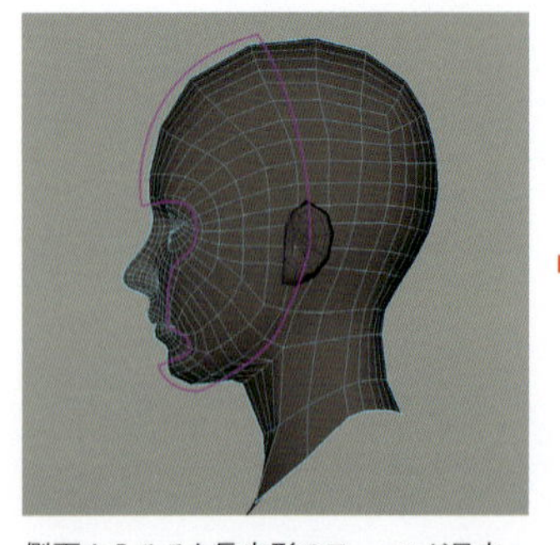
側面からみると長方形のフェースが目立っています。

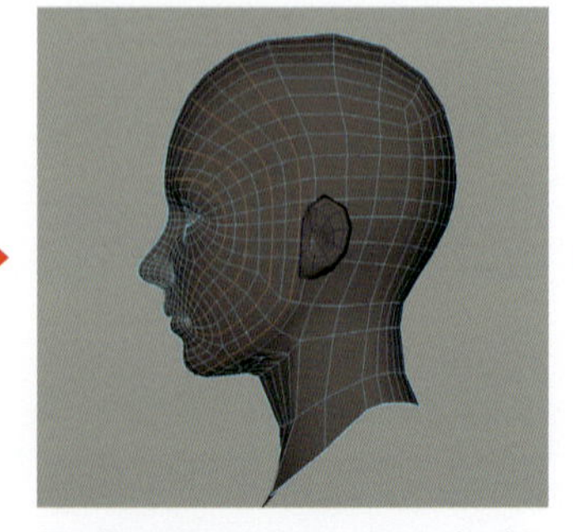
額や頬、口角にかけてエッジループを追加して顔前面を滑らかにします。

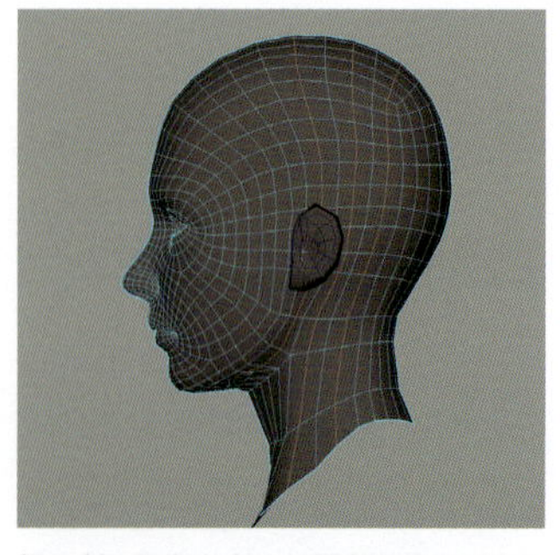
顔の割り具合に合わせ頭部と首にかけたエッジを追加します。

24 目元から放射状にエッジが広がっているのでエラ付近のフェースは長方形になりがちです。後頭部からエラ部分にかけてのエッジを追加してシルエットを滑らかにします。

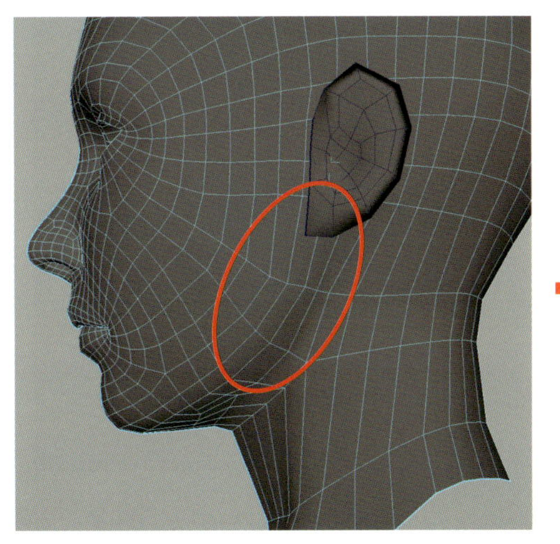

エラ付近に長方形のフェースが集中しており、角ばった印象が強くなっています。

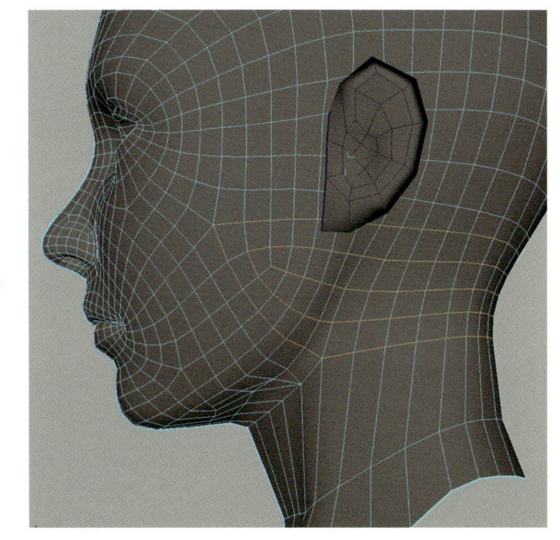

後頭部からエッジループを追加します。トポロジを整えつつエラ付近を細分化して形状を滑らかにします。

25 耳を細分化していきます。耳の厚みを出すためのエッジを追加して輪郭を滑らかにし、起伏を出すためのエッジも追加します。

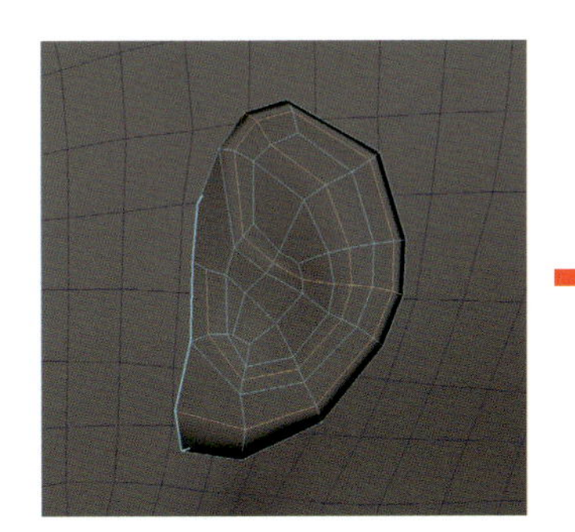

耳輪や対輪などに厚みを持たせるためのエッジを追加します。

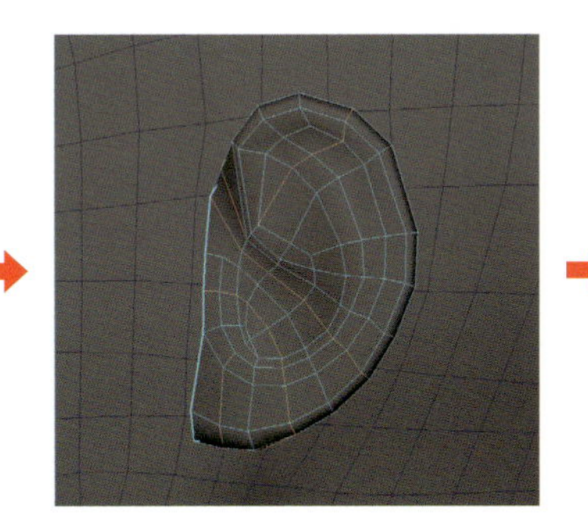

耳の輪郭に丸みを持たせるためのエッジを追加します。

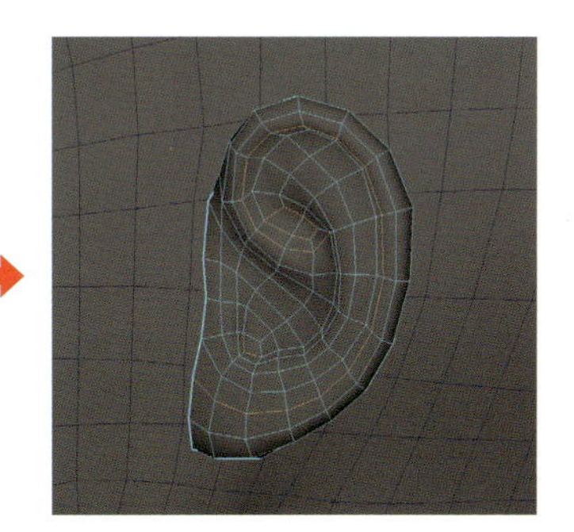

溝や穴などの起伏を再現するためのエッジを追加します。

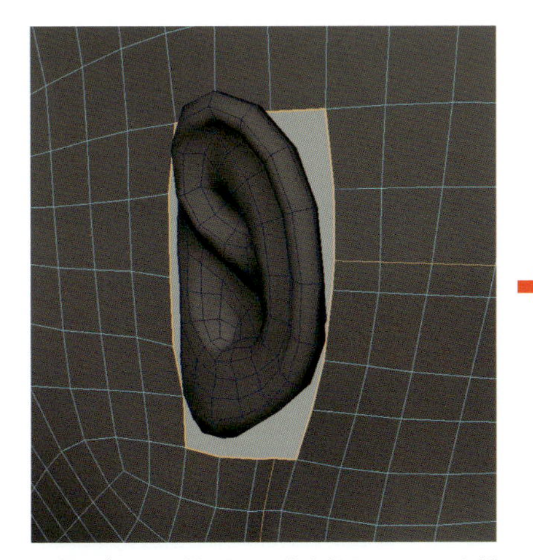

頭部オブジェクト側の耳との結合部分のフェースを削除します。耳の分割に合わせて頭部にエッジを追加します。

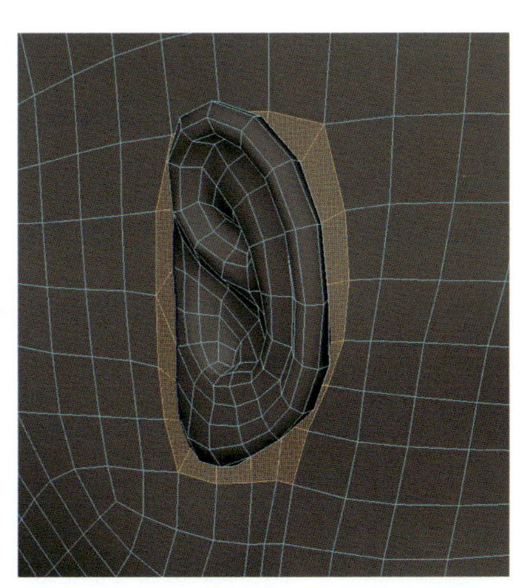

頭部オブジェクトと耳オブジェクトを結合して1つのオブジェクトにします。「ブリッジ」または「穴を埋める」機能を使用してフェースを作成します。

26 顎下のエッジはそのまま下方面に流すと首前面に縦の分割が集中しやすいので、中央で繋がるように整理します。

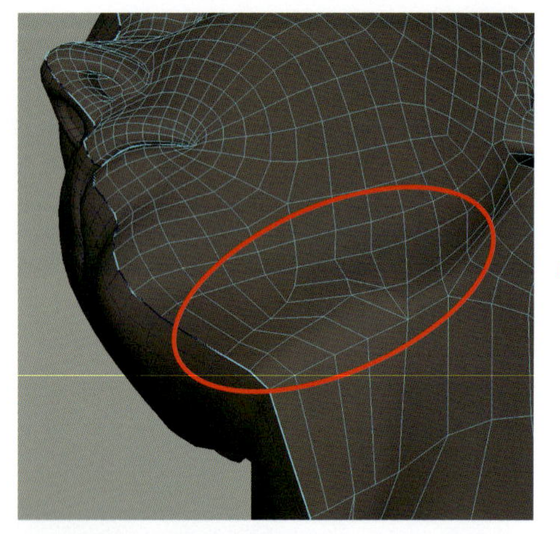

赤丸で囲まれた範囲にエッジが集中しており、三角ポリゴンが発生しています。また耳から顎に向けてのトポロジも乱れています。

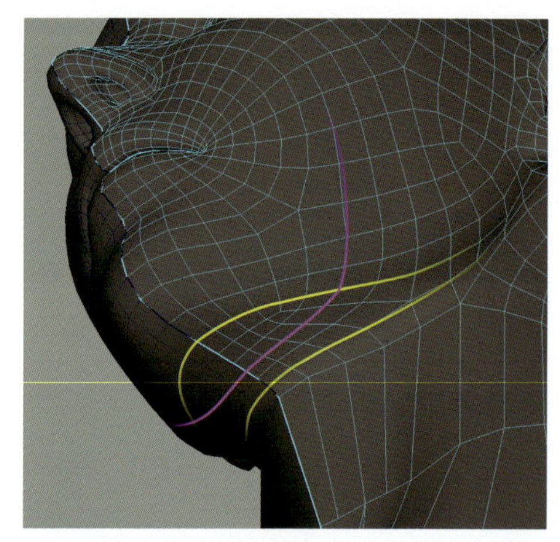

頬から顎下の中央に繋がる様にエッジを調整します（紫のライン）。また耳から顎先に向けての流れと、顎と首の境目の流れにエッジを加えて調整します（黄色のライン）。

27 首に横分割のエッジを加え全体を滑らかにし、縦分割のエッジを調整して喉と胸鎖乳突筋の起伏を明確にします。

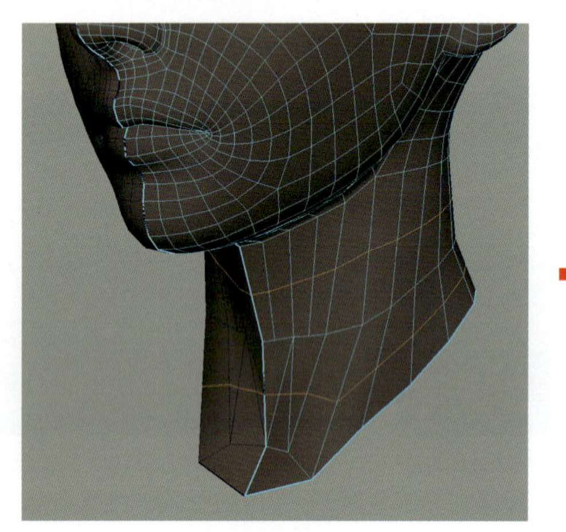

首の横分割のエッジループを追加します。

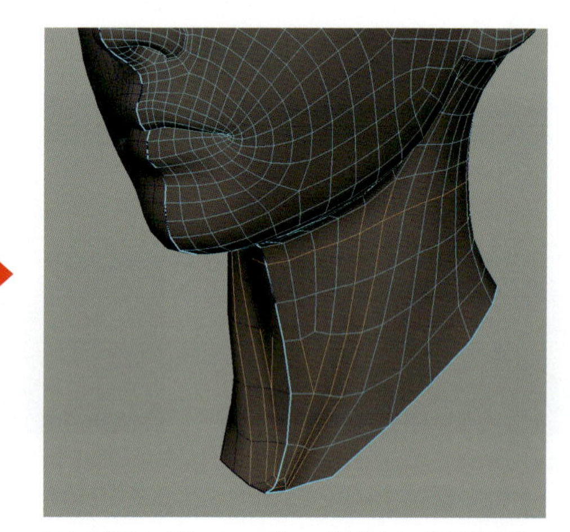

耳から鎖骨にかけてのエッジループを追加して胸鎖乳突筋の起伏を再現します。

28 目周囲の分割が不足しているのでエッジループを追加します。涙丘の凹みを強調して目蓋の断面の丸みを追加します。

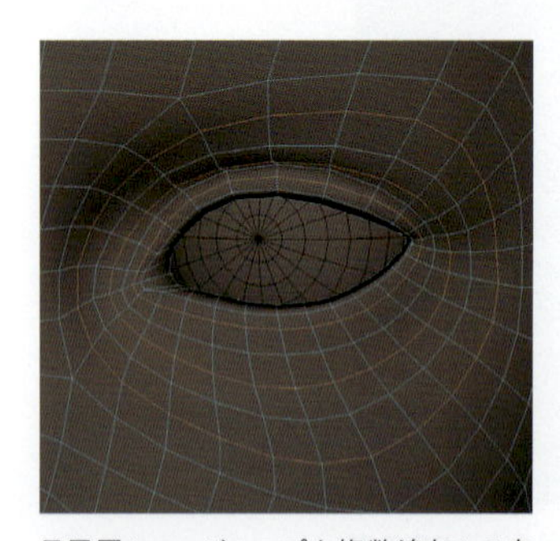

目周囲にエッジループを複数追加して表面を滑らかにします。

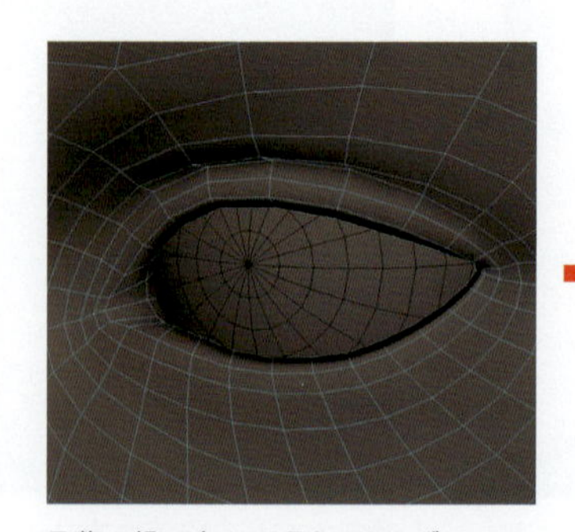

目蓋の縁の丸みが足りておらず、シェーディングが暗く表示されています。

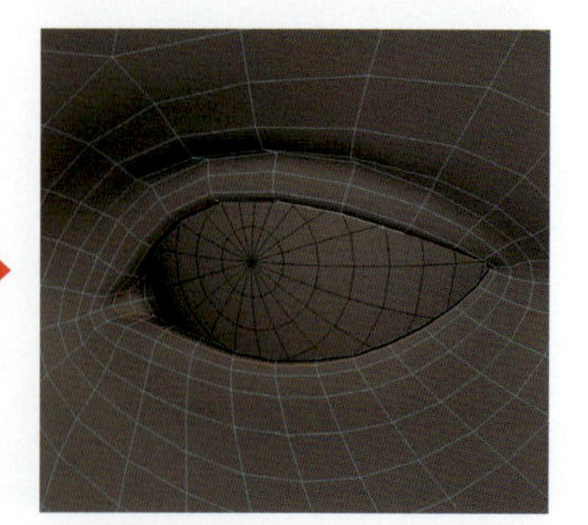

エッジループを追加して丸みを持たせます。また涙丘部分が奥まる様に窪みを作ります。

29

眼球と目蓋裏に隙間がないよう調整します。

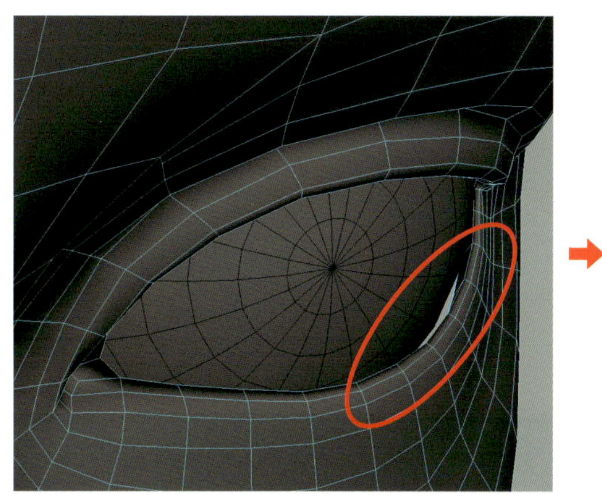

眼球オブジェクトと下目蓋の間に隙間が生じています。

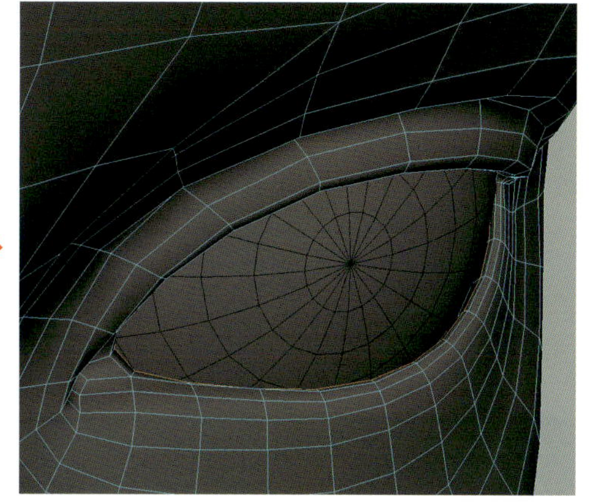

内側のフェースにエッジループを追加して、隙間がなくなる様に形状調整します。

30

目を作り込みます。オブジェクトは白目部分と虹彩に分けて用意し、重ねて配置します。レンダリング時に角膜部分が透けて奥の虹彩が見えるようにマテリアルで設定します。

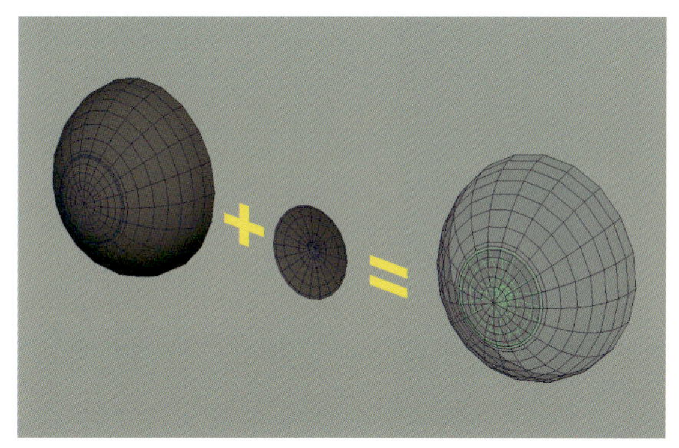

眼球オブジェクトは半球状の白目部分と皿状の虹彩部分に分けています。

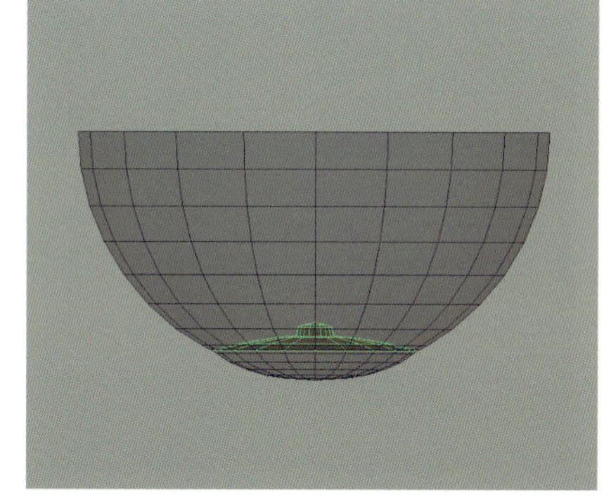

トップビューから見た眼球オブジェクトの構造です。

31

頭部の細分化が完了しました。必要に応じてフォルムを見直しておきましょう。細分化によって頂点数が増えていますので、［ソフト選択］や［ラティス］を用いて調整しましょう。

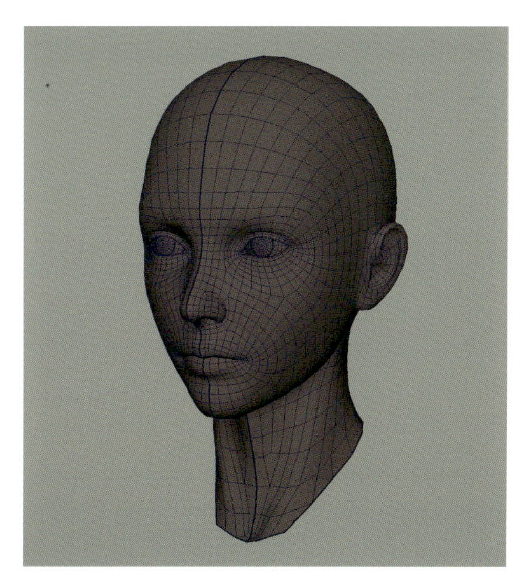

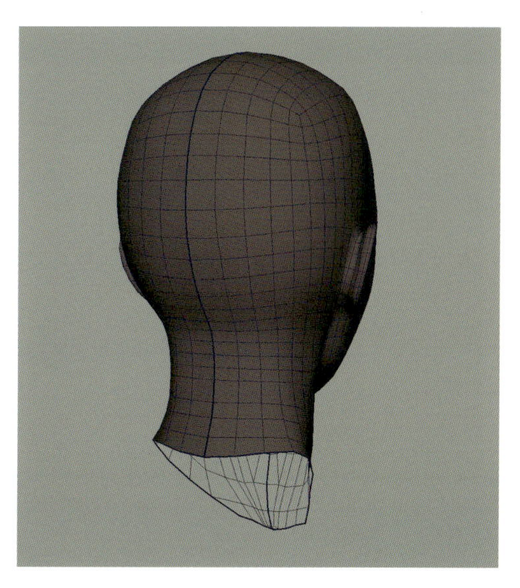

Chapter
2-4

身体の作り込み

身体部分を作り込んでいきます。身体部分の作り込みは手のパーツ以外はベースモデルの段階で大体のエッジの流れはできているので、基本的にエッジループで細分化し凹凸を強める調整になります。

開始シーン ▶ MayaData/Ex_Chap02/scenes/Ex_Chap02_Body_Topology.mb

全体の細分化と形状調整

1 胸部の細分化と形状を調整します。ベースモデルのフェースを2分割するように胸、脇、腰周りに縦と横のエッジループを追加します。乳房の膨らみと肋骨の窪みのライン、脇から乳房にかけての厚みなどカメラアングルを変更し、確認しつつ形状調整をします。

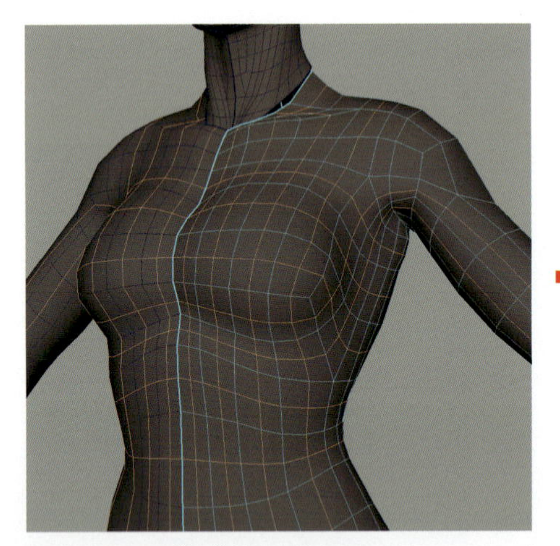

胸部のフェースを縦と横共に、2等分するようにエッジループを追加します。

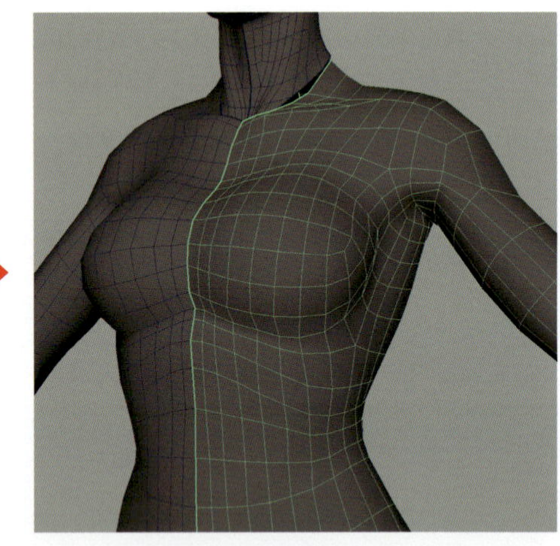

胸の下や脇部分などの起伏を強めて、形状に抑揚を加えます。

2 背中の形状を調整します。胸部の調整時に縦のエッジ分割が加わっていますので、足りていない横分割を中心にエッジを追加します。肩甲骨の窪みや流れを調整しましょう。

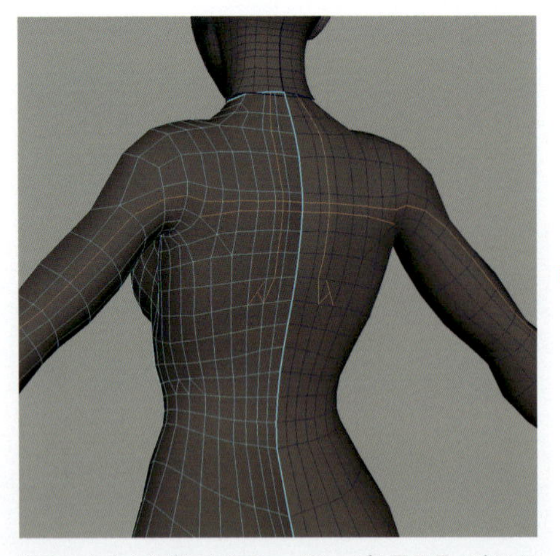

背中の中央から腕にかけてエッジループと肩甲骨の窪み用の縦のエッジを追加します。

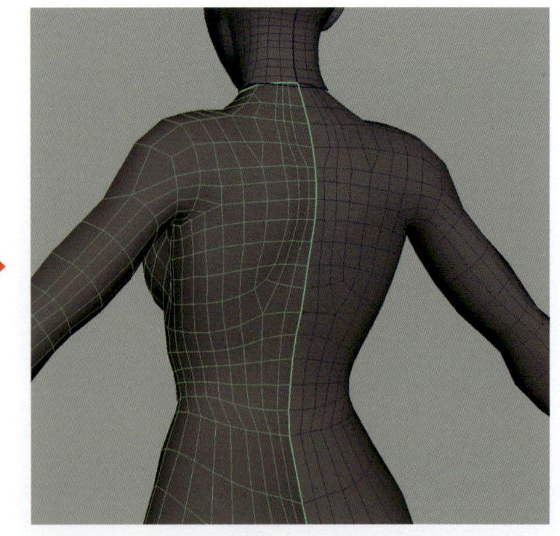

追加したエッジが部分的に集中しないようにならします。三角ポリゴンが発生している箇所にもエッジを追加して四角化を図ります。

3

首付け根と肩周りの形状を調整します。鎖骨から肩にかけての分割と肩を一周するようにエッジループを追加します。鎖骨の窪みや僧帽筋の厚み、肩の筋肉と腕の境目を再現します。

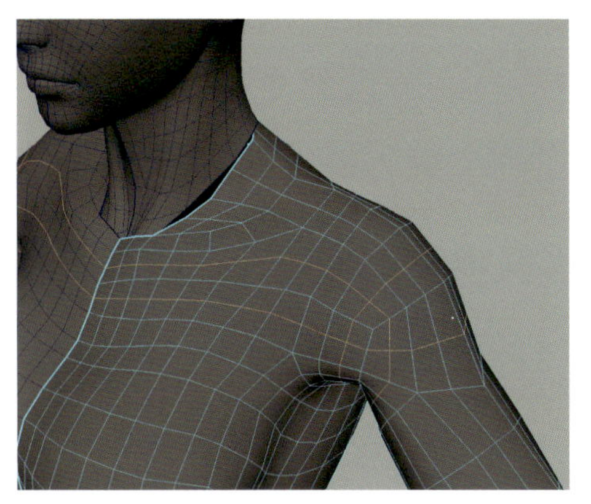

鎖骨から肩に向けての横のエッジ分割と肩と脇を一周するエッジループを追加します。

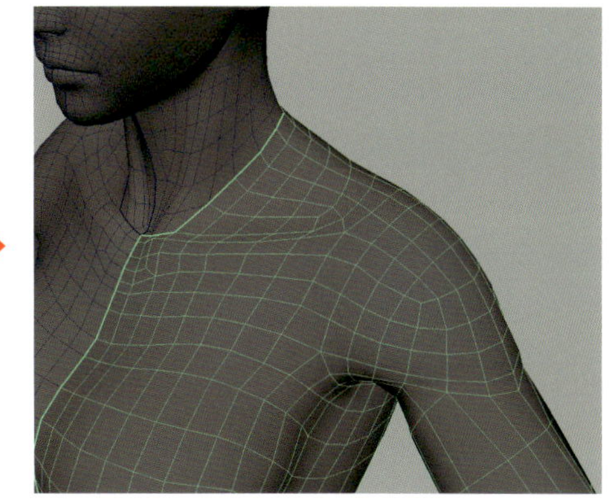

首から肩にかけての盛り上がりと、鎖骨と僧帽筋の間の窪みを作ります。肩はエッジの割に合わせて丸みが出るように調整し、また上腕との境目を明確にします。

4

背面も同様に調整します。首から肩にかけてのラインと肩甲骨の流れを整理し、頭部オブジェクトと隙間を埋めます。

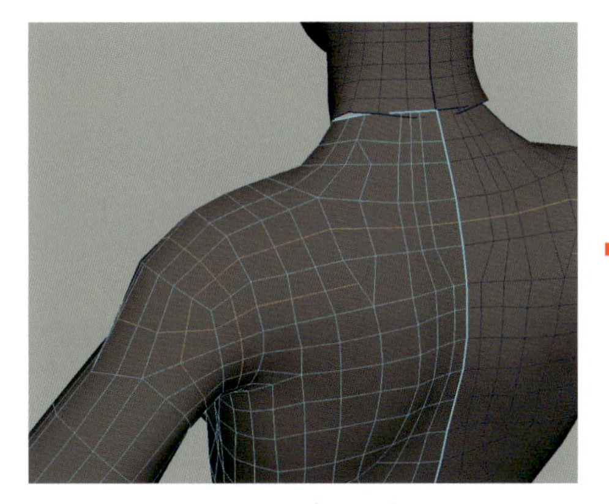

正面側で追加したエッジループが背面側にも及んでいるので、このエッジを調整します。

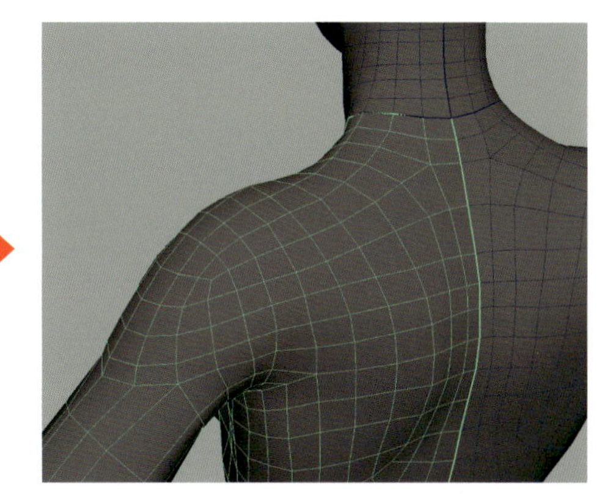

背中から首にかけての縦の流れを調整し、同時に四角化も行います。

5

下腹部を調整します。横のラインのエッジループを複数追加して調整し、腰骨の起伏を再現します。

腰回りのフェースを2等分するように横のエッジループを追加します。

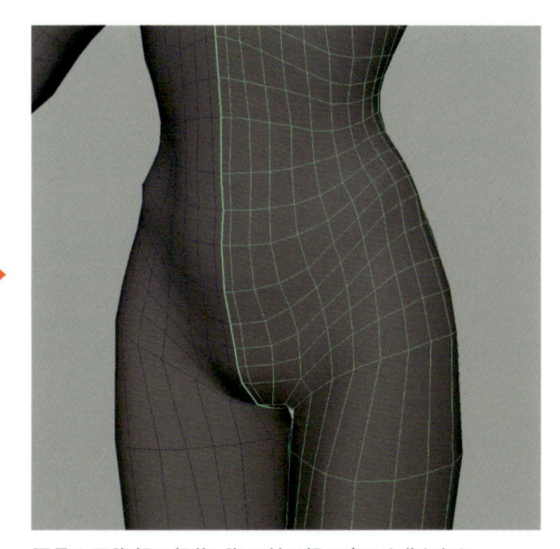

腰骨や下腹部の起伏、脚の付け根の窪みを作ります。

6 臀部を調整します。追加されたエッジを調整してお尻の溝と曲線を再現します。

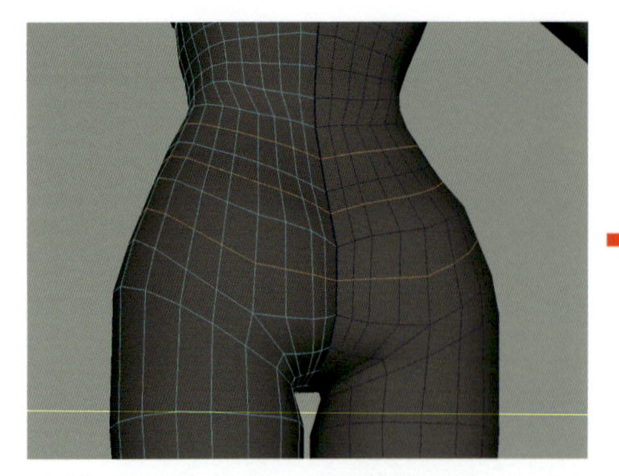

正面側で追加したエッジループが背面側にも及んでいるので、このエッジを調整します。

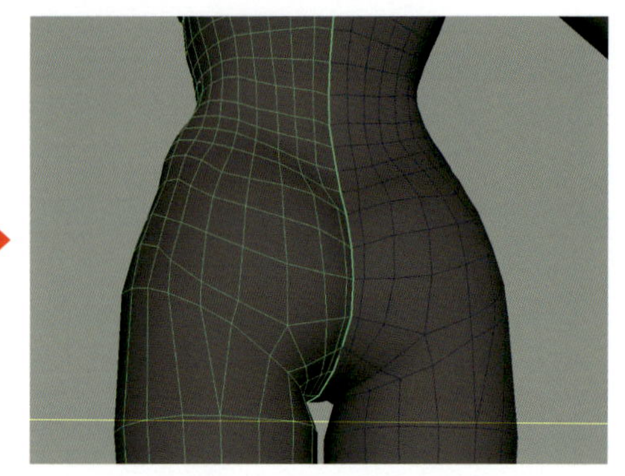

臀部全体に丸みを持たせて背中中央とお尻の境目にある逆三角形の窪みを作ります。

7 太腿を調整します。横方向のラインを追加して太腿の外観を滑らかにし、腰骨の外側から膝に向けて内側に捻じれるようにエッジの流れを調整します。

脚の付け根から膝までのフェースを横方向にエッジループを追加して分割します。

追加したエッジを膨らまし丸みを持たせて、縦のエッジはやや内側に捻るように調整します。

8 膝を調整します。横方向のラインを追加して滑らかにします。

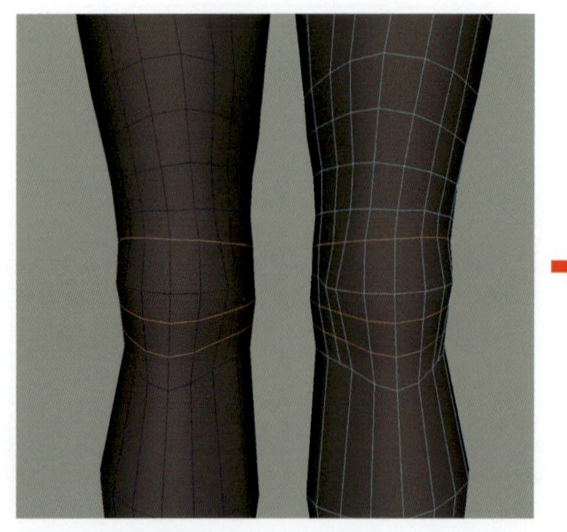

脚の付け根から膝までのフェースを横方向にエッジループを追加して分割します。

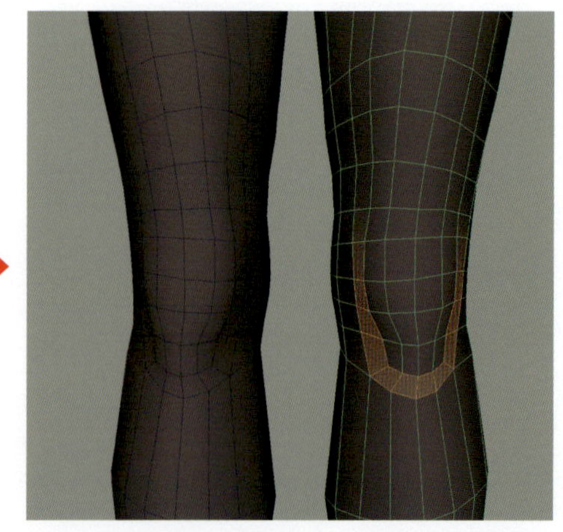

膝の下でUの字にフェースが繋がるように調整して、膝の皿の凹凸形状を再現します。

9 膝〜足を調整します。太腿と同様に横方向のラインを追加します。

膝からつま先までのフェースを横方向にエッジループを追加して分割します。

ふくらはぎや脛の曲線や、くるぶしの起伏を再現します。

10 上腕と前腕を調整します。肩から手首まで横方向のラインを追加します。

各エッジ間を二等分するようにエッジループを追加します。

上腕の筋肉の膨らみと肘から手首までの緩やかなカーブを再現します。

11 腕を側面から見たイメージです。追加したエッジを調整して形状を整えます。

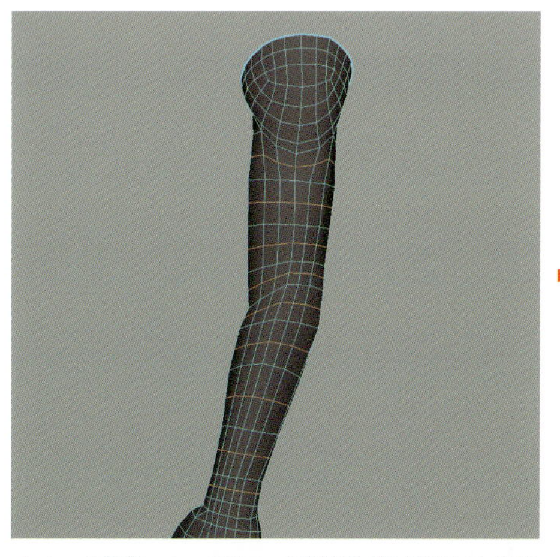

メッシュの編集 > エッジフローの編集などを使用して、前後のエッジとの間隔や流れを調整します。

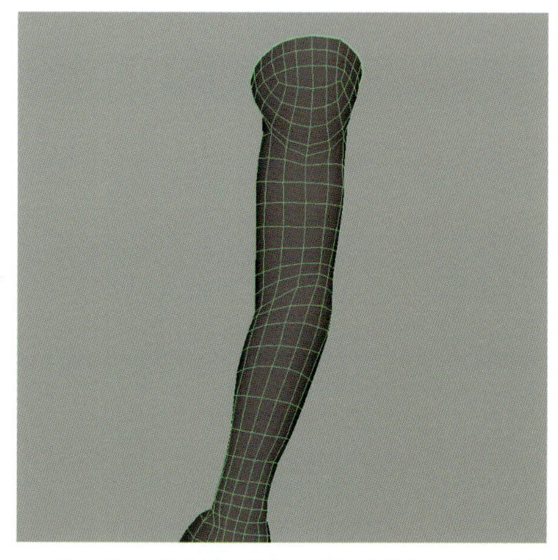

二の腕や前腕側面に起伏を加え、腕の自然なシルエットを再現します。

12

手を調整します。全体的にエッジループを追加して細分化しますが、三角ポリゴンが残らないように注意しましょう。

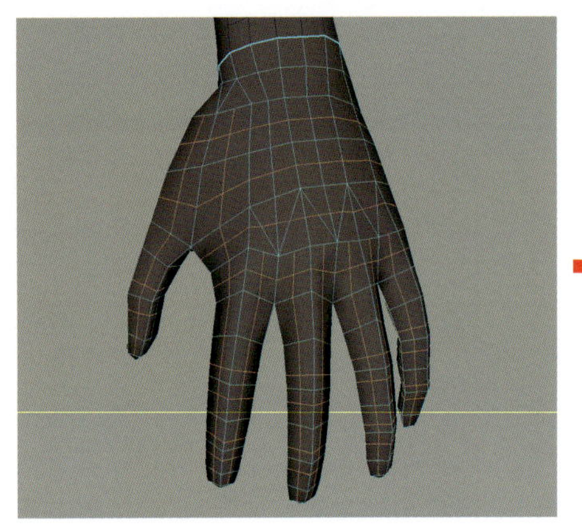

ベースモデルの段階で三角ポリゴンが発生しているので、エッジループを加えて細分化する過程で解消させます。

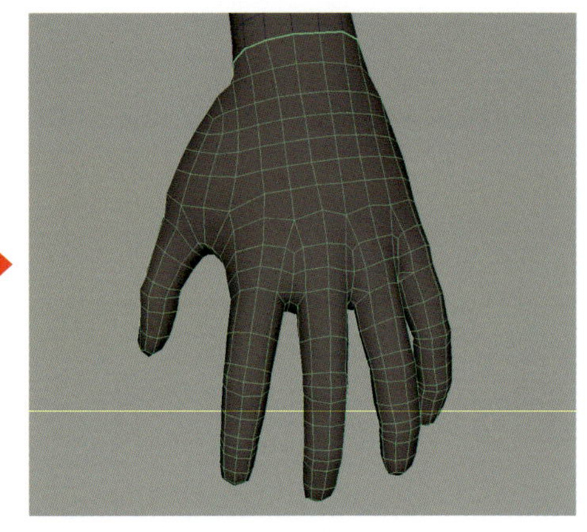

指の股部分など必要に応じて頂点をマージし、手の甲にエッジが集中しないように調整します。

13

掌から見たイメージです。親指の付け根の母指球部分と他の指からのエッジの流れが集中して繁雑になりがちです。

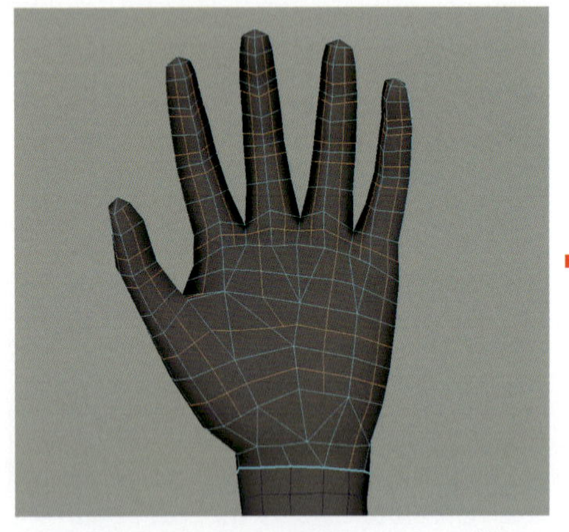

手の甲と同様に三角ポリゴンが発生していますが、横断するようにエッジループを追加して、四角化していきます。

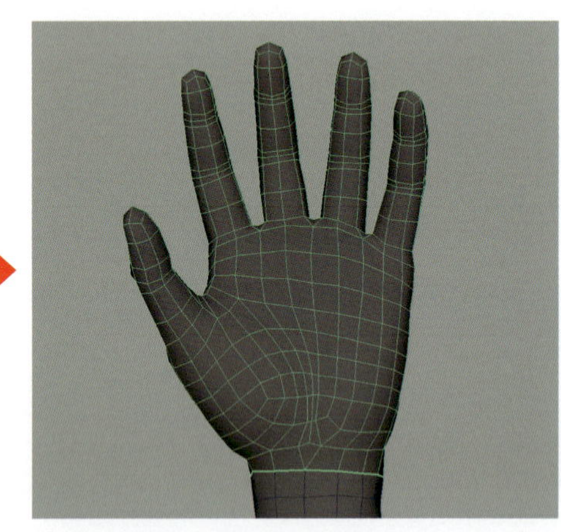

親指と人差し指の股から手首にかけてエッジを引いて母指球の膨らみを出します。手首の断面数と合うように頂点をマージして調整します。

14

指の形状を調整します。

指の断面のエッジループを追加し、関節周りにもエッジを加えます。

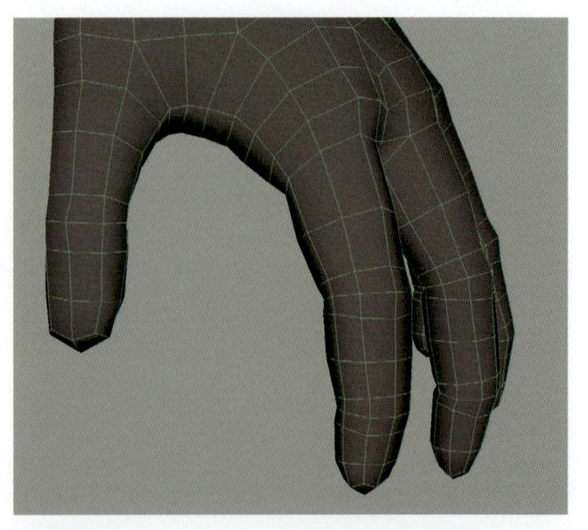

指の腹部分の丸みや付け根の膨らみを再現します。

身体の細分化モデル完成

15 身体の細分化モデルが完成しました。改めて全体のプロポーションを見直し、ポリゴンの粗密感やエッジの流れを確認します。

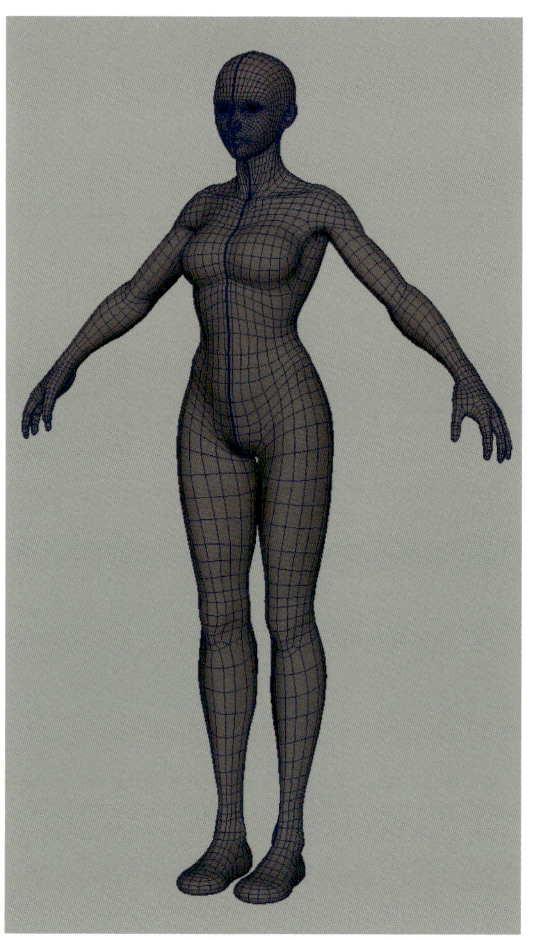

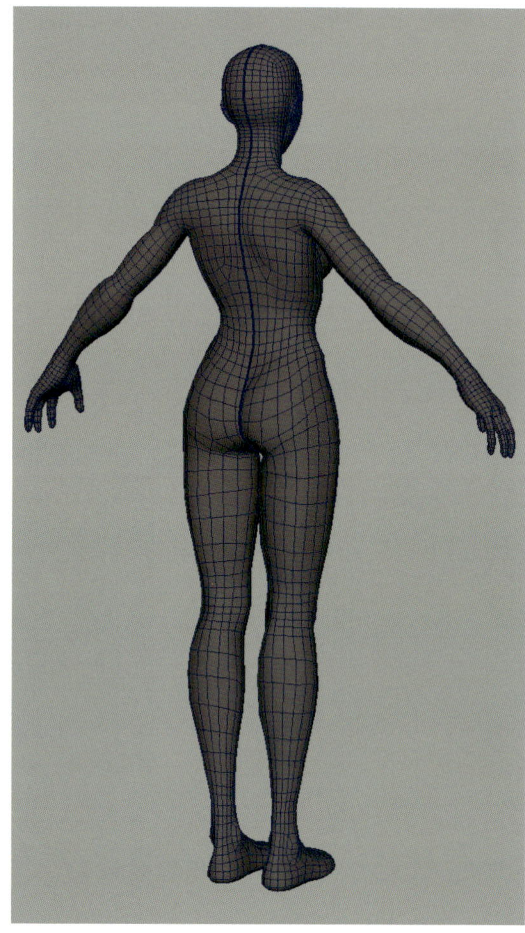

Chapter 2-5 衣服の作成

着用している衣服を作成していきます。衣服（インナースーツや手袋など）は基本的に身体オブジェクトの各部位のフェースを複製して作成します。

開始シーン ▶ MayaData/Ex_Chap02/scenes/Ex_Chap02_Wear_Modeling.mb

インナースーツの作成

1 腕当てを作成します。まず身体モデルの腕部分のフェースを複製し、イメージ画を元に形状を調整します。腕当ては身体に対し厚みのあるパーツなので［メッシュの編集］ > ［トランスフォーム］を使用し外側に膨らませます。フレーム部分や金属等のパーツを作成していきますが、それぞれに仮のマテリアルを適用し、パーツ別にサイズや幅などのバランスを解りやすくするとよいでしょう。

身体モデルの腕部分のフェースを複製します。

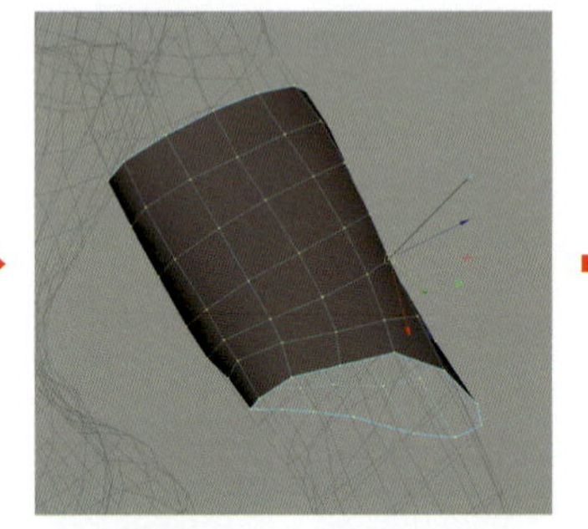
イメージ画を元に形状を調整します。身体に対し厚みのあるパーツなので［トランスフォーム］でローカル移動軸Zに移動し膨らませます。

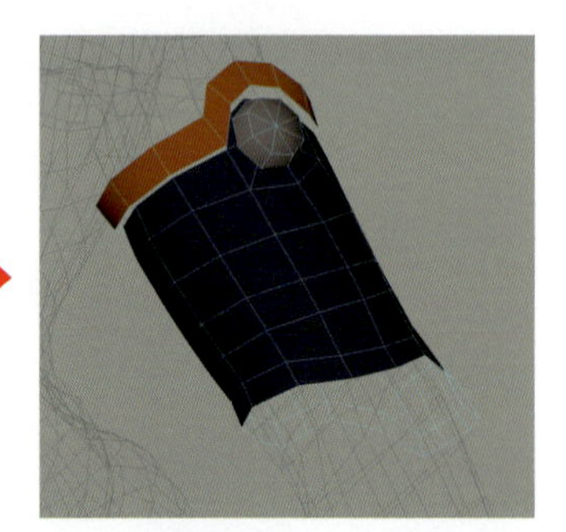
フレームや金属等のパーツを作成します。仮のマテリアルを適用し、各パーツのバランスを調整します。

フェースの複製やエッジの押し出しで厚みを持たせます。

溝部分を作成します。

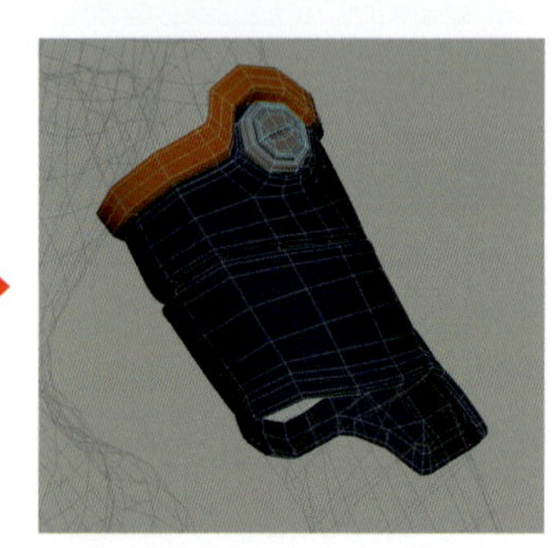
角を立たせたいエッジの前後にエッジループを挿入します。

MEMO スムーズと角の処理について

最終的にレンダリング前にオブジェクトには［スムーズ］を適用して形状を更に滑らかにします。単純に［スムーズ］を適用するだけでは全体的に滑らかになってしまうので、角を立たせたいエッジの前後には予めエッジループを挿入しておきます。スムーズ結果はスムーズメッシュプレビュー（3）で確認できます。

スムーズメッシュプレビューオフ。角にエッジループを追加していない状態。

スムーズメッシュプレビューオン。フレームや溝部分の角が丸く処理されています。

スムーズメッシュプレビューオフ。角にエッジループを追加している状態。

スムーズメッシュプレビューオン。フレームや溝部分の角が立っています。

2 胴アーマー部分を作成します。胴アーマーは胸や背中、腹部のインナーがむき出しになるように穴が空いていますので縁取りなどのデザインに合わせエッジの流れを調整していきます。裏面のフェースと厚みを作り、角部分のエッジの処理を施します。

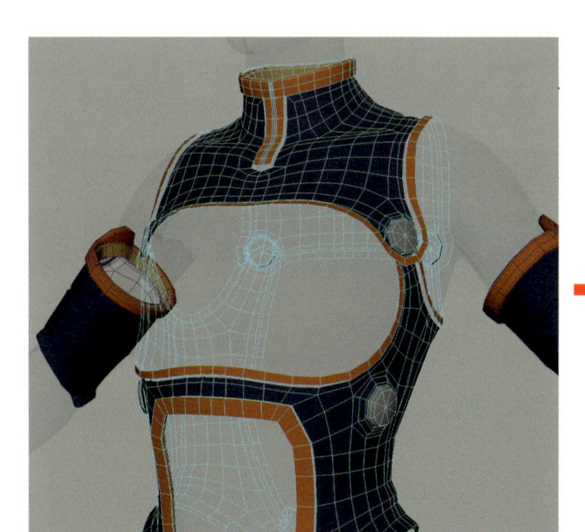

身体モデルからフェースを複製し、デザインに合わせ形状調整し仮マテリアルを適用します。

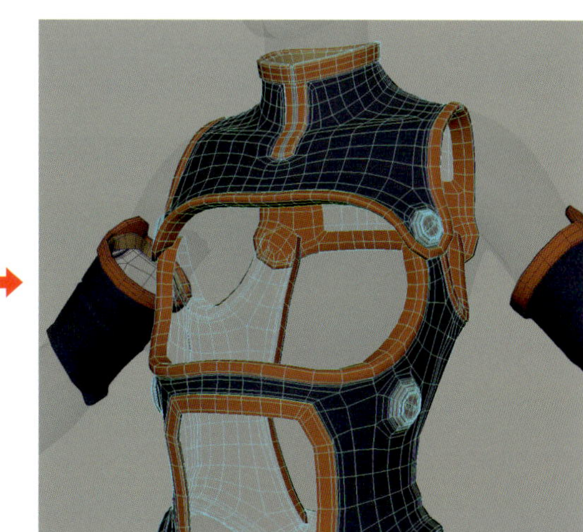

金属パーツを作り込み、縁部分に裏面用のフェースを作成し厚みを持たせます。スムーズメッシュプレビューで確認しつつ、角部分のエッジ処理を施します。

3 腿当てと脛当てを作成します。基本は腕当てと同じ手順で作ります。

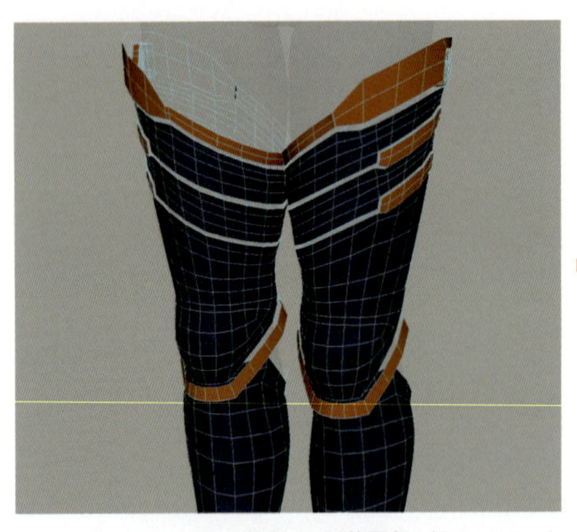

身体モデルからフェースを複製して形状調整と仮マテリアルを適用します。

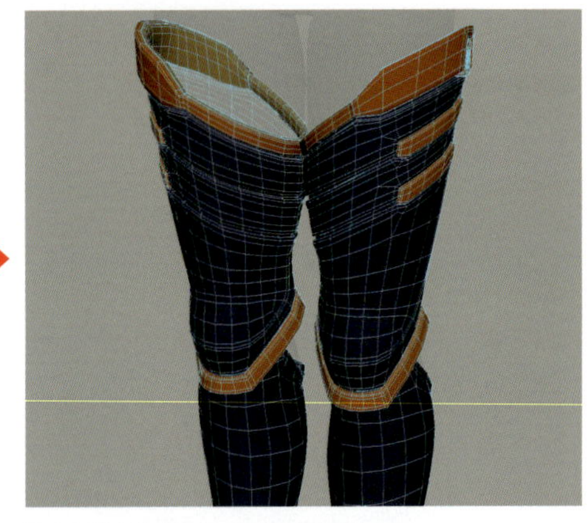

厚みや溝を作成してエッジ処理を施します。

4 インナーを作成します。インナー部分は身体モデルとほぼ同じフェースで構成しています。

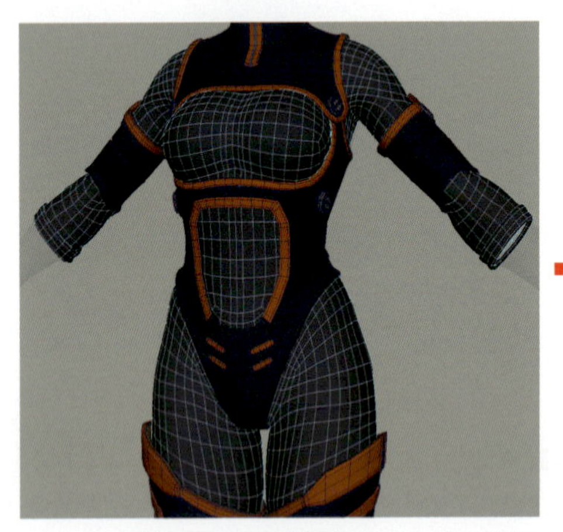

胴アーマーの形状に合わせ股関節周りのエッジの流れを調整して、袖部分の厚みを作ります。

生地の継ぎ目にあたる溝を作ります。

5 グローブを作成します。グローブはほぼ身体モデルのフェースを基準に補強部分や溝を加えています。

手のフェースを複製してエッジの流れを調整します。

手の甲や指付け根の補強部分の形状を押し出しで作成して、角部分にエッジ処理を施します。

6 他のパーツで隠れてしまう肌部分のフェースは不要なので削除します。

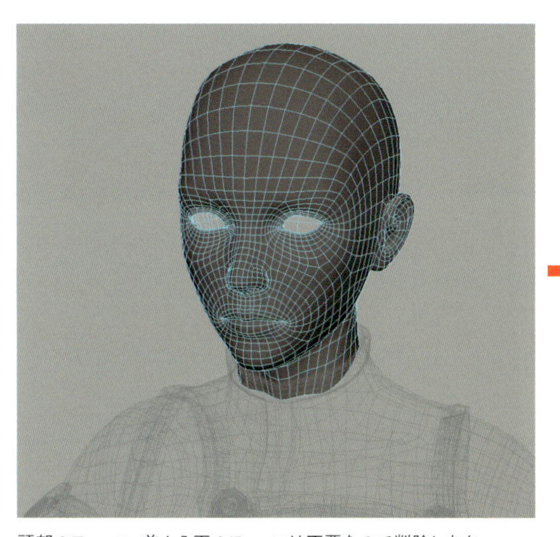

頭部のフェース。首から下のフェースは不要なので削除します。

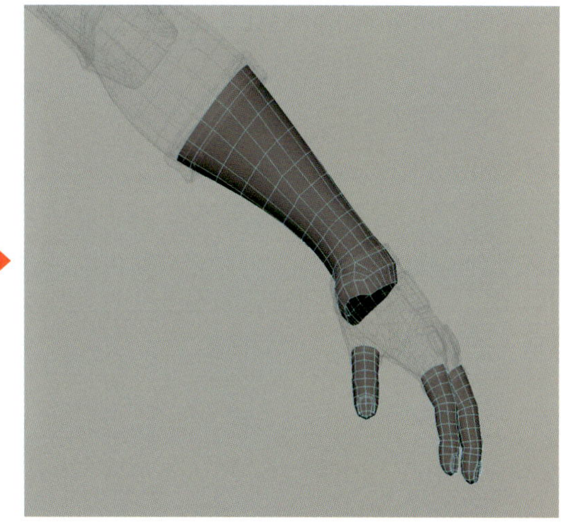

腕と手部分のフェース。グローブや袖に隠れているフェースを削除します。

7 インナースーツモデル全身像。

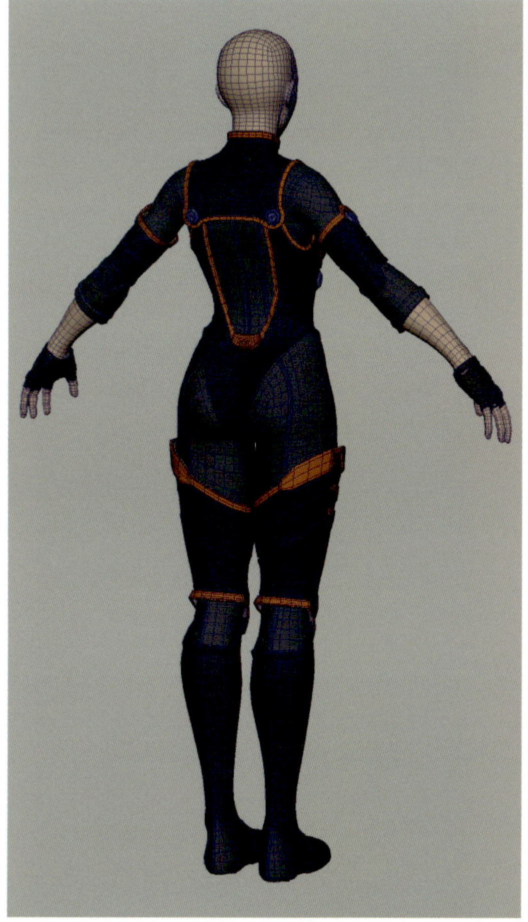

ジャケットとショートパンツとシューズの作成

8 ジャケットを作成します。身体部分とエッジの流れが異なるため立方体のポリゴンプリミティブから新規で作成しています。

身体モデルをテンプレートにして大まかなジャケットの形状を作成します。

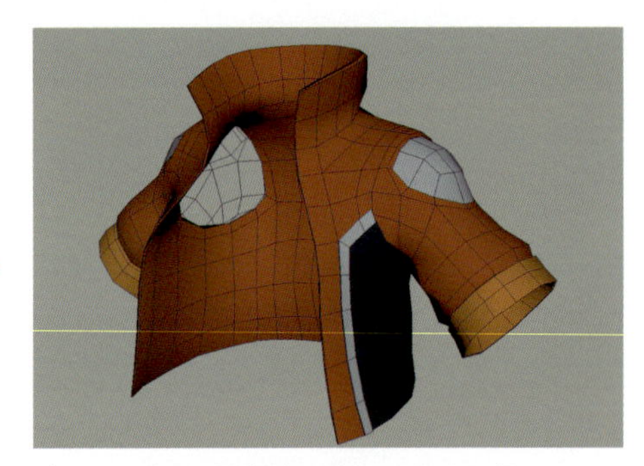
デザインに合わせ要素別にフェースを分けて、仮のマテリアルを適用します。

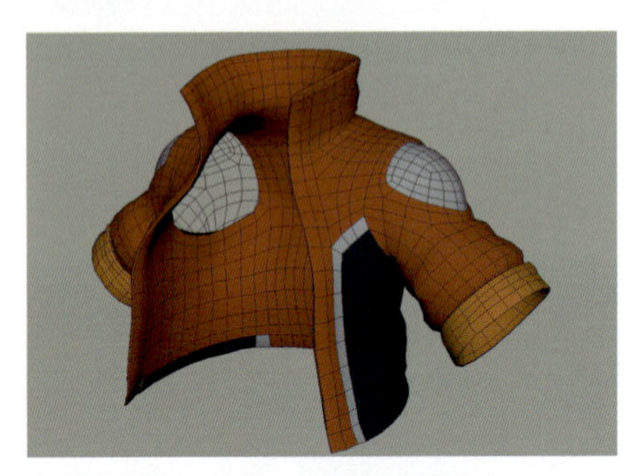
全体的に細分化してジャケットの厚みを作ります。

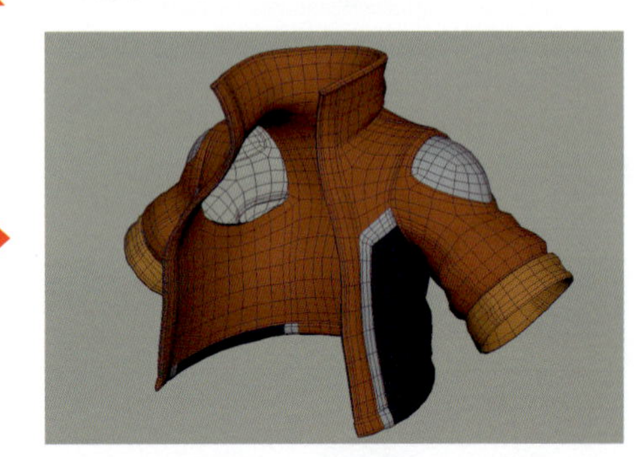
角部分にエッジを追加してスムーズ時にエッジを立たせる処理を施します。

9 ショートパンツを作成します。ジャケットと同様に立方体ポリゴンプリミティブを加工して作成しています。

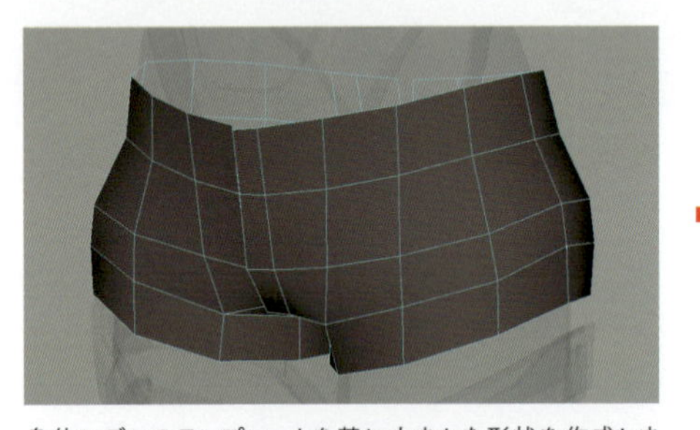
身体モデルのテンプレートを基に大まかな形状を作成します。

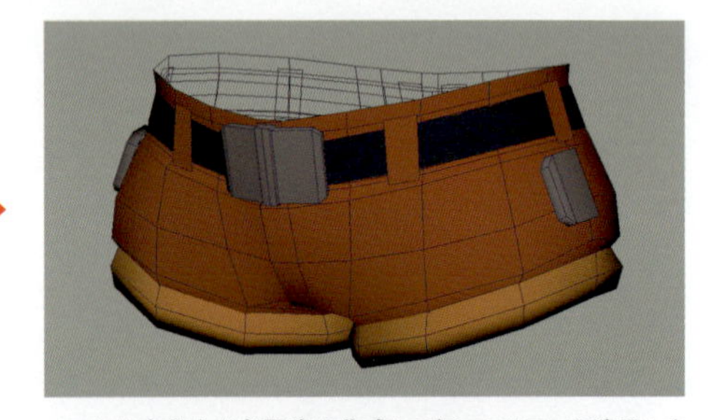
ベルトや金具など各要素を作成して仮マテリアルを適用します。

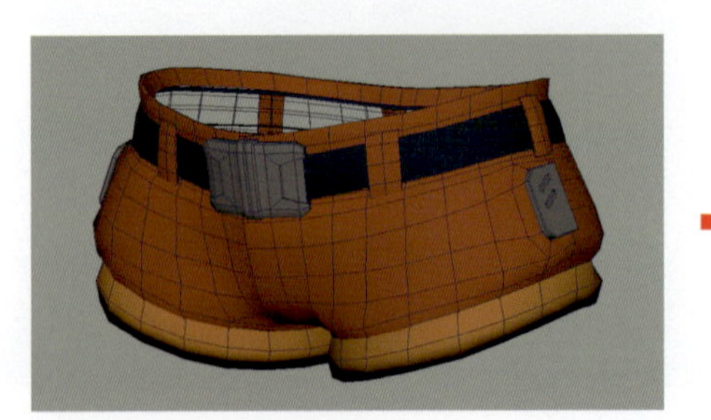
全体的に細分化して形状を整えます。

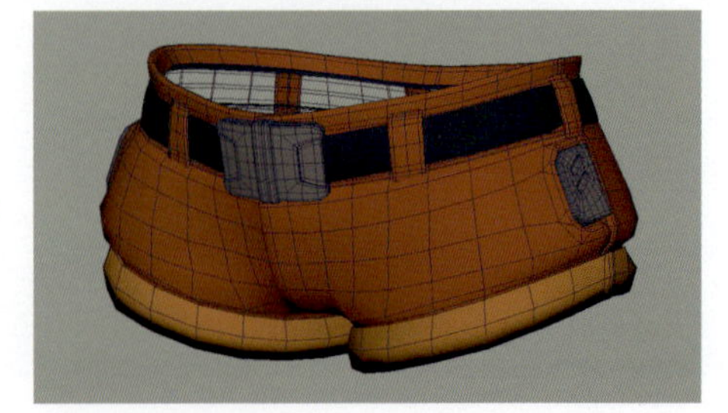
角部分にエッジを追加してスムーズ時にエッジを立たせる処理を施します。

10 シューズを作成します。シューズ部分は身体モデルの足のフェースの複製を基に作成しています。

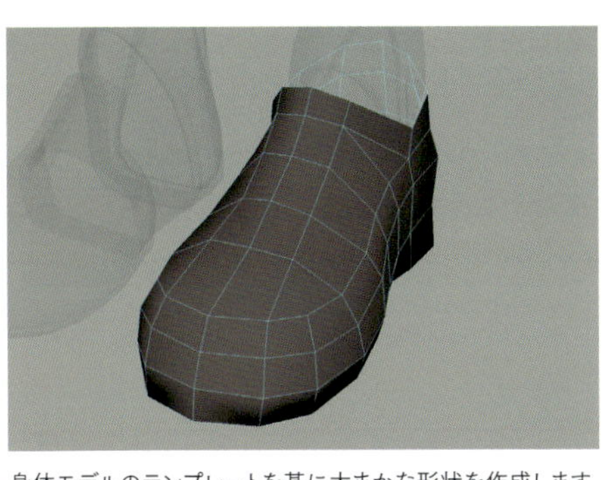

身体モデルのテンプレートを基に大まかな形状を作成します。

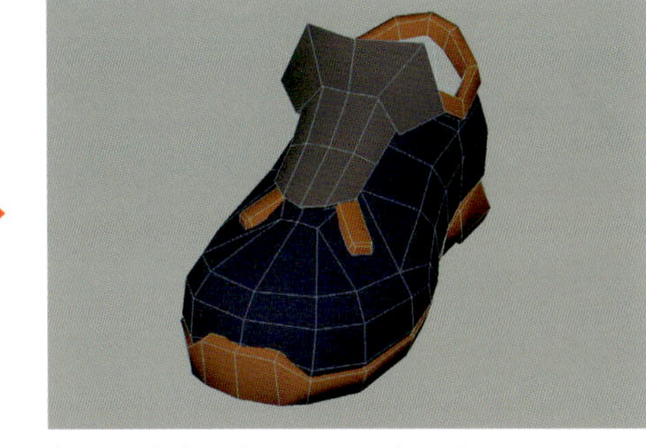

各要素を作成して仮マテリアルを適用します。

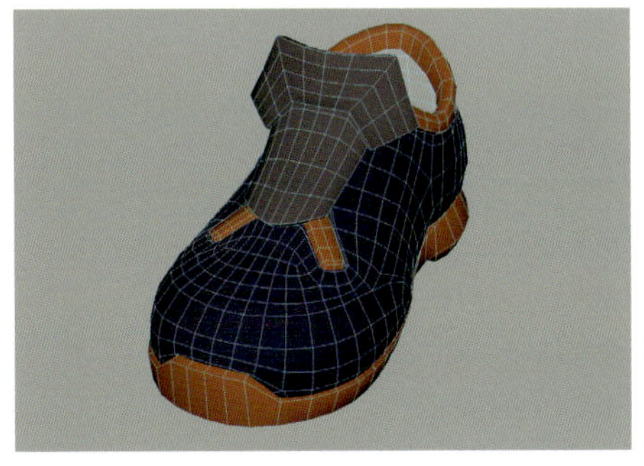

全体的に細分化して形状を整えます。

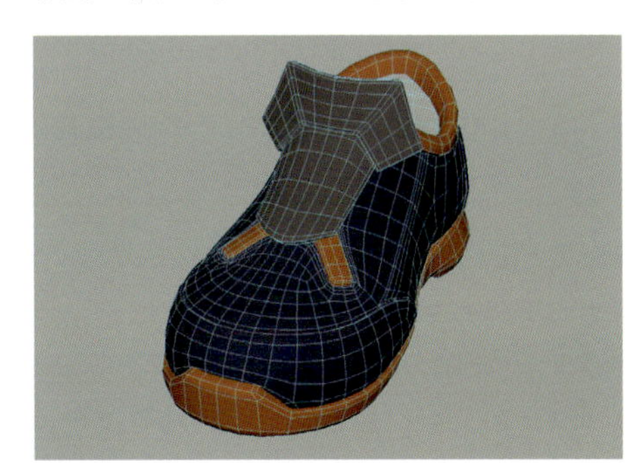

角部分にエッジを追加してスムーズ時にエッジを立たせる処理を施します。

衣服モデルの完成

11 衣服モデルが完成しました。各配色の分布のバランスや色味などを確認し調整します。

Chapter 2-6

UV展開と編集

テクスチャを適用する前段階として各オブジェクトのUV展開と編集を行います。UVの構成はテクスチャ作業の編集のしやすさにも影響しますので、解像度に注意しつつ範囲内に配置していきます。

開始シーン ▶ MayaData/Ex_Chap02/scenes/Ex_Chap02_UV.mb

要素別に区分けする

1 UV展開に入る前にキャラクタモデルにいくつのテクスチャ（マテリアル）を適用するのか事前に整理しておきます。材質やパーツの位置など区分けの基準はいくつかありますが、今回は以下のように分けており合計8種類のマテリアルを使用する前提で進めていきます。

- 頭部と腕と指（肌パーツ）　テクスチャ解像度「4096px」
- インナースーツと手袋　テクスチャ解像度「4096px」
- 上半身アーマー部分（腕当て含む）　テクスチャ解像度「4096px」
- 下半身アーマー部分（腿当てと脛当てと靴下）　テクスチャ解像度「4096px」
- ジャケット　テクスチャ解像度「4096px」
- ショートパンツとシューズ　テクスチャ解像度「4096px」
- 眼球白目部分　テクスチャ解像度「2048px」
- 眼球虹彩部分　テクスチャ解像度「1024px」

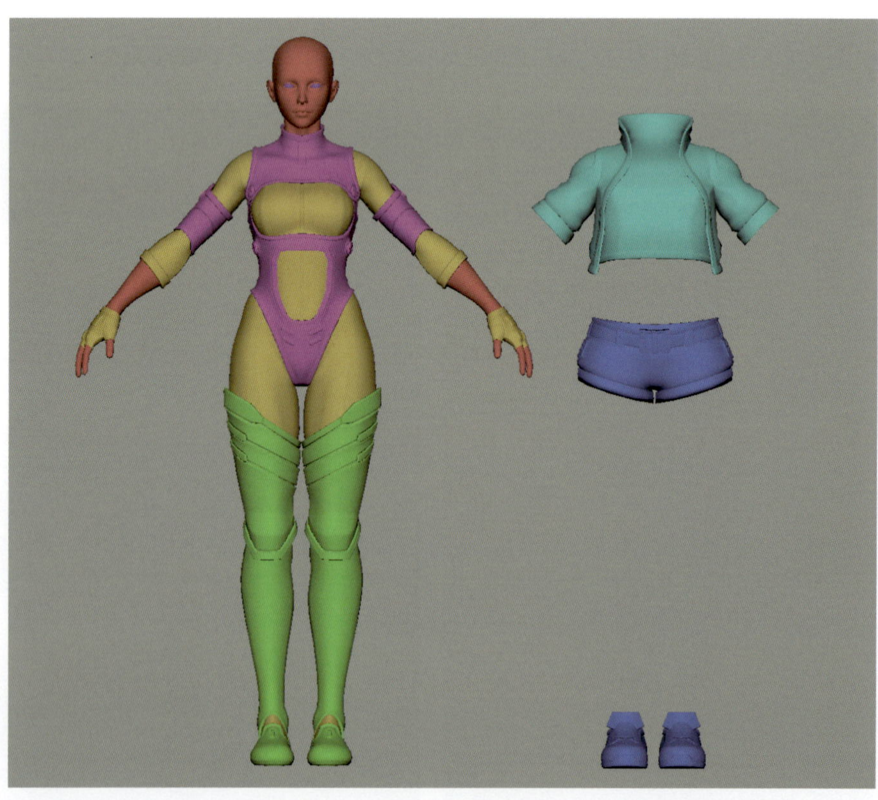

区分けを色で表現した場合、上図のようなイメージになります。同じ色で区分けされたオブジェクト同士は結合しておきましょう。

UVの作成

2 基本的にはモデリングと同様に左半身のUVのみを展開し、後にシンメトリコピーしてUV展開済みの右半身を作成します。

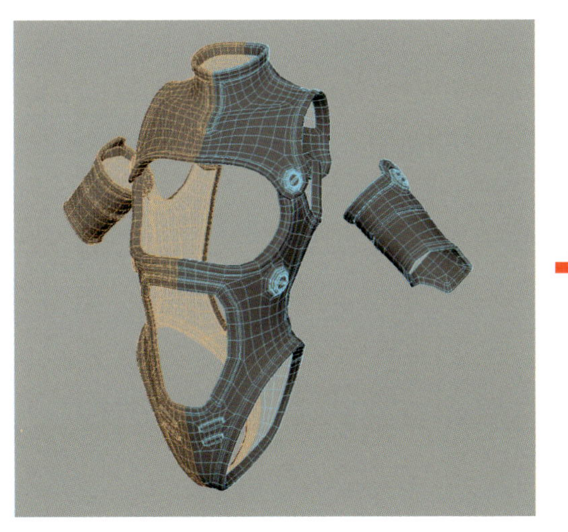

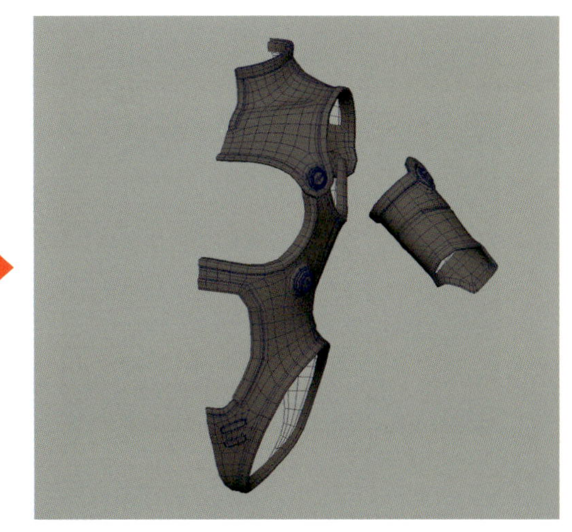

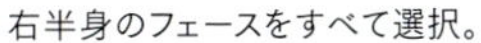

右半身のフェースをすべて選択。

フェースを削除し左半身のみの状態にします。

3 UVエディタを使用してオブジェクトごとにUVを展開していきます。［ウィンドウ］>［モデリングエディタ］>［UVエディタ］を起動します。オブジェクトを選択した状態でUVツールキット内の作成セクションから［平面マッピング］平面を Shift を押しながら適用します（Shift を押すことで各オプションメニューを起動できる）。

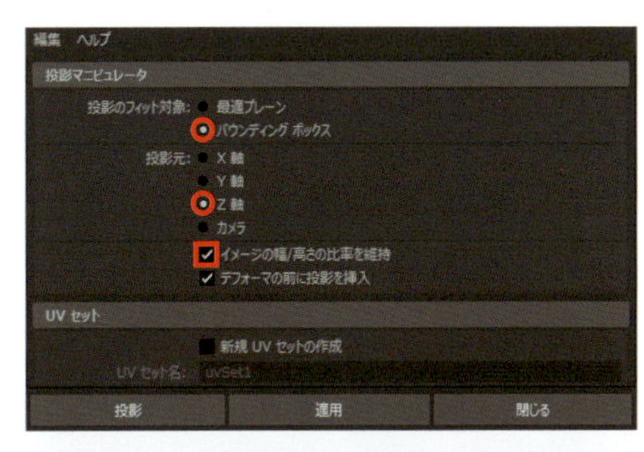

平面マッピングのオプションメニュー。投影のフィット対象を［バウンディングボックス］、投影元を［Z軸］、［イメージの幅/高さの比率を維持］にチェックを入れた状態で適用します。

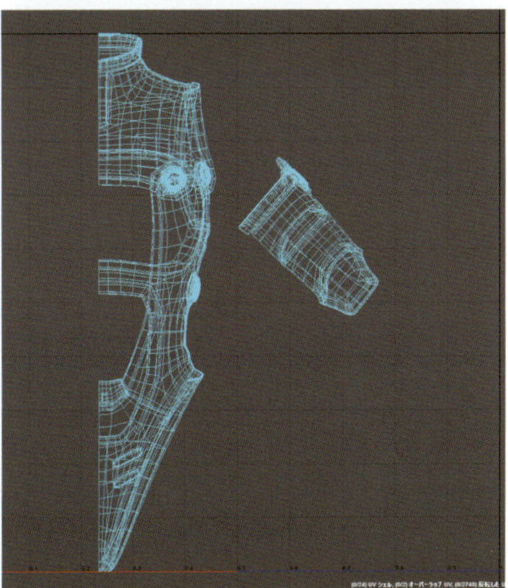

Z軸正面から平面マッピングされたUV。ただこの状態では正面と背面のUVが重なっていたり、一部のUVが反転していたりします。

4 UVエディタの［シェード］をオンにして確認してみましょう。赤くシェーディングされた領域はUVが反転した部分、紫でシェーディングされた領域はUV同士が重なっている部分です。

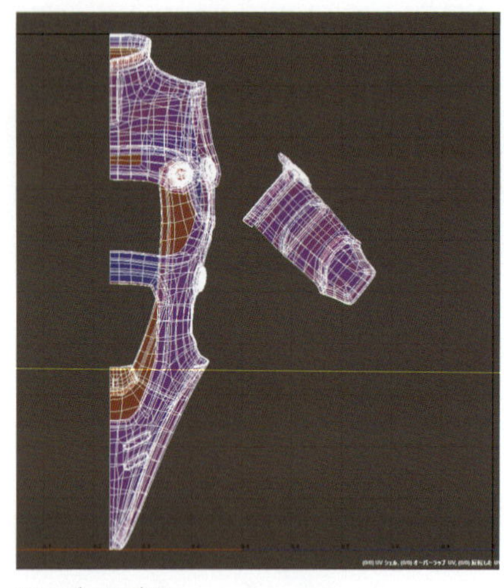

UVエディタの表示。

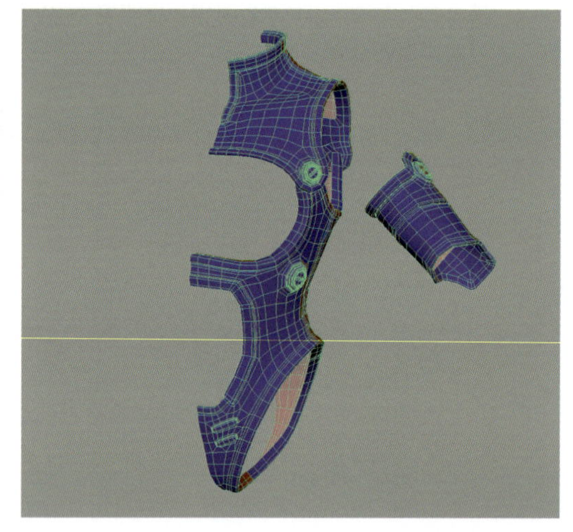

ビューポートでの表示。

5 次にUVエディタの［チェッカマップ］をオンにします。ビューポート上でオブジェクトにチェック模様のマップが適用されUVの歪み具合を確認できます。また［イメージの減光］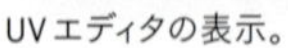をオンにし横のスライダーを調整することでチェック模様の明暗を変更できます。ここからパーツ別にシェル分けしてUVの重なりと歪みを解決していきます。

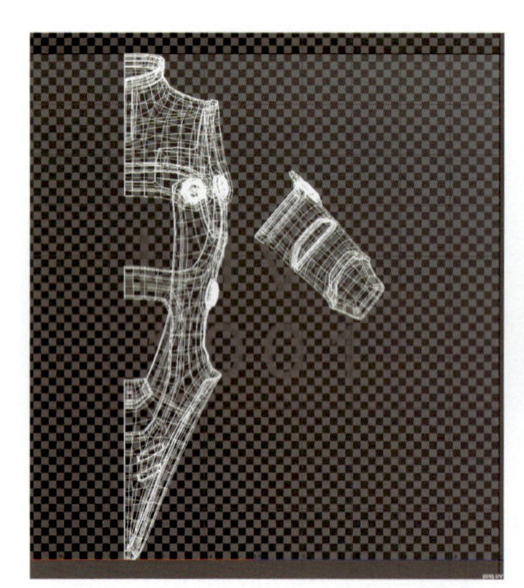

UVエディタの表示。

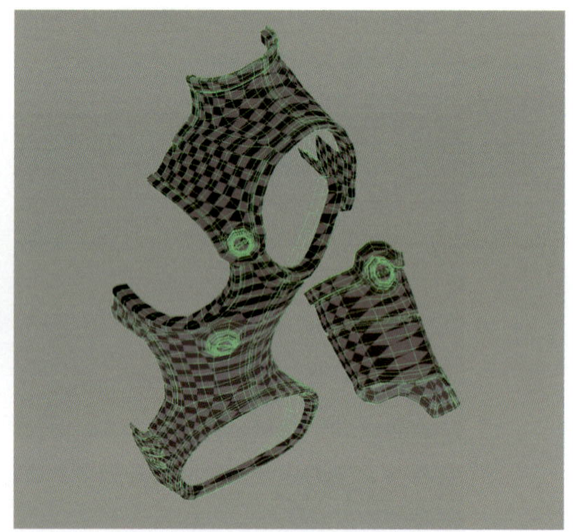

ビューポートでのチェッカマップ表示具合。側面や上面、下面のUVが伸びています。

MEMO マルチカラーの表示

UVエディタの［シェード］を右クリックでオンにした場合UVをシェル別で表示するマルチモードでシェーディングに切り替えられます。またシフトを押して表示されるオプションメニューからはシェーディングカラーや透明具合（アルファ値）のカスタマイズができます。

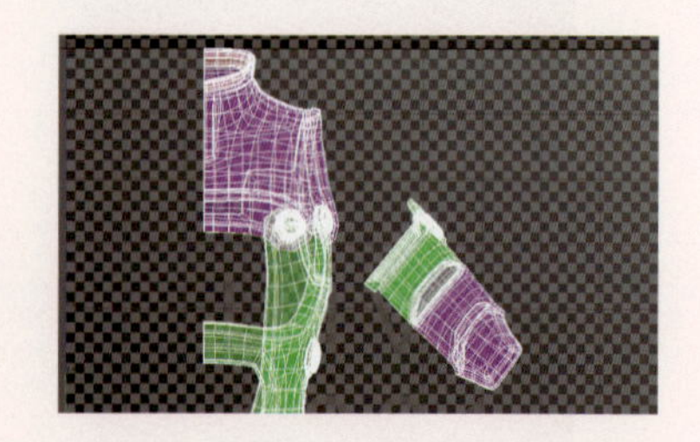

6

ビューポートでUVを切断したいエッジを選択しUVツールキット内の［カットと縫合］セクションから［カット］ カット を実行します。またカットされたUVをビューポート上で確認しやすくするため［ディスプレイ］＞［ポリゴン］＞［テクスチャの境界エッジ］をオンにします。これにより切り離されたUVの境界線が太く表示されます。

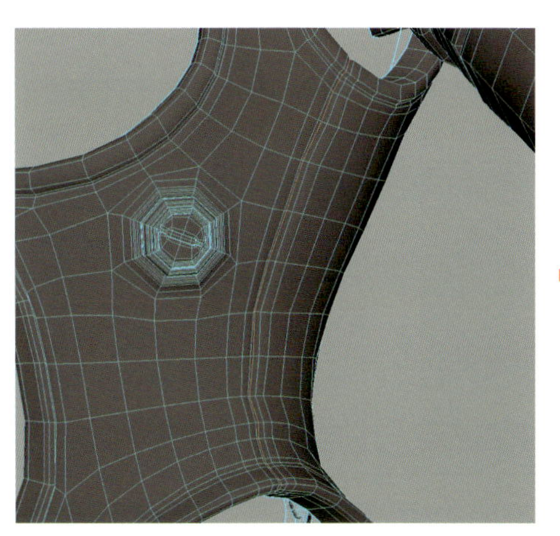

縫い目部分のエッジを選択し、カットを実行してUVを分離します。

カットをテクスチャの境界エッジを有効にすることでカットされたUVの境界線が太く表示されます。

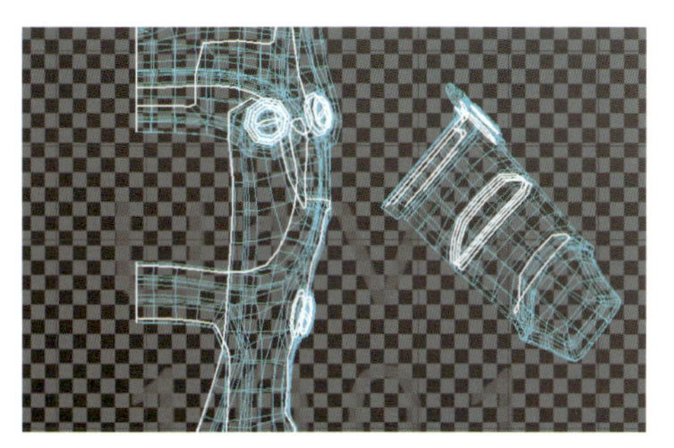

UVエディタ内でも［テクスチャの境界エッジ］をオンにすることで太く表示されます。

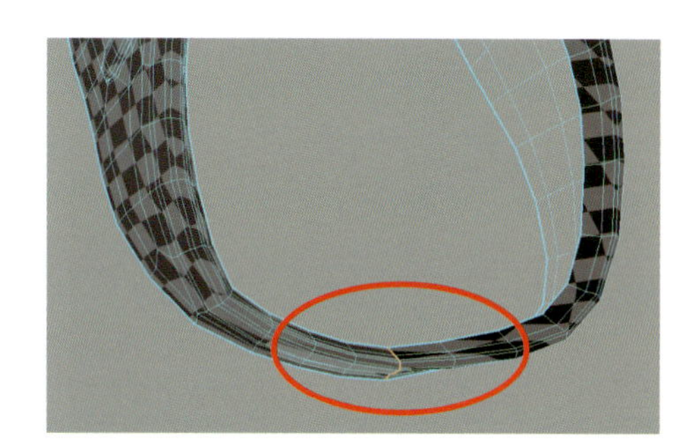

側面に続いて股下部分のUVもカットしておきます。

7

UV選択モードに切り替え（F12）て腹部前面のUVポイントをダブルクリックします。ダブルクリックすることでそのUVポイントが含まれているUVシェルの選択状態に切り替わります。背面のUVと重なっていて見づらいので、そのまま移動しUVシェルをずらします。

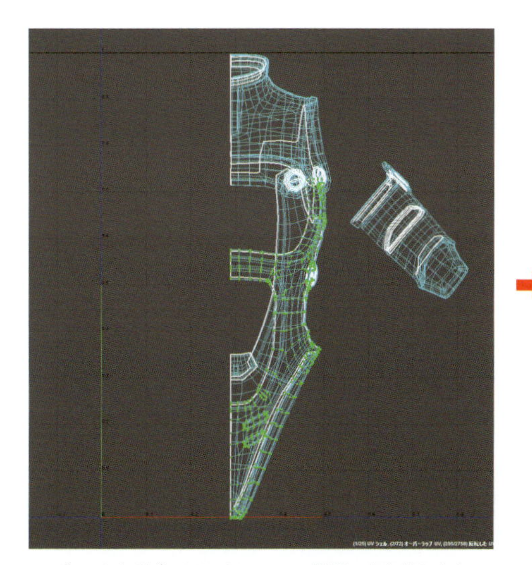

UVポイントをダブルクリックしてシェル選択に切り替えます。

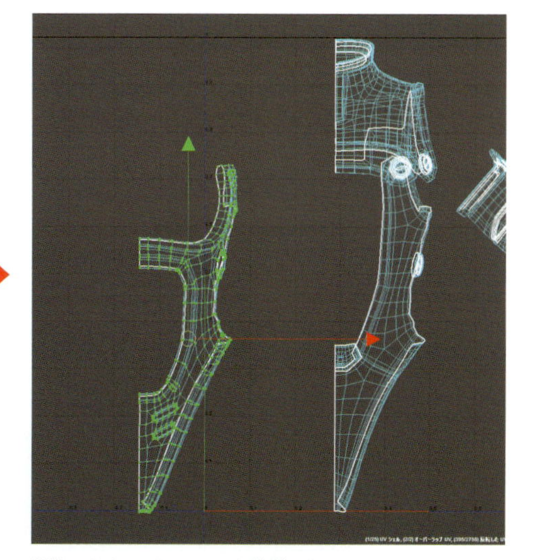

編集しやすいようにシェルを移動します。

8

分離したUVシェルの歪みを調整します。選択されていたUVポイントをフェース選択状態に切り替えて（Ctrl + F11）、作成パネルから選択されたフェースに対し［法線ベース］法線ベースマッピングを適用します。これにより選択したフェース法線の平均ベクトルに基づいたマッピングが施されます。次に展開セクションから［最適化］最適化をShiftを押しながらクリックしオプションパネルを表示します。反復を「10」に設定して数回最適化を適用することでUVをリラックスさせて、歪みを解消します。

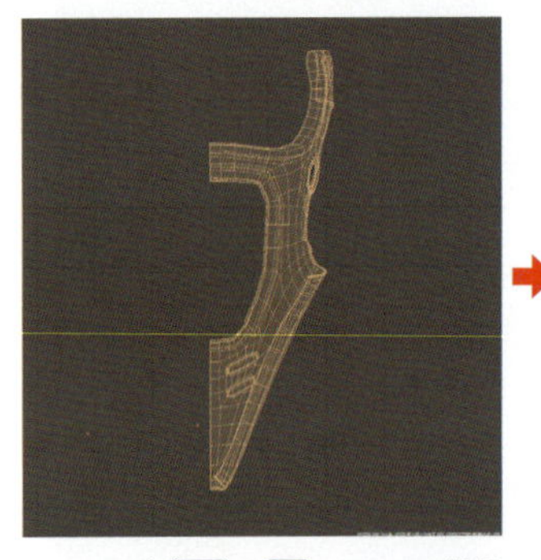

UVシェルをCtrl + F11でフェース選択に切り替えた状態。

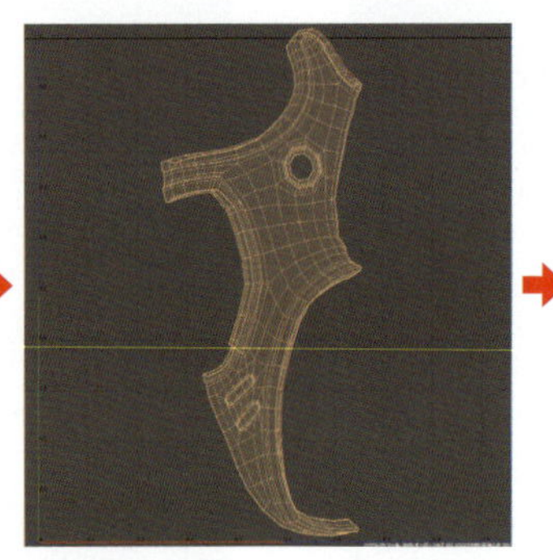

法線ベースマッピングを適用します。

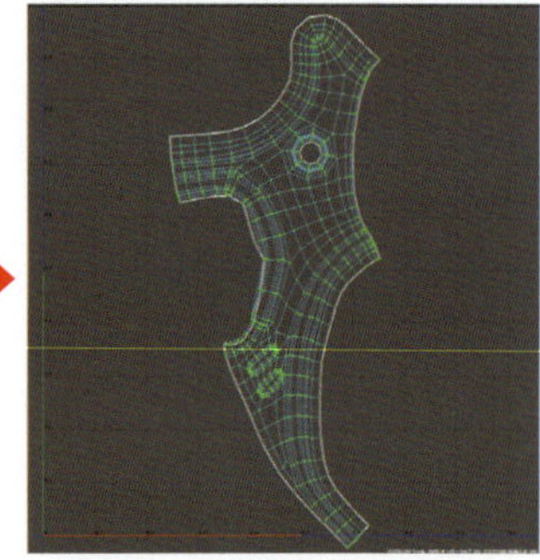

最適化を適用してUVの歪みをリラックスさせます。

最適化前のUVチェッカマップ表示。側面の模様が大きく伸びています。

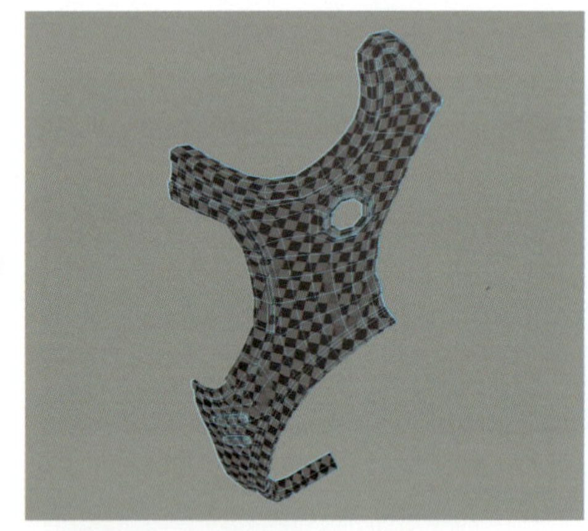

最適化適用後のUVのチェッカマップ表示。側面のUVの伸び具合が解消しており、均一なチェック模様になりました。

9

湾曲した帯状のUVシェルは直線状にした方がテクスチャの編集がしやすいため、UVを切り取って個別に調整します。

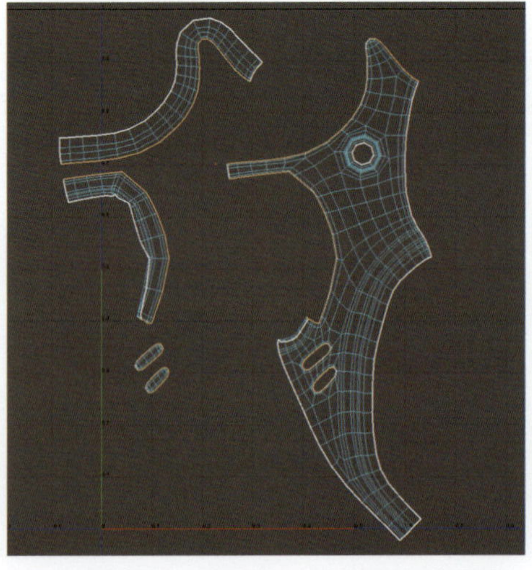

オレンジの帯状のパーツのUVをカットして移動しておきます。

切り離したUVシェルを［展開］セクションの［シェルの直線化］シェルの直線化と［位置合わせしてスナップ］セクションの［位置合わせ］位置合わせを使用して整列された長方形のUVシェルに調整します。

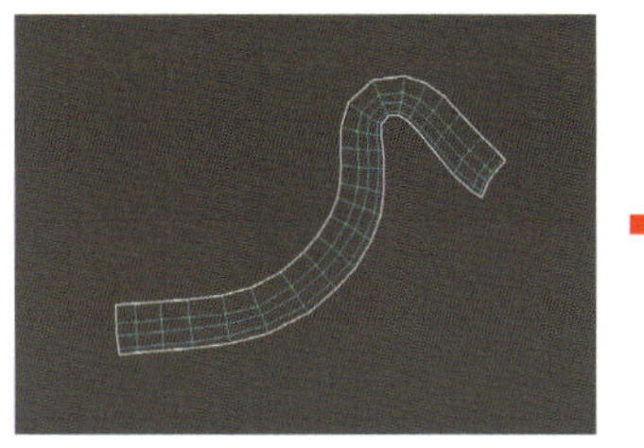
内側のエッジループを選択してUVポイント選択に切り替えます（Ctrl + F12）

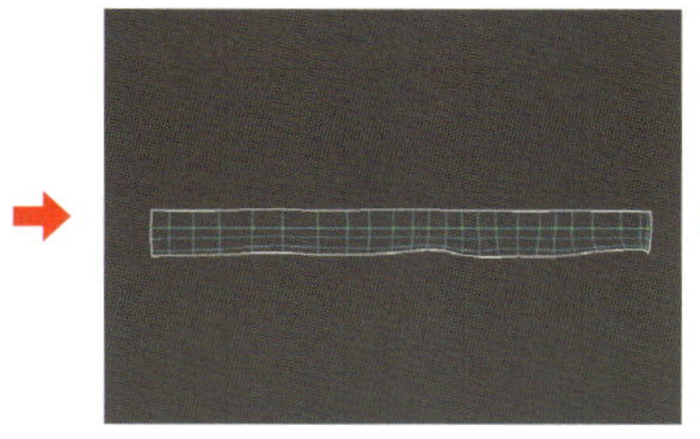
［シェルの直線化］を適用して湾曲したUVを直線化します。

位置合わせを使用して歪んでいたラインを整列します。

直線化前のUVチェッカマップの表示。

直線化後のUVチェッカマップの状態。帯に対しチェック模様が流れに沿うように構成されました。

MEMO

UVの直線化

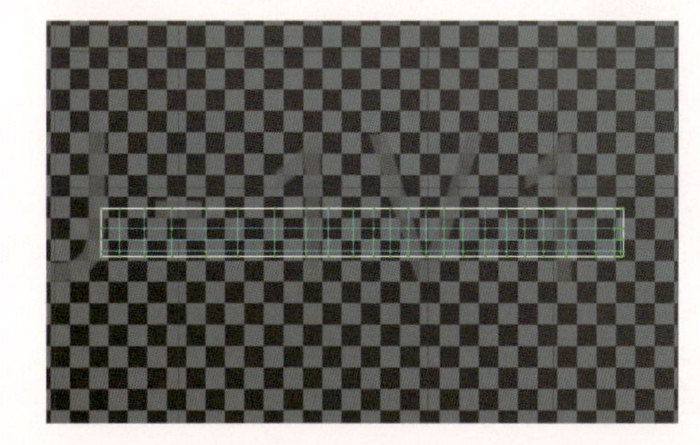

位置合わせではなく以下の機能を使用して整列できます。

- 直線化したいUVを選択して［展開］セクションを開く。
- ［UVの直線化］の横の最大角度と揃えたい軸を設定し適用する。

UV の直線化 30.00 U V

これにより隣接するUVに対して角度を調整してUVを自動的に直線化することができます。

10 正中線部分のUVは右半身と結合させるため直線に整列します。その後直線で整列したUV以外を選択し最適化を数回実行してUVの歪みを修正します。

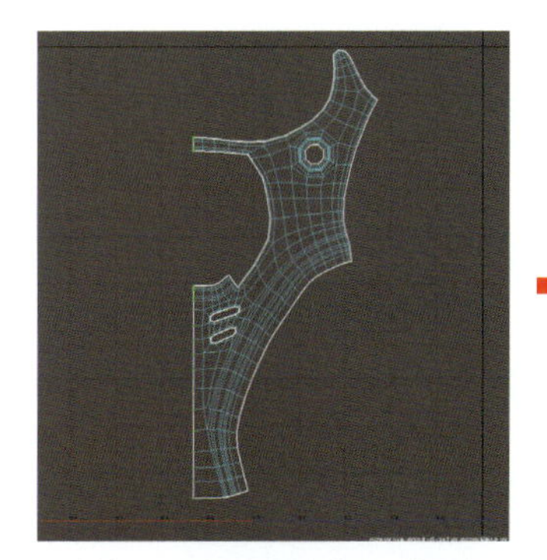
正中線のUVポイントを選択し、位置合わせを使用してV軸に整列します。

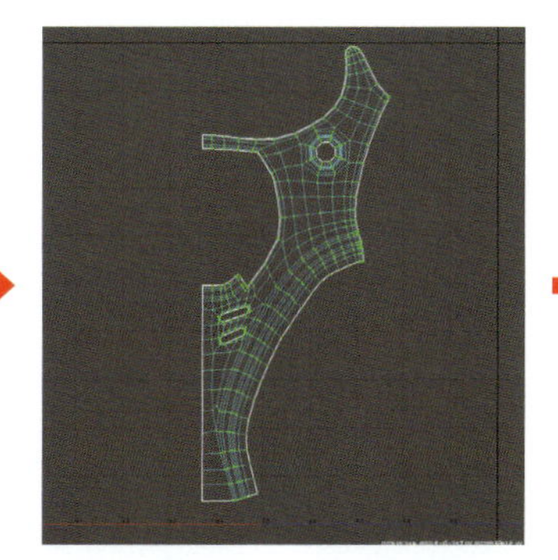
整列したUVポイント以外を選択します。

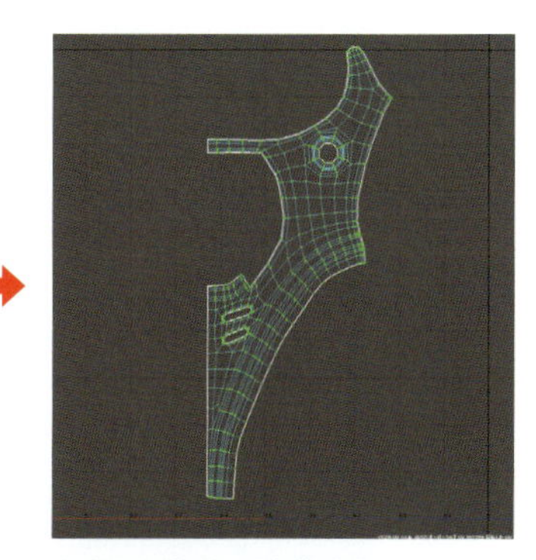
最適化を適用し正中線以外のUVの歪みをリラックスさせます。

11

他のパーツも同様の手順でUV展開していきます。下図では分かり易くするため色分けしています。

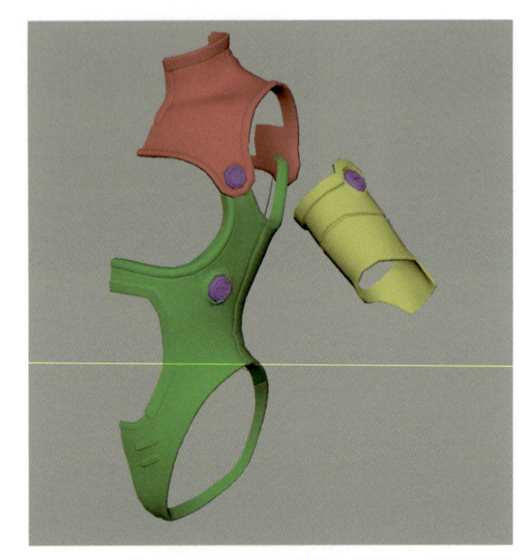

パーツ別に仮マテリアルを適用して色分けしている状態。

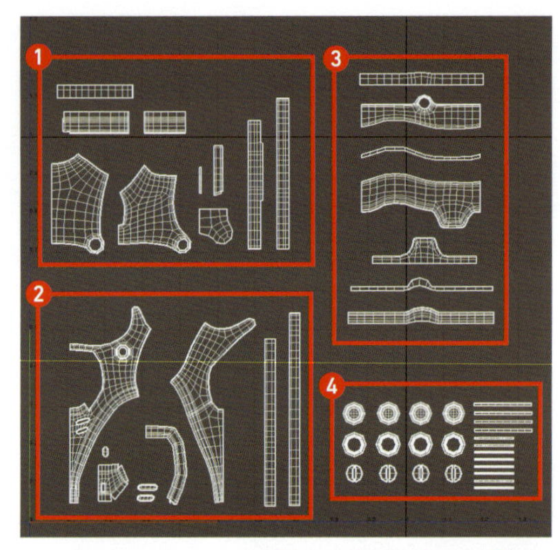

UVエディタ上での各パーツの展開❶首周り❷胴周り❸腕当て❹金属

12

各UVシェルの調整が完了しましたら右半分の領域（U値0.5～1範囲内）に敷き詰めていきます。

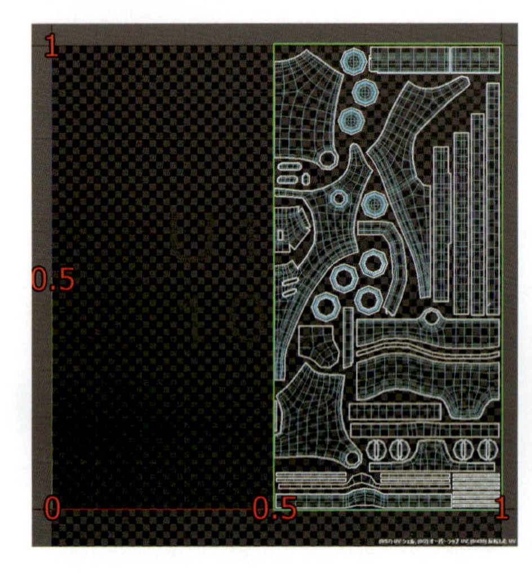

UV同士の重なりや、極端な隙間が生じないように必要に応じてUVの回転やスケールを使用して調整します。また正中線が含まれるシェルは極力中央に配置しましょう。左半分の領域には後の工程でシンメトリコピーした右半身のUVが配置されます。

13

配置するときには各パーツ間の解像度に差が出ないよう、チェック柄の密度具合をビューポートで確認しつつ調整していきます。

各パーツの解像度が不均衡な状態。

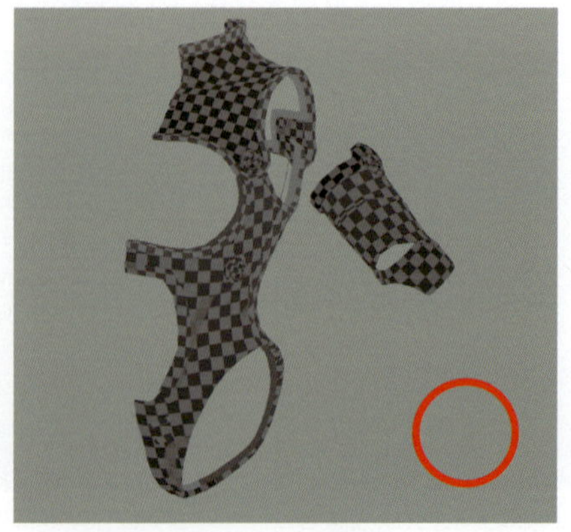

各パーツの解像度が均一に近い状態。

14 左半身のオブジェクトをシンメトリコピーして右半身を作成します。モデリング時の特殊な複製のジオメトリタイプの設定はインスタンスで行っていましたが、UVを左右反転した際にインスタンス元のオブジェクトにUV変更内容を反映させないため、ジオメトリタイプを[コピー]に切り替えて複製します。

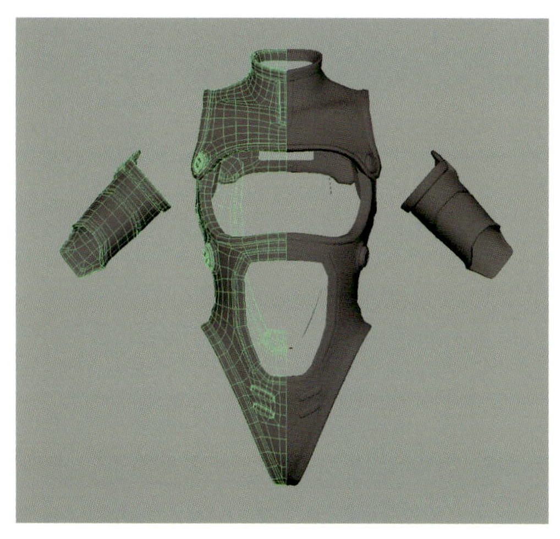

特殊な複製で右半身オブジェクトを作成します。

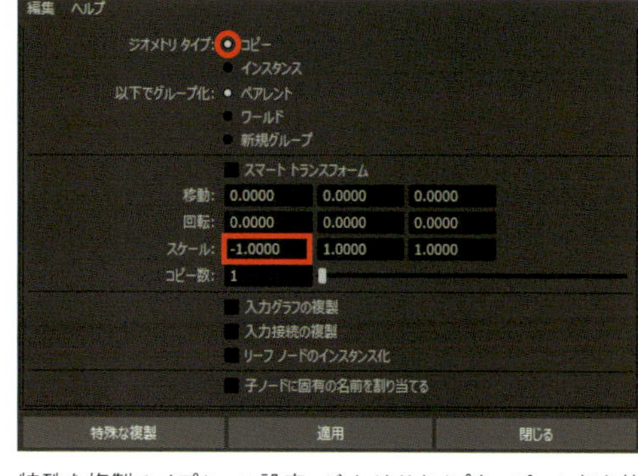

特殊な複製のオプション設定。ジオメトリタイプをコピーに切り替え、スケールXの値に「-1」を入力して適用します。

15 右半身のUVを反転させます。まず右半身のUVポイントを全て選択して移動モードに切り替えます(W)。次に[トランスフォーム]セクションの[ピボット]でピボットの位置をUVエリアの中央に設定します(U値0.5　V値0.5)。最後に[ツール]セクションのスケールの[反転]を実行して選択したUVを反転します。

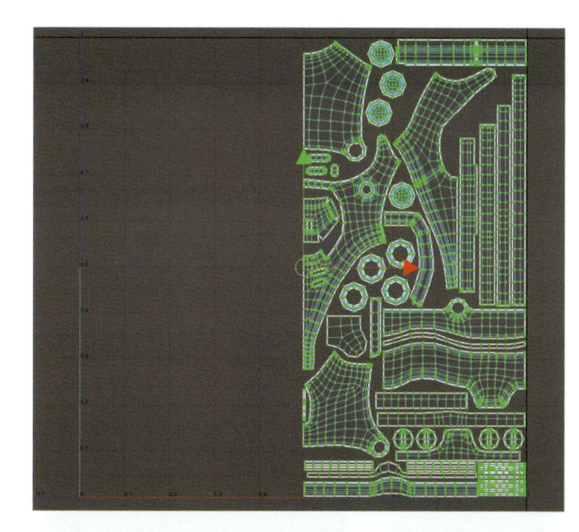

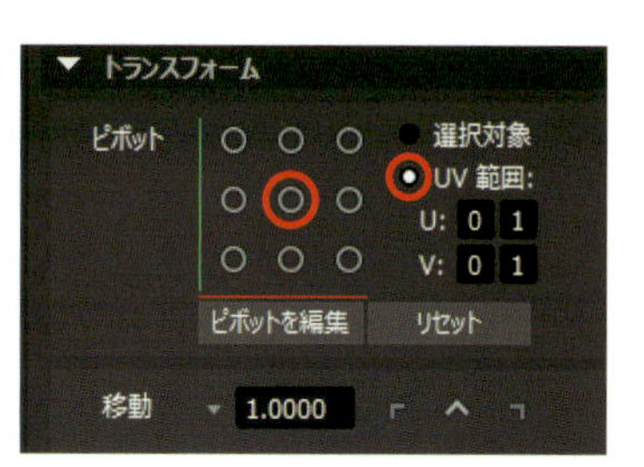

UVポイントを選択しトランスフォームセクションで[UV範囲]に切り替え、中央の円をクリックします。ピボットの位置がUV範囲の中央に設定されます。

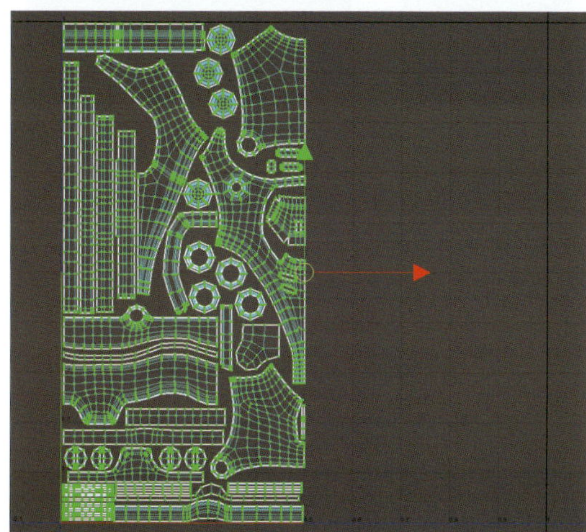

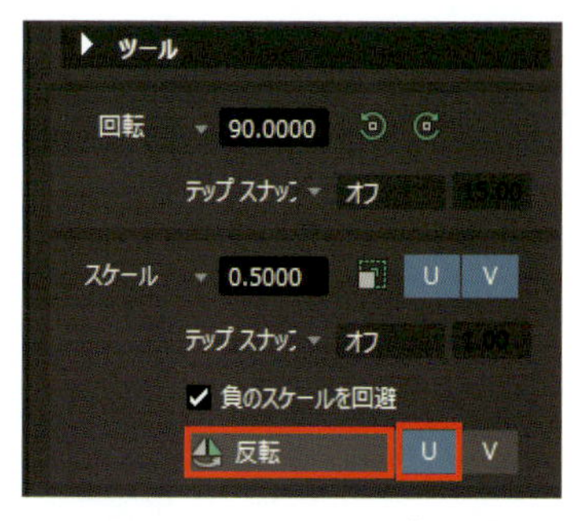

ツールセクションのスケールのU軸を選択した状態で[反転]を実行して設定した軸を基にUVポイントを左右反転させます。

16

左半身と右半身オブジェクトを結合および頂点のマージをした後にUVポイントの中央のラインを選択し、[カットと縫合]セクションの[縫合] 縫合 を実行して重なっているUVポイントを繋げます。

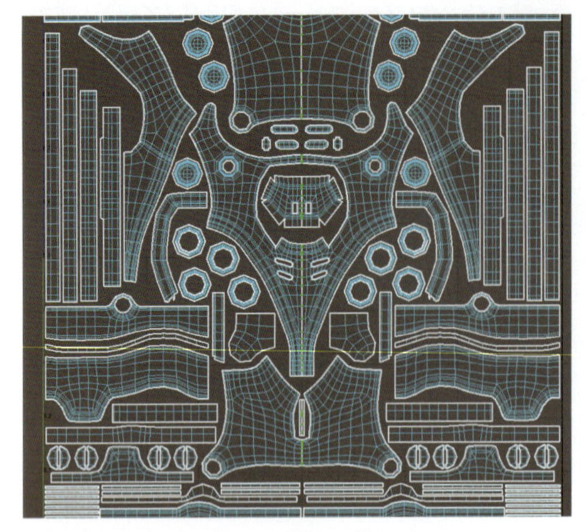

中央の重なっているUVポイントを選択して縫合します。

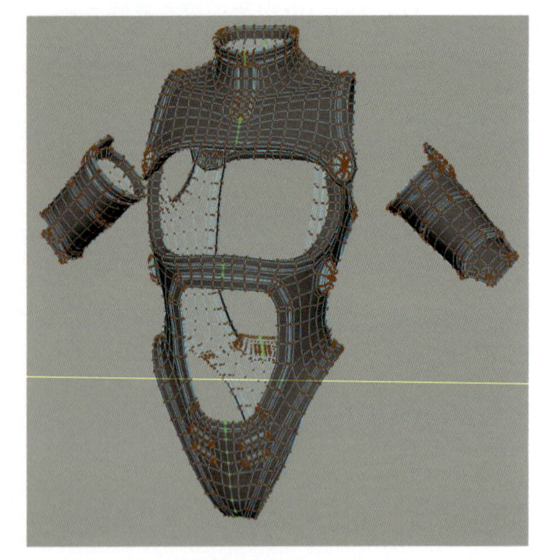

ビューポートでの見た目。縫合されていれば[テクスチャの境界]表示でエッジが太く描画されません。

17

区分けされた各オブジェクトのUV展開です。

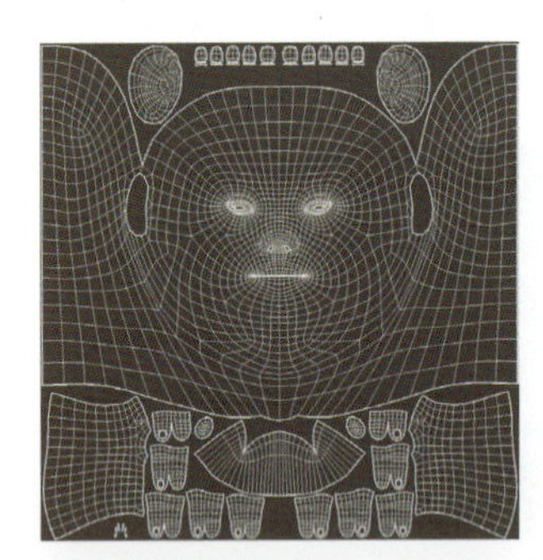

頭部と腕と指(肌パーツ)

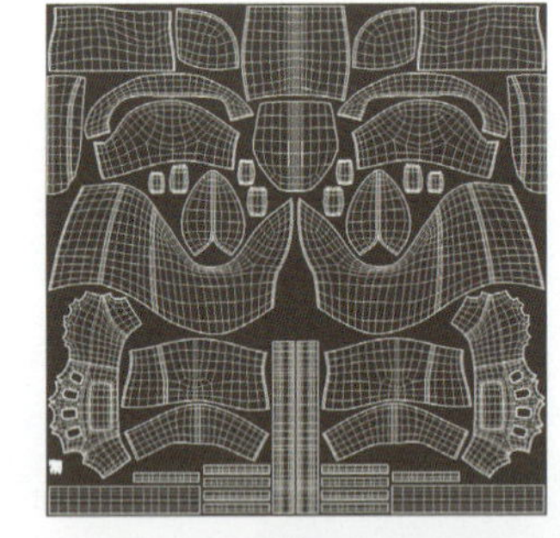

インナースーツと手袋

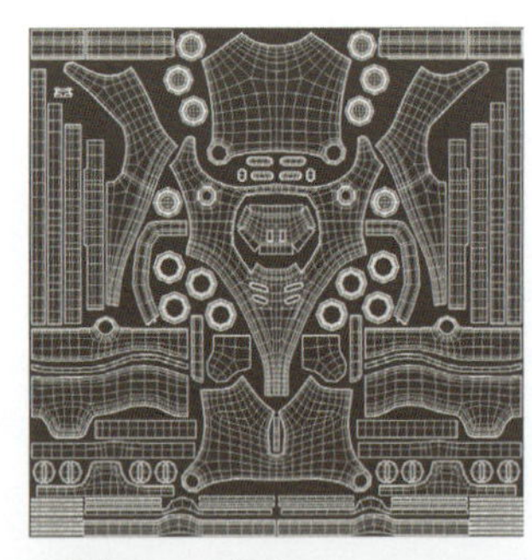

上半身アーマー部分

下半身アーマー部分

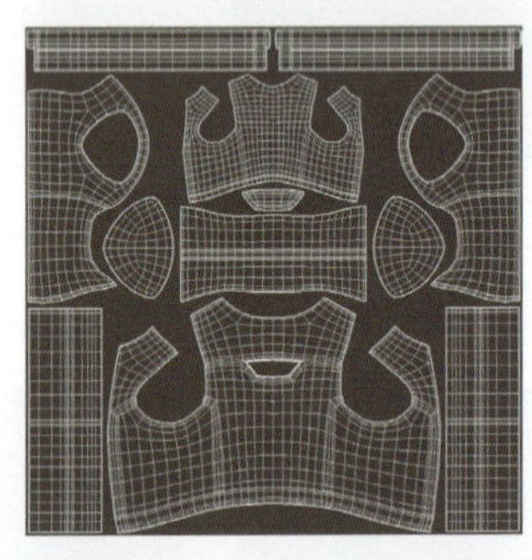

ジャケット

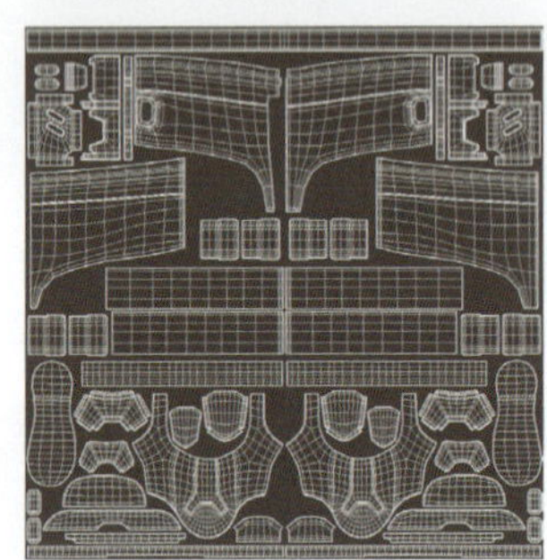

ショートパンツとシューズ

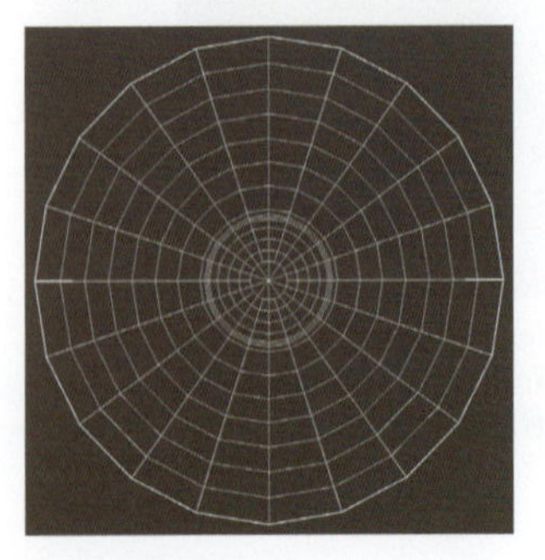

眼球白目部分

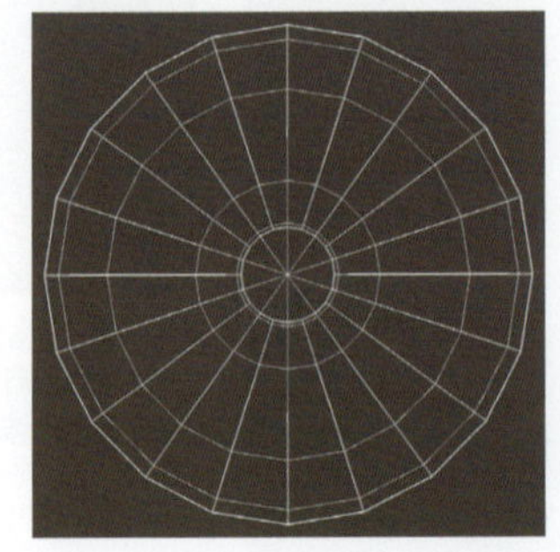

眼球虹彩部分

Chapter

2-7 テクスチャ作成とマテリアル設定

展開されたUVを基にテクスチャを作成してマテリアルに組み込みオブジェクトに適用していきます。テクスチャ内容やマテリアル設定は作品の品質を大きく左右するポイントとなってきます。作成手順には様々な方法がありますが、一例として参考にしてください。

開始シーン ▶ MayaData/Ex_Chap02/scenes/Ex_Chap02_Texture_Material.mb

UV情報の画像化

1 テクスチャを作成するにあたってUV情報のスナップショットを撮って画像化し、それをベースに作業を進めていきます。オブジェクトを選択してUVエディタの[UVスナップショット]を実行して任意の場所に画像を保存します。

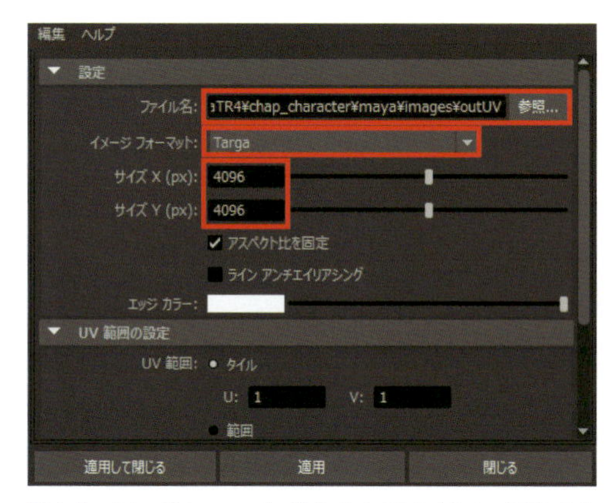

出力先、イメージフォーマット、出力サイズを入力しOKを押します。

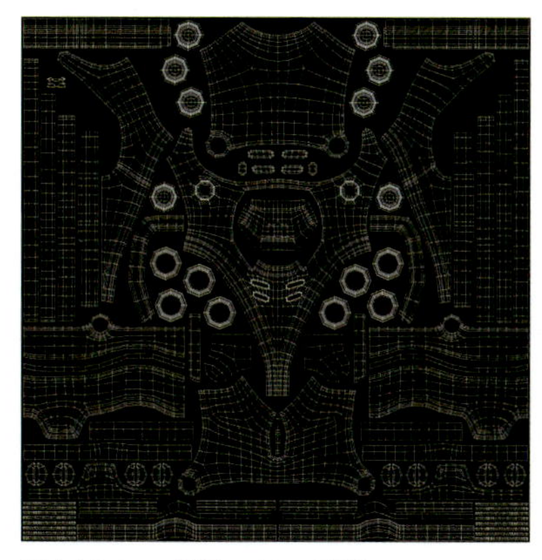

出力されたUV情報のイメージ画像。

配色用マップの作成

2 Photoshopを使用して配色用マップを作成します。出力したUV画像をPhotoshopに読み込み、デザイン画に合わせて[べた塗り]レイヤで配色していきます。模様などもこの段階でしっかり形を作成しておきましょう。仮のマテリアルで構わないので画像をオブジェクトに適用し、配色具合を確認します。

配色されたベースカラーテクスチャ。

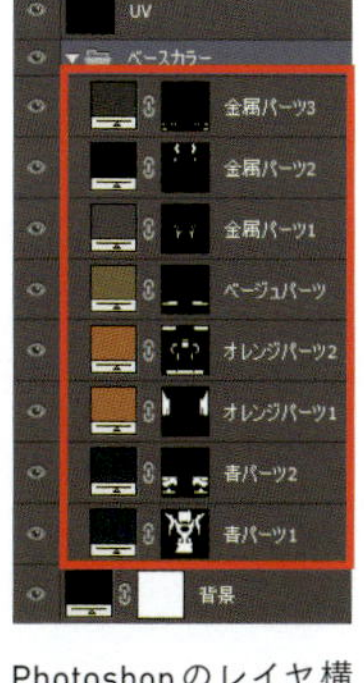

Photoshopのレイヤ構造。べた塗りレイヤのマスクで管理します。

各オブジェクトにベースカラーテクスチャを適用した状態。

AO（アンビエントオクルージョン）の書き出し

3 配色用マップやスペキュラマップのディテールの追加情報としてAOマップを生成します。マップの生成にはTURTLEレイヤシステムを使用します。

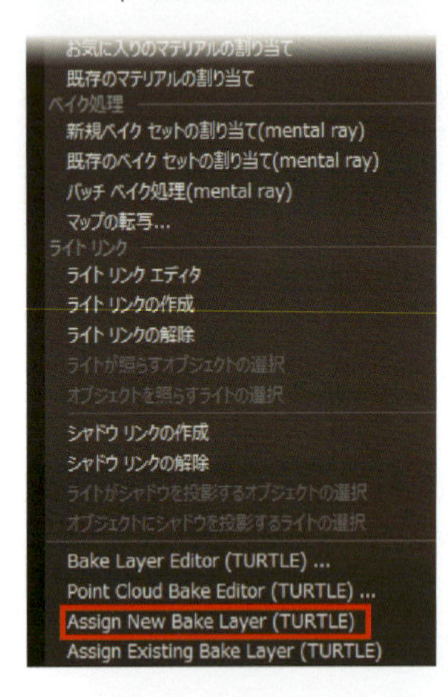

オブジェクトを選択して（今回は眼球と虹彩以外）[レンダリング] > [ライティング / シェーディング] > [Assign New Bake Layer] を実行します。

AssignNewBakeLayerが見つからない場合は[ウィンドウ] > [設定 / プリファレンス] > [プラグインマネージャ] からTurtle.mllのロードにチェックを入れます。

Assign New Bake Layerを実行時にエラーが出た場合、レンダー設定で使用するレンダラを予め[TURTLE]に変更しておくことでエラーを回避できます。

ベイクレイヤの設定をします。ベイクレイヤを適用したオブジェクトのアトリビュート内にilrBakeLayerが追加されており、Assign New Bake Layerで選択したオブジェクトがLayer Memberに登録されていることが確認できます。[追加のアトリビュート] の項目を開き以下のように設定します。

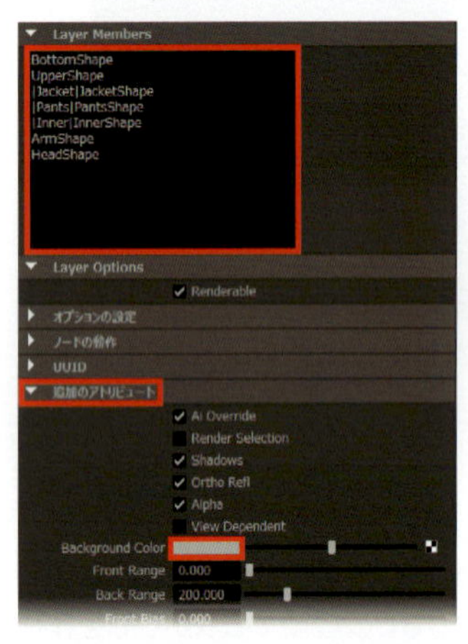

オブジェクトのアトリビュートのilrBakeLayerを開きます。Layer MemberにAssign New Bake Layerで選択したオブジェクトが登録されています。[追加のアトリビュート] を開いてBackground Colorの色をグレーに設定（V値0.5）。

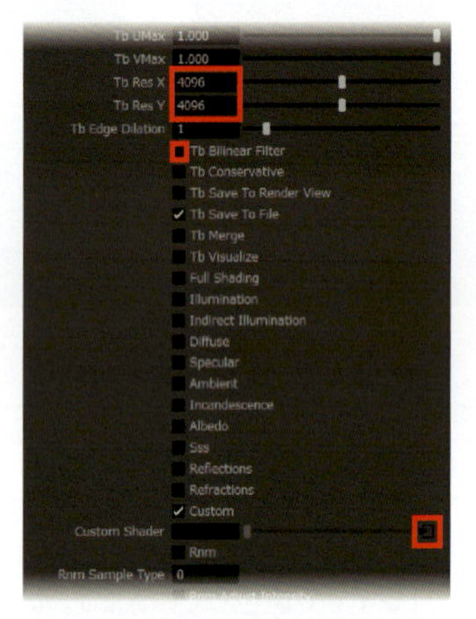

Tb ResXとYの値に書き出すAOテクスチャマップの任意の解像度を入力（4096ピクセルなど高解像度を扱う場合はTb Bilinear Filterのチェックを外すこと）。Custom Shaderに は[Ilr Occ Sampler] を適用します。

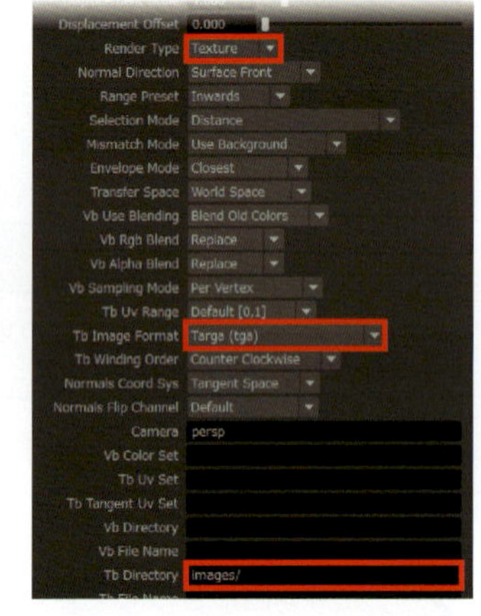

Render Typeは[Texture]を選択します。Tb Image Formatは任意の形式を選択します。Tb DirectoryにAOテクスチャマップの書き出し先のフォルダを指定します（図ではプロジェクトフォルダ内のimagesフォルダを指定している）。

Custom Shaderで適用した[Ilr Occ Sampler] はハイパーシェードの[作成] タブの[Maya] > [サーフェス] カテゴリ内に含まれています。

4 ベイクレイヤの設定に基づきレンダービューからベイク処理（レンダリング）を行います。事前に［レンダー設定］でサンプルの値を変更しておきAOマップテクスチャの品質を上げましょう。

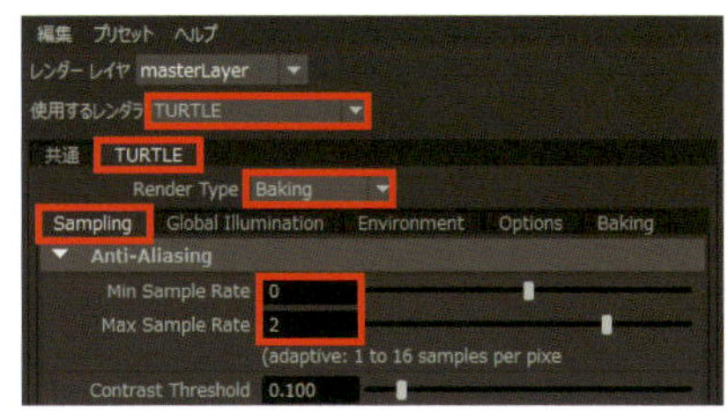

［レンダー設定］を起動し使用するレンダラを［TURTLE］に変更します。Render Typeは［Baking］、［TURTLE］タブ内の［Sampling］の項目の［Anti-Aliasing］に任意の値を入力します（今回はMinを「0」、Maxを「2」に設定）。

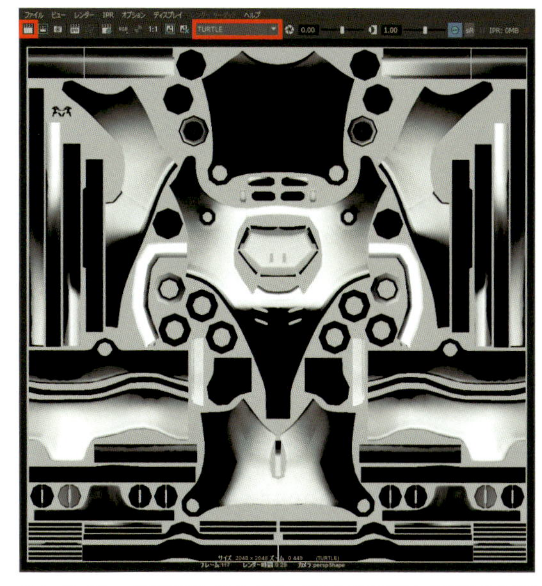

［レンダービュー］を起動してレンダリングを［TURTLE］に切り替えて［現在のフレームをレンダー］を実行しベイク処理（レンダリング）を開始します。Tb Directoryで指定したフォルダ内にレンダリングされたイメージが格納されます（この場合imagesフォルダ内）。

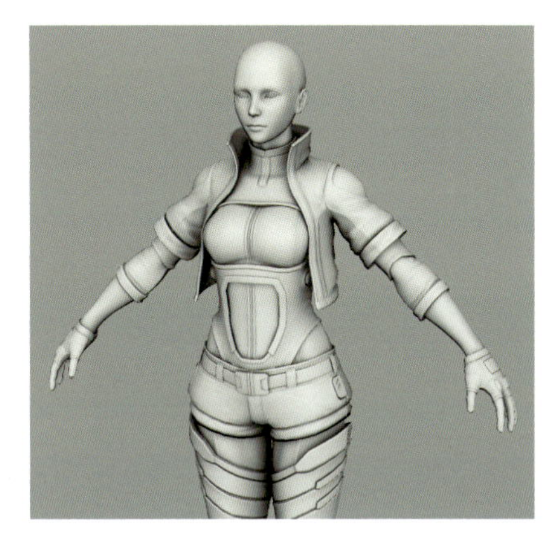

← 各オブジェクトにAOマップテクスチャを適用した状態。

衣服のテクスチャとマテリアルの作成

5 配色用マップを基にAOマップや素材画像を使用し各種テクスチャを作成していきます。衣服に使用するArnoldマテリアル（Standard Surface）には以下5種類のマップを接続します。

ベースカラーマップ（BaseColor）

基本カラーマップ。表面の色情報を扱います。陰影や凹凸情報は含めません。配色用マップに擦れ表現や汚れなどを加えて作成しています。

透明度を下げたAOマップを薄く重ねます。青いパーツにはゴム素材を全体的に使用して、溝には汚しを追加し端の部分には擦れて色あせた表現にします。

オレンジの硬質パーツの角は擦れて塗料が剥がれ下地が出ている表現を追加します。

スペキュラマップ（Specular）

鏡面反射マップ。本来は光の反射の強さを制御するマップです。今回は書き出したAOマップをそのまま使用しています。

ラフネスマップ（Roughness）

表面の粗さを制御するマップです。白くなるほど表面が粗くざらついた質感になります。グレースケール化したマップの上に金属、布、ゴムなど材質別に素材を重ねて作成しています。

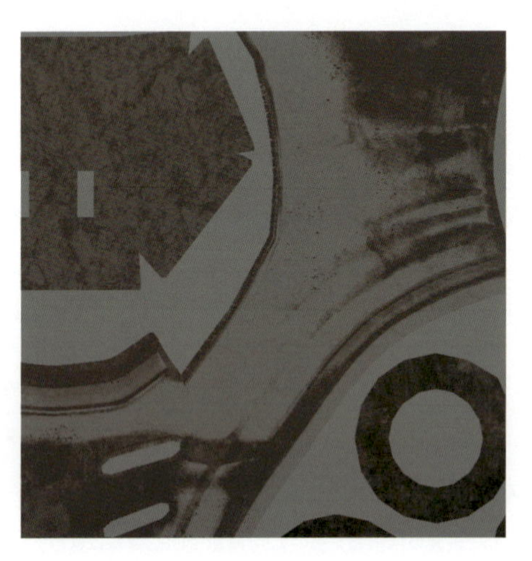

メタルネスマップ（Metalness）

カメラから見た反射具合を制御するマップです。白くなるほど反射します。一般的に金属など写り込みが強い部分は白く塗られます。ラフネスマップと同様に素材を重ねて反射具合が一定にならないよう工夫します。

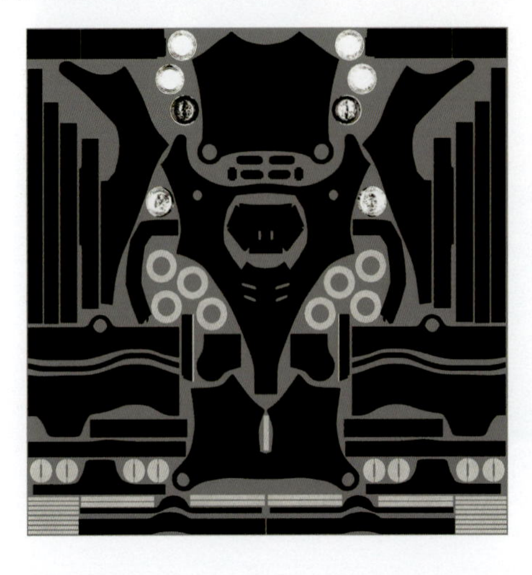

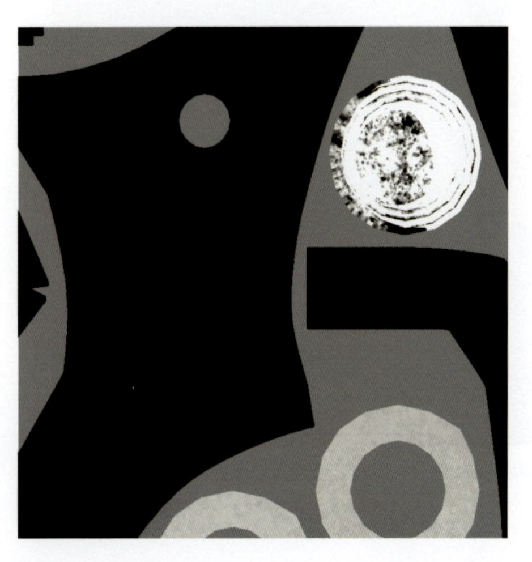

ノーマルマップ（Normal）

表面の凹凸情報を制御するマップです。ノーマルマップは基本的にハイポリゴンのモデルから作成します。Maya上でもハイポリゴンのモデルを作成すればノーマルマップを作成できますが、今回は他のスカルプトツールを使用して作成しています。

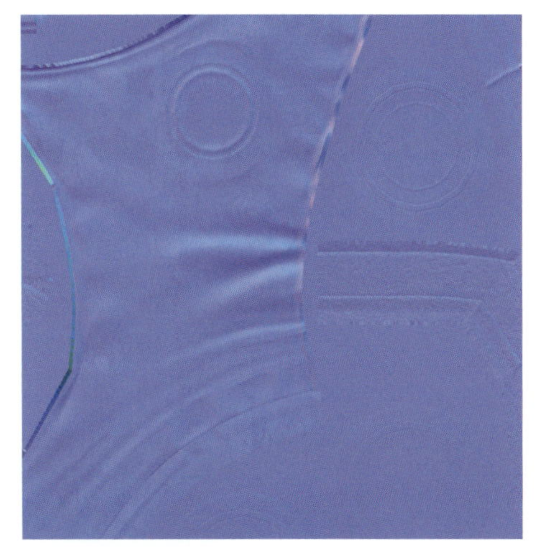

← スカルプトツールで作成されたハイポリゴンモデル。ローポリゴンモデルとの凹凸情報の差分をノーマルマップとして書き出します。

6 できあがった衣服用テクスチャをマテリアルに接続してオブジェクトに割り当てていきます。マテリアルはArnold専用マテリアルの「aiStandardSurface」を使用します。

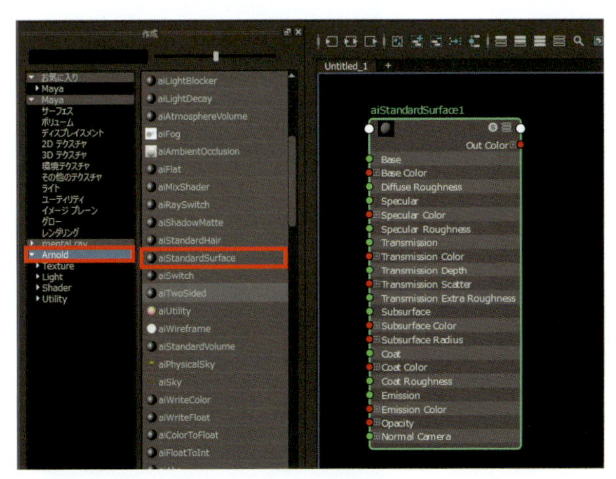

ハイパーシェードの［作成］>［Arnold］>［aiStandardSurface］でaiStandardSurfaceマテリアルを作成します。

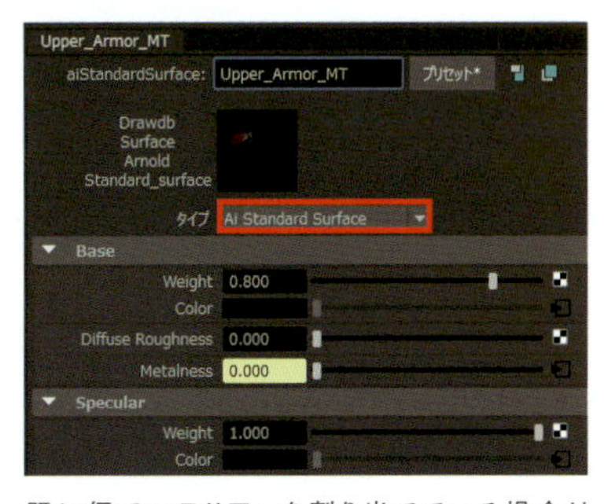

既に仮でマテリアルを割り当てている場合はアトリビュートエディタからマテリアルタイプを［aiStandardSurface］に切り替えます。

各種テクスチャの割り当てとマテリアルの設定は以下のように行います。テクスチャの割り当てとWeightの値以外は標準設定のままです。

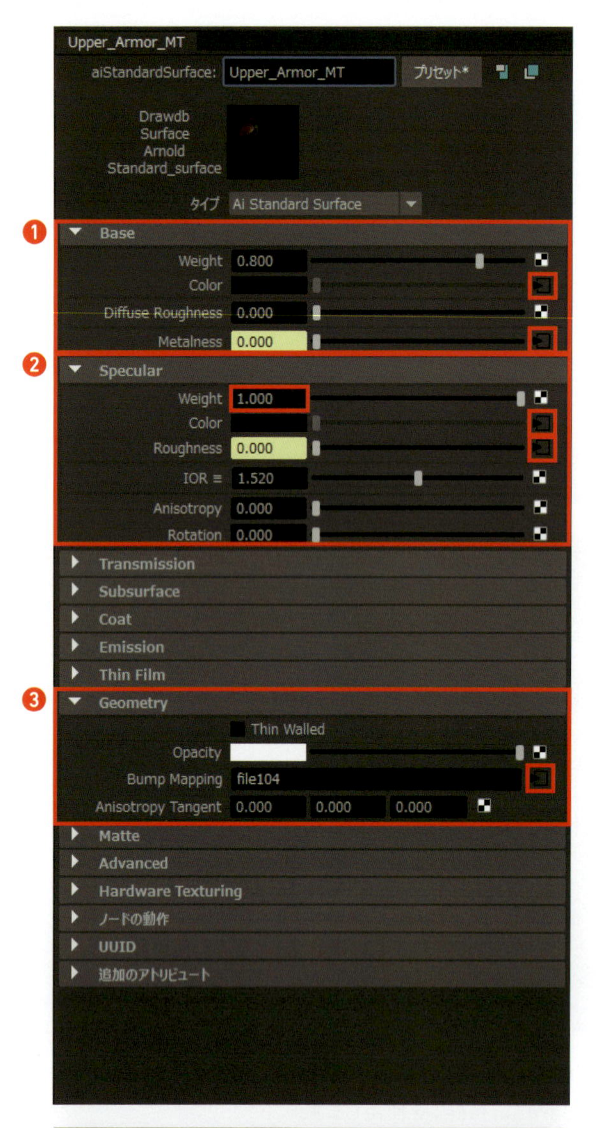

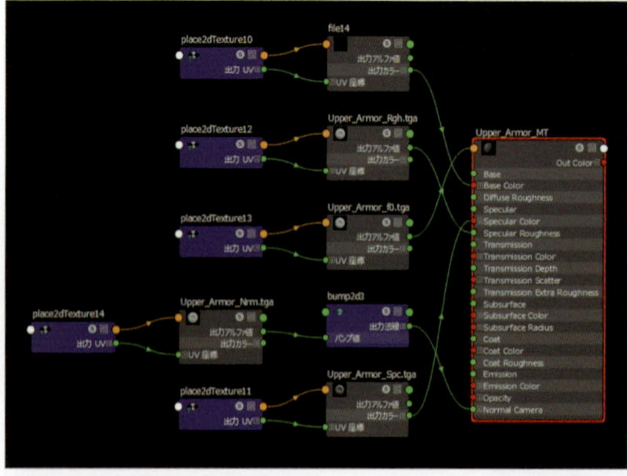

衣服マテリアルの作業領域イメージ。

❶ **Base**

[Color]に「ベースカラーマップ」テクスチャを接続。[Metalness]に「メタルネスマップ」テクスチャを接続。メタルネスマップテクスチャのアトリビュートのColorSpaceを「Raw」に切り替え、「アルファ値に輝度を使用」にチェックを入れます。

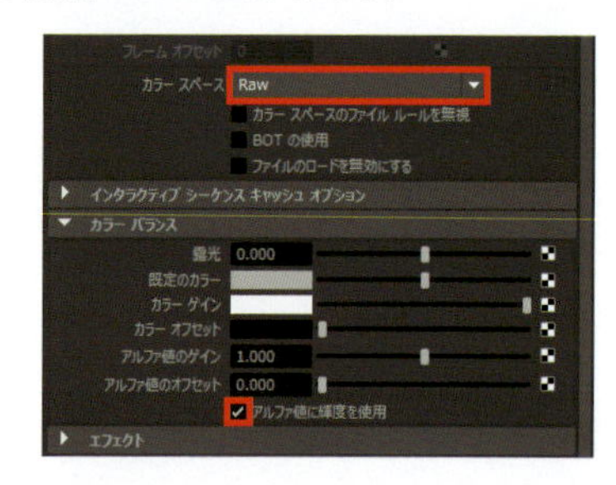

❷ **Specular**

[Weight]の値を「1」。
[Color]に「スペキュラマップ」テクスチャを接続。
[Roughness]に「ラフネスマップ」テクスチャを接続。スペキュラマップとラフネスマップのテクスチャのアトリビュートのColorSpaceを「Raw」に切り替え、「アルファ値に輝度を使用」にチェックを入れます。

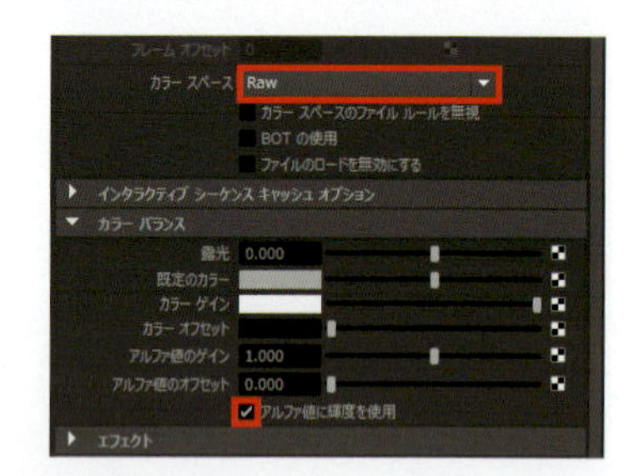

❸ **Geometry**

[Bump Mapping]に「ノーマルマップ」テクスチャを接続。バンプ2Dアトリビュートの[使用対象]を「接線空間法線」に切り替えます。Arnold項目の「Flip R Channel」と「Flip G Channel」のチェックを外します。

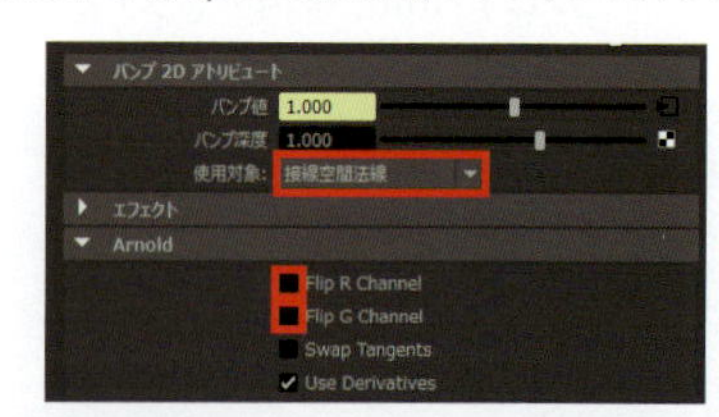

テクスチャのアトリビュートのColorSpaceを「Raw」に切り替えます。

7 Arnoldでモデルをレンダリングしてマテリアルの設定結果を確認します。シーン内にSkydomeLightを作成し、HDRI画像を適用することでイメージベースドライティングが行えます。

HDRI画像 ▶ MayaData/Ex_Chap02/sourceimages/Park_Panorama.hdr

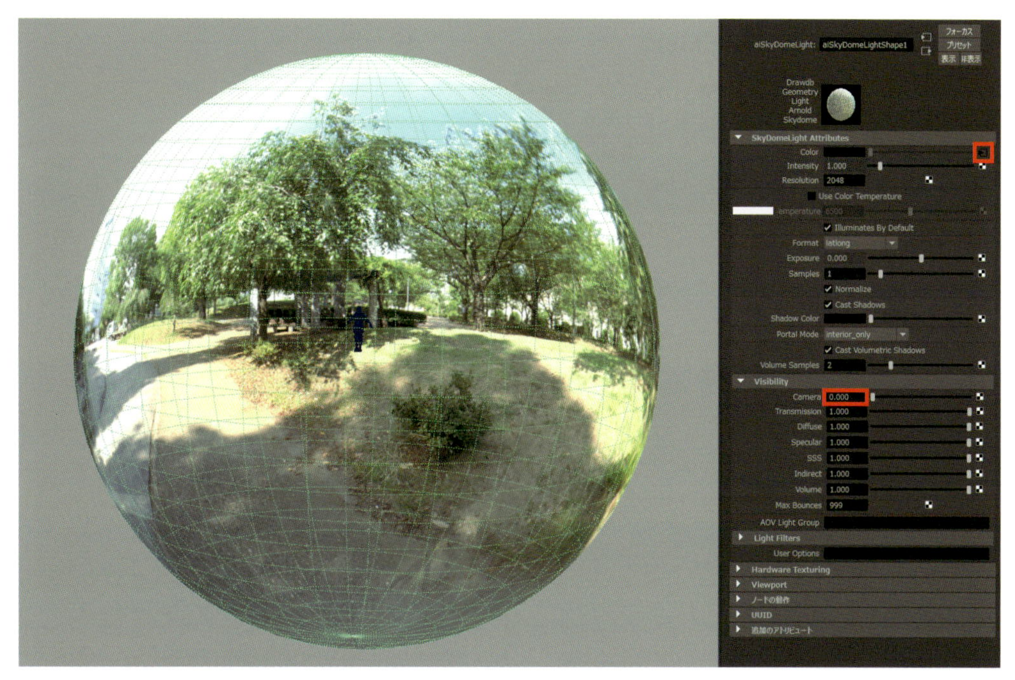

メインメニューの[Arnold] > [Light] > [Skydome Light]からSkydomeLightを作成します。SkyDomeLight Attributesの[Color]にHDRI画像を適用します。またVisibilityの[Camera]の値を「0」にすることで、モデルへのライトとしての影響を残しつつ、レンダリング結果の背景からHDRI画像を除外できます。

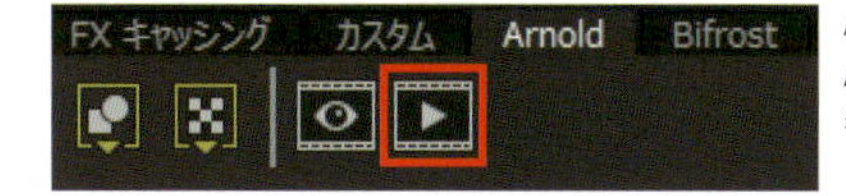

Arnoldでのレンダリングは、メインメニューの[Arnold] > [Render]、もしくはArnoldのシェルフタブから実行できます。レンダリングの設定に関しては4章を参考にしてください。

レンダリングでイメージを確認しながらテクスチャ内容やマテリアルの値を調整します。全体的にシワや汚れ、角の擦れ具合などを追加して、各衣服オブジェクトにマテリアルを適用しました。

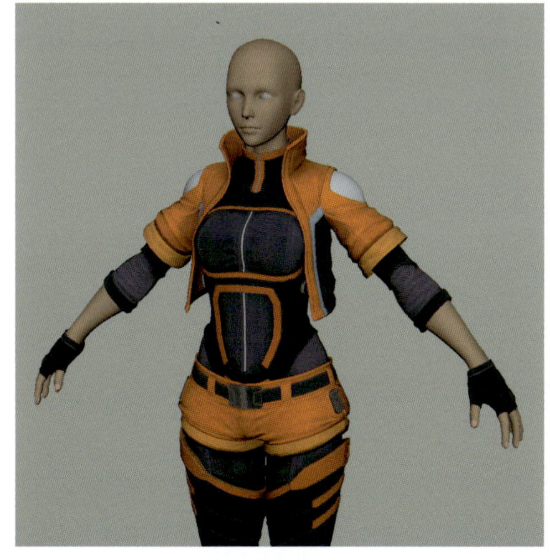

衣服マテリアルを適用したモデルの見た目。ビューポートレンダラの[ビューポート2.0]を使用することでノーマルマップによる凹凸表現をビューポートで簡易的に確認することができます。

SkyDomeLightを配置しArnoldでレンダリングしたイメージ。ビューポートのプレビューと違って、細かな起伏や材質の差による光沢の強弱が再現されます。

肌のテクスチャとマテリアルの作成

8 肌の表現にもaiStandardSurfaceマテリアルを使用しますが、テクスチャの種類やマテリアルの設定は衣服マテリアルの内容と一部が異なります。

ベースカラーマップ（BaseColor）

基本カラーマップ。肌の表面の色情報を扱います。陰影や凹凸情報は含めません。ノイズブラシや肌素材画像を使用して複雑な色の変化を再現します。

全体に肌色の配色を施します。

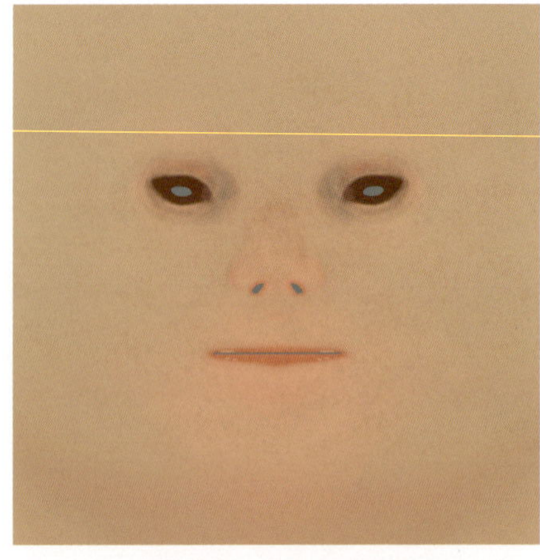

オクルージョンを薄く重ね、目元や口に赤味を追加します。

眉や唇の配色を追加し、細かな肌の素材を重ねます。

ブラシで斑なノイズを描き込み加え、ディテールを増やします。

肌のディフューズマップの全体イメージ。鼻頭や頬部分は赤みを強く加え、顎の下や首周囲の色は彩度を抑えます。顔全体に入れる斑なノイズの描き込みは、サイズや配置が一定にならないように注意しましょう。

スペキュラマップ（Specular）

鏡面反射マップ。肌表面の光沢（テカり具合）の制御を扱います。ディフューズを白黒化したマップをベースにコントラストが強めのノイズ素材などを重ねています。

カラーマップを白黒化します。

オクルージョンとノイズを重ねます。

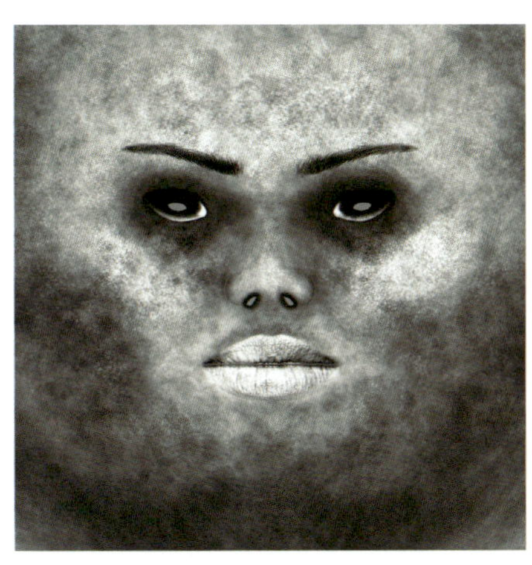

全体的にコントラストを高くします。ノイズの密度に強弱をつけて、肌のきめ細かさに変化をつけます。

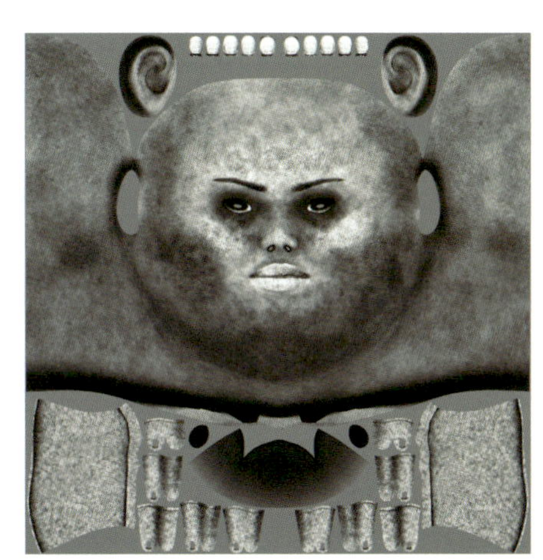

スペキュラマップの全体イメージ。額や鼻などテカりやすい部分は明るくして、反対に頬や顎下は暗くします。

ノーマルマップ（Normal）

表面の凹凸情報を制御するマップです。衣服のテクスチャと同様に他のスカルプトツールを使用して作成しています。

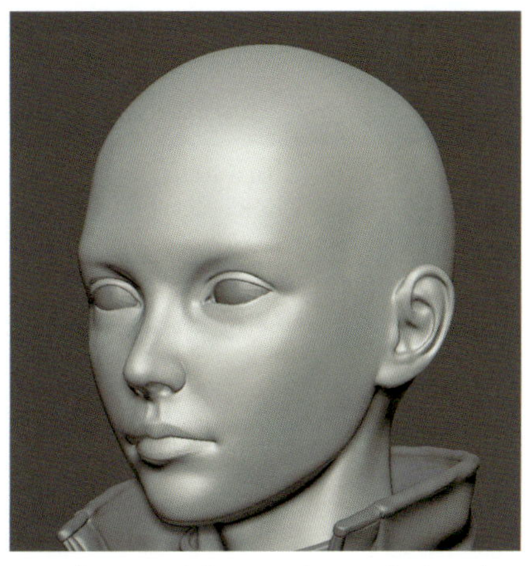

スカルプトツールで作成された頭部のハイポリゴンモデル。

9

作成した肌用テクスチャをマテリアルに接続して、頭部メッシュにマテリアルを割り当てます。Arnoldでレンダリングされたイメージ結果を確認しつつ設定していきます。

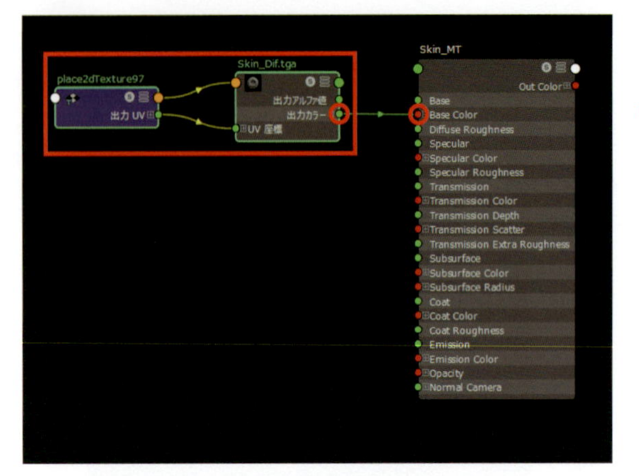

aiStandardSurfaceシェーダーを作成します。肌用ベースカラーマップを作業領域に読み込み、出力カラーをBase Colorに接続します。

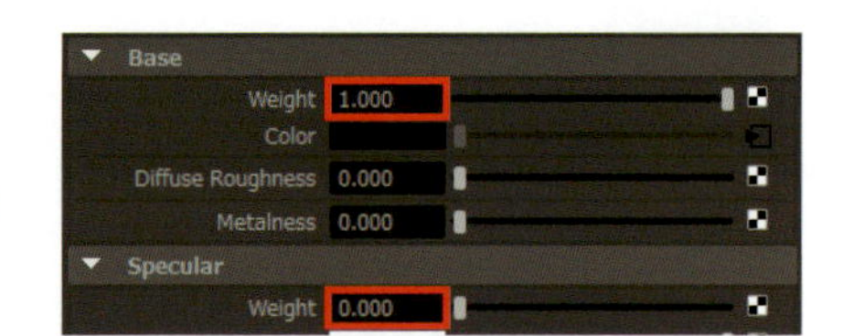

Baseの［Weight］の値を「1」にします。また強い光沢が入るとイメージがつかみづらいため、一旦スペキュラの［Weight］の値を「0」にしておきましょう。

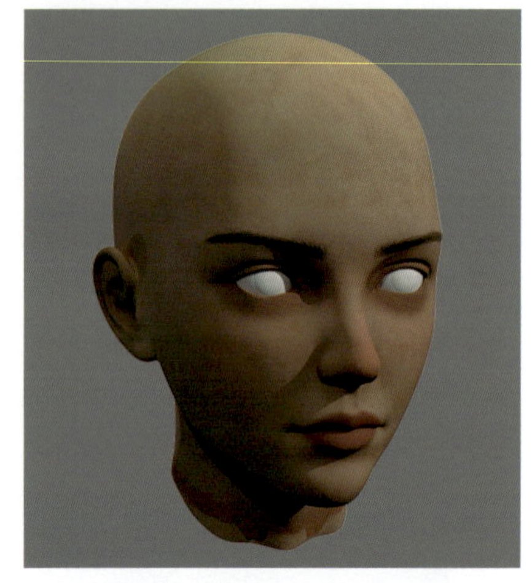

Arnoldでレンダリングしたイメージ。

設定画と比較し肌の色味がやや明るいので、リマップHSVノードを使用してMaya内でベースカラーマップの色味を調整します。

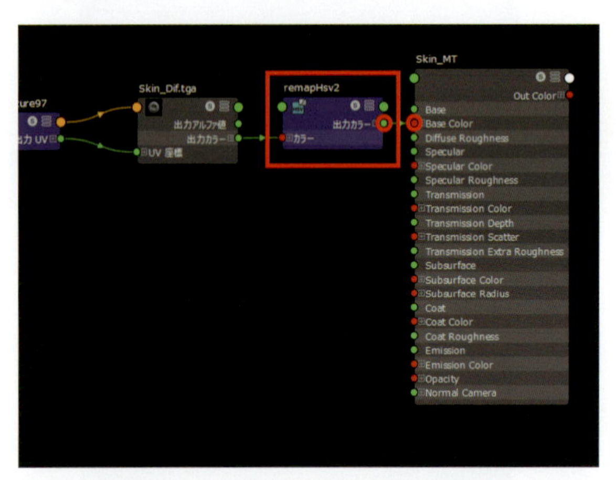

［作成］>［カラーユーティリティ］>［リマップHSV］ノードを作成します。ベースカラーマップの出力カラーをリマップHSVのカラーに接続し直して、リマップHSVの出力カラーをBase Colorに接続します。

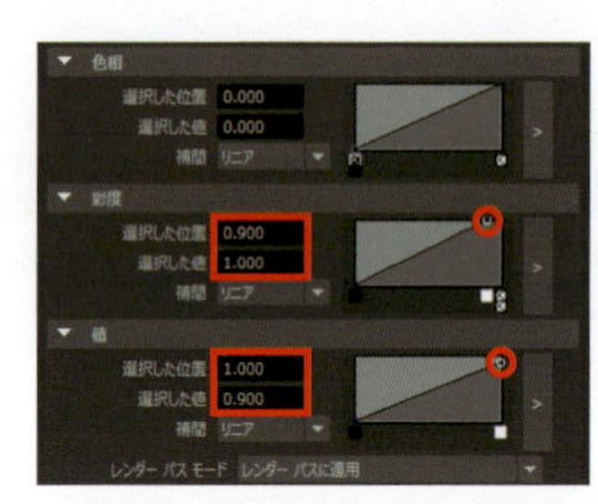

リマップHSVのプロパティで彩度と値を変更します。

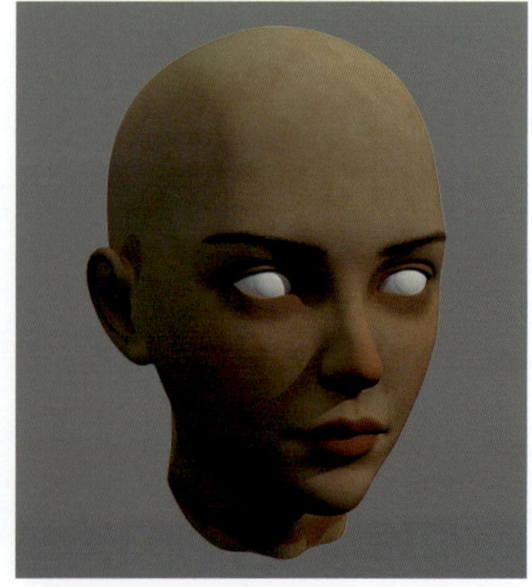

色調調整により肌の色を濃くしました。

10 カラー情報をSubsurfaceに接続して肌の透過感を出していきます。初期設定だとSubsurfaceの値が「0」のためマップを接続するだけでは有効にはなりません。

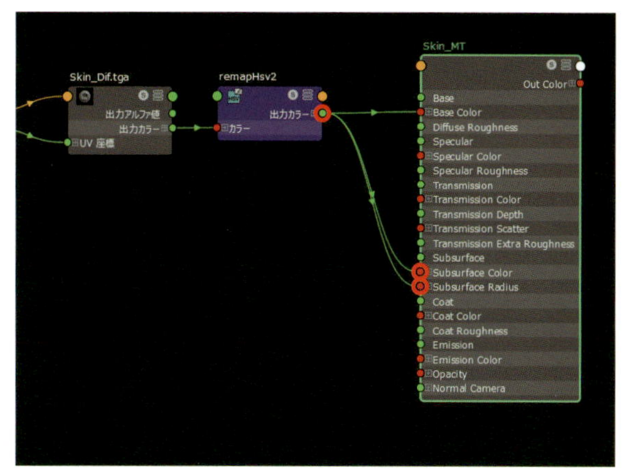

リマップHSVの出力カラーをSubsurface ColorとSubsurface Radiusに接続します。

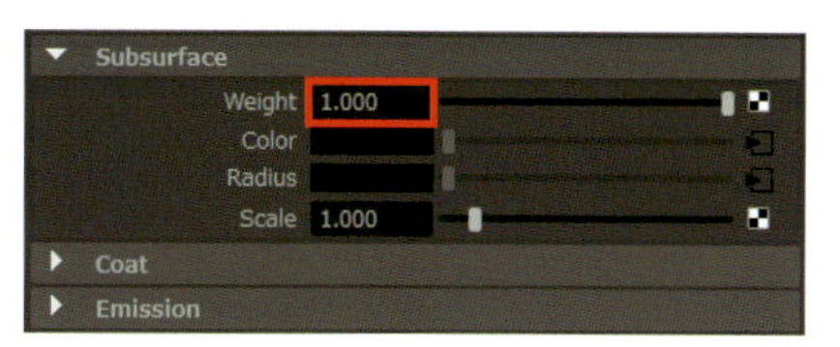

Subsurfaceを有効にするため[weight]の値を「1」にします。

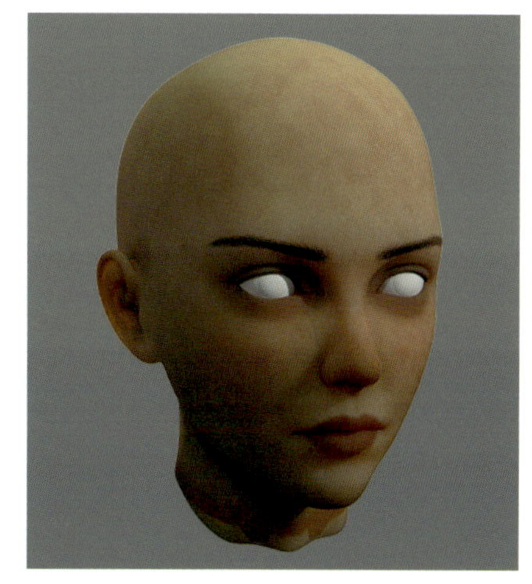

サブサーフェイスの効果により皮膚下の光の散乱が加わり皮膚の透過具合が再現されました。

一般的に皮膚内側の深い層は血液によって赤暗い組織で構成されています。aiMultiplyノードを追加して新しくカラー情報を乗算で重ねることで皮膚の透過部分が赤く見えるように調整します。

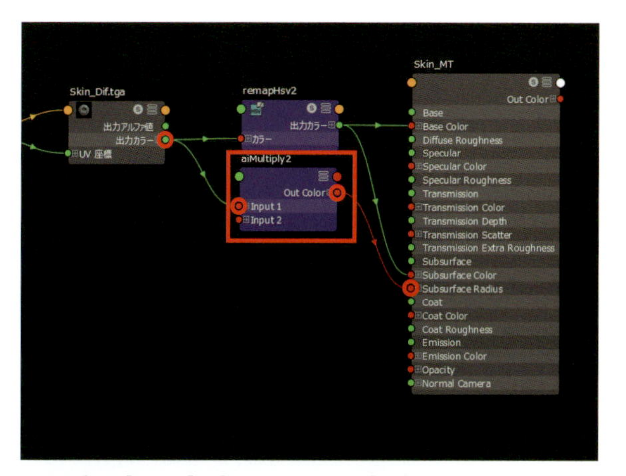

作成タブから[Arnold] > [ArnoldUtilityMath] > [aiMultiply]ノードを作成します。ベースカラーマップの出力カラーをaiMultiplyのInput1に接続してOut ColorをSubsurface Radiusに接続し直します。

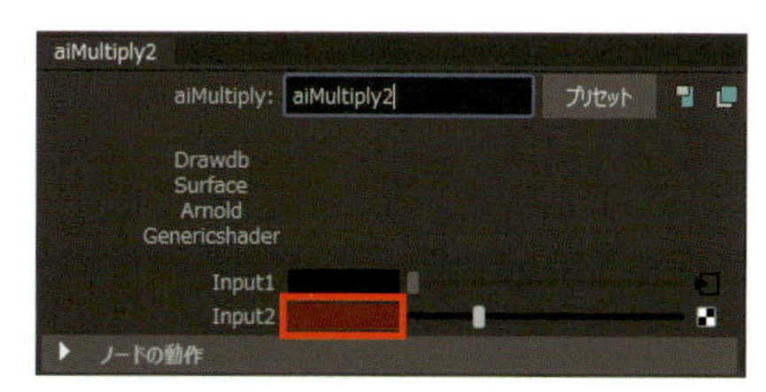

aiMultiplyのプロパティでInput2のカラーはH値「1」、S値「0.925」、V値「0.25」に設定します。

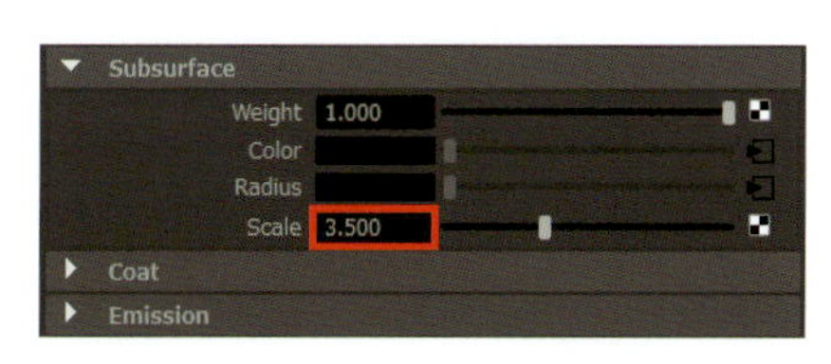

Subsurfaceの[Scale]の値を変更して肌下の光の散乱量を調整します。

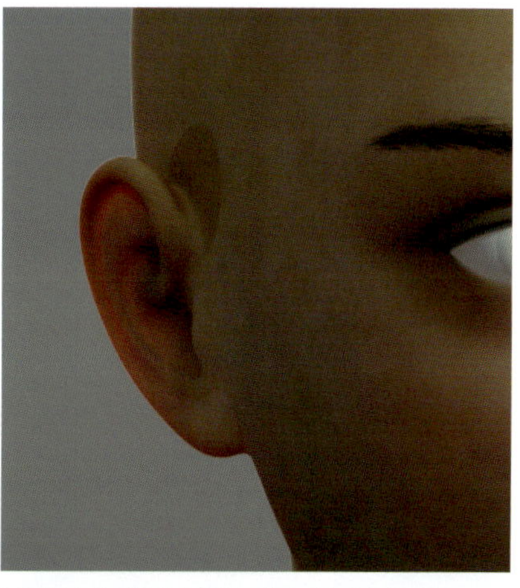

耳周辺などの透けた部分に赤みが加わりました。

11　スペキュラマップを接続して光沢を制御することで肌に艶表現を加えます。

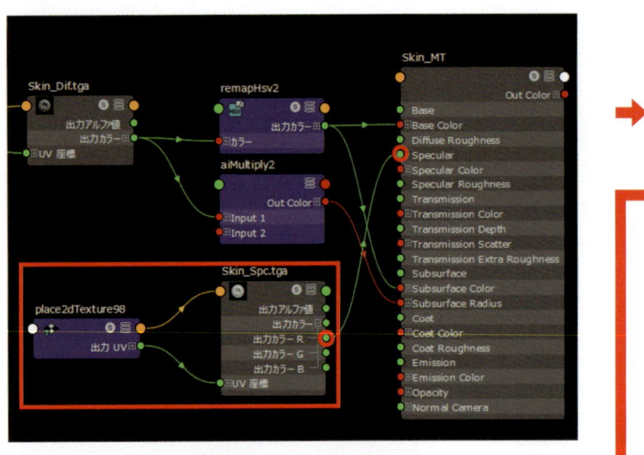

スペキュラマップを作業領域に読み込み、出力カラーRをSpecularに接続します。

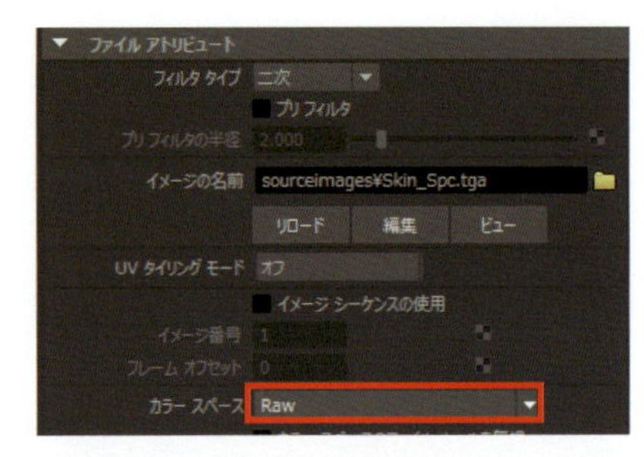

スペキュラマップテクスチャのアトリビュートのColorSpaceを「Raw」に切り替えます。

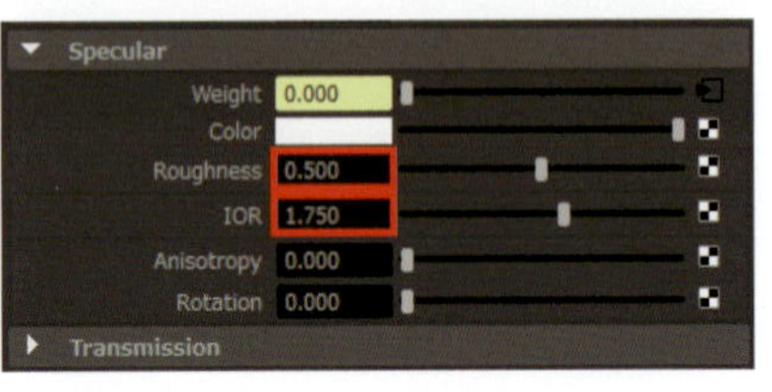

Specularの[Roughness]の値を「0.4～0.5」にして表面の光沢を粗くして[IOR]の値を「1.52～2」あたりに変更することで反射による光の入り方を調整します。

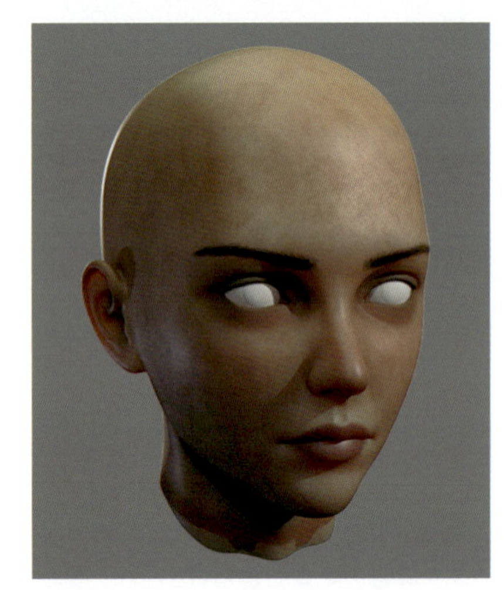

艶表現が加わったことで肌にみずみずしさが出てきました。

12　ノーマルマップを接続して表面の細かい凹凸や皺表現を追加します。

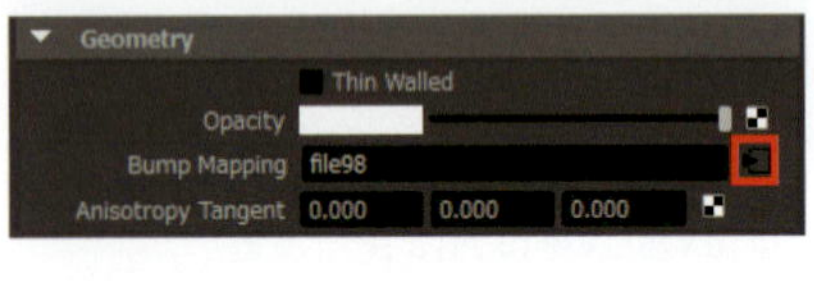

Geometryの[Bump Mapping]にノーマルマップテクスチャを接続します。

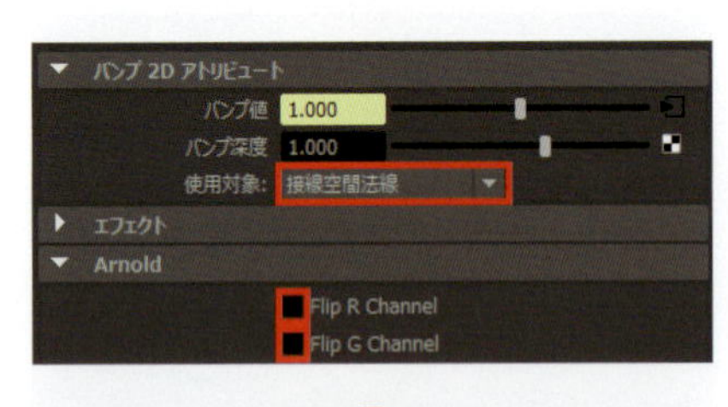

バンプ2Dアトリビュートの[使用対象]を「接線空間法線」に切り替えます。Arnold項目の「Flip R Channel」と「Flip G Channel」のチェックを外します。

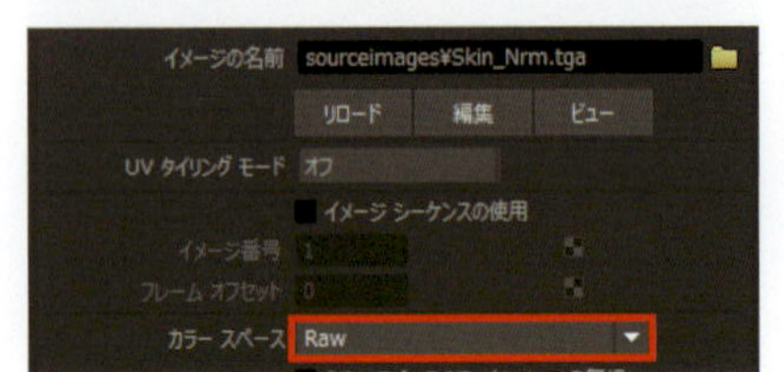

ノーマルマップテクスチャのアトリビュートのColorSpaceを「Raw」に切り替えます。

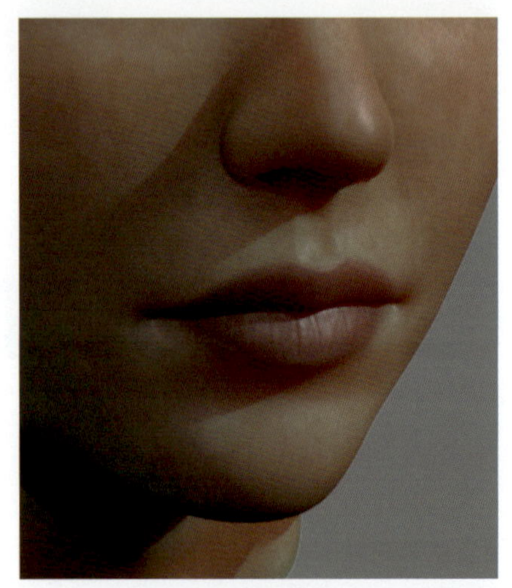

ノーマルマップによって唇の皺など細かな凹凸情報が加わりました。

眼球のテクスチャとマテリアルの作成

13 眼球のマテリアルは虹彩と白目部分で分けて用意します。更に白目部分は白目と角膜の2つのマテリアルをブレンドして表現します。以下の4枚のテクスチャを用意します。

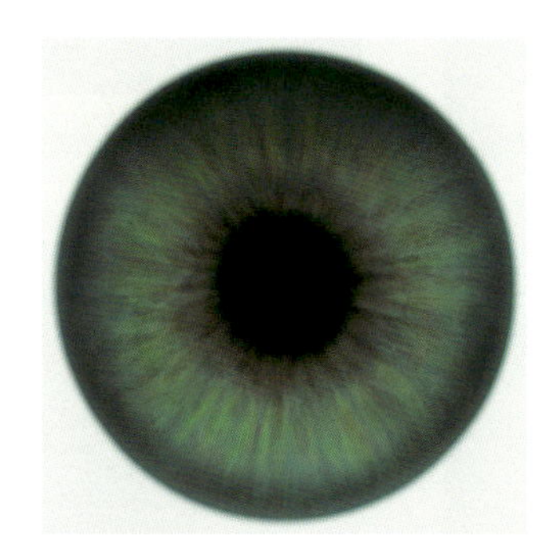
虹彩用ベースカラーマップ

白目用ベースカラーマップ

角膜用ノーマルマップ

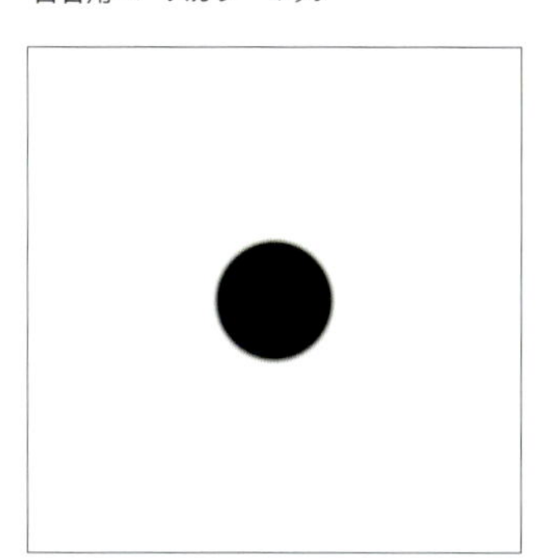
角膜用マスクマップ

14 虹彩用のマテリアルを新規で作成します。後ほどカラー情報を調整したいのでテクスチャマップとマテリアルノードの間にガンマ補正ノードを挟んでおきます。

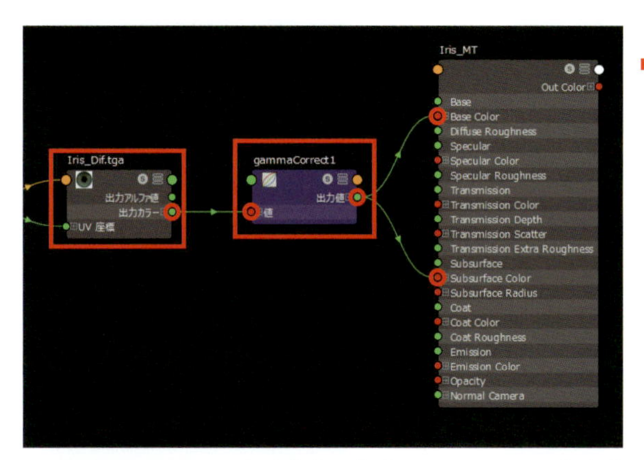

aiStandardSurfaceシェーダーを作成して虹彩用ベースカラーマップを作業領域に読み込みます。[作成] > [カラーユーティリティ] > [ガンマ補正]ノードを作成してベースカラーマップの出力カラーをガンマ補正の値に接続し、ガンマ補正の出力値をBase ColorとSubsurface Colorに接続します。

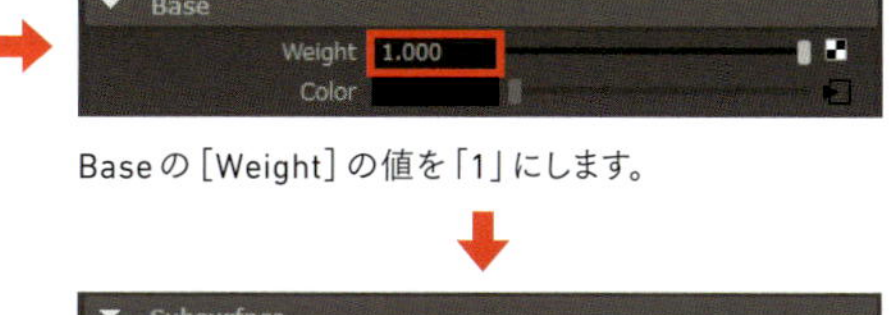

Baseの[Weight]の値を「1」にします。

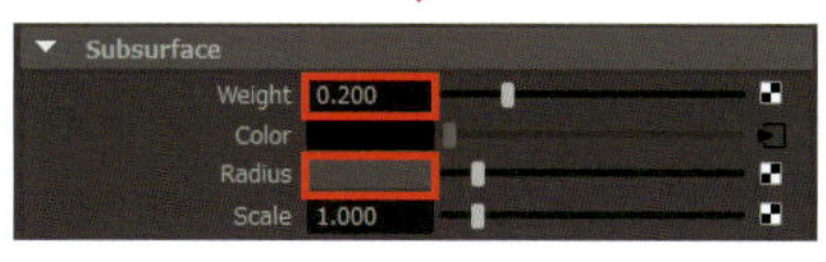

Subsurfaceの[Weight]の値を「0.2」にして[Radius]のV値を「0.1」のグレーにします。Subsurfaceに接続することで光の透過が加わり虹彩全体が明るくなります。

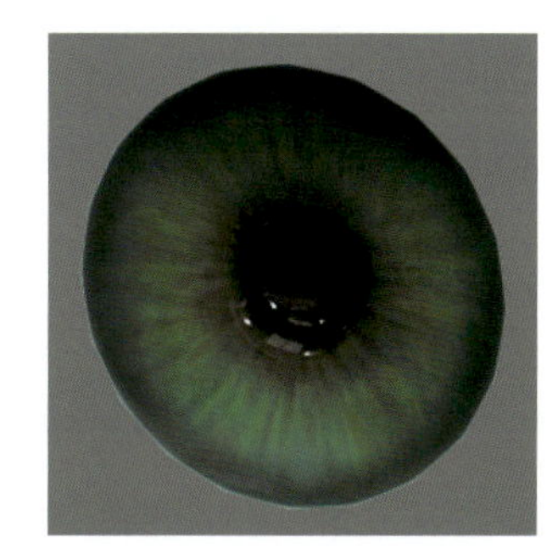
虹彩用メッシュにマテリアルを割り当て、Arnoldでレンダリングしたイメージ。

15 ベースカラーマップのRチャンネルをバンプマップとして接続することで虹彩の表面に凹凸情報を追加します。

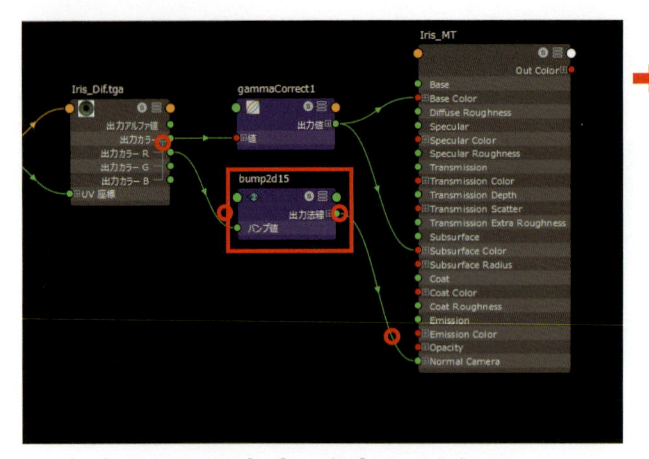

[作成] > [一般ユーティリティ] > [バンプ2D] ノードを作成します。ベースカラーマップの出力カラーRをバンプ2Dのバンプ値に接続し、バンプ2Dの出力法線をNormal Cameraに接続します。

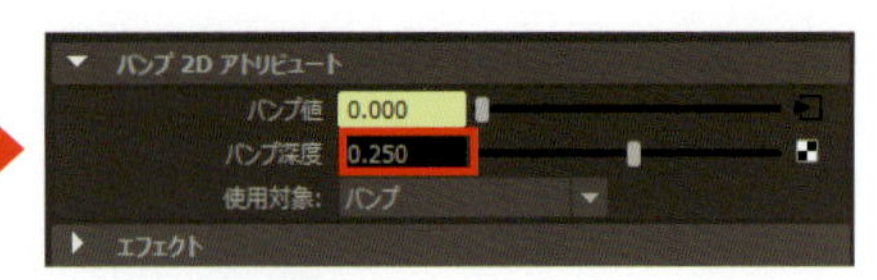

このままだと凹凸情報が強すぎるのでバンプ2Dのプロパティの [Bump Depth] の値を「0.25」に変更します。

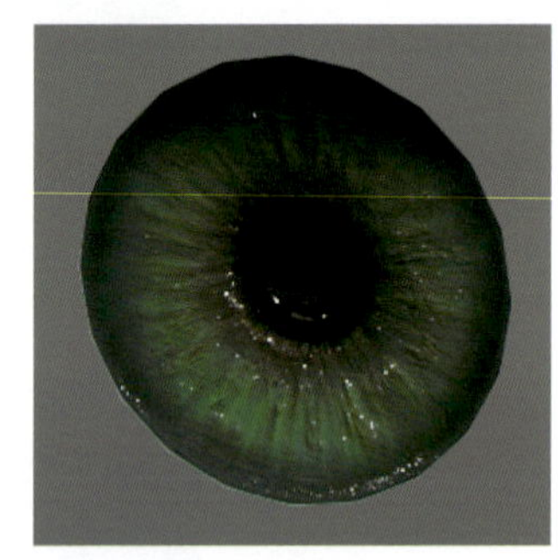

Rチャンネルの白黒情報を基に波状部分に凹凸が追加されました。

16 初期値だと光沢が強いのでスペキュラの値を変更して抑えます。

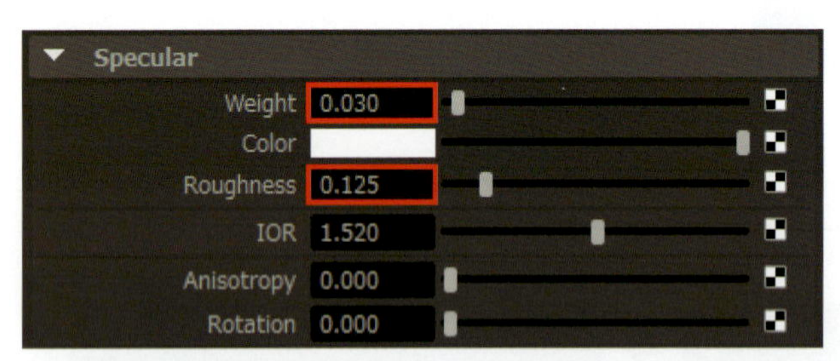

Specularの [Weight] を微弱な値に変更し、[Roughness] の値を「0.1～0.15」ぐらいに調整します。

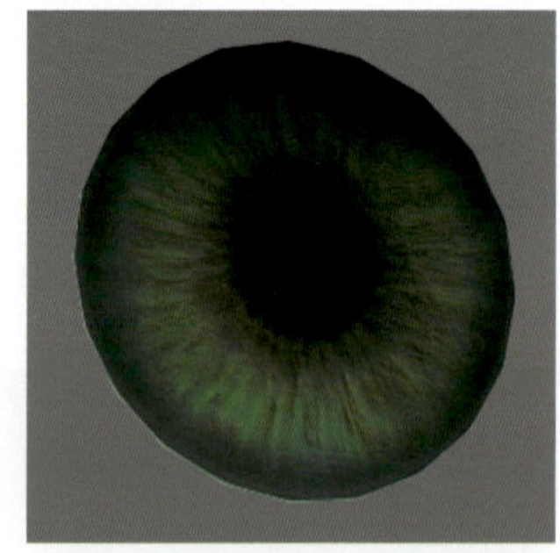

スペキュラの値を下げることで不自然な光沢が抑えられました。

17 全体の色味が淡いため予め接続していたガンマ補正の値を変更して虹彩の色味を調整します。

ガンマ補正のRGB値をそれぞれ「1」から「0.75」に下げます。テクスチャ内容によって入力する数値は前後するのでレンダリング結果を確認しながら設定しましょう。

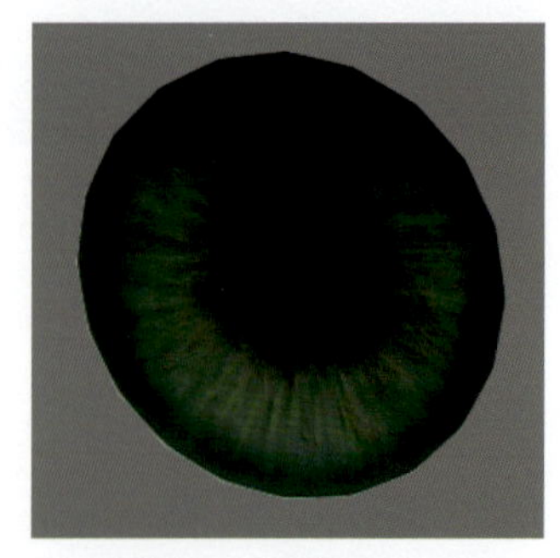

ガンマ調整により中間色調を抑えました。

18

白目用のマテリアルを新規で作成します。虹彩用マテリアルと同様にカラー情報を調整したいのでテクスチャマップとマテリアルノードの間にガンマ補正ノードを挟んでおきます。

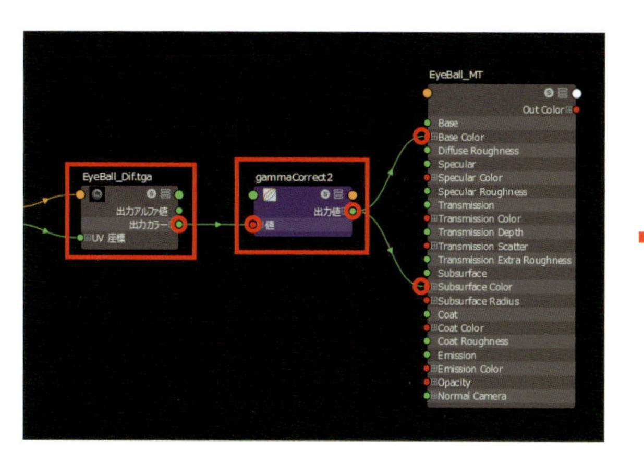

aiStandardSurfaceシェーダーを作成して白目用ベースカラーマップを作業領域に読み込みます。[作成] > [カラーユーティリティ] > [ガンマ補正]ノードを作成してベースカラーマップの出力カラーをガンマ補正の値に接続し、ガンマ補正の出力値をBase ColorとSubsurface Colorに接続します。

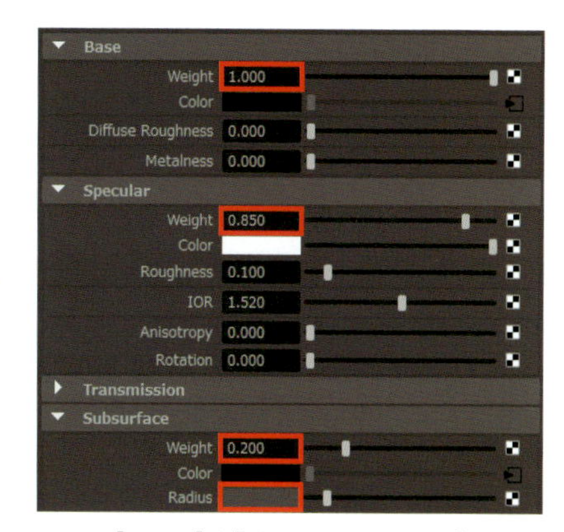

Baseの[Weight]を「1」にしてSpecularの[Weight]を「0.85」に変更する。Subsurfaceの[Weight]の値を「0.2」にして[Radius]のV値を「0.1」のグレーにする。

白目用メッシュにマテリアルを割り当て、Arnoldでレンダリングしたイメージ。

19

ノイズとバンプ2Dを使用して白目表面に薄い凹凸情報を加えます。

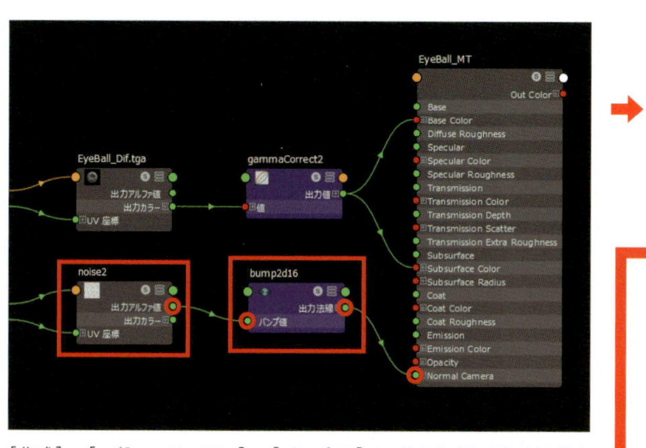

[作成] > [一般ユーティリティ] > [バンプ2D]ノードを作成して出力法線をNormalCameraに接続します。次に[作成] > [2Dテクスチャ] > [ノイズ]ノードを作成して、出力アルファをバンプ2Dのバンプ値に接続します。

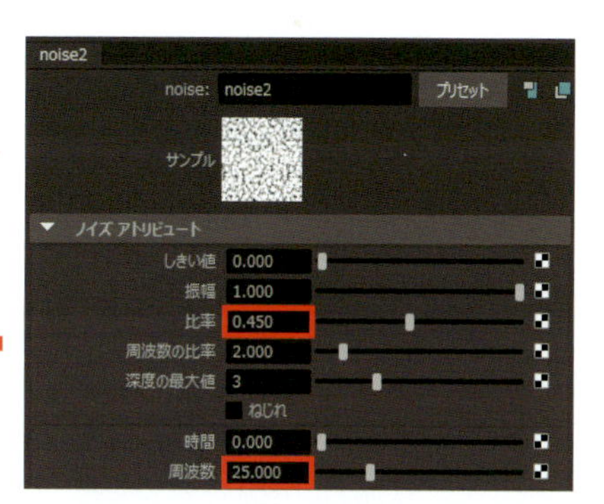

ノイズアトリビュートを開き、[比率]を下げてフラクタルなディテールを抑えます。また[周波数]を上げてノイズの密度を調整します。

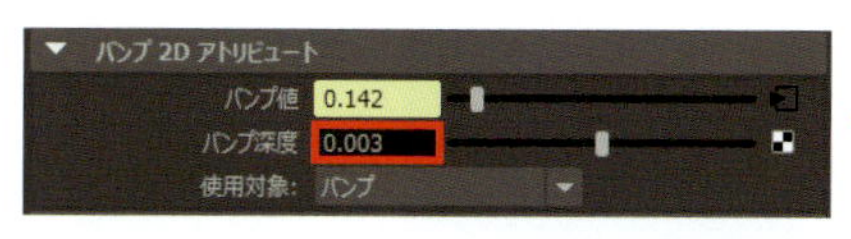

バンプ2Dアトリビュートの[バンプ深度]を微弱な値にして凹凸情報を低く設定します。

白目の表面にノイズが加わり自然な光沢が入りました。

20

全体の色味が淡いため、予め接続していたガンマ補正の値を変更して白目の色味を調整します。

ガンマ補正のRGB値をそれぞれ「0.25～0.3」に下げます。テクスチャ内容によって入力する数値は前後するのでレンダリング結果を確認しながら設定しましょう。

ガンマ調整により中間色調を抑えることで全体の赤みが目立ったため、R値を若干低く設定しています。

21

角膜用のマテリアルを新規で作成します。白目と違いBaseカラーはオフにして透明で周囲の情報の写り込みで構成します。

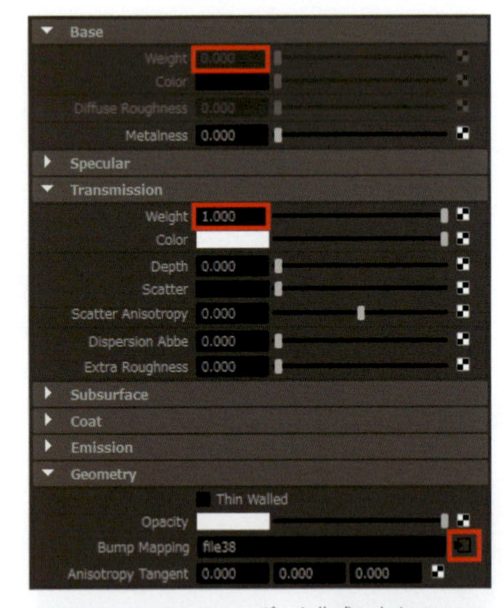

aiStandardSurfaceシェーダーを作成します。Baseの[Weight]を「0」にしてTransmissionの[Weight]の値を「1」にすることで透明の質感になります。Geometryの[BumpMapping]に角膜用ノーマルマップを適用して表面の凹凸を再現します

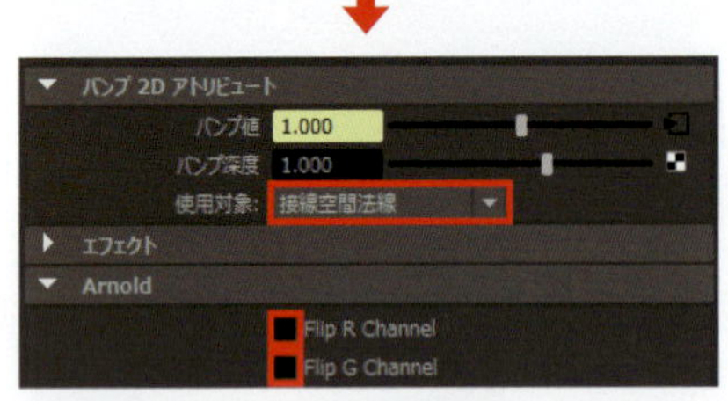

バンプ2Dアトリビュートの[使用対象]を「接線空間法線」に切り替えます。Arnold項目の「Flip R Channel」と「Flip G Channel」のチェックを外します。

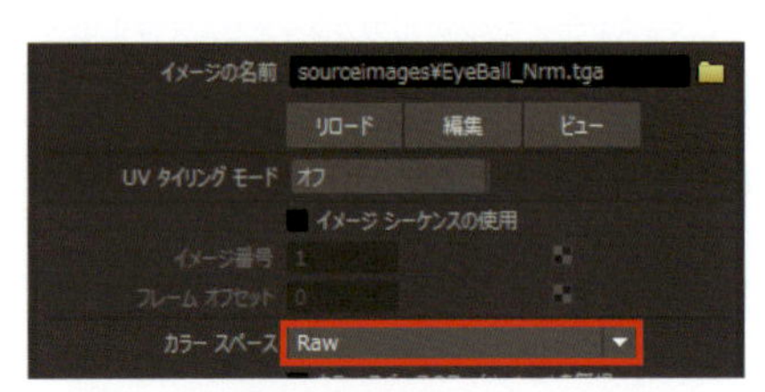

ノーマルマップテクスチャのアトリビュートのColorSpaceを「Raw」に切り替えます。

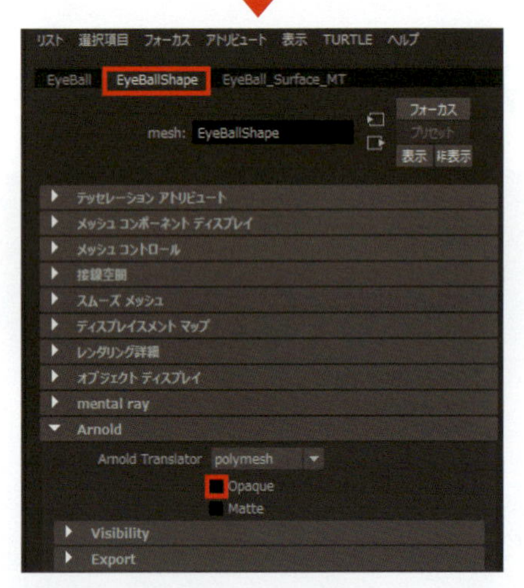

白目オブジェクトのアトリビュートを開き[Arnold]項目の[Opaque]のチェックを外します。ここにチェックが入っていると、マテリアルで透明になるように設定されていても、レンダリング時に透けません。

白目オブジェクトに角膜マテリアルを適用したレンダリング画像。実際にはマスクにより角膜部分のみに適用されます。

22

作成した白目用マテリアルと角膜用マテリアルをaiMixShaderを使用して1つのサーフェスマテリアルとして扱えるようにブレンドします。

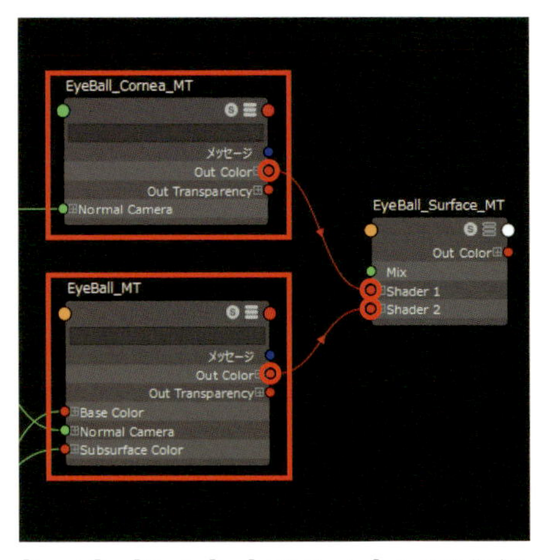

[Arnold] > [Shader] > [aiMixShader] ノードを作成します。shader1に角膜マテリアルのOut Colorを接続して、shader2には白目マテリアルのOut Colorを接続します。

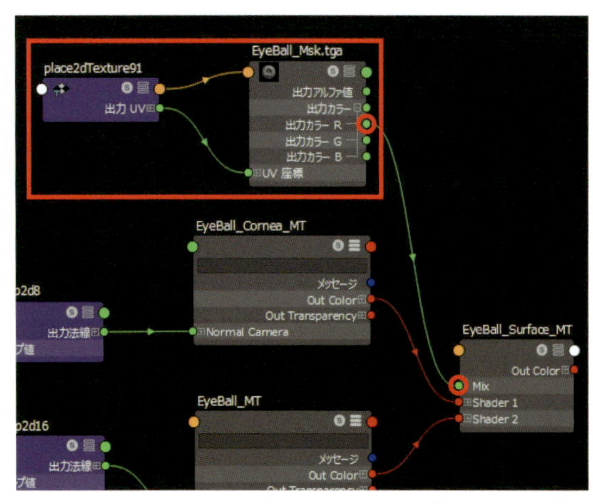

角膜用マスクマップを作業領域に読み込み、[出力カラーR] をMixShaderの [Mix] に接続します。

角膜用マスクマップ。白い部分に白目用マテリアル、黒い部分に角膜用マテリアルが適用されます。

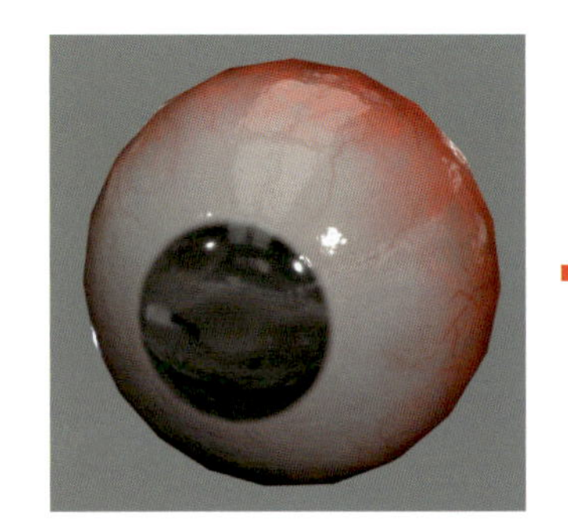

MixShaderを白目オブジェクトに割り当て、Arnoldでレンダリングします。マスクを使用したブレンドによって、白目部分と角膜部分で別々の質感を再現できています。

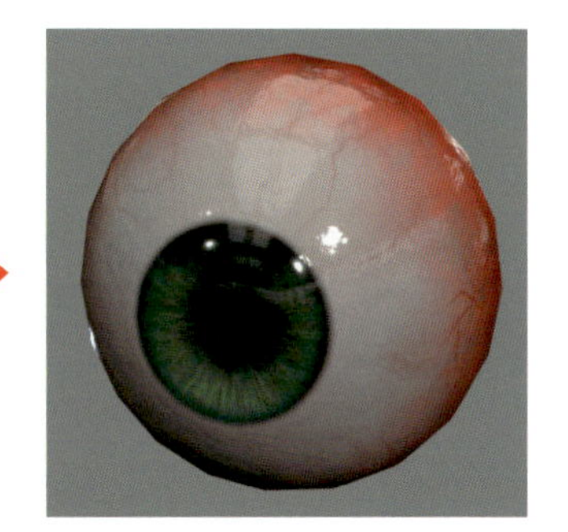

虹彩オブジェクトを表示した状態でレンダリング。角膜の写り込みと虹彩の色や凹凸情報の両方が再現されています。

23

衣服、頭部、眼球を合わせてレンダリングしてみます。レンダリング結果から色味や質感などを確認しつつマテリアルの設定やテクスチャマップの内容を見直していきます。

Chapter

2-8

毛の作成

毛のモデル作成には様々な方法がありますが、ここではMayaの機能の1つであるXGenを使用してカーブで髪や眉毛、睫毛を作成していきます。また適用するマテリアルに関してはArnold用マテリアルであるaiStandardHairを使用します。

開始シーン ▶ MayaData/Ex_Chap02/scenes/Ex_Chap02_Hair.mb

完成シーン ▶ MayaData/Ex_Chap02/scenes/Ex_Chap02_Character_Modeling_End.mb

髪の毛用のガイドの作成

1 髪の毛を作成する前にまずは髪型のシルエットに合わせて大まかにモデリングしたガイドモデルを用意します。このガイドモデルは表面をペイントエフェクトでなぞって髪のカーブを作成する為に使用します。

正面から見た髪の毛用ガイドモデル。板状のポリゴンで作られており、裏面がなくても問題ありません。頭部オブジェクトには分かりやすくするために一旦グレーのマテリアルを適用しています。

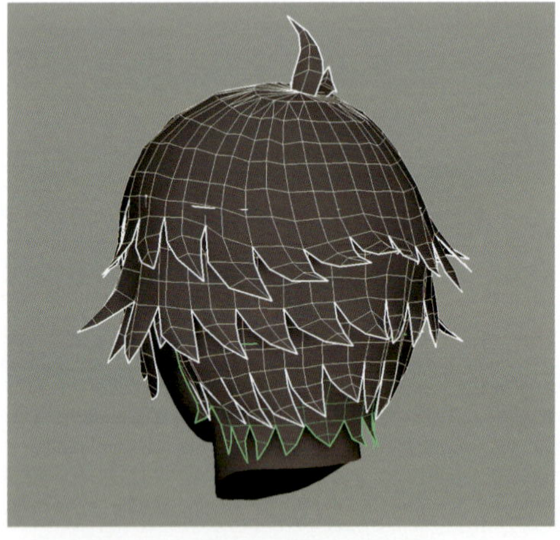

背面から見たモデル。毛束の先端の跳ねた表現なども、ある程度作っておきましょう。

ガイドモデルは髪の層をいくつか分けておくとペイントエフェクトでペイントするときに管理しやすくなります。

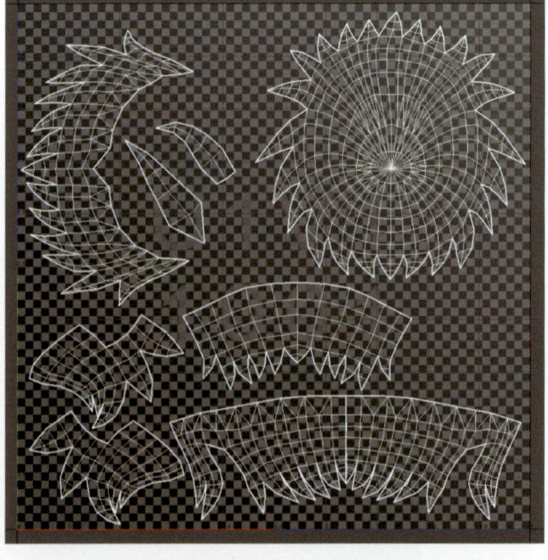

ペイントエフェクトを適用するモデルは予めUVを展開済みにしておくこと。衣服や身体モデルのように厳密に編集されている必要はありません(ただUVの重なりや反転は回避しておく)。

2

ガイドモデルをペイント可能状態にしてペイントエフェクトのブラシで髪のストロークを描いていきます。描き終わったら生成されたブラシのストロークのノードはグループ化して一まとめにしておきます。

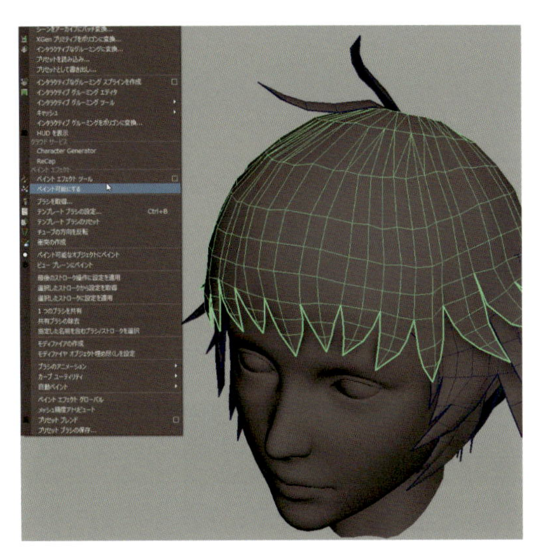

ガイドモデルの髪の層をひとつ選択して［生成］>［ペイント可能にする］を適用します。

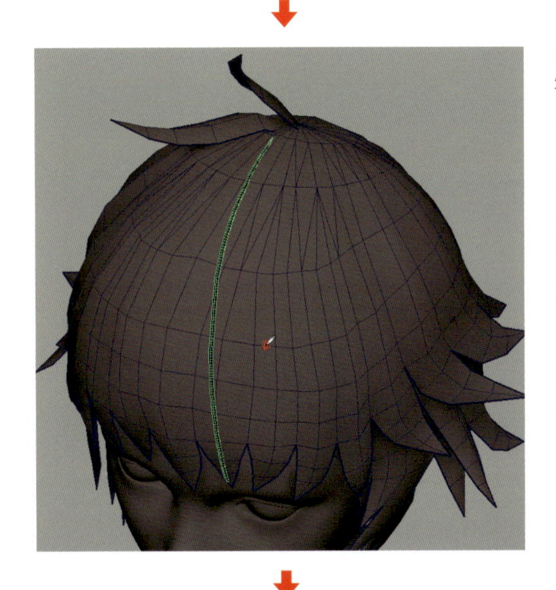

［生成］>［ペイントエフェクトツール］を起動してブラシでつむじから毛先にかけてストロークを描いていきます。

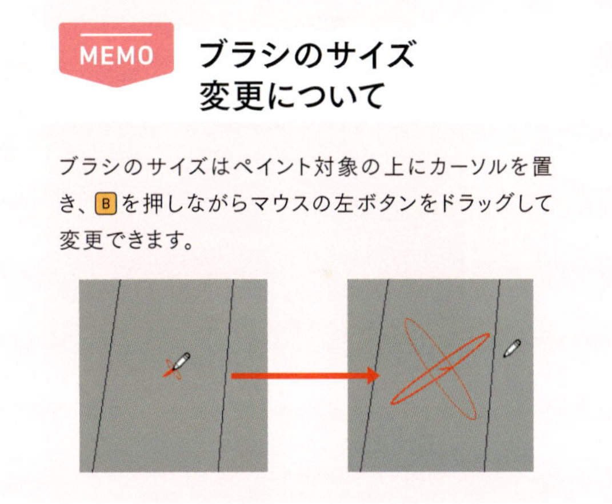

MEMO ブラシのサイズ変更について

ブラシのサイズはペイント対象の上にカーソルを置き、B を押しながらマウスの左ボタンをドラッグして変更できます。

長いストロークだけではなく途中の位置から補完するようなストロークも追加しておきます。またカーブに変換時にストロークの始点と終点の関係が重要になってくるので、必ず髪の先端に向かって描くようにしましょう。

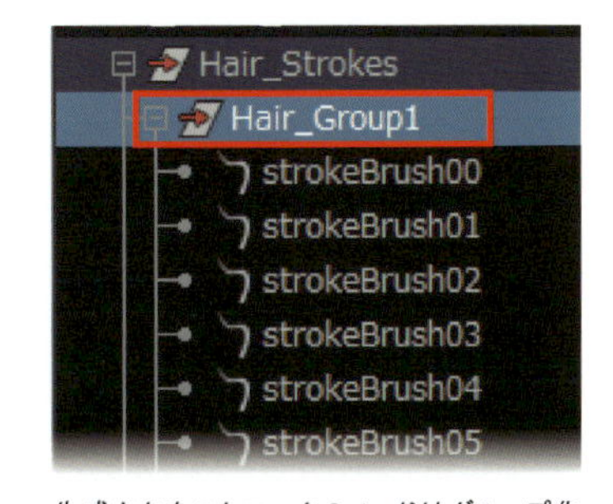

生成されたストロークのノードはグループ化しておきます。

3 他の髪の層にもストロークを追加していき、一通りのストロークが用意できたらカーブに変換します。

ガイドモデルの髪の層ごとに[ペイント可能にする]を適用し[ペイントエフェクトツール]を使用してストロークを配置します。

ストロークをまとめた親グループノードを選択します。

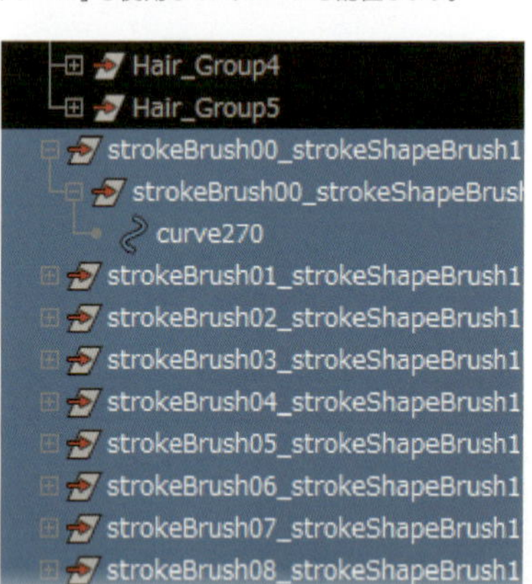

[修正] > [変換] > [ペイントエフェクトをカーブに]を適用することでストロークの数だけカーブが新規で作成されます。ただカーブ自体がグループノードの階層下に配置されていて選択しづらい状態です。

ビューパネルの[表示]を「NURBSカーブ」のみチェックを入れることで変換したカーブのみ表示されるのでビューパネル内でカーブを全て選択します。

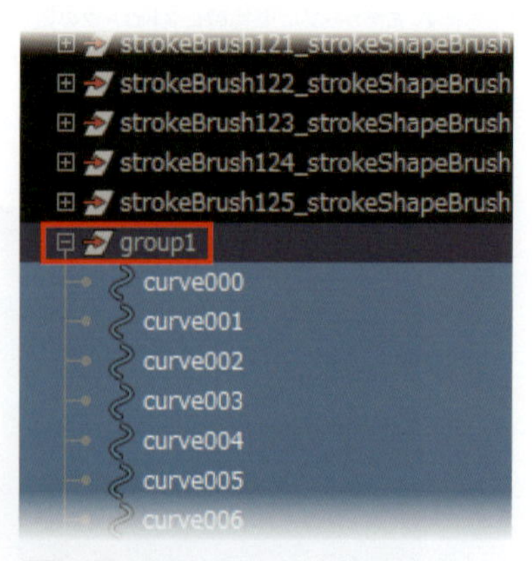

Ctrl + G で選択していたカーブをグループ化します。カーブ変換時に生成された空のグループノードは削除しましょう。

ビューポートの[表示]を「すべて」に切り替えて非表示だったオブジェクトを表示します。

4 変換後のカーブはコントロール頂点数（CV）が多くて編集しづらい状態なのでリビルドを適用してCVの数を調整します。

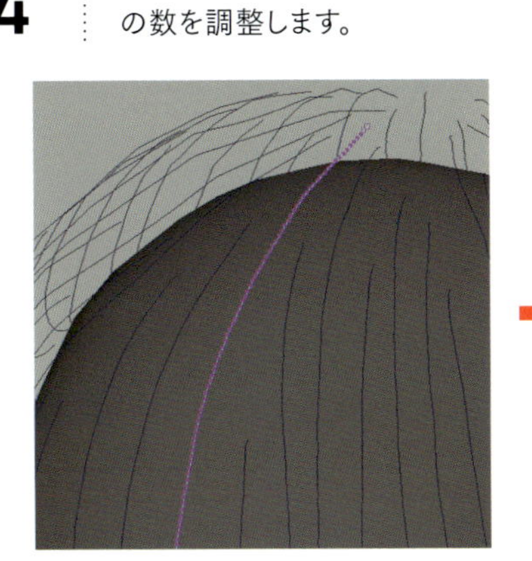

カーブを右クリック > [CV] に切り替えコントロール頂点を表示した状態。非常に多くの頂点数で構成されています。

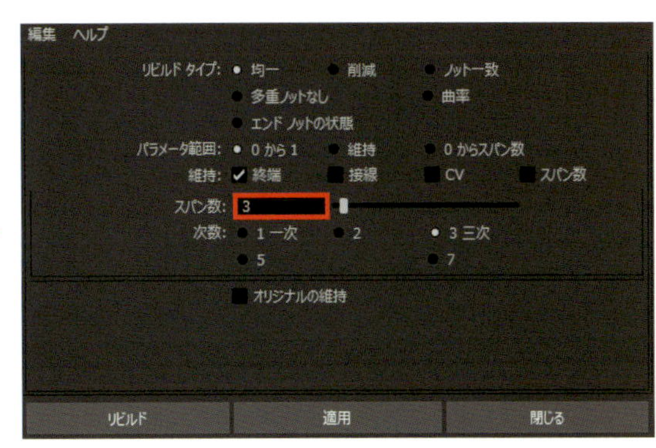

カーブをオブジェクトモードに戻し [カーブ] > [リビルド] のオプションを開きます。スパン数を「3」に設定し適用します。

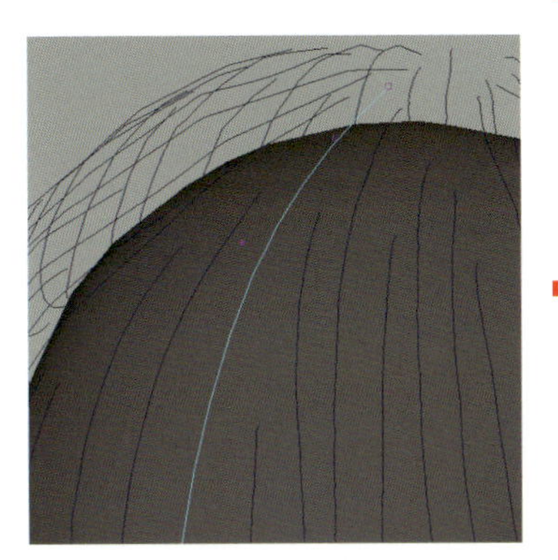

再度コントロール頂点に表示に切り替えてみます。リビルドの適用により、少ない頂点数でカーブが構成されるようになりました。

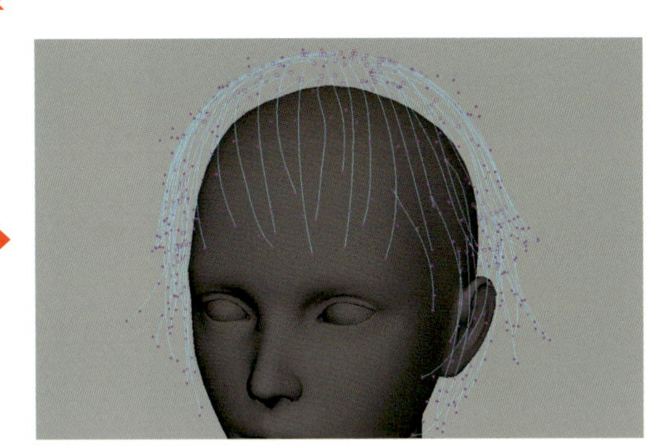

他のカーブも全て選択して同じ条件でリビルドを適用します。

5 髪の毛をXGenで生成する場合は毛を発生させるための頭皮モデルが必要になってきます。頭皮モデルは頭部モデルのフェースの一部を複製して作成します。

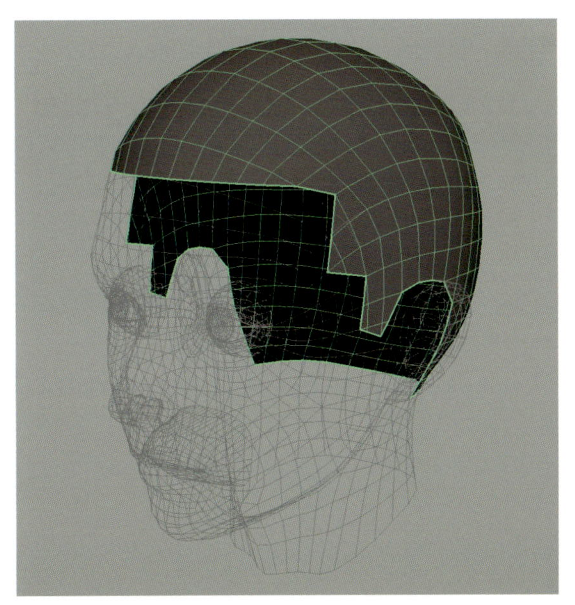

頭部モデルの頭皮部分のフェースを複製して毛の生え際部分のエッジを整えます。

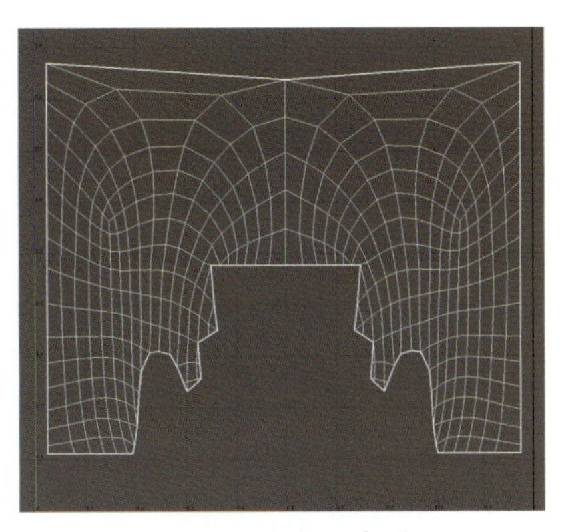

頭皮モデルのUVは後々領域マップを使用するために予め展開しておきます。UV情報は左右をベタで展開して、UV同士が重ならないように注意してください。

6 頭皮モデルをライブサーフェスに登録してそれぞれのカーブの最初のCVを頭皮モデルにスナップさせます。

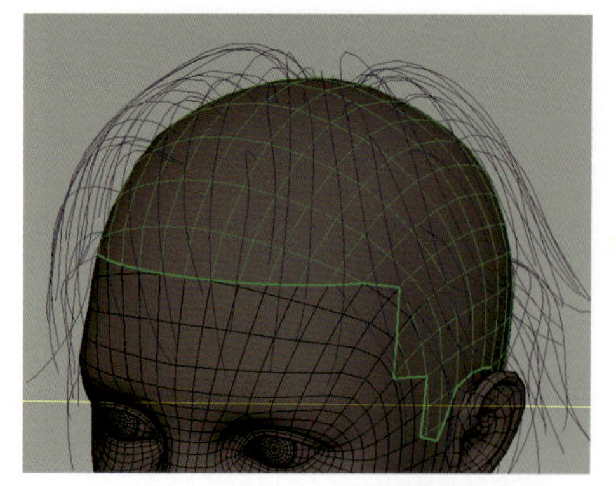

頭皮モデルを選択して[ライブサーフェス]に登録します。

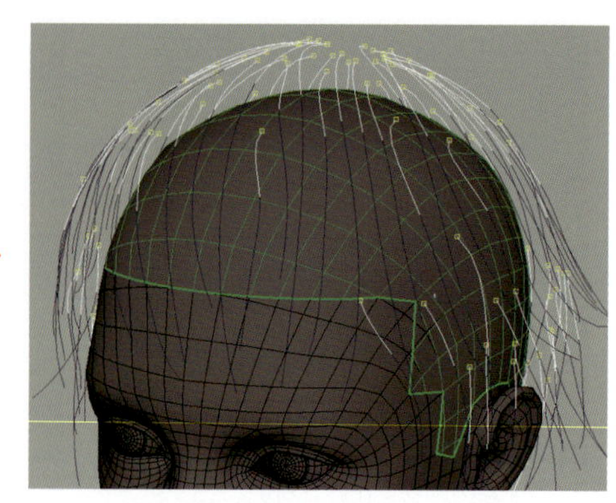

カーブを全て選択して[選択] > [最初のCV]を実行してカーブの根元のCVが選択された状態にします。

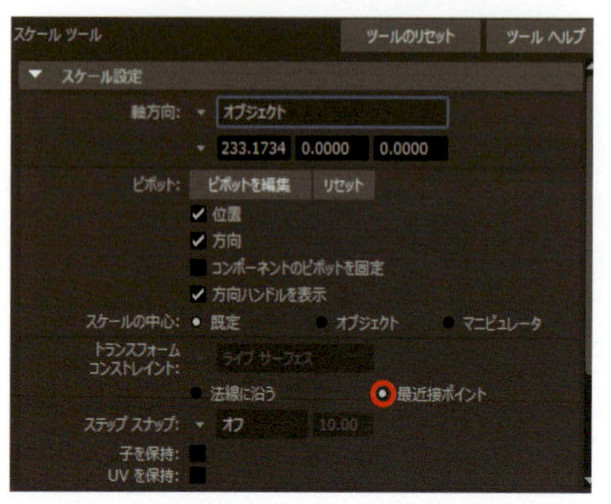

スケールのツール設定のトランスフォームコンストレイントの項目を[最近接ポイント]に切り替えます。

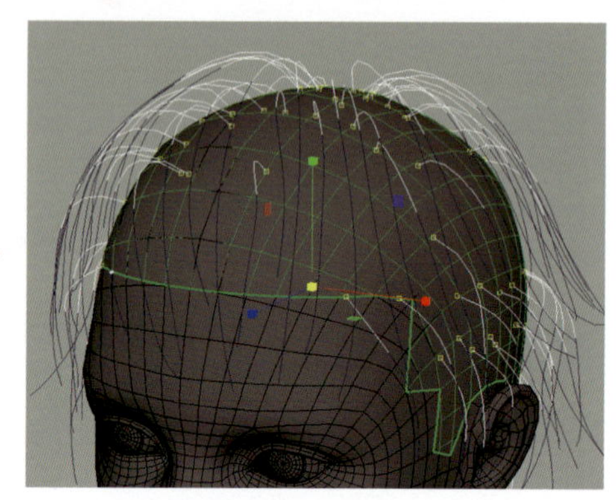

ビューパネルで選択された根元のCVにスケールをかけて頭皮モデルのフェースにスナップさせます。

髪の毛プリミティブの作成

7 頭皮モデルを髪の毛を生成するジオメトリとして登録するためにXGenディスクリプションを作成します。作成していたカーブは生成される髪の毛の形状のコントロールに使用します。

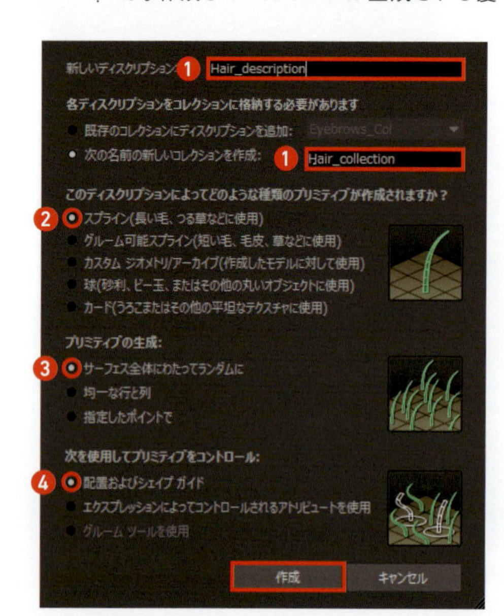

頭皮モデルを選択して[生成] > [ディスクリプションを作成]を実行し、各種設定を行い作成します

❶ ディスクリプションとコレクションに任意の名前を入力。

❷ 作成されるプリミティブの種類は「スプライン」を選択。

❸ プリミティブの生成は「サーフェス全体にわたってランダムに」を選択。

❹ プリミティブのコントロールは「配置およびシェイプガイド」を選択。

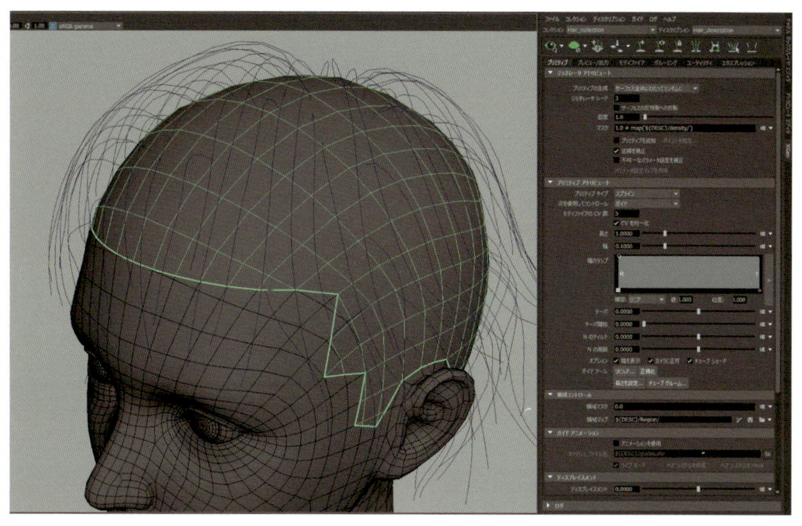

生成用ジオメトリをバインドしただけでは髪の毛のプリミティブは生成されません。ユーティリティでカーブをガイドに指定する必要があります。

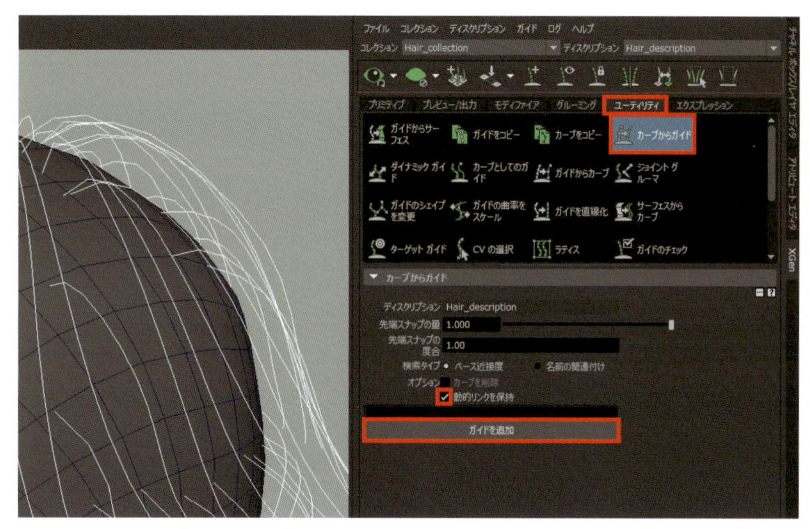

XGenウィンドウを開き［ユーティリティ］オプションから［カーブからガイド］を選択してオプションの「動的リンクを保持」にチェックを入れます。カーブを全て選択して［ガイドを追加］を実行することでカーブをガイドに変換できます

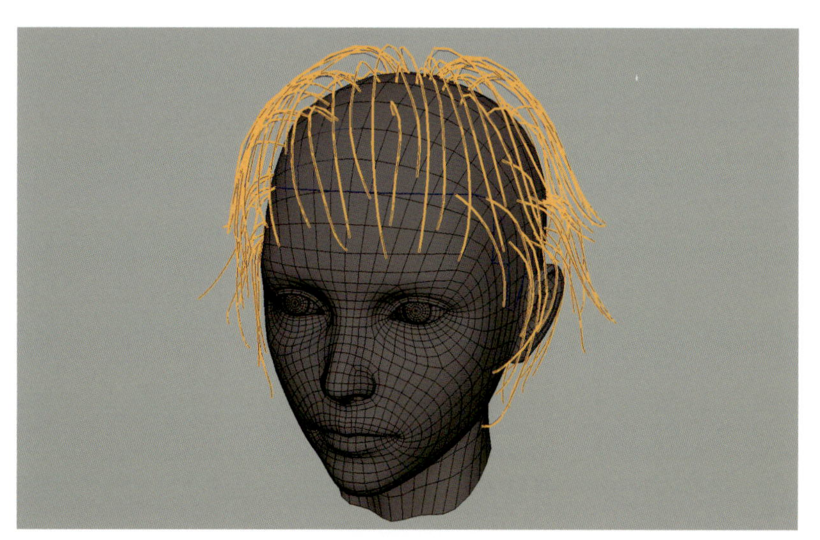

各カーブと同じ位置にオレンジ色のガイドが作成されました。

8

髪の毛のプレビューを表示して髪の密度を調整します。髪の毛が確認しやすいように表示方法の変更もしておきましょう。

XGenウィンドウの［プレビューを更新］を押して髪の毛のプリミティブを表示します。

ガイドで見えづらい場合は［ガイドを表示/非表示］を押して非表示にします。

プリミティブが円筒状に表示されている場合はプリミティブアトリビュート内の［チューブシェード］のチェックを外します。

全体の量が足りてないのでジェネレータアトリビュート内の［密度］の値を上げて髪の毛プリミティブを増やします。

MEMO 動的リンクを保持について

カーブを変換してガイドとして追加するときに「動的リンクを保持」にチェックを入れておくとカーブとガイドの間のリンクが維持されます。これによりカーブの編集が対になるガイドにも適用され、カーブ編集で髪の形状を調整することができます。

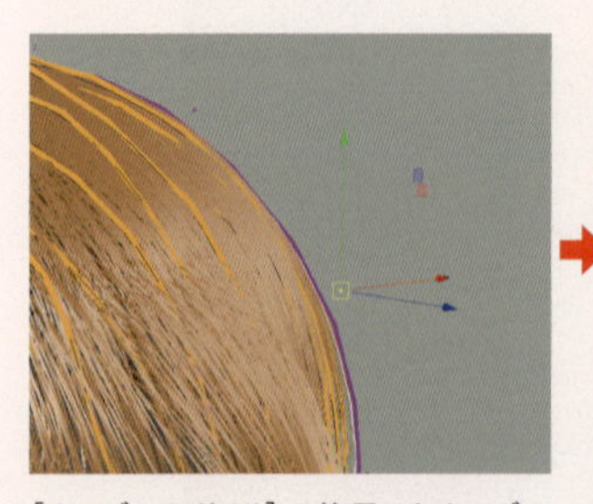

［カーブからガイド］で使用したカーブのCVを選択します。

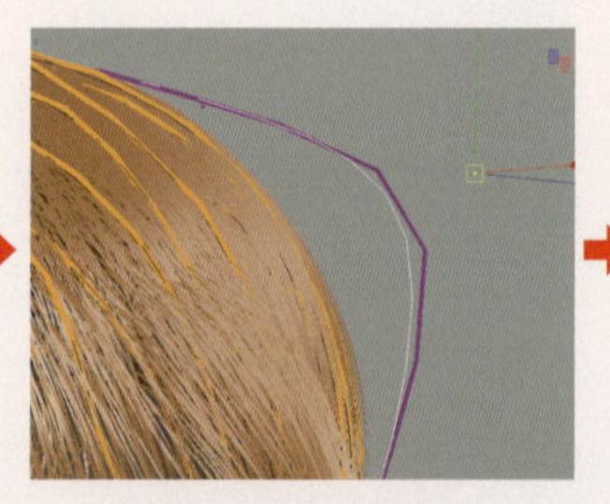

CVを移動させるとそのカーブと対になっているガイドも移動します。

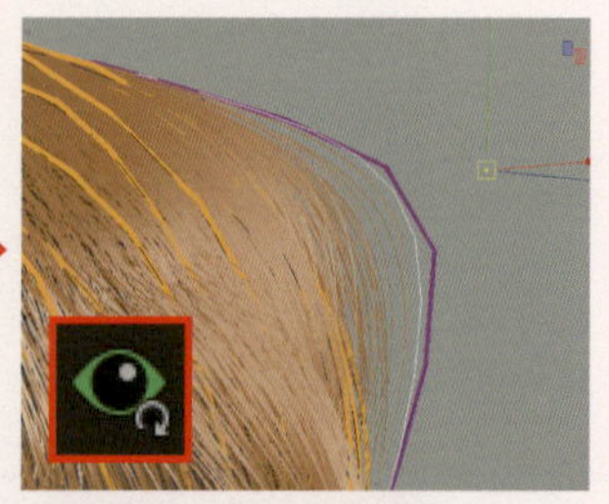

プレビューを更新すると髪のプリミティブがガイドに沿って変形しています。

9

髪の毛のCV数や幅、テーパの値を変更して毛のひとつひとつが自然な形状に見えるように調整していきます。テストでレンダリングしてみることでプレビューイメージとの差を確認しておきます。

プリミティブアトリビュートの［CV数］の値を高くして髪の毛の曲がり具合を滑らかにします。

［幅］の値を低くして毛を自然な太さに調整します。

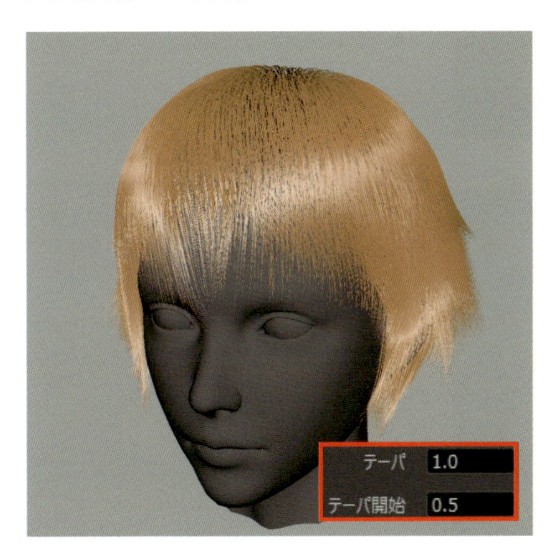

［テーパ］の値を「1」にして［テーパ開始］を「0.5」に設定することでそれぞれの毛が真ん中から先端にかけて細くなります。

テストでレンダリングしたイメージ。髪の質感はまだ調整していませんが、アンチエイリアスや髪の影が描画されるため、プレビュー表示と印象が変わってきます。

MEMO 描画負荷の軽減について

髪の毛のように大量のスプラインプリミティブを扱った場合は負荷が大きく動作が重くなりがちです。ビューポート2.0の「スクリーンスペースアンビエントオクルージョン」を無効にすることで負荷の軽減が図れます。

パネルツールバーのオクルージョン切り替えアイコン

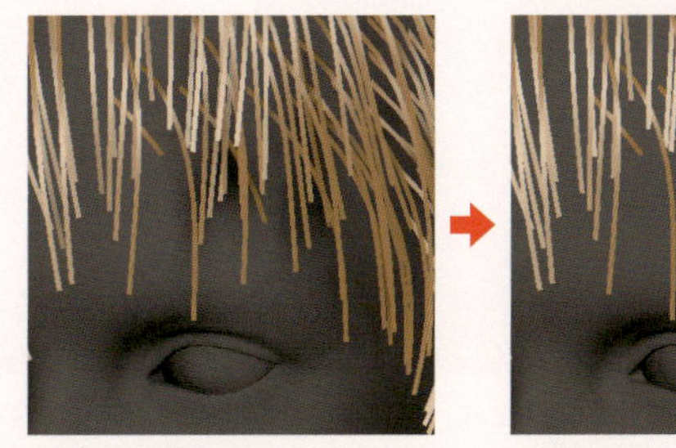

オクルージョン有効　オクルージョン無効

XGenモディファイアを使用した髪の毛の調整

10 髪の外観の変更にXGenモディファイアを使用して調整していきます。まずは束モディファイアを使用してざんばらな髪をまとめて自然な毛の束を再現します。

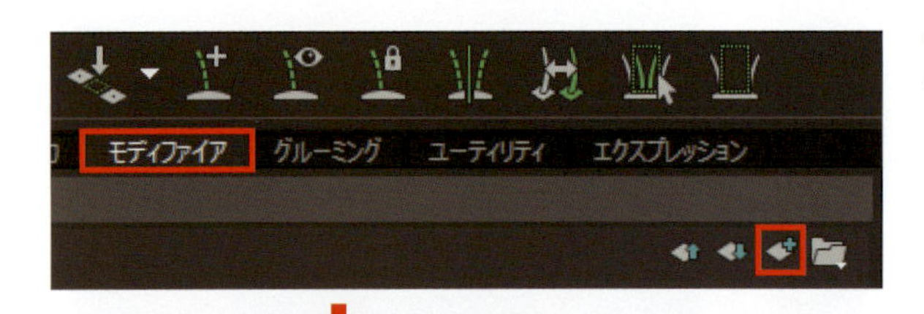

モディファイアオプションのタブを開き［新しいモディファイアを追加］アイコンを押します。

［モディファイアウィンドウを追加］が開くので［束］を選択してOKを押してモディファイアを追加します。

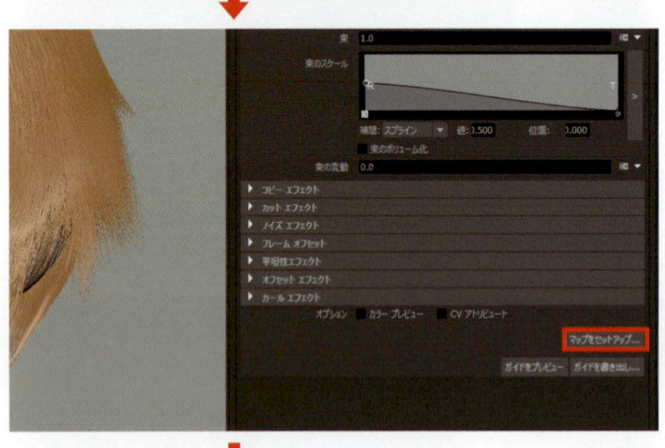

束の制御と反映にはポイントマップを作成する必要があるため、初めて束モディファイアを追加したときは髪プリミティブの形状には変化はありません。［マップをセットアップ］を押し［束マップの生成］ウィンドウを開きます。

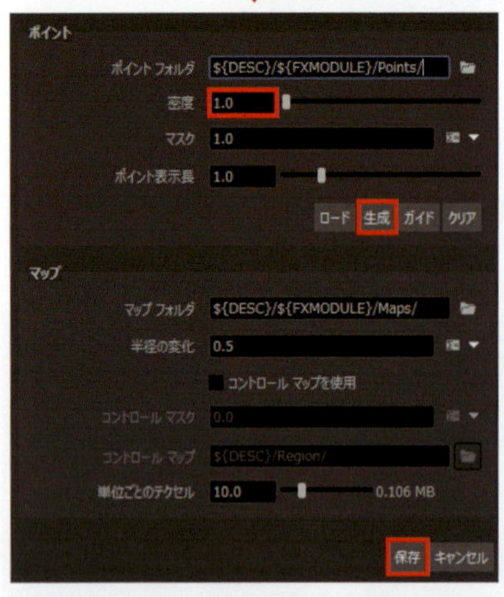

［密度］の値を「1」に設定して［生成］を押して束ガイドを作成します。この値は頭皮モデルのサーフェス上にどのくらいの密度で生成しているかを表しています。生成が終わったら［保存］を押します。

束ガイドの生成により毛の束が再現されました。ただこのままだと束の根元が細すぎるため、束の幅を調整する必要があります。

11

束エフェクトの［束のスケール］を編集して束の根元から先端にかけて幅を調整します。調整が終わりましたら髪プリミティブを束ごとに色分けして確認してみましょう。

束モディファイアの束エフェクトの項目を開きます。束のスケールの「R」は束の根元で「T」は束の先端の幅を表しています。ラインの途中をクリックして新たに2つほどコントロールポイントを追加します。追加したポイントを移動して束の中盤の幅を編集します。

根元から中盤にかけての幅が広がることで自然な毛束のイメージに近づきました。

オプションの［カラープレビュー］にチェックを入れると束ごとに色分けされた表示に切り替わり確認することができます。

MEMO 束ガイドついて

束マップの生成時に作成される束ガイドは［生成］を実行するたびにガイドがランダムに自動で配置されますが、手動でガイドを配置して編集することも可能です。

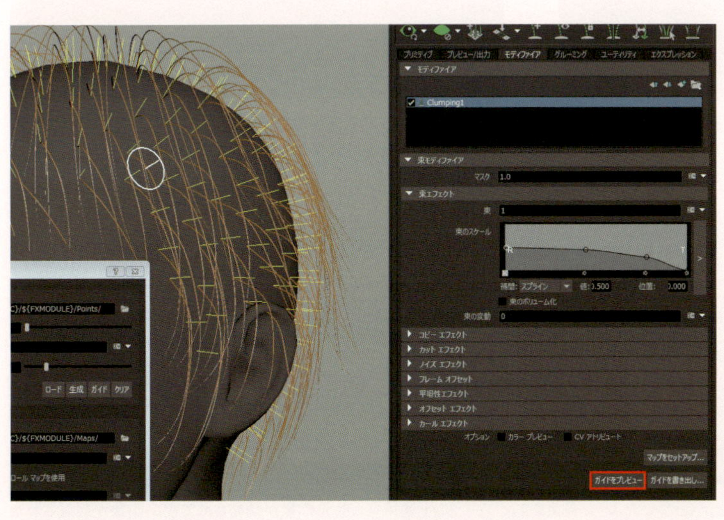

［マップのセットアップ］を押して［束マップの生成ウィンドウ］を開いた状態で右下の［ガイドをプレビュー］を押すと黄色い束ガイドのラインを表示します。カーソルを頭皮モデルの上に置くとブラシアイコンに切り替わり、フェースをクリックすると新たに束ガイドを追加できます。また束ガイドは Ctrl +ドラッグで移動でき、Delete を押すことで削除できます。

12 束の見た目がまだ単調なので束モディファイアをもう1つ追加してまとまり具合に変化を加えます。

［新しいモディファイアを追加］から［束］を追加します。

追加した束モディファイアのスケールもポイントを追加して同じような調整をします。

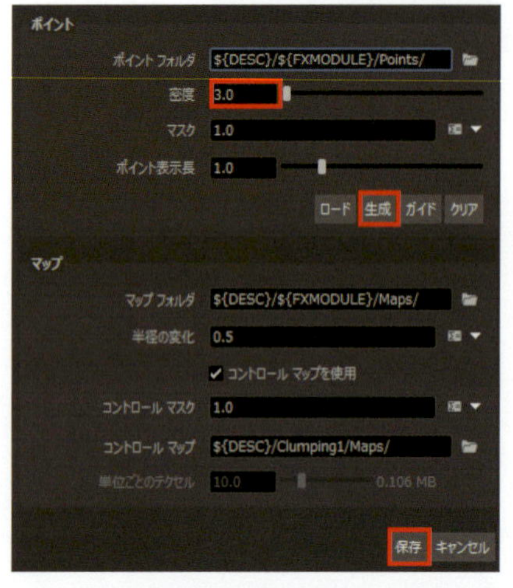

［マップをセットアップ］を開き、［密度］の値を「3」に設定して［生成］します。

1つの束のなかに細かい束の要素が加わることで表面の情報量が増しました。

13 先端が固まって見えて重い印象を受けるためカットモディファイアを適用して髪の毛の一部を切り取り、毛先を軽くします。切り取る量はあらかじめ入力されている乱数の値を変更して調整します。

［新しいモディファイアを追加］から［カット］モディファイアを追加します。

カットモディファイアの総数の値を「rand（0.0,1.2）」に変更して先端から切り取られる量を調整します。

カット適用前の毛先の状態。先端がくっついたように見えます。

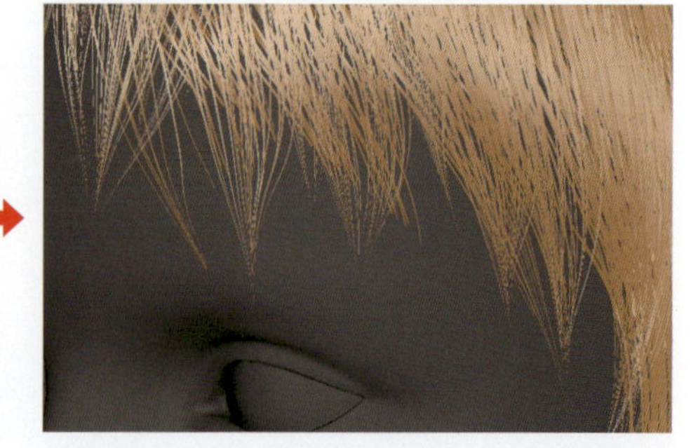
カット適用後。毛先の量が調整されて硬い印象が軽減されました。

14 最後にノイズモディファイアを適用して髪の流れに不規則さを加えます。髪の毛に入る光沢が一定にならないことで、より自然な見た目になります。

[新しいモディファイアを追加]から[ノイズ]モディファイアを追加します。

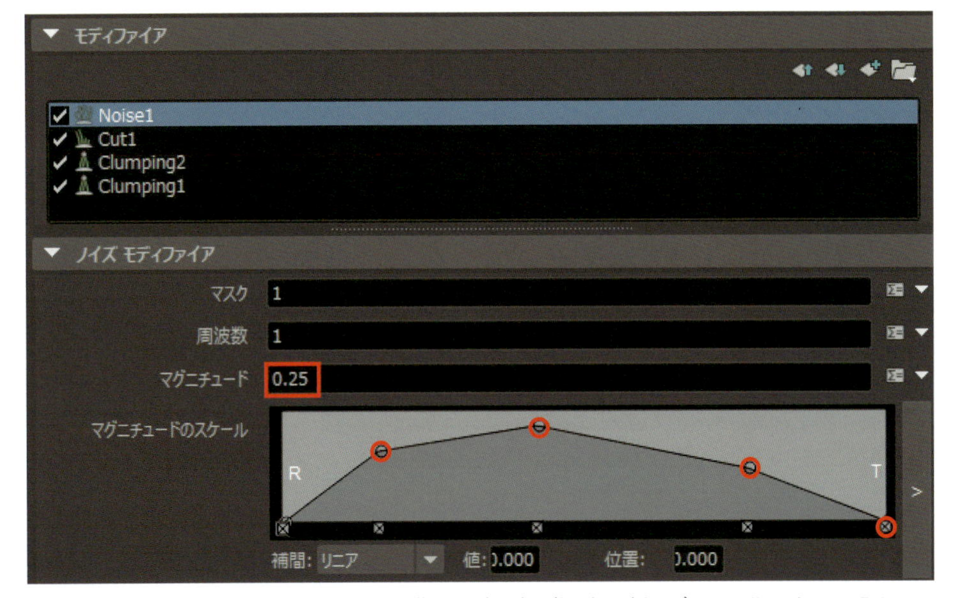

マグニチュードの値を「0.25」に下げてノイズによる全体の髪の振れ幅を抑えます。またマグニチュードのスケールのラインにいくつかコントロールポイントを追加して根元から先端までの振れ幅を調整します。

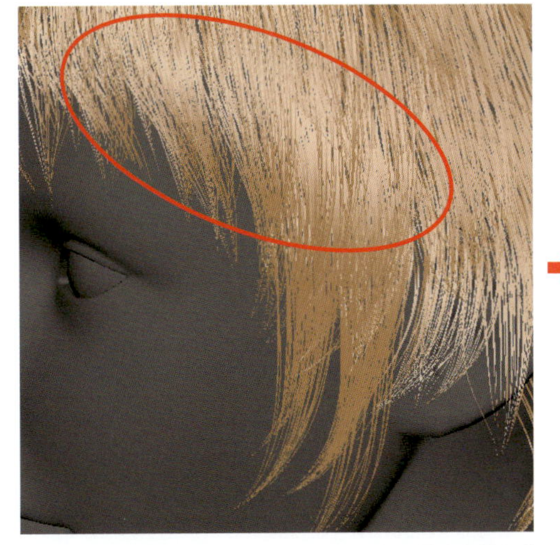

束によっては表面の光り方がのっぺりしており、平坦な印象を受けます。

ノイズ適用後。微弱ですが表面に不規則な起伏が加わり、光沢が自然な見え方になりました。

髪の分け目の再現

15 領域コントロールの領域マップと領域マスクを使用して髪の分け目を再現します。頭皮モデルに異なるカラーでペイントして、カラー同士の境目で髪の分け目を作成します（領域マップ）。

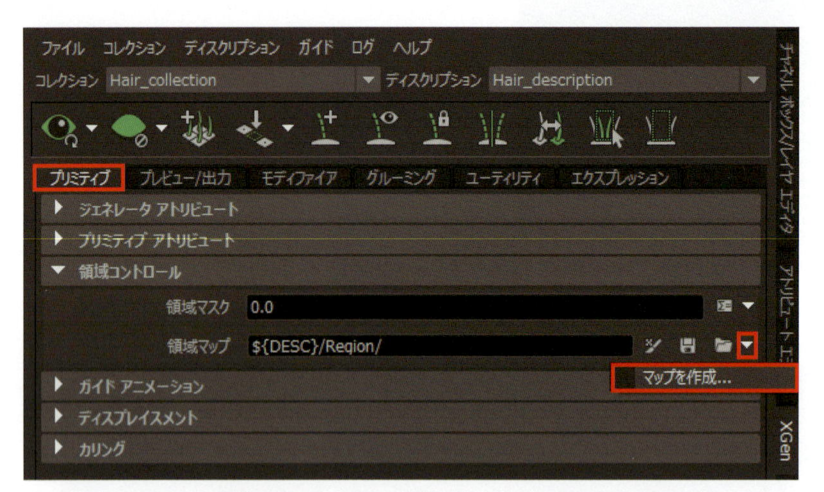

プリミティブアトリビュートの領域コントロールを開き、領域マップのフォルダアイコンの横の矢印アイコンをクリックして［マップを作成］を実行します。

［マップの解像度］の値を20程度に上げて［作成］を押して領域マップを作成します。

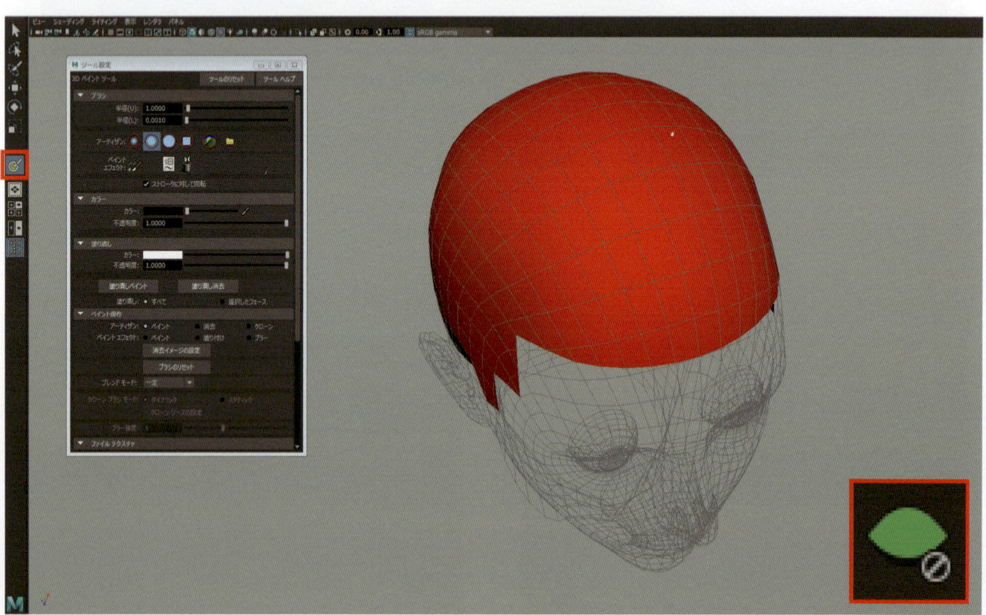

頭皮モデルに赤いカラーがペイントされた状態になりました。髪プリミティブが表示されている場合は［XGenプレビューをクリア］を押して一旦非表示にしておきます。マップを適用すると自動的にツールボックスに3Dペイントツールが登録されるのでダブルクリックして3Dペイントツールのツール設定ウィンドウを開きます。

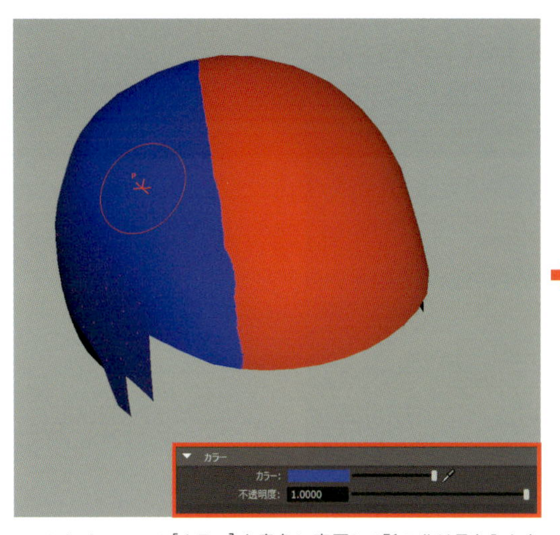

3Dペイントツールの[カラー]を青色に変更して髪の分け目を入れたい位置から側面をブラシで塗っていきます。

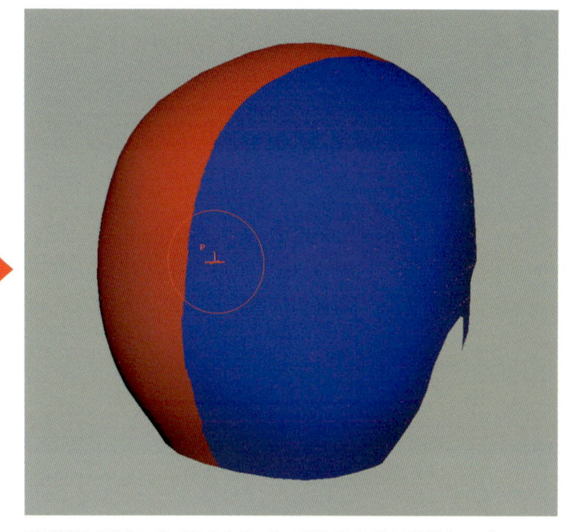

後頭部も同様に青で塗ります。赤で塗り直す場合は頭皮モデルからスポイトで赤色を拾ってペイントしてください。

塗り終わったら領域マップの保存ボタンでマップ内容を保存します。次に領域マスクの値を「1」に設定することで領域マップが有効になります。

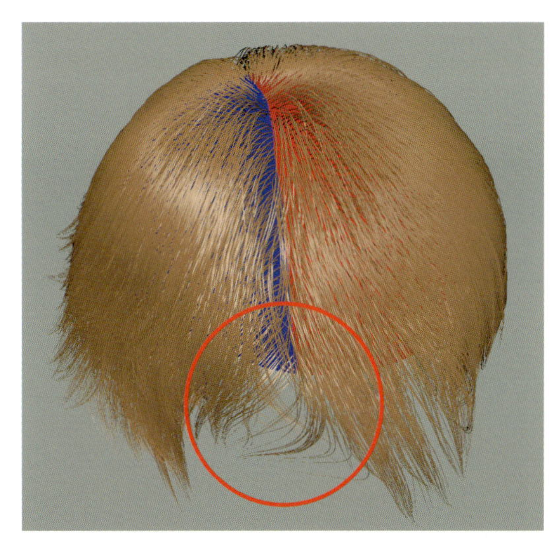

髪プリミティブに分け目が加わりました。ただ現状の設定だと境目の分け具合が不十分であったり、髪の先端が折れ曲がってくっついていたりする現象が起きています。これらの問題は後の工程で解消していきます。

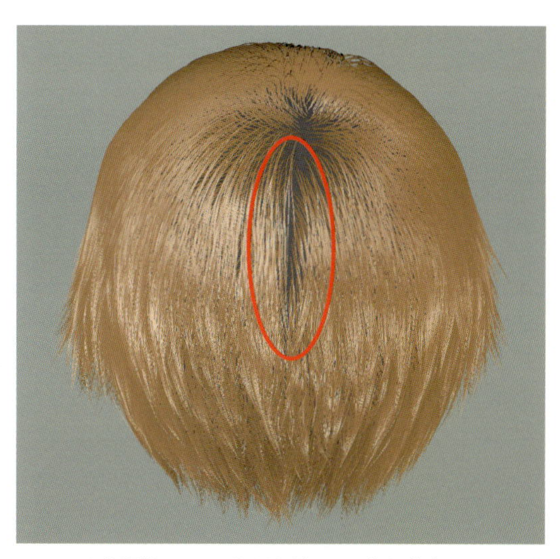

つむじから後頭部にかけて分け目が生じています。本来分け目ができない部分なので領域マスクを使用して分け目をなくします。

16 後頭部の髪の分け目の範囲を白黒のマップで制御します（領域マスク）。

プリミティブアトリビュートの領域コントロールを開き、領域マスクの横の矢印アイコンをクリックして［マップを作成］を実行します。

［マップの解像度］の値を20程度に上げて［作成］を押して領域マスクを作成します。

3Dペイントツールに切り替わるので、つむじから後頭部の下方面まで黒で塗ります。

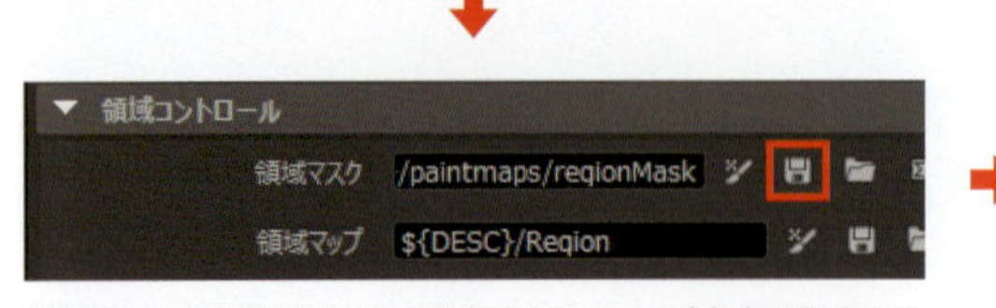

塗り終わったら領域マスクの保存ボタンでマップ内容を保存します。

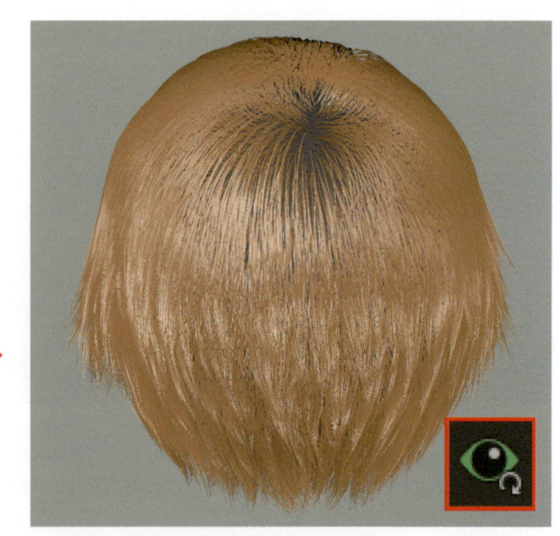

プレビューを更新して結果を確認します。黒でペイントした後頭部の髪の分け目がなくなりました。このように領域マスクは領域マップで指定した境目の範囲を白黒のマップで制御できます。

17 領域マップと束モディファイアを併用した場合、境目の表現が不十分な部分が出ています。束モディファイアのコントロールマスクを使用して解決します。

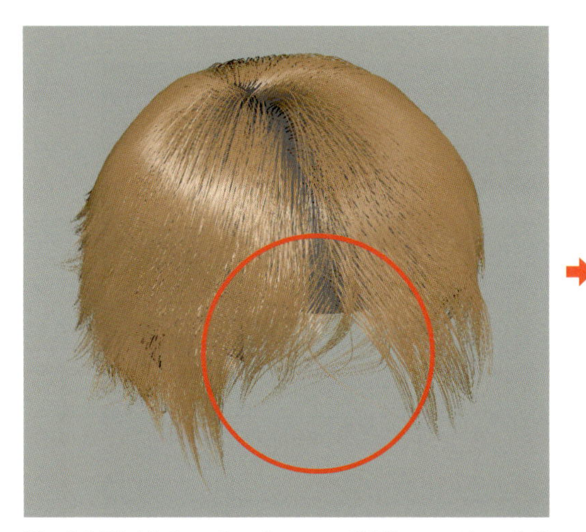

髪の分け目をまたがって束モディファイアが影響しているため、先端がくっついたような結果になっています。一旦１つ目の束モディファイア以外はチェックを外して無効にします。

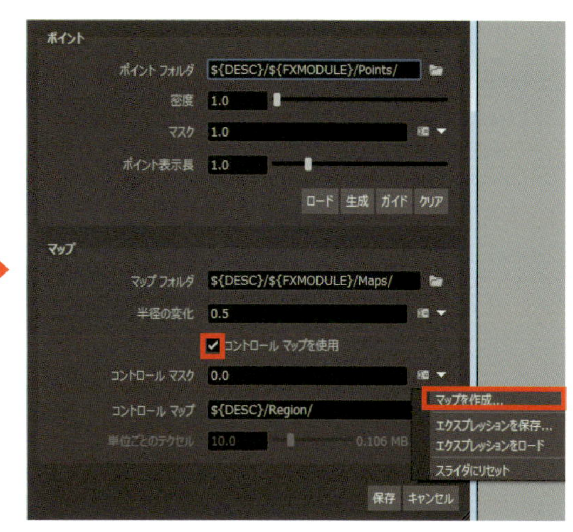

１つ目の束モディファイアの［マップをセットアップ］を開き、［コントロールマップを使用］にチェックを入れます。コントロールマスクの横の矢印アイコンをクリックして［マップを作成］を実行します。

［マップの解像度］の値を「20」程度に上げて［作成］を押してコントロールマスクを作成します。

3Dペイントツールに切り替わるので、分け目の生え際を黒でペイントします。

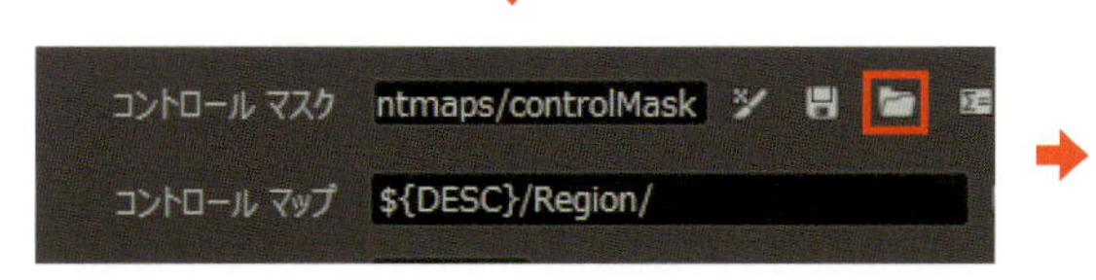

塗り終わったらコントロールマスクの保存ボタンでマップ内容を保存します。

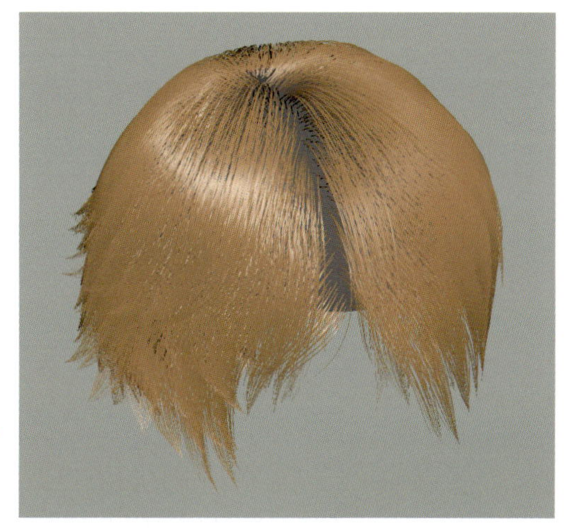

プレビューを更新します。くっついていた毛先が解消されました。

18

2つ目の束モディファイアを有効にすると同じように毛先がくっついた結果になってしまいます。1つ目の束モディファイアで作成し使用したコントロールマスクを2つ目の束モディファイアに適用して、くっつきを解決します。

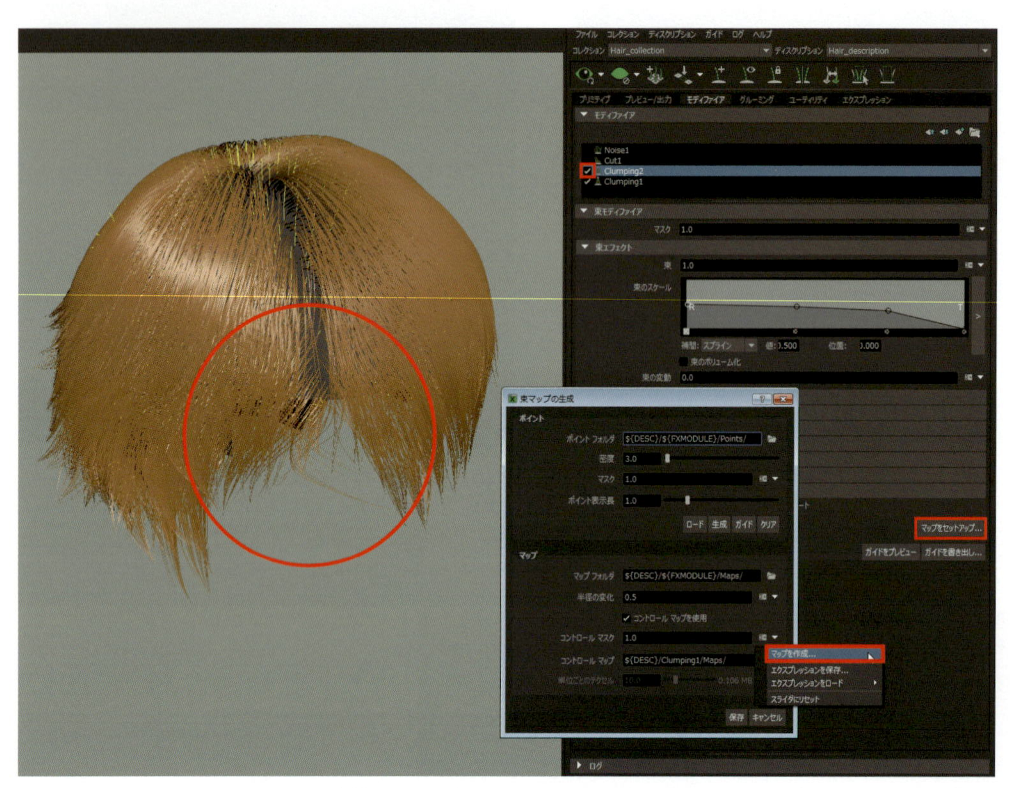

2つ目の束モディファイアにチェックを入れて有効にすると毛先が分け目を跨っていびつに曲がっています。[マップをセットアップ]を起動して[束マップの生成]の[コントロールマスク]の矢印ボタンから[マップを作成]を押します。

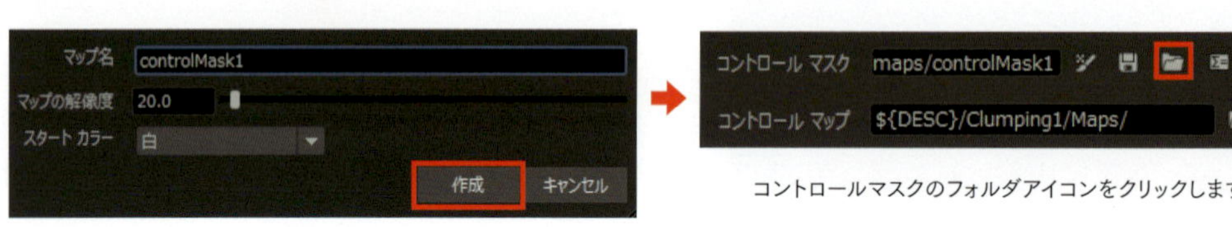

設定は特に変更せずにコントロールマスクを作成します。

コントロールマスクのフォルダアイコンをクリックします。

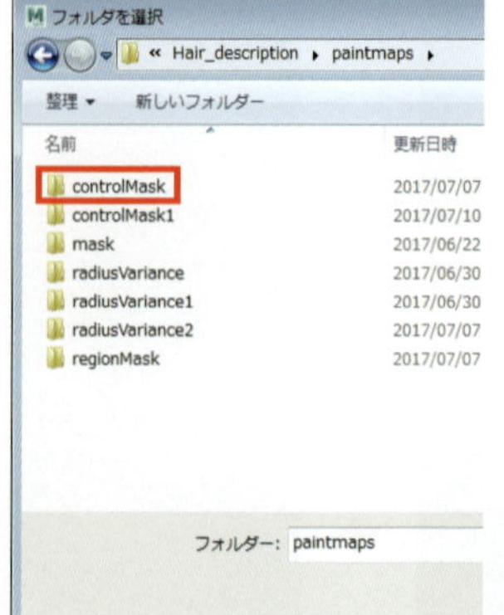

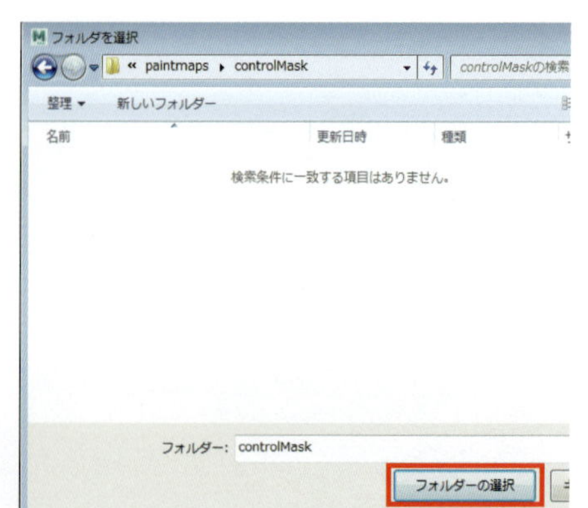

エクスプローラーから今指定されているフォルダの1つ上の階層の「paintmaps」に移ります。「paintmaps」フォルダ内の1つ目の束エフェクトで使用したコントローラーマスクのフォルダ(controlMask)を開いた状態で「フォルダーを選択」してマップのセットアップを保存します。

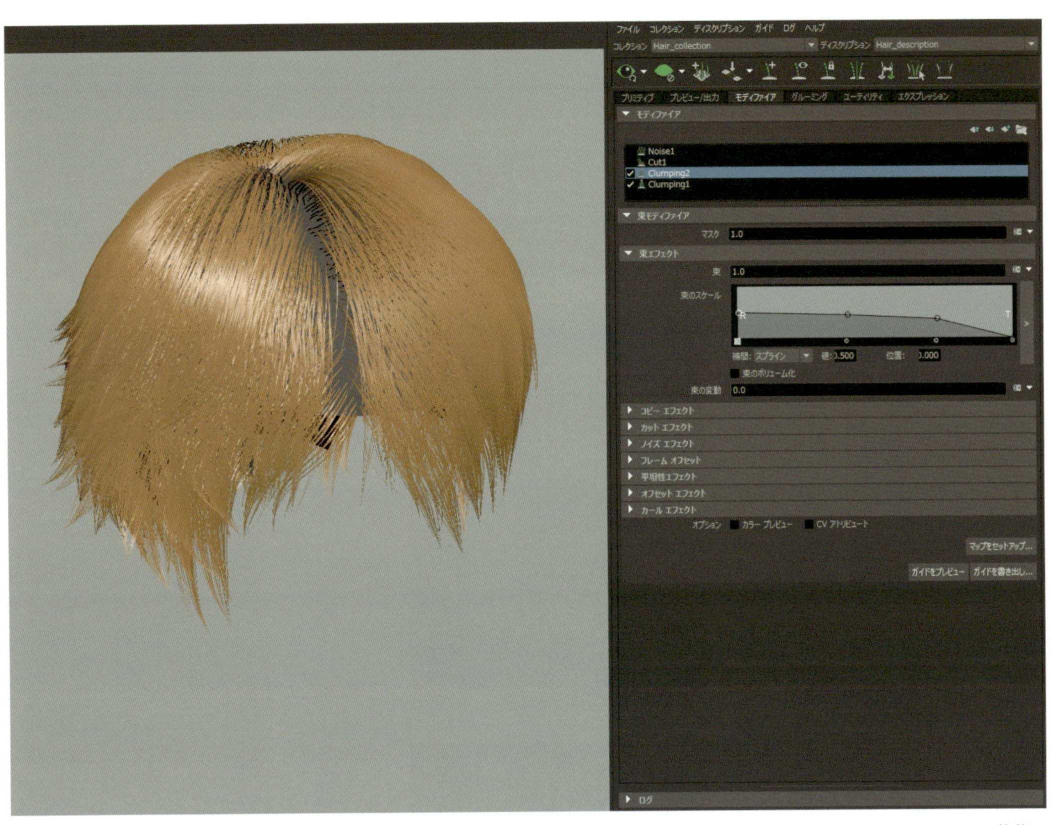

1つ目の束で使用したコントロールマスクが2つ目の束にも適用され、毛先のくっつきが解決しました。全てのモディファイアをオンにした状態にします。

19 髪の毛プリミティブにマテリアルを割り当ててレンダリングしてみます。

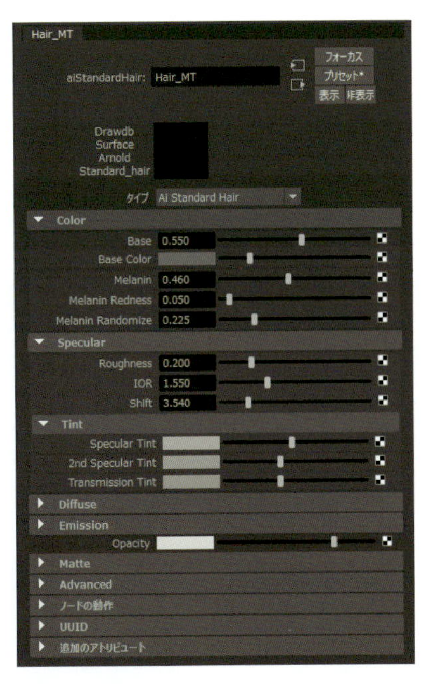

髪のマテリアルにはAi Standard Hairを使用しており、髪のXGenコレクションにマテリアルを割り当てることで適用されます。レンダリング結果を確認しつつ髪のガイドの長さや数を調整したり、モディファイアのパラメータを編集し、イメージした髪型に近づけましょう。

眉毛の作成

20 髪の毛とは別のXGenディスクリプションを用意して眉毛を作成していきます。生成のガイド用メッシュと眉毛が生える領域指定するためのマスク用画像を予め用意します。

頭部モデルの目元のフェースを複製して眉毛生成用のガイド用メッシュを作成します。

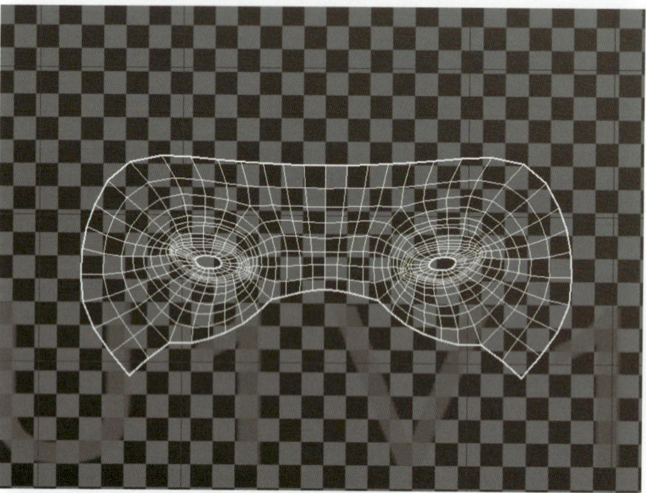

UVは展開済みの頭部で使用していた内容をそのまま使用します。「UVのスナップショット」を実行してUV情報を画像化します。

UVのスナップショットを元に眉毛部分を白く塗ったマスク用の画像を作成します。マスクの画像を新規マテリアルに接続して目元のガイド用オブジェクトに適用します。

21 目元モデルを眉毛が生成されるジオメトリとして登録するためにXGenディスクリプションを作成します。今回は髪のようにカーブを使用せず、ガイドを直接追加して眉毛のプリミティブを制御します。

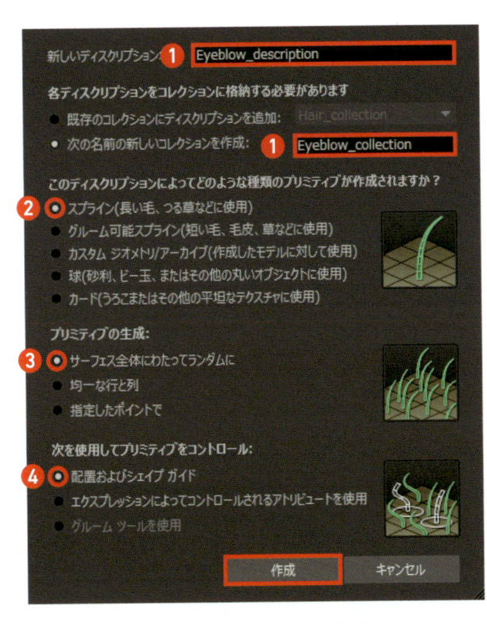

頭皮モデルを選択して［生成］＞［ディスクリプションを作成］を実行し、各種設定を行い作成する。

1. ディスクリプションとコレクションに任意の名前を入力。
2. 作成されるプリミティブの種類は「スプライン」を選択。
3. プリミティブの生成は「サーフェス全体にわたってランダムに」を選択。
4. プリミティブのコントロールは「配置およびシェイプガイド」を選択。

目元のオブジェクトがディスクリプションにバインドされました。

22 XGenのガイドの追加機能を使用して、白く塗られたテクスチャを元に一定の間隔でガイドを配置していきます

23

配置したガイドをユーティリティの「カーブとしてのガイド」機能を使用して形状を眉骨に沿うように調整します。

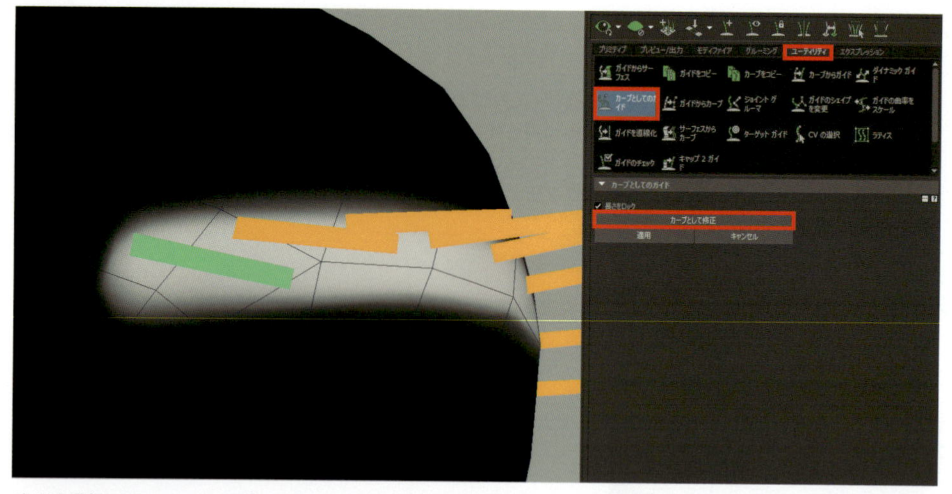

ガイドを選択してユーティリティの「カーブとしてのガイド」から「カーブとして修正」を実行します。

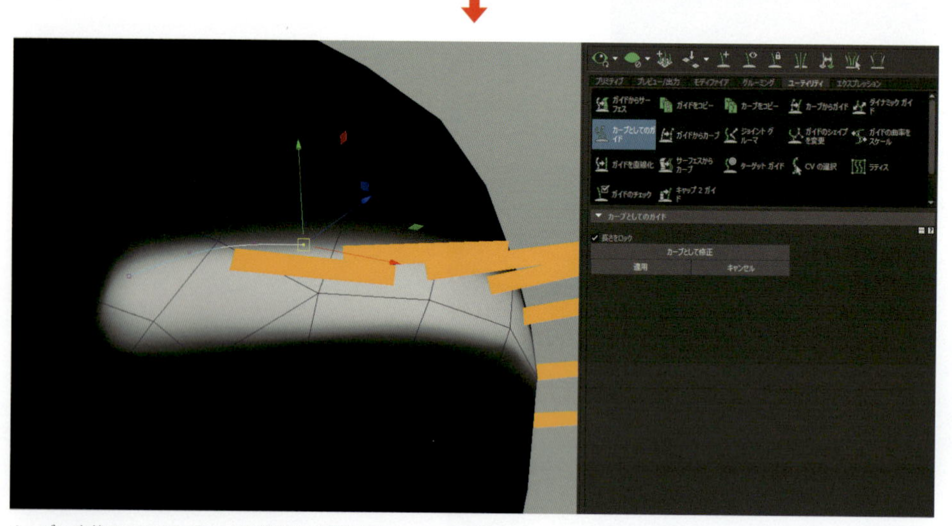

カーブに変換されるのでポイントを移動して調整します。

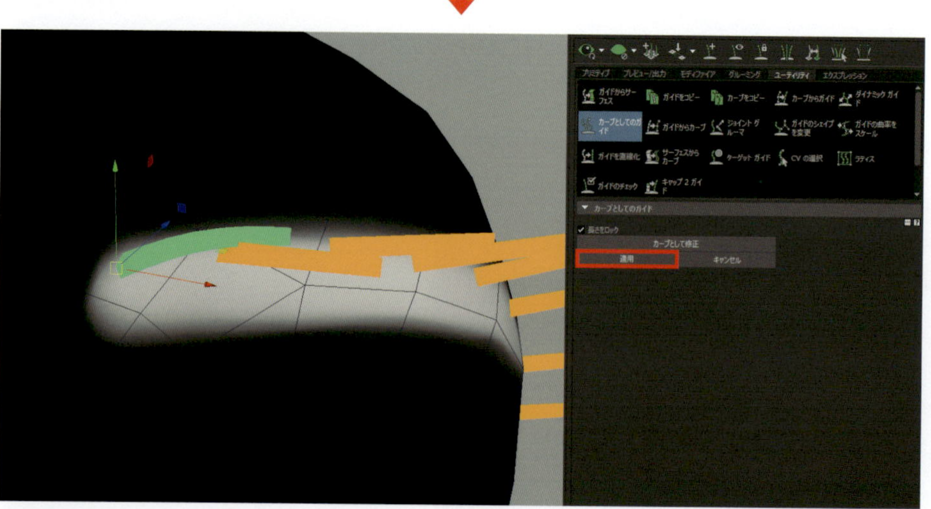

調整が終わりましたら「適用」を押してガイドに戻します。

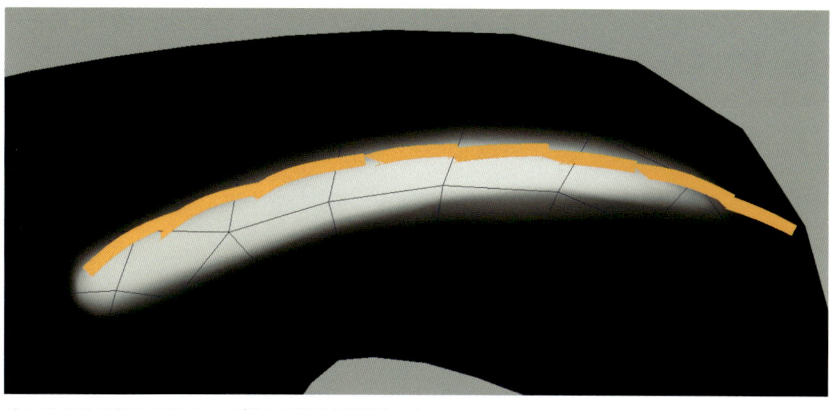

他のガイドも同様の手順でカーブ化して形状を調整します。

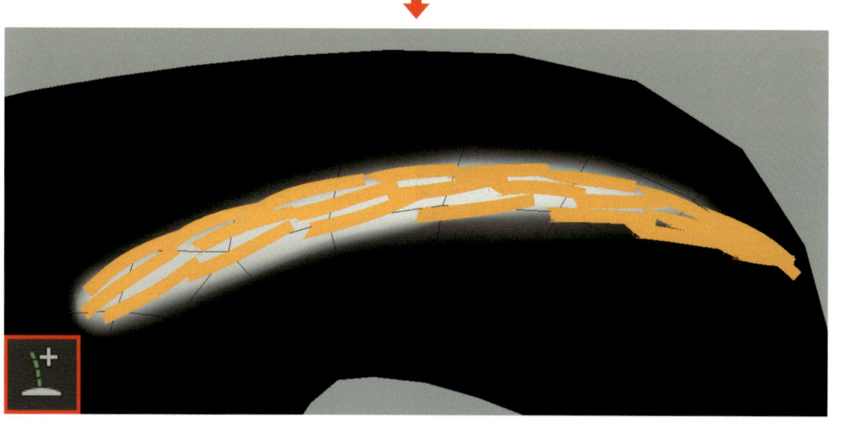

ガイドを追加して眉毛の層をいくつか用意します。毛先の流れを意識して全体を整えます。

MEMO

ガイドの名前について

「カーブとしてのガイド」の「カーブとして修正」でカーブを編集後、「適用」を実行してもガイドに変換されない（ガイドに戻らない）現象が起きる場合があります。その場合、XGenのガイド用の名前が重複していることが原因なので、たとえ別々のXGenコレクション（髪と眉毛など）であってもシーン内のガイド用ノードの名前が重複しないよう変更しましょう。

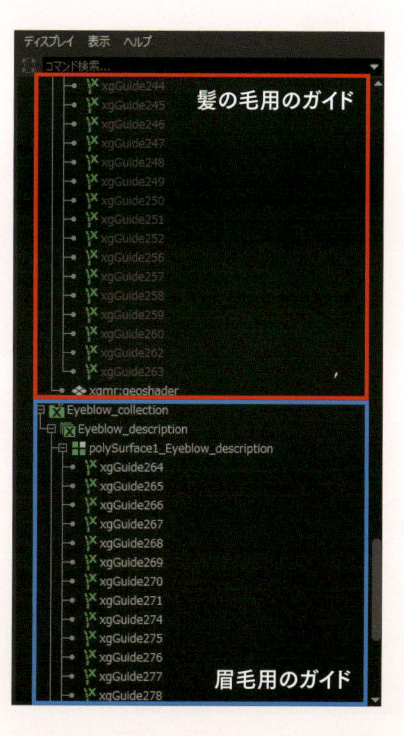

xgGuide~の連番の番号がそれぞれ重複しないようにする。

作例編 2-8 毛の作成

24

プレビューを実行して眉毛のプリミティブを表示します。プリミティブの設定から毛の数を増やし毛先に向けて細くなるよう調整します。

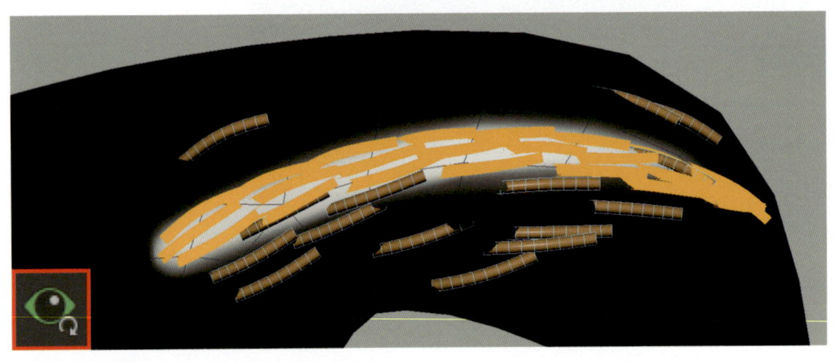

調整が終わりましたら「適用」を押してガイドに戻します。

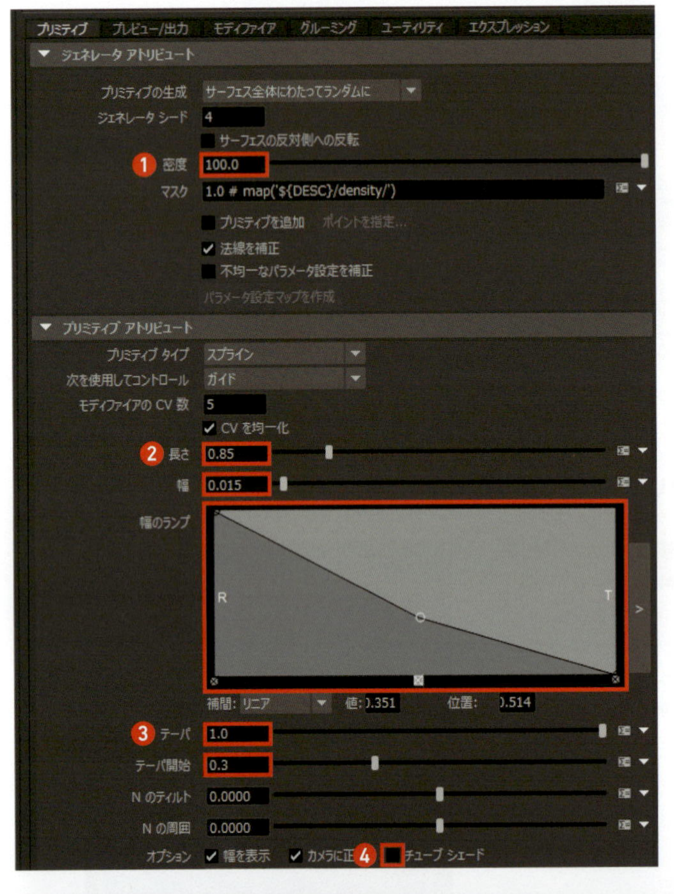

眉毛のプリミティブを以下のように設定します。

❶ プリミティブの「密度」を「100」に設定。

❷「長さ」を「0.85」、「幅」を「0.015」に設定して「幅のランプ」をくの字になるようにポイントを追加します。

❸「テーパ」の値を「1」にして「テーパ開始」を「0.3」に設定。

❹「チューブシェード」のチェックは外しておきます。

設定により密度が増えましたが生成される領域が制御されておらず、広域に眉毛が生えています。

25

ガイドメッシュに適用している白黒のマップを眉毛が生成される領域のマスクとして使用できるように設定します。

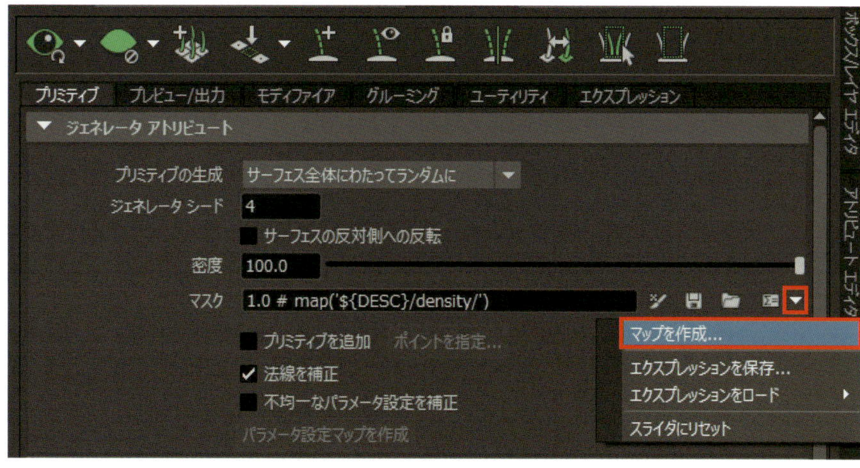

ジェネレータアトリビュートのマスクの項目から「マップを作成」を実行します。

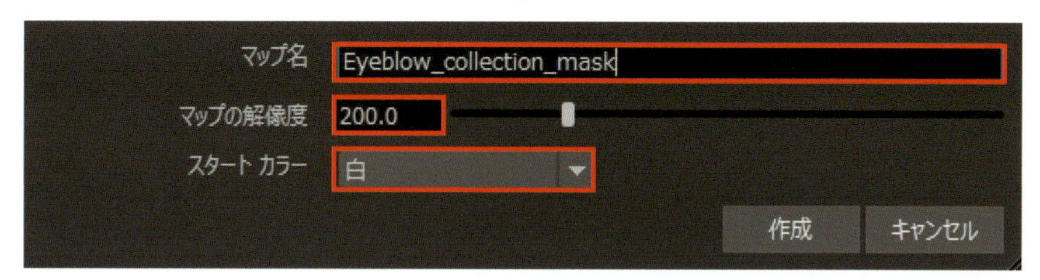

マップ名に任意の名前を付けてマップの解像度は200ぐらいに設定します。スタートカラーは「白」にして作成します。

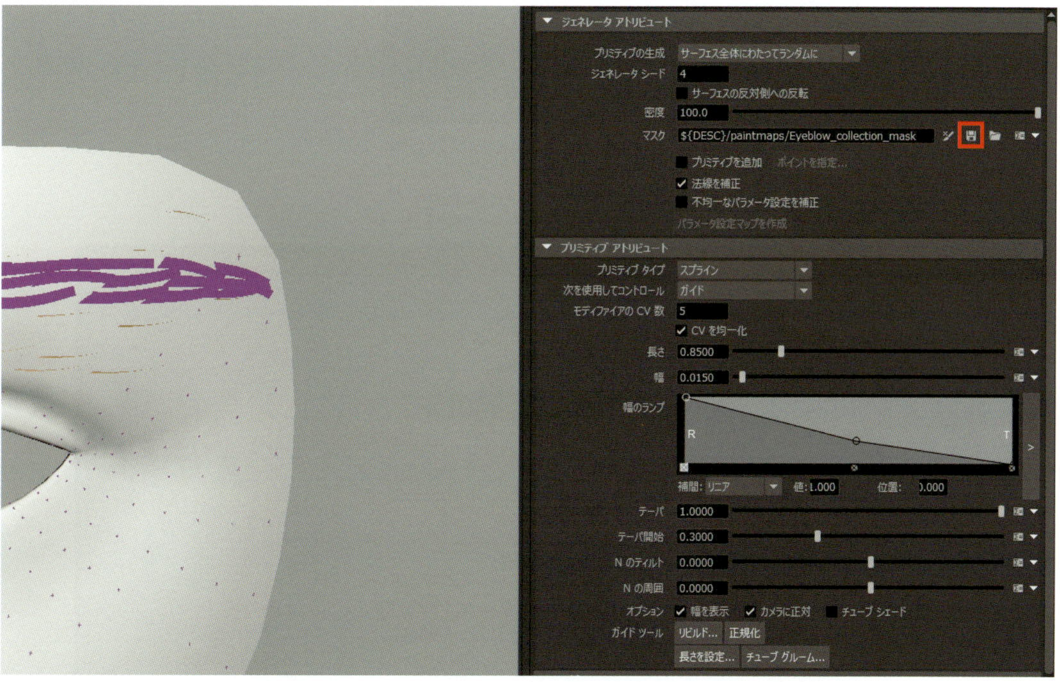

マップを作成したら、まずベイク処理ボタンを押してマップを保存します。

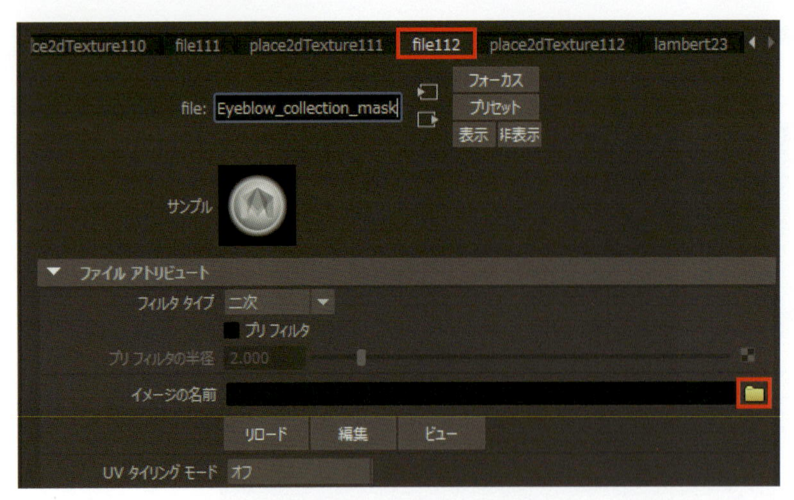

生成用の目元のガイドメッシュのアトリビュートにアクセスしてファイルのアトリビュートを開きます。イメージの名前のフォルダアイコンをクリックします。

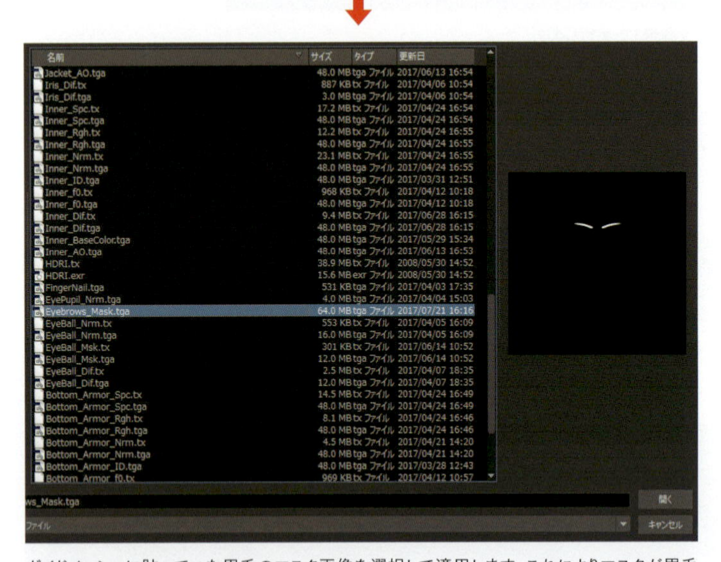

ガイドメッシュに貼っていた眉毛のマスク画像を選択して適用します。これによりマスクが眉毛のマスク画像に差し替わりました。

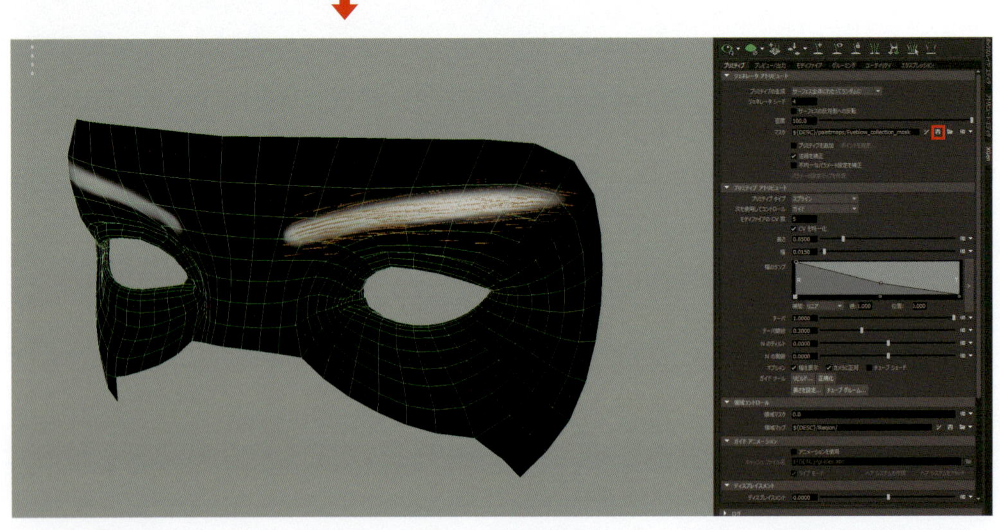
ジェネレータアトリビュートのマスクのベイク処理ボタンを押してマップを再度保存することで、眉毛のマスク画像の白い領域を元にプリミティブが生成されるようになりました。

26　ガイドをX軸でミラーして反対側の眉毛を作成します。

眉毛のガイドを全て選択してXGenのツールバーから「ガイドのミラー化」を実行します。

プレビューを更新して結果を確認します。左右同じように眉毛のプリミティブが生成されました。

27　眉毛プリミティブにマテリアルを割り当ててレンダリングしてみます。

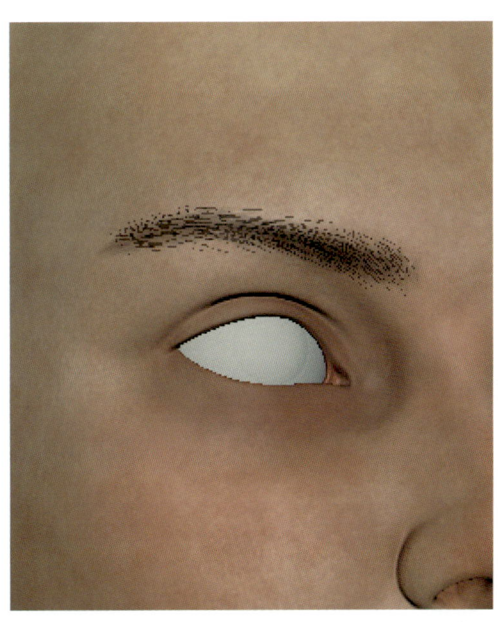

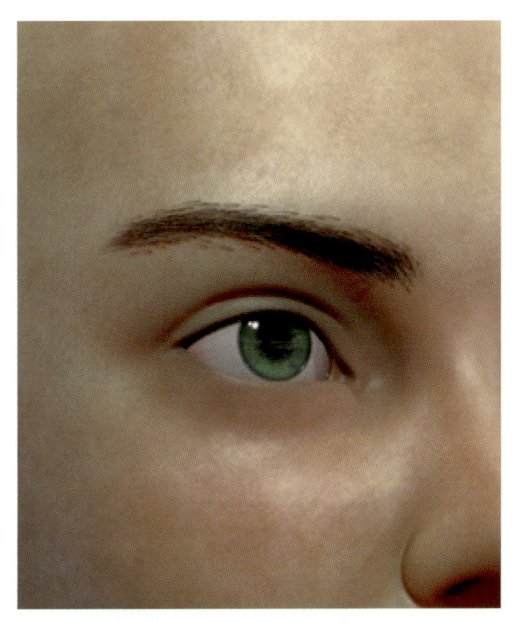

マテリアルは髪の毛に使用したものと同じものを適用します。プレビューやレンダリング結果を確認しつつマスクの内容やガイドの形状、プリミティブの設定を変更して調整しましょう。

睫毛の作成

28 睫毛の生成には髪や眉毛とは別のXGenディスクリプションの設定で作成していきます。睫毛が生成される場所はポイントで指定してやり、毛の曲がり具合はガイドの編集で調整します。

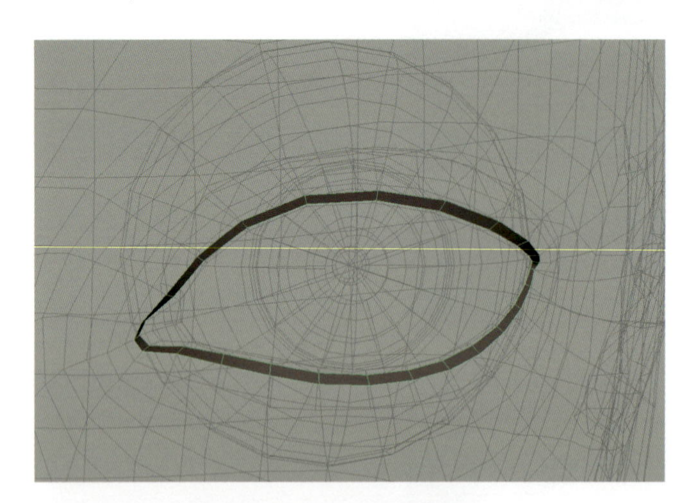

目の輪郭のループ状のフェースを複製して睫毛生成用のガイド用メッシュを作成します。

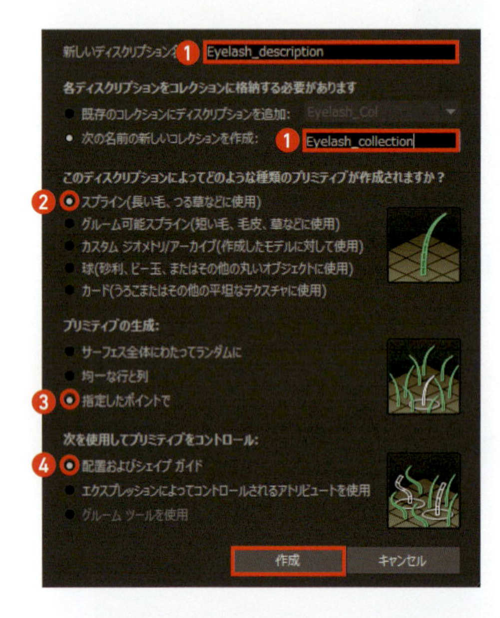

目の輪郭モデルを選択して[生成] > [ディスクリプションの作成]を実行し、各種設定を行い作成します。

❶ ディスクリプションとコレクションに任意の名前を入力。
❷ 作成されるプリミティブの種類は「スプライン」を選択。
❸ プリミティブの生成は「指定したポイントで」を選択。
❹ プリミティブのコントロールは「配置およびシェイプガイド」を選択。

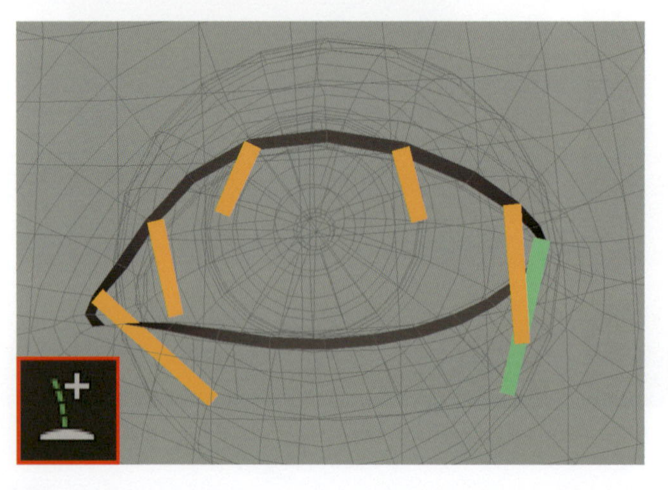

ガイドの追加機能を使用して上目蓋のラインに等間隔でガイドを配置します。

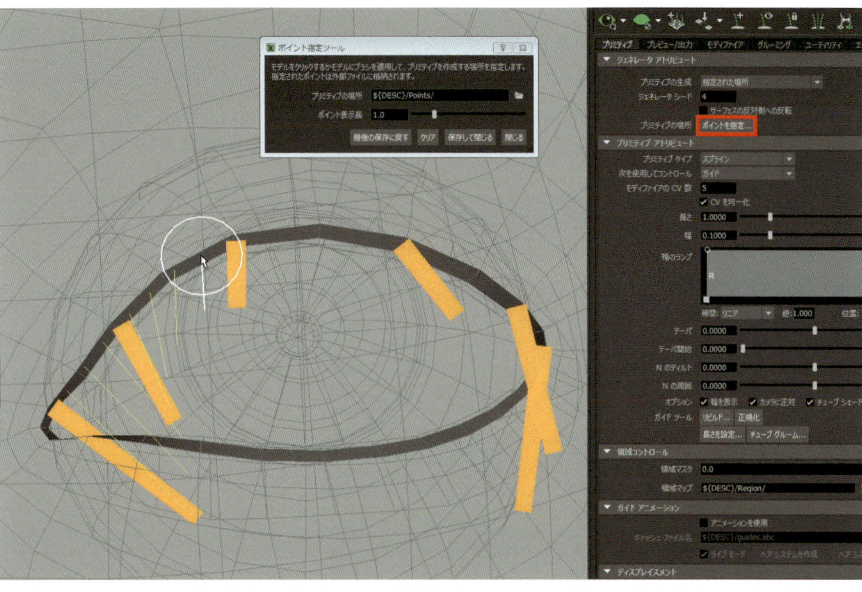

ジェネレータアトリビュート内の「ポイント指定ツール」を起動します。カーソルがブラシに切り替わるので目の輪郭のメッシュに沿って目頭から順にポイントを配置します。このポイントが睫毛1本1本に該当します。

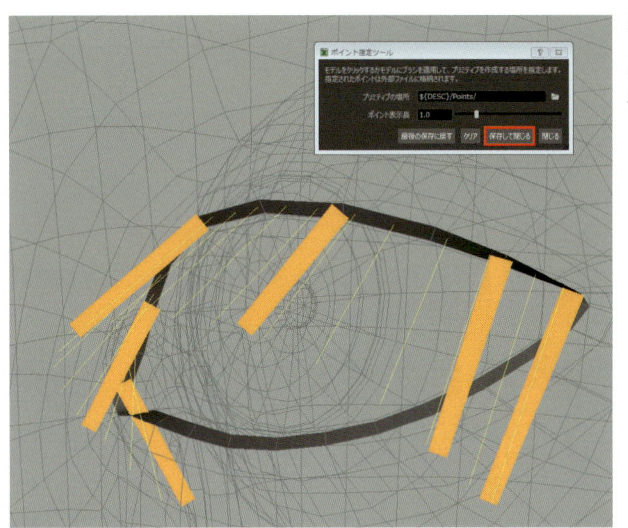

目尻までポイントを配置しましたら、「ポイント指定ツール」の［保存して閉じる］を押して配置内容を保存します。

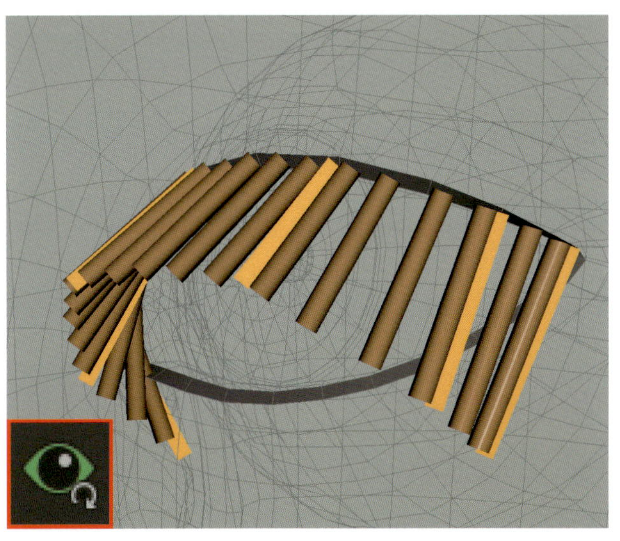

プレビューを更新して結果を表示します。ガイドの向きや長さを基準にプリミティブが生成されました。

29 ガイドを調整して睫毛の形状を調整します。

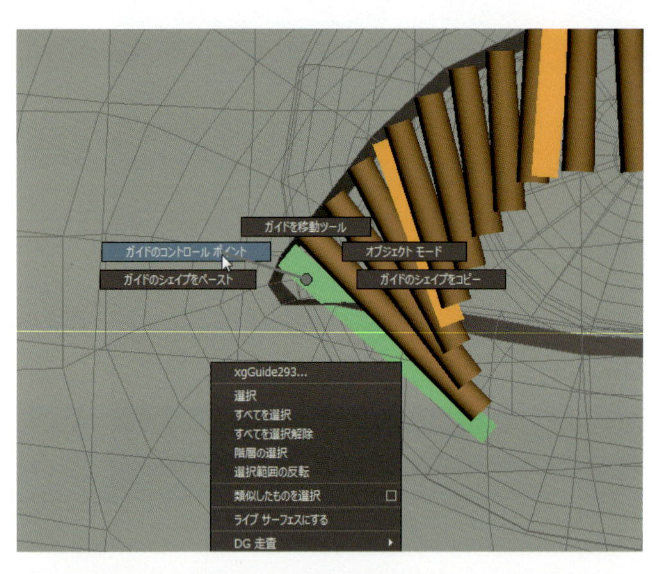

ガイドを選択して右クリックから「ガイドのコントロールポイント」に切り替えます。

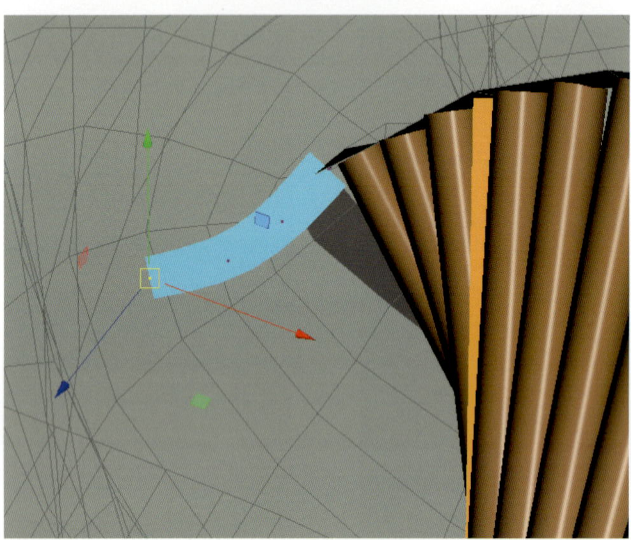

それぞれのコントロールポイントを移動して上に反らし、睫毛の形状にします。

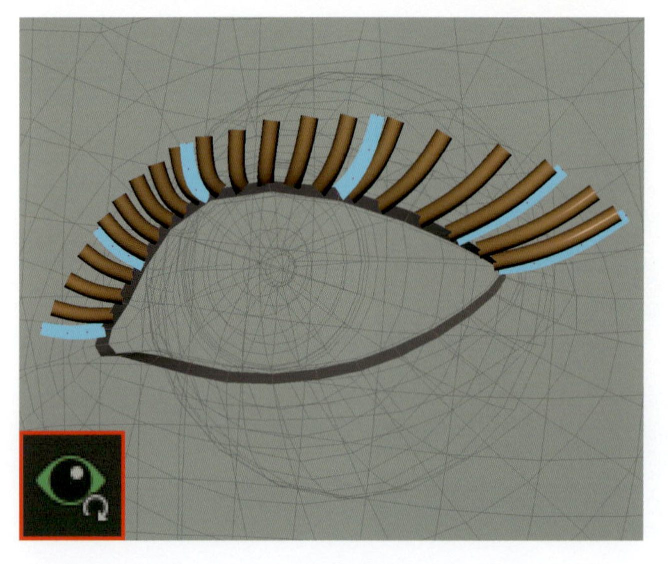

配置したガイドをそれぞれ編集してプレビューを更新します。プリミティブがガイドに合わせて変形しました。

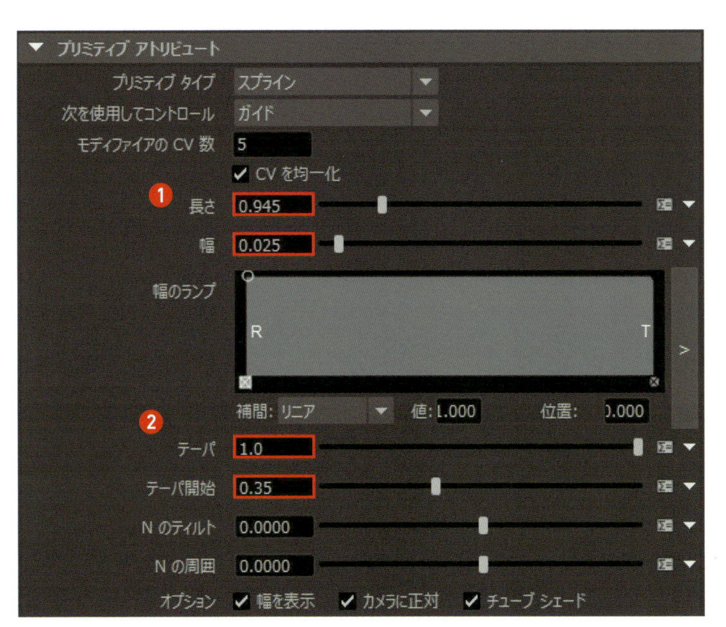

プリミティブの設定を変更して睫毛を細くして尖らせます。

❶「長さ」を「0.945」、「幅」を「0.025」に設定。

❷「テーパ」を「1」、「テーパ開始」を「0.35」に設定。

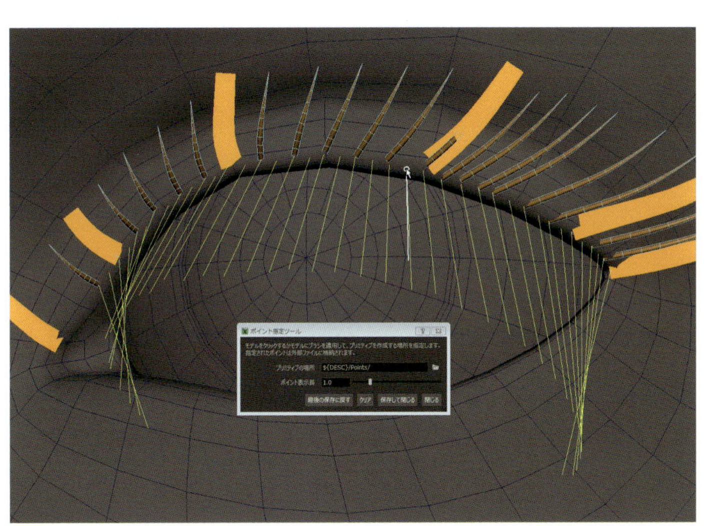

睫毛1本あたりの形状は整いましたが、密度が不足しているので追加していきます。ジェネレータアトリビュート内の「ポイント指定ツール」を起動してポイントを追加します。不要になったポイントは Ctrl を押しながらクリックすることで削除できます。また連続してポイントを配置する場合はガイド用メッシュの上をブラシでドラッグすれば等間隔で配置されます。ポイント間の間隔はブラシのサイズによって決定します。

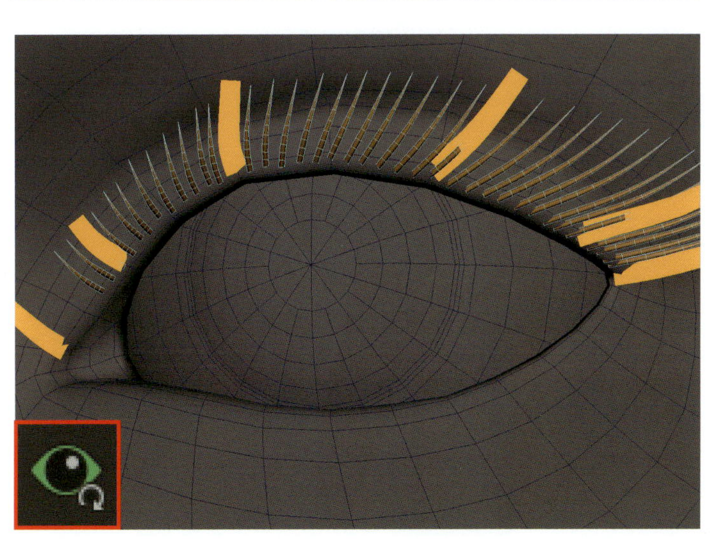

プレビューを更新して結果を確認します。

30 下睫毛を追加した後に束モディファイアを使用して不規則さを加えます。マテリアルは髪、眉毛で使用したものと同じものを適用します。

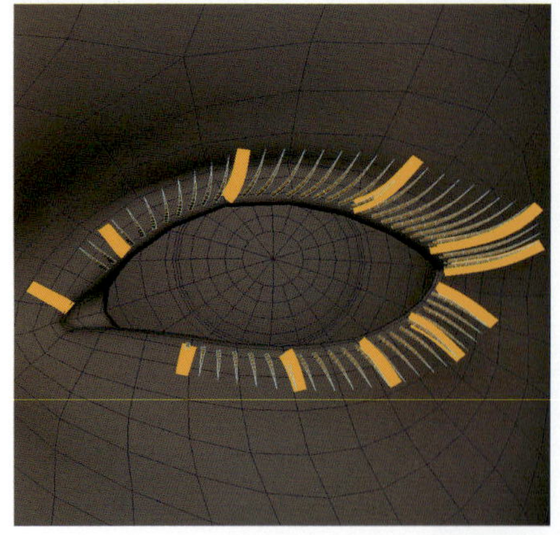

下目蓋にガイドとポイントを追加して下睫毛を作成します。

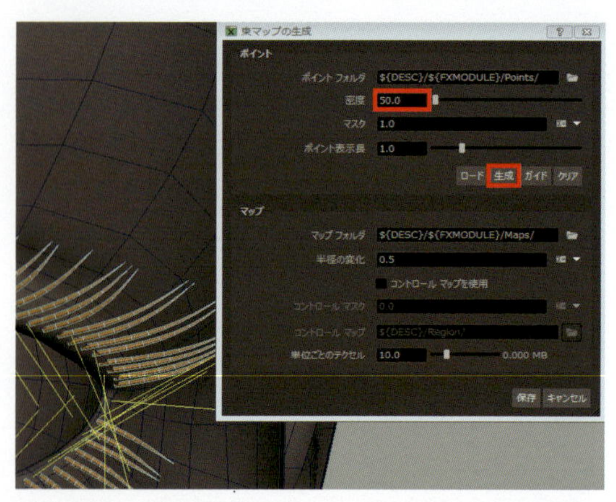

束モディファイアを適用します。束マップ生成時には密度をある程度高く設定して、細かな束が生じるようにします。

マテリアルは髪の毛に使用したものと同じものを適用します。右目の睫毛は睫毛のXGenコレクションを選択して［修正］＞［変換］＞［XGenプリミティブをポリゴンに変換］を実行して睫毛のポリゴンオブジェクトを作成し、それをX軸にミラーコピーすることで用意しています。

髪の毛もポリゴン化しておきます。髪の毛のXGenコレクションを選択して［修正］＞［変換］＞［XGenプリミティブをポリゴンに変換］を実行します。「メッシュを結合」にチェックを入れることで1つのメッシュとして変換されます。これでXGenを使用した一連の毛の作成は完了になります。

Chapter 2-9

骨格とリグの作成

ここからリギング作業を行います。基本的な作業の流れは第6章 P.329「リギング」と同じですが、ジョイントはジャケットと銃にも作成します。

スケルトンの作成

1 スケルトンを作成します。

開始シーン ▶ MayaData/Ex_Chap02/scenes/Ex_Chap02_Character_Modeling_End.mb

スケルトンを作成します（第6章 P. 346「①スケルトンの完成図」も参照）。ジョイントのミラーを使うため左半身のみを作成します。ジョイント名は図中を参考に変更してください。作業しやすくするため、睫毛、眉毛、髪の毛は非表示にします。

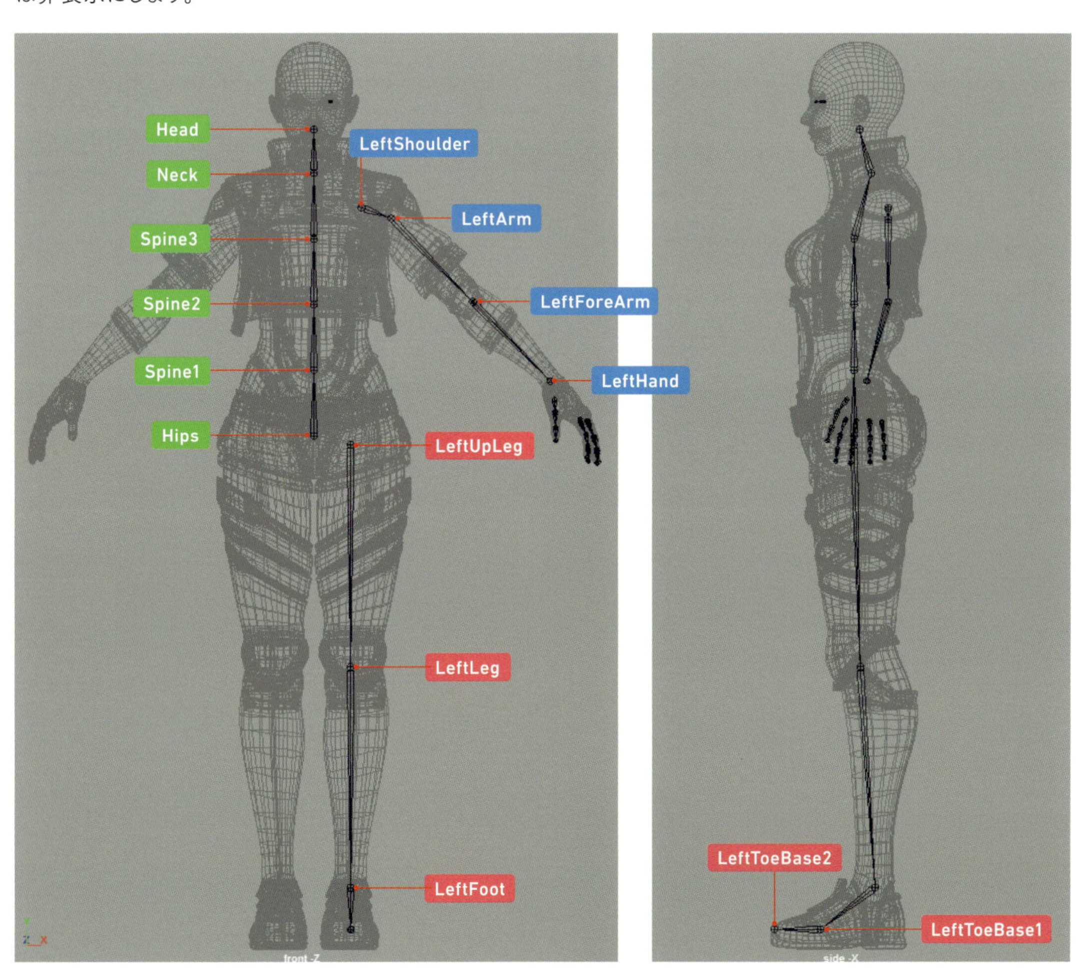

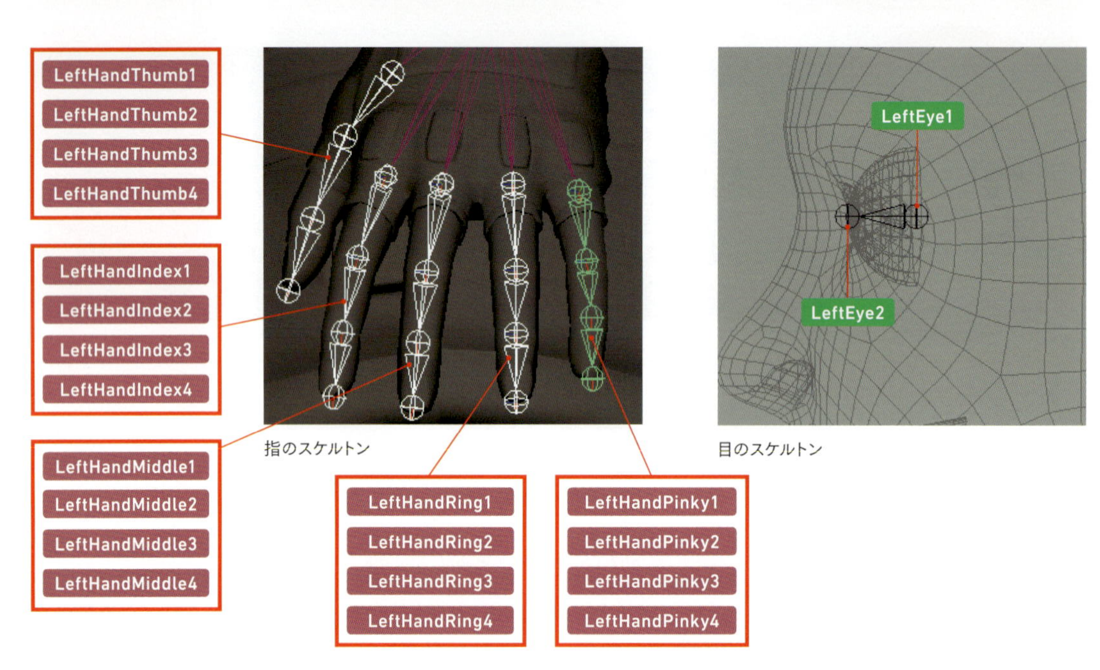

指のスケルトン

目のスケルトン

2 ジャケットのスケルトンを作成します。

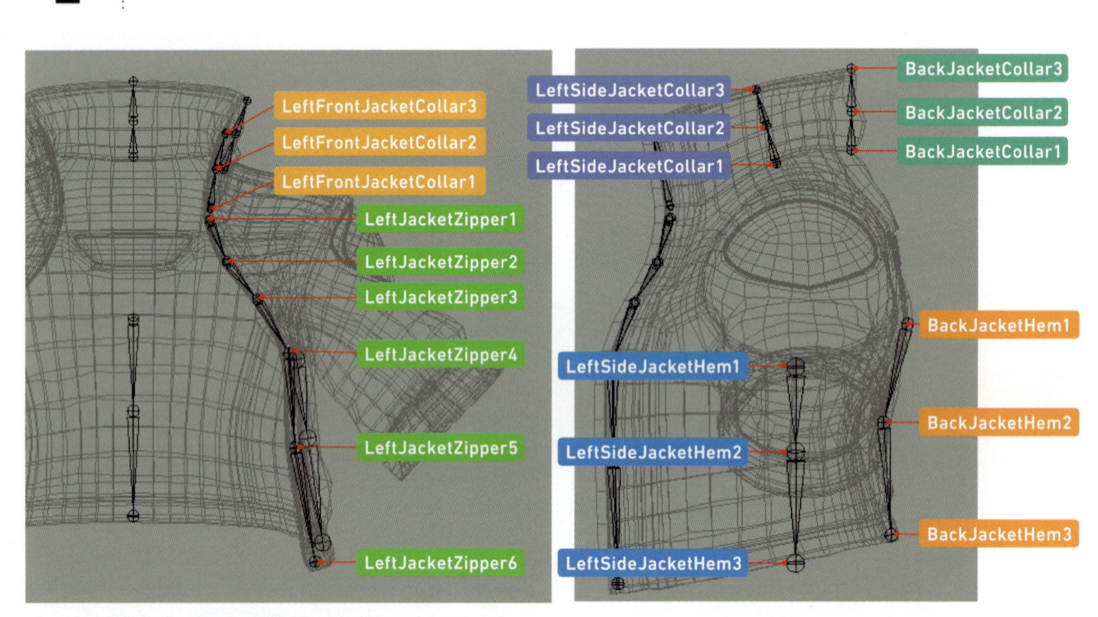

ジャケットは襟に3本、ジッパーの部分に1本、裾に2本作成します。

3 銃のスケルトンを作成します。

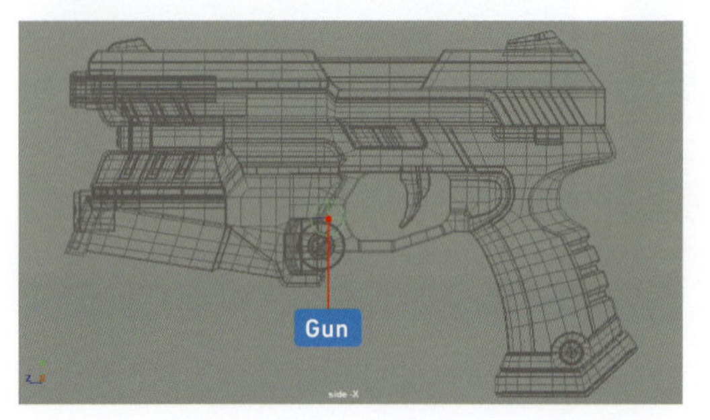

銃のスケルトンは原点座標に作成します。

4 ジョイントの方向付け（腰～頭、脚、銃）

腰から頭まで、脚、銃のジョイントはワールド方向にします。

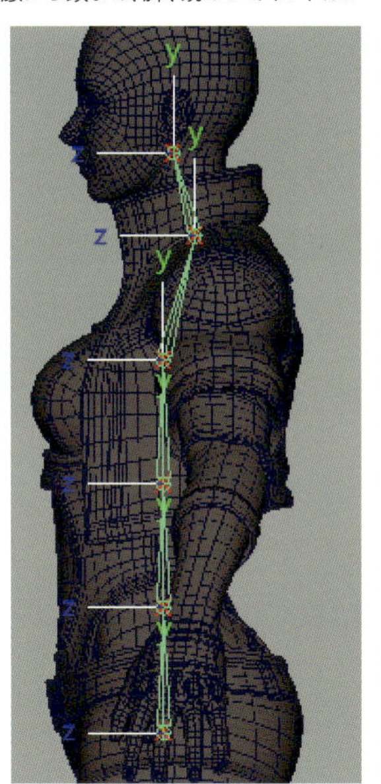

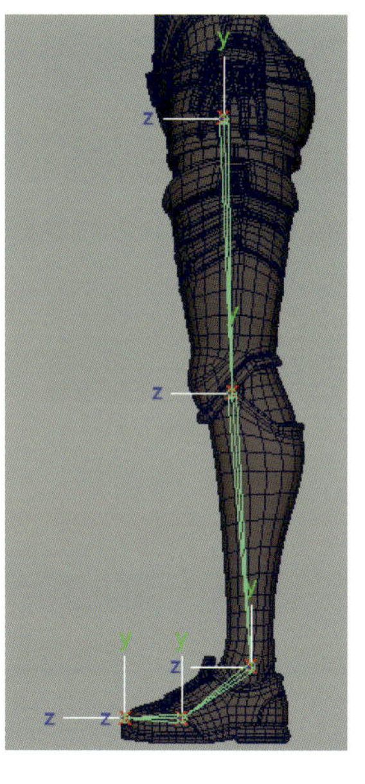

［スケルトン］＞［ジョイントの方向付け］で方向設定を［ジョイントをワールドへ方向付け］で設定します。

5 ジョイントの方向付け（目、肩、腕、指、ジャケット）

目、肩～手首、指、ジャケットのスケルトンの方向は［主軸］「X」、［補助軸］「Y」、［補助軸のワールド方向］「Y」にします。画像通りにならない場合は「+」の補助軸の向き（ポジティブまたはネガティブ）を切り替えます。

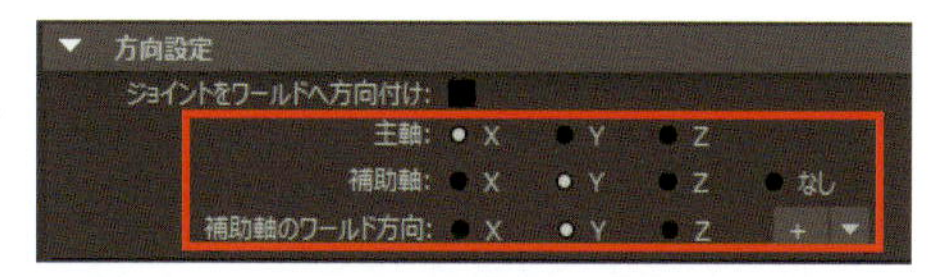

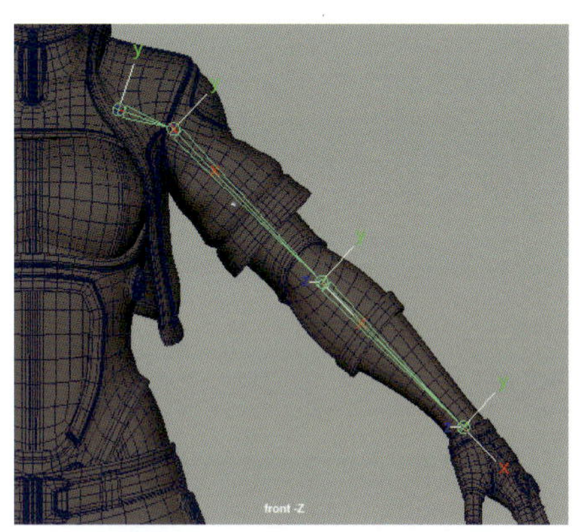

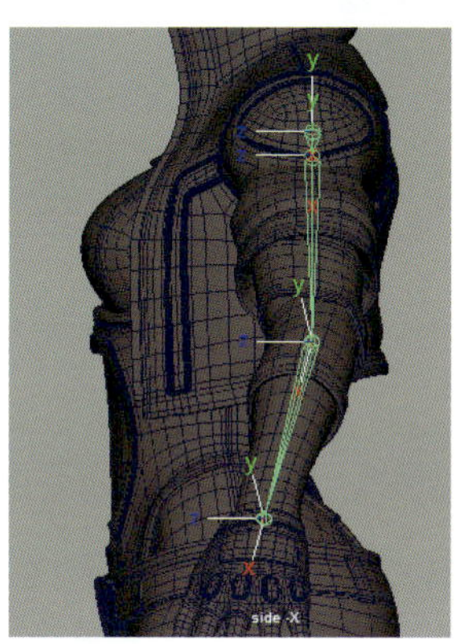

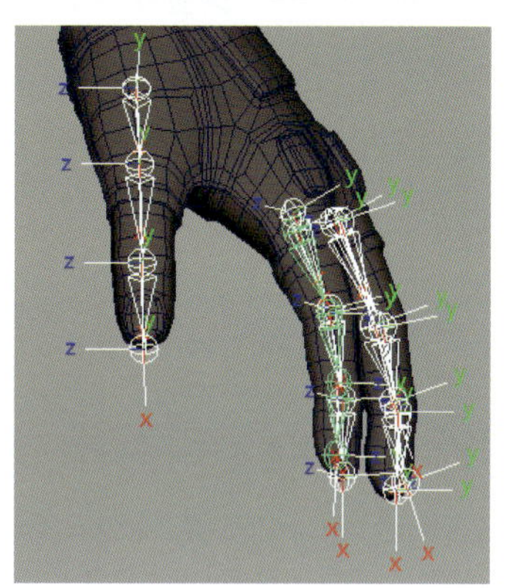

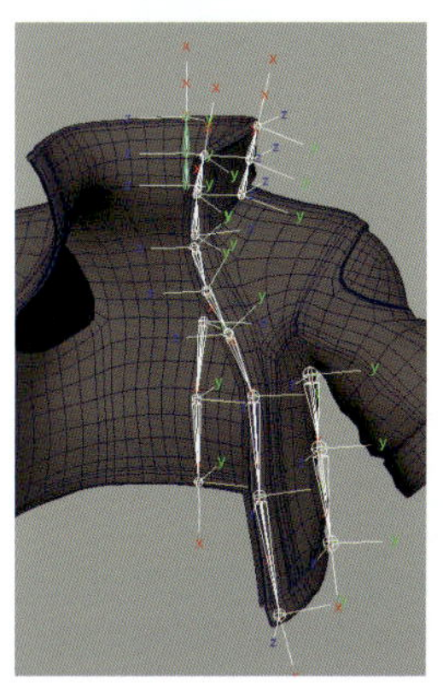

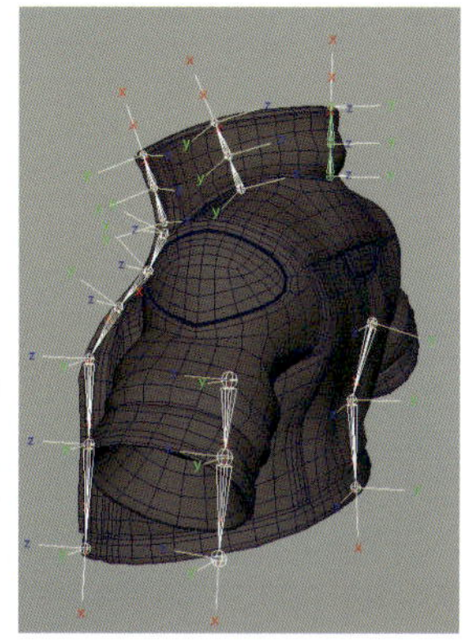

6 手首の捩れ回転を緩和する補助ジョイントを作成

手首のX軸回転による前腕モデルの捻れを緩和するため、「LeftForeArm」と「LeftHand」ジョイントの中間に新たにスケルトンを作成します。

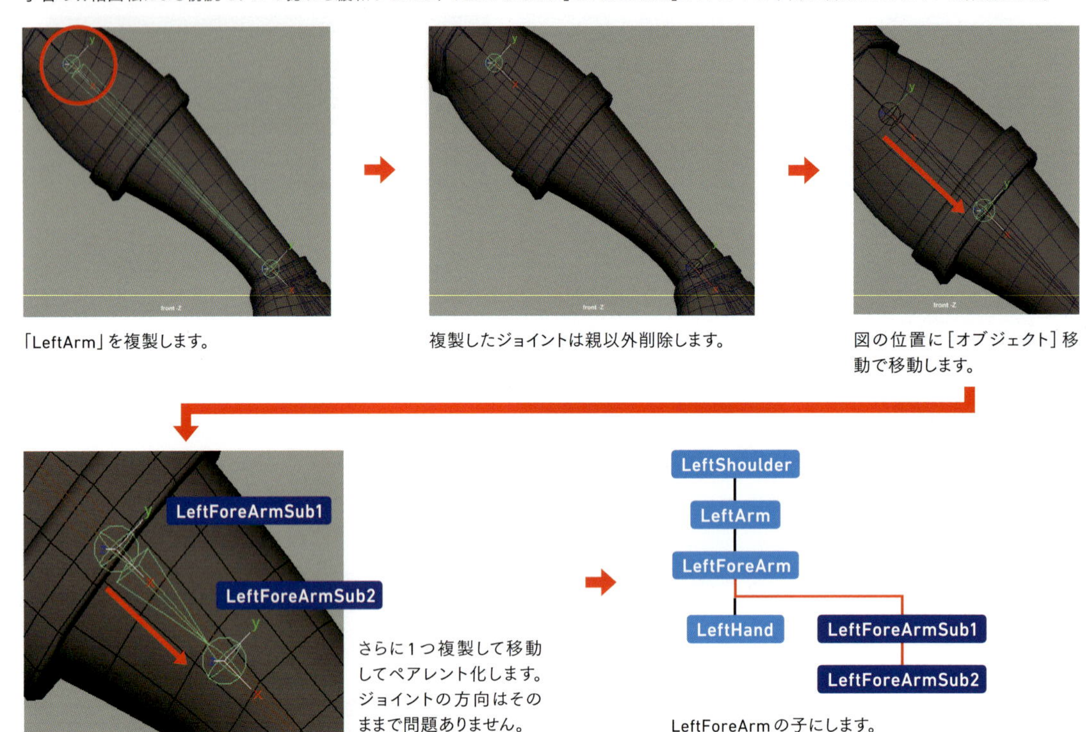

「LeftArm」を複製します。

複製したジョイントは親以外削除します。

図の位置に[オブジェクト]移動で移動します。

さらに1つ複製して移動してペアレント化します。ジョイントの方向はそのままで問題ありません。

LeftForeArmの子にします。

MEMO ジョイント数増大はウェイト調整とアニメーション制作時間の増大

今回はわりと最低限のジョイント数でスケルトンを構成していますが、リアリティのあるアニメーションを追求しようとすると、この手首の捻れを緩和するようなジョイントはさらに必要になります。しかしそれだけウェイト調整とアニメーション制作時間がかかります。増やす前に重要度を考慮しましょう。

7 ジョイントをミラーしてペアレント化

ジョイントをミラー

[スケルトン] > [ジョイントのミラー] オプションで [ミラー平面] を [YZ]、[ミラー対象] を [動作]、[複製するジョイントの代替名] の [検索する文字列] に「Left」、[置換後の文字列] に「Right」を記入して適用します。

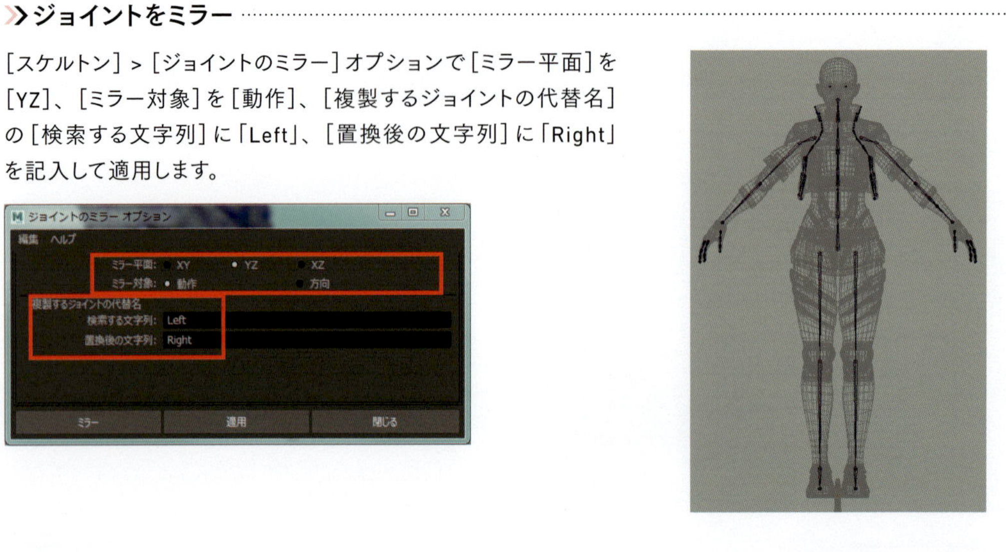

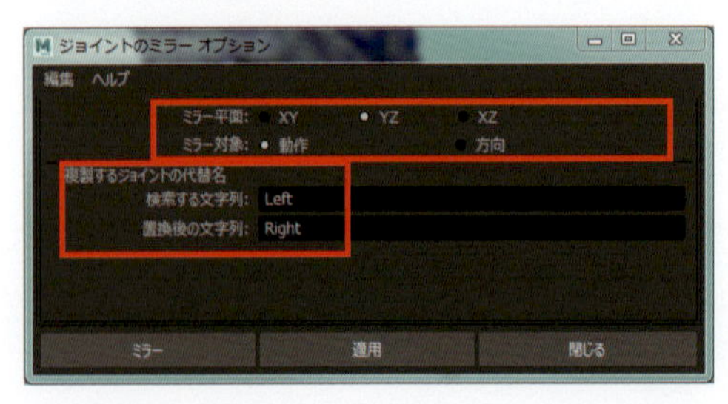

ペアレント化

スケルトンをペアレント化します。両脚は「Hips」の子、指は「Hand」の子、目は「Head」の子、肩、ジャケットのスケルトンは「Spine3」の子にします。銃「Gun」はペアレント化しません。

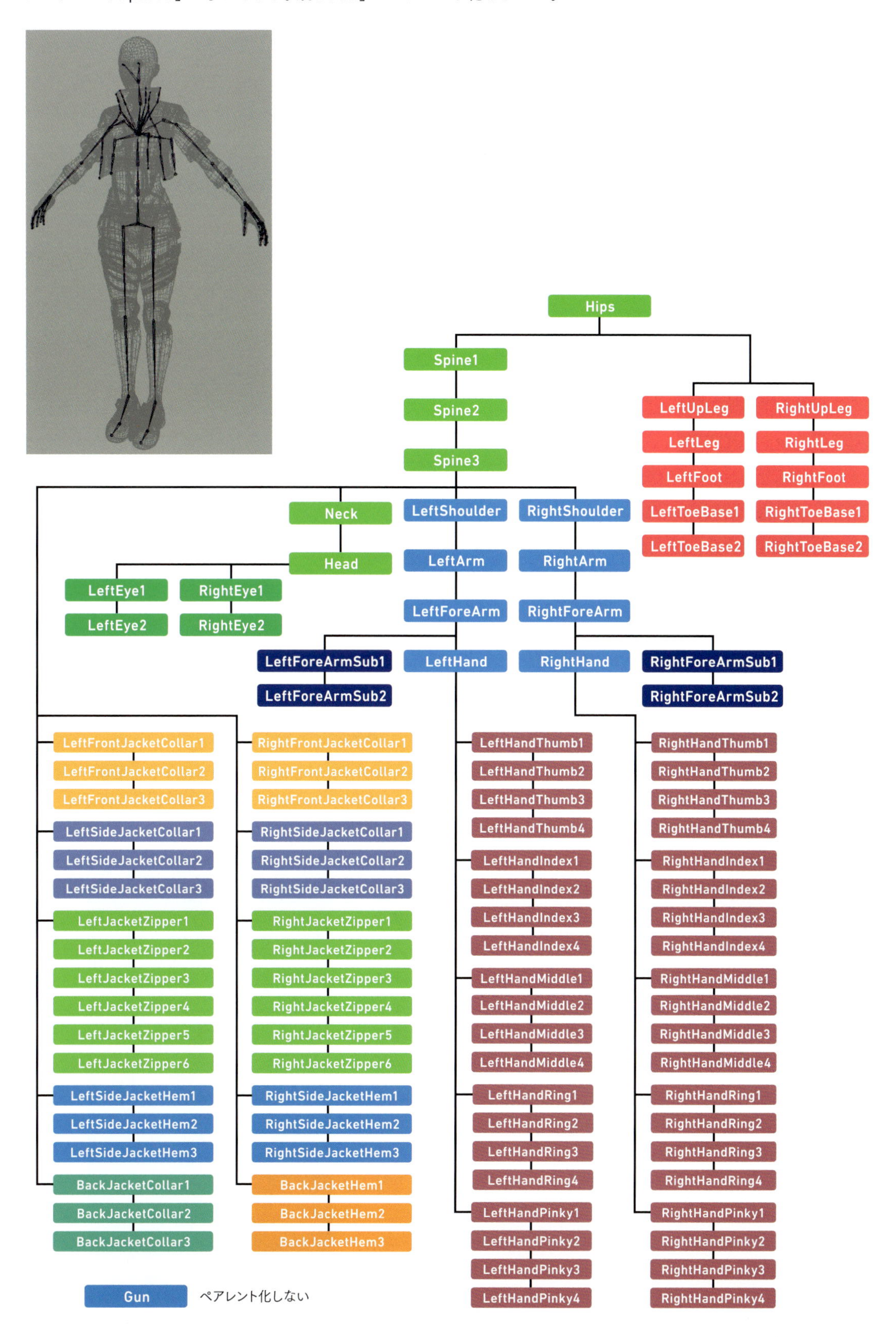

スキン

1 バインドする

開始シーン ▶ MayaData/Ex_Chap02/scenes/Ex_Chap02_Character_Skeleton.mb

スケルトンとスキンモデルをバインドします（第6章 P.353「⑪スキンのバインド」も参照）。

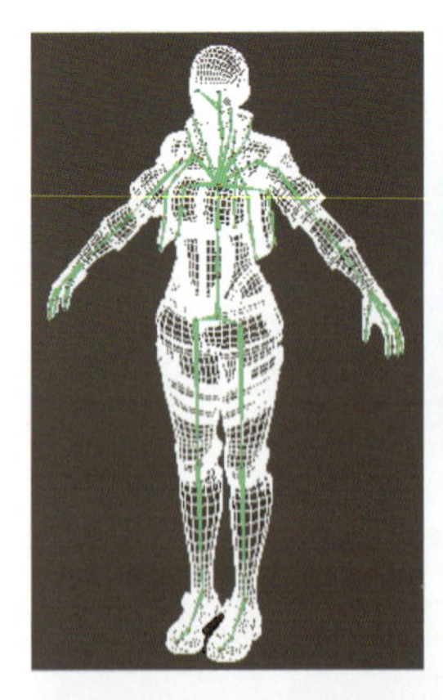

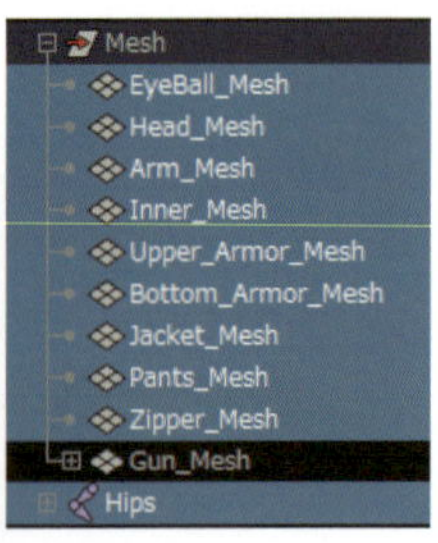

銃「Gun_Mesh」を除くメッシュと腰ジョイント「Hips」を選択します。

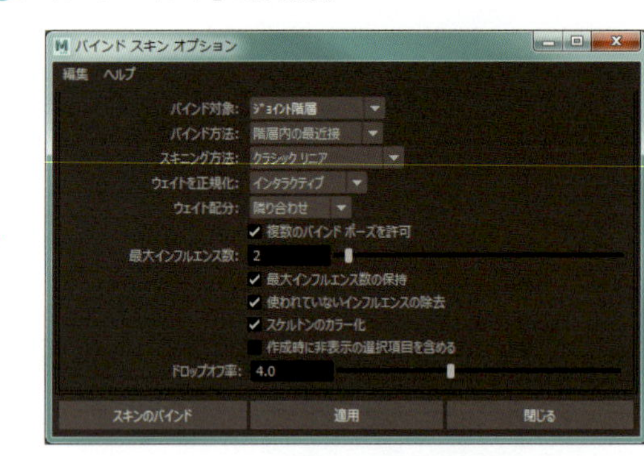

［スキン］＞［バインドスキン］のオプションを選択します。図の設定でバインドします。

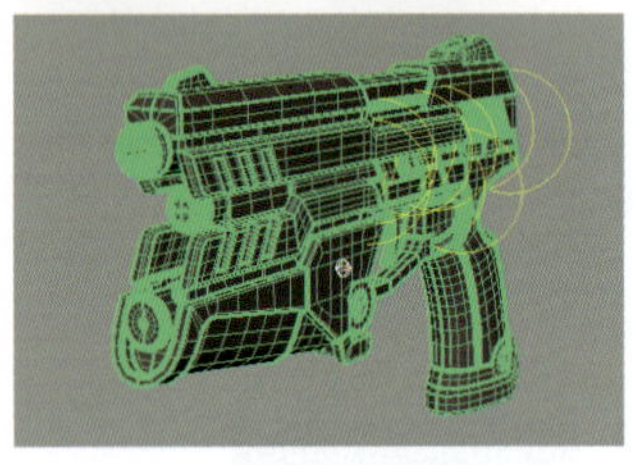

銃は「Gun_Mesh」とジョイント「Gun」を選択してバインドします。インフルエンスが1つしかないので、銃のスキニングはこれで終了です。

2 スキン調整

スキニングの作業に入ります。スキニングはリギング作業の中でも時間がかかるので、要点を押さえて作業します。

≫Point1：様々なポーズを作ってスキン形状の異変を確認

形状の不具合を見つけやすくするため、ジョイントにキーフレームを設定して、キャラクターにたくさんのポーズをつけましょう。右の図のようにジャケットのジョイントを動かすと、上半身の形状が大幅に破たんしているのが分かります。ジャケットのインフルエンス（ジョイント）が関係のないスキン頂点にも影響を及ぼしてしまっています。この頂点を片っ端から直そうとすると時間がかかります。関係のないインフルエンスをまずは除去して整理することから始めます。

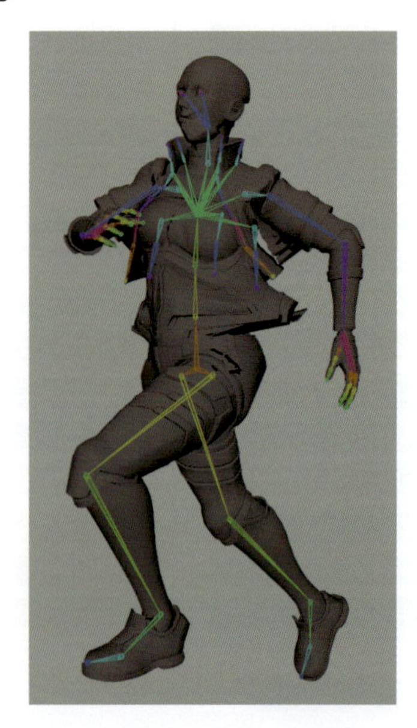

Point2：インフルエンスの除去

ジャケットの襟と裾のインフルエンスを、ジャケットと関係のないメッシュから除去します。

ジャケットの襟と裾、ジッパーのスケルトンを階層選択し、モデル（EyeBall、Head、Arm、Inner、Upper_Armor、Bottom_Armor、Pants）を選択して、［スキン］>［影響を編集］>［インフルエンスの除去］をクリックします。

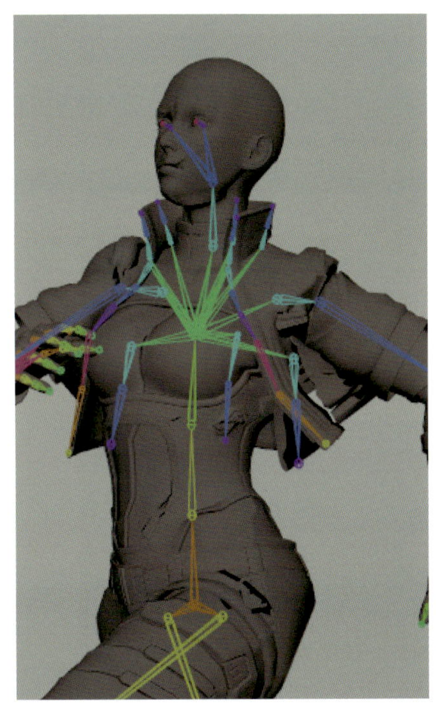

選択モデルからジャケットのインフルエンスが消え、以前より形状の破たんが抑えられます。同様にしてEyeBallのメッシュからインフルエンス「LeftEye」と「RightEye」以外のインフルエンスを除去します。

Point3：ウェイトハンマー

インフルエンス除去後、まだ尖ったり飛び出している頂点があります。このような場合は［スキンウェイトハンマー］を使います。

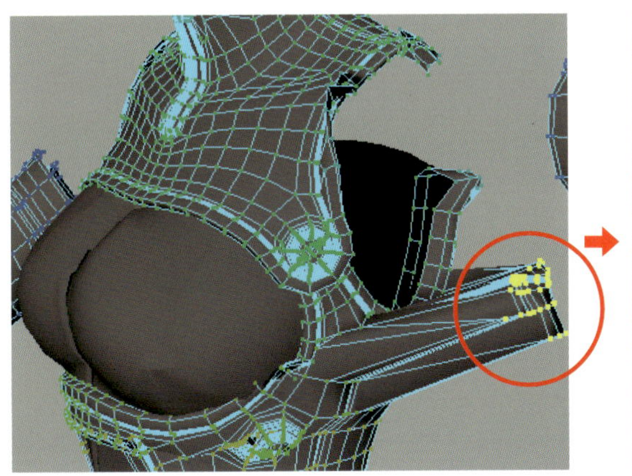

突起している頂点を選択します（複数可）。

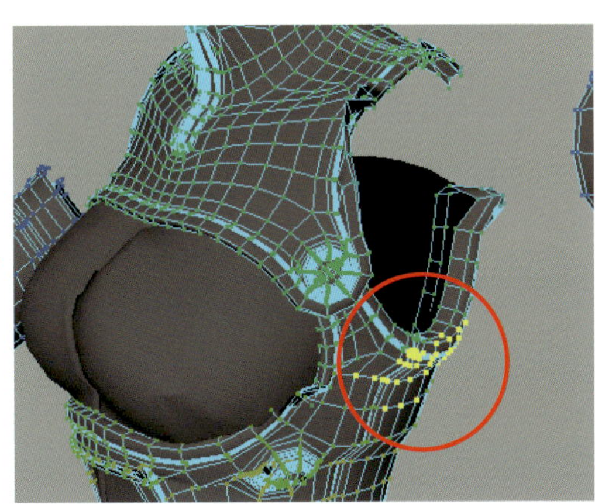

［スキン］>［スキンウェイトハンマー］をクリックします。

Point4：スキンウェイトペイントを１で塗る

不具合のある頂点をスキンウェイトペイントで［ペイント操作」を［置き換え］、［値］を「1」にして塗り、ある程度塊で形状を整えます。終了後に［スキンウェイトのミラー］をします。ミラーは必ずバインドポーズに戻してから行います。

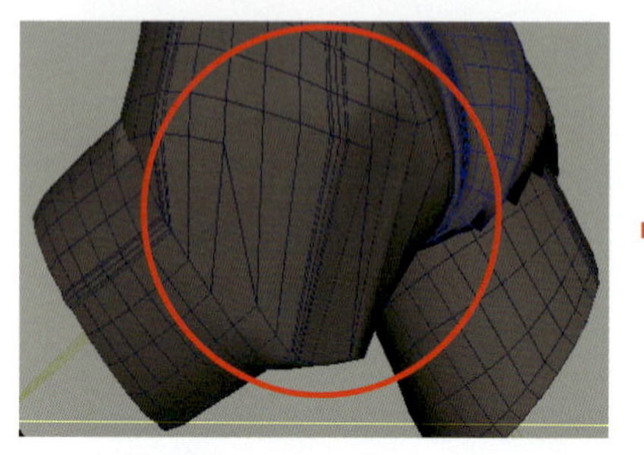

太ももの裏側を見ると、形状が突起して崩れています。

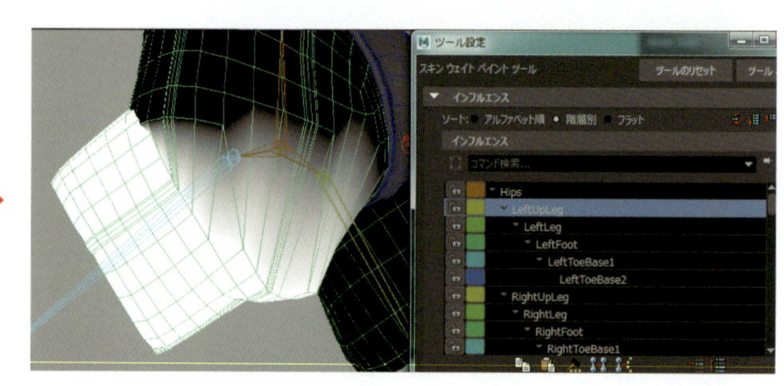

スキンウェイトペイントツールを開きます。「LeftUpLeg」のインフルエンスに引っ張られているのが原因です。

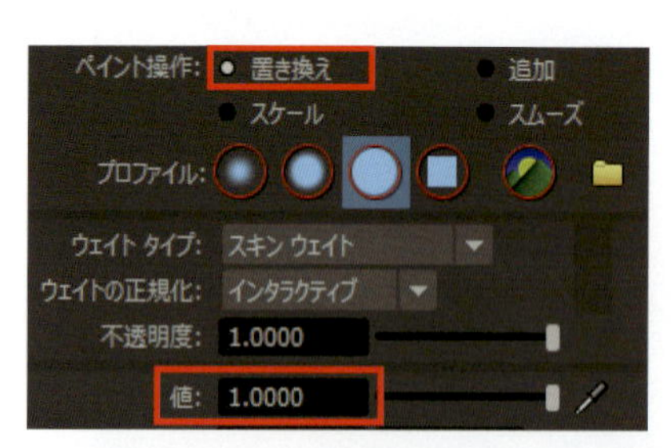

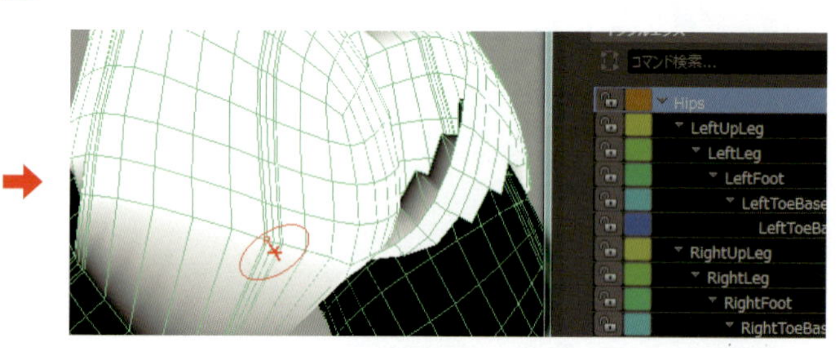

インフルエンスリストで「Hips」を選択して、ペイント操作を［置き換え］にしてペイントします。

フラットシェードに戻して形状を確認します。

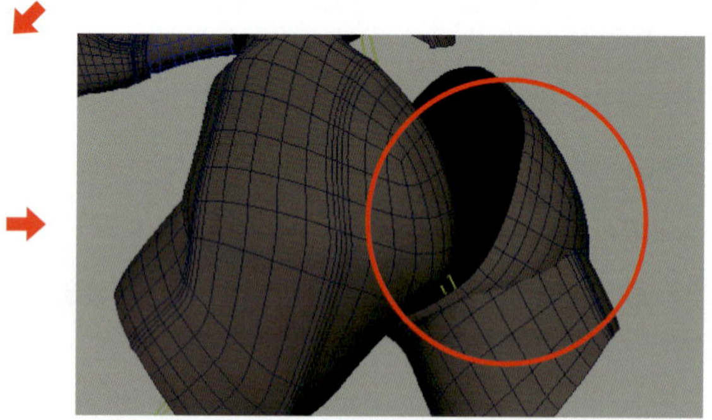

バインドポーズに戻して［スキンウェイトのミラー］をします。

Point5：スキンウェイトペイントでスムーズする

全身をペイントしたら、スキンウェイトペイントで［スムーズ］をかけます。

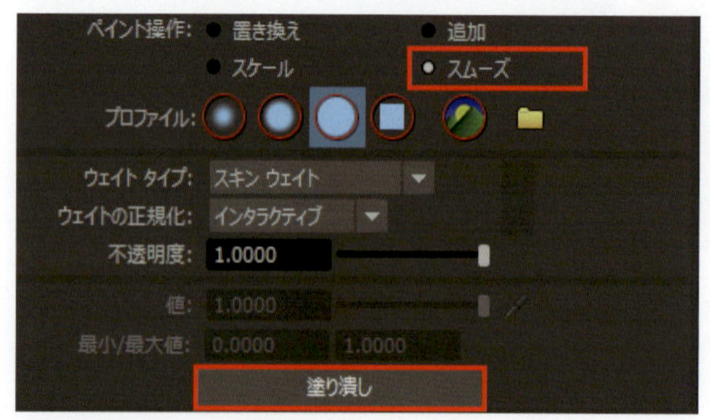

［ペイント操作］を［スムーズ］に設定します。［塗り潰し］をクリックすれば、ウェイトがスムーズ化されます。

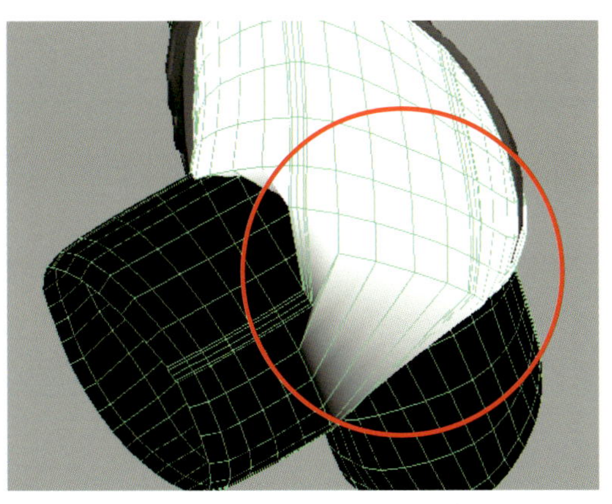

モデルを選択し、スムーズにするインフルエンスを選択します。予めフラットシェードにしておきましょう。

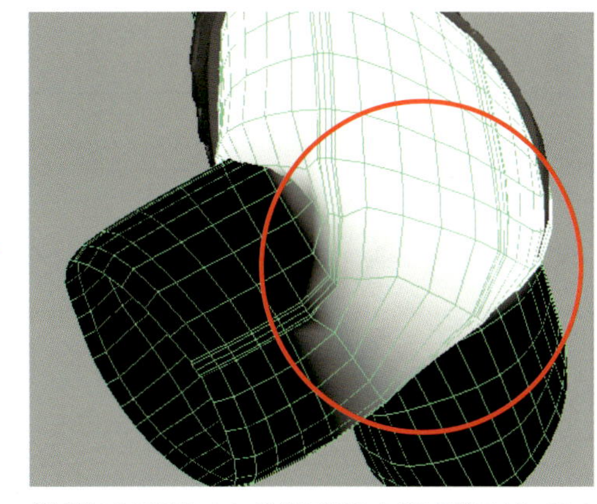

[塗り潰し]を実行します。形状を確認しながら複数回クリックしましょう。

3 スキンをスムーズ調整

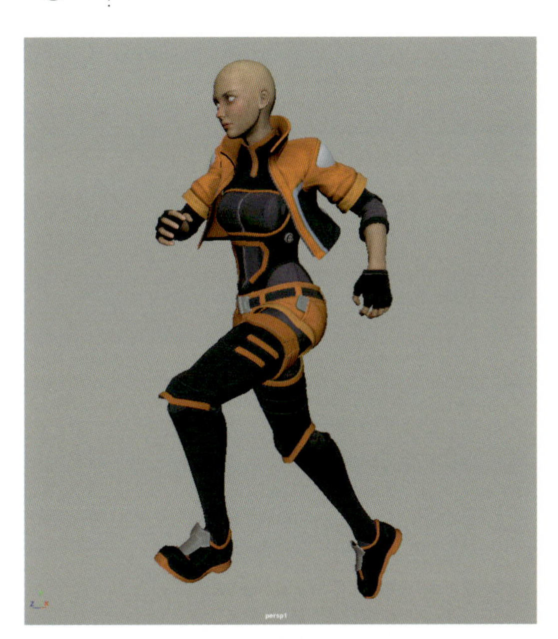

全インフルエンスをスムーズにします。その後、いろいろなポーズをつけながら、異常のある頂点を[スキンウェイトハンマー]や[コンポーネントエディタ]で調整していきます。これが最も骨が折れる作業ですが、調整すればするほど品質が向上します。諦めずに粘り強く作業してください。

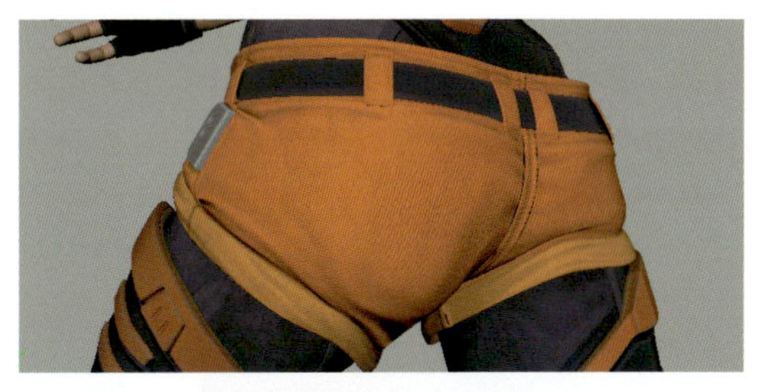

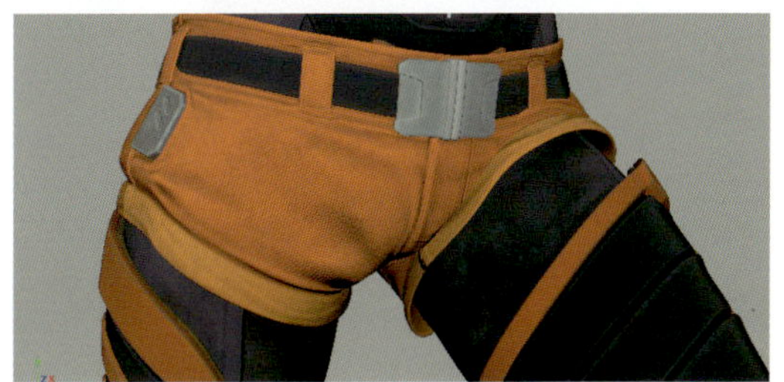

アニメーションコントロールリグを作成

1 リグを作成

開始シーン ▶ MayaData/Ex_Chap02/scenes/Ex_Chap02_Character_Skinning.mb

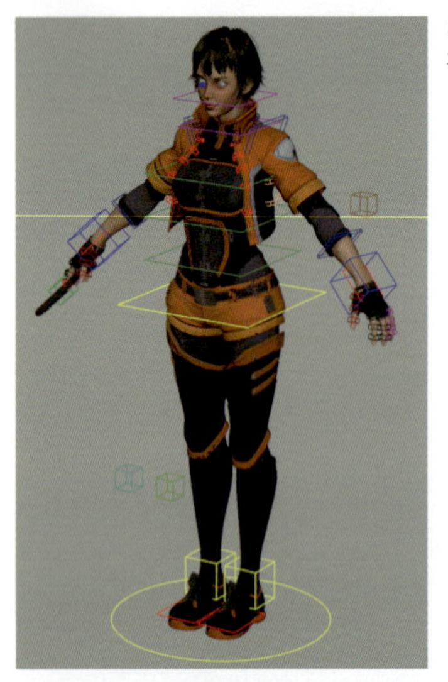

コントロールリグを作成します（第6章 P.365「⑯リグの作成」参照）。本体に加えてジャケットや補助骨、銃のリグも作成します。

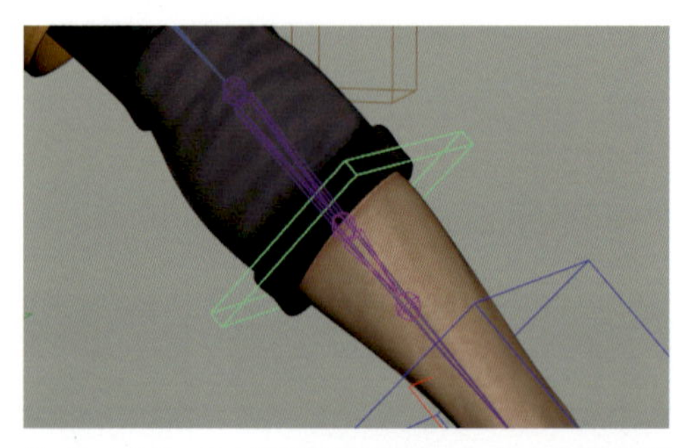

ジャケットのジョイントや手首の捻り緩和ジョイントには回転制御のリグを設置します。

銃のリグと持たせ方

銃のリグはスケルトン「Gun」からペアレントコンストレイントを設定します

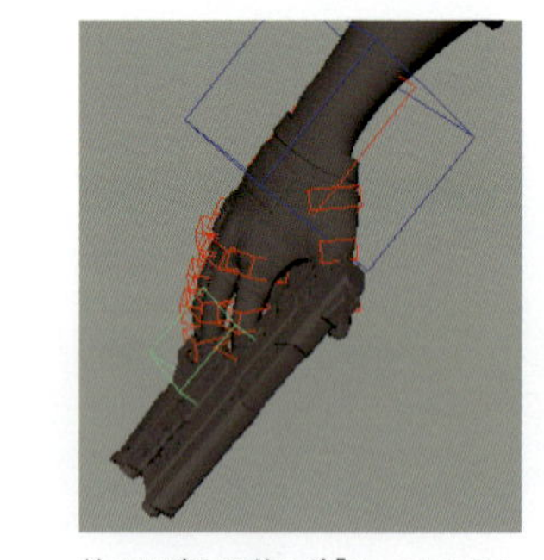

銃のリグを手首リグ「Hand」の子にペアレント化して位置を調整します。右手でも左手でもかまいません。

髪、睫毛、眉毛を頭のジョイントにペアレント化

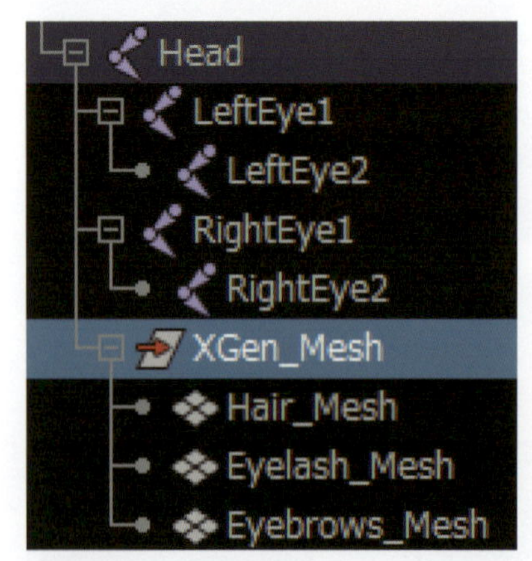

髪の毛、まつ毛、眉毛のグループ「XGen_Mesh」をジョイント「Head」の子にペアレント化します。

2　リグの動作やスキン形状のチェック～完成

リギング完成シーン ▶ MayaData/Ex_Chap02/scenes/Ex_Chap02_Character_Rigging.mb

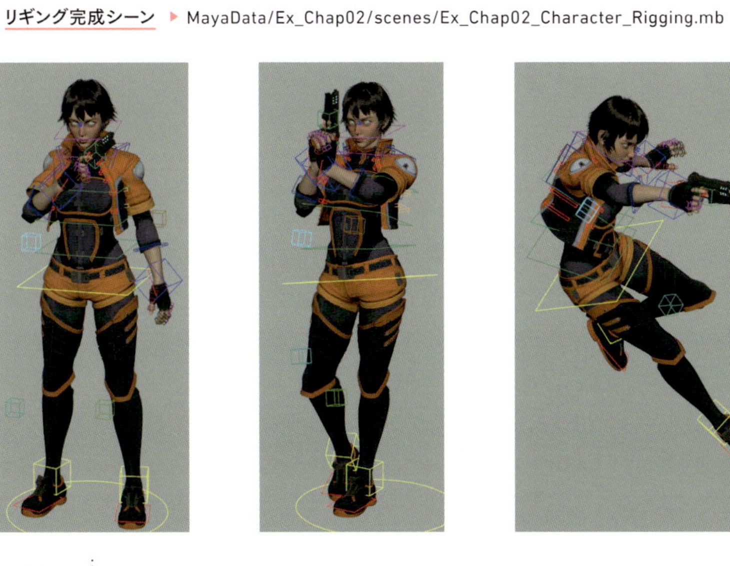

3　レンダリング

レンダリング完成シーン ▶ MayaData/Ex_Chap02/scenes/Ex_Chap02_End.mb

完成したら好きなポーズをつけてArnoldでレンダリングしてみましょう。以上で作業は終了です。

第3章 背景制作

背景制作では、制作する範囲が広い事が多く、限られた時間の中で効率的に制作する手順を考えて、計画的に制作を行う必要があります。この章では、SFの背景をモチーフに、スムーズメッシュモデリングの学習と効率的な背景制作のワークフローを学習します。

この章の流れ

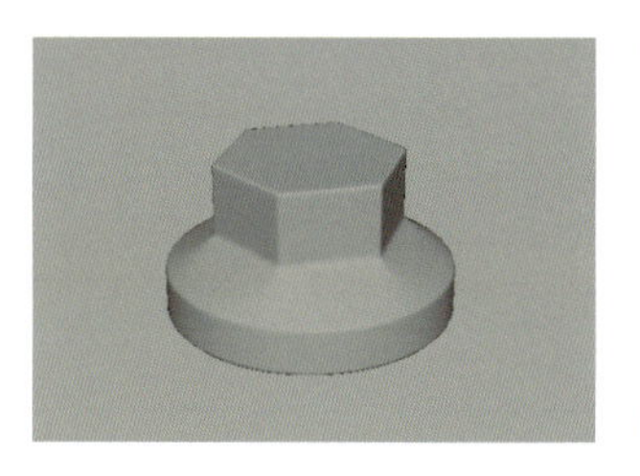

スムーズメッシュモデリング

P.592

制作準備

P.599

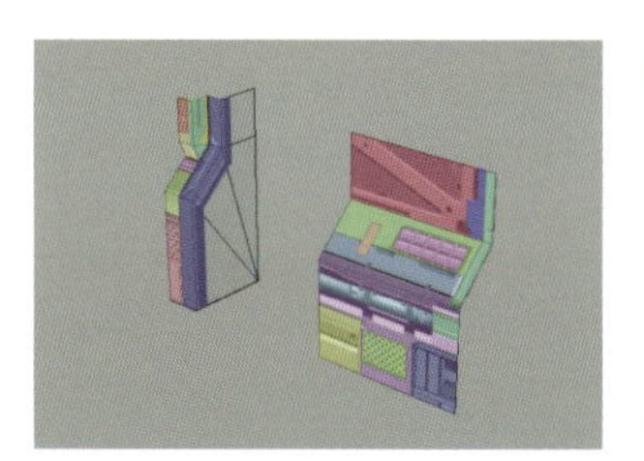

計画を立てる

P.605

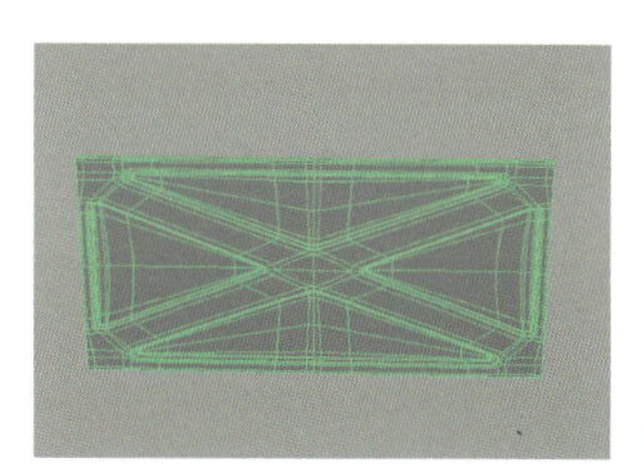

モデリング

P.610

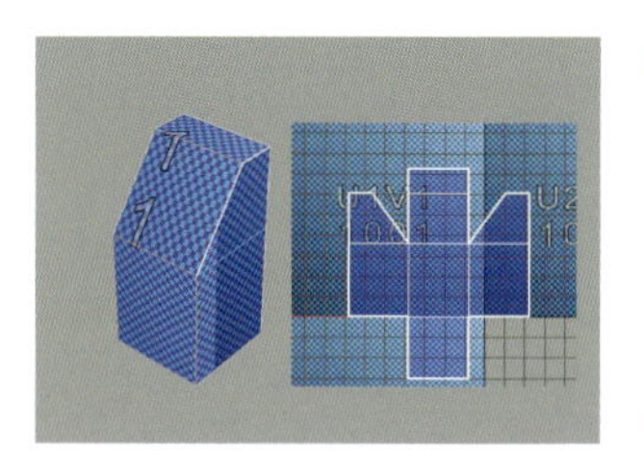

UV展開

P.640

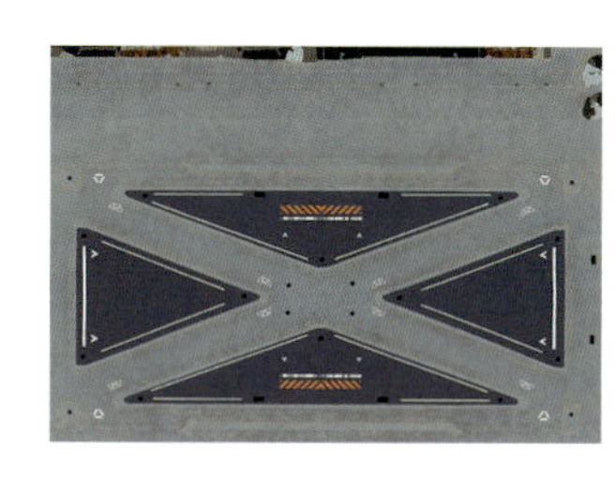

テクスチャ

P.649

レンダリング

P.660

プロジェクトの設定

プロジェクトを作成します。メインメニューの[ファイル]>[プロジェクトウィンドウ]を選択します。プロジェクトウィンドウが開きます。❶[新規]ボタンをクリックしてプロジェクト名「SF_Background」を入力して設定します。❷フォルダアイコンをクリックしてプロジェクトフォルダを設定する場所を選択します。❸[適用]をクリックして完了します。

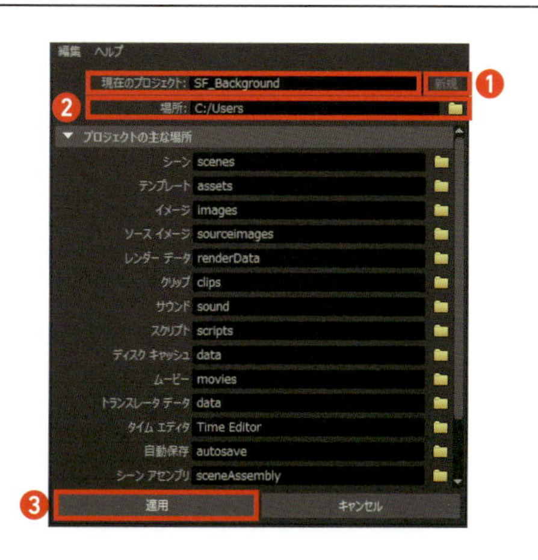

Chapter
3-1

スムーズメッシュモデリング

スムーズメッシュは少ない工程で、ハイポリゴンメッシュを作る事ができます。作成には、トポロジを最適に構築する必要があり、特に工業製品などのハードサーフェスの作成には最適ですが、対照的に木や岩などの自然物を作成するのには適していません。

特性を理解する

スムーズメッシュは、フェースを細分化して形状を曲面へと変化させます。例えば、立方体の形状であっても、球体に近い形状に変化させることができます。考え方としては、エッジからエッジにかけて曲面形状に変化すると捉えてください。これを踏まえることで、変化量をコントロールして意図したモデリングを行う事ができます。スムーズメッシュプレビューをオンにするには、「ホットキー」の3を押します。

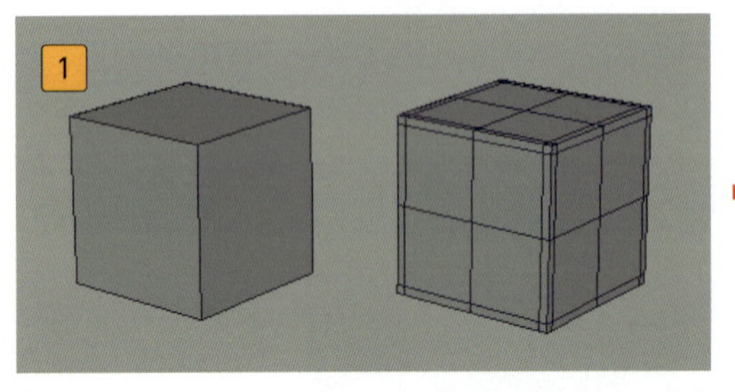

1を押してスムーズメッシュプレビューを「オフ」にします。左の立方体にはエッジが追加されていません。

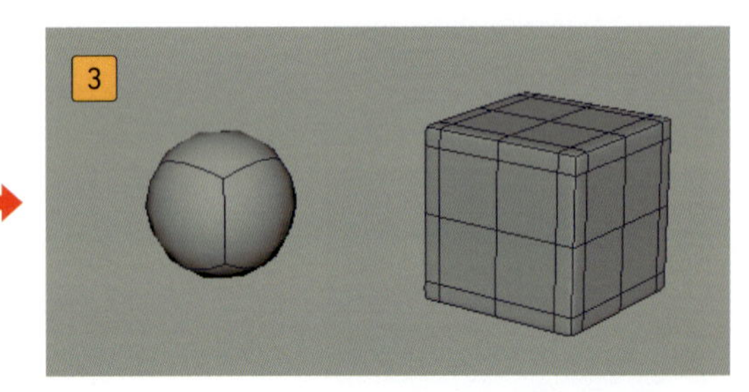

3を押してスムーズメッシュプレビューを「オン」にします。エッジが追加されていない左の立方体が球体へと変化している事が確認できます。

エッジからエッジへの変化

スムーズメッシュの特性を端的に捉えるとすれば、エッジが少なければ丸くなり、エッジが多ければ形が維持されると言えます。つまりは、形状を維持したい場合は、エッジを追加し、丸くしたいところにはエッジを追加せずにモデリングを行います。

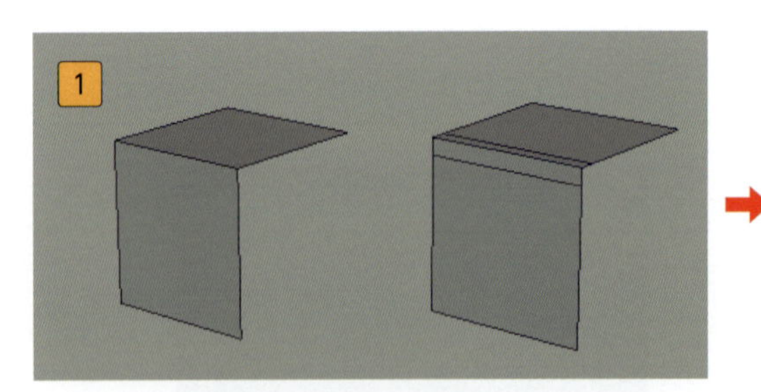

スムーズメッシュを「オフ」にします。左と比較して右のメッシュは、エッジが角に追加されています。

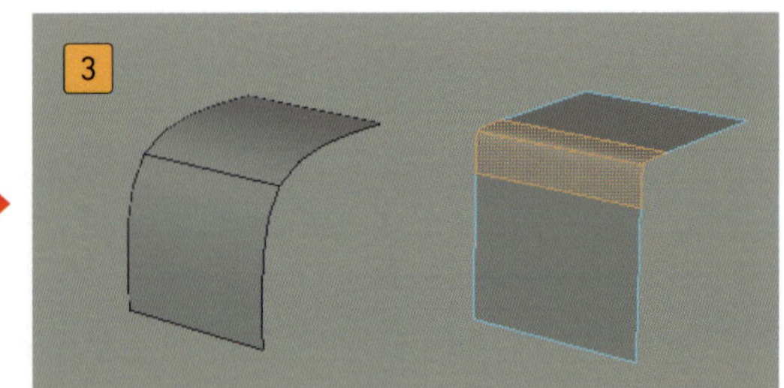

スムーズメッシュを「オン」にします。追加したエッジの周辺は、元の形状が維持されます。

立方体を円柱に変化させる手順の学習

立方体に以下の手順でエッジを追加しながら、スムーズメッシュを適用した時にどの様に形状が変化するかを確認し、スムーズメッシュへの理解を深めましょう。

1

立方体を作成します。大きさは次の値に設定します。
［幅：10］［高さ：10］［深度：10］
3を押してスムーズメッシュプレビューを「オン」にすると、立方体が球状に変化する事が確認できます。確認が終わったら、1を押してスムーズメッシュプレビューを「オフ」にします。

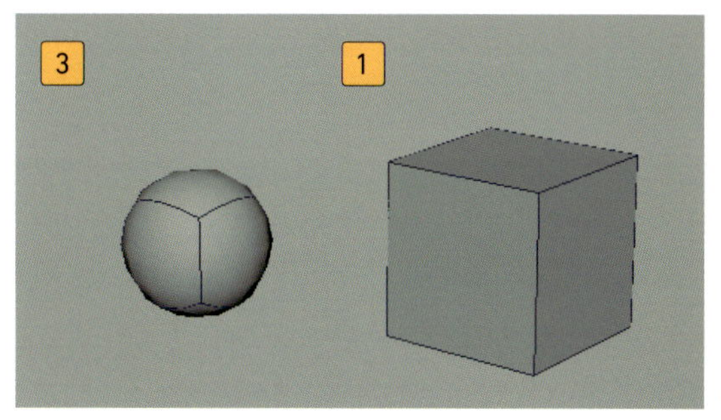

左がスムーズメッシュプレビューを「オン」、右がスムーズメッシュプレビューを「オフ」にした状態となります。

2

［モデリングツールキット］ > ［マルチカット］ > ［ステップ％をスナップ］の値を「10」に設定します。［モデリングツールキット］ > ［マルチカット］を使用し、Ctrl + Shiftを押したまま、水平方向に❶、❷、❸の順にクリックし、エッジループを追加します。

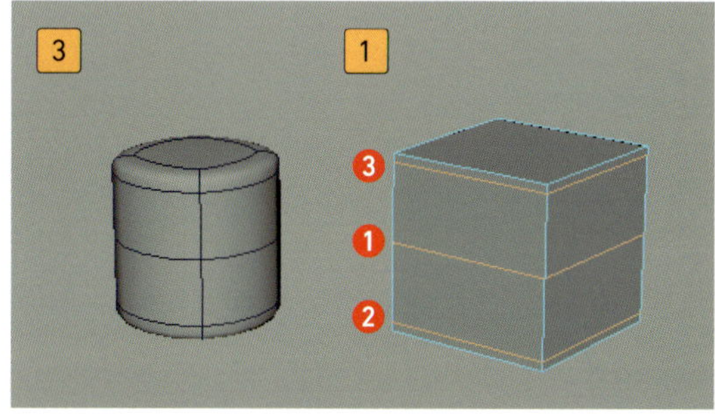

水平方向にエッジが追加された事で、球状から円柱状に変化します。❶の位置からエッジループを足す事で、上下対称にエッジループを追加することができます。

3

上面を選択して、［モデリングツールキット］ > ［押し出し］を実行し、以下の値を設定します。
［厚み：0］［ローカル移動Z：0］［オフセット：3］［分割数：1］

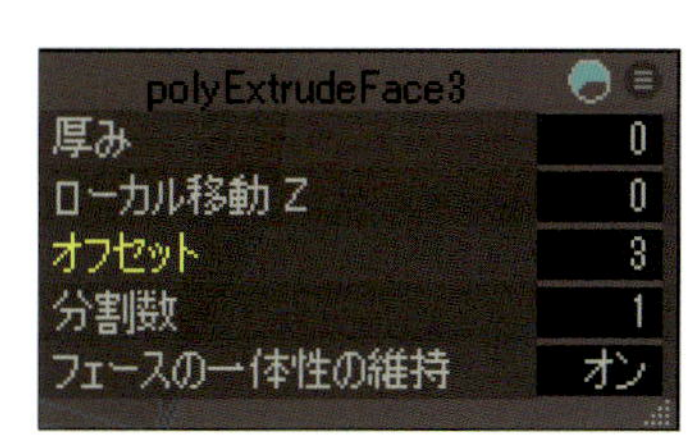

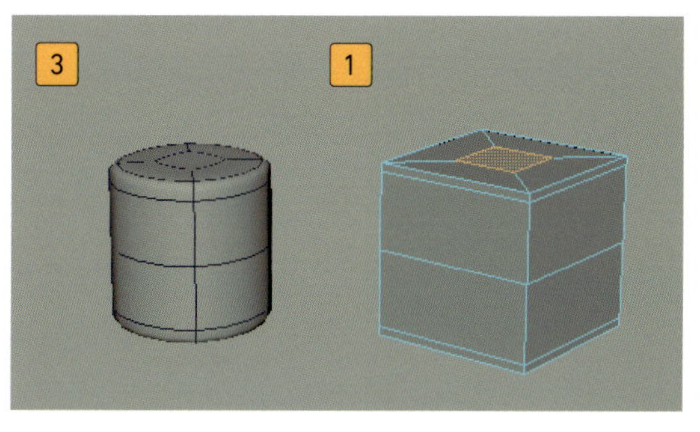

上面の中央に向かって、フェースが押し出されます。この段階では、見た目に大きな変化は見られません。

4 [モデリングツールキット] > [押し出し]を実行して上面を上方向に押し出します。

5 [モデリングツールキット] > [マルチカット]を使用し、Ctrl + Shift を押したまま、水平方向に❶、❷、❸の順にクリックし、エッジループを追加します。

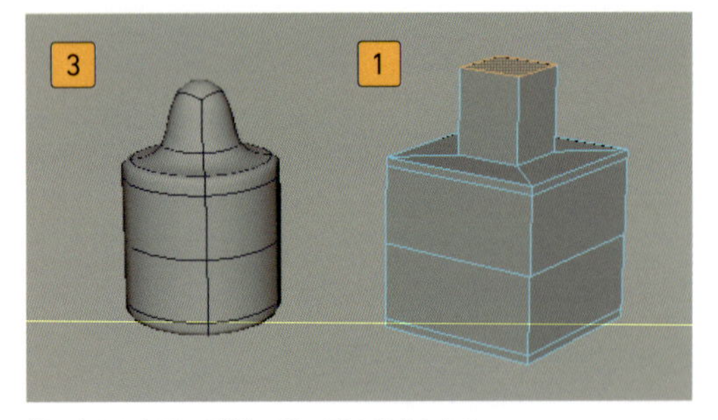

押し出された面が球状に近い形に変化します。

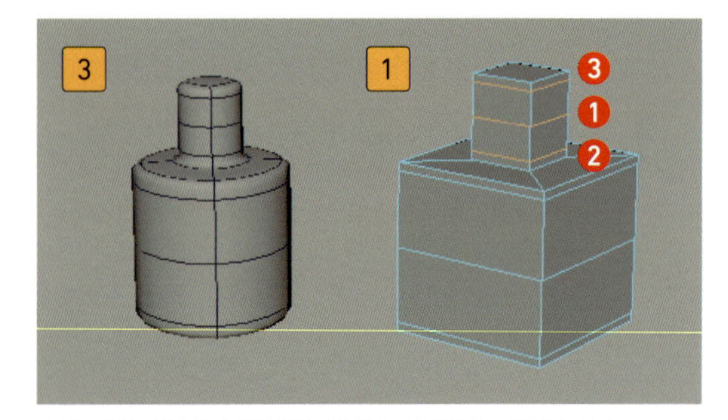

上面の押し出された箇所が、球状から円柱状に変化します。

完成

立方体をもとに、円柱状のオブジェクトを作る手順は以上になります。このように、少ない編集で曲面のオブジェクトを作れる事がスムーズメッシュモデリングの特徴です。

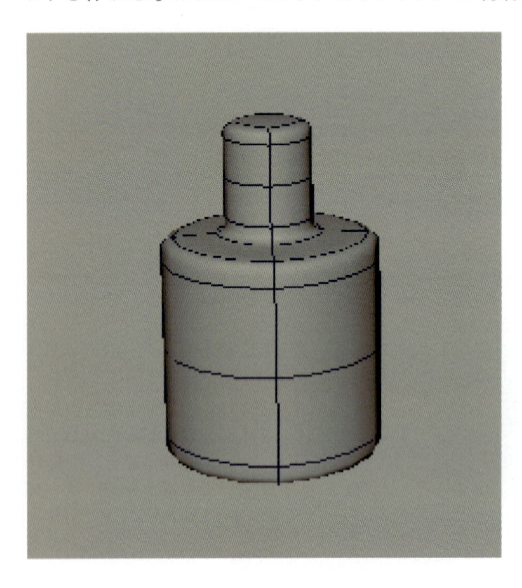

MEMO 垂直方向の場合

水平方向ではなく、垂直方向にエッジを追加した場合では、四角形の断面を維持したまま、高さ方向が曲面形状に変化します。

形状変化の学習

多角形から円柱状に変化するメッシュのトポロジを学習します。ポイントは、多角形から円柱に連続して繋がっている形状であった場合には、断面のエッジ数を統一させる事で自然に連続した形状を維持する事ができます。

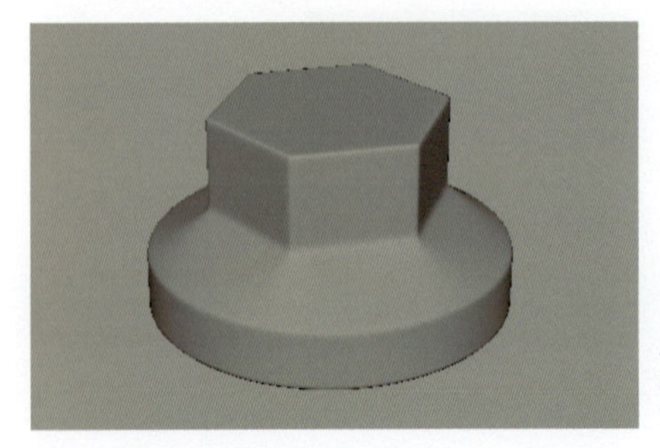

上部は六角形状となっており、下部は円柱状のオブジェクトとなります。

1

円柱プリミティブを作成し不要なフェースを削除します。以下の値を設定します。
[半径：4] [高さ：3] [軸の分割数：6] [高さの分割数：1] [キャップの分割数：1]
円柱を作成したら、下部の面を選択し Delete を押します。

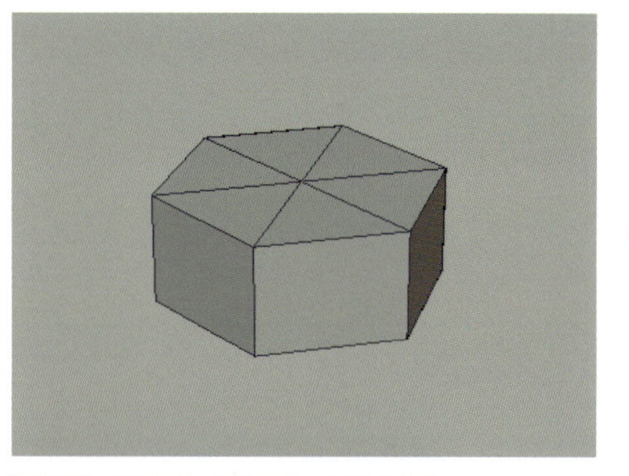

半径	4
高さ	3
軸の分割数	6
高さの分割数	1
キャップの分割数	1

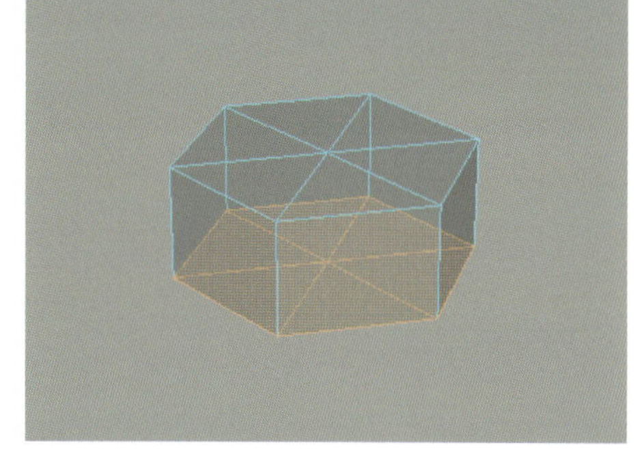

下部の面は、円柱形状の接続部となるため削除する必要があります。

2

上面のエッジを1つ飛ばしで選択し、 Delete を押してエッジを削除します。削除することで、上面が三角形の面から、四角形の面に変化します。

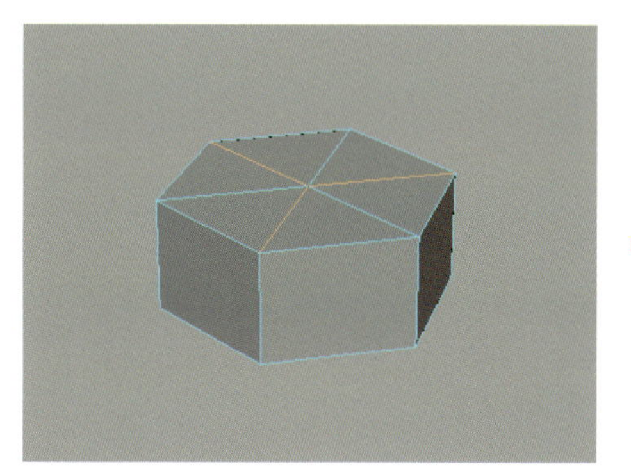

エッジを選択します。

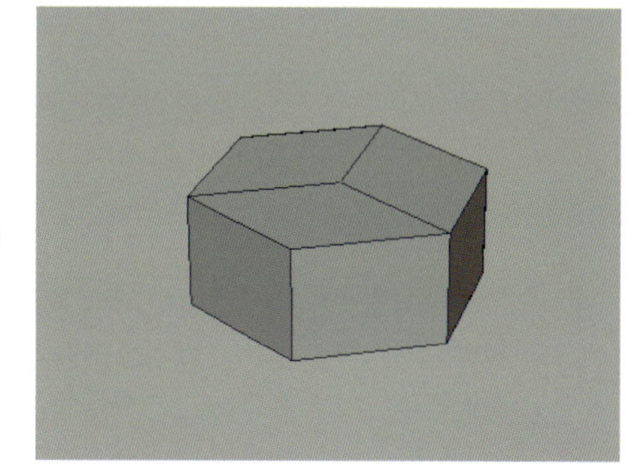

エッジを削除します。

3

[モデリングツールキット] > [マルチカット] > を使用し、 Ctrl + Shift を押したまま、垂直方向に❶、❷、❸の順にクリックし、エッジループを追加します。

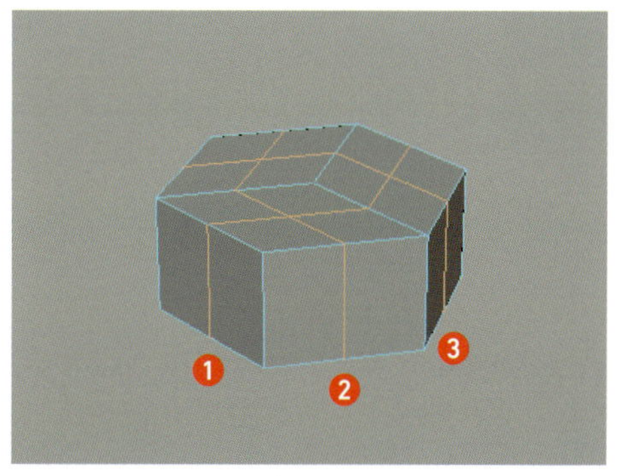

側面の面の中心に対して、垂直にエッジループを追加します。

4

[モデリングツールキット] > [マルチカット] を使用し、Ctrl + Shift を押したまま❶、❷の順にクリックし、垂直方向にエッジを追加します。隣接する左右のフェースも同様の手順で垂直方向にエッジループを追加します。

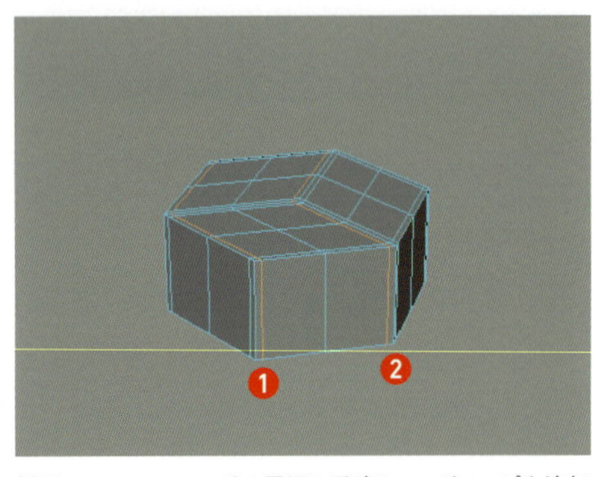

側面のフェースのエッジの周辺に垂直にエッジループを追加します。

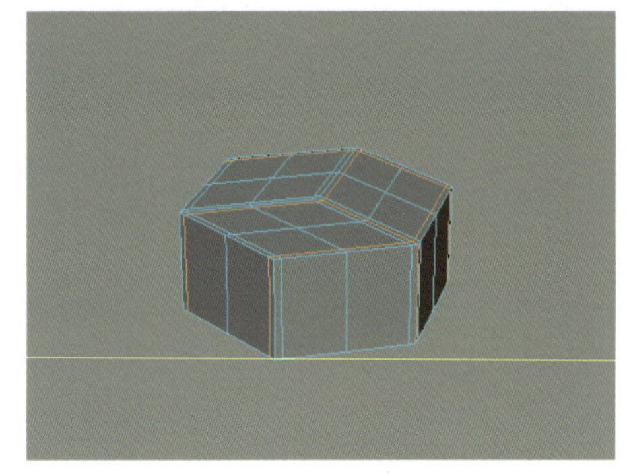

側面の面全てにエッジループを追加します。6面全てにエッジループが3本追加されていることを確認します。

5

[モデリングツールキット] > [マルチカット] を使用し、Ctrl + Shift を押したまま、水平方向に❶、❷、❸の順にクリックし、エッジループを追加します。

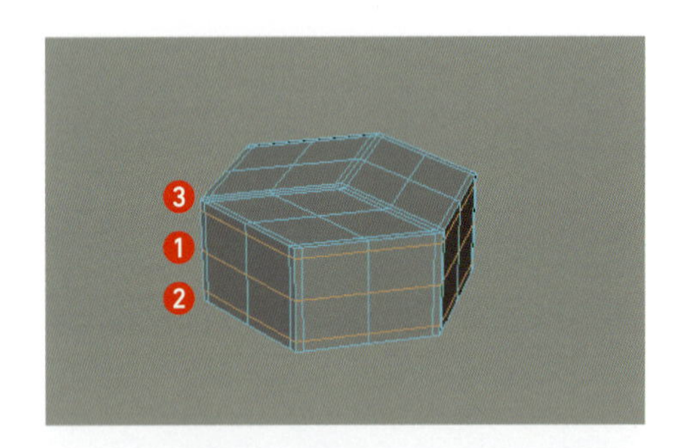

6

下部のパーツの円柱プリミティブを作成します。円柱プリミティブは以下の値で設定します。
[半径：6] [高さ：2] [軸の分割数：24] [高さの分割数：1] [キャップの分割数：1]
移動Yに「-4」を入力して、六角形の下に円柱を配置します。

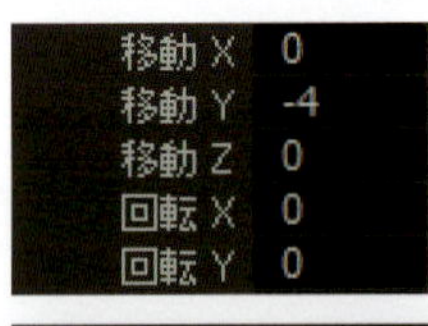

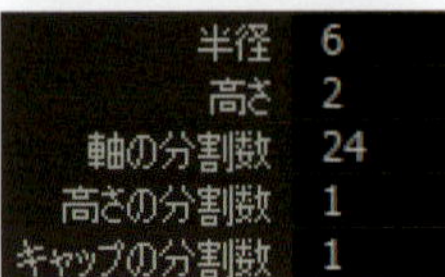

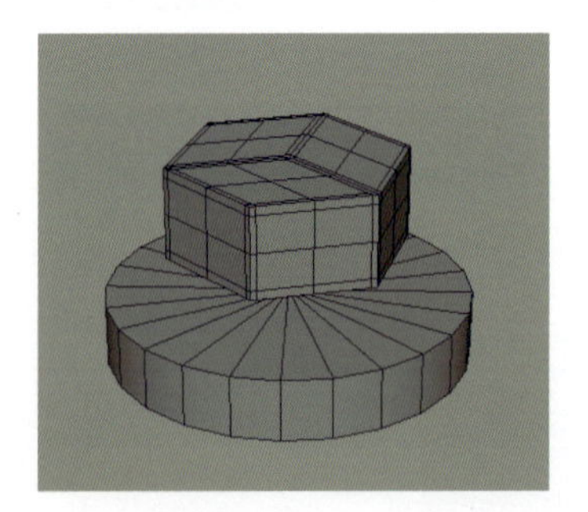

MEMO

軸の分割数が24の理由

下部に作成した円柱の設定が[軸の分割数：24]である理由は、上部の六角形の軸の分割数と同じ値にするためです。六角形の1つあたりの面の分割数は、エッジループを3本追加したため[4]となります。4分割の面が6面あるため、6 × 4=24となります。この値と同じ値に、下部の軸の分割数を設定しています。

7 上部と接続できるように、下部の上面のフェースを選択して、Delete を押して削除します。上部と下部のオブジェクトを選択します。[メッシュ] > [結合] を実行してオブジェクトを1つに結合します。

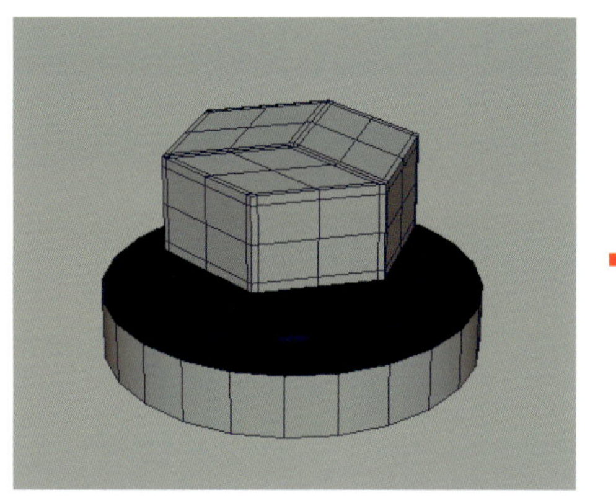

下部の円柱の上面を削除します。

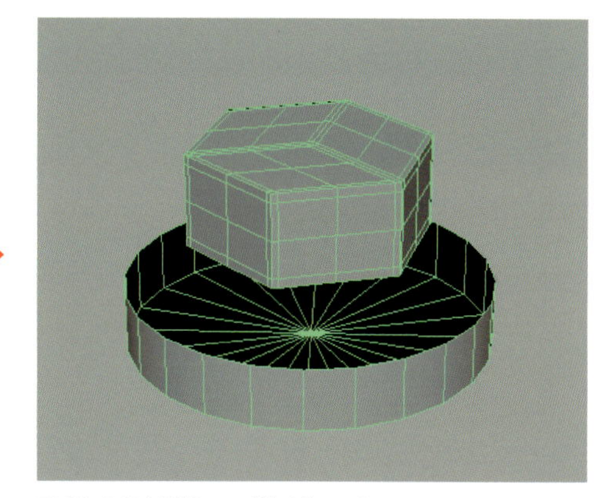

下部と上部を選択して、[結合]させます。

8 ❶と❷の位置のエッジを選択します。[モデリングツールキット] > [ブリッジ] を実行します。

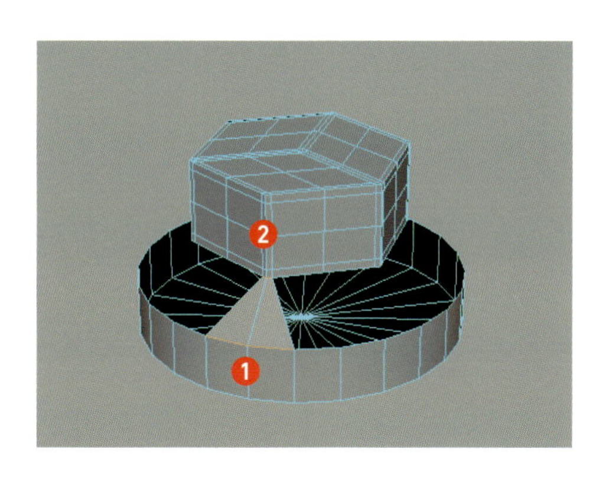

9 ❶境界エッジをダブルクリックで選択します。❷の位置のブリッジしたフェースのエッジの選択を解除します。[モデリングツールキット] > [ブリッジ] を実行します。

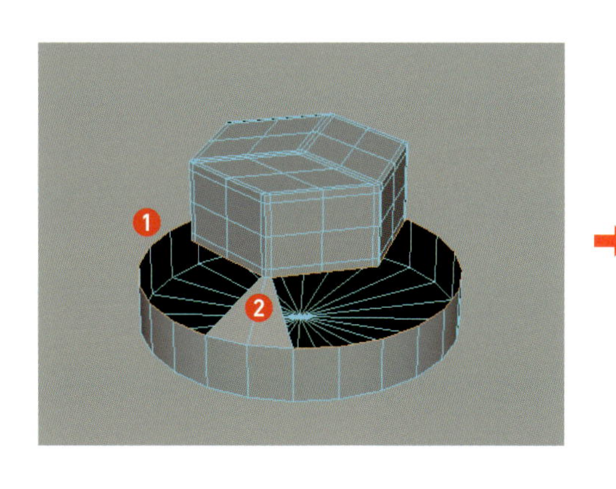

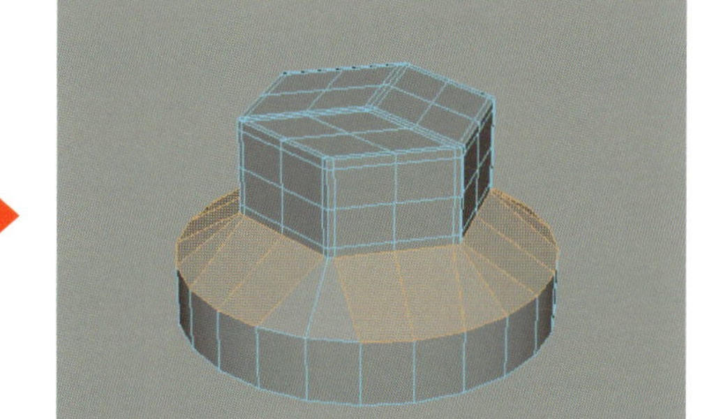

上部と下部のブリッジによって接続されます。

作例編

3-1

スムーズメッシュモデリング

10 [モデリングツールキット] > [マルチカット] を使用し、Ctrl + Shift を押したまま、水平方向に❶、❷、❸、❹、❺、❻の順にクリックし、エッジを追加します。

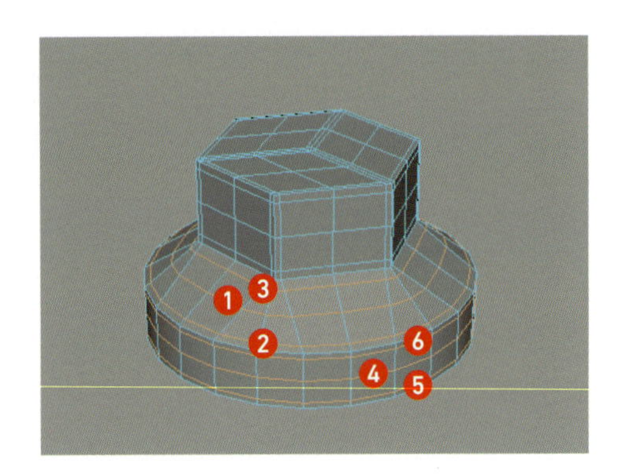

完成

3 を押してスムーズメッシュプレビューに切り替えて、見た目に不自然な箇所がないかを確認します。形が異なるパーツ同士でも、滑らかにつなげる方法を学習しました。ここで学習したテクニックは、応用する事によって多様な形状を作る事が可能です。

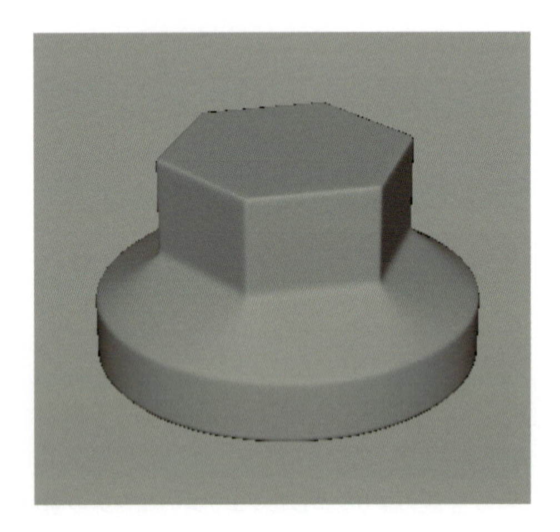

MEMO 形状変化

エッジの分割を合わせることで、多様な形を作る事ができます。応用次第では、幅広く使えるテクニックです。

❶円柱が平面に変化

❷円柱 > 六角形 > 円柱に変化

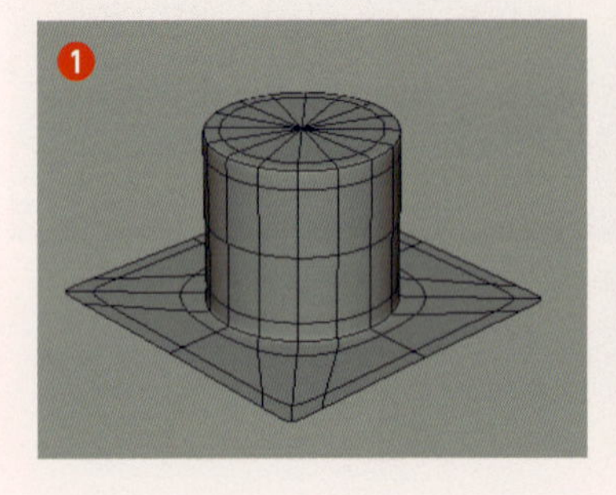

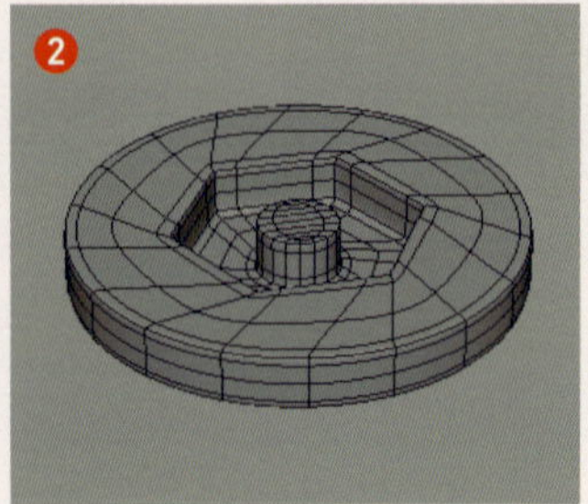

Chapter 3-2

制作準備

モックアップを作成し、デザインを確定して計画を立てます。モックアップの工程はイラストに例えると下書きの作業と言えます。モックアップの作業では、全体像をイメージしながら構成を考え、必要であれば何度も作り直しを行い、納得のいくデザインを追求します。

モックアップとは

モックアップはシンプルな形状で作成して、シルエットでの印象を確認します。作業時間が短く済むため、デザインの方向性をすばやく確認する事ができます。

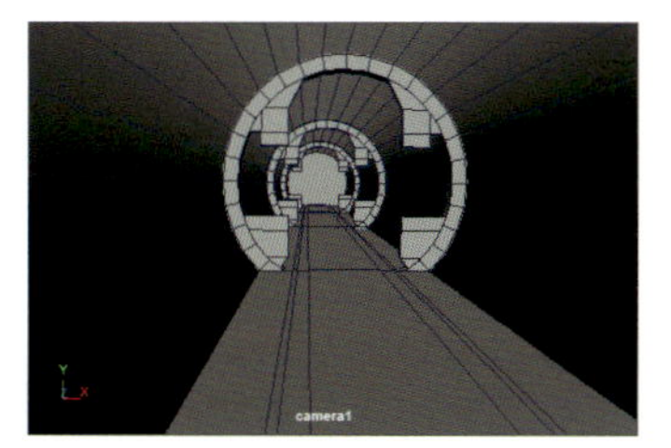

丸型シルエットデザインのモックアップ

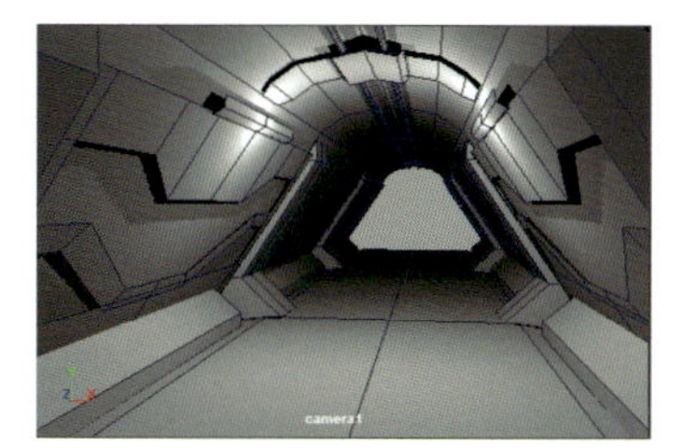
三角型シルエットデザインのモックアップ

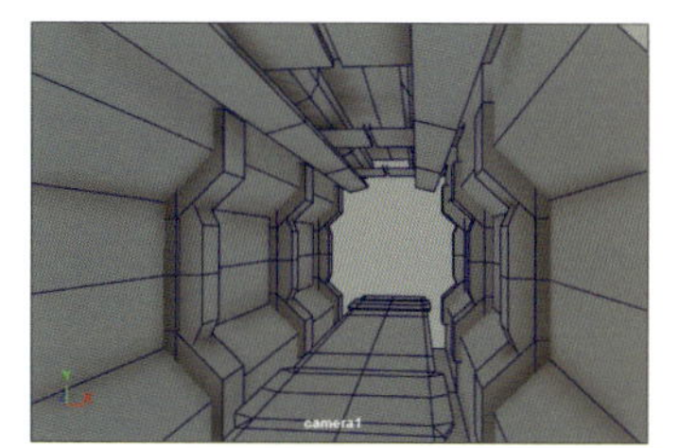
四角型シルエットデザインのモックアップ

デザインの概要を決める

モチーフを確定し、ロケーションやデザインテイストなどを決めておくことで、効率的にモックアップを作成することができます。何も決めずに作成に入ると、作り直しが多く発生し、無駄に時間を費やしてしまいます。

- **時代背景や世界観は？（現代、過去、未来、SF、ファンタジーなど）**
- **ロケーションは？（屋外、屋内、通路、部屋など）**
- **光源は？（自然光、人工光など）**

参考用資料の収集

概要を決めながら、イメージとなる資料を収集します。資料収集はやみくもに行うのではなく、的確な資料に絞る事で、モックアップ作業を効率的に行えます。また以下の分類で収集することをお勧めします。

1. **構図やライティングなど。世界観に限らず、雰囲気を優先して集めます。**
2. **デザインテイストなど。デザインの方向性を定めるための資料となります。そのため、多く集めない方が方向性が定まります。**
3. **ディテールなど。より詳細なデザインの資料となります。例えば、モールドやナットなどの細部のディテールのデザインに活用できるものを収集します。**
4. **質感など。物体の表面の光沢感や、汚れ、錆などの資料となります。テクスチャを作成する際に参考にする資料を収集します。**

考え方

制作するにあたって、ポイントとなる考え方をルール化します。ルール化する事で、迷いが減り効率化が進み、結果として品質の向上に繋がります。ルールは優先順位としての役割もあります。想定外の作業の追加や修正が発生した際に、ルールを再確認し、準拠するように心掛けます。

対称性と同一形状の流用

デザインを左右対称にすることで、モデリングの工数を半分に削減できます。また、壁のパーツはさらに上下も対称にすることで、モデリング工数を約4分の1まで削減できます。手すりのパーツなどの同一形状であれば繰り返し利用することができます。

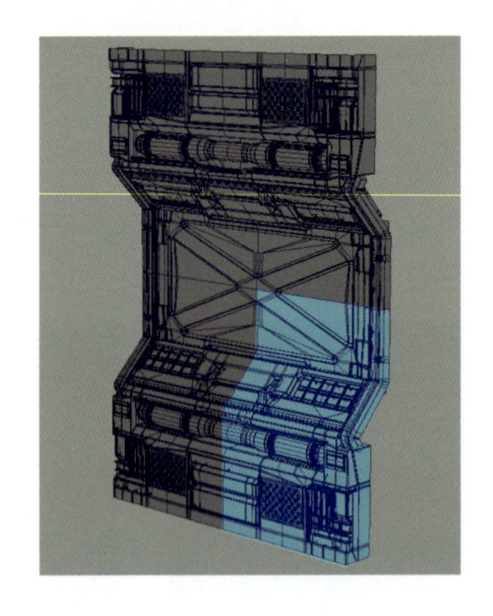

色彩

色彩は絵の印象に大きく影響します。基準となる色とルールを定めて、効果的なデザインを行います。この章ではメインカラーをグレートーンで設定し、差し色を「ダイアード」ルールで2色設定します。また、メインカラーと差し色の面積比率は、メインカラーの方が多く占めるように留意することで、バランスのとれたデザインになります。

「ダイアード」ルールの色を作成するには、1つ目の色をカラーチューザで自由に作成します。

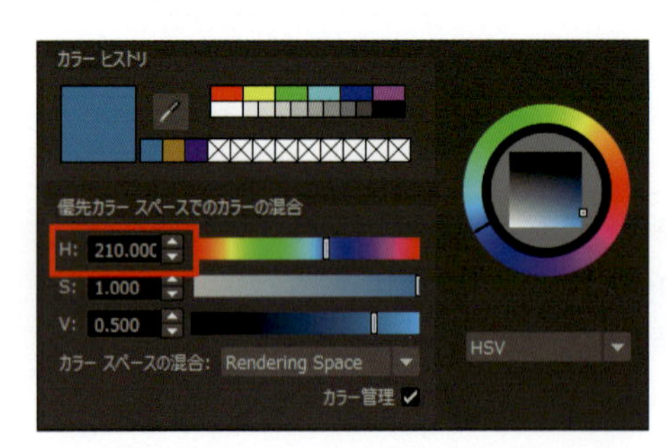

次に、2つ目の色は1つ目の色のHの値（色相）に180を足した値に設定します。これでダイアードルールの2色を設定できます。

MEMO ダイアードとは

色相環で対向する色を組み合わせた二色配色であり、相性が良いとされています。二色は共通の彩度、及び共通の明度で設定すると効果的です。

スケール感

モノとモノの比率を統一させる事で、違和感のない絵作りができます。人物と比較したモノの大きさが、実際よりも大きくズレていると、違和感の原因になります。架空のSFモチーフであっても、人物との比率に破たんがないようにルールを定めます。

手すりは人物と接しやすいパーツです。手すりの高さや厚みなどは、現実世界と同じ大きさになるように作成します。

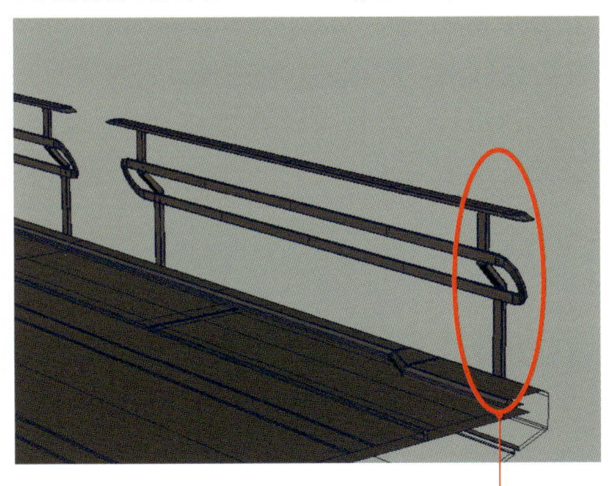

高さは現実に近い値、1m前後で設定します。

モールドなどのディテールはシーン全体で大きさにあまり違いがでないように注意し、人物との対比も意識して大きさを決めます。

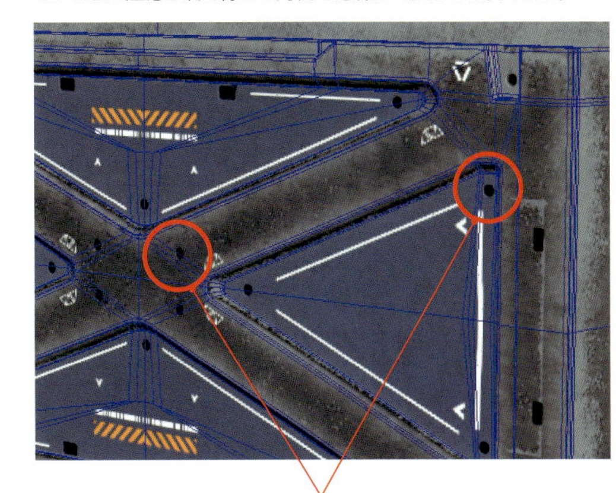

モールドの大きさにあまり差が出ないようにします。

制作の準備

資料が集まり方向性が決まったら、Mayaのシーンで制作しながらデザインを確定させます。Mayaのシーンでデザインを確定させる際に、カメラアングルは固定して制作します。パネルのレイアウトを4ペインにし、top、front、persp、cameraのビューを表示します。モックアップのモデリング中は、常に4ペインで作業することで、ビュー切り替えの手間がなく効率的になります。

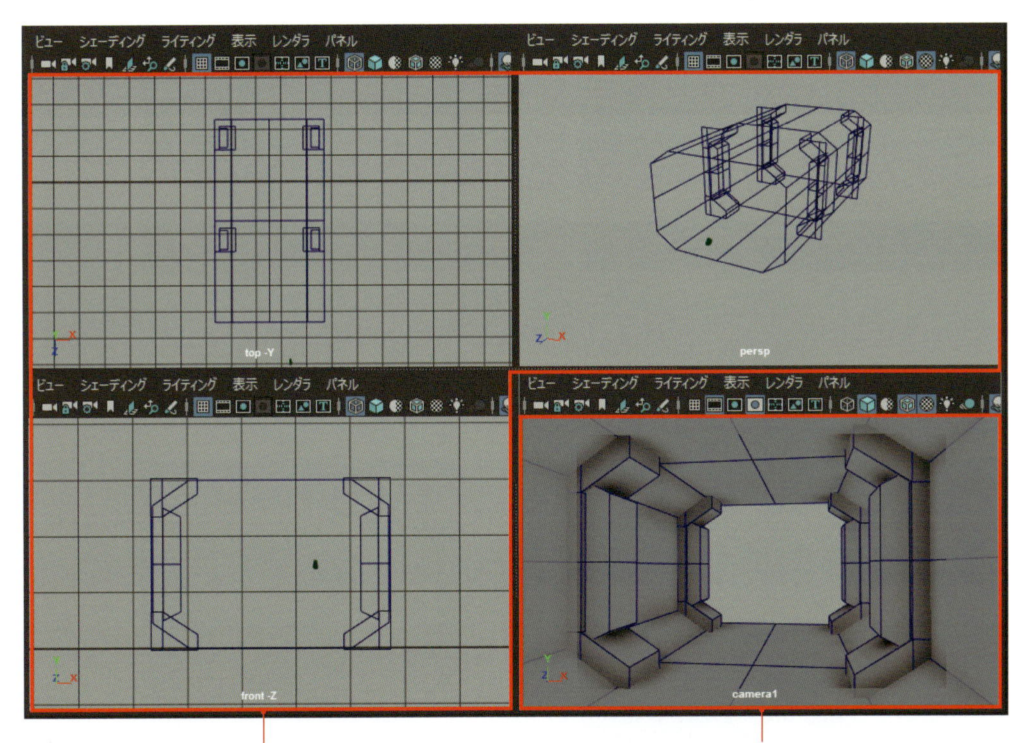

モデリングやその他の編集を行うビュー。

アングル固定の確認専用のビュー。モデリング中は、常にこちらを見ながらシルエットを確認します。

モデリングと仮テクスチャの作成

上下左右に対称のデザインで作成します。上下左右対称に作成するには、インスタンスを活用します。繰り返し配置して、全体のシルエット確認しながらモデリングを行います。

インスタンスの作成

インスタンスのベースとなるオブジェクトを作成します。[立方体]を作成します。次の設定に変更します。
[幅：800][高さ：800][深度：800][幅の分割数：2][高さの分割数：2][深度の分割数：1]
立方体上側半分と、前面と背面のフェースを削除します。[メッシュ表示] > [反転]を実行して法線を反転します。

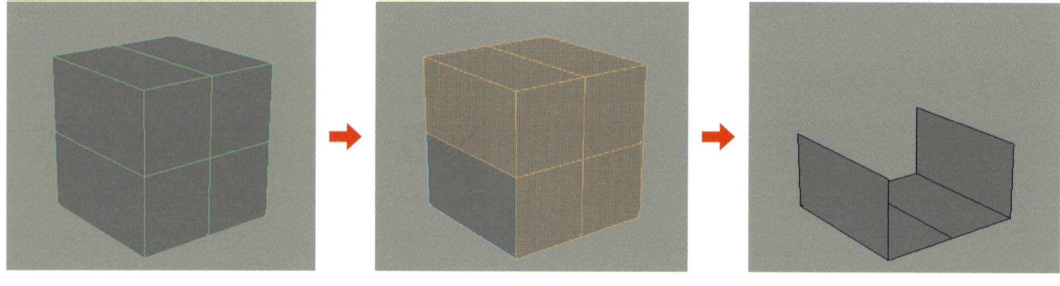

下側だけ残します。

インスタンスコピーをY方向反転の設定で適用します。[編集] > [特殊な複製]を選択します。次の設定に変更してから実行します。
[ジオメトリタイプ：インスタンス][スケールY：-1.0]

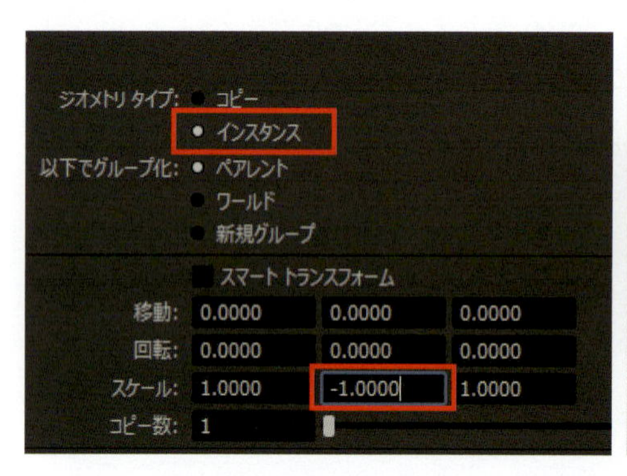

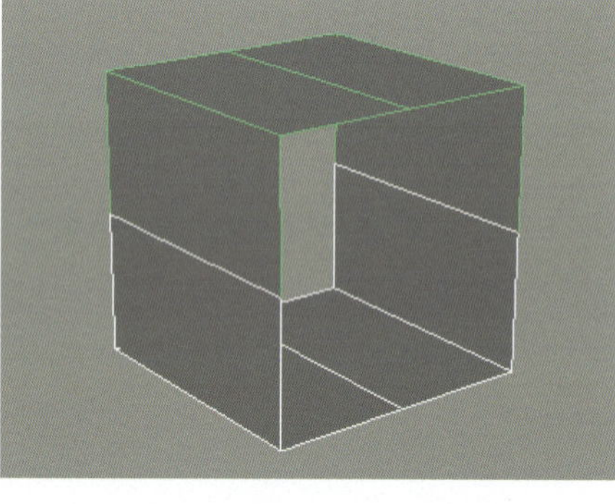

Y方向に対称に複製されます。インスタンスで複製しているため、コンポーネントの編集を共有します。

インスタンスコピーをZ方向に適用します。[編集] > [特殊な複製]を選択します。次の設定に変更してから実行します。
[ジオメトリタイプ：インスタンス][移動Z：-800][スケールY：1.0][コピー数：3]

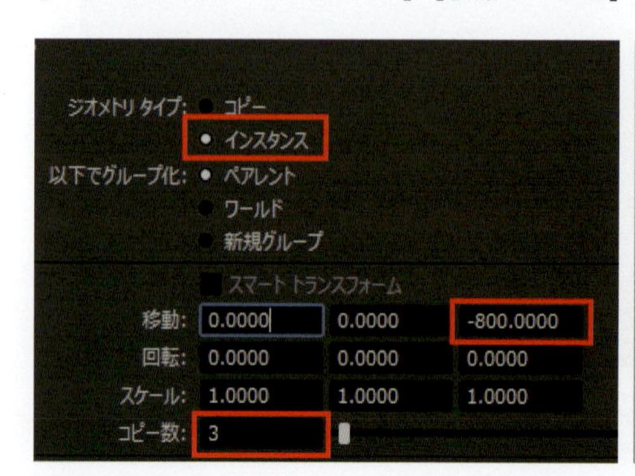

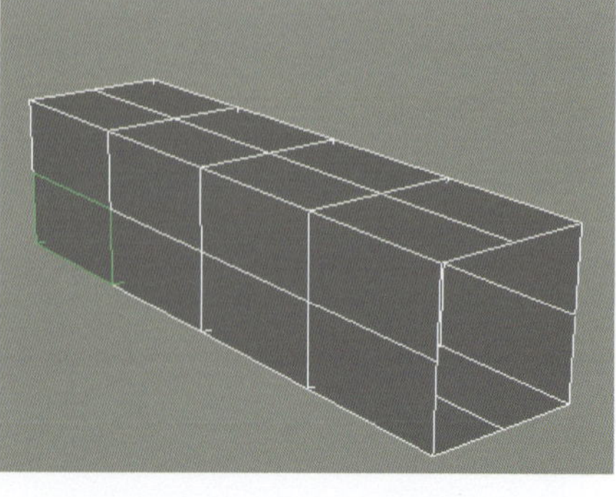

奥行き方向に複製されます。

［モデリングツールキット］から、［シンメトリの軸：オブジェクトX］に設定します。

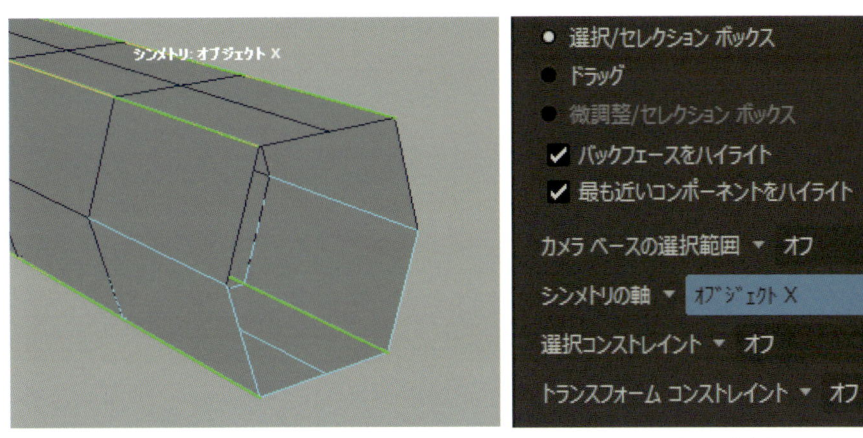

インスタンスの準備が完了しました。4分の1の範囲の編集だけでモデリングが行えるため、作業が効率的になります。

壁、床、天井のモデリング

インスタンスを用いた作成での注意点として、1つの頂点単位でなるべく編集しない事です。頂点だけ編集すると、対称ではなくなる可能性があります。そのため、エッジやフェースを選択して編集するようにします。

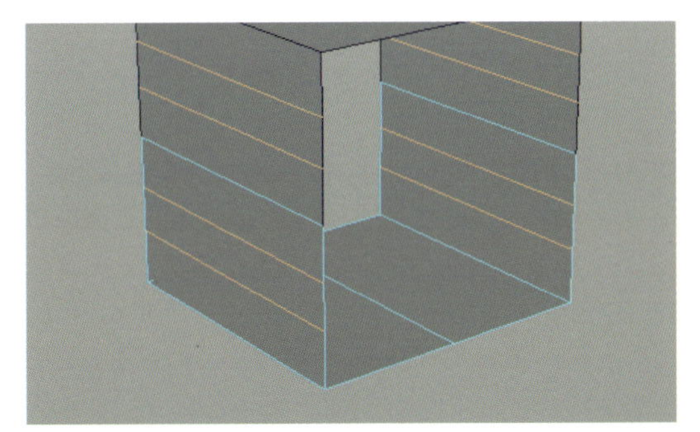

水平方向にエッジループを2つ追加します。

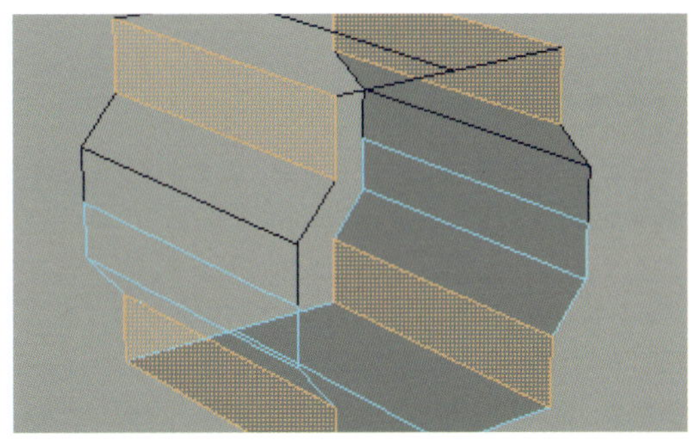

側面の一番下のフェースを選択し、内側に移動させます。

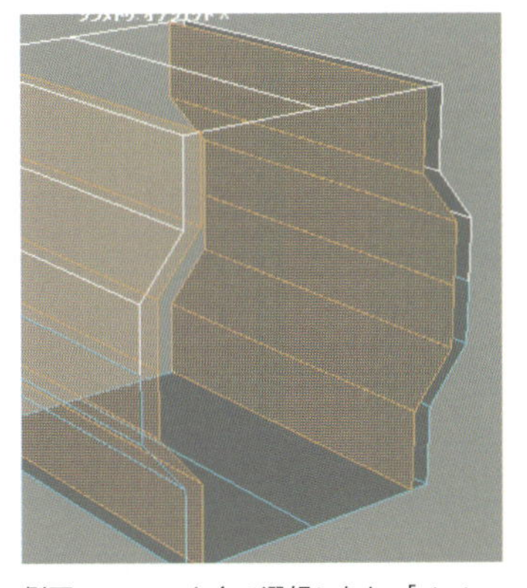

側面のフェースを全て選択します。［メッシュの編集］>［複製］を実行します。

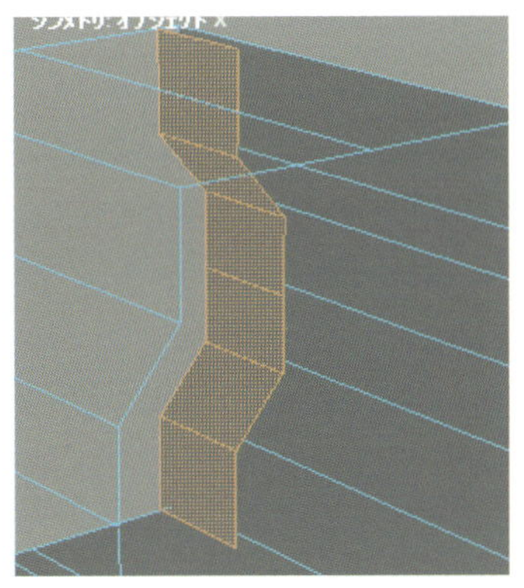

複製したフェースの奥行きを小さくします。

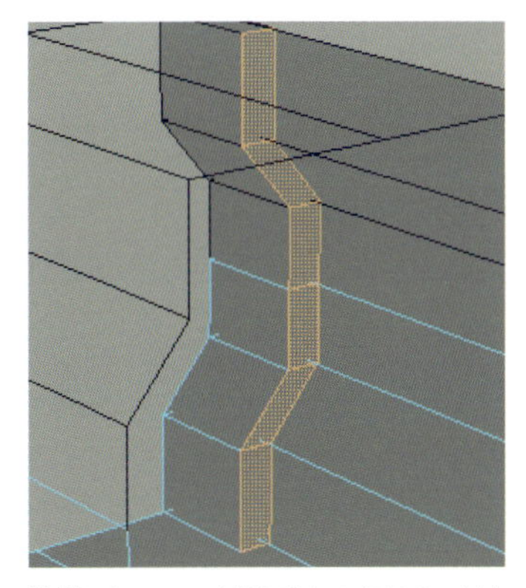

複製したフェースを押し出して、厚みをつけます。通路の壁、床、天井は以上で完成です。

足場と上部パーツのモデリング

足場のパーツと天井からぶら下がっている上部のパーツは、左右対称ですが、上下に対称ではないので、別オブジェクトで作成します。

比率を意識したシルエット作り

シルエットは絵の印象に大きく影響します。比率を意識することで、効果的な絵作りが行えます。比率は、「3：2」や、「2：1」などの簡潔な値で作成します。

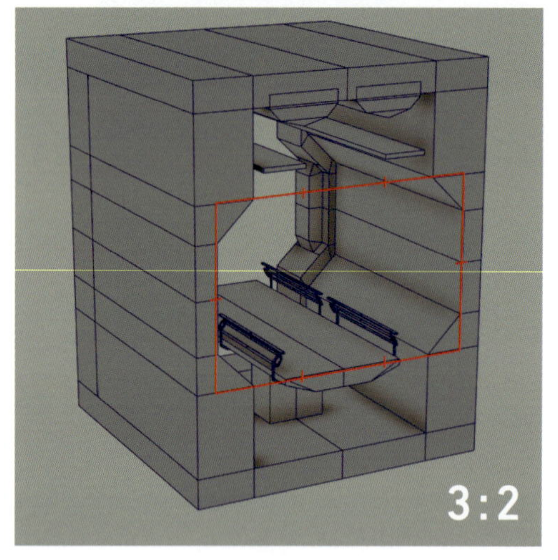

壁面の高さと幅を、3：2の比率で作成します。

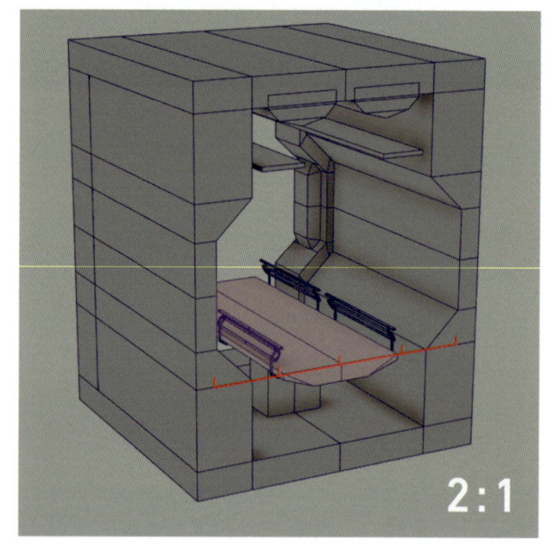

通路の幅は、壁面の幅の半分の比率、2：1の比率で作成します。

仮テクスチャの作成

シルエットの方向性が決まったら、仮テクスチャを作成してイメージを固めていきます。仮テクスチャを貼る前に、簡単にUVを展開します。仮テクスチャは、デザインのディテールを決める作業です。収集した素材から画像を切り貼りしたり、手描きしたりして作成します。質感などは書き入れる必要はなく、色とディテールのデザインが確認できる状態を目指します。仮テクスチャが完成すればモックアップは完成となりますが、この時点でデザインに納得いかなければ、モックアップを作り直してデザインを詰めていきます。最終的なクオリティに大きく影響する工程のため、可能な限り時間をかけて丁寧に作成します。

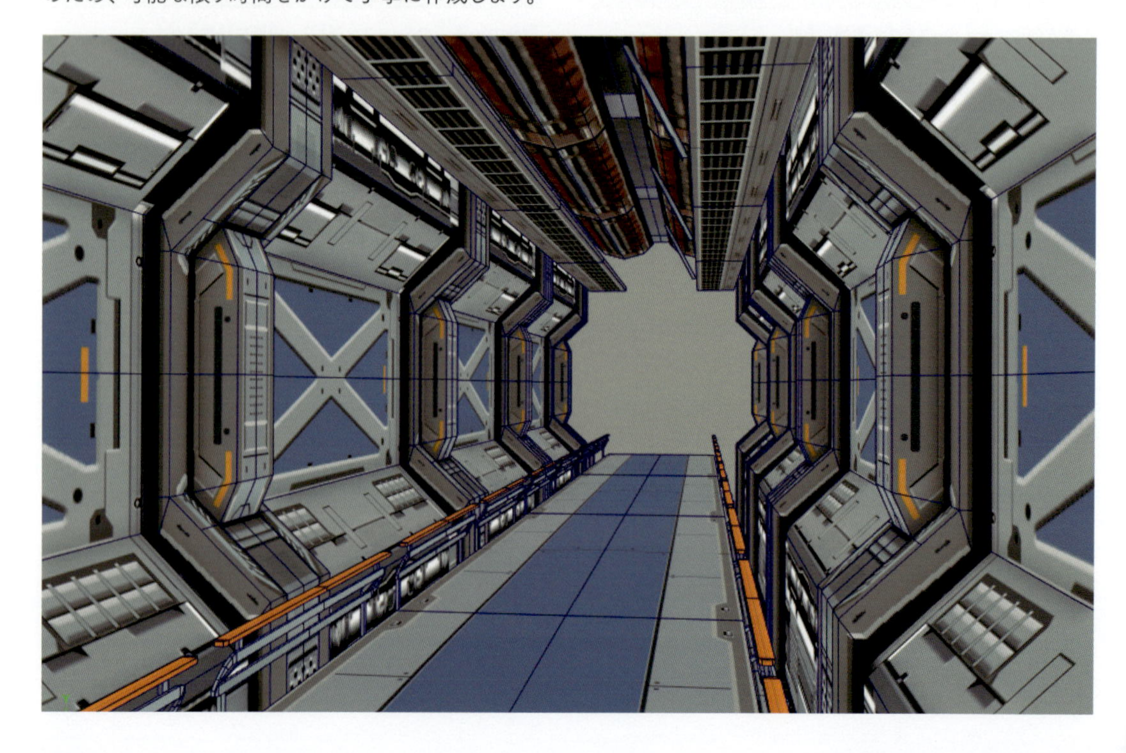

Chapter 3-3

計画を立てる

本制作に入る前に、データの対称化の準備を行います。対称化の準備を行う事で、制作の修正や調整が発生した際に効率的に対応ができます。また、整合性を保つ意味もあり、繰り返しパーツを使う作り方では重要な要素となります。

大きさ、長さを測定する

通路のパーツは、繰り返して並べることを前提にしています。繰り返して並べるために、通路のパーツの長さを測ります。測る事で正確に配置する事ができます。また、小数点以下の値が入っている場合は、繰り返し配置しやすい整数の値に修正します。

距離ツール

長さを測るには、距離ツールを使用します。［作成］>［測定ツール］>［距離ツール］を選択して、Vを押したまま❶、❷の順に頂点をクリックします。

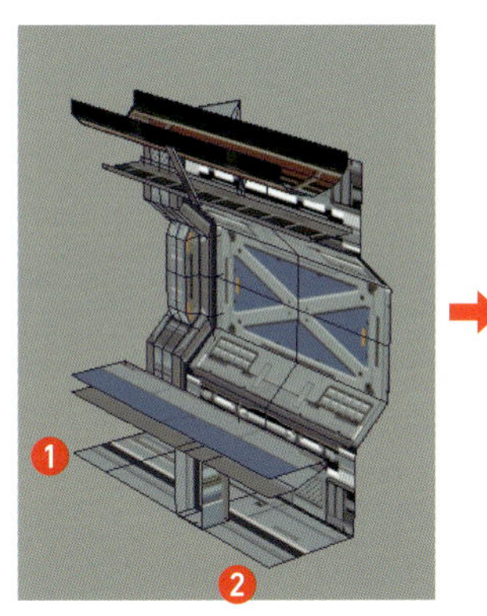

通路の全長を測定します。両端の頂点を順にクリックします。

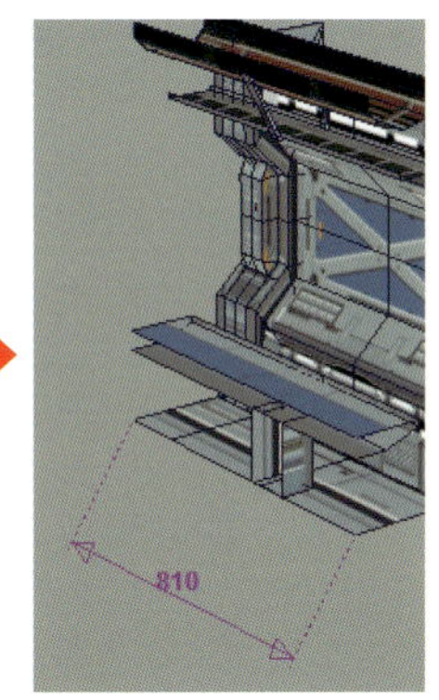

クリックした2点の頂点間の距離が表示されます。

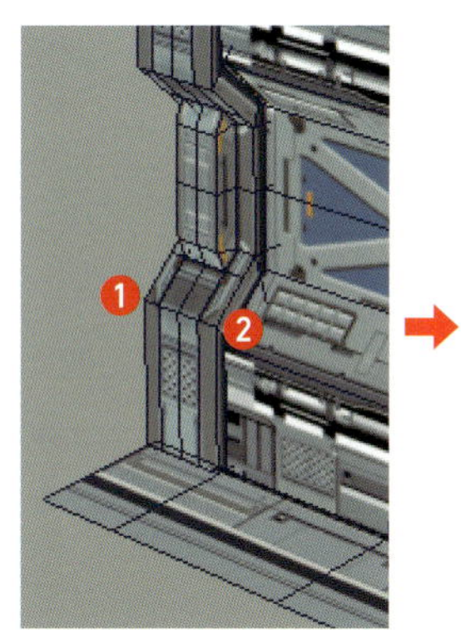

柱のパーツの長さを測定します。

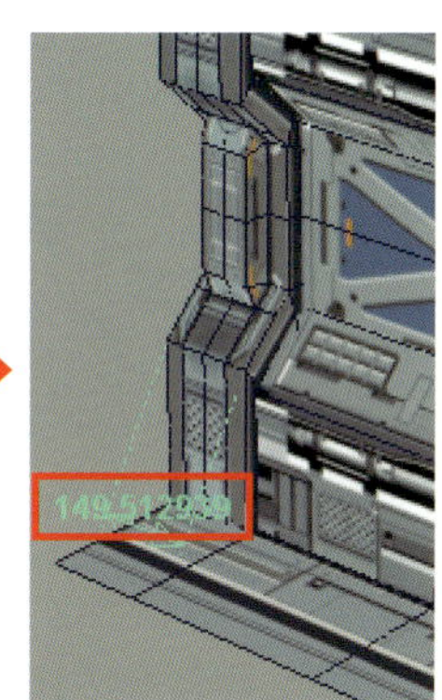

小数点以下の値が入っています。

測定箇所

以下の個所を測定します。

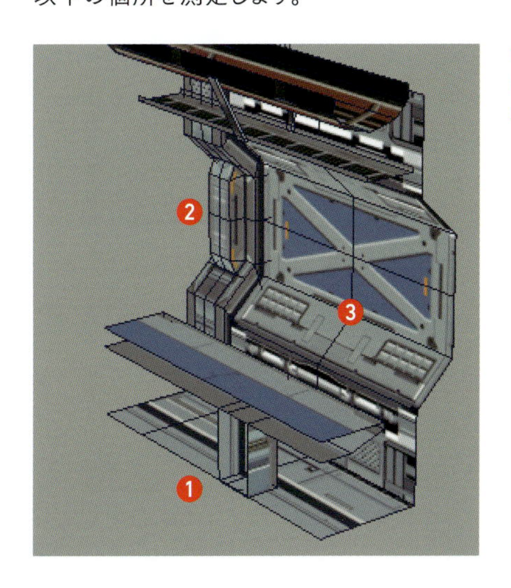

❶ 通路の全長。繰り返し配置を行いやすいように。
❷ 柱の長さ。対称性を維持してモデリングが行えるように。
❸ 壁の長さ。対称性を維持してモデリングが行えるように。

小数点を修正する

小数点以下の値を修正するには、[コンポーネントエディタ]を使用します。[ウィンドウ] > [一般エディタ] > [コンポーネントエディタ]を開き、[ポリゴン]タブを選択します。修正したい頂点❶を選択し、修正を加える[頂点Z]❷を選択し、近似値の整数値を入力して Enter を押します。

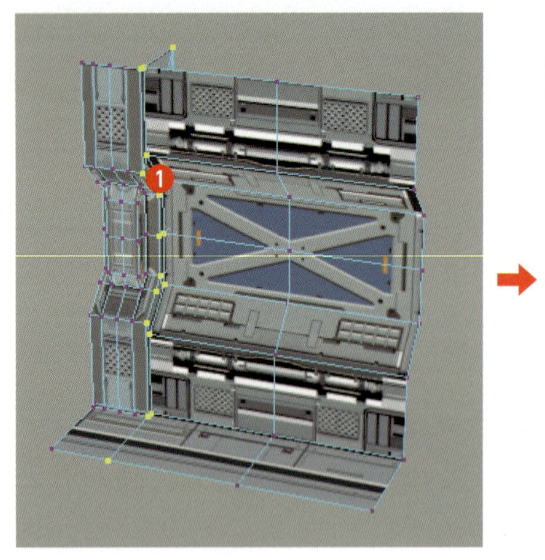

小数点の入ってる頂点を選択します。

整数にしたい軸（XYZのいれずれか）を選択して、値を入力します。選択した頂点の座標がすべて、入力した値に置き換わります。

対称座標を設定する

対称に制作するパーツは、それぞれの対称となる座標を定めます。対称になるパーツは複数のオブジェクトで構成するため、対称性を維持するために座標をあらかじめ定めます。定めた座標は後ほど利用しやすいようにメモを取ります。

❶ 全体の対称座標
❷ 壁の対称座標
❸ 壁の柱の対称座標

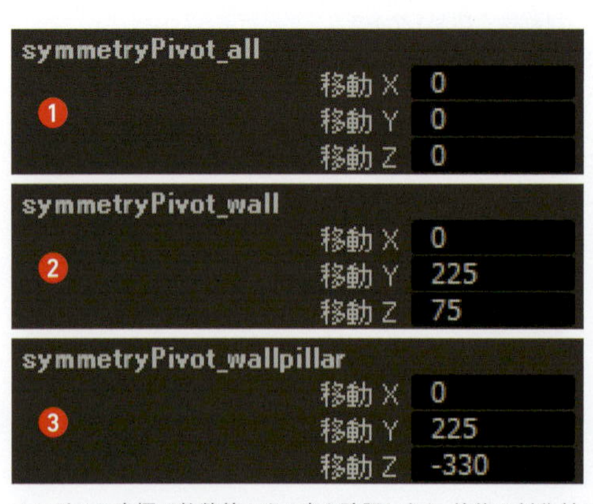

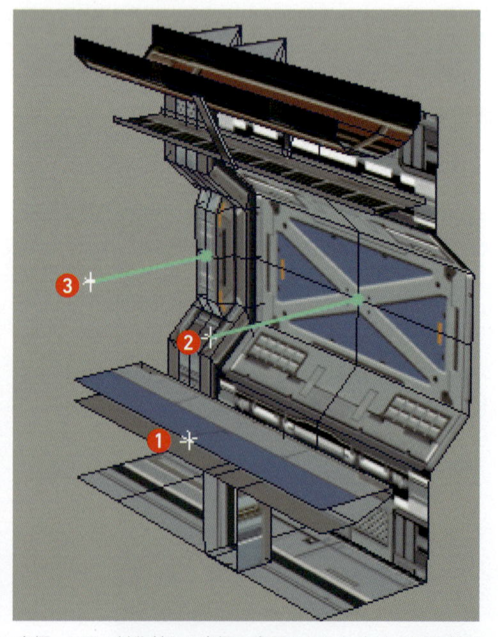

それぞれの座標が整数値である事を確認します。前後の対称軸はZ座標、上下の対称軸はY座標で表記されます。左右の対称軸はX座標となるため、いずれの場合でも0が入ります。

モックアップをテンプレート化する

モックアップをテンプレート化します。❶モックアップのオブジェクトを選択します。❷［レイヤ］＞［選択項目からレイヤを作成］を実行します。❸「R」に切り替えます。

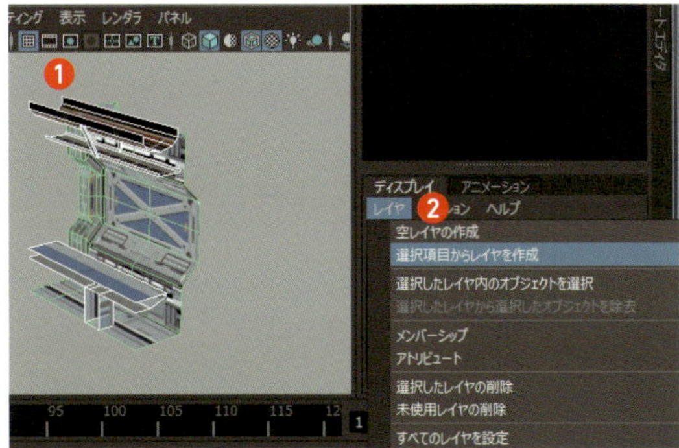

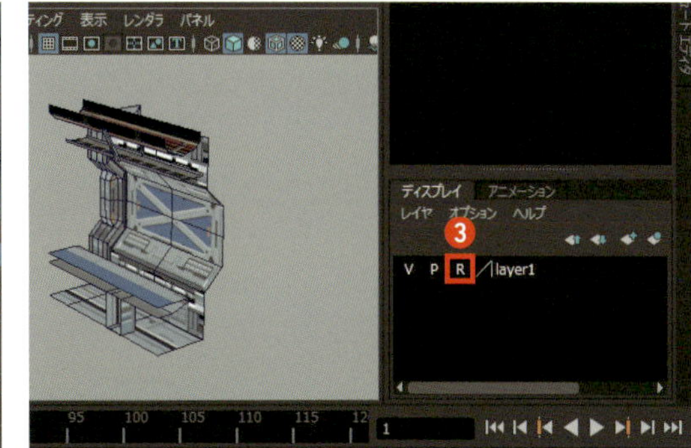

「R」のオブジェクトは選択できませんが、ポイントスナップ等の操作の参照先に使えるため、テンプレートとして扱うのに適しています。

パーツを分解する

対称化の準備と同時に、制作するパーツを分解して、制作するオブジェクト単位に分類します。オブジェクト単位に分類することで、「何を」「何個」「いつまでに」作ればいいのか、計画を立てる事ができます。制作するパーツは大きく分けて、「壁パーツ」「床パーツ」「上部パーツ」に分類します。この分類は、テクスチャを貼り分ける際にも使用します。制作を進める上では、グループ化の親ノードとして扱います。

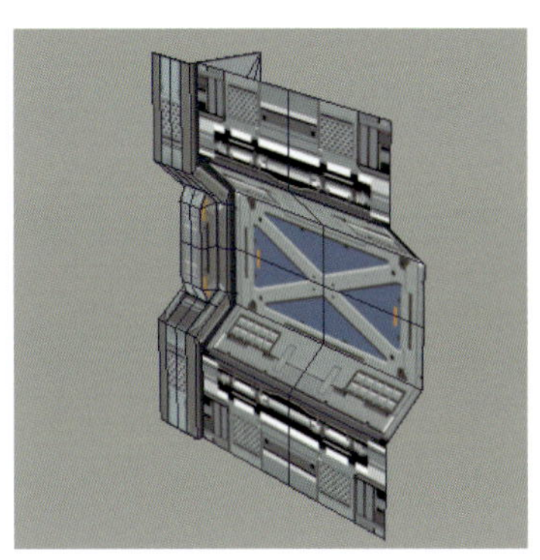

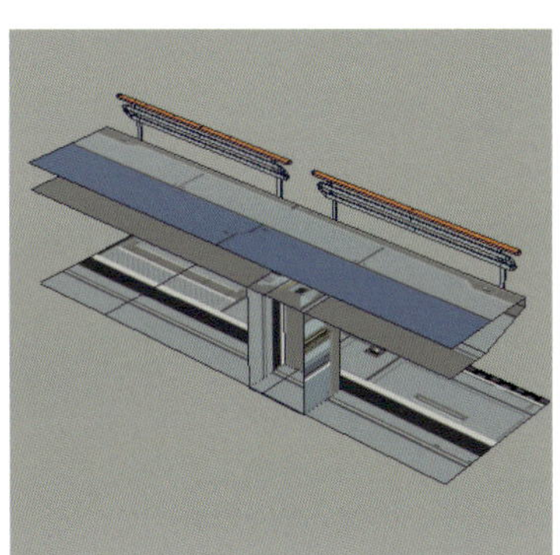

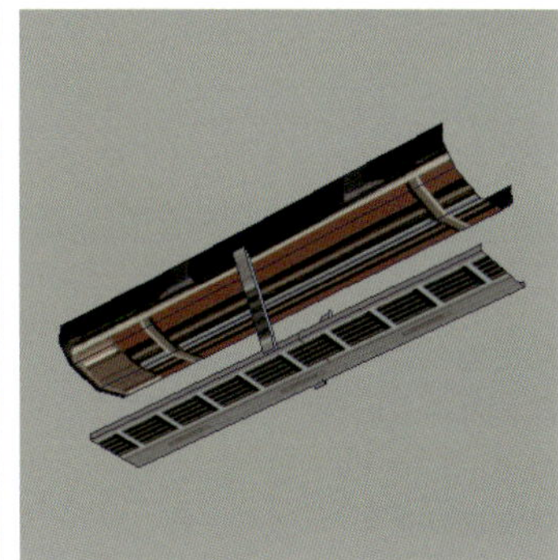

「壁パーツ」をオブジェクト単位に分解する

「壁パーツ」は、前後と上下に対称です。その為、制作する範囲は4分の1になります。例外として、❻は上下で対称ではありません。下側が「斜面の箱状大」、上側が「ライトパーツ」となります。

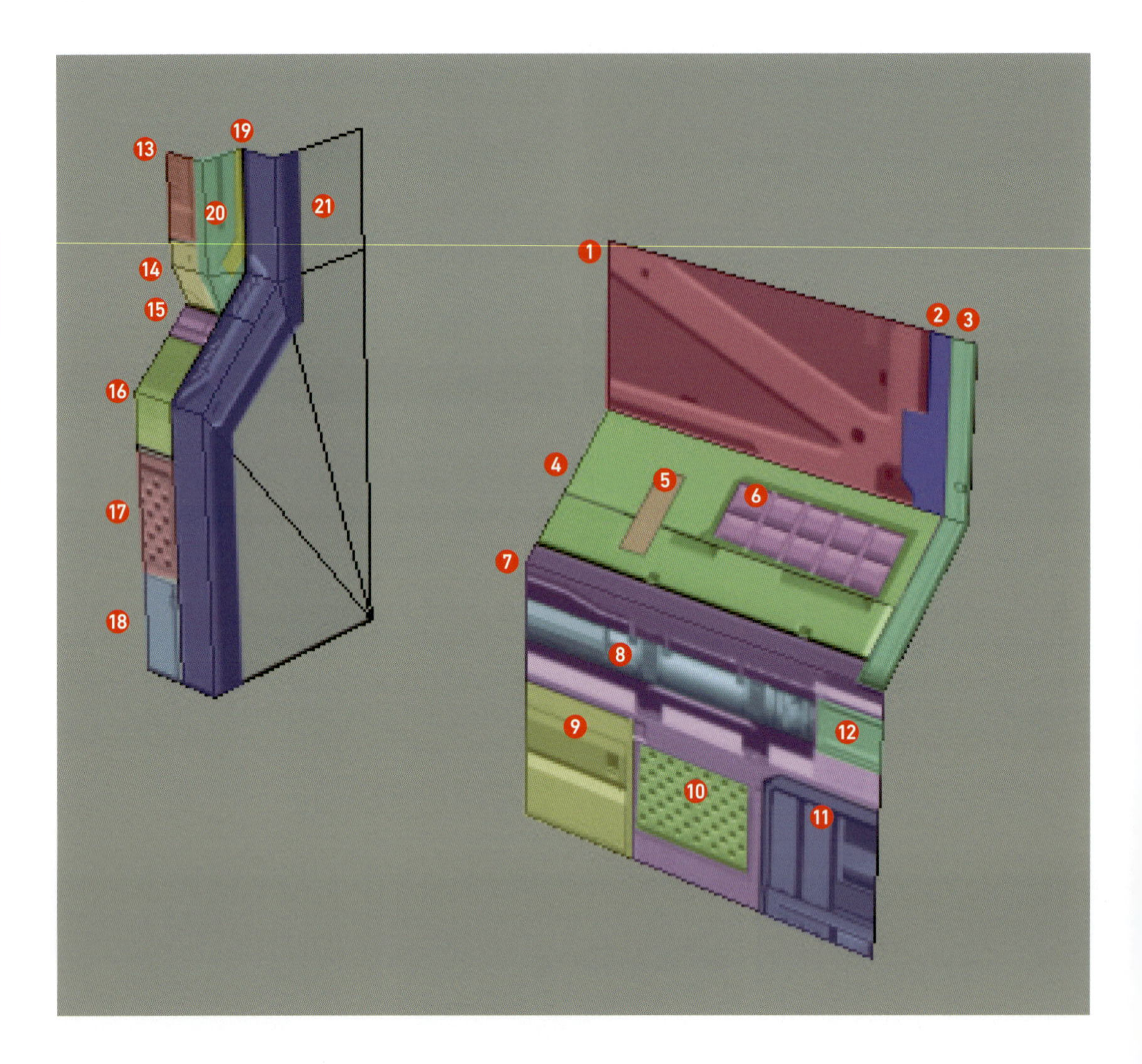

❶ Xフレーム
❷ Xフレームサイド
❸ サイドフレーム
❹ 斜面の壁
❺ 斜面の箱状小
❻ 斜面の箱状大&ライトパーツ
❼ 下部の壁
❽ パイプ
❾ 下部の中央ディテール
❿ 下部の穴網
⓫ 下部の左右ディテール
⓬ 下部の小フレーム
⓭ 柱の中央
⓮ 柱の中央下部
⓯ 柱の中央斜面
⓰ 柱の中腹
⓱ 柱の下部穴網
⓲ 柱の下部
⓳ 柱の中央のサイドフレーム①
⓴ 柱の中央のサイドフレーム②
㉑ 柱のサイドフレーム

「床パーツ」をオブジェクト単位に分解する

「床パーツ」は左右対称なので、制作する範囲は2分の1になります。2分の1の範囲をオブジェクト単位に分解すると全部で12個になります。底面部分は、上下対称に配置し天井としても使用します。

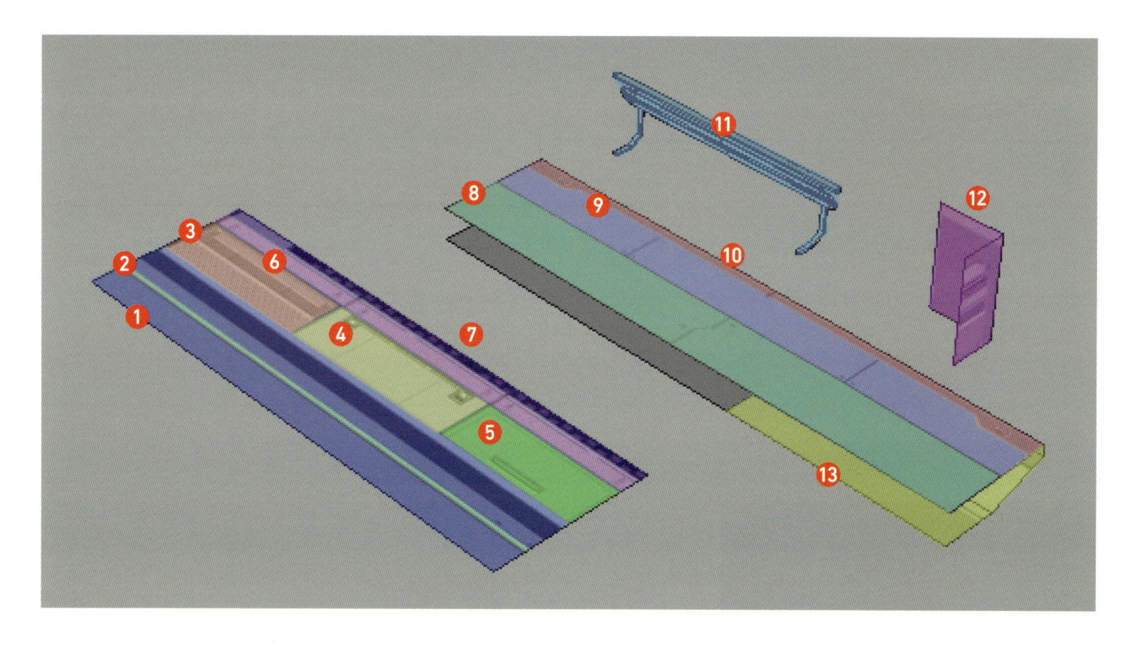

❶ 底面メインフレーム
❷ 底面パイプ
❸ 底面プレートA
❹ 底面プレートB
❺ 底面プレートC
❻ 底面サイドフレーム
❼ 底面の隙間のディテール
❽ 廊下の中央
❾ 廊下の左右
❿ 廊下のフレーム
⓫ 手すり
⓬ 廊下の柱
⓭ 廊下の底部

「上部パーツ」をオブジェクト単位に分解する

「上部パーツ」は左右対称なので、制作する範囲は2分の1になります。2分の1の範囲をオブジェクト単位に分解すると全部で10個になります。

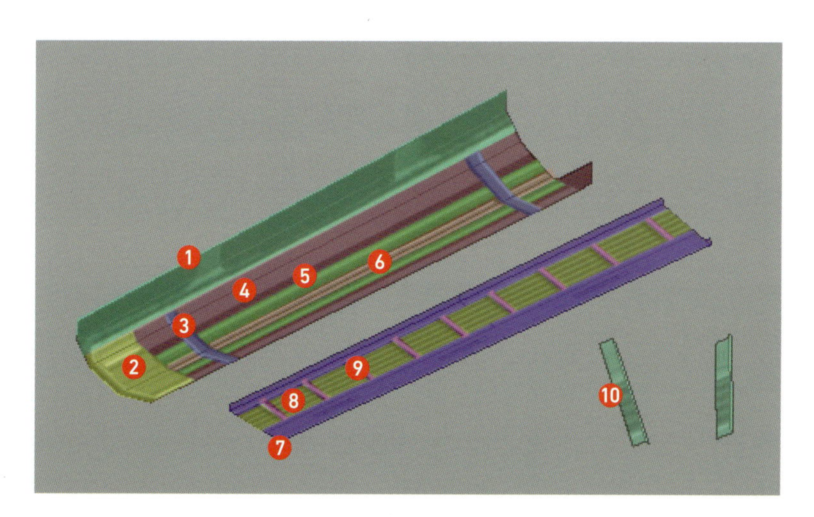

❶ サイドフレーム
❷ フロントカバー
❸ ビーム
❹ フロントフレーム
❺ 中央フレーム
❻ 中央ディテール
❼ パイプのフレーム
❽ パイプ群
❾ パイプビーム
❿ 吊り下げフレーム

Chapter 3-4

モデリング

スムーズメッシュモデリングを全てのパーツに行います。対称化する[ミラー]を多様するので、対称軸の頂点の配置には注意して進めます。

シーンを読み込む

モデリングから進める方は、以下のパスからシーンを開きます。

この工程の開始シーン	▶ MayaData/Ex_Chap03/scenes/Ex_Chap03_Start.mb
パーツ完成シーン	▶ MayaData/Ex_Chap03/scenes/Ex_Chap03_Parts_End.mb
レンダリング完成シーン	▶ MayaData/Ex_Chap03/scenes/Ex_Chap03_Layout_End.mb

カメラの設定

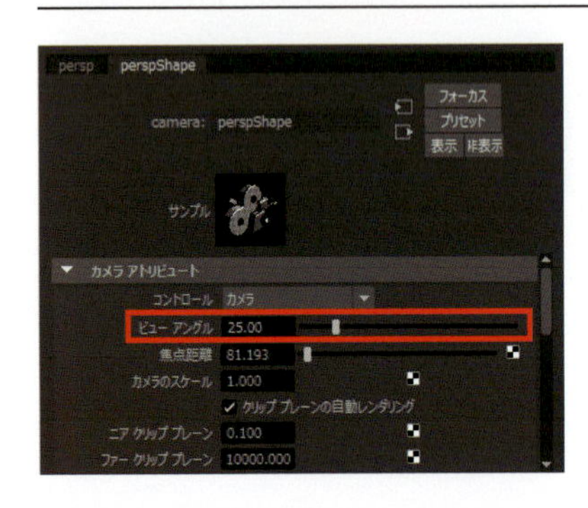

カメラのビューアングルの設定をモデリングしやすい設定にします。perspカメラを選択します。アトリビュートエディタから、[ビューアングル]の値を「25」に設定します。

Xフレームの作成

「壁パーツ」の中央にある一番大きな「Xフレーム」から作成を進めます。モックアップのテンプレートに沿わせて、モデリングを進めていきます。前後と上下の対称軸に接しているパーツであるため、対称軸に沿っている頂点が、軸線上から逸れないように注意して作成します。

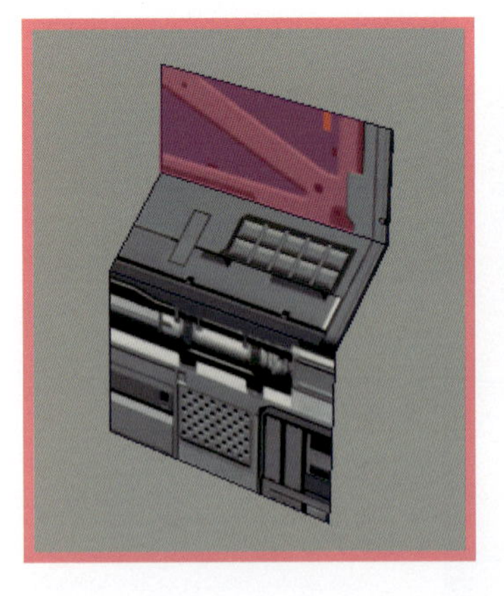

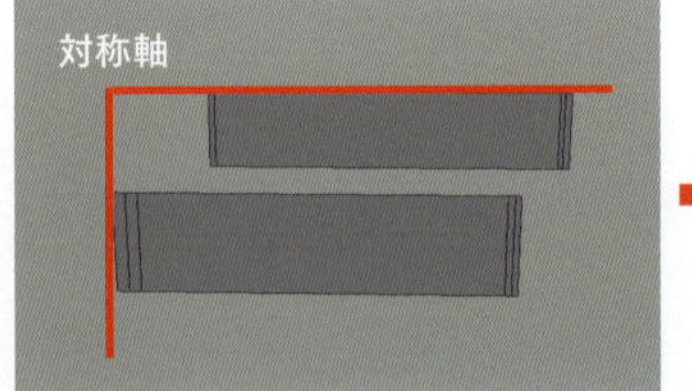

2枚の板状のポリゴンを作成します。上は4分割、下は5分割で作成します。なお、赤線の位置が対称軸となります。

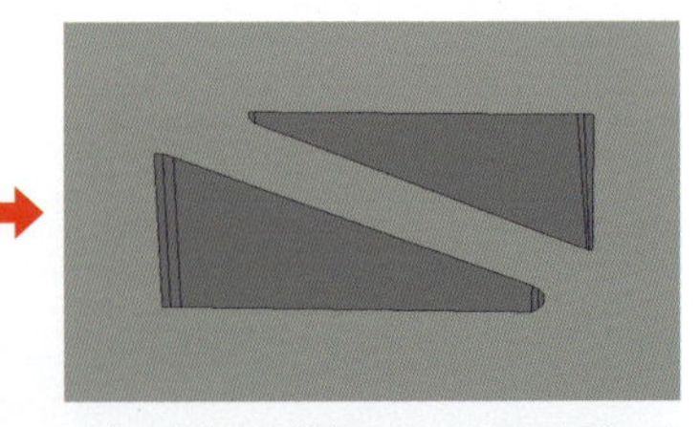

くぼんだ箇所の輪郭に沿った形に編集します。

上側の右のエッジを数回押し出して、下周辺部の頂点が曲線になるように編集します。

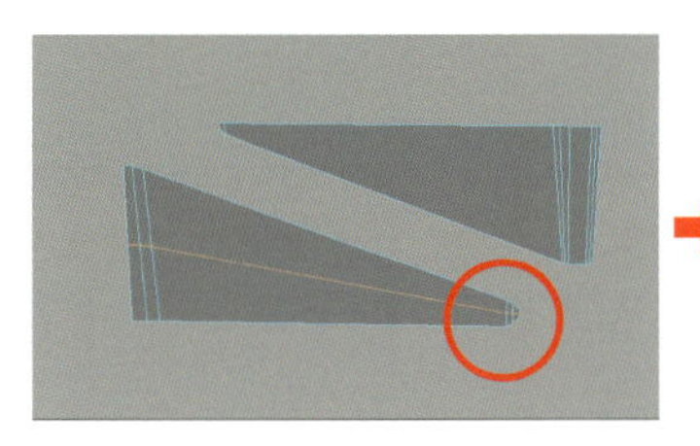

下の板の中央にエッジループを追加します。追加したエッジの先端部を曲線になるように編集します。

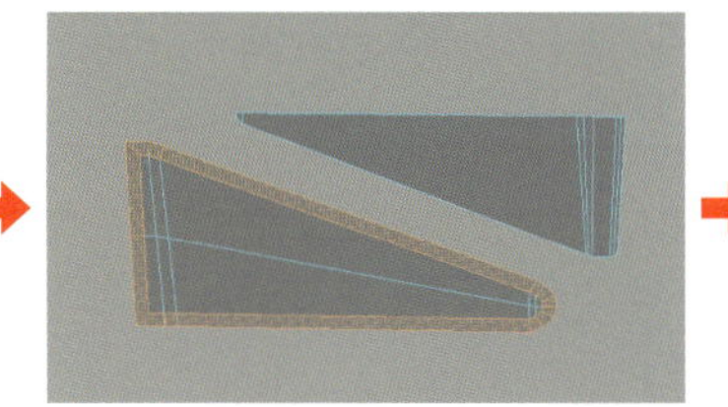

下の板のエッジの境界線を選択し、外側に広がるように［押し出し］を実行します。（外側に広げる形にするには、［押し出し］のオプションのオフセットに値を入力します）

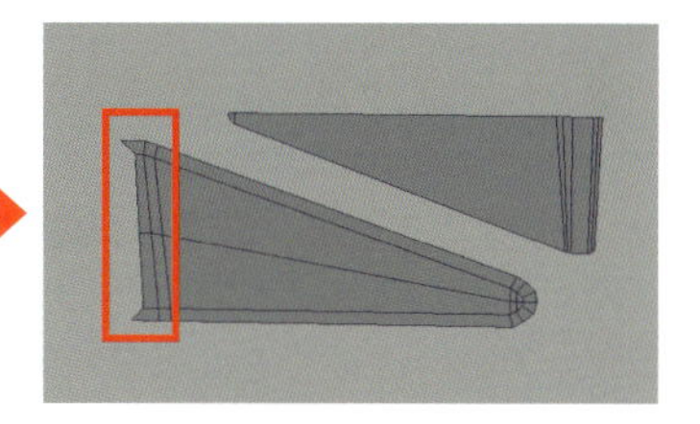

左側に押し出されて作成したフェースを削除します。

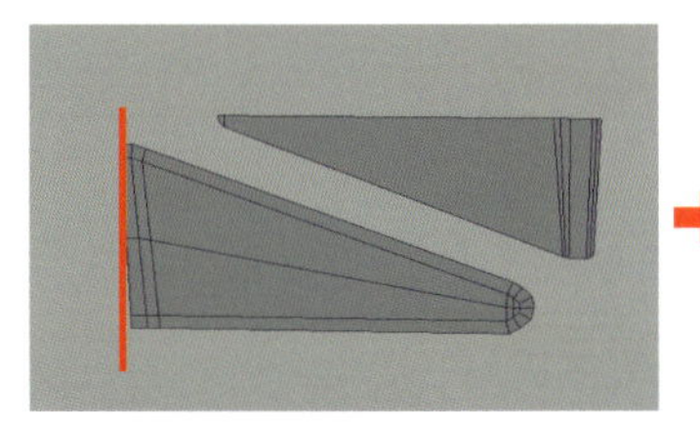

左側のエッジが、対称軸に沿って直線になるように編集します。

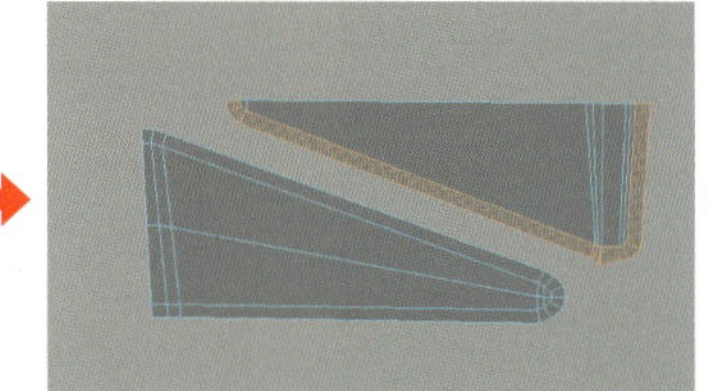

上の板も、下の板と同様に、エッジを押し出します。

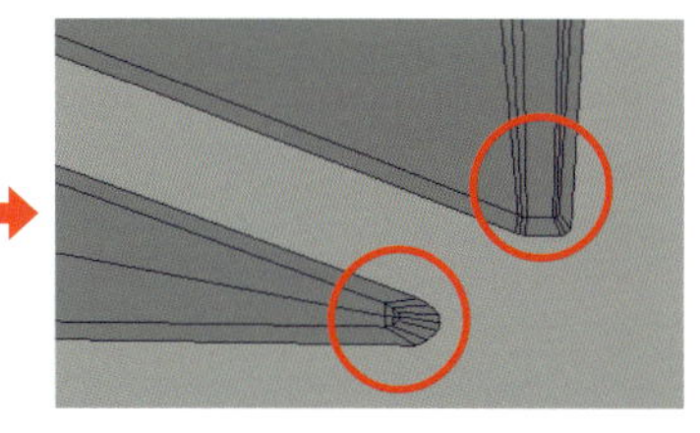

全体の形を整えます。この状態が、Xフレームのくぼみになります、全体のシルエットを見ながら調整し、角の曲線形状を奇麗に整えます。

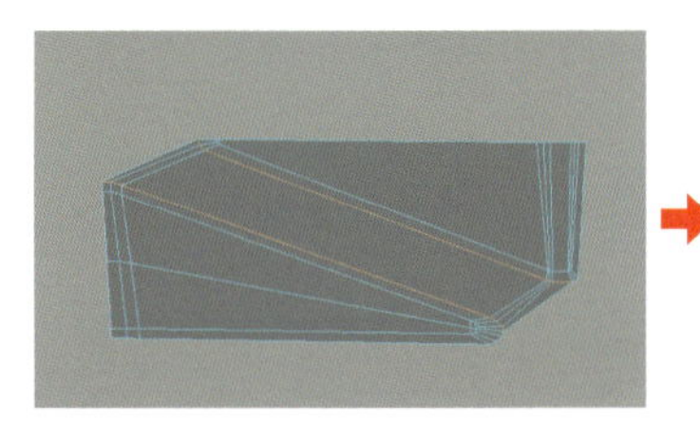

上の板の下側のエッジと、下の板の上側のエッジを［ブリッジ］でつなげます。正しくブリッジを行うには、上側と下側で選択するエッジの数を同一にします。

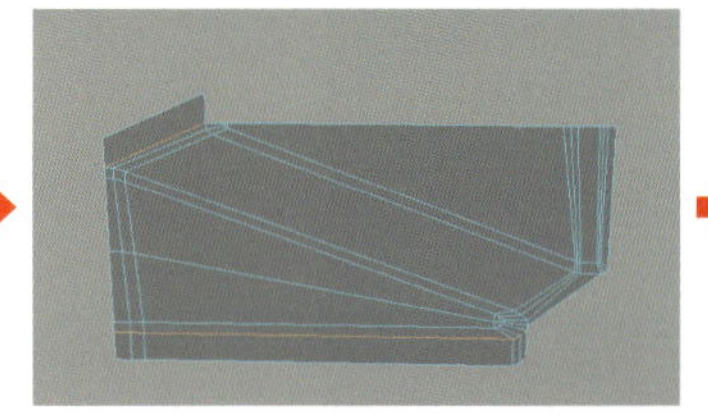

下側のエッジを押し出します。下側のエッジを選択して、Shift を押したまま移動してエッジを押し出します。上側のエッジも同様に押し出します。

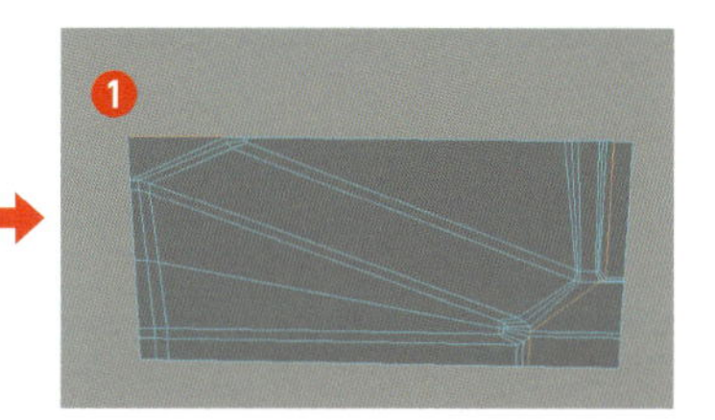

右側のエッジを押し出します。右側のエッジを選択し、Shift を押したまま移動してエッジを右方向に押し出します。対称軸からはみ出した上側のエッジはまっすぐになるように揃えて、❶の位置の頂点をマージします。

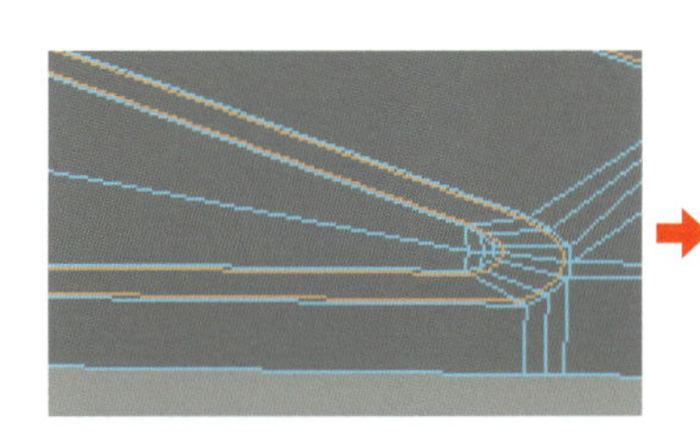

くぼみの傾斜をつける箇所に、エッジループを2つずつ追加します。

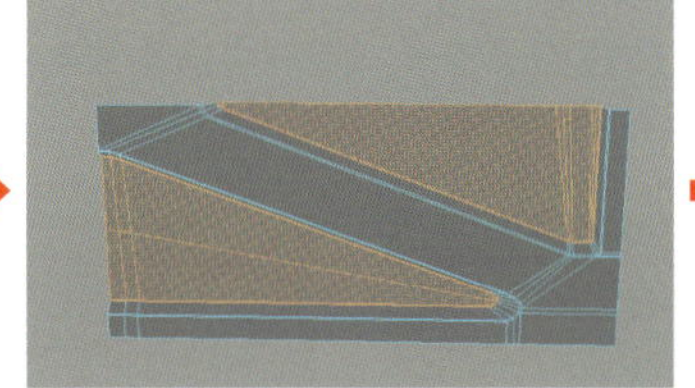

フェースを選択し、移動ツールで奥にくぼんだ形に編集します。

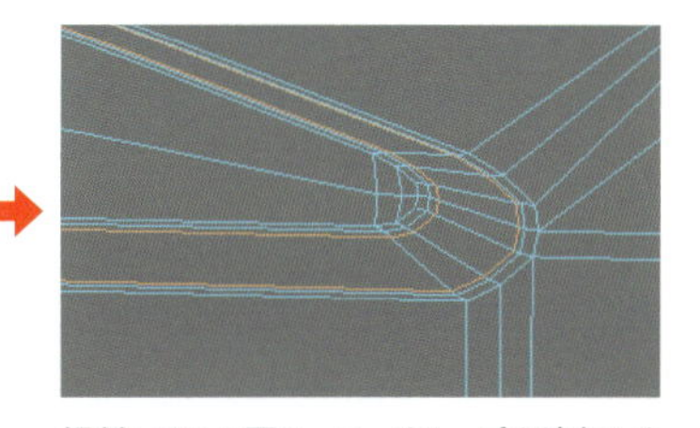

傾斜している面に、エッジループを追加します。

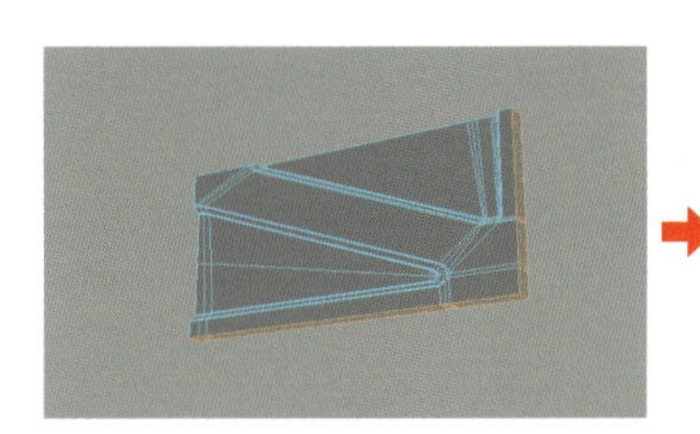

側面を押し出して作成します。境界のエッジを選択し、Shift を押したまま移動してエッジを押し出します。（対称軸に接するエッジは押し出しません。）

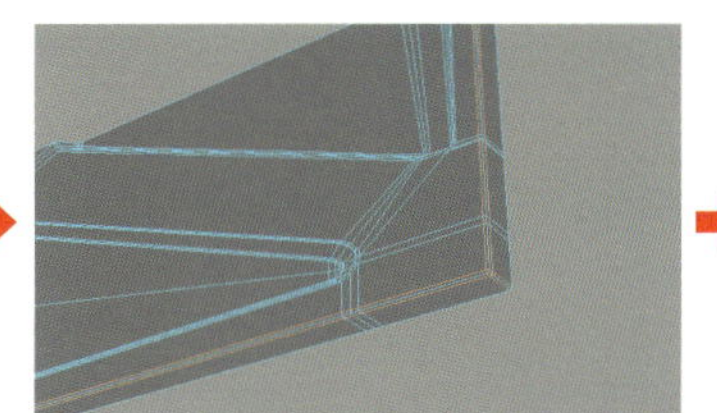

スムーズメッシュプレビューした際に、角が立った形状にするために、エッジループを追加します。

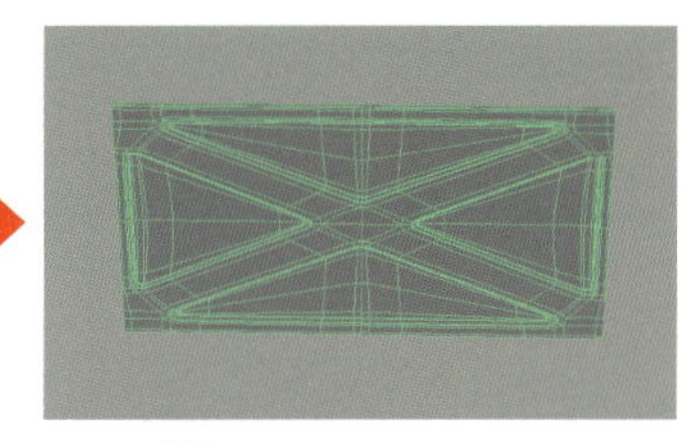

［ミラー］を前後の軸で実行し、その後、［ミラー］を上下の軸で実行します。

[ミラー]の使用方法

モデリングの工程で、[ミラー]を多用しますが、説明の文中でミラー軸の指定は、「左右」、「上下」、「前後」と表記します。ミラーオプションのミラー軸はそれぞれ、左右軸はX、上下軸はY、前後軸はZと一致します。[ミラーオプション]の設定は以下となります。

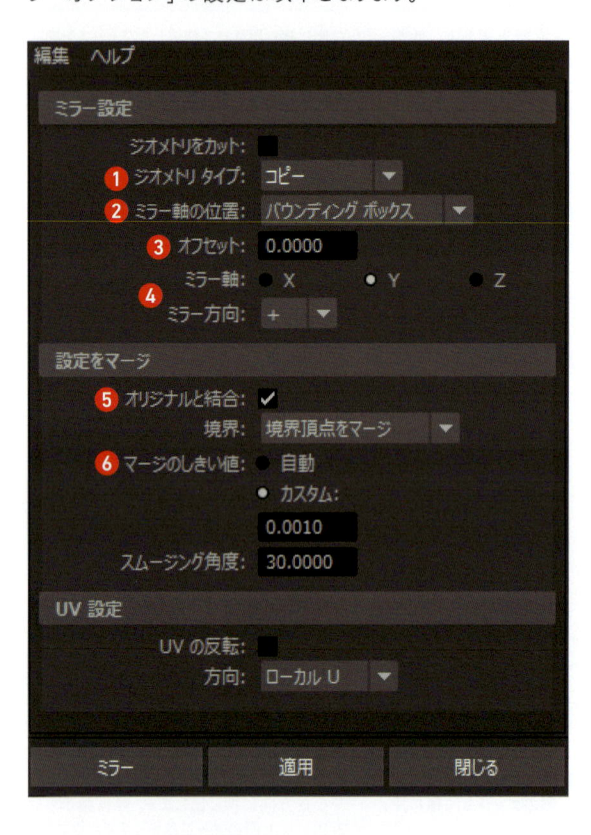

1. ジオメトリタイプ：コピー
2. ミラー軸の位置：バウンディングボックス
3. オフセット：0.0
4. ミラー軸：パーツ別に指定、対応は下図参照

ミラー軸	X	X	Z
方向：+	右	上	前
方向：-	左	下	後

5. オリジナルと結合：オン
6. マージのしきい値：カスタム　0.001

[マージのしきい値]の注意点

マージのしきい値の数値を大きい数値に設定すると、ミラーの境界線の頂点が意図しない形で結合するため、低い値で設定します。

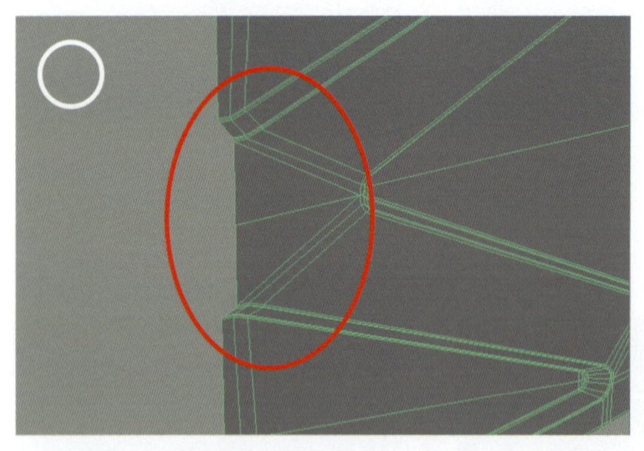
しきい値を低い値で設定します。上下方向に正しくミラーされます。

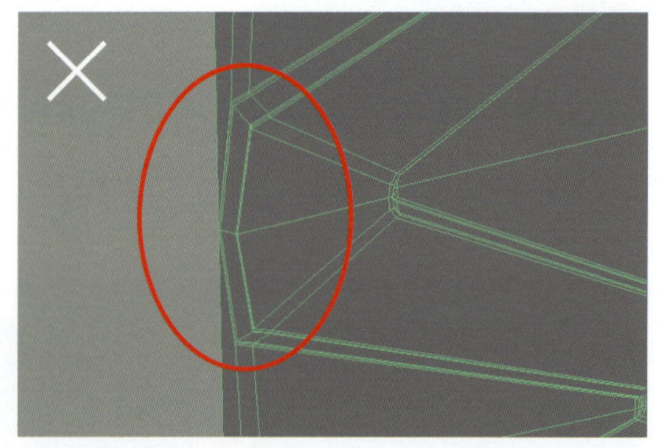
しきい値を大きい値で設定すると、上下方向の境界線の繋がりが意図しない形で結合します。

Xフレームサイドの作成

Xフレームの両端に配置する板状のパーツを作成します。上部の端が、対称軸になります。

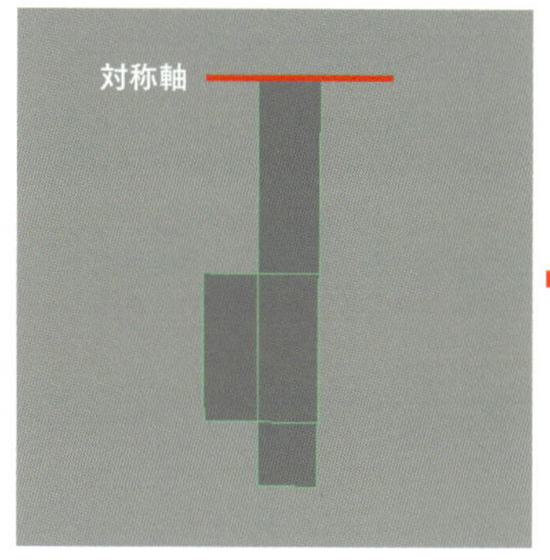

板状ポリゴンで形を作ります。

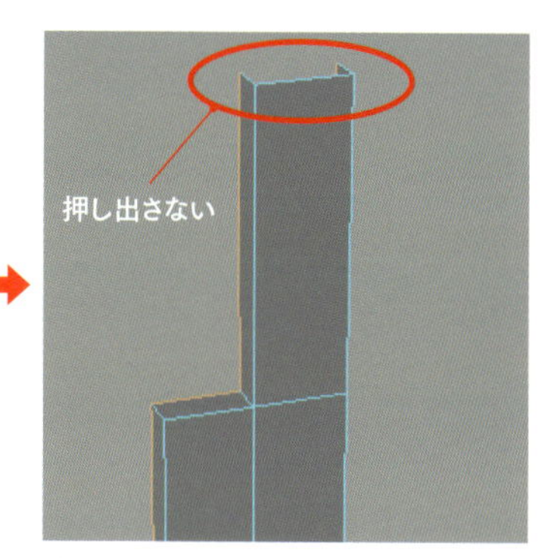

境界エッジを押し出して厚みを作ります。(上側の境界エッジは、対称軸のため押し出さない)

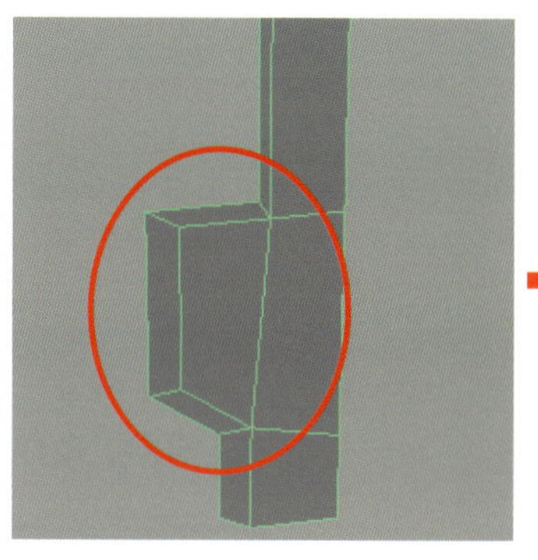

押し出した側面が、傾斜するように形を整えます。

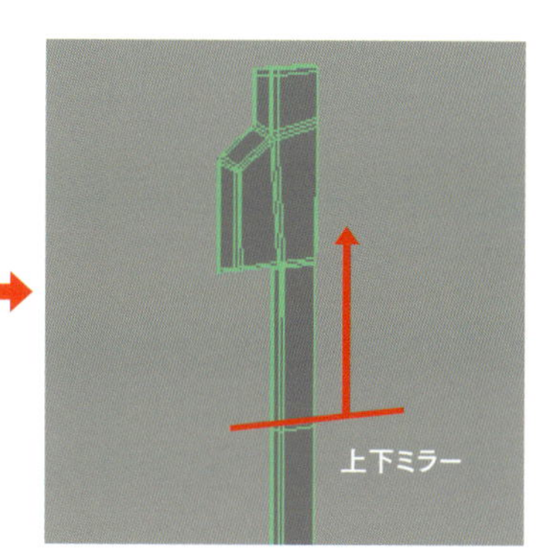

上下方向に[ミラー]を適用してから、スムーズメッシュプレビューの時に、角が出るようにエッジループを追加します。

サイドフレームの作成

サイドフレームは、「直線」、「えぐれ形状」、「直線と傾斜の接合部」、「傾斜」の要素で構成されています。

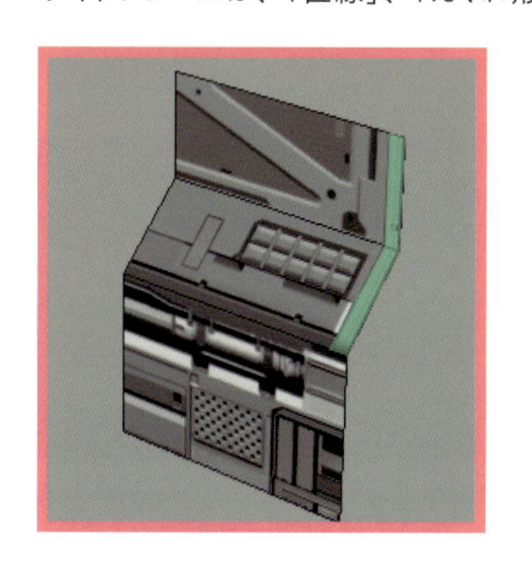

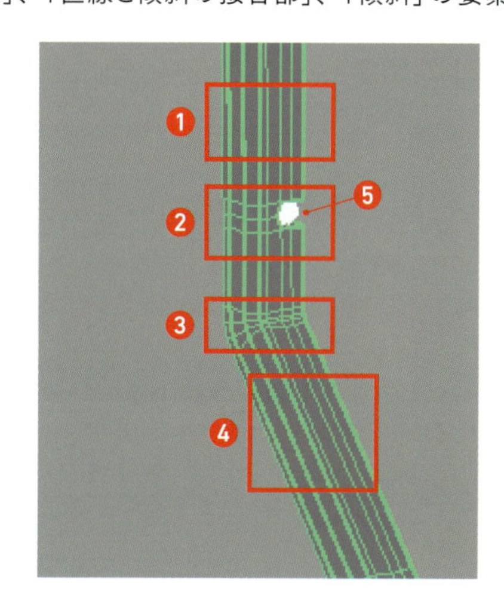

❶ 直線
❷ えぐれ形状
❸ 直線と傾斜の接合部
❹ 傾斜
❺ えぐれの筒

「直線」の作成

板状のポリゴンで、筒の形を作成します。このパーツの断面の形をイメージして形を整えます。

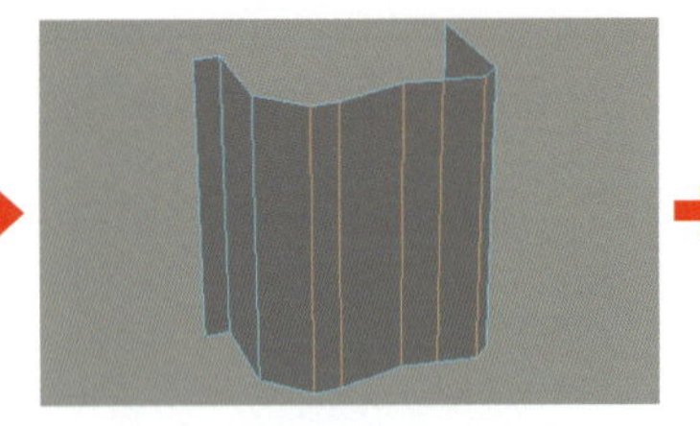

縦方向にエッジを追加して、中央が少しくぼんで曲線になっている形を作成します。

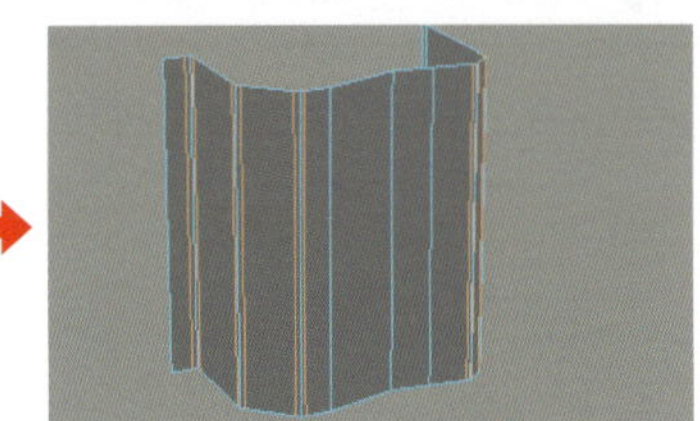

スムーズメッシュプレビューをオンにしたときに、中央のくぼみを除いて、エッジに角が出るようにエッジループを追加します。くぼみの位置にエッジを追加しないことで、くぼみを曲線形状にできます。

「えぐれ形状」の作成

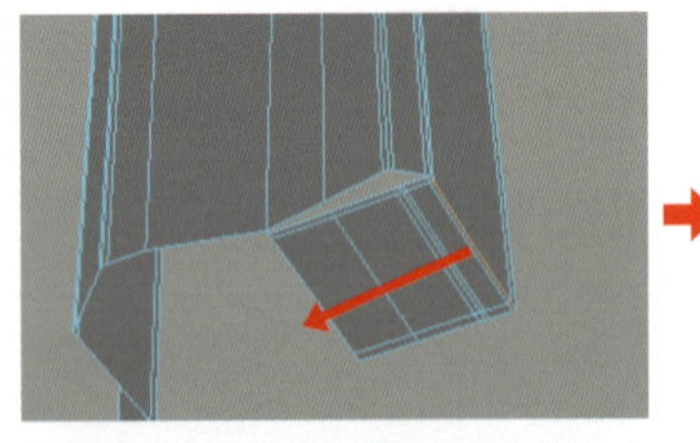

側面のエッジを内側の中央付近まで押し出します。押し出した面は、前面とエッジループが繋がるように、エッジループを足します。

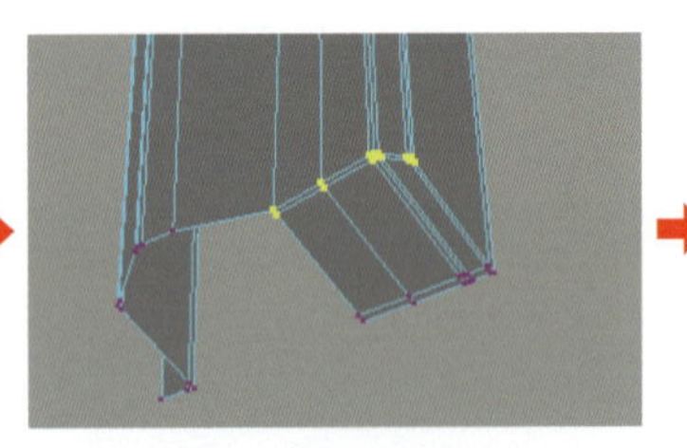

押し出した面の頂点を、前面の頂点に添わせて、頂点をマージします。

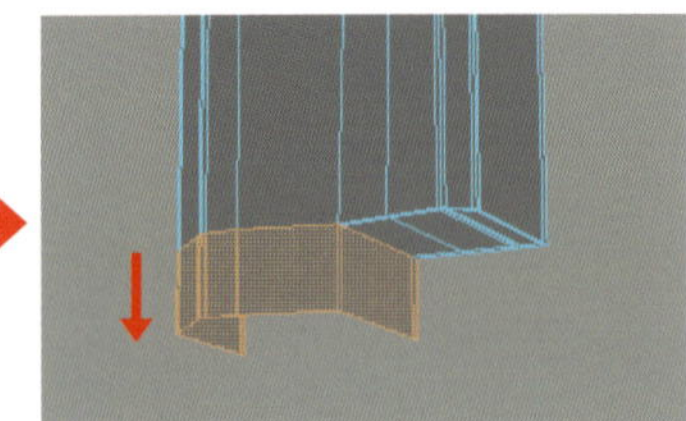

下側の境界エッジを押し出します。

上下にミラーを行い。形を整えます。

「傾斜」の作成

「傾斜」は「直線」を複製し、45度回転させて、下側に配置します。

「直線と傾斜の接続部」の作成

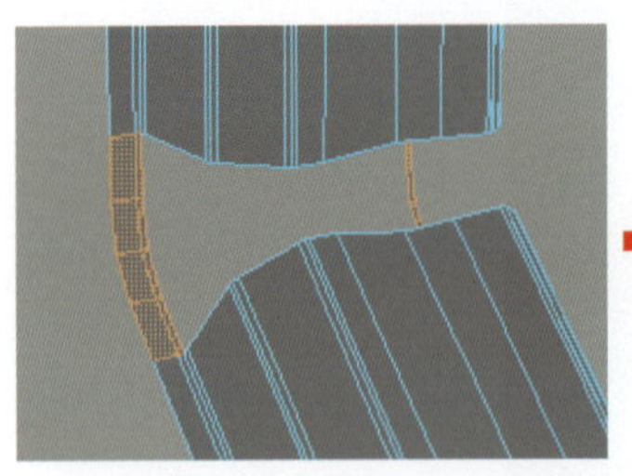

「直線と傾斜の接合部」を作成します。両端のエッジを選択し、ブリッジを実行します。ブリッジの設定を以下にすることで、曲線の形状でブリッジが行われます。
[分割数:3] [カーブタイプ:ブレンド]

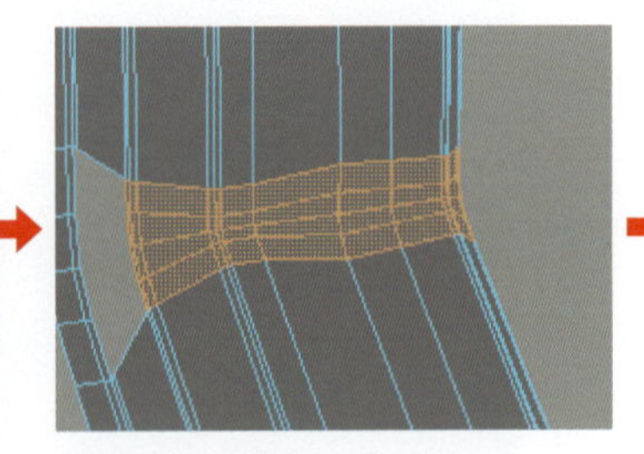

前面のエッジを[ブリッジ]します。

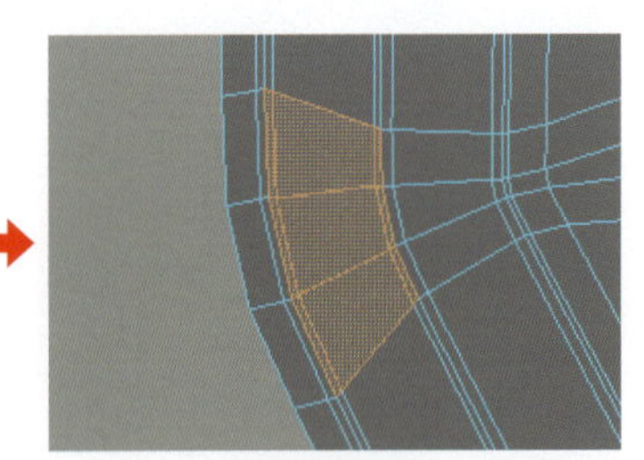

側面にフェースを作成します。フェースの作成には、[ブリッジ]や[マルチカット]を使用します。ブリッジを複数回に分けて実行することで、曲線形状を作成する事ができます。

MEMO ブリッジのこつ

「直線と傾斜の接合部」は、側面の端のエッジをブリッジし曲面を作成します。次に前面をブリッジし、最後に側面の端と、前面の中間にあたる面を手動で作成することで、曲線を維持した形を作成しています。段階を分けずにブリッジを行うと、面が内側に入り込む形で生成されて、曲線が維持されません。

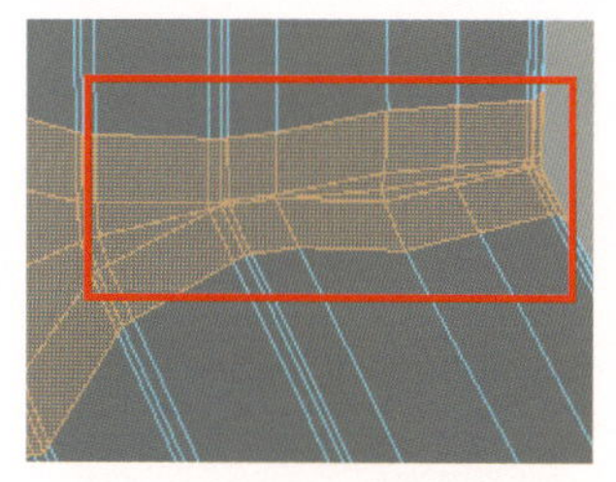

ブリッジ1回だと、面が内側に入り込みます。

「えぐれの筒」の作成

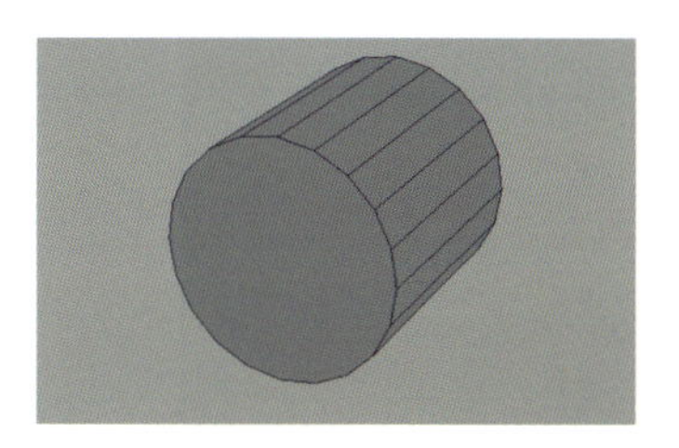

円柱を作成します。

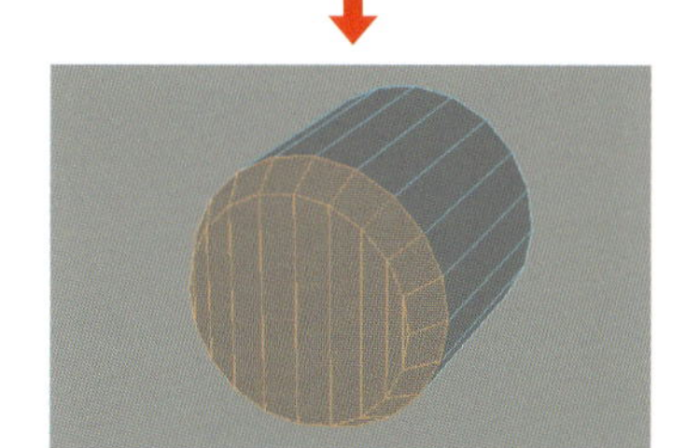

前面をくびれた形に編集します。

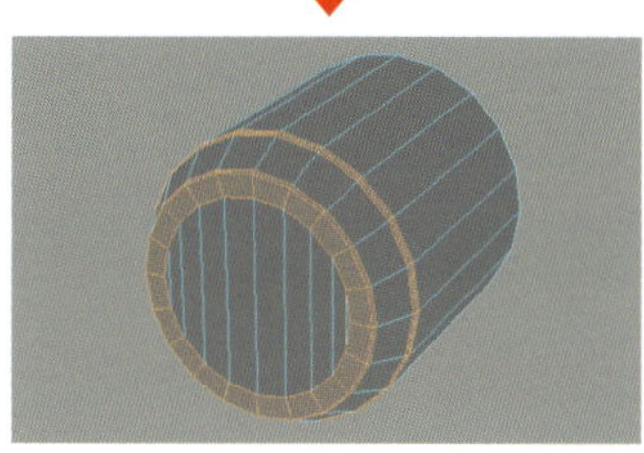

スムーズメッシュプレビューをオンにした時にエッジに角が出るようにエッジループを追加します。

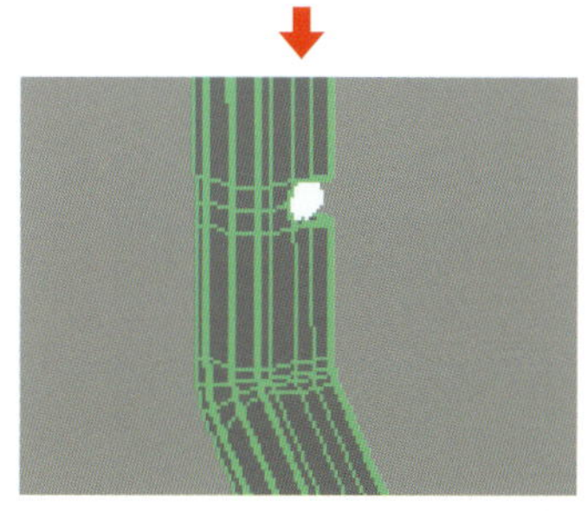

えぐれの筒を、えぐれ形状に配置します。

完成

一通りの形状が作成できたら、上下にミラーを行います。最後に、スムーズメッシュプレビューで見た目を確認し、修正が必要な箇所を直して完成です。

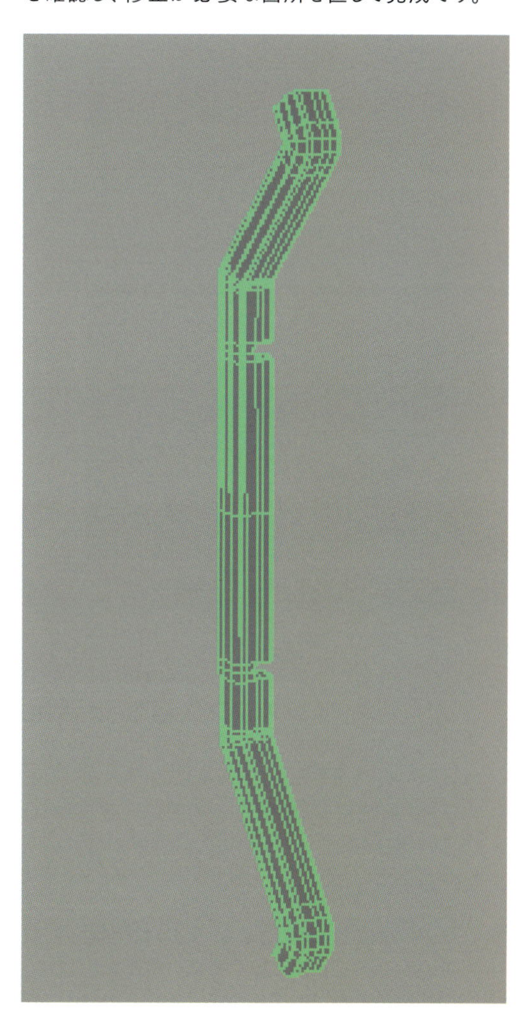

「斜面の壁」の作成

斜面の作成は、オブジェクトを回転して作成します。ポリゴンを編集して斜面を作成すると、編集や修正が難しくなります。インスタンスで複製を行い、45度回転して配置する事で、傾斜している状態を確認しながらモデリングを行えます。

インスタンスの配置

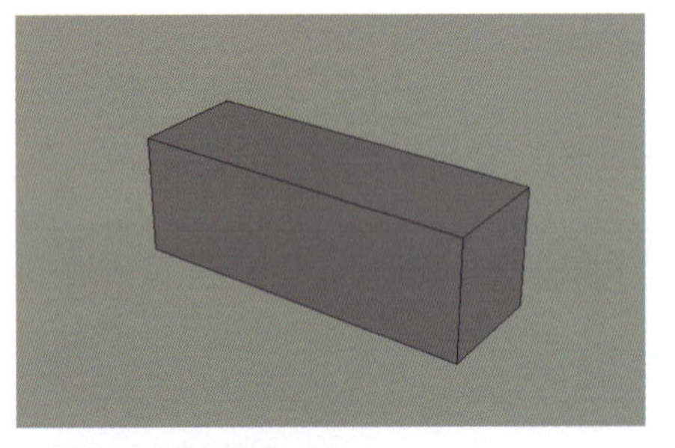

長方形の立方体を作成します。

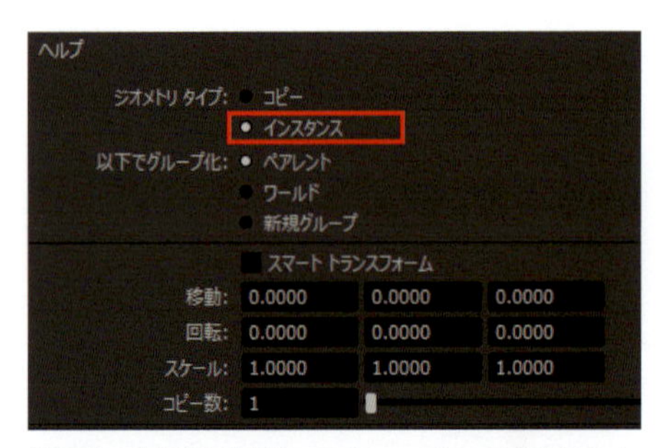

[編集] > [特殊な複製] のオプションボタンを選択します。設定を変更してから実行します。[ジオメトリタイプ：インスタンス]

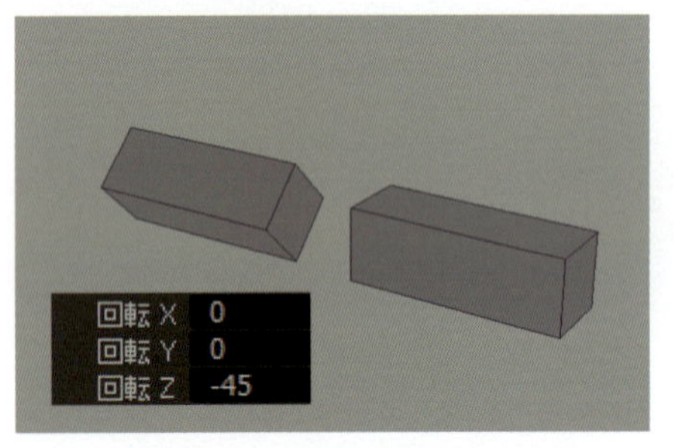

複製したオブジェクトを-45度回転させて配置します。

前面以外のフェースを選択して削除を行います。インスタンス複製をしているため、結果を共有します。

MEMO インスタンス複製の活用例

インスタンス複製を行い、回転してから配置したオブジェクトが、「斜面の壁」パーツとして使用されます。回転していないオブジェクトは、モデリングを行う専用のオブジェクトとして扱います。インスタンスはコンポーネント（頂点配置）を共有しますが、トランスフォームの値は共有しません。つまりは、移動と回転とスケールの変更が可能です。この特性を活用して、斜面のパーツであっても、あらかじめインスタンス複製を行い、配置するオブジェクトと、モデリングするオブジェクトを分ける事が可能です。

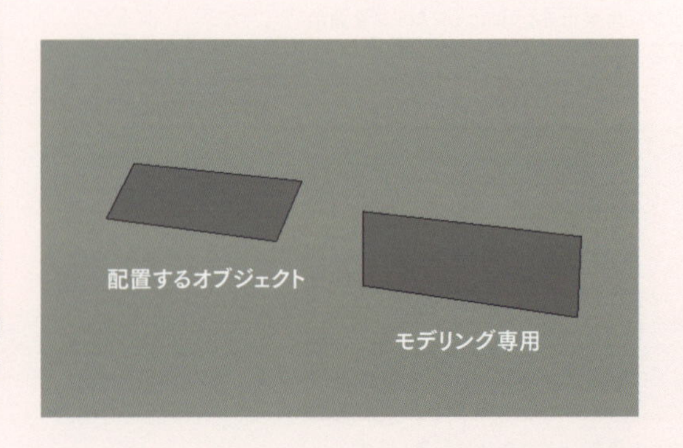

「斜面の壁」上部の作成

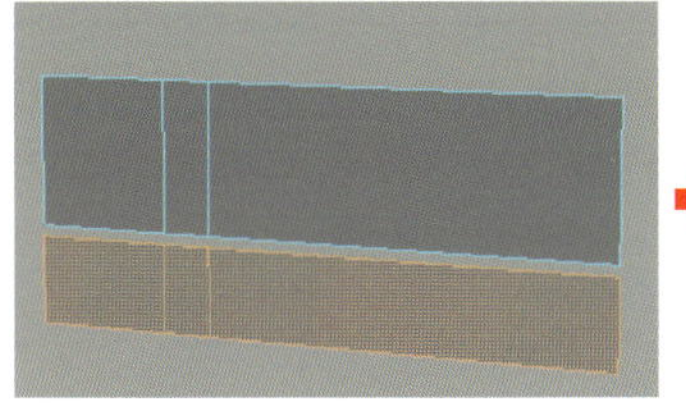

フェースを複製して、下側に配置します。縦方向に、エッジループを2つ追加します。追加したエッジループの内側のフェースの位置に、後ほど「斜面の箱状小」の配置を行います。

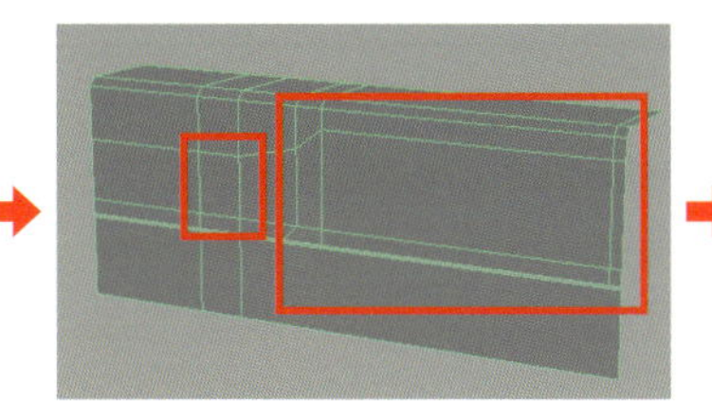

くぼみの位置に、エッジループを追加します。

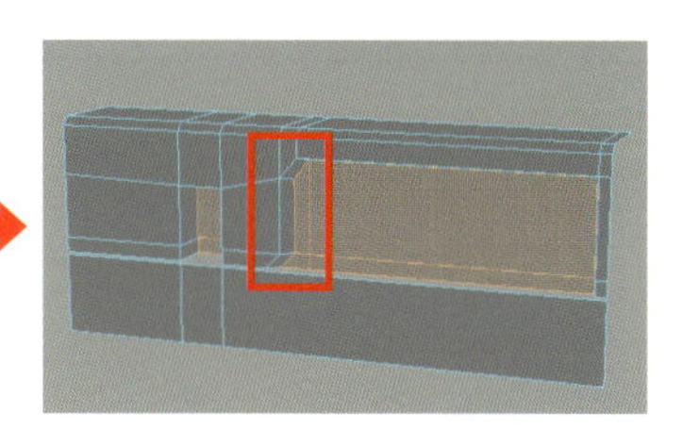

くぼみを、フェースを押し出して作成します。右側のくぼみは、傾斜している面になるように、押し出した後に編集を行います。

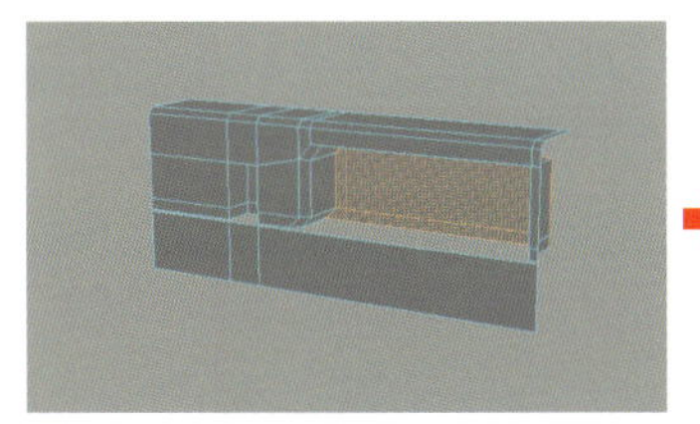

右側のくぼみを、もう一度押し出します。二度押し出すことで、一度目の押し出しのフェースが大きくベベルされた形状になります。

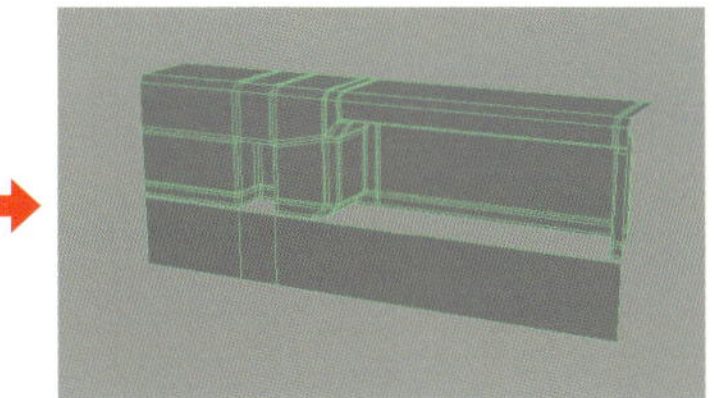

スムーズメッシュプレビューで角が出るように、エッジループを追加します。

「斜面の壁」下部の作成とミラー

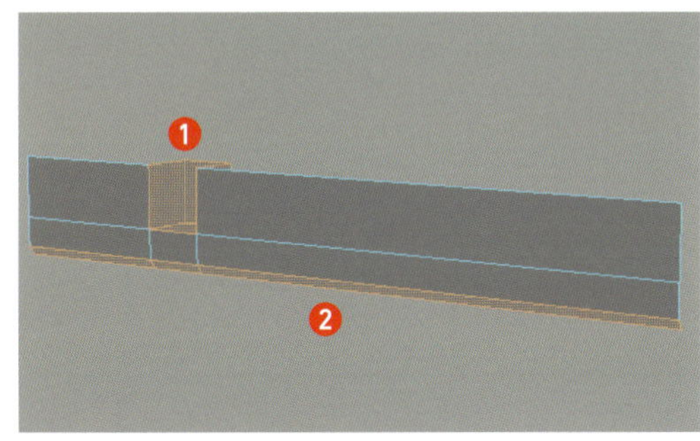

下側の形状を作成します。❶フェースを押し出してくぼみを作成します。❷下側のフェースを押し出して、傾斜をつけます。（画像では上部のパーツを非表示しています

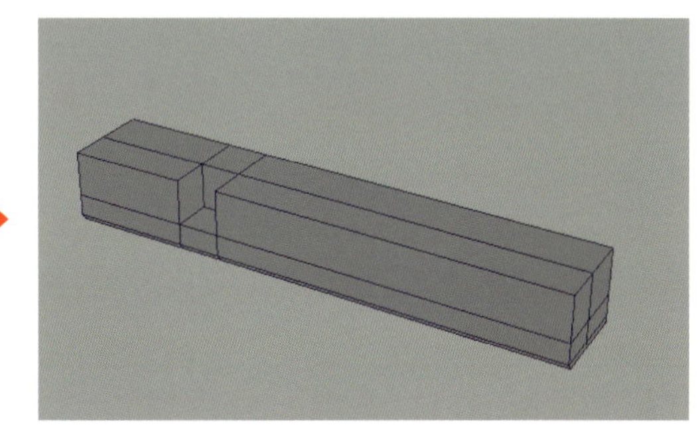

側面にフェースを作成します。

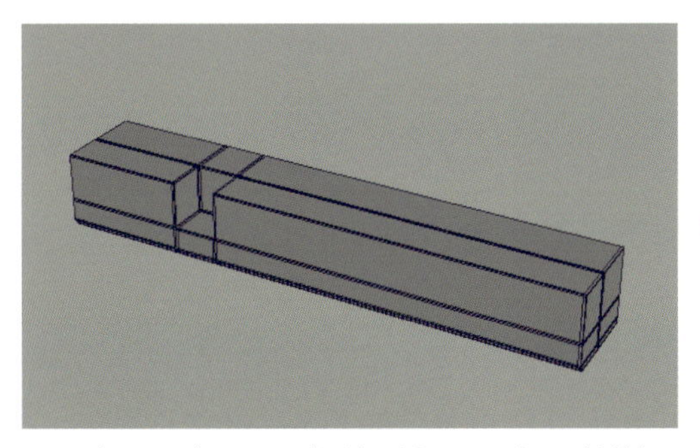

スムーズメッシュプレビューで角が出るように、エッジループを追加します。

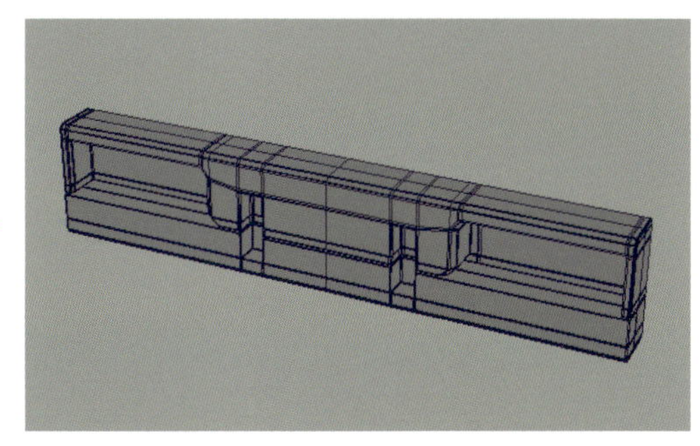

ミラーを前後方向に行います。完成です。

「斜面の箱状大」の作成

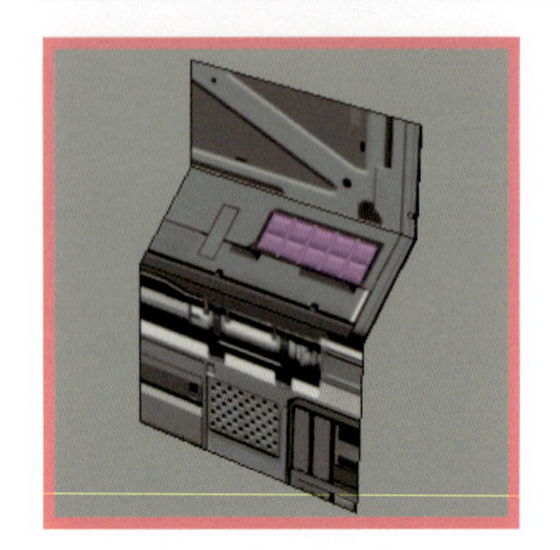

「斜面の壁」の上部のくぼみに収める箱状大のパーツを作成します。複雑な形状を1つに繋げて作成すると時間がかかるため、複数の立方体を組み合わせて、立方体同士を差し込んだ形状で作成します。

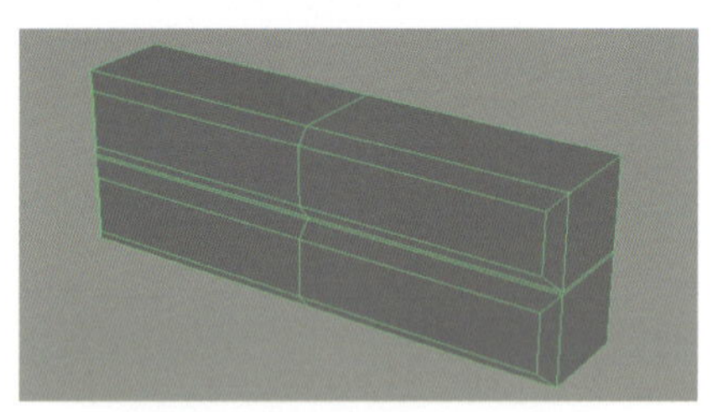

長方形の箱を作成します。前面にベベルの入った形状に編集します。

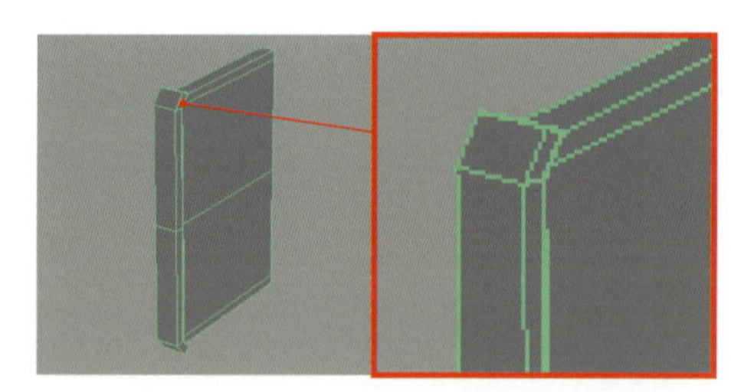

縦方向に差し込むパーツを作成します。前側と後側の2つの立方体で構成します。前側の上部と下部のフェースは傾斜させます。

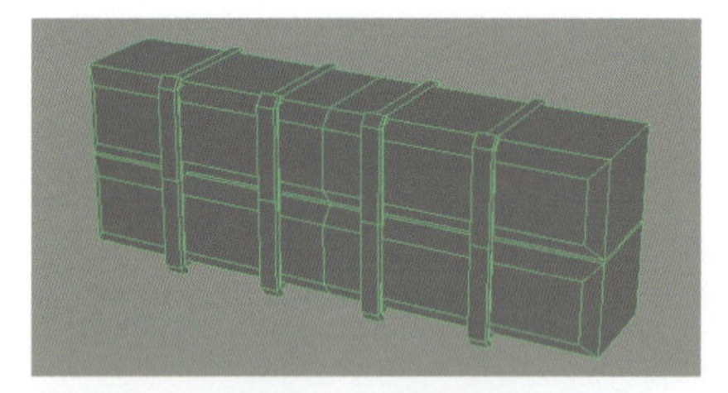

縦方向のパーツを複製し、4つ配置します。

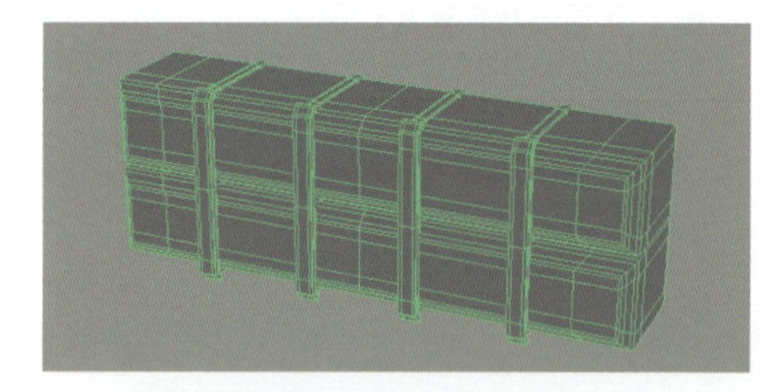

スムーズメッシュプレビューをかけたときに、エッジに角がでるようにエッジループを追加します。

「斜面の箱状小」の作成

斜面の壁上部のくぼみに収める箱状小のパーツを作成します。

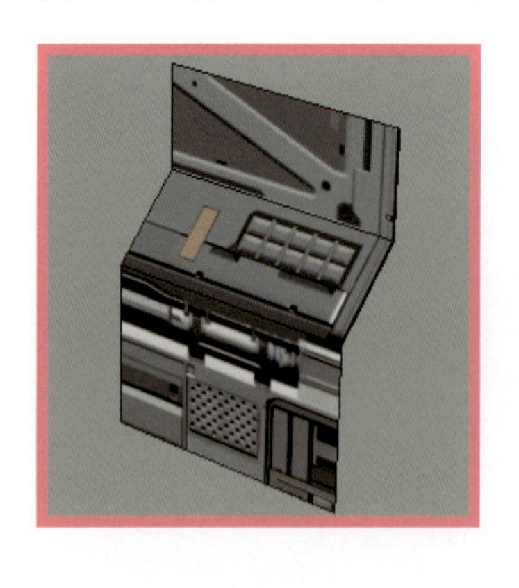

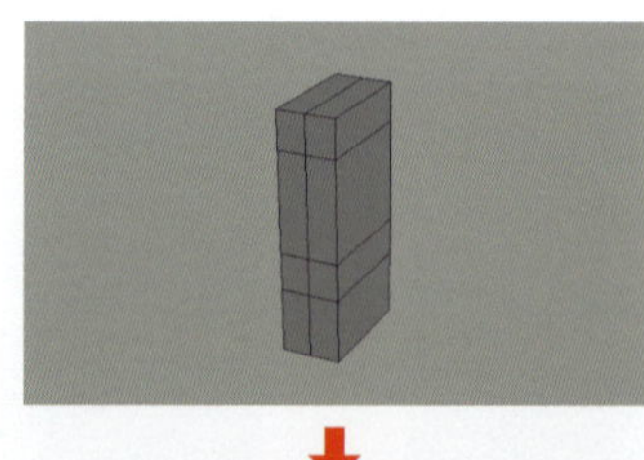

長方形の箱を作成します。分割数を次の設定にします。[高さの分割数：4] [深度の分割数：2]

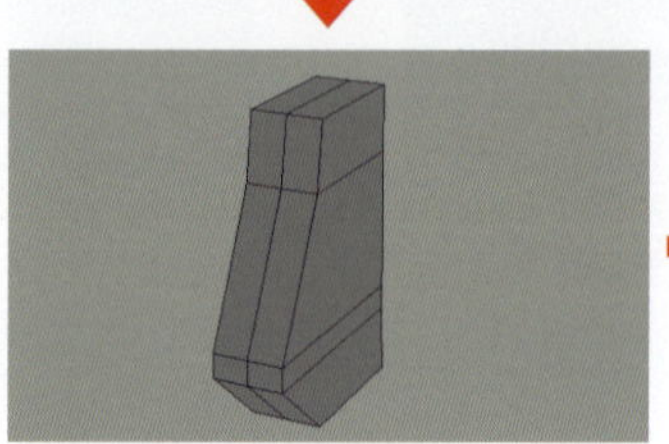

前面の形を整えます。

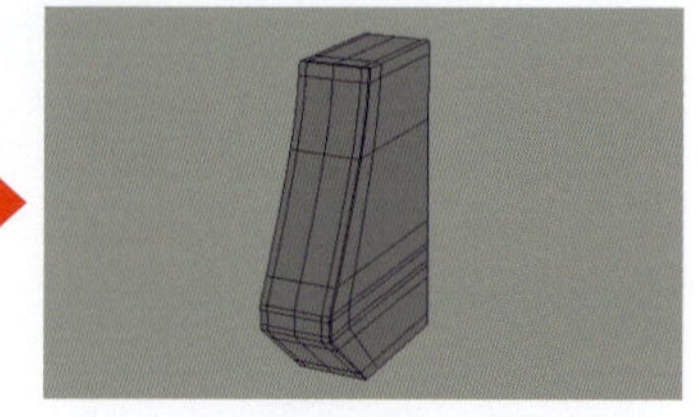

スムーズメッシュプレビューをかけたときに、エッジに角がでるようにエッジループを追加します。

くぼみにパーツを配置

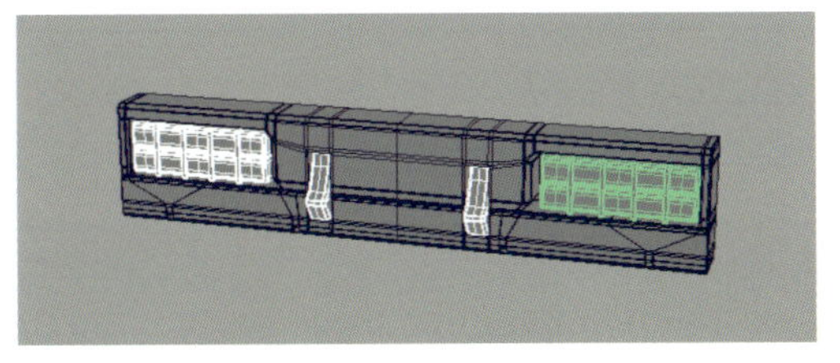

「斜面の箱状大」と「斜面の箱状小」を斜面の壁のくぼみに配置します。

「下部の壁」の作成

斜面の壁上部のくぼみに収める箱状のパーツを作成します。

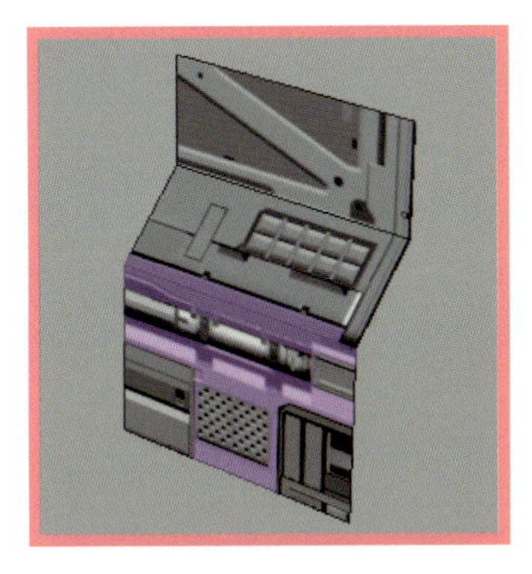

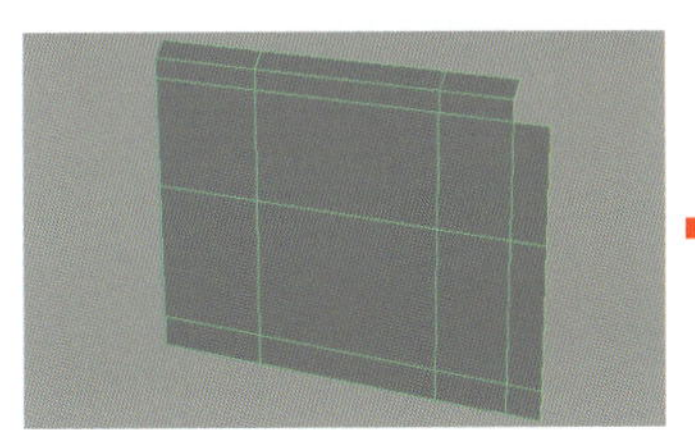

平面を分割して、壁のシルエットを作成します。

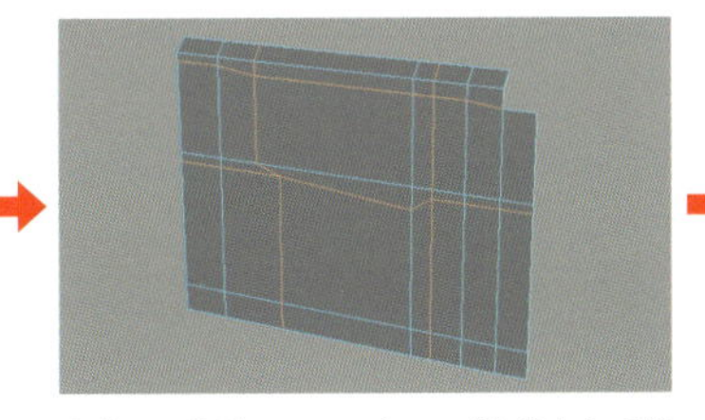

くぼみの位置に、エッジループを追加して形を整えます。

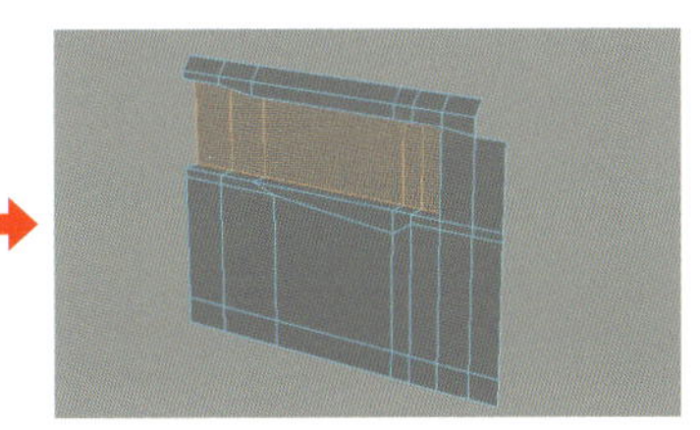

パイプパーツを収めるくぼみを作成します。フェースを押し出します。

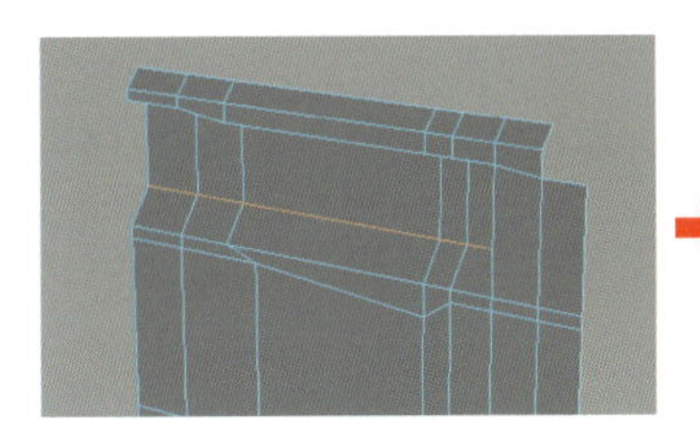

押し出したフェースの下側のエッジを真上に移動して、傾斜を作成します。

フェースを押し出してくぼみを作成します。

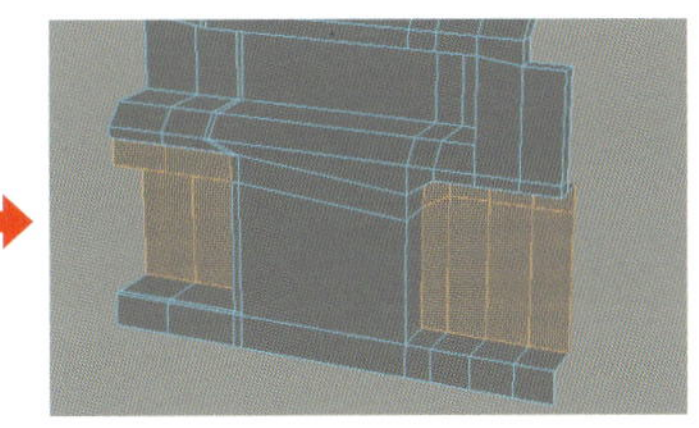

下側も同様に押し出してくぼみを作成します。

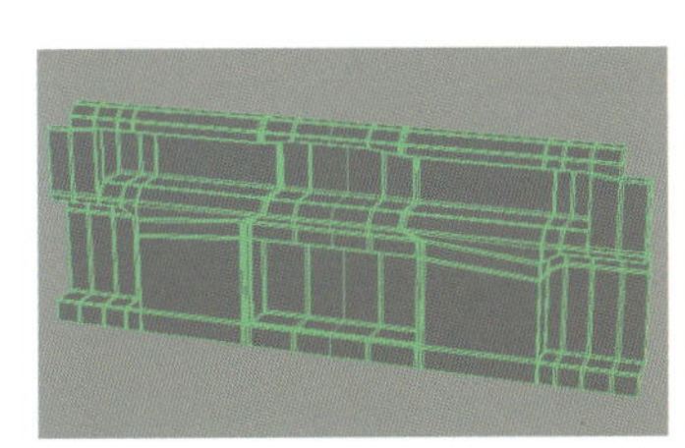

前後方向にミラーを適用します。スムーズメッシュプレビューをかけたときに、エッジに角がでるようにエッジループを追加します。

「パイプ」の作成

下部の壁のくぼみに配置するパイプを作成します。パイプは全部で4本あります。メイン1本、サブ2本、ロングサブ1本となります。

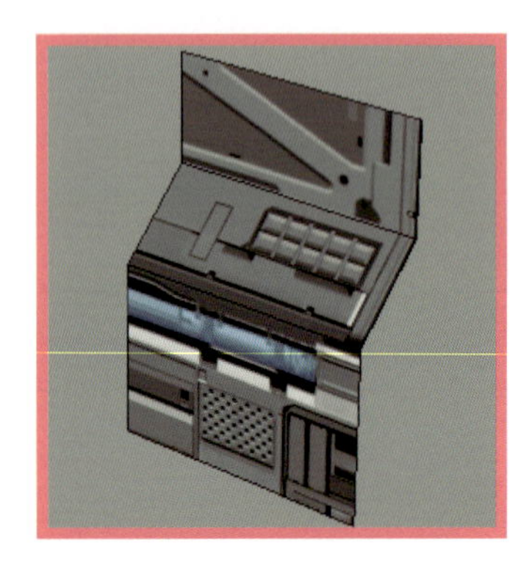

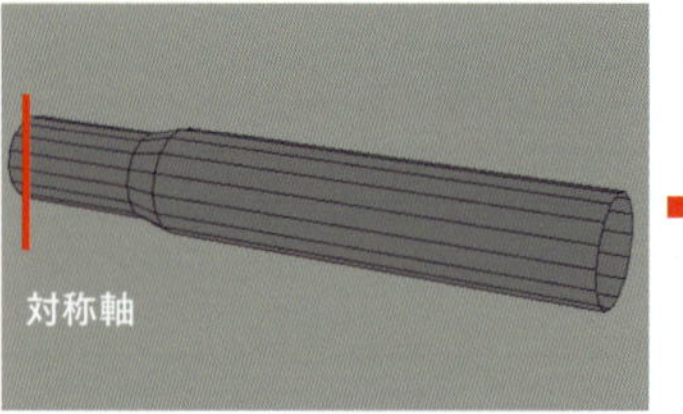

メインのパイプを作成します。円柱の高さの分割を編集し、パイプに緩急をつけます。

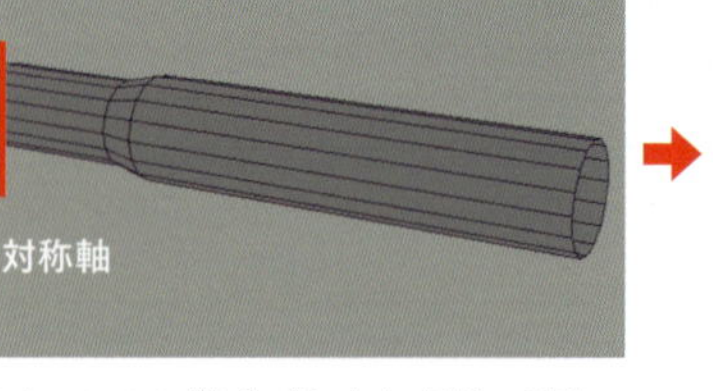

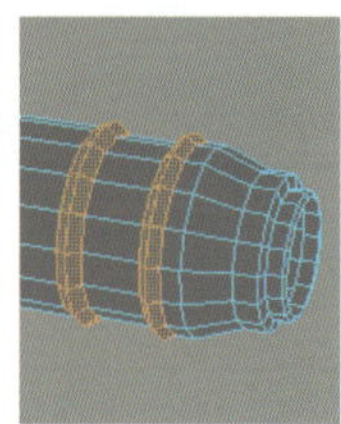

パイプにエッジループを追加し、細かいディテールを作成します。

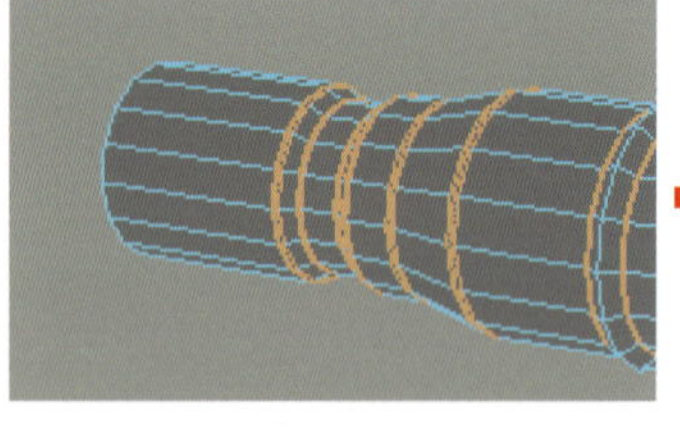

スムーズメッシュプレビューをかけたときに、エッジに角が出るようにエッジループを追加します。

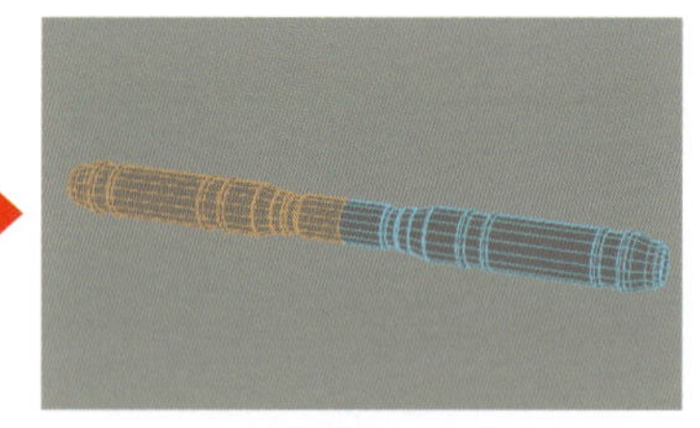

前後方向にミラーを行います。

サブパイプの作成と配置

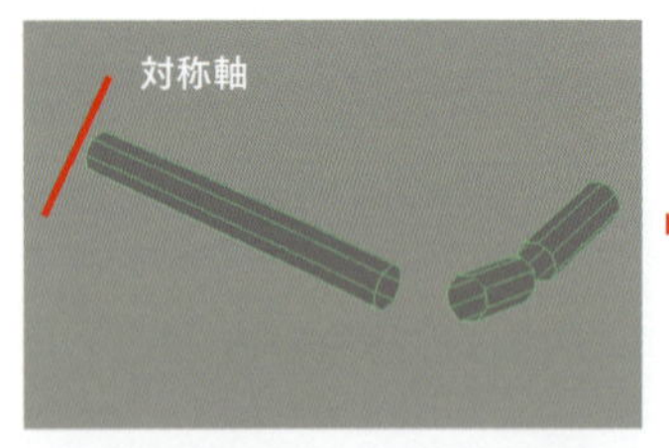

サブパイプを作成します。円柱を複数作成して配置します。

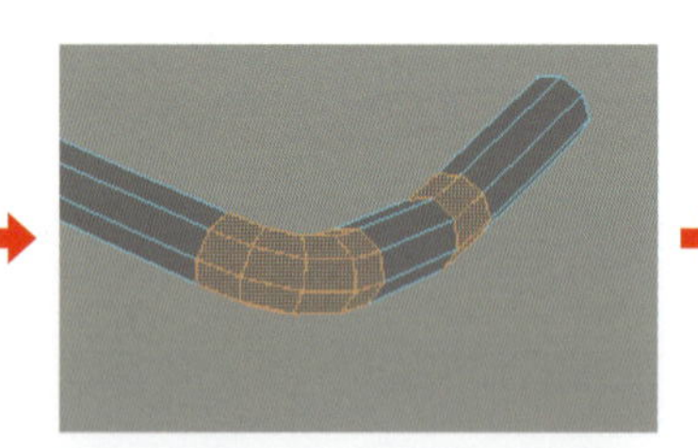

円柱と円柱の間を、ブリッジでつなげます。ブリッジのオプションを以下に設定します。
[分割数：3] [カーブタイプ：ブレンド]

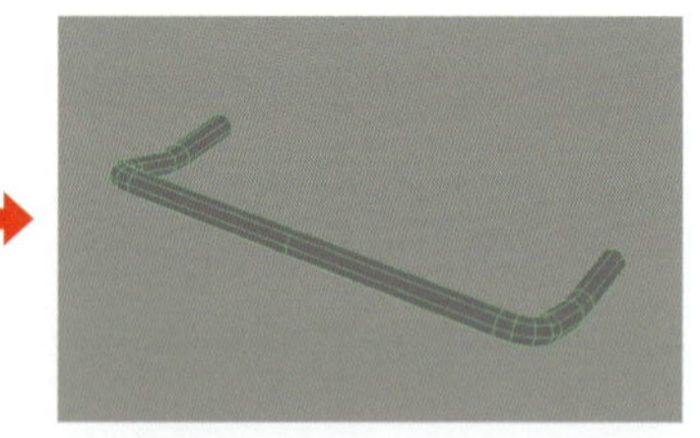

前後方向にミラーを行います。

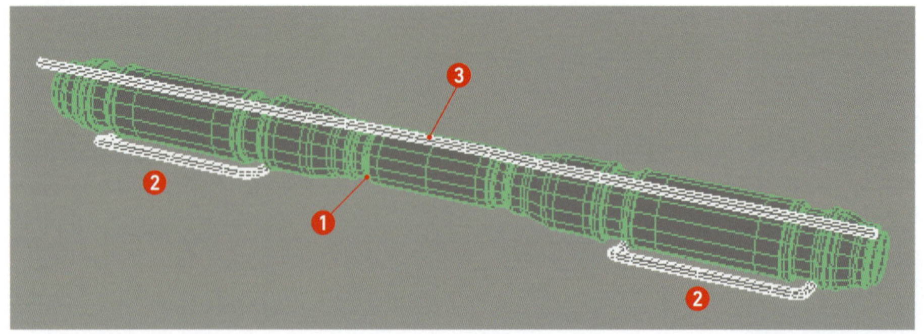

サブパイプ2つをメインパイプの下側に、前後対称に配置します。ロングパイプは円柱プリミティブで作成してから、メインパイプの上側に配置します。

「下部の穴網」の作成

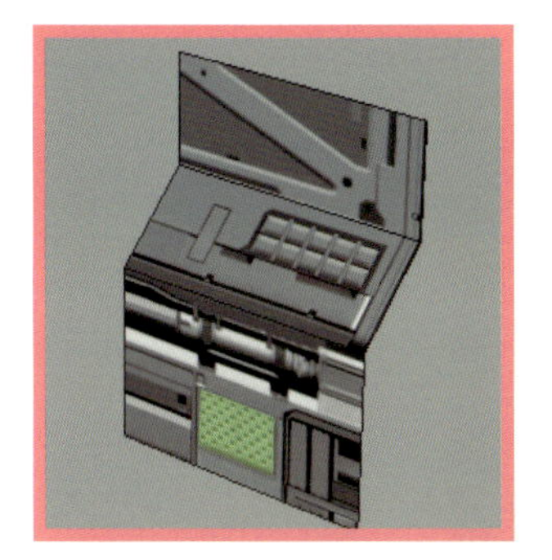

穴網はディテールが多いように見えますが、繰り返しのパターンで構成されているため、モデリングする範囲は少なく済みます。

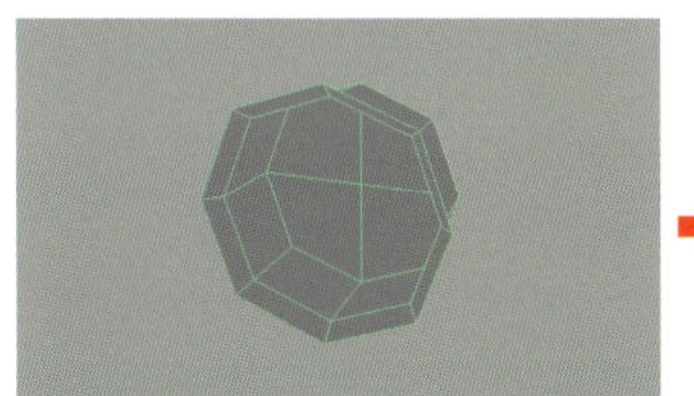

八角形の円柱から、くぼみを作成します。

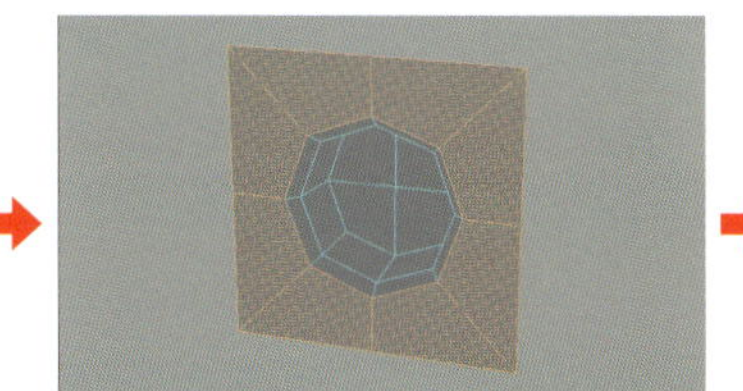

端のエッジを押し出して、正方形になるように形をそろえます。

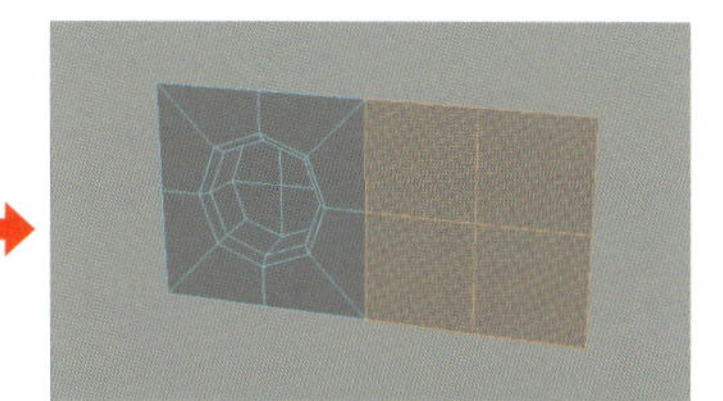

右側に、同じ大きさの正方形のフェースを作成します。

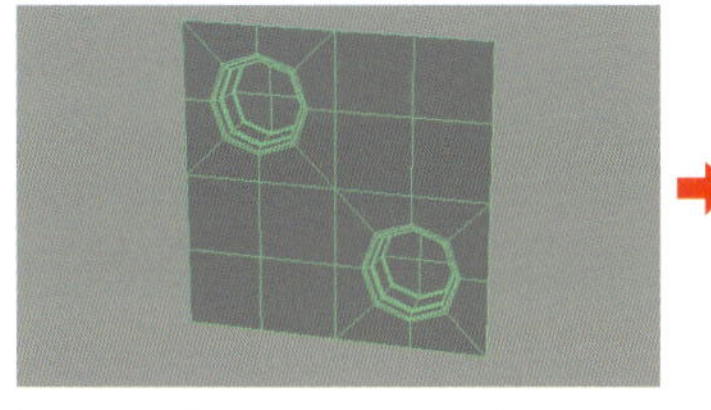

複製して下側に配置し、左右の位置を逆にします。スムーズメッシュプレビューをかけたときに、エッジに角が出るようにエッジループを追加します。

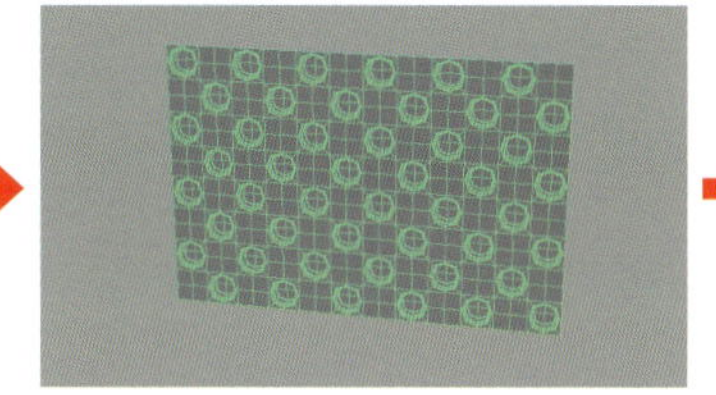

繰り返し配置します。配置方法は、第2章P.073「特殊な複製」を参照してください。

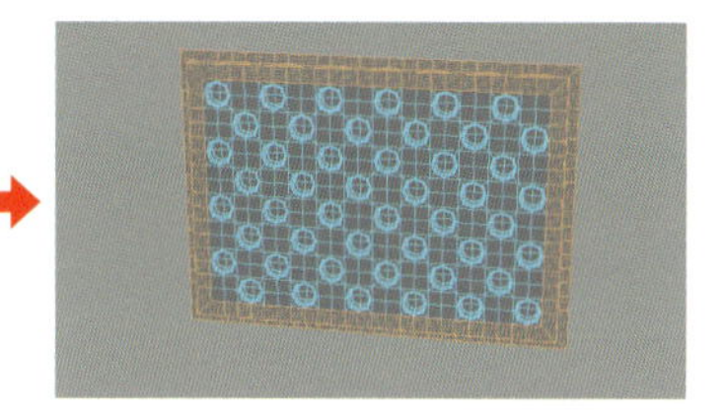

端を押し出して、設置できる形に編集します。押し出したフェースは、スムーズメッシュプレビューをかけたときに、エッジに角が出るようにエッジループを追加します。

「下部の中央ディテール」の作成

箱状のディテールを作成します。

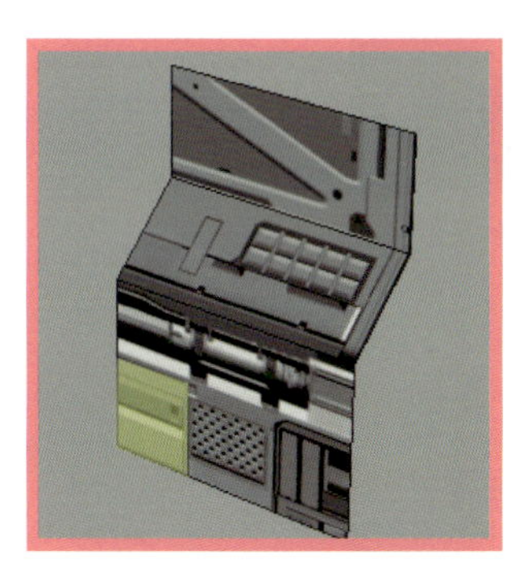

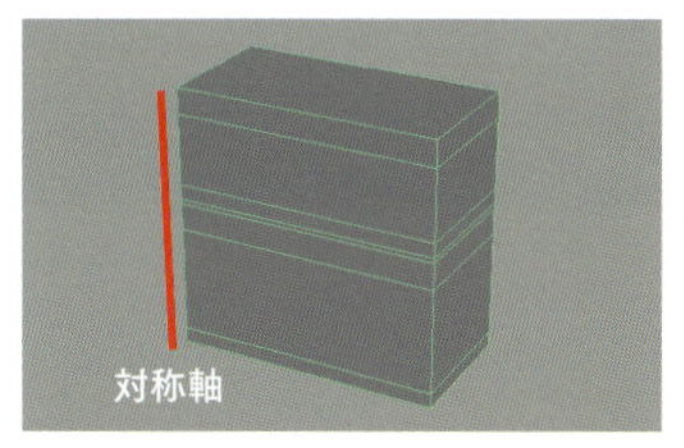

立方体に、高さに緩急をつける箇所にエッジループを追加します。

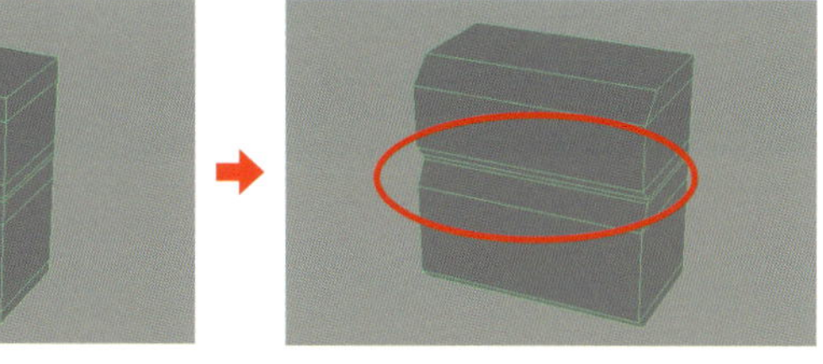

緩急をつけます。

スムーズメッシュプレビューをかけたときに、エッジに角が出るようにエッジループを追加します。

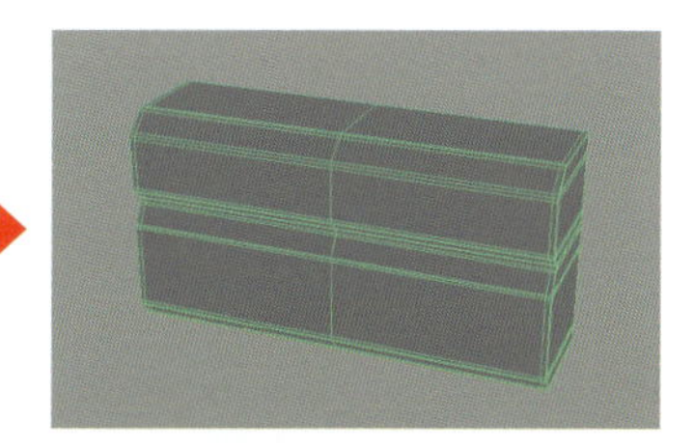

前後方向にミラーを行います。

「下部の左右ディテール」の作成

下部の壁の左右のくぼみに配置するディテールを作成します。

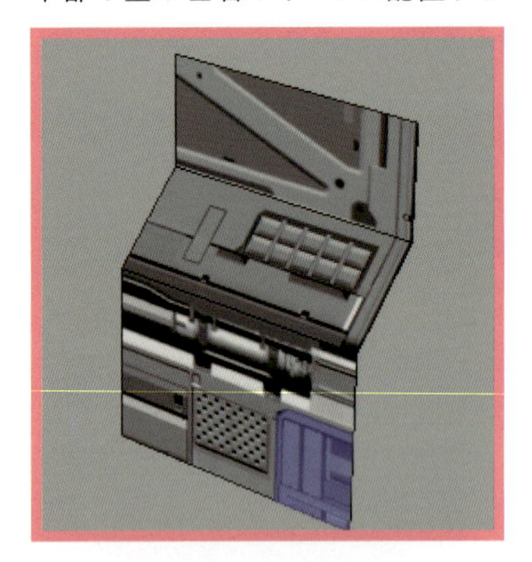

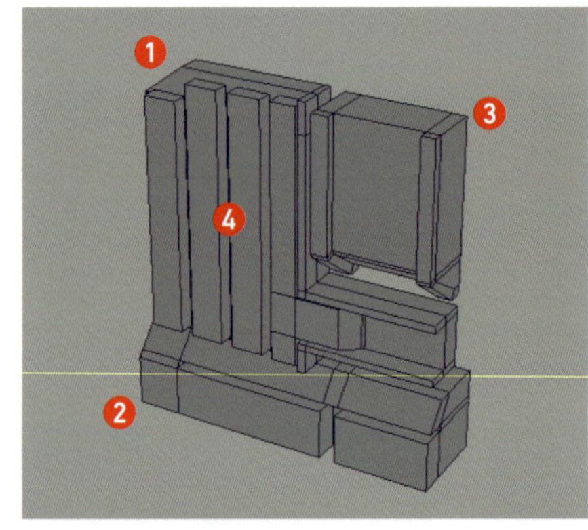

❶ T字のバックプレート
❷ 下部プレート
❸ H鋼プレート
❹ BOXプレート

「T字のバックプレート」の作成

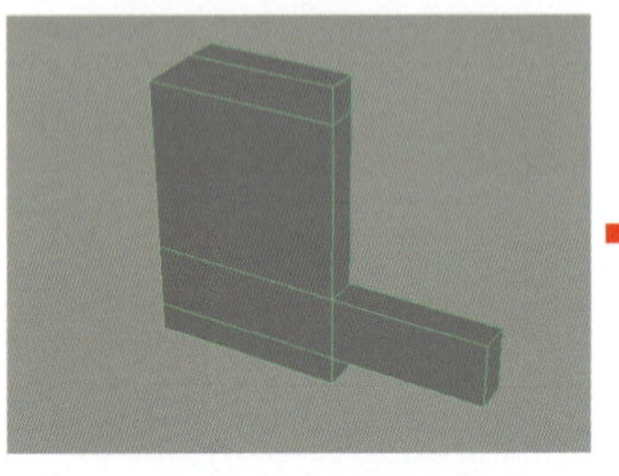

立方体をエッジループで分割し、横方向にフェイスを押し出してT字の形を作成します。

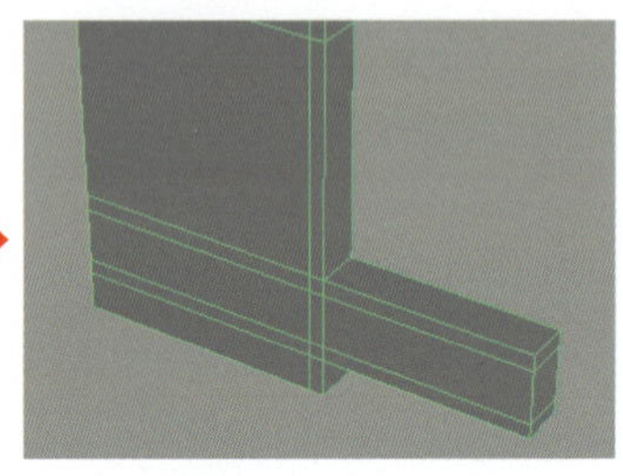

押し出す位置に、エッジループを追加します。

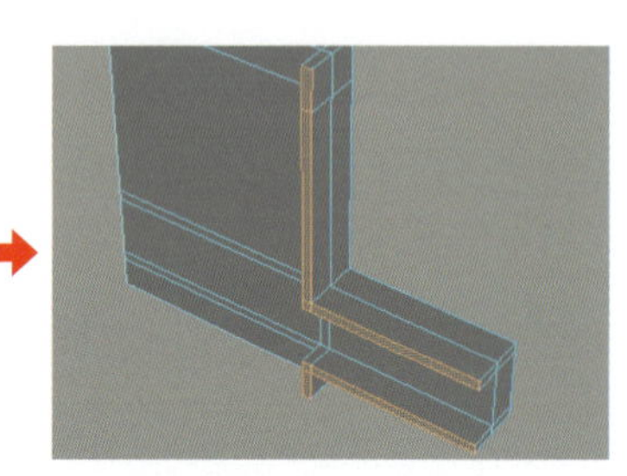

フェースを押し出します。

「下部プレート」の作成

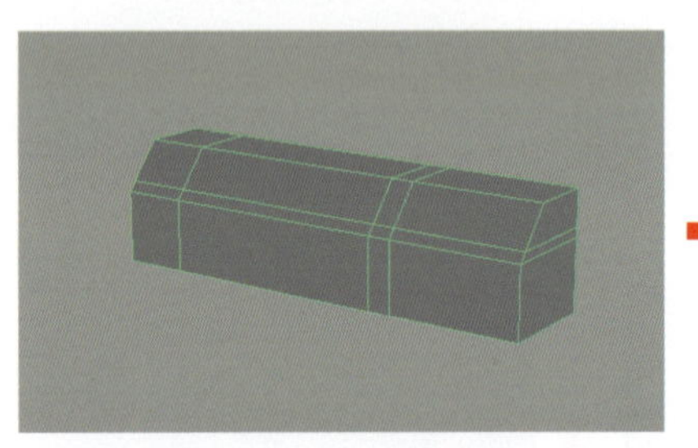

立方体から、くぼみを作りたい箇所にエッジループを追加します。

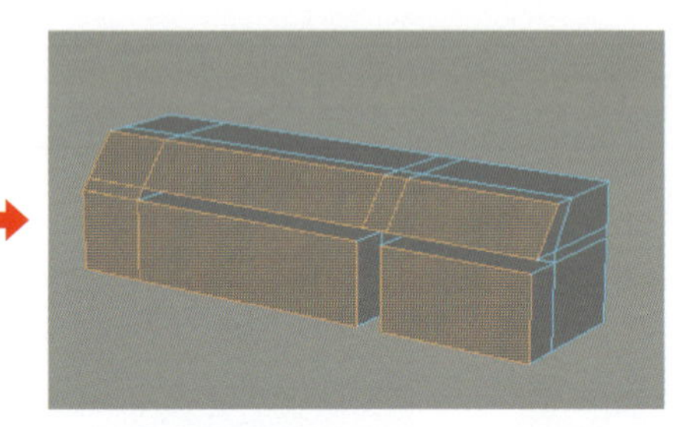

フェースを手前に押し出して、くぼみを作成します。

「H鋼プレート」の作成

立方体から、押し出す位置にエッジループを追加します。

フェースを押し出します。

「BOXプレート」の作成

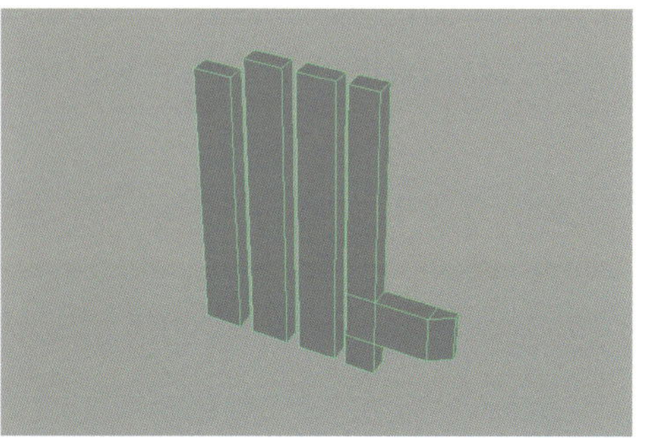

立方体を複数配置します。右端の立方体は、T字型に作成します。

配置とスムーズメッシュプレビューのエッジ追加

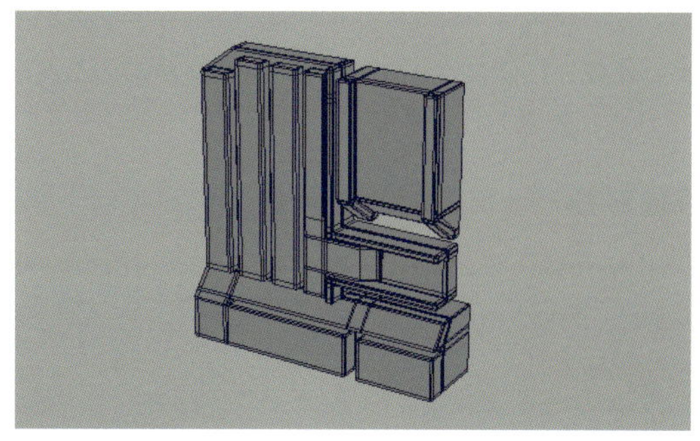

各パーツを配置し、バランスを調整します。調整が終わったら、各パーツにスムーズメッシュプレビューをかけたときに、エッジに角がでるようにエッジループを追加します。

「下部の小フレーム」の作成

前後と上下に対称のパーツです。4分の1を作成してからミラーを行います。作る手順は中央のくぼみのフェースを作成してから、周辺のエッジを押し出して形を整えます。

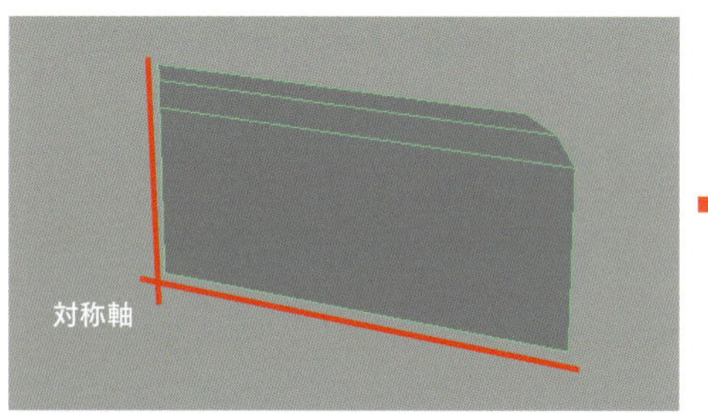

板状のポリゴンを作成します。

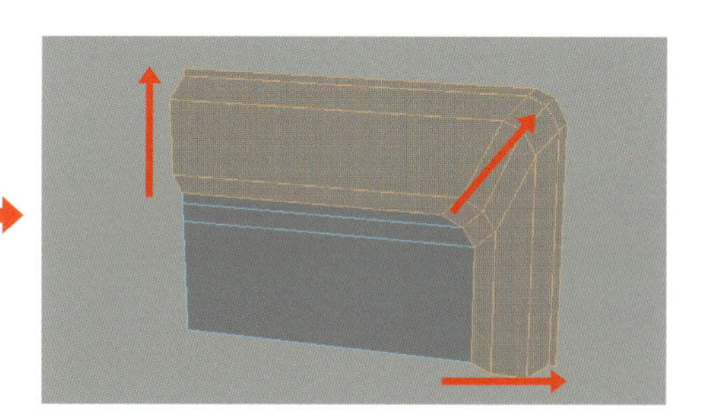

外側にエッジを押し出して、形を整えます。

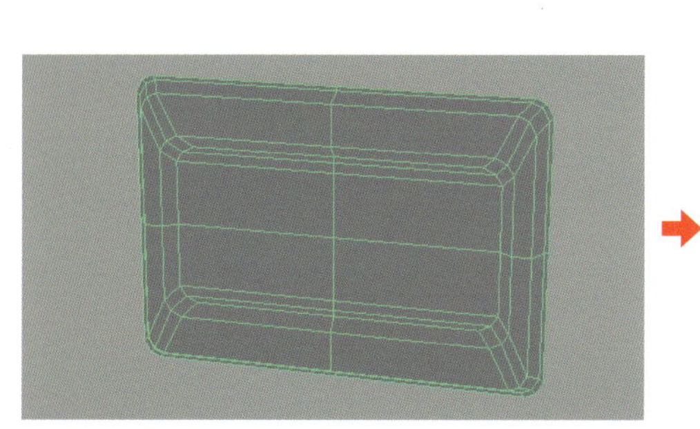

前後と上下にミラーします。

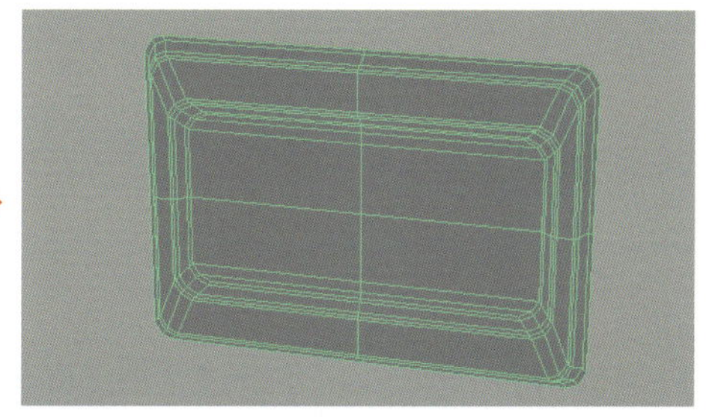

スムーズメッシュプレビューをかけたときに、エッジに角が出るようにエッジループを追加します。

ここまで作成したパーツを配置する

ここまで作成した壁のパーツを配置して、全体のバランスを確認します。対称に配置するパーツを複製し、対称軸にそれぞれ配置を行います。

前後対称パーツの配置

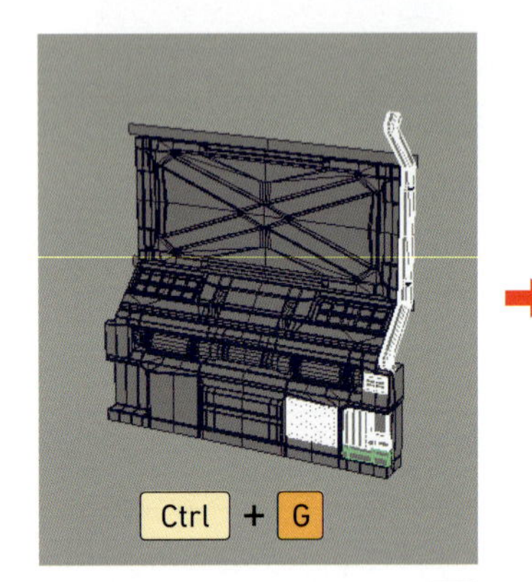

前後対称のオブジェクトを選択し、Ctrl + Gを押して、グループ化を行います。

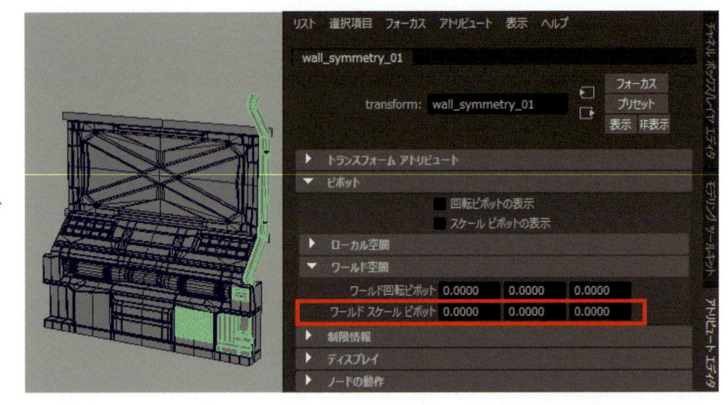

グループ化したノードの［transform］ノードから、［ピボット］＞［ワールド空間］＞［ワールドスケールピボット］の値を入力します。（入力する値については、P.606「対称座標を設定する」参照）

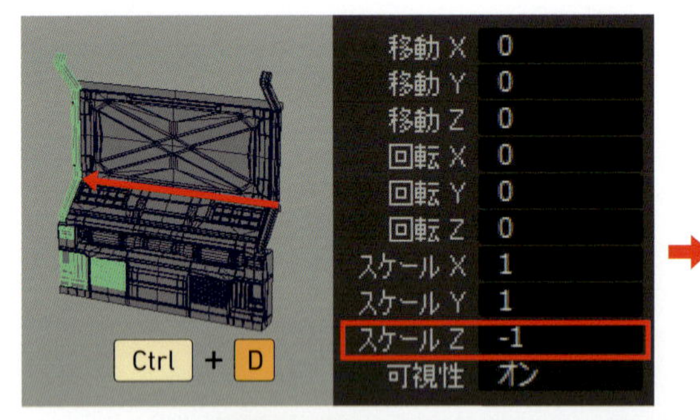

グループノードを［複製］Ctrl + Dします。対称軸の［スケールZ］の値に「-1」を入力して、配置を反転させます。

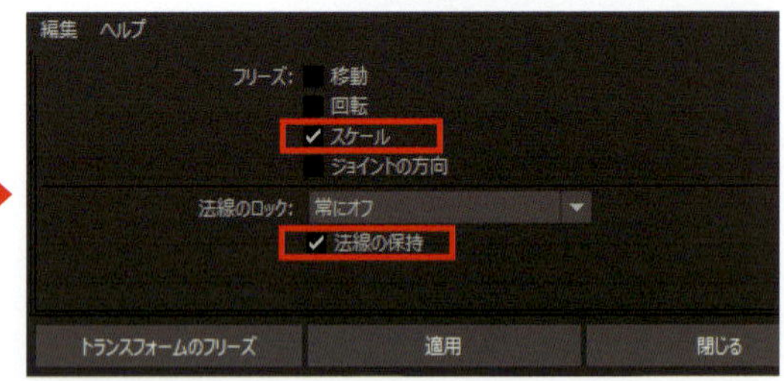

複製して反転させたグループノードのスケールをフリーズします。［修正］＞［トランスフォームのフリーズ］＞［トランスフォームのフリーズオプション］を開き、以下の設定でフリーズを実行します。
［スケール：オン］
［法線の維持：オン］

上下対称パーツの配置

上下対称パーツの配置を、前後対称パーツの配置と同様の手順で行います。配置が完了したら、全体のバランスを確認し、調整が必要な箇所は、この段階で修正を行います。

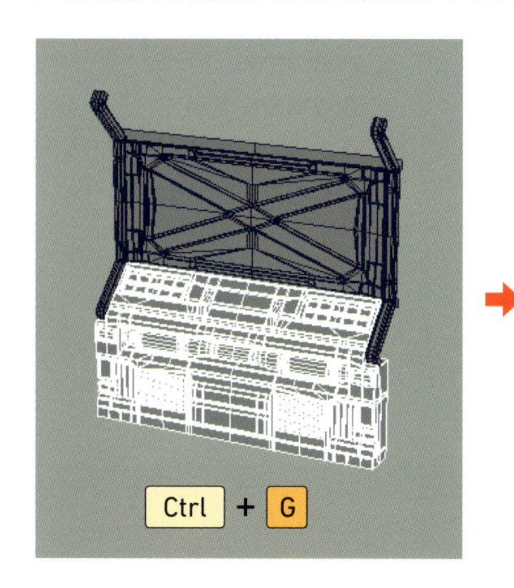

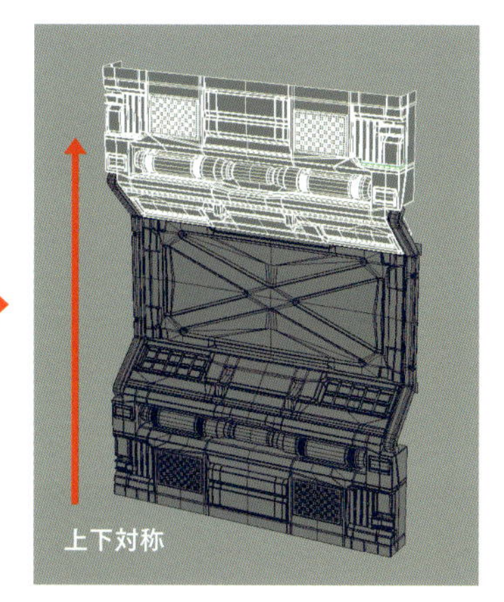

「ライトパーツ」の作成

壁パーツの中で、唯一の対称ではないパーツを作成します。「ライトパーツ」を作成して、上側に配置された「斜面の壁箱状大」を置き換えます。ライトパーツは、通路を照らす照明の役割があります。

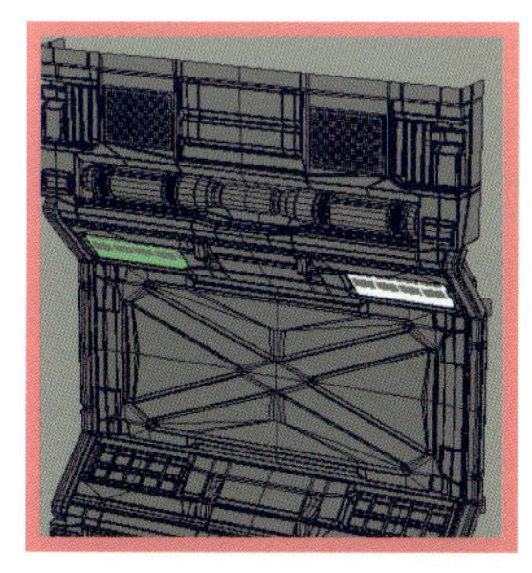

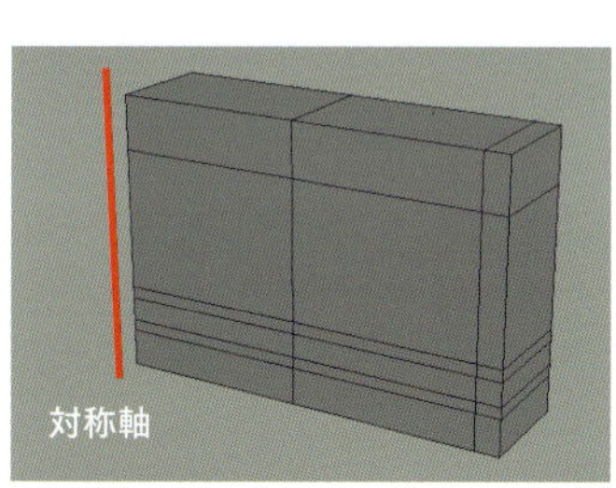

立方体を作成して、対称軸に接しているフェースを削除します。立方体をエッジループで分割して図の形に整えます。

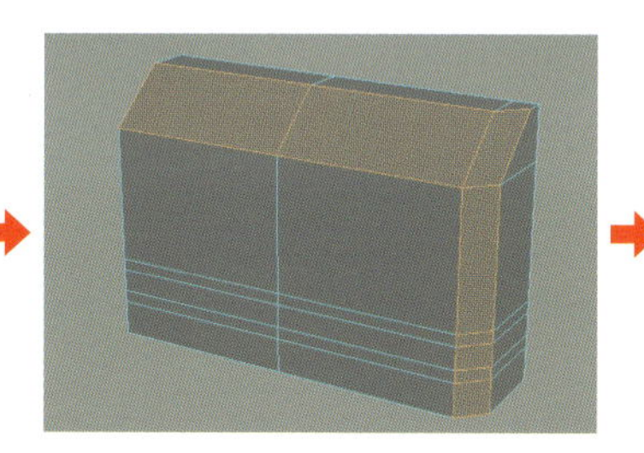

上側と右側のフェースが傾斜するように編集します。

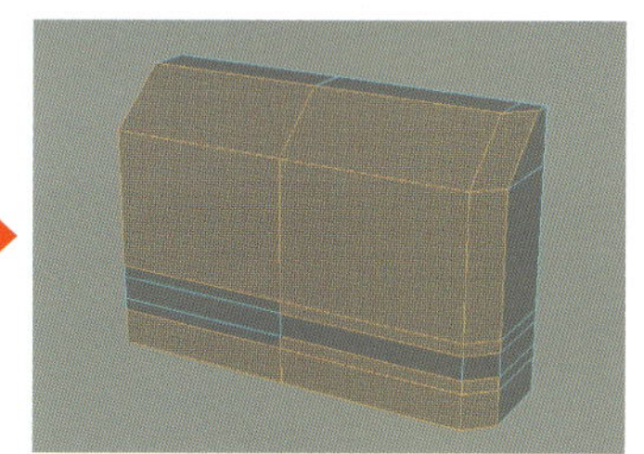

前面のフェースを、くぼみにしたい箇所以外を選択します。

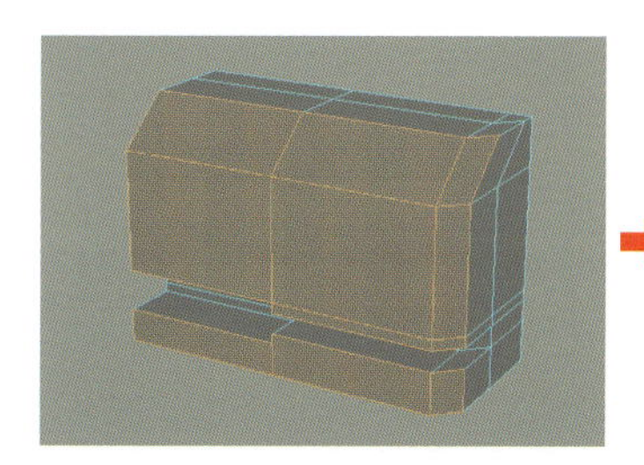

フェースを押し出して、くぼみを作成します。

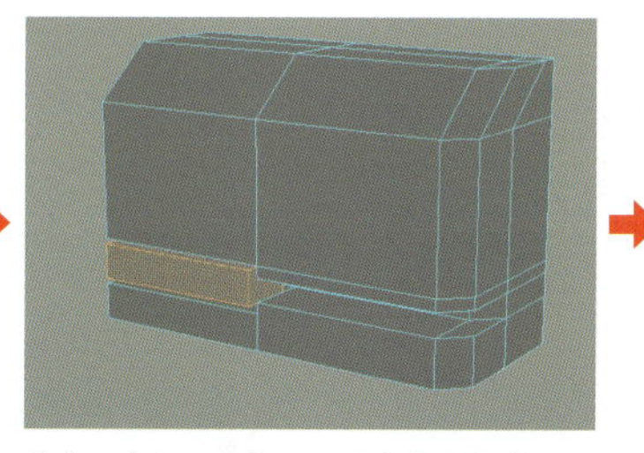

中央の大きいくぼみに、立方体を作成して、対称軸に接しているフェースを削除します。

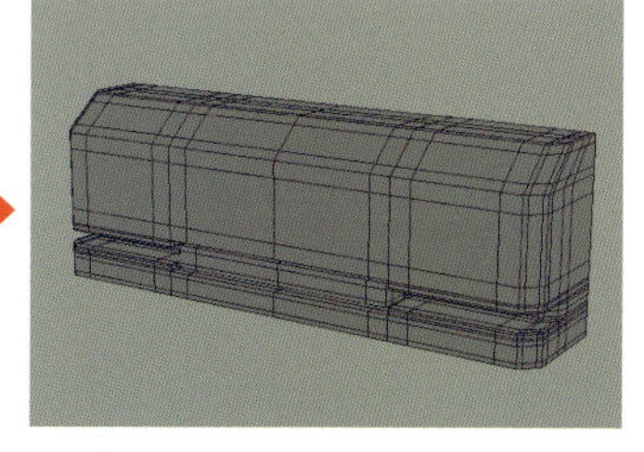

前後方向にミラーを行い、スムーズメッシュプレビューをかけたときに、エッジに角が出るようにエッジループを追加します。

「柱の中央」「柱の中央下部」「柱の中央のサイドフレーム」の作成

前後と上下に対称のパーツです。

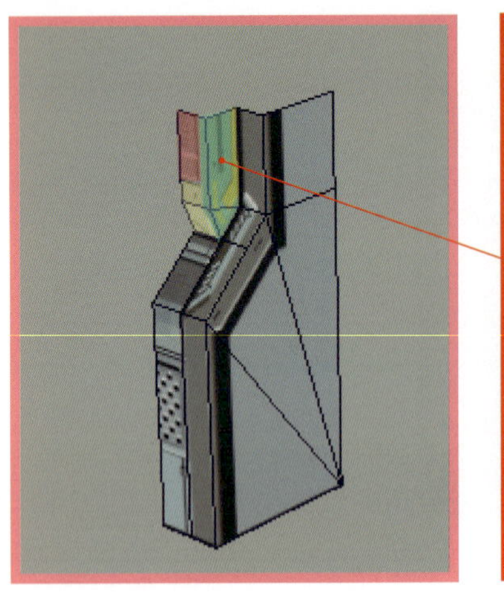

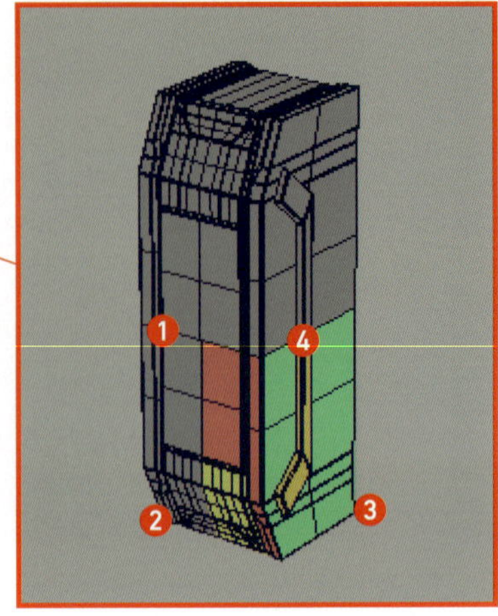

❶ 柱の中央
❷ 柱の中央下部
❸ 柱の中央のサイドフレーム①
❹ 柱の中央のサイドフレーム②

柱の中央

柱の中央は、シンプルな板状です。前後対称と上下対称の接するパーツであるため、対称位置の頂点の配置には注意します。

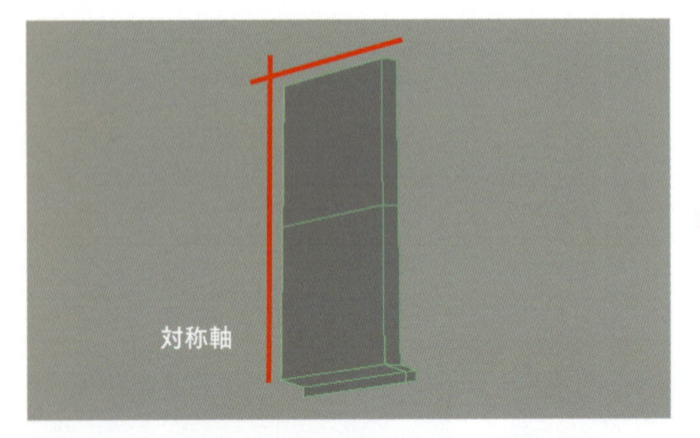

前後と上下に対称なパーツなので、4分の1だけ作成します。

前後と上下にミラーします。スムーズメッシュプレビューをかけたときに、エッジに角がでるようにエッジループを追加します。

柱の中央下部

柱の中央下部は、傾斜している面がありますが、始めから傾斜させて作成するのではなく、ディテールのモデリングを終えた後に、[ラティス]を使い傾斜を作成します。

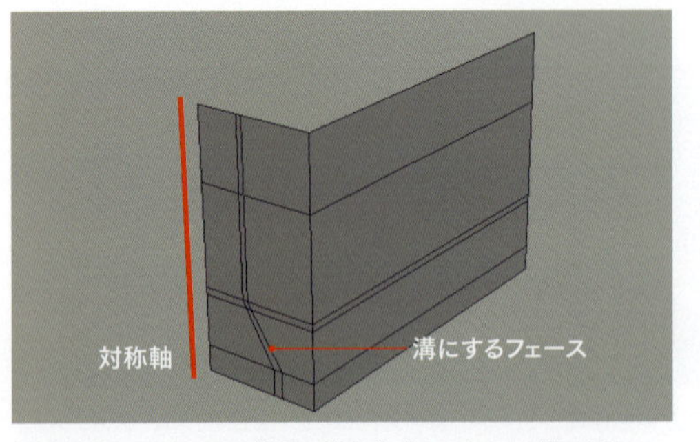

前後対称のパーツです。前面に溝を作成するために、溝の形にエッジループを挿入します。

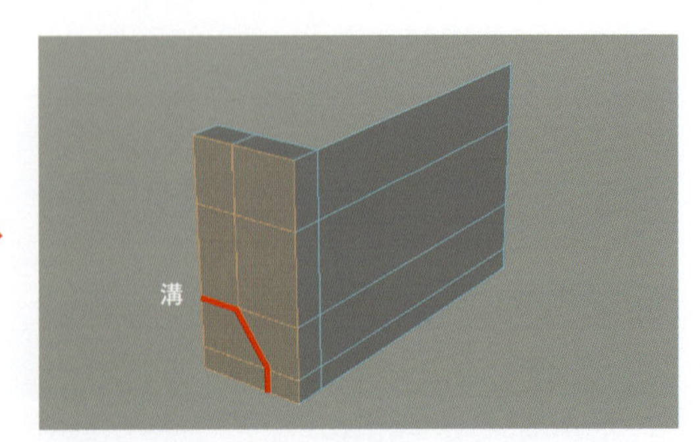

前面の溝にする以外のフェースを選択してから、押し出しを行います。

❶傾斜をつける箇所の頂点を選択します。[デフォーム] > [ラティス] > ❷[ラティスオプション]を開き以下の設定を適用します。

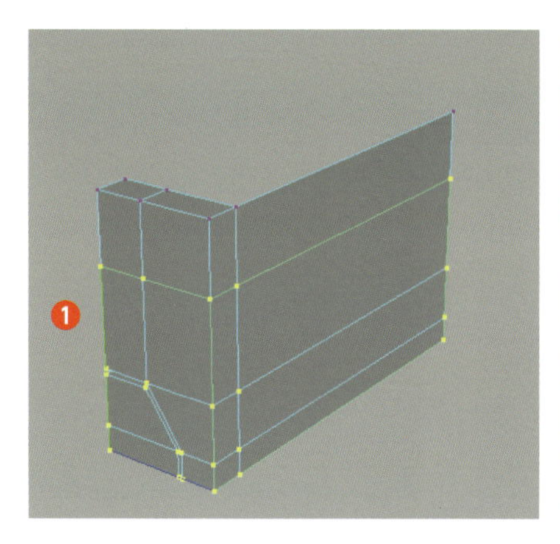
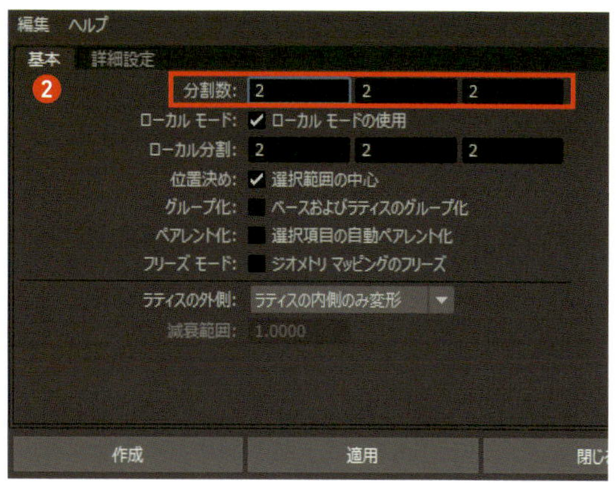

分割数を全て2にします。

ラティスポイントを選択し、下部のポイントを内側に移動させ傾斜をつけます。ラティスポイントを選択するには、❶ラティスオブジェクトを[アウトライナ]から選択します。❷ワイヤーフレームの上にポインタを合わせて、[マーキングメニュー]を開き選択します。編集が完了したらヒストリを削除します。[編集] > [種類ごとに削除] > [ヒストリ]を実行します。

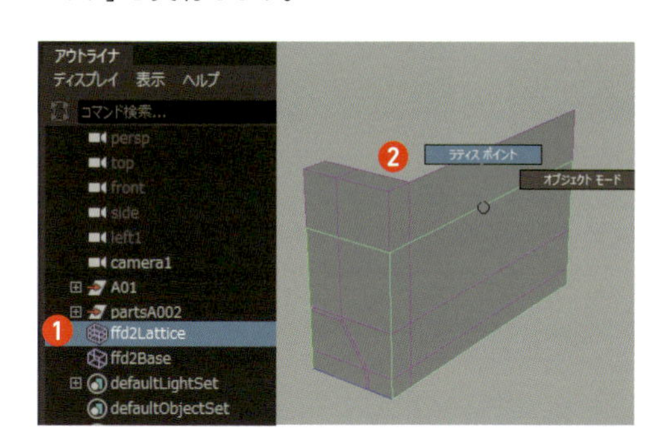

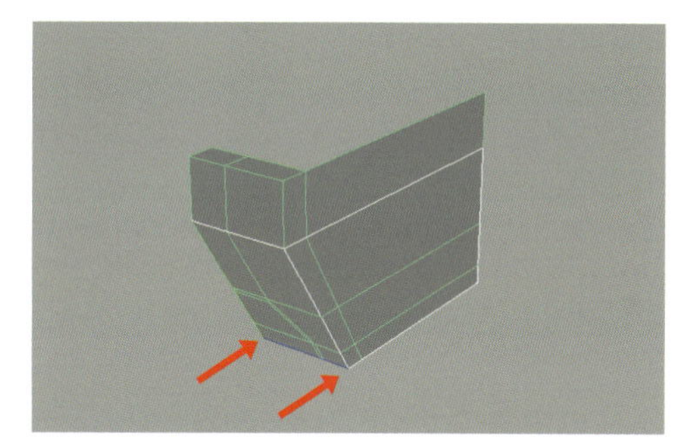

ラティスポイントを編集して傾斜を作成します。

前後にミラーします。スムーズメッシュプレビューをかけたときに、エッジに角が出るようにエッジループを追加します。

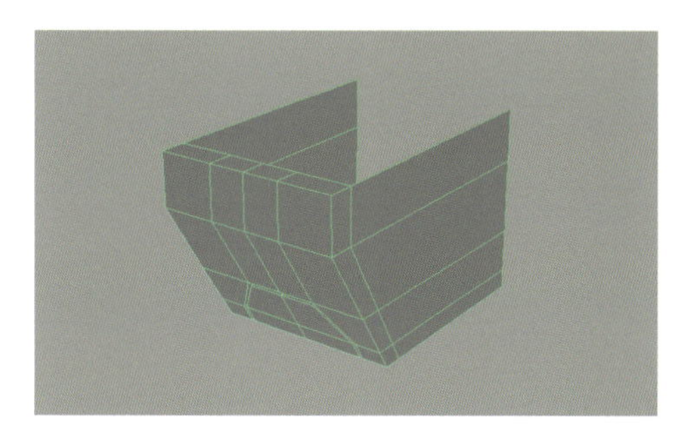

ミラーを前後方向に適用します。

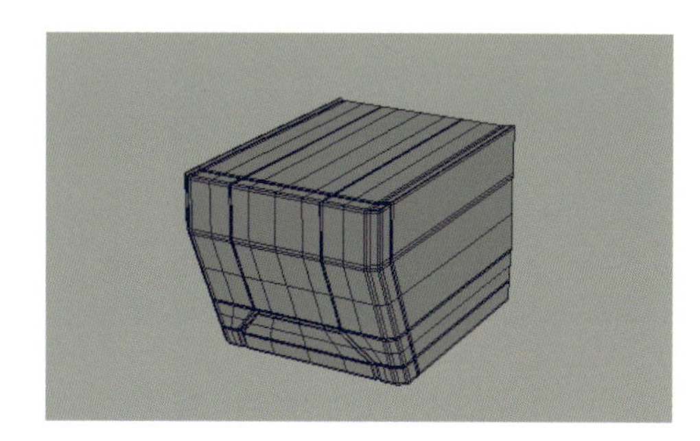

上面にフェースを作成してから、エッジループを追加します。

MEMO

ラティスの活用例

複雑な形状が傾斜面にある場合は、平面上で形状を作成し、ラティスでまとめて傾斜をつけることで、効率的にモデリングを行う事ができます。ラティスを効果的に活用するには、ラティスポイントの分割数を意図して設定します。

柱の中央のサイドフレーム①

「柱の中央下部」と同様に傾斜している面があります。ディテールをモデリングし終えた後に、［ラティス］を使い傾斜を作成します。

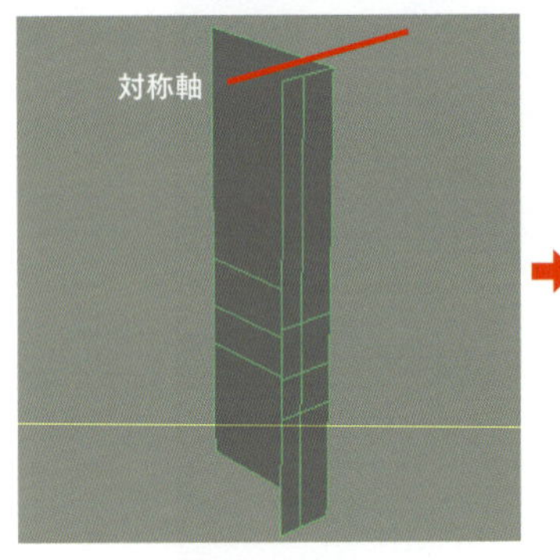

L時の板状のポリゴンを作成します。

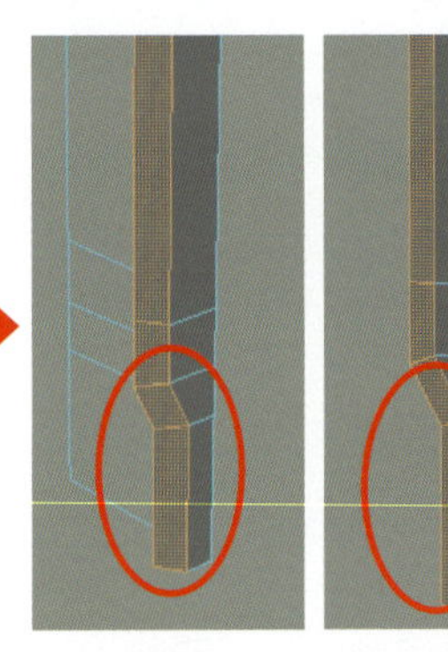

前面の左側のフェースを傾斜させます。下側は、内側にくびれている形にします。

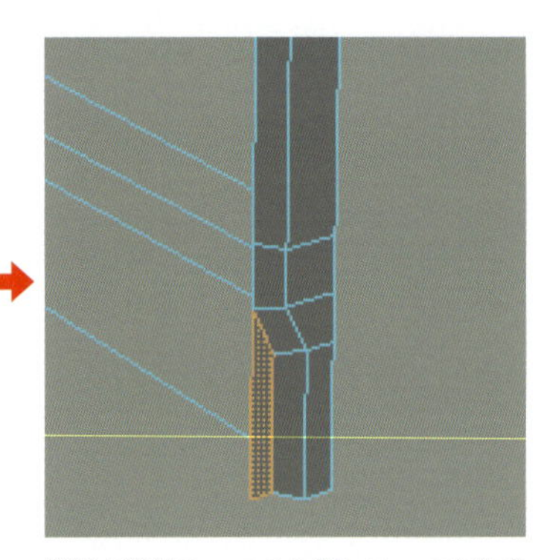

前面の傾斜フェースの左側にフェースを作成します。

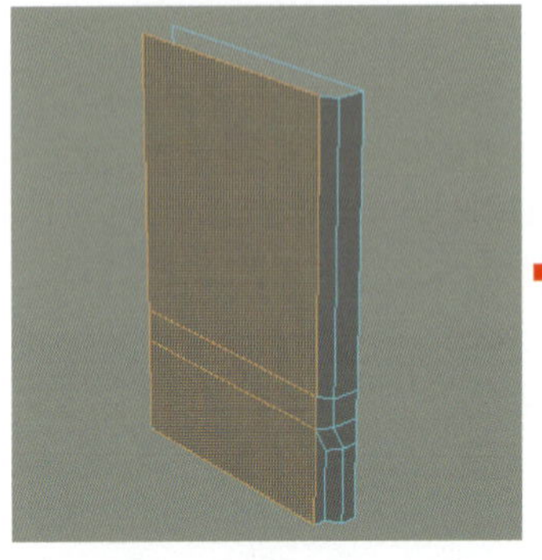

エッジを押し出して、側面のフェースを作成します。

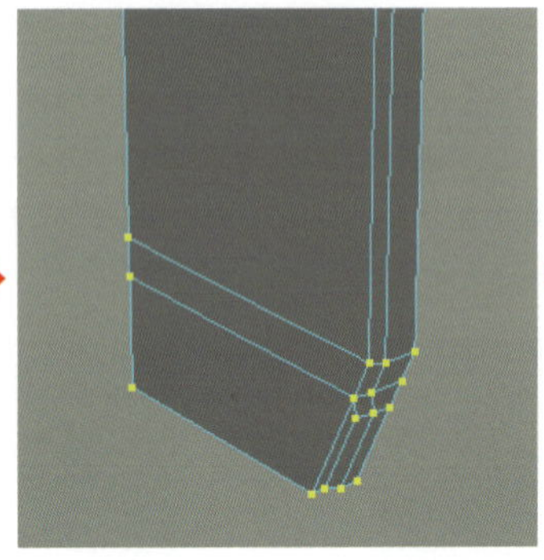

ラティスを適用して、傾斜をつけます。

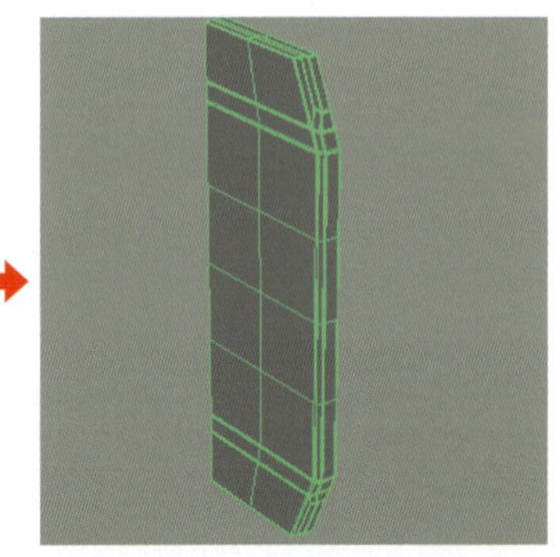

上下にミラーを適用します。スムーズメッシュプレビューをかけたときに、エッジに角がでるようにエッジループを追加します。

柱の中央のサイドフレーム②

立方体から、L字の形状を作成します。

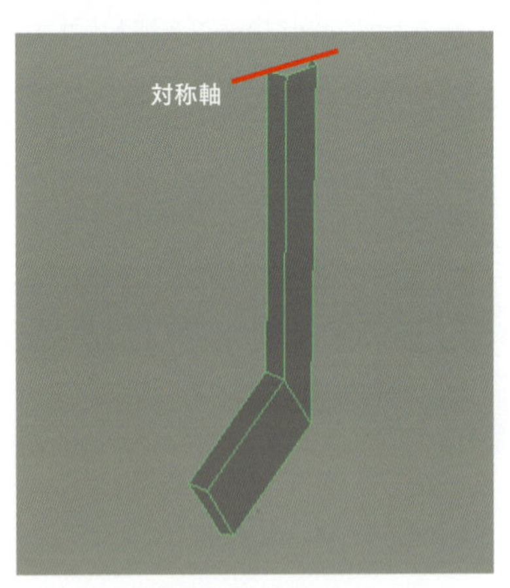

L時の立方体を作成します。

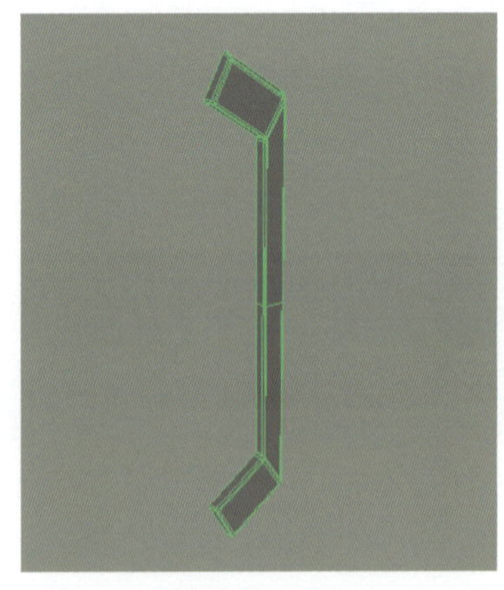

上下にミラーを適用します。スムーズメッシュプレビューをかけたときに、エッジに角がでるようにエッジループを追加します。

「柱の中腹」「柱の中央斜面」の作成

柱の中腹は、やや大き目に作成します。柱全体のシルエットに緩急を与えるパーツになります。

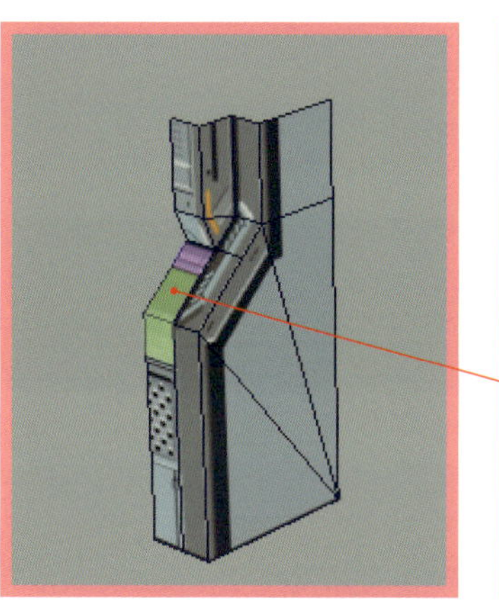

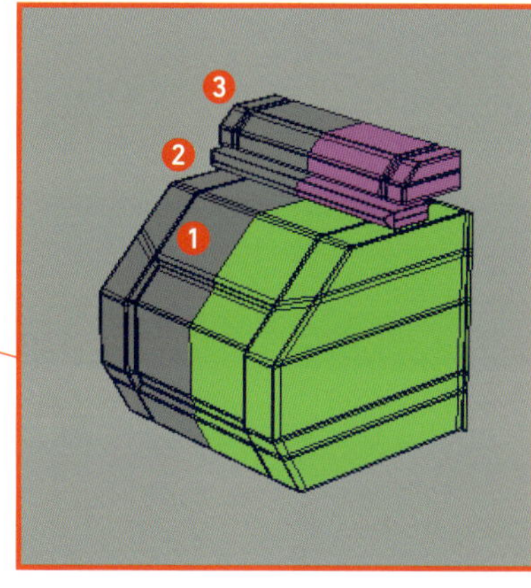

❶ 柱の中腹
❷ 柱の中央傾斜の下部
❸ 柱の中央傾斜

柱の中腹

柱全体のシルエットに影響がでるように、大きめに作成します。

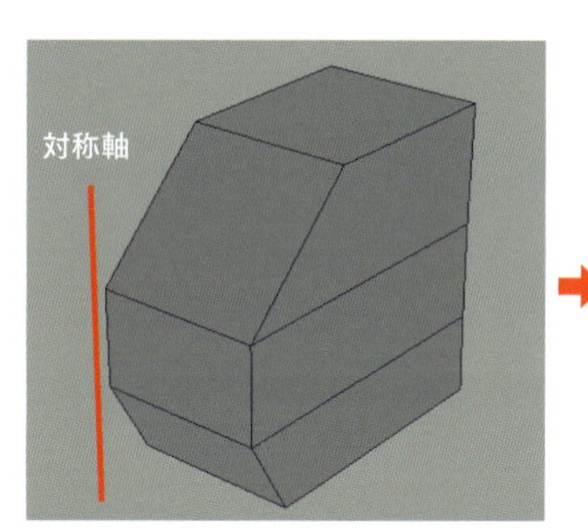

立方体から、形状を整えます。

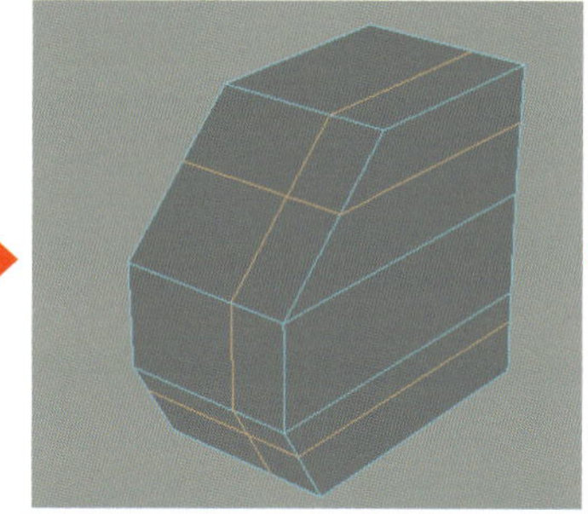

中央にくぼみを作成します。くぼみの境界位置に、エッジループを追加します。

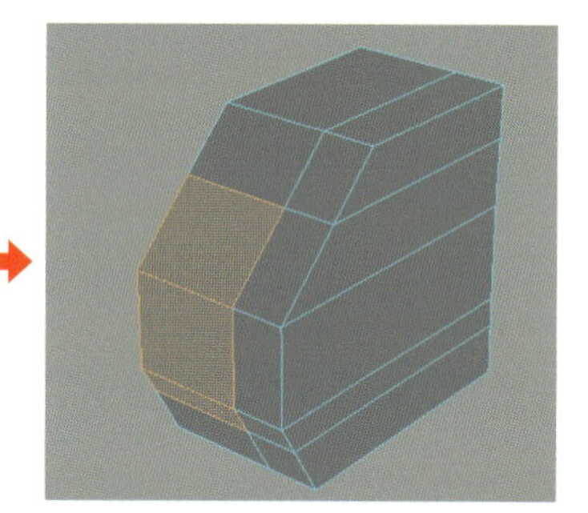

くぼませるフェースを選択します。

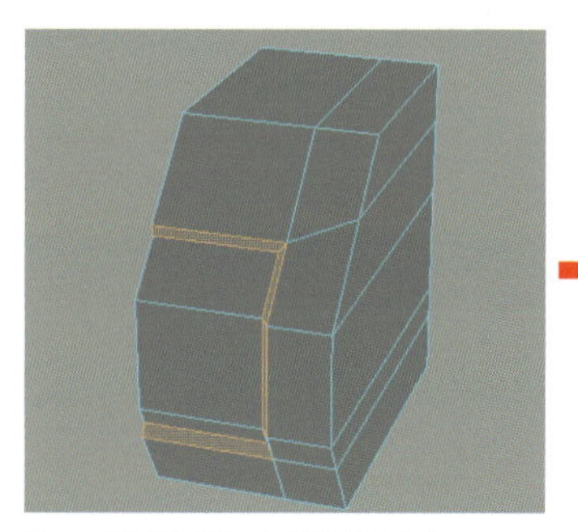

フェースを押し出して、形を整えます。

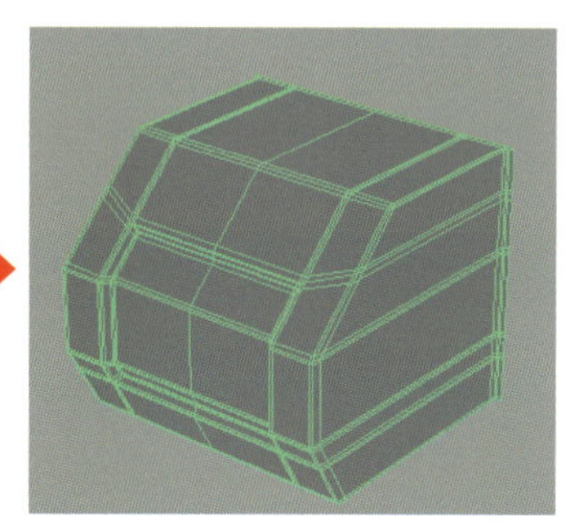

前後にミラーを適用します。スムーズメッシュプレビューをかけたときに、エッジに角がでるようにエッジループを追加します。

柱の中央傾斜の下部

シンプルな板ですが、前面が鋭角になっている点が特徴です。

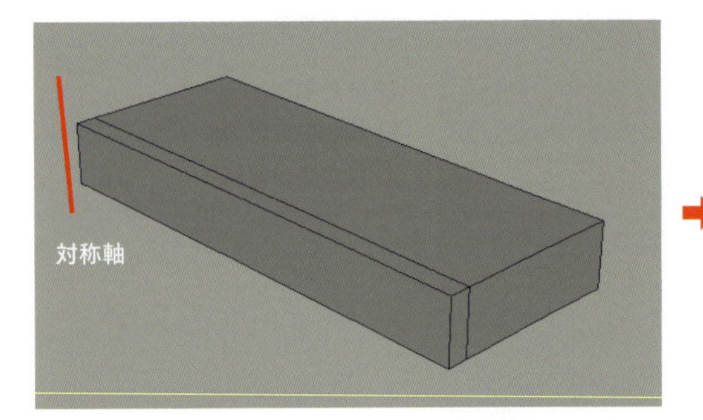

立方体を作成します。

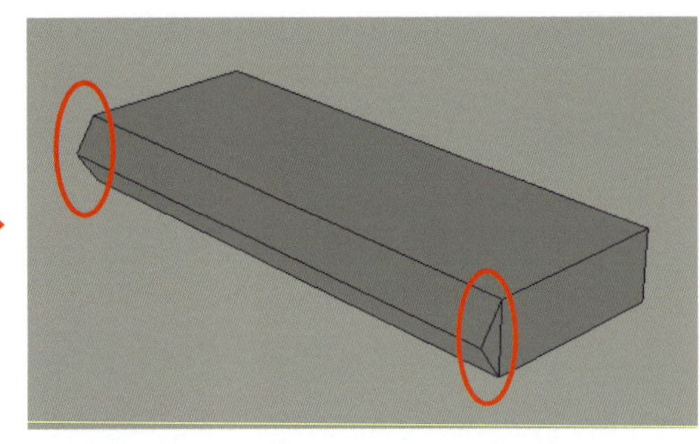

前面の両端の頂点を結合します。

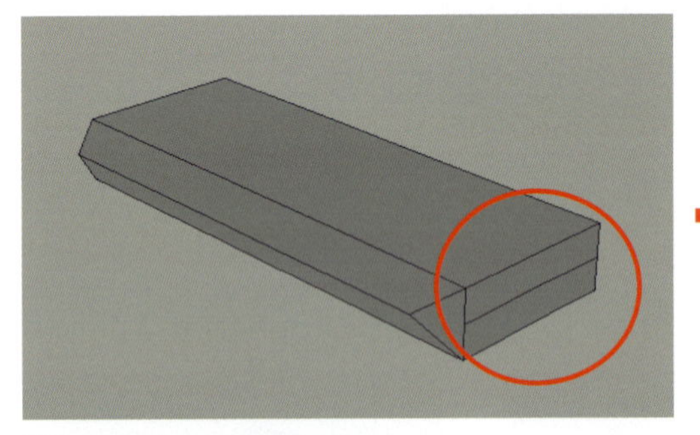

側面に、エッジループを追加します。

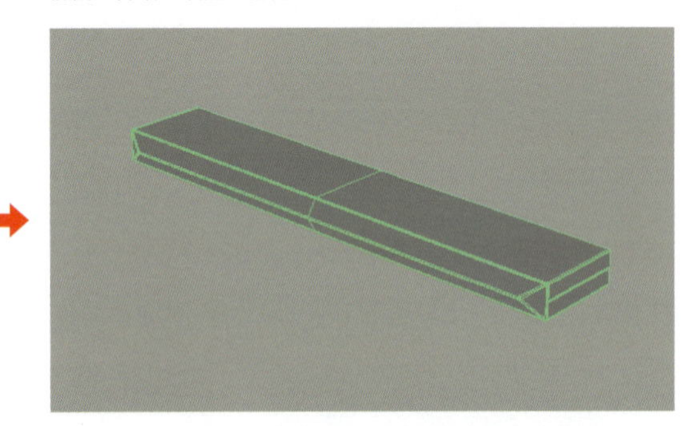

前後にミラーを適用します。スムーズメッシュプレビューをかけたときに、エッジに角がでるようにエッジループを追加します。

柱の中央傾斜

立方体を編集して形を整えます。

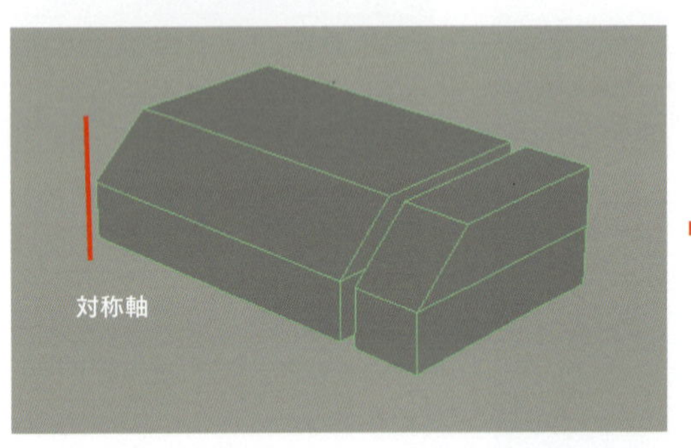

2つの立方体を配置します。エッジループを追加して、前面の上部を傾斜させます。

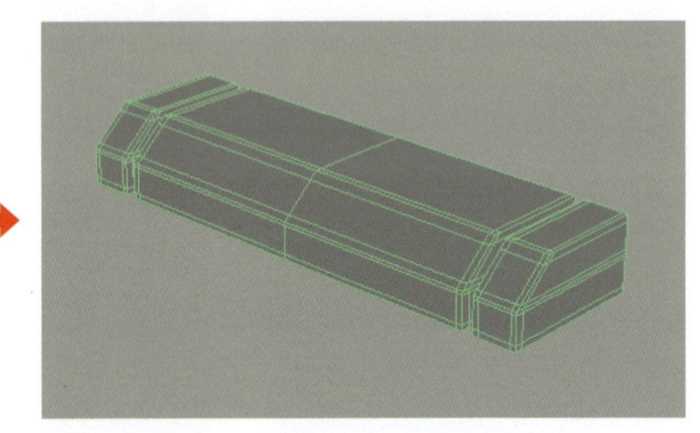

前後にミラーを適用します。スムーズメッシュプレビューをかけたときに、エッジに角がでるようにエッジループを追加します。

「柱の下部」の作成

柱の下部は、3つのパーツから構成されています。穴網は、「下部の穴網」と同じ手順で作成します。

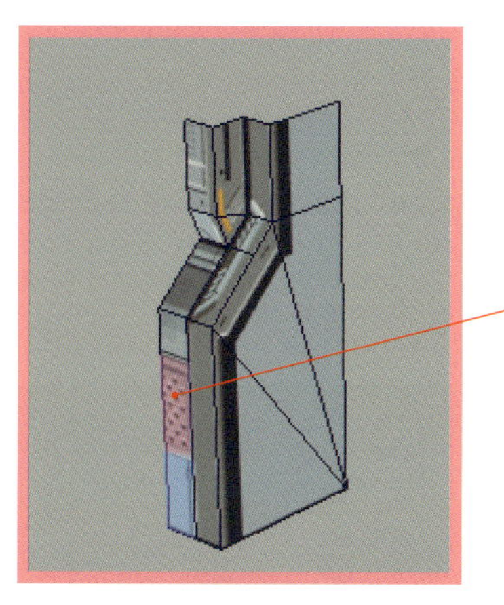

❶ 下部パーツ
❷ 上部パーツ
❸ 穴網

下部のパーツ

上面と前面のつながりが曲線になっているのが特徴です。曲線部分はブリッジを使用して作成します。

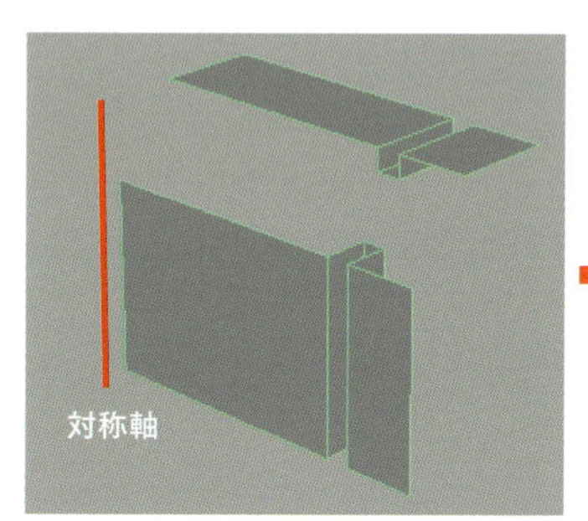

前面の板状のポリゴンを作成します。前面を複製して上部に配置してから90度回転します。

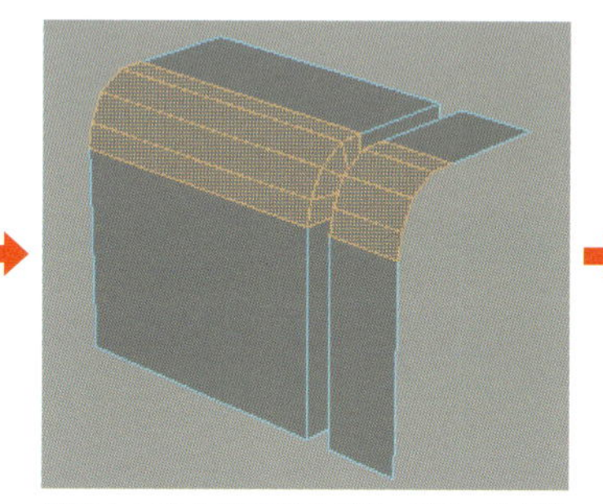

前面と上面の境界線をブリッジでつなげます。

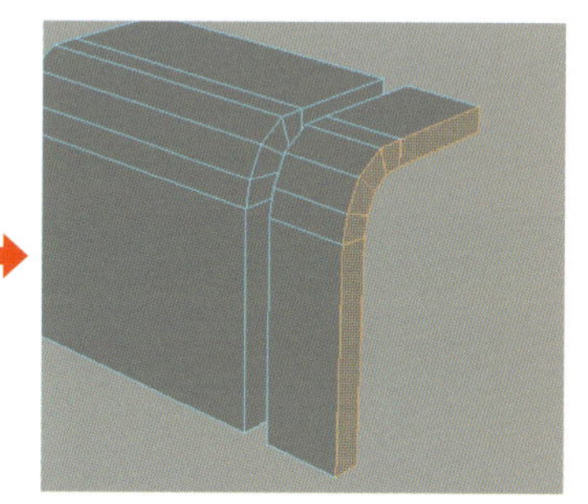

側面のフェースを押し出して作成します。

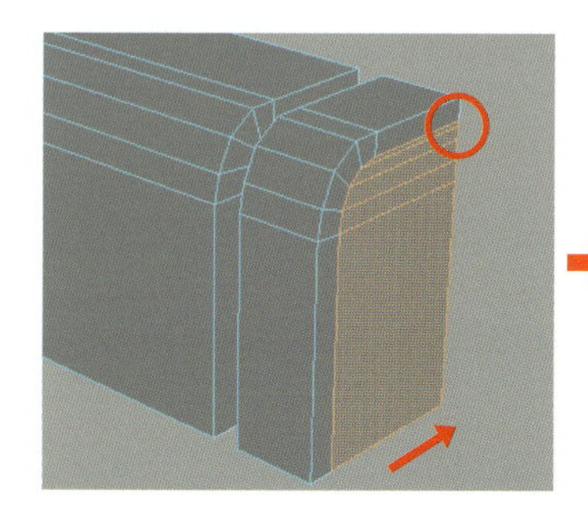

側面のエッジを押し出します。上側と接する頂点を結合します。

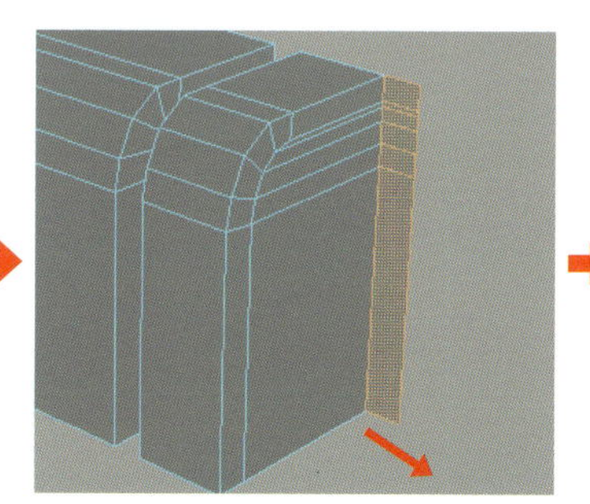

境界のエッジを押し出します。

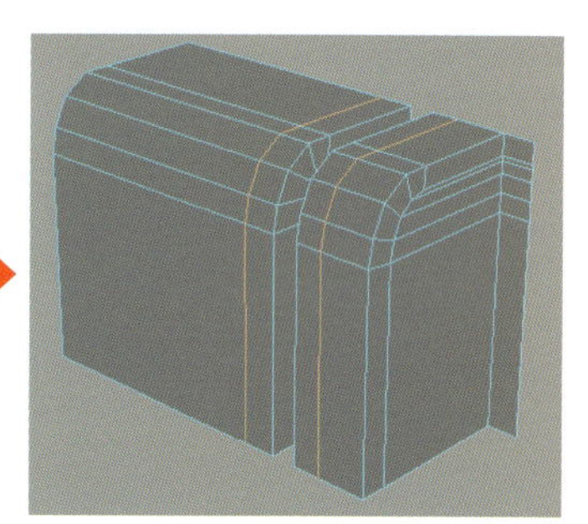

エッジループをくぼみ周辺に追加します。

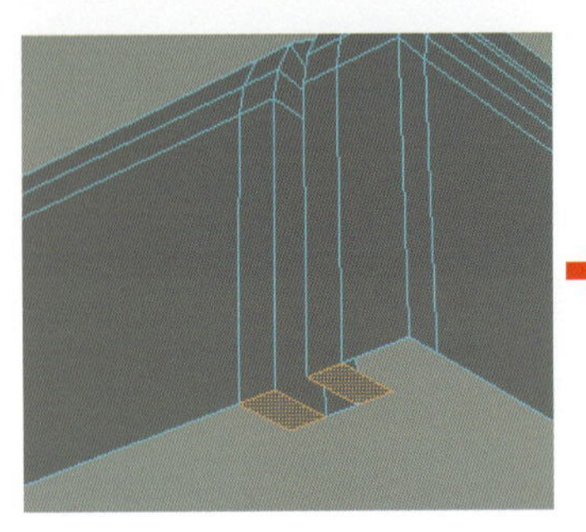

追加したエッジループの下側を押し出して、くぼみの位置までフェースを作成します。

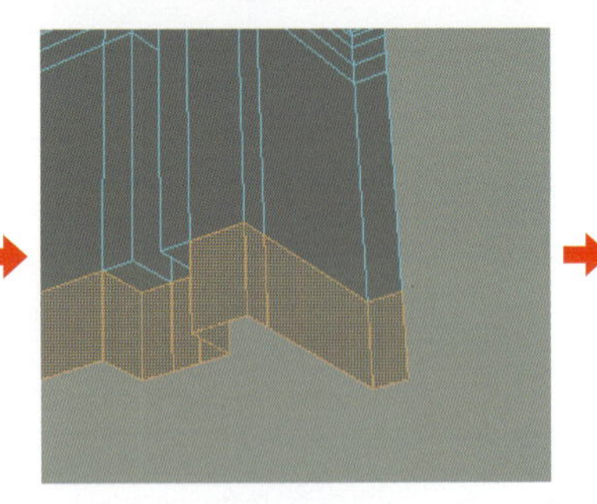

下側にフェースを押し出します。エッジループを追加した位置から押し出したことで、幅の広いくぼみができます。

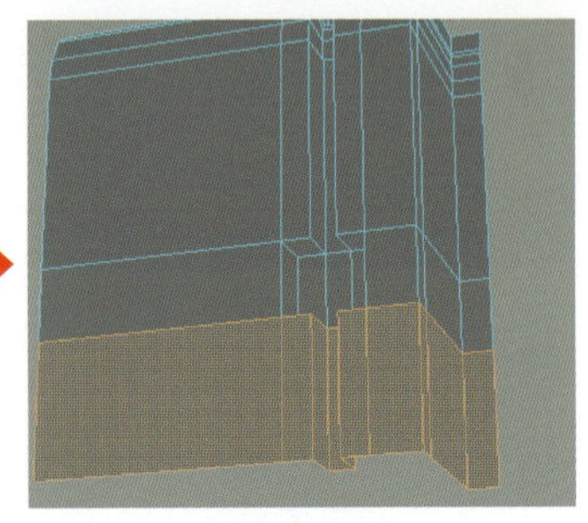

幅の広いくぼみを、再び細いくぼみにします。広いくぼみの上面を押し出してから、境界エッジを下側に押し出します。

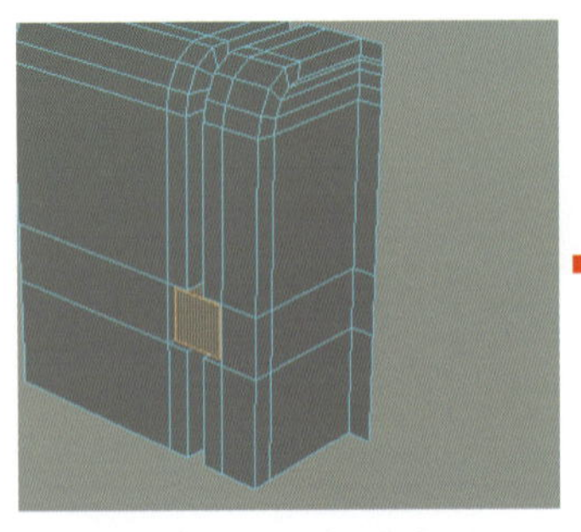

幅の広いくぼみに、立方体を作成します。

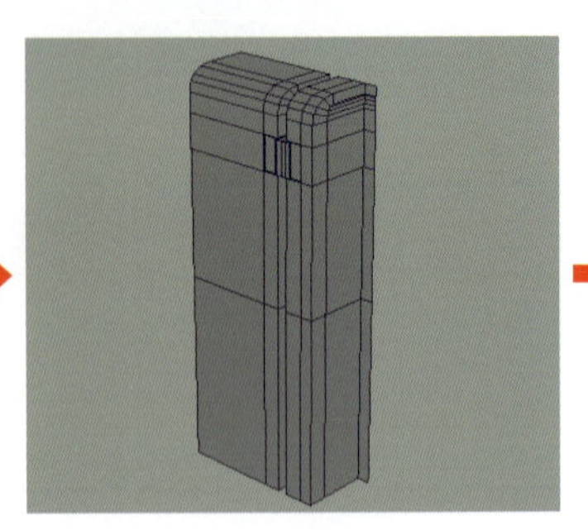

全体の大きさや長さを調整します。

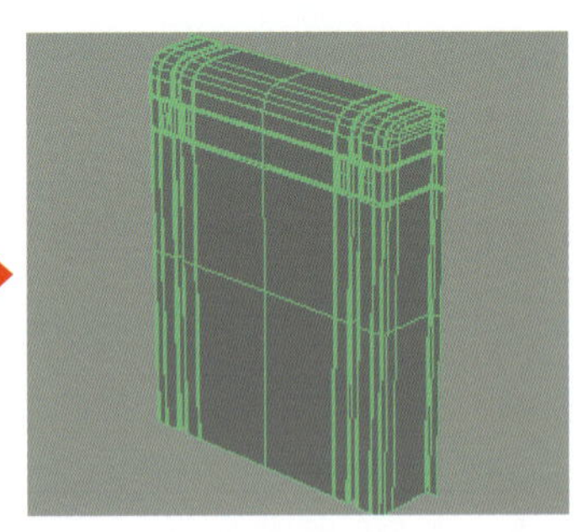

前後にミラーを適用します。スムーズメッシュプレビューをかけたときに、エッジに角がでるようにエッジループを追加します。

上部のパーツ

上部はシンプルな箱形です。立方体を編集して形を整えます。

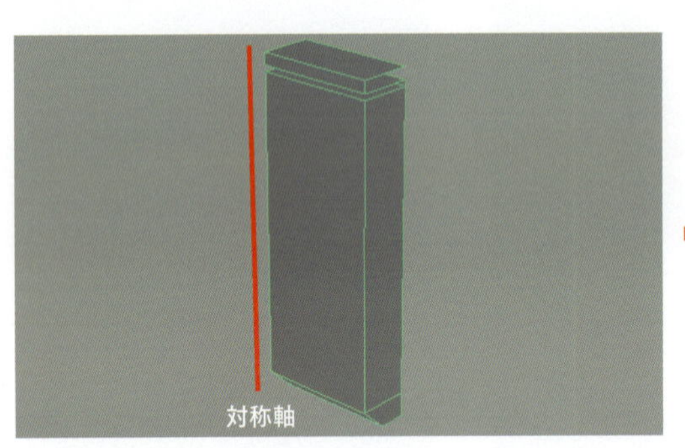

立方体を編集して形を整えます。

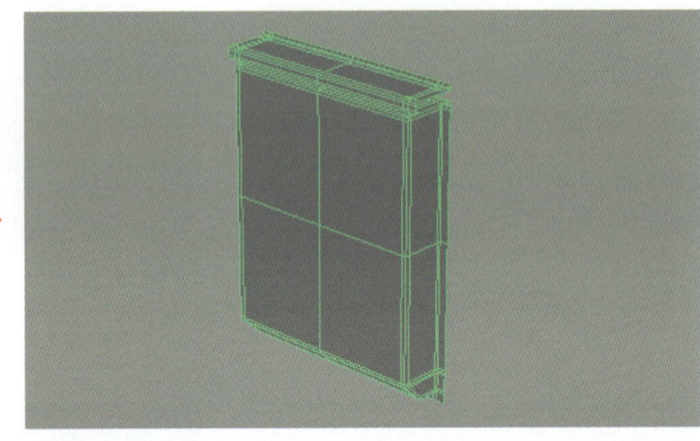

前後にミラーを適用します。スムーズメッシュプレビューをかけたときに、エッジに角がでるようにエッジループを追加します。

穴網

穴網は「下部の穴網」と同じ形状をしています。同様の手順で作成します。

「柱のサイドフレーム」の作成

柱のサイドフレームは、壁と接するパーツであるため、接する位置を考慮して作成します。また、壁との隙間が空かないように側面のフェースの大きさに注意します。

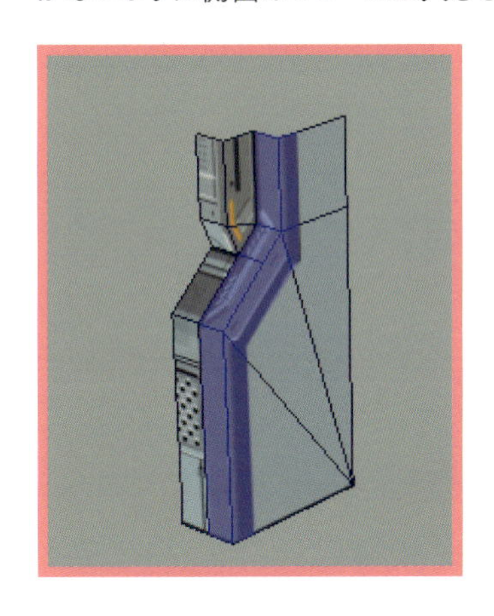

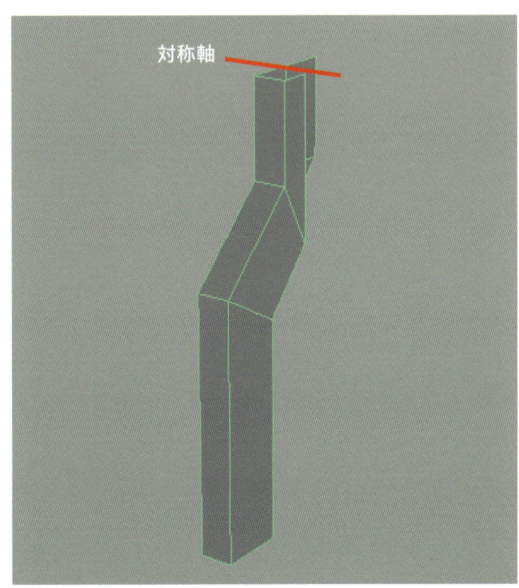

全体のシルエットを作成します。

前面のエッジにベベルを適用します。

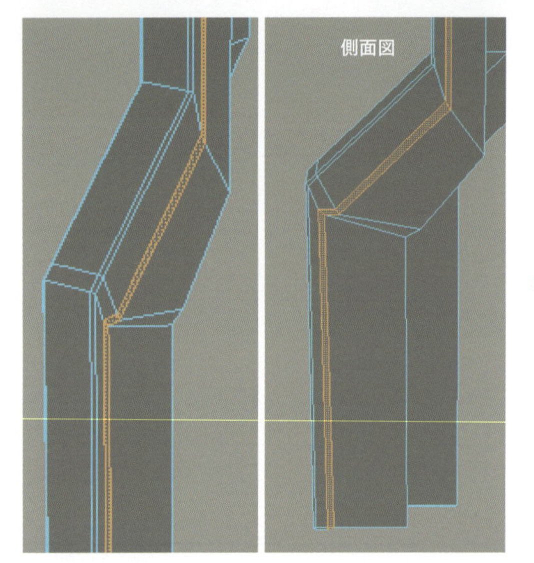

壁と接触する位置がくぼみになるように、エッジループを追加します。

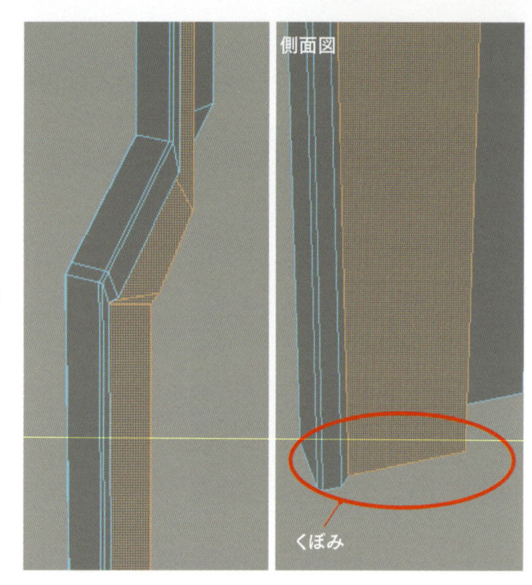

内側にフェースを移動してくぼみを作成します。

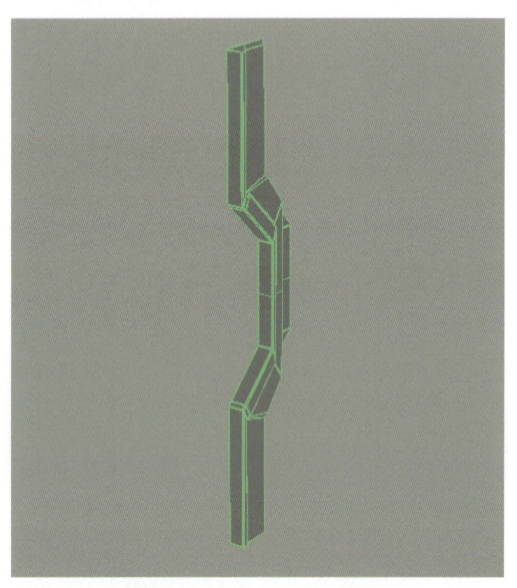

上下にミラーを適用します。スムーズメッシュプレビューをかけたときに、エッジに角がでるようにエッジループを追加します。

ここまで作成したパーツを配置する

ここまでに作成した柱のパーツを配置して、全体のバランスを確認します。対称に配置するパーツを複製し、対称軸にそれぞれ配置を行います。（配置手順は、P.624「ここまで作成したパーツを配置する」参照）

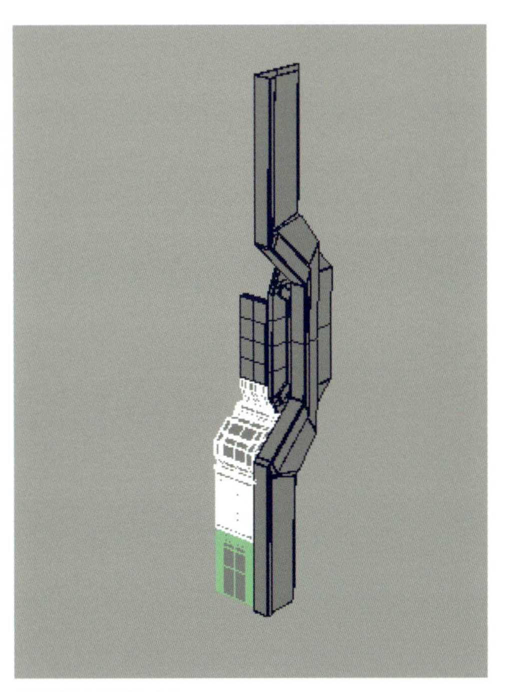

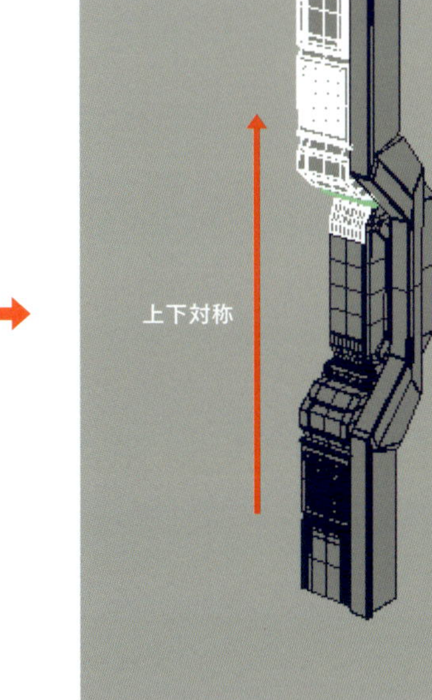

上下対称に配置します。

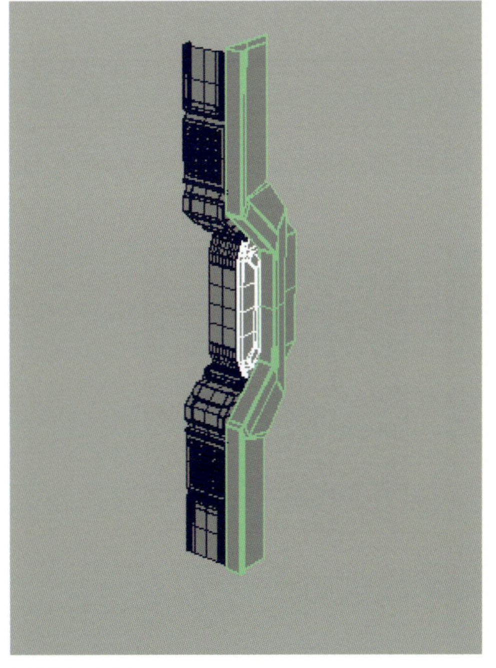

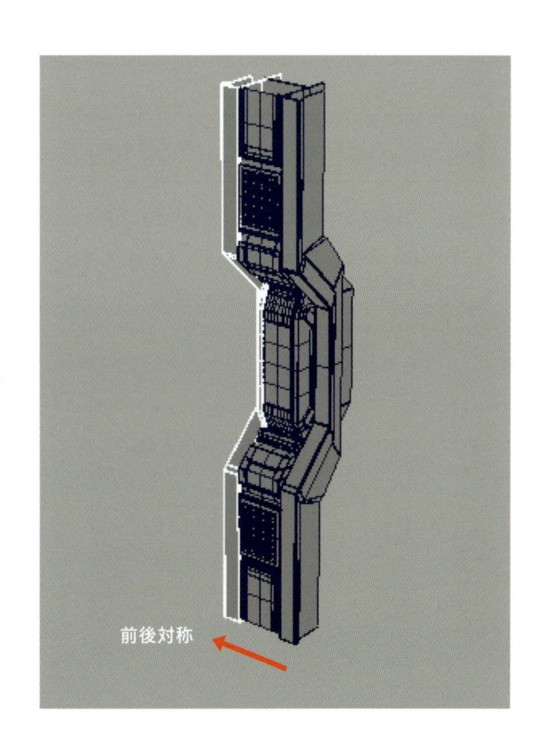

前後対称に配置します。

柱と壁を配置して「壁パーツ」完成

ここまでに作成した全てのパーツを配置して、全体のバランスを確認します。

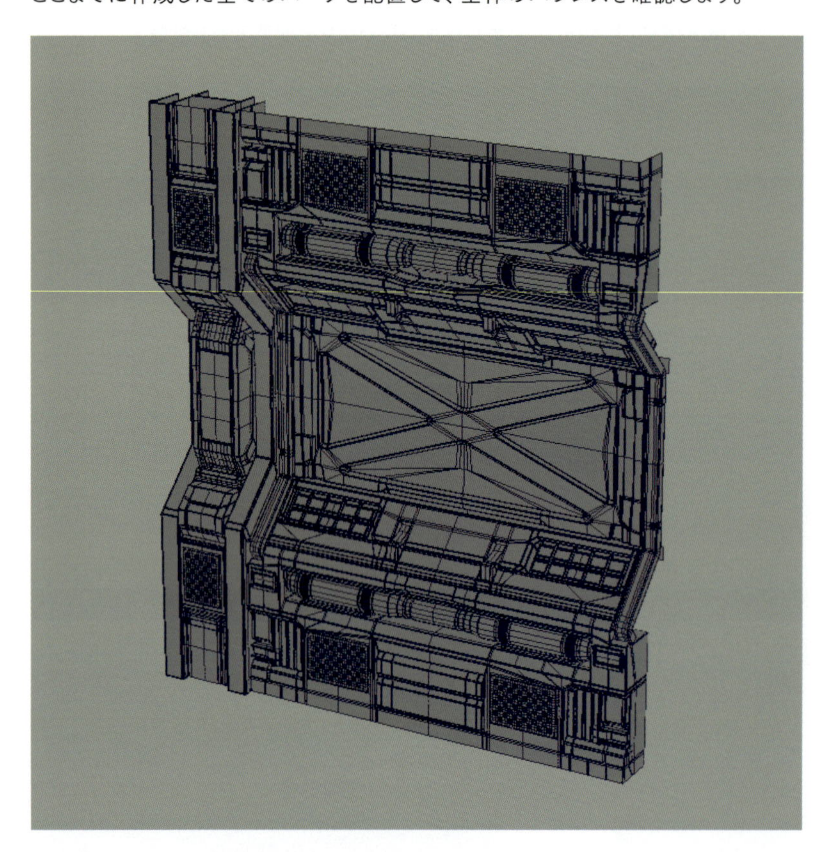

「床パーツ」の底面の作成

床パーツの底面を作成します。底面はディテールが少なく、パイプを除いて、立方体の形で構成されています。「壁パーツ」の作成の手順を応用して、それぞれのパーツを作成します。

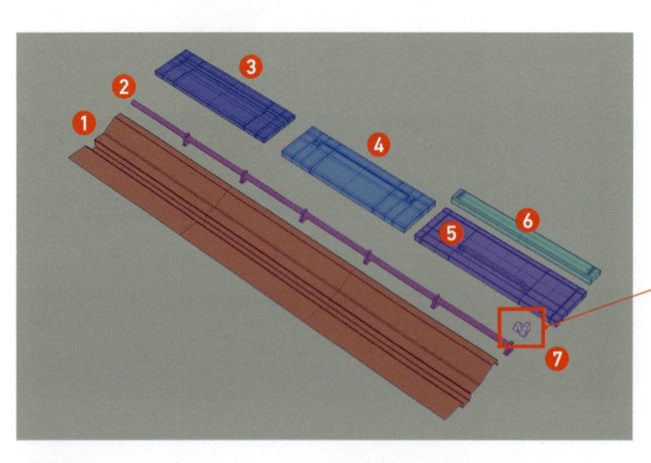

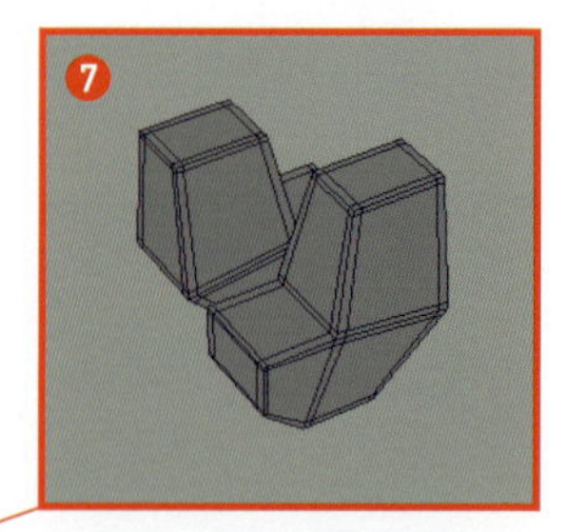

繰り返し配置して隙間を埋めます。

1. 底面メインフレーム
2. 底面パイプ
3. 底面プレートA
4. 底面プレートB
5. 底面プレートC
6. 底面サイドフレーム
7. 底面の隙間のディテール

「床パーツ」の廊下の作成

廊下のパーツは、底面と同様に、シンプルな立方体で構成されます。

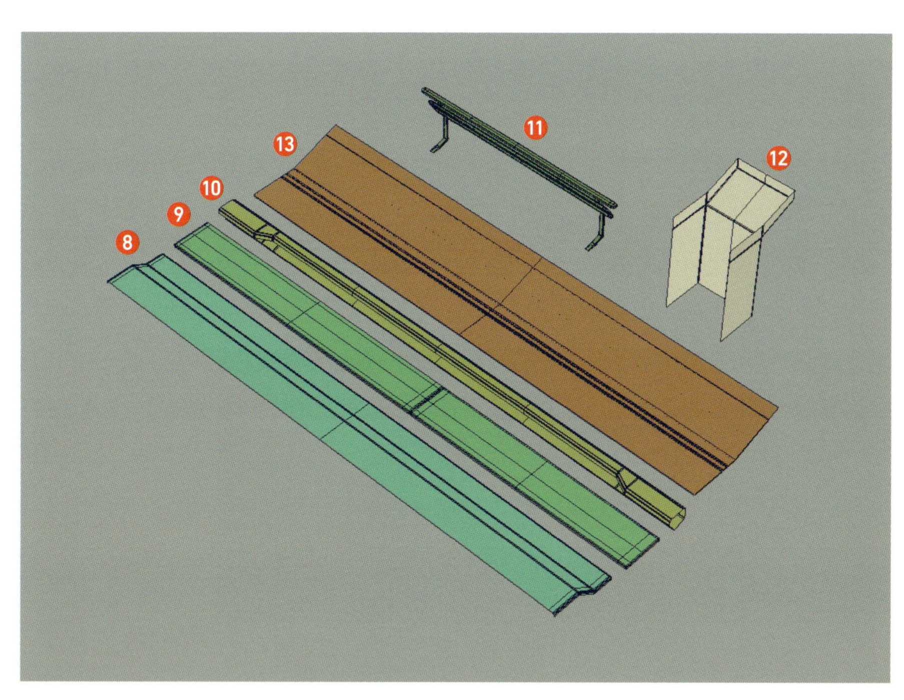

❽ 廊下の中央
❾ 廊下の左右
❿ 廊下のフレーム
⓫ 手すり
⓬ 廊下の柱
⓭ 廊下の底部

「床パーツ」を配置する

「床パーツ」の各パーツが完成したら、左右対称にミラーを行い配置をします。前後方向は繰り返して配置するため、前後の境界線の頂点座標が一致するようにします。頂点座標を一致させるには、［コンポーネントエディタ］を活用します。（頂点座標を一致させる手順は、P.606「小数点を修正する」参照）

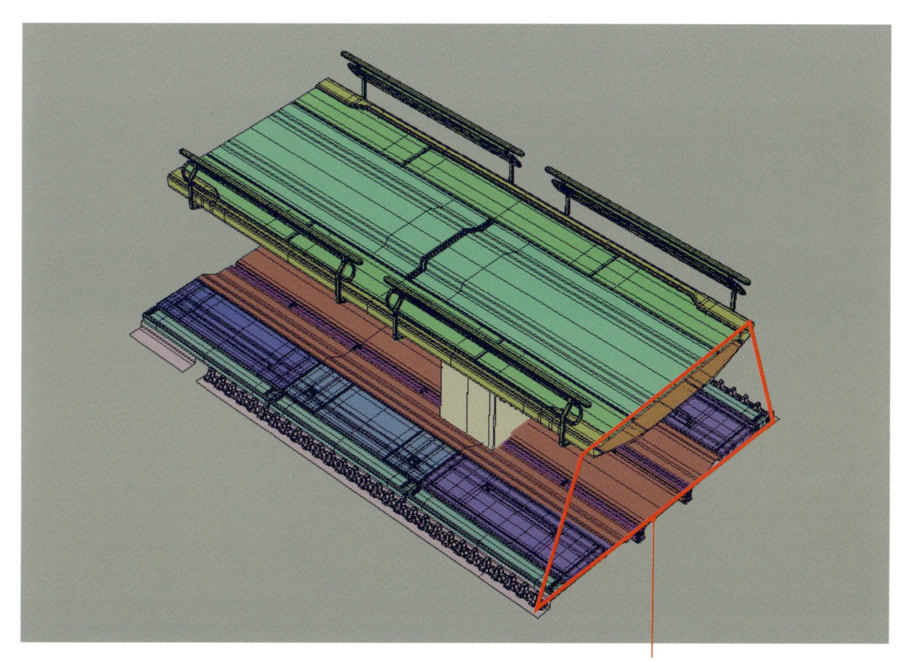

境界の頂点座標を一致させます。

「上部パーツ」の作成

「上部パーツ」を作成します。一部のパイプを除いて、立方体の形で構成されています。「壁パーツ」の作成の手順を応用して、それぞれのパーツを作成します。

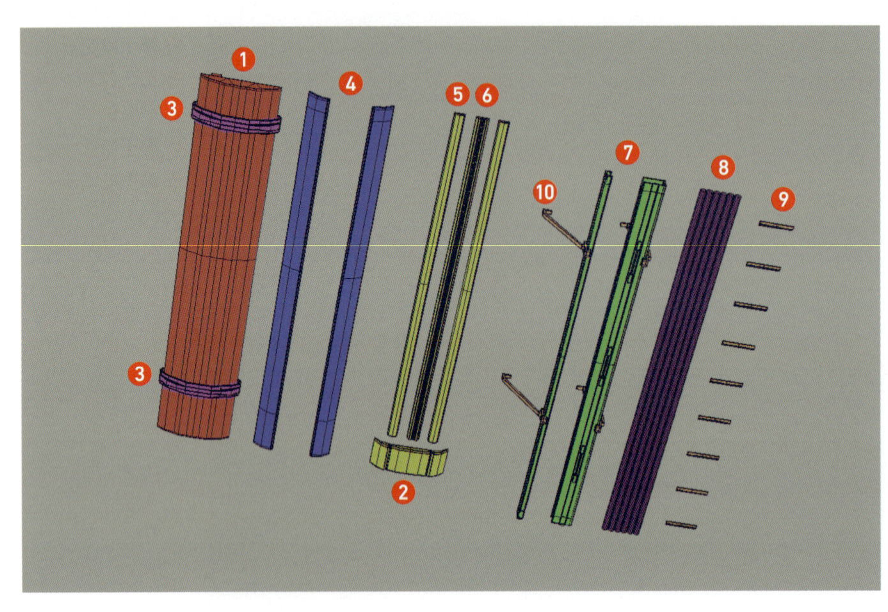

1. サイドフレーム
2. フロントカバー
3. ビーム
4. フロントフレーム
5. 中央フレーム
6. 中央ディテール
7. パイプのフレーム
8. パイプ群
9. パイプビーム
10. 吊り下げフレーム

「上部パーツ」を配置する

左右対称に配置を行います。

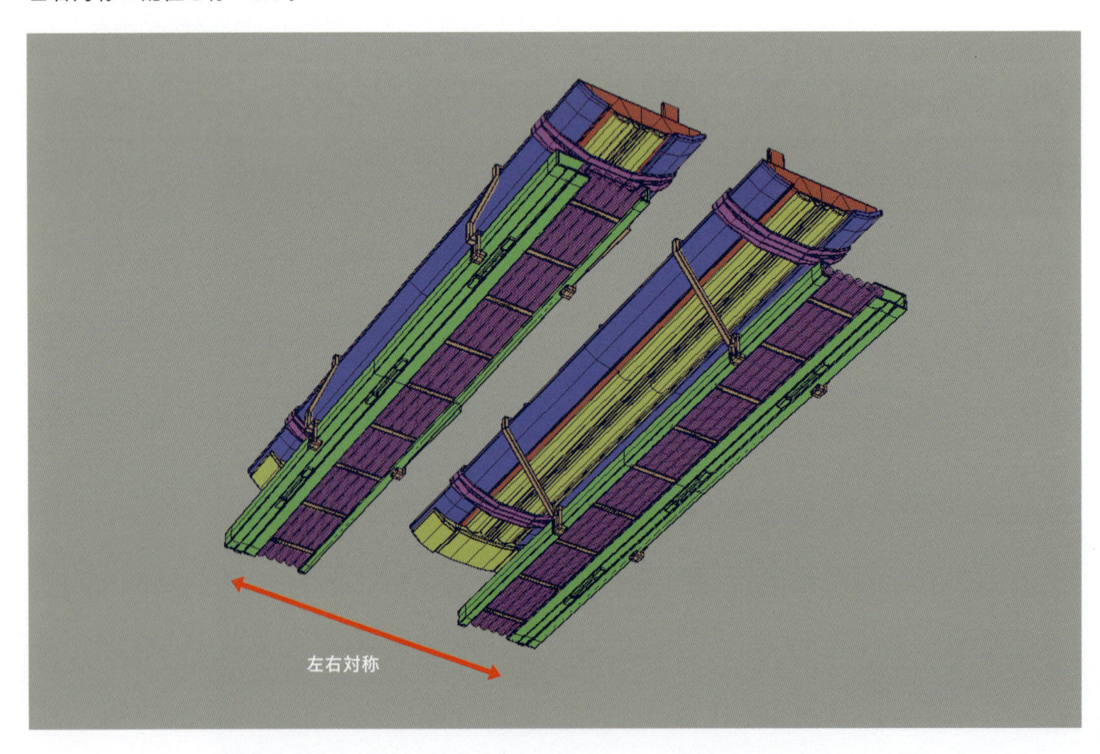

共有パーツの配置

すべてのパーツのモデリングが完了したら、共有するパーツを配置します。共有するパーツは、壁パーツと、床パーツの底面です。

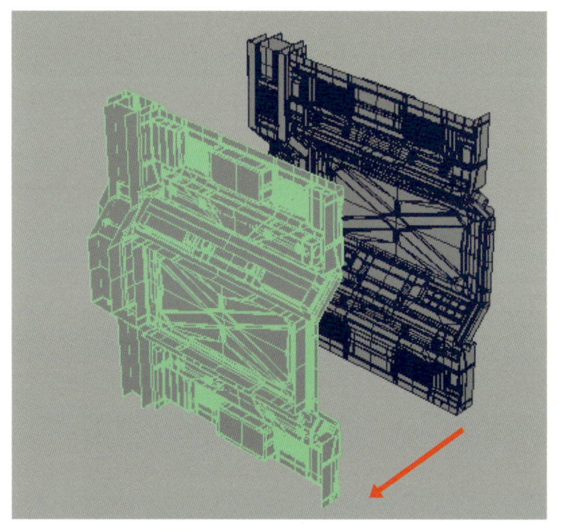

壁パーツを左右に配置します。

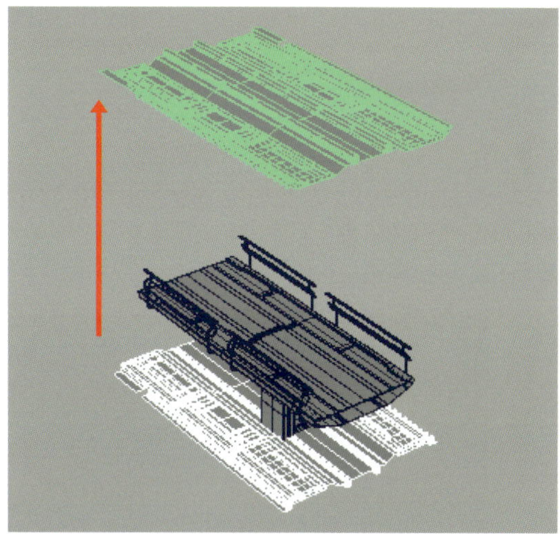

床パーツの底面を、上下に配置します。

バランスの確認

ここまでに作成した全てのパーツを配置して、全体のバランスを確認します。繰り返し配置した時の、通路のイメージを合わせて確認し、全体のディテールを調整します。

Chapter 3-5

UV展開

パーツ数が多いため、UV展開の手順を間違えると、作業時間が大幅に伸びてしまいます。効率よく進めるには、自動機能を多用します。上下対称に配置してあるパーツは、どちらか片方だけ展開します。

展開するデータの準備

同じ形のパーツは、全て展開する必要はありません。1つを展開した後に、複製して配置することで、作業時間を短縮できます。展開する必要がないパーツを削除します。

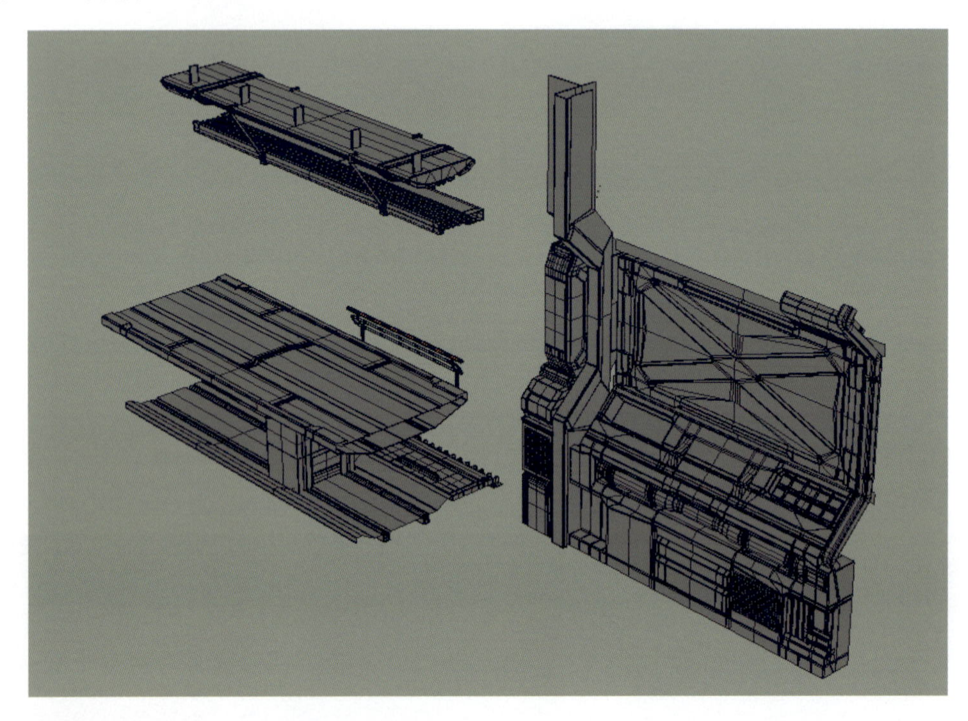

展開の基本

人工物背景のUV展開の考え方は、「歪ませない」を基本とします。「歪ませない」は、UVシェルを強引に作らないように、面ごとに分離することで回避できます。

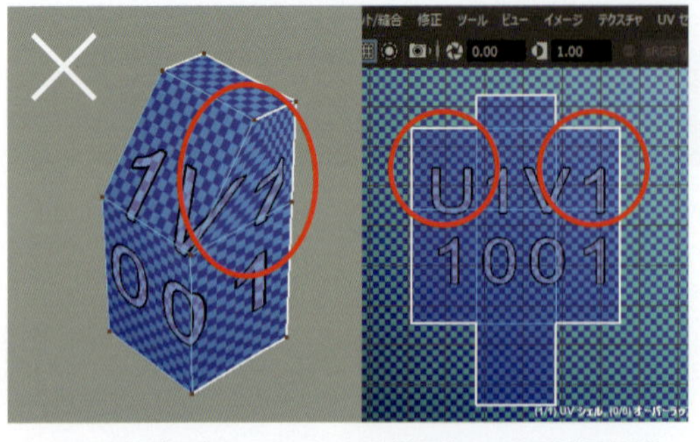

UVシェルを繋げすぎると、ポリゴンの形（台形）とUVの形（長方形）に差がでます。差が出ている個所は、UVが伸びるため歪んで見えます。

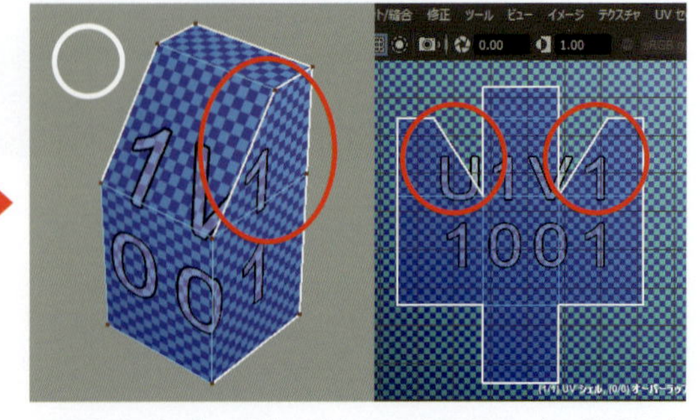

UVの形は、ポリゴンの形と一致させることで、歪みのない見た目になります。

展開のパターン

考え方として、形状に合わせて展開方法を分類します。分類は大まかな形状から判断します。例えば、箱形や台形などです。分類の複合もありますが、同じ手順と考え方で展開できます。

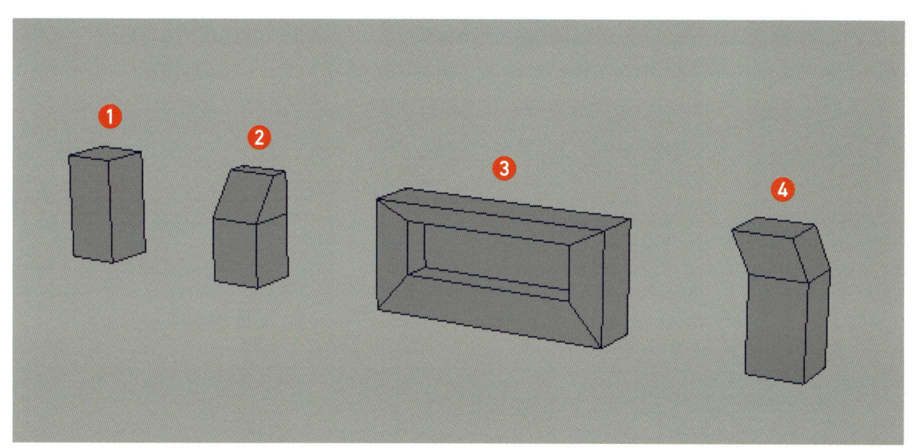

❶ 箱形
❷ 台形
❸ くぼみ型
❹ 前面L型

全て、背面のポリゴンはありません。

箱形の展開手順

オブジェクトを選択します。[UV] > [自動] を実行します。[自動] マッピングは、[平面] を複数の軸から適用した結果が得られます。つまり、箱形であれば、面単位に分解されたシェルを持つ形に展開されます。この形から、UVを整えていきます。基本とする考え方は、「歪まない範囲で、可能な限りステッチする」ことです。箱形であれば、全てのシェルをステッチしても歪みがでないため、前面を基準に全てをステッチします。箱形に限らず、4種類全て [自動] マッピングを始めに実行します。

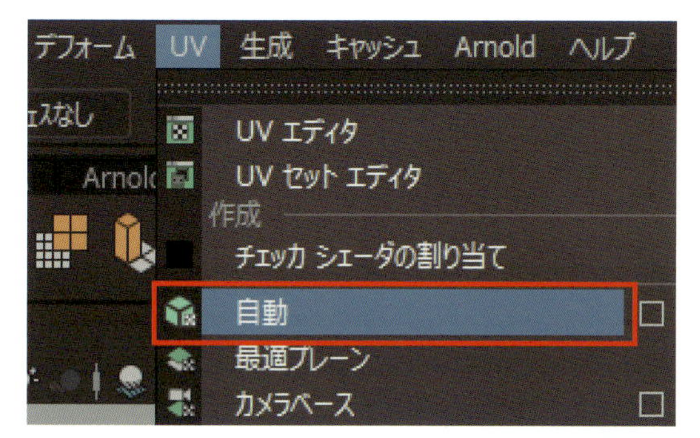

オブジェクトを選択します。[UV] > [自動] を実行します。[自動] はUVエディタのメニューにも存在しますが、どちらから実行しても結果は同じです。

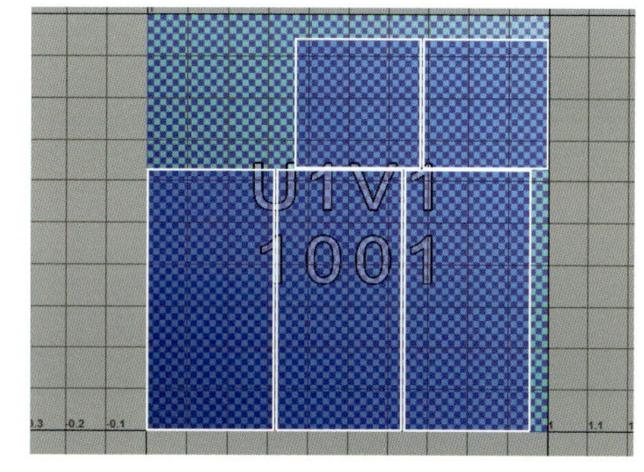

面ごとにシェルが分解されます。

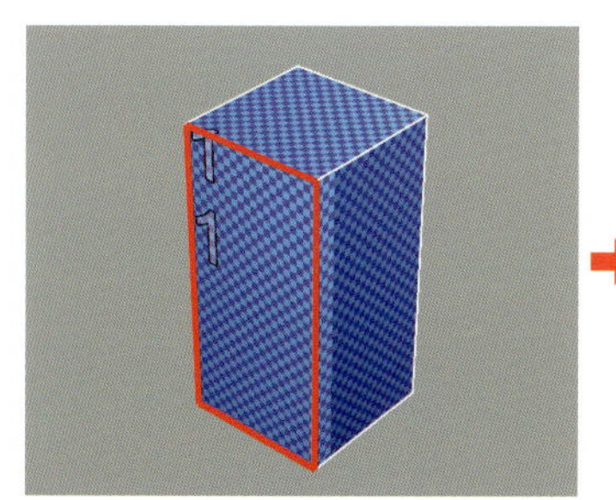

前面のエッジを選択します。

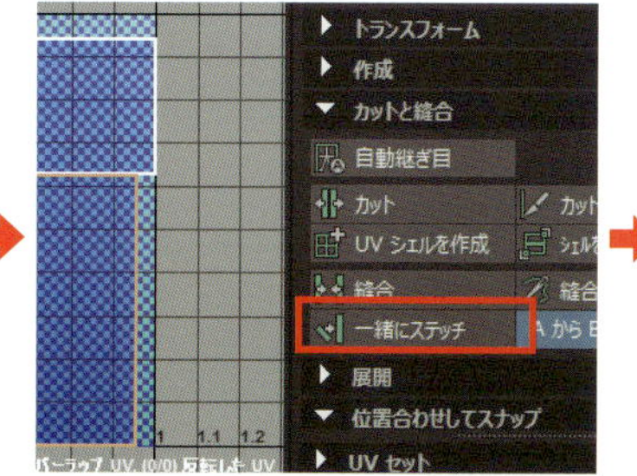

UVテクスチャエディタから、[一緒にステッチ] を実行します。

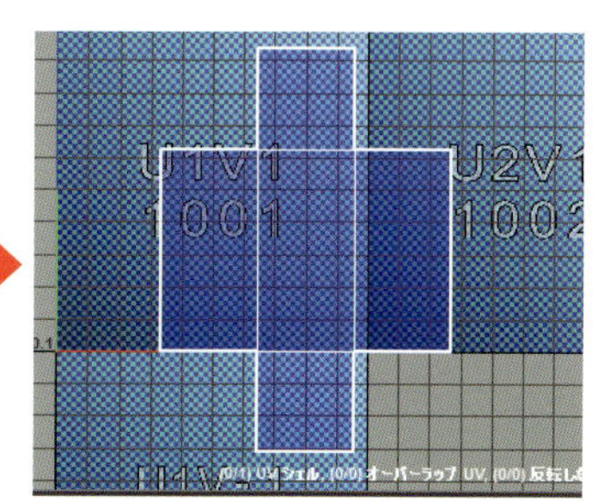

前面を基準に、シェルが全てつながります。

台形の展開手順

台形は、全ての面をステッチせずに、傾斜している面のエッジを分離した状態にすることで、歪みなくつなげる事ができます。

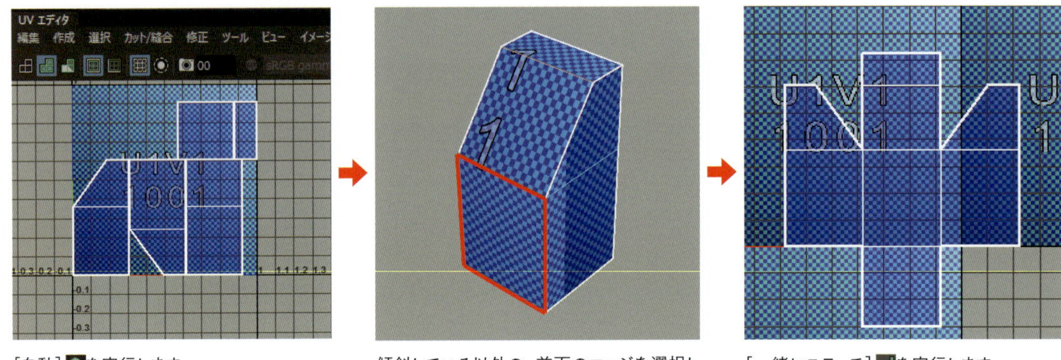

[自動] を実行します。

傾斜している以外の、前面のエッジを選択します。

[一緒にステッチ] を実行します。

くぼみ型の展開手順

くぼみ型は、1つのシェルにまとめることはできません。くぼみのフェースは、別のシェルに分けて作成します。

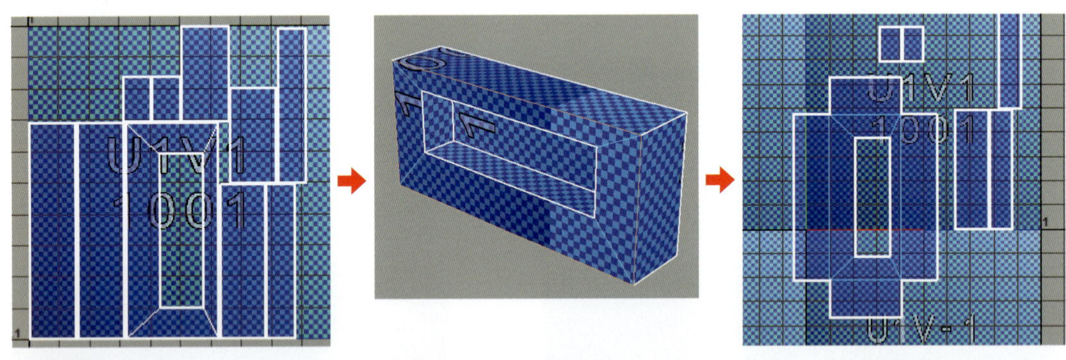

[自動] を実行します。

前面外側のエッジを選択します。

[一緒にステッチ] を実行します。

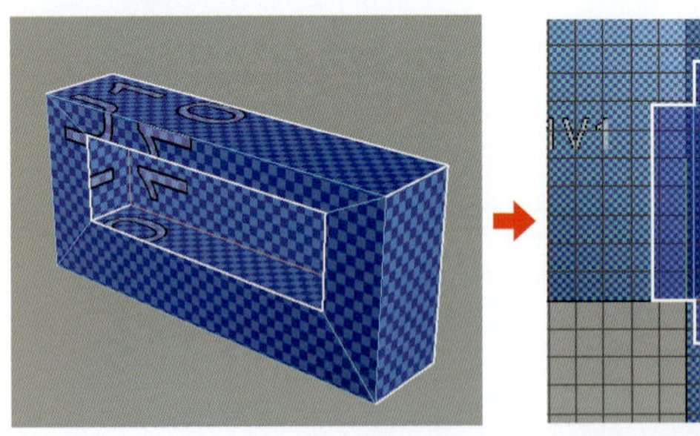

くぼみの奥にあるフェースのエッジを選択します。

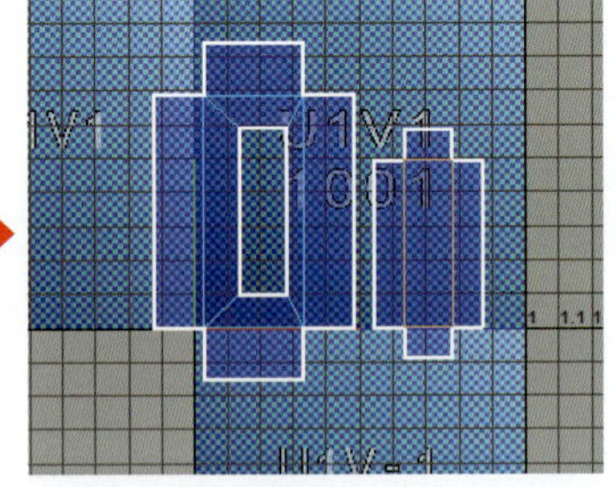

[一緒にステッチ] を実行します。

前面L型の展開手順

前面L型は台形に似ていますが、シェルをまとめることはできません。傾斜が前面側に向いているため、シェルをまとめると重なりが発生するためです。

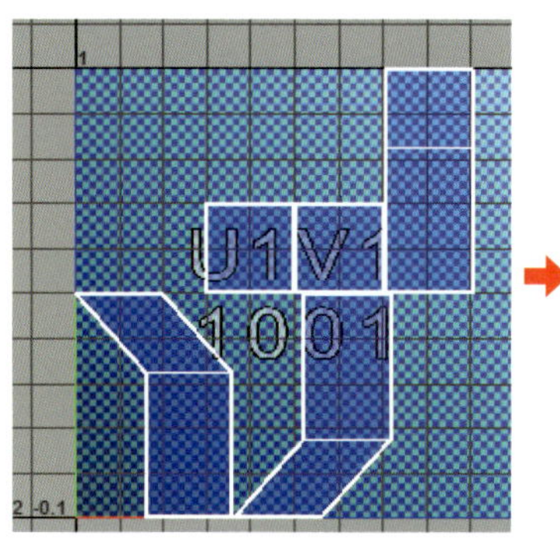

[自動]を実行します。

傾斜している箇所以外の、前面のエッジを選択します。

[一緒にステッチ]を実行します。上下の面がステッチされます。

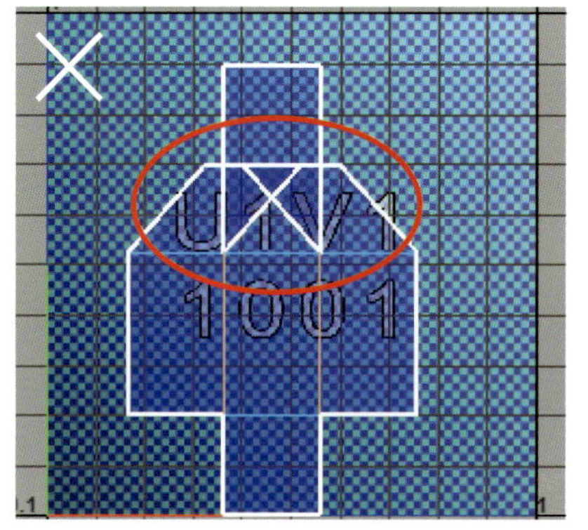

側面をステッチすると、傾斜部分がかさなるのでステッチは実行しません。

MEMO [自動]の注意点

[自動]を使う際の注意点として、オブジェクトのトランスフォームのスケールに値が入っていると、正しい結果が得られない事があります。[自動]を実行する前に、[修正] > [トランスフォームのフリーズ]を実行し、スケールの値をフリーズする事で、正しい結果が得られます。

例外処理

前述した基本の「歪ませない」と[自動]マッピングを使わない例外がそれぞれあります。「歪ませない」の例外は、パイプなどの円柱状のパーツがあります。無理にシェルを分解すると、UV面積を占有する事と、テクスチャ作業が複雑になる事が理由となります。[自動]を使わない例外は、Xフレームや穴網パーツのようにくぼみが傾斜面で構成されていると、くぼみの深さによっては、シェルが細かく分解されるため、ステッチが困難になる事が理由となります。

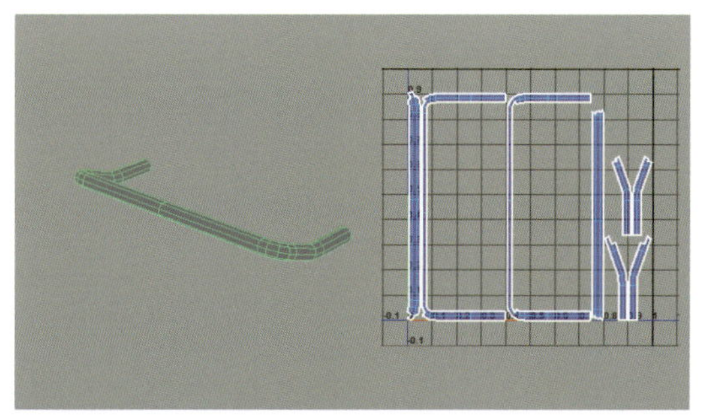

曲がっているパイプを歪ませないように作成すると、シェルが細かくなりすぎます。

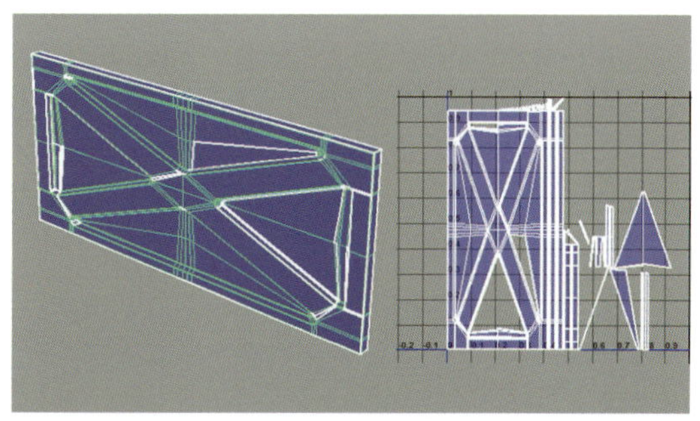

傾斜しているくぼみ形状に[自動]を実行すると、シェルの分割が多くなります。ここまで細かいと、ステッチが困難です。

曲がっているパイプの展開手順

パイプのオブジェクトを選択して、［平面］を実行します。ビューポートから、エッジループを選択します。UVエディタから、❶［カット］を実行し、選択しているエッジループを分離します。UVエディタから、パイプのすべてのUVを選択します。UVエディタから、❷［展開］を実行します。UVエディタから、パイプのすべてのUVを選択します。❸水平または垂直方向にある程度揃うように回転します。UVエディタから、❹［UVの直線化］を実行します。

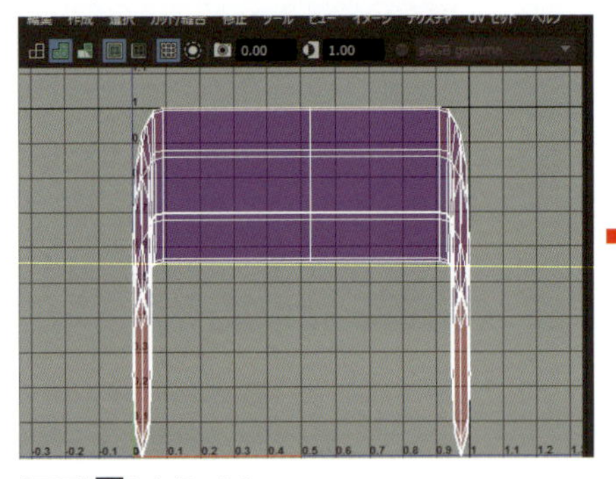

［平面］を実行します。

分離するエッジループを選択します。

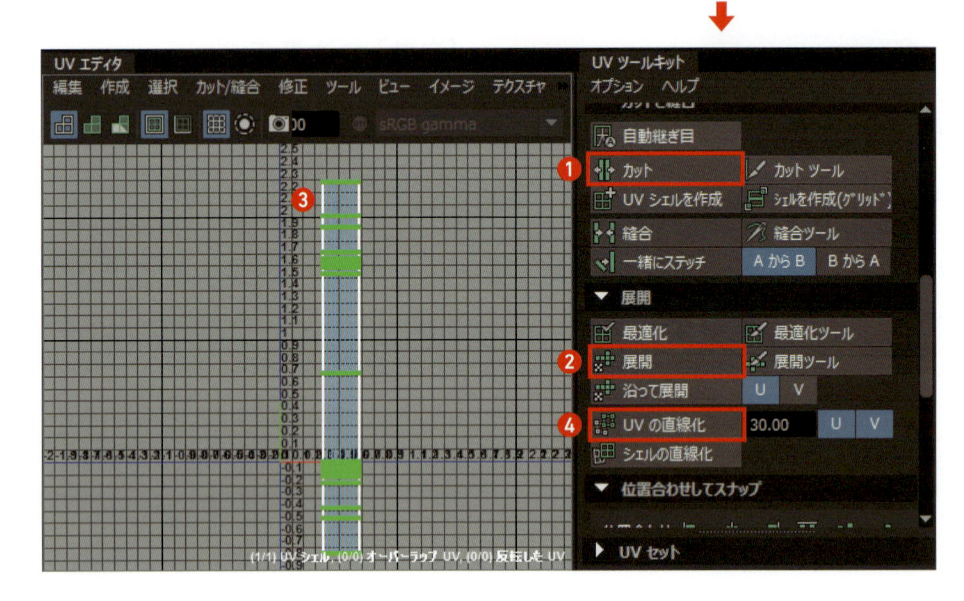

Xフレームの展開手順

［自動］を実行した結果、シェルが細かく分かれた場合には、以下の手順で展開をします。❶［平面］を実行します。側面の左右のフェースだけ選択して、❷［平面］を実行します。側面の上下も同様に［平面］を実行します。以上の手順で、合計で5つのシェルに分かれました。❸前面シェルを基準にステッチを行い完成です。なお、Xフレームに限らず、［自動］でシェルが細かくなるパーツは、同様の手順で展開します。

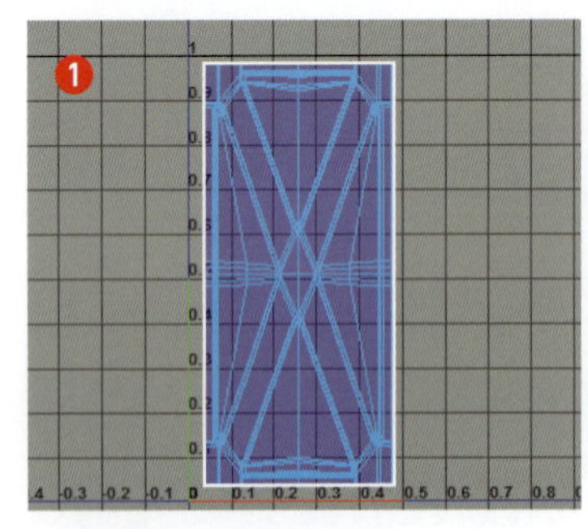

［平面］を全体に適用します。

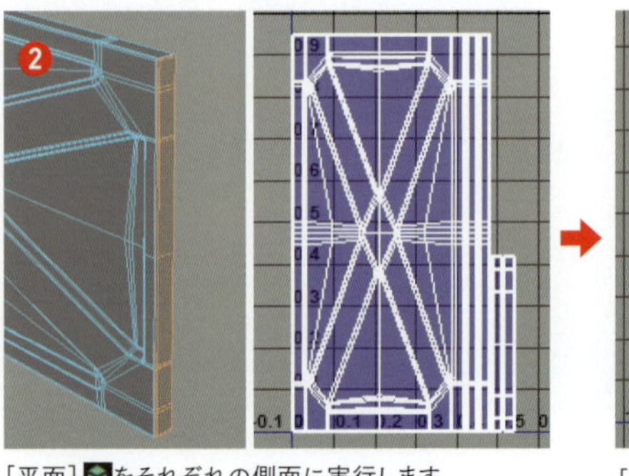

［平面］をそれぞれの側面に実行します。

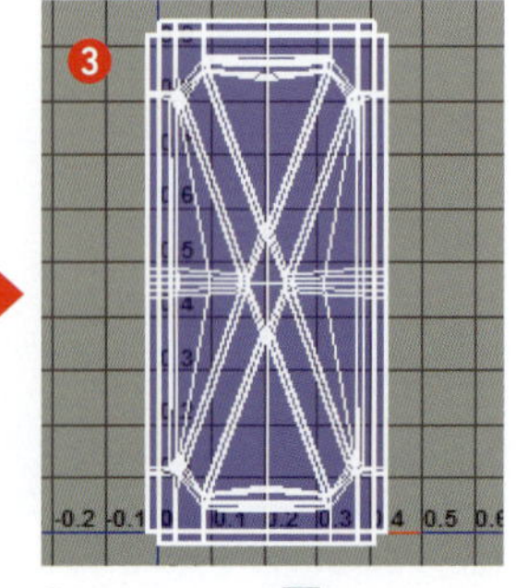

［一緒にステッチ］を実行します。

穴網の展開手順

[平面]を実行します。[沿って展開]をU軸設定で実行します。[沿って展開]は、指定したU方向またはV方向のみに展開処理が適用されます。[展開]を実行した場合に、UVシェルが意図しない形に回転した時に、[沿って展開]を使う事で、シェルの回転を回避できます。

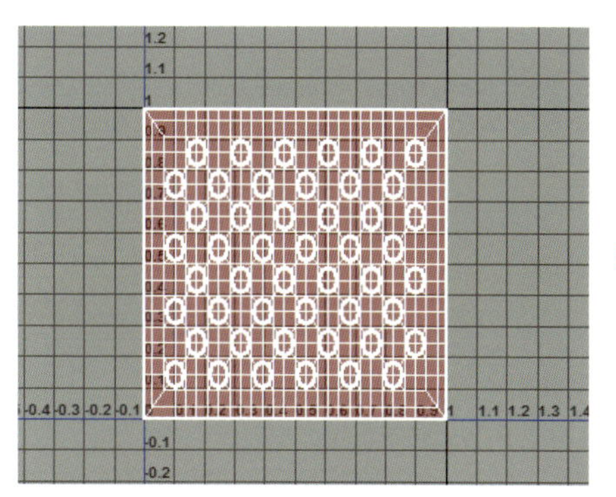

[平面]を実行します。

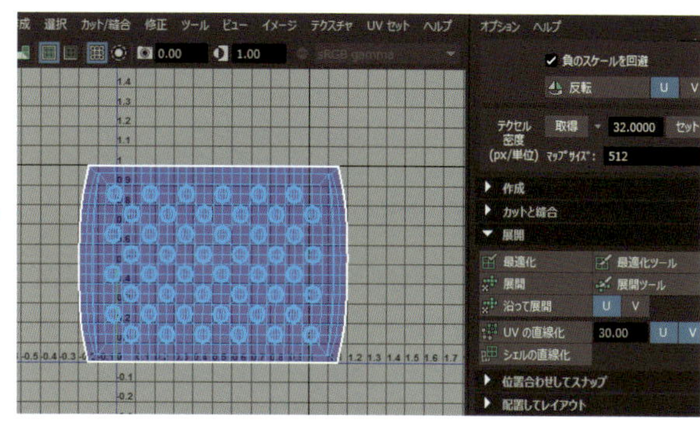

[沿って展開]を実行します。

MEMO 沿って展開

[展開]は自動でUVの歪みが少なくなるように、UVを開いてくれますが、ポリゴンの形によってはシェルが回転する事があります。直線を維持したいUVシェルは、[沿って展開]を実行する事で、回転を回避できます。なお、U軸とV軸で[沿って展開]を計2回実行すると、シェル全体が回転せずに[展開]に近い結果が得られます。

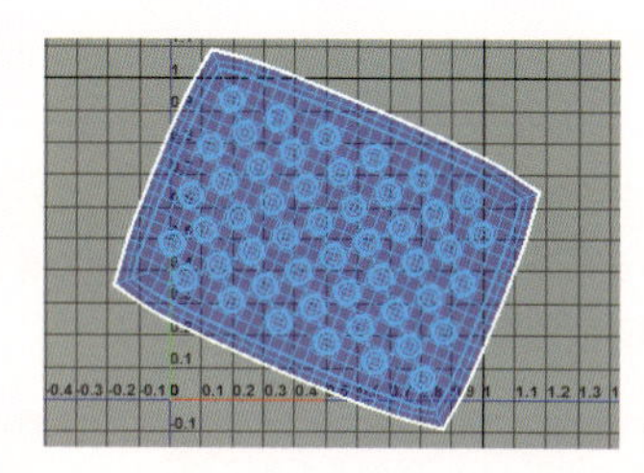

[展開]を実行した結果、シェルが回転している

UVの展開

各パーツのUVを展開します。展開は、展開のパターンと例外処理を参考に進めます。各パーツのUVシェルの大きさは統一する必要はありません。大きさの統一は、UVレイアウトの工程で統一します。

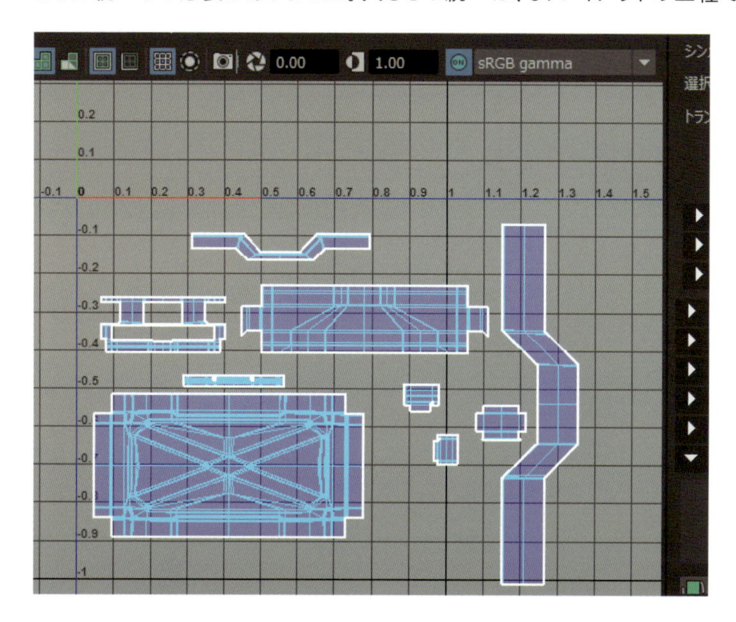

UVのレイアウト準備

展開が完了したら、削除していた対称パーツを複製して配置を行います。

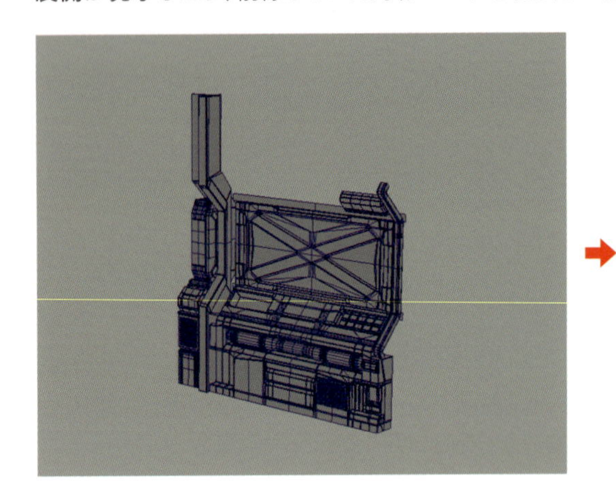

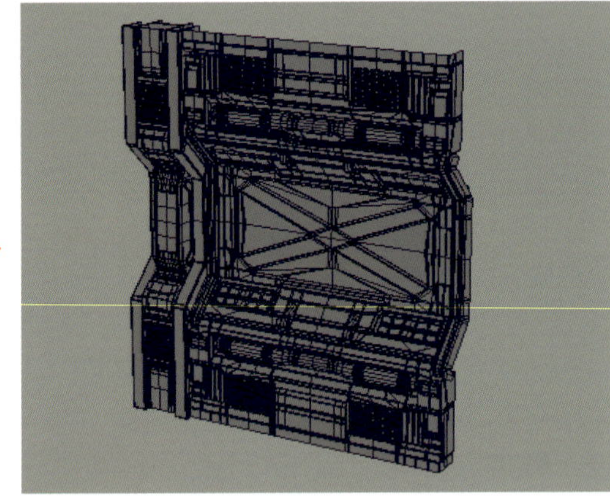

削除していたパーツを複製して、元の壁パーツにします。

UVのレイアウト

UVの配置は、［レイアウト］を使う事で、手間を掛けずに配置が可能です。一度の操作でレイアウト作業が完了しますが、それぞれのUVシェルを意図した位置に配置ができません。意図した位置に配置する必要がある時は、［レイアウト］を使わずに、手動で配置を行います。

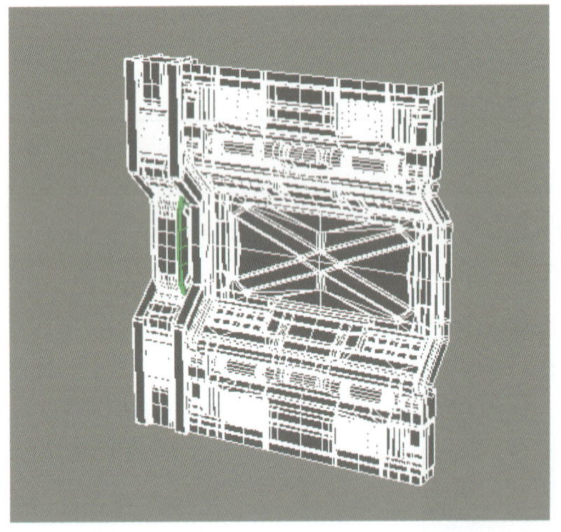

レイアウトを適用する全てのオブジェクトを選択します。

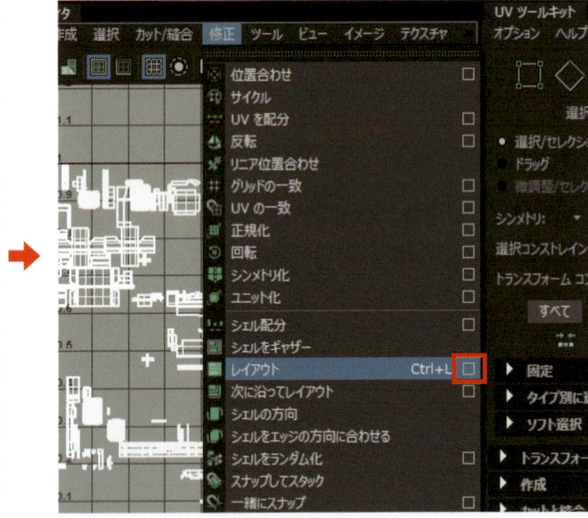

レイアウトのオプションを開きます。

レイアウトオプションの設定を以下の値に変更します。このオプションの設定で、UVシェルの大きさをポリゴンの大きさと一致させる事ができます。レイアウトを実行すると、0～1のUV範囲に配置されます。

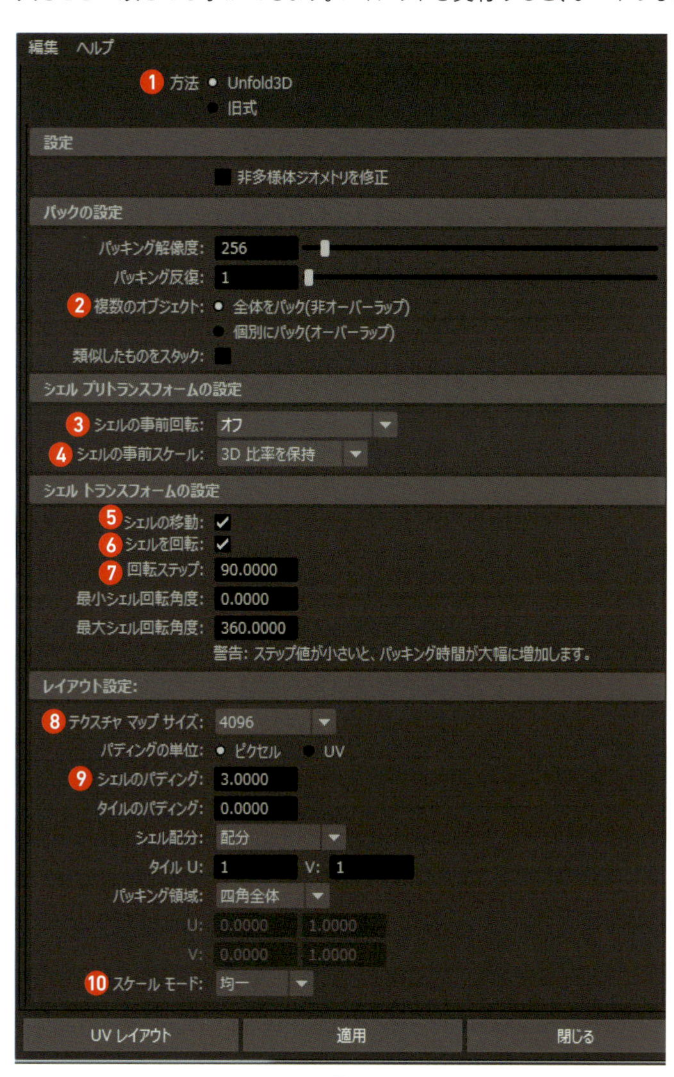

❶ 方法：Unfold3D
❷ 複数のオブジェクト：全体をパック
❸ シェルの事前回転：オフ
❹ シェルの事前スケール：3D比率を維持
❺ シェルの移動：オン
❻ シェルの回転：オン
❼ 回転ステップ：90
❽ テクスチャマップサイズ：4096
❾ シェルのパディング：3.0
❿ スケールモード：均一

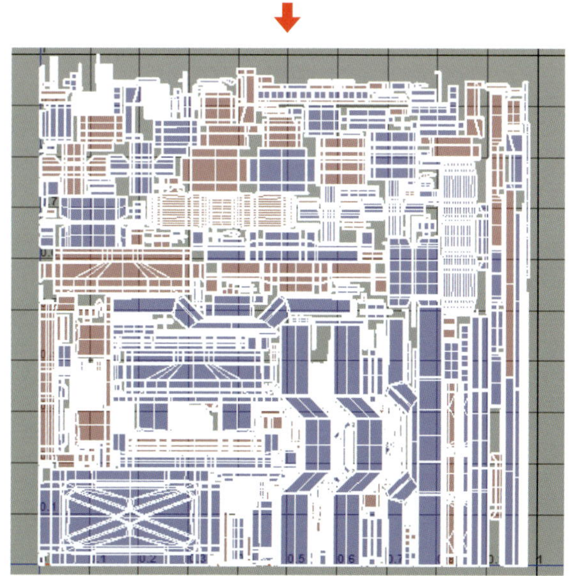

選択中のオブジェクトがUV座標0～1の範囲にレイアウトされます。

床パーツと上部パーツのUV展開とUVレイアウトを、壁の手順と同様に行います。

床パーツのUVレイアウト

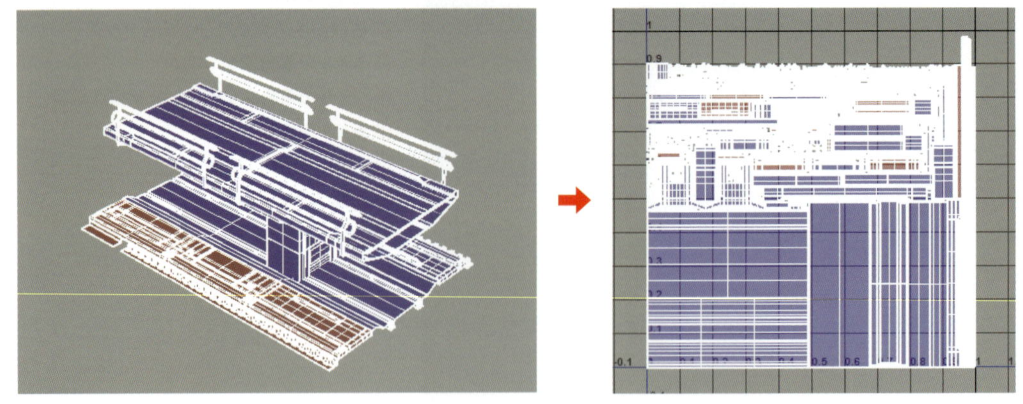

上部パーツのUVレイアウト

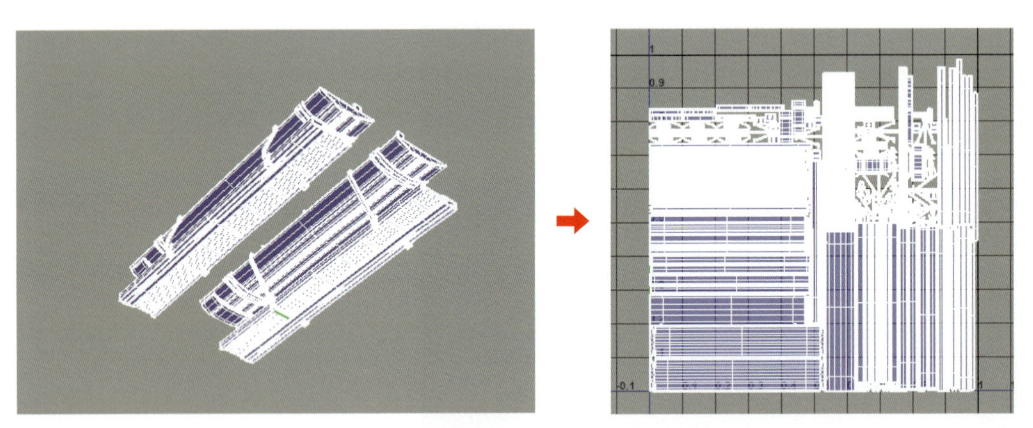

UVを共有するパーツの配置

すべてのパーツのUVレイアウトが完了したら、共有するパーツを配置します。共有するパーツは、壁パーツと、床パーツの底面です。

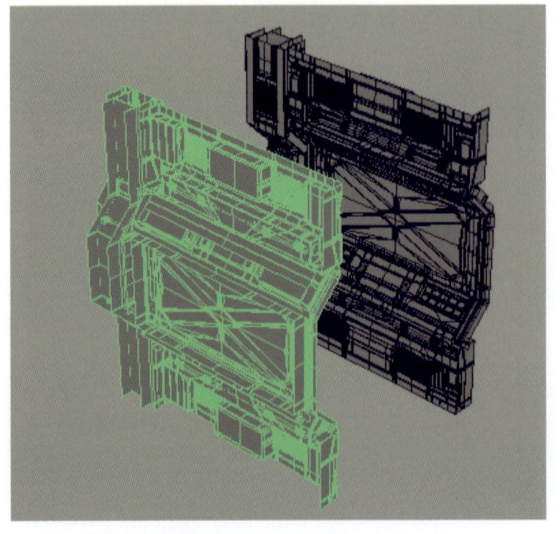

壁パーツを左右に配置します。

床パーツの底面を、上下に配置します。

Chapter 3-6

テクスチャ

テクスチャの作成では、現実世界にある素材の材質をベースとします。最終出力はArnoldを使用しレンダリングします。そのためテクスチャは物理ベースに対応した枚数を用意します。

材質をイメージする

各パーツがどのような材質で構成されているかをイメージしながら、材質選びを行います。材質が決まったら、各パーツの材質を指定します。

ガラス　ダークスティール　アルミニウム　ラバー　塗料　錆びたスティール

イメージの確認

材質のイメージが固まったら、マテリアルエディタから材質と同じ数のマテリアルを作成し、Colorを材質のイメージに近い色に設定します。作成したマテリアルをオブジェクトにアサインします。ビューポートから見た目を確認し、違和感があれば材質を変更するか、適用するオブジェクトを変更するなどをして調整を行います。

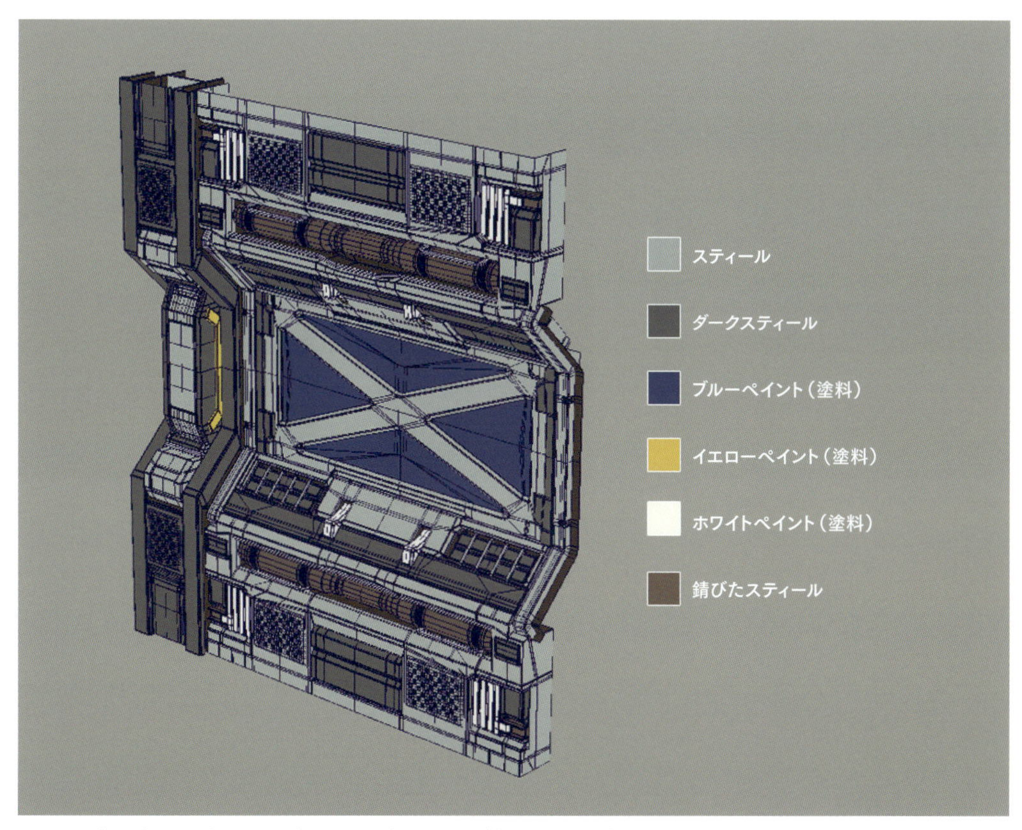

こちらの画像は壁パーツだけですが、床パーツと上部パーツも同様にイメージの確認を行います。

マスクを作成する

材質をテクスチャで作成する前に、作業を効率的にするためにマスクを用意します。マスクは、材質別に領域を区分けするために使用されます。前項で用意した材質確認のシーンを使用して、マスクを出力します。マスクを出力するには、[マップの転写]を使用します。[マップの転写]には、[ソース]と[ターゲット]の2つのデータを用意します。

壁パーツの複製

壁パーツのデータを複製します。複製したデータは[ソース]になります。「ソース」データのオブジェクトを全て選択してから、[結合]を実行します。正しく[結合]を完了するために、ヒストリを削除します。「ソース」データを複製します。「ソース」から複製したこのデータは「ターゲット」になります。新しくマテリアルを作成して、「ターゲット」オブジェクトにアサインします。

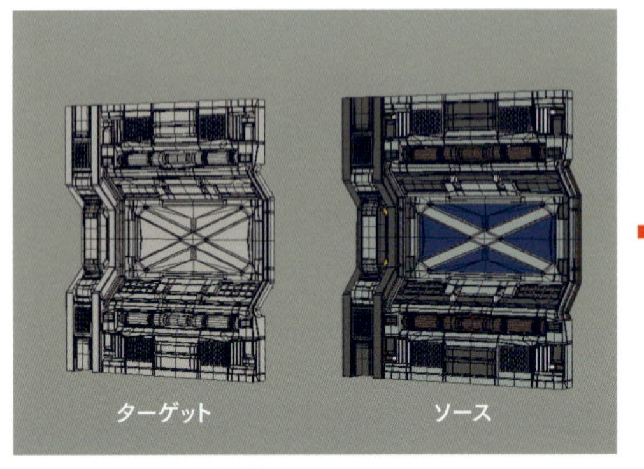

「ソース」と「ターゲット」を壁パーツから複製して用意します。それぞれ、オブジェクトは結合して1つにします。

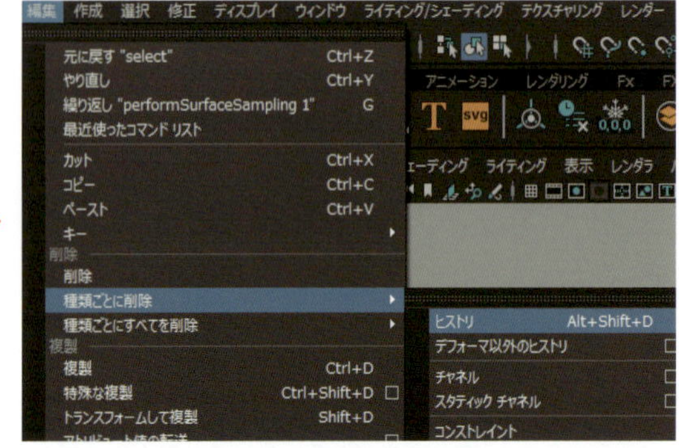

[結合]したオブジェクトは、ヒストリを削除します。

マップの転写

正しく転写を行うには、「ソース」と「ターゲット」を同一座標に配置します。[メニューセット]から、[レンダリング]を選択します。ライティング / シェーディング > [マップの転写]を実行します。

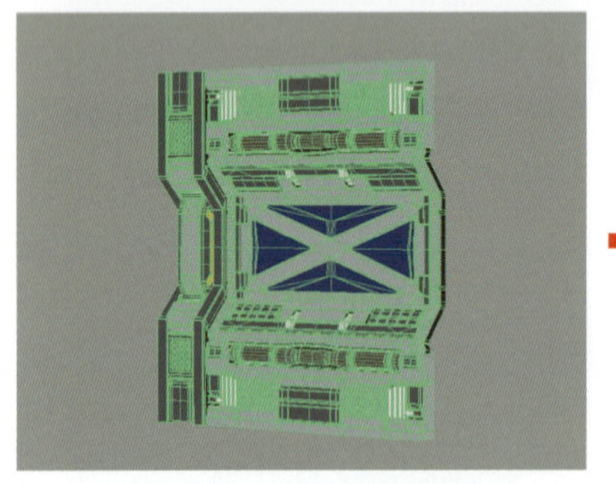

「ソース」と「ターゲット」を同一座標に重ねます。

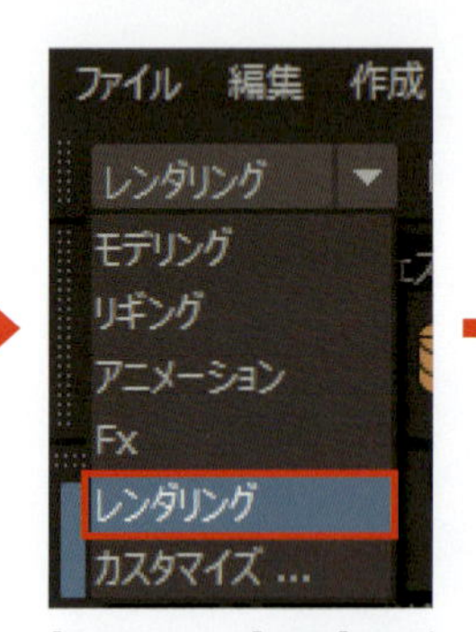

[メニューセット]から[レンダリング]を選択します。

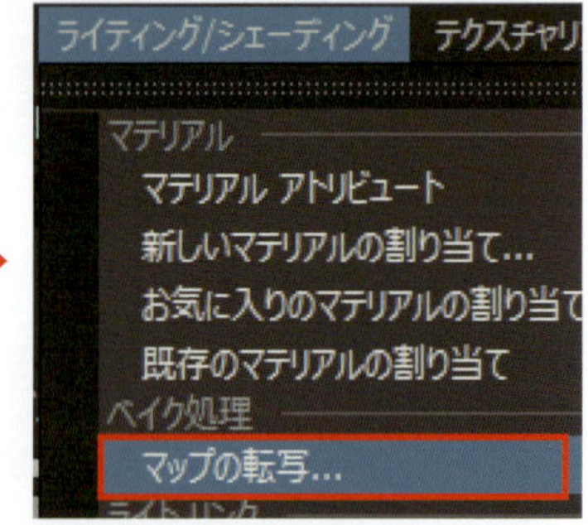

ライティング / シェーディング > [マップの転写]を実行します。

マップの転写オプションの設定

［マップの転写］のオプションを設定してから、「ベイク処理」を実行します。

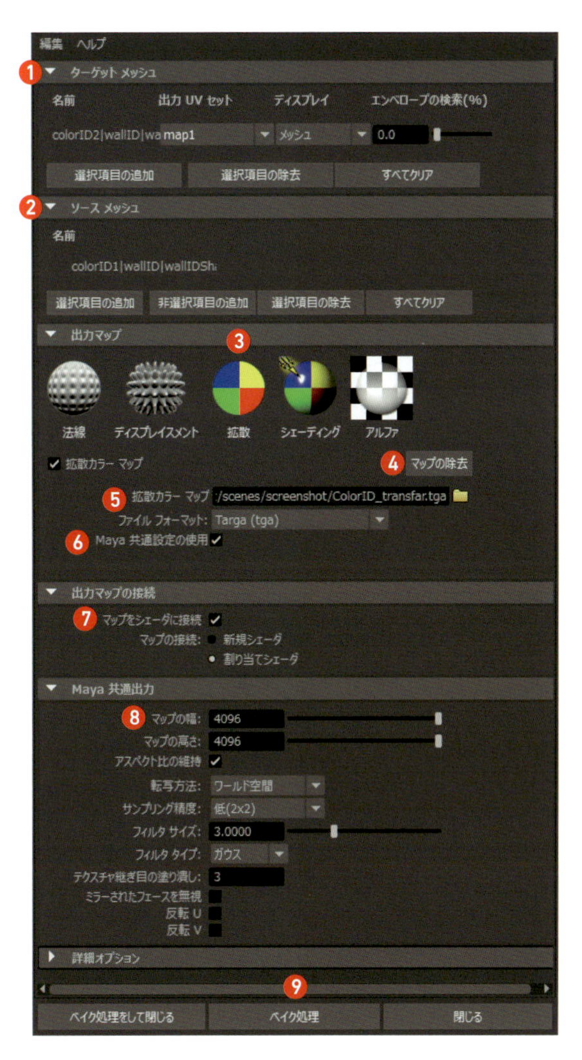

❶ ターゲットメッシュ
「ターゲット」オブジェクトを選択してから、「選択項目の追加」を実行します。名前の欄に、「ターゲット」オブジェクトが追加されている事を確認します。「ターゲット」オブジェクト以外のオブジェクトが含まれていた場合は、「すべてクリア」を実行してから、「ターゲット」の追加をやり直します。

❷ ソースメッシュ
「ソース」オブジェクトを選択してから、「選択項目の追加」を実行します。

❸ 出力マップ
「拡散」を選択します。選択したマップが、リストに追加されます。

❹ マップの除去
リストに、「拡散」以外のマップが含まれている際に、このボタンを実行してマップをリストから除去します。

❺ 出力ファイル
出力するファイルフォーマットとファイル名を指定します。
ファイル名：任意
ファイルフォーマット：Targa（tga）

❻ Maya 共通設定の使用
チェックを入れます。

❼ 出力マップの接続
転写したマップを、「ターゲット」に接続する設定に変更します。
マップをシェーダに接続：オン
マップの接続：割り当てシェーダ

❽ Maya 共通設定
出力するマップの設定を行います。
マップの幅：4096
マップの高さ：4096
転写方法：ワールド空間
テクスチャ継ぎ目の塗り潰し：3

❾ ベイク処理
「ベイク処理」を実行します。「ソース」のマテリアルカラーが、テクスチャとして出力されて、「ターゲット」に接続されます。

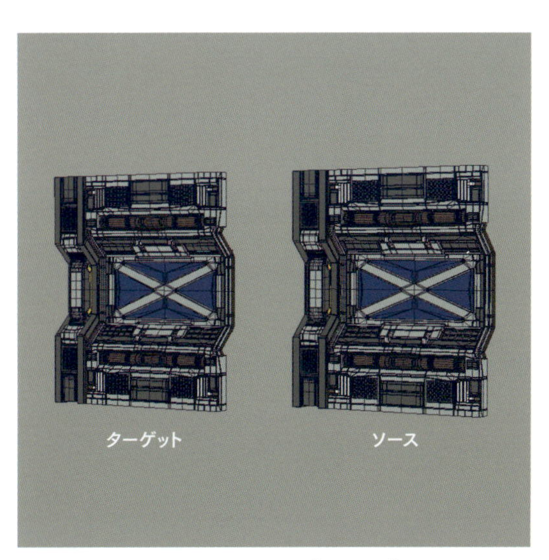

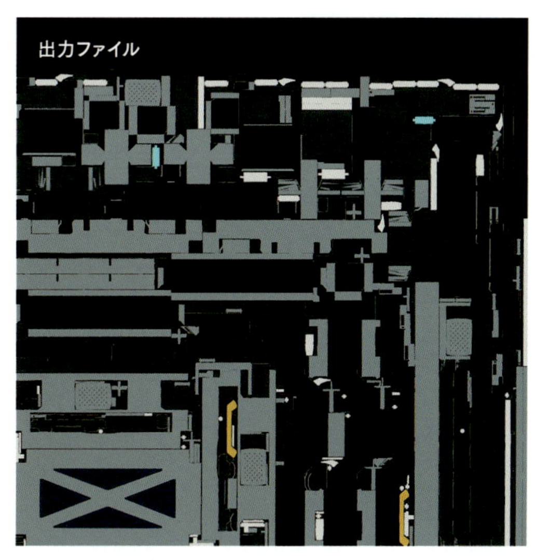

ベイク処理でテクスチャが出力されます。「ソース」と「ターゲット」が同じカラーになっている事を確認します。

マスクの作成

転写で出力されたテクスチャは、マテリアルカラーが単色で出力されるため、任意の画像編集ツールを用いて、色指定を行う事で、容易にマスクを作成する事ができます。全ての材質のマスクを作成します。

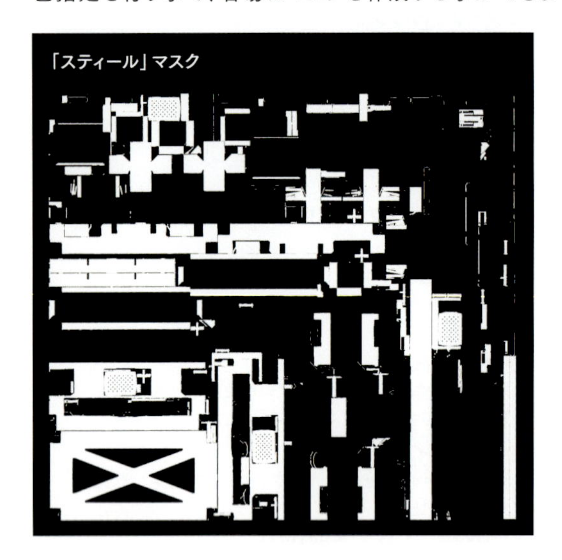

材質のテクスチャの作成

材質のテクスチャを作成します。1つの材質につきそれぞれ、「アルベド」、「メタリック」、「ラフネス」の3枚のテクスチャを作成します。テクスチャの解像度は、マップの転写で作成したマップと同様の、4096pxで作成します。「メタリック」と「ラフネス」に色情報は必要ないため、グレースケールで作成します。

スティール

アルベドは物体の色情報を表現します。薄いブルーで、明度は55％前後で作成します。メタリックは明度を70～80％を基準に作成し、表情の変化が出るようにします。ラフネスを50～60％前後で作成し、光沢感を鈍くすることでスティールらしさが表現できます。

● アルベド

明度55％、彩度10％を基準に作成します。金属質感をわずかに入れます。

● メタリック

明度70～80％を基準に作成します。金属質感を上から重ねます。

● ラフネス

明度50～60％を基準に作成します。上から、金属質感を少し強めに重ねます。

ダークスティール

スティールとの違いはアルベドであり、明度を低く設定します。メタリックとラフネスは、スティールと同様に作成します。アルベドは、スティールを流用して明度を下げて作成すると効率的です。

● アルベド

明度15%で作成します。

● メタリック

明度60%を基準に作成します。

● ラフネス

明度50～60%を基準に作成します。上から、金属質感を少し強めに重ねます。

ブルーペイント

塗料の質感は、アルベドとメタリックを単色にすることで、汚れや風化などがない、鮮度の良い塗料の質感を表現できます。ラフネスはややコントラストを強くすることで、塗料の塗りムラを表現します。

● アルベド

明度35%彩度40%の単色を作成します。

● メタリック

明度0%の単色を作成します。

● ラフネス

明度15%～35%を基準に作成します。

ホワイトペイント

ホワイトペイントは、アルベドが単色だと、質感がぼんやりするため、塗料が剥げた表現を追加します。メタリックを単色で作成します。

● アルベド

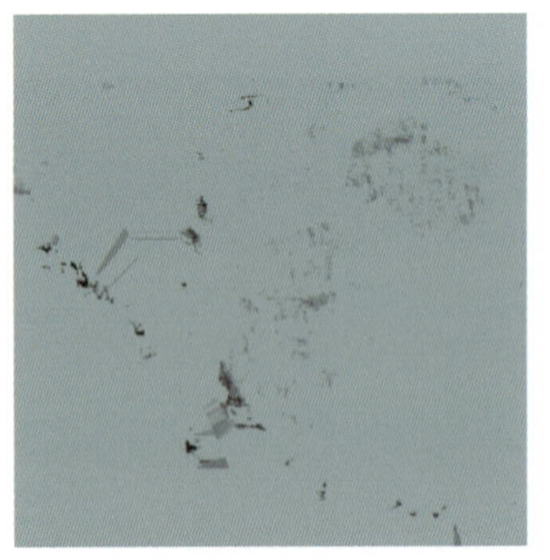

明度70%彩度15%を基準に作成します。塗料の剥げた表現を上から重ねます。

● メタリック

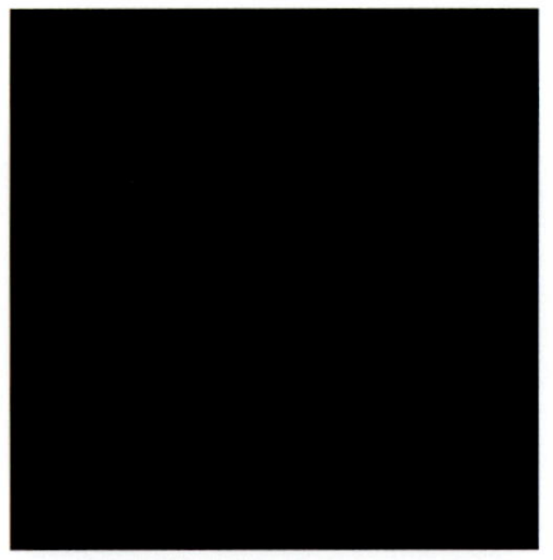

明度0%の単色を作成します。

● ラフネス

明度15%～35%を基準に作成します。

イエローペイント

彩度の高い色でアルベドを作成します。明度を90%を基準で作成し、彩度を100%で作成します。メタリックは単色で作成します。ラフネスは、他のペイントと違い、やや明るめの明度で40%前後で作成します。明るくすることで、光沢感が高まります。彩度が高く光沢感がある事で、絵全体の差し色として際立ちます。

● アルベド

明度90%彩度100%で作成します。全体に色ムラが出るように、質感を上から重ねます。

● メタリック

明度0%の単色を作成します。

● ラフネス

明度は、明るい箇所は40%基準にし、暗い箇所は15%を基準に作成します。

錆びたスティール

錆びたスティールは、錆の表現をコントラストの強い2色の配色で作成します。コントラストを強くする事で、錆の質感にムラができて、表情が豊かになります。

● アルベド

明度40％彩度90％を基準に錆び色を作成します。明度20％、彩度50％の暗い錆び色を上から重ねます。

● メタリック

明るい錆びを明度100％、暗い錆びを明度0％のコントラストで作成します。

● ラフネス

明度75～90％を基準に作成します。

マスクを適用する

それぞれの材質が完成したら、材質に対してマスクを適用します。全ての材質にマスクを適用すると、一枚のテクスチャに6つの材質が合成されます。この手順で、アルベド、メタリック、ラフネスのテクスチャをそれぞれ用意します。

アルベドのテクスチャに、6つの材質を全て合成しました。

質感を追加する

材質に経年劣化の質感を追加することで、情報量が増えて質感が向上します。エッジの角が、削れている表現を追加します。エッジに沿って、マスクを作成します。作成したマスクに、新たに材質を作成して適用します。

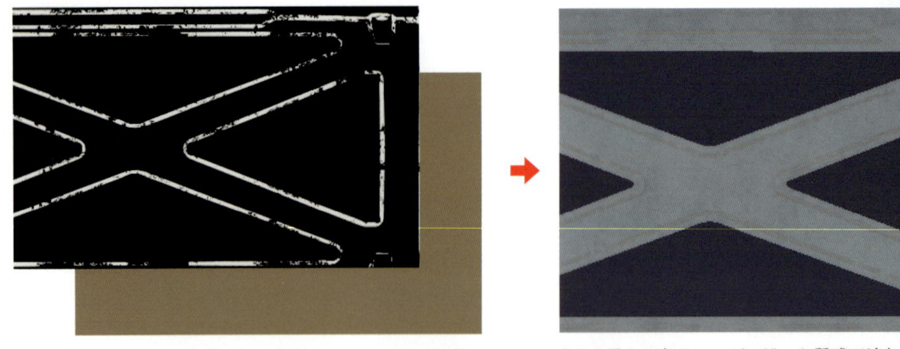

エッジに沿ったマスクを作成します。単色のカラーにマスクを適用します。

上から重ねる事で、エッジに沿った質感が追加されます。

作成したマスクを流用し、メタリックとラフネスも同様に、エッジに沿った質感を追加します。

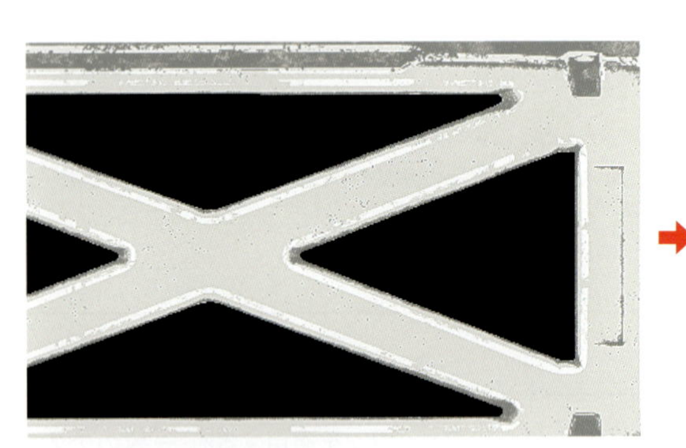

メタリックは、明度100%で作成します。

ラフネスは、明度30%で作成します。

汚れの質感を追加する

奥まった形状であったり、くぼんでいる箇所に汚れた質感を追加します。奥まった形状に沿ってマスクを作成します。黒ずんだ色を作成しマスクを適用します。メタリックとラフネスも、同様に作成します。

奥まったエッジを中心に、マスクを作成します。

黒ずんだ色にマスクを適用します。

マーキングとビス穴の作成

マーキングを追加することで、情報量が増えて質感が向上します。直線や三角形の図形をマーキングとして施します。配色は、白色とイエローペイントのアルベドと同様の色で作成します。ビス穴は、明度0％で作成します。

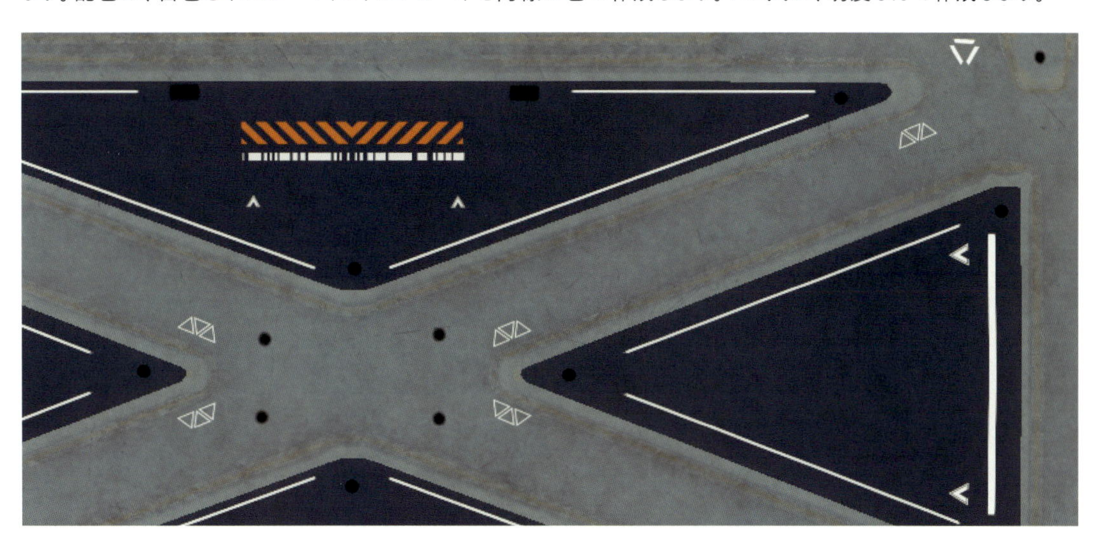

マーキング配色

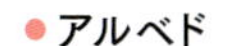

- アルベド：（オレンジ） OR 明度100％
- メタリック：明度0％
- ラフネス：明度30％

ビス穴配色

- アルベド：明度0％
- メタリック：明度100％
- ラフネス：明度100％

ノーマルマップの作成

ビス穴の形状を、ノーマルマップで表現します。ビス穴がある箇所を明度0％で塗りつぶし、それ以外を白で塗りつぶした画像を作成します。任意のノーマルマップを生成するツールを用いてノーマルマップを作成します。

ビス穴を黒、その他を白色で画像を作成します。

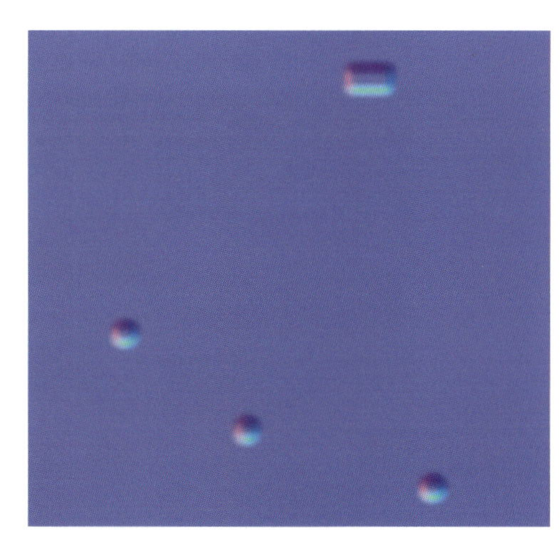

ノーマルマップを生成するツールを用いて作成します。

完成

アルベド、メタリック、ラフネス、ノーマルマップのテクスチャが完成しました。

●アルベド

●メタリック

● ラフネス

● ノーマルマップ

Chapter 3-7

レンダリング

レンダリングの準備に、Arnold用のマテリアルの作成とその割り当てを行います。シーンのレイアウトを行い、カメラをセッティングし、ライティングを行います。

マテリアルを作成する

マテリアルを作成し、割り当てを行います。ハイパーシェードを開きます。新規に、aiStandardSurfaceを作成します。名前を「wall_mat」に設定します。

作成から、aiStandardSurfaceを選択します。

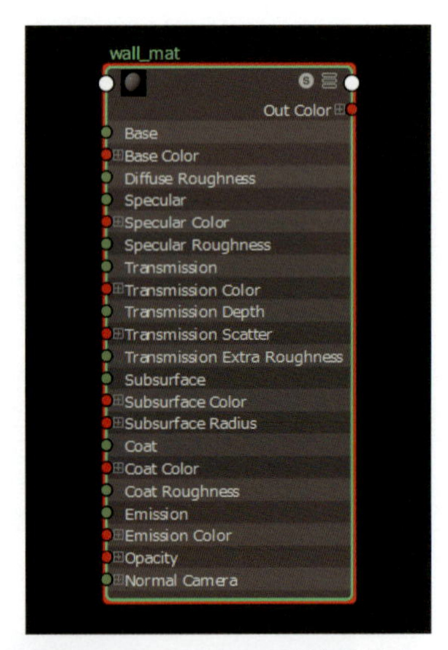

新たに、aiStandardSurfaceが追加されます。

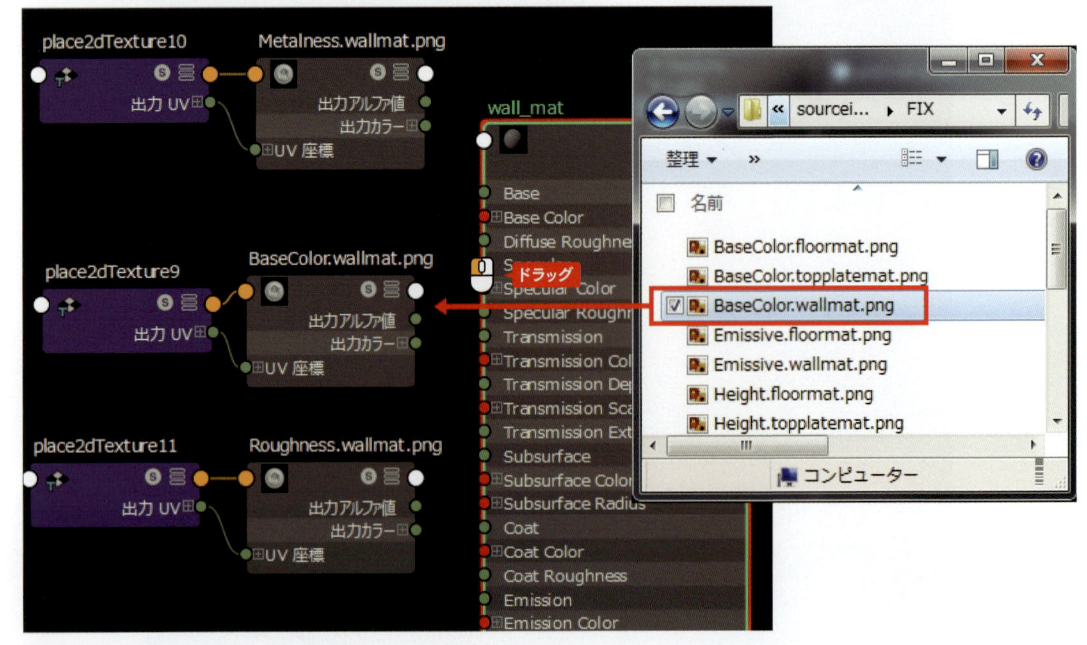

ドラッグで読み込むことで、ノード名が読み込みファイル名と同一になります。

作例編 Chapter 3 背景制作

カラースペースの変更

メタリックとラフネスのマップの効果を正しく反映させるには、カラースペースの変更が必要です。ファイルのノードを選択します。[プロパティエディタ]の中にある[FileAttributes]内の[ColorSpace]を[Raw]に変更します。

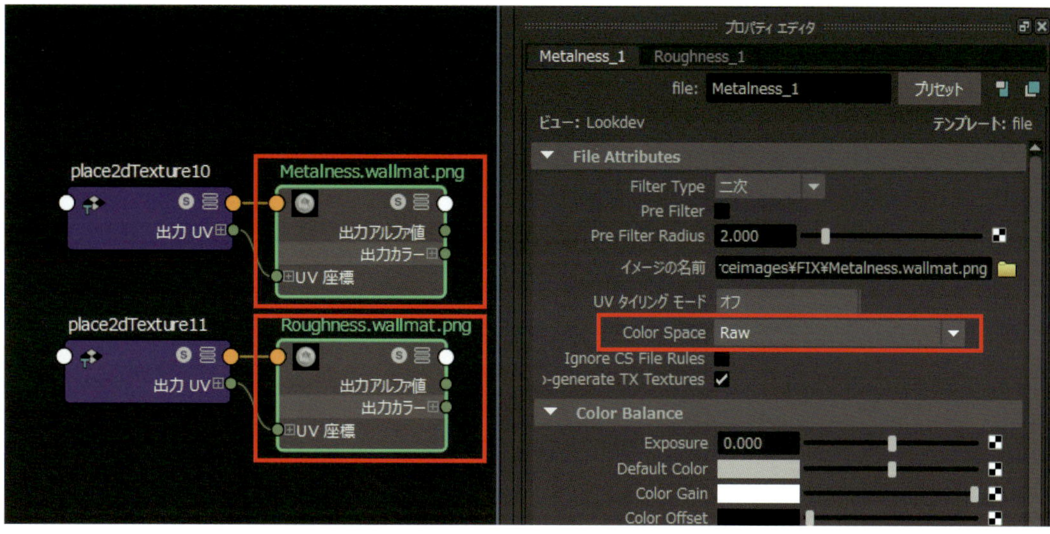

メタリックとラフネスのそれぞれをRawに変更します。

マップの接続

アルベドは❹[出力カラー]を❺[BaseColor]に接続します。メタリックは❶[出力カラーR]を❷の位置に接続した後に開くメニューから❸[metalness]を選択します。ラフネスは❻[出力カラーR]を❼[SpecularRoughness]に接続します。

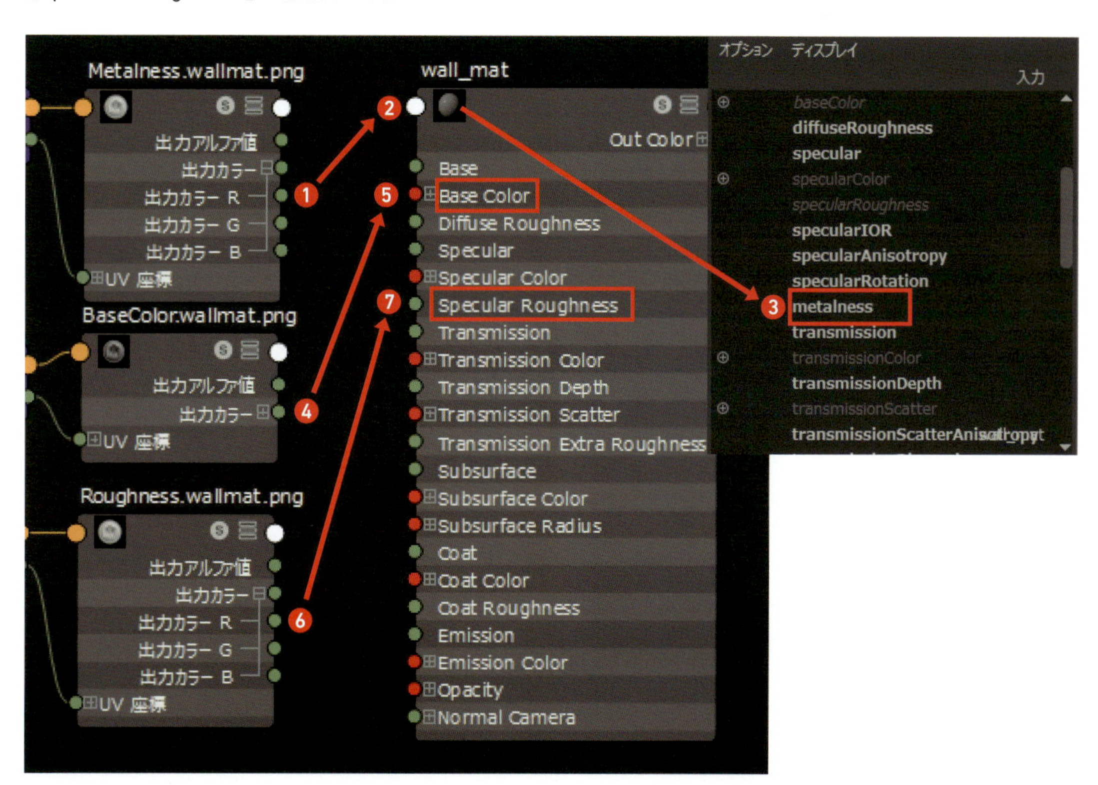

≫ノーマルマップの接続

ノーマルマップを接続するには、[プロパティエディタ]の中の[Geometry]の中にある、[BumpMapping]に接続します。❶を選択します。一覧から、❷[ファイル]を選択します。

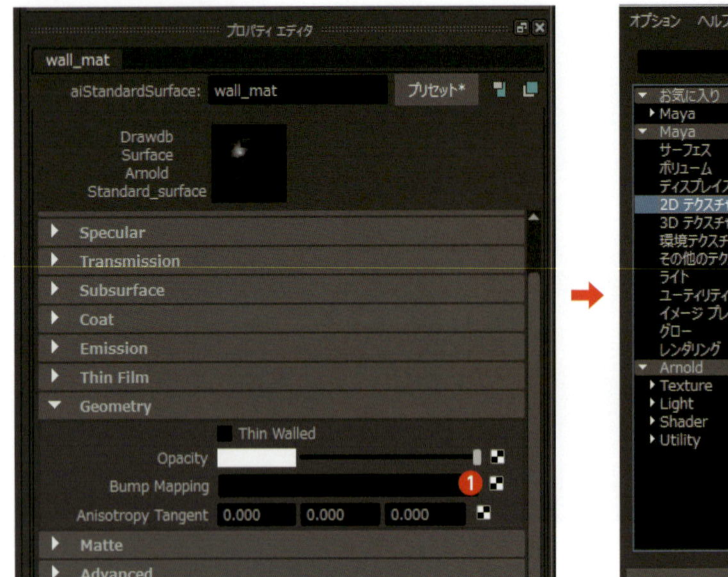

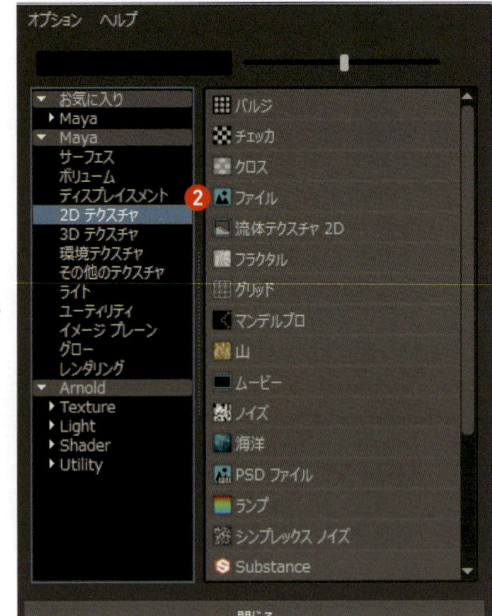

ノーマルマップを正しい結果で出力するには、設定を[接線空間法線]に変更します。❶[bump2d]ノードを選択します。[アトリビュートエディタ]の中にある、[バンプ2Dアトリビュート]から[使用対象]を❷[接線空間法線]に変更します。[Arnold]の中にある、ノーマルマップの効果が、レンダリング結果で正しく表示されていない場合は、❸[Flip R Channel]と[Flip G Channel]のチェックをオフにします。(ノーマルマップについては、P.200「2種類のノーマルマップ」参照)

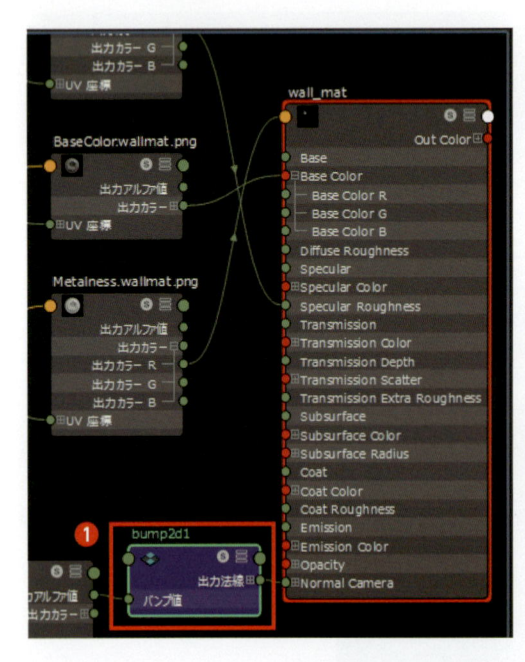

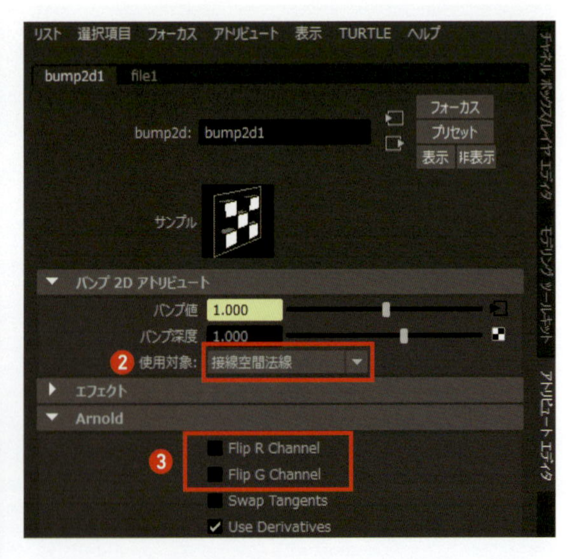

ノーマルマップのファイルを設定します。❶[file]ノードを選択します。[プロパティエディタ]の中にある[FileAttributes]から、❷[イメージの名前]を開き、❸ノーマルマップのファイルを選択し、❹[開く]を実行します。[プロパティエディタ]の中にある[FileAttributes]から、❺[ColorSpace]を[Raw]に変更します。

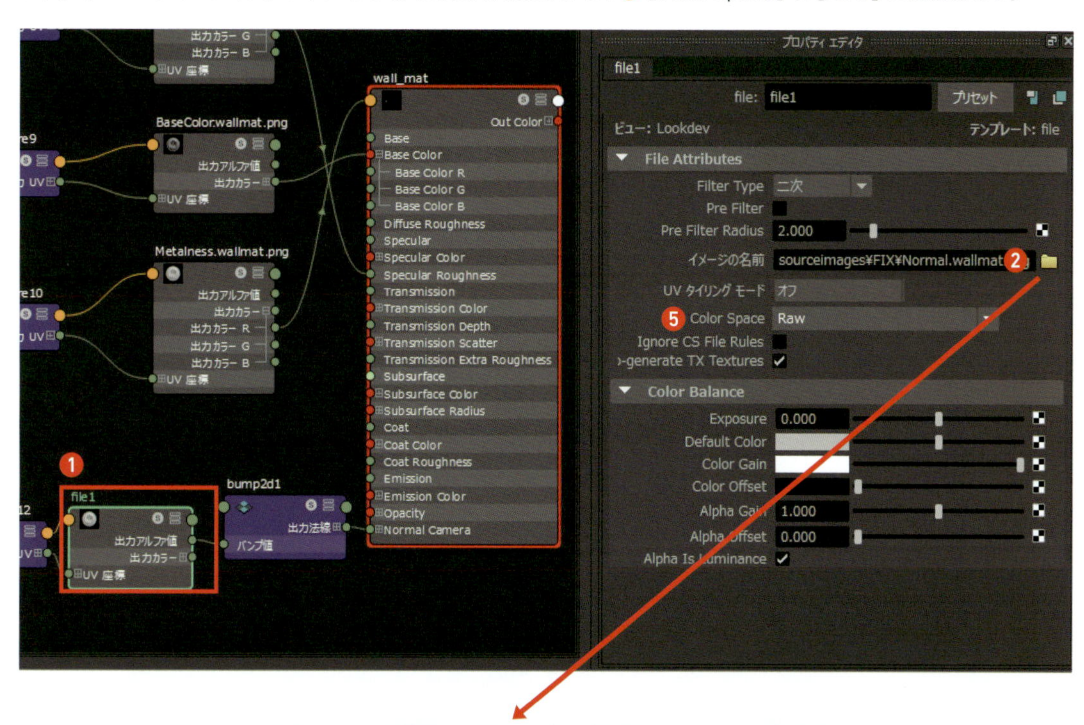

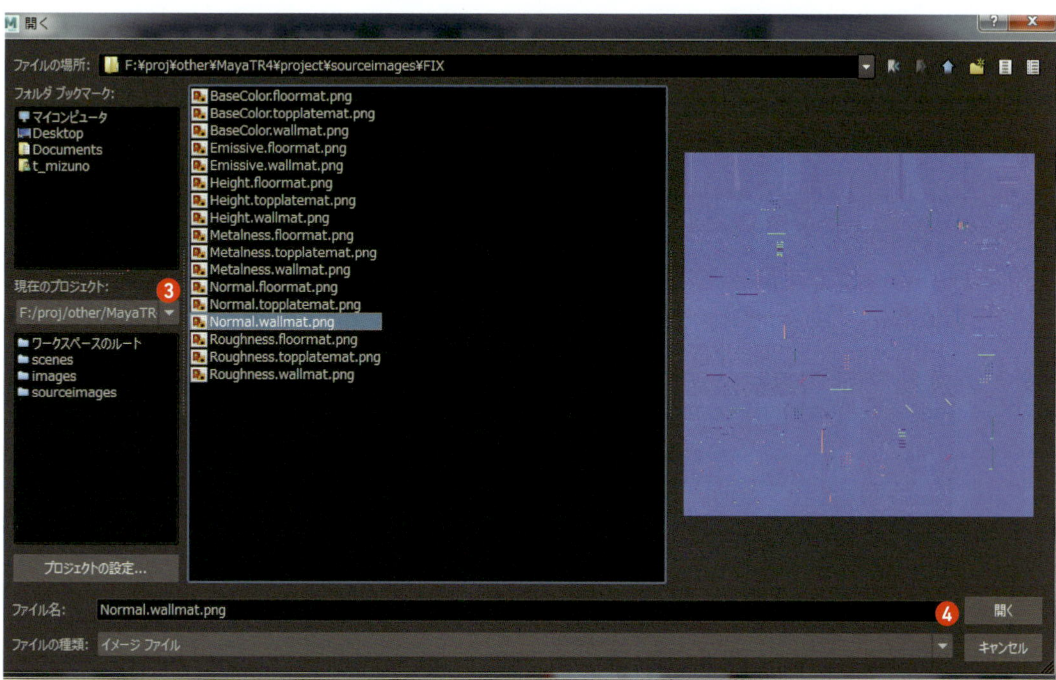

マテリアルの適用

マテリアルを壁パーツのオブジェクト全てに適用します。残りの、床パーツと上部パーツも同様にマテリアルを作成して適用します。

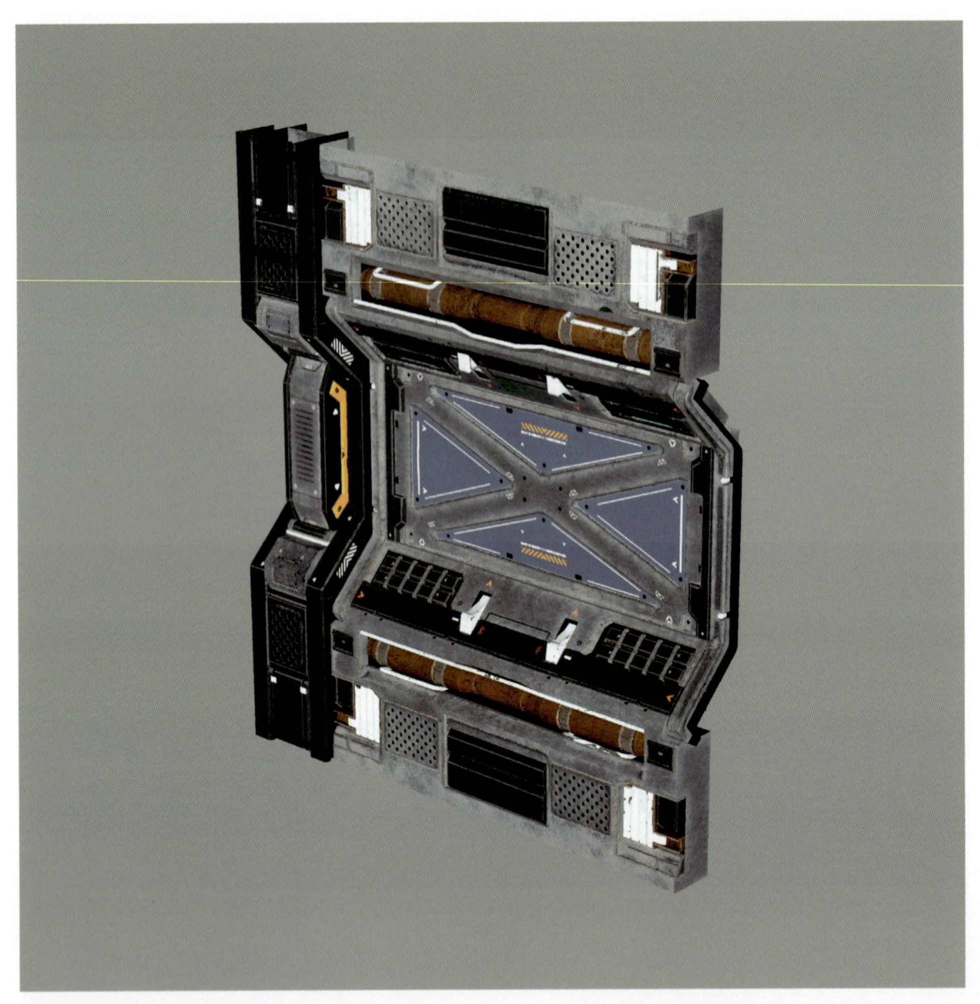

壁パーツにマテリアルを適用します。

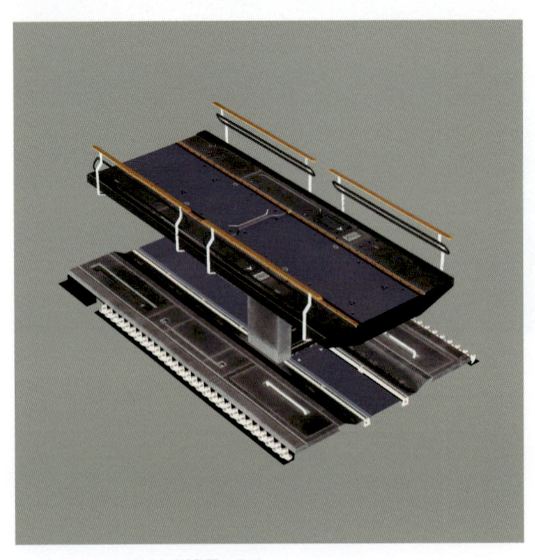

床パーツにマテリアルを適用します。

上部パーツにマテリアルを適用します。

ライトパーツのマテリアル設定

ライトパーツを自己発光させます。自己発光するには、専用のマテリアルを割り当てます。新規に、aiStandardSurfaceを作成します。名前を「EmissiveLight」に設定します。プロパティエディタの中にある、[Emission]の[Weight]を「1.0」に設定します。[Color]をライトの色に設定します。マテリアルを、ライトパーツのフェースに割り当てます。

Emissionの設定を行います。

ライトパーツのフェースに割り当てます。

シーンレイアウト

完成したパーツは区画として扱います。区画を複製し配置を行い通路を作成します。[編集] > [特殊な複製]からインスタンスでの複製を5回行い、連なるように配置することで直線の通路が作成できます。

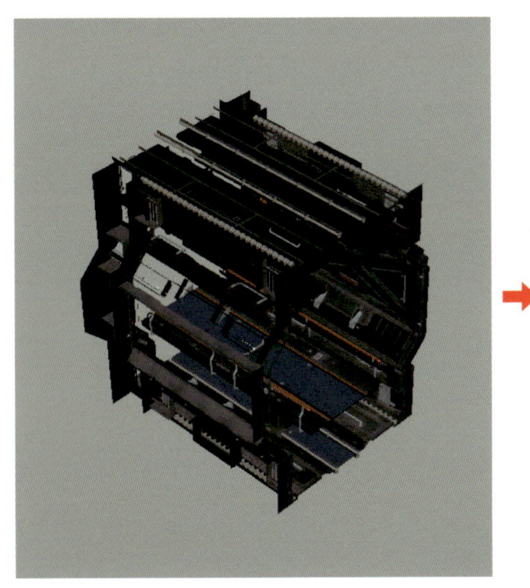

完成した直線の区画

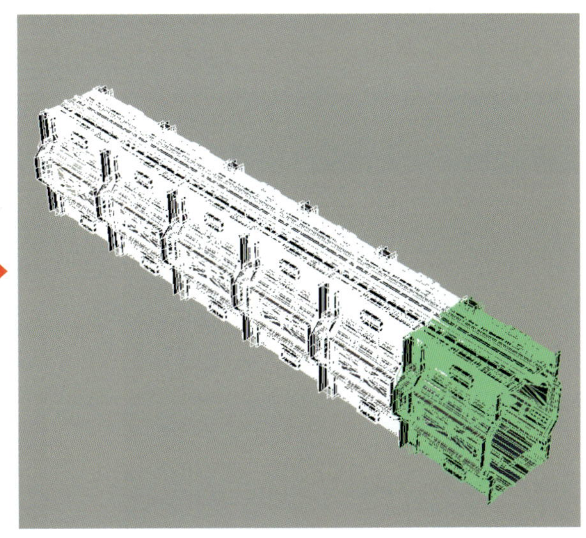

繰り返し配置することで、直線の通路を作成します。

コーナーを作成する

直線区画のみだと、末端が開いてしまっているため、見栄えが良くありません。コーナーのパーツを作成して開いている見た目を解消します。コーナーを作るには、直線パーツを45度の角度でミラーを実行します。区画のパーツのオブジェクトを全て選択してから、❶[結合]を実行します。正しく結合を完了するために、ヒストリーを削除します。❷[メッシュ] > [ミラー] のオプションを設定してから実行します。

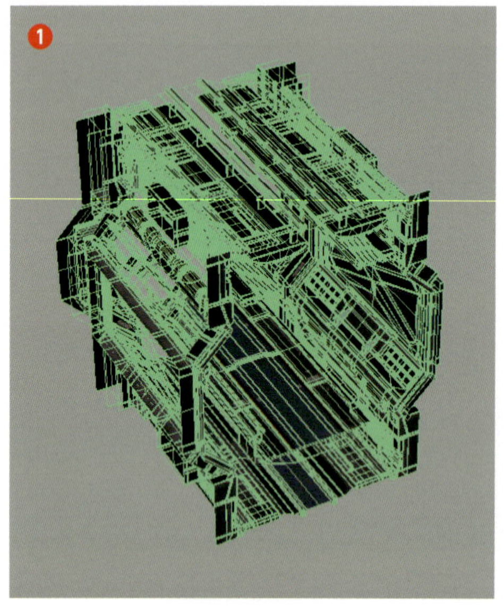

区画のパーツを全て選択し、結合を実行して1つのオブジェクトにします。その後、ヒストリを削除します。

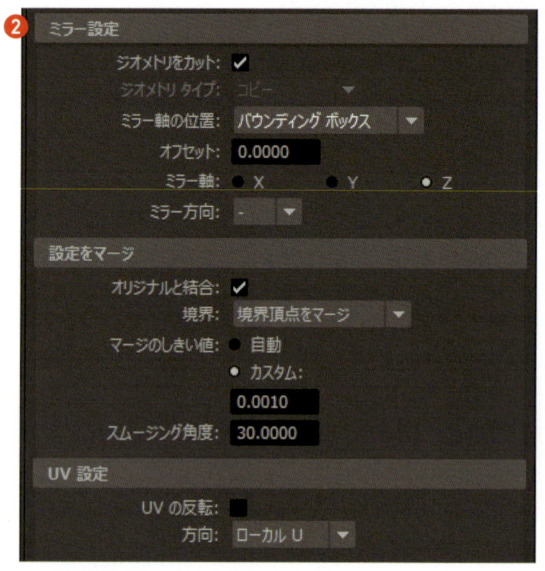

ジオメトリをカット：オン
ミラー軸の位置：バウンディングボックス
ミラー軸：Z
オリジナルと結合：オン
境界：境界頂点をマージ
マージのしきい値：カスタム　0.001
UVの反転：オフ

ミラーを実行した後に、ミラーの軸を回転させて斜め45度にミラーさせます。[チャネルボックス]の中にあるミラーの設定から、❶[プレーン回転Yをミラー]の値を「22.5」に設定します。

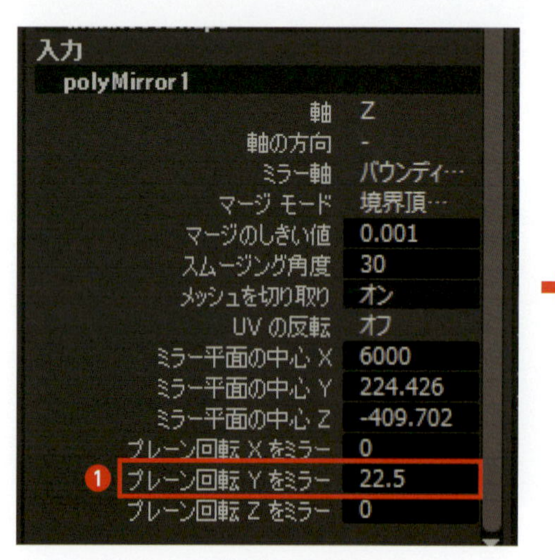

プレーン回転Yをミラーの値を「22.5」に変更します。

ミラーが45度の角度に変更されます。

ミラーで曲げた接続部は、外側の壁面に隙間ができているため、塞ぐ必要があります。

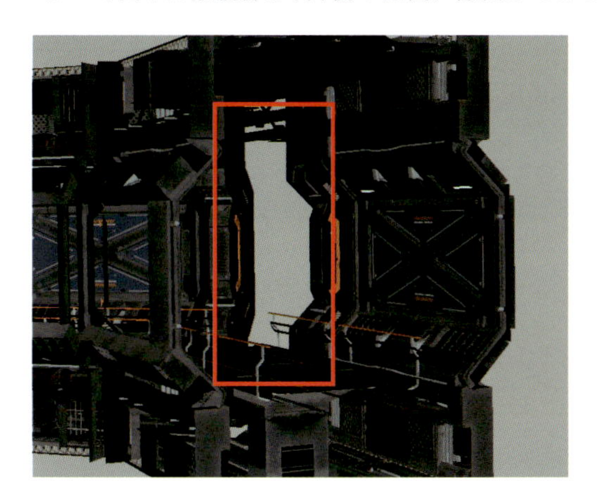

隙間を塞ぐには、ミラーオプションの❶[オフセット]に値を入力します。

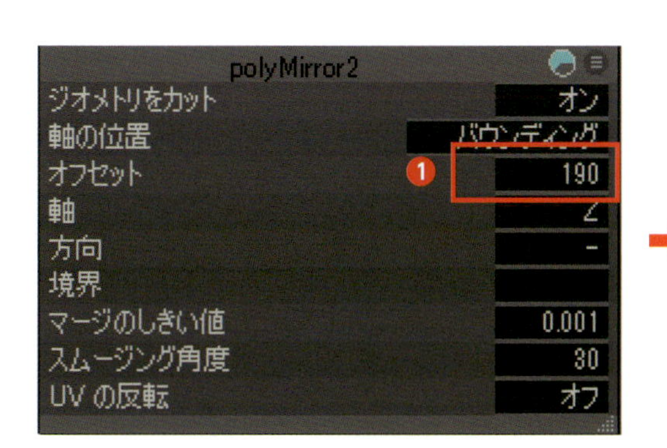

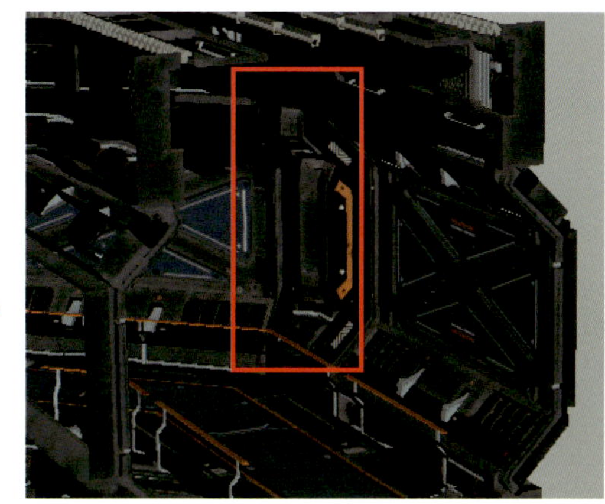

ミラーの軸をオフセット移動することで、隙間がなくなります。

コーナーの配置

コーナーの区画を、直線区画の前後に配置します。コーナー区画は、直線の区画と繋げて配置可能であるため、コーナー区画を配置した先に、続けて直線区画を1つ配置します。

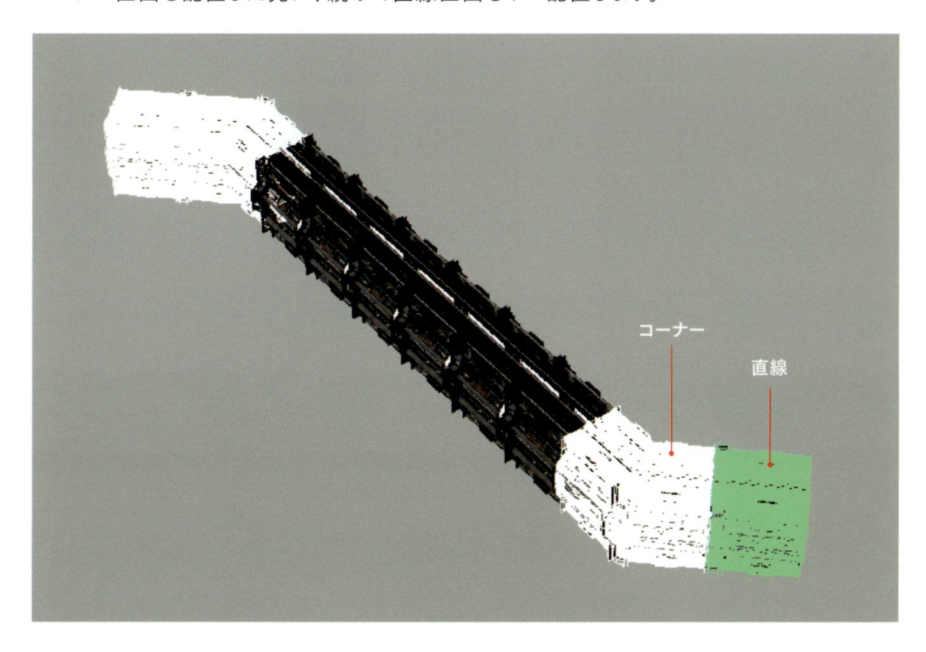

ライティング

ライティングで使用するライトは用途で分類します。「メインライト」、「レッドライト」、「フロントライト」の3種類を配置します。「メインライト」は、通路全体を照らすライトの役割があります。全部で2か所に配置します。「レッドライト」は、上部パーツの裏側に配置し、奥まった形状を際立たせる役割があります。また、赤いライトにすることで、絵の情報量を追加する効果もあります。「フロントライト」は、コーナー区画に配置します。カメラから見て、曲がり角の先から漏れてくる光を表現する役割があります。

ライトの配置

3種類のライトを配置します。「メインライト」と「フロントライト」は、［エリアライト］を使用します。「レッドライト」は、［ポイントライト］を使用します。

エリアライトを壁のライトパーツに沿わせて配置を行います。壁の傾斜に合わせて、ライトを45度の角度に回転します。ライトパーツは1つの区画に4つありますが、ライトの配置は左右に1つずつ配置します。

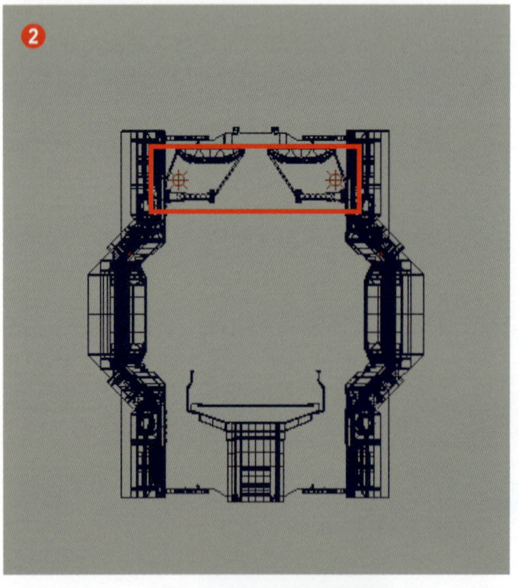

ポイントライトを、上部パーツのパイプの上に配置します。パイプの上に配置することで、パイプに光が遮られて、上面だけ赤く照らす効果が得られます

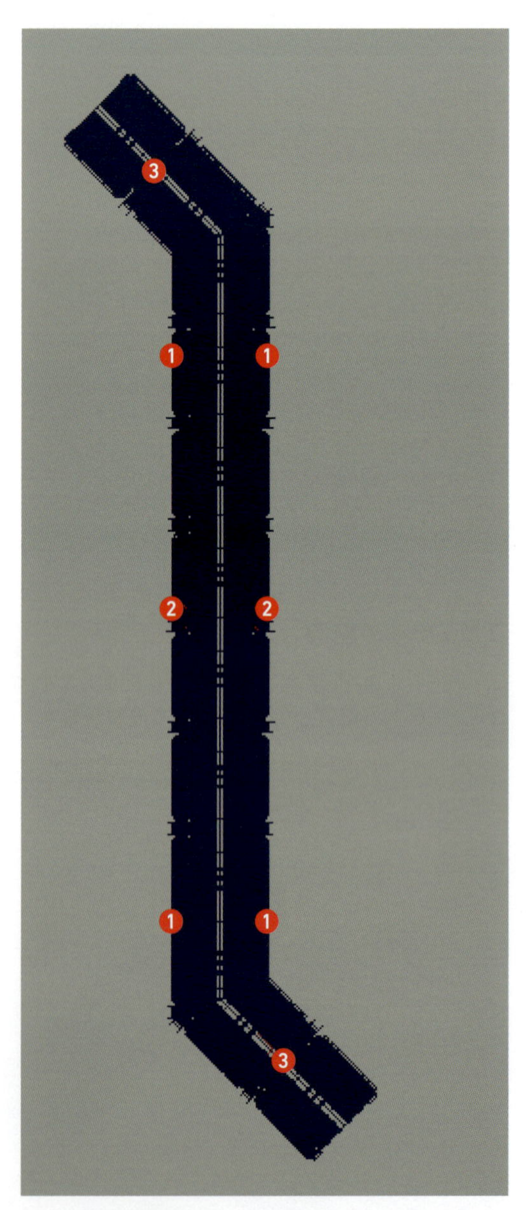

トップから見た配置図です。

❶「メインライト」
❷「レッドライト」
❸「フロントライト」

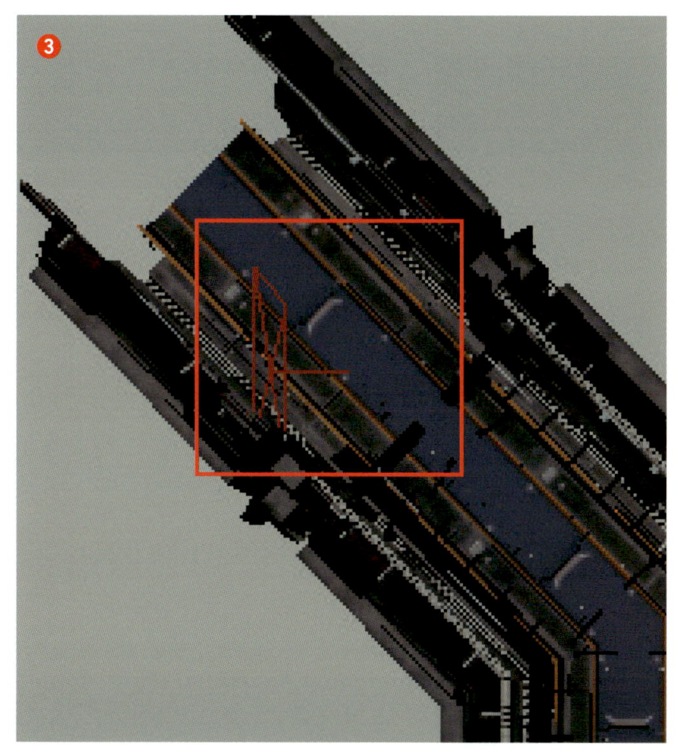

エリアライトを、コーナー区画の壁面に照射するように配置を行います。

ライトの設定

[アトリビュートエディタ]から、「メインライト」「フロントライト」「レッドライト」のライトの色や強さなどを設定します。

● 「メインライト」

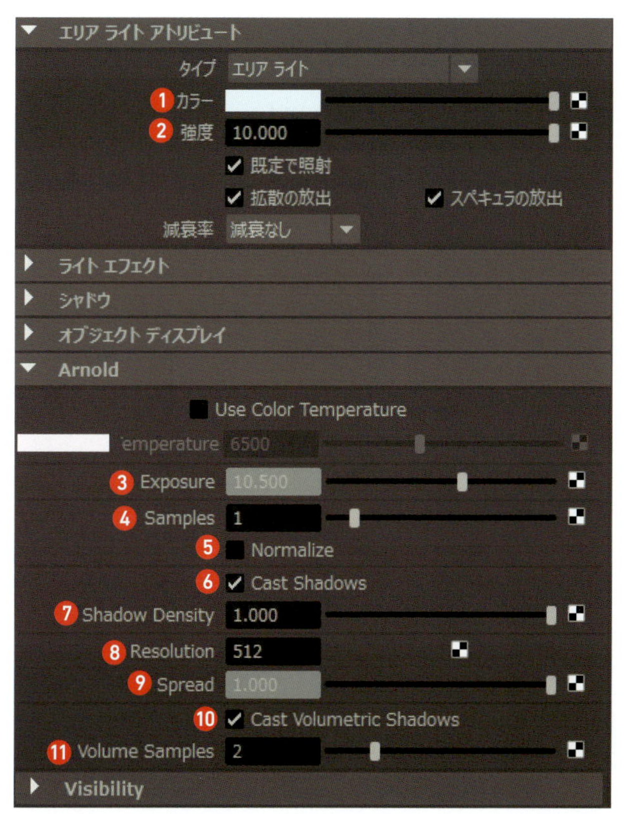

1. **カラー：H195 S0.2 V1.0**
2. **強度：10**
3. **Exposure：10.5**
4. **Sample：1**
5. **Normalize：オフ**
6. **Cast Shadows：オン**
7. **Shadow Density：1.0**
8. **Resolution：512**
9. **Spread：1.0**
10. **Cast Volumetric Shadow：オン**
11. **Volume Samples：2**

トランスフォームのスケールの値を以下に設定します。
スケール X：31
スケール Y：3.6
スケール Z：1

●「フロントライト」

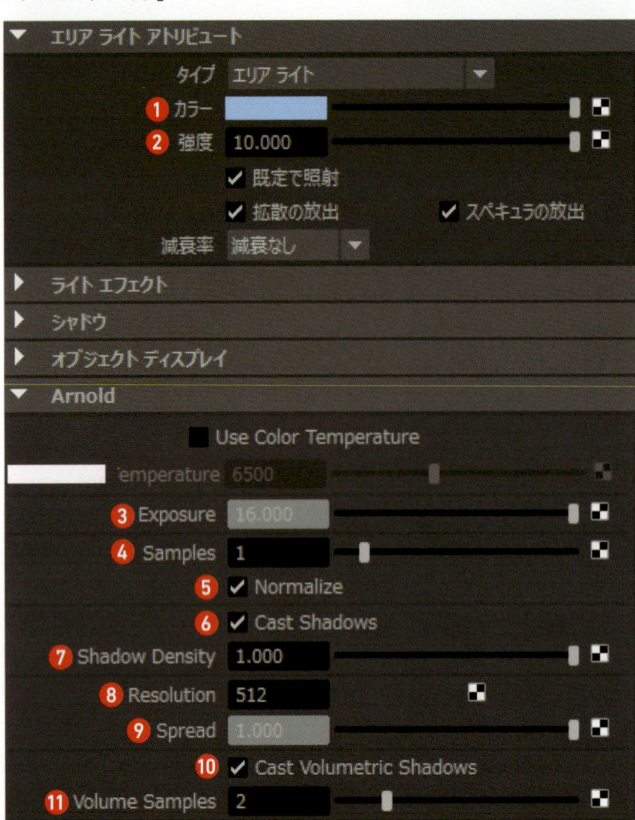

1. カラー：H215 S0.7 V1.0
2. 強度：10
3. Exposure：16
4. Sample：1
5. Normalize：オン
6. Cast Shadows：オン
7. Shadow Density：1.0
8. Resolution：512
9. Spread：1.0
10. Cast Volumetric Shadow：オン
11. Volume Samples：2

●「レッドライト」

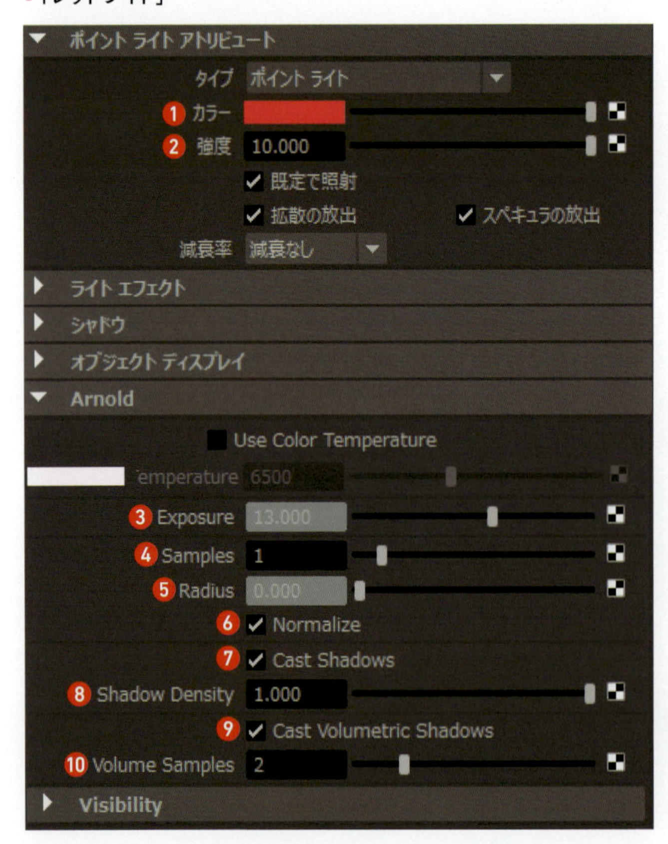

1. カラー：H357 S1.0 V1.0
2. 強度：10
3. Exposure：13
4. Sample：1
5. Radius：0
6. Normalize：オン
7. Cast Shadows：オン
8. Shadow Density：1.0
9. Cast Volumetric Shadow：オン
10. Volume Samples：2

レンダリング

カメラを任意の位置に配置します。正しくレンダリングを行うには、レンダラーをArnoldに変更してから、レンダリングを実行します。レンダリング結果の確認は、[Arnold] > [Arnold RenderView] を使用します。

カメラの設定

デフォルト設定の[ビューアングル]だと視野が狭く感じるため、情報量が不足します。[焦点距離]を「27.0」に設定して、やや広角の見た目にすることで、情報量が増えて見栄えが少しよくなります。[焦点距離]の値を低くすればするほど、[ビューアングル]が大きくなり視野が広がりますが、20.0以下では広くなりすぎて不自然な見た目になるので、設定には注意が必要です。

ビューポートの表示設定で、[すべてのライトを使用]のライティングの結果と、レンダリングでのライティングの結果に大きな違いがあるため、ライティングの結果の確認はレンダリングを行います。

レンダラの選択と共通設定

[レンダー設定] を開きます。❶[使用するレンダラ]をArnold Rendererに変更します。共通タブから、❷[Renderable Camera]から、作成したカメラを選択します。イメージサイズの❸[プリセット]から、レンダリングするサイズを指定します。

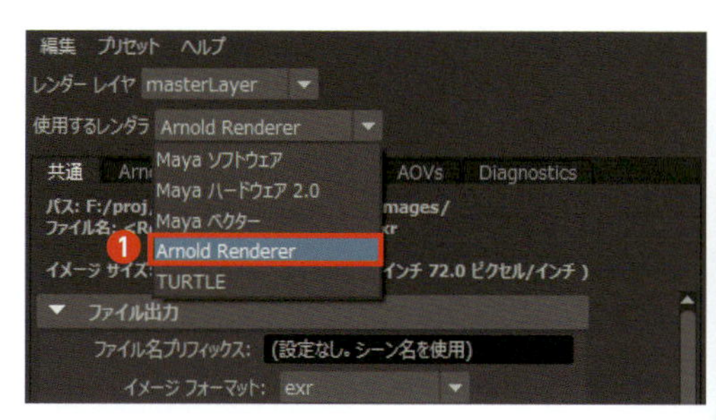

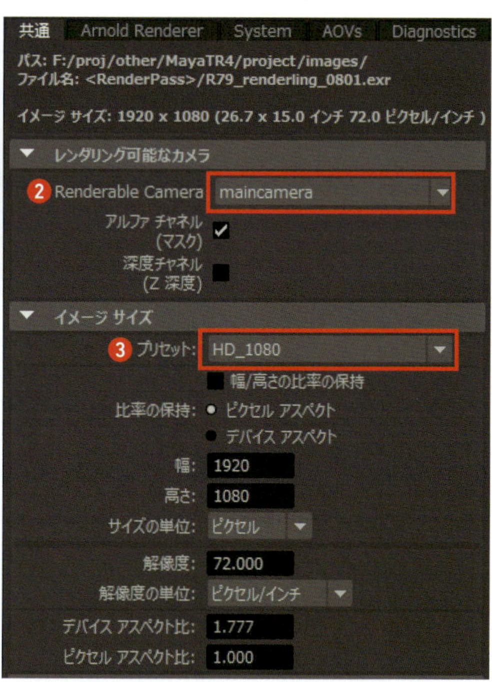

サンプリングの設定

レンダリング結果の品質は、サンプリングの値で大きく変化します。ノイズが多い結果であれば、サンプリングの値を上げて、品質を改善します。[Arnold Renderer]タブから[Camera(AA)]と[Specular]を上げる事で、品質が改善されることが多いため、始めはこの2つの値を変更します。

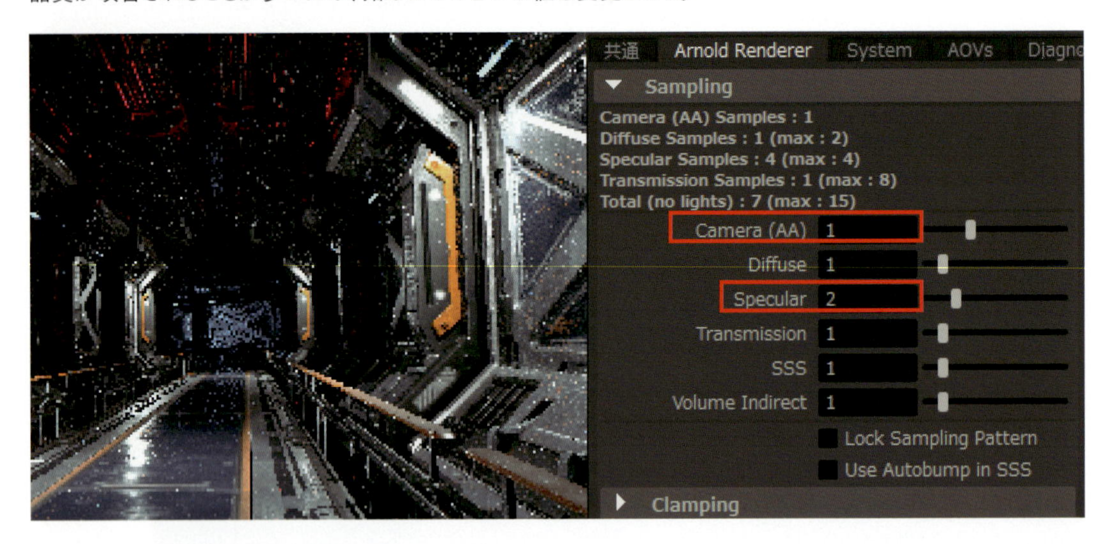

完成

ノイズの除去が完了したら完成です。

アレンジ画像

用語INDEX

［さ］

[た]

https://corp.dsp.co.jp/service/bauhaus

バウハウス・エンタテインメントは、コンシューマゲームやスマホゲームのリアルタイム3DCG制作に特化した制作スタジオです。『人材育成』に重きを置いて2006年に設立し、これまで数多くのゲームタイトルに携わりながら、設立以来多くの3DCGデザイナーを育て、コンテンツ業界に貢献して参りました。本書「Autodesk Maya トレーニングブック」を通じて、より多くの方々の手助けになれば幸いです。

執筆陣紹介

[総監修]

石塚 雅也 Masaya Ishizuka

[執筆者]

石塚 雅也 Masaya Ishizuka
加藤 健太郎 Kentaro Kato
河原 渉 Wataru Kawahara
大門 一観 Kazuaki Daimon
増田 渡 Wataru Masuda
水野 拓海 Takumi Mizuno

[キャラクターデザイン]

漆畑 勇希 Yuki Urushibata
長尾 未来 Miki Nagao
山本 茉貴子 Makiko Yamamoto

[モデラー]

石川 雄大 Yuta Ishikawa
石橋 加奈子 Kanako Ishibashi
大即 あかり Akari Otuki
川口 裕理 Yuri Kawaguchi
川名 佐和子 Sawako Kawana
河原 渉 Wataru Kawahara
沓間 彩花 Sayaka Kutsuma
古城 碧 Midori Kojo
佐野 槙 Shin Sano
玉井 美智 Misato Tamai
津崎 剛 Takeshi Tsuzaki
日高 来夢 Raimu Hidaka
前田 直人 Naoto Maeda
水野 拓海 Takumi Mizuno

[テスター]

有吉 優樹 Yuki Ariyoshi
清田 千萌 Chigusa Kiyota
小林 茉由 Mayu Kobayashi
須賀 晴菜 Haruna Suga
西原 万結子 Mayuko Nishihara
西村 彩 Aya Nishimura
野木 麻美 Asami Nogi
箕輪 千春 Chiharu Minowa
依田 麻梨晶 Maria Yoda

Autodesk
Maya
トレーニングブック 第4版

2018年1月25日 初版第1刷 発行
2021年2月25日 初版第5刷 発行

著者	株式会社イマジカデジタルスケープ　バウハウス・エンタテインメント部
発行人	村上 徹
編集	加藤 諒
発行	株式会社 ボーンデジタル 〒102-0074 東京都千代田区九段南一丁目5番5号 九段サウスサイドスクエア Tel：03-5215-8671　Fax：03-5215-8667 www.borndigital.co.jp/book/ E - mail：info@borndigital.co.jp
装丁・本文デザイン	武田 厚志、石戸 成明（SOUVENIR DESIGN INC.）
印刷・製本	株式会社廣済堂

ISBN：978-4-86246-399-9
Printed in Japan